"十二五"江苏省高等学校重点教材

重点教材编号：2015-2-028

科学出版社"十三五"普通高等教育本科规划教材

数学分析（第二版）

（上册）

肖建中　王智勇　王琛颖　编著

科学出版社

北　京

内 容 简 介

本书是"十二五"江苏省高等学校重点教材,主要讲述数学分析的基本概念、原理与方法,分为上、下两册. 上册内容包括函数、数列极限、函数极限、函数的连续性、导数与微分、微分中值定理及其应用、不定积分、定积分、定积分的应用、广义积分等. 下册内容包括数项级数、函数项级数、幂级数与 Fourier 级数、多元函数的极限与连续性、多元函数微分学、隐函数定理及其应用、含参量积分、重积分、曲线积分、曲面积分等. 本书除每节配有适量习题外,每章还配有总习题,分为 A 与 B 两组,书末附有习题参考答案与提示. 本书为新形态教材,全书配有丰富的数字资源,包括相关数学家的传记、指导每章复习的电子课件、讲解视频和部分典型习题的解答等,便于学生多方位立体化学习,提升数学分析基本素质与数学文化修养.

本书可作为理工科院校或师范院校数学类专业的教材使用,也可供其他相关专业选用.

图书在版编目 (CIP) 数据

数学分析. 上册/肖建中, 王智勇, 王琛颖编著. —2 版. —北京: 科学出版社, 2024.4

"十二五"江苏省高等学校重点教材 科学出版社"十三五"普通高等教育本科规划教材

ISBN 978-7-03-077555-9

Ⅰ. 数… Ⅱ. ①肖… ②王… ③王… Ⅲ. ①数学分析-高等学校-教材 Ⅳ. ①O17

中国国家版本馆 CIP 数据核字 (2024) 第 013738 号

责任编辑: 张中兴 梁 清 孙翠勤/责任校对: 杨聪敏
责任印制: 吴兆东/封面设计: 无极书装

科学出版社 出版
北京东黄城根北街 16 号
邮政编码: 100717
http://www.sciencep.com
北京厚诚则铭印刷科技有限公司 印刷
科学出版社发行 各地新华书店经销
*
2015 年 6 月第 一 版 开本: 720×1000 1/16
2024 年 4 月第 二 版 印张: 50 3/4
2024 年 9 月第十九次印刷 字数: 1023 000
定价: 169.00 元 (上下册)
(如有印装质量问题, 我社负责调换)

前　　言

这部《数学分析》(上、下册) 教材自 2015 年出版以来, 已历经多次印刷. 在上册的第 8 次印刷、下册的第 7 次印刷之前, 我们综合在教学实践中发现的问题和收到的意见与建议, 对这部教材进行过一次全面的修订. 第二版的修订坚持守正创新的理念, 在党的二十大报告所提出的 "培育创新文化, 弘扬科学家精神, 涵养优良学风, 营造创新氛围" 等方面作了初步尝试, 以第一版的纸质教材 (即上册的第 8 次印刷本与下册的第 7 次印刷本) 为主体, 构建了丰富的数字资源, 力求强化课程思政元素的融入, 弘扬数学文化与科学精神, 力求符合基础学科课程多方位立体化学习的要求, 适应信息时代数学人才培养的需要.

全书的数字资源包括下述几方面: 涉及的 57 位数学家的传记分布于相关命名首次出现的页面; 每章复习课的电子课件与讲解视频置于对应章的总习题之前; 部分典型习题的解答列于书末习题答案与提示的相关章节之后. 使用者可以扫码读取.

本书数字资源的制作编写由多位资深任课老师合力完成: 王智勇, 第 1 章至第 5 章; 王琛颖, 第 6 章至第 10 章; 董宝华, 第 11 章至第 15 章; 成荣, 第 16 章至第 20 章; 数学家的传记及总习题 (B 组) 的解答由肖建中整理编写.

尽管历经多次修订, 编写制作也尽了最大努力, 但限于学识和经验, 书中的疏漏与不当在所难免, 恳请各方面使用者批评指正.

本书的出版获得了 "十二五" 江苏省高等学校重点教材及科学出版社 "十三五" 普通高等教育本科规划教材等相关项目的资助与支持. 张建伟教授与刘文军教授始终关心支持本书的编写出版, 作者对他们的鼓励与指导表示诚挚的感谢. 自第一版出版以来, 曾经任课的姚卫教授、熊艳琴教授、王朝博士、黄学平博士等同事陆续参与了修改修订工作, 作者衷心感谢他们的真知灼见. 作者特别感谢科学出版社的编辑们对本书的出版所付出的辛勤劳动!

作　者

2023 年 3 月 1 日

于南京信息工程大学

第一版前言

数学分析是数学类专业最重要的基础课. 现在我国凡有数学类专业的高校都有该课程的教学大纲, 可谓特色各异. 但细细比较起来, 其中的交集很大, 数学分析经典的部分都被框出. 这说明作为一门基础课, 数学分析的核心内容已经基本定型, 并形成共识. 本书的取材原则是只考虑数学分析的这些稳固的必不可少的部分, 尽量少涉及将在后继的相关课程中能得到详尽讨论的那些内容. 经典再传唱, 曲韵翻新声. 本书的主旨是希望在处理方法上朝着体系严谨、深入浅出、易学好教的方向有所革新, 有所前进.

本书不仅凝聚了我们三十多年从事数学分析教学工作的一些思考, 也是参考借鉴国内外许多相关的优秀著作的结晶. 十多年来, 我们一直选用华东师范大学数学系合编的《数学分析》作教材, 选用常庚哲与史济怀两位教授编著的《数学分析教程》作教学参考书. 这使本书在体系构建、难点处理、深浅把握、叙述风格等诸多方面受益匪浅. 在本书编写中, 我们致力于体现如下一些想法.

1. 在保证体系严谨的前提下贯彻难点分散的原则, 顺应学习者的认知规律. 作为教科书,《数学分析》必须以系统的极限理论为基础, 然后才可讨论微分与积分. 这与数学发展史上的次序恰恰相反. 微分学与积分学起源于 17 世纪, 而在 18 世纪发现了很多重要的应用, 有了进一步的发展; 在 19 世纪初, 极限理论才成为微积分的基础; 至于用来论证精密极限原理的实数完备性理论, 直到 19 世纪后半叶才建立起来. 实数完备性理论无疑是该课程基础理论中的难点, 将其后移的做法曾被一些教材所采用. 数学教育学术界一度认为后移虽然破坏了理论体系的顺序, 但当学习者有了一定理论基础再来学, 困难会小些, 也切合数学发展顺序与认知规律. 根据我们对两种处理的实际教学, 后移的处理并不存在教学效果上的优势. 从教育理论上分析, 将实数完备性理论后移, 难点集中, 与难点分散的教学原则相悖. 本书的处理是将其分散到四个章节中, 兼顾知识的系统性与学生的可接受性. 极限 ε 语言是该课程教学中必须克服的难点, 它贯穿于始终, 体现了这门课程 "于细微处见精神" 的特质. 学习者要靠日积月累才能真正掌握. 为了让其从一开始能有较为清晰的理解, 教材应当设计一条便捷的途径. 本书第 1 章在复习函数知识的同时着重讲述数集的界与确界概念, 为第 2 章讲述数列极限概念作铺垫. 界与确界概念涉及两个逻辑量词, 极限概念涉及三个逻辑量词, 其难点得到分解. 本书从数学内涵、逻辑关系及几何意义等多个层面来重点处理数列极限, 让学习者尽可能深度理解. 对于第 3 章中的函数极限概念, 学习者只要抓住不同极限形式间的差异, 便可循序前行.

2. 承上启下自然衔接, 贯彻循序渐进的原则, 顺应知识的内在联系. 如果编写中这方面处理得不够精致, 教材使用中就会出现 "青黄不接" "寅吃卯粮" 等现象, 造成不和谐、不协调的尴尬局面. 本书首先注意与现阶段中学教材的衔接, 相关章节编入反三角函数、极坐标等内容. 待定型极限概念在极限运算性质后适时给出而不应置于 L'Hospital 法则讲解中, 因为实际的极限运算不可避免地用到这一概念. 在极限性质一节中就给出复合函数极限法则, 通过变量代换求极限的方法才能及时用起来. 为了回答函数的间断点如何确定的问题, 适合讲聚点概念. Fermat 引理与导数的介值定理适合放在微分中值定理的章节中. 本书力求让概念和定理在水到渠成之时引出来. 以往对于连续性概念的处理出现前后矛盾的情况, 将多元函数在孤立点定义为连续的, 而一元函数在孤立点不被认为是连续的. 本书利用 ε 语言定义连续性, 很容易揭示连续概念的渐变性本质, 函数在孤立点自然是连续的, 从而将 "一切初等函数在其定义区间上连续" 的结果还原为 "一切初等函数在其定义域上连续". 以往由于不讲可积函数的换元公式, 因而 Fourier 级数中的积分换元缺少了理论依据. 以往由于积分第一中值定理的中间点不必在区间内部, 因而导出的 Taylor 公式 Cauchy 余项的中间点也不必在区间内部, 这给相关问题的讨论带来不便. 本书介绍了两种条件下的 Newton-Leibniz 公式与可积函数的换元公式, 强化了积分中值定理的讨论, 衔接了数学分析与实变函数两课程间的空白区域.

3. 优化结构模块, 彰显数形结合特色, 提升数学趣味与魅力. 本书部分内容在编排上突破了知识为核心的框架, 以技能为模块重新组合. 利用导数方法证明不等式的一些例题原本零散分布在不同内容中, 但将其集中在一块利于学习者进行方法的选择与比较. 求数列极限的 Stolz 公式置于 L'Hospital 法则之后, 利于学习者认识二者在理论与方法上内在的联系. 本书将一致连续性与一致收敛性分别单独作为一节, 完全是基于强化学习者认知能力方面的考虑. 关于广义积分本书没有按无穷积分与瑕积分进行分节, 而是按被积函数是否为非负函数进行分节, 这样做不仅因为无穷积分与瑕积分可以互相转化, 同时也为了避免理论叙述上的重复, 避免技能培养上的重复. 本书重视一些关键细节的优化处理. 将 "可导蕴涵连续" 扩充为 "左右导数存在蕴涵连续", 由此易导出开区间上凸函数的连续性, 使凸函数性质得到完整的阐述. 本书发挥数学分析课程在数形结合方面的优势, 借助大量图形与实例力求使知识的 "学术形态" 变为 "教育形态". 对于光滑曲线概念, 要求 "导数连续" 是好理解的, 要求 "导数的平方和非零" 并不好理解. 本书借助星形线的图形消除学习者的困惑. 对于导数、定积分等这些重要概念, 本书保持了由实例抽象出定义的叙述风格. 有些定义、公式及定理采用了 "发现式" 方法叙述, 如数列极限定义、高阶导数的 Leibniz 公式、Cauchy 中值定理等. 本书也编入了条件收敛级数的 Riemann 定理、函数级数的 Dini 定理、Weierstrass 逼近定理等一些较为深入的内容以及 e 与 π 的无理性论证等体现分析学应用魅力的一些例子, 对这些内容实际教学中可灵活选择讲授或留作自学.

4. 紧扣章节内容选配习题, 在深难度上保持适当的梯度与弹性. 数学分析课程对于学习者, 不应只是 "定义" 与 "定理" 的堆积, 而应该是探索的向导、方法的指南. 本书每节配有适量习题, 其中大部分是以巩固本节知识为目的而设计的基本题, 涉及基本概念与基本理论的理解. 每章还配有总习题, 分为 A 与 B 两组. A 组题难度适中, 供习题课选用. B 组题中有的难度较大, 有的则涉及本书主体内容以外的知识, 是学有余力者的 "用武之地". 本书也设计了一些质疑性、开放性问题, 以培养自主学习、研究性学习的兴趣. 本书书末对每道习题都给出参考答案与提示, 其中难度大的证明题有较详细的提示. 学习者应当正确使用参考答案与提示. 在自主学习中不断尝试解题, 屡遭挫折是正常的, 有时虽未获得解决, 但尝试解题过程本身加深了对基本概念与基本理论的理解, 也是功不可没的. 经过努力解题之后再查看参考答案与提示, 才会真正学有收效.

本书共分为 20 章, 前 10 章为上册, 后 10 章为下册, 其中第 1~13 章由肖建中主笔编写, 第 14~20 章由夏大峰主笔编写, 蒋勇、王智勇、成荣等参与了全书的构思策划、习题配备、统稿整理、审读修改等工作.

本书的出版得到了南京信息工程大学精品教材项目 (13JCLX015) 的资助. 周伟灿教授与张永宏教授始终关心支持本书的编写与出版, 提出了宝贵的指导性意见, 作者对他们的鼓励与支持表示衷心的感谢. 作者特别感谢科学出版社对本书的出版所给予的支持与帮助, 感谢编辑付出的辛劳!

"鞋子是否合脚, 穿着走才知道." 作者衷心希望本书的出版能受到广大读者的欢迎, 并能对数学分析的教学与研究起到促进作用. 书中难免会有一些疏漏和不妥之处, 作者谨向提出建议与指正者致以诚挚的谢意.

作　者

2014 年 11 月 20 日

于南京信息工程大学

目　　录

第1章 函数
CHAPTER

概而言之, 数学是研究空间形式 (几何) 与数量关系 (代数) 的学问, 集合与映射是其基本的研究对象, 而数学中的 "分析学" 是指运用极限过程分析处理问题的数学分支. 微积分作为古典分析学的开端从几何和代数的主干上生长出来, 几何思想与代数方法的结合成为它的一个基本特征. 将微积分建立在严密的极限理论基础之上, 发展形成了数学分析这一学科. 因此, 从数学发展的内涵与本质上来看, 数学分析无疑是数学科学 (或专业) 最重要的基础课之一.

数学分析研究的基本对象是定义在实数集上的函数. 本章将简要介绍相关的基本概念与记号, 这是后继内容的预备.

1.1　实　数　集

在数学上, 集合是最基本的概念. 通常把有某种特定性质的对象汇集成的总体称为**集合**或**集**. 设 S 是由具有某种性质 P 的元素构成的集, 则 S 通常表示为

$$S = \{x : x$ 具有性质 $P\} \text{ 或 } S = \{x | x$ 具有性质 $P\}.$$

若 x 是 S 的元素, 则称 x 属于 S, 记为 $x \in S$. 若 x 不是 S 的元素, 则称 x 不属于 S, 记为 $x \notin S$. 两个集合 A, B 的并、交、差、余运算分别定义为

$$A \cup B = \{x : x \in A \text{ 或 } x \in B\};$$
$$A \cap B = \{x : x \in A \text{ 且 } x \in B\};$$
$$A \backslash B = \{x : x \in A \text{ 且 } x \notin B\};$$
$$A^c = \{x : x \notin A\}.$$

数学家
小传1.1.1

容易知道并、交、差、余运算满足关系 $A \backslash B = A \cap B^c$, 且满足对偶律 (De Morgan 律):

$$(A \cup B)^c = A^c \cap B^c; \quad (A \cap B)^c = A^c \cup B^c.$$

若集合 A 的元素都属于 B, 则称 A 是 B 的子集, 记为 $A \subset B$. 空集记为 $\varnothing$. 函数

$$\mu_S(x) = \begin{cases} 1, & x \in S, \\ 0, & x \notin S \end{cases}$$

称为集合 S 的特征函数.

数集是最常见的集合. 通常, 自然数集 (非负整数集) 用符号 $\mathbb{N}$ 表示, 正整数集用符号 $\mathbb{Z}^+$ 表示, 整数集用符号 $\mathbb{Z}$ 表示, 有理数集与实数集分别用符号 $\mathbb{Q}$ 与 $\mathbb{R}$ 表示.

逻辑上为了简约表示推理与论证, 常用下述记号. 量词 $\forall$ 表示的意思是任意或所有, 量词 $\exists$ 表示的意思是存在或找到. 例如, 数集 S 中的数都是正数表示为

$$\forall x \in S, \text{有} x > 0;$$

数集 S 中至少有一个数是正数表示为

$$\exists x \in S, \text{有} x > 0.$$

设 α, β 是两个判断, 若当 α 成立时 β 也一定成立, 则称 α **推出** β, 或 α **蕴涵** β, 记为 $\alpha \Rightarrow \beta$. 若 $\alpha \Rightarrow \beta$ 且 $\beta \Rightarrow \alpha$, 则称 α 与 β **等价**, 或 α 与 β 互为充分必要条件, 记为 $\alpha \Leftrightarrow \beta$.

在中学数学里已经知道, **实数**包括有理数和无理数两种. 有理数可用分数表示, 也可用有限十进制小数或无限十进制循环小数表示, 无限十进制不循环小数称为无理数.

定义 1.1.1 把每个实数都表示成无限十进制小数, 其中 0 表示为 $0.000\cdots$, 每个形如 $y = \pm b_0.b_1 b_2 \cdots b_k$ 的正或负有限十进制小数用 9 循环表示为

$$y = \pm b_0.b_1 b_2 \cdots (b_k - 1)999\cdots,$$

也可用 0 循环表示. 设 $n \in \mathbb{N}$, $x = a_0.a_1 a_2 \cdots a_k \cdots$ 为非负实数. 称有理数

$$x_n^- = a_0.a_1 a_2 \cdots a_n$$

为 x 的 n 位**不足近似**, 而有理数

$$x_n^+ = a_0.a_1 a_2 \cdots a_n + \frac{1}{10^n}$$

称为 x 的 n 位**过剩近似**. 对于负实数 $x = -a_0.a_1 a_2 \cdots a_k \cdots$, 其 n 位不足近似与过剩近似分别规定为

$$x_n^- = -a_0.a_1 a_2 \cdots a_n - \frac{1}{10^n} \text{ 与 } x_n^+ = -a_0.a_1 a_2 \cdots a_n.$$

从上述定义容易知道, 不足近似 x_n^- 随 n 增大而递增, 过剩近似 x_n^+ 随 n 增大而递减, 即有

$$x_0^- \leqslant x_1^- \leqslant x_2^- \leqslant \cdots \leqslant x_n^- \leqslant \cdots \leqslant x \leqslant \cdots \leqslant x_n^+ \leqslant \cdots \leqslant x_2^+ \leqslant x_1^+ \leqslant x_0^+.$$

实数集 $\mathbb{R}$ 在几何上用数轴表示. 就是说, 每个实数与数轴上的点有着一一对应关系. 因此常把 "实数 a" 与 "数轴上的点 a" 作为同义语, $\mathbb{R}$ 也称为实直线. 实数集有下述一些较为直观的性质, 本书省去其推导. 关于实数的严密定义与详细论述, 可参阅相关书籍.

定理 1.1.1 设 $\mathbb{R}$ 为实数集, 则

(1) $x, y \in \mathbb{R}$, $x < y$ 的充分必要条件是 $\exists n \in \mathbb{N}$, 使 $x_n^+ < y_n^-$. 这里 x_n^+ 是 x 的 n 位过剩近似, y_n^- 是 y 的 n 位不足近似 (图 1.1.1).

(2) $\mathbb{R}$ 是一个数域. 就是说, $\mathbb{R}$ 对四则运算是封闭的, 任意两个实数的和、差、积、商 (除数不为 0) 仍然是实数. 有理数集 $\mathbb{Q}$ 也是一个数域, 但无理数集 $\mathbb{R} \backslash \mathbb{Q}$ 不是数域.

(3) $\mathbb{R}$ 是一个有序集 (或称为全序集). 就是说, $\forall a, b \in \mathbb{R}$ 必满足 (且仅满足) 下述三个关系之一: $a < b; a = b; a > b$.

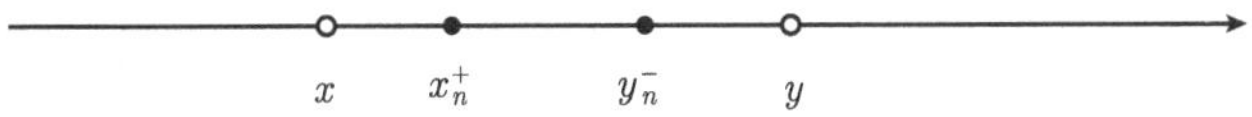

图 1.1.1

例 1.1.1 设 $a, b \in \mathbb{R}$. 证明: 若 $\forall \varepsilon \in \mathbb{Q}$, $\varepsilon > 0$ 有 $a < b + \varepsilon$, 则 $a \leqslant b$.

证明 (反证法) 假设结论不成立, 据 $\mathbb{R}$ 是全序的可设 $a > b$. 于是 $\exists n \in \mathbb{N}$, 使 $a_n^- > b_n^+$. 令 $\varepsilon_0 = a_n^- - b_n^+$, 则 $\varepsilon_0 > 0$. 又因 $a_n^-, b_n^+ \in \mathbb{Q}$, 故 $\varepsilon_0 \in \mathbb{Q}$. 按题设应有

$$a < b + \varepsilon_0 = b + a_n^- - b_n^+ = (b - b_n^+) + a_n^- \leqslant a,$$

这是矛盾的. 因此原结论成立.

实数 x 的**绝对值**定义为

$$|x| = \begin{cases} x, & x \geqslant 0, \\ -x, & x < 0. \end{cases}$$

从数轴上看, $|x|$ 就是点 x 到原点的距离. $|a - b|$ 表示 a 与 b 的距离. 用 $\max\{a, b\}$ 与 $\min\{a, b\}$ 分别表示 a, b 中最大者与最小者, 则容易验证

$$\max\{a, b\} = \frac{a+b}{2} + \frac{|a-b|}{2}; \quad \min\{a, b\} = \frac{a+b}{2} - \frac{|a-b|}{2}.$$

上述关系的几何意义不难从数轴上看出. 对 $\forall x, y \in \mathbb{R}$ 有如下的**三角形不等式**:

$$||x| - |y|| \leqslant |x \pm y| \leqslant |x| + |y|, \tag{1.1.1}$$

等号成立 $\Leftrightarrow x$ 与 $\pm y$ 同号.

例 1.1.2　设 $a_i \in \mathbb{R}$, $i = 1, 2, \cdots, n$. 证明: $\left| \sum\limits_{i=1}^{n} a_i \right| \leqslant \sum\limits_{i=1}^{n} |a_i|$.

证明　(数学归纳法) $n = 1$ 时不等式显然成立. 假设 $n = k$ 时不等式成立, 即

$$\left| \sum_{i=1}^{k} a_i \right| \leqslant \sum_{i=1}^{k} |a_i|, \tag{1.1.2}$$

则当 $n = k + 1$ 时, 由 (1.1.1) 及 (1.1.2) 式得

$$\left| \sum_{i=1}^{k+1} a_i \right| = \left| \left(\sum_{i=1}^{k} a_i \right) + a_{k+1} \right| \leqslant \left| \sum_{i=1}^{k} a_i \right| + |a_{k+1}|$$

$$\leqslant \sum_{i=1}^{k} |a_i| + |a_{k+1}| = \sum_{i=1}^{k+1} |a_i|.$$

这表明不等式当 $n = k + 1$ 时也成立. 因此不等式对一切正整数 n 成立.

区间是最常见的一类实数集的子集. 设 $a, b \in \mathbb{R}$, $a < b$, 则有限区间有下列 4 种形式:

开区间 $(a, b) = \{x : a < x < b\}$;　闭区间 $[a, b] = \{x : a \leqslant x \leqslant b\}$;

半开半闭区间 $(a, b] = \{x : a < x \leqslant b\}$ 与 $[a, b) = \{x : a \leqslant x < b\}$.

无限区间有下列 5 种形式:

$$(-\infty, a) = \{x : x < a\}; \quad (-\infty, a] = \{x : x \leqslant a\};$$

$$(a, +\infty) = \{x : x > a\}; \quad [a, +\infty) = \{x : x \geqslant a\};$$

$$(-\infty, +\infty) = \{x : -\infty < x < +\infty\} = \mathbb{R}.$$

邻域是实数集的重要的一类子集, 用来描述 "某个点的附近".

定义 1.1.2　设 $a \in \mathbb{R}$, $\delta > 0$. 集合 $\{x : |x - a| < \delta\}$ (即开区间 $(a - \delta, a + \delta)$) 称为**点 a 的 δ 邻域**, 记作 $U(a, \delta)$. 这里, a 称为邻域的中心, δ 称为邻域的半径. 点 a 的 δ 邻域可简称为点 a 的邻域, 简记作 $U(a)$. **点 a 的空心 δ 邻域**定义为

$$U^o(a, \delta) = \{x : 0 < |x - a| < \delta\},$$

同样地可简记作 $U^o(a)$. 设 $A > 0$. 集合 $\{x : |x| > A\}$ 称为 **∞ 邻域**, 记作 $U(\infty, A)$ 或 $U(\infty)$. 上述 $U(a, \delta)$, $U^o(a)$ 及 $U(\infty)$ 如图 1.1.2 所示.

上述定义中, δ 可理解为较小的正数, A 可理解为较大的正数. 注意, $U(a)$ 与 $U^o(a)$ 的差别在于: $U^o(a)$ 不包含点 a. 此外, 还常用到以下 6 种邻域:

点 a 的右邻域 $U(a+) = [a, a+\delta)$; 点 a 的空心右邻域 $U^o(a+) = (a, a+\delta)$;

点 a 的左邻域 $U(a-) = (a-\delta, a]$; 点 a 的空心左邻域 $U^o(a-) = (a-\delta, a)$;

$+\infty$ 邻域 $U(+\infty) = \{x : x > A\}$; $-\infty$ 邻域 $U(-\infty) = \{x : x < -A\}$.

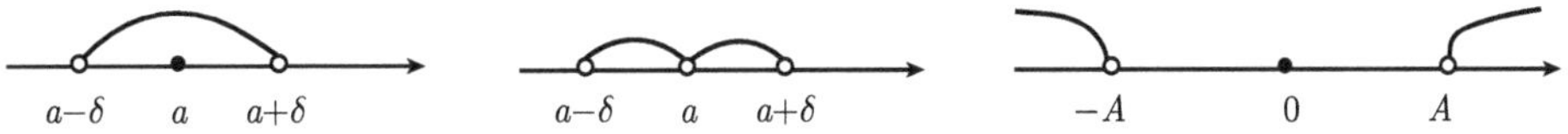

(a) $U(a,\delta)$　　　　(b) $U^o(a)$　　　　(c) $U(\infty)$

图 1.1.2

定理 1.1.2　有理数在 $\mathbb{R}$ 中是稠密的, 就是说,

(1) 若 $x, y \in \mathbb{R}$, $x < y$, 则 $\exists r \in \mathbb{Q}$, 使 $x < r < y$, 即任意两个不相等的实数间必有有理数;

或者

(2) $\forall a \in \mathbb{R}$, $\forall \delta > 0$, 必定 $\exists r \in \mathbb{Q}$, 使 $r \in U^o(a, \delta)$, 即每个实数点的任意空心邻域 (不论多小) 都包含有理数.

证明　因 $x < y$, 故 $\exists n \in \mathbb{N}$, 使 $x_n^+ < y_n^-$. 令 $r = \dfrac{x_n^+ + y_n^-}{2}$, 则由 $x_n^+, y_n^- \in \mathbb{Q}$ 可知 $r \in \mathbb{Q}$, 且有 $x \leqslant x_n^+ < r < y_n^- \leqslant y$, 即 $x < r < y$, (1) 得证.

因 $U^o(a, \delta) \supset (a, a+\delta)$, $a < a+\delta$, 故由 (1) 可知 $\exists r \in \mathbb{Q}$, 使 $a < r < a+\delta$, 即 $r \in U^o(a, \delta)$, (2) 得证.

用类似的方法可以证明, 无理数在 $\mathbb{R}$ 中也是稠密的.

习　题　1.1

1. 设 r 为有理数, x 为无理数, 试证明: (1) $r + x$ 是无理数; (2) 当 $r \neq 0$ 时, rx 是无理数.

2. 设 $a, b \in \mathbb{R}$. 证明: 若对任何正数 ε 有 $|a - b| < \varepsilon$, 则 $a = b$.

3. 证明: 无理数在 $\mathbb{R}$ 中也是稠密的, 即

(1) 若 $x, y \in \mathbb{R}$, $x < y$, 则存在无理数 p, 使 $x < p < y$;

(2) $\forall a \in \mathbb{R}$, $\forall \delta > 0$, 必定存在无理数 p 使 $p \in U^o(a, \delta)$.

数学家
小传1.1.2

4. 证明: 对任何 $x, a, b \in \mathbb{R}$, 有

(1) $|x - a| + |x - b| \geqslant |a - b|$;

(2) $|x - a| + |x - b| + |x - (a + b)| \geqslant \max\{a, b\}$.

5. 证明 Bernoulli (伯努利) 不等式: 对任何 $n \in \mathbb{N}$, $x > -1$, 有 $(1 + x)^n \geqslant 1 + nx$.

6. 设 $a_1, a_2, \cdots, a_n$ 是 n 个正数, 称 $\dfrac{a_1 + a_2 + \cdots + a_n}{n}$ 是其算术平均值, $\sqrt[n]{a_1 a_2 \cdots a_n}$ 是其几何平均值, $\dfrac{n}{\dfrac{1}{a_1} + \dfrac{1}{a_2} + \cdots + \dfrac{1}{a_n}}$ 是其调和平均值. 证明如下的均值不等式:

$$\dfrac{n}{\dfrac{1}{a_1} + \dfrac{1}{a_2} + \cdots + \dfrac{1}{a_n}} \leqslant \sqrt[n]{a_1 a_2 \cdots a_n} \leqslant \dfrac{a_1 + a_2 + \cdots + a_n}{n}.$$

1.2　初 等 函 数

函数是数学的基本概念之一, 在中学数学里对此已有初步认识, 它是一类特殊的映射.

定义 1.2.1　设 X 与 Y 是两个非空集合. 若按对应法则 f, 对 X 中的每一个元素 x, 均可找到 Y 中唯一确定的元素 y 与之对应, 则称 f 是集 X 到集 Y 的一个**映射**, 记为

$$f : X \to Y.$$

将 x 的对应元 y 记作 $f(x) : x \mapsto y = f(x)$. 若 Y 是实数集 $\mathbb{R}$ 的子集, 则称 f 是**函数或实函数**. 称 x 为**自变量**, y 为**因变量**; y 也称为 f 下 x 的**像**或**函数值**, 而 x 称为 f 下 y 的**原像** (**逆像**). 集合 X 称为 f 的**定义域**, 而 X 的所有元素的像 $f(x)$ 的集合

$$f(X) = \{y : y = f(x), x \in X\}$$

称为映射 f 的**值域** $(f(X) \subset Y)$. 称由自变量与因变量的序对组成的集合

$$G_f = \{(x, y) : x \in X, y = f(x)\}$$

为 f 的**图像**或**图形**.

由于数学分析中主要讨论函数这类特殊的映射, 因而下面对映射与函数在术语上不加区分. 函数 $y = f(x)$ 的图像通常可在直角坐标平面中画出, 其几何形状通常是曲线, 所以也常称为曲线 $y = f(x)$. 表示函数的主要方法有图像法、解析法 (或公式法) 和列表法等三种. 当函数用解析法表示时, 若无特别指明, 则默认定义域是自变量所能取的使解析式有意义的一切实数. 常用的术语 "f **在**D **上有定义**" 指的是 D 为定义域的子集. 此时也称 $f(D) = \{y : y = f(x), x \in D\}$ 为 f **关于**D **的值域**.

概括地说, 确定函数的基本要素有两个: 定义域与对应法则. 所以, 通常认为 Y 就是实数集 $\mathbb{R}$, 常用

$$y = f(x), \quad x \in X$$

表示一个函数. 由此, 称两个函数相同 (相等), 是指它们有相同的定义域与对应法则. 例如, $f(x) = x + 1$ 与 $g(x) = \dfrac{x^2 - 1}{x - 1}$ 是两个不同的函数, 而 $\varphi(x) = |x|$ 与 $\psi(x) = \sqrt{x^2}$ 是两个相等的函数.

需要指出的是, 上述函数的定义强调了元素的像必须是唯一的, 这样定义的函数也称为**单值函数**, 其图像特征是自变量坐标轴的垂直线与图像至多有一个交点. 若同一个自变量 x 值允许对应多于一个的因变量 y 值, 则称这种函数为**多值函数**. 本书只讨论单值函数.

数列是一类特殊的函数.

定义 1.2.2　若函数 f 的定义域是正整数集 $\mathbb{Z}^+$, 则称此函数为**数列**. 因 $\mathbb{Z}^+$ 的元素可按从小到大的顺序排列, 对 $\forall n \in \mathbb{Z}^+$, 记 $f(n) = a_n$, 故数列可写成

$$a_1, a_2, \cdots, a_n, \cdots,$$

或简记为 $\{a_n\}$, 其中 a_n 称为数列 $\{a_n\}$ 的**通项**.

例如, $\{n\}$, $\left\{\dfrac{1}{2^n}\right\}$, $\{(-1)^n\}$ 等都是数列; 一个实数 x 的不足近似 $\{x_n^-\}$ 与过剩近似 $\{x_n^+\}$ 也都是数列.

借助图像的直观性是认识和研究函数的重要方法. 数列的图像可以在平面上表示, 也可以在数轴上表示. 记住一些常用函数的图像是有必要的. 从图像上看, 指数函数 (图 1.2.1)

$$y = a^x \ (a > 0, a \neq 1), \quad x \in (-\infty, +\infty)$$

与对数函数 (图 1.2.2)

$$y = \log_a x \ (a > 0, a \neq 1), \quad x \in (0, +\infty),$$

其性态是容易弄清的.

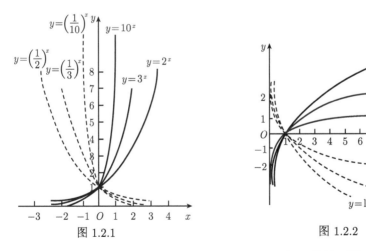

图 1.2.1　　　　　　　　　图 1.2.2

但对幂函数 $y = x^\alpha$ 来讲就不那么乐观了. 这个函数并不简单. 请回顾一下, 当 α 是正整数, 负整数及某些有理数时, 其定义域是什么? 注意这里的 α 是实数 (可以是无理数). 因此, 抽象地讨论幂函数 $y = x^\alpha$ 时, 其定义域是 $(0, +\infty)$. 它在第一象限内的图像如图 1.2.3 所示.

正弦函数 $y = \sin x$, $x \in (-\infty, +\infty)$ 与余弦函数 $y = \cos x$, $x \in (-\infty, +\infty)$ 的图像如图 1.2.4 所示; 正切函数 $y = \tan x$, $x \neq \dfrac{\pi}{2} + n\pi(n \in \mathbb{Z})$ 与余切函数 $y = \cot x$, $x \neq n\pi(n \in \mathbb{Z})$ 的图像如图 1.2.5 所示.

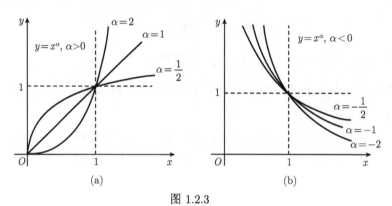

图 1.2.3

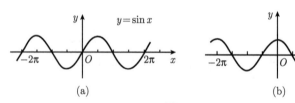

图 1.2.4

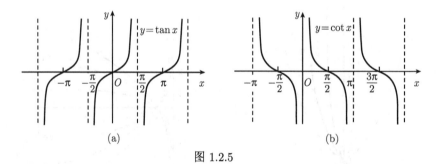

图 1.2.5

例 1.2.1　证明 (1) 当 $0 < x < \dfrac{\pi}{2}$ 时有 $\sin x < x < \tan x$; (2) $\forall x \in \mathbb{R}$ 有 $|\sin x| \leqslant |x|$.

证明　在如图 1.2.6 所示的单位圆内, 圆心角为 x, 当 $0 < x < \dfrac{\pi}{2}$ 时, 扇形 OAB 的面积 $S_1 = \dfrac{1}{2}x$, 等腰三角形 OAB 的面积为 $S_0 = \dfrac{1}{2}\sin x$, 直角三角形 OAC 的面积为 $S_2 = \dfrac{1}{2}\tan x$. 由于 $S_0 < S_1 < S_2$, 故 $\sin x < x < \tan x$, (1) 得证.

由于当 $0 \leqslant x \leqslant \dfrac{\pi}{2}$ 时有 $\sin x \leqslant x$, 故当 $-\dfrac{\pi}{2} \leqslant x \leqslant 0$ 时有 $\sin(-x) \leqslant -x$. 于是当 $|x| \leqslant \dfrac{\pi}{2}$ 时有 $|\sin x| \leqslant |x|$. 而当 $|x| > \dfrac{\pi}{2}$ 时显然又有 $|\sin x| \leqslant 1 < \dfrac{\pi}{2} < |x|$. 因此 $\forall x \in \mathbb{R}$ 有 $|\sin x| \leqslant |x|$, (2) 得证.

在自变量的不同变化范围中, 对应法则用不同的式子来表示的函数, 称为**分段函数**. 例如, 函数

$$y = \operatorname{sgn} x = \begin{cases} 1, & x > 0, \\ 0, & x = 0, \\ -1, & x < 0 \end{cases}$$

是分段函数, 称为**符号函数** (图 1.2.7), 其定义域为 $(-\infty, +\infty)$, 值域为 $\{-1, 0, 1\}$. 绝对值函数 $y = |x|$ 可用符号函数表示为 $|x| = x \operatorname{sgn} x$. 用 $[x]$ 表示小于或等于 x 的最大整数, 则 $y = [x]$ 称为**取整函数**或 **Gauss(高斯) 整数函数** (图 1.2.8). 它也是一个分段函数,

$$y = [x] = n, \quad x \in [n, n+1), \quad n \in \mathbb{Z},$$

其定义域为 $(-\infty, +\infty)$, 值域为 $\mathbb{Z}$. 此外 x 与 $[x]$ 有下述关系:

$$x - 1 < [x] \leqslant x \ \text{或} \ [x] \leqslant x < [x] + 1.$$

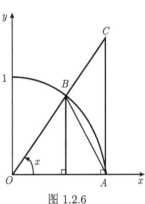

图 1.2.6

数学家
小传1.2.1

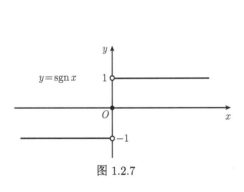

图 1.2.7

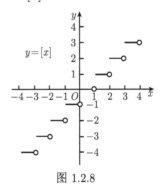

图 1.2.8

许多函数是在解决实际问题时将问题量化、建立数学模型的过程中产生的. 也有些函数是因理论上的需要而构造出来的, 这些函数往往难以用图像法、解析法和列表法确切表示, 还需要借助语言来描述. 有理数集的特征函数

$$D(x) = \begin{cases} 1, & x \in \mathbb{Q}, \\ 0, & x \in \mathbb{R} \backslash \mathbb{Q} \end{cases}$$

称为 **Dirichlet**(狄利克雷) **函数**, 其定义域为 $(-\infty, +\infty)$, 值域为 $\{0, 1\}$. **Riemann** (黎曼) **函数** (图 1.2.9) 定义为

$$R(x) = \begin{cases} \dfrac{1}{q}, & x = \dfrac{p}{q} \in (0, 1), p, q \in \mathbb{Z}^+ 且互质, \\ 0, & x = 0, 1 及 (0, 1) 中的无理数. \end{cases}$$

这个函数的定义域为 $[0, 1]$, 值域为 $\left\{ 0, \dfrac{1}{q} : q \in \mathbb{Z}^+, q \geqslant 2 \right\}$, 最大

函数值是 $\dfrac{1}{2}$, 最小函数值是 0. 请注意, 无论 $\varepsilon \in \left(0, \dfrac{1}{2} \right)$ 多小, 比 ε 大的函数值只有有限个.

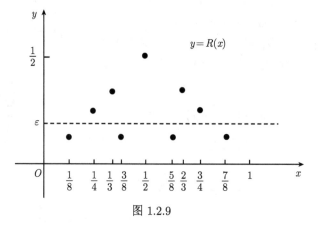

图 1.2.9

设 $f : D_1 \to \mathbb{R}$ 与 $g : D_2 \to \mathbb{R}$ 是给定的两个函数. 若 $D = D_1 \bigcap D_2 \neq \varnothing$, 则在 D 上可定义**四则运算** $f \pm g$, fg, $\dfrac{f}{g}$ $(g \neq 0)$ 如下:

$$(f \pm g)(x) = f(x) \pm g(x), \quad (fg)(x) = f(x)g(x), \quad x \in D,$$

$$\left(\frac{f}{g} \right)(x) = \frac{f(x)}{g(x)}, \quad x \in D \bigcap \{x : g(x) \neq 0\}.$$

若 $D_1 \subset D_2$, 且 $\forall x \in D_1$ 有 $f(x) = g(x)$, 则称 f 是 g 的**限制**, 称 g 是 f 的**延拓**. 若 $D_1 \bigcap g(D_2) \neq \varnothing$, 或者等价地,

$$D_0 = \{x : g(x) \in D_1\} \bigcap D_2 \neq \varnothing,$$

则在 D_0 上可定义 f 与 g 的**复合** (或**合成**) **运算** $f \circ g$ 如下:

$$(f \circ g)(x) = f(g(x)), \quad x \in D_0.$$

记 $y = f(u)$, $u = g(x)$, 因对每一个 $x \in D_0$, 可通过函数 g 对应 D_1 内唯一的一个值 u, 而 u 又通过函数 f 对应唯一的一个值 y. 故 $f \circ g$ 确定了一个定义在 D_0 上的函数, 称为 f 和 g 的**复合函数**, 并称 f 为**外函数**, g 为**内函数**, u 为**中间变量**.

例如, $y = \sqrt{-\sin^2 x}$ 是由 $y = \sqrt{u}$, $u = -v^2$ 及 $v = \sin x$ 三个函数相继复合而成的, 其中 u, v 都是中间变量. 这个复合函数的定义域是 $\{x : x = n\pi, n \in \mathbb{Z}\}$.

定义 1.2.3　设 $f : X \to Y$ 为函数. 若 Y 中每个元素在 f 下都有原像, 即 $f(X) = Y$, 则称 f 为**满射**; 若对 X 中任意两个互异的元素 x_1 与 x_2, 其像 $f(x_1)$ 与 $f(x_2)$ 也互异, 即 $x_1 \neq x_2 \Rightarrow f(x_1) \neq f(x_2)$, 则称 f 为**单射**. 若 f 是既单又满的, 则称 f 为**一一对应**. 设 $f : X \to Y$ 为一一对应, 此时对每一个值 $y \in Y$, X 中有且只有一个值 x 使得 $f(x) = y$, 则按此对应法则得到一个定义在 Y 上的函数, 称这个函数为 f 的**反函数**, 记为

$$f^{-1} : Y \to X \ \text{或} \ x = f^{-1}(y), y \in Y.$$

从上述定义可见, 函数 f 也是 f^{-1} 的反函数, 或者说 f 与 f^{-1} 互为反函数, 且有

$$f \circ f^{-1} = I_Y, \quad f^{-1} \circ f = I_X, \tag{1.2.1}$$

这里 I_X, I_Y 分别表示 X, Y 上的恒等函数. 例如, $y = a^x$, $x \in (-\infty, +\infty)$ 与 $x = \log_a y$, $y \in (0, +\infty)$ 互为反函数, 且有

$$a^{\log_a y} = y, \ y \in (0, +\infty); \quad \log_a a^x = x, \ x \in (-\infty, +\infty). \tag{1.2.2}$$

(1.2.1) 式是形如 (1.2.2) 式的这类等式的抽象表示.

在同一个坐标平面内, 函数 $y = f(x)$ 和反函数 $x = f^{-1}(y)$ 的图像是重合的; 若按习惯将反函数记为 $y = f^{-1}(x)$, 则 $y = f(x)$ 和 $y = f^{-1}(x)$ 的图像关于直线 $y = x$ 对称 (图 1.2.10). 这是因为当点 $P(x, y)$ 在曲线 $y = f(x)$ 上时, 对调 x 与 y 得到的点 $P^*(y, x)$ 在曲线 $y = f^{-1}(x)$ 上, 点 P 与 P^* 关于直线 $y = x$ 对称.

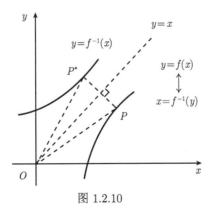

图 1.2.10

由于三角函数在整个定义域上都不是一一对应, 因此要特别关注反三角函数的定义. 函数 $y = \sin x$, $x \in \left[-\dfrac{\pi}{2}, \dfrac{\pi}{2}\right]$ 的反函数称为**反正弦函数**, 记为 $y = \arcsin x$, 其定义域是 $[-1,1]$, 值域是 $\left[-\dfrac{\pi}{2}, \dfrac{\pi}{2}\right]$; 其图像如图 1.2.11 所示. 函数 $y = \cos x$, $x \in [0, \pi]$ 的反函数称为**反余弦函数**, 记为 $y = \arccos x$, 其定义域是 $[-1,1]$, 值域是 $[0, \pi]$; 其图像如图 1.2.12 所示.

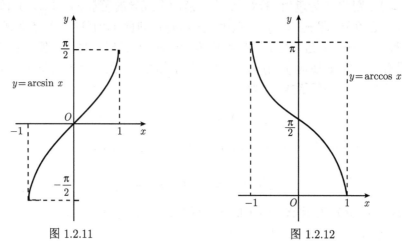

图 1.2.11　　　　　　　　　　　　　　图 1.2.12

函数 $y = \tan x$, $x \in \left(-\dfrac{\pi}{2}, \dfrac{\pi}{2}\right)$ 的反函数称为**反正切函数** (图 1.2.13), 记为 $y = \arctan x$, 其定义域是 $(-\infty, +\infty)$, 值域是 $\left(-\dfrac{\pi}{2}, \dfrac{\pi}{2}\right)$. 函数 $y = \cot x$, $x \in (0, \pi)$ 的反函数称为**反余切函数** (图 1.2.14), 记为 $y = \operatorname{arccot} x$, 其定义域是 $(-\infty, +\infty)$, 值域是 $(0, \pi)$.

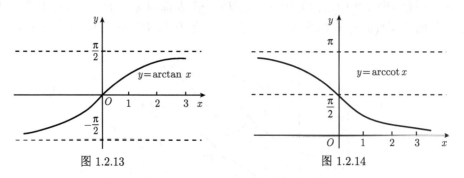

图 1.2.13　　　　　　　　　　　　　　图 1.2.14

定义 1.2.4　**基本初等函数**有以下 6 类 (x 为自变量):

常数函数　$y = c \; (c \in \mathbb{R})$;

幂函数　$y = x^{\alpha} \; (\alpha \in \mathbb{R})$;

指数函数　$y = a^x \ (a > 0, a \ne 1)$;

对数函数　$y = \log_a x \ (a > 0, a \ne 1)$;

三角函数　$y = \sin x, y = \cos x, y = \tan x, y = \cot x$;

反三角函数　$y = \arcsin x, y = \arccos x, y = \arctan x, y = \operatorname{arccot} x$.

由基本初等函数经过有限次四则运算与复合运算得到的函数称为**初等函数**, 不是初等函数的函数称为**非初等函数**.

例如, $y = \sqrt{-\sin^2 x}$, $y = \arctan\left(\dfrac{\log_2 x - x^3 5^x}{\sin 7x + x^{\sqrt{2}}}\right)$ 等都是初等函数; 而 Dirichlet 函数 $D(x)$ 与 Riemann 函数 $R(x)$ 等都是非初等函数. 注意 $\dfrac{|x|}{x}$ 是初等函数, 而符号函数 $\operatorname{sgn} x$ 是非初等函数, 虽然它们的差别很小.

例 1.2.2　确定下列函数的定义域:

(1) $f(x) = \dfrac{\log_2(3-x)}{\sin x} + \sqrt{5 + 4x - x^2}$;　　(2) $g(x) = \log_5(\arccos x)$;

(3) **正割函数** $\sec x = \dfrac{1}{\cos x}$;　　　　　　(4) **余割函数** $\csc x = \dfrac{1}{\sin x}$.

解　(1) 由 $\begin{cases} 3 - x > 0, \\ \sin x \ne 0, \\ 5 + 4x - x^2 \geqslant 0, \end{cases}$ 即 $\begin{cases} x < 3, \\ x \ne k\pi, \\ -1 \leqslant x \leqslant 5 \end{cases}$ $(k \in \mathbb{Z})$ 得 $f(x)$ 的定义

域为 $[-1, 0) \cup (0, 3)$;

(2) 注意到 $\arccos x$ 的定义域是 $[-1, 1]$ 而值域是 $[0, \pi]$, 由 $\arccos x > 0$ 得 $g(x)$ 的定义域为 $[-1, 1)$;

(3) 定义域为 $x \ne \dfrac{\pi}{2} + n\pi (n \in \mathbb{Z})$;

(4) 定义域为 $x \ne n\pi (n \in \mathbb{Z})$.

习　题　1.2

1. 确定下列初等函数的定义域:

(1) $y = \operatorname{arccot}(\sin x)$;　　　　　　(2) $y = \log_2(\log_2 x)$;

(3) $y = \arcsin\left(\log_2 \dfrac{x}{2}\right)$;　　　　(4) $y = \log_2\left(\arcsin \dfrac{x}{2}\right)$.

2. 指出下列函数是由哪些基本初等函数复合而成的:

(1) $y = \left(\operatorname{arccot} x^2\right)^2$;　　　　　　(2) $y = 3^{2^{\sin x}}$.

3. (1) 已知 $f\left(\dfrac{1}{x}\right) = x - \sqrt{1 + x^2}$, 求 $f(x)$; (2) 已知 $f\left(\dfrac{x}{x-1}\right) = \dfrac{2x-1}{3x+1}$, 求 $f(x)$.

4. 已知 $f(x) = x^3$, $g(x) = x$, 试画出下列各函数的图像:

(1) $y = \begin{cases} f(x), & |x| < 2, \\ g(x), & |x| \geqslant 2; \end{cases}$　　　　(2) $y = \max\{f(x), g(x)\}$;

(3) $y = |f(x)|$; (4) $y = \dfrac{1}{2}\left[|f(x)| - f(x)\right]$.

5. 证明: $\forall x_1, x_2 \in \mathbb{R}$ 有 $|\sin x_1 - \sin x_2| \leqslant |x_1 - x_2|$, $|\cos x_1 - \cos x_2| \leqslant |x_1 - x_2|$.

6. 证明: 当 $\sin\dfrac{x}{2} \neq 0$ 时, 有

$$\sum_{k=1}^{n} \sin kx = \frac{\cos\dfrac{x}{2} - \cos\dfrac{2n+1}{2}x}{2\sin\dfrac{x}{2}}, \quad \sum_{k=1}^{n} \cos kx = \frac{\sin\dfrac{2n+1}{2}x - \sin\dfrac{x}{2}}{2\sin\dfrac{x}{2}}.$$

1.3 确界原理

确界是数学分析中具有基本重要性的概念之一. 本节介绍这一概念, 并由此给出确界的存在性原理.

定义 1.3.1 设 S 为 $\mathbb{R}$ 的一个非空子集. 若 $\exists M \in \mathbb{R}$, 使 $\forall x \in S$ 都有 $x \leqslant M$, 则称 S **有上界**, M 称为 S 的一个**上界**; 若 $\exists L \in \mathbb{R}$ 使 $\forall x \in S$ 都有 $x \geqslant L$, 则称 S **有下界**; L 称为 S 的一个**下界**; 若 S 既有上界又有下界, 则称 S 为**有界集**; 若 S 不是**有界集**, 则称 S 为**无界集**.

由定义容易知道, S 有上界 $\Leftrightarrow \exists M \in \mathbb{R}$ 使 $S \subset (-\infty, M]$; S 有下界 $\Leftrightarrow \exists L \in \mathbb{R}$ 使 $S \subset [L, +\infty)$; 无界集共有三种状态: 有上界而无下界、有下界而无上界、既无上界又无下界.

例 1.3.1 由有限个数组成的集 $S = \{a_1, a_2, \cdots, a_k\}$ 必是有界集. 事实上, 令

$$M = \max\{a_1, a_2, \cdots, a_k\}, \quad L = \min\{a_1, a_2, \cdots, a_k\},$$

则 $\forall x \in S$ 有 $L \leqslant x \leqslant M$.

引理 1.3.1 设 S 为 $\mathbb{R}$ 的非空子集, 则 S 为有界集的充分必要条件是

$$\exists M_0 > 0, \quad \forall x \in S, \text{有 } |x| \leqslant M_0. \tag{1.3.1}$$

证明 **充分性** 设 (1.3.1) 式成立. 则 $\forall x \in S$, 有 $-M_0 \leqslant x \leqslant M_0$. 令 $L = -M_0, M = M_0$, 则 $\exists M, L \in \mathbb{R}$, $\forall x \in S$ 有 $L \leqslant x \leqslant M$. 据定义可知 S 有界.

必要性 设 S 有界. 则由定义可知, $\exists M, L \in \mathbb{R}$, $\forall x \in S$ 有 $L \leqslant x \leqslant M$. 令

$$M_0 = \max\{|M|, |L|\} + 1,$$

则 $M_0 > 0$, 且 $\forall x \in S$ 有

$$-M_0 \leqslant -|L| \leqslant L \leqslant x \leqslant M \leqslant |M| \leqslant M_0,$$

即 $|x| \leqslant M_0$. 这表明 (1.3.1) 式成立.

(1.3.1) 式是常用的集有界的逻辑表达式. 否定 (1.3.1) 式可得到集无界的逻辑表达式. 集 S 无界就是使 (1.3.1) 式成立的正数 M_0 不存在. 这等价于任何正数 M(无论多大) 都不能使逻辑式 "$\forall x \in S, |x| \leqslant M$" 成立, 也等价于任何正整数 $n(\forall n \in \mathbb{Z}^+)$ 都不能使逻辑式 "$\forall x \in S, |x| \leqslant n$" 成立, 而 "$\forall x \in S, |x| \leqslant n$" 不成立等价于 S 中找到一个 x_n ($\exists x_n \in S$) 使 $|x_n| > n$. 由此得出如下的集无界的逻辑表达.

推论 1.3.2 设 S 为 $\mathbb{R}$ 的非空子集. 则

$$S为无界集 \Leftrightarrow \forall n \in \mathbb{Z}^+, \exists x_n \in S 使 |x_n| > n. \tag{1.3.2}$$

比较 (1.3.1) 式与 (1.3.2) 式可知, 逻辑表达中含 $\forall$ 量词的部分与含 $\exists$ 量词的部分, 其两种不同语序表达了完全相反的含义. 因此这两部分的先后语序是不可变更的. 请思考: 由原判断的逻辑表达式得出相应否定判断的逻辑表达式, 有何规律?

类似于推论 1.3.2, 由定义 1.3.1 可得出集无上界、无下界的逻辑表达.

推论 1.3.3 设 S 为 $\mathbb{R}$ 的非空子集. 则

$$S无上界 \Leftrightarrow \forall n \in \mathbb{Z}^+, \exists x_n \in S 使 x_n > n.$$

$$S无下界 \Leftrightarrow \forall n \in \mathbb{Z}^+, \exists x_n \in S 使 x_n < -n.$$

例 1.3.2 证明: $S = \{y : y = 2 - x^2, x \in \mathbb{R}\}$ 有上界而无下界.

证明 $\exists M = 2 \in \mathbb{R}, \forall y \in S$ 有 $y = 2 - x^2 \leqslant 2$, 因此 S 有上界. $\forall n \in \mathbb{Z}^+$, $\exists y_n = 2 - (n+1)^2 \in S$ 有 $y_n = (1 - n^2) - 2n < -n$. 因此 S 无下界.

若集 S 有上界, 则显然它有无穷多个上界, 而其中最小的上界具有确定的意义, 称它为 S 的上确界. η 是 S 的最小上界, 一个等价的表述是: 比上界 η 小的任何数都不是 S 的上界. 而比 η 小的任何数可用 "$\eta - \varepsilon$" 表示, 这里的 ε 是任意的正数. 同样地, 若集 S 有下界, 则称最大的下界为下确界. 而 ξ 是 S 的最大下界, 等价于比下界 ξ 大的任何数 $\xi + \varepsilon$ 都不是 S 的下界. 下面给出它们的精确定义.

定义 1.3.2 设 S 为 $\mathbb{R}$ 的非空子集. 若 $\eta \in \mathbb{R}$ 满足

(i) $\forall x \in S$, 有 $x \leqslant \eta$; (即 η 是 S 的上界)

(ii) $\forall \varepsilon > 0, \exists x_\varepsilon \in S$, 使得 $x_\varepsilon > \eta - \varepsilon$, (即 η 又是 S 的最小上界)

则称数 η 为 S 的**上确界**, 记作 $\eta = \sup S$(图 1.3.1).

若 $\xi \in \mathbb{R}$ 满足

(i) $\forall x \in S$, 有 $x \geqslant \xi$; (即 ξ 是 S 的下界)

(ii) $\forall \varepsilon > 0, \exists x_\varepsilon \in S$ 使得 $x_\varepsilon < \xi + \varepsilon$, (即 ξ 又是 S 的最大下界)

则称 ξ 为 S 的**下确界**, 记作 $\xi = \inf S$(图 1.3.2).

若 S 无上界, 则 S 的上确界不存在, 此时定义 $\sup S = +\infty$; 同样地, 若 S 无下界, 则 S 的下确界不存在, 此时定义 $\inf S = -\infty$. 上确界与下确界统称为**确界**.

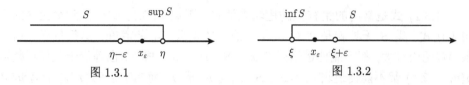

图 1.3.1　　　　　　　　　　　　　　　图 1.3.2

例 1.3.3　设 $S = \{a_1, a_2, \cdots, a_k\}$ 为 k 个数组成的集. 则

$$\sup S = \max\{a_1, a_2, \cdots, a_k\}, \quad \inf S = \min\{a_1, a_2, \cdots, a_k\}.$$

例 1.3.4　指出下列集合的确界并按定义加以验证:

(1) $S_1 = (-\infty, 1) \cap \mathbb{Q}$;　　　　　　　　(2) $S_2 = \{n^{(-1)^n}\}$.

解　(1) $\sup S_1 = 1$, $\inf S_1 = -\infty$. 验证如下: (i) $\forall x \in S_1$ 有 $x \leqslant 1$. (ii) $\forall \varepsilon > 0$, 根据有理数集在实数集中的稠密性, $\exists x_\varepsilon \in \mathbb{Q}$ 使 $x_\varepsilon \in (1 - \varepsilon, 1)$. 于是有 $x_\varepsilon \in S_1$ 且 $x_\varepsilon > 1 - \varepsilon$. 因此 $\sup S_1 = 1$. $\forall n \in \mathbb{Z}^+$, 仍由 $\mathbb{Q}$ 在 $\mathbb{R}$ 中的稠密性, $\exists x_n \in \mathbb{Q}$ 使 $x_n \in (-\infty, -n)$. 于是有 $x_n \in S_1$ 且 $x_n < -n$. 因此 $\inf S_1 = -\infty$.

(2) $\inf S_2 = 0$, $\sup S_2 = +\infty$. 验证如下: (i) $\forall x \in S_2$ 有 $x = n^{(-1)^n} > 0$.

(ii) $\forall \varepsilon > 0$, $\exists n_0 \in \mathbb{Z}^+$ 使 $n_0 > \dfrac{1}{2}\left(\dfrac{1}{\varepsilon} + 1\right)$, 于是 $\exists x_0 = \dfrac{1}{2n_0 - 1} = (2n_0 - 1)^{(-1)^{2n_0 - 1}}$

$\in S_2$ 使 $x_0 < 0 + \varepsilon$. 因此 $\inf S_2 = 0$. $\forall n \in \mathbb{Z}^+$, $\exists x_n = 2n = (2n)^{(-1)^{2n}} \in S_2$ 使 $x_n > n$. 因此 $\sup S_2 = +\infty$.

请注意, 从上面的例子可见, 集 S 的确界未必一定属于 S.

引理 1.3.4　设 S 为 $\mathbb{R}$ 的非空子集.

(1) S 的确界是唯一的;

(2) 若 $\inf S$, $\sup S$ 都存在, 则 $\inf S \leqslant \sup S$;

(3) 若 $\sup S$ 存在, 则 $\eta = \sup S \in S \Leftrightarrow \eta = \max S$;

(4) 若 $\inf S$ 存在, 则 $\xi = \inf S \in S \Leftrightarrow \xi = \min S$.

证明　(2)~(4) 根据定义容易证明, 下面只证明 (1). 以上确界为例, 不妨设 $\sup S < +\infty$. (反证法) 假设 η_1, η_2 都是 S 的上确界, $\eta_1 \neq \eta_2$, 则不妨设 $\eta_1 < \eta_2$. 按 $\eta_2 = \sup S$ 定义之 (ii), 对 $\varepsilon = \eta_2 - \eta_1 > 0$, $\exists x_0 \in S$ 使 $x_0 > \eta_2 - \varepsilon = \eta_1$, 这与 $\eta_1 = \sup S$ 定义之 (i) 矛盾. 因此上确界是唯一的.

关于确界的存在性, 有如下的确界原理.

定理 1.3.5 (确界原理)　设 S 为 $\mathbb{R}$ 的非空子集. 若 S 有上界, 则 S 必有上确界; 若 S 有下界, 则 S 必有下确界.

证明　只证明关于上确界的结论, 关于下确界的结论可类似地证明. 先设 S 含有正数. 因 S 有上界, 故 $\exists n_0 \in \mathbb{N}$ 使 $S \cap [n_0, n_0 + 1) \neq \varnothing$ 且 $S \subset (-\infty, n_0 + 1)$, 即

$$\forall x \in S, 有 x < n_0 + 1 且 \exists a_0 \in S 使 a_0 \geqslant n_0.$$

对半开区间 $[n_0, n_0 + 1)$ 作 10 等分, 分点为 $n_0.1, n_0.2, \cdots, n_0.9$, 则 $\exists n_1 \in \mathbb{N}$, $0 \leqslant n_1 \leqslant 9$, 使得

$$\forall x \in S, 有 x < n_0.n_1 + \frac{1}{10} 且 \exists a_1 \in S 使 a_1 \geqslant n_0.n_1.$$

10 等分 $\left[n_0.n_1, n_0.n_1 + \frac{1}{10}\right)$ 并按以上程序继续, $\cdots$. $\forall k \in \mathbb{Z}^+$, 设 $k - 1$ 步得到半开区间

$$\left[n_0.n_1 n_2 \cdots n_{k-1}, n_0.n_1 n_2 \cdots n_{k-1} + \frac{1}{10^{k-1}}\right),$$

对它作 10 等分, 可知 $\exists n_k \in \mathbb{N}$, $0 \leqslant n_k \leqslant 9$, 使得

$$\forall x \in S, 有 x < n_0.n_1 n_2 \cdots n_k + \frac{1}{10^k}; \tag{1.3.3}$$

$$且 \ \exists a_k \in S 使 a_k \geqslant n_0.n_1 n_2 \cdots n_k. \tag{1.3.4}$$

如此继续下去, 按数学归纳法, 可得实数 $\eta = n_0.n_1 n_2 \cdots n_k \cdots$. 下面证明 $\eta = \sup S$.

(i) 假设 η 不是 S 的上界, 则 $\exists b \in S$ 使 $b > \eta$. 根据定理 1.1.1(1), $\exists i \in \mathbb{N}$ 使得 $b_i^- > \eta_i^+$, 这里 b_i^- 是 b 的 i 位不足近似, η_i^+ 是 η 的 i 位过剩近似. 于是得出

$$b \geqslant b_i^- > \eta_i^+ = n_0.n_1 n_2 \cdots n_i + \frac{1}{10^i},$$

这与 (1.3.3) 式矛盾. 因此 η 是 S 的上界.

(ii) $\forall \varepsilon > 0$, 根据定理 1.1.1(1), $\exists j \in \mathbb{N}$ 使得 $(\eta - \varepsilon)_j^+ < \eta_j^-$, 这里 $(\eta - \varepsilon)_j^+$ 是 $\eta - \varepsilon$ 的 j 位过剩近似, η_j^- 是 η 的 j 位不足近似. 由 (1.3.4) 式可知, $\exists a_j \in S$ 使

$$a_j \geqslant n_0.n_1 n_2 \cdots n_j = \eta_j^- > (\eta - \varepsilon)_j^+ \geqslant \eta - \varepsilon,$$

即 $a_j > \eta - \varepsilon$. 因此 $\eta = \sup S$. 再设 S 不含有正数. 取 $a \in S$, 并令

$$S_a = \{x + |a| + 1 : x \in S\},$$

则 S_a 是 $\mathbb{R}$ 的有上界的非空子集且 S_a 含有正数. 于是 $\sup S_a$ 存在, 从而

$$\sup S = \sup S_a - (|a| + 1)$$

也存在, 由此定理得证.

设 A, B 为 $\mathbb{R}$ 的非空子集, $a \in \mathbb{R}$, 则集 $A + a$, aA, $A + B$ 分别定义如下:

$$A + a = \{x + a : x \in A\};$$

$$aA = \{ax : x \in A\};$$

$$A + B = \{x + y : x \in A, y \in B\}.$$

定理 1.3.6　设 A, B 为 $\mathbb{R}$ 的非空子集, $a \in \mathbb{R}$, 则

(1) $A \subset B \Rightarrow \sup A \leqslant \sup B$, $\inf A \geqslant \inf B$;

(2) $\sup (A \cup B) = \max \{\sup A, \sup B\}$;

(3) $\inf (A \cup B) = \min \{\inf A, \inf B\}$;

(4) $\sup (A + a) = \sup A + a$, $\inf (A + a) = \inf A + a$;

(5) $\sup (aA) = \begin{cases} a \sup A, & a \geqslant 0, \\ a \inf A, & a < 0, \end{cases}$　$\inf (aA) = \begin{cases} a \inf A, & a \geqslant 0, \\ a \sup A, & a < 0; \end{cases}$

(6) $\sup (A + B) = \sup A + \sup B$, $\inf (A + B) = \inf A + \inf B$.

证明　只给出 (2) 的证明, 其余可类似地证明, 留作习题.

若 A, B 中至少有一个无上界, 则易知 $A \cup B$ 无上界, 于是

$$\sup (A \cup B) = +\infty = \max \{\sup A, \sup B\},$$

此时等式成立. 若 A, B 都有上界, 则易知 $A \cup B$ 有上界, 由确界原理, $\sup A$, $\sup B$ 及 $\sup (A \cup B)$ 都是存在的. 以下用两种叙述方法证明等式成立.

方法 1　$\forall x \in A \cup B$, 由于 $x \in A$ 或 $x \in B$, 故 $x \leqslant \sup A$ 或 $x \leqslant \sup B$, 从而 $x \leqslant \max \{\sup A, \sup B\}$. 这表明 $\max \{\sup A, \sup B\}$ 是 $A \cup B$ 的上界, 由上确界是最小上界得到

$$\sup (A \cup B) \leqslant \max \{\sup A, \sup B\}. \tag{1.3.5}$$

$\forall x \in A$ 有 $x \in A \cup B$, 于是 $x \leqslant \sup (A \cup B)$, 即 $\sup (A \cup B)$ 是 A 的上界, 由上确界是最小上界得到 $\sup A \leqslant \sup (A \cup B)$. 同理有 $\sup B \leqslant \sup (A \cup B)$. 由此二式得出

$$\max \{\sup A, \sup B\} \leqslant \sup (A \cup B). \tag{1.3.6}$$

综合 (1.3.5) 与 (1.3.6) 式可知等式成立.

方法 2　记 $\eta = \max \{\sup A, \sup B\}$. (i) $\forall x \in A \cup B$, 若 $x \in A$, 则有 $x \leqslant \sup A \leqslant \eta$; 若 $x \notin A$, 则 $x \in B$, 也有 $x \leqslant \sup B \leqslant \eta$. (ii) $\forall \varepsilon > 0$, 由于 $\max \{\sup A, \sup B\} > \eta - \varepsilon$, 故 $\sup A > \eta - \varepsilon$ 与 $\sup B > \eta - \varepsilon$ 至少有一个成立. 不妨设 $\sup A > \eta - \varepsilon$, 则按 $\sup A$ 的定义, $\exists x_\varepsilon \in A \subset A \cup B$ 使 $x_\varepsilon > \eta - \varepsilon$. 因此, 按 $\sup (A \cup B)$ 的定义有 $\sup (A \cup B) = \eta$.

习　题　1.3

1. 证明 $S = \{y : y = \sqrt{x}, x \in [0, +\infty)\}$ 有下界而无上界.

2. 求下列数集的上确界、下确界, 并依定义加以验证:

(1) $S = \{x : x^2 < 2\}$;

(2) $S = \{x : x \text{ 为} (0, 1) \text{ 内的无理数}\}$;

(3) $S = \left\{ 1 - \dfrac{1}{n} \right\}$;

(4) $S = \left\{ y : y = \dfrac{1}{x}, \ x \in (0, 1) \right\}$.

3. 证明引理 1.3.4(3) 和 (4).

4. 设 A, B 为 $\mathbb{R}$ 的非空子集, 满足 $\forall x \in A, \forall y \in B$ 有 $x \leqslant y$. 证明 A 有上确界, B 有下确界, 且 $\sup A \leqslant \inf B$.

5. 证明定理 1.3.6(3) 和 (6).

1.4 函数的简单特性

本节主要讨论函数的下述 4 种简单特性: 单调性、奇偶性、周期性、有界性.

定义 1.4.1 设 f 在 $D \subset \mathbb{R}$ 上有定义.

(1) 若 $\forall x_1, x_2 \in D$, $x_1 < x_2 \Rightarrow f(x_1) \leqslant f(x_2)$, 则称 f 在 D 上**递增或不减**;

(2) 若 $\forall x_1, x_2 \in D$, $x_1 < x_2 \Rightarrow f(x_1) < f(x_2)$, 则称 f 在 D 上**严格增**;

(3) 若 $\forall x_1, x_2 \in D$, $x_1 < x_2 \Rightarrow f(x_1) \geqslant f(x_2)$, 则称 f 在 D 上**递减或不增**;

(4) 若 $\forall x_1, x_2 \in D$, $x_1 < x_2 \Rightarrow f(x_1) > f(x_2)$, 则称 f 在 D 上**严格减**.

递增函数和递减函数统称为**单调函数**, 严格增函数和严格减函数统称为**严格单调函数**.

例如, 对数函数 $y = \log_2 x$ 在 $(0, +\infty)$ 上严格增; 指数函数 $y = \left(\dfrac{1}{2} \right)^x$ 在 $(-\infty, +\infty)$ 上严格减; 余弦函数 $y = \cos x$ 在 $[-\pi, 0]$ 上严格增, 在 $[0, \pi]$ 上严格减; 符号函数 $y = \operatorname{sgn} x$ 与取整函数 $y = [x]$ 在 $(-\infty, +\infty)$ 上是递增而不严格增的.

数列作为正整数集上的函数, 由定义 1.4.1 易知其单调性可通过相邻两项来刻画.

引理 1.4.1 设 $\{a_n\}$ 为 $\mathbb{R}$ 中数列, 则

$$\{a_n\} \text{ 递增} \Leftrightarrow \forall n \in \mathbb{Z}^+, a_n \leqslant a_{n+1}; \quad \{a_n\} \text{ 递减} \Leftrightarrow \forall n \in \mathbb{Z}^+, a_n \geqslant a_{n+1}.$$

例 1.4.1 证明函数 $f(x) = x^3$ 在 $(-\infty, +\infty)$ 上严格增.

证明 $\forall x_1, x_2 \in (-\infty, +\infty)$, 当 $x_1 < x_2$ 时, 有

$$\begin{aligned}
f(x_2) - f(x_1) &= x_2^3 - x_1^3 = (x_2 - x_1)(x_2^2 + x_1 x_2 + x_1^2) \\
&= (x_2 - x_1)\left[\left(x_2 + \frac{x_1}{2} \right)^2 + \frac{3x_1^2}{4} \right] > 0.
\end{aligned}$$

因此, $f(x) = x^3$ 在 $(-\infty, +\infty)$ 上严格增.

例 1.4.2 证明数列 $\left\{ \dfrac{c^n}{n!} \right\}$ 除有限项外递减, 其中 $c > 0$ 为常数.

证明 记 $a_n = \dfrac{c^n}{n!}$, 则 $\dfrac{a_{n+1}}{a_n} = \dfrac{c^{n+1}}{(n+1)!} \dfrac{n!}{c^n} = \dfrac{c}{n+1}$. 因当 $n \geqslant c-1$ 时有 $a_{n+1} \leqslant a_n$, 故数列 $\{a_n\}$ 除有限项外递减.

定理 1.4.2 设函数 f 在 $D \subset \mathbb{R}$ 上严格增 (严格减), 则 f 存在反函数 f^{-1}, 且 f^{-1} 在 $f(D)$ 上也是严格增 (严格减) 的函数.

证明 不妨设 f 在 D 上严格增 (若 f 严格减, 则考虑 $-f$). $\forall x_1, x_2 \in D$, 由 $x_1 < x_2 \Rightarrow f(x_1) < f(x_2)$ 可知 $x_1 \neq x_2 \Rightarrow f(x_1) \neq f(x_2)$, 即 f 是单射. 于是 $f : D \to f(D)$ 是一一对应, 因而 f 存在反函数 f^{-1}. (反证法) 假设 f^{-1} 不是严格增的, 有 $y_1, y_2 \in f(D)$, $y_1 < y_2$, 但 $f^{-1}(y_1) \geqslant f^{-1}(y_2)$, 则由于 $f^{-1}(y_1), f^{-1}(y_2) \in D$ 且 f 在 D 上严格增, 得出 $y_1 = f \circ f^{-1}(y_1) \geqslant f \circ f^{-1}(y_2) = y_2$, 矛盾. 因此 f^{-1} 也是严格增的. 定理得证.

例如, 函数 $y = x^2$ 在 $[0, +\infty)$ 上严格增, 存在反函数 $y = \sqrt{x}$, $x \in [0, +\infty)$, 它也是严格增的; $y = x^2$ 在 $(-\infty, 0]$ 上严格减, 存在反函数 $y = -\sqrt{x}$, $x \in [0, +\infty)$, 它也是严格减的. 同样, 函数 $y = \sin x$ 在 $\left[-\dfrac{\pi}{2}, \dfrac{\pi}{2}\right]$ 上严格增, 存在反函数 $y = \arcsin x$, $x \in [-1, 1]$, 它也是严格增的; $y = \sin x$ 在 $\left[\dfrac{\pi}{2}, \dfrac{3\pi}{2}\right]$ 上严格减, 存在反函数 $y = \pi - \arcsin x$, $x \in [-1, 1]$, 它也是严格减的.

定义 1.4.2 设 f 在 $D \subset \mathbb{R}$ 上有定义. D 关于原点是对称的, 即 $x \in D \Rightarrow -x \in D$.

(1) 若 $\forall x \in D$ 有 $f(-x) = -f(x)$, 则称 f 为 D 上的**奇函数**;

(2) 若 $\forall x \in D$ 有 $f(-x) = f(x)$, 则称 f 为 D 上的**偶函数**.

由定义 1.4.2 容易知道, 奇函数的图像关于原点对称, 偶函数的图像关于 y 轴对称.

例如, $y = \sin x$, $x \in (-\infty, +\infty)$ 和 $y = \arcsin x$, $x \in [-1, 1]$ 是奇函数; $y = \cos x$, $x \in (-\infty, +\infty)$ 和 $y = |x|$, $x \in (-\infty, +\infty)$ 是偶函数; $y = \arccos x$, $x \in [-1, 1]$ 既非奇函数也非偶函数. 容易知道, 符号函数 $y = \operatorname{sgn} x$ 是奇函数, 而 Dirichlet 函数 $D(x)$ 是偶函数.

引理 1.4.3 设 $D \subset \mathbb{R}$ 关于原点对称, 则在 D 上:

(1) 奇函数与奇函数之和与差仍为奇函数;

(2) 偶函数与偶函数之和、差、积仍为偶函数;

(3) 奇函数与偶函数之积是奇函数;

(4) 奇函数与奇函数之积是偶函数.

证明 只证明 (4), 其余类似地可证. 设 f, g 都是 D 上的奇函数, 令 $F = fg$, 则 $\forall x \in D$ 有 $F(-x) = f(-x)g(-x) = [-f(x)][-g(x)] = f(x)g(x) = F(x)$, 这表

明 F 是 D 上的偶函数.

定义 1.4.3 设 f 为在 $D \subset \mathbb{R}$ 上有定义. 若 $\exists \sigma > 0$, 使得 $\forall x \in D$, 有 $f(x \pm \sigma) = f(x)$, 则称 f 为**周期函数**, σ 为 f 的一个**周期**. 显然, 当 σ 为 f 的周期时, $n\sigma(n \in \mathbb{Z}^+)$ 也是 f 的周期. 若在周期函数 f 的所有周期中存在一个最小的周期, 则称它为 f 的**基本周期**, 简称为**周期**.

由定义 1.4.3 容易知道, 周期函数的定义域是既无上界又无下界的集.

例如, $\sin x$ 的周期是 2π, $\cot x$ 的周期是 π. 函数 $y = x - [x]$, $x \in \mathbb{R}$ 称为**小数函数** (图 1.4.1), 其周期为 1. 常数函数 $f(x) = c$ 是以任何正数为周期的周期函数, 它不存在基本周期. 容易知道, Dirichlet 函数 $D(x)$ 是以任何正有理数为周期的周期函数, 也不存在基本周期.

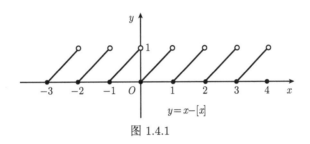

图 1.4.1

例 1.4.3 证明函数 $f(x) = x - \sin x$ 不是周期函数.

证明 (反证法) 假设函数 $f(x) = x - \sin x$ 有周期 σ, 则 $\forall x \in \mathbb{R}$ 有 $f(x+\sigma) = f(x)$, 即

$$x + \sigma - \sin(x + \sigma) = x - \sin x.$$

令 $x = 0$, 得 $\sigma - \sin \sigma = 0$, 由此推得 $\sigma = 0$, 这与周期的定义相矛盾. 因此, $f(x) = x - \sin x$ 不是周期函数.

定义 1.4.4 设 f 在 $D \subset \mathbb{R}$ 上有定义. 若与 D 对应的值域 $f(D)$ 有上界、有下界、有界, 则分别称 f 为 D 上的**有上界、有下界、有界的函数**. 并且其上确界、下确界明确地记为 $\sup\limits_{x \in D} f(x)$ 与 $\inf\limits_{x \in D} f(x)$, 即

$$\sup\limits_{x \in D} f(x) = \sup f(D), \quad \inf\limits_{x \in D} f(x) = \inf f(D).$$

例如, $y = \arctan x$, $y = \text{arccot} x$ 在 $\mathbb{R}$ 上有界; $y = \tan x$ 在 $\left(-\dfrac{\pi}{2}, \dfrac{\pi}{2}\right)$ 上无界, 但在 $\left(-\dfrac{\pi}{2}, \dfrac{\pi}{2}\right)$ 内的任一闭区间 $[-a, a]$ 上有界, 这里 $0 < a < \dfrac{\pi}{2}$. 一般地, 若 f 在 D_2 上有定义且 $D_1 \subset D_2$, 则

$$f\text{在}D_2\text{上有界} \Rightarrow f\text{在}D_1\text{上有界}; \quad f\text{在}D_1\text{上无界} \Rightarrow f\text{在}D_2\text{上无界}.$$

根据定义 1.4.4 与引理 1.3.1, 可得如下常用的函数有界的逻辑表达式.

引理 1.4.4 (1) 函数 f 在 D 上有界 $\Leftrightarrow \exists M > 0, \forall x \in D$, 有 $|f(x)| \leqslant M$;

(2) 数列 $\{a_n\}$ 有界 $\Leftrightarrow \exists M > 0, \forall n \in \mathbb{Z}^+$, 有 $|a_n| \leqslant M$.

上述逻辑表达式的几何意义是: 函数 f 在 D 上有界等价于 f 的函数图像完全落在直线 $y = -M$ 与 $y = M$ 之间 (图 1.4.2).

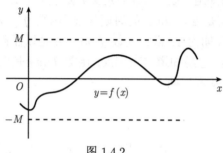

图 1.4.2

根据引理 1.4.4 并参照推论 1.3.2, 不难得到如下的函数无界的逻辑表达式.

推论 1.4.5 (1) 函数 f 在 D 上无界 $\Leftrightarrow \forall n \in \mathbb{Z}^+, \exists x_n \in D$, 使 $|f(x_n)| > n$;

(2) 数列 $\{a_n\}$ 无界 $\Leftrightarrow \forall k \in \mathbb{Z}^+, \exists n_k \in \mathbb{Z}^+$, 使 $|a_{n_k}| > k$.

参照推论 1.4.5 与推论 1.3.3, 请自行写出函数 (及数列) 无上界、无下界的逻辑表达式.

例 1.4.4 证明: 函数 $f(x) = x \sin x$ 在 $(-\infty, +\infty)$ 上既无上界又无下界 (图 1.4.3).

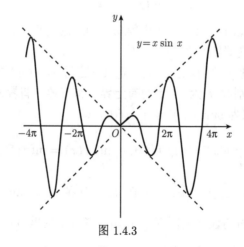

图 1.4.3

证明 $\forall n \in \mathbb{Z}^+, \exists x_n = 2n\pi + \dfrac{\pi}{2} \in (-\infty, +\infty)$ 使 $f(x_n) = 2n\pi + \dfrac{\pi}{2} > n$, 这表明 $f(x)$ 在 $(-\infty, +\infty)$ 无上界;

$\forall n \in \mathbb{Z}^+, \exists x_n^* = 2n\pi - \dfrac{\pi}{2} \in (-\infty, +\infty)$ 使 $f(x_n^*) = -\left(2n\pi - \dfrac{\pi}{2}\right) < -n$. 因此 $f(x)$ 在 $(-\infty, +\infty)$ 也无下界.

定理 1.4.6　设 f 在 $D \subset \mathbb{R}$ 上有界, 则

$$\sup_{a,b \in D} |f(a) - f(b)| = \sup_{x \in D} f(x) - \inf_{x \in D} f(x).$$

证明　记 $\sup\limits_{a,b \in D} |f(a) - f(b)| = \omega,\ \sup\limits_{x \in D} f(x) = M,\ \inf\limits_{x \in D} f(x) = m$. 因 f 在 D 上有界, 故三者都存在, 即 $\omega, M, m \in \mathbb{R}$. 以下用两种方法证明 $\omega = M - m$.

方法 1　一方面, $\forall a, b \in D$ 有 $m \leqslant f(a) \leqslant M,\ m \leqslant f(b) \leqslant M$; 此二式相减得

$$m - M \leqslant f(a) - f(b) \leqslant M - m,$$

即 $|f(a) - f(b)| \leqslant M - m$, 这表明 $M - m$ 是上界. 由上确界是最小上界得到 $\omega \leqslant M - m$. 另一方面, $\forall x, z \in D$, 有 $f(x) - f(z) \leqslant |f(x) - f(z)| \leqslant \omega$, 于是 $\forall x \in D$, 有 $f(x) \leqslant \omega + f(z)$, 即 $\omega + f(z)$ 是上界. 由上确界是最小上界可知 $M \leqslant \omega + f(z)$, 即 $\forall z \in D$ 有 $M - \omega \leqslant f(z)$, 这表明 $M - \omega$ 是下界. 由于下确界是最大下界, 所以有 $M - \omega \leqslant m$, 即 $M - m \leqslant \omega$.

方法 2　(i) $\forall a, b \in D$ 有 $m \leqslant f(a) \leqslant M,\ m \leqslant f(b) \leqslant M$, 因此有

$$|f(a) - f(b)| \leqslant M - m.$$

(ii) $\forall \varepsilon > 0, \exists a_\varepsilon \in D$ 使得 $f(a_\varepsilon) > M - \dfrac{\varepsilon}{2}$ 且 $\exists b_\varepsilon \in D$ 使得 $f(b_\varepsilon) < m + \dfrac{\varepsilon}{2}$. 从而 $\exists a_\varepsilon, b_\varepsilon \in D$ 使得

$$M - m - \varepsilon < f(a_\varepsilon) - f(b_\varepsilon) \leqslant |f(a_\varepsilon) - f(b_\varepsilon)|.$$

因此由上确界定义可知 $\omega = \sup\limits_{a,b \in D} |f(a) - f(b)| = M - m$.

习　题　1.4

1. 证明下列函数在指定区间上的单调性:

(1) $y = \cos x$ 在 $[0, \pi]$ 上严格递减;

(2) $y = \left(\dfrac{1}{3}\right)^{|x|}$ 在 $(-\infty, 0]$ 上严格递增, 在 $[0, +\infty)$ 上严格递减.

2. 判别下列函数的奇偶性:

(1) $f(x) = \arcsin x \tan x + \log_3 |x|$;　　　　(2) $f(x) = \lg(x + \sqrt{1 + x^2})$;

(3) $f(x) = \dfrac{2^x - 1}{2^x + 1} \log_2 \dfrac{1 - x}{1 + x}$;　　　　(4) $f(x) = \dfrac{1}{2^x + 1} - \dfrac{1}{2}$.

3. 求下列函数的周期:

(1) $f(x) = \sin^2 x$;

(2) $f(x) = \cot 3x$;

(3) $f(x) = \sqrt{\tan x}$;

(4) $f(x) = |\sin x| + |\cos x|$.

4. 证明函数 $f(x) = \dfrac{2x + 1}{1 + x^2}$ 是 $\mathbb{R}$ 上的有界函数.

5. 证明函数 $f(x) = \tan x$ 在 $\left(-\dfrac{\pi}{2}, \dfrac{\pi}{2}\right)$ 上无界, 但在 $\left(-\dfrac{\pi}{2}, \dfrac{\pi}{2}\right)$ 内的任一闭区间 $[-a, a]$ 上有界, 这里 $0 < a < \dfrac{\pi}{2}$.

复习课件 01

归纳解析
视频 01

总习题 1

A 组

1. 试作下列函数的图像:

(1) $y = \operatorname{sgn}(\sin x)$;

(2) $y = \begin{cases} x, & |x| > 1, \\ 2, & |x| = 1, \\ \sqrt{|x|}, & |x| < 1. \end{cases}$

2. 求下列函数的反函数:

(1) $y = \dfrac{1 - \sqrt{1 + 4x}}{1 + \sqrt{1 + 4x}}$;

(2) $y = (1 + x^2)\operatorname{sgn} x$.

3. 已知 $f\left(x + \dfrac{1}{x}\right) = x^2 + \dfrac{1}{x^2}$, 求 $f(x)$.

4. 脉冲发生器产生一个三角波, 其波形如图 1.1 所示, 写出函数关系式 $u = u(t)(t \in [0, 20])$, 将其分别延拓成 $[-20, 20]$ 上的奇函数与偶函数并写出其函数关系式.

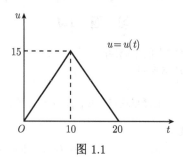

图 1.1

5. 设 f, g 都在 $D \subset \mathbb{R}$ 上有界. 证明 $f + g$, $f - g$, fg 都在 D 上有界.

6. 设 f, g 为定义在 $D \subset \mathbb{R}$ 上的有界函数, 且 $\forall x \in D$, 有 $f(x) \leqslant g(x)$. 证明:

(1) $\sup\limits_{x \in D} f(x) \leqslant \sup\limits_{x \in D} g(x)$; 　　　　(2) $\inf\limits_{x \in D} f(x) \leqslant \inf\limits_{x \in D} g(x)$.

7. 设 f 为定义在 $D \subset \mathbb{R}$ 上的有界函数, 证明:

(1) $\sup\limits_{x \in D}\{-f(x)\} = -\inf\limits_{x \in D} f(x)$; 　　　　(2) $\inf\limits_{x \in D}\{-f(x)\} = -\sup\limits_{x \in D} f(x)$.

8. 设 f, g 为定义在 $D \subset \mathbb{R}$ 上的有界函数. 证明:

(1) $\inf\limits_{x \in D} f(x) + \sup\limits_{x \in D} g(x) \leqslant \sup\limits_{x \in D} [f(x) + g(x)] \leqslant \sup\limits_{x \in D} f(x) + \sup\limits_{x \in D} g(x)$;

(2) $\inf\limits_{x \in D} f(x) + \inf\limits_{x \in D} g(x) \leqslant \inf\limits_{x \in D} [f(x) + g(x)] \leqslant \inf\limits_{x \in D} f(x) + \sup\limits_{x \in D} g(x)$.

9. 设 f, g 为定义在 $D \subset \mathbb{R}$ 上的非负有界函数. 证明:

(1) $\sup\limits_{x \in D} [f(x)g(x)] \leqslant \sup\limits_{x \in D} f(x) \cdot \sup\limits_{x \in D} g(x)$;

(2) $\inf\limits_{x \in D} f(x) \cdot \inf\limits_{x \in D} g(x) \leqslant \inf\limits_{x \in D} [f(x)g(x)]$.

10. 设 f, g 为定义在 $D \subset \mathbb{R}$ 上的递增函数.

(1) 证明 $f + g$ 在 D 上递增;

(2) 又设 f, g 在 D 上是非负的, 证明 fg 在 D 上递增, 并考察 $h(x) = \dfrac{x \arctan x}{1 + x}$ 在 $[0, +\infty)$ 上的单调性;

(3) $\forall x \in D$, 记 $M(x) = \max\{f(x), g(x)\}$ 和 $m(x) = \min\{f(x), g(x)\}$, 证明 $M(x), m(x)$ 在 D 上递增.

11. 设 f 为 $[-a, a]$ 上的偶函数, 证明: 若 f 在 $[0, a]$ 上递增, 则 f 在 $[-a, 0]$ 上递减.

12. 设 f 为定义在 $(-\infty, +\infty)$ 上以 σ 为周期的函数. 证明: 若 f 在 $[a, a + \sigma]$ 上有界 (a 为常数), 则 f 在 $(-\infty, +\infty)$ 上有界.

B 组

13. 利用均值不等式证明数列 $\left\{\left(1 + \dfrac{1}{n}\right)^n\right\}$ 递增, 数列 $\left\{\left(1 + \dfrac{1}{n}\right)^{n+1}\right\}$ 递减.

14. 设 p 为正整数, 证明: 若 p 不是完全平方数, 则 $\sqrt{p}$ 是无理数.

15. 工程技术中常常用到的下述 4 个函数统称为**双曲函数** (其中 e 是常数, $2 < e < 3$).

双曲正弦 $\mathrm{sh}x = \dfrac{\mathrm{e}^x - \mathrm{e}^{-x}}{2}$; 　　　　双曲余弦 $\mathrm{ch}x = \dfrac{\mathrm{e}^x + \mathrm{e}^{-x}}{2}$;

双曲正切 $\mathrm{th}x = \dfrac{\mathrm{sh}x}{\mathrm{ch}x} = \dfrac{\mathrm{e}^x - \mathrm{e}^{-x}}{\mathrm{e}^x + \mathrm{e}^{-x}}$; 　　　　双曲余切 $\mathrm{cth}x = \dfrac{\mathrm{ch}x}{\mathrm{sh}x} = \dfrac{\mathrm{e}^x + \mathrm{e}^{-x}}{\mathrm{e}^x - \mathrm{e}^{-x}}$.

证明: (1) $\mathrm{ch}^2 x - \mathrm{sh}^2 x = 1$;

(2) $\mathrm{ch}(x \pm y) = \mathrm{ch}x\mathrm{ch}y \pm \mathrm{sh}x\mathrm{sh}y$, $\mathrm{sh}(x \pm y) = \mathrm{sh}x\mathrm{ch}y \pm \mathrm{ch}x\mathrm{sh}y$;

(3) $\mathrm{ch}2x = \mathrm{ch}^2 x + \mathrm{sh}^2 x$, $\mathrm{sh}2x = 2\mathrm{sh}x\mathrm{ch}x$;

(4) $\mathrm{th}2x = \dfrac{2\mathrm{th}x}{1 + \mathrm{th}^2 x}$, $\mathrm{cth}2x = \dfrac{1 + \mathrm{cth}^2 x}{2\mathrm{cth}x}$.

16. 设 f 和 g 是 D 上的初等函数, $\forall x \in D$, 记

$$M(x) = \max\{f(x), g(x)\} \text{ 和 } m(x) = \min\{f(x), g(x)\}.$$

试问函数 $M(x), m(x)$ 是初等函数吗? 请说明理由.

17. 设 $D \subset \mathbb{R}$ 关于原点对称. 证明定义在 D 上的任何函数 $f(x)$ 都可表示成一个奇函数与一个偶函数之和.

18. 两个奇偶函数的复合有何奇偶性? 两个单调函数的复合有何单调性? 证明得出的结论.

19. 两个周期函数的和是否为周期函数? 若是, 则给予证明; 若否, 则给出反例.

20. 在 $\mathbb{R}$ 上是否存在严格增的偶函数? 若存在, 则给出例子; 若不存在, 则给予证明.

21. 设 A, B 为 $\mathbb{R}$ 的非空子集. 设 $A \bigcap B \neq \varnothing$, 对照定理 1.3.6, 猜测关于 $\sup(A \bigcap B)$ 与 $\inf(A \bigcap B)$ 的结论, 给予证明或给出反例. 对 $a \in A$, 定义

$$a - A = \{a - x : x \in A\},$$
$$A - B = \{x - y : x \in A, y \in B\},$$

猜测并证明关于 $a - A$, $A - B$ 的确界等式.

22. 对比定理 1.3.6(6) 与总习题 1 的第 8 题, 举例说明总习题 1 的第 8 题中严格的不等式可能会成立.

23. 例举符合下列条件的函数.

(1) 在 $\mathbb{R}$ 上是偶函数、周期函数, 但不存在单调区间;

(2) 在 $\mathbb{R}$ 上是奇函数、偶函数、周期函数、单调函数;

(3) 在闭区间 $[0,1]$ 上无界的函数;

(4) 在 $\mathbb{R}$ 上无界的周期函数.

24. 定理 1.4.2 的逆命题是否为真, 即函数 $y = f(x)$ 在区间 I 上存在反函数, f 是否必是严格单调函数? 试构造一个函数 $y = g(x)$, 它是 $[0,1]$ 与 $[0,1]$ 之间的一一对应, 但在 $[0,1]$ 的任一子区间上都不是单调函数.

25. 证明: 若函数 $f(x)$ $(x \in \mathbb{R})$ 的图像关于点 $A(a, y_0)$ 和直线 $x = b$ $(b > a)$ 皆对称, 则 $f(x)$ 是 $\mathbb{R}$ 上的周期函数.

第 2 章　数列极限

极限方法是数学分析最主要最基本的方法, 运用它可以辩证地解决 "有限与无限" "直与曲" "近似与精确" 等方面的矛盾. 极限的思想方法贯穿于数学分析的始终. 本章讨论数列极限, 它是极限理论的基础部分.

2.1　数列极限的概念

极限概念是在寻求某些实际问题的精确解答过程中产生的. 用割圆术求圆周率 π 是个范例. 中国古代从先秦时期开始, 一直是取 "周三径一"(即圆周周长与直径的比例为三比一) 的数值来进行有关圆的计算. 但用 "周三径一" 计算出来的圆周长, 实际上是圆内接正六边形的周长. 公元 3 世纪中期, 魏晋时期的数学家刘徽首创割圆术, 通过不断倍增圆内接正多边形的边数求出圆周长, 进而求得较为精确的圆周率. 他从圆内接正六边形开始割圆 (图 2.1.1), 将 6 条弧的每段 2 等分, 得到圆内接正十二边形, 并继续这样的分割. 若将正 $6 \times 2^{n-1}$ 边形的周长记为 L_n, 则由此得到圆周长的数列 $\{L_n\}$. 刘徽将圆周长一直算到了正 3072 边形, 即 $n = 10$ 情形, 并由此而求得了圆周率近似数值 3.1416. 这个数据的精确度在如今计算机时代不足为奇, 当时却是世界上前所未有的. 割圆过程所蕴涵的无穷小分割与极限的思想, 成为人类文明史中不朽的篇章. 刘徽指出: 割之弥细, 所失弥少, 割之又割, 以至于不可割, 则与圆合体, 而无所失矣. 就是说, 将圆内接正多边形的边数不断加倍, 则它们的周长 L_n 与圆周长的差就越来越小, 而当边数不能再加的时候, L_n 的极限就是圆周长.

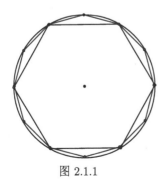

图 2.1.1

数学家
小传2.1.1

极限概念反映的是变量在一个无限变化过程中的变化趋势. 数列的无限变化过程就是项数 n 的无限增大, 记为 $n \to +\infty$. 由于 n 为正整数, 故简记为 $n \to \infty$. 当 $n \to \infty$ 时, 有些数列会有一个趋向, 也有些数列没有趋向. 若数列向某确定的实数 a 无限接近, 则称该数列存在极限或趋向于 a; 若数列无限增大, 或无限减小, 或其绝对值无限增大, 则分别称该数列趋向于 $+\infty, -\infty, \infty$, 或称为有广义极限; 若数列没有趋向, 则称它无极限.

观察数列 $\left\{\dfrac{1}{n}\right\}$, $\left\{\dfrac{n}{n+1}\right\}$, $\{n^2\}$, $\{-n\}$, $\{(-1)^n n\}$, $\{(-1)^n\}$, 容易猜到当 $n \to \infty$ 时, 有 $\dfrac{1}{n} \to 0$, $\dfrac{n}{n+1} \to 1$, $n^2 \to +\infty$, $-n \to -\infty$, $(-1)^n n \to \infty$, $\{(-1)^n\}$ 无极限.

数列 $\{a_n\}$ 以定数 a 为极限可以粗略地描述为

$$\text{当} n \to \infty \text{时}, a_n \text{无限接近于} a. \tag{2.1.1}$$

(2.1.1) 式虽然概括了数列极限的含义, 但语词 "无限接近" 不是量化的刻画, 无法用来进行进一步讨论. 寻找极限的精确定义的过程在数学史上是漫长的, 现在再现这一过程用不了很多笔墨. 首先注意到 a_n 接近于 a 的程度可以用 a_n 与 a 的距离 $|a_n - a|$ 来刻画. (2.1.1) 式等价于 $|a_n - a|$ 随着项数 n 的无限增大而任意变小. 以数列 $\left\{\dfrac{1}{n}\right\}$ 为例. 对于很小的数 $\dfrac{1}{100}$, 要使得 $\left|\dfrac{1}{n} - 0\right| < \dfrac{1}{100}$, 只要 $n > 100$, 即

对于 $\dfrac{1}{100}$, 有一个项数 100,

$$\text{数列第 100 项以后的所有项都满足} \left|\dfrac{1}{n} - 0\right| < \dfrac{1}{100}. \tag{2.1.2}$$

同样地, 对于更小的数 $\dfrac{1}{10^6}$, 要使得 $\left|\dfrac{1}{n} - 0\right| < \dfrac{1}{10^6}$, 只要 $n > 10^6$, 即

对于 $\dfrac{1}{10^6}$, 有一个项数 10^6,

$$\text{数列第 } 10^6 \text{ 项以后的所有项都满足} \left|\dfrac{1}{n} - 0\right| < \dfrac{1}{10^6}. \tag{2.1.3}$$

类似于 (2.1.2) 与 (2.1.3) 式的表达式可以写出无限个, 它们反映了数列 $\left\{\dfrac{1}{n}\right\}$ 随着项数 n 的不断增大而接近定数 0 的动态过程. 如果能将这无限多个表达式用一个表达式来概括, 我们就找到了数列极限的精确刻画. 用字母 ε 代表 $\dfrac{1}{100}$, $\dfrac{1}{10^6}$ 这些数, 即 ε 表示可以任意小的正数, 用字母 N 代表 100, 10^6 这些项数, 即 N 表示对应于 ε 而找到的项数. 于是数列 $\{a_n\}$ 以定数 a 为极限可以量化地表述为

对于任意给定的正数ε, 总存在项数N, 数列$\{a_n\}$
第N项以后的所有项都满足$|a_n - a| < \varepsilon$. $\qquad$ (2.1.4)

将 (2.1.4) 式用逻辑符号简约表示, 由此我们就可以给出数列极限的精确定义.

定义 2.1.1 设 $\{a_n\}$ 为数列, a 为定数. 若

$$\forall \varepsilon > 0, \quad \exists N \in \mathbb{Z}^+, \quad \forall n > N, \text{有} |a_n - a| < \varepsilon, \qquad (2.1.5)$$

则称数列 $\{a_n\}$ **收敛于**a 或 $\{a_n\}$ **存在极限**, 定数 a 称为数列 $\{a_n\}$ 的**极限**, 并记作 $\lim\limits_{n \to \infty} a_n = a$ 或 $a_n \to a \ (n \to \infty)$. 若不存在实数 a 使 $\{a_n\}$ 收敛于 a, 则称数列 $\{a_n\}$ **发散**.

定义 2.1.1 常称为**数列极限的** ε-N **定义**. 下面举例说明如何根据 ε-N 定义来验证数列极限, 其中有些例子也是以后极限计算的依据.

例 2.1.1 证明 $\lim\limits_{n \to \infty} \dfrac{n + (-1)^{n-1}}{n} = 1$.

证明 由于 $\left| \dfrac{n + (-1)^{n-1}}{n} - 1 \right| = \dfrac{1}{n}$, 故 $\forall \varepsilon > 0$, $\exists N = \left[\dfrac{1}{\varepsilon}\right] + 1 \in \mathbb{Z}^+$, $\forall n > N$, 有 $n > \dfrac{1}{\varepsilon}$, 从而

$$\left| \frac{n + (-1)^{n-1}}{n} - 1 \right| = \frac{1}{n} < \varepsilon.$$

这就证明了 $\lim\limits_{n \to \infty} \dfrac{n + (-1)^{n-1}}{n} = 1$.

上述证明中, N 的表达式是由后面的 $\dfrac{1}{n} < \varepsilon$ 解出的不等式 $n > \dfrac{1}{\varepsilon}$ 而找出来的. 式子 "$\exists N = \left[\dfrac{1}{\varepsilon}\right] + 1 \in \mathbb{Z}^+$" 利用了取整函数, 是为了保证 N 在任何情况下都是大于等于 $\dfrac{1}{\varepsilon}$ 的正整数. 由于比一个实数大的正整数总是存在的, 故此式可用

$$\text{“}\exists N \in \mathbb{Z}^+, N \geqslant \frac{1}{\varepsilon}\text{”}$$

来代替. 以下的论证中 N 的表达式都采用与此相类似的简约表示.

例 2.1.2 设 $a_n \equiv C (C$ 为常数), 证明 $\lim\limits_{n \to \infty} a_n = C$, 即常数列的极限等于该常数.

证明 因为 $\forall \varepsilon > 0$, $\exists N = 1 \in \mathbb{Z}^+$, $\forall n \geqslant N$, 有 $|a_n - C| = |C - C| = 0 < \varepsilon$, 所以有 $\lim\limits_{n \to \infty} a_n = C$.

例 2.1.3 证明 $\lim\limits_{n \to \infty} q^n = 0$, 这里 $|q| < 1$.

证明 若 $q = 0$, 则 $\lim\limits_{n \to \infty} q^n = \lim\limits_{n \to \infty} 0 = 0$. 下设 $0 < |q| < 1$. 因为 $\forall \varepsilon > 0$,

$\exists N \in \mathbb{Z}^+, N \geqslant \log_{|q|} \varepsilon, \forall n > N,$ 有

$$|q^n - 0| = |q|^n < \varepsilon,$$

故按定义证得 $\lim\limits_{n \to \infty} q^n = 0$.

例 2.1.4　证明 $\lim\limits_{n \to \infty} \dfrac{1}{n^\alpha} = 0$, 这里 $\alpha > 0$.

证明　$\forall \varepsilon > 0, \exists N \in \mathbb{Z}^+, N \geqslant \left(\dfrac{1}{\varepsilon}\right)^{\frac{1}{\alpha}}, \forall n > N,$ 有

$$\left|\frac{1}{n^\alpha} - 0\right| = \frac{1}{n^\alpha} < \varepsilon.$$

这表明 $\lim\limits_{n \to \infty} \dfrac{1}{n^\alpha} = 0$.

定义 2.1.2　若数列 $\{a_n\}$ 收敛于 0, 则称 $\{a_n\}$ 为**无穷小量**或**无穷小**.

例如, $\left\{\dfrac{1}{n^\alpha}\right\} (\alpha > 0)$ 与 $\{q^n\} (|q| < 1)$ 都是无穷小量; 常数列 $\{0\}$ 是一个特殊的无穷小量.

由于 $|a_n - a| = |(a_n - a) - 0|$, 所以根据定义可直接得到下述等价性质.

引理 2.1.1　数列 $\{a_n\}$ 收敛于 a 的充分必要条件是 $\{a_n - a\}$ 为无穷小量.

利用引理 2.1.1, 可将数列 $\{a_n\}$ 是否收敛于 a 的问题转化为 $\{a_n - a\}$ 是否为无穷小量来考察.

引理 2.1.2　若 $\lim\limits_{n \to \infty} a_n = a$, 则 $\lim\limits_{n \to \infty} |a_n| = |a|$.

证明　$\forall \varepsilon > 0,$ 由 $\lim\limits_{n \to \infty} a_n = a$ 可知 $\exists N \in \mathbb{Z}^+, \forall n > N,$ 有 $|a_n - a| < \varepsilon$. 从而 $\forall n > N$ 有

$$||a_n| - |a|| \leqslant |a_n - a| < \varepsilon.$$

按照定义, 这证明了 $\lim\limits_{n \to \infty} |a_n| = |a|$.

由于定义 2.1.1 在应用上的重要性, 所以对 (2.1.5) 式应当有更为深入的理解. 要特别注意下述两点.

其一是 ε 的任意性. 所谓 "任意", 确切含义是 "任意小" 而不是 "任意大". 这是因为不等式 $|a_n - a| < \varepsilon$ 只有当 ε 任意小时才有非平凡的意义. 容易明白, (2.1.5) 式中的 "$\forall \varepsilon > 0$" 可用 "$\forall \varepsilon \in (0, \alpha)$" 替换, 这里 $\alpha > 0$ 是某个常数; 在使用上, ε 常用 $\alpha\varepsilon$ 或 ε^α 代替; 有时根据需要, ε 的任意性也可通过 $\dfrac{1}{k}$ 来表达, 这里 k 为任意正整数. 当要依据 (2.1.5) 式断言数列收敛时, 正数 ε 必须强调是任意的; 当已知数列收敛时, (2.1.5) 式是已知条件, 此时 (2.1.5) 式中 ε 可以取任何特定的正数.

其二是 N 的相应存在性. 考察数列是否收敛就是考察任意正数 ε 给定后使 (2.1.5) 式成立的相应的 N 是否存在. 一般地, N 随 ε 的变小而变大. 由此常把 N

写成 $N(\varepsilon)$ 来强调 N 是依赖于 ε 的. 但要注意 N 不是唯一的. 一旦使 (2.1.5) 式成立的某 N 存在, 则比它大的任何正整数都可充当它的角色而使 (2.1.5) 式成立. 在论证数列收敛时, 我们重视的是满足要求的 N 的存在性, 并不需要找出满足要求的最小的 N.

再来理一下 (2.1.5) 式的逻辑关系. 在逻辑上一般来说, 相邻两个 $\forall$ 量词的部分可交换语序使语义不变; 同样地, 相邻两个 $\exists$ 量词的部分也可交换语序使语义不变. 但当 $\forall$ 量词部分与 $\exists$ 量词部分相邻时, 则不可以交换语序, 否则语义就变了. 将 (2.1.5) 式中 $\forall \varepsilon > 0$ 与 $\exists N \in \mathbb{Z}^+$ 交换语序, 得到下面的逻辑表达式:

$$\exists N \in \mathbb{Z}^+, \forall \varepsilon > 0, \forall n > N, 有 \ |a_n - a| < \varepsilon. \tag{2.1.6}$$

(2.1.6) 式中的 N 明显地不依赖于 ε, 它的语义是

$$\exists N \in \mathbb{Z}^+, \forall \varepsilon > 0 有 \ |a_{N+1} - a| < \varepsilon, |a_{N+2} - a| < \varepsilon, \cdots, |a_{N+k} - a| < \varepsilon, \cdots.$$

由于 "$\forall \varepsilon > 0, |a_{N+1} - a| < \varepsilon$" 等价于 "$a_{N+1} = a$", 所以满足 (2.1.6) 式的数列只能是

$$a_1, a_2, \cdots, a_N, a, a, \cdots, a, \cdots.$$

上面的例子中除了例 2.1.2 外其他例子都不满足 (2.1.6) 式. 这表明 (2.1.6) 与 (2.1.5) 式是不等价的; 同时也表明 **(2.1.5) 式中相邻的 $\forall$ 量词与 $\exists$ 量词这两部分的语序是不可变更的.**

否定 (2.1.5) 式可得到数列 $\{a_n\}$ 不收敛于 a 的逻辑表达式. $\{a_n\}$ 不收敛于 a, 意即并非对每个给定的正数 ε 总存在 N 使 (2.1.5) 式成立. 这等价于必有某个正数 ε_0, 任何 N 都不能使 "$\forall n > N, |a_n - a| < \varepsilon_0$" 成立. 而 "$\forall n > N, |a_n - a| < \varepsilon_0$" 不成立又等价于 "$\exists n_0 > N, |a_{n_0} - a| \geqslant \varepsilon_0$". 由此得出以下引理.

引理 2.1.3 设 $\{a_n\}$ 为数列, 则

(1) $\{a_n\}$ 不收敛于 $a \Leftrightarrow \exists \varepsilon_0 > 0, \forall N \in \mathbb{Z}^+, \exists n_0 > N, 有 \ |a_{n_0} - a| \geqslant \varepsilon_0$.

(2) $\{a_n\}$ 发散 $\Leftrightarrow \forall a \in \mathbb{R}, \exists \varepsilon_0 > 0, \forall N \in \mathbb{Z}^+, \exists n_0 > N, 有 \ |a_{n_0} - a| \geqslant \varepsilon_0$.

将 (2.1.5) 式与引理 2.1.3 中的逻辑表达式比较可知, 只要不改变原判断的语序, 对应地把原判断中 $\forall$ 量词改换为 $\exists$ 量词, $\exists$ 量词改换为 $\forall$ 量词, 就由原判断的逻辑表达式得出相应否定判断的逻辑表达式. 这是逻辑上的一般规律. 后面碰到否定判断的叙述, 都用这种方法.

例 2.1.5 设 $a_n \geqslant 0$ 且 $\lim\limits_{n \to \infty} a_n = a \geqslant 0$. 证明 $\lim\limits_{n \to \infty} \sqrt{a_n} = \sqrt{a}$.

证明 $\forall \varepsilon > 0$, 由 $\lim\limits_{n \to \infty} a_n = a$ 可知 $\exists N \in \mathbb{Z}^+, \forall n > N$ 有 $|a_n - a| < \varepsilon$. 于是当 $a > 0$ 时,

$$\left| \sqrt{a_n} - \sqrt{a} \right| = \frac{|a_n - a|}{\sqrt{a_n} + \sqrt{a}} \leqslant \frac{|a_n - a|}{\sqrt{a}} < \frac{\varepsilon}{\sqrt{a}};$$

当 $a = 0$ 时, $\left|\sqrt{a_n} - \sqrt{a}\right| = \sqrt{a_n} < \sqrt{\varepsilon}$. 因此, 无论何种情况, 都有 $\lim\limits_{n\to\infty}\sqrt{a_n} = \sqrt{a}$.

例 2.1.6 证明 $\lim\limits_{n\to\infty}\dfrac{1+n^2}{7-3n^2} = -\dfrac{1}{3}$.

证明 由于当 $n \geqslant 2$ 有

$$\left|\frac{1+n^2}{7-3n^2} - \left(-\frac{1}{3}\right)\right| = \left|\frac{10}{3(7-3n^2)}\right| = \frac{10}{3(3n^2-7)} = \frac{10}{3(n^2+2n^2-7)} \leqslant \frac{10}{3n},$$

所以, $\forall \varepsilon > 0, \exists N \in \mathbb{Z}^+, N \geqslant \max\left\{2, \dfrac{10}{3\varepsilon}\right\}, \forall n > N$ 有

$$\left|\frac{1+n^2}{7-3n^2} - \left(-\frac{1}{3}\right)\right| \leqslant \frac{10}{3n} < \varepsilon.$$

证得 $\lim\limits_{n\to\infty}\dfrac{1+n^2}{7-3n^2} = -\dfrac{1}{3}$.

例 2.1.7 证明数列 $\{(-1)^n\}$ 发散.

证明 $\forall a \in \mathbb{R}, \exists \varepsilon_0 = 1 > 0, \forall N \in \mathbb{Z}^+$, 当 $a \geqslant 0$ 时, $\exists n_0 = 2N - 1 > N$, 有

$$|(-1)^{n_0} - a| = |-1 - a| = 1 + a \geqslant \varepsilon_0;$$

当 $a < 0$ 时, $\exists n_0 = 2N > N$, 有

$$|(-1)^{n_0} - a| = |1 - a| = 1 - a \geqslant \varepsilon_0.$$

总之, 数列 $\{(-1)^n\}$ 发散.

例 2.1.8 设 $\lim\limits_{n\to\infty} a_n = 0$, 证明 $\lim\limits_{n\to\infty}\dfrac{a_1 + a_2 + \cdots + a_n}{n} = 0$.

证明 $\forall \varepsilon > 0$, 由于 $\lim\limits_{n\to\infty} a_n = 0$, 故 $\exists N_0 \in \mathbb{Z}^+, \forall n > N_0$ 有 $|a_n| < \dfrac{\varepsilon}{2}$. 注意到 $|a_1| + |a_2| + \cdots + |a_{N_0}|$ 是一个固定的数, 而 $\dfrac{1}{n} \to 0 (n \to \infty)$, 因此 $\exists N \in \mathbb{Z}^+$, $N > N_0$, 使 $\forall n > N$ 有

$$\frac{|a_1| + |a_2| + \cdots + |a_{N_0}|}{n} < \frac{\varepsilon}{2}.$$

于是 $\forall n > N$ 有

$$\left|\frac{a_1 + a_2 + \cdots + a_n}{n}\right| \leqslant \frac{|a_1| + |a_2| + \cdots + |a_{N_0}|}{n} + \frac{|a_{N_0+1}| + |a_{N_0+2}| + \cdots + |a_n|}{n}$$

$$< \frac{\varepsilon}{2} + \frac{n - N_0}{n}\frac{\varepsilon}{2} < \varepsilon.$$

这表明 $\lim\limits_{n\to\infty}\dfrac{a_1 + a_2 + \cdots + a_n}{n} = 0$.

定义 2.1.1 中的不等式 $|a_n - a| < \varepsilon$ 等价于 $a_n \in U(a, \varepsilon)$. 从几何意义上看 (图 2.1.2), "$\forall n > N$, 有 $|a_n - a| < \varepsilon$" 意味着所有下标大于 N 的项 a_n 都落在邻

域 $U(a,\varepsilon)$ 中, 邻域 $U(a,\varepsilon)$ 之外至多只有数列 $\{a_n\}$ 的 N 个 (有限个) 项. 下面引理可以看成是数列极限定义的几何版本.

引理 2.1.4　数列 $\{a_n\}$ 收敛于 $a \Leftrightarrow \forall \varepsilon > 0$, 邻域 $U(a,\varepsilon)$ 之外至多只有数列 $\{a_n\}$ 的有限个项.

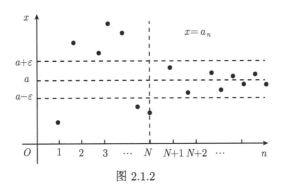

图 2.1.2

下面的引理表明, 数列是否存在极限, 与该数列最初的有限项无关.

引理 2.1.5　改变数列 $\{a_n\}$ 的有限项并不改变其收敛性与极限.

证明　设 $\{b_n\}$ 为 $\{a_n\}$ 改变有限项得到的新的数列, 则

$$\exists N_0 \in \mathbb{Z}^+, \forall n \geqslant N_0 \text{有} a_n = b_n. \tag{2.1.7}$$

若数列 $\{a_n\}$ 收敛于 a, 则按数列极限定义, 对 $\forall \varepsilon > 0$,

$$\exists N_* \in \mathbb{Z}^+, \forall n > N_*, \text{有} |a_n - a| < \varepsilon. \tag{2.1.8}$$

于是$\exists N = \max\{N_0, N_*\} \in \mathbb{Z}^+$, $\forall n > N$, 由 (2.1.7) 与 (2.1.8) 式得

$$|b_n - a| = |a_n - a| < \varepsilon.$$

这表明 $\{b_n\}$ 也收敛于 a. 若数列 $\{a_n\}$ 发散, 则 $\{b_n\}$ 必定也发散. 否则由 $\{b_n\}$ 收敛与 (2.1.7) 式用上述方法可得出 $\{a_n\}$ 也收敛, 与 $\{a_n\}$ 发散相矛盾, 引理得证.

用字母 Λ 代表可以任意大的正数, 与定义 2.1.1 相仿, 下面给出广义极限的精确定义.

定义 2.1.3　设 $\{a_n\}$ 为数列. 若

$$\forall \Lambda > 0, \exists N \in \mathbb{Z}^+, \forall n > N, \text{有} |a_n| > \Lambda, \tag{2.1.9}$$

则称数列 $\{a_n\}$ **趋向于**∞, 或称为 $\{a_n\}$ 有**广义极限**∞, 记为

$$\lim_{n \to \infty} a_n = \infty \text{或} a_n \to \infty \, (n \to \infty).$$

类似地可以定义广义极限 $\lim\limits_{n\to\infty} a_n = +\infty$ 与 $\lim\limits_{n\to\infty} a_n = -\infty$. 若数列 $\{a_n\}$ 有广义极限, 则也称 $\{a_n\}$ 为**无穷大量**或**无穷大**.

有广义极限的数列也是发散的或不存在极限的一类数列. 在 (2.1.9) 式中, $\forall \Lambda > 0$ 的 "任意" 其确切含义是 "任意大" 而不是 "任意小", 因为不等式 $|a_n| > \Lambda$ 只有当 Λ 任意大时才有非平凡的意义.

例 2.1.9 证明 $\lim\limits_{n\to\infty} (-1)^n (n^2 - 2n) = \infty$.

证明 注意到当 $n \geqslant 3$ 有 $|(-1)^n(n^2 - 2n)| = n(n-2) \geqslant n$. 因此,

$$\forall \Lambda > 0, \exists N \in \mathbb{Z}^+, N \geqslant \max\{\Lambda, 3\}, \forall n > N, \text{有} \ |(-1)^n(n^2 - 2n)| \geqslant n > \Lambda,$$

故 $\lim\limits_{n\to\infty} (-1)^n(n^2 - 2n) = \infty$.

引理 2.1.6 数列 $\{a_n\}$ 为无穷大量的充分必要条件是 $\left\{\dfrac{1}{a_n}\right\}$ 为无穷小量.

证明 **必要性** 设 $\{a_n\}$ 无穷大量, 则对 $\forall \varepsilon > 0$, 令 $\Lambda = \dfrac{1}{\varepsilon}$, 由无穷大量定义, $\exists N \in \mathbb{Z}^+, \forall n > N$, 有 $|a_n| > \Lambda = \dfrac{1}{\varepsilon}$. 从而 $\forall n > N$, 有 $\left|\dfrac{1}{a_n}\right| < \varepsilon$. 这表明 $\left\{\dfrac{1}{a_n}\right\}$ 为无穷小量.

充分性 设 $\left\{\dfrac{1}{a_n}\right\}$ 为无穷小量, 则对 $\forall \Lambda > 0$, 令 $\varepsilon = \dfrac{1}{\Lambda}$, 由无穷小量定义, $\exists N \in \mathbb{Z}^+, \forall n > N$, 有 $\left|\dfrac{1}{a_n}\right| < \varepsilon = \dfrac{1}{\Lambda}$. 从而 $\forall n > N$, 有 $|a_n| > \Lambda$. 这表明 $\{a_n\}$ 为无穷大量.

习 题 2.1

1. 按 ε-N 定义证明:

(1) $\lim\limits_{n\to\infty} \dfrac{1}{1 + \sqrt{n}} = 0$;   (2) $\lim\limits_{n\to\infty} \arctan \dfrac{1}{n} = 0$;

(3) $\lim\limits_{n\to\infty} \sin \dfrac{\pi}{2n} = 0$;   (4) $\lim\limits_{n\to\infty} \dfrac{n!}{n^n} = 0$;

(5) $\lim\limits_{n\to\infty} \dfrac{\cos n}{n} = 0$;   (6) $\lim\limits_{n\to\infty} \dfrac{3n^2 + 5n}{2n^2 - 1} = \dfrac{3}{2}$.

2. 设 $\{a_n\}$ 为数列, a 为定数. 下列陈述是否与 ε-N 定义等价? 请说明理由.

(1) $\forall \varepsilon > 0, \exists N \in \mathbb{Z}^+, \forall n \geqslant N$, 有 $|a_n - a| < \varepsilon$;

(2) $\forall \varepsilon > 0, \exists N \in \mathbb{Z}^+, \forall n > N$, 有 $|a_n - a| \leqslant \varepsilon$.

3. 若 $\forall \varepsilon > 0$, 邻域 $U(a, \varepsilon)$ 内含数列 $\{a_n\}$ 的无限多项, $\{a_n\}$ 是否一定收敛于 a?

4. 证明: 数列 $\{a_n\}$ 为无穷小量的充分必要条件是 $\{|a_n|\}$ 为无穷小量. 引理 2.1.2 的逆命题是否为真?

5. 写出广义极限 $\lim\limits_{n\to\infty} a_n = +\infty$ 与 $\lim\limits_{n\to\infty} a_n = -\infty$ 的逻辑表达式.

6. 证明: (1) $\lim\limits_{n\to\infty} \log_2\left(\dfrac{1}{n}\right) = -\infty$; (2) $\lim\limits_{n\to\infty} q^n = \infty$, 这里 $|q| > 1$.

2.2 收敛数列的性质

本节讨论收敛数列的一些重要性质, 包括唯一性、有界性、保序性、保号性、夹逼性、四则运算法则等. 这些性质或法则都可通过 $\varepsilon\text{-}N$ 定义而导出.

定理 2.2.1 (唯一性) 若数列 $\{a_n\}$ 收敛, 则它只有一个极限.

证明 (反证法) 假设 $\lim\limits_{n\to\infty} a_n = a$, $\lim\limits_{n\to\infty} a_n = b$, $a \neq b$, 则对 $\varepsilon_0 = \dfrac{|b-a|}{2} > 0$(图 2.2.1), 由 $\lim\limits_{n\to\infty} a_n = a$ 可知

$$\exists N_1 \in \mathbb{Z}^+, \forall n > N_1, \text{有} |a_n - a| < \varepsilon_0; \tag{2.2.1}$$

由 $\lim\limits_{n\to\infty} a_n = b$ 可知

$$\exists N_2 \in \mathbb{Z}^+, \forall n > N_2, \text{有} |a_n - b| < \varepsilon_0. \tag{2.2.2}$$

于是 $\exists N = N_1 + N_2$, $N > N_1$ 且 $N > N_2$, 当 $n = N$ 时, (2.2.1) 与 (2.2.2) 式中两个不等式都成立, 从而有

$$2\varepsilon_0 = |b-a| = |(b-a_N) + (a_N - a)| \leqslant |b - a_N| + |a_N - a| < 2\varepsilon_0,$$

产生了矛盾. 因此 $a = b$.

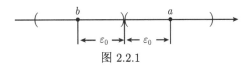

图 2.2.1

上述证明中根据需要选取特定的正数 ε_0 使用极限定义的方法以及插项 (加一项再减一项) 后使用三角形不等式的技巧是极为常用而重要的, 请予以注意.

定理 2.2.2 (有界性) 若数列 $\{a_n\}$ 收敛, 则它为有界数列, 即

$$\exists M > 0, \forall n \in \mathbb{Z}^+, \text{有} |a_n| \leqslant M.$$

证明 设 $\lim\limits_{n\to\infty} a_n = a$, 则对 $\varepsilon_0 = 1$, $\exists N \in \mathbb{Z}^+$, $\forall n > N$, 有 $|a_n - a| < \varepsilon_0 = 1$. 于是

$$|a_n| = |a_n - a + a| \leqslant |a_n - a| + |a| < 1 + |a|.$$

令 $M = \max\{1 + |a|, |a_1|, |a_2|, \cdots, |a_N|\}$, 则 $\forall n \in \mathbb{Z}^+$, 有 $|a_n| \leqslant M$. 因此 $\{a_n\}$ 是有界的.

请注意, 有界性只是数列收敛的必要条件, 而非充分条件. 例如, 数列 $\{(-1)^n\}$ 是有界的, 但它并不收敛. 下面的推论是有界性定理的逆否形式.

推论 2.2.3 若数列 $\{a_n\}$ 无界, 则它必发散.

利用推论 2.2.3 可以判断一些数列的发散性, 例如, 数列 $\{n^{(-1)^n}\}, \{2^{(-1)^n n}\}$ 等都是无界的, 因而它们都是发散的.

定理 2.2.4 (保序性) 设 $\{a_n\}$ 与 $\{b_n\}$ 均为收敛数列. 若 $\exists N_0 \in \mathbb{Z}^+, \forall n \geqslant N_0$, 有 $a_n \leqslant b_n$, 则 $\lim\limits_{n\to\infty} a_n \leqslant \lim\limits_{n\to\infty} b_n$.

证明 设 $\lim\limits_{n\to\infty} a_n = a, \lim\limits_{n\to\infty} b_n = b$.

(反证法) 假设 $a > b$, 则对 $\varepsilon_0 = \dfrac{a-b}{2} > 0$(图 2.2.1), 由 $\lim\limits_{n\to\infty} a_n = a$ 可知

$$\exists N_1 \in \mathbb{Z}^+, \forall n > N_1, \text{有} |a_n - a| < \varepsilon_0, \text{从而} a_n > a - \varepsilon_0 = \frac{a+b}{2}; \qquad (2.2.3)$$

由 $\lim\limits_{n\to\infty} b_n = b$ 可知

$$\exists N_2 \in \mathbb{Z}^+, \forall n > N_2, \text{有} |b_n - b| < \varepsilon_0, \text{从而} b_n < b + \varepsilon_0 = \frac{a+b}{2}. \qquad (2.2.4)$$

于是取 $N = N_1 + N_2 + N_0$, 则 $N > N_1$ 且 $N > N_2$, 当 $n = N$ 时, 根据 (2.2.3) 与 (2.2.4) 式得

$$a_N > \frac{a+b}{2} > b_N.$$

由于 $N > N_0$, 这与题设 $a_N \leqslant b_N$ 相矛盾. 因此 $a \leqslant b$.

请注意, 保序性是指两个收敛数列的极限保持了原数列间的序关系, 未必保持原数列间的严格序关系, 就是说 $\forall n$ 有 $a_n < b_n$ 未必蕴涵 $\lim\limits_{n\to\infty} a_n < \lim\limits_{n\to\infty} b_n$. 例如, 虽然 $\forall n$ 有 $\dfrac{1}{n} < \dfrac{2}{n}$, 但 "$\lim\limits_{n\to\infty} \dfrac{1}{n} < \lim\limits_{n\to\infty} \dfrac{2}{n}$" 并不成立.

定理 2.2.5 (保号性) 设 $\{a_n\}$ 收敛.

(1) 若 $\lim\limits_{n\to\infty} a_n = a > 0$ 且 $a > a_0 > 0$, 则 $\exists N_0 \in \mathbb{Z}^+, \forall n > N_0$, 有 $a_n > a_0$.

(2) 若 $\lim\limits_{n\to\infty} a_n = b < 0$ 且 $b < b_0 < 0$, 则 $\exists N_0 \in \mathbb{Z}^+, \forall n > N_0$, 有 $a_n < b_0$.

请注意, 保号性是指当 n 充分大时收敛数列保持与它的极限相同的符号 (图 2.2.2). 在应用保号性时, 常取 $a_0 = \dfrac{a}{2}, b_0 = \dfrac{b}{2}$.

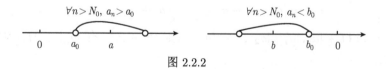

图 2.2.2

证明　只给出 (1) 的证明, (2) 的证明是类似的. 对 $\varepsilon_0 = a - a_0 > 0$, 由 $\lim\limits_{n \to \infty} a_n = a$ 可知, $\exists N_0 \in \mathbb{Z}^+, \forall n > N_0$, 有 $|a_n - a| < \varepsilon_0$, 从而有 $a_n > a - \varepsilon_0 = a_0 > 0$.

此外, 容易证明下面的保号性推广形式, 在应用上更为方便:

若 $\lim\limits_{n \to \infty} a_n = a \in \mathbb{R}, b_1 < a < b_2$, 则 $\exists N_0 \in \mathbb{Z}^+, \forall n > N_0, b_1 < a_n < b_2$.

定理 2.2.6 (四则运算法则)　设数列 $\{a_n\}$, $\{b_n\}$ 收敛, 则 $\{a_n + b_n\}$, $\{a_n - b_n\}$, $\{a_n b_n\}$ 也收敛; $\left\{\dfrac{a_n}{b_n}\right\}$ 当 $\lim\limits_{n \to \infty} b_n \neq 0$ 时也收敛; 且

(1) $\lim\limits_{n \to \infty} (a_n \pm b_n) = \lim\limits_{n \to \infty} a_n \pm \lim\limits_{n \to \infty} b_n$;

(2) $\lim\limits_{n \to \infty} (a_n b_n) = \lim\limits_{n \to \infty} a_n \cdot \lim\limits_{n \to \infty} b_n$, 特别地有 $\lim\limits_{n \to \infty} (C a_n) = C \lim\limits_{n \to \infty} a_n$, 这里 C 为常数;

(3) 当 $\lim\limits_{n \to \infty} b_n \neq 0$ 时, $\lim\limits_{n \to \infty} \dfrac{a_n}{b_n} = \dfrac{\lim\limits_{n \to \infty} a_n}{\lim\limits_{n \to \infty} b_n}$.

证明　由于 $a_n - b_n = a_n + (-1)b_n$, $\dfrac{a_n}{b_n} = a_n \cdot \dfrac{1}{b_n}$, 因此只需证明关于和、积以及倒数运算的结论即可. 设 $\lim\limits_{n \to \infty} a_n = a$, $\lim\limits_{n \to \infty} b_n = b$, 则对 $\forall \varepsilon > 0$,

$$\exists N_1 \in \mathbb{Z}^+, \forall n > N_1 \text{有} |a_n - a| < \varepsilon; \text{且} \exists N_2 \in \mathbb{Z}^+, \forall n > N_2, \text{有} |b_n - b| < \varepsilon. \tag{2.2.5}$$

于是 $\exists N = \max\{N_1, N_2\} \in \mathbb{Z}^+, \forall n > N$, 由 (2.2.5) 式得

$$|(a_n + b_n) - (a + b)| = |(a_n - a) + (b_n - b)| \leqslant |a_n - a| + |b_n - b| < 2\varepsilon,$$

这表明 $\lim\limits_{n \to \infty} (a_n + b_n) = a + b$. 由于收敛数列是有界的, 故 $\exists M > 0, \forall n \in \mathbb{Z}^+$ 有 $|b_n| \leqslant M$. 于是 $\forall n > N$, 由 (2.2.5) 式得

$$|a_n b_n - ab| = |a_n b_n - ab_n + ab_n - ab| \leqslant |a_n - a||b_n| + |a||b_n - b| < (M + |a|)\varepsilon.$$

由此可知 $\lim\limits_{n \to \infty} (a_n b_n) = ab$. 因为 $\lim\limits_{n \to \infty} b_n = b \neq 0$, 故 $\lim\limits_{n \to \infty} |b_n| = |b| > 0$, 根据收敛数列的保号性, $\exists N_3 \in \mathbb{Z}^+, \forall n > N_3$ 有 $|b_n| > \dfrac{|b|}{2}$. 于是 $\exists N_* = \max\{N_2, N_3\} \in \mathbb{Z}^+, \forall n > N_*$, 由 (2.2.5) 式有

$$\left|\frac{1}{b_n} - \frac{1}{b}\right| = \left|\frac{b - b_n}{b_n b}\right| \leqslant \frac{2|b_n - b|}{b^2} < \frac{2\varepsilon}{b^2},$$

证得 $\lim\limits_{n \to \infty} \dfrac{1}{b_n} = \dfrac{1}{b}$.

由和与积的法则知

$$\lim\limits_{n \to \infty} (C_1 a_n + C_2 b_n) = C_1 \lim\limits_{n \to \infty} a_n + C_2 \lim\limits_{n \to \infty} b_n, \quad C_1, C_2 \text{为常数}.$$

此性质称为数列极限的**线性性质**, 极限运算是线性的运算. 必须指出, 利用数学归纳法, 上述四则运算法则可以推广到任意有限个数列运算的情形.

例 2.2.1 求 $\lim\limits_{n\to\infty} \dfrac{\left(\frac{4}{5}\right)^n + 2}{\frac{6}{\sqrt[3]{n}} - 1}$.

解 由 $\lim\limits_{n\to\infty} \dfrac{6}{\sqrt[3]{n}} = 6 \lim\limits_{n\to\infty} \dfrac{1}{\sqrt[3]{n}} = 0$ 与 $\lim\limits_{n\to\infty} \left(\dfrac{4}{5}\right)^n = 0$ 可知

$$\lim_{n\to\infty} \frac{\left(\frac{4}{5}\right)^n + 2}{\frac{6}{\sqrt[3]{n}} - 1} = \frac{0+2}{0-1} = -2.$$

例 2.2.2 求 $\lim\limits_{n\to\infty} \left(\dfrac{1}{n^2} + \dfrac{2}{n^2} + \cdots + \dfrac{n}{n^2}\right)$.

解 记 $a_n = \dfrac{1}{n^2} + \dfrac{2}{n^2} + \cdots + \dfrac{n}{n^2}$, 则

$$a_n = \frac{1+2+\cdots+n}{n^2} = \frac{1}{n^2} \frac{n(n+1)}{2} = \frac{n+1}{2n},$$

$$\lim_{n\to\infty} a_n = \lim_{n\to\infty} \frac{n+1}{2n} = \lim_{n\to\infty} \left(\frac{1}{2} + \frac{1}{2n}\right) = \frac{1}{2}.$$

请注意, $\lim\limits_{n\to\infty} \left(\dfrac{1}{n^2} + \dfrac{2}{n^2} + \cdots + \dfrac{n}{n^2}\right) \neq \lim\limits_{n\to\infty} \dfrac{1}{n^2} + \lim\limits_{n\to\infty} \dfrac{2}{n^2} + \cdots + \lim\limits_{n\to\infty} \dfrac{n}{n^2}$.

下面的定理可以看作是四则运算法则的补充.

定理 2.2.7 设 $\{a_n\}$ 与 $\{b_n\}$ 为数列.

(1) 若 $\{a_n\}$ 为无穷小量, $\{b_n\}$ 有界 (未必收敛), 则 $\{a_n b_n\}$ 为无穷小量;

(2) 若 $\{a_n\}$ 为无穷大量, $\{b_n\}$ 有界且 $b_n \neq 0$, 则 $\left\{\dfrac{a_n}{b_n}\right\}$ 为无穷大量;

(3) 若 $\{a_n\}$ 为无穷大量, $\{b_n\}$ 有界, 则 $\{a_n \pm b_n\}$ 为无穷大量;

(4) 若 $\{a_n\}$ 与 $\{b_n\}$ 为同号的无穷大量, 则 $\{a_n + b_n\}$ 为无穷大量.

证明 只给出 (1)$\sim$(3) 的证明, (4) 的证明是类似的.

(1) 由于 $\{b_n\}$ 有界, 故 $\exists M > 0$, $\forall n \in \mathbb{Z}^+$, $|b_n| \leqslant M$. $\forall \varepsilon > 0$, 由 $\lim\limits_{n\to\infty} a_n = 0$ 可知 $\exists N \in \mathbb{Z}^+$, $\forall n > N$ 有 $|a_n| < \dfrac{\varepsilon}{M}$, 于是有 $|a_n b_n| \leqslant M|a_n| < \varepsilon$. 因此 $\{a_n b_n\}$ 为无穷小量.

(2) 由于 $\left\{\dfrac{1}{a_n}\right\}$ 为无穷小量, $\{b_n\}$ 有界, 这推出 $\left\{\dfrac{b_n}{a_n}\right\}$ 为无穷小量, 所以根

据引理 2.1.6, $\left\{\dfrac{a_n}{b_n}\right\}$ 为无穷大量.

(3) 由于 $\{b_n\}$ 有界, 故 $\exists M > 0, \forall n \in \mathbb{Z}^+, |b_n| \leqslant M.$ $\forall \varLambda > 0,$ 由 $\lim\limits_{n\to\infty} a_n = \infty$ 可知 $\exists N \in \mathbb{Z}^+, \forall n > N,$ 有 $|a_n| > \varLambda + M,$ 于是 $\forall n > N,$ 有 $|a_n \pm b_n| \geqslant |a_n| - |b_n| > \varLambda.$ 这表明 $\{a_n \pm b_n\}$ 为无穷大量.

将两个无穷小量的商记为 $\dfrac{0}{0}$, 两个无穷大量的商记为 $\dfrac{\infty}{\infty}$, 两个同号无穷大量的差记为 $\infty - \infty$, 无穷小量与无穷大量的积记为 $0 \cdot \infty$, 这四种类型的极限其结果有各种可能, 可以是无穷小量, 或非 0 极限, 或无穷大量, 也可以没有极限. 今后称这四种类型的极限为**待定型**. 确定待定型的极限, 没有运算法则可以直接使用, 需要先用相应的运算技术作适当转化, 使之变为 "可定型", 再通过运算法则确定它的极限.

例 2.2.3　求 $\lim\limits_{n\to\infty} \dfrac{a_j n^j + a_{j-1} n^{j-1} + \cdots + a_1 n + a_0}{b_k n^k + b_{k-1} n^{k-1} + \cdots + b_1 n + b_0},$ 其中 $j, k \in \mathbb{Z}^+, a_j \neq 0,$ $b_k \neq 0.$

解
$$\lim_{n\to\infty} \frac{a_j n^j + a_{j-1} n^{j-1} + \cdots + a_1 n + a_0}{b_k n^k + b_{k-1} n^{k-1} + \cdots + b_1 n + b_0}$$
$$= \lim_{n\to\infty} n^{j-k} \frac{a_j + \dfrac{a_{j-1}}{n} + \cdots + \dfrac{a_1}{n^{j-1}} + \dfrac{a_0}{n^j}}{b_k + \dfrac{b_{k-1}}{n} + \cdots + \dfrac{b_1}{n^{k-1}} + \dfrac{b_0}{n^k}}$$
$$= \begin{cases} 0, & j < k, \\ \dfrac{a_k}{b_k}, & j = k, \\ \infty, & j > k. \end{cases}$$

例 2.2.4　求 $\lim\limits_{n\to\infty} n^2 \left(\dfrac{2}{2n+1} - \dfrac{1}{n-1}\right).$

解　$n^2 \left(\dfrac{2}{2n+1} - \dfrac{1}{n-1}\right) = \dfrac{-3n^2}{(2n+1)(n-1)} \to -\dfrac{3}{2} (n \to \infty).$

例 2.2.5　求 $\lim\limits_{n\to\infty} n\left(\sqrt{n+1} - \sqrt{n-1}\right).$

解　$n\left(\sqrt{n+1} - \sqrt{n-1}\right) = \dfrac{2n}{\sqrt{n+1} + \sqrt{n-1}} = \sqrt{n}\dfrac{2}{\sqrt{1+\dfrac{1}{n}} + \sqrt{1-\dfrac{1}{n}}}$
$\to +\infty (n \to \infty).$

定理 2.2.8 (夹逼性)　设三个数列 $\{a_n\}, \{b_n\}, \{c_n\}$ 从某项 N_0 开始满足
$$\forall n \geqslant N_0, 有 a_n \leqslant c_n \leqslant b_n \tag{2.2.6}$$
且 $\lim\limits_{n\to\infty} a_n = \lim\limits_{n\to\infty} b_n = c \in \mathbb{R},$ 则 $\lim\limits_{n\to\infty} c_n = c.$

证明　$\forall \varepsilon > 0$, 由于 $\lim\limits_{n\to\infty} a_n = \lim\limits_{n\to\infty} b_n = c \in \mathbb{R}$, 故

$$\exists N_1 \in \mathbb{Z}^+, \forall n > N_1, 有\ |a_n - c| < \varepsilon, 从而有 a_n > c - \varepsilon; \tag{2.2.7}$$

$$\exists N_2 \in \mathbb{Z}^+, \forall n > N_2, 有\ |b_n - c| < \varepsilon, 从而有 b_n < c + \varepsilon. \tag{2.2.8}$$

于是 $\exists N = \max\{N_0, N_1, N_2\} \in \mathbb{Z}^+, \forall n > N$, 由 $(2.2.6)\sim(2.2.8)$ 式得

$$c - \varepsilon < a_n \leqslant c_n \leqslant b_n < c + \varepsilon,$$

此即 $|c_n - c| < \varepsilon$. 这表明 $\lim\limits_{n\to\infty} c_n = c$.

由定理 2.2.8 与引理 2.1.6 可直接推出下面的性质.

推论 2.2.9 (夹逼性)　设 $\{a_n\}$ 为数列, $\{b_n\}$ 为非负的数列.

(1) 若 $\{b_n\}$ 为无穷小量且 $|a_n| \leqslant b_n$, 则 $\{a_n\}$ 为无穷小量.

(2) 若 $\{b_n\}$ 为无穷大量, $|a_n| \geqslant b_n$, 则 $\{a_n\}$ 为无穷大量.

夹逼性也称为 "迫敛性" 或 "两边夹". 它提供了通过适当放大缩小来确定极限的一个重要方法.

例 2.2.6　证明: (1) $\lim\limits_{n\to\infty} \sqrt[n]{n} = 1$; (2) $\lim\limits_{n\to\infty} \sqrt[n]{a} = 1$, 其中 $a > 0$.

证明　(1) 令 $\sqrt[n]{n} - 1 = \beta_n$, 则 $\beta_n \geqslant 0$. 应用二项式定理, 得

$$n = (1 + \beta_n)^n = 1 + n\beta_n + \frac{n(n-1)}{2}\beta_n^2 + \cdots + \beta_n^n \geqslant \frac{n(n-1)}{2}\beta_n^2,$$

从而有 $0 \leqslant \beta_n \leqslant \sqrt{\dfrac{2}{n-1}}$. 由夹逼性及 $\lim\limits_{n\to\infty} \sqrt{\dfrac{2}{n-1}} = 0$ 可知 $\lim\limits_{n\to\infty} \beta_n = 0$. 因此 $\lim\limits_{n\to\infty} \sqrt[n]{n} = 1$.

(2) 若 $a \geqslant 1$, 则当 $n \geqslant a$ 有 $1 \leqslant \sqrt[n]{a} \leqslant \sqrt[n]{n}$. 由夹逼性可知此时 $\lim\limits_{n\to\infty} \sqrt[n]{a} = 1$; 若 $a < 1$, 则 $\dfrac{1}{a} > 1$, 由 $\lim\limits_{n\to\infty} \dfrac{1}{\sqrt[n]{a}} = \lim\limits_{n\to\infty} \sqrt[n]{\dfrac{1}{a}} = 1$ 可知此时也有 $\lim\limits_{n\to\infty} \sqrt[n]{a} = 1$.

例 2.2.7　求 $\lim\limits_{n\to\infty}\left(1 - \dfrac{1}{n^2}\right)^n$.

解　由 Bernoulli 不等式 (习题 1.1 第 5 题),

$$1 - \frac{1}{n} = 1 - \frac{n}{n^2} \leqslant \left(1 - \frac{1}{n^2}\right)^n \leqslant 1,$$

根据夹逼性与 $\lim\limits_{n\to\infty}\left(1 - \dfrac{1}{n}\right) = 1$ 得 $\lim\limits_{n\to\infty}\left(1 - \dfrac{1}{n^2}\right)^n = 1$.

例 2.2.8　设 $\lim\limits_{n\to\infty} a_n = a$ ($a \in \mathbb{R}$ 与 $a = +\infty, -\infty$), 证明:

(1) $\lim\limits_{n\to\infty} \dfrac{a_1 + a_2 + \cdots + a_n}{n} = a;$

(2) 若 $\forall n \in \mathbb{Z}^+$ 有 $a_n > 0$, 则 $\lim\limits_{n\to\infty} \sqrt[n]{a_1 a_2 \cdots a_n} = a$.

证明 当 $a \in \mathbb{R}$ 时, 由例 2.1.8 可知

$$\frac{a_1 + a_2 + \cdots + a_n}{n} - a = \frac{(a_1 - a) + (a_2 - a) + \cdots + (a_n - a)}{n} \to 0 \quad (n \to \infty).$$

因此当 $a \in \mathbb{R}$ 时 (1) 成立.

若 $\forall n \in \mathbb{Z}^+$ 有 $a_n > 0$, 则按保序性必有 $a \geqslant 0$ 或 $a = +\infty$. 利用均值不等式 (习题 1.1 第 6 题), 当 $a > 0$ 时, 有

$$\frac{n}{\dfrac{1}{a_1} + \dfrac{1}{a_2} + \cdots + \dfrac{1}{a_n}} \leqslant \sqrt[n]{a_1 a_2 \cdots a_n} \leqslant \frac{a_1 + a_2 + \cdots + a_n}{n},$$

由 $\lim\limits_{n\to\infty} \dfrac{a_1 + a_2 + \cdots + a_n}{n} = a$ 与

$$\lim_{n\to\infty} \frac{n}{\dfrac{1}{a_1} + \dfrac{1}{a_2} + \cdots + \dfrac{1}{a_n}} = \lim_{n\to\infty} \frac{1}{\dfrac{1}{n}\left(\dfrac{1}{a_1} + \dfrac{1}{a_2} + \cdots + \dfrac{1}{a_n}\right)} = \frac{1}{\dfrac{1}{a}} = a$$

及夹逼性可知 $\lim\limits_{n\to\infty} \sqrt[n]{a_1 a_2 \cdots a_n} = a$; 又当 $a = 0$ 时,

$$0 \leqslant \sqrt[n]{a_1 a_2 \cdots a_n} \leqslant \frac{a_1 + a_2 + \cdots + a_n}{n} \to 0 \quad (n \to \infty).$$

因此当 $a \geqslant 0$ 时 (2) 成立. 又当 $a = +\infty$ 时, 令 $b_n = \dfrac{1}{a_n}$, 则 $\lim\limits_{n\to\infty} b_n = 0$. 于是由 $\lim\limits_{n\to\infty} \sqrt[n]{b_1 b_2 \cdots b_n} = 0$ 可知 $\lim\limits_{n\to\infty} \sqrt[n]{a_1 a_2 \cdots a_n} = \lim\limits_{n\to\infty} \dfrac{1}{\sqrt[n]{b_1 b_2 \cdots b_n}} = +\infty$.

(1) 中当 $a = +\infty$ 时, 由定义可知, $\exists N_0, \forall n > N_0$ 有 $a_n > 0$. 因此不妨设 $\forall n \in \mathbb{Z}^+$ 有 $a_n > 0$. 于是由

$$\frac{a_1 + a_2 + \cdots + a_n}{n} \geqslant \sqrt[n]{a_1 a_2 \cdots a_n} \to +\infty \quad (n \to \infty)$$

及夹逼性可知当 $a = +\infty$ 时 (1) 成立. 当 $a = -\infty$ 时, 令 $c_n = -a_n$, 则 $\lim\limits_{n\to\infty} c_n = +\infty$. 从而 $\lim\limits_{n\to\infty} \dfrac{a_1 + a_2 + \cdots + a_n}{n} = -\lim\limits_{n\to\infty} \dfrac{c_1 + c_2 + \cdots + c_n}{n} = -\lim\limits_{n\to\infty} c_n = -\infty$.

习 题 2.2

1. 求下列极限:

(1) $\lim\limits_{n\to\infty} \dfrac{n^3 + 3n^2 + 5}{2n^3 + 4n + 6}$;

(2) $\lim\limits_{n\to\infty} \dfrac{n^\alpha - 1}{n^\beta + 5} (0 < \alpha < \beta)$;

(3) $\lim\limits_{n\to\infty} \dfrac{(-3)^n + 2^n}{(-3)^{n+1} + 2^{n+1}}$;

(4) $\lim\limits_{n\to\infty} \left(\dfrac{-n^5 + 2n^4 + 3}{7n^4 - 9n} + \sin n\right)$;

(5) $\lim_{n\to\infty} (\sqrt{n^2+2n}-n)$;   (6) $\lim_{n\to\infty} \left[\dfrac{1}{1\cdot 2}+\dfrac{1}{2\cdot 3}+\cdots+\dfrac{1}{n(n+1)}\right]$;

(7) $\lim_{n\to\infty} (1+q+q^2+\cdots+q^{n-1})$ $(|q|<1)$;

(8) $\lim_{n\to\infty} (1+q)(1+q^2)(1+q^4)\cdots\left(1+q^{2^{n-1}}\right)$ $(|q|<1)$.

2. (1) 证明定理 2.2.5(2).

(2) 设 $\lim_{n\to\infty} a_n=a$, $\lim_{n\to\infty} b_n=b$, 且 $a<b$. 证明: $\exists N_0 \in \mathbb{Z}^+$, $\forall n>N_0$, 有 $a_n<b_n$.

3. (1) 设 $\lim_{n\to\infty} a_n=-\infty$, $\lim_{n\to\infty} b_n=-\infty$. 证明 $\lim_{n\to\infty} (a_n+b_n)=-\infty$.

(2) 设 $\{a_n\}$ 为无穷大量, $\lim_{n\to\infty} b_n=b\neq 0$. 证明 $\{a_nb_n\}$ 与 $\left\{\dfrac{a_n}{b_n}\right\}$ 都是无穷大量.

4. 设 $|q|<1$, 证明: (1) $\lim_{n\to\infty} nq^n=0$; (2) $\lim_{n\to\infty} (1+2q+3q^2+\cdots+nq^{n-1})=\dfrac{1}{(1-q)^2}$.

5. 设 $\lim_{n\to\infty} a_n=a$, 证明 $\lim_{n\to\infty} \dfrac{[na_n]}{n}=a$, 这里 $[x]$ 表示 x 的取整函数.

6. 求下列极限:

(1) $\lim_{n\to\infty} \dfrac{2^n}{n!}$;

(2) $\lim_{n\to\infty} \dfrac{1}{\sqrt[n]{n!}}$;

(3) $\lim_{n\to\infty} \left(\dfrac{1}{\sqrt{n^2+1}}+\dfrac{1}{\sqrt{n^2+2}}+\cdots+\dfrac{1}{\sqrt{n^2+n}}\right)$;

(4) $\lim_{n\to\infty} \left(\dfrac{1}{\sqrt{n+1}}+\dfrac{1}{\sqrt{n+2}}+\cdots+\dfrac{1}{\sqrt{2n}}\right)$.

2.3 数列极限的存在性

极限的存在性与极限值的计算是极限理论研究中的两个基本问题. 当极限值能确定时, 极限的存在性问题也就解决了. 由于许多情况下极限值难以确定, 这种两个问题一步解决的思路并不总能行得通, 因而判断极限的存在性就更加重要. 如果通过问题本身的信息能判断极限的存在性, 那么也就明确了解决极限值计算问题的方向. 对于存在的极限, 即使求不出精确值, 也可考虑求近似值. 因此先行解决存在性是极限问题以及其他一些数学问题研究中的一个重要思路. 本节将讨论数列极限的存在性问题.

收敛数列是有界的, 但有界的数列未必收敛. 由此产生下述两方面的问题. 其一是有界的数列在什么条件下必收敛? 其二是有界数列本身是否存在比收敛稍弱一些的相关信息? 下面先借助单调性回答第一个问题, 再通过子列概念解决第二个问题.

定理 2.3.1 (单调有界定理)　单调有界的数列必定收敛, 且以确界为极限.

证明　先设数列 $\{a_n\}$ 递增有上界, 记 $a = \sup\{a_n\}$(图 2.3.1). 由确界原理, $a \in \mathbb{R}$. 下面证明 $\lim\limits_{n \to \infty} a_n = a$. $\forall \varepsilon > 0$, 按上确界的定义,

$$\exists N \in \mathbb{Z}^+, a_N > a - \varepsilon; \ \text{且} \forall n \in \mathbb{Z}^+, a_n \leqslant a.$$

根据 $\{a_n\}$ 的递增性, $\forall n > N$ 有 $a_n \geqslant a_N$. 于是 $\forall n > N$ 有

$$a - \varepsilon < a_N \leqslant a_n \leqslant a < a + \varepsilon,$$

即 $|a_n - a| < \varepsilon$, 这证得 $\lim\limits_{n \to \infty} a_n = a$. 再设 $\{a_n\}$ 递减有下界. 则 $\{-a_n\}$ 递增有上界, 从而有 $\lim\limits_{n \to \infty}(-a_n) = \sup\{-a_n\} = -\inf\{a_n\}$, 即 $\lim\limits_{n \to \infty} a_n = \inf\{a_n\}$ 也存在.

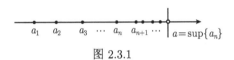

图 2.3.1

用类似方法可推出下面的性质.

推论 2.3.2　单调无界的数列必为无穷大量.

证明　不妨设数列 $\{a_n\}$ 递增无上界. $\forall \Lambda > 0$, 由 $\{a_n\}$ 无上界知 $\exists N \in \mathbb{Z}^+$, $a_N > \Lambda$. 由 $\{a_n\}$ 递增知 $\forall n > N$ 有 $a_n \geqslant a_N > \Lambda$. 因此 $\lim\limits_{n \to \infty} a_n = +\infty$.

例 2.3.1　设 $a_1 = \sqrt{b}$, $a_{n+1} = \sqrt{b + ca_n}(\forall n \in \mathbb{Z}^+)$, 其中 $b > 0$, $c > 0$. 证明数列 $\{a_n\}$ 收敛, 并求它的极限.

解　$a_2 = \sqrt{b + ca_1} > a_1$; 设 $a_k > a_{k-1}$, 则 $a_{k+1} = \sqrt{b + ca_k} > \sqrt{b + ca_{k-1}} = a_k$. 按数学归纳法, $\forall n \in \mathbb{Z}^+$ 有 $a_{n+1} > a_n$. 因此 $\{a_n\}$ 是递增的. 由于 $a_{n+1}^2 = b + ca_n$ 及 $a_{n+1} \geqslant \sqrt{b}$, 故

$$a_{n+1} = \frac{b}{a_{n+1}} + c\frac{a_n}{a_{n+1}} < \sqrt{b} + c.$$

这表明 $\{a_n\}$ 有上界. 根据单调有界定理, $\{a_n\}$ 收敛. 设 $\lim\limits_{n \to \infty} a_n = a$. 对 $a_{n+1}^2 = b + ca_n$ 令 $n \to \infty$ 得 $a^2 = b + ca$. 由保序性可知 $a \geqslant \sqrt{b}$, 因此 $a = \dfrac{c + \sqrt{c^2 + 4b}}{2}$.

请注意, 上述解题过程中, 尽管对 $a_{n+1}^2 = b + ca_n$ 取极限可求出数列的极限值, 但验证极限存在的步骤是必不可少的, 否则会导致荒谬的结论. 例如, 对数列 $\{(-1)^n\}$, 若记 $a_n = (-1)^n$, 则得到关系式 $a_{n+1} = -a_n$, 不进行极限存在性论证而对 $a_{n+1} = -a_n$ 取极限, 就会得出 $\lim\limits_{n \to \infty} a_{n+1} = -\lim\limits_{n \to \infty} a_n$, 即 $\lim\limits_{n \to \infty} a_n = 0$ 的错误结果. 这个事实充分反映了研究极限存在性问题的重要意义.

引理 2.3.3 数列 $\left\{\left(1+\dfrac{1}{n}\right)^n\right\}$ 与 $\left\{\left(1+\dfrac{1}{n}\right)^{n+1}\right\}$ 收敛于同一极限, 此极限记为 e, 且有

$$\forall n \in \mathbb{Z}^+, \left(1+\frac{1}{n}\right)^n < \mathrm{e} < \left(1+\frac{1}{n}\right)^{n+1}. \tag{2.3.1}$$

这里的数 e 是一个无理数 (待证), $\mathrm{e} = 2.718281828459045\cdots$. 以 e 为底的对数称为**自然对数**, 习惯上将 $\log_e x$ 简记为 $\ln x$. 以 e 为底的对数函数 $y = \ln x$ 与指数函数 $y = \mathrm{e}^x$ 是形式简单优美的两个函数. 对 (2.3.1) 式取自然对数可得到下述与之等价的不等式:

$$\forall n \in \mathbb{Z}^+, \frac{1}{n+1} < \ln\left(1+\frac{1}{n}\right) < \frac{1}{n}. \tag{2.3.2}$$

证明 记 $a_n = \left(1+\dfrac{1}{n}\right)^n$, $b_n = \left(1+\dfrac{1}{n}\right)^{n+1}$. 以下用较为自然的方法来证明 $\{a_n\}$, $\{b_n\}$ 的单调性 (用到 Bernoulli 不等式: $(1+x)^n \geqslant 1 + nx$, $n \in \mathbb{N}$, $x > -1$, 见习题 1.1 第 5 题). 由

$$\frac{a_{n+1}}{a_n} = \left(\frac{1+\dfrac{1}{n+1}}{1+\dfrac{1}{n}}\right)^{n+1} \cdot \frac{n+1}{n} = \left(\frac{n^2+2n}{n^2+2n+1}\right)^{n+1} \cdot \frac{n+1}{n}$$

$$= \left[1 - \frac{1}{(n+1)^2}\right]^{n+1} \cdot \frac{n+1}{n} \geqslant \left[1 - \frac{n+1}{(n+1)^2}\right] \cdot \frac{n+1}{n} = 1,$$

可知 $\{a_n\}$ 递增, 显然 $a_n \neq a_{n+1}$, 故 $\{a_n\}$ 严格增; 由

$$\frac{b_n}{b_{n+1}} = \left(\frac{1+\dfrac{1}{n}}{1+\dfrac{1}{n+1}}\right)^{n+1} \cdot \frac{n+1}{n+2} = \left[1 + \frac{1}{n^2+2n}\right]^{n+1} \cdot \frac{n+1}{n+2}$$

$$> \left[1 + \frac{1}{(n+1)^2}\right]^{n+1} \cdot \frac{n+1}{n+2} \geqslant \left[1 + \frac{n+1}{(n+1)^2}\right] \cdot \frac{n+1}{n+2} = 1,$$

可知 $\{b_n\}$ 严格减. 又由于 $\forall n \in \mathbb{Z}^+$ 有

$$2 = a_1 \leqslant a_n < b_n \leqslant b_1 = 4,$$

根据单调有界定理可知 $\{a_n\}$ 与 $\{b_n\}$ 都收敛. 由于 $a_n\left(1+\dfrac{1}{n}\right) = b_n$, 故 $\{a_n\}$ 与 $\{b_n\}$ 收敛于同一极限 e. 注意到 $\{a_n\}$ 严格增, $\{b_n\}$ 严格减且 $\sup\{a_n\} = \mathrm{e} = \inf\{b_n\}$, 因而不等式 (2.3.1) 成立.

定义 2.3.1 若一列闭区间 $\{[a_n, b_n]\}$ 满足

(i) $\forall n \in \mathbb{Z}^+, [a_n, b_n] \supset [a_{n+1}, b_{n+1}]$;

(ii) $\lim\limits_{n \to \infty} (b_n - a_n) = 0$,

则称这列闭区间为一个**闭区间套** (图 2.3.2).

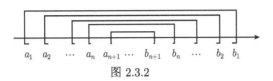

图 2.3.2

例如, 在引理 2.3.3 中, 令 $a_n = \left(1 + \dfrac{1}{n}\right)^n$, $b_n = \left(1 + \dfrac{1}{n}\right)^{n+1}$, 则 $\{[a_n, b_n]\}$ 是一个闭区间套.

定理 2.3.4(**闭区间套定理**) 若 $\{[a_n, b_n]\}$ 为一个闭区间套, 则存在唯一的一点 ξ 属于每一个闭区间 $[a_n, b_n]$, 且 $\xi = \lim\limits_{n \to \infty} a_n = \lim\limits_{n \to \infty} b_n$.

证明 根据闭区间套的定义, 条件 (ii) 指闭区间长度构成的数列极限为 0, 条件 (i) 等价于

$$a_1 \leqslant a_2 \leqslant \cdots \leqslant a_n \leqslant a_{n+1} \leqslant \cdots \leqslant b_{n+1} \leqslant b_n \leqslant \cdots \leqslant b_2 \leqslant b_1.$$

据条件 (i), 数列 $\{a_n\}$ 递增有上界 b_1, 数列 $\{b_n\}$ 递减有下界 a_1. 由单调有界定理可知 $\{a_n\}$ 与 $\{b_n\}$ 都收敛. 又据条件 (ii) 有 $\lim\limits_{n \to \infty} b_n - \lim\limits_{n \to \infty} a_n = \lim\limits_{n \to \infty} (b_n - a_n) = 0$, 故可设

$$\xi = \lim_{n \to \infty} a_n = \lim_{n \to \infty} b_n.$$

按单调性, ξ 是 $\{a_n\}$ 的上确界, 又是 $\{b_n\}$ 的下确界, 故 $\forall n \in \mathbb{Z}^+$ 有 $a_n \leqslant \xi \leqslant b_n$. 这表明 ξ 属于每一个闭区间 $[a_n, b_n]$. 若另一点 ξ_* 使得 $\forall n \in \mathbb{Z}^+$ 有 $a_n \leqslant \xi_* \leqslant b_n$, 则 $|\xi_* - \xi| \leqslant b_n - a_n$, 利用条件 (ii) 与夹逼性得

$$|\xi_* - \xi| \leqslant \lim_{n \to \infty} (b_n - a_n) = 0,$$

即 $\xi_* = \xi$, 这表明定理结论中的 ξ 是唯一的.

闭区间套定理揭示了闭区间套 $\{[a_n, b_n]\}$ 的公共点 ξ 的存在唯一性质, 即 $\bigcap\limits_{n=1}^{\infty} [a_n, b_n] = \{\xi\}$. 请注意, 开区间套未必具有闭区间套的公共点存在性质. 例如, $\left\{\left(0, \dfrac{1}{n}\right)\right\}$ 构成开区间套, 即它满足

$$\forall n \in \mathbb{Z}^+ 有 \left(0, \frac{1}{n}\right) \supset \left(0, \frac{1}{n+1}\right), 且 \lim_{n \to \infty} \left(\frac{1}{n} - 0\right) = 0,$$

但不存在属于每一个开区间 $\left(0, \dfrac{1}{n}\right)$ 的点 ξ, $\bigcap\limits_{n=1}^{\infty} \left(0, \dfrac{1}{n}\right) = \varnothing$.

例 2.3.2 证明: 任何实数都是某有理数列的极限 (有理数稠密性的一种刻画).

证明 设 $x \in \mathbb{R}$, x_n^- 与 x_n^+ 分别为 x 的 n 位不足近似与过剩近似, 则有

$$x_0^- \leqslant x_1^- \leqslant x_2^- \leqslant \cdots \leqslant x_n^- \leqslant \cdots \leqslant x \leqslant \cdots \leqslant x_n^+ \leqslant \cdots \leqslant x_2^+ \leqslant x_1^+ \leqslant x_0^+,$$

且 $x_n^+ - x_n^- = \dfrac{1}{10^n} \to 0 (n \to \infty)$. 于是 $\{x_n^-\}$ 与 $\{x_n^+\}$ 都是有理数列, $\{[x_n^-, x_n^+]\}$ 为闭区间套. 根据闭区间套定理可知 $\lim\limits_{n \to \infty} x_n^- = \lim\limits_{n \to \infty} x_n^+ = x$.

定义 2.3.2 设 $\{a_n\}$ 为数列, $\{n_k\}$ 是严格增加的正整数列, 即

$$n_1 < n_2 < \cdots < n_k < n_{k+1} < \cdots,$$

则数列

$$a_{n_1}, a_{n_2}, \cdots, a_{n_k}, \cdots$$

称为数列 $\{a_n\}$ 的一个**子列**, 简记为 $\{a_{n_k}\}$.

由上述定义可见, $\{a_n\}$ 的子列 $\{a_{n_k}\}$ 的各项都选自于 $\{a_n\}$, 且保持这些项在 $\{a_n\}$ 中的先后次序; $\{a_{n_k}\}$ 中的第 k 项就是 $\{a_n\}$ 中的第 n_k 项; 因而有

$$\forall k \in \mathbb{Z}^+, n_k \geqslant k.$$

例如, 当 $n_k = 2k - 1$ 与 $n_k = 2k$ 时, $\{a_{2k-1}\}$ 是 $\{a_n\}$ 的所有奇数项组成的子列, $\{a_{2k}\}$ 是 $\{a_n\}$ 的所有偶数项组成的子列, 分别称为 $\{a_n\}$ 的**奇子列**与**偶子列**, 也可记为 $\{a_{2n-1}\}$ 与 $\{a_{2n}\}$. 另外, 数列 $\{a_n\}$ 本身是它的一个子列, 此时 $n_k \equiv k$; 又当 $n_k = n + k$ 时, $\{a_{n+k}\}$ 表示去掉 $\{a_n\}$ 的前 n 项组成的子列, 当 $n_k = nk$ 时, $\{a_{nk}\}$ 表示每隔 $n - 1$ 项抽出的子列.

定理 2.3.5 数列 $\{a_n\}$ 收敛的充分必要条件是 $\{a_n\}$ 的任何子列都收敛于同一极限.

证明 **充分性** 这是显然的, 因为 $\{a_n\}$ 本身也是它的一个子列.

必要性 设 $\lim\limits_{n \to \infty} a_n = a$, $\{a_{n_k}\}$ 是 $\{a_n\}$ 的任一子列, 则 $\forall \varepsilon > 0$, $\exists N \in \mathbb{Z}^+, \forall n > N$, 有 $|a_n - a| < \varepsilon$. 于是 $\forall k > N$, 由于 $n_k \geqslant k$, 故有 $n_k > N$, 从而 $|a_{n_k} - a| < \varepsilon$, 证得 $\lim\limits_{k \to \infty} a_{n_k} = a$. 所以 $\{a_{n_k}\}$ 收敛且与 $\{a_n\}$ 有相同极限.

根据定理 2.3.5, 若 $\lim\limits_{n \to \infty} a_n = a$, 则对任何固定的正整数 k 显然有 $\lim\limits_{n \to \infty} a_{n+k} = a$, $\lim\limits_{n \to \infty} a_{kn} = a$. 定理 2.3.5 常用来判断数列的发散性.

推论 2.3.6 若数列 $\{a_n\}$ 存在两个子列 $\{a_{n_k}\}$ 与 $\{a_{n_j}\}$ 分别收敛于不同的极限, 则数列 $\{a_n\}$ 必定发散.

一般地, 若数列 $\{a_n\}$ 存在两个子列 $\{a_{n_k}\}$ 与 $\{a_{n_j}\}$ 收敛于相同的极限, 则 $\{a_n\}$ 未必收敛. 但在 $\{a_{n_k}\} \cup \{a_{n_j}\} = \{a_n\}$ 的情况下, $\{a_n\}$ 必定是收敛的.

定理 2.3.7 数列 $\{a_n\}$ 收敛的充分必要条件是 $\{a_n\}$ 的奇子列 $\{a_{2k-1}\}$ 与偶子列 $\{a_{2k}\}$ 都收敛且极限相等.

证明 **必要性** 由定理 2.3.5 得出.

充分性 设 $\lim\limits_{k\to\infty} a_{2k-1} = \lim\limits_{k\to\infty} a_{2k} = a$, 则按数列极限定义, 对 $\forall \varepsilon > 0$,

$$\exists N_1 \in \mathbb{Z}^+, \forall k > N_1, 有 |a_{2k-1} - a| < \varepsilon; 且 \exists N_2 \in \mathbb{Z}^+, \forall k > N_2, 有 |a_{2k} - a| < \varepsilon. \tag{2.3.3}$$

于是 $\exists N = \max\{2N_1, 2N_2\} \in \mathbb{Z}^+, \forall n > N$, 当 $n = 2k-1$ 有 $k > N_1$, 当 $n = 2k$ 有 $k > N_2$, 从而由 (2.3.3) 式则有 $|a_n - a| < \varepsilon$.

例 2.3.3 证明: 数列 $\left\{\cos\dfrac{n\pi}{2}\right\}$ 发散.

证明 记 $a_n = \cos\dfrac{n\pi}{2}$, 则 $a_{2k} = (-1)^k$, 数列 $\left\{\cos\dfrac{n\pi}{2}\right\}$ 的偶子列发散, 因此它是发散的.

例 2.3.4 设 $b_n = \dfrac{a^n}{a^n + 2}$, 其中 $a \in \mathbb{R}$, 讨论数列 $\{b_n\}$ 的收敛性.

解 当 $|a| < 1$, 由于 $\lim\limits_{n\to\infty} a^n = 0$, 故 $\lim\limits_{n\to\infty} b_n = 0$; 当 $|a| > 1$, 有

$$\lim_{n\to\infty} b_n = \lim_{n\to\infty} \frac{1}{1 + \dfrac{2}{a^n}} = 1;$$

当 $a = 1$ 有 $\lim\limits_{n\to\infty} b_n = \dfrac{1}{3}$; 当 $a = -1$, $b_n = \dfrac{(-1)^n}{(-1)^n + 2}$, $\{b_n\}$ 的奇子列 $\{b_{2k-1}\}$ 收敛于 -1, 偶子列 $\{b_{2k}\}$ 收敛于 $\dfrac{1}{3}$, 二者不相等, 故此时 $\{b_n\}$ 发散.

定理 2.3.8 (Weierstrass (魏尔斯特拉斯) 定理或列紧性定理, 也称为致密性定理) 有界数列必有收敛子列.

证明 设数列 $\{x_n\}$ 有界. 则 $\exists a_1, b_1 \in \mathbb{R}$ 使 $\forall n \in \mathbb{Z}^+$ 有 $a_1 \leqslant x_n \leqslant b_1$, 即 $\{x_n\} \subset [a_1, b_1]$. 取 $c_1 = \dfrac{a_1 + b_1}{2}$, 将闭区间 $[a_1, b_1]$ 等分为两个子区间 $[a_1, c_1]$ 与 $[c_1, b_1]$, 则其中至少有一个子区间含 $\{x_n\}$ 的无限多项, 记此子区间为 $[a_2, b_2]$. 取 $c_2 = \dfrac{a_2 + b_2}{2}$ 等分 $[a_2, b_2]$, 重复上述步骤, $\cdots$, 对第 k 步得到的子区间 $[a_k, b_k]$, 取 $c_k = \dfrac{a_k + b_k}{2}$ 等分之, 则两子区间 $[a_k, c_k]$ 与 $[c_k, b_k]$ 中至少有一个含 $\{x_n\}$ 的无限多项, 记此子区间为 $[a_{k+1}, b_{k+1}]$. 如此无限地继续下去, 得到一列闭区间 $\{[a_k, b_k]\}$, 它满足

$$\forall k \in \mathbb{Z}^+, [a_k, b_k] \supset [a_{k+1}, b_{k+1}]; 且 b_k - a_k = \frac{b_1 - a_1}{2^{k-1}} \to 0 \quad (k \to \infty),$$

即 $\{[a_k, b_k]\}$ 为一个闭区间套. 根据闭区间套定理, 存在实数 ξ 使得

$$\xi = \lim_{k \to \infty} a_k = \lim_{k \to \infty} b_k. \tag{2.3.4}$$

现在证明数列 $\{x_n\}$ 中必有一个子列收敛于 ξ. 由于 $\{x_n\} \subset [a_1, b_1]$, 可在 $[a_1, b_1]$ 中选取 $\{x_n\}$ 的某一项 x_{n_1}. 由于 $[a_2, b_2]$ 含 $\{x_n\}$ 的无限多项, 故 $[a_2, b_2] \cap \{x_n | n > n_1\}$ $\neq \varnothing$, 选取 $x_{n_2} \in [a_2, b_2] \cap \{x_n | n > n_1\}$. 若 x_{n_k} 已选出, 则由于 $[a_{k+1}, b_{k+1}]$ 含 $\{x_n\}$ 的无限多项, 可选取 $x_{n_{k+1}} \in [a_{k+1}, b_{k+1}] \cap \{x_n | n > n_k\}$, $n_{k+1} > n_k$. 如此继续, 得到 $\{x_n\}$ 的一个子列 $\{x_{n_k}\}$ 满足

$$\forall k \in \mathbb{Z}^+, a_k \leqslant x_{n_k} \leqslant b_k.$$

于是, 由 (2.3.4) 式利用夹逼性得到 $\lim\limits_{k \to \infty} x_{n_k} = \xi$.

数学家
小传2.3.1

容易知道, 若数列 $\{a_n\}$ 为无穷大量, 则 $\{a_n\}$ 必是无界的; 但无界的数列未必是无穷大量. 例如, 数列 $\left\{n^{(-1)^n}\right\}$ 是无界的, 但它不是无穷大量.

用类似于定理 2.3.8 选子列的方法可推出下面的性质.

推论 2.3.9　无界数列必有子列为无穷大量.

证明　不妨设数列 $\{x_n\}$ 无上界. 则可选取 $\{x_n\}$ 的某一项 x_{n_1} 使 $x_{n_1} > 1$. 由于 $\{x_n | n > n_1\}$ 仍然无上界, 选取 $x_{n_2} \in \{x_n | n > n_1\}$ 使 $x_{n_2} > 2$. 若 $x_{n_{k-1}}$ 已选出, 则由于 $\{x_n | n > n_{k-1}\}$ 仍然无上界, 可选取 $x_{n_k} \in \{x_n | n > n_{k-1}\}$ 使 $x_{n_k} > k$. 如此继续, 注意到 $n_k > n_{k-1}$, 便得到 $\{x_n\}$ 的一个子列 $\{x_{n_k}\}$ 满足 $x_{n_k} > k$, 因此有 $\lim\limits_{k \to \infty} x_{n_k} = +\infty$.

例 2.3.5　若 $\{a_n\}$ 为单调数列且含有一收敛的子列, 证明 $\{a_n\}$ 必是收敛数列.

证明　不妨设 $\{a_n\}$ 递增, $\{a_{n_k}\}$ 是其收敛子列. 则 $\{a_{n_k}\}$ 必是有界的, 设上界为 M. 于是 $\forall k \in \mathbb{Z}^+$, 根据 $\{a_n\}$ 的递增性与 $n_k \geqslant k$ 得 $a_k \leqslant a_{n_k} \leqslant M$. 这表明 M 也是 $\{a_n\}$ 的上界, 由单调有界定理知 $\{a_n\}$ 必是收敛数列.

定义 2.3.3　若数列 $\{a_n\}$ 满足:

$$\forall \varepsilon > 0, \exists N \in \mathbb{Z}^+, \forall m, n > N, 有 \ |a_m - a_n| < \varepsilon, \tag{2.3.5}$$

则称 $\{a_n\}$ 为 **Cauchy (柯西) 数列**.

从定义 2.3.3 容易明白 (在 (2.3.5) 式中令 $m = n + p$), $\{a_n\}$ 为 Cauchy 数列等价于

$$\forall \varepsilon > 0, \exists N \in \mathbb{Z}^+, \forall n > N, \forall p \in \mathbb{Z}^+, 有 \ |a_{n+p} - a_n| < \varepsilon. \tag{2.3.6}$$

在直观上 (图 2.3.3), Cauchy 数列的特点是当项数充分大时任意两项的距离越来越小, 除有限项外都 "挤" 在一起, 因此在 $\mathbb{R}$ 上必有极限.

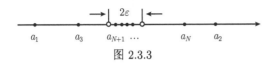

图 2.3.3

定理 2.3.10 (Cauchy 准则) 数列 $\{a_n\}$ 收敛的充要条件是 $\{a_n\}$ 为 Cauchy 数列.

证明 必要性 设 $\{a_n\}$ 收敛于 a, 则按极限定义, $\forall \varepsilon > 0, \exists N \in \mathbb{Z}^+, \forall m, n > N$, 有 $|a_n - a| < \dfrac{\varepsilon}{2}, |a_m - a| < \dfrac{\varepsilon}{2}$. 于是有

$$|a_n - a_m| = |a_n - a + a - a_m| \leqslant |a_n - a| + |a - a_m| < \frac{\varepsilon}{2} + \frac{\varepsilon}{2} = \varepsilon.$$

充分性 设 $\{a_n\}$ 为 Cauchy 数列, 先证 $\{a_n\}$ 有界. 由 Cauchy 数列的定义, 对 $\varepsilon_0 = 1, \exists N_0 \in \mathbb{Z}^+$, 当 $m_0 = N_0 + 1, \forall n > N_0$, 有 $|a_n - a_{m_0}| < \varepsilon_0 = 1$. 从而, $\forall n > N_0$, 有

$$|a_n| = |a_n - a_{m_0} + a_{m_0}| \leqslant |a_n - a_{m_0}| + |a_{m_0}| < 1 + |a_{m_0}|.$$

令 $M = \max\{1 + |a_{m_0}|, |a_1|, |a_2|, \cdots, |a_{N_0}|\}$, 则 $\forall n \in \mathbb{Z}^+$, 有 $|a_n| \leqslant M$. 因此 $\{a_n\}$ 是有界的. 根据列紧性定理, $\{a_n\}$ 有收敛子列 $\{a_{n_k}\}$, 设 $\lim\limits_{k \to \infty} a_{n_k} = \xi$. 现在证明 $\lim\limits_{n \to \infty} a_n = \xi$. $\forall \varepsilon > 0$, 由于 $\{a_n\}$ 为 Cauchy 数列, 故

$$\exists N \in \mathbb{Z}^+, \forall m, n > N, 有 |a_n - a_m| < \varepsilon. \tag{2.3.7}$$

又由于 $\lim\limits_{k \to \infty} a_{n_k} = \xi$, 故

$$\exists k \in \mathbb{Z}^+, 且 k > N, 有 |a_{n_k} - \xi| < \varepsilon. \tag{2.3.8}$$

注意到 $n_k \geqslant k > N$, 令 $m = n_k$, 由 (2.3.7) 与 (2.3.8) 式可知, $\forall n > N$ 有

$$|a_n - \xi| = |a_n - a_{n_k} + a_{n_k} - \xi| \leqslant |a_n - a_{n_k}| + |a_{n_k} - \xi| < 2\varepsilon,$$

这就证明了 $\lim\limits_{n \to \infty} a_n = \xi$.

由定理 2.3.10 与 (2.3.6) 式可推出下面的直接判断数列 $\{a_n\}$ 发散的 Cauchy 准则.

推论 2.3.11 数列 $\{a_n\}$ 发散的充要条件是 $\exists \varepsilon_0 > 0, \forall N \in \mathbb{Z}^+, \exists n_0 > N, \exists p_0 \in \mathbb{Z}^+$, 有 $|a_{n_0 + p_0} - a_{n_0}| \geqslant \varepsilon_0$.

必须指出, Cauchy 数列在实数集范围内找到极限, 是实数集的特有性质, 因此 Cauchy 准则也称为**实数集完备性定理**. 有理数集不具备这样的完备性, 因为有

理数集中的 Cauchy 数列在有理数集范围内未必找得到极限. 在应用上, Cauchy 准则相比 ε-N 定义的优点是不需要借助数列以外的任何数, 只要根据数列自身的信息就能判断该数列的敛散性.

例 2.3.6   设 $\forall n \in \mathbb{Z}^+$ 有 $|a_{n+1} - a_n| \leqslant Mr^n$, 这里 $M > 0, 0 < r < 1$. 证明数列 $\{a_n\}$ 收敛.

证明 $\forall n, p \in \mathbb{Z}^+$ 有

$$|a_{n+p} - a_n| = |a_{n+p} - a_{n+p-1} + a_{n+p-1} - a_{n+p-2} + \cdots + a_{n+1} - a_n|$$
$$\leqslant |a_{n+p} - a_{n+p-1}| + |a_{n+p-1} - a_{n+p-2}| + \cdots + |a_{n+1} - a_n|$$
$$\leqslant M(r^{n+p-1} + r^{n+p-2} + \cdots + r^n) = Mr^n \frac{1 - r^p}{1 - r} < \frac{M}{1 - r} r^n.$$

$\forall \varepsilon > 0$, 由 $0 < r < 1, r^n \to 0 (n \to \infty)$ 可知, $\exists N \in \mathbb{Z}^+, \forall n > N$ 有 $r^n < \varepsilon$. 从而 $\forall n > N, \forall p \in \mathbb{Z}^+$, 有 $|a_{n+p} - a_n| < \dfrac{M}{1 - r} r^n < \dfrac{M}{1 - r} \varepsilon$. 这表明 $\{a_n\}$ 为 Cauchy 数列. 由 Cauchy 准则可知 $\{a_n\}$ 收敛.

例 2.3.7   设 $b_n = \sin 1 + \dfrac{\sin 2}{2^2} + \dfrac{\sin 3}{3^2} + \cdots + \dfrac{\sin n}{n^2}$, 证明 $\{b_n\}$ 收敛.

证明 $\left| b_{n+p} - b_n \right| = \left| \dfrac{\sin(n+1)}{(n+1)^2} + \dfrac{\sin(n+2)}{(n+2)^2} + \cdots + \dfrac{\sin(n+p)}{(n+p)^2} \right|$
$$\leqslant \frac{1}{(n+1)^2} + \frac{1}{(n+2)^2} + \cdots + \frac{1}{(n+p)^2}$$
$$< \frac{1}{n(n+1)} + \frac{1}{(n+1)(n+2)} + \cdots + \frac{1}{(n+p-1)(n+p)}$$
$$= \frac{1}{n} - \frac{1}{n+p} < \frac{1}{n}.$$

$\forall \varepsilon > 0, \exists N \in \mathbb{Z}^+, N \geqslant \dfrac{1}{\varepsilon}, \forall n > N, \forall p \in \mathbb{Z}^+$, 有 $|b_{n+p} - b_n| < \dfrac{1}{n} < \varepsilon$. 根据 Cauchy 准则, $\{b_n\}$ 是收敛的.

例 2.3.8   设 $c_n = 1 + \dfrac{1}{2} + \dfrac{1}{3} + \cdots + \dfrac{1}{n}$, 证明数列 $\{c_n\}$ 发散.

证明 $|c_{n+p} - c_n| = \dfrac{1}{n+1} + \dfrac{1}{n+2} + \cdots + \dfrac{1}{n+p} \geqslant \dfrac{p}{n+p}$. $\exists \varepsilon_0 = \dfrac{1}{3}, \forall N \in \mathbb{Z}^+, \exists n_0 = 2N > N, \exists p_0 = N \in \mathbb{Z}^+$, 有

$$|c_{n_0+p_0} - c_{n_0}| \geqslant \frac{p_0}{n_0 + p_0} = \varepsilon_0.$$

所以根据 Cauchy 准则, $\{c_n\}$ 是发散的.

第 1 章介绍的确界原理以及本节介绍的单调有界定理、闭区间套定理、列紧性定理、Cauchy 准则这五个定理统称为**实数集基本定理**, 它们是彼此等价的. 正

是这五个定理使建立在实数集上的极限理论有了坚实牢固的基础, 它们在数学分析理论中具有特别重要的作用.

定理 2.3.12 实数集基本定理彼此等价.

证明 (阅读) 根据前面的讨论, 已获得下述关系的论证:

确界原理 $\Rightarrow$ 单调有界定理 $\Rightarrow$ 闭区间套定理 $\Rightarrow$ 列紧性定理 $\Rightarrow$Cauchy 准则. 以下只需证明 Cauchy 准则 $\Rightarrow$ 确界原理. 设 S 是 $\mathbb{R}$ 中非空有上界的数集, Γ 是 S 的一切上界构成的集. 若 $S \cap \Gamma \neq \varnothing$, 即 $S \cap \Gamma = \{a_0\}$, 则必有 $a_0 = \sup S$. 下设 $S \cap \Gamma = \varnothing$. 取 $a_1 \notin \Gamma$(如可取 $a_1 \in S$), $b_1 \in \Gamma$. 则 $a_1 < b_1$. 令 $c_1 = \dfrac{a_1 + b_1}{2}$. 若 $c_1 \in \Gamma$, 则将 a_1, c_1 分别记为 a_2, b_2; 若 $c_1 \notin \Gamma$, 则将 c_1, b_1 分别记为 a_2, b_2. 于是有

$$a_2 \notin \Gamma, b_2 \in \Gamma, a_1 \leqslant a_2 < b_2 \leqslant b_1, b_2 - a_2 = \frac{b_1 - a_1}{2}.$$

继续按上述方法找 $a_3, b_3, \cdots$. 设 a_{n-1}, b_{n-1} 已找出, 令 $c_{n-1} = \dfrac{a_{n-1} + b_{n-1}}{2}$. 若 $c_{n-1} \in \Gamma$, 则将 a_{n-1}, c_{n-1} 分别记为 a_n, b_n; 若 $c_{n-1} \notin \Gamma$, 则将 c_{n-1}, b_{n-1} 分别记为 a_n, b_n. 按照数学归纳法, 得到数列 $\{a_n\}$ 与 $\{b_n\}$ 满足下列条件:

$$a_n \notin \Gamma, b_n \in \Gamma, a_{n-1} \leqslant a_n < b_n \leqslant b_{n-1}, b_n - a_n = \frac{b_1 - a_1}{2^{n-1}}.$$

$\forall \varepsilon > 0$, 由 $\dfrac{b_1 - a_1}{2^{n-1}} \to 0$ 可知 $\exists N \in \mathbb{Z}^+, \forall n > N, \dfrac{b_1 - a_1}{2^{n-1}} < \varepsilon$, 于是 $\forall p \in \mathbb{Z}^+$ 有

$$0 \leqslant a_{n+p} - a_n < b_{n+p} - a_n \leqslant b_n - a_n < \varepsilon.$$

这表明 $\{a_n\}$ 是 Cauchy 数列. 根据 Cauchy 准则, $\{a_n\}$ 收敛, 设 $\lim\limits_{n\to\infty} a_n = \eta$. 由此也得到

$$\lim_{n\to\infty} b_n = \lim_{n\to\infty} (b_n - a_n) + \lim_{n\to\infty} a_n = \eta.$$

(i) $\eta \in \Gamma$. 事实上, 若 $\eta \notin \Gamma$, 则 $\exists x_0 \in S$ 使得 $x_0 > \eta = \lim\limits_{n\to\infty} b_n$, 从而由保号性, $\exists N_0, \forall n > N_0$ 有 $x_0 > b_n$. 这与 $b_n \in \Gamma$ 矛盾.

(ii) $\forall \varepsilon > 0$, 由 $\lim\limits_{n\to\infty} a_n = \eta$ 知 $\exists N \in \mathbb{Z}^+, \forall n > N$ 有 $a_n > \eta - \varepsilon$. 因为 $a_n \notin \Gamma$, 故 $\exists y_0 \in S$ 使得 $y_0 > a_n$, 由此得 $y_0 > \eta - \varepsilon$.

由 (i) 与 (ii) 证得 $\eta = \sup S$. 同理可证非空有下界的数集存在下确界.

习 题 2.3

1. 证明下列数列 $\{a_n\}$ 收敛, 并求其极限值:

(1) $c > 0, a_n = \dfrac{c^n}{n!}(\forall n \in \mathbb{Z}^+)$;

(2) $a_1 = \sqrt{2}, a_{n+1} = \sqrt{2a_n}(\forall n \in \mathbb{Z}^+)$;

(3) $a > 0$, $b > 0$, $a_1 = \dfrac{1}{2}\left(a + \dfrac{b}{a}\right)$, $a_{n+1} = \dfrac{1}{2}\left(a_n + \dfrac{b}{a_n}\right)$ $(\forall n \in \mathbb{Z}^+)$;

(4) $a_1 = 1$, $a_{n+1} = 1 + \dfrac{a_n}{1 + a_n}$ $(\forall n \in \mathbb{Z}^+)$.

2. 设 $\{(a_n, b_n)\}$ 是一严格开区间套, 即 $a_1 < a_2 < \cdots < a_n < \cdots < b_n < \cdots < b_2 < b_1$, 且 $\lim\limits_{n \to \infty}(b_n - a_n) = 0$. 证明存在唯一的一点 ξ, 使 $\forall n \in \mathbb{Z}^+$ 有 $a_n < \xi < b_n$.

3. 判断下列数列的敛散性 (说明理由):

(1) $a_n = (-1)^n \dfrac{n}{n+1}$; 　　　　　　　　　　(2) $a_n = \sin\dfrac{n\pi}{4}$;

(3) $a_n = \begin{cases} \sqrt[k]{e}, & n = 2k - 1, \\ \dfrac{\sqrt{k^2 + 1}}{k}, & n = 2k; \end{cases}$

(4) $a_n = (-1)^{n-1}\left[\dfrac{1}{n} - \dfrac{2}{n} + \dfrac{3}{n} - \dfrac{4}{n} + \cdots + \dfrac{(-1)^{n-1}n}{n}\right]$.

4. 证明下列数列 $\{a_n\}$ 收敛:

(1) $a_n = \dfrac{\cos 1}{2} + \dfrac{\cos 2}{2^2} + \cdots + \dfrac{\cos n}{2^n}$;

(2) $a_n = \dfrac{\sin(1!)}{1!} + \dfrac{\sin(2!)}{2!} + \cdots + \dfrac{\sin(n!)}{n!}$.

5. 证明数列 $\{a_n\}$ 发散, 其中 $a_n = 1 + \dfrac{1}{3} + \cdots + \dfrac{1}{2n-1}$.

6. 设 $\{a_n\}$ 为数列, 记

$$A_n = |a_2 - a_1| + |a_3 - a_2| + \cdots + |a_n - a_{n-1}|, \quad n \in \mathbb{Z}^+.$$

证明: 若数列 $\{A_n\}$ 有界, 则 $\{A_n\}$ 与 $\{a_n\}$ 都收敛.

7. 设 $\{a_n\}$ 为数列, 证明:

(1) $\lim\limits_{n \to \infty} a_n = +\infty$ 的充分必要条件是对 $\{a_n\}$ 的任何子列 $\{a_{n_k}\}$ 都有 $\lim\limits_{k \to \infty} a_{n_k} = +\infty$;

(2) $\lim\limits_{n \to \infty} a_n = +\infty$ 的充分必要条件是 $\lim\limits_{k \to \infty} a_{2k} = +\infty$ 且 $\lim\limits_{k \to \infty} a_{2k-1} = +\infty$.

复习课件02

归纳解析
视频 02

总习题 2

A 组

1. 利用已知极限求下列极限:

(1) $\lim\limits_{n \to \infty}\left(\sqrt[n]{0.2} + \sqrt[n]{0.3} + \sqrt[n]{2} + \sqrt[n]{3}\right)$; 　　(2) $\lim\limits_{n \to \infty}\dfrac{n^2 + 1}{n^{2 + \frac{1}{n}}}$;

(3) $\lim\limits_{n\to\infty}\left(1+\dfrac{1}{n+1}\right)^n$;

(4) $\lim\limits_{n\to\infty}\left(1+\dfrac{1}{2n}\right)^n$;

(5) $\lim\limits_{n\to\infty}\left(1+\dfrac{1}{n^2}\right)^n$;

(6) $\lim\limits_{n\to\infty}\left(1-\dfrac{1}{n}\right)^n$;

(7) $\lim\limits_{n\to\infty}\dfrac{1}{n}\left(1+\dfrac{1}{2}+\dfrac{1}{3}+\cdots+\dfrac{1}{n}\right)$;

(8) $\lim\limits_{n\to\infty}\dfrac{n}{\sqrt[n]{n!}}$.

2. 求下列极限:

(1) $\lim\limits_{n\to\infty}\left(\sqrt{n+2}-2\sqrt{n+1}+\sqrt{n}\right)$;

(2) $\lim\limits_{n\to\infty}\dfrac{n-2}{\sqrt[5]{n^6}+1}\sin\dfrac{n\pi}{4}$;

(3) $\lim\limits_{n\to\infty}\left(1+\dfrac{1}{2}+\dfrac{1}{3}+\cdots+\dfrac{1}{n}\right)^{\frac{1}{n}}$;

(4) $\lim\limits_{n\to\infty}\dfrac{1}{n!}\sum\limits_{k=1}^{n}k!$;

(5) $\lim\limits_{n\to\infty}\dfrac{n^k}{a^n}(|a|>1,k\in\mathbb{Z}^+)$;

(6) $\lim\limits_{n\to\infty}\sqrt[n]{n^5+3^n}$;

(7) $\lim\limits_{n\to\infty}\left(1-\dfrac{1}{2^2}\right)\left(1-\dfrac{1}{3^2}\right)\cdots\left(1-\dfrac{1}{n^2}\right)$;

(8) $\lim\limits_{n\to\infty}\dfrac{1}{2}\cdot\dfrac{3}{4}\cdots\dfrac{2n-1}{2n}$.

3. 设 $a_1,a_2,\cdots,a_k$ 为 k 个正数, 证明:

$$\lim_{n\to\infty}\sqrt[n]{a_1^n+a_2^n+\cdots+a_k^n}=\max\{a_1,a_2,\cdots,a_k\}.$$

4. 设 $\lim\limits_{n\to\infty}a_n=a>0$, 证明 $\lim\limits_{n\to\infty}\sqrt[n]{a_n}=1$.

5. 设正数列 $\{a_n\}$ 满足 $\lim\limits_{n\to\infty}\sqrt[n]{a_n}=r<1$, 证明 $\lim\limits_{n\to\infty}a_n=0$.

6. 设正数列 $\{a_n\}$ 满足 $\lim\limits_{n\to\infty}\dfrac{a_{n+1}}{a_n}=r<1$, 证明 $\lim\limits_{n\to\infty}a_n=0$.

7. 设 $a_1>b_1>0$, 且 $a_{n+1}=\dfrac{a_n+b_n}{2}$, $b_{n+1}=\sqrt{a_nb_n}$, $n=1,2,\cdots$. 证明数列 $\{a_n\}$, $\{b_n\}$ 的极限都存在且相等.

8. 设 $a_1>b_1>0$, 且 $a_{n+1}=\dfrac{a_n+b_n}{2}$, $b_{n+1}=\dfrac{2a_nb_n}{a_n+b_n}$, $n=1,2,\cdots$. 证明数列 $\{a_n\}$, $\{b_n\}$ 的极限存在且都等于 $\sqrt{a_1b_1}$.

9. 回答下列问题 (若肯定, 说明理由; 若否定, 举出反例):

(1) 若 $\{a_{2k-1}\}$ 和 $\{a_{2k}\}$ 都收敛, 则 $\{a_n\}$ 是否收敛?

(2) 若 $\{a_{2k-1}\}$, $\{a_{2k}\}$ 和 $\{a_{3k}\}$ 都收敛, 则 $\{a_n\}$ 是否收敛?

10. 设 $a_n=1-\dfrac{1}{2}+\dfrac{1}{3}-\cdots+\dfrac{(-1)^{n-1}}{n}$, 证明 $\{a_n\}$ 收敛.

11. 证明数列 $\{\sin n\}$ 发散.

12. 证明: 若 $\{a_n\},\{b_n\}$ 中有一个是收敛数列, 另一个是发散数列, 则 $\{a_n\pm b_n\}$ 是发散数列; 又问: $\{a_nb_n\}$ 和 $\left\{\dfrac{a_n}{b_n}\right\}(b_n\neq0)$ 是否也是发散数列?

B 组

13. 证明 $\lim\limits_{n\to\infty}\left[(n+1)^\alpha-n^\alpha\right]=0$, 其中 $0<\alpha<1$.

14. 设 $\{a_n\}$ 为数列, 证明:

(1) 若 $a_n > 0 (\forall n \in \mathbb{Z}^+)$ 且 $\lim\limits_{n\to\infty} \dfrac{a_n}{a_{n-1}} = a$, 则 $\lim\limits_{n\to\infty} \sqrt[n]{a_n} = a$;

(2) 若 $\lim\limits_{n\to\infty} (a_n - a_{n-1}) = a$, 则 $\lim\limits_{n\to\infty} \dfrac{a_n}{n} = a$.

15. 设 $\lim\limits_{n\to\infty} a_n = a$, $\lim\limits_{n\to\infty} b_n = b$, $a, b \in \mathbb{R}$. 证明 $\lim\limits_{n\to\infty} \dfrac{a_1 b_n + a_2 b_{n-1} + \cdots + a_n b_1}{n} = ab$.

16. 设数列 $\{a_n\}$ 满足 $0 < a_n < 1$ 且 $(1 - a_n)a_{n+1} \geqslant \dfrac{1}{4} (\forall n \in \mathbb{Z}^+)$. 证明 $\lim\limits_{n\to\infty} a_n = \dfrac{1}{2}$.

17. 证明下列不等式:

(1) $\dfrac{(n+1)^n}{\mathrm{e}^n} < n! < \dfrac{(n+1)^{n+1}}{\mathrm{e}^n}$; (2) $\dfrac{1}{\sqrt[n]{n+1}} \left(1 + \dfrac{1}{n}\right)^{n-1} < \dfrac{n}{\sqrt[n]{n!}} < \left(1 + \dfrac{1}{n}\right)^n$.

18. 设 $a_n = 1 + \dfrac{1}{2} + \cdots + \dfrac{1}{n} - \ln n$. 证明数列 $\{a_n\}$ 收敛. (其极限值 $\gamma = 0.57721566490 \cdots$ 称为 **Euler(欧拉) 常数**).

19. 证明: (1) $\lim\limits_{n\to\infty} \left(\dfrac{1}{n+1} + \dfrac{1}{n+2} + \cdots + \dfrac{1}{2n} \right) = \ln 2$; (2) $\lim\limits_{n\to\infty} \dfrac{1 + \dfrac{1}{2} + \cdots + \dfrac{1}{n}}{\ln n} = 1$.

20. 设 $a_n = 1 + \dfrac{1}{2^\alpha} + \dfrac{1}{3^\alpha} + \cdots + \dfrac{1}{n^\alpha}$, 证明 $\{a_n\}$ 当 $\alpha > 1$ 时收敛, 当 $\alpha \leqslant 1$ 时发散.

21. 设数列 $\{a_n\}$ 有下界, $a = \inf\{a_n\}$, 且 $\forall n \in \mathbb{Z}^+$ 有 $a_n > a$. 证明 $\{a_n\}$ 必有递减的子列 $\{a_{n_k}\}$ 使 $\lim\limits_{k\to\infty} a_{n_k} = a$.

22. 设有界数列 $\{a_n\}$ 发散, 证明 $\{a_n\}$ 必有两个子列收敛于不同的极限.

23. 设数列 $\{a_n\}$ 无界但非无穷大量, 证明 $\{a_n\}$ 必有两个子列 $\{a_{n_i}\}$ 与 $\{a_{n_j}\}$, 其中 $\{a_{n_i}\}$ 是收敛子列, $\{a_{n_j}\}$ 是无穷大量.

24. 若数列 $\{a_n\}$ 满足 $|a_n - a_{n-1}| \leqslant r |a_{n-1} - a_{n-2}|$ $(n \geqslant 3)$, 其中 $0 \leqslant r < 1$, 则称它为 **压缩数列**. 试证任意压缩数列一定收敛.

25. 数列 $\{a_n\}$ 满足 $a_{n+3} = \dfrac{1}{2} a_{n+2} + \dfrac{1}{3} a_{n+1} + \dfrac{1}{6} a_n$, 问 $\{a_n\}$ 是否收敛?

26. 设 $a_1 = a > 0$, $a_2 = b > 0$, $a_{n+2} = 2 + \dfrac{1}{a_{n+1}^2} + \dfrac{1}{a_n^2}$ $(n \in \mathbb{Z}^+)$, 证明数列 $\{a_n\}$ 收敛.

数学家
小传2.3.3

第 3 章　函数极限

CHAPTER

第 2 章讨论了数列这样一类特殊函数的极限. 本章的目的是以数列极限理论为基础进一步讨论函数的各种极限. 关注其共性与差异是本章学习的要诀.

3.1　函数极限的概念

在数列极限情形, 自变量按正整数无限增大, 自变量的变化是离散的或跳跃的. 一般来说函数极限与此不同, 其自变量按实数连续地变化. 因此函数极限有两种基本的形式: 自变量趋向无穷大或自变量趋向有限值.

首先讨论自变量趋向无穷大时的函数极限. 设函数 $f(x)$ 在某无限区间 $(a, +\infty)$ (即邻域 $U(+\infty)$) 有定义. 函数 $f(x)$ 当 $x \to +\infty$ 时以常数 b 为极限, 与数列 $f(n)$ 当 $n \to +\infty$ 时以常数 b 为极限的情况是类似的, 其差别只在于自变量的变化方式不同, $x \to +\infty$ 是连续变化的, 而 $n \to +\infty$ 是离散变化的. 因此, 类似于数列极限的 ε-N 定义可引入下面的函数极限的 ε-A 定义.

定义 3.1.1　设函数 $f(x)$ 在 $U(+\infty)$ 上有定义, b 为定数. 若

$$\forall \varepsilon > 0, \quad \exists A > 0, \quad \forall x > A, \text{有} |f(x) - b| < \varepsilon,$$

则称函数 $f(x)$ **当** $x \to +\infty$ **时收敛于** b **或以** b **为极限**, 记作

$$\lim_{x \to +\infty} f(x) = b \text{ 或 } f(x) \to b \, (x \to +\infty).$$

定义 3.1.1 中正数 A 的作用与数列极限定义中的 N 类似, 刻画 x 增大的程度, 只是这里所考虑的是比 A 大的一切实数 x. 不等式 $|f(x) - b| < \varepsilon$ 可写成 $b - \varepsilon < f(x) < b + \varepsilon$. 定义 3.1.1 的几何意义是: 不论给定的以两条直线 $y = b - \varepsilon$ 与 $y = b + \varepsilon$ 为边界, 宽为 2ε 的带形域怎样窄, 总存在正数 A, 当 $x > A$ 时, 函数 $f(x)$ 的图像全部落在这个带形域内 (图 3.1.1).

关于自变量趋向无穷大时的函数极限, 除了上面讨论的 $x \to +\infty$ 情况外, 还有 $x \to -\infty$ 和 $|x| \to +\infty$ 两种情况.

定义 3.1.2　设函数 $f(x)$ 在 $U(-\infty)$ 上有定义, b 为定数. 若

$$\forall \varepsilon > 0, \quad \exists A > 0, \quad \forall x < -A, \text{有} |f(x) - b| < \varepsilon,$$

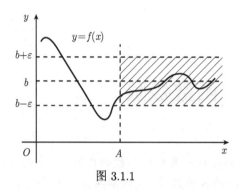

图 3.1.1

则称函数 $f(x)$ 当 $x \to -\infty$ 时**收敛于** b 或**以** b **为极限**, 记作

$$\lim_{x \to -\infty} f(x) = b \text{ 或 } f(x) \to b \ (x \to -\infty).$$

定义 3.1.3　设函数 $f(x)$ 在 $U(\infty)$ 上有定义, b 为定数. 若

$$\forall \varepsilon > 0, \quad \exists A > 0, \quad \forall |x| > A, \text{有 } |f(x) - b| < \varepsilon,$$

则称函数 $f(x)$ 当 $x \to \infty$ 时**收敛于** b 或**以** b **为极限**, 记作

$$\lim_{x \to \infty} f(x) = b \text{ 或 } f(x) \to b \ (x \to \infty).$$

对于自变量趋向无穷大的三种函数极限, 容易证明有下面的关系.

引理 3.1.1　设函数 $f(x)$ 在 $U(\infty)$ 上有定义, b 为定数, 则

$$\lim_{x \to \infty} f(x) = b \Leftrightarrow \lim_{x \to +\infty} f(x) = b = \lim_{x \to -\infty} f(x).$$

例 3.1.1　(1) 证明 $\lim\limits_{x \to +\infty} \arctan x = \dfrac{\pi}{2}$; (2) 证明 $\lim\limits_{x \to -\infty} \arctan x = -\dfrac{\pi}{2}$;
(3) $\lim\limits_{x \to \infty} \arctan x$ 是否存在?

证明　(1) $\forall \varepsilon : 0 < \varepsilon < \dfrac{\pi}{2}$, $\exists A = \tan\left(\dfrac{\pi}{2} - \varepsilon\right) > 0$, $\forall x > A$, 有

$$\left| \arctan x - \frac{\pi}{2} \right| = \frac{\pi}{2} - \arctan x < \varepsilon,$$

按定义即得 $\lim\limits_{x \to +\infty} \arctan x = \dfrac{\pi}{2}$.

(2) $\forall \varepsilon : 0 < \varepsilon < \dfrac{\pi}{2}$, $\exists A = \tan\left(\dfrac{\pi}{2} - \varepsilon\right) > 0$, $\forall x < -A$, 有 $x < \tan\left(\varepsilon - \dfrac{\pi}{2}\right)$,
从而

$$\left| \arctan x - \left(-\frac{\pi}{2}\right) \right| = \frac{\pi}{2} + \arctan x < \varepsilon,$$

证得 $\lim\limits_{x \to -\infty} \arctan x = -\dfrac{\pi}{2}$.

(3) 由于 $\lim\limits_{x \to +\infty} \arctan x \neq \lim\limits_{x \to -\infty} \arctan x$, 因此 $\lim\limits_{x \to \infty} \arctan x$ 不存在.

例 3.1.2　证明 $\lim\limits_{x \to \infty} \dfrac{x^2 - 3}{x^2 + 1} = 1$.

证明　$\forall \varepsilon > 0, \exists A = \dfrac{2}{\sqrt{\varepsilon}} > 0, \forall |x| > A$ 有

$$\left| \frac{x^2 - 3}{x^2 + 1} - 1 \right| = \frac{4}{x^2 + 1} \leqslant \frac{4}{x^2} < \varepsilon,$$

按定义即得 $\lim\limits_{x \to \infty} \dfrac{x^2 - 3}{x^2 + 1} = 1$.

现在来讨论自变量趋向有限点时的函数极限. 用符号 $x \to x_0$ 表示自变量 x 从 x_0 两侧趋向于 x_0. 请观察当 $x \to 1$ 时, $f(x) = x + 1$, $g(x) = \dfrac{x^2 - 1}{x - 1}$ 及

$h(x) = \begin{cases} x + 1, & x \neq 1, \\ 1, & x = 1 \end{cases}$　这三个函数的变化趋势 (图 3.1.2).

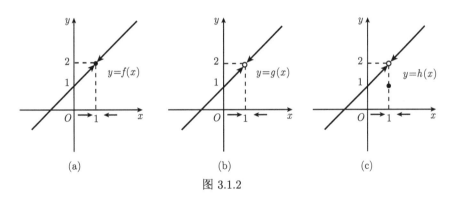

图 3.1.2

从上面的例子可以看出, 函数当 $x \to x_0$ 时是否存在极限, 与函数在 x_0 这一点是否有定义以及取怎样的函数值都没有关系, 只与函数在 x_0 的空心邻域 $U^\circ(x_0)$ 内的状态有关. 用 $0 < |x - x_0| < \delta$ 刻画 x 趋向 x_0 的程度, 可引入下面的定义.

定义 3.1.4　设函数 $f(x)$ 在 $U^\circ(x_0)$ 内有定义, b 为定数. 若

$$\forall \varepsilon > 0, \quad \exists \delta > 0, \quad \forall x : 0 < |x - x_0| < \delta, \text{ 有 } |f(x) - b| < \varepsilon, \tag{3.1.1}$$

则称函数 $f(x)$ **当**$x \to x_0$ **时收敛于**b 或**以**b **为极限**, 记作

$$\lim\limits_{x \to x_0} f(x) = b \text{ 或 } f(x) \to b \, (x \to x_0).$$

定义 3.1.4 常称为**函数极限的**ε-δ **定义**. 按此定义考察函数在点 x_0 是否收敛就是考察任意正数 ε 给定后使 (3.1.1) 式成立的相应的 δ 是否存在. 一般地, δ 随 ε 的变小而变小. 由此常把 δ 写成 $\delta(\varepsilon)$ 来强调 δ 是依赖于 ε 的. 但要注意 δ 不是唯一的. 一旦使 (3.1.1) 式成立的某 δ 存在, 则比它小的任何正数都可充当它的角色而使 (3.1.1) 式成立. 另外, (3.1.1) 式中 "$0 < |x - x_0|$" 应理解为不要求函数 $f(x)$ 当 $x = x_0$ 时不等式 $|f(x_0) - b| < \varepsilon$ 成立, 即不要求 $f(x_0) = b$, 允许函数 f 在 $x = x_0$ 时无定义或 $f(x_0) \neq b$.

注意到 $0 < |x - x_0| < \delta \Leftrightarrow x \in U^o(x_0, \delta)$, $|f(x) - b| < \varepsilon \Leftrightarrow b - \varepsilon < f(x) < b + \varepsilon$, 函数极限的 ε-δ 定义有下述几何意义 (图 3.1.3): 不论给定的以两条直线 $y = b - \varepsilon$ 与 $y = b + \varepsilon$ 为边界, 宽为 2ε 的带形域怎样窄, 总存在 x_0 的空心邻域 $U^o(x_0, \delta)$, 函数 $f(x)$ 在 $U^o(x_0, \delta)$ 的图像全部落在这个带形域内.

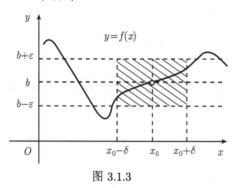

图 3.1.3

例 3.1.3 证明 对 $\forall x_0 \in \mathbb{R}$ 有 $\lim\limits_{x \to x_0} \sin x = \sin x_0$, $\lim\limits_{x \to x_0} \cos x = \cos x_0$.

证明 利用不等式 $|\sin x| \leqslant |x|$ 得

$$\left| \sin x - \sin x_0 \right| = \left| 2 \cos \frac{x + x_0}{2} \sin \frac{x - x_0}{2} \right| \leqslant 2 \left| \sin \frac{x - x_0}{2} \right| \leqslant |x - x_0|.$$

$\forall \varepsilon > 0$, $\exists \delta = \varepsilon > 0$, $\forall x: |x - x_0| < \delta$, 有 $|\sin x - \sin x_0| \leqslant |x - x_0| < \varepsilon$. 因此 $\lim\limits_{x \to x_0} \sin x = \sin x_0$. 类似地可证明 $\lim\limits_{x \to x_0} \cos x = \cos x_0$.

例 3.1.4 证明 $\lim\limits_{x \to 1} \dfrac{x^3 - 1}{x - 1} = 3$.

证明 当 $x \neq 1$ 时有

$$\left| \frac{x^3 - 1}{x - 1} - 3 \right| = \left| (x^2 + x + 1) - 3 \right| = \left| (x + 2)(x - 1) \right| = |x + 2| \, |x - 1| ;$$

$$|x + 2| = |(x - 1) + 3| \leqslant |x - 1| + 3.$$

因为 $x \to 1$, 所以可以限制 $|x - 1| < 1$, 于是 $\forall \varepsilon > 0$, $\exists \delta = \min \left\{ 1, \dfrac{\varepsilon}{4} \right\} > 0$,

$\forall x : 0 < |x - 1| < \delta$, 有

$$\left| \frac{x^3 - 1}{x - 1} - 3 \right| = |x + 2| \, |x - 1| < 4 \, |x - 1| < \varepsilon.$$

因此 $\lim\limits_{x \to 1} \dfrac{x^3 - 1}{x - 1} = 3$.

例 3.1.5 证明 $\lim\limits_{x \to -1} \dfrac{2 + x}{2 - x} = \dfrac{1}{3}$.

证明 注意到 $\left| \dfrac{2 + x}{2 - x} - \dfrac{1}{3} \right| = \left| \dfrac{4(x + 1)}{3(2 - x)} \right| = \dfrac{4}{3} \dfrac{|x + 1|}{|2 - x|}$, $|2 - x| = |3 - (x + 1)| \geqslant$ $3 - |x + 1|$, 因 $x \to -1$, 故可限制 $|x + 1| = |x - (-1)| < 2$. 于是 $\forall \varepsilon > 0$, $\exists \delta = \min \left\{ 2, \dfrac{3\varepsilon}{4} \right\} > 0$, $\forall x : |x - (-1)| < \delta$, 有

$$\left| \frac{2 + x}{2 - x} - \frac{1}{3} \right| = \frac{4}{3} \frac{|x + 1|}{|2 - x|} < \frac{4}{3} |x + 1| < \varepsilon.$$

因此 $\lim\limits_{x \to -1} \dfrac{2 + x}{2 - x} = \dfrac{1}{3}$.

有些函数在其定义域上某些点左侧与右侧的表达式不同 (如分段函数), 有些函数在某些点仅在其一侧有定义 (如定义区间的端点处), 函数在这些点上的极限只能从单侧给出定义.

定义 3.1.5 设函数 $f(x)$ 在 $U^o(x_0+)$ 内有定义, b 为定数. 若

$$\forall \varepsilon > 0, \exists \delta > 0, \forall x : 0 < x - x_0 < \delta, \text{有} |f(x) - b| < \varepsilon,$$

则称函数 $f(x)$ 当 $x \to x_0+$ **时收敛于** b 或以 b **为右极限**, 记作 $\lim\limits_{x \to x_0+} f(x) = b$ 或 $f(x) \to b \, (x \to x_0+)$, 或简记为 $f(x_0+) = b$.

定义 3.1.6 设函数 $f(x)$ 在 $U^o(x_0-)$ 内有定义, b 为定数. 若

$$\forall \varepsilon > 0, \quad \exists \delta > 0, \quad \forall x : -\delta < x - x_0 < 0, \text{有} |f(x) - b| < \varepsilon,$$

则称函数 $f(x)$ 当 $x \to x_0-$ **时收敛于** b 或以 b **为左极限**, 记作 $\lim\limits_{x \to x_0-} f(x) = b$ 或 $f(x) \to b \, (x \to x_0-)$, 或简记为 $f(x_0-) = b$.

左极限与右极限统称为**单侧极限**. 对于自变量趋向有限值的三种极限, 有下面的关系.

引理 3.1.2 设函数 $f(x)$ 在 $U^o(x_0)$ 内有定义. 则

$$\lim\limits_{x \to x_0} f(x) = b \Leftrightarrow f(x_0+) = b = f(x_0-).$$

证明　**必要性**　设 $\lim\limits_{x \to x_0} f(x) = b$, 则 $\forall \varepsilon > 0, \exists \delta > 0, \forall x : 0 < |x - x_0| < \delta,$ 有 $|f(x) - b| < \varepsilon.$ 从而

$$\forall x : 0 < x - x_0 < \delta \, \text{有} \, |f(x) - b| < \varepsilon; \text{且} \forall x : -\delta < x - x_0 < 0, \text{有} |f(x) - b| < \varepsilon.$$

因此 $f(x_0+) = b$ 且 $f(x_0-) = b.$

充分性　设 $f(x_0+) = b = f(x_0-).$ $\forall \varepsilon > 0,$ 由 $f(x_0+) = b$ 可知

$$\exists \delta_1 > 0, \quad \forall x : 0 < x - x_0 < \delta_1, \text{有} |f(x) - b| < \varepsilon; \tag{3.1.2}$$

由 $f(x_0-) = b$ 可知

$$\exists \delta_2 > 0, \quad \forall x : -\delta_2 < x - x_0 < 0, \text{有} |f(x) - b| < \varepsilon. \tag{3.1.3}$$

于是 $\exists \delta = \min\{\delta_1, \delta_2\} > 0, \forall x : 0 < |x - x_0| < \delta,$ 根据 (3.1.2) 与 (3.1.3) 式得 $|f(x) - b| < \varepsilon.$ 因此 $\lim\limits_{x \to x_0} f(x) = b.$

例 3.1.6　证明当 $a > 1$ 有 (1) $\lim\limits_{x \to 0} a^x = 1$; (2) $\lim\limits_{x \to 1} \log_a x = 0.$

证明　(1) 设 $x > 0$, 则 $|a^x - 1| = a^x - 1.$ 于是 $\forall \varepsilon > 0, \exists \delta = \log_a(1 + \varepsilon) > 0,$ $\forall x : 0 < x < \delta$ 有 $|a^x - 1| = a^x - 1 < \varepsilon.$ 这证得 $\lim\limits_{x \to 0+} a^x = 1.$ 再设 $x < 0$, 则 $|a^x - 1| = 1 - a^x.$ 于是 $\forall \varepsilon : 0 < \varepsilon < 1, \exists \delta = -\log_a(1 - \varepsilon) > 0, \forall x : -\delta < x < 0$ 有 $|a^x - 1| = 1 - a^x < \varepsilon.$ 这证得 $\lim\limits_{x \to 0-} a^x = 1.$ 因此根据引理 3.1.2 有 $\lim\limits_{x \to 0} a^x = 1.$

(2) 因为 $\forall \varepsilon > 0, \exists \delta = a^\varepsilon - 1 > 0, \forall x : 0 < x - 1 < \delta$ 有 $|\log_a x - 0| = \log_a x < \varepsilon,$ 所以 $\lim\limits_{x \to 1+} \log_a x = 0.$ 又因为 $\forall \varepsilon > 0, \exists \delta = 1 - a^{-\varepsilon} > 0, \forall x : -\delta < x - 1 < 0$ 有 $|\log_a x - 0| = -\log_a x < \varepsilon,$ 所以 $\lim\limits_{x \to 1-} \log_a x = 0.$ 于是根据引理 3.1.2 有 $\lim\limits_{x \to 1} \log_a x = 0.$

例 3.1.7　证明 $\lim\limits_{x \to 0} \operatorname{sgn} x$ 不存在.

证明　因为 $\lim\limits_{x \to 0+} \operatorname{sgn} x = \lim\limits_{x \to 0+} 1 = 1,$ $\lim\limits_{x \to 0-} \operatorname{sgn} x = \lim\limits_{x \to 0-}(-1) = -1,$ 二者不相等, 所以 $\lim\limits_{x \to 0} \operatorname{sgn} x$ 不存在.

为了方便, 以下将自变量趋向的点 $+\infty, -\infty, \infty, x_0, x_0+, x_0-$ 等统称为**极限点**. 有限点与无穷点处的极限有下述关系.

引理 3.1.3　设函数 $f(x)$ 在 $U(\infty)$ 内有定义. 则

(1) $\lim\limits_{x \to +\infty} f(x) = \lim\limits_{x \to 0+} f\left(\dfrac{1}{x}\right);$

(2) $\lim\limits_{x \to -\infty} f(x) = \lim\limits_{x \to 0-} f\left(\dfrac{1}{x}\right);$

(3) $\lim\limits_{x \to \infty} f(x) = \lim\limits_{x \to 0} f\left(\dfrac{1}{x}\right).$

证明 只证明 (1), 对 (2) 与 (3) 可类似地证明. 设 $\lim\limits_{x \to +\infty} f(x) = b$. $\forall \varepsilon > 0$, 由 $\lim\limits_{t \to +\infty} f(t) = b$ 可知 $\exists A > 0$, $\forall t > A$, 有 $|f(t) - b| < \varepsilon$. 于是 $\exists \delta = \dfrac{1}{A} > 0$, $\forall x : 0 < x < \delta$, 有 $\dfrac{1}{x} > \dfrac{1}{\delta} = A$, 从而有 $\left| f\left(\dfrac{1}{x}\right) - b \right| < \varepsilon$. 因此 $\lim\limits_{x \to 0+} f\left(\dfrac{1}{x}\right) = b$.

例 3.1.8 问 a 为何值时, 函数 $f(x)$ 在 $x = 0$ 存在极限? 这里

$$f(x) = \begin{cases} \mathrm{e}^{\frac{1}{x}}, & x < 0, \\ 1, & x = 0, \\ a + 1, & x > 0. \end{cases}$$

解 $f(0-) = \lim\limits_{x \to 0-} \mathrm{e}^{\frac{1}{x}} = 0$; $f(0+) = \lim\limits_{x \to 0+} (a+1) = a + 1$. 若 $f(x)$ 在 $x = 0$ 存在极限, 则必有 $f(0-) = f(0+)$. 因此 $a = -1$ 时函数 $f(x)$ 在 $x = 0$ 存在极限.

从下述例题可以体会到函数极限 ε-δ 定义的逻辑力量.

例 3.1.9 证明对 $\forall x_0 \in [0,1]$ 有 $\lim\limits_{x \to x_0} R(x) = 0$, 这里 $R(x)$ 为 Riemann 函数,

$$R(x) = \begin{cases} \dfrac{1}{q} & x = \dfrac{p}{q} \in (0,1), p, q \in \mathbb{Z}^+ \text{且互质}, \\ 0, & x = 0, 1 \text{及} (0,1) \text{中的无理数}. \end{cases}$$

证明 只证明 $x_0 \in (0,1)$ 的情况, $x_0 = 0$ 或 $x_0 = 1$ 时, 考虑单侧极限, 其证明方法类似. $\forall \varepsilon : 0 < \varepsilon < \dfrac{1}{2}$, 记

$$B_\varepsilon = \left\{ x = \dfrac{p}{q} \in (0,1) : p, q \in \mathbb{Z}^+ \text{且互质}, \dfrac{1}{q} \geqslant \varepsilon \right\}.$$

因 $0 < p < q \leqslant \dfrac{1}{\varepsilon}$, $p, q \in \mathbb{Z}^+$ 且互质, 故 B_ε 为有限集. 不妨记

$$B_\varepsilon \setminus \{x_0\} = \{x_1, x_2, \cdots, x_k\}.$$

于是 $\exists \delta = \min \{|x_1 - x_0|, |x_2 - x_0|, \cdots, |x_k - x_0|, x_0 - 0, 1 - x_0\} > 0$, $\forall x : 0 < |x - x_0| < \delta$, 有 $x \notin B_\varepsilon$, 从而有

$$|R(x) - 0| \leqslant \dfrac{1}{q} < \varepsilon.$$

因此 $\lim\limits_{x \to x_0} R(x) = 0$.

<h3 align="center">习 题 3.1</h3>

1. 按定义证明:

(1) $\lim\limits_{x \to +\infty} \dfrac{1-x}{2x-1} = -\dfrac{1}{2}$;

(2) $\lim\limits_{x \to \infty} \dfrac{1}{x} \sin \dfrac{1}{x} = 0$;

(3) $\lim\limits_{x \to -\infty} a^x = 0$, 这里 $a > 1$;

(4) $\lim\limits_{x \to x_0} \cos x = \cos x_0$;

(5) $\lim\limits_{x \to 2} \dfrac{x-2}{x^2-4} = \dfrac{1}{4}$;

(6) $\lim\limits_{x \to x_0} \dfrac{1}{x} = \dfrac{1}{x_0}$, 这里 $x_0 \neq 0$;

(7) $\lim\limits_{x \to 0+} \arctan x = 0$;

(8) $\lim\limits_{x \to 1-} \arctan \dfrac{1}{1-x} = \dfrac{\pi}{2}$.

2. 根据定义 3.1.4 陈述 $\lim\limits_{x \to x_0} f(x) \neq b$.

3. 讨论下列函数在指定点 x_0 处的左右极限与极限:

(1) $f(x) = [x]$, $x_0 = n \in \mathbb{Z}^+$;

(2) $f(x) = \begin{cases} \sin(x-1), & x < 1, \\ 1, & x = 1, \\ \left[\dfrac{1}{x}\right], & x > 1, \end{cases}$ $\quad x_0 = 1$.

4. 证明引理 3.1.1.

5. 证明引理 3.1.3 (2) 和 (3).

6. 证明: 若 $\lim\limits_{x \to x_0} f(x) = b$, 则 $\lim\limits_{x \to x_0} |f(x)| = |b|$. 又当且仅当 b 为何值时其逆命题为真?

3.2 函数极限的性质

3.1 节引入了六种类型的函数极限: $\lim\limits_{x \to +\infty} f(x)$, $\lim\limits_{x \to -\infty} f(x)$, $\lim\limits_{x \to \infty} f(x)$, $\lim\limits_{x \to x_0} f(x)$, $\lim\limits_{x \to x_0+} f(x)$ 及 $\lim\limits_{x \to x_0-} f(x)$. 这些极限都有与数列极限相类似的一些性质. 本节讨论这些重要性质. 下面叙述这些性质时用 $\lim f(x)$ 或 $\lim\limits_{x \to \beta} f(x)$ 代表这六种极限之一, 即极限点 β 为 $+\infty, -\infty, \infty, x_0, x_0+$ 及 x_0- 这六者之一; 每个性质仅以 $\lim\limits_{x \to x_0} f(x)$ 为例给出证明, 对于其他类型情况下的相关证明可按各自定义相应地作些修改而得到. 下面出现的 $U^o(\beta)$ 表示 β 的空心邻域. 由于 $+\infty$ 不是实数, 因此 $U^o(+\infty) = U(+\infty)$, 同样地有 $U^o(-\infty) = U(-\infty)$ 及 $U^o(\infty) = U(\infty)$.

定理 3.2.1 (**唯一性**) 若 $\lim f(x)$ 存在, 则它只有一个极限.

证明 (反证法) 以 $\lim\limits_{x \to x_0} f(x)$ 为例. 假设 $\lim\limits_{x \to x_0} f(x) = a$, $\lim\limits_{x \to x_0} f(x) = b$, $a \neq b$, 则对 $\varepsilon_0 = \dfrac{|b-a|}{2} > 0$, 由 $\lim\limits_{x \to x_0} f(x) = a$ 可知

$$\exists \delta_1 > 0, \quad \forall x: 0 < |x - x_0| < \delta_1 \text{有} |f(x) - a| < \varepsilon_0; \tag{3.2.1}$$

由 $\lim\limits_{x \to x_0} f(x) = b$ 可知

$$\exists \delta_2 > 0, \quad \forall x: 0 < |x - x_0| < \delta_2 \text{有} |f(x) - b| < \varepsilon_0. \tag{3.2.2}$$

于是 $\exists \delta = \min\{\delta_1, \delta_2\} > 0$, $\forall x: 0 < |x - x_0| < \delta$, (3.2.1) 与 (3.2.2) 式中两个不等式都成立, 从而有

$$2\varepsilon_0 = |b - a| = |b - f(x) + f(x) - a| \leqslant |b - f(x)| + |f(x) - a| < 2\varepsilon_0,$$

产生了矛盾. 因此 $a = b$.

定理 3.2.2 (局部有界性) 若 $\lim\limits_{x \to \beta} f(x)$ 存在, 则函数 $f(x)$ 在 $U^o(\beta)$ 内有界.

证明 以 $\beta = x_0$ 为例. 设 $\lim\limits_{x \to x_0} f(x) = b$, 则对 $\varepsilon_0 = 1$, $\exists \delta_0 > 0$, $\forall x : 0 < |x - x_0| < \delta_0$, 有 $|f(x) - b| < \varepsilon_0$. 于是 $\forall x \in U^o(x_0, \delta_0)$ 有

$$|f(x)| = |f(x) - b + b| \leqslant |f(x) - b| + |b| < 1 + |b|.$$

这表明 $f(x)$ 在 $U^o(x_0)$ 内有界.

定理 3.2.3 (保序性) 设 $\lim\limits_{x \to \beta} f(x)$ 与 $\lim\limits_{x \to \beta} g(x)$ 都存在. 若在 $U^o(\beta)$ 内有 $f(x) \leqslant g(x)$, 则 $\lim\limits_{x \to \beta} f(x) \leqslant \lim\limits_{x \to \beta} g(x)$.

证明 以 $\beta = x_0$ 为例. 设 $\lim\limits_{x \to x_0} f(x) = a$, $\lim\limits_{x \to x_0} g(x) = b$, 则对 $\forall \varepsilon > 0$, 分别 $\exists \delta_1, \delta_2 > 0$,

$$\forall x : 0 < |x - x_0| < \delta_1, \text{有} |f(x) - a| < \varepsilon, \quad \text{即} f(x) > a - \varepsilon; \tag{3.2.3}$$

$$\forall x : 0 < |x - x_0| < \delta_2, \text{有} |g(x) - b| < \varepsilon, \quad \text{即} g(x) < b + \varepsilon. \tag{3.2.4}$$

设 $U^o(\beta) = U^o(x_0, \delta_0)$. 于是 $\exists \delta = \min\{\delta_1, \delta_2, \delta_0\} > 0$, 当 $0 < |x - x_0| < \delta$ 时, 根据 (3.2.3) 与 (3.2.4) 式及题设不等式得

$$a - \varepsilon < f(x) \leqslant g(x) < b + \varepsilon,$$

即 $a - b < 2\varepsilon$. 由 ε 的任意性推出 $a \leqslant b$, 即 $\lim\limits_{x \to x_0} f(x) \leqslant \lim\limits_{x \to x_0} g(x)$.

请注意, 保序性未必保持函数间的严格序关系, 就是说, 在 $U^o(\beta)$ 内有 $f(x) < g(x)$ 未必蕴涵 $\lim\limits_{x \to \beta} f(x) < \lim\limits_{x \to \beta} g(x)$. 例如, 虽然在 $U^o(0+)$ 有 $x < 2x$, 但 "$\lim\limits_{x \to 0+} x < \lim\limits_{x \to 0+} 2x$" 并不成立.

定理 3.2.4 (局部保号性) 设 $\lim\limits_{x \to \beta} f(x)$ 存在.

(1) 若 $\lim\limits_{x \to \beta} f(x) = a > 0$ 且 $a > a_0 > 0$, 则 $\exists U^o(\beta)$, $\forall x \in U^o(\beta)$ 有 $f(x) > a_0$;

(2) 若 $\lim\limits_{x \to \beta} f(x) = b < 0$ 且 $b < b_0 < 0$, 则 $\exists U^o(\beta)$, $\forall x \in U^o(\beta)$ 有 $f(x) < b_0$.

请注意, 保号性是指极限点附近的函数值保持与它的极限值相同的符号. 在应用保号性时, 常取 $a_0 = \dfrac{a}{2}$, $b_0 = \dfrac{b}{2}$.

证明 以 $\beta = x_0$ 为例, 只给出 (1) 的证明, (2) 的证明是类似的. 对 $\varepsilon_0 = a - a_0 > 0$, 由 $\lim\limits_{x \to x_0} f(x) = a$ 可知, $\exists \delta_0 > 0$, $\forall x : 0 < |x - x_0| < \delta_0$ 有 $|f(x) - a| < \varepsilon_0$, 从而 $\forall x \in U^o(x_0, \delta_0)$, 有 $f(x) > a - \varepsilon_0 = a_0 > 0$.

另外, 容易证明下面的保号性推广形式, 在应用上更为方便:

若 $\lim\limits_{x \to \beta} f(x) = b \in \mathbb{R}, b_1 < b < b_2$, 则 $\exists U^o(\beta), \forall x \in U^o(\beta), b_1 < f(x) < b_2$.

定理 3.2.5(四则运算法则)　设函数 $\lim f(x)$ 与 $\lim g(x)$ 都存在, 则

(1) $\lim [f(x) \pm g(x)] = \lim f(x) \pm \lim g(x)$;

(2) $\lim [f(x)g(x)] = \lim f(x) \cdot \lim g(x)$, 特别地有 $\lim [Cf(x)] = C \lim f(x)$, 这里 C 为常数;

(3) 当 $\lim g(x) \neq 0$ 时, $\lim \dfrac{f(x)}{g(x)} = \dfrac{\lim f(x)}{\lim g(x)}$.

证明　以极限点 x_0 为例, 只证明积运算情况. 设 $\lim\limits_{x \to x_0} f(x) = a$, $\lim\limits_{x \to x_0} g(x) = b$, 则对 $\forall \varepsilon > 0$, 分别 $\exists \delta_1, \delta_2 > 0$,

$$\forall x: 0 < |x - x_0| < \delta_1, 有 |f(x) - a| < \varepsilon; 且 \forall x: 0 < |x - x_0| < \delta_2, 有 |g(x) - b| < \varepsilon. \tag{3.2.5}$$

根据定理 3.2.2, 由于 $g(x)$ 在 x_0 是局部有界的, 故 $\exists M > 0$, $\exists \delta_0 > 0$, $\forall x: 0 < |x - x_0| < \delta_0$ 有 $|g(x)| \leqslant M$. 于是 $\exists \delta = \min\{\delta_1, \delta_2, \delta_0\} > 0$, $\forall x: 0 < |x - x_0| < \delta$, 由 (3.2.5) 式得

$$|f(x)g(x) - ab| = |f(x)g(x) - ag(x) + ag(x) - ab|$$
$$\leqslant |f(x) - a| |g(x)| + |a| |g(x) - b| < (M + |a|) \varepsilon.$$

因此 $\lim\limits_{x \to x_0} [f(x)g(x)] = ab = \lim\limits_{x \to x_0} f(x) \cdot \lim\limits_{x \to x_0} g(x)$.

由和与积的法则知

$$\lim [C_1 f(x) + C_2 g(x)] = C_1 \lim f(x) + C_2 \lim g(x), \quad C_1, C_2 为常数.$$

此性质称为函数极限的**线性性质**. 必须指出, 利用数学归纳法, 上述四则运算法则可以推广到任意有限个函数运算的情形.

在使用上, 如果参与运算的各函数的极限都存在且分母的极限值不为 0, 则直接使用运算法则便可以得出所求的极限. 但对于 $\dfrac{0}{0}, \dfrac{\infty}{\infty}, \infty - \infty$ 及 $0 \cdot \infty$ 这些待定型, 需要先用相应的运算技术作适当转化, 再通过运算法则确定它的极限.

例 3.2.1　称 $a_0 + a_1 x + \cdots + a_n x^n$ 为多项式函数, 其中 $n \in \mathbb{N}$, $a_0, a_1, \cdots, a_n$ 为常数. 设 $P(x), Q(x)$ 为多项式函数且 $Q(x_0) \neq 0$, 求 $\lim\limits_{x \to x_0} P(x)$ 与 $\lim\limits_{x \to x_0} \dfrac{P(x)}{Q(x)}$.

解　因为 $\lim\limits_{x \to x_0} a_n x^n = a_n x_0^n$ 且 $Q(x_0) \neq 0$, 故按极限运算法则有

$$\lim\limits_{x \to x_0} P(x) = P(x_0), \quad \lim\limits_{x \to x_0} \dfrac{P(x)}{Q(x)} = \dfrac{P(x_0)}{Q(x_0)}.$$

例 3.2.2　设 $\cos a \neq 0, \sin b \neq 0$. 求 $\lim\limits_{x \to a} \tan x$ 与 $\lim\limits_{x \to b} \cot x$.

解 $\lim\limits_{x \to a} \tan x = \lim\limits_{x \to a} \dfrac{\sin x}{\cos x} = \dfrac{\sin a}{\cos a} = \tan a;$

$\lim\limits_{x \to b} \cot x = \lim\limits_{x \to b} \dfrac{\cos x}{\sin x} = \dfrac{\cos b}{\sin b} = \cot b.$

例 3.2.3 求 $\lim\limits_{x \to 1} \left(\dfrac{1}{x-1} - \dfrac{3}{x^3-1} \right).$

解 $\lim\limits_{x \to 1} \left(\dfrac{1}{x-1} - \dfrac{3}{x^3-1} \right) = \lim\limits_{x \to 1} \dfrac{x^2+x-2}{x^3-1} = \lim\limits_{x \to 1} \dfrac{(x-1)(x+2)}{(x-1)(x^2+x+1)}$

$= \lim\limits_{x \to 1} \dfrac{x+2}{x^2+x+1} = 1.$

例 3.2.4 讨论 $f(x) = \dfrac{\mathrm{e}^{\frac{1}{x}}+1}{\mathrm{e}^{\frac{1}{x}}-1}$ 在点 $x_0 = 0$ 处的左极限、右极限与极限.

解 $f(0-) = \lim\limits_{x \to 0-} \dfrac{\mathrm{e}^{\frac{1}{x}}+1}{\mathrm{e}^{\frac{1}{x}}-1} = \dfrac{0+1}{0-1} = -1;$ $f(0+) = \lim\limits_{x \to 0+} \dfrac{\mathrm{e}^{\frac{1}{x}}+1}{\mathrm{e}^{\frac{1}{x}}-1} = \lim\limits_{x \to 0+} \dfrac{1+\mathrm{e}^{-\frac{1}{x}}}{1-\mathrm{e}^{-\frac{1}{x}}} =$

$1.$ 由于 $f(0-) \neq f(0+)$, 故 $\lim\limits_{x \to 0} f(x)$ 不存在.

定理 3.2.6 (夹逼性) 设在 $U^o(\beta)$ 内有 $g(x) \leqslant f(x) \leqslant h(x)$ 且

$$\lim\limits_{x \to \beta} g(x) = \lim\limits_{x \to \beta} h(x) = b \in \mathbb{R},$$

则 $\lim\limits_{x \to \beta} f(x) = b.$

证明 以 $\beta = x_0$ 为例. $\forall \varepsilon > 0$, 由于 $\lim\limits_{x \to x_0} g(x) = \lim\limits_{x \to x_0} h(x) = b$, 故

$$\exists \delta_1 > 0, \quad \forall x : 0 < |x - x_0| < \delta_1, \text{有} |g(x) - b| < \varepsilon, \text{从而有} g(x) > b - \varepsilon; \quad (3.2.6)$$

$$\exists \delta_2 > 0, \quad \forall x : 0 < |x - x_0| < \delta_2, \text{有} |h(x) - b| < \varepsilon, \text{从而有} h(x) < b + \varepsilon. \quad (3.2.7)$$

设 $U^o(\beta) = U^o(x_0, \delta_0)$, 于是 $\exists \delta = \min\{\delta_1, \delta_2, \delta_0\} > 0$, 当 $0 < |x - x_0| < \delta$ 时, 由 (3.2.6) 和 (3.2.7) 式及题设不等式得

$$b - \varepsilon < g(x) \leqslant f(x) \leqslant h(x) < b + \varepsilon,$$

此即 $|f(x) - b| < \varepsilon.$ 所以有 $\lim\limits_{x \to x_0} f(x) = b.$

定理 3.2.7 (复合极限法则) 设函数 $g \circ f$ 是 $y = g(u)$ 与 $u = f(x)$ 的复合. 若

$$\lim\limits_{x \to \beta} f(x) = b \in \mathbb{R} \text{ 且 } \lim\limits_{u \to b} g(u) = g(b),$$

则 $\lim\limits_{x \to \beta} g(f(x)) = g(b).$

证明 以 $\beta = x_0$ 为例. 对 $\forall \varepsilon > 0$, 由 $\lim\limits_{u \to b} g(u) = g(b)$ 可知 $\exists \eta > 0$,

$$\forall u : |u - b| < \eta, \text{有} |g(u) - g(b)| < \varepsilon. \quad (3.2.8)$$

对上述 $\eta > 0$, 由 $\lim\limits_{x \to x_0} f(x) = b$ 可知 $\exists \delta > 0, \forall x : 0 < |x - x_0| < \delta$ 有 $|f(x) - b| = |u - b| < \eta$. 从而根据 (3.2.8) 式有 $|g(f(x)) - g(b)| < \varepsilon$. 这表明 $\lim\limits_{x \to x_0} g(f(x)) = g(b)$.

复合极限法则可用下式简明表示:

$$\lim_{x \to \beta} g(f(x)) \xlongequal{u = f(x)} \lim_{u \to b} g(u) = g(b),$$

它是极限换元方法的依据.

例 3.2.5 证明下列基本极限 (常数 $a > 0, a \neq 1, \alpha \in \mathbb{R}$):

(1) $\forall x_0 \in \mathbb{R}$ 有 $\lim\limits_{x \to x_0} a^x = a^{x_0}$;

(2) $\forall x_0 \in (0, +\infty)$ 有 $\lim\limits_{x \to x_0} \log_a x = \log_a x_0$;

(3) $\forall x_0 \in (0, +\infty)$ 有 $\lim\limits_{x \to x_0} x^\alpha = x_0^\alpha$;

(4) 若 $\lim f(x) = b > 0, \lim g(x) = c \in \mathbb{R}$, 则 $\lim f(x)^{g(x)} = b^c$(形如 $f(x)^{g(x)}$ 的函数称为**幂指函数**).

证明 (1) 已知 $a > 1$ 有 $\lim\limits_{x \to 0} a^x = 1$(例 3.1.6). 因此当 $a > 1$ 时有

$$\lim_{x \to x_0} a^x = \lim_{x \to x_0} a^{x - x_0 + x_0} = a^{x_0} \lim_{x \to x_0} a^{x - x_0} = a^{x_0}.$$

又当 $0 < a < 1$ 有 $\dfrac{1}{a} > 1$, 此时也有

$$\lim_{x \to x_0} a^x = \lim_{x \to x_0} \frac{1}{\left(\dfrac{1}{a}\right)^x} = \frac{1}{\left(\dfrac{1}{a}\right)^{x_0}} = a^{x_0}.$$

(2) 已知 $a > 1$ 有 $\lim\limits_{x \to 1} \log_a x = 0$ (例 3.1.6). 因此当 $a > 1$ 时有

$$\lim_{x \to x_0} \log_a x = \lim_{x \to x_0} \log_a \left(x_0 \cdot \frac{x}{x_0}\right) = \log_a x_0 + \lim_{x \to x_0} \log_a \left(\frac{x}{x_0}\right) = \log_a x_0.$$

又当 $0 < a < 1$ 有 $\dfrac{1}{a} > 1$, 此时也有

$$\lim_{x \to x_0} \log_a x = \lim_{x \to x_0} \left(-\log_{\frac{1}{a}} x\right) = -\log_{\frac{1}{a}} x_0 = \log_a x_0.$$

(3) 根据复合极限法则有

$$\lim_{x \to x_0} x^\alpha = \lim_{x \to x_0} e^{\alpha \ln x} = e^{\alpha \ln x_0} = x_0^\alpha.$$

(4) 根据复合极限法则有

$$\lim f(x)^{g(x)} = \lim e^{g(x) \ln f(x)} = e^{c \ln b} = b^c.$$

例 3.2.6 求 $\lim\limits_{x\to 0} x\left[\dfrac{1}{x}\right]$.

解 注意到 $\dfrac{1}{x}-1<\left[\dfrac{1}{x}\right]\leqslant\dfrac{1}{x}$. 当 $x>0$ 有 $1-x<x\left[\dfrac{1}{x}\right]\leqslant 1$, 而 $\lim\limits_{x\to 0+}(1-x)=1$, 由夹逼性得 $\lim\limits_{x\to 0+}x\left[\dfrac{1}{x}\right]=1$. 又当 $x<0$ 有 $1\leqslant x\left[\dfrac{1}{x}\right]<1-x$, 同样由夹逼性得 $\lim\limits_{x\to 0-}x\left[\dfrac{1}{x}\right]=1$. 因此

$$\lim\limits_{x\to 0}x\left[\dfrac{1}{x}\right]=1.$$

例 3.2.7 证明重要极限 $\lim\limits_{x\to 0}\dfrac{\sin x}{x}=1$ (函数 $y=\dfrac{\sin x}{x}$ 的图像如图 3.2.1 所示).

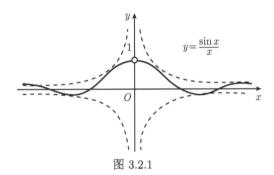

图 3.2.1

证明 由于当 $0<x<\dfrac{\pi}{2}$ 时有 $\sin x<x<\tan x$, 故 $1<\dfrac{x}{\sin x}<\dfrac{1}{\cos x}$, 即有

$$\cos x<\dfrac{\sin x}{x}<1.$$

于是根据夹逼性与 $\lim\limits_{x\to 0+}\cos x=1$ 得 $\lim\limits_{x\to 0+}\dfrac{\sin x}{x}=1$. 又由于 $y=\dfrac{\sin x}{x}$ 是偶函数, 故也有 $\lim\limits_{x\to 0-}\dfrac{\sin x}{x}=1$. 因此 $\lim\limits_{x\to 0}\dfrac{\sin x}{x}=1$.

容易知道 $\lim\limits_{x\to\infty}x\sin\dfrac{1}{x}=1$ (函数 $y=x\sin\dfrac{1}{x}$ 的图像如图 3.2.2 所示). 请注意与下述两个极限比较: $\lim\limits_{x\to\infty}\dfrac{\sin x}{x}=0$, $\lim\limits_{x\to 0}x\sin\dfrac{1}{x}=0$ (分别参见图 3.2.1 与图 3.2.2). 这两个极限可分别由

$$\left|\dfrac{\sin x}{x}\right|\leqslant\dfrac{1}{|x|} \quad \text{与} \quad \left|x\sin\dfrac{1}{x}\right|\leqslant|x|$$

利用夹逼性得到.

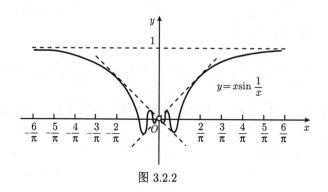

图 3.2.2

例 3.2.8 求下列极限:

(1) $\lim\limits_{x\to 0}\dfrac{\arctan x}{x}$;

(2) $\lim\limits_{x\to 0}\dfrac{1-\cos x}{x^2}$.

解 (1) 令 $\arctan x = t$, 则 $x = \tan t$. 于是

$$\lim_{x\to 0}\frac{\arctan x}{x} = \lim_{t\to 0}\frac{t}{\tan t} = \lim_{t\to 0}\frac{\cos t}{\dfrac{\sin t}{t}} = 1.$$

(2) $\lim\limits_{x\to 0}\dfrac{1-\cos x}{x^2} = \dfrac{1}{2}\lim\limits_{x\to 0}\left(\dfrac{\sin\dfrac{x}{2}}{\dfrac{x}{2}}\right)^2 = \dfrac{1}{2}.$

习 题 3.2

1. 求下列极限:

(1) $\lim\limits_{x\to 0}\dfrac{2x^2-x-1}{x^2-1}$;

(2) $\lim\limits_{x\to 1}\dfrac{2x^2-x-1}{x^2-1}$;

(3) $\lim\limits_{x\to 2}\left(\dfrac{1}{x-2}-\dfrac{12}{x^3-8}\right)$;

(4) $\lim\limits_{x\to 4}\dfrac{\sqrt{x}-2}{\sqrt{1+2x}-3}$;

(5) $\lim\limits_{x\to\infty}\dfrac{(3x+11)^{60}(2x-7)^{30}}{(5x-1)^{90}}$;

(6) $\lim\limits_{x\to 1}\dfrac{x^m-1}{x^n-1}(m,n\in\mathbb{Z}^+)$;

(7) $\lim\limits_{x\to 0}\dfrac{x}{\sqrt[5]{1+x}-1}$;

(8) $\lim\limits_{x\to -\infty}\dfrac{[x]-\cos x}{|x|}$.

2. 设 $\lim\limits_{x\to x_0+}g(x)=b\neq 0$ 时, 证明 $\lim\limits_{x\to x_0+}\dfrac{1}{g(x)}=\dfrac{1}{b}$.

3. 设 $\lim\limits_{x\to -\infty}f(x)=a$ 且 $\lim\limits_{x\to -\infty}g(x)=b$. 证明: 若 $a<b$, 则 $\exists U(-\infty)$, $\forall x\in U(-\infty)$ 有 $f(x)<g(x)$.

4. 求下列极限:

(1) $\lim\limits_{x\to 0}\dfrac{\mathrm{e}^x\cos x+\sqrt[7]{x+1}}{1+x^2+\ln(1-x)}$;

(2) $\lim\limits_{x\to +\infty}\left(\sqrt{x+\sqrt{x+\sqrt{x}}}-\sqrt{x}\right)$;

(3) $\lim\limits_{x \to 0} \dfrac{\tan x}{x}$;

(4) $\lim\limits_{x \to 0} \dfrac{\sin ax}{\sin bx}$ $(ab \neq 0)$;

(5) $\lim\limits_{x \to \pi} \dfrac{\sin 2x}{x - \pi}$;

(6) $\lim\limits_{x \to 0} \dfrac{\arcsin x}{x}$;

(7) $\lim\limits_{x \to 0} \dfrac{\sin(\sin x^2)}{1 - \cos x}$;

(8) $\lim\limits_{x \to 0} \dfrac{\tan x - \sin x}{\sqrt{x^3 + 1} - 1}$;

(9) $\lim\limits_{x \to a} \dfrac{\sin^2 x - \sin^2 a}{x - a}$;

(10) $\lim\limits_{n \to \infty} \cos\dfrac{x}{2} \cos\dfrac{x}{2^2} \cdots \cos\dfrac{x}{2^n}$ $(x \neq 0)$.

3.3 函数极限的存在性

本节将讨论根据函数值的变化情况来判断函数极限存在性的一些问题. 首要的问题是函数极限存在性能否化归为数列极限来处理? 下面的 Heine (海涅) 定理肯定地回答了这个问题.

定理 3.3.1 (Heine 定理) 设函数 f 在 $U^o(\beta)$ 内有定义, 此处 β 代表 $+\infty$, $-\infty$, ∞, x_0, x_0+ 及 x_0- 这六者之一, 则 $\lim\limits_{x \to \beta} f(x)$ 存在的充分必要条件是: 对 $U^o(\beta)$ 内任何趋向于 β 的 (自变量) 数列 $\{x_n\}$, 相应的 (函数数列) 极限 $\lim\limits_{n \to \infty} f(x_n)$ 都存在且相等.

证明 以 $\beta = x_0$ 为例.

必要性 设 $\lim\limits_{x \to x_0} f(x) = b$. 则 $\forall \varepsilon > 0$, $\exists \delta > 0$, $\forall x : 0 < |x - x_0| < \delta$, 有 $|f(x) - b| < \varepsilon$. 设 $\{x_n\}$ 是 $U^o(x_0)$ 内任一数列, $\lim\limits_{n \to \infty} x_n = x_0$, 则对上述 $\delta > 0$, $\exists N \in \mathbb{Z}^+$, $\forall n > N$ 有 $0 < |x_n - x_0| < \delta$, 从而有 $|f(x_n) - b| < \varepsilon$. 因此 $\lim\limits_{n \to \infty} f(x_n)$ 存在且都等于 b.

充分性 设对 $U^o(x_0)$ 内任何以 x_0 为极限的数列 $\{x_n\}$, 都有 $\lim\limits_{n \to \infty} f(x_n) = b$. 下面证明 $\lim\limits_{x \to x_0} f(x) = b$. (反证法) 假设 $\lim\limits_{x \to x_0} f(x) \neq b$, 则

$$\exists \varepsilon_0 > 0, \quad \forall \delta > 0, \quad \exists x_\delta : 0 < |x_\delta - x_0| < \delta, \quad \text{有 } |f(x_\delta) - b| \geq \varepsilon_0. \qquad (3.3.1)$$

对 $\forall n \in \mathbb{Z}^+$, 取 $\delta = \dfrac{1}{n}$, 按 (3.3.1) 式, $\exists x_n : 0 < |x_n - x_0| < \dfrac{1}{n}$, 有 $|f(x_n) - b| \geq \varepsilon_0$. 于是得到 $U^o(x_0)$ 内的数列 $\{x_n\}$, 由 $0 < |x_n - x_0| < \dfrac{1}{n}$ 可知 $\lim\limits_{n \to \infty} x_n = x_0$; 但由 $|f(x_n) - b| \geq \varepsilon_0$ 可知 "$\lim\limits_{n \to \infty} f(x_n) = b$" 不成立, 这与题设相矛盾. 因此必有 $\lim\limits_{x \to x_0} f(x) = b$.

Heine 定理也称为归结原则, 它是沟通函数极限与数列极限的渠道. 在应用上, 可以将函数极限存在性化归为一串数列极限来处理, 利用 Heine 定理得出肯定判断; 另一方面, 也常常取特殊的数列极限, 借助 Heine 定理来证明函数极限不存在.

推论 3.3.2 设函数 f 在 $U^o(\beta)$ 内有定义. 若对 $U^o(\beta)$ 内趋向于 β 的两个数列 $\{s_n\}$ 与 $\{t_n\}$, 有 $\lim\limits_{n \to \infty} f(s_n) \neq \lim\limits_{n \to \infty} f(t_n)$, 则 $\lim\limits_{x \to \beta} f(x)$ 不存在.

例 3.3.1　证明 $\lim\limits_{x\to 0}\sin\dfrac{1}{x}$ 不存在.

证明　$\forall n\in\mathbb{Z}^+$, 令

数学家
小传3.3.1

$$s_n=\dfrac{1}{2n\pi+\dfrac{\pi}{2}},\quad t_n=\dfrac{1}{2n\pi-\dfrac{\pi}{2}},$$

则 $\lim\limits_{n\to\infty}s_n=\lim\limits_{n\to\infty}t_n=0$, 但 $\lim\limits_{n\to\infty}\sin\dfrac{1}{s_n}=1,\lim\limits_{n\to\infty}\sin\dfrac{1}{t_n}=-1$, 即 $\lim\limits_{n\to\infty}\sin\dfrac{1}{s_n}\neq$ $\lim\limits_{n\to\infty}\sin\dfrac{1}{t_n}$. 根据 Heine 定理, $\lim\limits_{x\to 0}\sin\dfrac{1}{x}$ 不存在.

函数 $y=\sin\dfrac{1}{x}$ 的图像如图 3.3.1 所示. 可以看出, 在原点的邻域内函数值无限次地在 -1 与 1 之间振荡, 函数在原点不趋向任何确定的数.

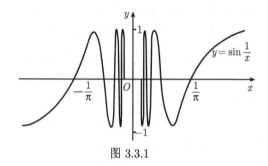

图 3.3.1

例 3.3.2　设 $D(x)$ 为 Dirichlet 函数, $x_0\in\mathbb{R}$, 证明 $\lim\limits_{x\to x_0}D(x)$ 不存在.

证明　$\forall n\in\mathbb{Z}^+$, 令 $s_n=(x_0)_n^-$ 为 x_0 的 n 位不足近似, $t_n=s_n+\dfrac{\sqrt{2}}{n}$, 则 $\{s_n\}$ 为有理数列, $\{t_n\}$ 为无理数列, 且 $\lim\limits_{n\to\infty}s_n=\lim\limits_{n\to\infty}t_n=x_0$. 由于 $D(s_n)=1$, $D(t_n)=0$, 故 $\lim\limits_{n\to\infty}D(s_n)\neq\lim\limits_{n\to\infty}D(t_n)$. 根据 Heine 定理, $\lim\limits_{x\to x_0}D(x)$ 不存在.

与数列极限的情况类似, 单调有界的函数存在单侧极限.

定理 3.3.3（单调有界定理）　设函数 f 在 $U^o(\beta)$ 内有定义, 此处 β 代表 $+\infty$, $-\infty$, x_0+ 及 x_0- 这四者之一. 若 f 在 $U^o(\beta)$ 内单调有界, 则 $\lim\limits_{x\to\beta}f(x)$ 存在.

证明　以 $\beta=x_0+$ 为例, 设 f 在 $U^o(x_0+)$ 内单调有界. 不妨设 f 在 $U^o(x_0+)$ 内递减 (图 3.3.2). 因 f 在 $U^o(x_0+)$ 内有界, 由确界原理, 可记 $b=\sup\limits_{x\in U^o(x_0+)}f(x)$.

下证 $\lim\limits_{x\to x_0+}f(x)=b$. 事实上, $\forall\varepsilon>0$, 按上确界定义, $\exists x_\varepsilon\in U^o(x_0+)$ 使 $f(x_\varepsilon)>b-\varepsilon$. 令 $\delta=x_\varepsilon-x_0$, 则 $\delta>0$, 且 $\forall x:x_0<x<x_0+\delta$ 有 $x<x_\varepsilon$. 于是由 f 的递减性知

$$b-\varepsilon<f(x_\varepsilon)\leqslant f(x)\leqslant b<b+\varepsilon,$$

即 $|f(x) - b| < \varepsilon$. 因此 $\lim\limits_{x \to x_0+} f(x) = b$.

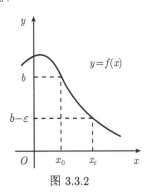

图 3.3.2

例 3.3.3 证明重要极限 $\lim\limits_{x \to \infty} \left(1 + \dfrac{1}{x}\right)^x = \mathrm{e}$.

证明 先证明 $\lim\limits_{x \to +\infty} \left(1 + \dfrac{1}{x}\right)^x = \mathrm{e}$. 设 $x > 1$, 令 $[x]$ 为 x 的取整函数, 则 $[x] \leqslant x < 1 + [x]$, 从而有

$$\left(1 + \frac{1}{1 + [x]}\right)^{[x]} < \left(1 + \frac{1}{x}\right)^x < \left(1 + \frac{1}{[x]}\right)^{[x]+1}. \tag{3.3.2}$$

因 $f(x) = \left(1 + \dfrac{1}{[x]}\right)^{[x]}$ 与 $g(x) = \left(1 + \dfrac{1}{1 + [x]}\right)^{1+[x]}$ 在 $(1, +\infty)$ 都是递增有界的, 故按单调有界定理, $\lim\limits_{x \to +\infty} f(x)$ 与 $\lim\limits_{x \to +\infty} g(x)$ 存在, 且由 Heine 定理可知

$$\lim_{x \to +\infty} f(x) = \lim_{n \to \infty} \left(1 + \frac{1}{n}\right)^n = \mathrm{e}, \qquad \lim_{x \to +\infty} g(x) = \lim_{n \to \infty} \left(1 + \frac{1}{n+1}\right)^{n+1} = \mathrm{e}.$$

于是有

$$\lim_{x \to +\infty} \left(1 + \frac{1}{[x]}\right)^{[x]+1} = \lim_{x \to +\infty} \left(1 + \frac{1}{[x]}\right)^{[x]} \left(1 + \frac{1}{[x]}\right) = \mathrm{e};$$

$$\lim_{x \to +\infty} \left(1 + \frac{1}{1 + [x]}\right)^{[x]} = \lim_{x \to +\infty} \frac{\left(1 + \dfrac{1}{1 + [x]}\right)^{1+[x]}}{1 + \dfrac{1}{1 + [x]}} = \mathrm{e}.$$

从而由 (3.3.2) 式根据夹逼性得 $\lim\limits_{x \to +\infty} \left(1 + \dfrac{1}{x}\right)^x = \mathrm{e}$. 再证明 $\lim\limits_{x \to -\infty} \left(1 + \dfrac{1}{x}\right)^x = \mathrm{e}$. 令 $x = -t$, 则

$$\lim_{x \to -\infty} \left(1 + \frac{1}{x}\right)^x = \lim_{t \to +\infty} \left(1 - \frac{1}{t}\right)^{-t} = \lim_{t \to +\infty} \left(1 + \frac{1}{t-1}\right)^t$$

$$= \lim_{t \to +\infty} \left(1 + \frac{1}{t-1}\right)^{t-1} \left(1 + \frac{1}{t-1}\right) = \mathrm{e}.$$

二者结合起来得到 $\displaystyle\lim_{x \to \infty} \left(1 + \frac{1}{x}\right)^x = \mathrm{e}$.

由例 3.3.3 中的极限通过代换 $x = -t$ 或 $x = \frac{1}{t}$, 容易知道下述一些有用的极限:

$$\lim_{x \to \infty} \left(1 - \frac{1}{x}\right)^x = \frac{1}{\mathrm{e}}, \quad \lim_{x \to 0} (1+x)^{\frac{1}{x}} = \mathrm{e}, \quad \lim_{x \to 0} (1-x)^{\frac{1}{x}} = \frac{1}{\mathrm{e}}.$$

例 3.3.4 求下列极限:

(1) $\displaystyle\lim_{x \to 0} \frac{\ln(1+x)}{x}$;   (2) $\displaystyle\lim_{x \to 0} \frac{\mathrm{e}^x - 1}{x}$;   (3) $\displaystyle\lim_{n \to \infty} \left(1 + \frac{2}{n} - \frac{1}{n^2}\right)^n$.

解 (1) $\displaystyle\lim_{x \to 0} \frac{\ln(1+x)}{x} = \lim_{x \to 0} \ln(1+x)^{\frac{1}{x}} = \ln \mathrm{e} = 1$.

(2) 令 $\mathrm{e}^x - 1 = t$, 则 $x = \ln(1+t)$, 而且有

$$\lim_{x \to 0} \frac{\mathrm{e}^x - 1}{x} = \lim_{t \to 0} \frac{t}{\ln(1+t)} = \lim_{t \to 0} \frac{1}{\ln(1+t)^{\frac{1}{t}}} = \frac{1}{\ln \mathrm{e}} = 1.$$

(3) $x_n = \dfrac{2}{n} - \dfrac{1}{n^2} = \dfrac{2n-1}{n^2} \to 0 (n \to \infty)$, 由 Heine 定理可知

$$\lim_{n \to \infty} \left(1 + \frac{2}{n} - \frac{1}{n^2}\right)^n = \lim_{n \to \infty} \left[(1 + x_n)^{\frac{1}{x_n}}\right]^{\frac{2n-1}{n}} = \mathrm{e}^2.$$

最后的问题是: 可否只利用函数自身的信息而无须凭借其他实数来判断函数极限的存在性? Cauchy 准则解决了这个问题. 这里用到 1.1 节提及的记号. $x \in U(\beta, A)$ 当 $\beta = +\infty$ 时意指 $x > A$; 当 $\beta = -\infty$ 时意指 $x < -A$; 当 $\beta = \infty$ 时意指 $|x| > A$.

定理 3.3.4 (Cauchy 准则) 设函数 f 在 $U(\beta)$ 内有定义, 此处 β 代表 $+\infty$, $-\infty$ 及 ∞ 这三者之一, 则 $\displaystyle\lim_{x \to \beta} f(x)$ 存在的充要条件是

$$\forall \varepsilon > 0, \quad \exists A > 0, \forall s, t \in U(\beta, A), \text{有 } |f(s) - f(t)| < \varepsilon.$$

证明 以 $\beta = +\infty$ 为例. **必要性** 设 $\displaystyle\lim_{x \to +\infty} f(x) = b$, 则按极限定义, $\forall \varepsilon > 0$, $\exists A > 0, \forall s, t > A$, 有 $|f(s) - b| < \dfrac{\varepsilon}{2}, |f(t) - b| < \dfrac{\varepsilon}{2}$. 于是有

$$|f(s) - f(t)| \leqslant |f(s) - b| + |b - f(t)| < \frac{\varepsilon}{2} + \frac{\varepsilon}{2} = \varepsilon.$$

充分性 设 $\forall \varepsilon > 0, \exists A > 0$,

$$\forall s > A, \forall t > A, \text{有 } |f(s) - f(t)| < \varepsilon. \tag{3.3.3}$$

设 $\{s_n\}$ 为任意数列使得 $\lim\limits_{n\to\infty} s_n = +\infty$, 则对上述 $A > 0$, $\exists N \in \mathbb{Z}^+$, $\forall m, n > N$ 有 $s_m > A$, $s_n > A$. 于是按 (3.3.3) 式有 $|f(s_m) - f(s_n)| < \varepsilon$. 根据数列极限的 Cauchy 准则知 $\{f(s_n)\}$ 收敛, 设 $\lim\limits_{n\to\infty} f(s_n) = b$. 又设 $\{t_n\}$ 为另一数列使得 $\lim\limits_{n\to\infty} t_n = +\infty$, 则同理有 $\lim\limits_{n\to\infty} f(t_n) = b_0$ 存在. 现构造数列 $\{r_n\}$ 使 $r_{2n-1} = s_{2n-1}, r_{2n} = t_{2n}$. 由于 $\lim\limits_{n\to\infty} r_n = +\infty$, 所以 $\lim\limits_{n\to\infty} f(r_n)$ 也存在, 由此推出

$$b_0 = \lim_{n\to\infty} f(t_{2n}) = \lim_{n\to\infty} f(r_{2n}) = \lim_{n\to\infty} f(r_{2n-1}) = \lim_{n\to\infty} f(s_{2n-1}) = b.$$

根据 Heine 定理, $\lim\limits_{x\to+\infty} f(x)$ 存在.

定理 3.3.5（**Cauchy 准则**） 设函数 $f(x)$ 在 $U^o(\beta)$ 内有定义, 此处 β 代表 x_0, x_0+ 及 x_0- 这三者之一. 则 $\lim\limits_{x\to\beta} f(x)$ 存在的充要条件是

$$\forall \varepsilon > 0, \quad \exists \delta > 0, \forall s, t \in U^o(\beta, \delta), \text{有 } |f(s) - f(t)| < \varepsilon.$$

证明 以 $\beta = x_0$ 为例. **必要性** 设 $\lim\limits_{x\to x_0} f(x) = b$. 则按极限定义, $\forall \varepsilon > 0$, $\exists \delta > 0$, $\forall s, t : 0 < |s - x_0| < \delta, 0 < |t - x_0| < \delta$, 有 $|f(s) - b| < \dfrac{\varepsilon}{2}$, $|f(t) - b| < \dfrac{\varepsilon}{2}$. 于是有

$$|f(s) - f(t)| \leqslant |f(s) - b| + |b - f(t)| < \frac{\varepsilon}{2} + \frac{\varepsilon}{2} = \varepsilon.$$

充分性 设 $\forall \varepsilon > 0, \exists \delta > 0,$

$$\forall s, t : 0 < |s - x_0| < \delta, 0 < |t - x_0| < \delta, \text{有 } |f(s) - f(t)| < \varepsilon. \tag{3.3.4}$$

设 $\{s_n\}$ 为 $U^o(x_0)$ 中任意数列使得 $\lim\limits_{n\to\infty} s_n = x_0$. 则对上述 $\delta > 0$, $\exists N \in \mathbb{Z}^+$, $\forall m, n \geqslant N$ 有 $0 < |s_m - x_0| < \delta$, $0 < |s_n - x_0| < \delta$. 于是按 (3.3.4) 式有 $|f(s_m) - f(s_n)| < \varepsilon$. 根据数列极限的 Cauchy 准则知 $\{f(s_n)\}$ 收敛, 设 $\lim\limits_{n\to\infty} f(s_n) = b$. 对 $|f(s_m) - f(s_n)| < \varepsilon$ 令 $m \to \infty$ 可知, 对上述 $\delta > 0$, $\exists N \in \mathbb{Z}^+$, $0 < |s_N - x_0| < \delta$, 有 $|b - f(s_N)| \leqslant \varepsilon$. 于是 $\forall x : 0 < |x - x_0| < \delta$ 时, 按 (3.3.4) 式有

$$|f(x) - b| \leqslant |f(x) - f(s_N)| + |f(s_N) - b| < 2\varepsilon.$$

这表明 $\lim\limits_{x\to x_0} f(x) = b$.

上述的 Cauchy 准则既可用来证明函数极限存在, 也可用来判断函数极限不存在.

推论 3.3.6 设函数 f 在 $U^o(\beta)$ 内有定义, 此处 β 代表 x_0, x_0+ 及 x_0- 这三者之一. 则 $\lim\limits_{x\to\beta} f(x)$ 不存在的充要条件是

$$\exists \varepsilon_0 > 0, \quad \forall \delta > 0, \exists s_\delta, t_\delta \in U^o(\beta, \delta), \text{有 } |f(s_\delta) - f(t_\delta)| \geqslant \varepsilon_0.$$

例 3.3.5 证明 $\lim\limits_{x\to 0}\sin\dfrac{1}{x}$ 不存在.

证明 $\forall n \in \mathbb{Z}^+$, 令

$$s_n = \frac{1}{2n\pi + \dfrac{\pi}{2}}, \quad t_n = \frac{1}{2n\pi - \dfrac{\pi}{2}},$$

则 $\exists \varepsilon_0 = 1, \forall \delta > 0$, 取 $n > \dfrac{1}{\delta}$, 则 $s_n, t_n \in U^o(0,\delta)$, 有 $\left|\sin\dfrac{1}{s_n} - \sin\dfrac{1}{t_n}\right| = 2 \geqslant \varepsilon_0$.

根据 Cauchy 准则, $\lim\limits_{x\to 0}\sin\dfrac{1}{x}$ 不存在.

习 题 3.3

1. 利用 Heine 定理证明 $\lim\limits_{x\to +\infty}\sin x$ 不存在.

2. 利用 Cauchy 准则证明 $\lim\limits_{x\to -\infty}\cos x$ 不存在.

3. 证明: 若 f 是以 σ 为周期的周期函数, 且 $\lim\limits_{x\to +\infty}f(x) = 0$, 证明 $f(x) \equiv 0$.

4. 证明关于单侧极限的 Heine 定理: $\lim\limits_{x\to +\infty}f(x)$ 存在的充要条件是对 $U(+\infty)$ 内任何以 $+\infty$ 为极限的严格递增数列 $\{x_n\}$, 相应的极限 $\lim\limits_{n\to\infty}f(x_n)$ 都存在且相等.

5. 设 f 为定义在 $[a, +\infty)$ 上的递增函数, 证明 $\lim\limits_{x\to +\infty}f(x)$ 存在的充要条件是 f 在 $[a, +\infty)$ 上有上界.

6. 求下列极限:

(1) $\lim\limits_{x\to\infty}\left(1 - \dfrac{3}{x}\right)^{-2x}$;

(2) $\lim\limits_{x\to 0}\left(\dfrac{1-x}{1+x}\right)^{\frac{1}{x}}$;

(3) $\lim\limits_{x\to +\infty}\left(\dfrac{3x-2}{3x+2}\right)^{2x-1}$;

(4) $\lim\limits_{x\to\frac{\pi}{2}}(\sin x)^{\tan x}$;

(5) $\lim\limits_{n\to\infty}\left(1 + \dfrac{1}{n} - \dfrac{5}{n^2}\right)^{\frac{n}{2}}$;

(6) $\lim\limits_{n\to\infty}\left(\sin\dfrac{1}{n} + \cos\dfrac{1}{n}\right)^n$.

3.4 无穷小与无穷大

在第 2 章中, 已对无穷小与无穷大的一些性质作了初步讨论. 任何极限问题都可转化为无穷小量问题, 而无穷大量是与无穷小量相对应的广义极限, 这两种量在极限问题的研究中都有着基本的重要性. 因此, 本节有必要在函数情况下对无穷小与无穷大的性质作进一步讨论. 为了叙述方便, 本节中仍用 β 代表 $+\infty$, $-\infty$, ∞, x_0, x_0+ 及 x_0- 这六者之一, 用 $\lim\limits_{x\to\beta}f(x)$ 代表六种极限之一. 此外, 本节也将省去一些性质的证明, 这些证明根据各自定义使用与数列极限情况相类似的方法容易得出.

定义 3.4.1 设函数 f 在 $U^o(\beta)$ 内有定义. 若 $\lim\limits_{x\to\beta} f(x) = 0$, 则称 $f(x)$ 为 $x \to \beta$ 时的**无穷小量**, 简称无穷小. 若 f 有广义极限, 即 $\lim\limits_{x\to\beta} f(x) = \infty$(或 $\lim\limits_{x\to\beta} f(x) = +\infty$, $\lim\limits_{x\to\beta} f(x) = -\infty$), 则称 $f(x)$ 为 $x \to \beta$ 时的**无穷大量** (或**正无穷大量**、**负无穷大量**), 简称无穷大. 若函数 f 在 $U^o(\beta)$ 内有界, 则称 $f(x)$ 为 $x \to \beta$ 时的**有界量**. 若函数 f 在 $U^o(\beta)$ 内无界, 则称 $f(x)$ 为 $x \to \beta$ 时的**无界量**.

与数列极限情况相类似, 定义 3.4.1 中的广义极限的含义可通过逻辑式确切地表达. 例如,

$$\lim_{x\to-\infty} f(x) = \infty \Leftrightarrow \forall \Lambda > 0, \exists A > 0, \forall x < -A 有 |f(x)| > \Lambda.$$

$$\lim_{x\to x_0-} f(x) = -\infty \Leftrightarrow \forall \Lambda > 0, \exists \delta > 0, \forall x : x_0 - \delta < x < x_0 有 f(x) < -\Lambda.$$

按照定义 3.4.1, 若 f 有广义极限, 则此时极限也是不存在的; 若 $f(x) \equiv 0$, 则对任何 β, $f(x)$ 为 $x \to \beta$ 时的无穷小量. 易知 $x^2, \sin x, \ln(1+x)$ 都是 $x \to 0$ 时的无穷小量; $\frac{\pi}{2} - \arctan x$ 是 $x \to +\infty$ 时的无穷小量; $x^2, e^x, \ln x$ 都是 $x \to +\infty$ 时的无穷大量; $e^{\frac{1}{x}}$ 是 $x \to 0+$ 时的无穷大量, 也是 $x \to 0-$ 时的无穷小量.

引理 3.4.1 设函数 f 在 $U^o(\beta)$ 内有定义. 则

$$f(x) 为 x \to \beta 时的无穷大量 \Leftrightarrow \frac{1}{f(x)} 为 x \to \beta 时的无穷小量.$$

引理 3.4.2 (Heine 定理) 设函数 f 在 $U^o(\beta)$ 内有定义. 则

(1) $f(x)$ 为 $x \to \beta$ 时的无穷小量的充分必要条件是: 对 $U^o(\beta)$ 内任何趋向于 β 的数列 $\{x_n\}$, 相应的数列 $\{f(x_n)\}$ 都为无穷小量.

(2) $f(x)$ 为 $x \to \beta$ 时的无穷大量的充分必要条件是: 对 $U^o(\beta)$ 内任何趋向于 β 的数列 $\{x_n\}$, 相应的数列 $\{f(x_n)\}$ 都为无穷大量.

引理 3.4.3 设函数 f 在 $U^o(\beta)$ 内有定义.

(1) 若 $f(x)$ 为 $x \to \beta$ 时的无穷小量, 则 $f(x)$ 为 $x \to \beta$ 时的有界量.

(2) 若 $f(x)$ 为 $x \to \beta$ 时的无穷大量, 则 $f(x)$ 为 $x \to \beta$ 时的无界量.

容易知道有界量未必是无穷小量. 例如, $x \to 0$ 时 $\sin\frac{1}{x}$ 为有界量, 但它不是无穷小量. 无界量也未必是无穷大量.

例 3.4.1 证明 $\frac{1}{x}\sin\frac{1}{x}$ 为 $x \to 0$ 时的无界量但不是无穷大量 (函数 $y = \frac{1}{x}\sin\frac{1}{x}$ 的图像如图 3.4.1 所示).

证明 因为 $\forall n \in \mathbb{Z}^+, \exists s_n = \left(n\pi + \dfrac{\pi}{2}\right)^{-1} \in U^o(0)$ 使 $\left|\dfrac{1}{s_n}\sin\dfrac{1}{s_n}\right| = n\pi + \dfrac{\pi}{2} >$

n, 故 $\dfrac{1}{x}\sin\dfrac{1}{x}$ 为 $x \to 0$ 时的无界量. 因为 $\forall n \in \mathbb{Z}^+$, 取 $t_n = \dfrac{1}{n\pi} \in U^o(0)$, $\{t_n\}$

收敛于 0, 相应的函数数列 $\left\{\dfrac{1}{t_n}\sin\dfrac{1}{t_n}\right\}$ 不是无穷大量 (实际上 $\lim\limits_{n\to\infty}\dfrac{1}{t_n}\sin\dfrac{1}{t_n} =$

$\lim\limits_{n\to\infty} 0 = 0$), 由 Heine 定理知 $\dfrac{1}{x}\sin\dfrac{1}{x}$ 不是 $x \to 0$ 时的无穷大量.

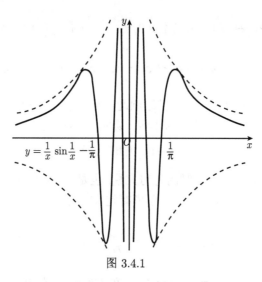

图 3.4.1

关于无穷小量有下面的一些运算性质.

引理 3.4.4 设函数 f, g 在 $U^o(\beta)$ 内有定义.

(1) $\lim\limits_{x\to\beta} f(x) = b \Leftrightarrow f(x) - b$ 为 $x \to \beta$ 时的无穷小量.

(2) 若 $x \to \beta$ 时 $f(x)$ 为无穷小量, $g(x)$ 为有界量 (未必有极限), 则 $f(x)g(x)$ 为无穷小量.

(3) 若 $x \to \beta$ 时 $f(x)$, $g(x)$ 都为无穷小量, 则 $f(x) \pm g(x)$, $f(x)g(x)$ 为无穷小量.

关于无穷大量有下面的一些运算性质.

引理 3.4.5 设函数 f, g 在 $U^o(\beta)$ 内有定义.

(1) 若 $x \to \beta$ 时 $f(x)$, $g(x)$ 都为无穷大量, 则 $f(x)g(x)$ 为无穷大量.

(2) 若 $x \to \beta$ 时 $f(x)$ 为无穷大量, $g(x)$ 为非零有界量, 则 $f(x) \pm g(x)$ 及 $\dfrac{f(x)}{g(x)}$ 都为无穷大量.

(3) 若 $x \to \beta$ 时 $f(x)$, $g(x)$ 都为无穷大量且同号, 则 $f(x) + g(x)$ 为无穷大量.

无穷小量以及无穷大量的运算除了引理 3.4.4 与引理 3.4.5 所述的情况外, 还会遇到 $\dfrac{0}{0}, \dfrac{\infty}{\infty}, \infty - \infty$ 及 $0 \cdot \infty$ 这些待定型, 其总体上的处理方法是先转化为 "可定型".

例 3.4.2 设 $f(x) = \dfrac{a_1 x^p + a_2 x^q}{b_1 x^s + b_2 x^t}$, 其中 $p > q > 0,\ s > t > 0,\ a_1 a_2 b_1 b_2 \neq 0$.
求 $\lim\limits_{x \to +\infty} f(x)$ 与 $\lim\limits_{x \to 0+} f(x)$.

解 $\lim\limits_{x \to +\infty} f(x) = \lim\limits_{x \to +\infty} \dfrac{a_1 x^p + a_2 x^q}{b_1 x^s + b_2 x^t}$

$$= \lim\limits_{x \to +\infty} x^{p-s} \frac{a_1 + a_2 x^{q-p}}{b_1 + b_2 x^{t-s}} = \begin{cases} 0, & p < s, \\ \dfrac{a_1}{b_1}, & p = s, \\ \infty, & p > s; \end{cases}$$

$$\lim\limits_{x \to 0+} f(x) = \lim\limits_{x \to 0+} \frac{a_1 x^p + a_2 x^q}{b_1 x^s + b_2 x^t} = \lim\limits_{x \to 0+} x^{q-t} \frac{a_1 x^{p-q} + a_2}{b_1 x^{s-t} + b_2} = \begin{cases} \infty, & q < t, \\ \dfrac{a_2}{b_2}, & q = t, \\ 0, & q > t. \end{cases}$$

例 3.4.2 表明, 在由幂函数组成的表达式中, 若是无穷大量则最高次幂项起决定作用; 若是无穷小量则最低次幂项起决定作用. 在极限问题讨论中, 常常需要舍枝节而抓主干, 在复杂的量中找出起决定作用的简单的量, 从而必须比较量与量之间的变化速度. 如图 3.4.2 所示, 当 $x \to 0+$ 时, 无穷小量 x^3 的变化速度快于 x^2, 此时有 $\lim\limits_{x \to 0+} \dfrac{x^3}{x^2} = 0$; 而当 $x \to +\infty$ 时, 无穷大量 x^3 的变化速度快于 x^2, 此时有 $\lim\limits_{x \to +\infty} \dfrac{x^3}{x^2} = \infty$. 一般情况下, 通过考察两个量的比可以确定它们的量级.

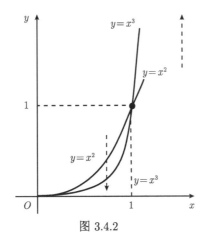

图 3.4.2

定义 3.4.2 设函数 $f(x)$ 与 $g(x)$ 为 $x \to \beta$ 时的无穷小量且 $g(x) \neq 0$.

(1) 若 $\lim\limits_{x \to \beta} \dfrac{f(x)}{g(x)} = 0$, 则称 $x \to \beta$ 时 $f(x)$ 关于 $g(x)$ 是**高阶无穷小量**;

(2) 若 $\exists m > 0, \exists M > 0$, 当 $x \to \beta$ 时有 $m \leqslant \left| \dfrac{f(x)}{g(x)} \right| \leqslant M$, 则称 $x \to \beta$ 时 $f(x)$ 与 $g(x)$ 是**同阶无穷小量**, 特别当 $\lim\limits_{x \to \beta} \dfrac{f(x)}{g(x)} = c \neq 0$ 时, $f(x)$ 与 $g(x)$ 必是同阶无穷小量;

(3) 若 $\lim\limits_{x \to \beta} \dfrac{f(x)}{g(x)} = 1$, 则称 $x \to \beta$ 时 $f(x)$ 与 $g(x)$ 是**等价无穷小量**, 记为 $f(x) \sim g(x)(x \to \beta)$.

定义 3.4.3 设函数 $f(x)$ 与 $g(x)$ 为 $x \to \beta$ 时的无穷大量.

(1) 若 $\lim\limits_{x \to \beta} \dfrac{f(x)}{g(x)} = \infty$, 则称 $x \to \beta$ 时 $f(x)$ 关于 $g(x)$ 是**高阶无穷大量**;

(2) 若 $\exists m > 0, \exists M > 0$, 当 $x \to \beta$ 时有 $m \leqslant \left| \dfrac{f(x)}{g(x)} \right| \leqslant M$, 则称 $x \to \beta$ 时 $f(x)$ 与 $g(x)$ 是**同阶无穷大量**, 特别当 $\lim\limits_{x \to \beta} \dfrac{f(x)}{g(x)} = c \neq 0$ 时, $f(x)$ 与 $g(x)$ 必是同阶无穷大量;

(3) 若 $\lim\limits_{x \to \beta} \dfrac{f(x)}{g(x)} = 1$, 则称 $x \to \beta$ 时 $f(x)$ 与 $g(x)$ 是**等价无穷大量**, 记为 $f(x) \sim g(x)(x \to \beta)$.

例 3.4.3 当 $x \to 0$ 时, 已知下列无穷小量等价:

$$\sin x \sim x; \ \tan x \sim x; \ \ln(1+x) \sim x; \ \mathrm{e}^x - 1 \sim x; \ \arcsin x \sim x; \ \arctan x \sim x.$$

例 3.4.4 当 $x \to 0+$ 时, 比较下列无穷小量或无穷大量:

(1) $f(x) = \sin^2 x \left(2 - \sin \dfrac{1}{x} \right)$, $g(x) = x^2$;

(2) $f(x) = \dfrac{1}{1 - \cos x}$, $g(x) = x^{-\frac{3}{2}}$.

解 (1) $\dfrac{f(x)}{g(x)} = \dfrac{\sin^2 x}{x^2} \left(2 - \sin \dfrac{1}{x} \right)$, 因 $\lim\limits_{x \to 0+} \dfrac{\sin^2 x}{x^2} = 1$, 故当 $x \to 0+$ 时有 $\dfrac{1}{2} \leqslant \left| \dfrac{f(x)}{g(x)} \right| \leqslant 3$, 从而当 $x \to 0+$ 时 $f(x)$ 与 $g(x)$ 是同阶无穷小量.

(2) $\lim\limits_{x \to 0+} \dfrac{f(x)}{g(x)} = \lim\limits_{x \to 0+} \dfrac{x^{\frac{3}{2}}}{1 - \cos x} = \lim\limits_{x \to 0+} \dfrac{x^2}{1 - \cos x} \dfrac{1}{x^{\frac{1}{2}}} = +\infty$, 故当 $x \to 0+$ 时 $f(x)$ 关于 $g(x)$ 是高阶无穷大量.

例 3.4.5 确定 α 的值, 使

(1) $\sin 2x - 2\sin x$ 与 x^α 是 $x \to 0$ 时的同阶无穷小量;

(2) $\dfrac{x^2 + 2x - 3}{(x^2 - 1)^3}$ 与 $\dfrac{1}{(x-1)^\alpha}$ 是 $x \to 1$ 时的同阶无穷大量.

解　(1) 因为 $\sin 2x - 2\sin x = 2\sin x(\cos x - 1)$, 于是有

$$\lim_{x \to 0} \frac{\sin 2x - 2\sin x}{x^3} = \lim_{x \to 0} \frac{\sin x}{x} \cdot \frac{2(\cos x - 1)}{x^2} = -1,$$

由此得 $\alpha = 3$.

(2) 因 $\dfrac{x^2 + 2x - 3}{(x^2 - 1)^3} = \dfrac{1}{(x-1)^2} \cdot \dfrac{x+3}{(x+1)^3}$, 又有 $\lim\limits_{x \to 1} \dfrac{x+3}{(x+1)^3} = \dfrac{1}{2} \neq 0$, 故 $\alpha = 2$.

例 3.4.6　证明当 $x \to +\infty$ 时无穷大量 $\log_b x(b > 1)$, $x^\alpha(\alpha > 0)$ 及 $a^x(a > 1)$ 中后一个的阶比前一个高.

证明　根据数列极限 $\lim\limits_{n \to \infty} \dfrac{\ln n}{n} = \lim\limits_{n \to \infty} \ln \sqrt[n]{n} = 0$ 与 Heine 定理可知 (利用 (2.3.2) 式知数列递减, 可推知该函数递减)

$$\lim_{x \to +\infty} \frac{\ln([x] + 1)}{[x] + 1} = 0,$$

这里 $[x]$ 是 x 的取整函数. 由于

$$0 < \frac{\ln x}{x} \leqslant \frac{\ln([x] + 1)}{[x]} = \frac{\ln([x] + 1)}{[x] + 1} \cdot \frac{[x] + 1}{[x]},$$

根据夹逼性可知 $\lim\limits_{x \to +\infty} \dfrac{\ln x}{x} = 0$; 所以有

$$\lim_{x \to +\infty} \frac{x^\alpha}{\log_b x} = \lim_{x \to +\infty} \frac{x^\alpha}{\ln x^\alpha} \cdot \alpha \ln b = +\infty.$$

令 $b^x = t$, 由此得 $\lim\limits_{x \to +\infty} \dfrac{b^x}{x} = \lim\limits_{t \to +\infty} \dfrac{t}{\log_b t} = +\infty$; 再令 $b = a^{\frac{1}{\alpha}}$, 所以有

$$\lim_{x \to +\infty} \frac{a^x}{x^\alpha} = \lim_{x \to +\infty} \left(\frac{b^x}{x} \right)^\alpha = +\infty.$$

应当指出, 并非任何两个无穷小量或任何两个无穷大量都可进行这种阶的比较. 例如, 当 $x \to 0$ 时, $f(x) = x^3$ 与 $g(x) = x^2 \sin \dfrac{1}{x}$ 都是无穷小量 ($y = x^2 \sin \dfrac{1}{x}$ 的图像如图3.4.3所示), 但它们的比

$$\frac{f(x)}{g(x)} = \frac{x}{\sin \dfrac{1}{x}} \text{ 或 } \frac{g(x)}{f(x)} = \frac{1}{x} \sin \frac{1}{x}$$

都不是有界量, 所以这两个无穷小量不能进行阶的比较.

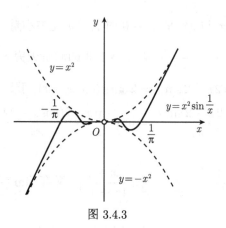

图 3.4.3

将较复杂的无穷小量或无穷大量用较简单的等价量代换, 是计算极限的一个重要方法.

定理 3.4.6 设 $f(x) \sim g(x)(x \to \beta)$, 即 $f(x)$ 与 $g(x)$ 是等价的无穷小量或无穷大量.

(1) 若 $\lim\limits_{x \to \beta} h(x)f(x) = a$, 则 $\lim\limits_{x \to \beta} h(x)g(x) = a$;

(2) 若 $\lim\limits_{x \to \beta} \dfrac{h(x)}{f(x)} = b$, 则 $\lim\limits_{x \to \beta} \dfrac{h(x)}{g(x)} = b$.

证明 (1) 因 $\lim\limits_{x \to \beta} h(x)f(x) = a$, 且 $f(x) \sim g(x)(x \to \beta)$, 故

$$\lim_{x \to \beta} h(x)g(x) = \lim_{x \to \beta} h(x)f(x) \lim_{x \to \beta} \frac{g(x)}{f(x)} = a \cdot 1 = a.$$

(2) 可类似地证明, 从略.

例 3.4.7 求下列极限: (1) $\lim\limits_{x \to 0} \dfrac{\arctan 2x}{\sin 6x}$; (2) $\lim\limits_{x \to 0} \dfrac{\sin x - \tan x}{\sin x^3}$.

解 (1) 因为 $\arctan 2x \sim 2x(x \to 0)$, $\sin 6x \sim 6x(x \to 0)$, 所以有

$$\lim_{x \to 0} \frac{\arctan 2x}{\sin 6x} = \lim_{x \to 0} \frac{2x}{6x} = \frac{1}{3}.$$

(2) 因为 $\sin x \sim x(x \to 0)$, $\cos x - 1 \sim -\dfrac{x^2}{2}(x \to 0)$, $\sin x^3 \sim x^3(x \to 0)$, 所以, 有

$$\lim_{x \to 0} \frac{\sin x - \tan x}{\sin x^3} = \lim_{x \to 0} \frac{\sin x(\cos x - 1)}{\sin x^3 \cos x} = \lim_{x \to 0} \frac{x\left(-\dfrac{x^2}{2}\right)}{x^3 \cos x} = -\frac{1}{2}.$$

应当注意, 利用等价量代换求下列极限时, 只有对所求极限式中相乘相除的因式才能用等价量来替代, 而对极限式中相加相减的部分不能随意替代. 如在例

3.4.7(2) 中, 若因

$$\sin x \sim x(x \to 0) 与 \tan x \sim x(x \to 0)$$

而推出

$$\lim_{x \to 0} \frac{\sin x - \tan x}{\sin x^3} = \lim_{x \to 0} \frac{x - x}{\sin x^3} = \lim_{x \to 0} 0 = 0,$$

则得到的是错误的结果.

在考虑极限问题过程中, 有些量往往只要一个简约的定性的表达式, 若将其原原本本写出则反而增添麻烦. 为此, 下面介绍两个常用的记号.

定义 3.4.4　设函数 $f(x)$, $g(x)$ 在 $U^o(\beta)$ 内有定义且 $g(x) \neq 0$.

(1) 若 $\lim\limits_{x \to \beta} \dfrac{f(x)}{g(x)} = 0$, 则将 $f(x)$ 表示为 $f(x) = o(g(x))(x \to \beta)$; 特别地, $f(x)$ 为无穷小量记为 $f(x) = o(1)(x \to \beta)$.

(2) 若 $x \to \beta$ 时 $\dfrac{f(x)}{g(x)}$ 为有界量, 则 $f(x)$ 表示为 $f(x) = O(g(x))(x \to \beta)$; 特别地, $f(x)$ 为有界量记为 $f(x) = O(1)(x \to \beta)$.

例如,

$$\frac{1 - \cos x}{x} = o(1)(x \to 0); \quad \sin x = O(1)(x \to \infty);$$

$$(x^3 + x^2) \sin \frac{1}{x} = o(x^{\frac{3}{2}})(x \to 0); \quad x^n + a_1 x^{n-1} + \cdots + a_{n-1} x + a_n = O(x^n)(x \to \infty).$$

注意, 记号 $o(g(x))$ 与 $O(g(x))$ 分别表示两种状态的函数类, 因而等式

$$f(x) = o(g(x))(x \to \beta) 或 f(x) = O(g(x))(x \to \beta)$$

与通常等式的含义是不相同的. 这里等式左边是一个函数, 右边是函数的集合. 所以这里的等号 "=" 应当理解为属于 "$\in$".

例 3.4.8　设函数 $f(x)$, $g(x)$ 在 $U^o(\beta)$ 内有定义. 证明

(1) $o(g(x)) \pm o(g(x)) = o(g(x))(x \to \beta)$;

(2) $o(f(x)) \cdot o(g(x)) = o(f(x)g(x))(x \to \beta)$.

证明　(1) 因为 $\lim\limits_{x \to \beta} \dfrac{o(g(x)) \pm o(g(x))}{g(x)} = \lim\limits_{x \to \beta} \dfrac{o(g(x))}{g(x)} \pm \lim\limits_{x \to \beta} \dfrac{o(g(x))}{g(x)} = 0 \pm 0 =$

0, 所以 $o(g(x)) \pm o(g(x)) = o(g(x))(x \to \beta)$.

(2) 因为 $\lim\limits_{x \to \beta} \dfrac{o(f(x)) \cdot o(g(x))}{f(x)g(x)} = \lim\limits_{x \to \beta} \dfrac{o(f(x))}{f(x)} \cdot \lim\limits_{x \to \beta} \dfrac{o(g(x))}{g(x)} = 0 \cdot 0 = 0$, 所以

$o(f(x)) \cdot o(g(x)) = o(f(x)g(x))(x \to \beta)$.

习　题　3.4

1. 比较下列无穷小量或无穷大量:

(1) $f(x) = \dfrac{3x^5}{x^3 - 2x + 7}$ 与 $g(x) = x^2 (x \to \infty)$;

(2) $f(x) = \dfrac{1}{x - 2} - (x - 2)$ 与 $g(x) = \sqrt{x - 1}(x \to 1+)$;

(3) $f(x) = x + x^3(2 + \sin 3x^2)$ 与 $g(x) = x^3 (x \to \infty)$;

(4) $f(x) = \ln x$ 与 $g(x) = (x - 1)^2 \,(x \to 1+)$;

(5) $f(x) = x^\alpha (\alpha > 0)$ 与 $g(x) = \mathrm{e}^x \ln x (x \to +\infty)$.

2. 试确定 α 的值, 使下列函数与 x^α 为同阶的无穷大量或无穷小量:

(1) $\sqrt[5]{3x^2 - 2x^3}(x \to 0)$;　　　　　　(2) $\sqrt[5]{3x^2 - 2x^3}(x \to \infty)$;

(3) $\sqrt{1 + \tan x} - \sqrt{1 - \sin x}(x \to 0)$;

(4) $(1 + x)(1 + x^3)(1 + x^5)(1 + x^7)(x \to \infty)$;

(5) $\dfrac{\left(x^{\frac{3}{2}} + 1\right)\sin\dfrac{1}{x}}{x^4 + 2x^2 + 3}(x \to +\infty)$.

3. 利用等价量代换 (或已知极限) 求下列极限:

(1) $\lim\limits_{x \to \infty} \dfrac{(3x^3 + 2)\arcsin\dfrac{1}{x}}{x^2 - \sin x}$;　　　　(2) $\lim\limits_{x \to 0} \dfrac{\ln^3(1 + 2x)}{(1 - \cos x)^{\frac{3}{2}}}$;

(3) $\lim\limits_{x \to 0} \dfrac{(\mathrm{e}^{2x} - 1)^3 \arctan^2 x}{\sin^3 x \left(1 - \sqrt{\cos x}\right)}$;　　　(4) $\lim\limits_{x \to 0} \dfrac{7x^2 - 2(1 - \cos^2 x)}{3x^3 + 4\tan^2 x}$.

4. 证明下列各式:

(1) $x^{\frac{1}{x}} - 1 = o(1)(x \to +\infty)$;　　　　(2) $x^3 \cos\dfrac{1}{x} + \tan x^3 = O(x^3)(x \to 0)$;

(3) $\sqrt[3]{1 + x} = 1 + \dfrac{x}{3} + o(x)(x \to 0)$;

(4) 若 $f(x) \sim g(x)(x \to \beta)$ 且 $g(x) \not\equiv 0$, 则 $f(x) - g(x) = o(g(x))(x \to \beta)$.

复习课件 03

归纳解析
视频 03

总习题 3

A 组

1. 求下列极限 $(a > 0,\, b > 0,\, c \in \mathbb{R},\, n \in \mathbb{Z}^+)$:

(1) $\lim\limits_{x \to n-} (x - [x])$;

(2) $\lim\limits_{x \to 0} \dfrac{x}{a}\left[\dfrac{b}{x}\right]$;

(3) $\lim\limits_{x \to 0} \dfrac{\cos x - \cos 3x}{x^2}$;

(4) $\lim\limits_{x \to +\infty} \left[\sqrt{(a+x)(b+x)} - \sqrt{(a-x)(b-x)}\right]$;

(5) $\lim\limits_{x \to 0+} x^a \ln x$;

(6) $\lim\limits_{x \to 0} \dfrac{a^x - 1}{x}$;

(7) $\lim\limits_{x \to 0} \dfrac{(1+x)^c - 1}{x}$;

(8) $\lim\limits_{x \to \infty} \left(1 + \dfrac{1}{x^2}\right)^x$;

(9) $\lim\limits_{x \to +\infty} x\left(\dfrac{\pi}{2} - \arctan x\right)$;

(10) $\lim\limits_{n \to \infty} \cos^n \dfrac{x}{\sqrt{n}}$;

(11) $\lim\limits_{x \to a} \dfrac{\ln x - \ln a}{x - a}$;

(12) $\lim\limits_{x \to c} \dfrac{a^x - a^c}{x - c}$.

2. 分别求出满足下述条件的常数 a 与 b:

(1) $\lim\limits_{x \to +\infty} (\sqrt{x^2 - x + 3} - ax - b) = 0$;　　(2) $\lim\limits_{x \to -\infty} (\sqrt{x^2 - x + 3} - ax - b) = 0$.

3. 讨论下列函数 $f(x)$ 在 β 处的单侧极限与极限:

(1) $f(x) = \dfrac{[3x]}{3[x]}, \beta = 2$;　　　　　　　(2) $f(x) = \dfrac{[x] - 1}{x - 1}, \beta = 1$;

(3) $f(x) = \dfrac{x}{\sqrt{x^2 - a^2}}, \beta = \infty$;　　　　(4) $f(x) = \left(1 + \dfrac{1}{x}\right)^{x^2}, \beta = \infty$.

4. 证明下列极限不存在:

(1) $\lim\limits_{x \to 0-} \cos \dfrac{1}{x}$;

(2) $\lim\limits_{x \to 0+} \left(\dfrac{1}{x} - \left[\dfrac{1}{x}\right]\right)$.

5. 证明 $f(x) = x \cos x$ 当 $x \to \infty$ 时无上界, 无下界, 但不是无穷大量.

6. 设 $a_1, a_2, \cdots, a_n$ 为正数, $f(x) = \left(\dfrac{a_1^x + a_2^x + \cdots + a_n^x}{n}\right)^{\frac{1}{x}}$. 证明:

(1) $\lim\limits_{x \to +\infty} f(x) = \max\{a_1, a_2, \cdots, a_n\}$;　　(2) $\lim\limits_{x \to -\infty} f(x) = \min\{a_1, a_2, \cdots, a_n\}$.

7. 设常数 $a_1, a_2, \cdots, a_n$ 满足 $a_1 + a_2 + \cdots + a_n = 0$, 证明:

(1) 对 $k = 1, 2, \cdots, n-1$ 有 $\lim\limits_{x \to +\infty} (\sin\sqrt{x+n} - \sin\sqrt{x+k}) = 0$;

(2) $\lim\limits_{x \to +\infty} \sum\limits_{k=1}^{n} a_k \sin\sqrt{x+k} = 0$.

8. 设 $a_1, a_2, \cdots, a_n$ 为常数, $f(x) = \sum\limits_{k=1}^{n} a_k \sin kx$. 证明: 若 $\forall x \in (-1, 1)$ 有

$$|f(x)| \leqslant |\sin x|,$$

则必有 $\left|\sum\limits_{k=1}^{n} k a_k\right| \leqslant 1$.

9. 设函数 f 在 $U(+\infty)$ 内有定义且 $\lim\limits_{x \to +\infty} f(x) \tan \dfrac{1}{x} = b > 0$. 证明: $\exists A > 0, \forall x > A$ 有

$\dfrac{bx}{2} < f(x) < \dfrac{3bx}{2}$.

10. 设 f 在 $U^o(x_0)$ 内有定义. 证明: 若对任何数列 $\{x_n\} \subset U^o(x_0)$, 且 $\lim\limits_{n \to \infty} x_n = x_0$, 极限 $\lim\limits_{n \to \infty} f(x_n)$ 都存在, 则所有这些极限都相等.

11. 设函数 f 在 $(0, +\infty)$ 上满足方程 $f(2x) = f(x)$ 且 $\lim\limits_{x \to +\infty} f(x) = b$. 证明:

$$f(x) \equiv b, \quad x \in (0, +\infty).$$

B 组

12. 求下列极限:

(1) $\lim\limits_{x \to 0} \dfrac{3^{x^2} - 2^{x^2}}{\left(3^x - 2^x\right)^2}$;

(2) $\lim\limits_{x \to 1} \dfrac{(1 - \sqrt{x})(1 - \sqrt[3]{x}) \cdots (1 - \sqrt[n]{x})}{(1 - x)^{n-1}}$;

(3) $\lim\limits_{x \to 0} \dfrac{\tan \tan x - \sin \sin x}{\tan x - \sin x}$;

(4) $\lim\limits_{x \to 0} \left(\dfrac{a_1^x + a_2^x + \cdots + a_n^x}{n}\right)^{\frac{1}{x}}$ ($a_1, a_2, \cdots, a_n$ 为正数).

13. 设函数 f 在 $U^o(x_0)$ 内有定义, 证明 $\lim\limits_{x \to x_0} f(x) = -\infty$ 的充分必要条件是: 对 $U^o(x_0)$ 内任何以 x_0 为极限的数列 $\{x_n\}$, 都有 $\lim\limits_{n \to \infty} f(x_n) = -\infty$.

14. 设函数 f 在 $(0, +\infty)$ 上满足方程 $f(x^2) = f(x)$, 且 $\lim\limits_{x \to 0^+} f(x) = \lim\limits_{x \to +\infty} f(x) = f(1)$. 证明: $f(x) \equiv f(1)$, $x \in (0, +\infty)$.

15. 设函数 f 定义在 $(a, +\infty)$ 上, 且对 $\forall A \in (a, +\infty)$, f 在 (a, A) 有界. 证明: 若 $\lim\limits_{x \to +\infty} (f(x+1) - f(x)) = b \in \mathbb{R}$, 则 $\lim\limits_{x \to +\infty} \dfrac{f(x)}{x} = b$.

16. 设函数 f 定义在 $(a, +\infty)$ 上, 且对 $\forall A \in (a, +\infty)$, f 在 (a, A) 有界. 证明: 若 $\lim\limits_{x \to +\infty} (f(x+1) - f(x)) = +\infty$ 或 $-\infty$, 则 $\lim\limits_{x \to +\infty} \dfrac{f(x)}{x} = \infty$.

第4章 函数的连续性

CHAPTER

客观实际中常见的一些现象, 如气温的变化、流体的流动、生物的生长等, 这些过程常可用连续函数描述. 连续函数是数学分析主要的研究对象. 本章将借助极限工具讨论函数的连续与间断问题, 基于极限的运算性质分析初等函数的连续性, 并利用极限存在性定理进一步探讨闭区间上连续函数的一些优良性质.

4.1 连续与间断

函数的连续与间断从直观上是容易被认识的. 例如, 正弦函数 $y = \sin x$ 的图像 (图 1.2.4) 是一条连续不断的曲线, 而符号函数 $y = \mathrm{sgn}\, x$ 的图像 (图 1.2.7) 在点 $x_0 = 0$ 出现间断. 但直观的认识往往是肤浅的. 例如, 碰到函数

$$y = f_0(x) = \begin{cases} x \sin \dfrac{1}{x}, & x \neq 0, \\ 0, & x = 0, \end{cases}$$

从直观上 (图 4.1.1) 不太容易看出它是否连续. 因此有必要对函数的连续性作深层次的分析.

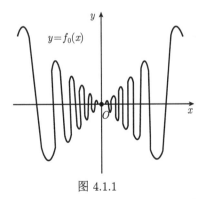

$y = f_0(x)$

图 4.1.1

从本质上讲, 函数的连续与间断是客观实际过程中渐变与突变两种状态的反映. 函数 $f(x)$ 在点 x_0 处具有连续的性态, 就是指当自变量 x 在点 x_0 附近作微

小变化时, 函数 $f(x)$ 在 $f(x_0)$ 附近也作微小变化, 即处于渐变状态; 而当自变量的微小变化引起函数 $f(x)$ 在 $f(x_0)$ 附近的突变, 就出现间断.

定义 4.1.1 设函数 f 在 $D \subset \mathbb{R}$ 上有定义, $x_0 \in D$. 若

$$\forall \varepsilon > 0, \exists \delta > 0, \forall x \in D, |x - x_0| < \delta, 有 |f(x) - f(x_0)| < \varepsilon, \tag{4.1.1}$$

则称函数 f(关于 D) **在点x_0 连续**, x_0 称为 f 的**连续点**. 若函数 f 在 D 内的每一点都连续, 则称函数 f **在D 上连续**.

上述定义 4.1.1 也称为**连续函数的 ε-δ 定义**, 它具有丰富的内涵. (4.1.1) 式可借助邻域记号简述为

$$\forall \varepsilon > 0, \exists \delta > 0, 有 f(U(x_0, \delta) \cap D) \subset U(f(x_0), \varepsilon).$$

若 $U(x_0) \subset D$, 则根据函数极限的定义, (4.1.1) 式等价于

$$\lim_{x \to x_0} f(x) = f(x_0). \tag{4.1.2}$$

若 $U(x_0+) \subset D$(如 $D = [x_0, b)$), 则由 (4.1.1) 式可知 $f(x_0+) = f(x_0)$, 此时称函数 f **在点x_0 右连续**. 类似地, 若 $U(x_0-) \subset D$(如 $D = (a, x_0]$), 则由 (4.1.1) 式可知 $f(x_0-) = f(x_0)$, 此时称函数 f **在点x_0 左连续**. 很明显, 函数 f 在点 x_0 连续当且仅当 f 在点 x_0 既左连续也右连续. 另外, 根据定义 4.1.1, 若 $D = [a, b]$, 则 f 在 $[a, b]$ 上连续确切地是指 f 在开区间 (a, b) 内的每一点连续, 并且在点 a 右连续在点 b 左连续.

例 4.1.1 $f_0(x) = \begin{cases} x \sin \dfrac{1}{x}, & x \neq 0, \\ 0, & x = 0 \end{cases}$ 在点 $x_0 = 0$ 连续, 这是因为

$$\lim_{x \to 0} f_0(x) = \lim_{x \to 0} x \sin \frac{1}{x} = 0 = f_0(0).$$

例 4.1.2 由例 3.1.3 可知正弦函数 $\sin x$ 与余弦函数 $\cos x$ 都在 $\mathbb{R}$ 上连续. 由例 3.2.2 可知, 正切函数 $\tan x$ 与余切函数 $\cot x$ 在其定义域上连续. 设 $a > 0$, $a \neq 1$, $\alpha \in \mathbb{R}$. 由例 3.2.5 可知, 指数函数 a^x、对数函数 $\log_a x$ 及幂函数 x^α 都在各自定义域上连续.

例 4.1.3 对 $\forall k \in \mathbb{Z}$, 取整函数 $[x]$ 在 $[k, k+1)$ 上连续. 这是因为当 $x_0 \in (k, k+1)$ 有 $\lim\limits_{x \to x_0} [x] = k = [x_0]$ 且 $\lim\limits_{x \to k+} [x] = k = [k]$.

函数 f 在集 D 上的连续性是逐点定义的, 本质上是一个 "局部性概念".

引理 4.1.1 函数 f 在开区间 I 上连续当且仅当 f 在包含于 I 的任意闭区间上都连续.

证明　设 f 在开区间 I 上连续, $J \subset I$ 为任意闭区间, 则按定义显然 f 在 J 上连续. 反之, 设 f 在包含于开区间 I 的任意闭区间上都连续, $x_0 \in I$ 为任意一点. 则存在 $a < x_0$ 与 $b > x_0$ 使 $x_0 \in [a, b] \subset I$. 由 f 在 $[a, b]$ 上连续可知 f 在点 x_0 连续, 根据定义与点 x_0 任意性, f 在 I 上连续.

极限式 (4.1.2) 可解释为: 点 x_0 的函数值 $f(x_0)$ 与点 x_0 附近的点 x 的函数值 $f(x)$ 是 "连接" 在一起的. 将 (4.1.2) 式写成 $\lim\limits_{x \to x_0} f(x) = f\left(\lim\limits_{x \to x_0} x\right)$, 于是函数 f 在点 x_0 连续从运算角度可理解为极限运算 $\lim\limits_{x \to x_0}$ 与对应法则 f 的可交换性. 为引入函数 $y = f(x)$ 在点 x_0 连续的另一种表述, 记 $\Delta x = x - x_0$, 称为**自变量 x 在点 x_0 的增量**或**改变量**. 设 $y_0 = f(x_0)$, 相应的**函数 $y = f(x)$ 在点 x_0 的增量**记为

$$\Delta y = y - y_0 = f(x) - f(x_0) = f(x_0 + \Delta x) - f(x_0).$$

容易看出, (4.1.2) 式等价于

$$\lim_{\Delta x \to 0} \Delta y = 0. \tag{4.1.3}$$

(4.1.3) 式更加简明地刻画了函数在点 x_0 连续的本意: 自变量作微小改变时, 相应的函数值也只作微小改变.

为了进一步分析函数的间断状态, 有必要引入聚点与孤立点的概念.

定义 4.1.2　设 $D \subset \mathbb{R}$, $x_0 \in \mathbb{R}$. 若 $\forall \varepsilon > 0$, $U^o(x_0, \varepsilon) \cap D \neq \varnothing$, 则称 x_0 为 D 的**聚点**. 若 $x_0 \in D$ 且 $\exists \varepsilon_0 > 0$, $U^o(x_0, \varepsilon_0) \cap D = \varnothing$, 则称 x_0 为 D 的**孤立点**.

例如, 点 x_0 是 $U^o(x_0)$ 的聚点; 集合 $D_1 = \left\{(-1)^n + \dfrac{1}{n} : n \in \mathbb{Z}^+\right\}$ 有聚点 1 与 -1; D_1 的每个点都是 D_1 的孤立点; 设 $D_2 = (0, 1) \cap \mathbb{Q}$, 则闭区间 $[0, 1]$ 中每个点都是集 D_2 的聚点; 根据有理数的稠密性, D_2 没有孤立点.

点 x_0 是 D 的孤立点等价于 $\exists \varepsilon_0 > 0$, $U(x_0, \varepsilon_0) \cap D = \{x_0\}$. 若点 x_0 是集 D 的聚点, 则可能 $x_0 \in D$, 也可能 $x_0 \notin D$. 下述引理表明, 点 x_0 是集 D 的聚点, 其意是指 "集 D 中有无限个点聚在点 x_0 周围".

引理 4.1.2　设 $D \subset \mathbb{R}$, $x_0 \in \mathbb{R}$, 则 x_0 是 D 的聚点当且仅当 D 中有各项异于 x_0 的数列 $\{x_n\}$ 使 $\lim\limits_{n \to \infty} x_n = x_0$.

证明　设 x_0 是 D 的聚点, 则对 $\forall n \in \mathbb{Z}^+$ 有 $U^o(x_0, 1/n) \cap D \neq \varnothing$. 取 $x_n \in U^o(x_0, 1/n) \cap D$, 从而有 $\{x_n\} \subset D$ 且 $0 < |x_n - x_0| < \dfrac{1}{n}$, 这表明 $\{x_n\}$ 是 D 中各项异于 x_0 的数列且 $\lim\limits_{n \to \infty} x_n = x_0$. 反之, 设 D 中有各项异于 x_0 的数列 $\{x_n\}$ 使 $\lim\limits_{n \to \infty} x_n = x_0$, 则 $\forall \varepsilon > 0$, $\exists N \in \mathbb{Z}^+$, $\forall n > N$, 有 $x_n \in D$ 且 $0 < |x_n - x_0| < \varepsilon$. 由 $x_{N+1} \in U^o(x_0, \varepsilon) \cap D$ 知 $U^o(x_0, \varepsilon) \cap D \neq \varnothing$, 因此 x_0 是 D 的聚点.

必须提出, 定义 4.1.1 包含了函数的定义域 D 是孤立点集的情况. 例如, 函数 $f(x) = 1 + \sqrt{-\sin^2 x}$ 的定义域 $D = \{k\pi : k \in \mathbb{Z}\}$ 就是一些孤立点构成的集. 按照定义 4.1.1, **函数在定义域孤立点处总是连续的**. 此例中 $f(x) = 1 + \sqrt{-\sin^2 x}$ 在 $D = \{k\pi : k \in \mathbb{Z}\}$ 上连续.

定义 4.1.3 设函数 f 在 $D \subset \mathbb{R}$ 上有定义, 点 x_0 是 D 的聚点. 若 f 在 x_0 不连续 (不满足 (4.1.1) 式), 则称 f **在点x_0 间断**, x_0 称为 f 的**间断点** (或**不连续点**).

例 4.1.4 $\sin\dfrac{1}{x}$, $x\sin\dfrac{1}{x}$, $\mathrm{e}^{\frac{1}{x}}$ 及 $\mathrm{sgn}\,x$ 等函数都在 $x_0 = 0$ 间断; 每个整数 k 都是取整函数 $[x]$ 的间断点; 根据例 3.3.2, Dirichlet 函数 $D(x)$ 在任一点 $x_0 \in \mathbb{R}$ 间断; 根据例 3.1.9, Riemann 函数 $R(x)$ 在开区间 $(0,1)$ 中的每个无理点处连续, $(0,1)$ 中的每个有理点都是 $R(x)$ 的间断点.

例 4.1.5 证明函数 $f(x) = xD(x)$ 仅在点 $x_0 = 0$ 连续, 其中 $D(x)$ 为 Dirichlet 函数.

证明 由于 $D(x)$ 是有界的, 故 $\lim\limits_{x\to 0} f(x) = \lim\limits_{x\to 0} xD(x) = 0 = f(0)$, 由此知 $f(x)$ 在点 $x_0 = 0$ 连续. 下证任何 $x_0 \neq 0$ 都是 $f(x)$ 的间断点. 假设 $f(x)$ 在点 $x_0 \neq 0$ 连续, 则

$$\lim_{x\to x_0} D(x) = \lim_{x\to x_0} \frac{f(x)}{x} = \frac{f(x_0)}{x_0} = D(x_0),$$

这与 $D(x)$ 在 x_0 间断相矛盾. 因此函数 $f(x) = xD(x)$ 仅在点 $x_0 = 0$ 连续.

函数的间断点可分为不同的类型.

定义 4.1.4 设 x_0 为函数 $f(x)$ 的间断点.

(1) 若 $f(x_0+)$ 与 $f(x_0-)$ 都存在, 则称 x_0 为**第一类间断点**. 此时, 若 $f(x_0+) \neq f(x_0-)$, 则称 x_0 为**跳跃间断点**, $|f(x_0+) - f(x_0-)|$ 称为 $f(x)$ 在点 x_0 的**跃度**; 若 $f(x_0+) = f(x_0-)$, 则称 x_0 为**可去间断点**, 此时由于 $\lim\limits_{x\to x_0} f(x) = b$ 存在, 补充或修改 $f(x)$ 在 x_0 的定义所得到的新函数

$$f^*(x) = \begin{cases} f(x), & x \neq x_0, \\ b, & x = x_0 \end{cases}$$

在 x_0 连续, 称 $f^*(x)$ 为 $f(x)$ 的**连续延拓**.

(2) 若 $f(x_0+)$ 与 $f(x_0-)$ 二者中至少有一个不存在, 则称 x_0 为**第二类间断点**.

(3) 函数 $f(x)$ 只在 x_0 的单侧有定义, 则在 x_0 存在单侧极限时, 称 x_0 为 (**第一类**) **可去间断点**, 否则称为**第二类间断点**.

例 4.1.6 $x_0 = 0$ 是 $f_1(x) = x\sin\dfrac{1}{x}$ 与 $f_2(x) = \begin{cases} x\sin\dfrac{1}{x}, & x \neq 0, \\ 1, & x = 0 \end{cases}$ 的可去

间断点, 而 $f_0(x) = \begin{cases} x\sin\dfrac{1}{x}, & x \neq 0, \\ 0, & x = 0 \end{cases}$ 是 $f_1(x)$ 与 $f_2(x)$ 的连续延拓; 注意在函

数 $\dfrac{1}{\ln x}$ 的定义域的左端, 右极限 $\lim\limits_{x\to 0+}\dfrac{1}{\ln x} = 0$, 因此 0 也是可去间断点 $(y = \dfrac{1}{\ln x}$

的图像如图 4.1.2 所示).

例 4.1.7 $x_0 = 0$ 是 $\mathrm{sgn}x$ 的跳跃间断点, 跃度为 2; 整数 k 是 $[x]$ 的跳跃间

断点, 跃度为 1; $x_0 = 0$ 是 $\sin\dfrac{1}{x}$ 与 $\mathrm{e}^{\frac{1}{x}}$ 的第二类间断点 $(y = \mathrm{e}^{\frac{1}{x}}$ 的图像如图 4.1.3

所示); $x_0 = 1$ 是 $\dfrac{1}{\ln x}$ 的第二类间断点 (图 4.1.2); Dirichlet 函数 $D(x)$ 的间断点

都是第二类的.

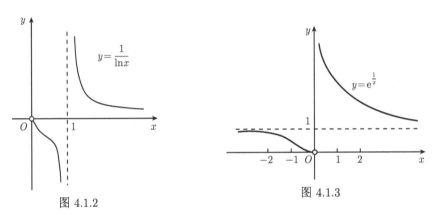

图 4.1.2　　　　　　　　　　　　图 4.1.3

引理 4.1.3 区间 (a,b) 上单调函数在 (a,b) 内的间断点必为跳跃间断点 (第一类的).

证明 设 $x_0 \in (a,b)$ 为 $f(x)$ 的间断点, 不妨设 $f(x)$ 在 (a,b) 上递增. 现取 $a_0 \in (a,x_0)$, $b_0 \in (x_0,b)$, 则 $x_0 \in (a_0,b_0)$, 且 $\forall x \in [a_0,b_0]$ 有 $f(a_0) \leqslant f(x) \leqslant f(b_0)$, 即 $f(x)$ 在 $[a_0,b_0]$ 有界. 根据单调有界定理, $f(x_0-)$ 与 $f(x_0+)$ 都存在, 且

$$f(x_0-) \leqslant f(x_0) \leqslant f(x_0+).$$

但由于 x_0 为 $f(x)$ 的间断点, 故 $f(x_0-) \neq f(x_0)$ 与 $f(x_0) \neq f(x_0+)$ 至少有一个成立, 因此 x_0 为 $f(x)$ 的跳跃间断点.

事实上, 单调函数 $f(x)$ 在 $x_0 \in (a,b)$ 的间断性态只可能是下列三种情况 (图 4.1.4):

(a) 左间断右连续, $f(x_0-) < f(x_0) = f(x_0+)$;

(b) 右间断左连续, $f(x_0-) = f(x_0) < f(x_0+)$;

(c) 左间断右间断, $f(x_0-) < f(x_0) < f(x_0+)$.

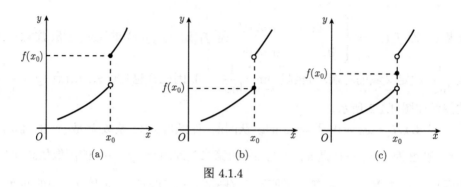

图 4.1.4

习　题　4.1

1. 按定义证明函数 $f(x) = \begin{cases} x, & x \in \mathbb{Q}, \\ -x, & x \notin \mathbb{Q} \end{cases}$ 在 $x_0 = 0$ 连续.

2. 设当 $x \neq 0$ 时, $f(x) \equiv g(x)$, 而 $f(0) \neq g(0)$, 试证 f 与 g 这两个函数中至多有一个在 $x_0 = 0$ 连续.

3. 指出下列集 D 的聚点: (1) $D = \left\{ n^{(-1)^n} : n \in \mathbb{Z}^+ \right\}$; (2) $D = \left\{ x \in \mathbb{R} : x \notin \mathbb{Q}, x^2 < 2 \right\}$.

4. 指出下列函数的间断点并判断其类型:

(1) $f(x) = \dfrac{1}{x-1}$;

(2) $f(x) = \dfrac{x^3 - 1}{x - 1}$;

(3) $f(x) = \dfrac{\sin x}{|x|}$;

(4) $f(x) = \cos^2 \dfrac{1}{x}$;

(5) $f(x) = (\sin x)\mathrm{sgn}x$;

(6) $f(x) = \sqrt{1 - [x]} + \sqrt{1 + [x]}$;

(7) Riemann 函数 $R(x)$;

(8) $f(x) = \begin{cases} x, & x \in \mathbb{Q}, \\ -x, & x \notin \mathbb{Q}. \end{cases}$

5. 延拓下列函数, 使其在 $x_0 = 0$ 连续:

(1) $f(x) = \mathrm{e}^{-\frac{1}{x^2}}$;

(2) $f(x) = \dfrac{1 - \cos x}{x^2}$.

6. 回答下列问题:

(1) 极限存在的数列是否必有聚点?

(2) 设函数 $f(x)$ 在点 x_0 连续, 问是否存在 x_0 的某邻域 $U(x_0)$, 使 $f(x)$ 在点 $U(x_0)$ 内连续?

(3) 设函数 $f(x)$ 在点 x_0 的某邻域 $U(x_0)$ 内有定义, 且极限

$$\lim_{\Delta x \to 0} [f(x_0 + \Delta x) - f(x_0 - \Delta x)] = 0,$$

问 $f(x)$ 在点 x_0 是否连续?

(4) 能否将函数 $f(x) = \sin \dfrac{1}{x}$ 在点 $x_0 = 0$ 作连续延拓?

4.2 初等函数的连续性

本节的目的是从考察基本初等函数的连续性出发进一步考察初等函数的连续性. 由于函数的连续性是借助极限语言来定义的, 所以根据函数极限的一些性质容易推断出连续函数的相应性质. 下列连续函数的局部性质及四则运算与复合的性质分别 (类似于定理 3.2.2、定理 3.2.4、定理 3.2.5 及定理 3.2.7) 由定义直接推出.

定理 4.2.1   设函数 $f(x)$ 在 $U(x_0)$ 有定义.

(1) (**局部有界性**) 若 $f(x)$ 在点 x_0 连续, 则 $f(x)$ 在某 $U(x_0)$ 内有界.

(2) (**局部保号性**) 设 $f(x)$ 在点 x_0 连续, $0 < \alpha < 1$. 若 $f(x_0) > 0$, 则在某 $U(x_0)$ 有 $f(x) > \alpha f(x_0)$; 若 $f(x_0) < 0$, 则在某 $U(x_0)$ 有 $f(x) < \alpha f(x_0)$ (图 4.2.1).

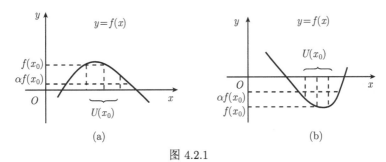

图 4.2.1

定理 4.2.2 (**四则运算连续性**)   设函数 $f(x)$ 与 $g(x)$ 都在点 x_0 连续, 则 $f(x) \pm g(x)$ 与 $f(x)g(x)$ 都在点 x_0 连续, 且当 $g(x_0) \neq 0$ 时, $\dfrac{f(x)}{g(x)}$ 也在点 x_0 连续.

定理 4.2.3 (**复合函数连续性**)   设函数 $g \circ f$ 是 $y = g(u)$ 与 $u = f(x)$ 的复合. 若 $f(x)$ 在点 x_0 连续, $g(u)$ 在点 $u_0 = f(x_0)$ 连续, 则 $g \circ f$ 在点 x_0 连续.

利用函数连续的定义不难证明下面的反函数连续性定理.

定理 4.2.4   设函数 $y = f(x)$ 在闭区间 $[a, b]$ 上连续且存在反函数 $x = f^{-1}(y)$, 则 $x = f^{-1}(y)$ 在 $D_y = f([a, b])$ 上连续.

证明   设 $y_0 \in D_y$ 为任一点, 以下用反证法证明 f^{-1} 在 y_0 连续. 假设 f^{-1} 在 y_0 间断, 则 $\exists \varepsilon_0 > 0, \forall \delta_n = \dfrac{1}{n}, n = 1, 2, 3, \cdots, \exists y_n \in D_y$ 使

$$|y_n - y_0| < \delta_n, \quad |f^{-1}(y_n) - f^{-1}(y_0)| \geqslant \varepsilon_0. \tag{4.2.1}$$

记 $x_0 = f^{-1}(y_0)$, $x_n = f^{-1}(y_n)$, 则 $x_0 \in [a, b]$, $\{x_n\} \subset [a, b]$. 根据列紧性定理 (定理 2.3.8), $\{x_n\}$ 存在收敛的子列 $\{x_{n_k}\}$. 设 $\lim\limits_{k \to \infty} x_{n_k} = x_*$, 则由 (4.2.1) 式中第二

式

$$|x_{n_k} - x_0| = |f^{-1}(y_{n_k}) - f^{-1}(y_0)| \geqslant \varepsilon_0$$

可知 $x_* \neq x_0$. 另一方面由 $\{x_{n_k}\} \subset [a, b]$ 知 $x_* \in [a, b]$, 利用 $y = f(x)$ 在点 x_* 的连续性与 (4.2.1) 式中第一式得

$$f(x_*) = \lim_{k \to \infty} f(x_{n_k}) = \lim_{k \to \infty} y_{n_k} = y_0.$$

由于 $f(x_0) = y_0$, 这与 $y = f(x)$ 存在反函数的事实相矛盾. 因此结论得证.

注意到函数 f 在开区间 I 上连续当且仅当 f 在包含于 I 的任意闭区间上都连续 (引理 4.1.1), 上述定理 4.2.4 可推广到严格单调函数 f 在开区间 I 上连续的情形.

在例 4.1.2 中已指出三角函数 $\sin x$, $\cos x$, $\tan x$ 及 $\cot x$ 都在其定义域上连续. 由于 $\arcsin x(x \in [-1, 1])$, $\arccos x(x \in [-1, 1])$, $\arctan x(x \in \mathbb{R})$ 及 $\operatorname{arccot} x(x \in \mathbb{R})$ 分别是 $\sin x(x \in [-\pi/2, \pi/2])$, $\cos x(x \in [0, \pi])$, $\tan x(x \in (-\pi/2, \pi/2))$ 及 $\cot x(x \in (0, \pi))$ 的反函数, 根据定理 4.2.4, 这四个反三角函数都在其定义域上连续. 结合例 4.1.2 可知, 基本初等函数类中每个函数都在其定义域上连续.

由于初等函数是由基本初等函数经过有限次四则运算与有限次复合运算而形成的, 根据定理 4.2.2 与定理 4.2.3 立即得到下面的定理.

定理 4.2.5 任何初等函数在其定义域上都是连续的.

在函数极限的计算中经常要用到函数的连续性. 对连续的函数其极限的计算等同于极限符号与函数符号的交换. 定理 4.2.5 表明, 初等函数在其定义域上每一点的极限的计算相当于计算在该点的函数值, 这使相关的极限计算得到简化. 对于幂指函数极限, 遇到 1^∞, ∞^0 与 0^0 这些待定型, 通常取对数再用指数函数的连续性求得极限值.

例 4.2.1 确定下列函数的连续范围, 指出其间断点的类型.

(1) $f(x) = x^x$;

(2) $f(x) = \left(1 + \dfrac{1}{x}\right)^x$;

(3) $f(x) = (1 + x)^{\frac{1}{x}}$;

(4) $f(x) = \begin{cases} x \ln x, & x > 0, \\ \arctan \dfrac{1}{x + 1}, & x \leqslant 0. \end{cases}$

解 (1) $f(x) = x^x$ 是初等函数 ($x^x = \mathrm{e}^{x \ln x}$, 如图 4.2.2 所示), 其定义域为 $(0, +\infty)$, 因此函数 f 在 $(0, +\infty)$ 上连续. $\lim\limits_{x \to 0+} x^x$ 是 0^0 待定型, 由于 (例 3.4.6)

$$\lim_{x \to 0+} \ln f(x) = \lim_{x \to 0+} x \ln x = \lim_{t \to +\infty} \frac{1}{t} \ln \frac{1}{t} = \lim_{t \to +\infty} \frac{-\ln t}{t} = 0, \tag{4.2.2}$$

故 $\lim\limits_{x \to 0+} x^x = \lim\limits_{x \to 0+} \mathrm{e}^{\ln f(x)} = 1$, 点 0 是可去间断点.

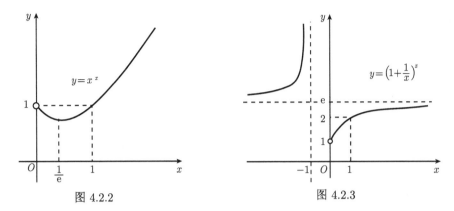

图 4.2.2　　　　　　　　　　　　　图 4.2.3

(2) $f(x) = \left(1 + \dfrac{1}{x}\right)^x$ 是初等函数 (图 4.2.3), 其定义域为 $(-\infty, -1) \cup (0, +\infty)$,

因此函数 f 在 $(-\infty, -1)$ 与 $(0, +\infty)$ 上都是连续的. 由 $\lim\limits_{x \to -1-} \left(1 + \dfrac{1}{x}\right)^x = +\infty$

知点 -1 是第二类间断点; $\lim\limits_{x \to 0+} \left(1 + \dfrac{1}{x}\right)^x$ 是 ∞^0 待定型, 由 (4.2.2) 式得

$$\lim_{x \to 0+} \ln \left(1 + \frac{1}{x}\right)^x = \lim_{x \to 0+} x \left[\ln(1 + x) - \ln x\right]$$
$$= \lim_{x \to 0+} x \ln(1 + x) - \lim_{x \to 0+} x \ln x = 0,$$

从而 $\lim\limits_{x \to 0+} \left(1 + \dfrac{1}{x}\right)^x = \mathrm{e}^0 = 1$, 点 0 是可去间断点. (已知 1^∞ 型极限 $\lim\limits_{x \to \infty} \left(1 + \dfrac{1}{x}\right)^x$

的值为 e.)

(3) $f(x) = (1 + x)^{\frac{1}{x}}$ 是初等函数 (图 4.2.4), 其定义域为 $(-1, 0) \cup (0, +\infty)$,
因此函数 f 在 $(-1, 0)$ 与 $(0, +\infty)$ 上都是连续的. 由 $\lim\limits_{x \to 0} (1 + x)^{\frac{1}{x}} = \mathrm{e}$ 知点 0 是
可去间断点; 由 $\lim\limits_{x \to -1+} (1 + x)^{\frac{1}{x}} = +\infty$ 知点 -1 是第二类间断点. (注意将此题与
第 (2) 题比较, 可知 ∞^0 型极限 $\lim\limits_{x \to +\infty} (1 + x)^{\frac{1}{x}} = 1$.)

(4) 函数 f 的定义域为 $(-\infty, -1) \cup (-1, +\infty)$, 由

$$\lim_{x \to -1-} f(x) = \lim_{x \to -1-} \arctan \frac{1}{x + 1} = -\frac{\pi}{2} \text{与} \lim_{x \to -1+} f(x) = \lim_{x \to -1+} \arctan \frac{1}{x + 1} = \frac{\pi}{2}$$

可知点 -1 是跳跃间断点. 由于 f 在 $(-\infty, 0]$ 与 $(0, +\infty)$ 上分别是初等函数, 据
(4.2.2) 式知

$$\lim_{x \to 0+} f(x) = \lim_{x \to 0+} x \ln x = 0, \quad \lim_{x \to 0-} f(x) = \lim_{x \to 0-} \arctan \frac{1}{x + 1} = \frac{\pi}{4} = f(0),$$

即 f 在点 0 左连续, 点 0 是跳跃间断点, 因此 f 在 $(-\infty, -1), (-1, 0]$ 与 $(0, +\infty)$ 上都是连续的 (图 4.2.5).

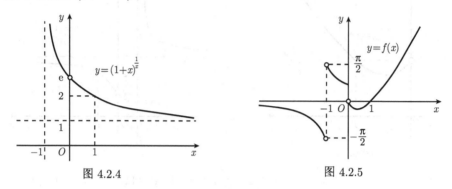

图 4.2.4   图 4.2.5

例 4.2.2 设函数 f 是区间 I 上的初等函数. 证明: 若 $\forall r_1, r_2 \in \mathbb{Q} \cap I, r_1 < r_2$ 有 $f(r_1) < f(r_2)$, 则 f 在 I 上严格增加.

证明 设 $\forall x_1, x_2 \in I, x_1 < x_2$. 根据有理数的稠密性, $\exists r_1, r_2 \in \mathbb{Q} \cap I$, 使 $x_1 < r_1 < r_2 < x_2$; 且可取数列 $\{s_n\} \subset (x_1, r_1) \cap \mathbb{Q}$ 与数列 $\{t_n\} \subset (r_2, x_2) \cap \mathbb{Q}$ 使 $\lim_{n \to \infty} s_n = x_1$ 与 $\lim_{n \to \infty} t_n = x_2$. 由题设, $\forall n \in \mathbb{Z}^+$ 有

$$f(s_n) < f(r_1) < f(r_2) < f(t_n). \tag{4.2.3}$$

因为 f 是区间 I 上的初等函数, f 在 I 上连续, 故 $\lim_{n \to \infty} f(s_n) = f(x_1)$ 且 $\lim_{n \to \infty} f(t_n) = f(x_2)$. 对 (4.2.3) 式令 $n \to \infty$ 得 $f(x_1) \leqslant f(r_1) < f(r_2) \leqslant f(x_2)$, 即 $f(x_1) < f(x_2)$. 因此 f 在 I 上严格增加.

例 4.2.3 设函数 f 在开区间 (a, b) 有上界且 $F(x) = \sup_{a < t < x} f(t)$. 证明 $F(x)$ 在 (a, b) 上左连续.

证明 (阅读) 因为 $\forall x_1, x_2 \in (a, b)$, 当 $x_1 < x_2$ 有 $(a, x_1) \subset (a, x_2)$, 于是有

$$F(x_1) = \sup_{a < t < x_1} f(t) \leqslant \sup_{a < t < x_2} f(t) = F(x_2),$$

故 $F(x)$ 在 (a, b) 递增. 设 $x_0 \in (a, b)$. $\forall \varepsilon > 0$, 按照上确界的定义, $\exists t_0 \in (a, x_0)$, 使 $F(x_0) - \varepsilon < f(t_0)$. 于是 $\exists \delta = x_0 - t_0 > 0$, $\forall x \in (x_0 - \delta, x_0)$ 有 $t_0 < x < x_0$, 从而

$$F(x_0) - \varepsilon < f(t_0) \leqslant \sup_{a < t < x} f(t) = F(x) \leqslant F(x_0) < F(x_0) + \varepsilon.$$

这表明 $F(x_0 -) = F(x_0)$. 因此 $F(x)$ 在 (a, b) 上左连续.

<h2 style="text-align:center">习 题 4.2</h2>

1. 求 $f(x) = \left(\sin \dfrac{1}{x-1} \right) \arctan(x-1)$ 的延拓函数 $f^*(x)$, 使 $f^*(x)$ 在 $\mathbb{R}$ 上连续.

2. 确定下列函数的连续范围, 指出其间断点的类型:

(1) $y = \dfrac{1}{\ln|x|}$; (2) $y = \dfrac{\tan x}{x}$;

(3) $y = \dfrac{1}{e^{\frac{1}{x-1}} - e}$; (4) $y = \ln \arcsin x$;

(5) $y = \operatorname{sgn}(\sin x)$; (6) $y = \dfrac{\operatorname{arc cot} x}{[x]}$.

3. 设 f 为奇函数或偶函数, 且在点 $x_0 \neq 0$ 连续. 证明 f 在点 $-x_0$ 也连续.

4. 设 f, g 在点 x_0 连续且 $f(x_0) > g(x_0)$, 证明存在 $U(x_0)$, 使在其内有 $f(x) > g(x)$.

5. 设函数 f 在区间 I 上连续. 证明: 若 $\{f(r) : r \in \mathbb{Q} \cap I\}$ 有界, 则 f 在 I 上有界.

6. 设函数 f 在开区间 (a, b) 内有下界且 $F(x) = \inf\limits_{a < t < x} f(t)$. 证明 $F(x)$ 在 (a, b) 上左连续.

4.3 函数的一致连续性

函数的一致连续性是数学分析中较难理解的概念, 它是在讨论区间上连续函数整体性质的过程中产生的. 设 I 是一个区间, I 可以是开的、半开的、闭的, 也可以是无界的. 根据 ε-δ 定义, 函数 $f(x)$ 在区间 I 上的连续性可表述为

$$\forall x_0 \in I, \forall \varepsilon > 0, \exists \delta = \delta(x_0, \varepsilon) > 0, \forall x \in I : |x - x_0| < \delta, \text{有 } |f(x) - f(x_0)| < \varepsilon.$$
$$(4.3.1)$$

在 (4.3.1) 式中, $\delta = \delta(x_0, \varepsilon)$ 强调的是一般情况下 δ 不仅依赖于 ε, 同时也依赖于 x_0.

例 4.3.1 按 ε-δ 定义证明 $f(x) = \dfrac{1}{x}$ 在区间 $(0, +\infty)$ 上连续.

证明 设 $x_0 \in (0, +\infty)$, 则 $|f(x) - f(x_0)| = \left| \dfrac{1}{x} - \dfrac{1}{x_0} \right| = \dfrac{|x - x_0|}{x x_0}$. 由于 $x \to x_0$, 故可设 $|x - x_0| < \dfrac{x_0}{2}$, 即有 $x > x_0 - \dfrac{x_0}{2} = \dfrac{x_0}{2}$, 由此得

$$|f(x) - f(x_0)| = \frac{|x - x_0|}{x x_0} \leqslant \frac{2|x - x_0|}{x_0^2}.$$

于是 $\forall \varepsilon > 0$, $\exists \delta = \min\left\{ \dfrac{x_0^2 \varepsilon}{2}, \dfrac{x_0}{2} \right\} > 0$, $\forall x \in (0, +\infty) : |x - x_0| < \delta$, 有

$$|f(x) - f(x_0)| \leqslant \frac{2|x - x_0|}{x_0^2} < \varepsilon.$$

由 x_0 的任意性, 这证明了 $f(x) = \dfrac{1}{x}$ 在区间 $(0, +\infty)$ 上连续.

在上述证明中, δ 的表达式明显地既依赖于 ε 也依赖于 x_0. 但是, 在区间上连续函数整体性质的讨论中要求考虑这样一个问题: 对任意给定的 $\varepsilon > 0$, 能否找到一个只依赖于 ε, 对区间 I 上的一切点都适合的 $\delta = \delta(\varepsilon)$? 问题等同于: 对给定

的 $\varepsilon > 0$ 与不同的 $x_0 \in I$ 而找到的无限个 $\delta(x_0, \varepsilon)$ 中是否有正的下界? 显然, 这对区间 I 上的连续函数而言并不一定都得到肯定的答案. 上面例子中 $f(x) = \dfrac{1}{x}$ 在区间 $(0, +\infty)$ 的情况如图 4.3.1 所示. 对同一尺度的 ε, 相应的 $\delta(x_0, \varepsilon)$ 随着 x_0 向原点左移而趋于 0, 没有正的下界. 由此可知, 对任意给定的 $\varepsilon > 0$, 能找到对区间 I 上的一切点都适合的 $\delta = \delta(\varepsilon)$, 反映了一个函数在区间 I 上更强的连续性.

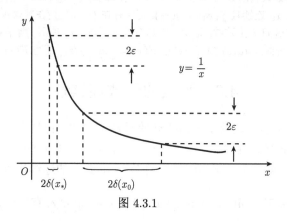

图 4.3.1

定义 4.3.1 设函数 f 在区间 I 上有定义, 若

$$\forall \varepsilon > 0, \exists \delta = \delta(\varepsilon) > 0, \forall x_1, x_2 \in I : |x_1 - x_2| < \delta, \text{有} \ |f(x_1) - f(x_2)| < \varepsilon, \quad (4.3.2)$$

则称 f 在区间 I 上**一致连续**或**均匀连续**.

根据相互间的逻辑关系容易得出函数 f 在 I 上不一致连续的精确表述.

引理 4.3.1 设函数 f 在区间 I 上有定义. 则 f 在 I 上不一致连续的充分必要条件是

$$\exists \varepsilon_0 > 0, \quad \forall \delta > 0, \quad \exists s_\delta, t_\delta \in I : |s_\delta - t_\delta| < \delta, \text{有} \ |f(s_\delta) - f(t_\delta)| \geqslant \varepsilon_0.$$

例 4.3.2 设 $f(x) = \dfrac{1}{x}$, 常数 $a > 0$. 证明:

(1) $f(x)$ 在区间 $[a, +\infty)$ 上一致连续;

(2) $f(x)$ 在区间 $(0, +\infty)$ 上不一致连续.

证明 (1) 设 $x_1, x_2 \in [a, +\infty)$, 则

$$|f(x_1) - f(x_2)| = \left| \frac{1}{x_1} - \frac{1}{x_2} \right| = \frac{|x_1 - x_2|}{x_1 x_2} \leqslant \frac{1}{a^2} |x_1 - x_2|.$$

于是, $\forall \varepsilon > 0, \exists \delta = a^2 \varepsilon > 0, \forall x_1, x_2 \in [a, +\infty) : |x_1 - x_2| < \delta$, 有

$$|f(x_1) - f(x_2)| \leqslant \frac{1}{a^2} |x_1 - x_2| < \varepsilon.$$

这表明 $f(x)$ 在区间 $[a,+\infty)$ 上一致连续.

(2) 因为 $\exists \varepsilon_0 = 1$, $\forall \delta \in (0,1)$, $\exists s_\delta = \delta, t_\delta = \dfrac{\delta}{2}$, $s_\delta, t_\delta \in (0,+\infty)$, $|s_\delta - t_\delta| = \dfrac{\delta}{2} < \delta$, 有 $|f(s_\delta) - f(t_\delta)| = \dfrac{1}{\delta} \geqslant \varepsilon_0$, 所以 $f(x)$ 在区间 $(0,+\infty)$ 上不一致连续.

函数在区间 I 上连续与一致连续是有重要差别的两个概念. 若在 (4.3.2) 式的两个动点 x_1, x_2 中固定一个, 如固定 x_2 为 x_0, x_1 改记为 x, 则比较 (4.3.2) 与 (4.3.1) 式可知

$$f \text{ 在区间 } I \text{ 上一致连续} \Rightarrow f \text{ 在区间 } I \text{ 上连续}.$$

反向的蕴涵关系一般不成立, 例 4.3.2(2) 提供了一个反例; 逻辑上内在的原因是 (4.3.2) 式中的 δ 适合区间 I 上的两个动点, 而 (4.3.1) 式中的 δ 只适合固定点 x_0 邻域内的一个动点. 再结合例 4.3.2 可见, 一致连续性不仅与讨论的函数有关, 也与讨论的区间有关, 它强调函数在区间整体上同一个尺度下的连续性. 有时这种连续的一致性往往在个别有限点处或无穷远点处遭到破坏, 表现为不一致连续.

一致连续性的判断问题可化归为数列极限来处理, 下面的定理与 Heine 定理相类似.

定理 4.3.2 设函数 f 在区间 I 上有定义, 则 f 在 I 上一致连续的充分必要条件是: 对 I 中满足 $\lim\limits_{n\to\infty}(s_n - t_n) = 0$ 的任意一对数列 $\{s_n\}$ 与 $\{t_n\}$ 必有 $\lim\limits_{n\to\infty}[f(s_n) - f(t_n)] = 0$.

证明 **必要性** 设 f 在 I 上一致连续, $\{s_n\}$ 与 $\{t_n\}$ 是 I 中满足 $\lim\limits_{n\to\infty}(s_n - t_n) = 0$ 的一对数列. $\forall \varepsilon > 0$, 由一致连续性知 $\exists \delta > 0$, $\forall x_1, x_2 \in I : |x_1 - x_2| < \delta$, 有

$$|f(x_1) - f(x_2)| < \varepsilon. \tag{4.3.3}$$

对上述 $\delta > 0$, 由 $\lim\limits_{n\to\infty}(s_n - t_n) = 0$ 知 $\exists N \in \mathbb{Z}^+$, $\forall n > N$ 有 $|s_n - t_n| < \delta$. 于是按照 (4.3.3) 式有 $|f(s_n) - f(t_n)| < \varepsilon$. 这表明 $\lim\limits_{n\to\infty}[f(s_n) - f(t_n)] = 0$.

充分性 (反证法) 假设 f 在 I 上不一致连续, 则 $\exists \varepsilon_0 > 0$, $\forall \delta > 0$, $\exists s_\delta, t_\delta \in I : |s_\delta - t_\delta| < \delta$, 有 $|f(s_\delta) - f(t_\delta)| \geqslant \varepsilon_0$. 现取 $\delta_n = \dfrac{1}{n}$, $n = 1, 2, 3, \cdots$, 则 $\exists s_n, t_n \in I$ 使

$$|s_n - t_n| < \delta_n, \quad |f(s_n) - f(t_n)| \geqslant \varepsilon_0.$$

由此得到 I 中满足 $\lim\limits_{n\to\infty}(s_n - t_n) = 0$ 的一对数列 $\{s_n\}$ 与 $\{t_n\}$, $\{f(s_n) - f(t_n)\}$ 不收敛于 0, 产生了矛盾. 因此 f 在 I 上一致连续.

引理 4.3.3 设函数 f 在区间 I 上满足**广义 Lipschitz (利普希茨) 条件** (其中 $p=1$ 时称为 **Lipschitz 条件**, $0 < p < 1$ 时称为 **Hölder (赫尔德) 条件**), 即

$$\exists L > 0, \quad \exists p > 0, \quad \forall s, t \in I \text{有} |f(s) - f(t)| \leqslant L |s - t|^p,$$

则 f 在 I 一致连续.

证明　设 $\{s_n\}$ 与 $\{t_n\}$ 是 I 中满足 $\lim\limits_{n\to\infty}(s_n - t_n) = 0$ 的一对数列, 则由 Lipschitz 条件得

$$|f(s_n) - f(t_n)| \leqslant L\,|s_n - t_n|^p \to 0(n \to \infty).$$

由定理 4.3.2 可知 f 在 I 上一致连续.

易知 $\sin x, \cos x$ 在 $(-\infty, +\infty)$ 上满足 Lipschitz 条件 $(L = 1)$, 因而它们都在 $(-\infty, +\infty)$ 上一致连续.

例 4.3.3　证明函数 $f(x) = x^p$ (图 4.3.2) 当 $0 < p \leqslant 1$ 时在 $[0, +\infty)$ 上一致连续, 当 $p > 1$ 时在 $[0, +\infty)$ 上不一致连续 (特别地, $\sqrt{x}$ 在 $[0, +\infty)$ 上一致连续, x^2 在 $[0, +\infty)$ 上不一致连续).

证明　设 $0 < p \leqslant 1$. 对 $\forall s, t \in [0, +\infty)$, 当 $0 < s < t$ 有 $t^{p-1} \leqslant s^{p-1}$ 且 $t^{p-1} \leqslant (t-s)^{p-1}$. 于是

$$t^p - s^p = t^{p-1}(t-s) + (t^{p-1} - s^{p-1})s \leqslant (t-s)^{p-1}(t-s) + 0 = (t-s)^p,$$

同理当 $s > t > 0$ 有 $s^p - t^p \leqslant (s-t)^p$. 因此,

$$\forall s, t \in [0, +\infty)\text{有}|s^p - t^p| \leqslant |s - t|^p,$$

这表明 f 在区间 $[0, +\infty)$ 上满足广义 Lipschitz 条件, 从而 $0 < p \leqslant 1$ 时 $f(x) = x^p$ 在 $[0, +\infty)$ 上一致连续.

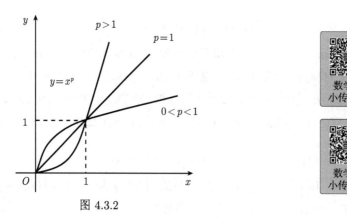

图 4.3.2

数学家
小传4.3.1

数学家
小传4.3.2

再设 $p > 1$. 对 $\forall n \in \mathbb{Z}^+$, 有 $(n+1)^{\frac{1}{p}-1} < n^{\frac{1}{p}-1}$. 于是

$$0 < (n+1)^{\frac{1}{p}} - n^{\frac{1}{p}} = (n+1)^{\frac{1}{p}-1}(n+1) - n^{\frac{1}{p}} < n^{\frac{1}{p}-1}(n+1) - n^{\frac{1}{p}} = n^{\frac{1}{p}-1}. \quad (4.3.4)$$

令 $s_n = (n+1)^{\frac{1}{p}}, t_n = n^{\frac{1}{p}}$, 则由 (4.3.4) 式知 $\lim\limits_{n\to\infty}(s_n - t_n) = 0$, 但

$$\lim_{n\to\infty}[f(s_n) - f(t_n)] = \lim_{n\to\infty}(s_n^p - t_n^p) = 1 \neq 0.$$

根据定理 4.3.2, $p > 1$ 时 $f(x) = x^p$ 在 $[0, +\infty)$ 上不一致连续.

习 题 4.3

1. 设 $f(x), g(x)$ 都在区间 I 上一致连续, 证明 $|f(x)|$ 及 $f(x) \pm g(x)$ 也在 I 上一致连续.

2. 设 $f(x), g(x)$ 都在区间 I 上一致连续且都有界, 证明 $f(x)g(x)$ 也在 I 上一致连续. 如果两个一致连续的函数在区间 I 上都是无界的, 问其积是否在 I 上一致连续?

3. 设 $f(x)$ 在区间 I 上一致连续且 $\exists \alpha > 0$ 使 $\forall x \in I$ 有 $|f(x)| \geqslant \alpha$. 证明 $\dfrac{1}{f(x)}$ 在 I 上一致连续.

4. 设 $f(x)$ 在区间 I_1 与区间 I_2 上都一致连续, $c \in I_1 \bigcap I_2$ 分别为 I_1 的右端点与 I_2 的左端点, 证明 $f(x)$ 在区间 $I_1 \bigcup I_2$ 上一致连续.

5. 证明: (1) $\sin \sqrt{x}$ 在 $[0, +\infty)$ 上一致连续;

(2) $\sin x^2$ 在 $[0, +\infty)$ 上不一致连续.

6. 证明: (1) $\ln x$ 在 $[a, +\infty)$ 上一致连续 ($a > 0$ 为常数);

(2) e^x 在 $[0, +\infty)$ 上不一致连续.

4.4　闭区间上连续函数的基本性质

本节讨论闭区间上连续函数的一些基本性质, 主要有三类: 一致连续性 (即 Cantor(康托尔) 定理)、确界可达性 (即有界性定理与最值定理)、介值性 (即零点定理, 介值定理及值域定理). 这些性质是闭区间上的连续函数所特有的. 换言之, 开区间上的连续函数不一定具有这些性质; 闭区间上的函数若有间断点, 相关的性质均可能遭到破坏. 例如, 开区间 $(0, +\infty)$ 上的连续函数 $f(x) = \dfrac{1}{x}$ 是无界的、无最大值与最小值、不一致连续; 又如, 闭区间 $[-1, 1]$ 上的函数 $g(x) = \begin{cases} x, & 0 < |x| \leqslant 1, \\ 1, & x = 0 \end{cases}$ 虽然只有一个间断点, 但在 $[-1, 1]$ 上找不到点 ξ 使 $g(\xi) = 0$. 从根本上说, 闭区间上的连续函数之所以具备这些优良的性质, 是由于实数集本身具备连续性或完备性. 因此, 实数集的基本定理 (2.3 节), 包括确界原理、(数列) 单调有界定理、闭区间套定理、列紧性定理、(数列) Cauchy 准则等, 都可作为推证这些性质的工具. 由于实数集的基本定理相互间是等价的, 所以在理论上用其中任一个定理可推证闭区间上连续函数的所有这些性质, 只是证明的难度有差别而已. 下面选用其中的列紧性定理、闭区间套定理及确界原理来加以论证.

闭区间 $[a, b]$ 上连续函数的全体常用记号 $C[a, b]$ 来表示.

定理 4.4.1（Cantor 定理）　若函数 f 在闭区间 $[a,b]$ 上连续. 则 f 在 $[a,b]$ 上必定一致连续.

证明　（反证法）假设 f 在 $[a,b]$ 上不一致连续, 则 $\exists \varepsilon_0 > 0$, $\forall \delta_n = \dfrac{1}{n}$, $n = 1, 2, 3, \cdots$, $\exists s_n, t_n \in [a,b], |s_n - t_n| < \delta_n$, 有 $|f(s_n) - f(t_n)| \geqslant \varepsilon_0$. 于是得到数列 $\{s_n\}, \{t_n\} \subset [a,b]$. 因为 $\{s_n\}$ 有界, 根据列紧性定理, $\{s_n\}$ 有收敛子列 $\{s_{n_k}\}$, 设 $\lim\limits_{k\to\infty} s_{n_k} = x_0$. 由 $a \leqslant s_{n_k} \leqslant b$ 可知 $x_0 \in [a,b]$. 在 $\{t_n\}$ 中取子列 $\{t_{n_k}\}$, 其下标与 $\{s_{n_k}\}$ 相同, 则由

$$|t_{n_k} - x_0| \leqslant |t_{n_k} - s_{n_k}| + |s_{n_k} - x_0| < \frac{1}{n_k} + |s_{n_k} - x_0|$$

可知 $\lim\limits_{k\to\infty} t_{n_k} = x_0$. 因为 f 在 $[a,b]$ 上连续, 故 $\lim\limits_{x\to x_0} f(x) = f(x_0)$. 利用 Heine 定理得

$$0 = |f(x_0) - f(x_0)| = \lim_{k\to\infty} |f(s_{n_k}) - f(t_{n_k})| \geqslant \varepsilon_0,$$

这与 $\varepsilon_0 > 0$ 矛盾. 因此 f 在 $[a,b]$ 上一致连续.

数学家
小传4.4.1

例 4.4.1　设函数 f 在有限开区间 (a,b) 上连续, 证明 f 在 (a,b) 上一致连续的充分必要条件是 $f(a+)$ 与 $f(b-)$ 都存在 (图 4.4.1).

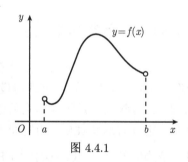

图 4.4.1

根据例 4.4.1 的结论可知, 在开区间 $(0,1)$ 上, $\dfrac{\sin x}{x}$ 一致连续, 而 $\sin \dfrac{1}{x}$ 不一致连续.

证明　**充分性**　设 $f(a+) = A$, $f(b-) = B$, 这里 $A, B \in \mathbb{R}$. 定义 f 的延拓函数 f^* 为

$$f^*(x) = \begin{cases} A, & x = a, \\ f(x), & x \in (a,b), \\ B, & x = b, \end{cases}$$

则 f^* 在 $[a,b]$ 上连续. 由 Cantor 定理, f^* 在 $[a,b]$ 上一致连续, 从而 f^* 在 (a,b) 上一致连续. 由于在 (a,b) 上 $f^*(x) = f(x)$, 故 f 在 (a,b) 上一致连续.

必要性　设 f 在 (a,b) 上一致连续, 则

$$\forall \varepsilon > 0, \quad \exists \delta > 0, \quad \forall x_1, x_2 \in (a, b), |x_1 - x_2| < \delta, \text{有 } |f(x_1) - f(x_2)| < \varepsilon. \quad (4.4.1)$$

于是 $\exists \delta^* = \dfrac{\delta}{2}, \forall x_1, x_2 \in U^o(a+, \delta^*)$, 有 $|x_1 - x_2| \leqslant |x_1 - a| + |a - x_2| < \delta^* + \delta^* = \delta$, 从而由 (4.4.1) 式得 $|f(x_1) - f(x_2)| < \varepsilon$. 根据函数极限的 Cauchy 准则, 这表明 $f(a+)$ 存在. 同理可证明 $f(b-)$ 存在.

定理 4.4.2 (有界性定理) 设函数 f 在闭区间 $[a, b]$ 上连续. 则 f 在 $[a, b]$ 上必定有界.

证明 (反证法) 假设 f 在 $[a, b]$ 上没有上界, 则对 $\forall n \in \mathbb{Z}^+, \exists x_n \in [a, b]$ 使得 $f(x_n) > n$. 由此得到数列 $\{x_n\} \subset [a, b]$. 因为 $\{x_n\}$ 有界, 由列紧性定理, $\{x_n\}$ 有收敛子列 $\{x_{n_k}\}$, 设 $\lim\limits_{k \to \infty} x_{n_k} = \xi$. 由 $a \leqslant x_{n_k} \leqslant b$ 可知 $\xi \in [a, b]$. 因为 f 在 $[a, b]$ 上连续, 故 $\lim\limits_{x \to \xi} f(x) = f(\xi)$. 根据 Heine 定理有

$$\lim_{k \to \infty} f(x_{n_k}) = f(\xi) < +\infty. \quad (4.4.2)$$

但由 $\forall k \in \mathbb{Z}^+, f(x_{n_k}) > n_k \geqslant k$ 得出 $\lim\limits_{k \to \infty} f(x_{n_k}) = +\infty$, 这与 (4.4.2) 式矛盾. 因此 f 在 $[a, b]$ 上必有上界. 同理可证 f 在 $[a, b]$ 上必有下界.

定理 4.4.3 (最值定理) 设函数 f 在闭区间 $[a, b]$ 上连续, 记

$$\sup_{x \in [a,b]} f(x) = M, \quad \inf_{x \in [a,b]} f(x) = m,$$

则 $\exists t, s \in [a, b]$, 使 $f(t) = M$, $f(s) = m$, 即 f 必能取到它在 $[a, b]$ 上的最大值与最小值.

证明 根据有界性定理与确界原理, $M, m \in \mathbb{R}$. 按上确界定义, $\forall n \in \mathbb{Z}^+$, $\exists x_n \in [a, b]$, 使

$$M - \frac{1}{n} < f(x_n) \leqslant M. \quad (4.4.3)$$

由此得到数列 $\{x_n\} \subset [a, b]$. 由列紧性定理, $\{x_n\}$ 有收敛子列 $\{x_{n_k}\}$, 设 $\lim\limits_{k \to \infty} x_{n_k} = t$. 由于 $a \leqslant x_{n_k} \leqslant b$, 故 $t \in [a, b]$. 因为 f 在 t 连续, 由 Heine 定理得 $\lim\limits_{k \to \infty} f(x_{n_k}) = f(t)$. 再由 (4.4.3) 式可知 $M - \dfrac{1}{n_k} < f(x_{n_k}) \leqslant M$, 对此式令 $k \to \infty$ 就得到 $f(t) = M$. 同理可证 $\exists s \in [a, b]$, 使 $f(s) = m$. 最值确切地记为 $M = \max\limits_{a \leqslant x \leqslant b} f(x)$ 与 $m = \min\limits_{a \leqslant x \leqslant b} f(x)$.

例 4.4.2 设函数 f 在有限区间 $[a, b)$ 上连续且 $\lim\limits_{x \to b-} f(x) = +\infty$ (或在区间 $[a, +\infty)$ 上连续且 $\lim\limits_{x \to +\infty} f(x) = +\infty$), 证明 f 必能取到它在此区间上的最小值.

证明 仅证明有限区间 $[a, b)$ 的情况, 对区间 $[a, +\infty)$ 的情况可类似地证明. 因为 $\lim\limits_{x \to b-} f(x) = +\infty$, 故可取 $c \in [a, b)$ 使 $f(c) > 0$ (图 4.4.2). 对 $\Lambda = f(c) > 0$,

由 $\lim\limits_{x\to b-} f(x) = +\infty$ 可知 $\exists \delta_0 \in (0, b-c)$, $\forall x \in (b-\delta_0, b)$, 有 $f(x) > \Lambda = f(c)$. 由于 f 在 $[a,b)$ 上连续, 故 f 在闭区间 $[a, b-\delta_0]$ 上连续, 由最值定理, $\exists s \in [a, b-\delta_0]$ 使 $\forall x \in [a, b-\delta_0]$ 有 $f(x) \geqslant f(s)$. 由于 $c \in [a, b-\delta_0]$, 故 $\Lambda = f(c) \geqslant f(s)$, 从而 $\forall x \in (b-\delta_0, b)$, 有 $f(x) > \Lambda \geqslant f(s)$. 于是 $f(s)$ 是 f 在 $[a,b)$ 上的最小值.

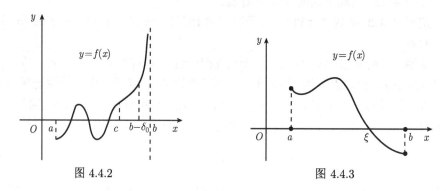

图 4.4.2　　　　　　　　　图 4.4.3

请思考, 与例 4.4.2 相类似, 若题设分别为下述条件时, 能得出什么结论?

(1) f 在 $[a,b)$ 上连续且 $\lim\limits_{x\to b-} f(x) = -\infty$;

(2) f 在 (a,b) 上连续且 $\lim\limits_{x\to a+} f(x) = \lim\limits_{x\to b-} f(x) = +\infty$;

(3) f 在 (a,b) 上连续且 $\lim\limits_{x\to a+} f(x) = -\infty$, $\lim\limits_{x\to b-} f(x) \in \mathbb{R}$.

闭区间 $[a,b]$ 上的连续曲线两端分处于 x 轴上方与下方, 则此曲线和 x 轴至少有 1 个交点 (图 4.4.3). 这一直观事实可概括为下面的零点定理.

定理 4.4.4(**零点定理**)　设函数 f 在闭区间 $[a,b]$ 上连续, 且 $f(a)f(b) < 0$. 则 $\exists \xi \in (a,b)$ 使 $f(\xi) = 0$(ξ 称为函数 f 的**零点**或方程 $f(x) = 0$ 的**根**).

证明　不妨设 $f(a) < 0 < f(b)$. 将 $[a,b]$ 二等分, 令 $c = \dfrac{a+b}{2}$. 若 $f(c) = 0$, 则取 $\xi = c$, 证明已毕. 若 $f(c) \neq 0$, 则当 $f(c) > 0$ 时取 $[a,c]$ 为 $[a_1, b_1]$, 当 $f(c) < 0$ 时取 $[c,b]$ 为 $[a_1, b_1]$, 有 $f(a_1) < 0 < f(b_1)$, $[a_1, b_1] \subset [a,b]$ 且 $b_1 - a_1 = \dfrac{b-a}{2}$. 对 $[a_1, b_1]$ 重复上述过程, 按数学归纳法, 有下列两种情况: 其一, 存在某子区间的中点 c_k 使 $f(c_k) = 0$, 由此可取 $\xi = c_k$, 证明已毕. 其二, 在任何子区间的中点 c_n 处皆有 $f(c_n) \neq 0$, 由此得到一列闭区间 $\{[a_n, b_n]\}$ 满足: $\forall n \in \mathbb{Z}^+$ 有

$$[a_{n+1}, b_{n+1}] \subset [a_n, b_n] \text{且} b_n - a_n = \frac{b-a}{2^n}; \tag{4.4.4}$$

$$f(a_n) < 0 < f(b_n). \tag{4.4.5}$$

由 (4.4.4) 式可知 $\{[a_n, b_n]\}$ 为闭区间套. 根据闭区间套定理, $\exists \xi \in [a_n, b_n]$, $n =$

$1, 2, 3, \cdots$, 且 $\lim\limits_{n \to \infty} a_n = \xi = \lim\limits_{n \to \infty} b_n$. 由于 f 在点 ξ 连续, 则由 (4.4.5) 式得

$$f(\xi) = \lim_{n \to \infty} f(a_n) \leqslant 0 \leqslant \lim_{n \to \infty} f(b_n) = f(\xi),$$

即有 $f(\xi) = 0$.

零点定理的证明提供了搜索函数 f 的零点 (或方程 $f(x) = 0$ 的根)ξ 的程序. a_n 与 b_n 可看作是 ξ 的不足近似与过剩近似, 其误差为 $b_n - a_n$.

定理 4.4.5 (介值定理) 设函数 f 在闭区间 $[a, b]$ 上连续, 且 $f(a) \neq f(b)$. 则对介于 $f(a)$ 与 $f(b)$ 之间的任何实数 μ, 必有 $x_0 \in (a, b)$ 使 $f(x_0) = \mu$(图 4.4.4).

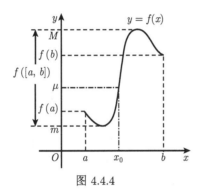

图 4.4.4

证明 不妨设 $f(a) < \mu < f(b)$. 令 $F(x) = f(x) - \mu$(称 F 为**辅助函数**), 则 F 在闭区间 $[a, b]$ 上连续, 且 $F(a)F(b) < 0$. 根据零点定理, $\exists x_0 \in (a, b)$ 使 $F(x_0) = 0$, 即 $f(x_0) = \mu$.

推论 4.4.6 (介值定理) 设函数 f 在闭区间 $[a, b]$ 上连续且 $m < M$, 这里 m, M 分别是 f 在 $[a, b]$ 上的最小值与最大值. 则对 $\forall \mu \in (m, M)$, $\exists x_0 \in (a, b)$ 使 $f(x_0) = \mu$(图 4.4.4).

证明 因为 f 在 $[a, b]$ 上连续, 由最值定理, $\exists t, s \in [a, b]$, 使 $f(t) = M$, $f(s) = m$. 由于 $m < M$, 故必有 $t \neq s$. 不妨设 $t < s$, 于是有 $f(t) > \mu > f(s)$. 根据定理 4.4.5, $\exists x_0 \in (t, s)$ 使 $f(x_0) = \mu$. 由于 $a \leqslant t < s \leqslant b$, 故 $x_0 \in (t, s) \subset (a, b)$.

推论 4.4.7 (值域定理) 设函数 f 在区间 I 上连续且不为常数. 则值域 $f(I)$ 仍是区间. 特别地, 当 I 为闭区间 $[a, b]$ 时, $f([a, b]) = [m, M]$, 这里 m, M 分别是 f 在 $[a, b]$ 上的最小值与最大值.

证明 $I = [a, b]$ 时, 由推论 4.4.6 可知 $f([a, b]) = [m, M]$(图 4.4.4). 现设 I 为任意的区间, $y_1, y_2 \in f(I)$, 且 $y_1 < y_2$, 则 $\exists x_1, x_2 \in I$ 使 $f(x_1) = y_1$, $f(x_2) = y_2$. 于是必有 $x_1 \neq x_2$, 不妨设 $x_1 < x_2$. 由于 I 为区间, 故 $[x_1, x_2] \subset I$. 在 $[x_1, x_2]$ 上应用介值定理, $\forall y \in (y_1, y_2)$, $\exists x \in (x_1, x_2)$ 使 $f(x) = y$. 这表明 $f(I) \supset [y_1, y_2]$, 即 $f(I)$ 包含其内任意两点为端点的区间. 因此 $f(I)$ 本身是一个区间.

例 4.4.3　开区间上连续函数的值域必定是开区间吗?

解　不一定. 各种区间都有可能是开区间上连续函数的值域. 例如, $f(x) = \sin\dfrac{\pi x}{2}$, $f((0,1)) = (0,1)$ 是开区间, $f((0,4)) = [-1,1]$ 是闭区间; 又如 $g(x) = \left(\tan\dfrac{\pi x}{4}\right)^2$, $g((-1,1)) = [0,1)$ 是半开区间, $g((-1,2)) = [0, +\infty)$ 是无限区间.

例 4.4.4　证明任何实系数奇次代数方程至少有一个实根.

证明　设 $a_0 x^{2n+1} + a_1 x^{2n} + \cdots + a_{2n} x + a_{2n+1} = 0$ 为奇次代数方程, 这里 $a_k \in \mathbb{R}(k = 0, 1, \cdots, 2n+1), a_0 \neq 0$. 令 $f(x) = x^{2n+1} + \dfrac{a_1}{a_0} x^{2n} + \cdots + \dfrac{a_{2n}}{a_0} x + \dfrac{a_{2n+1}}{a_0}$, 则

$$f(x) = x^{2n+1}\left[1 + \frac{a_1}{a_0 x} + \cdots + \frac{a_{2n}}{a_0 x^{2n}} + \frac{a_{2n+1}}{a_0 x^{2n+1}}\right].$$

由此可知 $\lim\limits_{x \to +\infty} f(x) = +\infty, \lim\limits_{x \to -\infty} f(x) = -\infty$. 于是 $\exists a, b \in \mathbb{R}, a < b$, 使 $f(a) < 0$ 且 $f(b) > 0$. 由于 f 在 $\mathbb{R}$ 上连续, 故按零点定理可知 $\exists \xi \in (a, b)$ 使 $f(\xi) = 0$. 这表明 ξ 为 $a_0 x^{2n+1} + a_1 x^{2n} + \cdots + a_{2n} x + a_{2n+1} = 0$ 的实根.

例 4.4.5　证明不动点定理: 若函数 f 在闭区间 $[a, b]$ 上连续且满足 $f([a,b]) \subset [a,b]$, 则 $\exists \xi \in [a, b]$ 使 $f(\xi) = \xi$(ξ 称为函数 f 的**不动点**, 如图 4.4.5 所示).

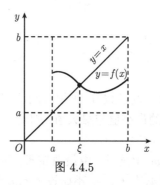

图 4.4.5

证明　由题设 $f([a,b]) \subset [a,b]$ 可知, $\forall x \in [a,b]$ 有 $a \leqslant f(x) \leqslant b$, 特别有 $a \leqslant f(a)$ 与 $f(b) \leqslant b$. 若 $a = f(a)$ 或 $f(b) = b$, 则取 $\xi = a$ 或 $\xi = b$, 可见不动点已存在. 现设 $a < f(a)$ 且 $f(b) < b$. 令 $F(x) = f(x) - x$(辅助函数), 则 $F(a) > 0, F(b) < 0$, 且由 f 在 $[a,b]$ 上连续可知 F 在 $[a,b]$ 上连续. 根据零点定理, $\exists \xi \in (a, b)$ 使 $F(\xi) = 0$, 即 $f(\xi) = \xi$.

习　题　4.4

1. 设函数 f 在闭区间 $[a,b]$ 上连续, 又有数列 $\{x_n\} \subset [a,b]$, 使 $\lim\limits_{n \to \infty} f(x_n) = A$. 证明 $\exists x_0 \in [a,b]$, 使得 $f(x_0) = A$.

2. 设函数 f 在有限开区间 (a,b) 内一致连续, 证明 f 在 (a,b) 内有界.

3. 设函数 f 在区间 $[a,+\infty)$ 上连续, 且 $\lim\limits_{x\to+\infty} f(x) = b \in \mathbb{R}$. 证明 f 在 $[a,+\infty)$ 上有界.

4. 设函数 f 在闭区间 $[a,b]$ 上连续, 且 $\forall x \in [a,b]$ 有 $f(x) > 0$. 证明 $\exists r > 0$ 使 $\forall x \in [a,b]$ 有 $f(x) > r$.

5. 设函数 f 在有限开区间 (a,b) 内连续, $f(a+)$ 与 $f(b-)$ 都存在且 $f(a+) = f(b-)$. 证明 f 在 (a,b) 内存在最大值或最小值.

6. 设函数 f 为 $\mathbb{R}$ 上连续的周期函数, 周期为 σ. 证明:

(1) f 在 $\mathbb{R}$ 上存在最大值与最小值;   (2) f 在 $\mathbb{R}$ 上一致连续.

7. 设函数 f 和 g 都在闭区间 $[a,b]$ 上连续, 且 $f(a) < g(a)$, $f(b) > g(b)$, 证明: $\exists x_0 \in (a,b)$, 使得 $f(x_0) = g(x_0)$(x_0 称为函数 f 和 g 的**重合点**).

8. 设 a,b 为常数且 $b > 1$. 证明方程 $e^x = a \sin x + b$ 至少有一个正根.

9. 设 $p > 0$, 证明方程 $x^3 + px + 1 = 0$ 的实根是唯一的, 并将其隔离在长度不超过 1 的区间中.

复习课件04

归纳解析
视频 04

总习题 4

A 组

1. p 为何值时, 函数 $f(x) = \begin{cases} x^p \cos \dfrac{1}{x}, & x \neq 0, \\ 0, & x = 0 \end{cases}$ 在 $[0,+\infty)$ 上连续?

2. 确定函数 $f(x) = \begin{cases} \sin \dfrac{\pi}{x+2}, & x \leqslant 0, \\ \left(1 + \dfrac{1}{x}\right)^x, & x > 0 \end{cases}$ 的连续范围, 指出其间断点的类型.

3. 设函数 f,g 在区间 I 上连续, 记 $M(x) = \max\{f(x),g(x)\}$, $m(x) = \min\{f(x),g(x)\}$, 证明 $M(x)$ 与 $m(x)$ 也都在 I 上连续 (图 4.1).

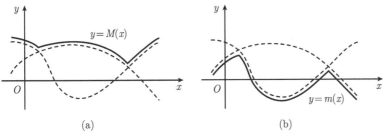

(a)   (b)

图 4.1

4. 设函数 f 在区间 I 上连续, 记 $f^+(x) = \max\{f(x), 0\}$, $f^-(x) = -\min\{f(x), 0\}$, 证明 $f^+(x)$ 与 $f^-(x)$ 也都在 I 上连续 (图 4.2).

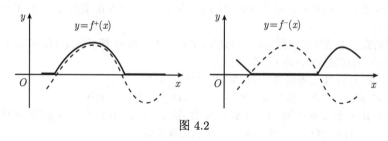

图 4.2

5. 设函数 f 在 $\mathbb{R}$ 上连续, 常数 $c > 0$. 记

$$F(x) = \begin{cases} -c, & f(x) < -c, \\ f(x), & |f(x)| < c, \\ c, & f(x) > c. \end{cases}$$

证明 F 在 $\mathbb{R}$ 上连续 (图 4.3).

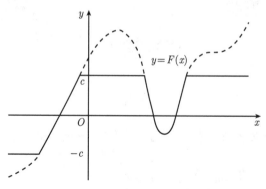

图 4.3

6. 设函数 $u = f(x)$ 在区间 I 上一致连续, 函数 $y = g(u)$ 在 $f(I)$ 上一致连续. 证明复合函数 $y = g(f(x))$ 在区间 I 上一致连续.

7. 设函数 f 在有限开区间 (a, b) 内连续, $f(a+)$ 与 $f(b-)$ 都存在且不等. 证明 f 可取到介于 $f(a+)$ 与 $f(b-)$ 之间的任何实数值.

8. 设函数 f 在区间 $[a, +\infty)$ 上连续, 且 $\lim\limits_{x \to +\infty} f(x) = b \in \mathbb{R}$. 证明:

(1) f 在 $[a, +\infty)$ 上必有最大值或最小值;　(2) f 在 $[a, +\infty)$ 上一致连续.

9. 判断 $f(x) = \dfrac{\sin x}{x}$ 在 $(0, +\infty)$ 上是否一致连续.

10. 设函数 f 在闭区间 $[a, b]$ 上除有限个第一类间断点外处处连续. 证明 f 在 $[a, b]$ 上有界.

11. 设 $p_n(x)$ 为 $n(n \geqslant 1)$ 次多项式. 证明: $\exists a \in \mathbb{R}$ 使 $\forall x \in \mathbb{R}$ 有 $|p_n(x)| \geqslant |p_n(a)|$.

12. 写出奇次多项式函数与偶次多项式函数值域的形状.

13. 设函数 f 在闭区间 $[a,b]$ 上连续, 且 $\forall x \in [a,b]$, 有 $f(x) \neq 0$. 证明 f 在 $[a,b]$ 上恒正或恒负.

14. 设函数 f 在闭区间 $[a,b]$ 上递增, 其值域为 $[f(a), f(b)]$, 证明 f 在 $[a,b]$ 上连续.

15. 设 a_1, a_2, a_3 为正数, $\lambda_1 < \lambda_2 < \lambda_3$, 证明方程 $\dfrac{a_1}{x - \lambda_1} + \dfrac{a_2}{x - \lambda_2} + \dfrac{a_3}{x - \lambda_3} = 0$ 在区间 (λ_1, λ_2) 与 (λ_2, λ_3) 内各有一个根.

16. 设函数 f 在闭区间 $[0, 2a]$ 上连续, 且 $f(0) = f(2a)$. 证明: $\exists x_0 \in [0, a]$, 使得

$$f(x_0) = f(x_0 + a).$$

17. 设函数 f 在闭区间 $[a,b]$ 上连续, $x_1, x_2, \cdots, x_n \in [a,b]$, 另有一组正数 $\lambda_1, \lambda_2, \cdots, \lambda_n$ 满足 $\lambda_1 + \lambda_2 + \cdots + \lambda_n = 1$, 证明: 存在一点 $\xi \in [a,b]$, 使得

$$f(\xi) = \lambda_1 f(x_1) + \lambda_2 f(x_2) + \cdots + \lambda_n f(x_n).$$

(当 $\lambda_1 = \lambda_2 = \cdots = \lambda_n = \dfrac{1}{n}$ 时得到此题的一个特例: 其函数值的算术平均仍是函数值).

18. 设函数 f 在闭区间 $[0, 1]$ 上连续, $f(0) = f(1)$. 证明: 对 $\forall n \in \mathbb{Z}^+$, $\exists \xi_n \in [0, 1]$, 使得 $f\left(\xi_n + \dfrac{1}{n}\right) = f(\xi_n)$.

B 组

19. 举出符合下列要求的函数:

(1) 只在 $\dfrac{1}{2}, \dfrac{1}{3}$ 和 $\dfrac{1}{4}$ 三点间断的函数;

(2) 只在 $\dfrac{1}{2}, \dfrac{1}{3}$ 和 $\dfrac{1}{4}$ 三点连续的函数;

(3) 只在 $\dfrac{1}{n} (n = 1, 2, \cdots)$ 上间断的函数;

(4) 仅在 $x = 0$ 右连续, 其他点均不连续的函数.

20. 设 $a > 0$, 函数 f 在区间 $[a, +\infty)$ 上满足 Lipschitz 条件, 证明 $\dfrac{f(x)}{x}$ 在 $[a, +\infty)$ 上一致连续.

21. 设函数 f 定义在有限开区间 (a, b) 上, 且对 (a, b) 内任一收敛数列 $\{x_n\}$, 极限 $\lim\limits_{n \to \infty} f(x_n)$ 都存在, 证明 f 在 (a, b) 上一致连续.

22. 设函数 f 在区间 $[a, +\infty)$ 上连续, 且有 $b, c \in \mathbb{R}$ 使 $\lim\limits_{x \to +\infty} [f(x) - bx - c] = 0$. 证明 f 在 $[a, +\infty)$ 上一致连续.

23. 设函数 f 在 $[a, b]$ 上连续且恒正, $x_1, x_2, \cdots, x_n \in [a, b]$. 证明: 存在 $\xi \in [a, b]$, 使得

$$f(\xi) = \sqrt[n]{f(x_1) f(x_2) \cdots f(x_n)}.$$

24. 设定义在 $\mathbb{R}$ 上的函数 f 在 $0, 1$ 两点连续, 且对 $\forall x \in \mathbb{R}$ 有 $f(x^2) = f(x)$, 证明 f 为常数函数.

25. 设函数 f 在 $x = 0$ 连续, 且对 $\forall x, y \in \mathbb{R}$ 有 $f(x + y) = f(x) + f(y)$, 证明:

(1) f 在 $\mathbb{R}$ 上连续;

(2) $f(x) = f(1)x$.

26. 设函数 f 是 $\mathbb{R}$ 上不恒等于 0 的连续函数, 且对 $\forall x, y \in \mathbb{R}$ 有 $f(x+y) = f(x)f(y)$, 证明 $f(x) = a^x$, 这里 $a = f(1) > 0$.

27. 设 P 为椭圆内任意一点, 证明椭圆内存在过 P 的一条弦使得 P 为该弦的中点.

28. 设 $f(x)$ 在 $\mathbb{R}$ 上一致连续, 证明存在非负实数 a 与 b 使得 $\forall x \in \mathbb{R}$ 有 $|f(x)| \leqslant a|x| + b$.

29. 设 $f(x)$ 在 $[a, +\infty)$ 上一致连续, $\varphi(x)$ 在 $[a, +\infty)$ 上连续, 且 $\lim\limits_{x \to +\infty} [\varphi(x) - f(x)] = 0$. 证明 $\varphi(x)$ 在 $[a, +\infty)$ 上一致连续.

第5章 导数与微分

CHAPTER

　　导数与微分是微分学的两个基本概念. 由前面的讨论可知, 客观实际中事物的变化趋势可通过函数极限来讨论. 但在大多数情况下, 仅了解相关函数值的变化趋势是不够的, 还需要进一步分析函数值相对于自变量变化的快慢程度. 导数正是这种快慢程度的精确刻画. 而微分是一个与导数密切相关的概念, 反映的是函数值局部变化的 "线性" 近似. 本章将引入单变量函数的导数与微分概念, 并讨论其计算规则与方法. 深刻理解概念意义与熟练掌握计算方法是后继学习的必备条件.

5.1 导数的概念

　　导数的概念是从许多的实际问题中抽象出来的. 先看下面的一些例子.

　　例 5.1.1 (变速直线运动的瞬时速度)　设质点做直线运动, 用函数 $s = s(t)$ 表示到时刻 t 的位移, 若 t_0 为某一确定的时刻, 则质点在时间段 $[t_0, t]$ 或 $[t, t_0]$ 的平均速度为

$$\overline{v}(t) = \frac{s(t) - s(t_0)}{t - t_0}.$$

若当 $t \to t_0$ 时平均速度 $\overline{v}(t)$ 的极限存在, 则极限值 $v(t_0)$ 就是质点在 t_0 时刻的瞬时速度, 即

$$v(t_0) = \lim_{t \to t_0} \frac{s(t) - s(t_0)}{t - t_0}.$$

　　例 5.1.2 (非均匀直杆的线密度)　对于质量分布均匀的直杆, 所谓线密度就是单位长度的直杆内所含的质量. 设直杆的质量分布未必是均匀的, 固定直杆的一端, 距此端 x 处的一段其质量为函数 $m = m(x)$, 则从 x_0 到 $x_0 + \Delta x$ 一段的平均线密度为

$$\frac{\Delta m}{\Delta x} = \frac{m(x_0 + \Delta x) - m(x_0)}{\Delta x}.$$

只有当 $\Delta x \to 0$, 上述比值的极限存在时, 极限值 $\rho(x_0)$ 才能确切地表示直杆 x_0 处的线密度, 即

$$\rho(x_0) = \lim_{\Delta x \to 0} \frac{m(x_0 + \Delta x) - m(x_0)}{\Delta x}.$$

例 **5.1.3** (非稳恒电流的电流强度)　　电流强度是度量电流强弱的一个物理量. 对于稳恒电流, 电流强度就是单位时间内通过导体的某固定横截面的电量. 对于非稳恒电流, 用函数 $q = q(t)$ 表示到时刻 t 通过导体该横截面的电量, 则从时刻 t 到时刻 $t + \Delta t$ 的平均电流强度为

$$\frac{\Delta q}{\Delta t} = \frac{q(t + \Delta t) - q(t)}{\Delta t}.$$

若当 $\Delta t \to 0$ 时上述极限存在, 则极限值 $I(t)$ 就是时刻 t 的瞬时电流强度, 即

$$I(t) = \lim_{\Delta t \to 0} \frac{q(t + \Delta t) - q(t)}{\Delta t}.$$

例 **5.1.4** (平面曲线的切线斜率)　　圆的切线可以定义为 "与圆只有一个公共点的直线". 但这个定义利用了圆的特殊性, 并不适合刻画一般平面曲线的切线. 例如, 抛物线的切线就不能这样定义. 在一般情况下怎样确切地定义平面曲线的切线? 问题转化为定义出切线的斜率. 为了方便, 不妨设所考虑的平面曲线是函数 $y = f(x)$ 的图像 (图 5.1.1). 点 $P_0(x_0, f(x_0))$ 为曲线上固定点, 在点 P_0 附近任取曲线上的动点 $P(x_0 + \Delta x, f(x_0 + \Delta x))$, 则割线 $P_0 P$ 的斜率为

$$\frac{\Delta y}{\Delta x} = \frac{f(x_0 + \Delta x) - f(x_0)}{\Delta x}.$$

当 $\Delta x \to 0$ 时, 动点 P 沿曲线趋近于 P_0, 割线 $P_0 P$ 的极限位置就是该曲线在点 P_0 的切线 $P_0 T$. 因此切线 $P_0 T$ 的斜率 k_0 应当定义为割线斜率 (或平均斜率) 的极限, 即

$$k_0 = \lim_{\Delta x \to 0} \frac{f(x_0 + \Delta x) - f(x_0)}{\Delta x}.$$

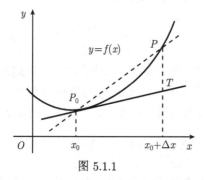

图 5.1.1

上面这几个例子中, 我们所面临的都是均匀变化与非均匀变化的矛盾 (或用几何语言来说, 都是直与曲的矛盾). 其解决办法都是: 局部以均匀代替非均匀 (以直代曲), 先算出平均变化率, 然后利用极限得出精确的变化率. 数学处理问题的

特点是摒弃次要信息, 以免引起不必要的干扰, 而只将其中共有的数学本质抽象出来加以研究. 虽然上面这几个例子本身涉及的量都有各自的具体意义, 但都归结为考虑 "函数的增量与自变量增量之比的极限". 这个极限就是函数的导数.

定义 5.1.1 设函数 $y = f(x)$ 在点 x_0 的某邻域 $U(x_0)$ 内有定义, $x = x_0 + \Delta x \in U^o(x_0)$. 若极限

$$\lim_{x \to x_0} \frac{f(x) - f(x_0)}{x - x_0} = \lim_{\Delta x \to 0} \frac{f(x_0 + \Delta x) - f(x_0)}{\Delta x} \tag{5.1.1}$$

存在, 则称函数 f 在点 x_0 可导, 并称极限值为函数 f 在点 x_0 的**导数** (或**变化率**), 记作

$$f'(x_0), \ 或 \ y'|_{x=x_0}, \ 或 \ \frac{\mathrm{d}y}{\mathrm{d}x}\bigg|_{x=x_0},$$

点 x_0 也称为 f 的**可导点**. 若极限 (5.1.1) 不存在, 则称函数 f 在点 x_0 **不可导**, 此时点 x_0 也称为 f 的**不可导点**. 类似地可定义函数 f 在点 x_0 的**左导数** $f'_-(x_0)$ 与**右导数** $f'_+(x_0)$, 即

$$f'_-(x_0) = \lim_{x \to x_0-} \frac{f(x) - f(x_0)}{x - x_0} = \lim_{\Delta x \to 0-} \frac{f(x_0 + \Delta x) - f(x_0)}{\Delta x}; \tag{5.1.2}$$

$$f'_+(x_0) = \lim_{x \to x_0+} \frac{f(x) - f(x_0)}{x - x_0} = \lim_{\Delta x \to 0+} \frac{f(x_0 + \Delta x) - f(x_0)}{\Delta x}. \tag{5.1.3}$$

设 $D \subset \mathbb{R}$, 若函数 $y = f(x)$ 在 D 的每一点都可导, 则称 f **在 D 上可导**. 此时对 $\forall x \in D$, 由

$$f'(x) = \lim_{\Delta x \to 0} \frac{f(x + \Delta x) - f(x)}{\Delta x} \tag{5.1.4}$$

定义了 D 上的一个新的函数, 称为函数 $y = f(x)$ 的**导函数** (常简称为**导数**), 也记作 y', $\frac{\mathrm{d}}{\mathrm{d}x}f(x)$ 或 $\frac{\mathrm{d}y}{\mathrm{d}x}$ (符号 $\frac{\mathrm{d}}{\mathrm{d}x}$ 称为**导算子**). 此时若 $x_0 \in D$, 则 $f'(x_0) = f'(x)|_{x=x_0}$. 当 $D = [a, b]$ 时, 函数 $y = f(x)$ 在 $[a, b]$ 上可导确切地是指 f 在 (a, b) 的每一点都可导, 并且 $f'_+(a)$ 与 $f'_-(b)$ 存在.

有了这个定义, 再来看上面的例 5.1.1~ 例 5.1.3. 对变速直线运动来说, 瞬时速度 $v(t_0) = s'(t_0)$. 对非均匀直杆, 距一端 x_0 处的线密度为 $m'(x_0)$. 而对非稳恒电流, 电量为 $q(t)$ 时的电流强度为 $q'(t)$.

根据例 5.1.4 可知, 导数概念的几何意义是切线的斜率, 即曲线 $y = f(x)$ 在点 $P_0(x_0, f(x_0))$ 的切线的斜率为 $f'(x_0)$(点 P_0 为切点). 所以当 $f'(x_0)$ 存在时, 切线方程为

$$y - f(x_0) = f'(x_0)\,(x - x_0); \tag{5.1.5}$$

当 $f'(x_0) = +\infty$ 时切线方程为 $x = x_0$. 过切点 P_0 与切线垂直的直线称为曲线 $y = f(x)$ 在 P_0 的**法线**. 当 $f'(x_0)$ 存在且 $f'(x_0) \neq 0$ 时法线方程为

$$y - f(x_0) = - \frac{1}{f'(x_0)} (x - x_0); \tag{5.1.6}$$

当 $f'(x_0) = 0$ 时法线方程为 $x = x_0$.

例 5.1.5　证明下列导函数公式:

(1) 若 $f(x) = c$ 为常数函数, 则 $f'(x) = 0$;

(2) $(\sin x)' = \cos x, (\cos x)' = -\sin x$;

(3) $(a^x)' = a^x \ln a$ (这里 $0 < a \neq 1$), 特别地有 $(e^x)' = e^x$;

(4) $(\log_a |x|)' = \dfrac{1}{x \ln a}$ (这里 $0 < a \neq 1$), 特别地有 $(\ln |x|)' = \dfrac{1}{x}$;

(5) $(x^\alpha)' = \alpha x^{\alpha-1}$ (这里 $\alpha \neq 0$).

证明　按 (5.1.4) 式来推证.

(1) $f'(x) = \lim\limits_{\Delta x \to 0} \dfrac{f(x + \Delta x) - f(x)}{\Delta x} = \lim\limits_{\Delta x \to 0} \dfrac{c - c}{\Delta x} = \lim\limits_{\Delta x \to 0} 0 = 0.$

(2) 由于 $\sin u \sim u \ (u \to 0)$, 故

$$(\sin x)' = \lim_{\Delta x \to 0} \frac{\sin(x + \Delta x) - \sin x}{\Delta x} = \lim_{\Delta x \to 0} \frac{2\cos\left(x + \dfrac{\Delta x}{2}\right) \sin \dfrac{\Delta x}{2}}{\Delta x}$$

$$= \lim_{\Delta x \to 0} \frac{2\cos\left(x + \dfrac{\Delta x}{2}\right) \cdot \dfrac{\Delta x}{2}}{\Delta x} = \lim_{\Delta x \to 0} \cos\left(x + \frac{\Delta x}{2}\right) = \cos x.$$

$$(\cos x)' = \lim_{\Delta x \to 0} \frac{\cos(x + \Delta x) - \cos x}{\Delta x} = \lim_{\Delta x \to 0} \frac{-2\sin\left(x + \dfrac{\Delta x}{2}\right) \sin \dfrac{\Delta x}{2}}{\Delta x}$$

$$= \lim_{\Delta x \to 0} \frac{-2\sin\left(x + \dfrac{\Delta x}{2}\right) \cdot \dfrac{\Delta x}{2}}{\Delta x} = -\lim_{\Delta x \to 0} \sin\left(x + \frac{\Delta x}{2}\right) = -\sin x.$$

(3) 由于 $e^u - 1 \sim u \ (u \to 0)$, 故

$$(a^x)' = \lim_{\Delta x \to 0} \frac{a^{x+\Delta x} - a^x}{\Delta x} = a^x \lim_{\Delta x \to 0} \frac{e^{\Delta x \ln a} - 1}{\Delta x} = a^x \lim_{\Delta x \to 0} \frac{\Delta x \ln a}{\Delta x} = a^x \ln a.$$

(4) 由于当 $\Delta x \to 0$ 时有 $1 + \dfrac{\Delta x}{x} > 0$, 故

$$(\log_a |x|)' = \lim_{\Delta x \to 0} \frac{\log_a |x + \Delta x| - \log_a |x|}{\Delta x} = \frac{1}{x} \lim_{\Delta x \to 0} \log_a \left| 1 + \frac{\Delta x}{x} \right|^{\frac{x}{\Delta x}}$$

$$= \frac{1}{x} \lim_{\Delta x \to 0} \log_a \left(1 + \frac{\Delta x}{x} \right)^{\frac{x}{\Delta x}} = \frac{1}{x} \log_a \mathrm{e} = \frac{1}{x \ln a}.$$

(5) 由于 $\mathrm{e}^u - 1 \sim u \ (u \to 0)$, 故

$$(x^\alpha)' = \lim_{\Delta x \to 0} \frac{(x + \Delta x)^\alpha - x^\alpha}{\Delta x} = x^\alpha \lim_{\Delta x \to 0} \frac{\left(1 + \frac{\Delta x}{x} \right)^\alpha - 1}{\Delta x}$$

$$= x^\alpha \lim_{\Delta x \to 0} \frac{\mathrm{e}^{\alpha \ln \left(1 + \frac{\Delta x}{x} \right)} - 1}{\Delta x} = x^\alpha \lim_{\Delta x \to 0} \frac{\alpha \ln \left(1 + \frac{\Delta x}{x} \right)}{\Delta x}$$

$$= \alpha x^{\alpha-1} \lim_{\Delta x \to 0} \ln \left(1 + \frac{\Delta x}{x} \right)^{\frac{x}{\Delta x}} = \alpha x^{\alpha-1}.$$

根据单侧极限与极限的关系可知单侧导数与导数有下述关系.

引理 5.1.1　函数 f 在点 x_0 可导的充分必要条件是 $f'_+(x_0)$ 与 $f'_-(x_0)$ 都存在且 $f'_+(x_0) = f'_-(x_0)$.

定理 5.1.2　若函数 f 在点 x_0 存在 $f'_+(x_0)$ 与 $f'_-(x_0)$, 则函数 f 在点 x_0 连续. 特别地, 当 f 在点 x_0 可导时 f 必在点 x_0 连续.

证明　当 $x \neq x_0$ 时有

$$f(x) = f(x_0) + \frac{f(x) - f(x_0)}{x - x_0} \cdot (x - x_0).$$

由于 $f'_+(x_0)$ 与 $f'_-(x_0)$ 都存在, 故按 (5.1.2) 与 (5.1.3) 式得

$$\lim_{x \to x_0-} f(x) = f(x_0) + \lim_{x \to x_0-} \frac{f(x) - f(x_0)}{x - x_0} \cdot (x - x_0) = f(x_0) + f'_-(x_0) \cdot 0 = f(x_0);$$

$$\lim_{x \to x_0+} f(x) = f(x_0) + \lim_{x \to x_0+} \frac{f(x) - f(x_0)}{x - x_0} \cdot (x - x_0) = f(x_0) + f'_+(x_0) \cdot 0 = f(x_0).$$

这表明 f 在点 x_0 既左连续也右连续, 即 f 在点 x_0 连续.

可导的函数必定连续, 但连续的函数未必可导, 换言之, 定理 5.1.2 的逆命题不成立.

例 5.1.6　证明下列连续函数在点 0 不可导:

(1) $f(x) = |x|$;　　(2) $f(x) = x^{\frac{2}{3}}$.

证明　(1) 注意到

$$f'_+(0) = \lim_{x \to 0+} \frac{|x| - 0}{x - 0} = \lim_{x \to 0+} 1 = 1, \quad f'_-(0) = \lim_{x \to 0-} \frac{|x| - 0}{x - 0} = \lim_{x \to 0-} -1 = -1,$$

$f_+(0) \neq f'_-(0)$, 由此可知 $f(x) = |x|$ 在点 0 不可导.

(2) 由 (5.1.1) 式得

$$f'(0) = \lim_{x \to 0} \frac{x^{\frac{2}{3}} - 0}{x - 0} = \lim_{x \to 0} x^{-\frac{1}{3}} = \infty.$$

因此 $f(x) = x^{\frac{2}{3}}$ 在点 0 不可导.

如图 5.1.2 所示, 原点分别是曲线 $y = |x|$ 与 $y = x^{\frac{2}{3}}$ 的 "角点" 与 "尖点", 曲线在这样的点处并不是光滑连接的, 因而函数在这样的点处必不可导.

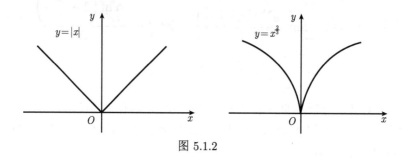

图 5.1.2

Weierstrass 于 1872 年构造了一个难以想象的函数, 它在 $\mathbb{R}$ 上处处连续, 但却处处不可导. 这个函数的奇异之处在于: 连续曲线在每一点处的切线都不存在或者垂直于 x 轴, 处处连续, 处处不光滑.

例 5.1.7 证明函数 $f(x) = x^2 D(x)$ 仅在点 0 可导, 这里 $D(x)$ 为 Dirichlet 函数.

证明 因为 $f'(0) = \lim_{x \to 0} \dfrac{f(x) - f(0)}{x - 0} = \lim_{x \to 0} \dfrac{x^2 D(x) - 0}{x - 0} = \lim_{x \to 0} x D(x) = 0$, 故 f 在点 0 可导. 下证任何 $x_0 \neq 0$ 都是 $f(x)$ 的不可导点. 假设 $f(x)$ 在点 $x_0 \neq 0$ 可导, 则它必在该点连续, 于是推出

$$\lim_{x \to x_0} D(x) = \lim_{x \to x_0} \frac{f(x)}{x^2} = \frac{f(x_0)}{x_0^2} = D(x_0),$$

即 $D(x)$ 在 x_0 连续, 这与 $D(x)$ 在 x_0 间断相矛盾. 因此函数 $f(x) = x^2 D(x)$ 仅在点 0 可导.

引理 5.1.3 函数 f 在点 x_0 可导的充分必要条件是在 $U(x_0)$ 内存在函数 H 在点 x_0 连续且使得 $f(x) - f(x_0) = H(x)(x - x_0)$. 此时必有 $f'(x_0) = H(x_0)$.

证明 **必要性** 设函数 f 在点 x_0 可导. 令

$$H(x) = \begin{cases} \dfrac{f(x) - f(x_0)}{x - x_0}, & x \in U^o(x_0), \\ f'(x_0), & x = x_0, \end{cases}$$

则当 $x \in U(x_0)$ 有 $f(x) - f(x_0) = H(x)(x - x_0)$. 因为

$$\lim_{x \to x_0} H(x) = \lim_{x \to x_0} \frac{f(x) - f(x_0)}{x - x_0} = f'(x_0) = H(x_0),$$

故 H 在点 x_0 连续.

充分性 设在 $U(x_0)$ 内存在函数 H 在点 x_0 连续且使得 $f(x) - f(x_0) = H(x)(x - x_0)$, 则必有

$$\lim_{x \to x_0} \frac{f(x) - f(x_0)}{x - x_0} = \lim_{x \to x_0} H(x) = H(x_0),$$

即 $f'(x_0) = H(x_0)$. 因此函数 f 在点 x_0 可导.

引理 5.1.3 揭示的事实是: 函数 f 在点 x_0 可导等价于点 x_0 是差商函数 (平均变化率函数) $\dfrac{f(x) - f(x_0)}{x - x_0}$ 的可去间断点.

习 题 5.1

1. 半径为 x 的圆面积函数与圆周长函数有何关系? 球表面积函数与球体积函数呢?

2. 设函数 $f(x)$ 在点 a 可导, 求下列极限:

(1) $\lim\limits_{\Delta x \to 0} \dfrac{f(a - \Delta x) - f(a)}{\Delta x}$;

(2) $\lim\limits_{n \to \infty} n\left[f(a + 1/n) - f(a)\right]$;

(3) $\lim\limits_{h \to 0} \dfrac{f(a + h) - f(a - h)}{h}$;

(4) $\lim\limits_{x \to a} \dfrac{xf(a) - af(x)}{x - a}$.

3. 设 $f(x) = x(x - 1)^3$, 求 $f'(0)$, $f'(1)$.

4. 利用导函数公式求导:

(1) $(\sin x)'\big|_{x=\pi}$;

(2) $(2^x)'\big|_{x=0}$;

(3) $\left(\log_{\frac{1}{2}} |x|\right)'$;

(4) $\left(\dfrac{1}{\sqrt[3]{x^5}}\right)'$.

5. 求下列曲线在指定点处的切线方程与法线方程.

(1) $y = \ln x$ 在点 $x_0 = 1$;

(2) $y = \cos x$ 在点 $x_0 = \dfrac{\pi}{4}$.

6. 证明: 双曲线 $xy = a^2$ 上任一点处的切线与两坐标轴构成的直角三角形面积恒为 $2a^2$.

7. 讨论下列函数在点 0 是否可导:

(1) $f(x) = \begin{cases} x\cos\dfrac{1}{x}, & x \neq 0, \\ 0, & x = 0; \end{cases}$

(2) $f(x) = \begin{cases} \sin x, & x \geqslant 0, \\ x, & x < 0; \end{cases}$

(3) $f(x) = \begin{cases} \dfrac{x}{1 + \mathrm{e}^{\frac{1}{x}}}, & x \neq 0, \\ 0, & x = 0; \end{cases}$

(4) $f(x) = |\arctan x|$.

8. 给出符合下列条件的例子:

(1) 极限 $\lim\limits_{h \to 0} \dfrac{f(a + h) - f(a - h)}{2h}$ 存在, 但 $f'(a)$ 不存在.

(2) 对任何收敛于 0 的有理数列 $\{r_n\}$, 极限 $\lim\limits_{n \to \infty} \dfrac{f(r_n) - f(0)}{r_n}$ 存在, 但 $f'(0)$ 不存在.

5.2　导数的运算法则

计算函数的导数通常称为求导. 对于大多数函数, 直接从导数定义出发求导并不是简便高效的方法. 本节的目的是由导数定义导出一系列的运算法则, 包括四则运算法则、反函数求导法则及复合函数求导法则等. 利用这些求导法则与一些已知的基本初等函数的导数公式, 可以有效地解决初等函数的求导问题.

定理 5.2.1　设函数 f, g 都在点 x 可导, a, b 为常数, 则 $af + bg$, $f \cdot g$ 及 $\dfrac{f}{g}(g(x) \neq 0)$ 也都在点 x 可导, 且有

(1) **线性运算**　$[af(x) + bg(x)]' = af'(x) + bg'(x)$;

(2) **积运算**　$[f(x)g(x)]' = f'(x)g(x) + f(x)g'(x)$;

(3) **商运算**　$\left[\dfrac{f(x)}{g(x)}\right]' = \dfrac{f'(x)g(x) - f(x)g'(x)}{[g(x)]^2}$, 特别地, $\left[\dfrac{1}{g(x)}\right]' = -\dfrac{g'(x)}{[g(x)]^2}$.

证明　(1) 的证明极为简单, 以下只给出 (2) 与 (3) 的证明. 设 $y = f(x)g(x)$, $z = \dfrac{f(x)}{g(x)}$. 因为 g 在点 x 可导, 故 g 也在点 x 连续, 从而当 $\Delta x \to 0$ 时, 根据 f, g 的可导性得

$$\frac{\Delta y}{\Delta x} = \frac{f(x + \Delta x)g(x + \Delta x) - f(x)g(x)}{\Delta x}$$

$$= \frac{[f(x + \Delta x) - f(x)]\, g(x + \Delta x) + f(x)\,[g(x + \Delta x) - g(x)]}{\Delta x}$$

$$= \frac{\Delta f}{\Delta x} g(x + \Delta x) + f(x)\frac{\Delta g}{\Delta x}\ \to\ f'(x)g(x) + f(x)g'(x);$$

$$\frac{\Delta z}{\Delta x} = \frac{1}{\Delta x}\left[\frac{f(x + \Delta x)}{g(x + \Delta x)} - \frac{f(x)}{g(x)}\right]$$

$$= \frac{1}{g(x + \Delta x)g(x)}\frac{[f(x + \Delta x) - f(x)]\, g(x) - f(x)\,[g(x + \Delta x) - g(x)]}{\Delta x}$$

$$= \frac{1}{g(x + \Delta x)g(x)}\left[\frac{\Delta f}{\Delta x}g(x) - f(x)\frac{\Delta g}{\Delta x}\right]\ \to\ \frac{f'(x)g(x) - f(x)g'(x)}{[g(x)]^2},$$

由此可知 (2) 与 (3) 成立.

例 5.2.1　证明下列导函数公式:

(1) $(\tan x)' = \dfrac{1}{\cos^2 x}$; 　　　　(2) $(\cot x)' = -\dfrac{1}{\sin^2 x}$;

(3) $(\sec x)' = \sec x \tan x$; 　　　　(4) $(\csc x)' = -\csc x \cot x$.

证明 根据导数的商运算法则得

$$(\tan x)' = \left(\frac{\sin x}{\cos x}\right)' = \frac{(\sin x)'\cos x - (\cos x)'\sin x}{\cos^2 x} = \frac{\cos^2 x + \sin^2 x}{\cos^2 x} = \frac{1}{\cos^2 x};$$

$$(\sec x)' = \left(\frac{1}{\cos x}\right)' = \frac{-(\cos x)'}{\cos^2 x} = \frac{\sin x}{\cos^2 x} = \sec x \tan x,$$

由此可知 (1) 与 (3) 成立, 同理可证 (2) 与 (4).

例 5.2.2 设 $f(x) = x^7 \ln|x| + \dfrac{5^x}{1 + \sin x} + \pi$, 求 $f'(\pi)$.

解 因为在 $U(\pi)$ 内有

$$f'(x) = 7x^6 \ln|x| + x^7 \cdot \frac{1}{x} + \frac{5^x \ln 5(1 + \sin x) - 5^x \cos x}{(1 + \sin x)^2} + 0,$$

故 $f'(\pi) = \pi^6(7\ln\pi + 1) + 5^\pi(\ln 5 + 1)$.

定理 5.2.2 (反函数求导法则) 设函数 $y = f(x)$ 在区间 I 上可导, 且 $f'(x) \neq 0$. 若存在反函数 $x = f^{-1}(y)$, 则

$$\left(f^{-1}(y)\right)' = \frac{1}{f'(x)}. \tag{5.2.1}$$

证明 设 y_0 为 $f(I)$ 内任意一点, $y_0 = f(x_0)$, 且不妨设 $U(x_0) \subset I$. 因为

$$\lim_{\Delta x \to 0} \frac{\Delta y}{\Delta x} = \lim_{\Delta x \to 0} \frac{f(x_0 + \Delta x) - f(x_0)}{\Delta x} = f'(x_0) \neq 0,$$

故 $\exists \delta > 0$, 当 $0 < |\Delta x| \leqslant \delta$ 有 $\Delta y \neq 0$, 当且仅当 $\Delta x = 0$ 时 $\Delta y = 0$. 由函数 $y = f(x)$ 在区间 I 上可导可知它在 $[x_0 - \delta, x_0 + \delta]$ 上连续, 于是反函数 $x = f^{-1}(y)$ 在 $f([x_0 - \delta, x_0 + \delta])$ 上连续, 即当 $\Delta y \to 0$ 时有 $\Delta x \to 0$. 因此有

$$(f^{-1}(y))'\big|_{y=y_0} = \lim_{\Delta y \to 0} \frac{f^{-1}(y_0 + \Delta y) - f^{-1}(y_0)}{\Delta y} = \lim_{\Delta x \to 0} \frac{\Delta x}{f(x_0 + \Delta x) - f(x_0)}$$

$$= \frac{1}{\displaystyle\lim_{\Delta x \to 0} \frac{f(x_0 + \Delta x) - f(x_0)}{\Delta x}} = \frac{1}{f'(x_0)}.$$

由 y_0 的任意性可知 (5.2.1) 式成立.

定理 5.2.2 表明, 函数在某一点的导数恰好等于其反函数在对应点的导数的倒数. 这个结论有明显的几何意义: 在同一直角坐标系中, 函数 $y = f(x)$ 与其反函数 $x = f^{-1}(y)$ 的图像是同一条曲线 (图 5.2.1). 设这条曲线在其上某点的切线与 x 轴正向、y 轴正向所夹的角分别为 φ 和 θ, 则 $\varphi + \theta = \dfrac{\pi}{2}$. 由此得到 $\tan \theta = \dfrac{1}{\tan \varphi}$, 这就是 (5.2.1) 式.

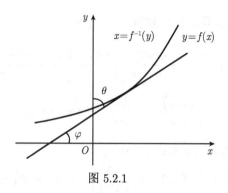

图 5.2.1

例 5.2.3　证明下列导函数公式:

(1) $(\arcsin x)' = \dfrac{1}{\sqrt{1-x^2}}$;　　　　(2) $(\arccos x)' = -\dfrac{1}{\sqrt{1-x^2}}$;

(3) $(\arctan x)' = \dfrac{1}{1+x^2}$;　　　　(4) $(\operatorname{arc\,cot} x)' = -\dfrac{1}{1+x^2}$.

证明　因为 $y = \arcsin x, x \in (-1, 1)$ 的反函数是 $x = \sin y,\ y \in \left(-\dfrac{\pi}{2}, \dfrac{\pi}{2}\right)$, 故

$$(\arcsin x)' = \frac{1}{(\sin y)'} = \frac{1}{\cos y} = \frac{1}{\sqrt{1-\sin^2 y}} = \frac{1}{\sqrt{1-x^2}};$$

同样地, 因为 $y = \arctan x,\ x \in (-\infty, +\infty)$ 与 $x = \tan y,\ y \in \left(-\dfrac{\pi}{2}, \dfrac{\pi}{2}\right)$ 互为反函数, 故 (由公式 $1 + \tan^2 y = \sec^2 y$)

$$(\arctan x)' = \frac{1}{(\tan y)'} = \frac{1}{\sec^2 y} = \frac{1}{1+\tan^2 y} = \frac{1}{1+x^2};$$

由此可知 (1) 与 (3) 成立, 同理可证 (2) 与 (4)(用到公式 $1 + \cot^2 y = \csc^2 y$).

至此, 基本初等函数及一些简单的初等函数的求导问题已得到解决 (例 5.1.5、例 5.2.1 及例 5.2.3). 这些结果是今后求导运算的基本公式, 现分列如下:

1. $(c)' = 0$, 其中 c 为常数函数;

2. $(x^\alpha)' = \alpha x^{\alpha-1}\ (\alpha \neq 0)$;

3. $(a^x)' = a^x \ln a\ (0 < a \neq 1)$, $(\mathrm{e}^x)' = \mathrm{e}^x$;

4. $(\log_a |x|)' = \dfrac{1}{x \ln a}\ (0 < a \neq 1)$, $(\ln |x|)' = \dfrac{1}{x}$;

5. $(\sin x)' = \cos x$;

6. $(\cos x)' = -\sin x$;

7. $(\tan x)' = \sec^2 x$;

8. $(\cot x)' = -\csc^2 x$;

9. $(\sec x)' = \sec x \tan x$;

10. $(\csc x)' = -\csc x \cot x$;

11. $(\arcsin x)' = \dfrac{1}{\sqrt{1-x^2}}$;

12. $(\arccos x)' = -\dfrac{1}{\sqrt{1-x^2}}$;

13. $(\arctan x)' = \dfrac{1}{1+x^2}$;

14. $(\operatorname{arccot}x)' = -\dfrac{1}{1+x^2}$.

在导数计算中, 下述的复合函数求导法则具有十分重要的作用.

定理 5.2.3 (复合函数求导法则)　设 $u = \varphi(x)$ 在点 x 可导, $y = f(u)$ 在点 u 可导, 则复合函数 $y = f(\varphi(x))$ 在点 x 可导且

$$[f(\varphi(x))]' = f'(\varphi(x))\varphi'(x). \tag{5.2.2}$$

上述 (5.2.2) 式也可写成 $\dfrac{\mathrm{d}y}{\mathrm{d}x} = \dfrac{\mathrm{d}y}{\mathrm{d}u} \dfrac{\mathrm{d}u}{\mathrm{d}x}$, 因此复合函数求导法则也被形象地称为**链式法则**. 注意这里 $[f(\varphi(x))]' = \dfrac{\mathrm{d}}{\mathrm{d}x}[f(\varphi(x))] = (f \circ \varphi)'(x)$, 而 $f'(\varphi(x)) = f'(u)|_{u=\varphi(x)}$, 二者不可混淆.

证明　固定 $x = x_0$, 相应地, $u_0 = \varphi(x_0)$. 利用引理 5.1.3, 由于函数 f 在 u_0 可导, 故存在一个在 u_0 连续的函数 F 使得 $f'(u_0) = F(u_0)$, 且当 $u \in U(u_0)$ 有

$$f(u) - f(u_0) = F(u)(u - u_0); \tag{5.2.3}$$

同样地, 由于函数 φ 在 x_0 可导, 故存在一个在 x_0 连续的函数 $\varPhi$ 使得 $\varphi'(x_0) = \varPhi(x_0)$, 且当 $x \in U(x_0)$ 有

$$\varphi(x) - \varphi(x_0) = \varPhi(x)(x - x_0). \tag{5.2.4}$$

于是, 根据 (5.2.3) 与 (5.2.4) 式得

$$f(\varphi(x)) - f(\varphi(x_0)) = F(\varphi(x))(\varphi(x) - \varphi(x_0)) = F(\varphi(x))\varPhi(x)(x - x_0). \tag{5.2.5}$$

因为 $u = \varphi(x)$ 在点 x_0 可导, 故必在 x_0 连续, 又 F 在 $u_0 = \varphi(x_0)$ 连续, $\varPhi$ 在 x_0 连续, 故 $H(x) = F(\varphi(x))\varPhi(x)$ 在 x_0 连续, 再由引理 5.1.3 知 $y = f(\varphi(x))$ 在点 x_0 可导, 且

$$(f \circ \varphi)'(x_0) = H(x_0) = F(\varphi(x_0))\varPhi(x_0) = f'(\varphi(x_0))\varphi'(x_0).$$

由此即知 (5.2.2) 式成立.

链式法则可以推广到多个函数复合的情况. 例如, 若 $y = f(u)$, $u = g(z)$, $z = h(t)$, $t = \varphi(x)$ 都是可导函数, 则

$$\frac{\mathrm{d}y}{\mathrm{d}x} = \frac{\mathrm{d}y}{\mathrm{d}u} \frac{\mathrm{d}u}{\mathrm{d}z} \frac{\mathrm{d}z}{\mathrm{d}t} \frac{\mathrm{d}t}{\mathrm{d}x} = f'(u)g'(z)h'(t)\varphi'(x).$$

需要强调的是, 对链式法则仅理解是远远不够的, 务必做到能熟练运用. 运用链式法则的熟巧程度是衡量导数计算本领是否过硬的一个重要标志.

例 5.2.4　求下列函数的导数:

(1) $y = \cos x^2$;

(2) $y = \tan^2 \dfrac{1}{x}$;

(3) $y = \operatorname{arc\,cot}(\sec \sqrt{x})$;

(4) $y = \ln\left(x + \sqrt{x^2 + 1}\right)$.

解　(1) $\dfrac{\mathrm{d}y}{\mathrm{d}x} = (\cos u)'\big|_{u=x^2}(x^2)' = -2x\sin x^2$.

(2) $\dfrac{\mathrm{d}y}{\mathrm{d}x} = (z^2)'\big|_{z=\tan\frac{1}{x}} \cdot (\tan u)'\big|_{u=\frac{1}{x}} \cdot \left(\dfrac{1}{x}\right)' = -2\left(\tan\dfrac{1}{x}\right)\left(\sec^2\dfrac{1}{x}\right)\dfrac{1}{x^2}$.

(3) $y' = -\dfrac{1}{1 + \sec^2\sqrt{x}} \cdot (\sec\sqrt{x}\tan\sqrt{x})\dfrac{1}{2\sqrt{x}} = -\dfrac{\sin\sqrt{x}}{2\sqrt{x}(1 + \cos^2\sqrt{x})}$.

(4) $y' = \dfrac{1}{x + \sqrt{x^2+1}}\left[1 + \dfrac{2x}{2\sqrt{x^2+1}}\right] = \dfrac{1}{\sqrt{x^2+1}}$.

利用求导运算的基本公式 (主要是基本初等函数的导数公式) 以及导数的四则运算法则与链式法则, 可以计算任何初等函数的导数. 应当看到, 初等函数的导函数仍然是初等函数. 为了形成求导运算的技能, 做到既快又不出错, 读者必须做大量的习题.

例 5.2.5　求 $f(x) = \begin{cases} x^2\sin\dfrac{1}{x}, & x \neq 0, \\ 0, & x = 0 \end{cases}$ 的导函数 $f'(x)$, 问 $f'(x)$ 是否处处连续? (f 的图像如图 5.2.2 所示)

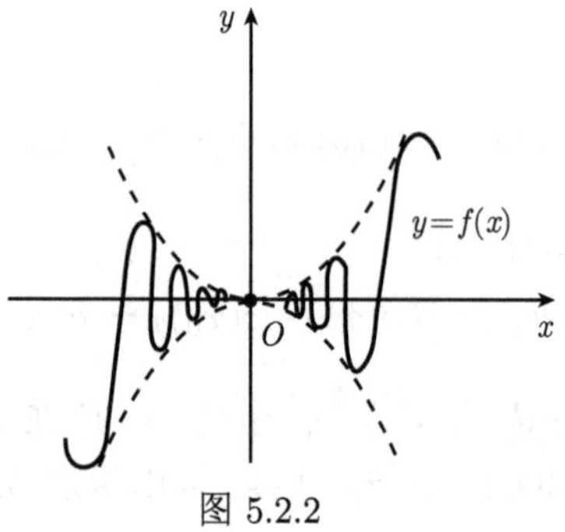

图 5.2.2

解　当 $x \neq 0$ 时有

$$f'(x) = \left(x^2\sin\dfrac{1}{x}\right)' = 2x\sin\dfrac{1}{x} + x^2\left(\cos\dfrac{1}{x}\right)(-x^{-2}) = 2x\sin\dfrac{1}{x} - \cos\dfrac{1}{x}. \quad (5.2.6)$$

当 $x = 0$ 时, 按定义有

$$f'(0) = \lim_{x \to 0}\dfrac{f(x) - f(0)}{x - 0} = \lim_{x \to 0} x\sin\dfrac{1}{x} = 0.$$

因此函数 $f(x)$ 是处处可导的 (当然处处连续), 导函数 $f'(x)$ 也是分段函数,

$$f'(x) = \begin{cases} 2x\sin\dfrac{1}{x} - \cos\dfrac{1}{x}, & x \neq 0, \\ 0, & x = 0. \end{cases}$$

但 $f'(x)$ 并非处处连续, 它在 $(-\infty, 0)$ 与 $(0, +\infty)$ 连续, 在点 0 不连续. 这是因为

$$\lim_{n\to\infty} f'\left(\frac{1}{2n\pi}\right) = \lim_{n\to\infty}(-\cos 2n\pi) = -1 \neq f'(0) \ (\text{这里} n \in \mathbb{Z}^+).$$

(或因为 $\lim\limits_{x\to 0} 2x\sin\dfrac{1}{x} = 0$, $\lim\limits_{x\to 0}\cos\dfrac{1}{x}$ 不存在, 这推出 $\lim\limits_{x\to 0} f'(x)$ 不存在).

必须注意, 处处可导的函数, 其导函数未必是连续的. 在例 5.2.5 的解题中, 由于 $f'(0)$ 不能由 (5.2.6) 式得出, 因而不能由 (5.2.6) 式作出 $f'(0)$ 存在或不存在的判断, 也不可以 $f'(0) = (0)' = 0$, 否则会导致任何函数在任何点的导数都是 0 的荒谬结果. $f'(0)$ 只能按定义求出.

习　题　5.2

1. 求下列函数在指定点的导数:

(1) 设 $f(x) = \sec x \tan x$, 求 $f'\left(\dfrac{\pi}{4}\right)$, $f'\left(\dfrac{\pi}{3}\right)$;

(2) 设 $f(x) = \dfrac{x}{\cos x}$, 求 $f'(0)$, $f'(\pi)$.

2. 求下列函数 (自变量为 x) 的导数:

(1) $y = (3x - e^x)(\sqrt{x} - a)$;　　　　(2) $y = \dfrac{ax + b}{cx + p}$;

(3) $y = \dfrac{1 + \ln x}{1 - \ln x}$;　　　　(4) $y = x^n \cot x \log_3 x$;

(5) $y = \dfrac{3^x}{x - \csc x}$;　　　　(6) $y = \dfrac{x^2 \ln x}{1 - \sin x}$;

(7) $y = (\sqrt{x} + 1)\arctan x$;　　　　(8) $y = \dfrac{\operatorname{arc cot} x}{x + 1}$;

(9) $y = (3e^x + b)\arcsin x$;　　　　(10) $y = \arccos x \csc x$.

3. 求下列函数的导数 ($a > 0$ 为常数):

(1) $y = (x^4 - 1)^{100}$;　　　　(2) $y = \ln(\sin x)$;

(3) $y = \ln(\cos x)$;　　　　(4) $y = \ln\ln\ln x$;

(5) $y = \arcsin\dfrac{1}{x}$;　　　　(6) $y = \sin\sqrt{1 + x^2}$;

(7) $y = 2^{\cos 3x}$;　　　　(8) $y = \arccos\sqrt{x}$;

(9) $y = (\operatorname{arc cot} x^3)^2$;　　　　(10) $y = \dfrac{1}{2a}\ln\left|\dfrac{a + x}{a - x}\right|$;

(11) $y = \arctan \dfrac{1+x}{1-x}$;

(12) $y = \mathrm{e}^{x^2} + \left(\tan x^2\right)^5$;

(13) $y = \sin(\sin(\sin x))$;

(14) $y = \cot(\log_a x + \mathrm{e}^{5x})$;

(15) $y = \sec(\mathrm{e}^{-x}\sin x)$;

(16) $y = \arcsin(\sin^2 x)$;

(17) $y = \mathrm{e}^{\csc^2(\ln x)}$;

(18) $y = \sqrt{x + \sqrt{x}}$;

(19) $y = \ln|\sec x + \tan x|$;

(20) $y = \ln|\csc x - \cot x|$;

(21) $y = \sqrt{\tan\left(x + \dfrac{1}{x}\right)}$;

(22) $y = \arccos\sqrt{1 - 3\mathrm{e}^{-x}}$;

(23) $y = \operatorname{arccot}\dfrac{4\sin x}{3 + 5\cos x}$;

(24) $y = \ln\dfrac{\sqrt{1+x} - \sqrt{1-x}}{\sqrt{1+x} + \sqrt{1-x}}$;

(25) $y = \ln\dfrac{\sqrt{x^2+1}}{\sqrt[3]{|x-2|}}$;

(26) $y = \arctan\dfrac{a}{x} + \ln\sqrt{\dfrac{x-a}{x+a}}$;

(27) $y = \dfrac{x}{2}\sqrt{a^2 - x^2} + \dfrac{a^2}{2}\arcsin\dfrac{x}{a}$;

(28) $y = \arcsin\left(\dfrac{2\sin x + 1}{2 + \sin x}\right)$;

(29) $y = \dfrac{1}{3}\ln\dfrac{x+1}{\sqrt{x^2 - x + 1}} + \dfrac{1}{\sqrt{3}}\arctan\dfrac{2x-1}{\sqrt{3}}$;

(30) $y = \dfrac{x}{2}\sqrt{x^2 + a^2} + \dfrac{a^2}{2}\ln\left|x + \sqrt{x^2 + a^2}\right|$.

4. 求下列函数的导数:

(1) $f(x) = |x|^3$;

(2) $f(x) = \begin{cases} x\arctan\dfrac{1}{x}, & x \neq 0, \\ 0, & x = 0. \end{cases}$

5.3　微分的概念

在引入微分概念之前, 先来考察一个具体的实例. 一块正方形铁皮受热 (或受冷) 后, 边长由 x_0 变成 $x_0 + \Delta x$, 增量为 Δx, 如何用简单方法来估算面积的增量 (图 5.3.1)?

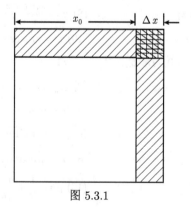

图 5.3.1

根据面积函数 $S = x^2$, 面积的增量为

$$\Delta S = (x_0 + \Delta x)^2 - x_0^2 = 2x_0\Delta x + (\Delta x)^2.$$

略去 $(\Delta x)^2$ (这一项是 Δx 的高阶无穷小), 面积的增量近似于 $2x_0\Delta x$, 它是 Δx 的线性函数, 也是面积增量的主要部分.

定义 5.3.1 设函数 $y = f(x)$ 在点 x_0 的某邻域 $U(x_0)$ 内有定义, 任取 Δx 使 $x_0 + \Delta x \in U(x_0)$, 相应地有 $\Delta y = f(x_0 + \Delta x) - f(x_0)$. 若存在一个只与 x_0 有关而与 Δx 无关的数 $\gamma(x_0)$ 使得

$$\Delta y = \gamma(x_0)\Delta x + o(\Delta x) \quad (\Delta x \to 0), \tag{5.3.1}$$

则称函数 f 在点 x_0 **可微**; 并称 $\gamma(x_0)\Delta x$ 为 f 在点 x_0 的**微分**, 记作

$$\mathrm{d}y|_{x=x_0} = \gamma(x_0)\Delta x \ \text{或} \ \mathrm{d}f(x_0) = \gamma(x_0)\Delta x. \tag{5.3.2}$$

设 $D \subset \mathbb{R}$, 若函数 f 在 D 的每一点都可微, 则称 f **在 D 上可微**.

由定义可见, 函数的微分 $\mathrm{d}y$ 与增量 Δy 仅相差一个关于 Δx 的高阶无穷小量; 由于 $\gamma(x_0)\Delta x$ 是 Δx 的线性函数, 所以也称微分 $\mathrm{d}y$ 是增量 Δy 的**线性主要部分**.

单变量函数的可导性与可微性有如下关系.

定理 5.3.1 函数 f 在点 x_0 可微的充分必要条件是 f 在点 x_0 可导, 并且

$$\gamma(x_0) = f'(x_0). \tag{5.3.3}$$

证明 **必要性** 设 f 在点 x_0 可微. 则由 (5.3.1) 式有

$$f'(x_0) = \lim_{\Delta x \to 0} \frac{\Delta y}{\Delta x} = \lim_{\Delta x \to 0} \frac{\gamma(x_0)\Delta x + o(\Delta x)}{\Delta x} = \lim_{\Delta x \to 0} \left[\gamma(x_0) + \frac{o(\Delta x)}{\Delta x} \right] = \gamma(x_0).$$

这表明 f 在点 x_0 可导, 且 (5.3.3) 式成立.

充分性 设 f 在点 x_0 可导. 则有 $\lim\limits_{\Delta x \to 0} \dfrac{\Delta y}{\Delta x} = f'(x_0)$, 于是

$$\lim_{\Delta x \to 0} \left[\frac{\Delta y}{\Delta x} - f'(x_0) \right] = 0,$$

即当 $\Delta x \to 0$ 时 $\dfrac{\Delta y}{\Delta x} - f'(x_0) = o(1)$, 从而

$$\Delta y = f'(x_0)\Delta x + o(\Delta x) \quad (\Delta x \to 0). \tag{5.3.4}$$

(5.3.4) 式表明 f 在点 x_0 可微且 $\mathrm{d}y|_{x=x_0} = f'(x_0)\Delta x$.

微分的几何解释如图 5.3.2 所示. 设点 $P_0(x_0, y_0)$ 为曲线 $y = f(x)$ 上固定的一点, 对应于横坐标 $x_0 + \Delta x$, 曲线 $y = f(x)$ 上相应的点为 P, 切线 $y = y_0 + f'(x_0)(x - x_0)$ 上相应的点为 Q, 则 $EP = \Delta y$, Q 的纵坐标为 $y_0 + f'(x_0)\Delta x$, 从而 $EQ = \mathrm{d}y$. 因此函数的微分就是 "切线上的增量", 是曲线 $y = f(x)$ 在点 P_0 的切线的纵坐标对应的增量.

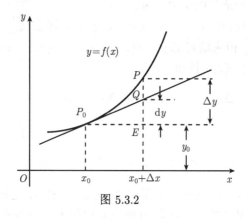

图 5.3.2

再回过头来考虑微分的记号. 设自变量 x 的微分为 $\mathrm{d}x$. 因为自变量 x 的微分相当于函数 $y = x$ 的微分, 故按此恒等式应有 $\mathrm{d}y = \mathrm{d}x$, 即在任一点 $x_0, \mathrm{d}y|_{x=x_0} = \mathrm{d}x$; 而按定义式 (5.3.2) 应有 $\mathrm{d}y|_{x=x_0} = (x)'|_{x=x_0} \Delta x = \Delta x$. 由此推出 $\mathrm{d}x = \Delta x$, 即自变量的微分应等于自变量的增量. 因此, 由定义 5.3.1 并结合 (5.3.3) 式, f 在点 x_0 可微是指 (5.3.4) 式成立; 若 f 在点 x_0 可微, 则 f 在点 x_0 的微分记作

$$\mathrm{d}y|_{x=x_0} = f'(x_0)\mathrm{d}x \ \text{ 或 } \ \mathrm{d}f(x_0) = f'(x_0)\mathrm{d}x. \tag{5.3.5}$$

定义 5.3.2 设 $D \subset \mathbb{R}, y = f(x)$ 是 D 上的可微函数, 则按 (5.3.5) 式, 此函数在 D 上的微分是

$$\mathrm{d}y = f'(x)\mathrm{d}x \quad (x \in D), \tag{5.3.6}$$

这里的符号 "d" 也称为**微分算子**. $\mathrm{d}y$ 依赖于相互独立的两个变量: x 与 $\mathrm{d}x$. 从而有 $f'(x) = \dfrac{\mathrm{d}y}{\mathrm{d}x}$, 即导数是函数的微分与自变量微分之商. 因此导数也称为**微商**. 记号 $\dfrac{\mathrm{d}y}{\mathrm{d}x}$ 既可看作函数 y 在导算子 "$\dfrac{\mathrm{d}}{\mathrm{d}x}$" 作用下的运算, 也可看作是 $\mathrm{d}y$ 与 $\mathrm{d}x$ 的分式运算.

由 (5.3.6) 式可知, 求微分主要就是求导数. 所以计算微分的基本公式与法则可由相应的导数基本公式与求导法则得出. 例如, 对于函数 $y = \arctan x$, 已知 $y' = \dfrac{1}{1+x^2}$, 则相应的微分公式是

$$\mathrm{d}(\arctan x) = \frac{\mathrm{d}x}{1+x^2}.$$

这里对微分的基本公式不再一一列出, 而只汇集常用的几个微分法则.

引理 5.3.2 (微分的四则运算与复合运算法则) 设 f, g 都是可微函数, a, b 为常数, 则

(1) $\mathrm{d}\left[af(x) + bg(x)\right] = a\mathrm{d}f(x) + b\mathrm{d}g(x)$;

(2) $\mathrm{d}\left[f(x)g(x)\right] = f(x)\mathrm{d}g(x) + g(x)\mathrm{d}f(x)$;

(3) $\mathrm{d}\left[\dfrac{f(x)}{g(x)}\right] = \dfrac{g(x)\mathrm{d}f(x) - f(x)\mathrm{d}g(x)}{\left[g(x)\right]^2}$ $(g(x) \neq 0)$;

(4) $\mathrm{d}\left[f(\varphi(x))\right] = f'(\varphi(x))\varphi'(x)\mathrm{d}x$.

例 5.3.1 求 $y = \mathrm{e}^{x^2}\cos x + \dfrac{\log_2 x}{x}$ 的微分.

解 因为 $y' = \mathrm{e}^{x^2} \cdot 2x\cos x - \mathrm{e}^{x^2}\sin x + \dfrac{1}{x^2}\left[\dfrac{1}{x\ln 2} \cdot x - \log_2 x\right]$, 故

$$\mathrm{d}y = \left[\mathrm{e}^{x^2}(2x\cos x - \sin x) + \dfrac{1}{x^2}\left(\dfrac{1}{\ln 2} - \log_2 x\right)\right]\mathrm{d}x.$$

例 5.3.2 已知 $y = y(x), z = z(x)$ 都是可微函数, 求 $\mathrm{d}\left(\arctan\dfrac{y}{z}\right)$.

解 $\mathrm{d}\left(\arctan\dfrac{y}{z}\right) = \dfrac{1}{1 + \left(\dfrac{y}{z}\right)^2}\mathrm{d}\left(\dfrac{y}{z}\right) = \dfrac{1}{1 + \left(\dfrac{y}{z}\right)^2} \cdot \dfrac{z\mathrm{d}y - y\mathrm{d}z}{z^2} = \dfrac{z\mathrm{d}y - y\mathrm{d}z}{z^2 + y^2}$.

例 5.3.3 在下列括号中填一个函数:

(1) $\dfrac{\mathrm{d}x}{x+1} = \mathrm{d}(\quad)$; (2) $\dfrac{\mathrm{d}x}{x\ln x} = \mathrm{d}(\quad)$.

解 (1) 因 $(\ln|x+1|)' = \dfrac{1}{x+1}$, 故 $\dfrac{\mathrm{d}x}{x+1} = \mathrm{d}(\ln|x+1|)$.

(2) 因 $(\ln|\ln x|)' = \dfrac{1}{\ln x} \cdot \dfrac{1}{x}$, 故 $\dfrac{\mathrm{d}x}{x\ln x} = \mathrm{d}(\ln|\ln x|)$.

应用微分工具可以处理函数的近似计算问题. 若函数 $y = f(x)$ 在点 x_0 可微, 则 $\Delta y = \mathrm{d}y + o(\Delta x)(\Delta x \to 0)$. 于是当 Δx 很小时, 略去 $o(\Delta x)$, 有 $\Delta y \approx \mathrm{d}y$ (这在几何上相当于用切线上的增量近似代替函数的增量), 即 $f(x_0 + \Delta x) - f(x_0) \approx f'(x_0)\Delta x$. 在此式中令 $x_0 + \Delta x = x$, 得到函数值 $f(x)$ 的近似计算公式: 当 $|x - x_0|$ 很小时,

$$f(x) \approx f(x_0) + f'(x_0)(x - x_0). \tag{5.3.7}$$

注意到在 (5.3.7) 式中, $y = f(x_0) + f'(x_0)(x - x_0)$ 正好是 $y = f(x)$ 在点 x_0 的切线方程. (5.3.7) 式的特点是 "以直代曲", 线性近似, 使复杂计算简单化. 特别地, 当 $x_0 = 0, |x|$ 很小时, (5.3.7) 式就是

$$f(x) \approx f(0) + f'(0)x. \tag{5.3.8}$$

设 $f(x)$ 分别是 $\sin x$, $\tan x$, $\ln(1+x)$, e^x 及 $\sqrt[n]{1 \pm x}$, 由 (5.3.8) 式可推得下述近似公式:

$$\sin x \approx x, \quad \tan x \approx x, \quad \ln(1+x) \approx x, \quad e^x \approx 1+x, \quad \sqrt[n]{1 \pm x} \approx 1 \pm \frac{x}{n}. \quad (5.3.9)$$

例 5.3.4　计算 $\sqrt[5]{33.6}$ 的近似值.

解　令 $f(x) = \sqrt[5]{x}$, 取 $x_0 = 32$, 则 $f'(x) = \frac{1}{5} x^{-\frac{4}{5}}$, 由

$$f(x) \approx f(x_0) + f'(x_0)(x - x_0),$$

可得

$$\sqrt[5]{33.6} \approx \sqrt[5]{32} + \frac{1}{5} \cdot 32^{-\frac{4}{5}}(33.6 - 32) = 2 + \frac{1}{5} \cdot \frac{1.6}{2^4} = 2.02.$$

观察 (5.3.9) 式中的几个公式不难知道, 利用微分作线性近似, 计算的精确度不高. 此外, 对这种近似所带来的误差没有可靠的控制. 这方面的问题在后面将得到进一步的解答.

习　题　5.3

1. 已知 $y = x^2$, 计算在 $x = 1$ 处当 $\Delta x = 0.1$, 0.01 时的 $\Delta y, dy$ 及 $\Delta y - dy$.

2. 函数 $y = f(x)$ 及其在点 x_0 的切线如图 5.3.3 所示, 试在 (1)~(4) 中标出 Δy 与 dy, 并说明其符号.

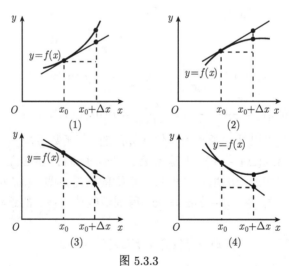

图 5.3.3

3. 求下列函数的微分:

(1) $y = \dfrac{x}{\sqrt{x^2 + 1}}$;

(2) $y = \ln^2(1 - x)$;

(3) $y = e^{-x^2} \sin(3 - x)$;

(4) $y = \tan^2(1 + 2x^2)$.

4. 将函数填入下列括号内使等式成立:

(1) $\mathrm{d}(\quad) = (x+1)^2\mathrm{d}x$;　　　　　(2) $\mathrm{d}(\quad) = \dfrac{1}{\sqrt{x}}\mathrm{d}x$;

(3) $\mathrm{d}(\quad) = \cos 2x\mathrm{d}x$;　　　　　(4) $\mathrm{d}(\quad) = \sin 3x\mathrm{d}x$;

(5) $\mathrm{d}(\quad) = \mathrm{e}^{-2x}\mathrm{d}x$;　　　　　(6) $\mathrm{d}(\quad) = \dfrac{1}{1+x^2}\mathrm{d}x$;

(7) $\mathrm{d}(\quad) = \dfrac{1}{\sqrt{1-x^2}}\mathrm{d}x$;　　　　　(8) $\mathrm{d}(\quad) = \sec^2 3x\mathrm{d}x$.

5. 已知 $y = y(x), z = z(x)$ 都是可微函数, 求下列微分:

(1) $\mathrm{d}\left(\sqrt{y^2+z^2}\right)$;　　　　　(2) $\mathrm{d}\left[\cos(y^2 z^3)\right]$.

6. 利用微分求近似值:

(1) $\sqrt[3]{997}$;　　　　　(2) $\arctan 1.05$.

5.4　高阶导数与高阶微分

当质点作变速直线运动时, 用 $s = s(t)$ 表示位移与时间的函数关系, 用 $v = v(t)$ 表示速度函数, 用 $a = a(t)$ 表示加速度函数 (即 $v(t)$ 关于时间的变化率), 则

$$a = a(t) = v'(t) = [s'(t)]',$$

即加速度是 $s(t)$ 的导函数的导数. 这就产生了高阶导数的概念.

定义 5.4.1　若函数 $y = f(x)$ 的导函数 f' 在点 x_0 可导, 则称 f 在点 x_0 **二阶可导**, 并称 f' 在点 x_0 的导数为 f 在点 x_0 的**二阶导数**, 记作 $f''(x_0)$, 即

$$f''(x_0) = \lim_{\Delta x \to 0} \frac{f'(x_0 + \Delta x) - f'(x_0)}{\Delta x}. \tag{5.4.1}$$

设 $D \subset \mathbb{R}$, 若函数 f 在 D 的每一点都二阶可导, 则得到一个定义在 D 上的**二阶导函数**, 记作 $f''(x)$, $x \in D$; 或简记为 f''. 一般地, 对 $n \in \mathbb{Z}^+$, 若 f 的 $n-1$ 阶导函数在 D 上可导, 则称 f 在 D 上 n **阶可导**, 并将 f 的 $n-1$ 阶导函数的导函数称为 f 的 n **阶导函数**, 简称为 n **阶导数**, 记为 $f^{(n)}(x)$, 即 $f^{(n)}(x) = \left[f^{(n-1)}(x)\right]'$. 也常用 $y^{(n)}$ 与 $\dfrac{\mathrm{d}^n y}{\mathrm{d}x^n}$ 表示 n 阶导数, 这里的 $\dfrac{\mathrm{d}^n y}{\mathrm{d}x^n}$ 也可写作 $\dfrac{\mathrm{d}^n}{\mathrm{d}x^n}y$, 表示对 y 用导算子 "$\dfrac{\mathrm{d}}{\mathrm{d}x}$" 作用 n 次. 二阶及二阶以上的导数都称为**高阶导数**.

为了一致起见, f 的导数 f' 也称为 f 的一阶导数, 有时也记为 $f^{(1)}$, 并约定 $f^{(0)} = f$. 另外, 从 (5.4.1) 可以看出, 若 $f^{(n)}(x_0)$ 存在, 则 $f^{(n-1)}(x)$ 必在 $U(x_0)$ 存在且在点 x_0 连续.

例 5.4.1　求 $f(x) = \mathrm{e}^{ax}$ 的 n 阶导数.

解 $f'(x) = ae^{ax}$, $f''(x) = ae^{ax} \cdot a = a^2 e^{ax}$; 设 $f^{(n-1)}(x) = a^{n-1}e^{ax}$, 则按数学归纳法, 有

$$f^{(n)}(x) = \left(a^{n-1}e^{ax}\right)' = a^{n-1}e^{ax} \cdot a = a^n e^{ax}.$$

特别地有 $(a^x)^{(n)} = \left(e^{x\ln a}\right)^{(n)} = (\ln a)^n a^x$.

例 5.4.2 求 $(\sin x)^{(n)}$ 与 $(\cos x)^{(n)}$.

解 $(\sin x)' = \cos x = \sin\left(x + \dfrac{\pi}{2}\right)$, $(\sin x)'' = \sin\left(x + \dfrac{\pi}{2} + \dfrac{\pi}{2}\right) = \sin\left(x + \dfrac{2\pi}{2}\right)$; 设 $(\sin x)^{(n-1)} = \sin\left(x + \dfrac{n-1}{2}\pi\right)$, 则按数学归纳法, 有

$$(\sin x)^{(n)} = \left[\sin(x + \frac{n-1}{2}\pi)\right]' = \sin\left(x + \frac{n\pi}{2}\right).$$

同理可知 $(\cos x)^{(n)} = \cos\left(x + \dfrac{n\pi}{2}\right)$.

例 5.4.3 求 $(x-b)^\alpha$ 及 $\ln x$ 的 n 阶导数, 这里 b, α 都是常数.

解 记 $y = (x-b)^\alpha$, $\alpha \notin \mathbb{Z}^+$. 则 $y' = \alpha(x-b)^{\alpha-1}$; 设

$$y^{(n-1)} = \alpha(\alpha-1)\cdots[\alpha-(n-1)+1](x-b)^{\alpha-(n-1)},$$

则按数学归纳法, 有

$$\begin{aligned}
y^{(n)} &= \left[\alpha(\alpha-1)\cdots[\alpha-(n-\mathbf{1})+1](x-b)^{\alpha-(n-1)}\right]' \\
&= \alpha(\alpha-1)\cdots(\alpha-n+\mathbf{1})(x-b)^{\alpha-n}.
\end{aligned} \tag{5.4.2}$$

当 $\alpha \in \mathbb{Z}^+$ 时, $\alpha > n$ 有 $y^{(n)} = \alpha(\alpha-1)\cdots(\alpha-n+1)(x-b)^{\alpha-n}$; $\alpha = n$ 有 $[(x-b)^n]^{(n)} = n!$, $\alpha < n$ 有 $y^{(n)} = 0$. 特别地, 据 (5.4.2) 式有

$$\left(\frac{1}{x-b}\right)^{(n)} = -1(-1-1)\cdots(-n)(x-b)^{-1-n} = \frac{(-1)^n n!}{(x-b)^{n+1}}. \tag{5.4.3}$$

注意到 $(\ln x)' = \dfrac{1}{x}$, 于是由 (5.4.3) 式得

$$(\ln x)^{(n)} = \left(\frac{1}{x}\right)^{(n-1)} = \frac{(-1)^{n-1}(n-1)!}{x^n}.$$

容易知道高阶导数运算仍然是线性运算.

引理 5.4.1 设函数 f, g 都 n 阶可导, a, b 为常数, 则 $af + bg$ 也 n 阶可导, 且有

$$[af(x) + bg(x)]^{(n)} = af^{(n)}(x) + bg^{(n)}(x).$$

例 5.4.4 求 $\dfrac{1}{x(x+1)}$ 的 n 阶导数.

解 利用 (5.4.3) 式与引理 5.4.1 得

$$\left[\frac{1}{x(x+1)}\right]^{(n)} = \left[\frac{1}{x} - \frac{1}{x+1}\right]^{(n)} = \left(\frac{1}{x}\right)^{(n)} - \left(\frac{1}{x+1}\right)^{(n)}$$

$$= (-1)^n n! \left[\frac{1}{x^{n+1}} - \frac{1}{(x+1)^{n+1}}\right].$$

下面来探求两个函数 f 与 g 的积的高阶导数的运算规律:

$$(f\,g)' = f'\,g + f\,g';$$

$$(f\,g)'' = (f'\,g + f\,g')' = f''\,g + 2f'\,g' + f\,g'';$$

$$(f\,g)''' = (f''\,g + 2f'\,g' + f\,g'')' = f'''\,g + 3f''\,g' + 3f'\,g'' + f\,g''';$$

$$(f\,g)^{(4)} = f^{(4)}g^{(0)} + 4f^{(3)}\,g^{(1)} + 6f^{(2)}\,g^{(2)} + 4f^{(1)}\,g^{(3)} + f^{(0)}\,g^{(4)}; \cdots$$

可见系数呈现出如图 5.4.1 所示的规律, 与二项展开式 $(a+b)^n = \displaystyle\sum_{k=0}^{n} C_n^k a^{n-k} b^k$ 的系数完全一致.

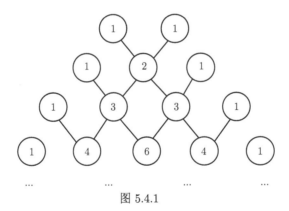

图 5.4.1

定理 5.4.2 (Leibniz (莱布尼茨) 公式) 设函数 f, g 都 n 阶可导, 则 $f\,g$ 也 n 阶可导, 且

$$(f\,g)^{(n)} = \sum_{k=0}^{n} C_n^k f^{(n-k)} g^{(k)}, \qquad (5.4.4)$$

这里 C_n^k 为组合系数,

$$C_n^k = \frac{n(n-1)\cdots(n-k+1)}{k!} = \frac{n!}{k!(n-k)!}.$$

数学家
小传5.4.1

证明　(用数学归纳法)(5.4.4) 式在 $n = 1$ 时显然成立. 设它在 $n = m$ 时成立, 即

$$(f\,g)^{(m)} = \sum_{k=0}^{m} C_m^k f^{(m-k)} g^{(k)}.$$

则当 $n = m + 1$ 时, 由于 $C_m^{k-1} + C_m^k = C_{m+1}^k$ 及 $C_m^0 = C_m^m = C_{m+1}^0 = C_{m+1}^{m+1} = 1$, 故

$$(f\,g)^{(m+1)} = \left[(f\,g)^{(m)}\right]' = \left(\sum_{k=0}^{m} C_m^k f^{(m-k)} g^{(k)}\right)' = \sum_{k=0}^{m} \left[C_m^k f^{(m-k)} g^{(k)}\right]'$$

$$= \sum_{k=0}^{m} C_m^k f^{(m-k+1)} g^{(k)} + \sum_{k=0}^{m} C_m^k f^{(m-k)} g^{(k+1)}$$

$$= C_m^0 f^{(m+1)} g^{(0)} + \sum_{k=1}^{m} C_m^k f^{(m-k+1)} g^{(k)}$$

$$+ \sum_{k=1}^{m} C_m^{k-1} f^{(m-k+1)} g^{(k)} + C_m^m f^{(0)} g^{(m+1)}$$

$$= C_{m+1}^0 f^{(m+1)} g^{(0)} + \sum_{k=1}^{m} \left(C_m^k + C_m^{k-1}\right) f^{(m+1-k)} g^{(k)} + C_{m+1}^{m+1} f^{(0)} g^{(m+1)}$$

$$= \sum_{k=0}^{m+1} C_{m+1}^k f^{(m+1-k)} g^{(k)},$$

这表明 (5.4.4) 式当 $n = m + 1$ 时也成立. 因此 (5.4.4) 式对一切 $n \in \mathbb{Z}^+$ 成立.

例 5.4.5　已知 $y = e^x \cos x$, 求 $\dfrac{d^5 y}{dx^5}$.

解　由 Leibniz 公式,

$$\frac{d^5 y}{dx^5} = \sum_{k=0}^{5} C_5^k (e^x)^{(5-k)} (\cos x)^{(k)}$$

$$= e^x \left[1(\cos x) + 5(-\sin x) + 10(-\cos x) + 10(\sin x) + 5(\cos x) + 1(-\sin x)\right]$$

$$= 4e^x \left(\sin x - \cos x\right).$$

例 5.4.6　已知 $y = x^2 e^{a\,x}$, 求 $y^{(2014)}$.

解　由 Leibniz 公式,

$$y^{(2014)} = C_{2014}^0 (e^{ax})^{(2014)} x^2 + C_{2014}^1 (e^{ax})^{(2013)} (x^2)' + C_{2014}^2 (e^{ax})^{(2012)} (x^2)''$$

$$= a^{2012} e^{ax} (a^2 x^2 + 4028 a x + 2014 \times 2013).$$

对下面的例子应当给予充分的注意.

例 5.4.7 设 $f(x) = \begin{cases} e^{-\frac{1}{x^2}}, & x \neq 0, \\ 0, & x = 0. \end{cases}$ 证明对 $\forall n \in \mathbb{Z}^+$ 有 $f^{(n)}(0) = 0$. (函数 f 的图像参见图 5.4.2)

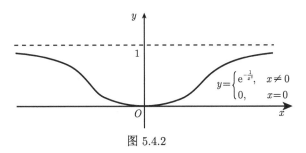

图 5.4.2

证明 $f^{(n)}(0)$ 必须由 f 的 $n-1$ 阶导函数用定义算出. 不难知道, 当 $x \neq 0$ 时, f 存在任意阶导数. 此时 $f'(x) = \left(e^{-\frac{1}{x^2}} \right)' = e^{-\frac{1}{x^2}} \left(\frac{2}{x^3} \right)$; $f''(x) = e^{-\frac{1}{x^2}} \left(\frac{4}{x^6} - \frac{6}{x^4} \right)$. 用 $P_k(t)$ 表示 t 的 k 次多项式, 下面证明

$$\text{当 } x \neq 0 \text{ 时}, \forall n \in \mathbb{Z}^+ \text{有} f^{(n)}(x) = e^{-\frac{1}{x^2}} P_{3n} \left(\frac{1}{x} \right) \tag{5.4.5}$$

根据上面的计算, (5.4.5) 式在 $n = 1$ 时显然成立. 设它在 $n = m$ 时成立, 则 $n = m+1$ 时,

$$f^{(m+1)}(x) = \left[e^{-\frac{1}{x^2}} P_{3m} \left(\frac{1}{x} \right) \right]' = e^{-\frac{1}{x^2}} \left(\frac{2}{x^3} \right) P_{3m} \left(\frac{1}{x} \right) + e^{-\frac{1}{x^2}} P'_{3m} \left(\frac{1}{x} \right) \left(-\frac{1}{x^2} \right)$$

$$= e^{-\frac{1}{x^2}} P_{3m+3} \left(\frac{1}{x} \right),$$

即 (5.4.5) 式在 $n = m+1$ 时成立. 按数学归纳法, (5.4.5) 式对 $\forall n \in \mathbb{Z}^+$ 成立. 由于 $\forall n \in \mathbb{Z}^+$ 有 $\lim\limits_{x \to +\infty} \dfrac{x^n}{e^x} = 0$(参见例 3.4.6), 故

$$f'(0) = \lim_{x \to 0} \frac{f(x) - f(0)}{x - 0} = \lim_{x \to 0} \frac{e^{-\frac{1}{x^2}}}{x} = \lim_{t \to \infty} \frac{t}{e^{t^2}} = \lim_{t \to \infty} \frac{t^2}{e^{t^2}} \lim_{t \to \infty} \frac{1}{t} = 0.$$

设 $f^{(n-1)}(0) = 0$, 则按数学归纳法, 利用 (5.4.5) 式有

$$f^{(n)}(0) = \lim_{x \to 0} \frac{f^{(n-1)}(x) - f^{(n-1)}(0)}{x - 0} = \lim_{x \to 0} \frac{e^{-\frac{1}{x^2}} P_{3n-3} \left(\frac{1}{x} \right)}{x} = \lim_{t \to \infty} \frac{t P_{3n-3}(t)}{e^{t^2}}$$

$$= \lim_{t \to \infty} \frac{(t^2)^{2n}}{e^{t^2}} \lim_{t \to \infty} \frac{t P_{3n-3}(t)}{t^{4n}} = 0.$$

与高阶导数相类似, 可以逐次定义高阶微分.

定义 5.4.2 函数 $y = f(x)$ 的一阶微分 $dy = f'(x)dx$ 中, 变量 x 与 dx 相互独立. 将 dy 只作为 x 的函数, dx 作为固定的量, 若 f 二阶可导, 则

$$d^2y = d(dy) = d(f'(x)dx) = f''(x)dx \cdot dx = f''(x)dx^2,$$

称为$y = f(x)$的**二阶微分**. 一般地, $y = f(x)$ 的 $n-1$ 阶微分的微分称为 $y = f(x)$ 的 n **阶微分**, 记为 $d^ny = f^{(n)}(x)dx^n$. 此时 n 阶导数 $f^{(n)}(x) = \dfrac{d^ny}{dx^n}$ 也表示函数的 n 阶微分与自变量微分的 n 次幂的商. 二阶及二阶以上的微分都称为**高阶微分**.

注意, dx^2 指 $(dx)^2$; d^2x 表示 x 的二阶微分, $d^2x = 0$; 而 $d(x^2)$ 表示 x^2 的一阶微分, $d(x^2) = 2xdx$, 三者不能混淆.

在前面的讨论中已指出, 自变量的微分等于自变量的增量. 但一般来说, 函数的微分未必等于函数的增量. 于是, 碰到复合函数时, 中间变量既是外层的自变量又是内层的函数, 这就产生了微分在形式上是否保持不变的问题.

设在 $y = f(x)$ 中, x 是自变量, 则一阶微分有下述形式:

$$dy = f'(x)dx; \tag{5.4.6}$$

若 x 是中间变量, $x = \varphi(t)$, $y = f(\varphi(t))$, 则一阶微分为

$$dy = [f(\varphi(t))]' dt = f'(\varphi(t))\varphi'(t)dt = f'(\varphi(t)) [\varphi'(t)dt] = f'(x)dx,$$

其形式与 (5.4.6) 式相同. 无论是自变量还是中间变量, 一阶微分的形式相同, 这一事实称为**一阶微分形式的不变性**. 当复合函数的结构较复杂时, 利用一阶微分形式的不变性可以减少计算中的失误.

高阶微分不具备形式的不变性. 以二阶微分为例. 设在 $y = f(x)$ 中, x 是自变量, 则二阶微分有下述形式:

$$d^2y = f''(x)dx^2; \tag{5.4.7}$$

若 x 是中间变量, $x = \varphi(t)$, $y = f(\varphi(t))$, 则二阶微分为

$$\begin{aligned}
d^2y &= [f(\varphi(t))]'' dt^2 = [f'(\varphi(t))\varphi'(t)]' dt^2 \\
&= [f''(\varphi(t))\varphi'(t)\varphi'(t) + f'(\varphi(t))\varphi''(t)] dt^2 \\
&= f''(\varphi(t)) [\varphi'(t)dt]^2 + f'(\varphi(t)) [\varphi''(t)dt^2] \\
&= f''(x)dx^2 + f'(x)d^2x, \tag{5.4.8}
\end{aligned}$$

明显地, (5.4.8) 式比 (5.4.7) 式多出一项 $f'(x)d^2x$, 当 x 不是自变量时一般 $d^2x \neq 0$. 这表明二阶微分不再具有形式的不变性.

例 5.4.8　设 f 为可导函数, $y = f(x^2 f(e^x + \sin x))$, 求 $\mathrm{d}y$.

解

$$\mathrm{d}y = f'(x^2 f(e^x + \sin x))\mathrm{d}\left[x^2 f(e^x + \sin x)\right]$$

$$= f'(x^2 f(e^x + \sin x))\left[2xf(e^x + \sin x)\mathrm{d}x + x^2 f'(e^x + \sin x)\mathrm{d}(e^x + \sin x)\right]$$

$$= f'(x^2 f(e^x + \sin x))\left[2xf(e^x + \sin x) + x^2 f'(e^x + \sin x)(e^x + \cos x)\right]\mathrm{d}x.$$

例 5.4.9　设 f 为二阶可导函数, $y = \sin f(x)$, 求 $\mathrm{d}^2 y$.

解　因为 $y' = f'(x)\cos f(x)$, $y'' = f''(x)\cos f(x) - (f'(x))^2 \sin f(x)$, 故

$$\mathrm{d}^2 y = y''\mathrm{d}x^2 = \left[f''(x)\cos f(x) - (f'(x))^2 \sin f(x)\right]\mathrm{d}x^2.$$

习　题　5.4

1. 求下列函数的高阶导数或高阶微分:

(1) $y = e^{-\frac{1}{x^2}}$, 求 y''';

(2) $y = (\arcsin x)^2$, 求 y'', $y''(0)$;

(3) $y = (x^2 + x + 1)\cos x$, 求 $y^{(20)}$;

(4) $y = (1 + x^2)\arctan x$, 求 $\mathrm{d}^3 y$;

(5) $y = \dfrac{1}{\sqrt{1+x}}$, 求 $\mathrm{d}^{100}y$;

(6) $y = x^n e^x$, 求 $\mathrm{d}^n y$.

2. 求下列函数的 n 阶导数:

(1) $f(x) = \sin \omega x$;

(2) $f(x) = \cos^2 x$;

(3) $f(x) = \dfrac{1}{x^2 - 3x + 2}$;

(4) $f(x) = \dfrac{\ln x}{x}$;

(5) $f(x) = \dfrac{x^n}{1-x}$;

(6) $f(x) = e^{\alpha x}\cos \omega x$.

3. 设 f 为二阶可导函数, a 为常数, 求下列各函数的二阶导数:

(1) $y = f(xf(a) + af(x))$;

(2) $y = f(\sin(af(x)))$.

4. 设 $y = x^{n-1}e^{\frac{1}{x}}$, 证明 $y^{(n)} = \dfrac{(-1)^n}{x^{n+1}}e^{\frac{1}{x}}$.

5.5　微分法的一些应用

　　虽然函数的导数与微分是两个不同的概念, 但可导性与可微性是等价的. 因此, 前面介绍的导数与微分的计算方法统称为微分法, 包括导数与微分定义的使用、基本的导数 (微分) 公式的利用、四则运算法则与链式法则的运用等. 本节考虑将上述基本微分法进一步用来求幂指函数、参变量函数及隐函数这几类特殊函数的导数, 同时也考虑微分法在解决实际问题中的一些应用.

　　设 f 是可导函数, 则按链式法则可知 $[\ln |f(x)|]' = \dfrac{f'(x)}{f(x)}$, 由此推出

$$f'(x) = f(x)\left[\ln |f(x)|\right]'. \tag{5.5.1}$$

当 f 是由某些较简单函数经过积、幂或商运算而组成的复杂函数时 (如 f 为幂指函数), 其 $\ln|f|$ 的导数反而简单.(5.5.1) 式提供了通过取对数来求导函数的方法, 称为**对数微分法**.

例 5.5.1 已知 $y = \dfrac{(x+5)^2\sqrt{x+4}}{(x+2)^5\sqrt[3]{x-4}}$, 求 y'.

解 两边取对数得

$$\ln|y| = 2\ln|x+5| + \frac{1}{2}\ln(x+4) - 5\ln|x+2| - \frac{1}{3}\ln|x-4|\,;$$

两边关于 x 求导, 并注意到 $y = y(x)$ 是 x 的函数, 得

$$\frac{y'}{y} = \frac{2}{x+5} + \frac{1}{2(x+4)} - \frac{5}{x+2} - \frac{1}{3(x-4)}.$$

于是将 y 代入, 有 $y' = \dfrac{(x+5)^2\sqrt{x+4}}{(x+2)^5\sqrt[3]{x-4}}\left[\dfrac{2}{x+5} + \dfrac{1}{2(x+4)} - \dfrac{5}{x+2} - \dfrac{1}{3(x-4)}\right].$

例 5.5.2 已知 $y = (1+x)^{x^{\sin x}}$, 求 y'.

解 两边取对数得

$$\ln y = x^{\sin x}\ln(1+x); \tag{5.5.2}$$

对 (5.5.2) 式两边再取对数得 $\ln\ln y = \sin x\ln x + \ln\ln(1+x)$. 此式两边关于 x 求导, 得

$$\frac{1}{\ln y}\cdot\frac{y'}{y} = \cos x\ln x + \frac{\sin x}{x} + \frac{1}{(1+x)\ln(1+x)}.$$

注意将 y 及 (5.5.2) 式的 $\ln y$ 代入, 得到

$$y' = (1+x)^{x^{\sin x}}x^{\sin x}\ln(1+x)\left[\cos x\ln x + \frac{\sin x}{x} + \frac{1}{(1+x)\ln(1+x)}\right].$$

在解析几何中, 平面曲线 L(图 5.5.1) 一般常用参量方程 $\begin{cases} x = \varphi(t) \\ y = \psi(t) \end{cases}$ $(a \leqslant t \leqslant b)$ 或二元方程 $F(x,y) = 0$ 表示. 例如, 单位圆周可用二元方程表示为 $x^2+y^2-1 = 0$, 也可用参量方程表示为 $\begin{cases} x = \cos t, \\ y = \sin t \end{cases}$ $(0 \leqslant t \leqslant 2\pi).$

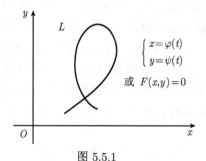

图 5.5.1

通常函数 f 所表示的曲线 $y = f(x)$ 既可看作参量方程 $\begin{cases} x = x, \\ y = f(x), \end{cases}$ 也可看作二元方程 $f(x) - y = 0$. 参量方程与二元方程在一定条件下也都确定某个函数关系 (在后面多元函数微分学理论中将详细探讨这些条件); 而且变量 x 与 y 中的每一个既可作为自变量, 也可作为因变量. 在参量方程 $\begin{cases} x = \varphi(t), \\ y = \psi(t) \end{cases}$ 中, 若 $x = \varphi(t)$ 存在反函数 $t = \varphi^{-1}(x)$, 则它确定函数 $y = \psi(\varphi^{-1}(x))$; 若 $y = \psi(t)$ 存在反函数 $t = \psi^{-1}(y)$, 则它确定函数 $x = \varphi(\psi^{-1}(y))$; 无论哪种情况, **参量都可看作某复合函数的中间变量**. 同样地, 二元方程 $F(x, y) = 0$ 有时可确定函数 $y = y(x)$, 有时也可确定函数 $x = x(y)$; 函数 $y = y(x)$ 与 $x = x(y)$ 都称为二元方程 $F(x, y) = 0$ 的**隐函数**. 例如, $y = \pm\sqrt{1 - x^2}$ 与 $x = \pm\sqrt{1 - y^2}$ 都是 $x^2 + y^2 - 1 = 0$ 的隐函数.

对参量方程 $\begin{cases} x = \varphi(t), \\ y = \psi(t) \end{cases}$ 与二元方程 $F(x, y) = 0$, 若能将它们转化为函数 $y = y(x)$ 或函数 $x = x(y)$ 的形式, 则容易求出它们的导数. 但实际中能转化的情况是少见的. 现在的问题是: 不将它们作这样的转化, 如何直接由参量方程与二元方程本身来计算函数的导数?

先考虑参量方程的情况. 设函数 $x = \varphi(t)$ 与 $y = \psi(t)$ 都在 $[a, b]$ 上 (关于参量 t) 可导且 $\varphi'(t) \neq 0$, 则根据一阶微分形式的不变性得到参量方程 $\begin{cases} x = \varphi(t), \\ y = \psi(t) \end{cases}$ 所确定的函数 $y = y(x)$ 的导数

$$\frac{\mathrm{d}y}{\mathrm{d}x} = \frac{\psi'(t)\mathrm{d}t}{\varphi'(t)\mathrm{d}t} = \frac{\psi'(t)}{\varphi'(t)}. \tag{5.5.3}$$

若用 $\alpha(t)$ 表示曲线在参量 t 对应的点处的切线关于 x 轴正向的倾角, 则按导数的几何意义, 由 (5.5.3) 式可知 $\tan \alpha(t) = \dfrac{\psi'(t)}{\varphi'(t)}$. 因此, 向量 $(\varphi'(t), \psi'(t))$ 称为曲线在参量 t 对应的点处的**切向量**. 确切而言, 导函数 $\dfrac{\mathrm{d}y}{\mathrm{d}x}$ 的参量方程应是

$$\begin{cases} x = \varphi(t), \\ \dfrac{\mathrm{d}y}{\mathrm{d}x} = \dfrac{\psi'(t)}{\varphi'(t)}. \end{cases} \tag{5.5.4}$$

若 $\varphi(t)$ 与 $\psi(t)$ 关于参量 t 二阶可导, 则对 (5.5.4) 式运用 (5.5.3) 式可求出关于自变量 x 的二阶导数

$$\frac{\mathrm{d}^2 y}{\mathrm{d}x^2} = \frac{\mathrm{d}\left(\dfrac{\mathrm{d}y}{\mathrm{d}x}\right)}{\mathrm{d}x} = \frac{\left[\dfrac{\psi'(t)}{\varphi'(t)}\right]'}{\varphi'(t)}.$$

利用此方法可依次求出参量方程关于自变量 x 的各阶导数. 这里要特别注意

$$\frac{\mathrm{d}^2 y}{\mathrm{d} x^2} \neq \frac{\psi''(t)}{\varphi''(t)}.$$

同样地, 在 $\psi'(t) \neq 0$ 的条件下, 若 $\varphi(t)$ 与 $\psi(t)$ 关于参量 t 存在各阶导数, 则可求出参量方程以 y 为自变量的各阶导数. 可见, $\varphi'(t)$ 与 $\psi'(t)$ 不全为 0 是参量方程确定的函数存在导数的必要条件.

定义 5.5.1   设平面曲线 L 由参量方程 $\begin{cases} x = \varphi(t), \\ y = \psi(t) \end{cases}$ 给出. 若

$$\varphi'(t), \ \psi'(t) \ \text{在} \ [a, b] \ \text{上连续且} \ \forall t \in [a, b], [\varphi'(t)]^2 + [\psi'(t)]^2 \neq 0, \qquad (5.5.5)$$

则称曲线 L 是 $[a, b]$ 上的**光滑曲线**. 若 (5.5.5) 式在 $t = t_0$ 处不成立, 则参量 t_0 对应的点称为曲线 L 的**不光滑点**.

(5.5.5) 式表示切向量的两个分量函数处处连续且不全为 0 (即切向量处处不是零向量). 由此可知光滑曲线的特点是曲线上每一点都存在切线且切线是 "连续变动" 的. 另外, 对函数 $y = f(x), x \in [a, b]$ 所表示的曲线这种特殊情况, 看作参量方程 $\begin{cases} x = x, \\ y = f(x), \end{cases}$ 由于当然有 $(x')^2 + (y')^2 = 1 + [f'(x)]^2 \neq 0$, 故曲线 $y = f(x), x \in [a, b]$ 是光滑曲线 $\Leftrightarrow f'(x)$ 在 $[a, b]$ 上连续.

例 5.5.3   已知星形线 (图 5.5.2) 的参量方程为 $\begin{cases} x = a \cos^3 t, \\ y = a \sin^3 t, \end{cases}$ 其中 $a > 0$ 为常数. 求它所确定的函数的二阶导数 $\dfrac{\mathrm{d}^2 y}{\mathrm{d} x^2}$, 并指出曲线上的不光滑点.

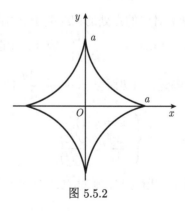

图 5.5.2

解   利用参量函数的微分法得

$$\frac{\mathrm{d} y}{\mathrm{d} x} = \frac{(a \sin^3 t)'}{(a \cos^3 t)'} = \frac{3a(\sin^2 t) \cos t}{3a(\cos^2 t)(-\sin t)} = -\tan t; \qquad (5.5.6)$$

由 (5.5.6) 式得 $\dfrac{\mathrm{d}y}{\mathrm{d}x}$ 的参量方程为 $\begin{cases} x = a\cos^3 t, \\ \dfrac{\mathrm{d}y}{\mathrm{d}x} = -\tan t, \end{cases}$ 从而有

$$\frac{\mathrm{d}^2 y}{\mathrm{d}x^2} = \frac{(-\tan t)'}{(a\cos^3 t)'} = \frac{-\sec^2 t}{3a(\cos^2 t)(-\sin t)} = \frac{1}{3a\sin t\cos^4 t}.$$

显然 $x'(t) = (a\cos^3 t)' = -3a\sin t\cos^2 t$ 与 $y'(t) = (a\sin^3 t)' = 3a\cos t\sin^2 t$ 都在 $[0, 2\pi]$ 上连续. 令

$$0 = (x'(t))^2 + (y'(t))^2 = \left(-3a\sin t\cos^2 t\right)^2 + \left(3a\cos t\sin^2 t\right)^2 = \left(3a\sin t\cos t\right)^2,$$

得参量 t 的值为 $0, \dfrac{\pi}{2}, \pi, \dfrac{3\pi}{2}, 2\pi$. 曲线上的不光滑点为 $(a, 0), (0, a), (-a, 0), (0, -a)$, 正是曲线上的四个尖点. 可见星形线是分段光滑的连续闭合曲线.

再考虑二元方程所确定的隐函数的情况. 若 $F(x, y) = 0$ 确定隐函数 $y = y(x)$, 则利用链式法则对 $F(x, y) = 0$ 两边关于自变量 x 求导, 从得到的新方程中解出 $y'(x)$; 若 $F(x, y) = 0$ 确定隐函数 $x = x(y)$, 则对 $F(x, y) = 0$ 两边关于自变量 y 求导. 在求隐函数一阶导数时, 还有一种方法淡化自变量与因变量的角色, 直接对 $F(x, y) = 0$ 两边求微分, 再根据需要解出 $\mathrm{d}y$ 或 $\mathrm{d}x$.

定义 5.5.2　设 $x = x(t)$ 与 $y = y(t)$ 都是参量 t 的可导函数, 且变量 x 与 y 满足二元方程 $F(x, y) = 0$, 则变化率 $x'(t)$ 与 $y'(t)$ 也存在某种关系, 称这两个相互依赖的变化率为**相关变化率**.

用微分法处理相关变化率问题, 必须先找出变量 x 与 y 所满足的二元方程 $F(x, y) = 0$, 再利用链式法则对 $F(x, y) = 0$ 两边关于参量 t 求导.

例 5.5.4　求由方程 $\mathrm{e}^{-x} + \mathrm{e}^y - xy = 0$ 所确定的隐函数 $y = y(x)$ 的二阶导数 $y''(x)$.

解　对 $\mathrm{e}^{-x} + \mathrm{e}^y - xy = 0$ 两边微分得

$$-\mathrm{e}^{-x}\mathrm{d}x + \mathrm{e}^y\mathrm{d}y - y\mathrm{d}x - x\mathrm{d}y = 0,$$

即 $(\mathrm{e}^y - x)\mathrm{d}y = (\mathrm{e}^{-x} + y)\mathrm{d}x$, 故

$$y'(x) = \frac{\mathrm{d}y}{\mathrm{d}x} = \frac{\mathrm{e}^{-x} + y}{\mathrm{e}^y - x}. \tag{5.5.7}$$

由 (5.5.7) 式再求导并注意将 (5.5.7) 式代入, 得到

$$y''(x) = \frac{\mathrm{d}}{\mathrm{d}x}\left(\frac{\mathrm{e}^{-x} + y}{\mathrm{e}^y - x}\right) = \frac{(-\mathrm{e}^{-x} + y')(\mathrm{e}^y - x) - (\mathrm{e}^y y' - 1)(\mathrm{e}^{-x} + y)}{(\mathrm{e}^y - x)^2}$$

$$= \frac{\left(-\mathrm{e}^{-x} + \dfrac{\mathrm{e}^{-x} + y}{\mathrm{e}^y - x}\right)(\mathrm{e}^y - x) - \left(\mathrm{e}^y \dfrac{\mathrm{e}^{-x} + y}{\mathrm{e}^y - x} - 1\right)(\mathrm{e}^{-x} + y)}{(\mathrm{e}^y - x)^2}$$

$$= \frac{2(\mathrm{e}^{-x} + y)(\mathrm{e}^y - x) - \mathrm{e}^{-x}(\mathrm{e}^y - x)^2 - \mathrm{e}^y(\mathrm{e}^{-x} + y)^2}{(\mathrm{e}^y - x)^3}.$$

例 5.5.5　求函数 $y = \arctan x$ 在点 0 处的各阶导数值.

解　由 $y' = \dfrac{1}{1 + x^2}$, $y'' = \dfrac{-2x}{(1 + x^2)^2}$ 得

$$y'(0) = 1, \quad y''(0) = 0. \tag{5.5.8}$$

函数 $y = \arctan x$ 或导函数 $y' = \dfrac{1}{1 + x^2}$ 满足下述方程

$$(1 + x^2)y' - 1 = 0. \tag{5.5.9}$$

对 (5.5.9) 式两边关于自变量 x 求 $n - 1$ 阶导数 $(n \geqslant 3)$, 由 Leibniz 公式得

$$\mathrm{C}_{n-1}^0(1 + x^2)y^{(n)} + \mathrm{C}_{n-1}^1(1 + x^2)'y^{(n-1)} + \mathrm{C}_{n-1}^2(1 + x^2)''y^{(n-2)} = 0,$$

由此即知

$$(1 + x^2)y^{(n)} + 2(n-1)xy^{(n-1)} + (n-1)(n-2)y^{(n-2)} = 0. \tag{5.5.10}$$

在 (5.5.10) 式中令 $x = 0$, 得到 $y^{(n)}(0) = -(n-1)(n-2)y^{(n-2)}(0)$. 由此式结合 (5.5.8) 式推出

$$y^{(n)}(0) = \begin{cases} 0, & n = 2k, \\ (-1)^k(2k)!, & n = 2k + 1. \end{cases}$$

例 5.5.6　求抛物线 $y^2 = 2px$　$(p > 0)$ 上任一点 $B(x_0, y_0)$ 处的切线方程与法线方程. 并解释用旋转抛物面反射镜获得平行光的原理.

解　(阅读) 对 $y^2 = 2px$ 两边关于 x 求导, 得 $2yy' = 2p$, $y' = \dfrac{p}{y}$, 在点 $B(x_0, y_0)$ 处的切线的斜率为 $y'(x_0) = \dfrac{p}{y_0}$. 于是切线方程为 $y - y_0 = \dfrac{p}{y_0}(x - x_0)$, 再利用 $y_0^2 = 2px_0$ 得到所求切线方程为

$$y_0 y = p(x + x_0).$$

所求法线方程 $y - y_0 = -\dfrac{y_0}{p}(x - x_0)$, 即 $y_0 x + py - y_0(p + x_0) = 0$.

如图 5.5.3 所示, 设切线 BT 与 x 轴正向的倾角为 α, 设抛物线的焦点 $A\left(\dfrac{p}{2}, 0\right)$ 和点 B 的连线 AB 与 x 轴正向的夹角为 φ, AB 与 BT 的夹角为 θ, 则 BT 与 x

轴的平行线 BH 的夹角为 α, 且 $\tan\alpha = \dfrac{p}{y_0}$, $\tan\varphi = \dfrac{y_0}{x_0 - \frac{p}{2}}$. 于是利用 $y_0^2 = 2px_0$ 得

$$\tan\theta = \tan(\varphi - \alpha) = \frac{\tan\varphi - \tan\alpha}{1 + \tan\varphi\tan\alpha} = \frac{\dfrac{y_0}{x_0 - p/2} - \dfrac{p}{y_0}}{1 + \dfrac{y_0}{x_0 - p/2} \cdot \dfrac{p}{y_0}} = \frac{p}{y_0} = \tan\alpha,$$

即 θ 与 α 相等. 根据光的反射定律, 入射角等于反射角, 可知任意一束从抛物线的焦点出发的光线, 经抛物线反射后, 反射光线与抛物线的对称轴平行. 抛物线绕对称轴旋转可得到旋转抛物面. 根据上述原理, 置光源于旋转抛物面反射镜的焦点处可获得平行光线.

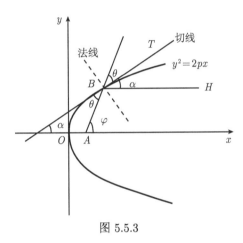

图 5.5.3

再来解决一个相关变化率问题.

例 5.5.7 有一底半径为 $a$cm, 高为 $h$cm 的正圆锥形容器 (图 5.5.4), 以每秒 $b$cm^3 的速度向容器内注水, 试求容器水位为 $\dfrac{h}{3}$ 时水面上升的速度.

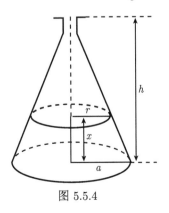

图 5.5.4

解 设时刻 t 容器内水面高度为 x(变量 x 是 t 的函数), r 为水面半径, 此时水的体积为 V(也是 t 的函数), 则

$$V = \frac{1}{3}\pi a^2 h - \frac{1}{3}\pi r^2(h-x).$$

由于 $\dfrac{r}{a} = \dfrac{h-x}{h}$, 即 $r = \dfrac{a(h-x)}{h}$, 故

$$V = \frac{1}{3}\pi a^2 h - \frac{1}{3}\pi a^2 \frac{(h-x)^3}{h^2}. \tag{5.5.11}$$

对 (5.5.11) 式两边关于 t 求导, 得到注水速度 $V'(t)$ 与水面上升速度 $x'(t)$ 间的关系:

$$V'(t) = \pi a^2 \frac{(h-x)^2}{h^2} x'(t).$$

由题设 $V'(t) = b$, 故 $x'(t) = \dfrac{bh^2}{\pi a^2(h-x)^2}$, 当 $x = \dfrac{h}{3}$ 时 $x'(t) = \dfrac{9b}{4\pi a^2}$.

习 题 5.5

1. 用对数微分法求下列函数的导数:

(1) $y = \left(1 + \dfrac{1}{x}\right)^x$;

(2) $y = x^{\sin x}$;

(3) $y = x^{x^x}$;

(4) $f(x) = (x-a_1)^{a_1}(x-a_2)^{a_2}\cdots(x-a_n)^{a_n}$;

(5) $y = \sqrt[3]{\dfrac{x(x^2+1)}{(x^2-1)^2}}$;

(6) $y = e^{\sqrt{\frac{x-1}{x(x+3)}}}$.

2. 求由下列参量方程所确定的函数的一阶导数 $\dfrac{\mathrm{d}y}{\mathrm{d}x}$ 与二阶导数 $\dfrac{\mathrm{d}^2 y}{\mathrm{d}x^2}$:

(1) $\begin{cases} x = \cos t + t\sin t, \\ y = \sin t - t\cos t; \end{cases}$

(2) $\begin{cases} x = \ln\sqrt{1+t^2}, \\ y = \arctan t; \end{cases}$

(3) $\begin{cases} x = t - \sin t, \\ y = 1 - \cos t. \end{cases}$

3. 求由下列二元方程所确定的隐函数的一阶导数 $\dfrac{\mathrm{d}y}{\mathrm{d}x}$ 与二阶导数 $\dfrac{\mathrm{d}^2 y}{\mathrm{d}x^2}$:

(1) $y = 1 + xe^y$;

(2) $y = \tan(x+y)$.

4. 求椭圆 $\dfrac{x^2}{a^2} + \dfrac{y^2}{b^2} = 1$ 上任一点 $P(x_0, y_0)$ 处的切线方程, 并证明: 从椭圆的一个焦点发出的任一束光线, 经椭圆反射后, 反射光线必经过椭圆的另一个焦点 (图 5.5.5).

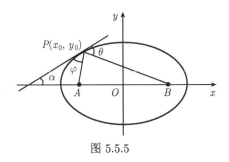

图 5.5.5

5. 设炮弹头初速度为 v_0, 沿与水平线成 α 角的方向发射. 求在时刻 t 炮弹头的运动方向与水平线的夹角 φ(忽略空气阻力等因素, 如图 5.5.6 所示).

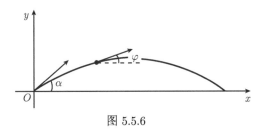

图 5.5.6

6. 有一长度为 5m 的梯子贴靠在竖直的墙上, 设其下端沿地板以 3m/s 的速度离开墙脚而滑动, 当其下端离开墙脚 1.4m 时, 梯子上端下滑的速度是多少?

复习课件05

归纳解析
视频05

总习题 5

A 组

1. 设函数 g 满足 $g(0) = g'(0) = 0$, 函数 h 在 $\mathbb{R}$ 上有界, 函数 f 定义为

$$f(x) = \begin{cases} g(x)h\left(\dfrac{1}{x}\right), & x \neq 0, \\ 0, & x = 0. \end{cases}$$

求 $f'(0)$.

2. 设在 $(-1,1)$ 内 $f(x), g(x)$ 满足 $|f(x)| \leqslant |g(x)|$, 若 $g(0) = g'(0) = 0$, 求 $f'(0)$.

3. 设 f 是偶函数, 且 $f'(0)$ 存在, 证明 $f'(0) = 0$.

4. 设 $f(x) = \begin{cases} x^2, & x \geqslant 1, \\ ax + b, & x < 1. \end{cases}$ 试确定 a, b 的值, 使 f 在 $x = 1$ 处可导.

5. 设 $f(x) = |\ln|x - 1||$, 证明 f 在点 0 不可导.

6. 证明: 若 $f'_+(a) > 0$, 则 $\exists \delta > 0, \forall x \in (a, a + \delta)$ 有 $f(x) > f(a)$.

7. 设函数 $f(x)$ 在点 a 连续且 $f(a) \neq 0$, 函数 $f^2(x)$ 在点 a 可导. 证明 $f(x)$ 在点 a 可导.

8. 设函数 f 在点 a 可导且 $f(a) \neq 0$, 求数列极限 $\lim\limits_{n \to \infty} \left(\dfrac{f(a + 1/n)}{f(a)} \right)^n$.

9. 设平面光滑曲线 L 由参量方程 $\begin{cases} x = \varphi(t) \\ y = \psi(t) \end{cases}$ 给出. 求参量 t_0 对应点处的切线方程与法线方程.

10. 求曲线 $y = x^2$ 与 $y = 2 - x^2$ 在交点处的 (两条切线) 交角 θ.

11. 设 $m \in \mathbb{Z}^+$, 函数 f 定义为

$$f(x) = \begin{cases} x^m \sin \dfrac{1}{x}, & x \neq 0, \\ 0, & x = 0. \end{cases}$$

试问: (1)m 为何值时 f 处处可导? (2) m 为何值时导函数 f' 处处连续?

12. 求下列函数的导数或微分:

(1) $y = \ln \dfrac{1 + x^2}{1 - x^2}$, 求 $\mathrm{d}y$;　　　　(2) $y = \mathrm{e}^{x^x}$, 求 $\mathrm{d}y$;

(3) $y = (\sin x)^{\cos x}$, 求 y';　　　　(4) $y = \ln(\mathrm{e}^x + \sqrt{1 + \mathrm{e}^{2x}})$, 求 y';

(5) $y = \dfrac{1}{\sqrt{3}} \ln \left(\dfrac{\tan \dfrac{x}{2} + \sqrt{3}}{\tan \dfrac{x}{2} - \sqrt{3}} \right)$, 求 y';　(6) $y = \dfrac{2}{\sqrt{3}} \arctan \dfrac{1}{\sqrt{3}} \left(2 \tan \dfrac{x}{2} + 1 \right)$, 求 y';

(7) $y = \arccos \sqrt{\dfrac{1 - x}{1 + x}}$, 求 y';　　　　(8) $y = \dfrac{x}{2} \sqrt{x^2 - a^2} + \dfrac{a^2}{2} \ln|x + \sqrt{x^2 - a^2}|$, 求 y'.

13. 设 $y = \dfrac{ax + b}{cx + p}$, 求 $y^{(n)}$.

14. 证明: (1) 可导的偶函数, 其导函数为奇函数;

(2) 可导的奇函数, 其导函数为偶函数;

(3) 可导的周期函数, 其导函数仍为周期函数.

15. 对下列命题, 若认为是正确的, 请给予证明; 若认为是错误的, 请举反例予以否定:

(1) 设 $f = \varphi + \psi$, 若 φ 在点 x_0 可导, ψ 在点 x_0 不可导, 则 f 在点 x_0 一定不可导;

(2) 设 $f = \varphi \cdot \psi$, 若 φ 在点 x_0 可导, ψ 在点 x_0 不可导, 则 f 在点 x_0 一定不可导.

16. 设 $y = \arcsin x$, 求 $y^{(n)}(0)$.

17. 溶液自深为 18cm、上顶直径为 12cm 的正圆锥形漏斗中漏入直径为 10cm 的圆柱形筒中, 开始时漏斗盛满溶液, 已知当溶液在漏斗中深为 12cm 时, 溶液平面下降速度为 1cm/min(图 5.1). 问此时圆柱形筒中溶液平面上升速度为多少?

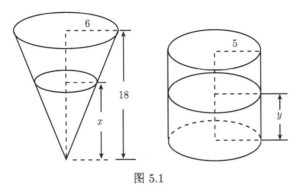

图 5.1

B 组

18. 举出符合下列要求的函数:

(1) 仅在已知点 $a_1, a_2, \cdots, a_n$ 不可导的连续函数;

(2) 仅在点 $a_1, a_2, \cdots, a_n$ 可导的函数.

19. 设函数 $y = f(x)$ 在点 x 二阶可导, 且 $f'(x) \neq 0$, 若它存在反函数 $x = f^{-1}(y)$, 试用 $f'(x), f''(x)$ 及 $f'''(x)$ 表示 $(f^{-1})'''(y)$.

20. $\mathrm{sh}x, \mathrm{ch}x, \mathrm{th}x$ 及 $\mathrm{cth}x$ 的定义见总习题 1 第 15 题. 证明下列公式:

$$(\mathrm{sh}x)' = \mathrm{ch}x, \quad (\mathrm{ch}x)' = \mathrm{sh}x, \quad (\mathrm{th}x)' = \frac{1}{\mathrm{ch}^2 x}, \quad (\mathrm{cth}x)' = -\frac{1}{\mathrm{sh}^2 x}.$$

并求下列函数的导数:

(1) $y = \mathrm{sh}(\arctan x + \mathrm{cth}x)$; (2) $y = \mathrm{ch}^5(\sin x \ln \mathrm{th}x)$.

21. 设 $f_{ij}(x)(i, j = 1, 2, \cdots, n)$ 为可导函数, 证明:

$$\frac{\mathrm{d}}{\mathrm{d}x} \begin{vmatrix} f_{11}(x) & f_{12}(x) & \cdots & f_{1n}(x) \\ f_{21}(x) & f_{22}(x) & \cdots & f_{2n}(x) \\ \vdots & \vdots & & \vdots \\ f_{n1}(x) & f_{n2}(x) & \cdots & f_{nn}(x) \end{vmatrix} = \sum_{k=1}^{n} \begin{vmatrix} f_{11}(x) & f_{12}(x) & \cdots & f_{1n}(x) \\ f_{21}(x) & f_{22}(x) & \cdots & f_{2n}(x) \\ \vdots & \vdots & & \vdots \\ f'_{k1}(x) & f'_{k2}(x) & \cdots & f'_{kn}(x) \\ \vdots & \vdots & & \vdots \\ f_{n1}(x) & f_{n2}(x) & \cdots & f_{nn}(x) \end{vmatrix},$$

并利用这个结果求 $F'(x)$

(1) $F(x) = \begin{vmatrix} x-1 & 1 & 2 \\ -3 & x & 3 \\ -1 & -3 & x+1 \end{vmatrix}$; (2) $F(x) = \begin{vmatrix} x & x^2 & x^3 \\ 1 & 2x & 3x^2 \\ 0 & 2 & 6x \end{vmatrix}$.

22. 证明 Riemann 函数 $R(x)$ 在 $[0,1]$ 上处处不可导.

23. 证明下列组合恒等式: (1) $\sum_{k=1}^{n} k\mathrm{C}_n^k = n2^{n-1}$; (2) $\sum_{k=1}^{n} k^2 \mathrm{C}_n^k = n(n+1)2^{n-2}$.

24. 求 $\sum_{k=1}^{n} k \sin kx$ 与 $\sum_{k=1}^{n} k \cos kx$ 的和.

25. 设 $f_n(x) = x^n \ln x$, 这里 $n \in \mathbb{Z}^+$. 求极限 $\lim\limits_{n \to \infty} \dfrac{1}{n!} f_n^{(n)}\left(\dfrac{1}{n}\right)$.

26. 证明 Legendre (勒让德) 多项式 $P_n(x) = \dfrac{1}{2^n n!} \dfrac{\mathrm{d}^n}{\mathrm{d}x^n}(x^2 - 1)^n$ 满足微分方程

$$(1 - x^2)P_n''(x) - 2xP_n'(x) + n(n+1)P_n(x) = 0.$$

27. 证明 Hermite (埃尔米特) 多项式 $H_n(x) = (-1)^n \mathrm{e}^{x^2} \dfrac{\mathrm{d}^n}{\mathrm{d}x^n} \mathrm{e}^{-x^2}$ 满足微分方程

$$H_n'(x) - 2nH_{n-1}(x) = 0.$$

28. 设函数 f 在点 0 可导, $\{a_n\}, \{b_n\}$ 是数列且 $a_n \to 0-$, $b_n \to 0+ \ (n \to \infty)$. 证明

$$\lim_{n \to \infty} \frac{f(b_n) - f(a_n)}{b_n - a_n} = f'(0).$$

29. 设 $f(0) = 0$, $f'(0)$ 存在, 对 $n \in \mathbb{Z}^+$, 令 $a_n = f\left(\dfrac{1}{n^2}\right) + f\left(\dfrac{2}{n^2}\right) + \cdots + f\left(\dfrac{n}{n^2}\right)$, 求 $\lim\limits_{n \to \infty} a_n$.

30. 设函数 f 在点 0 连续, 若 $\lim\limits_{x \to 0} \dfrac{f(2x) - f(x)}{x} = b$, 证明 $f'(0) = b$.

数学家
小传5.5.1

数学家
小传5.5.2

第6章　微分中值定理及其应用

CHAPTER

微分中值定理是微分学的基本定理, 包括 Rolle(罗尔) 中值定理、Lagrange (拉格朗日) 中值定理、Cauchy 中值定理、Taylor(泰勒) 中值定理等, 其中 Taylor 中值定理是微分中值定理的最一般形式. 微分中值定理沟通了函数值与其导数之间的联系, 由此可通过导数的性态来推断原来函数的性态. 这使得导数成为研究函数性态的有效工具. 本章首先讨论上述这几个微分中值定理, 接着利用这些定理进一步研究函数的单调性、凸性, 求解函数的极值、最值问题, 导出计算待定型极限的 L'Hospital (洛必达) 法则, 并讨论函数的图像描绘.

6.1　Lagrange 中值定理及导函数的两个特性

极值问题一直是数学研究的基本对象. 在微分学早期的发展中, Fermat(费马) 关于切线与极值问题的研究起着关键的作用.

定义 6.1.1　设函数 f 在点 x_0 的邻域 $U(x_0)$ 内有定义. 若

$$\forall x \in U(x_0) \,有\, f(x) \leqslant f(x_0),$$

则称 $f(x_0)$ 为 f 的一个**极大值**, x_0 称为**极大值点**. 类似地, 若

$$\forall x \in U(x_0) \,有\, f(x) \geqslant f(x_0),$$

则称 $f(x_0)$ 为 f 的一个**极小值**, x_0 称为**极小值点**. 极大值和极小值统称为**极值**; 极大值点和极小值点统称为**极值点**.

按照上述定义, 极值是一个与点的邻域有关的局部性概念, 它与最值这一整体性概念既有联系又有本质的区别. 如图 6.1.1 所示, x_1, x_2, x_3, x_4 都是函数 f 在闭区间 $[a,b]$ 上的极值点, 其中 x_1 与 x_3 为极大值点, x_2 与 x_4 为极小

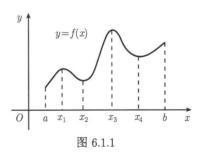

图 6.1.1

值点. 注意到极小值 $f(x_4)$ 比极大值 $f(x_1)$ 还大, 而 $f(x_3)$ 与 $f(a)$ 分别是 f 在闭区间 $[a,b]$ 上的最大值、最小值.

应当特别强调的是, 极值定义中的邻域是双侧的, 区间的端点不能充当极值点. 当然, 如果函数 f 在闭区间 $[a,b]$ 上的最大 (小) 值在开区间 (a,b) 内某点 x_0 取得, 那么 x_0 也是极大 (小) 值点.

另外需要说明的是, 极值定义本身并不涉及函数的其他性质, 如连续、可导等. 例如, 对于像 Dirichlet 函数 $D(x)$ 这样一个处处不连续的函数, 容易知道每个有理点都是极大值点, 每个无理点都是极小值点.

当函数 f 可导时, 下述的 Fermat 引理给出了极值点的必要条件.

定理 6.1.1 (Fermat 引理)　若函数 f 在极值点 x_0 处可导, 则必有 $f'(x_0) = 0$.

证明　不妨设 x_0 为函数 f 的极大值点. 则 $\forall x \in U(x_0)$ 有 $f(x) \leqslant f(x_0)$. 于是

当 $x < x_0$ 有 $\dfrac{f(x) - f(x_0)}{x - x_0} \geqslant 0$;

当 $x > x_0$ 有 $\dfrac{f(x) - f(x_0)}{x - x_0} \leqslant 0$.

由于 f 在点 x_0 处可导, 故由极限的保序性得

$$f'(x_0) = f'_-(x_0) = \lim_{x \to x_0-} \frac{f(x) - f(x_0)}{x - x_0} \geqslant 0$$

$$f'(x_0) = f'_+(x_0) = \lim_{x \to x_0+} \frac{f(x) - f(x_0)}{x - x_0} \leqslant 0.$$

因此得到 $f'(x_0) = 0$.

定义 6.1.2　函数 f 的导函数的零点, 即满足 $f'(x_0) = 0$ 的点 x_0 称为 f 的**稳定点** (或**驻点**, 或**临界点**).

Fermat 引理指出可微函数的极值点必为稳定点. 其几何意义是: 若曲线 $y = f(x)$ 在极值点处存在切线, 则这条切线必平行于横轴 (图 6.1.2).

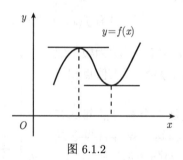

图 6.1.2

定理 6.1.2 (Rolle 中值定理)　若函数 f 在闭区间 $[a,b]$ 上连续, 在开区间 (a,b) 内可导, 且 $f(a) = f(b)$, 则 $\exists \xi \in (a,b)$ 使得 $f'(\xi) = 0$.

Rolle 中值定理的几何意义是: 两端等高内部处处可导的一段连续曲线必在某点有水平切线, 如图 6.1.3 所示.

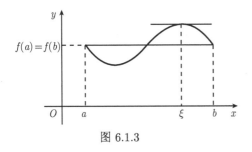

数学家
小传6.1.2

图 6.1.3

证明　由于 f 在闭区间 $[a,b]$ 上连续, 则由最值定理可知 $\exists x_1, x_2 \in [a,b]$ 使得

$$f(x_1) = \min_{x \in [a,b]} f(x), \quad f(x_2) = \max_{x \in [a,b]} f(x).$$

若 x_1, x_2 恰为 $[a,b]$ 的两个端点, 则因 $f(a) = f(b)$, 可知 f 在 $[a,b]$ 上为常数函数, 此时 ξ 可取为开区间 (a,b) 内任一点. 否则 x_1, x_2 中至少有一个在开区间 (a,b) 内, 记它为 ξ. 于是 ξ 必为极值点. 又因为 f 在 (a,b) 内可导, 所以根据 Fermat 引理得到 $f'(\xi) = 0$.

Rolle 中值定理常被用来讨论函数或导函数的零点问题.

例 6.1.1　设 f 在闭区间 $[a,b]$ 上可导. 证明: 若方程 $f'(x) = 0$ 在 (a,b) 内没有实根, 则 $f(x) = 0$ 在 $[a,b]$ 上至多只有一个实根. 问方程 $x^5 - 5x + a = 0(a$ 为常数) 在 $[0,1]$ 上是否可能有两个不同实根?

证明　(反证法) 假设 $f(x) = 0$ 在 $[a,b]$ 上有两个实根 x_1 和 x_2. 设 $x_1 < x_2$, 则 f 在 $[x_1, x_2]$ 上可导且 $f(x_1) = f(x_2) = 0$. 根据 Rolle 中值定理, $\exists \xi \in (x_1, x_2) \subset (a,b)$ 使 $f'(\xi) = 0$. 这与 $f'(x) = 0$ 在 (a,b) 内没有实根相矛盾. 命题得证.

现记 $f(x) = x^5 - 5x + a$, 则 $f'(x) = 5x^4 - 5 = 5(x^4 - 1)$ 显然在 $(0,1)$ 内没有零点, 故方程 $x^5 - 5x + a = 0$ 在 $[0,1]$ 上不可能有两个不同实根.

例 6.1.2　设函数 f 在 $[0,1]$ 上连续, 在 $(0,1)$ 内可导, 且 $f(0) = f(1) = 0$. 证明 $\exists \xi \in (0,1)$ 使 $f'(\xi) + f(\xi) = 0$.

证明　令 $F(x) = \mathrm{e}^x f(x)$(辅助函数). 则 F 在 $[0,1]$ 上连续, 在 $(0,1)$ 内可导, 且 $F(0) = F(1) = 0$. 根据 Rolle 中值定理, $\exists \xi \in (0,1)$ 使 $F'(\xi) = 0$. 但 $F'(x) = \mathrm{e}^x [f'(x) + f(x)]$, 故有

$$f'(\xi) + f(\xi) = 0.$$

定理 6.1.3 (Lagrange 中值定理)　若函数 f 在闭区间 $[a,b]$ 上连续, 在开区间 (a,b) 内可导, 则 $\exists \xi \in (a,b)$ 使得

$$f'(\xi) = \frac{f(b) - f(a)}{b - a}. \tag{6.1.1}$$

若 $f(b) = f(a)$, 则 (6.1.1) 式变为 $f'(\xi) = 0$. 由此可见 Lagrange 中值定理是 Rolle 中值定理的一种推广. (6.1.1) 式右端在几何上表示曲线 $y = f(x)$ 的两端点 $(a, f(a))$ 与 $(b, f(b))$ 连线的斜率. 因此 Lagrange 中值定理有下述几何意义: 内部处处可导的一段连续曲线上必存在平行于两端点连线的切线 (图 6.1.4).

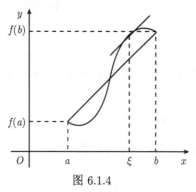

数学家
小传6.1.3

图 6.1.4

证明　令 $F(x) = f(x) - \dfrac{f(b) - f(a)}{b - a} x$ (辅助函数). 由于函数 f 在 $[a, b]$ 上连续, 在 (a, b) 内可导, 故函数 F 也在 $[a, b]$ 上连续, 在 (a, b) 内可导, $F'(x) = f'(x) - \dfrac{f(b) - f(a)}{b - a}$, 且

$$F(b) - F(a) = f(b) - f(a) - \frac{f(b) - f(a)}{b - a}(b - a) = 0.$$

于是, 根据 Rolle 定理, 必定 $\exists \xi \in (a, b)$ 使得 $F'(\xi) = 0$, 由此即得 (6.1.1) 式.

(6.1.1) 式称为 **Lagrange 公式**. 它可以写成

$$f(b) - f(a) = f'(\xi)(b - a), \quad \xi \text{ 介于 } a \text{ 与 } b \text{ 之间}. \tag{6.1.2}$$

值得注意的是, (6.1.2) 式无论对于 $a < b$ 还是 $a > b$ 都是成立的. 令 $\dfrac{\xi - a}{b - a} = \theta$, 则

$$\exists \xi \text{ 介于 } a \text{ 与 } b \text{ 之间} \Leftrightarrow \exists \theta \in (0, 1).$$

若记 $b - a = h$, 则由 (6.1.2) 式得

$$f(a + h) - f(a) = f'(a + \theta h) h, \quad \theta \in (0, 1). \tag{6.1.3}$$

将 (6.1.3) 式中 a 换为 x, h 换为 Δx, 并记 $\Delta y = f(x + \Delta x) - f(x)$, 得到

$$\Delta y = f'(x + \theta \Delta x) \Delta x, \quad \theta \in (0, 1). \tag{6.1.4}$$

(6.1.3) 与 (6.1.4) 式也是 Lagrange 公式的常用形式.

推论 6.1.4　(1) 若函数 f 在区间 I 上可导, 且 $f'(x) \equiv 0$, 则 f 为 I 上的常数函数.

(2) 若函数 φ, ψ 都在区间 I 上可导, 且 $\varphi'(x) \equiv \psi'(x)$, 则 φ 与 ψ 在 I 上仅相差一个常数 C, 即 $\forall x \in I$ 有 $\varphi(x) = \psi(x) + C$.

命题的结论是显然的, 但如果不用微分中值定理, 直接证明它却不是很容易的.

证明　对 $\forall x_1, x_2 \in I$, 由 Lagrange 中值定理及 $f'(x) \equiv 0$ 的假设, $\exists \xi$ 介于 x_1 与 x_2 之间使得 $f(x_2) - f(x_1) = f'(\xi)(x_2 - x_1) = 0$, 因此 $f(x_1) = f(x_2)$. 由 x_1 与 x_2 的任意性推知 f 为 I 上的常数函数, 得到 (1). 令 $f(x) = \varphi(x) - \psi(x)$, 应用 (1) 的结论可得到 (2).

Lagrange 中值定理是微分学中最重要的定理之一, 它有很多应用.

例 6.1.3　设函数 f 在区间 I 上可导且 f' 在 I 上有界. 证明 f 在 I 上满足 Lipschitz 条件.

证明　因为 f' 在 I 上有界, 故 $\exists M > 0, \forall x \in I$ 有 $|f'(x)| \leqslant M$. $\forall x_1, x_2 \in I$, 由 Lagrange 中值定理, $\exists \xi$ 介于 x_1 与 x_2 之间使得

$$f(x_2) - f(x_1) = f'(\xi)(x_2 - x_1),$$

于是有

$$|f(x_2) - f(x_1)| = |f'(\xi)(x_2 - x_1)| \leqslant M |x_2 - x_1|.$$

这表明 f 在 I 上满足 Lipschitz 条件.

例 6.1.4　设函数 f 在 $[0, a]$ 上具有一阶连续导数, 在 $(0, a)$ 内二阶可导, 且 $\exists M > 0, \forall x \in (0, a)$ 有 $|f''(x)| \leqslant M$. 若 f 在 $(0, a)$ 内取得最大值, 证明

$$|f'(0)| + |f'(a)| \leqslant Ma.$$

证明　设 f 在 $(0, a)$ 内的点 x_0 取得最大值, 则 x_0 也是 f 的极大值点, 根据 Fermat 引理, 有 $f'(x_0) = 0$. 又 $f'(x)$ 在 $[0, a]$ 上连续, 在 $(0, a)$ 内可导, 故由 Lagrange 中值定理, 有

$$f'(0) = f'(0) - f'(x_0) = f''(\xi_1)(0 - x_0),$$

$$f'(a) = f'(a) - f'(x_0) = f''(\xi_2)(a - x_0),$$

其中 $0 < \xi_1 < x_0 < \xi_2 < a$. 于是根据 f'' 在 $(0, a)$ 内的有界性得

$$|f'(0)| + |f'(a)| = |f''(\xi_1)| x_0 + |f''(\xi_2)|(a - x_0) \leqslant Mx_0 + M(a - x_0) = Ma.$$

导函数固然也是函数, 但并非每个函数都可以充当某个函数的导函数. 导函数具有一般函数所没有的某些独特性质.

已经知道闭区间上的连续函数具有介值性质. 但下面的 Darboux(达布) 介值定理告诉我们, 导函数不必连续也同样具有介值性质, 这是导函数的一个重要特性.

定理 6.1.5 (Darboux 介值定理)　设函数 f 在闭区间 $[a,b]$ 上可导, 且 $f'_+(a) \neq f'_-(b)$, 则对介于 $f'_+(a)$ 与 $f'_-(b)$ 之间的任何实数 μ, 必有 $\xi \in (a,b)$, 使得 $f'(\xi) = \mu$.

证明　不妨只考虑 $f'_+(a) < \mu < f'_-(b)$ 的情形. 令 $F(x) = f(x) - \mu x$, 则当 $x \in (a,b)$ 有 $F'(x) = f'(x) - \mu$, 且

$$\lim_{x \to a+} \frac{F(x) - F(a)}{x - a} = F'_+(a) = f'_+(a) - \mu < 0;$$

$$\lim_{x \to b-} \frac{F(x) - F(b)}{x - b} = F'_-(b) = f'_-(b) - \mu > 0.$$

根据极限的保号性可知

$$\text{在 } U^o(a+) \text{ 内有 } F(x) < F(a); \quad \text{在 } U^o(b-) \text{ 内有 } F(x) < F(b). \tag{6.1.5}$$

因为 F 在 $[a,b]$ 上可导, 故 F 必在 $[a,b]$ 上连续. 根据最值定理, F 在 $[a,b]$ 上存在最小值点 ξ. 但由 (6.1.5) 式可知 $\xi \neq a$ 且 $\xi \neq b$. 这推出 $\xi \in (a,b)$, 即 ξ 为极小值点. 因此根据 Fermat 引理得到 $F'(\xi) = 0$, 即 $f'(\xi) = \mu$.

单侧导数与导函数单侧极限是不同的概念, 一般情况下二者并无蕴涵关系, 甚至未必同时存在. 例如, 对于 $f(x) = \mathrm{sgn}\, x$, 有 $f'(0+) = 0$, 但 $f'_+(0)$ 不存在. 对于例 5.2.5 中的函数

$$f(x) = \begin{cases} x^2 \sin \dfrac{1}{x}, & x \neq 0, \\ 0, & x = 0, \end{cases}$$

易知 $f'_+(0) = 0$, 但 $f'(0+)$ 不存在. 在适当的条件下, 二者间存在密切的关系.

定理 6.1.6 (导函数极限定理)　设函数 f 在点 x_0 的某邻域 $U(x_0)$ 内连续, 在 $U^o(x_0)$ 内可导.

(1) 若 $f'(x_0+)$ 存在, 则 $f'_+(x_0)$ 存在且 $f'_+(x_0) = f'(x_0+)$;

(2) 若 $f'(x_0-)$ 存在, 则 $f'_-(x_0)$ 存在且 $f'_-(x_0) = f'(x_0-)$;

(3) 若 $\lim\limits_{x \to x_0} f'(x)$ 存在, 则 $f'(x_0)$ 存在且 $f'(x_0) = \lim\limits_{x \to x_0} f'(x)$.

证明　(1) 对 $\forall x \in U^o(x_0+)$, 由于 f 在 $[x_0, x]$ 连续, 在 (x_0, x) 可导, 故根据 Lagrange 中值定理, $\exists \xi \in (x_0, x)$ 使得 $\dfrac{f(x) - f(x_0)}{x - x_0} = f'(\xi)$. 又由于 $f'(x_0+)$ 存在, 且当 $x \to x_0+$ 时 $\xi \to x_0+$, 所以有

$$f'_+(x_0) = \lim_{x \to x_0+} \frac{f(x) - f(x_0)}{x - x_0} = \lim_{x \to x_0+} f'(\xi) = \lim_{\xi \to x_0+} f'(\xi) = f'(x_0+).$$

同理可证明 (2). 因为 $\lim\limits_{x\to x_0} f'(x)$ 存在等价于 $f'(x_0+)$ 与 $f'(x_0-)$ 都存在且 $f'(x_0+) = f'(x_0-)$, 所以由 (1) 与 (2) 可得到 (3).

一般地, 一个函数在某点存在极限并不一定在该点连续. 但定理 6.1.6(3) 告诉我们, 对于处处可导的函数, 若导函数在某点存在极限, 则导函数必在该点连续. 由此可得到导函数的又一个重要特性.

推论 6.1.7　设函数 f 在区间 I 上可导, 则导函数 f' 在 I 上不存在第一类间断点.

证明　(反证法) 假设 f' 在 I 上存在第一类间断点 x_0, 不失一般性, 设 $U(x_0) \subset I$, 则 f' 在 x_0 的左极限 $f'(x_0-)$ 与右极限 $f'(x_0+)$ 均存在. 注意到 f 在 $U(x_0)$ 的可导性推出 f 在 $U(x_0)$ 连续, 又 $f'(x_0)$ 存在, 应用定理 6.1.6, 由条件 $f'_+(x_0) = f'_-(x_0) = f'(x_0)$ 得出

$$f'(x_0+) = f'(x_0-) = f'(x_0),$$

这表明 f' 在 x_0 连续, 与假设 f' 在 x_0 间断相矛盾.

例 6.1.5　设 $f(x)$ 在区间 I 上可导, 且 $x_j, y_j \in I$, $x_j < y_j$, $j = 1, 2, \cdots, n$. 证明 $\exists \xi \in I$ 使得 $\sum\limits_{j=1}^{n} [f(y_j) - f(x_j)] = f'(\xi) \sum\limits_{j=1}^{n} (y_j - x_j)$.

证明　因为 $f(x)$ 在每个 $[x_j, y_j]$ 上可导, 故根据 Lagrange 中值定理, $\exists \xi_j \in (x_j, y_j)$ 使

$$f(y_j) - f(x_j) = f'(\xi_j)(y_j - x_j), \quad j = 1, 2, \cdots, n. \tag{6.1.6}$$

记 $\sum\limits_{j=1}^{n} (y_j - x_j) = \alpha$, 并记 $\bar{\xi}, \underline{\xi} \in \{\xi_j : j = 1, 2, \cdots, n\}$ 使得

$$f'(\bar{\xi}) = \max_{1 \leqslant j \leqslant n} f'(\xi_j), \quad f'(\underline{\xi}) = \min_{1 \leqslant j \leqslant n} f'(\xi_j).$$

因而有

$$f'(\underline{\xi})\alpha \leqslant \sum_{j=1}^{n} f'(\xi_j)(y_j - x_j) \leqslant f'(\bar{\xi})\alpha.$$

令 $\mu = \dfrac{1}{\alpha} \sum\limits_{j=1}^{n} f'(\xi_j)(y_j - x_j)$, 则 $f'(\underline{\xi}) \leqslant \mu \leqslant f'(\bar{\xi})$. 由 Darboux 介值定理, $\exists \xi \in I$ ($\xi \in [\bar{\xi}, \underline{\xi}]$ 或 $\xi \in [\underline{\xi}, \bar{\xi}]$) 使得 $f'(\xi) = \mu$. 于是由 (6.1.6) 式得到

$$\sum_{j=1}^{n} [f(y_j) - f(x_j)] = \sum_{j=1}^{n} f'(\xi_j)(y_j - x_j) = \mu\alpha = f'(\xi)\alpha = f'(\xi) \sum_{j=1}^{n} (y_j - x_j).$$

习　题　6.1

1. 设 $f(x)$ 在有限开区间 (a, b) 内可导, 且 $\lim\limits_{x\to a+} f(x) = \lim\limits_{x\to b-} f(x) \in \mathbb{R}$, 证明 $\exists \xi \in (a, b)$, 使 $f'(\xi) = 0$.

2. 设函数 f 在 $[a,b]$ 上连续, 在 (a,b) 内可导, 且 $f(a) = f(b) = 0$. 证明 $\exists \xi \in (a,b)$ 使得 $f(\xi) = f'(\xi)$.

3. 证明: 方程 $x^n + px + q = 0(n \in \mathbb{Z}^+, p, q \in \mathbb{R})$ 当 n 为偶数时至多有两个实根; 当 n 为奇数时至多有三个实根.

4. 设函数 f 在 $\mathbb{R}$ 上可导且 f' 在 $\mathbb{R}$ 上有界. 证明 f 在 $\mathbb{R}$ 上一致连续.

5. 证明: 当 $x \in [1, +\infty)$ 时有 $2 \arctan x + \arcsin \dfrac{2x}{1 + x^2} = \pi$.

6. 设函数 f 在 $\mathbb{R}$ 上满足:$\exists M > 0, \alpha > 1, \forall x_1, x_2 \in \mathbb{R}$ 有 $|f(x_1) - f(x_2)| \leqslant M|x_1 - x_2|^\alpha$. 证明 f 为 $\mathbb{R}$ 上常数函数.

7. 证明: 若 $x > 0$, 则

(1) $\sqrt{x + 1} - \sqrt{x} = \dfrac{1}{2\sqrt{x + \theta(x)}}$, 其中 $\dfrac{1}{4} \leqslant \theta(x) \leqslant \dfrac{1}{2}$;

(2) $\lim\limits_{x \to 0+} \theta(x) = \dfrac{1}{4}$, $\lim\limits_{x \to +\infty} \theta(x) = \dfrac{1}{2}$.

8. 设函数 f 在 $[a,b]$ 上连续, 在 (a,b) 内可导, 且 $f(a) = f(b)$. 证明 $\exists \xi_1, \xi_2 \in (a,b), \xi_1 \neq \xi_2$ 使得 $f'(\xi_1) + f'(\xi_2) = 0$.

9. 用 Rolle 中值定理证明 Darboux 介值定理.

10. 设函数 f 在 $[0,1]$ 上可导, 且 $f(0) = f'(0) = 0, f(1) = 2015$. 证明 $\exists \xi \in (0,1)$ 使得 $f'(\xi) = 2014$.

11. 设函数 f 在 $[a,b]$ 上连续, 在 (a,b) 内二阶可导, $f(a) = f(b) = 0$, 并 $\exists c \in (a,b)$ 使得 $f(c) > 0$. 证明: $\exists \xi \in (a,b)$, 使得 $f''(\xi) < 0$.

12. 设函数 f 在 $(a, +\infty)$ 上可导, 并且 $\lim\limits_{x \to +\infty} f'(x) = 0$, 证明 $\lim\limits_{x \to +\infty} \dfrac{f(x)}{x} = 0$.

6.2　Cauchy 中值定理与 L'Hospital 法则

涉及两个函数的微分中值公式在理论与应用中都有其重要的意义. Lagrange 中值公式涉及一个函数, 已知它在几何上可解释为函数图像上某点的切线与两端点的连线相平行. 通常闭区间 $[a, b]$ 上的两个函数 f 和 g 可构成平面上的参数曲线

$$\begin{cases} x = g(t), \\ y = f(t), \end{cases} \quad t \in [a, b].$$

如图 6.2.1 所示, 端点 $A(g(a), f(a))$ 与 $B(g(b), f(b))$ 的连线 AB 的斜率为 $\dfrac{f(b) - f(a)}{g(b) - g(a)}$; 某参量值 ξ 对应的点 $P(g(\xi), f(\xi))$ 处的切线斜率为 $\dfrac{f'(\xi)}{g'(\xi)}$. 与 Lagrange 中值公式的情况相类似, 如果此切线与 AB 平行, 就有

$$\frac{f'(\xi)}{g'(\xi)} = \frac{f(b) - f(a)}{g(b) - g(a)}.$$

这正是 **Cauchy 中值公式**.

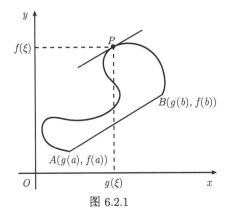

图 6.2.1

Cauchy 中值定理可以由类似于 Lagrange 中值定理的证明方法推导出来.

定理 6.2.1 (Cauchy 中值定理)　设函数 f 和 g 都在闭区间 $[a,b]$ 上连续, 在开区间 (a,b) 内可导, 且 $\forall t \in (a,b)$ 有 $g'(t) \neq 0$, 则 $\exists \xi \in (a,b)$ 使得

$$\frac{f'(\xi)}{g'(\xi)} = \frac{f(b) - f(a)}{g(b) - g(a)}. \tag{6.2.1}$$

证明　首先指出 $g(b) - g(a) \neq 0$. 否则, 根据 g 在 $[a,b]$ 上连续, 在 (a,b) 内可导的条件, 应用 Rolle 中值定理可知 $\exists c \in (a,b)$ 使得 $g'(c) = 0$, 这与题设 $g'(t) \neq 0$ $(\forall t \in (a,b))$ 相矛盾.

令 (辅助函数)

$$F(t) = f(t) - \frac{f(b) - f(a)}{g(b) - g(a)} g(t), \quad t \in [a,b],$$

则由题设可知 F 在 $[a,b]$ 上连续, 在 (a,b) 内可导, 且 $\forall t \in (a,b)$ 有

$$F'(t) = f'(t) - \frac{f(b) - f(a)}{g(b) - g(a)} g'(t). \tag{6.2.2}$$

又因为

$$F(b) - F(a) = f(b) - f(a) - \frac{f(b) - f(a)}{g(b) - g(a)} [g(b) - g(a)] = 0,$$

所以根据 Rolle 定理, $\exists \xi \in (a,b)$ 使得 $F'(\xi) = 0$. 按 (6.2.2) 式, 此即

$$f'(\xi) = \frac{f(b) - f(a)}{g(b) - g(a)} g'(\xi),$$

但由题设知 $g'(\xi) \neq 0$, 因此 (6.2.1) 式成立.

若在定理 6.2.1 中取 $g(t) = t$, 则 $g'(t) \neq 0$ 的条件当然满足, 此时 (6.2.1) 式就是 Lagrange 中值公式. 因此 Cauchy 中值定理是 Lagrange 中值定理的推广. 请思考: 下述关于 Cauchy 中值定理的证明是否正确?

"根据 Lagrange 中值定理, $\exists \xi \in (a, b)$ 使得

$$f(b) - f(a) = f'(\xi)(b - a),$$
$$g(b) - g(a) = g'(\xi)(b - a).$$

两式相除即得到 Cauchy 中值公式."

例 6.2.1　设 $a > 0$, 函数 f 在 $[a, b]$ 上连续, 在 (a, b) 内可导. 证明 $\exists \xi \in (a, b)$ 使得

$$f(b) - f(a) = \xi f'(\xi) \ln \frac{b}{a}.$$

证明　令 $g(x) = \ln x$, 则在 $[a, b]$ 上 $g'(x) = \dfrac{1}{x} > 0$. 于是函数 f 和 g 满足 Cauchy 中值定理的条件, 因此 $\exists \xi \in (a, b)$ 使得 $\dfrac{f(b) - f(a)}{\ln b - \ln a} = \dfrac{f'(\xi)}{\dfrac{1}{\xi}}$, 即

$$f(b) - f(a) = \xi f'(\xi) \ln \frac{b}{a}.$$

作为 Cauchy 中值定理的一个直接应用, 以下来导出计算待定型极限的 **L'Hospital (洛必达) 法则**.

待定型有 $\dfrac{0}{0}, \dfrac{\infty}{\infty}, 0 \cdot \infty, \infty - \infty, 1^\infty, 0^0$ 及 ∞^0 等几种类型, 其中 $\dfrac{0}{0}$ 与 $\dfrac{\infty}{\infty}$ 是两种最基本的待定型, 其他的待定型都可转化为 $\dfrac{0}{0}$ 与 $\dfrac{\infty}{\infty}$ 这两种之一. 例如, $0 \cdot \infty$ 型可变形为 $\dfrac{0}{\dfrac{1}{\infty}}$ 或 $\dfrac{\infty}{\dfrac{1}{0}}$, 从而分别转化为 $\dfrac{0}{0}$ 型或 $\dfrac{\infty}{\infty}$ 型; $\infty - \infty$ 型经通分或有理化等方法可转化为 $\dfrac{0}{0}$ 型或 $\dfrac{\infty}{\infty}$ 型; 对于 $1^\infty, 0^0$ 及 ∞^0 这三种类型, 可通过取对数转化为 $0 \cdot \infty$ 型, 从而最终转化为 $\dfrac{0}{0}$ 型或 $\dfrac{\infty}{\infty}$ 型. L'Hospital 法则提供了 $\dfrac{0}{0}$ 与 $\dfrac{\infty}{\infty}$ 这两种待定型极限的计算方法, 实际上对上述几种待定型都是适用的. 为了叙述方便, 下述两个定理中的极限点 β 代表 $+\infty, -\infty, \infty, x_0, x_0+$ 及 x_0- 这六者之一.

定理 6.2.2 (L'Hospital 法则, $\dfrac{0}{0}$ 型)　设函数 f 和 g 都在 $U^o(\beta)$ 内可导, 且 $\forall x \in U^o(\beta)$ 有 $g'(x) \neq 0$. 若满足

(1) $\lim\limits_{x \to \beta} f(x) = \lim\limits_{x \to \beta} g(x) = 0$;

(2) $\lim\limits_{x \to \beta} \dfrac{f'(x)}{g'(x)} = \lambda$ ($\lambda \in \mathbb{R}$, 或 $\lambda = +\infty, -\infty, \infty$),

数学家
小传6.2.1

则 $\lim\limits_{x\to\beta}\dfrac{f(x)}{g(x)}=\lambda$.

证明　只考虑 $\beta=x_0+$, $\lambda\in\mathbb{R}$ 的情形, 其他情形可类似地证明, 或可化归为这一情形. 利用条件 (1) 作函数 f 和 g 的连续延拓:

$$F(x)=\begin{cases} f(x), & x\in U^o(x_0+),\\ 0, & x=x_0, \end{cases}\qquad G(x)=\begin{cases} g(x), & x\in U^o(x_0+),\\ 0, & x=x_0, \end{cases}\qquad(6.2.3)$$

则对 $\forall x\in U^o(x_0+)$, 由题设可知 F 和 G 都在 $[x_0,x]$ 上连续, 在 (x_0,x) 可导, 且 $\forall t\in(x_0,x)$ 有 $G'(t)=g'(t)\neq 0$. 根据 Cauchy 中值定理, $\exists\xi\in(x_0,x)$ 使得

$$\frac{F(x)-F(x_0)}{G(x)-G(x_0)}=\frac{F'(\xi)}{G'(\xi)},$$

按 (6.2.3) 式, 此即 $\dfrac{f(x)}{g(x)}=\dfrac{f'(\xi)}{g'(\xi)}$.

由于当 $x\to x_0+$ 时有 $\xi\to x_0+$, 因而利用条件 (2) 得到

$$\lim_{x\to x_0+}\frac{f(x)}{g(x)}=\lim_{x\to x_0+}\frac{f'(\xi)}{g'(\xi)}=\lim_{\xi\to x_0+}\frac{f'(\xi)}{g'(\xi)}=\lambda.$$

定理 6.2.3 (L'Hospital 法则, $\dfrac{\infty}{\infty}$ 型)　设函数 f 和 g 都在 $U^o(\beta)$ 内可导, 且 $\forall x\in U^o(\beta)$ 有 $g'(x)\neq 0$. 若满足

(1) $\lim\limits_{x\to\beta}f(x)=\lim\limits_{x\to\beta}g(x)=\infty$;

(2) $\lim\limits_{x\to\beta}\dfrac{f'(x)}{g'(x)}=\lambda$ $(\lambda\in\mathbb{R},$ 或 $\lambda=+\infty,-\infty,\infty)$,

则 $\lim\limits_{x\to\beta}\dfrac{f(x)}{g(x)}=\lambda$.

证明　仅考虑 $\beta=x_0+$, $\lambda\in\mathbb{R}$ 的情形, 其他情形可类似地证明, 或可化归为这一情形. 对 $\forall\varepsilon>0$, 按条件 (2), $\exists b\in U^o(x_0+)$, $\forall x\in(x_0,b)$, 有

$$\left|\frac{f'(x)}{g'(x)}-\lambda\right|<\frac{\varepsilon}{2}.\qquad(6.2.4)$$

按 ε-δ 定义, 要证明的极限归结为估计

$$\left|\frac{f(x)}{g(x)}-\lambda\right|\leqslant\left|\frac{f(x)}{g(x)}-\frac{f(b)-f(x)}{g(b)-g(x)}\right|+\left|\frac{f(b)-f(x)}{g(b)-g(x)}-\lambda\right|.\qquad(6.2.5)$$

对 $\forall x\in(x_0,b)$, 由于 f 和 g 在 $[x,b]$ 上满足 Cauchy 中值定理的条件, 故 $\exists\xi\in(x,b)$ 使得

$$\frac{f(b)-f(x)}{g(b)-g(x)}=\frac{f'(\xi)}{g'(\xi)}.$$

按 (6.2.4) 式有

$$\left| \frac{f(b) - f(x)}{g(b) - g(x)} - \lambda \right| = \left| \frac{f'(\xi)}{g'(\xi)} - \lambda \right| < \frac{\varepsilon}{2}. \tag{6.2.6}$$

注意到

$$\frac{f(x)}{g(x)} - \frac{f(b) - f(x)}{g(b) - g(x)} = \frac{f(b) - f(x)}{g(b) - g(x)} \left[\frac{\dfrac{g(b)}{g(x)} - 1}{\dfrac{f(b)}{f(x)} - 1} - 1 \right]. \tag{6.2.7}$$

当 $x \to x_0+$ 时, 由 (6.2.6) 式可知 (6.2.7) 式右边第一个因子是有界量; 由条件 (1) 可知 (6.2.7) 式右边第二个因子是无穷小量. 因此, $\exists \delta : 0 < \delta < b - x_0, \forall x \in (x_0, x_0 + \delta)$ 有

$$\left| \frac{f(x)}{g(x)} - \frac{f(b) - f(x)}{g(b) - g(x)} \right| < \frac{\varepsilon}{2}. \tag{6.2.8}$$

结合 (6.2.5), (6.2.6), (6.2.8) 三式可知, $\forall x \in (x_0, x_0 + \delta)$ 有 $\left| \dfrac{f(x)}{g(x)} - \lambda \right| < \varepsilon$. 由此得到

$$\lim_{x \to x_0+} \frac{f(x)}{g(x)} = \lambda.$$

导数的定义式本身其实就是一个 $\dfrac{0}{0}$ 待定型. 在大多数情况下, 两个函数的导函数的商比起两个函数本身的商更为简单. 因此, 使用 L'Hospital 法则, 利用导数来计算待定型的极限, 常常是简单而有效的方法.

例 6.2.2 求 $\lim\limits_{x \to 0} \dfrac{\mathrm{e}^x - (1 + 2x)^{\frac{1}{2}}}{\ln(1 + x^2)}$.

解 这是 $\dfrac{0}{0}$ 待定型, 用 L'Hospital 法则两次得到

$$\lim_{x \to 0} \frac{\mathrm{e}^x - (1 + 2x)^{\frac{1}{2}}}{\ln(1 + x^2)} = \lim_{x \to 0} \frac{\mathrm{e}^x - (1 + 2x)^{-\frac{1}{2}}}{\dfrac{2x}{1 + x^2}}$$

$$= \lim_{x \to 0} (1 + x^2) \lim_{x \to 0} \frac{\mathrm{e}^x - (1 + 2x)^{-\frac{1}{2}}}{2x}$$

$$= \lim_{x \to 0} \frac{\mathrm{e}^x + (1 + 2x)^{-\frac{3}{2}}}{2} = 1. \tag{6.2.9}$$

例 6.2.3 求 $\lim\limits_{x \to 0+} \dfrac{\ln \sin x}{\ln(x - \sin x)}$.

解 这是 $\dfrac{\infty}{\infty}$ 待定型, 注意到当 $x \to 0+$ 时 $1 - \cos x \sim \dfrac{x^2}{2}$, $\sin x \sim x$, 由

L'Hospital 法则得

$$\lim_{x \to 0+} \frac{\ln \sin x}{\ln(x - \sin x)} = \lim_{x \to 0+} \frac{\cos x(x - \sin x)}{\sin x(1 - \cos x)} = 2 \lim_{x \to 0+} \frac{x - \sin x}{x^3}$$
$$= \frac{2}{3} \lim_{x \to 0+} \frac{1 - \cos x}{x^2} = \frac{1}{3}. \tag{6.2.10}$$

例 6.2.4 求 $L = \lim\limits_{x \to 0} \left(\dfrac{1}{x} - \dfrac{2}{e^x - 1} \right)$.

解 这是 $\infty - \infty$ 待定型, 先通分再用 L'Hospital 法则得到

$$L = \lim_{x \to 0} \left(\frac{1}{x} - \frac{2}{e^x - 1} \right) = \lim_{x \to 0} \frac{e^x - 1 - 2x}{x(e^x - 1)} = \lim_{x \to 0} \frac{e^x - 2}{e^x - 1 + xe^x} = \infty. \tag{6.2.11}$$

例 6.2.5 求 $\lim\limits_{x \to 0+} x^\alpha \ln x$, 这里 $\alpha \geqslant 0$.

解 当 $\alpha = 0$ 时 $\lim\limits_{x \to 0+} x^\alpha \ln x = \lim\limits_{x \to 0+} \ln x = -\infty$, 当 $\alpha > 0$ 时为 $0 \cdot \infty$ 待定型, 先转化为 $\dfrac{\infty}{\infty}$ 待定型 (此题不适宜转化为 $\dfrac{0}{0}$ 待定型), 再用 L'Hospital 法则得

$$\lim_{x \to 0+} x^\alpha \ln x = \lim_{x \to 0+} \frac{\ln x}{x^{-\alpha}} = \lim_{x \to 0+} \frac{x^{-1}}{-\alpha x^{-\alpha - 1}} = -\lim_{x \to 0+} \frac{x^\alpha}{\alpha} = 0.$$

例 6.2.6 求 $\lim\limits_{x \to +\infty} \left(\sqrt{1 + x^2} + x \right)^{\frac{1}{\ln x}}$.

解 这是 ∞^0 待定型, 先求其对数的极限. 记 $y = \left(\sqrt{1 + x^2} + x \right)^{\frac{1}{\ln x}}$, 则由 L'Hospital 法则得

$$\lim_{x \to +\infty} \ln y = \lim_{x \to +\infty} \frac{\ln(\sqrt{1 + x^2} + x)}{\ln x} = \lim_{x \to +\infty} \frac{x}{\sqrt{1 + x^2}} = 1,$$

于是有

$$\lim_{x \to +\infty} \left(\sqrt{1 + x^2} + x \right)^{\frac{1}{\ln x}} = \lim_{x \to +\infty} e^{\ln y} = e.$$

例 6.2.7 求 $\lim\limits_{x \to 0+} (\sin \sqrt[4]{x})^{\frac{1}{1 + \ln x}}$.

解 这是 0^0 待定型, 先求其对数的极限. 记 $y = (\sin \sqrt[4]{x})^{\frac{1}{1 + \ln x}}$, 可先作变量变换 $t = \sqrt[4]{x}$, 然后再用 L'Hospital 法则, 得到

$$\lim_{x \to 0+} \ln y = \lim_{x \to 0+} \frac{\ln \sin \sqrt[4]{x}}{1 + \ln x} = \lim_{t \to 0+} \frac{\ln \sin t}{1 + 4 \ln t}$$
$$= \lim_{t \to 0+} \frac{t \cos t}{4 \sin t} = \frac{1}{4}, \tag{6.2.12}$$

于是有

$$\lim_{x \to 0+} \left(\sin \sqrt[4]{x}\right)^{\frac{1}{1+\ln x}} = \lim_{x \to 0+} e^{\ln y} = e^{\frac{1}{4}}.$$

在使用 L'Hospital 法则计算待定型极限时, 应当注意以下三点.

其一, 只有 $\dfrac{0}{0}$ 与 $\dfrac{\infty}{\infty}$ 待定型才能使用 L'Hospital 法则, 在计算中若不注意验证这一点, 则往往会导致荒谬的结果. 如例 6.2.4 中 (6.2.11) 式的最后一步极限式已不是待定型, 若继续用 L'Hospital 法则, 就会得到

$$L = \lim_{x \to 0} \frac{e^x - 2}{e^x - 1 + xe^x} = \lim_{x \to 0} \frac{e^x}{2e^x + xe^x} = \frac{1}{2}$$

这样的错误结果.

其二, 为了简化计算, 常常要注意将 L'Hospital 法则与其他求极限的方法结合起来使用. 例如, 像 (6.2.9) 式那样及时分出极限可定的因子, 像 (6.2.10) 式那样作等价量代换, 像 (6.2.12) 式那样作变量变换等. 这样做可避免直接的机械式的求导所造成的计算复杂性, 提高计算的效率.

其三, 从逻辑上讲, $\lim \dfrac{f'(x)}{g'(x)}$ 不存在, 并不能断言 $\lim \dfrac{f(x)}{g(x)}$ 不存在. 因此当 $\lim \dfrac{f'(x)}{g'(x)} \neq \lambda$ ($\lambda \in \mathbb{R}$, 或 $\lambda = +\infty, -\infty, \infty$), 或者 $\lim \dfrac{f'(x)}{g'(x)}$ 不易求时, L'Hospital 法则失效, 只能另找方法来求. 例如, 由于 $\lim\limits_{x \to \infty} \dfrac{1 + \cos x}{1 - \cos x}$ 不存在, 故

$$\lim_{x \to \infty} \frac{x + \sin x}{x - \sin x} \neq \lim_{x \to \infty} \frac{1 + \cos x}{1 - \cos x}.$$

又如, 虽然按 L'Hospital 法则有

$$\lim_{x \to +\infty} \frac{e^x + e^{-x}}{e^x - e^{-x}} = \lim_{x \to +\infty} \frac{e^x - e^{-x}}{e^x + e^{-x}} = \lim_{x \to +\infty} \frac{e^x + e^{-x}}{e^x - e^{-x}} = \cdots,$$

但求不到结果. 这两个极限可通过下面的方法得出:

$$\lim_{x \to \infty} \frac{x + \sin x}{x - \sin x} = \lim_{x \to \infty} \frac{1 + \dfrac{\sin x}{x}}{1 - \dfrac{\sin x}{x}} = 1, \quad \lim_{x \to +\infty} \frac{e^x + e^{-x}}{e^x - e^{-x}} = \lim_{x \to +\infty} \frac{1 + e^{-2x}}{1 - e^{-2x}} = 1.$$

例 6.2.8　求数列极限 $\lim\limits_{n \to \infty} \left(\cos \dfrac{1}{n}\right)^{n^2}$.

这是 1^∞ 待定型. 由于导数定义不适用于离散变量的函数, 故不能在数列形式下直接用 L'Hospital 法则. 数列待定型极限的计算, 可借助 Heine 定理, 通过先求相应形式的函数极限而得到解决.

解 先考虑 $\lim\limits_{x\to 0+}(\cos x)^{\frac{1}{x^2}}$, 令 $y=(\cos x)^{\frac{1}{x^2}}$, 则由 L'Hospital 法则得

$$\lim_{x\to 0+}\ln y=\lim_{x\to 0+}\frac{\ln\cos x}{x^2}=\lim_{x\to 0+}\frac{-\tan x}{2x}=-\frac{1}{2},$$

于是 $\lim\limits_{x\to 0+}(\cos x)^{\frac{1}{x^2}}=\lim\limits_{x\to 0+}\mathrm{e}^{\ln y}=\mathrm{e}^{-\frac{1}{2}}$. 根据 Heine 定理, $\lim\limits_{n\to\infty}\left(\cos\dfrac{1}{n}\right)^{n^2}=\mathrm{e}^{-\frac{1}{2}}$.

(也可先考虑 $\lim\limits_{x\to +\infty}\left(\cos\dfrac{1}{x}\right)^{x^2}$, 用 L'Hospital 法则求其对数的极限.)

例 6.2.9 已知函数 g 满足 $g(0)=g'(0)=0, g''(0)=6$, 设

$$f(x)=\begin{cases}\dfrac{g(x)}{x}, & x\neq 0,\\[2mm] 0, & x=0,\end{cases}$$

试求 $f'(0)$.

解 因为当 $x\neq 0$ 时, $\dfrac{f(x)-f(0)}{x-0}=\dfrac{g(x)}{x^2}$, 故由 L'Hospital 法则与二阶导数的定义得

$$f'(0)=\lim_{x\to 0}\frac{g(x)}{x^2}=\lim_{x\to 0}\frac{g'(x)}{2x}=\frac{1}{2}\lim_{x\to 0}\frac{g'(x)-g'(0)}{x-0}=\frac{1}{2}g''(0)=3.$$

请思考: 例 6.2.9 的解法中, 条件 $g(0)=0$ 用在何处? 又若用两次 L'Hospital 法则, 得

$$f'(0)=\lim_{x\to 0}\frac{g(x)}{x^2}=\lim_{x\to 0}\frac{g'(x)}{2x}=\lim_{x\to 0}\frac{g''(x)}{2}=\frac{1}{2}g''(0)=3,$$

错在何处?

例 6.2.10 (阅读) 如图 6.2.2 所示, P 为中心在点 O, 半径为 r 的圆周上一点, PT 为圆的切线, 且 PT 与圆弧 PB 的长相等, 直线 TB 交 PO 的延长线于点 A. 当点 B 沿圆周趋近 P 时, 求点 A 的极限位置.

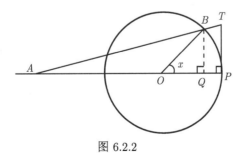

图 6.2.2

解 设 PA 的长为 y, $\angle BOP = x$, 则 PT 的长为 rx. 作 $QB \perp PA$, 则

$$\frac{PT}{QB} = \frac{PA}{QA},$$

即 $\dfrac{rx}{r\sin x} = \dfrac{y}{y - r + r\cos x}$, 由此得到 $y = \dfrac{rx(1 - \cos x)}{x - \sin x}$. 于是由 L'Hospital 法则,

$$\lim_{x \to 0} y = \lim_{x \to 0} \frac{rx(1 - \cos x)}{x - \sin x} = r \lim_{x \to 0} \frac{1 - \cos x + x\sin x}{1 - \cos x} = r \lim_{x \to 0} \frac{2\sin x + x\cos x}{\sin x} = 3r,$$

即 A 的极限位置距点 P 为 $3r$.

因此, 若要在切线 PT 上截取一直线段近似等于小圆弧 PB 的长, 则只要延长 PO 至 A, 使 $PA = 3r$, 连接 AB 并延长, 该延长线在切线上截取的直线段即为所求. 这是一种既方便又保证一定精度的作图法.

对于数列待定型极限, 除了像例 6.2.8 那样借助 Heine 定理转化成函数极限来计算外, 还可利用下述的 Stolz (施笃兹) 定理. 这个定理可看作是数列待定型极限的 L'Hospital 法则, 其证明思路也与定理 6.2.3 相类似 (只是不必用 Cauchy 中值定理).

定理 6.2.4 (Stolz 定理) 设数列 $\{a_n\}$ 与 $\{b_n\}$ 满足

(1) $\exists N_0 \in \mathbb{Z}^+$, $n \geqslant N_0$, $\{b_n\}$ 严格增加且 $\lim\limits_{n \to \infty} b_n = +\infty$;

(2) $\lim\limits_{n \to \infty} \dfrac{a_n - a_{n-1}}{b_n - b_{n-1}} = \lambda$ ($\lambda \in \mathbb{R}$, 或 $\lambda = +\infty, -\infty$),

数学家
小传6.2.2

则 $\lim\limits_{n \to \infty} \dfrac{a_n}{b_n} = \lambda$.

证明 (阅读) 先考虑 $\lambda \in \mathbb{R}$ 的情形. 对 $\forall \varepsilon : 0 < \varepsilon < 1$, 按条件 (1) 和 (2), $\exists n_0 \geqslant N_0$ 使得 $b_{n_0} > 0$ 且 $\forall n > n_0$ 有

$$\left| \frac{a_n - a_{n-1}}{b_n - b_{n-1}} - \lambda \right| < \frac{\varepsilon}{2}. \tag{6.2.13}$$

由于 $\{b_n\}$ 严格增加, 由 (6.2.13) 式得

$$\left(-\frac{\varepsilon}{2} + \lambda \right)(b_n - b_{n-1}) < a_n - a_{n-1} < \left(\frac{\varepsilon}{2} + \lambda \right)(b_n - b_{n-1}). \tag{6.2.14}$$

注意到 $\sum\limits_{k=n_0+1}^{n} (a_k - a_{k-1}) = a_n - a_{n_0}$, 由 (6.2.14) 式求和, 得

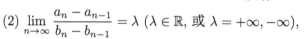

$$\left(-\frac{\varepsilon}{2} + \lambda \right)(b_n - b_{n_0}) < a_n - a_{n_0} < \left(\frac{\varepsilon}{2} + \lambda \right)(b_n - b_{n_0}),$$

$$\left| \frac{a_n - a_{n_0}}{b_n - b_{n_0}} - \lambda \right| < \frac{\varepsilon}{2}. \tag{6.2.15}$$

由于当 $n \to \infty$ 时, $\left\{\dfrac{a_n - a_{n_0}}{b_n - b_{n_0}}\right\}$ 有界, $\dfrac{a_{n_0}}{b_n} \to 0$, $\dfrac{b_{n_0}}{b_n} \to 0$, 故

$$\frac{a_n}{b_n} - \frac{a_n - a_{n_0}}{b_n - b_{n_0}} = \frac{a_{n_0} b_n - a_n b_{n_0}}{b_n(b_n - b_{n_0})} = \frac{a_{n_0}}{b_n} - \frac{b_{n_0}}{b_n}\left(\frac{a_n - a_{n_0}}{b_n - b_{n_0}}\right) \to 0,$$

从而 $\exists N > n_0$, $\forall n > N$, 有 $\left|\dfrac{a_n}{b_n} - \dfrac{a_n - a_{n_0}}{b_n - b_{n_0}}\right| < \dfrac{\varepsilon}{2}$, 结合 (6.2.15) 式, 进一步有

$$\left|\frac{a_n}{b_n} - \lambda\right| \leqslant \left|\frac{a_n}{b_n} - \frac{a_n - a_{n_0}}{b_n - b_{n_0}}\right| + \left|\frac{a_n - a_{n_0}}{b_n - b_{n_0}} - \lambda\right| < \frac{\varepsilon}{2} + \frac{\varepsilon}{2} = \varepsilon.$$

若 $\lambda = +\infty$, 则按条件 (2), 当 n 充分大有 $a_n - a_{n-1} > b_n - b_{n-1} > 0$, 故 $\{a_n\}$ 也严格增加且 $\lim\limits_{n \to \infty} a_n = +\infty$, 由上述已证结论得 $\lim\limits_{n \to \infty} \dfrac{b_n}{a_n} = \lim\limits_{n \to \infty} \dfrac{b_n - b_{n-1}}{a_n - a_{n-1}} = 0$, 从而 $\lim\limits_{n \to \infty} \dfrac{a_n}{b_n} = +\infty$.

若 $\lambda = -\infty$, 则由 $\lim\limits_{n \to \infty} \dfrac{-a_n}{b_n} = \lim\limits_{n \to \infty} \dfrac{(-a_n) - (-a_{n-1})}{b_n - b_{n-1}} = +\infty$ 也可得 $\lim\limits_{n \to \infty} \dfrac{a_n}{b_n} = -\infty$.

注意   Stolz 定理中对 $\lim\limits_{n \to \infty} a_n$ 未加限制条件, 且当 $\lambda = \infty$ 时结论未必成立. 例如, 当 $a_n = [1 + (-1)^n]\, n^2$, $b_n = n$ 时, 虽然 $\lim\limits_{n \to \infty} \dfrac{a_n - a_{n-1}}{b_n - b_{n-1}} = \infty$, 但是 $\lim\limits_{n \to \infty} \dfrac{a_n}{b_n} \neq \infty$.

例 6.2.11   设 $q > 1$, 求数列极限 $\lim\limits_{n \to \infty} \dfrac{n}{q^{n+1}} \sum\limits_{k=1}^{n} \dfrac{q^k}{k}$.

解   因为 $q > 1$, 故当 n 充分大有

$$\frac{q^{n+1}/n}{q^n/(n-1)} = \frac{(n-1)q}{n} = \frac{(n-1) + (n-1)(q-1)}{(n-1) + 1} > 1,$$

于是 $\{q^{n+1}/n\}$ 严格增加且 $q^{n+1}/n \to +\infty$, 由 Stolz 定理得

$$\lim_{n \to \infty} \frac{n}{q^{n+1}} \sum_{k=1}^{n} \frac{q^k}{k} = \lim_{n \to \infty} \frac{q^n/n}{q^{n+1}/n - q^n/(n-1)} = \lim_{n \to \infty} \frac{1}{q - n/(n-1)} = \frac{1}{q-1}.$$

习 题 6.2

1. 设 $0 < \alpha < \beta < \dfrac{\pi}{2}$. 证明存在 $\theta \in (\alpha, \beta)$, 使得

$$\frac{\sin \alpha - \sin \beta}{\cos \beta - \cos \alpha} = \cot \theta.$$

2. 设函数 f 在 $[a,b]$ 上连续, 在 (a,b) 内可导. 证明 $\exists \xi \in (a,b)$ 使得

$$2\xi\, [f(b) - f(a)] = (b^2 - a^2) f'(\xi).$$

3. 求下列极限:

(1) $\lim\limits_{x\to a}\dfrac{x^m-a^m}{x^n-a^n}\ (na\neq 0)$;

(2) $\lim\limits_{x\to\frac{\pi}{2}}\dfrac{\tan x-6}{\sec x+5}$;

(3) $\lim\limits_{x\to 0}\dfrac{\sqrt{1+x}-\sqrt{1-x}}{\sqrt[3]{1+x}-\sqrt[3]{1-x}}$;

(4) $\lim\limits_{x\to 0}\dfrac{\ln(1+x)-x}{\cos x-1}$;

(5) $\lim\limits_{x\to 0}\dfrac{\tan x-x}{x-\sin x}$;

(6) $\lim\limits_{x\to 0+}\sin x\ln x$;

(7) $\lim\limits_{x\to 1}\left(\dfrac{m}{1-x^m}-\dfrac{n}{1-x^n}\right)$;

(8) $\lim\limits_{x\to 0}\left(\cot x-\dfrac{1}{x}\right)$;

(9) $\lim\limits_{x\to 1}\dfrac{\ln\cos(x-1)}{1-\sin\dfrac{\pi x}{2}}$;

(10) $\lim\limits_{x\to 1-}\ln x\ln(1-x)$;

(11) $\lim\limits_{x\to 1}x^{\frac{1}{1-x}}$;

(12) $\lim\limits_{x\to 0+}(\tan x)^{\sin x}$;

(13) $\lim\limits_{x\to 0}\left[\dfrac{(1+x)^{\frac{1}{x}}}{e}\right]^{\frac{1}{x}}$;

(14) $\lim\limits_{x\to\frac{\pi}{4}}(\tan x)^{\tan 2x}$;

(15) $\lim\limits_{x\to+\infty}(\pi-2\arctan x)^{\frac{1}{\ln x}}$;

(16) $\lim\limits_{x\to 0}\left(\dfrac{\tan x}{x}\right)^{\frac{1}{x^2}}$;

(17) $\lim\limits_{x\to 0}\left(\dfrac{1}{x^2}-\dfrac{1}{\sin^2 x}\right)$;

(18) $\lim\limits_{x\to 0}\dfrac{(1+x)^{\frac{1}{x}}-e}{x}$.

4. 证明: $\lim\limits_{x\to 0}\dfrac{1-(\cos a_1 x)(\cos a_2 x)\cdots(\cos a_n x)}{x^2}=\dfrac{1}{2}\sum\limits_{k=1}^{n}a_k^2$.

5. 设函数 f 在点 a 存在二阶导数 $f''(a)$, 证明:

$$\lim_{h\to 0}\frac{f(a+h)+f(a-h)-2f(a)}{h^2}=f''(a).$$

6. 求下列极限:

(1) $\lim\limits_{n\to\infty}\dfrac{1+\dfrac{1}{2}+\cdots+\dfrac{1}{n}}{\ln n}$;

(2) $\lim\limits_{n\to\infty}\dfrac{1^p+2^p+\cdots+n^p}{n^{p+1}}$, $p>0$.

6.3　Taylor　公　式

　　在近似计算与理论分析过程中, 经常需要用简单函数来近似表示或逼近比较复杂的函数. 从代数运算角度讲, 多项式函数是最简单的一类函数, 因为它只涉及加、减、乘三种运算, 最适合于计算机处理. 实际上, 用多项式来逼近函数, 正是一些计算工具进行函数值计算的工作原理. 那么, 一个函数具备什么条件才能用多项式来近似代替? 这个多项式的系数与这个函数有何关系? 用多项式近似代替这个函数产生怎样的误差? 本节将解决这些问题.

在 5.3 节曾经讨论过用微分进行近似计算的问题. 若 $f(x)$ 在点 x_0 可导, 则按微分定义有

$$f(x) = f(x_0) + f'(x_0)(x - x_0) + o(x - x_0) \quad (x \to x_0). \tag{6.3.1}$$

(6.3.1) 式的意义是用在点 x_0 处的一次多项式 $f(x_0) + f'(x_0)(x - x_0)$ 来近似表示函数 $f(x)$, 多项式的系数由 $f(x)$ 在点 x_0 的函数值与导数值确定, 而 $o(x - x_0)$ 是产生的误差或余项. 用一次多项式来近似也称为线性近似或 "以直代曲". 但在许多情况下, 线性近似的精确度不高. 为了提高精确度, 必须考虑用更高次数的多项式来近似. 这个问题的一般提法是: 用在点 x_0 处的 n 次多项式

$$p(x) = a_0 + a_1(x - x_0) + a_2(x - x_0)^2 + \cdots + a_n(x - x_0)^n \tag{6.3.2}$$

来近似表示函数 $f(x)$.

首先考察一下多项式 $p(x)$ 的系数与它的导数间的关系. 对 (6.3.2) 式两边逐次求在点 x_0 处的各阶导数, 得到

$$p(x_0) = a_0, \quad p'(x_0) = a_1, \quad p''(x_0) = a_2 2!, \quad \cdots, \quad p^{(n)}(x_0) = a_n n!,$$

即

$$a_0 = p(x_0), \quad a_1 = \frac{p'(x_0)}{1!}, \quad a_2 = \frac{p''(x_0)}{2!}, \quad \cdots, \quad a_n = \frac{p^{(n)}(x_0)}{n!}.$$

这表明多项式 $p(x)$ 的各项系数由它在点 x_0 处的各阶导数值唯一确定.

例 6.3.1 将 $p(x) = x^3 - 4x^2 + 2$ 表示成点 $x_0 = 2$ 处的多项式.

解 由于

$$p(2) = -6, \quad p'(2) = (3x^2 - 8x)\big|_{x=2} = -4, \quad p''(2) = (6x - 8)\big|_{x=2} = 4, \quad p'''(2) = 6,$$

故

$$p(x) = -6 - 4(x - 2) + 2(x - 2)^2 + (x - 2)^3.$$

用形如 (6.3.2) 式的多项式 $p(x)$ 来近似表示函数 $f(x)$, 自然希望 $p(x)$ 与 $f(x)$ 尽可能吻合, 因此 $p(x)$ 的系数 a_k 应取为 $a_k = \dfrac{f^{(k)}(x_0)}{k!}$.

定义 6.3.1 设函数 f 在点 x_0 存在 n 阶导数, 则称多项式

$$T_n(x) = \sum_{k=0}^{n} \frac{f^{(k)}(x_0)}{k!}(x - x_0)^k \tag{6.3.3}$$

为 f 在点 x_0 的 **Taylor 多项式**, $T_n(x)$ 的各项系数 $\dfrac{f^{(k)}(x_0)}{k!}$ $(k = 0, 1, \cdots, n)$ 称为 **Taylor 系数**.

根据上面对多项式系数的讨论, 由 (6.3.3) 式易知 Taylor 多项式 $T_n(x)$ 有下述性质:

$$T_n^{(k)}(x_0) = f^{(k)}(x_0), \quad k = 0, 1, \cdots, n; \tag{6.3.4}$$

$$T_n^{(n-1)}(x) = f^{(n-1)}(x_0) + f^{(n)}(x_0)(x - x_0). \tag{6.3.5}$$

一般来说, 函数 f 本身未必是多项式, 用 Taylor 多项式 $T_n(x)$ 来近似时应有一个误差项或余项 $R_n(x)$, 即

数学家
小传6.3.1

$$f(x) = T_n(x) + R_n(x).$$

因此下面要解决的核心问题是余项 $R_n(x) =?$, Peano (佩亚诺) 余项是其中形式最简单的一种余项.

定理 6.3.1 (Taylor 局部定理) 设函数 f 在点 x_0 存在 n 阶导数 $(n \geqslant 1)$, 则 $\exists U(x_0)$ 使得 $\forall x \in U(x_0)$ 有

$$f(x) = T_n(x) + o((x - x_0)^n) \quad (x \to x_0). \tag{6.3.6}$$

这里余项 $R_n(x) = o((x - x_0)^n)$ 称为 **Peano 余项**, 公式 (6.3.6) 称为**带 Peano 余项的 Taylor 公式** (或 **Taylor 展开式**). 很明显, (6.3.1) 式是 (6.3.6) 式在 $n = 1$ 时的特例.

证明 $R_n(x) = f(x) - T_n(x)$, 要证明的是 $\lim\limits_{x \to x_0} \dfrac{R_n(x)}{(x - x_0)^n} = 0$. 不妨设 $n > 1$, 由于 f 在点 x_0 存在 n 阶导数, 因而存在点 x_0 的邻域 $U(x_0)$, f 在 $U(x_0)$ 内存在 $n - 1$ 阶导数, 从而 $R_n(x)$ 在 $U(x_0)$ 内存在 $n - 1$ 阶导数 (这推出 $n - 2$ 阶导数连续). 根据 (6.3.4) 式, 当 $k = 0, 1, \cdots, n - 2$ 有

$$\lim_{x \to x_0} R_n^{(k)}(x) = R_n^{(k)}(x_0) = f^{(k)}(x_0) - T_n^{(k)}(x_0) = 0.$$

因此可接连使用 L'Hospital 法则 $n - 1$ 次, 得到

数学家
小传6.3.2

$$\begin{aligned}
\lim_{x \to x_0} \frac{R_n(x)}{(x - x_0)^n} &= \lim_{x \to x_0} \frac{R_n'(x)}{n(x - x_0)^{n-1}} \\
&= \lim_{x \to x_0} \frac{R_n''(x)}{n(n-1)(x - x_0)^{n-2}} \\
&= \cdots = \lim_{x \to x_0} \frac{R_n^{(n-1)}(x)}{n!(x - x_0)}.
\end{aligned}$$

根据 (6.3.5) 式与 f 在点 x_0 的 n 阶导数的定义, 进一步得到

$$\lim_{x \to x_0} \frac{R_n(x)}{(x - x_0)^n} = \lim_{x \to x_0} \frac{f^{(n-1)}(x) - T_n^{(n-1)}(x)}{n!(x - x_0)}$$

$$= \lim_{x \to x_0} \frac{f^{(n-1)}(x) - [f^{(n-1)}(x_0) + f^{(n)}(x_0)(x - x_0)]}{n!(x - x_0)}$$

$$= \frac{1}{n!} \lim_{x \to x_0} \left[\frac{f^{(n-1)}(x) - f^{(n-1)}(x_0)}{x - x_0} - f^{(n)}(x_0) \right] = 0.$$

$x_0 = 0$ 时的 Taylor 公式也常称为 **Maclaurin (麦克劳林) 公式**. 由 (6.3.6) 式可知, **带 Peano 余项的 Maclaurin 公式**为

$$f(x) = f(0) + f'(0)x + \frac{f''(0)}{2!}x^2 + \cdots + \frac{f^{(n)}(0)}{n!}x^n + o\left(x^n\right) \quad (x \to 0). \quad (6.3.7)$$

例 6.3.2　求下列函数带 Peano 余项的 Maclaurin 展开式:

(1) $f(x) = \ln(1 + x)$; 　　　　　　　(2) $f(x) = \cos x$.

函数 $\ln(1 + x)$ 的图像如图 6.3.1 所示.

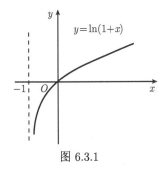

图 6.3.1

数学家
小传6.3.3

解　(1) $f(0) = 0$; 由于

$$f^{(k)}(x) = \left(\frac{1}{1+x} \right)^{(k-1)} = \frac{(-1)^{k-1}(k-1)!}{(1+x)^k}, \quad f^{(k)}(0) = (-1)^{k-1}(k-1)!,$$

因此有 $\dfrac{f^{(k)}(0)}{k!} = \dfrac{(-1)^{k-1}}{k}$, $k = 1, 2, \cdots, n$, 代入 (6.3.7) 式便得到

$$\ln(1 + x) = x - \frac{x^2}{2} + \frac{x^3}{3} - \cdots + (-1)^{n-1}\frac{x^n}{n} + o(x^n)$$

$$= \sum_{k=1}^{n} (-1)^{k-1}\frac{x^k}{k} + o(x^n) \quad (x \to 0). \quad (6.3.8)$$

(2) $f(0) = 1$; 由于

$$f^{(j)}(x) = \cos\left(x + \frac{j\pi}{2}\right), \quad f^{(j)}(0) = \cos\left(\frac{j\pi}{2}\right),$$

因此有 $\dfrac{f^{(2k-1)}(0)}{(2k-1)!} = 0, \dfrac{f^{(2k)}(0)}{(2k)!} = \dfrac{\cos k\pi}{(2k)!} = \dfrac{(-1)^k}{(2k)!}, k = 1, 2, \cdots, n$, 代入 (6.3.7) 式便得到

$$\cos x = 1 - \frac{x^2}{2!} + \frac{x^4}{4!} - \cdots + (-1)^n \frac{x^{2n}}{(2n)!} + o(x^{2n})$$

$$= \sum_{k=0}^{n} (-1)^k \frac{x^{2k}}{(2k)!} + o(x^{2n}) \quad (x \to 0). \tag{6.3.9}$$

Peano 余项给出了用 Taylor 多项式逼近函数时误差的一种变化状态, 即当 $x \to x_0$ 时, 误差为 $(x - x_0)^n$ 的高阶无穷小量. 它是误差的一种**定性**描述, 不适合进行误差大小的估计. 这使得 Taylor 局部定理只能用于研究函数在给定点局部的近似行为, 不便于研究函数在大范围内的性质. 例如, 对于例 5.4.7 中给出的函数

$$f(x) = \begin{cases} \mathrm{e}^{-\frac{1}{x^2}}, & x \neq 0, \\ 0, & x = 0, \end{cases}$$

已知 $\forall n \in \mathbb{Z}^+$ 有 $f^{(n)}(0) = 0$, 那么它的带 Peano 余项的 Maclaurin 公式为

$$f(x) = 0 + o(x^n) \quad (x \to 0),$$

按照此公式很难得到关于这个函数的更多信息.

为了构造**定量**形式的余项, 需要加强关于函数 f 的假设条件.

定理 6.3.2(**Taylor 中值定理**) 设函数 f 在点 x_0 的邻域 $U^o(x_0)$ 内存在 $n + 1$ 阶导数, 且 $f^{(n)}$ 在点 x_0 连续, 则对 $\forall x \in U^o(x_0)$, $\exists \xi$ 介于 x_0 与 x 之间, 使得 $f(x) = T_n(x) + R_n(x)$, 其中

$$R_n(x) = \frac{f^{(n+1)}(\xi)}{(n+1)!}(x - x_0)^{n+1} \tag{6.3.10}$$

或

$$R_n(x) = \frac{f^{(n+1)}(\xi)}{n!}(x - \xi)^n (x - x_0). \tag{6.3.11}$$

这里的公式 $f(x) = T_n(x) + R_n(x)$ 称为 **Taylor 中值公式**, 余项 (6.3.10) 称为 **Lagrange 余项**, 余项 (6.3.11) 称为 **Cauchy 余项**. 很明显, Lagrange 中值公式是 Taylor 中值公式在 $n = 0$ 时的特例.

证明 对 $\forall x \in U^o(x_0)$, 将 x_0 与 x 都看作固定的点, 以点 x_0 与 x 为端点的闭区间记为 I, 开区间记为 I^o. 由题设条件可知 f 在 I 上存在 n 阶连续的导数. $\forall t \in I$, 令

$$F(t) = f(t) + f'(t)(x-t) + \frac{f''(t)}{2!}(x-t)^2 + \cdots + \frac{f^{(n)}(t)}{n!}(x-t)^n, \quad (6.3.12)$$

即 $F(t)$ 是由 Taylor 多项式 $T_n(x)$ 将其中 x_0 换成 t 而构造出来的, 恰好有 $F(x_0) = T_n(x)$, $F(x) = f(x)$, 从而 $R_n(x) = F(x) - F(x_0)$. 由 $f^{(n)}$ 在 I 上连续可知 $F(t)$ 在 I 上连续; 由 f 在 $U^o(x_0)$ 内存在 $n+1$ 阶导数可知 $F(t)$ 在 I^o 内可导, 且由 (6.3.12) 式, $\forall t \in I^o$ 有

$$\begin{aligned} F'(t) =& f'(t) + f''(t)(x-t) + \cdots + \frac{f^{(n)}(t)}{(n-1)!}(x-t)^{n-1} + \frac{f^{(n+1)}(t)}{n!}(x-t)^n \\ &- f'(t) - 2\frac{f''(t)}{2!}(x-t) - \cdots - n\frac{f^{(n)}(t)}{n!}(x-t)^{n-1} \\ =& \frac{f^{(n+1)}(t)}{n!}(x-t)^n. \end{aligned} \quad (6.3.13)$$

令 $G(t) = (x-t)^{n+1}$, 则 $F(t)$ 与 $G(t)$ 在 I 上满足 Cauchy 中值定理的条件, 根据 Cauchy 中值定理与 (6.3.13) 式, 有介于 x_0 与 x 之间的点 ξ 使得

$$\frac{R_n(x)}{-(x-x_0)^{n+1}} = \frac{F(x)-F(x_0)}{G(x)-G(x_0)} = \frac{F'(\xi)}{G'(\xi)} = \frac{\frac{f^{(n+1)}(\xi)}{n!}(x-\xi)^n}{-(n+1)(x-\xi)^n} = -\frac{f^{(n+1)}(\xi)}{(n+1)!},$$

由此得到 Lagrange 余项 (6.3.10) 式.

仍然按 (6.3.12) 式构造 $F(t)$, 令 $H(t) = x - t$, 由 $F(t)$ 与 $H(t)$ 在 I 上应用 Cauchy 中值定理, 可知存在介于 x_0 与 x 之间的点 ξ 使得

$$\frac{R_n(x)}{-(x-x_0)} = \frac{F(x)-F(x_0)}{H(x)-H(x_0)} = \frac{F'(\xi)}{H'(\xi)} = \frac{\frac{f^{(n+1)}(\xi)}{n!}(x-\xi)^n}{-1},$$

由此便得到 Cauchy 余项 (6.3.11) 式.

在 Taylor 中值公式中令 $x_0 = 0$ 与 $\xi = \theta x$, 由 (6.3.10) 与 (6.3.11) 式分别得到: **带 Lagrange 余项的 Maclaurin 公式** $(0 < \theta < 1)$ 为

$$f(x) = f(0) + f'(0)x + \frac{f''(0)}{2!}x^2 + \cdots + \frac{f^{(n)}(0)}{n!}x^n + \frac{f^{(n+1)}(\theta x)}{(n+1)!}x^{n+1}; \quad (6.3.14)$$

带 Cauchy 余项的 Maclaurin 公式 $(0 < \theta < 1)$ 为

$$f(x) = f(0) + f'(0)x + \frac{f''(0)}{2!}x^2 + \cdots + \frac{f^{(n)}(0)}{n!}x^n + \frac{f^{(n+1)}(\theta x)(1-\theta)^n}{n!}x^{n+1}. \quad (6.3.15)$$

例 6.3.3 求下列函数带 Lagrange 余项的 Maclaurin 展开式:

(1) $f(x) = \mathrm{e}^x$; (2) $f(x) = \sin x$.

解 (1) $f(0) = 1$; 由于 $f^{(k)}(x) = \mathrm{e}^x$, 因而有

$$\frac{f^{(k)}(0)}{k!} = \frac{1}{k!}, \quad k = 1, 2, \cdots, n, \quad \frac{f^{(n+1)}(\theta x)}{(n+1)!} = \frac{\mathrm{e}^{\theta x}}{(n+1)!},$$

代入 (6.3.14) 式便得到

$$\mathrm{e}^x = 1 + x + \frac{x^2}{2!} + \cdots + \frac{x^n}{n!} + \frac{\mathrm{e}^{\theta x} x^{n+1}}{(n+1)!} = \sum_{k=0}^{n} \frac{x^k}{k!} + \frac{\mathrm{e}^{\theta x} x^{n+1}}{(n+1)!} \quad (0 < \theta < 1). \quad (6.3.16)$$

(2) $f(0) = 0$; 由于 $f^{(j)}(x) = \sin\left(x + \dfrac{j\pi}{2}\right)$, $f^{(j)}(0) = \sin\left(\dfrac{j\pi}{2}\right)$, 故

$$\frac{f^{(2k)}(0)}{(2k)!} = 0, \quad \frac{f^{(2k-1)}(0)}{(2k-1)!} = \frac{\sin\left(k\pi - \dfrac{\pi}{2}\right)}{(2k-1)!} = \frac{(-1)^{k-1}}{(2k-1)!}, \quad k = 1, 2, \cdots, n;$$

展开到 $2n$ 项 (这一项系数为 0), 余项为

$$R_{2n}(x) = \frac{f^{(2n+1)}(\theta x)}{(2n+1)!} x^{2n+1} = \frac{\sin(\theta x + n\pi + \pi/2)}{(2n+1)!} x^{2n+1} = \frac{(-1)^n \cos\theta x}{(2n+1)!} x^{2n+1},$$

代入 (6.3.14) 式便得到

$$\sin x = x - \frac{x^3}{3!} + \frac{x^5}{5!} - \cdots + (-1)^{n-1} \frac{x^{2n-1}}{(2n-1)!} + \frac{(-1)^n \cos\theta x}{(2n+1)!} x^{2n+1}$$

$$= \sum_{k=1}^{n} (-1)^{k-1} \frac{x^{2k-1}}{(2k-1)!} + \frac{(-1)^n \cos\theta x}{(2n+1)!} x^{2n+1} \quad (0 < \theta < 1). \tag{6.3.17}$$

例 6.3.4 求函数 $f(x) = (1+x)^\alpha$ 带 Cauchy 余项的 Maclaurin 展开式 ($\alpha \notin \mathbb{N}$). 这里的 $(1+x)^\alpha$ 是一类性态因 α 而异的函数, 如图 6.3.2 所示.

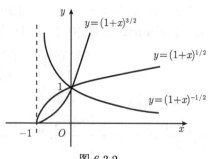

图 6.3.2

解　(1) $f(0) = 1$; 由于 $f^{(k)}(x) = \alpha(\alpha - 1) \cdots (\alpha - k + 1)(1 + x)^{\alpha - k}$, 因而有

$$\frac{f^{(k)}(0)}{k!} = \frac{\alpha(\alpha - 1) \cdots (\alpha - k + 1)}{k!}, \quad k = 1, 2, \cdots, n;$$

引入记号 $\begin{pmatrix} \alpha \\ k \end{pmatrix} = \dfrac{\alpha(\alpha - 1) \cdots (\alpha - k + 1)}{k!}$, 并约定 $\begin{pmatrix} \alpha \\ 0 \end{pmatrix} = 1$, 则 Cauchy 余项为

$$R_n(x) = \frac{f^{(n+1)}(\theta x)(1 - \theta)^n}{n!} x^{n+1} = \frac{\alpha(\alpha - 1) \cdots (\alpha - n)(1 + \theta x)^{\alpha - n - 1}(1 - \theta)^n}{n!} x^{n+1}$$

$$= \begin{pmatrix} \alpha \\ n \end{pmatrix} \frac{(\alpha - n)(1 - \theta)^n}{(1 + \theta x)^{n+1-\alpha}} x^{n+1}.$$

代入 (6.3.15) 式便得到

$$(1 + x)^\alpha = 1 + \alpha x + \frac{\alpha(\alpha - 1)}{2!} x^2 + \cdots + \begin{pmatrix} \alpha \\ n \end{pmatrix} x^n + \begin{pmatrix} \alpha \\ n \end{pmatrix} \frac{(\alpha - n)(1 - \theta)^n}{(1 + \theta x)^{n+1-\alpha}} x^{n+1}$$

$$= \sum_{k=0}^{n} \begin{pmatrix} \alpha \\ k \end{pmatrix} x^k + \begin{pmatrix} \alpha \\ n \end{pmatrix} \frac{(\alpha - n)(1 - \theta)^n}{(1 + \theta x)^{n+1-\alpha}} x^{n+1} \quad (0 < \theta < 1).$$

$$(6.3.18)$$

前述的三个 Maclaurin 公式 (6.3.7)、(6.3.14) 和 (6.3.15) 是 Taylor 公式的常用形式, 应当予以充分的注意. 5 个函数 $\ln(1 + x)$, $\cos x$, e^x, $\sin x$, $(1 + x)^\alpha$ 的展开式, 依次为 (6.3.8), (6.3.9),(6.3.16),(6.3.17),(6.3.18), 都是最基本的展开式, 建议逐渐记住它们, 尤其是其中的前几项.

这 5 个函数的展开式都是按 Taylor 多项式的定义直接求 n 阶导数得出的. 但对有些函数而言, 求出它的 n 阶导数的表达式往往很难. 因而求函数的 Taylor 展开式惯常采用间接方法, 即从已知的展开式出发, 通过适当的代数运算、变量替换等, 获得待求的展开式. 由此产生的理论问题是: Taylor 展开式是否唯一? 注意到当 $x \to x_0$ 时 Lagrange 余项与 Cauchy 余项都是 $(x - x_0)^n$ 的高阶无穷小量, 所以下面以 Peano 余项为例回答这个问题.

定理 6.3.3 (Taylor 展开式的唯一性)　设函数 f 在点 x_0 存在 n 阶导数. 若 $\forall x \in U(x_0)$ 有

$$f(x) = b_0 + b_1(x - x_0) + \cdots + b_n(x - x_0)^n + o((x - x_0)^n) \quad (x \to x_0), \quad (6.3.19)$$

则必有 $b_k = \dfrac{f^{(k)}(x_0)}{k!}$, $k = 0, 1, \cdots, n$.

证明 (阅读) 将 (6.3.6) 与 (6.3.19) 式相减, 得到当 $x \to x_0$ 时有

$$[b_0 - f(x_0)] + [b_1 - f'(x_0)](x - x_0) + \cdots + \left[b_n - \frac{f^{(n)}(x_0)}{n!} \right](x - x_0)^n = o\left((x - x_0)^n\right).$$

因此, 对 $\forall k \in \{0, 1, \cdots, n\}$, 必有

$$\lim_{x \to x_0} \frac{[b_0 - f(x_0)] + [b_1 - f'(x_0)](x - x_0) + \cdots + \left[b_n - \dfrac{f^{(n)}(x_0)}{n!} \right](x - x_0)^n}{(x - x_0)^k} = 0.$$

依次令 $k = 0, 1, \cdots, n$, 便得到

$$b_k = \frac{f^{(k)}(x_0)}{k!}, \quad k = 0, 1, \cdots, n.$$

例 6.3.5 求 $\ln x$ 在点 $x_0 = 2$ 处带 Peano 余项的 Taylor 公式.

解 利用 $\ln(1 + x)$ 的 Maclaurin 公式得

$$\ln x = \ln[2 + (x - 2)] = \ln 2 + \ln\left[1 + \frac{x - 2}{2} \right]$$

$$= \ln 2 + \sum_{k=1}^{n} \frac{(-1)^{k-1}}{k} \left(\frac{x - 2}{2} \right)^k + o\left((x - 2)^n\right)$$

$$= \ln 2 + \sum_{k=1}^{n} \frac{(-1)^{k-1}}{k 2^k} (x - 2)^k + o\left((x - 2)^n\right) \quad (x \to 2).$$

Taylor 公式是微分学中最重要的公式, 应用十分广泛. 它是本课程后面处理一些相关理论问题的工具. 本节仅列举一些简单的例子.

例 6.3.6 证明数 e 为无理数.

证明 根据 e^x 的带 Lagrange 余项的 Maclaurin 公式, 当 $x = 1$ 时有

$$e = 1 + 1 + \frac{1}{2!} + \cdots + \frac{1}{n!} + \frac{e^\theta}{(n + 1)!}, \quad \theta \in (0, 1).$$

由此得

$$n!e - n!\left(1 + 1 + \frac{1}{2!} + \cdots + \frac{1}{n!} \right) = \frac{e^\theta}{n + 1}. \tag{6.3.20}$$

(反证法) 若 e 是有理数, 即 $e = \dfrac{p}{q}$, 这里 $p, q \in \mathbb{Z}^+$, 则取 $n > q$, 必有 $\dfrac{n!}{q}$ 为整数, 于是 (6.3.20) 式左边为整数. 由于 $n + 1 > q + 1 \geqslant 2$, 即 $n + 1 \geqslant 3$, 但 $e^\theta < e < 3$, 故 $0 < \dfrac{e^\theta}{n + 1} < 1$, 即 (6.3.20) 式右边不是整数, 矛盾. 从而 e 只能是无理数.

例 6.3.7 利用 Taylor 多项式来计算函数 $\sin x$, $x \in \left(-\dfrac{\pi}{2}, \dfrac{\pi}{2}\right)$ 的近似值, 为使误差小于 10^{-5}, 应在 Taylor 多项式中取多少项?

解 根据 $\sin x$ 带 Lagrange 余项的 Maclaurin 公式, 利用余项估计在 $\left(-\dfrac{\pi}{2}, \dfrac{\pi}{2}\right)$ 的误差界, 得

$$|R_{2n}(x)| = \left| \frac{(-1)^n \cos \theta x}{(2n+1)!} x^{2n+1} \right| \leqslant \frac{(\pi/2)^{2n+1}}{(2n+1)!} \leqslant \frac{1.6^{2n+1}}{(2n+1)!}.$$

为使误差小于 10^{-5}, 取 $n = 5$, 此时 $\dfrac{1.6^{11}}{11!} < 10^{-5}$, 即利用 Taylor 多项式

$$T_9(x) = x - \frac{x^3}{3!} + \frac{x^5}{5!} - \frac{x^7}{7!} + \frac{x^9}{9!}$$

来计算就可达到所要求的精确度.

由例 6.3.7 可见, 若要造一个 5 位准确数字的正弦值表, 用 $T_9(x)$ 就能算出. 在图 6.3.3 中画出了用 1 次、3 次、5 次、7 次及 9 次 Taylor 多项式逼近 $\sin x$ 的图形. 可以看到, Taylor 多项式的次数越高, 其图像与 $\sin x$ 的图像的差异就越小.

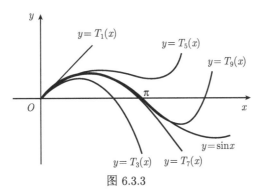

图 6.3.3

例 6.3.8 设 $f(x) = \mathrm{e}^{-\frac{x^2}{2}}$, 求 $f^{(2014)}(0)$ 与 $f^{(2015)}(0)$.

解 根据 e^x 的带 Peano 余项的 Maclaurin 公式得

$$\mathrm{e}^{-\frac{x^2}{2}} = \sum_{k=0}^{n} \frac{1}{k!} \left(-\frac{x^2}{2} \right)^k + o(x^{2n}) = \sum_{k=0}^{n} \frac{(-1)^k}{k! 2^k} x^{2k} + o(x^{2n}), \quad x \to 0. \quad (6.3.21)$$

按 Taylor 系数的定义, f 的展开式中 x^{2014} 的系数应为 $\dfrac{f^{(2014)}(0)}{2014!}$, 而按 (6.3.21) 式实际为 $\dfrac{(-1)^{1007}}{1007! 2^{1007}}$, 故 $\dfrac{f^{(2014)}(0)}{2014!} = \dfrac{(-1)^{1007}}{1007! 2^{1007}}$, 由此知 $f^{(2014)}(0) = -\dfrac{2014!}{1007! 2^{1007}}$.
同理可得 $f^{(2015)}(0) = 0$.

例 6.3.9 求极限 $\displaystyle\lim_{x \to 0} \dfrac{\cos x - \mathrm{e}^{-\frac{x^2}{2}}}{x^4}$.

解 本题用 L'Hospital 法则求解较为繁琐. 下面应用 Taylor 公式求解. 注意到极限式的分母为 x^4, 故分子展开式中 Peano 余项应为 $o(x^4)$. 由于 $x \to 0$ 有

$$\cos x = 1 - \frac{x^2}{2!} + \frac{x^4}{4!} + o(x^4), \quad \mathrm{e}^{-\frac{x^2}{2}} = 1 - \frac{x^2}{2} + \frac{1}{2!}\left(-\frac{x^2}{2}\right)^2 + o(x^4),$$

因而求得

$$\lim_{x \to 0} \frac{\cos x - \mathrm{e}^{-\frac{x^2}{2}}}{x^4} = \lim_{x \to 0} \frac{-\dfrac{1}{12}x^4 + o(x^4)}{x^4} = -\frac{1}{12}.$$

例 6.3.10 设函数 f 在 $[a,b]$ 上二阶可导, $f'(a) = f'(b) = 0$. 证明 $\exists \xi \in (a,b)$, 使得

$$|f''(\xi)| \geqslant \frac{4}{(b-a)^2}|f(b) - f(a)|.$$

证明 由于 f 在 $[a,b]$ 上二阶可导, 应用 Taylor 公式, 将 $f\left(\dfrac{a+b}{2}\right)$ 分别在点 a 与点 b 展开, 并注意到 $f'(a) = f'(b) = 0$, $\exists \xi_1, \xi_2: a < \xi_1 < \dfrac{a+b}{2} < \xi_2 < b$ 使得

$$f\left(\frac{a+b}{2}\right) = f(a) + \frac{f''(\xi_1)}{2!}\left(\frac{a+b}{2} - a\right)^2;$$

$$f\left(\frac{a+b}{2}\right) = f(b) + \frac{f''(\xi_2)}{2!}\left(\frac{a+b}{2} - b\right)^2.$$

两式相减得 $f(b) - f(a) = \dfrac{1}{8}[f''(\xi_1) - f''(\xi_2)](b-a)^2$. 令 $\xi \in \{\xi_1, \xi_2\}$ 使得

$$|f''(\xi)| = \max\{|f''(\xi_1)|, |f''(\xi_2)|\}.$$

于是

$$|f(b) - f(a)| \leqslant \frac{1}{8}(|f''(\xi_1)| + |f''(\xi_2)|)(b-a)^2 \leqslant \frac{1}{4}|f''(\xi)|(b-a)^2,$$

即 $|f''(\xi)| \geqslant \dfrac{4}{(b-a)^2}|f(b) - f(a)|$.

习 题 6.3

1. 求下列多项式函数在指定点 x_0 处的 Taylor 展开式:
(1) $f(x) = x^3 + 4x^2 + 5$, $x_0 = 1$;
(2) $f(x) = (x^2 - 3x + 1)^3$, $x_0 = 0$.
2. 求下列函数指定阶的带 Peano 余项的 Maclaurin 公式:
(1) $f(x) = \mathrm{e}^{\sin x}$, 3 阶;

(2) $f(x) = \mathrm{e}^x \ln(1 + x)$, 4 阶.

3. 求下列函数指定阶的带 Lagrange 余项的 Maclaurin 公式:

(1) $f(x) = \sqrt{2 + \sin x}$, 1 阶;

(2) $f(x) = \tan x$, 3 阶.

4. 求下列函数在指定点 x_0 处带 Peano 余项的 n 阶或 $2n$ 阶 Taylor 公式:

(1) $f(x) = a^x$ $(0 < a \neq 1)$, $x_0 = 1$;

(2) $f(x) = \dfrac{1}{\sqrt{1 + x^2}}$, $x_0 = 0$.

5. 利用 Taylor 公式求下列极限:

(1) $\lim\limits_{x \to 0} \dfrac{\mathrm{e}^x \sin x - x(1 + x)}{x^3}$;

(2) $\lim\limits_{x \to +\infty} \left[x - x^2 \ln \left(1 + \dfrac{1}{x} \right) \right]$;

(3) $\lim\limits_{x \to 0} \dfrac{1}{x} \left(\dfrac{1}{x} - \cot x \right)$;

(4) $\lim\limits_{x \to 0} \dfrac{1 + \dfrac{1}{2} x^2 - \sqrt{1 + x^2}}{(\cos x - \mathrm{e}^{x^2}) \sin x^2}$.

6. 求数 e 的近似值, 使其误差小于 10^{-8}.

7. 利用 3 阶 Taylor 公式求 $\sqrt[3]{30}$ 的近似值, 并估计误差.

6.4 函数的单调性与极值

在第 1 章中曾对函数的一些简单性态作了初步讨论, 那时的讨论受到方法和工具的限制. 微分中值定理, 特别是 Lagrange 中值定理与 Taylor 中值定理的建立, 使我们得以用导数来进一步研究函数的性态.

首先用导数来考察**函数的单调性**. 从图 6.4.1 可以看出, 在递增函数的曲线上, 切线的倾角为锐角, 斜率非负; 在递减函数的曲线上, 切线的倾角为钝角, 斜率非正. 由此可知, 对于可导的函数, 其单调性可通过导数的符号来判别.

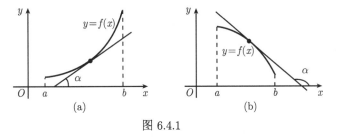

图 6.4.1

定理 6.4.1 设函数 f 在 $[a, b]$ 上连续, 在 (a, b) 内可导, 则

(1) f 在 $[a, b]$ 上递增的充分必要条件是在 (a, b) 内有 $f'(x) \geqslant 0$;

(2) f 在 $[a,b]$ 上递减的充分必要条件是在 (a,b) 内有 $f'(x) \leqslant 0$.

证明 仅需证 (1). **必要性** $\forall x \in (a,b)$, 取 Δx 使 $x + \Delta x \in (a,b)$. 因 f 递增, 故当 $\Delta x > 0$ 有 $f(x + \Delta x) \geqslant f(x)$, 当 $\Delta x < 0$ 有 $f(x + \Delta x) \leqslant f(x)$, 总之有

$$\frac{f(x + \Delta x) - f(x)}{\Delta x} \geqslant 0. \tag{6.4.1}$$

又 f 在 (a,b) 内可导, 所以, 对 (6.4.1) 式令 $\Delta x \to 0$ 即得 $f'(x) \geqslant 0$.

充分性 设 $x \in (a,b)$ 有 $f'(x) \geqslant 0$. 任取 $x_1, x_2 \in [a,b]$, $x_1 < x_2$, 由于 f 在 $[x_1, x_2]$ 上连续, 在 (x_1, x_2) 内可导, 故按 Lagrange 中值定理, $\exists \xi \in (x_1, x_2)$ 使

$$f(x_2) - f(x_1) = f'(\xi)(x_2 - x_1) \geqslant 0.$$

因此 f 在 $[a,b]$ 上递增.

由定理 6.4.1 的充分性的证明容易得出下面的推论.

推论 6.4.2 若函数 f 在 $[a,b]$ 上连续, 在 (a,b) 内可导且 $f'(x) > 0$ $(f'(x) < 0)$, 则 f 在 $[a,b]$ 上严格增 (严格减).

请注意, 这个推论的逆命题并不正确, 函数 f 严格增并不蕴涵处处 $f'(x) > 0$. 这一点只要看一下函数 $f(x) = x^3$ 就知道了, 它是严格增的, 但 $f'(0) = 0$.

定理 6.4.3 设函数 f 在 $[a,b]$ 上连续, 在 (a,b) 内可导, 则

(1) f 在 $[a,b]$ 上严格增的充分必要条件是在 (a,b) 内 $f'(x) \geqslant 0$ 且在 (a,b) 内任何子区间上 $f'(x) \not\equiv 0$;

(2) f 在 $[a,b]$ 上严格减的充分必要条件是在 (a,b) 内 $f'(x) \leqslant 0$ 且在 (a,b) 内任何子区间上 $f'(x) \not\equiv 0$.

证明 仅需证 (1). **必要性** 由于 f 在 $[a,b]$ 上严格增, 故根据定理 6.4.1 可知在 (a,b) 内有 $f'(x) \geqslant 0$. (反证法) 若有某子区间 $I \subset (a,b)$ 使得在 $f'(x) \equiv 0$, 则 f 在 I 上为常数, 与 f 严格增相矛盾.

充分性 由于在 (a,b) 内 $f'(x) \geqslant 0$, 故根据定理 6.4.1 可知 f 在 $[a,b]$ 上递增. (反证法) 若 f 在 $[a,b]$ 上不严格增, 则必 $\exists x_1, x_2 \in [a,b]$, $x_1 < x_2$, 有 $f(x_1) = f(x_2)$. 由于 f 在 $[x_1, x_2]$ 上递增, 故 f 在 $[x_1, x_2]$ 上为常数, 这推出在子区间 (x_1, x_2) 上 $f'(x) \equiv 0$, 与题设相矛盾.

需要指出的是, 如果将上述几个定理中的闭区间换成其他各种区间 (包括无穷区间), 那么结论也是成立的.

例 6.4.1 设函数 f 在区间 $[0, +\infty)$ 可导, $f(0) = 0$ 且 f' 严格增. 证明 $\dfrac{f(x)}{x}$ 在区间 $(0, +\infty)$ 上严格增.

证明 $\forall x \in (0, +\infty)$, 由题设知 f 在 $[0, x]$ 上可导, 应用 Lagrange 中值定理得

$$f(x) = f(x) - f(0) = f'(\theta x)x, \quad 0 < \theta < 1.$$

由于 f' 严格增, 故 $f(x) = f'(\theta x)x < f'(x)x$. 记 $F(x) = \dfrac{f(x)}{x}$, 则 $\forall x \in (0, +\infty)$, 有

$$F'(x) = \frac{f'(x)x - f(x)}{x^2} > 0.$$

因此 $F(x) = \dfrac{f(x)}{x}$ 在区间 $(0, +\infty)$ 上严格增.

下面用导数来研究**函数的极值**问题. 按照在 6.1 节中的定义, 极值就是函数在某点邻域中的最值. 为了求出函数在其定义域中的所有极值点, 一个基本的思想是从定义域中筛选出可能的极值点, 然后再来判别这些点是否必为极值点. 根据 Fermat 引理, 如果函数在极值点可导, 则极值点为稳定点. 换句话说, 极值点要么是稳定点, 要么是不可导点. 不可导点有可能是极值点, 如 $f(x) = |x|$ 或 $f(x) = \sqrt[3]{x^2}$ 这些函数, 0 是不可导点, 也是极小值点. 因此得出如下的极值必要条件.

定理 6.4.4 (极值必要条件) 若 x_0 是函数 f 的极值点, 则 x_0 为稳定点或不可导点.

称它是必要条件, 确切地是指它是必要而不充分的. 就是说, 稳定点与不可导点都不一定是极值点. 例如, 对 $f(x) = x^3$, 0 是其稳定点但不是极值点; 对 $f(x) = \sqrt[3]{x}$, 0 是其不可导点但不是极值点 (图 6.4.2). 极值必要条件的作用是将极值点从定义域的所有点中初筛出来.

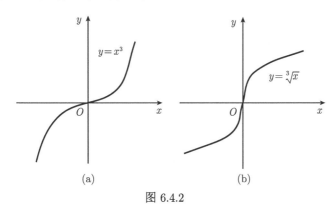

图 6.4.2

那么哪些稳定点和不可导点确实是极值点呢? 下面给出两个判定极值的充分条件.

定理 6.4.5 (极值第一充分条件) 设函数 f 在 $U(x_0)$ 上连续, 在 $U^o(x_0)$ 内可导. (x_0 是 f 的稳定点或不可导点.)

(1) 若当 $x \in U^o(x_0-)$ 时 $f'(x) \geqslant 0$ 且当 $x \in U^o(x_0+)$ 时 $f'(x) \leqslant 0$, 则 $f(x_0)$ 为极大值 (图 6.4.3(a));

(2) 若当 $x \in U^o(x_0-)$ 时 $f'(x) \leqslant 0$ 且当 $x \in U^o(x_0+)$ 时 $f'(x) \geqslant 0$, 则 $f(x_0)$ 为极小值 (图 6.4.3(b));

(3) 若当 $x \in U^o(x_0)$ 时 $f'(x)$ 不变号, 则 x_0 不是 f 的极值点. (图 6.4.3(c) 和 (d)).

证明 只证 (1), 其余类似可证. 由题设条件及定理 6.4.1 可知, f 在 $U(x_0-)$ 递增且在 $U(x_0+)$ 递减, 从而 $\forall x \in U(x_0)$ 有 $f(x) \leqslant f(x_0)$, 所以 $f(x_0)$ 为极大值.

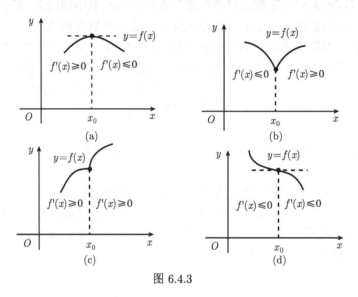

图 6.4.3

注意到存在着这样的函数, 在它的某个稳定点或不可导点的任何一侧都不具有单调性. 例如, 函数

$$f_*(x) = \begin{cases} x \sin \dfrac{1}{x} + |x|, & x \neq 0, \\ 0, & x = 0 \end{cases}$$

是一个处处连续的偶函数, 如图 6.4.4 所示. 0 是不可导点, 也是极小值点. 但当 $x > 0$ 时,

$$f_*'(x) = \sin \frac{1}{x} - \frac{1}{x} \cos \frac{1}{x} + 1,$$

$\forall n \in \mathbb{Z}^+$, 有

$$f_*'\left(\frac{1}{n\pi}\right) = 1 + (-1)^{n-1} n\pi.$$

这表明 $f_*'(x)$ 在任何 $U^o(0+)$ 内都是变号的, 从而 $f_*(x)$ 在任何 $U(0+)$ 内都不是单调的, 同样, 在任何 $U(0-)$ 内也都不是单调的. 因而它的极小值不能通过定理 6.4.5 判别. 可见极值第一充分条件是充分而不必要的条件.

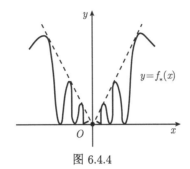

图 6.4.4

下面考虑如何利用高阶导数来判别稳定点处是否取极值.

定理 6.4.6 (极值第二充分条件) 设函数 f 在点 x_0 存在 n 阶导数 $(n \geqslant 2)$. 若 $f^{(k)}(x_0) = 0$, $k = 1, 2, \cdots, n-1(x_0$ 是 f 的稳定点), 且 $f^{(n)}(x_0) \neq 0$, 则

(1) 当 n 为奇数时, x_0 不是 f 的极值点;

(2) 当 n 为偶数时, x_0 是 f 的极值点, 且当 $f^{(n)}(x_0) > 0$ 时 $f(x_0)$ 为极小值, 当 $f^{(n)}(x_0) < 0$ 时 $f(x_0)$ 为极大值.

证明 因为 f 在点 x_0 存在 n 阶导数 $(n \geqslant 2)$, 根据带 Peano 余项的 Taylor 公式, 存在 $U(x_0)$ 使 $\forall x \in U(x_0)$ 有

$$f(x) = \sum_{k=0}^{n} \frac{f^{(k)}(x_0)}{k!}(x-x_0)^k + o\left((x-x_0)^n\right) \quad (x \to x_0).$$

由于 $f^{(k)}(x_0) = 0$, $k = 1, 2, \cdots, n-1$, 故

$$f(x) - f(x_0) = \left[\frac{f^{(n)}(x_0)}{n!} + o(1)\right](x-x_0)^n \quad (x \to x_0). \tag{6.4.2}$$

由于存在 $U(x_0)$, 使得在 $U(x_0)$ 内 $\dfrac{f^{(n)}(x_0)}{n!} + o(1)$ 与 $f^{(n)}(x_0)$ 同号, 故当 n 为奇数时, (6.4.2) 式右边在 $U(x_0-)$ 与 $U(x_0+)$ 符号相反, 从而此时 x_0 不是 f 的极值点; 当 n 为偶数时, (6.4.2) 式右边在 $U(x_0)$ 内不变号. 所以当 $f^{(n)}(x_0) > 0$ 时 $f(x) - f(x_0) \geqslant 0, f(x_0)$ 为极小值; 当 $f^{(n)}(x_0) < 0$ 时 $f(x) - f(x_0) \leqslant 0, f(x_0)$ 为极大值.

注意极值第二充分条件也是充分而不必要的条件. 考虑例 5.4.7 中给出的函数

$$f(x) = \begin{cases} \mathrm{e}^{-\frac{1}{x^2}}, & x \neq 0, \\ 0, & x = 0, \end{cases}$$

很显然, $f(0)$ 是极小值. 但因 $\forall n \in \mathbb{Z}^+$ 有 $f^{(n)}(0) = 0$, 所以无法用定理 6.4.6 对它作出判别.

例 6.4.2 讨论函数 $f(x) = 3x^{\frac{5}{3}} - 15x^{\frac{2}{3}}$ 的单调区间与极值.

解 定义域为 $(-\infty, +\infty)$, 函数 f 连续. 由 f 及

$$f'(x) = 5x^{\frac{2}{3}} - 10x^{-\frac{1}{3}} = 5x^{-\frac{1}{3}}(x - 2) \tag{6.4.3}$$

可知 f 的不可导点为 0, f 的稳定点为 2. 这两点将定义域分为三个区间. 根据极值第一充分条件与 (6.4.3) 式列表如下 (表 6.4.1).

表 6.4.1

x	$(-\infty, 0)$	0	$(0, 2)$	2	$(2, +\infty)$
$f'(x)$	+		−	0	+
$f(x)$	↗	极大	↘	极小	↗

由表 6.4.1 可见 f 在 $(-\infty, 0]$ 与 $[2, +\infty)$ 上严格增, 在 $(0, 2)$ 上严格减, 极大值 $f(0) = 0$, 极小值 $f(2) = 3x^{\frac{2}{3}}(x - 5)\big|_{x=2} = -9\sqrt[3]{4}$.

例 6.4.3 讨论函数 $f(x) = 2\cos x + e^x + e^{-x}$ 的极值.

解 由 $f'(x) = -2\sin x + e^x - e^{-x}$ 容易知道 0 是 f 的稳定点; 由

$$f''(x) = -2\cos x + e^x + e^{-x} \geqslant -2 + 2\sqrt{e^x e^{-x}} = 0$$

及 $f''(x) \not\equiv 0$ 知 $f'(x)$ 在 $(-\infty, +\infty)$ 严格增, 0 是 f 的唯一稳定点. 注意到 $f''(0) = 0$, 又由 $f'''(x) = 2\sin x + e^x - e^{-x}$ 知 $f'''(0) = 0$, 由 $f^{(4)}(x) = 2\cos x + e^x + e^{-x}$ 知 $f^{(4)}(0) = 4 > 0$. 根据极值第二充分条件, 0 是 f 的极小值点, 极小值 $f(0) = 4$.

现在讨论函数的**最大值与最小值**问题. 在工程技术与科学实验中, 经常会遇到如何使 "产品最多""用料最省""成本最低" "效益最高" 等问题. 这些问题都可归结为求某函数的最大值与最小值.

设函数 f 在闭区间 $[a, b]$ 上连续, 则按最值定理, f 必在 $[a, b]$ 上取得最大值与最小值. 最值点可以是区间端点, 也可位于开区间 (a, b) 内. 若最值点位于 (a, b) 内, 则它必为极值点, 从而必为稳定点或不可导点. 因此, 求 f 在闭区间 $[a, b]$ 上的最值, 只需将 f 在开区间 (a, b) 内所有稳定点与不可导点的值与 $f(a)$, $f(b)$ 相比较, 其中最大者即为 f 在 $[a, b]$ 上的最大值, 最小者为 f 在 $[a, b]$ 上的最小值 (不必判别稳定点与不可导点是否为极值点).

当函数 f 在区间 I 上连续, I 不是闭区间时, 可以通过考察 f 在区间 I 内部的稳定点与不可导点的值及区间 I 两端的极限来确定是否存在最值.

例 6.4.4 求 $f(x) = |x^2 - 2x - 3|$ 在 $[-2, 2]$ 上的最大值与最小值.

解 在 $[-2, 2]$ 上, $f(x) = |x + 1| (3 - x)$, f 的不可导点为 -1; 当 $x \in (-2, -1)$ 时 $f'(x) = 2(x - 1) < 0$, 当 $x \in (-1, 2)$ 时 $f'(x) = 2(1 - x)$, f 的稳定点为 1.

由于 $f(-2) = 5$, $f(-1) = 0$, $f(1) = 4$, $f(2) = 3$, 故 f 在 $[-2, 2]$ 上的最大值为 $f(-2) = 5$, 最小值为 $f(-1) = 0$.

例 6.4.5 从半径为 R 的圆形铝片中剪去一个扇形 (图 6.4.5), 将剩余部分围成一个圆锥形漏斗. 问剪去扇形的圆心角多大时, 才能使圆锥形漏斗的容积最大?

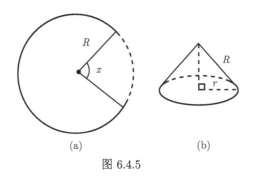

(a)   (b)

图 6.4.5

解 设剪去扇形的圆心角为 x $(0 < x < 2\pi)$, 并记圆锥底半径为 r. 由于圆锥底周长为 $(2\pi - x)R$, 故 $r = \dfrac{(2\pi - x)R}{2\pi}$, 又圆锥母线长为 R, 于是圆锥的高为

$$\sqrt{R^2 - r^2} = \sqrt{R^2 - \left[\frac{(2\pi - x)R}{2\pi}\right]^2} = \frac{R}{2\pi}\sqrt{4\pi x - x^2},$$

从而圆锥体积

$$V(x) = \frac{\pi}{3}\left[\frac{(2\pi - x)R}{2\pi}\right]^2 \frac{R}{2\pi}\sqrt{4\pi x - x^2} = \frac{R^3}{24\pi^2}(2\pi - x)^2\sqrt{4\pi x - x^2}, \quad x \in (0, 2\pi).$$

由

$$V'(x) = \frac{R^3}{24\pi^2}\left[-2(2\pi - x)\sqrt{4\pi x - x^2} + \frac{(2\pi - x)^3}{\sqrt{4\pi x - x^2}}\right]$$

$$= \frac{R^3}{8\pi^2}\frac{(2\pi - x)}{\sqrt{4\pi x - x^2}}\left[x^2 - 4\pi x + \frac{4\pi^2}{3}\right]$$

得到 $V(x)$ 在 $(0, 2\pi)$ 的稳定点为 $x_0 = 2\left(1 - \sqrt{\dfrac{2}{3}}\right)\pi$. 由于

$$\lim_{x \to 0+} V(x) = 0, \quad \lim_{x \to 2\pi-} V(x) = 0, \quad V(x_0) > 0,$$

故 x_0 为 $V(x)$ 的最大值点. 所以当剪去扇形的圆心角为 $2\left(1 - \sqrt{\dfrac{2}{3}}\right)\pi$ 时, 圆锥形漏斗的容积最大.

例 6.4.6 一张高为 1.4m 的图片其底边高于摄像镜头 1.8m(图 6.4.6). 问摄像镜头置于距图片多远处视角最大?

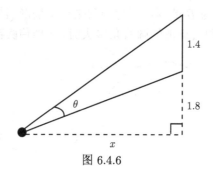

图 6.4.6

解 设摄像镜头置于距图片 xm 处. 则视角

$$\theta(x) = \arctan \frac{1.4 + 1.8}{x} - \arctan \frac{1.8}{x}, \quad x \in (0, +\infty).$$

由于

$$\theta'(x) = -\frac{3.2}{x^2 + 3.2^2} + \frac{1.8}{x^2 + 1.8^2} = \frac{1.4(3.2 \times 1.8 - x^2)}{(x^2 + 3.2^2)(x^2 + 1.8^2)},$$

故 $\theta(x)$ 在 $(0, +\infty)$ 中的稳定点为 $x_0 = 2.4$. 又由于 $\lim\limits_{x \to 0+} \theta(x) = 0$, $\lim\limits_{x \to +\infty} \theta(x) = 0$, $\theta(x_0) > 0$, 故 x_0 为 $\theta(x)$ 的最大值点. 因此当摄像镜头置于距图片 2.4m 处时视角最大.

例 6.4.7 (最小二乘法) 测量某个量 A 的值 n 次, 得到 n 个数据 $a_1, a_2, \cdots, a_n$. 如何根据这 n 个数据推断 A 的近似值, 使误差尽可能小? 处理方法称为最小二乘法, 即取一个值作为 A 的近似值, 使它与诸 $a_j (j = 1, 2, \cdots, n)$ 之差的平方和为最小. 试求这样的近似值.

解 据题意, 即求函数

$$f(x) = (x - a_1)^2 + (x - a_2)^2 + \cdots + (x - a_n)^2, \quad x \in (-\infty, +\infty)$$

的最小值点.

由于 $f'(x) = 2(x - a_1) + 2(x - a_2) + \cdots + 2(x - a_n)$, 故 $f(x)$ 的稳定点为

$$x_0 = \frac{a_1 + a_2 + \cdots + a_n}{n}.$$

因为 $\lim\limits_{x \to -\infty} f(x) = +\infty$, $\lim\limits_{x \to +\infty} f(x) = +\infty$, 所以 $f(x_0)$ 为最小值, 即取 n 个数据 $a_1, a_2, \cdots, a_n$ 的算术平均值作为 A 的近似值, 能使 $f(x)$ 达到最小.

习 题 6.4

1. 讨论下列函数的严格单调区间与极值:

(1)$f(x) = x + \sin x$;

(2)$f(x) = 2x^2 - \ln x$;

(3) $f(x) = \arctan x - \dfrac{1}{2}\ln(1 + x^2)$;

(4) $f(x) = \sqrt[3]{\dfrac{(x+1)^2}{x-2}}$;

(5) $f(x) = \left| x(x^2 - 1) \right|$.

2. 讨论下列函数的极值 $(n \in \mathbb{Z}^{+})$:

(1) $f(x) = x^n$;

(2) $f(x) = e^{-x} \sum\limits_{k=0}^{n} \dfrac{x^k}{k!}$.

3. 设 $f(x) = a\ln x + bx^2 + x$ 在 $x_1 = 1$, $x_2 = 2$ 处都取得极值, 试求 a 与 b; 并问此时 f 在 x_1 与 x_2 是取得极大值还是极小值?

4. 讨论方程 $\ln x = ax(a > 0)$ 的实根个数.

5. 证明: 对任一 n 次 $(n \geqslant 1)$ 多项式 $p(x)$, 一定存在 x_1 与 x_2, 使 $p(x)$ 在 $(-\infty, x_1)$ 与 $(x_2, +\infty)$ 分别严格单调.

6. 求下列函数在给定区间上的最大值与最小值:

(1) $f(x) = x^5 - 5x^4 + 5x^3 + 1$, $x \in [-1, 2]$;

(2) $f(x) = x + \sqrt{4 - x^2}$, $x \in [-2, 2]$;

(3) $f(x) = 2\tan x - \tan^2 x$, $x \in \left[0, \dfrac{\pi}{2}\right)$;

(4) $f(x) = \sqrt{x}\ln x$, $x \in (0, +\infty)$.

7. 有一个无盖的圆柱形容器, 当给定体积为 V 时, 要使容器的表面积为最小, 则容器底的半径与高的比例应该怎样?

8. 求内接于椭圆 $\dfrac{x^2}{a^2} + \dfrac{y^2}{b^2} = 1$、边与椭圆的轴平行的面积最大的矩形.

9. 给定等腰三角形的周长 $2l$, 问它的腰多长时面积为最大? 最大面积是多少?

10. 设有一长 8cm, 宽 5cm 的矩形铁片, 如图 6.4.7 所示, 在每个角上剪去同样大小的正方形制成无盖盒子, 问剪去正方形的边长多大时能使盒子的容积最大?

11. 如图 6.4.8 所示, $AP \perp PQ$, $BQ \perp PQ$, PQ 长为 3km, AP 长为 1km, BQ 长为 1.5km. 现要在 PQ 上某点 T 建造变电站, 问点 T 在何位置时到点 A 与点 B 的电缆最短?

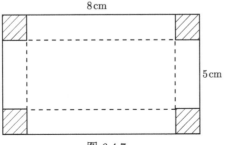

图 6.4.7

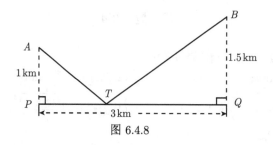

图 6.4.8

6.5 函数的凸性及不等式证明

函数的单调性与极值反映在几何图形上就是曲线的上升、下降以及峰谷现象. 但这并不能全面地刻画函数变化的性状. 因为曲线在上升或下降的过程中还有一个弯曲方向的问题. 例如, 曲线 $y = x^2$ 与 $y = \sqrt{x}$(图 6.5.1) 都过点 $(0,0)$ 与 $(1,1)$, 且都是严格增的, 但有着完全不同的弯曲状态: $y = x^2$ 是向下凸的, 而 $y = \sqrt{x}$ 是向下凹的. 这说明凸性也是函数的一种基本属性.

那么, 如何刻画函数的凸性呢? 通过观察不难发现 (图 6.5.2), (下) 凸函数的图像上任意两点间的弧段总在这两点连线段的下方; 而 (下) 凹函数的图像上任意两点间的弧段总在这两点连线段的上方. 如图 6.5.2 所示, $(x_1, f(x_1))$ 和 $(x_2, f(x_2))$ 是曲线 $y = f(x)$ 上任意两点, 任取 $x \in [x_1, x_2]$, 记 $\dfrac{x - x_1}{x_2 - x_1} = \lambda$,则连线段上对应的点为 (x, y_λ), 且

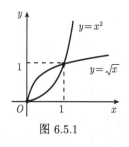

图 6.5.1

$$\frac{y_\lambda - f(x_1)}{f(x_2) - f(x_1)} = \lambda,$$

由此得这两点的连线段的参量方程为

$$\begin{cases} x = (1 - \lambda)x_1 + \lambda x_2; \\ y_\lambda = (1 - \lambda)f(x_1) + \lambda f(x_2), \end{cases} \quad \lambda \in [0, 1].$$

于是 (下) 凸的曲线 $y = f(x)$ 意味着

$$f((1 - \lambda)x_1 + \lambda x_2) \leqslant (1 - \lambda)f(x_1) + \lambda f(x_2);$$

而 (下) 凹的曲线则用相反的不等式表示.

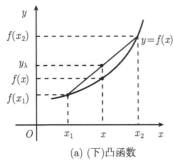 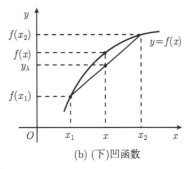

(a) (下)凸函数　　　(b) (下)凹函数

图 6.5.2

定义 6.5.1 设 f 在区间 I 上有定义. 若 $\forall x_1, x_2 \in I, \forall \lambda \in [0,1]$ 有

$$f((1-\lambda)x_1 + \lambda x_2) \leqslant (1-\lambda)f(x_1) + \lambda f(x_2), \tag{6.5.1}$$

则称 f 为 I 上的**凸函数**或**下凸函数**. 若 $\forall x_1, x_2 \in I, \forall \lambda \in [0,1]$ 有

$$f((1-\lambda)x_1 + \lambda x_2) \geqslant (1-\lambda)f(x_1) + \lambda f(x_2),$$

则称 f 为 I 上的**凹函数**或**下凹函数**. 若 $\forall x_1, x_2 \in I, x_1 \neq x_2, \forall \lambda \in (0,1)$, 总有严格的不等式成立, 则分别称 f 为 I 上的**严格凸函数**与**严格凹函数**.

由定义 6.5.1 容易知道, 函数 f 为区间 I 上的凹函数当且仅当 $-f$ 为区间 I 上的凸函数. 因此下面只需讨论凸函数. 还需要说明的是, 上述关于凸函数的定义本身并不涉及函数的连续性、可导性等这些分析性质.

下面的结果与定义 6.5.1 等价, 其中的不等式 (6.5.2) 称为 Jensen (詹森) 不等式, 它是许许多多不等式的抽象概括, 具有广泛的应用.

定理 6.5.1 (Jensen 不等式) 若函数 f 是区间 I 上的凸函数, 则对 $\forall x_j \in I$, $\forall \lambda_j \geqslant 0, j = 1, 2, \cdots, n, \displaystyle\sum_{j=1}^{n} \lambda_j = 1$, 有

$$f\left(\sum_{j=1}^{n} \lambda_j x_j\right) \leqslant \sum_{j=1}^{n} \lambda_j f(x_j). \tag{6.5.2}$$

证明 (数学归纳法) 当 $n = 2$ 时, 由 (6.5.1) 式知 (6.5.2) 式成立. 设 (6.5.2) 式在 $n = m$ 时成立, 即 $\forall x_j \in I, \forall \lambda_j \geqslant 0 \ (j = 1, 2, \cdots, m), \displaystyle\sum_{j=1}^{m} \lambda_j = 1$, 有

$$f\left(\sum_{j=1}^{m} \lambda_j x_j\right) \leqslant \sum_{j=1}^{m} \lambda_j f(x_j), \tag{6.5.3}$$

则当 $n = m+1$ 时, 设有 $x_1, x_2, \cdots, x_m, x_{m+1} \in I, \lambda_1, \lambda_2, \cdots, \lambda_m, \lambda_{m+1} \geqslant 0$, 且

$$\lambda_1 + \lambda_2 + \cdots + \lambda_m + \lambda_{m+1} = 1.$$

若 $\lambda_{m+1} = 1$, 即 $\lambda_1 = \lambda_2 = \cdots = \lambda_m = 0$, 则此时显然有

数学家
小传6.5.1

$$f\left(\sum_{j=1}^{m+1} \lambda_j x_j\right) \leqslant \sum_{j=1}^{m+1} \lambda_j f(x_j).$$

以下设 $\lambda_{m+1} < 1$. 令 $\dfrac{\lambda_j}{1 - \lambda_{m+1}} = \mu_j, j = 1, 2, \cdots, m$, 则有 $\mu_1 + \mu_2 + \cdots + \mu_m = 1$.
于是由定义式 (6.5.1) 与归纳假设 (6.5.3) 得到

$$f\left(\sum_{j=1}^{m+1} \lambda_j x_j\right) = f\left[(1 - \lambda_{m+1})\frac{\lambda_1 x_1 + \lambda_2 x_2 + \cdots + \lambda_m x_m}{1 - \lambda_{m+1}} + \lambda_{m+1} x_{m+1}\right]$$

$$\leqslant (1 - \lambda_{m+1})f\left(\sum_{j=1}^{m} \mu_j x_j\right) + \lambda_{m+1} f(x_{m+1})$$

$$\leqslant (1 - \lambda_{m+1})\sum_{j=1}^{m} \mu_j f(x_j) + \lambda_{m+1} f(x_{m+1}) = \sum_{j=1}^{m+1} \lambda_j f(x_j),$$

即当 $n = m+1$ 时 (6.5.2) 式成立. 因此对任何 $n \in \mathbb{Z}^+$ 它都是成立的.

　　下面的引理有助于凸函数性质的进一步讨论. 它实际上是定义式 (6.5.1) 的一种等价变形.

　　引理 6.5.2　函数 f 是区间 I 上的凸函数当且仅当对 $\forall x_1, x_2 \in I, x_1 < x_2$, $\forall x \in (x_1, x_2)$, 有

$$\frac{f(x) - f(x_1)}{x - x_1} \leqslant \frac{f(x_2) - f(x_1)}{x_2 - x_1} \leqslant \frac{f(x_2) - f(x)}{x_2 - x}. \tag{6.5.4}$$

　　如图 6.5.3 所示, $P_1(x_1, f(x_1)), P(x, f(x)), P_2(x_2, f(x_2))$ 是曲线 $y = f(x)$ 上三点, 则不等式 (6.5.4) 的几何意义是

$$P_1P \text{ 的斜率 } \leqslant P_1P_2 \text{ 的斜率 } \leqslant PP_2 \text{ 的斜率.}$$

于是 f 是 I 上的凸函数等价于其图像上任意两点的连线段的斜率递增.

　　证明　(6.5.4) 式中第一个不等式等价于

$$f(x) \leqslant \left(1 - \frac{x - x_1}{x_2 - x_1}\right) f(x_1) + \frac{x - x_1}{x_2 - x_1} f(x_2); \tag{6.5.5}$$

而 (6.5.4) 式中第二个不等式等价于

$$f(x) \leqslant \frac{x_2 - x}{x_2 - x_1} f(x_1) + \left(1 - \frac{x_2 - x}{x_2 - x_1}\right) f(x_2). \tag{6.5.6}$$

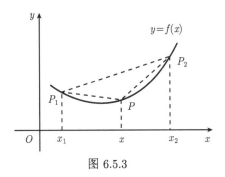

图 6.5.3

易见 (6.5.6) 与 (6.5.5) 式是相同的. 注意到

$$x = \left(1 - \frac{x - x_1}{x_2 - x_1}\right) x_1 + \frac{x - x_1}{x_2 - x_1} x_2$$

是一个恒等式, 令 $\lambda = \dfrac{x - x_1}{x_2 - x_1}$ 可知 (6.5.5) 式与凸函数定义式 (6.5.1) 等价, 引理得证.

定理 6.5.3 若函数 f 是开区间 (a,b) 内的凸函数 (a 可为 $-\infty$, b 可为 $+\infty$), 则 f 在 (a,b) 内连续且处处存在左导数与右导数.

证明 设 x_0 为 (a,b) 上任一点. 考虑 $(a,x_0) \cup (x_0,b)$ 内的函数

$$F(x) = \frac{f(x) - f(x_0)}{x - x_0} = \frac{f(x_0) - f(x)}{x_0 - x}.$$

对 $\forall x_1, x_2 \in (a, x_0)$, $x_1 < x_2$, 由引理 6.5.2 可知 $F(x_1) \leqslant F(x_2)$, 即 F 在 (a, x_0) 内递增. 取一点 $x_b \in (x_0, b)$, 由引理 6.5.2 可知 $\forall x \in (a, x_0)$ 有 $F(x) \leqslant \dfrac{f(x_b) - f(x_0)}{x_b - x_0}$, 即 F 在 (a, x_0) 内有上界. 于是根据单调有界定理, $F(x_0-)$ 存在, 即 $f'_-(x_0)$ 存在. 同理 $f'_+(x_0)$ 也存在. 根据定理 5.1.2, f 在点 x_0 连续. 注意到 x_0 是任意的, 定理由此得证.

需要指出的是, 非开区间上的凸函数未必在端点处连续. 例如, 容易验证

$$f_1(x) = \begin{cases} x^2, & x \in (-1, 1), \\ 2, & x = -1, \end{cases}$$

$$f_2(x) = \begin{cases} x^2, & x \in (-1, 1), \\ 2, & x = -1, 1 \end{cases}$$

都是凸函数 (图 6.5.4), 但它们在端点处间断. 另外, 开区间内的凸函数未必在此开区间内可导. 例如, 容易验证 $f(x) = |x|$ 是 $\mathbb{R}$ 上的凸函数, 但它在点 0 不可导.

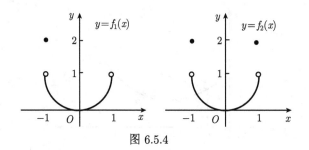

图 6.5.4

定理 6.5.4 设函数 f 在 $[a,b]$ 上连续, 在 (a,b) 内可导, 则下列命题等价:

(1) f 是 $[a,b]$ 上的凸函数;

(2) f' 在 (a,b) 内递增;

(3) 对 $\forall x_0 \in (a,b)$, 曲线 $y = f(x)$ 在点 $(x_0, f(x_0))$ 的切线位于曲线的下方 (图 6.5.5), 即

$$f(x) \geqslant f(x_0) + f'(x_0)(x - x_0), \quad \forall x \in [a,b]. \tag{6.5.7}$$

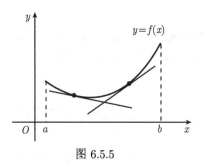

图 6.5.5

证明 (1)$\Rightarrow$(2) 对 $\forall x_1, x_2 \in (a,b)$, $x_1 < x_2$, 取 $h > 0$ 使 $x_1 - h$, $x_2 + h \in (a,b)$. 由于 f 是 $[a,b]$ 上的凸函数, 故根据引理 6.5.2 得

$$\frac{f(x_1) - f(x_1 - h)}{h} \leqslant \frac{f(x_2) - f(x_1)}{x_2 - x_1} \leqslant \frac{f(x_2 + h) - f(x_2)}{h}. \tag{6.5.8}$$

因为 f 在 (a,b) 内可导, 故对 (6.5.8) 式令 $h \to 0$ 得 $f'(x_1) \leqslant \dfrac{f(x_2) - f(x_1)}{x_2 - x_1} \leqslant f'(x_2)$. 这表明 f' 在 (a,b) 内递增.

(2)$\Rightarrow$(3) 注意到 f 在 $[a,b]$ 上连续, 在 (a,b) 内可导, 对 $\forall x_0 \in (a,b)$, $\forall x \in [a,b]$, 不妨设 $x \neq x_0$, 应用 Lagrange 中值定理, 得到

$$f(x) - f(x_0) = f'(\xi)(x - x_0), \quad \xi \text{ 介于 } x \text{ 与 } x_0 \text{ 之间.} \tag{6.5.9}$$

由于 f' 在 (a,b) 内递增, 故当 $x > x_0$ 有 $f'(\xi) \geqslant f'(x_0)$; 当 $x < x_0$ 有 $f'(\xi) \leqslant f'(x_0)$. 因此由 (6.5.9) 式可知 (6.5.7) 式成立.

(3)$\Rightarrow$(1)　设 (6.5.7) 式成立. 对 $\forall x_1, x_2 \in [a, b]$, $\forall \lambda \in (0, 1)$, 令

$$x_0 = (1 - \lambda)x_1 + \lambda x_2,$$

则 $x_0 \in (a, b)$. 根据 (6.5.7) 式得到

$$f(x_1) \geqslant f(x_0) + f'(x_0)(x_1 - x_0); \tag{6.5.10}$$

$$f(x_2) \geqslant f(x_0) + f'(x_0)(x_2 - x_0). \tag{6.5.11}$$

将 (6.5.10) 式两端乘以 $1 - \lambda$, (6.5.11) 式两端乘以 λ, 然后两式相加, 即得

$$(1 - \lambda)f(x_1) + \lambda f(x_2) \geqslant f(x_0) + f'(x_0)\left[(1 - \lambda)x_1 + \lambda x_2 - x_0\right]$$

$$= f(x_0) = f\left((1 - \lambda)x_1 + \lambda x_2\right),$$

这表明 f 是 $[a, b]$ 上的凸函数.

根据定理 6.5.4 与定理 6.4.1、推论 6.4.2, 立即推出下面的定理与推论, 它们应用起来更加方便.

定理 6.5.5　设函数 f 在 $[a, b]$ 上连续, 在 (a, b) 内二阶可导, 则 f 是 $[a, b]$ 上的凸函数当且仅当在 (a, b) 内有 $f''(x) \geqslant 0$.

推论 6.5.6　若函数 f 在 $[a, b]$ 上连续, 在 (a, b) 内二阶可导且 $f''(x) > 0$, 则 f 是 $[a, b]$ 上的严格凸函数.

定义 6.5.2　设函数 f 在点 x_0 的邻域 $U(x_0)$ 内连续, 若 f 在 $U^o(x_0+)$ 与 $U^o(x_0-)$ 具有相反的凸性, 则称点 $(x_0, f(x_0))$ 为曲线 $y = f(x)$ 的**拐点**.

从几何上看, 拐点就是曲线上的凸部分与凹部分的分界点.

若 $(x_0, f(x_0))$ 为曲线 $y = f(x)$ 的拐点且 $f''(x_0)$ 存在, 则 $f'(x)$ 必在某 $U(x_0)$ 内存在, 于是根据定理 6.5.4, f' 必在 $U^o(x_0+)$ 与 $U^o(x_0-)$ 具有相反的单调性, 这推出 x_0 必是 f' 的极值点, 从而根据 Fermat 引理可知 $f''(x_0) = 0$. 由此得到以下定理.

定理 6.5.7 (拐点必要条件)　若 $(x_0, f(x_0))$ 是曲线 $y = f(x)$ 的拐点, 则 $f''(x_0) = 0$ 或 $f''(x_0)$ 不存在.

根据定理 6.5.5 得到以下定理.

定理 6.5.8 (拐点充分条件)　设函数 f 在 $U(x_0)$ 连续, 在 $U^o(x_0)$ 内二阶可导. (x_0 是 f'' 的零点或 f'' 不存在的点)

(1) 若当 $x \in U^o(x_0-)$ 时与 $x \in U^o(x_0+)$ 时 $f''(x)$ 符号相反, 则 $(x_0, f(x_0))$ 为拐点;

(2) 若当 $x \in U^o(x_0)$ 时 $f''(x)$ 不变号, 则 $(x_0, f(x_0))$ 不是拐点.

例 6.5.1 讨论函数 $f(x) = 3x^{\frac{5}{3}} - 15x^{\frac{2}{3}}$ 的凸凹区间与拐点.

解 函数 f 在定义域 $(-\infty, +\infty)$ 上连续. 由 $f'(x) = 5x^{\frac{2}{3}} - 10x^{-\frac{1}{3}}$ 再求导得

$$f''(x) = \frac{10}{3}x^{-\frac{1}{3}} + \frac{10}{3}x^{-\frac{4}{3}} = \frac{10}{3}x^{-\frac{4}{3}}(x+1),$$

可知 f'' 不存在的点为 $0, f''$ 的零点为 -1. 这两点将定义域分为三个区间, 如表 6.5.1 所示.

表 6.5.1

x	$(-\infty, -1)$	-1	$(-1, 0)$	0	$(0, +\infty)$
$f''(x)$	$-$	0	$+$		$+$
$f(x)$	$\cap$	拐点	$\cup$		$\cup$

由表可见 f 在 $(-\infty, -1]$ 严格凹, 在 $(-1, 0)$ 与 $[0, +\infty)$ 上都严格凸, 拐点为 $(-1, -18)$.

例 6.5.2 证明: 若函数 f 在 $\mathbb{R}$ 上有上界、可导且 f' 在 $\mathbb{R}$ 上递增, 则 f 必为常数函数.

证明 任取 $x_0 \in \mathbb{R}$. 因为 f' 在 $\mathbb{R}$ 上递增, 故 f 为 $\mathbb{R}$ 上的凸函数, 且

$$f(x) \geqslant f(x_0) + f'(x_0)(x - x_0), \quad \forall x \in \mathbb{R}. \tag{6.5.12}$$

若 $f'(x_0) \neq 0$, 则当 $f'(x_0) > 0$ 时, 对 (6.5.12) 式令 $x \to +\infty$, 推出 $f(x) \to +\infty$; 当 $f'(x_0) < 0$ 时, 对 (6.5.12) 式令 $x \to -\infty$, 也推出 $f(x) \to +\infty$. 这都与 f 在 $\mathbb{R}$ 有上界相矛盾. 因此必 $f'(x_0) = 0$. 由 x_0 的任意性可知在 $\mathbb{R}$ 上 $f'(x) \equiv 0$. 因此 f 必为常数函数.

不等式是一个魅力无穷的数学分支, 对它的研究一直非常活跃. 不等式的证明方法也是十分丰富的. 在本节中, 主要考虑如何利用导数工具来证明函数不等式. 概括地说, 考察函数的单调性、凸性或利用微分中值定理是证明函数不等式常用的几种方法.

利用函数单调性来证明不等式, 就是将要证不等式写成 $F(x) \geqslant 0$ (或 $F(x) > 0$) 的形式. 若能借助导数工具验证 F 在 $[a, b]$ 上递增且 $F(a) \geqslant 0$, 或 F 在 $(a, b]$ 上递减且 $F(b) \geqslant 0$, 则都可断定在 (a, b) 上 $F(x) \geqslant 0$. 若能求出 F 在某点 $x_0 \in (a, b)$ 取最小值且 $f(x_0) \geqslant 0$, 则也可断定在 (a, b) 上 $F(x) \geqslant 0$.

利用 Lagrange 中值定理、Cauchy 中值定理或 Taylor 中值定理来证明不等式, 通常先构造辅助函数, 对其应用微分中值定理得到一个函数等式, 然后根据与中间点 ξ 的范围或与 $0 < \theta < 1$ 相关的不等关系推导出所要证明的不等式.

利用凸性来证明不等式, 通常先构造辅助函数, 借助导数工具考察它的凸性, 然后利用凸函数的定义或 Jensen 不等式推导出所要证明的不等式.

例 6.5.3 证明: 当 $0 < x < \dfrac{\pi}{2}$ 时, 有 $\dfrac{2}{\pi}x < \sin x < x$.

证明 当 $0 < x < \dfrac{\pi}{2}$ 时 $\sin x < x$ 是已知的事实, 只需证 $\dfrac{2}{\pi}x < \sin x$.

方法 1 令

$$F(x) = \frac{\sin x}{x} - \frac{2}{\pi}, \quad x \in \left(0, \frac{\pi}{2}\right].$$

因为

$$F'(x) = \frac{x\cos x - \sin x}{x^2} = \frac{\cos x(x - \tan x)}{x^2} < 0, \quad x \in \left(0, \frac{\pi}{2}\right),$$

故 F 在 $\left(0, \dfrac{\pi}{2}\right]$ 上严格减, 又 $F\left(\dfrac{\pi}{2}\right) = 0$, 所以当 $0 < x < \dfrac{\pi}{2}$ 时 $F(x) > 0$, 即 $\dfrac{2}{\pi}x < \sin x$.

方法 2 令

$$f(x) = \sin x - \frac{2}{\pi}x, \quad x \in \left[0, \frac{\pi}{2}\right].$$

则由 $f'(x) = \cos x - \dfrac{2}{\pi}$ 知稳定点是 $x_0 = \arccos\dfrac{2}{\pi}$. 又因为 $x \in (0, x_0)$ 时有 $f'(x) > 0$, $x \in \left(x_0, \dfrac{\pi}{2}\right)$ 时有 $f'(x) < 0$, 故 x_0 为 f 在 $\left[0, \dfrac{\pi}{2}\right]$ 上的最大值点, 最小值在端点处取得, $f(0) = f\left(\dfrac{\pi}{2}\right) = 0$. 因此, 由 f 的严格单调性可知当 $0 < x < \dfrac{\pi}{2}$ 时 $f(x) > 0$, 即 $\dfrac{2}{\pi}x < \sin x$.

例 6.5.4 证明: 当 $x \in (-1, 0) \cup (0, +\infty)$ 时有 $\dfrac{x}{1+x} < \ln(1+x) < x$.

证明 令 $f(t) = \ln(1+t)$, 则对 $\forall x \in (-1, 0) \cup (0, +\infty)$, f 在点 0 与点 x 组成的闭区间上可导且 $f'(t) = \dfrac{1}{1+t}$, 根据 Lagrange 中值定理, $\exists \theta \in (0, 1)$ 使

$$\ln(1+x) - \ln 1 = \frac{x}{1+\theta x}. \tag{6.5.13}$$

由于 $0 < \theta < 1$, 故当 $x \in (-1, 0)$ 有 $1 < \dfrac{1}{1+\theta x} < \dfrac{1}{1+x}$; 当 $x \in (0, +\infty)$ 有 $\dfrac{1}{1+x} < \dfrac{1}{1+\theta x} < 1$. 从而当 $x \in (-1, 0) \cup (0, +\infty)$ 时皆有 $\dfrac{x}{1+x} < \dfrac{x}{1+\theta x} < x$, 因此根据 (6.5.13) 式得到

$$\frac{x}{1+x} < \ln(1+x) < x.$$

例 6.5.5　证明: 当 $b > a > 1$ 有 $ab^a < ba^b$.

证明　要证的不等式等价于 $\ln a + a \ln b < \ln b + b \ln a$, 这又等价于

$$当 b > a > 1, \frac{a-1}{\ln a} < \frac{b-1}{\ln b}. \tag{6.5.14}$$

因此, 当 $f(x) = \dfrac{x-1}{\ln x}$ 在 $(1, +\infty)$ 严格增时 (6.5.14) 式必成立. 根据 Cauchy 中值定理, $\exists \xi \in (1, x)$ 使 $\dfrac{x-1}{\ln x} = \dfrac{x-1}{\ln x - \ln 1} = \dfrac{1}{1/\xi} = \xi < x$, 从而

$$f'(x) = \frac{\ln x - \dfrac{x-1}{x}}{\ln^2 x} > 0.$$

由此知 f 在 $(1, +\infty)$ 严格增, 原不等式得证.

例 6.5.6　证明: 当 $x \neq 0, n \in \mathbb{Z}^+$ 时有 $e^x > 1 + x + \dfrac{x^2}{2!} + \dfrac{x^3}{3!} + \cdots + \dfrac{x^{2n-1}}{(2n-1)!}$.

证明　根据 Taylor 中值定理, $\exists \theta \in (0, 1)$ 使

$$e^x = 1 + x + \frac{x^2}{2!} + \frac{x^3}{3!} + \cdots + \frac{x^{2n-1}}{(2n-1)!} + \frac{e^{\theta x} x^{2n}}{(2n)!}.$$

由于当 $x \neq 0$ 时有 $\dfrac{e^{\theta x} x^{2n}}{(2n)!} > 0$, 故

$$e^x > 1 + x + \frac{x^2}{2!} + \frac{x^3}{3!} + \cdots + \frac{x^{2n-1}}{(2n-1)!}.$$

例 6.5.7　证明: 当 $0 < x < \dfrac{\pi}{2}$ 时有 $\dfrac{\tan x}{x} > \dfrac{x}{\sin x}$.

证明　令 $F(x) = \sin x \tan x - x^2$, $x \in \left[0, \dfrac{\pi}{2}\right)$. 则

$$F'(x) = \sin x(1 + \sec^2 x) - 2x.$$

方法 1　因为 $F'(x) \geqslant \sin x(2 \sec x) - 2x = 2(\tan x - x) > 0$, $x \in \left(0, \dfrac{\pi}{2}\right)$, 由此知 $F(x)$ 在 $\left[0, \dfrac{\pi}{2}\right)$ 上严格增, 故当 $0 < x < \dfrac{\pi}{2}$ 时 $F(x) > F(0) = 0$, 即 $\dfrac{\tan x}{x} > \dfrac{x}{\sin x}$.

方法 2　当 $x \in \left(0, \dfrac{\pi}{2}\right)$ 时, 有

$$F''(x) = \cos x(1 + \sec^2 x) + 2 \sin x \sec^2 x \tan x - 2$$

$$= \left(\cos x + \frac{1}{\cos x} - 2\right) + 2 \sin x \sec^2 x \tan x > 0.$$

根据 Taylor 中值定理, $\exists \theta \in (0,1)$ 使

$$F(x) = F(0) + F'(0)x + \frac{F''(\theta x)}{2!}x^2 = \frac{F''(\theta x)}{2!}x^2 > 0, \quad x \in \left(0, \frac{\pi}{2}\right).$$

因此当 $0 < x < \dfrac{\pi}{2}$ 时有 $\dfrac{\tan x}{x} > \dfrac{x}{\sin x}$.

例 6.5.8 设 $a_j > 0 \ (j=1,2,\cdots,n)$, 证明 $\dfrac{a_1+a_2+\cdots+a_n}{n} \geqslant \sqrt[n]{a_1 a_2 \cdots a_n}$.

证明 令 $f(x) = -\ln x$, 则 $f''(x) = \dfrac{1}{x^2} > 0$. 因此 f 为 $(0,+\infty)$ 上的严格凸函数. 按照 Jensen 不等式有 $f\left(\dfrac{a_1+a_2+\cdots+a_n}{n}\right) \leqslant \dfrac{f(a_1)+f(a_2)+\cdots+f(a_n)}{n}$,

即

$$-\ln\left(\frac{a_1+a_2+\cdots+a_n}{n}\right) \leqslant -\frac{\ln a_1 + \ln a_2 + \cdots + \ln a_n}{n},$$

也即

$$\ln\left(\frac{a_1+a_2+\cdots+a_n}{n}\right) \geqslant \ln \sqrt[n]{a_1 a_2 \cdots a_n}.$$

因此有

$$\frac{a_1+a_2+\cdots+a_n}{n} \geqslant \sqrt[n]{a_1 a_2 \cdots a_n}.$$

例 6.5.9 设 a,b,c 均为正数, 证明 $(abc)^{a+b+c} \leqslant a^{3a}b^{3b}c^{3c}$.

证明 令 $f(x) = x\ln x, x \in (0,+\infty)$. 则 $f'(x) = \ln x + 1$, $f''(x) = \dfrac{1}{x} > 0$. 因此 f 为 $(0,+\infty)$ 上的严格凸函数. 按照 Jensen 不等式有 $f\left(\dfrac{a+b+c}{3}\right) \leqslant \dfrac{f(a)+f(b)+f(c)}{3}$, 即

$$\frac{a+b+c}{3}\ln\left(\frac{a+b+c}{3}\right) \leqslant \frac{a\ln a + b\ln b + c\ln c}{3}. \tag{6.5.15}$$

注意到 $\ln(abc) = 3\ln\sqrt[3]{abc} \leqslant 3\ln\left(\dfrac{a+b+c}{3}\right)$, 故由 (6.5.15) 式得

$$(a+b+c)\ln(abc) \leqslant 3(a\ln a + b\ln b + c\ln c).$$

因此有 $(abc)^{a+b+c} \leqslant a^{3a}b^{3b}c^{3c}$.

习　题　6.5

1. 设 f, g 均为区间 I 上的凸函数, a, b 为非负实数. 证明

(1) $F(x) = af(x) + bg(x)$ 为 I 上的凸函数;

(2) $G(x) = \max\{f(x), g(x)\}$ 为 I 上的凸函数.

2. 确定下列函数的凸性区间与拐点:

(1) $y = x^2 + \dfrac{1}{x}$;　　　　　　(2) $y = (\ln x)^2$;　　　　　　(3) $y = x^{\frac{2}{3}}(x-5)$.

3. 问 a 和 b 为何值时, 点 $(1,3)$ 为曲线 $y = ax^3 + bx^2$ 的拐点?

4. 求 $f(x) = x^2 \ln(ax)\,(a>0)$ 的拐点. 当 a 变动时拐点的轨迹是什么曲线?

5. 设 f 为 (a,b) 内可导的凸函数或凹函数, $x_0 \in (a,b)$ 为 f 的稳定点, 证明 x_0 必为 f 的极值点.

6. 设 f 为在 $[a,b]$ 上连续的凸函数且在 (a,b) 内可导. 证明: 若 f 在 (a,b) 内某点取得最大值, 则它必为常数函数.

7. 设 f 为闭区间 $[a,b]$ 上的凸函数, 证明 f 在 $[a,b]$ 上有界. 开区间 (a,b) 内的凸函数是否必有界?

8. 证明下列不等式:

(1) 当 $0 < \alpha < \beta < \dfrac{\pi}{2}$ 时, 有 $\dfrac{\beta - \alpha}{\cos^2 \alpha} < \tan \beta - \tan \alpha < \dfrac{\beta - \alpha}{\cos^2 \beta}$;

(2) 当 $h > 0$ 时, 有 $\dfrac{h}{1+h^2} < \arctan h < h$;

(3) 当 $a, b > 0$ 时, 有 $2 \arctan \left(\dfrac{a+b}{2} \right) \geqslant \arctan a + \arctan b$;

(4) 当 $x > 0$ 时, 有 $\ln(1+x) > \dfrac{\arctan x}{1+x}$;

(5) 当 $x \in [0,1]$, $p \geqslant 1$ 时, 有 $\dfrac{1}{2^{p-1}} \leqslant x^p + (1-x)^p \leqslant 1$;

(6) 当 $0 < x < \dfrac{\pi}{2}$ 时, 有 $\tan x + 2 \sin x > 3x$;

(7) 当 $p \geqslant 1, a_j \geqslant 0\,(j=1,2,\cdots,n)$ 时, 有 $\left(\dfrac{a_1 + a_2 + \cdots + a_n}{n} \right)^p \leqslant \dfrac{a_1^p + a_2^p + \cdots + a_n^p}{n}$;

(8) 当 $0 < \alpha < \beta < \dfrac{\pi}{2}$ 时, 有 $\dfrac{\tan \alpha}{\tan \beta} < \dfrac{\alpha}{\beta}$;

(9) 当 $x > 0$ 时, 有 $x - \dfrac{x^2}{2} + \dfrac{x^3}{3} - \dfrac{x^4}{4} < \ln(1+x) < x - \dfrac{x^2}{2} + \dfrac{x^3}{3}$.

6.6　函数图像的描绘

用图像表示函数, 便于从直观上把握函数的整体性态, 无论是对于理论研究还是对于实际应用, 都很有好处. 取自变量的若干个值 $x_1, x_2, \cdots, x_n$, 算出对应的函数值 $y_1, y_2, \cdots, y_n$, 在平面上先画出这些点 $(x_1, y_1), (x_2, y_2), \cdots, (x_n, y_n)$, 然后描成曲线, 这种画函数图像的方法称为描点法. 描点法的缺陷是取点时可能会漏掉一些关键的点, 如极值点、拐点等, 从而无法确切地反映函数的性态. 基于利用微分法对函数的单调性、极值、凸性及拐点等性质的讨论来画函数图像, 就能克服盲目取点的缺陷. 现在, 随着计算机技术的发展, 借助画图软件, 可以方便地画出各种函数的图像. 但是, 本节介绍的基于微分法的图像描绘技术, 对于认识计算机画图的工作原理, 识别其画图的误差, 弄清图像上的关键点与关键区间等, 仍然具有重要的意义.

　　为了掌握函数图像上曲线无限延伸时的变化情况, 需要引入下面的渐近线概念.

　　定义 6.6.1　若曲线 C 上的动点 P 沿曲线无限远离原点时, 点 P 与某固定直线 L 的距离趋向于 0, 则称直线 L 为曲线 C 的**渐近线**.

　　(1) 若 $\lim\limits_{x \to a-} f(x) = \infty$ 或 $\lim\limits_{x \to a+} f(x) = \infty$, 则曲线 $y = f(x)$ 有**垂直渐近线** $x = a$ (图 6.6.1);

　　(2) 若 $\lim\limits_{x \to +\infty} f(x) = b$ 或 $\lim\limits_{x \to -\infty} f(x) = b$, 则曲线 $y = f(x)$ 有**水平渐近线** $y = b$ (图 6.6.2);

　　(3) 如图 6.6.3 所示, 由于 $PB = PK \cos \alpha$, 故 $\lim\limits_{x \to +\infty} PB = 0 \Leftrightarrow \lim\limits_{x \to +\infty} PK = 0$. 因此, 若有 $k \neq 0$ 使 $\lim\limits_{x \to +\infty} [f(x) - (kx + b)] = 0$ 或 $\lim\limits_{x \to -\infty} [f(x) - (kx + b)] = 0$, 则曲线 $y = f(x)$ 有**斜渐近线** $y = kx + b$.

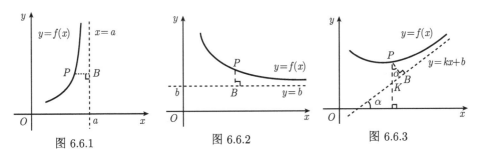

图 6.6.1　　　　　　图 6.6.2　　　　　　图 6.6.3

　　如果曲线 $y = f(x)$ 有斜渐近线 $y = kx + b$, 那么, 如何确定常数 k 和 b 呢? 以 $x \to +\infty$ 为例, 由于

$$0 = \lim_{x \to +\infty} \frac{f(x) - (kx + b)}{x} = \lim_{x \to +\infty} \left[\frac{f(x)}{x} - k \right] = \lim_{x \to +\infty} \frac{f(x)}{x} - k,$$

故 $k = \lim\limits_{x \to +\infty} \dfrac{f(x)}{x} \neq 0$, 再由 $\lim\limits_{x \to +\infty} [f(x) - (kx + b)] = 0$ 知 $b = \lim\limits_{x \to +\infty} [f(x) - kx]$; 反之, 若关于 k, b 的这两个极限存在, 则由 $b = \lim\limits_{x \to +\infty} [f(x) - kx]$ 知 $\lim\limits_{x \to +\infty} [f(x) - (kx + b)] = 0$, 即 $y = kx + b$ 必是 $y = f(x)$ 的斜渐近线. 因此, 直线 $y = kx + b$ 是 $y = f(x)$ 的斜渐近线当且仅当

$$\begin{cases} k = \lim\limits_{x \to +\infty} \dfrac{f(x)}{x} \neq 0, \\ b = \lim\limits_{x \to +\infty} [f(x) - kx] \end{cases} \quad 或 \quad \begin{cases} k = \lim\limits_{x \to -\infty} \dfrac{f(x)}{x} \neq 0, \\ b = \lim\limits_{x \to -\infty} [f(x) - kx] \end{cases}$$

存在.

　　例 6.6.1　求下列曲线的渐近线:

　　(1) $y = \dfrac{x^3}{x^2 + x - 2}$;　　　　　　　　(2) $y = \mathrm{e}^{-\frac{x}{x+1}} \operatorname{arccot} x$.

解 (1) 由 $y = \dfrac{x^3}{(x-1)(x+2)}$ 易知 $\lim\limits_{x \to 1} y = \infty$ 与 $\lim\limits_{x \to -2} y = \infty$, 故曲线有垂直渐近线 $x = 1$ 和 $x = -2$. 因为

$$k = \lim_{x \to \infty} \frac{y}{x} = \lim_{x \to \infty} \frac{x^2}{x^2 + x - 2} = 1;$$

$$b = \lim_{x \to \infty} (y - kx) = \lim_{x \to \infty} (y - x) = \lim_{x \to \infty} \frac{-x^2 + 2x}{x^2 + x - 2} = -1,$$

故曲线有斜渐近线 $y = x - 1$.

(2) 由 $\lim\limits_{x \to -1+} y = +\infty$ 可知曲线有垂直渐近线 $x = -1$; 由

$$\lim_{x \to +\infty} y = 0 \quad \text{与} \quad \lim_{x \to -\infty} y = \mathrm{e}^{-1}\pi$$

可知曲线有水平渐近线 $y = 0$ 和 $y = \mathrm{e}^{-1}\pi$.

利用微分法可以全面地讨论函数的性态, 从而能比较准确地描绘函数的图像. 描绘函数图像主要步骤可概括如下:

(I) 确定范围: 求函数的定义域, 并考察函数的奇偶性、周期性及与坐标轴的相交性等.

(II) 讨论渐近性态: 求间断点及定义域端点处的极限, 确定是否有渐近线.

(III) 确定关键点与区间: 求函数的一阶与二阶导数, 找出其零点与不可导点, 列表确定单调区间、极值点、凸凹区间及拐点.

(IV) 描绘函数图像.

例 6.6.2 描绘函数 $f(x) = \dfrac{2x^2}{(2+x)^2}$ 的图像.

解 定义域为 $(-\infty, -2) \cup (-2, +\infty)$.

$$\lim_{x \to -2-} f(x) = +\infty, \quad \lim_{x \to -2+} f(x) = +\infty, \quad \lim_{x \to -\infty} f(x) = 2, \quad \lim_{x \to +\infty} f(x) = 2,$$

有垂直渐近线 $x = -2$, 水平渐近线 $y = 2$.

$$\left(x < -2 \text{时}, \frac{x}{2+x} = 1 - \frac{2}{2+x} \geqslant 1, f(x) \geqslant 2. \right)$$

$f'(x) = \dfrac{8x}{(2+x)^3}$, f' 的零点为 0; $f''(x) = \dfrac{16(1-x)}{(2+x)^4}$, f'' 的零点为 1. 如表 6.6.1 所示.

表 6.6.1

x	$(-\infty, -2)$	-2	$(-2, 0)$	0	$(0, 1)$	1	$(1, +\infty)$
$f'(x)$	+		$-$	0	+		+
$f''(x)$	+		+		+	0	$-$
$f(x)$	↗		↘	极小值 0	↗	拐点 纵坐标 2/9	↗

根据上述讨论结果描绘函数图像如图 6.6.4 所示.

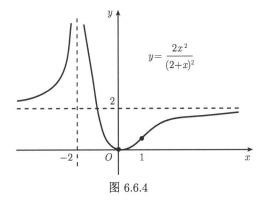

$$y = \frac{2x^2}{(2+x)^2}$$

图 6.6.4

例 6.6.3 描绘函数 $f(x) = |x|\,\mathrm{e}^{-x}$ 的图像.

解 定义域为 $(-\infty, +\infty)$. $\lim\limits_{x \to -\infty} f(x) = +\infty$, $\lim\limits_{x \to +\infty} f(x) = 0$, 有水平渐近线 $y = 0$. 不可导点为 0; 当 $x > 0$, $f'(x) = (1-x)\mathrm{e}^{-x}$, $f''(x) = (x-2)\mathrm{e}^{-x}$, f' 的零点为 1, f'' 的零点为 2; 当 $x < 0$, $f'(x) = (x-1)\mathrm{e}^{-x}$, $f''(x) = (2-x)\mathrm{e}^{-x}$, 函数性态如表 6.6.2 所示.

表 6.6.2

x	$(-\infty, 0)$	0	$(0, 1)$	1	$(1, 2)$	2	$(2, +\infty)$
$f'(x)$	$-$		+	0	$-$		$-$
$f''(x)$	+		$-$		$-$	0	+
$f(x)$	↘	(拐点) 极小值 0	↗	极大值 e^{-1}	↘	拐点 纵坐标 $2\mathrm{e}^{-2}$	↘

易知图像经过点 $(-1, e)$. 根据上述讨论结果可描绘该函数图像, 如图 6.6.5 所示.

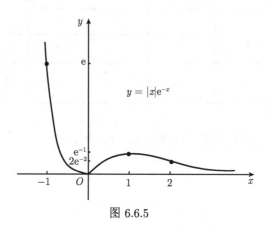

图 6.6.5

例 6.6.4 描绘函数 $f(x) = x - 2\arctan x$ 的图像.

解 定义域为 $(-\infty, +\infty)$, 奇函数.

$$k_1 = \lim_{x \to +\infty} \frac{f(x)}{x} = 1, \quad b_1 = \lim_{x \to +\infty}[f(x) - k_1 x] = \lim_{x \to +\infty}[-2\arctan x] = -\pi,$$

$$k_2 = \lim_{x \to -\infty} \frac{f(x)}{x} = 1, \quad b_2 = \lim_{x \to -\infty}[f(x) - k_2 x] = \lim_{x \to -\infty}[-2\arctan x] = \pi,$$

因此有斜渐近线 $y = x - \pi$ 与 $y = x + \pi$.

$$f'(x) = 1 - \frac{2}{1+x^2} = \frac{(x+1)(x-1)}{1+x^2}, \, f' \text{有零点} \pm 1; \, f''(x) = \frac{4x}{(1+x^2)^2}, \, f''$$

的零点为 0, 函数性态如表 6.6.3 所示.

表 6.6.3

x	$(-\infty, -1)$	-1	$(-1, 0)$	0	$(0, 1)$	1	$(1, +\infty)$
$f'(x)$	$+$	0	$-$		$-$	0	$+$
$f''(x)$	$-$		$-$	0	$+$		$+$
$f(x)$	↗	极大值 $\frac{\pi}{2}-1$	↘	拐点 纵坐标 0	↘	极小值 $1-\frac{\pi}{2}$	↗

根据上述讨论结果可描绘出函数的图像, 如图 6.6.6 所示.

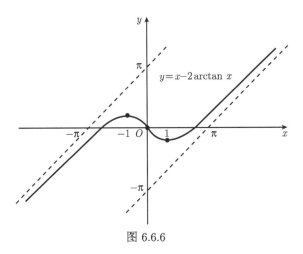

图 6.6.6

习　题　6.6

1. 求下列曲线的渐近线:

(1) $y = \dfrac{1}{x^2 - 4x - 5}$;

(2) $y = \sqrt[3]{x^3 - x^2 - x + 1}$;

(3) $y = (2 + x)\mathrm{e}^{\frac{1}{x}}$;

(4) $y = x\ln\left(\mathrm{e} + \dfrac{1}{x}\right)$.

2. 描绘下列函数的图像.

(1) $f(x) = x^3 - 3x$;

(2) $f(x) = \mathrm{e}^{-x^2}$;

(3) $f(x) = \mathrm{e}^{-\frac{1}{x}}$;

(4) $f(x) = \ln(1 + x^2)$;

(5) $f(x) = \dfrac{(1 + x)^2}{4(1 - x)}$;

(6) $f(x) = x + 2\operatorname{arccot} x$.

复习课件06

归纳解析
视频06

总习题 6

A 组

1. 求下列极限:

(1) $\displaystyle\lim_{x \to 0} \dfrac{x\mathrm{e}^x - \ln(1 + x)}{x^2}$;

(2) $\displaystyle\lim_{x \to 1-} \left(1 - x^2\right)^{1/\ln(1 - x)}$;

(3) $\displaystyle\lim_{x \to +\infty} (\pi - 2\arctan x)\ln x$;

(4) $\displaystyle\lim_{x \to 0} \dfrac{x^2 \sin\dfrac{1}{x}}{\sin x}$;

(5) $\lim\limits_{x \to 0} \dfrac{\sin x - \arctan x}{\tan x - \sin x}$.

2. 设 $a_1, a_2, \cdots, a_n$ 为 n 个正数, $f(x) = \left(\dfrac{a_1^x + a_2^x + \cdots + a_n^x}{n} \right)^{\frac{1}{x}}$. 证明

$$\lim_{x \to 0} f(x) = \sqrt[n]{a_1 a_2 \cdots a_n}.$$

3. 证明 $\lim\limits_{n \to \infty} n \sin(2\pi en!) = 2\pi$.

4. 设 $a, b > 0$. 证明方程 $x^3 + ax + b = 0$ 不存在正实根.

5. 设 $k > 0$, 试问 k 取何值时, 方程 $\arctan x - kx = 0$ 存在唯一正实根.

6. 设函数 f 在区间 I 上可导, 且 $\forall x \in I$ 有 $f'(x) \neq 0$. 证明 f 在 I 上要么严格增, 要么严格减.

7. 求下列函数带 Peano 余项的 $2n$ 阶 Maclaurin 公式:

(1) $f(x) = \dfrac{1}{2} \ln \dfrac{1+x}{1-x}$; 　　　　　　　(2) $f(x) = \sin^2 x$.

8. 设 $f(x) = \arctan x$, 利用 Maclaurin 公式求 $f^{(n)}(0)$.

9. 在抛物线 $y^2 = 2px$ 上哪一点的法线被抛物线所截之线段为最短?

10. 证明: 曲线 $y = \dfrac{x+1}{x^2+1}$ 有 3 个拐点, 且位于同一条直线上.

11. 设函数 f 在 $[0, +\infty)$ 上可微, 且 $0 \leqslant f'(x) \leqslant f(x)$, $f(0) = 0$. 证明: 在 $[0, +\infty)$ 上 $f(x) \equiv 0$.

12. 证明: $e^\pi > \pi^e$.

13. 设函数 f 在 $[a, +\infty)$ 上可微, 且 $f'(x) \geqslant b$. 证明: $\forall x \in [a, +\infty)$ 有

$$f(x) \geqslant f(a) + b(x - a).$$

14. 设函数 f 在 $U(a)$ 内具有二阶导数. 证明: 对 $\forall h > 0$, 只要 $a \pm h \in U(a)$, 必定 $\exists \theta \in (0, 1)$ 使

$$\frac{f(a+h) + f(a-h) - 2f(a)}{h^2} = \frac{f''(a+\theta h) + f''(a-\theta h)}{2}.$$

15. 设函数 f 在 $(-\infty, +\infty)$ 内可导, 且 $\lim\limits_{x \to -\infty} f(x) = \lim\limits_{x \to +\infty} f(x) \in \mathbb{R}$, 证明 $\exists \xi \in (-\infty, +\infty)$, 使 $f'(\xi) = 0$.

16. 设函数 f 和 g 在闭区间 $[a, b]$ 上存在二阶导数, $g''(x) \neq 0$, 且

$$f(a) = f(b) = g(a) = g(b) = 0.$$

证明: (1) 在 (a, b) 内有 $g(x) \neq 0$; (2) $\exists \xi \in (a, b)$ 使 $\dfrac{f(\xi)}{g(\xi)} = \dfrac{f''(\xi)}{g''(\xi)}$.

17. 设函数 f 在 $[0, 1]$ 上连续, 在 $(0, 1)$ 内可导, 且 $f(0) = 0$, $f(1) = 1$. 证明 $\exists \xi, \eta \in (0, 1)$ 使得 $\dfrac{1}{f'(\xi)} + \dfrac{1}{f'(\eta)} = 2$.

18. 设 $a > b > 0$, 证明 $\exists \xi \in (a, b)$ 使得 $ae^b - be^a = (1 - \xi)e^\xi (a - b)$.

19. 设函数 f 在 $[a,b]$ 上三阶可导, 证明存在 $\xi \in (a,b)$, 使得

$$f(b) = f(a) + \frac{1}{2}(b-a)\left[f'(a) + f'(b)\right] - \frac{1}{12}(b-a)^3 f'''(\xi).$$

20. 设函数 f 在 $[a,b]$ 上二阶可导, 证明: $\exists \xi \in (a,b)$, 使得

$$f(b) - 2f\left(\frac{a+b}{2}\right) + f(a) = \frac{1}{4}(b-a)^2 f''(\xi).$$

21. 设函数 f 是 (a,b) 内可导的凸函数, 证明 f' 在 (a,b) 内连续.

22. 设函数 f 在 $[a,+\infty)$ 上二阶可导, $f(a) > 0$, $f'(a) < 0$, 且当 $x > a$ 时有 $f''(x) \leqslant 0$. 证明方程 $f(x) = 0$ 在 $[a,+\infty)$ 上有且仅有 1 个根.

23. 设函数 f 为 $(-\infty,+\infty)$ 上的二阶可导的函数. 若 f 在 $(-\infty,+\infty)$ 上有界, 证明 $\exists \xi \in (-\infty,+\infty)$, 使得 $f''(\xi) = 0$.

24. 设函数 f 在 $[0,1]$ 上二阶可导, 且 $|f''(x)| \leqslant 1$, f 在 $[0,1]$ 上的最大值为 $\frac{1}{4}$ 且在 $(0,1)$ 内取得. 证明: $|f(0)| + |f(1)| \leqslant 1$.

25. 设函数 f 是区间 I 上的严格凸函数. 证明: 若 $x_0 \in I$ 为 f 的极小值点, 则 x_0 必为 f 在 I 上唯一的极小值点.

26. 设函数 f 在区间 I 上连续, 并且在 I 上仅有唯一的极值点 x_0. 证明 x_0 必是 f 的最值点.

B 组

27. 举出符合下列要求的函数 f:

(1) f 在 $(0,1)$ 内可导且 $f(0) = f(1)$, 但不存在 $\xi \in (0,1)$ 使得 $f'(\xi) = 0$.

(2) f 在 $[0,1]$ 上连续且 $f(0) = f(1)$, 但不存在 $\xi \in (0,1)$ 使得 $f'(\xi) = 0$.

(3) f 在 $[0,1]$ 上连续且在 $(0,1)$ 内可导, 但不存在 $\xi \in (0,1)$ 使得 $f'(\xi) = 0$.

28. 利用复合函数与反函数的求导法则及 Lagrange 中值定理证明 Cauchy 中值定理.

29. 设 $u,v > 0$, $\beta > \alpha > 0$, 证明 $(u^\alpha + v^\alpha)^{\frac{1}{\alpha}} > (u^\beta + v^\beta)^{\frac{1}{\beta}}$.

30. 设函数 f 在 $[0,1]$ 上连续, 在 $(0,1)$ 内可导, 且 $f(0) = 0$, $f(1) = 1$. 证明 $\exists \xi, \eta \in (0,1)$ 使得 $f'(\xi)f'(\eta) = 1$.

31. (1) 求数列极限 $\displaystyle\lim_{n\to\infty} \cos\frac{1}{n^{3/2}} \cos\frac{2}{n^{3/2}} \cdots \cos\frac{n}{n^{3/2}}$.

(2) 设 $a_0 \in \left(0, \frac{\pi}{2}\right)$, $a_n = \sin a_{n-1}$, $n = 1, 2, \cdots$, 求数列极限 $\displaystyle\lim_{n\to\infty} \sqrt{n}\, a_n$.

32. 设 $h > 0$ 且 $a+h \in U(a)$, 函数 f 在 $U(a)$ 内具有 $n+2$ 阶连续导数, 且 $f^{(n+2)}(a) \neq 0$, f 在 $U(a)$ 内的 n 阶 Taylor 公式为

$$f(a+h) = f(a) + f'(a)h + \cdots + \frac{f^{(n)}(a)}{n!}h^n + \frac{f^{(n+1)}(a+\theta h)}{(n+1)!}h^{n+1}, \quad 0 < \theta < 1.$$

证明 $\displaystyle\lim_{h\to 0} \theta = \frac{1}{n+2}$.

33. 设函数 f 在 $U(x_0)$ 内存在 n 阶连续导数, 且 $f^{(k)}(x_0) = 0(k = 2, 3, \cdots, n-1)$, $f^{(n)}(x_0) \neq 0$. 又当 $x_0 + h \in U(x_0)$ 时有 $f(x_0+h) - f(x_0) = hf'(x_0+\theta h)$. 证明 $\displaystyle\lim_{h\to 0} \theta = \frac{1}{\sqrt[n-1]{n}}$.

34. 设 $n \in \mathbb{Z}^+$, $n \geqslant 2$. 证明方程 $x^n + x^{n-1} + \cdots + x^2 + x = 1$ 在 $(0,1)$ 内必有唯一实根 x_n, 并求 $\lim\limits_{n \to \infty} x_n$.

35. 证明 Legendre 多项式 $P_n(x) = \dfrac{1}{2^n n!} \dfrac{\mathrm{d}^n}{\mathrm{d}x^n}(x^2 - 1)^n$ 在 $(-1,1)$ 恰有 n 个不同的根.

36. 设 $a, b > 0$, $p > 1$, 且 $\dfrac{1}{p} + \dfrac{1}{q} = 1$. 证明 $ab \leqslant \dfrac{a^p}{p} + \dfrac{b^q}{q}$. 并由此证明 Hölder 不等式

$$\sum_{i=1}^{n} a_i b_i \leqslant \left(\sum_{i=1}^{n} a_i^p \right)^{\frac{1}{p}} \left(\sum_{i=1}^{n} b_i^q \right)^{\frac{1}{q}},$$

其中 $a_i, b_i > 0$ $(i = 1, 2, \cdots, n)$.

37. 设函数 f 在 $[0,1]$ 上连续, 在 $(0,1)$ 内可导, 且 $f(0) = 0$, $f(1) = 1$. 又设 $k_1, k_2, \cdots, k_n$ 是 n 个任意的正数. 证明: 在 $(0,1)$ 内存在 n 个不同的数 $x_1, x_2, \cdots, x_n$ 使得

$$\sum_{j=1}^{n} \frac{k_j}{f'(x_j)} = \sum_{j=1}^{n} k_j.$$

38. 设函数 f 在 $\mathbb{R}$ 上二阶可导, $M_k = \sup\limits_{x \in \mathbb{R}} \left| f^{(k)}(x) \right| < +\infty$, $k = 0, 1, 2$. 证明

$$M_1^2 \leqslant 2 M_0 M_2.$$

39. 设函数 f 在 $[a,b]$ 上二阶可导, 且 $f(a) = f(b) = 0$, 证明:

$$\max_{x \in [a,b]} |f(x)| \leqslant \frac{1}{4}(b-a)^2 \sup_{x \in [a,b]} \left| f''(x) \right|.$$

40. 证明: (1) 设函数 f 在 $(a, +\infty)$ 上可导, 若 $\lim\limits_{x \to +\infty} f(x)$ 与 $\lim\limits_{x \to +\infty} f'(x)$ 都存在, 则

$$\lim_{x \to +\infty} f'(x) = 0.$$

(2) 设函数 f 在 $(a, +\infty)$ 上 n 阶可导, 若 $\lim\limits_{x \to +\infty} f(x)$ 与 $\lim\limits_{x \to +\infty} f^{(n)}(x)$ 都存在, 则

$$\lim_{x \to +\infty} f^{(k)}(x) = 0, \quad k = 1, 2, \cdots, n.$$

41. 设函数 f 在 $[0,1]$ 上可导, 且 $f'(x) = F(x) - G(x)$, 其中 $F(x), G(x)$ 均为单调函数, 并且 $\forall x \in [0,1]$, $f'(x) > 0$. 证明 $\exists c > 0$ 使 $\forall x \in [0,1]$ 有 $f'(x) \geqslant c$.

42. 设函数 f 在 $[a,b]$ 上可导, 且 $f'(a) = f'(b)$. 证明 $\exists \xi \in [a,b]$, 使 $f'(\xi) = \dfrac{f(\xi) - f(a)}{\xi - a}$.

第7章 不定积分

微分学的基本问题是研究如何从已知函数求出它的导数和微分. 但科学技术实际中常要考虑与之相反的问题: 如何在已知某函数的导数和微分的情况下求出原来的函数. 例如, 已知质点运动速度求位移、已知电流强度求电量、已知曲线的切线斜率求曲线方程等. 这类问题就是求不定积分. 正如加法与减法、乘法与除法、乘方与开方一样, 不定积分是导数的逆运算. 本章主要讨论计算不定积分的一些方法, 包括利用基本积分公式与线性性质、换元积分法与分部积分法及有理函数与可有理化函数的不定积分求法等. 与求导数相比, 不定积分运算的技巧性要求较高, 必须通过大量练习加以积累.

7.1 不定积分的概念与线性性质

为了确切地表达不定积分作为导数的逆运算的内涵, 先引入下面的原函数概念.

定义 7.1.1 设函数 F 与 f 都在某区间 I 上有定义. 若 $\forall x \in I$ 有 $F'(x) = f(x)$, 则称 F 为 f 在区间 I 上的一个**原函数**.

顾名思义, 原函数就是导函数 "原来的" 那个函数. 之所以要称 "一个" 原函数, 是因为同一个函数的原函数不是唯一的. 例如, $\dfrac{1}{3}x^3$ 与 $\dfrac{1}{3}x^3 + 1$ 都是 x^2 在 $(-\infty, \infty)$ 上的原函数. 从定义不难看出, 若 $F(x)$ 为 $f(x)$ 在区间 I 上的一个原函数, 则对任意常数 C, $F(x) + C$ 也是 $f(x)$ 的原函数. 这表明 $f(x)$ 的原函数有无限多个. 一个自然的问题是: $f(x)$ 的原函数是否仅限于 $F(x) + C$ 的形式? 换言之, 除了 $F(x) + C$ 的形式之外是否还有其他形式的函数也是 $f(x)$ 的原函数? 下面的引理回答了这个问题.

引理 7.1.1 若函数 F 是 f 在区间 I 上的一个原函数, 则 f 在 I 上的全体原函数的集为

$$\{F(x) + C : \ C \in \mathbb{R}\}. \tag{7.1.1}$$

证明 设 f 在 I 上的全体原函数的集合为 S, 则显然有 $\{F(x) + C : \ C \in \mathbb{R}\} \subset S$. 设 $G \in S$, 则 $\forall x \in I$ 有

$$[G(x) - F(x)]' = G'(x) - F'(x) = f(x) - f(x) = 0.$$

根据 Lagrange 定理的推论, $\exists C \in \mathbb{R}$ 使 $G(x) = F(x) + C$. 因此 $S = \{F(x) + C : C \in \mathbb{R}\}$.

关于一个函数具备何种条件存在原函数的讨论将放在第 8 章中. 本章提及函数的原函数时, 默认它是存在的.

定义 7.1.2 函数 f 在区间 I 上的全体原函数称为 f 在 I 上的**不定积分**, 记作

$$\int f(x)\mathrm{d}x, \tag{7.1.2}$$

这里, 符号 $\int$ 称为**积分号**或**积分算子**, x 称为**积分变量**, f 称为**被积函数**, 而 $f(x)\mathrm{d}x$ 称为**被积表达式**.

按照定义, 不定积分与原函数是总体与个体的关系, (7.1.2) 式实际是一个集合记号. 根据引理 7.1.1, 若 F 是 f 的一个原函数, 则 f 的不定积分就是 (7.1.1) 式. 为方便起见, 以后都写作

$$\int f(x)\mathrm{d}x = F(x) + C, \tag{7.1.3}$$

并且, 也称 (7.1.3) 式中的 C 为**积分常数**.

下列等式根据定义容易验证, 它们确切地表达了不定积分与导数、微分间的互逆关系:

$$\frac{\mathrm{d}}{\mathrm{d}x} \int f(x)\mathrm{d}x = f(x); \quad \mathrm{d}\int f(x)\mathrm{d}x = f(x)\mathrm{d}x;$$

$$\int f'(x)\mathrm{d}x = f(x) + C; \quad \int \mathrm{d}(f(x)) = f(x) + C.$$

在几何上, 若 F 是函数 f 的一个原函数, 则 $y = F(x)$ 的图像称为 f 的一条**积分曲线**. 于是 f 的不定积分就是由 f 的某一条积分曲线沿纵轴方向任意平移所得一切曲线组成的**积分曲线族** (图 7.1.1). 显然, 若在族中每条积分曲线上横坐标相同的点处作切线, 则这些切线互相平行.

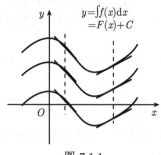

图 7.1.1

例 7.1.1 求一曲线 $y = f(x)$, 使曲线上每一点 (x, y) 处的切线斜率为 x, 且通过点 $(2, 3)$.

解 由题设知 $f'(x) = x$, 因此

$$y = \int x \mathrm{d}x = \frac{x^2}{2} + C.$$

又因为曲线通过点 $(2, 3)$, 故 $3 = \frac{2^2}{2} + C$, $C = 1$. 于是所求曲线为 $y = \frac{x^2}{2} + 1$.

如图 7.1.2 所示, 所求曲线是积分曲线族 $y = \frac{x^2}{2} + C$ 中通过点 $(2, 3)$ 的特定的一条曲线.

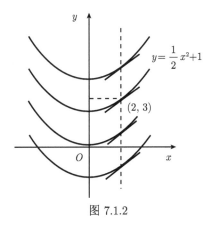

图 7.1.2

既然积分运算是导数运算的逆运算, 那么很自然地可以从导数基本公式得到下面的积分基本公式, 称为**基本积分表**. 为了应用上的方便, 下面的公式并不完全与 5.2 节列出的导数基本公式相对应, 而是增加了一些经常用到的公式, 它们都可以通过对等式右边求导数的方法加以验证.

1. $\displaystyle\int a\mathrm{d}x = ax + C$($a$ 为常数);

2. $\displaystyle\int x^\alpha \mathrm{d}x = \frac{x^{\alpha+1}}{\alpha+1} + C$($\alpha \neq -1$ 为常数);

3. $\displaystyle\int \frac{\mathrm{d}x}{x} = \ln|x| + C$;

4. $\displaystyle\int a^x \mathrm{d}x = \frac{a^x}{\ln a} + C$($0 < a \neq 1$ 为常数), $\displaystyle\int \mathrm{e}^x \mathrm{d}x = \mathrm{e}^x + C$;

5. $\displaystyle\int \sin x \mathrm{d}x = -\cos x + C$;

6. $\displaystyle\int \cos x \mathrm{d}x = \sin x + C$;

7. $\int \sec^2 x \mathrm{d}x = \tan x + C$;

8. $\int \csc^2 x \mathrm{d}x = -\cot x + C$;

9. $\int \sec x \tan x \mathrm{d}x = \sec x + C$;

10. $\int \csc x \cot x \mathrm{d}x = -\csc x + C$;

11. $\int \sec x \mathrm{d}x = \ln|\sec x + \tan x| + C$;

12. $\int \csc x \mathrm{d}x = \ln|\csc x - \cot x| + C$;

13. $\int \dfrac{\mathrm{d}x}{\sqrt{a^2 - x^2}} = \arcsin \dfrac{x}{a} + C (a > 0 \text{ 为常数}), \int \dfrac{\mathrm{d}x}{\sqrt{1 - x^2}} = \arcsin x + C$;

14. $\int \dfrac{\mathrm{d}x}{a^2 + x^2} = \dfrac{1}{a} \arctan \dfrac{x}{a} + C (a > 0 \text{ 为常数}), \int \dfrac{\mathrm{d}x}{1 + x^2} = \arctan x + C$;

15. $\int \dfrac{\mathrm{d}x}{a^2 - x^2} = \dfrac{1}{2a} \ln \left| \dfrac{a + x}{a - x} \right| + C (a > 0 \text{ 为常数})$;

16. $\int \dfrac{\mathrm{d}x}{\sqrt{x^2 \pm a^2}} = \ln \left| x + \sqrt{x^2 \pm a^2} \right| + C (a > 0 \text{ 为常数})$.

从导数的线性运算法则容易得出下面的关于不定积分的线性性质.

定理 7.1.2 (线性性质)　设函数 f, g 在区间 I 上存在原函数, a, b 为两个任意的常数, 则 $af + bg$ 在 I 上也存在原函数, 且 (当 a, b 不全为 0 时) 有

$$\int [af(x) + bg(x)] \mathrm{d}x = a \int f(x)\mathrm{d}x + b \int g(x)\mathrm{d}x. \tag{7.1.4}$$

证明　只需验证 (7.1.4) 式成立. 事实上, 这是因为

$$\left[a \int f(x)\mathrm{d}x + b \int g(x)\mathrm{d}x \right]' = a \left[\int f(x)\mathrm{d}x \right]' + b \left[\int g(x)\mathrm{d}x \right]' = af(x) + bg(x).$$

如何求出一个函数的不定积分? 这是本章所要解决的主要问题. 粗略地说, 求一个函数的不定积分, 通常都是将被积函数恒等变形, 最后归结为已知的不定积分, 如基本积分表中所列的那些. 解决问题的关键在于求出某区间上原函数的方法与技巧, 不必要求对被积函数定义域中的一切区间作详尽讨论.

利用不定积分的线性性质, 可以通过恒等变形, 将所求的不定积分转化为已知不定积分的线性组合. 这是不定积分计算的一个基本方法, 可用来求出相关的一些不定积分.

例 7.1.2 求 $\int x^{\frac{1}{2}}(x^2 + 3x^{-\frac{3}{2}})\mathrm{d}x$.

解 $\int x^{\frac{1}{2}}\left(x^2 + 3x^{-\frac{3}{2}}\right)\mathrm{d}x = \int\left(x^{\frac{5}{2}} + 3x^{-1}\right)\mathrm{d}x = \dfrac{2}{7}x^{\frac{7}{2}} + 3\ln|x| + C.$

例 7.1.3 求 $\int(3^x\mathrm{e}^x)\mathrm{d}x$.

解 $\int(3^x\mathrm{e}^x)\mathrm{d}x = \int(3\mathrm{e})^x\mathrm{d}x = \dfrac{(3\mathrm{e})^x}{\ln(3\mathrm{e})} + C = \dfrac{3^x\mathrm{e}^x}{1 + \ln 3} + C.$

例 7.1.4 求 $\int\dfrac{x^4 + 1}{x^2 + 1}\mathrm{d}x$.

解 $\int\dfrac{x^4 + 1}{x^2 + 1}\mathrm{d}x = \int\dfrac{x^4 - 1 + 2}{x^2 + 1}\mathrm{d}x = \int\left(x^2 - 1 + \dfrac{2}{x^2 + 1}\right)\mathrm{d}x$

$$= \dfrac{1}{3}x^3 - x + 2\arctan x + C.$$

例 7.1.5 求 $\int\tan^2 x\mathrm{d}x$.

解 $\int\tan^2 x\mathrm{d}x = \int(\sec^2 x - 1)\mathrm{d}x = \tan x - x + C.$

例 7.1.6 求 $\int\dfrac{\mathrm{d}x}{\cos^2 x\sin^2 x}$.

解 $\int\dfrac{\mathrm{d}x}{\cos^2 x\sin^2 x} = \int\dfrac{\sin^2 x + \cos^2 x}{\cos^2 x\sin^2 x}\mathrm{d}x = \int(\sec^2 x + \csc^2 x)\mathrm{d}x$

$$= \tan x - \cot x + C.$$

例 7.1.7 求 $\int\left(\sqrt{\dfrac{1 + x}{1 - x}} + \sqrt{\dfrac{1 - x}{1 + x}}\right)\mathrm{d}x$.

解 $\int\left(\sqrt{\dfrac{1 + x}{1 - x}} + \sqrt{\dfrac{1 - x}{1 + x}}\right)\mathrm{d}x = \int\left(\dfrac{1 + x}{\sqrt{1 - x^2}} + \dfrac{1 - x}{\sqrt{1 - x^2}}\right)\mathrm{d}x$

$$= 2\int\dfrac{\mathrm{d}x}{\sqrt{1 - x^2}} = 2\arcsin x + C.$$

习 题 7.1

1. 求下列不定积分:

(1) $\int\dfrac{(1 - \sqrt{x})(1 + \sqrt[3]{x})}{x}\mathrm{d}x$;

(2) $\int\dfrac{x^2}{3(x^2 + 1)}\mathrm{d}x$;

(3) $\int\dfrac{\mathrm{d}x}{\sqrt{3 - 3x^2}}$;

(4) $\int\dfrac{1 + x + x^2}{x(1 + x^2)}\mathrm{d}x$;

(5) $\displaystyle\int \sin^2 \frac{x}{2}\mathrm{d}x$;

(6) $\displaystyle\int \cos^2 \frac{x}{2}\mathrm{d}x$;

(7) $\displaystyle\int \frac{\mathrm{d}x}{1 + \cos 2x}$;

(8) $\displaystyle\int \frac{\mathrm{d}x}{1 - \cos 2x}$;

(9) $\displaystyle\int \cot^2 x\mathrm{d}x$;

(10) $\displaystyle\int \sec x(\sec x - \tan x)\mathrm{d}x$;

(11) $\displaystyle\int (\mathrm{e}^x - \mathrm{e}^{-x})^2\mathrm{d}x$;

(12) $\displaystyle\int (2^x + 3^x)^2\mathrm{d}x$;

(13) $\displaystyle\int \frac{\cos 2x}{\cos^2 x \sin^2 x}\mathrm{d}x$;

(14) $\displaystyle\int \frac{\cos 2x}{\cos x + \sin x}\mathrm{d}x$;

(15) $\displaystyle\int \frac{\mathrm{e}^{3x} + 1}{\mathrm{e}^x + 1}\mathrm{d}x$;

(16) $\displaystyle\int \sqrt{1 - \sin 2x}\mathrm{d}x$.

2. 曲线 $y = f(x)$ 通过点 $(\mathrm{e}, 3)$, 且在每一点处的切线斜率等于该点的横坐标的倒数, 求该曲线的方程.

7.2　换元积分法与分部积分法

除了 7.1 节介绍的利用不定积分的线性性质的方法外, 计算不定积分还有两种基本方法: 换元积分法与分部积分法.

换元积分法是与复合函数求导法则相对应的方法, 用来处理复合函数的积分计算问题. 在变换 $t = \varphi(x)$ 下, 函数 f 的不定积分有下述关系:

$$\int f(t)\mathrm{d}t = \int f(\varphi(x))\varphi'(x)\mathrm{d}x. \tag{7.2.1}$$

根据关系式 (7.2.1) 从右到左与从左到右的用法, 分为第一换元积分法与第二换元积分法两种情形.

定理 7.2.1 (第一换元积分法)　设在区间 I 上变换式 $t = \varphi(x)$ 可导, 若函数 $f(t)$ 存在原函数, 则有换元公式

$$\int f(\varphi(x))\varphi'(x)\mathrm{d}x = \left[\left.\int f(t)\mathrm{d}t\right]\right|_{t=\varphi(x)}. \tag{7.2.2}$$

证明　设 F 为 f 在区间 I 上的一个原函数, 则由复合函数求导法则得

$$\frac{\mathrm{d}}{\mathrm{d}x}\left[\left.\int f(t)\mathrm{d}t\right]\right|_{t=\varphi(x)} = \frac{\mathrm{d}}{\mathrm{d}x}F(\varphi(x)) = F'(\varphi(x))\varphi'(x) = f(\varphi(x))\varphi'(x).$$

因此 (7.2.2) 式成立.

从形式上看, 第一换元法就是想方设法把被积表达式 $f(\varphi(x))\varphi'(x)\mathrm{d}x$ 中

$\varphi'(x)\mathrm{d}x$ 部分凑成微分 $\mathrm{d}(\varphi(x))$, 即 $\displaystyle\int f(\varphi(x))\varphi'(x)\mathrm{d}x = \int f(\varphi(x))\mathrm{d}(\varphi(x))$. 所以第一换元法又形象地称为**凑微分法**.

例 7.2.1 求 $\displaystyle\int \tan x\mathrm{d}x, \int \cot x\mathrm{d}x$.

解 $\displaystyle\int \tan x\mathrm{d}x = \int \frac{\sin x}{\cos x}\mathrm{d}x = \int \frac{-\mathrm{d}(\cos x)}{\cos x}$ (令 $u = \cos x$)

$$= -\int \frac{\mathrm{d}u}{u} = -\ln|u| + C = -\ln|\cos x| + C.$$

(这里, 写出变换式 $u = \cos x$ 的相关步骤可以省略.)

$$\int \cot x\mathrm{d}x = \int \frac{\cos x}{\sin x}\mathrm{d}x = \int \frac{\mathrm{d}(\sin x)}{\sin x} = \ln|\sin x| + C.$$

例 7.2.2 用换元积分法推导基本积分表中公式 13~15.

解 $\displaystyle\int \frac{\mathrm{d}x}{\sqrt{a^2 - x^2}} = \int \frac{\mathrm{d}x}{a\sqrt{1 - \left(\dfrac{x}{a}\right)^2}} = \int \frac{\mathrm{d}\left(\dfrac{x}{a}\right)}{\sqrt{1 - \left(\dfrac{x}{a}\right)^2}} = \arcsin \frac{x}{a} + C;$

同理有

$$\int \frac{\mathrm{d}x}{a^2 + x^2} = \frac{1}{a}\arctan \frac{x}{a} + C.$$

$$\int \frac{\mathrm{d}x}{a^2 - x^2} = \frac{1}{2a}\int \left(\frac{1}{a + x} + \frac{1}{a - x}\right)\mathrm{d}x = \frac{1}{2a}\left[\int \frac{\mathrm{d}(a + x)}{a + x} - \int \frac{\mathrm{d}(a - x)}{a - x}\right]$$

$$= \frac{1}{2a}\left[\ln|a + x| - \ln|a - x|\right] + C = \frac{1}{2a}\ln\left|\frac{a + x}{a - x}\right| + C.$$

例 7.2.3 求 $\displaystyle\int \sin mx \cos nx\mathrm{d}x \ (m \neq \pm n)$.

解 $\displaystyle\int \sin mx \cos nx\mathrm{d}x = \frac{1}{2}\int [\sin(m + n)x + \sin(m - n)x]\mathrm{d}x$

$$= \frac{1}{2}\left[\int \frac{\sin(m + n)x}{m + n}\mathrm{d}[(m + n)x]\right.$$

$$\left. + \int \frac{\sin(m - n)x}{m - n}\mathrm{d}[(m - n)x]\right]$$

$$= -\frac{1}{2}\left[\frac{\cos(m + n)x}{m + n} + \frac{\cos(m - n)x}{m - n}\right] + C.$$

例 7.2.4 求 $\displaystyle\int \sin^5 x\mathrm{d}x$.

解 $\displaystyle\int \sin^5 x \mathrm{d}x = \int \sin^4 x \cdot \sin x \mathrm{d}x = -\int (1-\cos^2 x)^2 \mathrm{d}(\cos x)$

$$= -\int (1 - 2\cos^2 x + \cos^4 x)\mathrm{d}(\cos x)$$

$$= -\cos x + \frac{2}{3}\cos^3 x - \frac{1}{5}\cos^5 x + C.$$

例 7.2.5 求 $\displaystyle\int \cos^4 x \mathrm{d}x$.

解 $\displaystyle\int \cos^4 x \mathrm{d}x = \int \left(\frac{1+\cos 2x}{2}\right)^2 \mathrm{d}x = \frac{1}{4}\int (1 + 2\cos 2x + \cos^2 2x)\,\mathrm{d}x$

$$= \frac{1}{4}\int \left(1 + 2\cos 2x + \frac{1 + \cos 4x}{2}\right)\mathrm{d}x$$

$$= \frac{3}{8}x + \frac{1}{4}\sin 2x + \frac{1}{32}\sin 4x + C.$$

例 7.2.6 求 $\displaystyle\int \frac{\mathrm{d}x}{x\sqrt{\ln x + 1}}$.

解 $\displaystyle\int \frac{\mathrm{d}x}{x\sqrt{\ln x + 1}} = \int (\ln x + 1)^{-\frac{1}{2}}\,\mathrm{d}(\ln x + 1) = 2\sqrt{\ln x + 1} + C$.

例 7.2.7 求 $\displaystyle\int \frac{\mathrm{d}x}{\sqrt{x(1-x)}}$.

解 *方法 1* $\displaystyle\int \frac{\mathrm{d}x}{\sqrt{x(1-x)}} = 2\int \frac{\mathrm{d}(\sqrt{x})}{\sqrt{1-(\sqrt{x})^2}} = 2\arcsin\sqrt{x} + C$.

方法 2 $\displaystyle\int \frac{\mathrm{d}x}{\sqrt{x(1-x)}} = \int \frac{\mathrm{d}\left(x - \dfrac{1}{2}\right)}{\sqrt{\dfrac{1}{4} - \left(x - \dfrac{1}{2}\right)^2}} = \arcsin 2\left(x - \frac{1}{2}\right) + C$

$$= \arcsin(2x - 1) + C.$$

例 7.2.8 求 $\displaystyle\int \csc x \mathrm{d}x$.

解 *方法 1* $\displaystyle\int \csc x \mathrm{d}x = \int \frac{\csc x(-\cot x + \csc x)}{\csc x - \cot x}\mathrm{d}x = \int \frac{\mathrm{d}(\csc x - \cot x)}{\csc x - \cot x}$

$$= \ln|\csc x - \cot x| + C,$$

得到基本积分表中公式 12. 同样方法可得到基本积分表中公式 11:

$$\int \sec x \mathrm{d}x = \ln|\sec x + \tan x| + C.$$

方法 2 $\displaystyle\int \csc x \mathrm{d}x = \int \frac{\mathrm{d}x}{\sin x} = \int \frac{\mathrm{d}x}{2\tan\dfrac{x}{2}\cos^2\dfrac{x}{2}} = \int \frac{\mathrm{d}\left(\tan\dfrac{x}{2}\right)}{\tan\dfrac{x}{2}} = \ln\left|\tan\dfrac{x}{2}\right| + C.$

方法 3 利用基本积分表中公式 15, 有

$$\int \csc x \mathrm{d}x = \int \frac{\sin x \mathrm{d}x}{\sin^2 x} = -\int \frac{\mathrm{d}(\cos x)}{1-\cos^2 x} = \frac{1}{2}\ln\left|\frac{1-\cos x}{1+\cos x}\right| + C.$$

在例 7.2.7 与例 7.2.8 中, 由于采用不同的变换, 导致结果中原函数的形式不同. 事实上, 它们间允许相差一个常数. 对这些结果通常不必去把一个化成另一个, 可以通过求导来验证每个结果的正确性.

使用第一换元法计算不定积分时, 要关注被积表达式 $f(\varphi(x))\varphi'(x)\mathrm{d}x$ 中 $\varphi'(x)$ $\mathrm{d}x$ 部分凑成微分 $\mathrm{d}(\varphi(x))$ 的具体形式, 才容易找到解题思路. 例如, 下列凑微分的形式是常用的:

$$f(ax+b)\mathrm{d}x = \frac{1}{a}f(ax+b)\mathrm{d}(ax+b); \qquad f(x^\alpha)x^{\alpha-1}\mathrm{d}x = \frac{1}{\alpha}f(x^\alpha)\mathrm{d}(x^\alpha);$$

$$\frac{f(\ln x)}{x}\mathrm{d}x = f(\ln x)\mathrm{d}(\ln x); \qquad f(e^x)e^x\mathrm{d}x = f(e^x)\mathrm{d}(e^x);$$

$$f(\cos x)\sin x \mathrm{d}x = -f(\cos x)\mathrm{d}(\cos x); \qquad f(\tan x)\sec^2 x \mathrm{d}x = f(\tan x)\mathrm{d}(\tan x);$$

$$\frac{f(\arctan x)}{1+x^2}\mathrm{d}x = f(\arctan x)\mathrm{d}(\arctan x); \qquad \frac{f(\arcsin x)}{\sqrt{1-x^2}}\mathrm{d}x = f(\arcsin x)\mathrm{d}(\arcsin x).$$

定理 7.2.2 (第二换元积分法) 设在区间 I 上变换式 $x = \varphi(t)$ 可导, $\varphi'(t) \neq 0$, 且存在反函数 $t = \varphi^{-1}(x)$, 若函数 $f(\varphi(t))\varphi'(t)$ 存在原函数, 则有换元公式

$$\int f(x)\mathrm{d}x = \left[\int f(\varphi(t))\varphi'(t)\mathrm{d}t\right]\Bigg|_{t=\varphi^{-1}(x)}. \tag{7.2.3}$$

证明 设 $G(t)$ 为 $f(\varphi(t))\varphi'(t)$ 在区间 I 上的一个原函数, 则由复合函数求导法则得

$$\frac{\mathrm{d}}{\mathrm{d}x}\left[\int f(\varphi(t))\varphi'(t)\mathrm{d}t\right]\Bigg|_{t=\varphi^{-1}(x)}$$

$$=\frac{\mathrm{d}}{\mathrm{d}x}G(\varphi^{-1}(x)) = G'(t)\left[\varphi^{-1}(x)\right]' = f(\varphi(t))\varphi'(t)\frac{1}{\varphi'(t)}$$

$$=f(\varphi(t)) = f(x).$$

因此 (7.2.3) 式成立.

使用第二换元积分法, 就是根据被积函数特点, 将积分变量用函数 $x = \varphi(t)$ 代入. 所以第二换元法又形象地称为**代入法**.

例 7.2.9 　求 $\displaystyle\int \frac{\mathrm{d}x}{\sqrt[3]{x} + \sqrt{x}}$.

解 　换元的目的是去掉根号, 令 $x = t^6$ $(t > 0)$, 则 $t = x^{\frac{1}{6}}$, 于是有

$$\int \frac{\mathrm{d}x}{\sqrt[3]{x} + \sqrt{x}} = \int \frac{6t^5 \mathrm{d}t}{t^2 + t^3} = 6 \int \frac{t^3 \mathrm{d}t}{1 + t} = 6 \int \left(t^2 - t + 1 - \frac{1}{1+t} \right) \mathrm{d}t$$

$$= 6 \left(\frac{1}{3} t^3 - \frac{1}{2} t^2 + t - \ln|t+1| \right) + C$$

$$= 2x^{\frac{1}{2}} - 3x^{\frac{1}{3}} + 6x^{\frac{1}{6}} - 6 \ln \left| 1 + x^{\frac{1}{6}} \right| + C.$$

例 7.2.10 　求 $\displaystyle\int \frac{\sqrt[3]{1 + \sqrt[4]{x}}}{\sqrt{x}} \mathrm{d}x$.

解 　令 $\sqrt[3]{1 + \sqrt[4]{x}} = t$, 则 $x = (t^3 - 1)^4$ (变换式), $\sqrt{x} = (t^3 - 1)^2$, $\mathrm{d}x = 12t^2(t^3 - 1)^3 \mathrm{d}t$, 于是

$$\int \frac{\sqrt[3]{1 + \sqrt[4]{x}}}{\sqrt{x}} \mathrm{d}x = \int \frac{t}{(t^3 - 1)^2} \cdot 12t^2(t^3 - 1)^3 \mathrm{d}t = 12 \int (t^6 - t^3) \mathrm{d}t$$

$$= \frac{3}{7} t^4 (4t^3 - 7) + C = \frac{3}{7} \left(\sqrt[3]{1 + \sqrt[4]{x}} \right)^4 (4\sqrt[4]{x} - 3) + C.$$

例 7.2.11 　用换元积分法推导基本积分表中公式 16.

解 　求解的关键是利用关系式 $1 + \tan^2 t = \sec^2 t$ 去掉根号. 令 $x = a \tan t$, $|t| < \dfrac{\pi}{2}$, 则

$$\int \frac{\mathrm{d}x}{\sqrt{x^2 + a^2}} = \int \frac{\mathrm{d}(a \tan t)}{\sqrt{(a \tan t)^2 + a^2}} = \int \frac{a \sec^2 t}{a \sec t} \mathrm{d}t = \int \sec t \mathrm{d}t = \ln|\sec t + \tan t| + C_0.$$

为了将变量 t 还原到 x, 可以根据 $\tan t = \dfrac{x}{a}$ 作辅助三角形 (图 7.2.1), 便有

$$\sec t = \frac{\sqrt{x^2 + a^2}}{a}.$$

因此, 记 $C = C_0 - \ln a$, 得到

$$\int \frac{\mathrm{d}x}{\sqrt{x^2 + a^2}} = \ln \left| \frac{\sqrt{x^2 + a^2}}{a} + \frac{x}{a} \right| + C_0 = \ln \left| x + \sqrt{x^2 + a^2} \right| + C.$$

再令 $x = a\sec t, t \in \left(0, \dfrac{\pi}{2}\right)$ 或 $t \in \left(\pi, \dfrac{3\pi}{2}\right)$, 则

$$\int \frac{\mathrm{d}x}{\sqrt{x^2 - a^2}} = \int \frac{\mathrm{d}(a\sec t)}{\sqrt{(a\sec t)^2 - a^2}} = \int \frac{a\sec t\tan t}{a\tan t}\mathrm{d}t = \int \sec t\mathrm{d}t = \ln|\sec t + \tan t| + C_0.$$

为了将变量 t 还原到 x, 根据 $\sec t = \dfrac{x}{a}$ 作辅助三角形 (图 7.2.2), 得到

$$\tan t = \frac{\sqrt{x^2 - a^2}}{a}.$$

于是 $\displaystyle\int \frac{\mathrm{d}x}{\sqrt{x^2 - a^2}} = \ln\left|x + \sqrt{x^2 - a^2}\right| + C$, 这里 $C = C_0 - \ln a$.

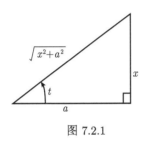

图 7.2.1

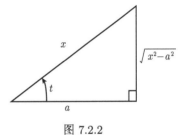

图 7.2.2

例 7.2.12 求 $\displaystyle\int \sqrt{a^2 - x^2}\mathrm{d}x$.

解 求解的关键是利用关系式 $1 - \sin^2 t = \cos^2 t$ 去掉根号. 令 $x = a\sin t$, $|t| \leqslant \dfrac{\pi}{2}$, 则

$$\begin{aligned}
\int \sqrt{a^2 - x^2}\mathrm{d}x &= \int \sqrt{a^2 - (a\sin t)^2}\mathrm{d}(a\sin t) = a^2\int \cos^2 t\mathrm{d}t \\
&= \frac{a^2}{2}\int (1 + \cos 2t)\mathrm{d}t = \frac{a^2}{2}\left[t + \frac{1}{2}\sin 2t\right] + C \\
&= \frac{a^2}{2}\left[\arcsin\frac{x}{a} + \frac{x}{a}\sqrt{1 - \left(\frac{x}{a}\right)^2}\right] + C \\
&= \frac{1}{2}\left[a^2\arcsin\frac{x}{a} + x\sqrt{a^2 - x^2}\right] + C.
\end{aligned}$$

例 7.2.11 与例 7.2.12 中采用的变换称为**三角代换**. 一般地, 当被积函数含有 $\sqrt{ax^2 + bx + c}$ 时, 可对其先行配方化为 $\sqrt{\alpha^2 - x^2}$, $\sqrt{x^2 + \alpha^2}$ 及 $\sqrt{x^2 - \alpha^2}$ 三者之一, 再考虑选用相应的**三角代换**.

例 7.2.13 求 $\displaystyle\int \frac{\mathrm{d}x}{x\sqrt{x^2 - 1}}$, 其中 $x > 0$.

解　**方法 1**　令 $x = \csc t,\, t \in \left(0, \dfrac{\pi}{2}\right)$, 则 $\sin t = \dfrac{1}{x}$, 从而有

$$\int \frac{\mathrm{d}x}{x\sqrt{x^2 - 1}} = \int \frac{\mathrm{d}(\csc t)}{\csc t \sqrt{(\csc t)^2 - 1}} = \int \frac{-\csc t \cot t \mathrm{d}t}{\csc t \cot t} = -\int \mathrm{d}t = -t + C$$

$$= -\arcsin \frac{1}{x} + C.$$

方法 2　令 $x = \dfrac{1}{t}\,(t > 0)$, 则

$$\int \frac{\mathrm{d}x}{x\sqrt{x^2 - 1}} = \int \frac{t}{\sqrt{(1/t)^2 - 1}} \left(-\frac{1}{t^2}\right) \mathrm{d}t = -\int \frac{\mathrm{d}t}{\sqrt{1 - t^2}} = -\arcsin t + C$$

$$= -\arcsin \frac{1}{x} + C.$$

方法 3　令 $\sqrt{x^2 - 1} = t$, 则 $x = \sqrt{t^2 + 1}$, $\mathrm{d}x = \dfrac{t}{\sqrt{t^2 + 1}}\mathrm{d}t$, 从而有

$$\int \frac{\mathrm{d}x}{x\sqrt{x^2 - 1}} = \int \frac{1}{t\sqrt{t^2 + 1}} \frac{t}{\sqrt{t^2 + 1}} \mathrm{d}t = \int \frac{\mathrm{d}t}{1 + t^2} = \arctan t + C$$

$$= \arctan \sqrt{x^2 - 1} + C.$$

方法 4　令 $\sqrt{x^2 - 1} = x - t$, 于是 $t = x - \sqrt{x^2 - 1}$, 由 $x^2 - 1 = x^2 - 2xt + t^2$ 解得

$$x = \frac{t^2 + 1}{2t}, \quad \sqrt{x^2 - 1} = \frac{t^2 + 1}{2t} - t = \frac{1 - t^2}{2t}, \quad \mathrm{d}x = \frac{t^2 - 1}{2t^2}\mathrm{d}t.$$

从而有

$$\int \frac{\mathrm{d}x}{x\sqrt{x^2 - 1}} = \int \frac{2t}{t^2 + 1} \cdot \frac{2t}{1 - t^2} \cdot \frac{t^2 - 1}{2t^2}\mathrm{d}t = -2\int \frac{\mathrm{d}t}{1 + t^2} = -2\arctan t + C$$

$$= 2\arctan \left(\sqrt{x^2 - 1} - x\right) + C.$$

例 7.2.13 中的方法 2 中采用的变换称为**倒代换**. 方法 4 中采用的变换称为 **Euler 代换**.

应当看到, 第一换元积分法与第二换元积分法在使用上有着不同的特点. 使用第二换元积分法, 要将**变量替换成函数**, 即设 $x = \varphi(t)$, 由于积分结果为 t 的函数, 变量还原时必须求变换式 $x = \varphi(t)$ 的反函数. 使用第一换元积分法, 是将**函数替换成变量**, 往往从原变量为 x 的被积表达式中 "找出" 变换式 $\varphi(x)$, 设 $\varphi(x) = t$(写变换式的步骤可省略), 积分结果同样为 t 的函数, 但变量还原时, 直

接将 $\varphi(x) = t$ 代入, 不必求它的反函数. 因此, 当变换式的反函数 (如三角函数) 结构复杂时, 第二换元法增加了变量还原上的计算. 除此之外二者在用法上没有太大差别. 例如, 对于积分 $\int \dfrac{x^2 - x}{(x-2)^3} \mathrm{d}x$, 可以令 $x = 2 + t$ 用第二换元积分法, 也可用下面的方法凑微分:

$$\int \frac{x^2 - x}{(x-2)^3} \mathrm{d}x = \int \frac{(x-2+2)^2 - (x-2+2)}{(x-2)^3} \mathrm{d}(x-2).$$

同一积分有多种解法说明换元积分具有很大灵活性, 要做到技巧娴熟不是易事. 必须通过更多的练习, 学会常规的方法, 探索巧妙的方法.

分部积分法是与函数乘积的求导法则相对应的方法, 用来处理函数乘积的积分计算问题. 根据函数乘积的求导法则, 对于可导的函数 f, g 有

$$(f(x)g(x))' = f'(x)g(x) + f(x)g'(x).$$

若 $f(x)g'(x)$ 的积分不易求, 而 $f'(x)g(x)$ 的积分容易求, 则有

$$\int f(x)g'(x)\mathrm{d}x = \int [(f(x)g(x))' - f'(x)g(x)]\,\mathrm{d}x = f(x)g(x) - \int f'(x)g(x)\mathrm{d}x,$$

即可以经过求 $\int f'(x)g(x)\mathrm{d}x$ 的途径来求 $\int f(x)g'(x)\mathrm{d}x$. 这就是分部积分法.

定理 7.2.3 (**分部积分法**)　设在区间 I 上函数 f, g 可导且 $f'g$ 存在原函数, 则有分部积分公式

$$\int f(x)g'(x)\mathrm{d}x = f(x)g(x) - \int f'(x)g(x)\mathrm{d}x. \tag{7.2.4}$$

分部积分法的要义是将被积函数分为两个部分, 一个求导, 另一个积分, 通过这一转换, 新的乘积的积分容易求得. 将公式 (7.2.4) 写成图 7.2.3 所示的算表, 其中实线部分是公式 (7.2.4) 等号右端的两项. 实际使用中可按此算表进行运算操作.

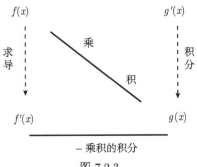

图 7.2.3

现在通过例子说明如何进行分部积分.

例 7.2.14 求 $\int x\cos 3x\mathrm{d}x$.

解 取 $f(x)=x$ 求导, 取 $g'(x)=\cos 3x$ 积分, 得

$$\int x\cos 3x\mathrm{d}x = \frac{1}{3}\int x\mathrm{d}(\sin 3x) \quad \text{(利用图7.2.3 所示算表, 这一步骤可省略)}$$

$$= \frac{1}{3}x\sin 3x - \frac{1}{3}\int \sin 3x\mathrm{d}x = \frac{1}{3}x\sin 3x + \frac{1}{9}\cos 3x + C.$$

求这个积分时, 如果取 $f(x)=\cos 3x$ 求导, 取 $g'(x)=x$ 积分, 那么

$$\int x\cos 3x\mathrm{d}x = \frac{1}{2}x^2\cos 3x + \frac{3}{2}\int x^2\sin 3x\mathrm{d}x.$$

明显地, 上式右端的积分比原积分更不容易求出. 由此可见, 进行分部积分时, 恰当选取 f 和 g' 是关键. 选取 f 和 g' 一般要考虑下面两点: 其一, 由 g' 要容易求得 g; 其二, $\int f'(x)g(x)\mathrm{d}x$ 要比 $\int f(x)g'(x)\mathrm{d}x$ 容易求.

例 7.2.15 求 $\int x^2\mathrm{e}^{-x}\mathrm{d}x$.

解 $\int x^2\mathrm{e}^{-x}\mathrm{d}x = -x^2\mathrm{e}^{-x} + 2\int x\mathrm{e}^{-x}\mathrm{d}x$

$$= -x^2\mathrm{e}^{-x} + 2\left[-x\mathrm{e}^{-x} + \int \mathrm{e}^{-x}\mathrm{d}x\right] \quad \text{(分部积分2次)}$$

$$= -\mathrm{e}^{-x}(x^2 + 2x + 2) + C.$$

重复分部积分时可用如图 7.2.4 所示的算表:

$$\int x^2\mathrm{e}^{-x}\mathrm{d}x = (-x^2\mathrm{e}^{-x}) - (2x\mathrm{e}^{-x}) + (-2\mathrm{e}^{-x}) + C = -\mathrm{e}^{-x}(x^2 + 2x + 2) + C.$$

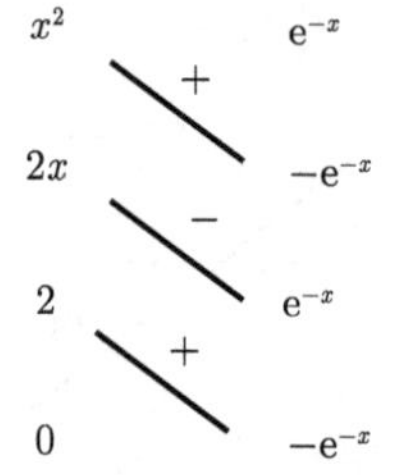

图 7.2.4

例 7.2.16 求 $\int x^3\ln x\mathrm{d}x$.

解 $\displaystyle\int x^3 \ln x\mathrm{d}x = \frac{1}{4}x^4 \ln x - \frac{1}{4}\int x^3\mathrm{d}x = \frac{x^4}{16}(4\ln x - 1) + C.$

例 7.2.17 求 $\displaystyle\int \arccos x\mathrm{d}x.$

解 $\displaystyle\int \arccos x\mathrm{d}x = x\arccos x + \int \frac{x}{\sqrt{1-x^2}}\mathrm{d}x = x\arccos x - \frac{1}{2}\int \frac{\mathrm{d}(1-x^2)}{\sqrt{1-x^2}}$

$$= x\arccos x - \sqrt{1-x^2} + C.$$

例 7.2.18 求 $\displaystyle\int x\arctan x\mathrm{d}x.$

解 $\displaystyle\int x\arctan x\mathrm{d}x = \frac{1}{2}x^2 \arctan x - \frac{1}{2}\int \frac{x^2+1-1}{1+x^2}\mathrm{d}x$

$$= \frac{1}{2}x^2 \arctan x - \frac{1}{2}\int \left(1 - \frac{1}{1+x^2}\right)\mathrm{d}x$$

$$= \frac{1}{2}x^2 \arctan x - \frac{1}{2}(x - \arctan x) + C$$

$$= \frac{1}{2}(x^2 + 1)\arctan x - \frac{x}{2} + C.$$

一般地, 对于形如 $\displaystyle\int x^n \mathrm{e}^{ax}\mathrm{d}x, \int x^n \sin ax\mathrm{d}x$ 及 $\displaystyle\int x^n \cos ax\mathrm{d}x$ 之类的积分 ($n \in \mathbb{Z}^+$), 分部时总是取幂函数 x^n 为 $f(x)$ 来求导; 而对形如 $\displaystyle\int x^\alpha \ln x\mathrm{d}x, \int x^\alpha \arcsin x\mathrm{d}x$ 及 $\displaystyle\int x^\alpha \arctan x\mathrm{d}x$ 之类的积分 ($\alpha \in \mathbb{R}$), 分部时总是取幂函数 x^α 为 $g'(x)$ 来求积分.

下面例题中所用的方法也是值得注意的.

例 7.2.19 求 $\displaystyle\int \mathrm{e}^x \cos x\mathrm{d}x.$

解 此题取 e^x 为 $f(x)$ 求导或取 e^x 为 $g'(x)$ 求积分都是可行的, 不妨取 e^x 积分, 得到

$$\int \mathrm{e}^x \cos x\mathrm{d}x = \mathrm{e}^x \cos x + \int \mathrm{e}^x \sin x\mathrm{d}x. \tag{7.2.5}$$

(7.2.5) 式右端中的积分与左端是同一类型的, 再作一次分部, 注意此时仍取 e^x 积分 (不能取 e^x 求导), 得到

$$\int \mathrm{e}^x \cos x\mathrm{d}x = \mathrm{e}^x \cos x + \mathrm{e}^x \sin x - \int \mathrm{e}^x \cos x\mathrm{d}x.$$

所求积分在等式右端重现, 通过移项, 便得 $\displaystyle\int \mathrm{e}^x \cos x \mathrm{d}x = \frac{1}{2}\mathrm{e}^x(\cos x + \sin x) + C.$

再利用 (7.2.5) 式还可得到 $\displaystyle\int \mathrm{e}^x \sin x \mathrm{d}x = \frac{1}{2}\mathrm{e}^x(\sin x - \cos x) + C.$

例 7.2.20　求 $\displaystyle\int \sec^3 x \mathrm{d}x.$

解　$\displaystyle\int \sec^3 x \mathrm{d}x = \int \sec x \cdot \sec^2 x \mathrm{d}x = \sec x \tan x - \int \sec x \tan^2 x \mathrm{d}x$

$$= \sec x \tan x - \int \sec x (\sec^2 x - 1) \mathrm{d}x$$

$$= \sec x \tan x - \int \sec^3 x \mathrm{d}x + \int \sec x \mathrm{d}x,$$

所求积分在等式右端重现, 通过移项, 得到

$$\int \sec^3 x \mathrm{d}x = \frac{1}{2}\sec x \tan x + \frac{1}{2}\int \sec x \mathrm{d}x = \frac{1}{2}\left(\sec x \tan x + \ln|\sec x + \tan x|\right) + C.$$

例 7.2.21　$\displaystyle\int \sqrt{x^2 + a^2} \mathrm{d}x \quad (a > 0).$

解　**方法 1**　(分部积分) 由于

$$\int \sqrt{x^2 + a^2}\mathrm{d}x = x\sqrt{x^2 + a^2} - \int \frac{x^2 + a^2 - a^2}{\sqrt{x^2 + a^2}}\mathrm{d}x$$

$$= x\sqrt{x^2 + a^2} - \int \sqrt{x^2 + a^2}\mathrm{d}x + a^2 \int \frac{1}{\sqrt{x^2 + a^2}}\mathrm{d}x,$$

故

$$\int \sqrt{x^2 + a^2}\mathrm{d}x = \frac{1}{2}x\sqrt{x^2 + a^2} + \frac{a^2}{2}\int \frac{1}{\sqrt{x^2 + a^2}}\mathrm{d}x$$

$$= \frac{1}{2}x\sqrt{x^2 + a^2} + \frac{a^2}{2}\ln\left|x + \sqrt{x^2 + a^2}\right| + C.$$

方法 2　(换元积分) 令 $x = a\tan t$, 则

$$\int \sqrt{x^2 + a^2}\mathrm{d}x = \int a\sec t \cdot a\sec^2 t \mathrm{d}t = a^2 \int \sec^3 t \mathrm{d}t.$$

利用例 7.2.20 的结果及图 7.2.1 的辅助三角形得到

$$\int \sqrt{x^2 + a^2}\mathrm{d}x = \frac{a^2}{2}\left(\sec t \tan t + \ln|\sec t + \tan t|\right) + C$$

$$= \frac{a^2}{2}\left(\frac{\sqrt{x^2 + a^2}}{a}\frac{x}{a} + \ln\left|\frac{\sqrt{x^2 + a^2}}{a} + \frac{x}{a}\right|\right) + C$$

$$= \frac{1}{2}x\sqrt{x^2+a^2} + \frac{a^2}{2}\ln\left|x+\sqrt{x^2+a^2}\right| + C_0 \quad \left(C_0 = C - \frac{a^2}{2}\ln a\right).$$

例 7.2.22 求 $I_k = \displaystyle\int \frac{1}{(x^2+1)^k}\mathrm{d}x$, 这里 $k \in \mathbb{Z}^+$.

解 $I_1 = \arctan x + C$, 以下设 $k > 1$. 于是

$$\begin{aligned}
I_k &= \int \frac{1+x^2-x^2}{(x^2+1)^k}\mathrm{d}x = \int \frac{1}{(x^2+1)^{k-1}}\mathrm{d}x - \int x\cdot\frac{x}{(x^2+1)^k}\mathrm{d}x \\
&= I_{k-1} - \frac{1}{2(1-k)}\left[\frac{x}{(x^2+1)^{k-1}} - \int\frac{\mathrm{d}x}{(x^2+1)^{k-1}}\right] \\
&= I_{k-1} - \frac{1}{2(1-k)}\left[\frac{x}{(x^2+1)^{k-1}} - I_{k-1}\right] \\
&= \frac{3-2k}{2(1-k)}I_{k-1} - \frac{1}{2(1-k)}\frac{x}{(x^2+1)^{k-1}},
\end{aligned}$$

利用分部积分得到了关于 I_k 的递推关系式:

$$I_k = \frac{3-2k}{2(1-k)}I_{k-1} - \frac{1}{2(1-k)}\frac{x}{(x^2+1)^{k-1}}. \tag{7.2.6}$$

对每个 $k \in \mathbb{Z}^+$, 由 (7.2.6) 式可逐一求出 I_k. 例如,

$$I_2 = \int \frac{1}{(x^2+1)^2}\mathrm{d}x = \frac{1}{2}\arctan x + \frac{x}{2(x^2+1)} + C; \tag{7.2.7}$$

$$I_3 = \int \frac{1}{(x^2+1)^3}\mathrm{d}x = \frac{3}{8}\arctan x + \frac{3x}{8(x^2+1)} + \frac{x}{4(x^2+1)^2} + C. \tag{7.2.8}$$

习 题 7.2

1. 用换元积分法求下列不定积分 ($a > 0$ 为常数):

(1) $\displaystyle\int (1+2x)^{100}\mathrm{d}x$;

(2) $\displaystyle\int \frac{\mathrm{d}x}{\sqrt[3]{7-5x}}$;

(3) $\displaystyle\int \frac{\mathrm{d}x}{3x+4}$;

(4) $\displaystyle\int \csc^2(4x+5)\mathrm{d}x$;

(5) $\displaystyle\int x\mathrm{e}^{2x^2}\mathrm{d}x$;

(6) $\displaystyle\int x^4\sin x^5\mathrm{d}x$;

(7) $\displaystyle\int \frac{\mathrm{e}^x\mathrm{d}x}{\sqrt{a^2-\mathrm{e}^{2x}}}$;

(8) $\displaystyle\int \frac{\mathrm{e}^x}{a^2+\mathrm{e}^{2x}}\mathrm{d}x$;

(9) $\displaystyle\int \frac{\sec^2 x}{a^2-\tan^2 x}\mathrm{d}x$;

(10) $\displaystyle\int \frac{\mathrm{d}x}{x\cos(\ln x)}$;

(11) $\displaystyle\int \frac{\mathrm{d}x}{1+\cos x}$;

(12) $\displaystyle\int \frac{\mathrm{d}x}{1+\sin x}$;

(13) $\int \dfrac{x}{\sqrt{1-x^2}}\mathrm{d}x$;

(14) $\int \dfrac{x^2}{\sqrt{1+x^3}}\mathrm{d}x$;

(15) $\int \cos 3x \cos 2x \mathrm{d}x$;

(16) $\int \sin x \sin 3x \mathrm{d}x$;

(17) $\int \sin^2 x \mathrm{d}x$;

(18) $\int \sin^2 x \cos^5 x \mathrm{d}x$;

(19) $\int \sec^6 x \mathrm{d}x$;

(20) $\int \tan^5 x \sec^3 x \mathrm{d}x$;

(21) $\int \dfrac{x^3}{x^8-2}\mathrm{d}x$;

(22) $\int \dfrac{\mathrm{d}x}{\mathrm{e}^x+\mathrm{e}^{-x}}$;

(23) $\int \dfrac{x^2}{\sqrt{x^6+a^2}}\mathrm{d}x$;

(24) $\int x(2x-1)^{100}\mathrm{d}x$;

(25) $\int \dfrac{x^5}{\sqrt{1-x^2}}\mathrm{d}x$;

(26) $\int \dfrac{\sqrt{x}}{1-\sqrt[3]{x}}\mathrm{d}x$;

(27) $\int \dfrac{\sqrt{x+1}-1}{\sqrt{x+1}+1}\mathrm{d}x$;

(28) $\int \dfrac{\mathrm{d}x}{(a^2-x^2)^{3/2}}$;

(29) $\int \dfrac{\mathrm{d}x}{(x^2-a^2)^{3/2}}$;

(30) $\int \dfrac{\mathrm{d}x}{(a^2+x^2)^{3/2}}$.

2. 用分部积分法求下列不定积分:

(1) $\int \ln x \mathrm{d}x$;

(2) $\int \arctan x \mathrm{d}x$;

(3) $\int \dfrac{\ln x}{x^3}\mathrm{d}x$;

(4) $\int (\ln x)^2 \mathrm{d}x$;

(5) $\int x \arcsin \dfrac{1}{x}\mathrm{d}x$;

(6) $\int x^2 \cos x \mathrm{d}x$;

(7) $\int (\arcsin x)^2 \mathrm{d}x$;

(8) $\int \mathrm{e}^{\sqrt[3]{x}}\mathrm{d}x$;

(9) $\int \csc^3 x \mathrm{d}x$;

(10) $\int \sqrt{x^2-a^2}\mathrm{d}x$;

(11) $\int \dfrac{x^2}{\sqrt{a^2-x^2}}\mathrm{d}x$;

(12) $\int \sin(\ln x)\mathrm{d}x$.

7.3 有理函数的积分与积分的有理化

前两节介绍了求不定积分的一些基本方法. 利用基本积分表、不定积分的线性性质、换元积分法与分部积分法, 我们便能求出许多函数的不定积分. 然而, 不定积分是求导的逆运算, 相关的方法是根据导数的运算法则推导而得的, 因此逆运算本身也让我们体会到不定积分计算的困难性. 对于给定的初等函数, 按导数的运算法则总能求出它的导数. 但哪怕只是两个基本初等函数的乘积, 用分部积分法或其他方法未必保证能求出它的不定积分. 随之产生的问题是: 哪些类型的函数, 其不定积分总能求得出? 有理函数应是其中最主要的一类. 除此而外也有某些类型的函数, 其不定积分可化为有理函数的积分. 本节将进行这方面的讨论.

所谓**有理函数**, 是指两个实系数多项式的商, 用式子表示, 就是形如

$$R(x) = \frac{P(x)}{Q(x)}$$

的函数, 其中 P, Q 都是多项式, 并且没有共同的零点. 若 P 的次数小于 Q 的次数, 称 R 为**真分式**, 否则称 R 为**假分式**. 由多项式的除法可知, **假分式可表示成多项式与真分式的和**. 由于多项式的原函数是容易求得的, 故只需研究如何求真分式的不定积分.

以下的讨论用到最简分式分解理论(可在一些高等代数或复变函数论的教科书中找到): **每个真分式都可分解为若干个最简分式之和**. 具体地说, 若 $R = \dfrac{P}{Q}$ 是真分式, 不妨设 Q 的首项系数为 1, 则 Q 在实数范围内有**标准分解**, 即分解为一次因式与二次不可约因式的乘积:

$$Q(x) = (x - a_1)^{s_1} \cdots (x - a_m)^{s_m} (x^2 + p_1 x + q_1)^{t_1} \cdots (x^2 + p_n x + q_n)^{t_n}. \quad (7.3.1)$$

从而真分式 $R(x)$ 有唯一的**最简分式分解**

$$R(x) = \sum_{j=1}^{m} \left(\sum_{k=1}^{s_j} \frac{\alpha_{jk}}{(x - a_j)^k} \right) + \sum_{j=1}^{n} \left(\sum_{k=1}^{t_j} \frac{\beta_{jk} x + \gamma_{jk}}{(x^2 + p_j x + q_j)^k} \right). \quad (7.3.2)$$

由 (7.3.2) 式可知, 真分式 $R(x)$ 的积分归结为下列两类最简分式的积分:

(I) $\dfrac{\alpha}{(x - a)^k}$;   (II) $\dfrac{\beta x + \gamma}{(x^2 + px + q)^k}$, 其中 $p^2 - 4q < 0$.

对于第 (I) 类分式, 易知

当 $k = 1$ 时有 $\displaystyle\int \frac{\mathrm{d}x}{x - a} = \ln|x - a| + C$; 当 $k > 1$ 时有 $\displaystyle\int \frac{\mathrm{d}x}{(x - a)^k} = \dfrac{1}{(1 - k)(x - a)^{k-1}} + C$. 这表明第 (I) 类分式的不定积分是初等函数.

对于第 (II) 类分式的不定积分, 可采用如图 7.3.1 所示的换元方式:

$$\int \frac{\beta x + \gamma}{(x^2 + px + q)^k} \mathrm{d}x \xrightarrow[\text{(配方)}]{x + \frac{p}{2} = u} \int \frac{\eta u + \sigma}{(u^2 + b^2)^k} \mathrm{d}u \xrightarrow[b > 0]{u = bt} \int \frac{\lambda t + \mu}{(t^2 + 1)^k} \mathrm{d}t.$$

图 7.3.1

对于积分 $\int \dfrac{\lambda t + \mu}{(t^2+1)^k}\mathrm{d}t$ 的计算归结为求 $J_k = \int \dfrac{t}{(t^2+1)^k}\mathrm{d}t$ 与 $I_k = \int \dfrac{1}{(t^2+1)^k}\mathrm{d}t$.

根据例 7.2.22 的结果可知 I_k 是初等函数. 而对于 J_k, 当 $k=1$ 有

$$J_1 = \frac{1}{2}\int \frac{\mathrm{d}(t^2+1)}{t^2+1} = \frac{1}{2}\ln(t^2+1) + C;$$

当 $k>1$ 有

$$J_k = \frac{1}{2}\int \frac{\mathrm{d}(t^2+1)}{(t^2+1)^k} = \frac{1}{2(1-k)(t^2+1)^{k-1}} + C.$$

综上讨论, 我们得出: **任何一个有理函数的原函数都是初等函数**. 通俗地说, 按前面的讨论所提供的方法, 有理函数的不定积分总能 "积得出来".

有理函数的不定积分在实际计算时往往要对真分式 $R = \dfrac{P}{Q}$ 作最简分式分解, 通常采用下述步骤:

第一步　将分母 Q 在实数范围内作标准分解 (形式如 (7.3.1) 式).

第二步　写出真分式 R 的最简分式分解的待定式. 对 Q 中每个形如 $(x-a)^k$ 的因式对应下列 k 个最简分式的和

$$\frac{A_1}{x-a} + \frac{A_2}{(x-a)^2} + \cdots + \frac{A_k}{(x-a)^k};$$

Q 中每个形如 $(x^2+px+q)^k$ 的因式 $(p^2-4q<0)$ 对应下列 k 个最简分式的和

$$\frac{B_1 x + C_1}{x^2+px+q} + \frac{B_2 x + C_2}{(x^2+px+q)^2} + \cdots + \frac{B_k x + C_k}{(x^2+px+q)^k}.$$

第三步　确定待定系数 A_j, B_j, C_j. 一般方法是将最简分式通分相加, 所得分子应与 $P(x)$ 恒等, 通过**比较同幂项的系数**或**赋特定值**的方法得到关于待定系数的线性方程组, 其解就是要确定的系数.

例 7.3.1　求 $I = \displaystyle\int \frac{3x^4 + 3x^2 + 7x + 5}{x^4 + x^3 + x^2 + 3x + 2}\mathrm{d}x$.

解　$\dfrac{3x^4 + 3x^2 + 7x + 5}{x^4 + x^3 + x^2 + 3x + 2} = 3 - \dfrac{3x^3 + 2x + 1}{x^4 + x^3 + x^2 + 3x + 2}$, 记分母为 $Q(x)$. 由于 $Q(x)$ 有有理根 -1, 故 $Q(x) = (x+1)(x^3+x+2) = (x+1)^2(x^2-x+2)$. 于是最简分式分解的待定式为

$$\frac{3x^3 + 2x + 1}{Q(x)} = \frac{A_1}{x+1} + \frac{A_2}{(x+1)^2} + \frac{A_3 x + A_4}{x^2-x+2},$$

上式右边通分并相加, 由此得

$$3x^3 + 2x + 1 \equiv A_1(x+1)(x^2-x+2) + A_2(x^2-x+2) + (A_3 x + A_4)(x+1)^2. \quad (7.3.3)$$

比较 (7.3.3) 式两边 x^3 与 x^0 的系数, 并令 $x = -1$ 及 $x = 1$ 得到

$$
\begin{cases}
A_1 + A_3 = 3, \\
2A_1 + 2A_2 + A_4 = 1, \\
A_2 = -1, \\
2A_1 + A_2 + 2A_3 + 2A_4 = 3.
\end{cases}
$$

由此易知 $A_1 = 2$, $A_2 = -1$, $A_3 = 1$, $A_4 = -1$. 于是有

$$
I = 3x - \int \left[\frac{2}{x+1} - \frac{1}{(x+1)^2} + \frac{x-1}{x^2 - x + 2} \right] \mathrm{d}x. \tag{7.3.4}
$$

因为

$$
\begin{aligned}
\int \frac{x-1}{x^2 - x + 2} \mathrm{d}x &= \int \left[\frac{1}{2} \frac{(x^2 - x + 2)'}{x^2 - x + 2} - \frac{1}{2} \frac{1}{x^2 - x + 2} \right] \mathrm{d}x \\
&= \frac{1}{2} \int \frac{\mathrm{d}(x^2 - x + 2)}{x^2 - x + 2} - \frac{1}{2} \int \frac{\mathrm{d}(x - 1/2)}{(x - 1/2)^2 + 7/4} \\
&= \frac{1}{2} \ln(x^2 - x + 2) - \frac{1}{\sqrt{7}} \arctan \frac{2x - 1}{\sqrt{7}} + C,
\end{aligned}
$$

所以由 (7.3.4) 式得到

$$
I = 3x - 2\ln|x+1| - \frac{1}{x+1} - \frac{1}{2} \ln(x^2 - x + 2) + \frac{1}{\sqrt{7}} \arctan \frac{2x - 1}{\sqrt{7}} + C.
$$

例 7.3.2 求 $\displaystyle \int \frac{4x}{(x+1)(x^2+1)^2} \mathrm{d}x$.

解 设 $\displaystyle \frac{4x}{(x+1)(x^2+1)^2} = \frac{A_1}{x+1} + \frac{A_2 x + A_3}{x^2 + 1} + \frac{A_4 x + A_5}{(x^2+1)^2}$, 其中 $A_j (j = 1, 2, \cdots, 5)$ 待定. 则

$$
4x \equiv A_1(x^2 + 1)^2 + (A_2 x + A_3)(x+1)(x^2+1) + (A_4 x + A_5)(x+1).
$$

令 $x = -1$ 得 $A_1 = -1$; 令 $x = \mathrm{i}$(这里 $\mathrm{i}^2 = -1$, i 为虚数单位) 得 $(A_4 \mathrm{i} + A_5)(\mathrm{i} + 1) = 4\mathrm{i} = 2(\mathrm{i}+1)^2$, 即有 $A_4 = 2$, $A_5 = 2$; 比较 x^4 的系数得 $A_1 + A_2 = 0$, 即有 $A_2 = 1$; 再令 $x = 0$ 得 $A_1 + A_3 + A_5 = 0$, 故 $A_3 = -1$. 利用换元或分部积分法知 (参见例 7.2.22 中 (7.2.7) 式)

$$
\int \frac{1}{(x^2+1)^2} \mathrm{d}x = \frac{1}{2} \arctan x + \frac{x}{2(x^2+1)} + C,
$$

因此有

$$
\begin{aligned}
\int \frac{4x}{(x+1)(x^2+1)^2}\mathrm{d}x &= \int \left[\frac{-1}{x+1} + \frac{x-1}{x^2+1} + \frac{2x+2}{(x^2+1)^2} \right]\mathrm{d}x \\
&= -\int \frac{\mathrm{d}(x+1)}{x+1} + \frac{1}{2}\int \frac{\mathrm{d}(x^2+1)}{x^2+1} \\
&\quad -\int \frac{\mathrm{d}x}{x^2+1} + \int \frac{\mathrm{d}(x^2+1)}{(x^2+1)^2} + 2\int \frac{\mathrm{d}x}{(x^2+1)^2} \\
&= \ln \frac{\sqrt{x^2+1}}{|x+1|} + \frac{x-1}{x^2+1} + C.
\end{aligned}
$$

前面的计算程序对一切有理函数的积分都是有效的, 但若注意到被积函数本身的特点, 灵活地采用相应的方法, 便可使计算过程简化.

例 7.3.3   求 $\int \dfrac{1}{(2x^2-4x+1)(2x^2-4x+5)}\mathrm{d}x$.

解 $\int \dfrac{1}{(2x^2-4x+1)(2x^2-4x+5)}\mathrm{d}x$

$$
\begin{aligned}
&= \frac{1}{4}\int \left[\frac{1}{2x^2-4x+1} - \frac{1}{2x^2-4x+5} \right]\mathrm{d}x \\
&= \frac{1}{8}\left[\int \frac{\mathrm{d}(x-1)}{(x-1)^2-1/2} - \int \frac{\mathrm{d}(x-1)}{(x-1)^2+3/2} \right] \\
&= \frac{1}{8}\left[\frac{\sqrt{2}}{2}\ln \left| \frac{x-1-\sqrt{2}/2}{x-1+\sqrt{2}/2} \right| - \sqrt{\frac{2}{3}}\arctan\left(\sqrt{\frac{2}{3}}(x-1) \right) \right] + C.
\end{aligned}
$$

有些函数本身不是有理函数, 但它们的不定积分经过适当换元可以化为有理函数的不定积分, 从而能表示成初等函数的形式, 是可以 "积得出来" 的.

由 $u(x), v(x)$ 及常数经过有限次四则运算所得到的函数称为**关于 $u(x)$, $v(x)$ 的有理式**, 用 $R(u(x), v(x))$ 表示.

对于**三角函数有理式**的不定积分 $\int R(\sin x, \cos x)\mathrm{d}x$, 一般通过变换 $\tan \dfrac{x}{2} = t$ (称为**万能变换**, 注意这里采用的是第一换元积分法), 可把它化成有理函数的不定积分. 这是因为

$$
\sin x = \frac{2\sin \dfrac{x}{2}\cos \dfrac{x}{2}}{\sin^2 \dfrac{x}{2} + \cos^2 \dfrac{x}{2}} = \frac{2\tan \dfrac{x}{2}}{1+\tan^2 \dfrac{x}{2}} = \frac{2t}{1+t^2}, \tag{7.3.5}
$$

$$
\cos x = \frac{\cos^2 \dfrac{x}{2} - \sin^2 \dfrac{x}{2}}{\sin^2 \dfrac{x}{2} + \cos^2 \dfrac{x}{2}} = \frac{1-\tan^2 \dfrac{x}{2}}{1+\tan^2 \dfrac{x}{2}} = \frac{1-t^2}{1+t^2}, \tag{7.3.6}
$$

$$x = 2\arctan t, \quad \mathrm{d}x = \frac{2}{1+t^2}\mathrm{d}t, \tag{7.3.7}$$

所以有 $\displaystyle\int R(\sin x, \cos x)\mathrm{d}x = \int R\left(\frac{2t}{1+t^2}, \frac{1-t^2}{1+t^2}\right)\frac{2}{1+t^2}\mathrm{d}t.$

例 7.3.4　求 $\displaystyle\int \frac{\mathrm{d}x}{5 + 4\sin x}.$

解　令 $\tan\dfrac{x}{2} = t$, 则由 (7.3.5) 与 (7.3.7) 式得

$$\int \frac{\mathrm{d}x}{5+4\sin x} = \int \frac{\dfrac{2}{1+t^2}}{5 + 4\cdot\dfrac{2t}{1+t^2}}\mathrm{d}t = 2\int \frac{\mathrm{d}t}{5t^2 + 8t + 5} = \frac{2}{5}\int \frac{\mathrm{d}\left(t + \dfrac{4}{5}\right)}{\left(t + \dfrac{4}{5}\right)^2 + \dfrac{9}{25}}$$

$$= \frac{2}{5}\cdot\frac{5}{3}\arctan\frac{5}{3}\left(t + \frac{4}{5}\right) + C = \frac{2}{3}\arctan\left(\frac{5}{3}\tan\frac{x}{2} + \frac{4}{3}\right) + C.$$

　　万能变换对计算三角函数有理式的不定积分是可行的, 但未必在任何场合都是简便的.

例 7.3.5　求 $\displaystyle\int \frac{\sin^5 x}{\cos^6 x}\mathrm{d}x.$

此题若用万能变换 $\tan\dfrac{x}{2} = t$, 则由 (7.3.5)~(7.3.7) 式得

$$\int \frac{\sin^5 x}{\cos^6 x}\mathrm{d}x = \int \frac{2^6 t^5 \mathrm{d}t}{(1-t^2)^6},$$

显然求变换后的有理函数的不定积分还要进行复杂的计算.

解　$\displaystyle\int \frac{\sin^5 x}{\cos^6 x}\mathrm{d}x = \int \tan^5 x\sec x\mathrm{d}x = \int \tan^4 x\mathrm{d}(\sec x) = \int (\sec^2 x - 1)^2\mathrm{d}(\sec x)$

$$= \int (\sec^4 x - 2\sec^2 x + 1)\mathrm{d}(\sec x)$$

$$= \frac{1}{5}\sec^5 x - \frac{2}{3}\sec^3 x + \sec x + C.$$

　　对 $\displaystyle\int R(\sin^2 x, \cos^2 x)\mathrm{d}x$ 或 $\displaystyle\int R(\sin 2x, \cos 2x)\mathrm{d}x$, 采用变换 $\tan x = t$ 往往较为简便.

例 7.3.6　求 $\displaystyle\int \frac{\mathrm{d}x}{a^2\sin^2 x + b^2\cos^2 x}$ $(ab \neq 0).$

解　令 $\tan x = t$ (可凑微分), 则

$$\int \frac{\mathrm{d}x}{a^2\sin^2 x + b^2\cos^2 x} = \int \frac{1}{a^2\tan^2 x + b^2}\cdot\frac{\mathrm{d}x}{\cos^2 x} = \frac{1}{a^2}\int \frac{\mathrm{d}(\tan x)}{\tan^2 x + b^2/a^2}$$

$$= \frac{1}{ab} \arctan \frac{a \tan x}{b} + C.$$

对于某些**根式函数有理式**的不定积分, 形如

$$\int R\left(x, \sqrt[n]{\frac{ax+b}{cx+p}}\right) dx \quad (n \in \mathbb{Z}^+) \quad 与 \quad \int R\left(x, \sqrt{ax^2+bx+c}\right) dx,$$

可分别采用如图 7.3.2 与图 7.3.3 所示的换元方式有理化:

$$\int R\left(x, \sqrt[n]{\frac{ax+b}{cx+p}}\right) dx \xrightarrow[n \in \mathbb{Z}^+]{\sqrt[n]{\frac{ax+b}{cx+p}}=t} \int R\left(\frac{b-pt^n}{ct^n-a}, t\right)\left(\frac{b-pt^n}{ct^n-a}\right)' dt$$

图 7.3.2

$$\int R\left(x, \sqrt{ax^2+bx+c}\right) dx \quad (\text{对}_{ax^2+bx+c}\text{配方})$$

$$\Big\downarrow x+\frac{b}{2a}=u$$

$$\int R_0\left(u, \sqrt{u^2+\lambda^2}\right) du \text{或} \int R_0\left(u, \sqrt{u^2-\lambda^2}\right) du \text{或} \int R_0\left(u, \sqrt{\lambda^2-u^2}\right) du$$

$$\Big\downarrow u=\lambda\tan\theta \qquad \Big\downarrow u=\lambda\sec\theta \qquad \Big\downarrow u=\lambda\sin\theta$$

$$\int R_1(\sin\theta, \cos\theta) d\theta$$

$$\Big\downarrow \tan\frac{\theta}{2}=t$$

$$\int R_2(t) dt$$

图 7.3.3

应当指出, 按图 7.3.2 与图 7.3.3 所示的换元方式与步骤, 上述两类根式函数有理式的不定积分都可化为有理函数的不定积分. 实际计算时不必拘泥于其中的换元方式与步骤, 可根据具体情况灵活选用适当的方法.

例 7.3.7　求 $\displaystyle\int \sqrt{\frac{x+2}{x-2}} \frac{dx}{x}$.

解　**方法 1**　令 $\sqrt{\dfrac{x+2}{x-2}} = t$, 则 $x = \dfrac{2(t^2+1)}{t^2-1} = 2 + \dfrac{4}{t^2-1}$, $dx = -\dfrac{8t}{(t^2-1)^2} dt$, 从而有

$$\int \sqrt{\frac{x+2}{x-2}} \frac{dx}{x} = \int \frac{4t^2}{(1+t^2)(1-t^2)} dt = 2 \int \frac{(1+t^2)-(1-t^2)}{(1+t^2)(1-t^2)} dt$$

$$= 2\left(\int \frac{\mathrm{d}t}{1-t^2} - \int \frac{\mathrm{d}t}{1+t^2}\right) = 2\left(\frac{1}{2}\ln\left|\frac{1+t}{1-t}\right| - \arctan t\right) + C$$

$$= \ln\left|\frac{1+\sqrt{(x+2)/(x-2)}}{1-\sqrt{(x+2)/(x-2)}}\right| - 2\arctan\sqrt{\frac{x+2}{x-2}} + C.$$

方法 2 $\displaystyle\int \sqrt{\frac{x+2}{x-2}}\frac{\mathrm{d}x}{x} = \int \frac{x+2}{x\sqrt{x^2-4}}\mathrm{d}x = \int \frac{\mathrm{d}x}{\sqrt{x^2-4}} + \int \frac{2\mathrm{d}x}{x\sqrt{x^2-4}}$, 令 $x = \dfrac{1}{t}$

(不妨设 $t > 0$), 则

$$\int \frac{2\mathrm{d}x}{x\sqrt{x^2-4}} = -\int \frac{\mathrm{d}(2t)}{\sqrt{1-4t^2}} = -\arcsin 2t + C = -\arcsin\frac{2}{x} + C,$$

从而有

$$\int \sqrt{\frac{x+2}{x-2}}\frac{\mathrm{d}x}{x} = \ln\left|x+\sqrt{x^2-4}\right| - \arcsin\frac{2}{x} + C.$$

例 7.3.8　求 $\displaystyle\int \frac{\mathrm{d}x}{(1+x)\sqrt{2+x-x^2}}$.

解　令 $\dfrac{1}{1+x} = t$(不妨设 $t > 0$), 则 $x = \dfrac{1}{t} - 1$, $\mathrm{d}x = -\dfrac{\mathrm{d}t}{t^2}$, 从而有

$$\int \frac{\mathrm{d}x}{(1+x)\sqrt{2+x-x^2}} = -\int \frac{\mathrm{d}t}{\sqrt{3t-1}} = -\frac{1}{3}\int \frac{\mathrm{d}(3t-1)}{\sqrt{3t-1}} = -\frac{2}{3}(3t-1)^{\frac{1}{2}} + C$$

$$= -\frac{2}{3}\sqrt{\frac{2-x}{1+x}} + C.$$

例 7.3.9　求 $I = \displaystyle\int (x+1)\sqrt{5+4x-x^2}\mathrm{d}x$.

解　**方法 1**　令 $x - 2 = 3\sin t$, 则

$$I = \int (x+1)\sqrt{9-(x-2)^2}\mathrm{d}x = \int (3+3\sin t)3\cos t\cdot 3\cos t\mathrm{d}t$$

$$= 3^3\left[\int \frac{1+\cos 2t}{2}\mathrm{d}t - \int \cos^2 t\mathrm{d}(\cos t)\right] = 3^3\left(\frac{1}{2}t + \frac{1}{4}\sin 2t - \frac{1}{3}\cos^3 t\right) + C$$

$$= \frac{3^3}{2}\arcsin\frac{x-2}{3} + \frac{3}{2}(x-2)\sqrt{5+4x-x^2} - \frac{1}{3}\sqrt{(5+4x-x^2)^3} + C.$$

方法 2　由分部积分法得

$$I_0 = \int \sqrt{5+4x-x^2}\mathrm{d}x = \int \sqrt{9-(x-2)^2}\mathrm{d}(x-2)$$

$$= (x-2)\sqrt{9-(x-2)^2} + \int \frac{(x-2)^2 - 9 + 9}{\sqrt{9-(x-2)^2}} \mathrm{d}(x-2)$$

$$= (x-2)\sqrt{9-(x-2)^2} - I_0 + 9\arcsin\frac{x-2}{3},$$

因此

$$I = -\frac{1}{2}\int \sqrt{5+4x-x^2}\,\mathrm{d}(5+4x-x^2) + 3I_0$$

$$= -\frac{1}{3}\sqrt{(5+4x-x^2)^3} + \frac{3^3}{2}\arcsin\frac{x-2}{3} + \frac{3}{2}(x-2)\sqrt{5+4x-x^2} + C.$$

本章给出了求不定积分的基本方法和几种类型的不定积分的求法. 一般地, 不定积分的求法不是唯一的. 一个不定积分是否 "积得出来", 不仅取决于原函数是否存在, 还取决于原函数是否能用初等函数表示出来. "存在原函数" 与 "原函数是否能用初等函数表示" 有着不同的含义. 根据第 8 章的理论可知, 连续的函数必存在原函数. 由于初等函数在其定义域上连续, 所以初等函数的原函数都是存在的, 但它们未必都是初等函数, 其不定积分未必都能用初等函数表示出来. 已经证明, 下列不定积分

$$\int \mathrm{e}^{-x^2}\mathrm{d}x, \int \mathrm{e}^{x^2}\mathrm{d}x, \int \frac{\mathrm{d}x}{\ln x}, \int \frac{\sin x}{x}\mathrm{d}x, \int \frac{\cos x}{x}\mathrm{d}x, \int \cos x^2 \mathrm{d}x, \int \sin x^2 \mathrm{d}x,$$

$$\int x^\alpha \mathrm{e}^{-x}\mathrm{d}x\,(\alpha \notin \mathbb{Z}) \;\text{及} \int \sqrt{1-\mu\sin^2 x}\,\mathrm{d}x\,(0 < \mu < 1)$$

等都不能用初等函数表示出来, 都是 "积不出来" 的. 以后会看到, 它们也可用变上限定积分或函数项级数等形式来表示.

习 题 7.3

1. 分别用分部积分法与换元积分法求 $\displaystyle\int \frac{\mathrm{d}x}{(a^2+x^2)^2}$ $(a > 0$ 为常数$)$.

2. 求下列不定积分:

(1) $\displaystyle\int \frac{x^3 - x - 1}{x^2 - 1}\mathrm{d}x$;

(2) $\displaystyle\int \frac{x-2}{x^2 - 7x + 12}\mathrm{d}x$;

(3) $\displaystyle\int \frac{\mathrm{d}x}{x^3 + 1}$;

(4) $\displaystyle\int \frac{\mathrm{d}x}{(x-1)(x+1)^2}$;

(5) $\displaystyle\int \frac{5x+3}{(x^2 - 2x + 5)^2}\mathrm{d}x$;

(6) $\displaystyle\int \frac{x^4 + 4x + 4}{(x-1)(x^2+2)^2}\mathrm{d}x..$

3. 求下列不定积分:

(1) $\displaystyle\int \frac{\mathrm{d}x}{3+\cos x}$;

(2) $\displaystyle\int \frac{1+\sin x}{\sin x(1+\cos x)}\mathrm{d}x$;

$(3) \displaystyle\int \frac{\mathrm{d}x}{2+\sin^2 x};$

$(4) \displaystyle\int \frac{\mathrm{d}x}{1+\tan x};$

$(5) \displaystyle\int \frac{\mathrm{d}x}{\sqrt{x^2+x}};$

$(6) \displaystyle\int \frac{1}{x}\sqrt{\frac{1+x}{x}}\,\mathrm{d}x;$

$(7) \displaystyle\int \frac{\mathrm{d}x}{1+\sqrt{1-x^2}};$

$(8) \displaystyle\int \frac{\mathrm{d}x}{x\sqrt{x^2-2x-3}}.$

复习课件07

归纳解析
视频 07

总习题 **7**

A 组

1. 求下列不定积分:

$(1) \displaystyle\int \frac{x^3}{(x-1)^2}\,\mathrm{d}x;$

$(2) \displaystyle\int \frac{\mathrm{d}x}{\cos^4 x};$

$(3) \displaystyle\int \frac{x^7}{x^4+2}\,\mathrm{d}x;$

$(4) \displaystyle\int x\sec^2 x\,\mathrm{d}x;$

$(5) \displaystyle\int \tan^3 x\,\mathrm{d}x;$

$(6) \displaystyle\int \frac{\mathrm{d}x}{(x+1)(x+2)(x+3)};$

$(7) \displaystyle\int \frac{\mathrm{d}x}{1+\sqrt[3]{x+1}};$

$(8) \displaystyle\int \frac{x^2}{1-x^4}\,\mathrm{d}x;$

$(9) \displaystyle\int \ln(\sqrt{1+x^2}+x)\,\mathrm{d}x;$

$(10) \displaystyle\int \frac{\ln\cos x}{\cos^2 x}\,\mathrm{d}x;$

$(11) \displaystyle\int \frac{\mathrm{d}x}{5-3\cos x};$

$(12) \displaystyle\int \frac{\mathrm{d}x}{2+\sin x};$

$(13) \displaystyle\int \frac{2x^2-5}{x^4-5x^2+6}\,\mathrm{d}x;$

$(14) \displaystyle\int \frac{x^{3n-1}}{(x^{2n}+1)^2}\,\mathrm{d}x;$

$(15) \displaystyle\int \frac{\mathrm{d}x}{\sqrt{\sin x\cos^7 x}};$

$(16) \displaystyle\int \frac{\mathrm{d}x}{1+\sin x+\cos x};$

$(17) \displaystyle\int x\arcsin x\,\mathrm{d}x;$

$(18) \displaystyle\int \mathrm{e}^{\sin x}\sin 2x\,\mathrm{d}x;$

$(19) \displaystyle\int \frac{x}{1+\cos x}\,\mathrm{d}x;$

$(20) \displaystyle\int x\ln\frac{1+x}{1-x}\,\mathrm{d}x;$

$(21) \displaystyle\int \frac{\sqrt{x^2-9}}{x}\,\mathrm{d}x;$

$(22) \displaystyle\int \frac{\mathrm{d}x}{x+\sqrt{1-x^2}};$

(23) $\displaystyle\int \frac{x+3}{\sqrt{4x^2+4x+3}}\,\mathrm{d}x$;

(24) $\displaystyle\int \arctan(1+\sqrt{x})\,\mathrm{d}x$;

(25) $\displaystyle\int \frac{\tan x}{1+\tan x+\tan^2 x}\,\mathrm{d}x$;

(26) $\displaystyle\int \frac{\arcsin x}{x^2}\,\mathrm{d}x$.

2. 设 $n \in \mathbb{Z}^+$, 导出下列不定积分的递推公式:

(1) $I_n = \displaystyle\int \ln^n x\,\mathrm{d}x$;

(2) $I_n = \displaystyle\int \tan^n x\,\mathrm{d}x$.

3. 求下列各组不定积分:

(1) $I = \displaystyle\int \frac{1}{1+x^4}\,\mathrm{d}x$ 与 $J = \displaystyle\int \frac{x^2}{1+x^4}\,\mathrm{d}x$;

(2) $I = \displaystyle\int \frac{\sin x}{a\cos x+b\sin x}\,\mathrm{d}x$ 与 $J = \displaystyle\int \frac{\cos x}{a\cos x+b\sin x}\,\mathrm{d}x,\ ab \neq 0$.

4. 设 $P_n(x)$ 是一个 n 次多项式, 求 $\displaystyle\int \frac{P_n(x)}{(x-a)^{n+1}}\,\mathrm{d}x$.

B 组

5. 求下列不定积分:

(1) $\displaystyle\int \frac{\arctan x}{x^2(1+x^2)}\,\mathrm{d}x$;

(2) $\displaystyle\int \frac{\mathrm{d}x}{\sqrt{1+\mathrm{e}^x}}$;

(3) $\displaystyle\int \frac{\ln x}{(1+x^2)^{\frac{3}{2}}}\,\mathrm{d}x$;

(4) $\displaystyle\int \ln^2(\sqrt{1+x^2}+x)\,\mathrm{d}x$;

(5) $\displaystyle\int \frac{\sin x\cos x}{\sin x+\cos x}\,\mathrm{d}x$;

(6) $\displaystyle\int \frac{\mathrm{d}x}{x+\sqrt{x^2+x+1}}$;

(7) $\displaystyle\int \frac{x+\sin x}{1+\cos x}\,\mathrm{d}x$;

(8) $\displaystyle\int \left[\ln(\ln x)+\frac{1}{\ln x}\right]\mathrm{d}x$;

(9) $\displaystyle\int \mathrm{e}^x\left(\frac{1-x}{1+x^2}\right)^2\mathrm{d}x$;

(10) $\displaystyle\int \frac{\cos x}{\sin^3 x-\cos^3 x}\,\mathrm{d}x$;

(11) $\displaystyle\int \frac{\mathrm{d}x}{\cos^4 x\sin x}$;

(12) $\displaystyle\int \sqrt{\tan x}\,\mathrm{d}x$.

6. 说明为什么每一个含有第一类间断点的函数都没有原函数?

7. 用换元 $x = a\operatorname{sh} t$ 或 $x = a\operatorname{ch} t$ 求下列不定积分:

(1) $\displaystyle\int \sqrt{x^2+a^2}\,\mathrm{d}x$;

(2) $\displaystyle\int \frac{\mathrm{d}x}{\sqrt{(x^2+a^2)^3}}$;

(3) $\displaystyle\int \sqrt{x^2-a^2}\,\mathrm{d}x$;

(4) $\displaystyle\int \frac{x^2}{\sqrt{x^2-a^2}}\,\mathrm{d}x$.

8. 分别求出满足下列条件的函数 f:

(1) $f'(x^2) = \dfrac{1}{x}\ \ (x>0)$;

(2) $f'(\sin^2 x) = \cos^2 x$.

第8章 定积分

CHAPTER

不定积分与定积分是单变量函数积分学中的两个基本的概念. 前者起因于导数的逆运算, 即求一个函数的原函数; 而后者来源于许多实际问题, 这些问题都归结为某种特殊和式的极限. 微积分基本定理把这两个看似迥然不同的概念紧密联系起来. 本章先引入定积分的概念, 由此来讨论函数的可积性与可积函数的基本性质; 接着基于对积分变上限函数的研究, 导出原函数存在定理与微积分基本定理; 然后介绍定积分的计算方法、积分中值定理及其应用等内容.

8.1 定积分的概念

定积分的概念是从许多的实际问题中抽象出来的. 先看下面的一些例子.

例 8.1.1 (曲边梯形的面积) 考虑闭区间 $[a,b]$ 上的非负函数 f. 如图 8.1.1 所示, 由曲线 $y = f(x)$ 与直线 $y = 0$, $x = a$, $x = b$ 所围成的平面图形称为 $y = f(x)$ 在 $[a,b]$ 上的**曲边梯形**.

为了求曲边梯形的面积, 在闭区间 $[a,b]$ 上任取 $n-1$ 个分点, 依次为

$$a = x_0 < x_1 < x_2 < \cdots < x_{i-1} < x_i < \cdots < x_{n-1} < x_n = b,$$

这些点把 $[a,b]$ 分成 n 个小闭区间 $[x_{i-1}, x_i]$, $i = 1, 2, \cdots, n$, 从而也就把曲边梯形分成 n 个小的曲边梯形 (图 8.1.2). 与曲边梯形相比, 每个小曲边梯形曲边的高

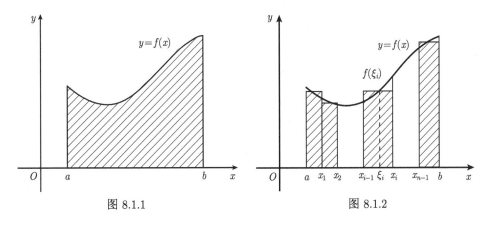

图 8.1.1   图 8.1.2

度变化较小, 可以近似地看作矩形. 在每个小区间 $[x_{i-1},\ x_i]$ 上任取一点 ξ_i, 作以 $f(\xi_i)$ 为高、$[x_{i-1},\ x_i]$ 为底的小矩形, 底边长记为 $\Delta x_i = x_i - x_{i-1}$, 小曲边梯形面积近似于小矩形面积 $f(\xi_i)\Delta x_i$. 从而通过求和便得到曲边梯形面积 A 的近似值, 即

$$A \approx \sum_{i=1}^{n} f(\xi_i)\Delta x_i.$$

容易明白, 这种和式近似的精度可以通过不断加密分点来提高. 可以想象, 当分点无限增多, 使得每个小区间的长都趋近于 0, 这种和式的极限就应该是曲边梯形面积 A.

例 8.1.2 (定向变力做的功)   设质点在力 F 的作用下沿 x 轴由点 a 移动到点 b, 力的方向始终不变, 不妨假定为 x 轴方向 (图 8.1.3). 如果 F 是常力, 则它做的功为 $W = F \cdot (b-a)$. 现设 $F = F(x)$ 为质点在 x 位置所受的力, 即 F 是一个变力, 如何计算它做的功 W?

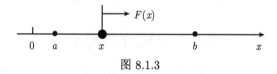

图 8.1.3

在闭区间 $[a,b]$ 上任取 $n-1$ 个分点将其分成 n 个小闭区间 $[x_{i-1},\ x_i]$, $i = 1,\ 2,\ \cdots,\ n$. 如果小区间的长度 Δx_i 很小, 力 F 在小区间的变化不大, 可以近似地看作常力. 任取一点 $\xi_i \in [x_{i-1},\ x_i]$, 则质点由点 x_{i-1} 移动到点 x_i, 力 F 做的功接近于 $F(\xi_i)\Delta x_i$. 于是

$$W \approx \sum_{i=1}^{n} F(\xi_i)\Delta x_i,$$

而 W 的精确值就是这个和式的极限.

例 8.1.3 (变速直线运动的路程)   设质点做直线运动, 速度的方向始终不变, 不妨假定与运动方向一致. 在从时刻 a 到时刻 b 这段时间, 如果速度 v 是匀速, 则运动路程 (位移值) 为 $S = v(b-a)$. 现设 $v = v(t)$ 为时刻 t 的速度, 即速度随时间变化 (图 8.1.4), 如何计算路程 S?

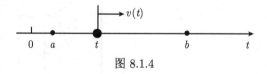

图 8.1.4

在闭区间 $[a,b]$ 上任取 $n-1$ 个分点, 依次为 $a = t_0 < t_1 < t_2 < \cdots < t_{n-1} < t_n = b$, 这些点把 $[a,b]$ 分成 n 个小闭区间, 在每个时间区间 $[t_{i-1},\ t_i]$ 上的

运动可以近似地看作匀速运动. 任取 $\xi_i \in [t_{i-1}, t_i]$, 则路程近似于 $v(\xi_i)\Delta t_i$, 这里 $\Delta t_i = t_i - t_{i-1}$. 于是

$$S \approx \sum_{i=1}^{n} v(\xi_i)\Delta t_i,$$

而通过对这个和式取极限就可获得路程 S 的精确值.

在上述三个问题中, 虽然所求的量各不相同, 但最终都归结为形式完全相同的和式的极限. 由于面积、功、路程等都是客观的常量, 所以上述方法中分点的任取与 ξ_i 的任取强调的是极限值理应与分点及 ξ_i 的取法无关. 解决这类问题的共同的思想方法是: **分割、局部近似、求和、取极限**. 把这种和式极限的数学特征抽象出来加以研究, 就产生了下面的定积分概念.

定义 8.1.1　设函数 f 在闭区间 $[a, b]$ 上有定义. 在 $[a, b]$ 上取 $n-1$ 个分点, 依次为

$$a = x_0 < x_1 < x_2 < \cdots < x_{i-1} < x_i < \cdots < x_{n-1} < x_n = b,$$

这些点把 $[a, b]$ 分成 n 个小闭区间 $\Omega_i = [x_{i-1}, x_i]$, $i = 1, 2, \cdots, n$, 这些分点或这些小闭区间构成 $[a, b]$ 的一个**分割**或**分划**, 记为

$$T = \{x_0, x_1, \cdots, x_n\} \quad 或 \quad T = \{\Omega_1, \Omega_2, \cdots, \Omega_n\}.$$

Ω_i 的长度记为 Δx_i, 称 $\|T\| = \max\limits_{1 \leqslant i \leqslant n}\{\Delta x_i\}$ 为分割 T 的**模**或**细度**; 取点 $\xi_i \in \Omega_i$, $i = 1, 2, \cdots, n$, 称它们为**介点**, 称 $\xi = \{\xi_1, \xi_2, \cdots, \xi_n\}$ 为**介点集**; 作和式

$$\sum_{i=1}^{n} f(\xi_i)\Delta x_i,$$

称此和式为函数 f 在 $[a, b]$ 上的一个**积分和**或 **Riemann 和**.

显然, 积分和既与分割 T 有关, 也与介点集 ξ 有关. T 的模 $\|T\|$ 用来刻画分割的细密程度, 由于 $\Delta x_i \leqslant \|T\|$, $i = 1, 2, \cdots, n$, 因此 $\|T\| \to 0$ 意味着每个小区间的长都趋近于 0.

例 8.1.4　设 f 在闭区间 $[0, 1]$ 上有定义, 等分 $[0, 1]$, 即取

$$T = \left\{0, \frac{1}{n}, \frac{2}{n}, \cdots, \frac{n-1}{n}, 1\right\},$$

也可记作

$$T = \left\{\left[0, \frac{1}{n}\right], \left[\frac{1}{n}, \frac{2}{n}\right], \cdots, \left[\frac{n-1}{n}, 1\right]\right\},$$

取介点 $\xi_i = \dfrac{i}{n} \in \left[\dfrac{i-1}{n}, \dfrac{i}{n} \right] = \Omega_i$, 则介点集为

$$\xi = \left\{ \frac{1}{n}, \frac{2}{n}, \cdots, \frac{n-1}{n}, 1 \right\},$$

由此得到 f 在 $[0,1]$ 的一个积分和 $\displaystyle\sum_{i=1}^{n} f(\xi_i)\Delta x_i = \sum_{i=1}^{n} f\left(\frac{i}{n} \right) \frac{1}{n}$.

例 8.1.5　设 F 为函数 f 在 $[a,b]$ 上的一个原函数. 证明对 $[a,b]$ 的任意分割 T, 可取适当的介点集 ξ 使得 f 在 $[a,b]$ 上的积分和恒为常数 $F(b) - F(a)$.

证明　由题设, F 在 $[a,b]$ 上可导且 $F'(x) = f(x)$. 设

$$T = \{a = x_0, x_1, \cdots, x_{i-1}, x_i, \cdots, x_{n-1}, x_n = b\}$$

为 $[a,b]$ 的任意分割, 在 $[x_{i-1}, x_i]$ 上应用 Lagrange 中值定理, $\exists \xi_i \in (x_{i-1}, x_i)$ 使

$$F(x_i) - F(x_{i-1}) = F'(\xi_i)(x_i - x_{i-1}) = f(\xi_i)\Delta x_i, \quad i = 1, 2, \cdots, n. \qquad (8.1.1)$$

取介点集 $\xi = \{\xi_1, \xi_2, \cdots, \xi_n\}$, 其中每个 ξ_i 满足 (8.1.1) 式, 则 f 的积分和

$$\sum_{i=1}^{n} f(\xi_i)\Delta x_i = \sum_{i=1}^{n} [F(x_i) - F(x_{i-1})] = F(x_n) - F(x_0) = F(b) - F(a).$$

定义 8.1.2　设函数 f 在闭区间 $[a,b]$ 上有定义, J 是一个确定的实数, $\displaystyle\sum_{i=1}^{n} f(\xi_i)\Delta x_i$ 是 f 在 $[a,b]$ 上关于分割 T 与介点集 ξ 的积分和. 若

$$\forall \varepsilon > 0, \exists \delta > 0, \forall T : \|T\| < \delta, \forall \xi, \text{ 有 } \left| \sum_{i=1}^{n} f(\xi_i)\Delta x_i - J \right| < \varepsilon, \qquad (8.1.2)$$

则称 f 在 $[a,b]$ 上**可积**或 **Riemann 可积**, 也称积分和当 $\|T\| \to 0$ 时存在极限, 极限值 J 称为 f 在 $[a,b]$ 上的**定积分**或 **Riemann 积分**, 记作 $\displaystyle\int_a^b f(x)\mathrm{d}x$, 即

$$J = \int_a^b f(x)\mathrm{d}x = \lim_{\|T\| \to 0} \sum_{i=1}^{n} f(\xi_i)\Delta x_i, \qquad (8.1.3)$$

其中 f 称为**被积函数**, x 称为**积分变量**, $[a,b]$ 称为**积分区间**, a 与 b 分别称为定积分的**下限**与**上限**.

有了定积分的概念, 前面讨论的三个例子中的量可用定积分记号来表示 (假定涉及的函数可积):

曲边梯形的面积 $A = \int_a^b f(x)\mathrm{d}x;$

定向变力做的功 $W = \int_a^b F(x)\mathrm{d}x;$

变速直线运动的路程 $S = \int_a^b v(t)\mathrm{d}t.$

从例 8.1.1 与图 8.1.5 容易知道**定积分的几何意义**: $\int_a^b f(x)\mathrm{d}x$ 在几何上表示曲线 $y = f(x)$ 与直线 $y = 0$, $x = a$, $x = b$ 所围成的**曲边梯形面积的代数和**.

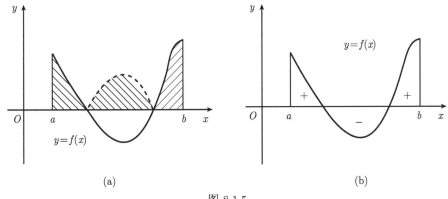

图 8.1.5

必须指出, 虽然 (8.1.2) 式与函数极限的 ε-δ 定义相类似, 但积分和的极限与通常函数极限有很大差别. 注意在 (8.1.3) 式中, 积分和并不是极限变量 $\|T\|$ 的函数, 因为具有同一模 $\|T\|$ 的分割 T 有无限多个, 对应每个分割 T, 介点集 ξ 的取法有无限多种, 从而具有同一模 $\|T\|$ 的积分和有无限多个. 因此积分和的极限要比通常函数极限复杂得多.

要特别注意, 根据 (8.1.2) 式中分割 T 及介点集 ξ 取法的任意性, 一个函数是否可积及定积分是何值与分割 T 及介点集 ξ 的取法都无关. 当然, 若函数是可积的, 则可用某种特殊的分割及特殊的介点集取法求出定积分的值.

从定积分的定义可以看出, 定积分是个实数, 它的值只与被积函数 f 及积分区间 $[a,b]$ 有关, 而与积分变量所用的符号无关, 即

$$\int_a^b f(x)\mathrm{d}x = \int_a^b f(t)\mathrm{d}t = \int_a^b f(\theta)\mathrm{d}\theta = \cdots.$$

按照定义, 函数 f 在 $[a,b]$ 上的定积分 $\int_a^b f(x)\mathrm{d}x$ 当然地假定了 $a < b$. 但当

$a \geqslant b$ 时, 为了书写和运算上的方便, 规定:

$$\int_a^a f(x)\mathrm{d}x = 0; \quad \text{当 } a > b\text{时}, \quad \int_a^b f(x)\mathrm{d}x = -\int_b^a f(x)\mathrm{d}x. \tag{8.1.4}$$

根据定义容易理解这样规定的合理性.

定积分的下列基本性质可以利用定积分的定义与极限的基本性质立即导出.

定理 8.1.1 设函数 f, g 都在 $[a,b]$ 上可积, α, β 为常数, 则

(1) **规范性质** $\displaystyle\int_a^b \mathrm{d}x = b - a.$

(2) **线性性质** $\alpha f + \beta g$ 在 $[a,b]$ 上可积且

$$\int_a^b [\alpha f(x) + \beta g(x)]\, \mathrm{d}x = \alpha \int_a^b f(x)\mathrm{d}x + \beta \int_a^b g(x)\mathrm{d}x.$$

(3) **保序性质** 若在 $[a,b]$ 上 $f(x) \geqslant g(x)$, 则 $\displaystyle\int_a^b f(x)\mathrm{d}x \geqslant \int_a^b g(x)\mathrm{d}x$; 特别当函数 f 非负时有 $\displaystyle\int_a^b f(x)\mathrm{d}x \geqslant 0$.

证明 只给出 (2) 的证明, 其余性质的证明方法类同. 对 $[a,b]$ 的任意分割 T 及任取的介点集 ξ, 考虑 $\displaystyle\lim_{\|T\|\to 0} \sum_{i=1}^n [\alpha f(\xi_i) + \beta g(\xi_i)]\Delta x_i$. 由于 f, g 都在 $[a,b]$ 上可积, 有

$$\int_a^b f(x)\mathrm{d}x = \lim_{\|T\|\to 0}\sum_{i=1}^n f(\xi_i)\Delta x_i \text{ 且 } \int_a^b g(x)\mathrm{d}x = \lim_{\|T\|\to 0}\sum_{i=1}^n g(\xi_i)\Delta x_i.$$

于是按极限的线性性质有

$$\lim_{\|T\|\to 0} \sum_{i=1}^n [\alpha f(\xi_i) + \beta g(\xi_i)]\Delta x_i$$

$$= \lim_{\|T\|\to 0}\left[\alpha \sum_{i=1}^n f(\xi_i)\Delta x_i + \beta \sum_{i=1}^n g(\xi_i)\Delta x_i\right]$$

$$= \alpha \lim_{\|T\|\to 0}\sum_{i=1}^n f(\xi_i)\Delta x_i + \beta \lim_{\|T\|\to 0}\sum_{i=1}^n g(\xi_i)\Delta x_i$$

$$= \alpha \int_a^b f(x)\mathrm{d}x + \beta \int_a^b g(x)\mathrm{d}x.$$

因此 $\alpha f + \beta g$ 在 $[a,b]$ 上可积且 (2) 中等式成立.

习 题 8.1

1. 对闭区间 $[0,1]$ 作等分分割 (即 n 等分), 取分割后小闭区间的右端点为介点, 写出下列函数 f 在 $[0,1]$ 上的积分和:

(1) $f(x) = x^3$;　(2) $f(x) = \dfrac{1}{1+x^2}$;　(3) $f(x) = \ln(1+x)$;　(4) $f(x) = \sin \pi x$.

2. 根据定积分的性质与几何意义写出下列定积分的值 ($\alpha > 0$, $\beta > 0$):

(1) $\displaystyle\int_0^1 \sqrt{1-x^2}\,\mathrm{d}x$;　(2) $\displaystyle\int_{-\pi}^{\pi} \sin x\,\mathrm{d}x$;　(3) $\displaystyle\int_0^1 (\alpha x + \beta)\,\mathrm{d}x$.

3. 证明下列不等式 (已知其中的定积分是存在的):

(1) $1 \leqslant \displaystyle\int_0^1 \mathrm{e}^{x^2}\,\mathrm{d}x \leqslant \mathrm{e}$;　　　　　　(2) $1 \leqslant \displaystyle\int_0^{\frac{\pi}{2}} \dfrac{\sin x}{x}\,\mathrm{d}x \leqslant \dfrac{\pi}{2}$.

4. 在定积分的定义中能否将 $\|T\| \to 0$ 改为 $n \to \infty$? 为什么? 在什么情况下二者等价?

8.2　函数的可积性

本节将讨论函数 f 在闭区间 $[a,b]$ 上的 (Riemann) 可积性, 即极限

$$\lim_{\|T\| \to 0} \sum_{i=1}^n f(\xi_i)\Delta x_i$$

是否存在的一些问题. 若函数不可积, 则讨论它的定积分计算是没有意义的. 具备什么条件的函数才是可积的? 通常可积的函数有哪些类型? 可积的函数还有哪些基本性质? 这些问题首先要解决.

定理 8.2.1 (可积必要条件)　设函数 f 在 $[a,b]$ 上可积, 则 f 在 $[a,b]$ 上有界.

证明　(反证法) 假设 f 在 $[a,b]$ 上无界, 下面证明积分和也是无界的. $\forall \Lambda > 0$, $\forall \delta > 0$, $\exists T = \{\Omega_1, \Omega_2, \cdots, \Omega_n\}$ 为 $[a,b]$ 的分割, $\|T\| < \delta$, 于是必有某个小闭区间 $\Omega_k \in T$, 使 f 在 Ω_k 上无界. 当 $i \neq k$ 时, 取介点 $\xi_i \in \Omega_i$ 并记

$$\left| \sum_{i \neq k} f(\xi_i)\Delta x_i \right| = A_k.$$

由于 f 在 Ω_k 上无界, 故必 $\exists \xi_k \in \Omega_k$ 使得 $|f(\xi_k)| > \dfrac{\Lambda + A_k}{\Delta x_k}$. 从而必 $\exists \xi$ 为介点集使得

$$\left| \sum_{i=1}^n f(\xi_i)\Delta x_i \right| \geqslant |f(\xi_k)\Delta x_k| - \left| \sum_{i \neq k} f(\xi_i)\Delta x_i \right| > \dfrac{\Lambda + A_k}{\Delta x_k} \cdot \Delta x_k - A_k = \Lambda.$$

这与 f 在 $[a,b]$ 上可积相矛盾.

定理 8.2.1 指出, 任何可积函数都是有界的; 但要注意, 有界的函数未必一定可积.

例 8.2.1 证明 Dirichlet 函数 $D(x)$ 在 $[a,b]$ 上不可积.

证明 根据有理数与无理数的稠密性, 对 $[a,b]$ 的任意分割 $T = \{x_0, x_1, \cdots, x_n\}$, 每个小闭区间 $\Omega_i = [x_{i-1}, x_i]$ 上既有有理数也有无理数. 于是始终将介点集 ξ 中的每个点都取有理数, 有

$$\lim_{\|T\| \to 0} \sum_{i=1}^n D(\xi_i) \Delta x_i = \lim_{\|T\| \to 0} \sum_{i=1}^n \Delta x_i = b - a;$$

始终将介点集 ξ 中的每个点都取无理数, 有

$$\lim_{\|T\| \to 0} \sum_{i=1}^n D(\xi_i) \Delta x_i = \lim_{\|T\| \to 0} \sum_{i=1}^n 0 \cdot \Delta x_i = \lim_{\|T\| \to 0} 0 = 0.$$

这表明积分和的极限必不存在, 即 Dirichlet 函数 $D(x)$ 在 $[a,b]$ 上不是 (Riemann) 可积的.

根据定积分定义来判断一个有界函数是否可积, 就是考察它的积分和是否与某常数无限接近. 由于这个常数难以预知, 加之积分和又是复杂的, 不仅与分割有关, 还与介点集有关, 所以直接用定义来判断可积性实际上是困难的. 下面从化解积分和的复杂性着手, 寻求判断函数可积性的准则, 它只与被积函数本身的信息有关.

设函数 f 在 $[a,b]$ 上有界, $T = \{\Omega_1, \Omega_2, \cdots, \Omega_n\}$ 为 $[a,b]$ 的分割, 则 f 在 $[a,b]$ 上及每个小闭区间 Ω_i 上存在上确界和下确界. 记

$$\overline{M} = \sup_{x \in [a,b]} f(x), \quad \underline{m} = \inf_{x \in [a,b]} f(x), \quad M_i = \sup_{x \in \Omega_i} f(x), \quad m_i = \inf_{x \in \Omega_i} f(x), \quad i = 1, 2, \cdots, n.$$

作和

$$\overline{S}(T) = \sum_{i=1}^n M_i \Delta x_i \quad \text{与} \quad \underline{S}(T) = \sum_{i=1}^n m_i \Delta x_i,$$

$\overline{S}(T)$ 和 $\underline{S}(T)$ 分别称为函数 f 关于分割 T 的 **Darboux 上和**与 **Darboux 下和** (统称为 **Darboux 和**), 简称为**上和**与**下和**. 记 f 关于分割 T 与介点集 ξ 的积分和为 $S(T, \xi)$, 即 $S(T, \xi) = \sum_{i=1}^n f(\xi_i) \Delta x_i$. $\xi_i \in \Omega_i, \underline{m} \leqslant m_i \leqslant f(\xi_i) \leqslant M_i \leqslant \overline{M}$, 易见对同一分割 T 有

$$\underline{m}(b - a) \leqslant \underline{S}(T) \leqslant S(T, \xi) \leqslant \overline{S}(T) \leqslant \overline{M}(b - a). \tag{8.2.1}$$

通常当函数 f 在 $[a,b]$ 上未必连续时, f 在 Ω_i 上未必达到上确界和下确界, Darboux 和未必是积分和. 与积分和相比较, Darboux 和只与分割 T 有关, 而与介点集 ξ 无关. 对应于同一分割 T, 积分和可以有无穷多个, 但上和与下和却各仅有 1 个. 较为复杂的积分和被控制在相对简单的上下和之间, 从而 f 在 $[a,b]$ 上是否可积的问题转化为考察当 $\|T\| \to 0$ 时上下和是否具有同一极限. 由此可知, 解决可积性的问题的理论工具是 Darboux 和的性质.

引理 8.2.2 对 $[a,b]$ 的同一分割 T, 有 $\overline{S}(T) = \sup\limits_{\xi} S(T,\xi), \underline{S}(T) = \inf\limits_{\xi} S(T,\xi)$.

证明 由 (8.2.1) 式可知 $S(T,\xi) \leqslant \overline{S}(T)$; $\forall \varepsilon > 0$, 由 $M_i = \sup\limits_{x \in \Omega_i} f(x)$ 可知 $\exists \xi_i \in \Omega_i$ 使 $f(\xi_i) > M_i - \dfrac{\varepsilon}{b-a}$, $i = 1, 2, \cdots, n$. 于是 $\exists \xi$ 使

$$S(T,\xi) = \sum_{i=1}^{n} f(\xi_i)\Delta x_i > \sum_{i=1}^{n} M_i \Delta x_i - \frac{\varepsilon}{b-a} \sum_{i=1}^{n} \Delta x_i = \overline{S}(T) - \varepsilon.$$

这表明 $\overline{S}(T) = \sup\limits_{\xi} S(T,\xi)$. 同理可证 $\underline{S}(T) = \inf\limits_{\xi} S(T,\xi)$.

引理 8.2.3 设 T^* 为分割 T 添加 p 个新分点后所得到的分割, 则

$$\overline{S}(T) \geqslant \overline{S}(T^*) \geqslant \overline{S}(T) - p\left(\overline{M} - \underline{m}\right)\|T\|; \tag{8.2.2}$$

$$\underline{S}(T) \leqslant \underline{S}(T^*) \leqslant \underline{S}(T) + p\left(\overline{M} - \underline{m}\right)\|T\|. \tag{8.2.3}$$

证明 这里只证明 (8.2.2) 式, 对 (8.2.3) 式同理可证. 先证明 $p = 1$ 的情况. 设 T 添加 1 个新分点, 得到的分割为 T_1, 这个分点落在 T 的某个小闭区间 Ω_k 上, 将 Ω_k 分成两个小闭区间 Ω_k' 与 Ω_k'', 其长度为 $\Delta x_k'$ 与 $\Delta x_k''$, $\Delta x_k' + \Delta x_k'' = \Delta x_k$, 除此以外 T_1 的其他小闭区间 Ω_i $(i \neq k)$ 与 T 的相同. 记 f 在 Ω_k' 与 Ω_k'' 上的上确界分别为 M_k' 与 M_k'', 则

$$\begin{aligned}
\overline{S}(T) - \overline{S}(T_1) &= M_k \Delta x_k - (M_k' \Delta x_k' + M_k'' \Delta x_k'') \\
&= (M_k - M_k')\Delta x_k' + (M_k - M_k'')\Delta x_k''.
\end{aligned}$$

由于 $\underline{m} \leqslant M_k' \leqslant M_k \leqslant \overline{M}$ 以及 $\underline{m} \leqslant M_k'' \leqslant M_k \leqslant \overline{M}$, 故有

$$0 \leqslant \overline{S}(T) - \overline{S}(T_1) \leqslant \left(\overline{M} - \underline{m}\right)\Delta x_k' + \left(\overline{M} - \underline{m}\right)\Delta x_k'' = \left(\overline{M} - \underline{m}\right)\Delta x_k \leqslant \left(\overline{M} - \underline{m}\right)\|T\|.$$

这表明 $p = 1$ 时 (8.2.2) 式成立. 对于一般情况, 设 T_i 添加 1 个新分点得到的分割为 T_{i+1}, 并记 $T = T_0$, $T^* = T_p$, 应有

$$0 \leqslant \overline{S}(T_i) - \overline{S}(T_{i+1}) \leqslant \left(\overline{M} - \underline{m}\right)\|T_i\|, \quad i = 0, 1, 2, \cdots, p-1.$$

将这 p 个式子相加, 并注意到 $\|T_i\| \leqslant \|T\|$, 便得到

$$0 \leqslant \overline{S}(T) - \overline{S}(T^*) = \overline{S}(T_0) - \overline{S}(T_p) \leqslant p\left(\overline{M} - \underline{m}\right)\|T\|,$$

即 (8.2.2) 式成立.

引理 8.2.4　设 T_1 与 T_2 为 $[a,b]$ 的任意两个分割, 则 $\underline{S}(T_1) \leqslant \overline{S}(T_2)$, 即任意下和都不大于任意上和.

证明　令 $T = T_1 \cup T_2$, 即 T_1 与 T_2 的分点合并构成分割 T 的全部分点, 于是 T 既可看作由 T_1 添加分点得到, 又可看作由 T_2 添加分点得到. 因此根据引理 8.2.3 有

$$\underline{S}(T_1) \leqslant \underline{S}(T) \leqslant \overline{S}(T) \leqslant \overline{S}(T_2).$$

引理 8.2.3 表明, 随着分点的增加, 下和递增, 上和递减. 引理 8.2.4 表明, 一切下和的集合有上界, 从而必有上确界; 一切上和的集合有下界, 从而必有下确界. 根据这些性质, 下述结论是容易猜到的.

引理 8.2.5 (Darboux 定理)　设函数 f 在 $[a,b]$ 上有界, 则 $\lim\limits_{\|T\|\to 0} \overline{S}(T)$ 与 $\lim\limits_{\|T\|\to 0} \underline{S}(T)$ 都存在.

证明　记 $\inf\limits_{T} \overline{S}(T) = \overline{J}$, $\sup\limits_{T} \underline{S}(T) = \underline{J}$. 根据引理 8.2.4, $\underline{J}, \overline{J} \in \mathbb{R}$ 且 $\underline{J} \leqslant \overline{J}$. 下面证明

$$\lim_{\|T\|\to 0} \overline{S}(T) = \overline{J}, \quad \lim_{\|T\|\to 0} \underline{S}(T) = \underline{J}. \tag{8.2.4}$$

只证明 (8.2.4) 式中第一个极限, 对第二个极限同理可证.

$\forall \varepsilon > 0$, 由 $\inf\limits_{T} \overline{S}(T) = \overline{J}$ 可知 $\exists T^*$ 为 $[a,b]$ 的分割使得

$$\overline{S}(T^*) < \overline{J} + \frac{\varepsilon}{2}. \tag{8.2.5}$$

设 T^* 的分点个数为 p, 则对 $[a,b]$ 的任意分割 T, 分割 $T \cup T^*$ 至多比 T 多 p 个分点, 根据引理 8.2.3 中 (8.2.2) 式得

$$\overline{S}(T) - p\left(\overline{M} - \underline{m}\right)\|T\| \leqslant \overline{S}(T \cup T^*) \leqslant \overline{S}(T^*). \tag{8.2.6}$$

于是 $\exists \delta = \dfrac{\varepsilon}{2[p(\overline{M} - \underline{m}) + 1]} > 0$, 当 $\|T\| < \delta$, 结合 (8.2.5) 与 (8.2.6) 两式, 有

$$\overline{J} \leqslant \overline{S}(T) \leqslant \overline{S}(T^*) + p\left(\overline{M} - \underline{m}\right)\|T\| < \overline{J} + \varepsilon.$$

因此 $\lim\limits_{\|T\|\to 0} \overline{S}(T) = \overline{J}$.

根据 Darboux 定理就得到如下的函数可积的判别条件.

定理 8.2.6 (可积充要条件)   设函数 f 在 $[a,b]$ 上有界, 则 f 在 $[a,b]$ 上可积的充分必要条件是 $\lim\limits_{\|T\|\to 0}\left[\overline{S}(T)-\underline{S}(T)\right]=0$.

证明   **必要性**   设 f 在 $[a,b]$ 上可积, 则 $\exists J\in\mathbb{R}$, $\forall\varepsilon>0$, $\exists\delta>0$, $\forall T:$ $\|T\|<\delta$, $\forall\xi$, 有 $|S(T,\xi)-J|<\varepsilon$, 即

$$J-\varepsilon<S(T,\xi)<J+\varepsilon. \tag{8.2.7}$$

对 (8.2.7) 式关于 ξ 取确界, 根据引理 8.2.2, 有 $J-\varepsilon\leqslant\underline{S}(T)\leqslant S(T,\xi)\leqslant\overline{S}(T)\leqslant J+\varepsilon$. 于是当 $\|T\|<\delta$ 有

$$0\leqslant\overline{S}(T)-\underline{S}(T)\leqslant(J+\varepsilon)-(J-\varepsilon)=2\varepsilon,$$

由此得 $\lim\limits_{\|T\|\to 0}\left[\overline{S}(T)-\underline{S}(T)\right]=0$.

充分性   设 $\lim\limits_{\|T\|\to 0}\left[\overline{S}(T)-\underline{S}(T)\right]=0$, 则由 Darboux 定理, $\exists J\in\mathbb{R}$ 使

$$\lim_{\|T\|\to 0}\underline{S}(T)=J=\lim_{\|T\|\to 0}\overline{S}(T).$$

于是 $\forall\varepsilon>0$, $\exists\delta>0$, $\forall T:\|T\|<\delta$, 有 $J-\varepsilon<\underline{S}(T)\leqslant\overline{S}(T)<J+\varepsilon$. 从而对 $\forall\xi$, 按照 (8.2.1) 式有

$$J-\varepsilon<\underline{S}(T)\leqslant S(T,\xi)\leqslant\overline{S}(T)<J+\varepsilon,$$

即有 $|S(T,\xi)-J|<\varepsilon$. 这表明 f 在 $[a,b]$ 上可积.

记 $M_i-m_i=\omega_i$, 称 ω_i 为函数 f 在小闭区间 Ω_i 上的**振幅**. 根据定理 1.4.6 有

$$\omega_i=M_i-m_i=\sup_{s,t\in\Omega_i}|f(s)-f(t)|. \tag{8.2.8}$$

由于 $\overline{S}(T)-\underline{S}(T)=\sum\limits_{i=1}^{n}M_i\Delta x_i-\sum\limits_{i=1}^{n}m_i\Delta x_i=\sum\limits_{i=1}^{n}\omega_i\Delta x_i$, 故由定理 8.2.6 与 Darboux 定理可进一步得到如下的可积准则.

定理 8.2.7 (可积准则)   设函数 f 在 $[a,b]$ 上有界, 则 f 在 $[a,b]$ 上可积的充分必要条件是: $\forall\varepsilon>0$, $\exists T$ 为 $[a,b]$ 的分割使 $\sum\limits_{i=1}^{n}\omega_i\Delta x_i<\varepsilon$.

证明   **必要性**   设 f 在 $[a,b]$ 上可积, 由定理 8.2.6, $\lim\limits_{\|T\|\to 0}\left[\overline{S}(T)-\underline{S}(T)\right]=0$. 这蕴涵 $\forall\varepsilon>0$, $\exists T$ 为 $[a,b]$ 的分割使 $\sum\limits_{i=1}^{n}\omega_i\Delta x_i<\varepsilon$.

充分性 设 $\forall \varepsilon > 0, \exists T$ 为 $[a,b]$ 的分割使 $\sum_{i=1}^{n} \omega_i \Delta x_i < \varepsilon$, 即

$$\exists T \text{使} \overline{S}(T) - \underline{S}(T) < \varepsilon.$$

根据 Darboux 定理, $\lim_{\|T\| \to 0} \overline{S}(T) = \overline{J}$ 与 $\lim_{\|T\| \to 0} \underline{S}(T) = \underline{J}$ 都存在, 且由 Darboux 和的性质知

$$0 \leqslant \overline{J} - \underline{J} \leqslant \overline{S}(T) - \underline{S}(T) < \varepsilon.$$

这表明 $\overline{J} = \underline{J}$, 于是有 $\lim_{\|T\| \to 0} \left[\overline{S}(T) - \underline{S}(T) \right] = 0$, 从而根据定理 8.2.6 可知 f 在 $[a,b]$ 上可积.

可积准则的几何意义是: 函数 f 在 $[a,b]$ 上可积等价于图 8.2.1 中包围曲线 $y = f(x)$ 的小矩形面积之和可以任意小, 只要分割充分细密.

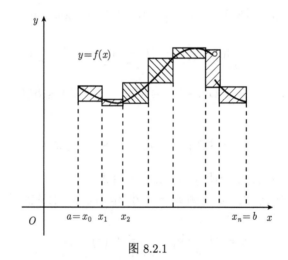

图 8.2.1

例 8.2.2 用可积准则证明 Dirichlet 函数 $D(x)$ 在 $[a,b]$ 上不可积.

证明 对 $[a,b]$ 的任意分割 T, $D(x)$ 在每个 $\Omega_i \in T$ 上的振幅 $\omega_i = 1 - 0 = 1$, 于是 $\sum_{i=1}^{n} \omega_i \Delta x_i = b - a$, 由可积准则可知 $D(x)$ 在 $[a,b]$ 上不可积.

根据可积准则 (定理 8.2.7) 或可积充要条件 (定理 8.2.6) 可以判定下面一些类型的函数是可积的.

定理 8.2.8 若函数 f 在 $[a,b]$ 上连续, 则 f 在 $[a,b]$ 上可积.

证明 由于 f 在 $[a,b]$ 上连续, 故 f 在 $[a,b]$ 上一致连续. $\forall \varepsilon > 0, \exists \delta > 0$, $\forall s, t \in [a,b], |s - t| < \delta$ 有 $|f(s) - f(t)| < \dfrac{\varepsilon}{b - a}$. 设 $T = \{\Omega_1, \Omega_2, \cdots, \Omega_n\}$ 为

$[a,b]$ 的任意分割, 满足 $\|T\|<\delta$. 由于在每个 Ω_i 上 f 取得最大值 M_i 与最小值 m_i, 即 $\exists s_i,t_i\in\Omega_i$ 使得 $f(s_i)=m_i,f(t_i)=M_i$, 这里 $|s_i-t_i|\leqslant\Delta x_i\leqslant\|T\|<\delta$, 故 $M_i-m_i=f(t_i)-f(s_i)<\dfrac{\varepsilon}{b-a}$, 从而

$$\overline{S}(T)-\underline{S}(T)=\sum_{i=1}^{n}(M_i-m_i)\Delta x_i<\frac{\varepsilon}{b-a}\sum_{i=1}^{n}\Delta x_i=\varepsilon,$$

这表明 $\lim\limits_{\|T\|\to0}\left[\overline{S}(T)-\underline{S}(T)\right]=0$. 根据可积充要条件, f 在 $[a,b]$ 上可积.

应当注意一致连续性在上述定理证明中所起的重要作用. 另外, 若从一致连续出发, 不用最值定理, 而改用 (8.2.8) 式, 同样可证明这个定理.

定理 8.2.9 若 f 是 $[a,b]$ 上的单调函数, 则 f 在 $[a,b]$ 上可积.

证明 不妨设 f 在 $[a,b]$ 上递增, $T=\{x_0,x_1,\cdots,x_{i-1},x_i,\cdots,x_n\}$ 为 $[a,b]$ 的任意分割, 则 f 在 $[x_{i-1},x_i]$ 上的振幅为 $\omega_i=f(x_i)-f(x_{i-1})$, 于是有

$$\sum_{i=1}^{n}\omega_i\Delta x_i\leqslant\sum_{i=1}^{n}[f(x_i)-f(x_{i-1})]\|T\|=[f(b)-f(a)]\|T\|.$$

$\forall\varepsilon>0$, 因为 $\exists T$ 使 $\|T\|<\dfrac{\varepsilon}{[f(b)-f(a)]+1}$, 所以有 $\sum\limits_{i=1}^{n}\omega_i\Delta x_i<\varepsilon$. 根据可积准则, f 在 $[a,b]$ 上可积.

定理 8.2.10 若 f 是 $[a,b]$ 上只有有限个间断点的有界函数, 则 f 在 $[a,b]$ 上可积.

证明 不失一般性, 设 f 在 $[a,b]$ 上只有两个间断点 s,b, 其中 $s\in(a,b)$. 设 f 在 $[a,b]$ 的下、上确界分别为 $\underline{m}$ 与 $\overline{M}$, 则 $\underline{m}<\overline{M}$. 记 $\Omega_s=[s-\delta,s+\delta]$, $\Omega_b=[b-\delta,b]$, 其中 $0<\delta<\min\{s-a,(b-s)/2\}$. 这样 $\Omega_s\cap\Omega_b=\varnothing$, 且 $s-\delta>a$. 对 $\forall\varepsilon>0$, 总 $\exists\delta<\dfrac{\varepsilon}{8(\overline{M}-\underline{m})}$, 使得 Ω_s 与 Ω_b 的总长度 $L<4\delta<\dfrac{\varepsilon}{2(\overline{M}-\underline{m})}$. 记 $T^*=\{\Omega_s,\Omega_b\}$, f 在 Ω_s 与 Ω_b 上的振幅分别为 ω_1^*, ω_2^*, Ω_s 与 Ω_b 的长分别为 Δx_1^*, Δx_2^*, 则

$$\sum_{T^*}\omega_i^*\Delta x_i^*\leqslant(\overline{M}-\underline{m})L<\frac{\varepsilon}{2}.\tag{8.2.9}$$

因为 f 在 $[a,s-\delta]$ 与 $[s+\delta,b-\delta]$ 上连续, 按照定理 8.2.8, f 在 $[a,s-\delta]$ 与 $[s+\delta,b-\delta]$ 上都是可积的, 故分别存在 $[a,s-\delta]$ 的分割 $T_1=\{\Omega_1',\Omega_2',\cdots,\Omega_m'\}$ 与 $[s+\delta,b-\delta]$ 的分割 $T_2=\{\Omega_1'',\Omega_2'',\cdots,\Omega_n''\}$ 使

$$\sum_{T_1}\omega_i'\Delta x_i'<\frac{\varepsilon}{4},\quad\sum_{T_2}\omega_i''\Delta x_i''<\frac{\varepsilon}{4}.\tag{8.2.10}$$

令 $T = \{\Omega_1', \cdots, \Omega_m', \Omega_s, \Omega_1'', \cdots, \Omega_n'', \Omega_b\}$, 则 T 是 $[a, b]$ 的一个分割, 结合 (8.2.9) 与 (8.2.10) 式得到

$$\sum_T \omega_i \Delta x_i = \sum_{T^*} \omega_i^* \Delta x_i^* + \sum_{T_1} \omega_i' \Delta x_i' + \sum_{T_2} \omega_i'' \Delta x_i'' < \frac{\varepsilon}{2} + \frac{\varepsilon}{4} + \frac{\varepsilon}{4} = \varepsilon.$$

根据可积准则, f 在 $[a, b]$ 上可积.

例 8.2.3 证明 Riemann 函数 $R(x)$ 在 $[0, 1]$ 上可积且 $\displaystyle\int_0^1 R(x)\mathrm{d}x = 0$.

证明 $\forall \varepsilon > 0$, 记

$$A_\varepsilon = \left\{ x = \frac{p}{q} \in (0, 1) : \ p, q \in \mathbb{Z}^+ \text{且互质}, \frac{1}{q} \geqslant \frac{\varepsilon}{2} \right\},$$

则 A_ε 为有限集 (图 8.2.2), 设 A_ε 中点的个数为 k. 对 $[0, 1]$ 作分割 T 使 $\|T\| < \dfrac{\varepsilon}{2k}$. 将 T 中小闭区间分成两类: $T = T_1 \cup T_2$, 其中 $T_1 = \{\Omega_i'\}_{i=1}^{n_1}$ 中每个 Ω_i' 都含有 A_ε 中的点, 小区间的个数 $n_1 \leqslant 2k$ (A_ε 中的每个点恰好都是 T 的分点时才可能 有 $n_1 = 2k$); 而 $T_2 = \{\Omega_i''\}_{i=1}^{n_2}$ 中每个 Ω_i'' 都不含有 A_ε 中的点. 由于在每个 Ω_i' 上 $R(x)$ 的振幅 $\omega_i' \leqslant \dfrac{1}{2}$, T_1 的总长度 $\displaystyle\sum_{i=1}^{n_1} \Delta x_i' \leqslant 2k \|T\|$, 而在每个 Ω_i'' 上 $R(x)$ 的 振幅 $\omega_i'' < \dfrac{\varepsilon}{2}$, T_1 的总长度 $\displaystyle\sum_{i=1}^{n_2} \Delta x_i'' \leqslant 1$, 故

$$\sum_T \omega_i \Delta x_i = \sum_{i=1}^{n_1} \omega_i' \Delta x_i' + \sum_{i=1}^{n_2} \omega_i'' \Delta x_i'' \leqslant \frac{1}{2} \cdot 2k \|T\| + \frac{\varepsilon}{2} \cdot 1 < \frac{\varepsilon}{2} + \frac{\varepsilon}{2} = \varepsilon.$$

根据可积准则, $R(x)$ 在 $[0, 1]$ 上可积.

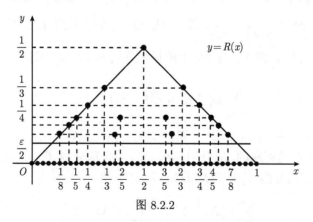

图 8.2.2

因为已经证明了 $R(x)$ 在 $[0,1]$ 上可积, 所以对任意分割 T, 始终取介点集 ξ 中每个点为无理数, 便得到

$$\int_0^1 R(x)\mathrm{d}x = \lim_{\|T\| \to 0} \sum_{i=1}^n R(\xi_i)\Delta x_i = \lim_{\|T\| \to 0} \sum_{i=1}^n 0 \cdot \Delta x_i = 0.$$

上述定理 8.2.8 ~ 定理 8.2.10 指出连续函数、单调函数及仅有有限个间断点的有界函数都是可积的. 有无限个间断点的有界函数可能是可积的, 也可能是不可积的. 例如, 单调函数可能有无限个间断点, 但它是可积的; Riemann 函数 $R(x)$ 与 Dirichlet 函数 $D(x)$ 都有无限个间断点, 其中一个可积, 另一个不可积. 当间断点的 "数量" 多到一定程度会导致函数不可积. 那么, 函数可积性与函数间断性之间究竟有何关系? Lebesgue 定理彻底解决了这个问题. 设 $A \subset \mathbb{R}$, 若对 $\forall \varepsilon > 0$, 总存在一列开区间 $\{(a_n, b_n)\}$ 使得

$$A \subset \bigcup_{n=1}^\infty (a_n, b_n) \text{且} \lim_{k \to \infty} \sum_{n=1}^k (b_n - a_n) \leqslant \varepsilon,$$

则称 A 为 $\mathbb{R}$ 中的**零测度子集**, 简称**零测集**. 显然, 空集是零测集, 有限子集是零测集; 可以证明有理数集 $\mathbb{Q}$ 是零测集. 下述的 Lebesgue 定理是一个等价条件, 它概括了关于可积函数类的所有结论.

定理 8.2.11 (Lebesgue 定理) 设函数 f 在 $[a,b]$ 上有界, 则 f 在 $[a,b]$ 上 Riemann 可积的充分必要条件是: f 的间断点集为零测集.

例 8.2.4 判断下列函数的可积性.

数学家
小传8.2.1

(1) $f_1(x) = \dfrac{\mathrm{e}^{x^2} + \sin x}{x + 1}$ 在 $[0,2]$ 上;

(2) $f_2(x) = [x]$ 在 $[a,b]$ 上;

(3) $f_3(x) = \begin{cases} \sin \dfrac{1}{x}, & x \neq 0, \\ 0, & x = 0 \end{cases}$ 在 $[-1,1]$ 上;

(4) $f(R(x))$ 在 $[0,1]$ 上, 其中 $R(x)$ 为 Riemann 函数, $f(u) = \begin{cases} 1, & u \neq 0, \\ 0, & u = 0. \end{cases}$

解 (1) 因为 f_1 在 $[0,2]$ 上连续, 所以它在 $[0,2]$ 上可积.

(2) 因为 $f_2(x) = [x]$ 在 $[a,b]$ 上递增, 所以它在 $[a,b]$ 上可积.

(3) 因为 f_3 在 $[-1,1]$ 上有界且只有 1 个间断点, 所以它在 $[-1,1]$ 上可积.

(4) $f(R(x)) = \begin{cases} 1, & x \in \mathbb{Q} \cap (0,1), \\ 0, & x \in (0,1) \backslash \mathbb{Q}, \\ 0, & x = 0, x = 1. \end{cases}$ 因为 $\displaystyle\sum_{i=1}^n \omega_i \Delta x_i = 1$, 所以它在 $[0,1]$ 上

不可积. 这表明, 两个可积函数的复合未必是可积的.

进一步讨论可积函数的一些基本性质, 用到下面的引理:

引理 8.2.12　设 T^* 为分割 T 添加若干个新分点后所得到的分割, 则

$$\sum_{T^*} \omega_i^* \Delta x_i^* \leqslant \sum_T \omega_i \Delta x_i.$$

证明　将引理 8.2.3 中两个不等式 (8.2.2) 与 (8.2.3) 相减, 得

$$\sum_{T^*} \omega_i^* \Delta x_i^* = \overline{S}(T^*) - \underline{S}(T^*) \leqslant \overline{S}(T) - \underline{S}(T) = \sum_T \omega_i \Delta x_i.$$

定理 8.2.13 (区间可加性质)　设 $c \in (a, b)$. 则函数 f 在 $[a, b]$ 上可积的充分必要条件是 f 在 $[a, c]$ 与 $[c, b]$ 上都可积, 且在可积时有

$$\int_a^b f(x)\mathrm{d}x = \int_a^c f(x)\mathrm{d}x + \int_c^b f(x)\mathrm{d}x. \tag{8.2.11}$$

证明　**充分性**　对 $\forall \varepsilon > 0$, 由于 f 在 $[a, c]$ 与 $[c, b]$ 上都可积, 故 $\exists T_1, T_2$ 分别为 $[a, c]$ 与 $[c, b]$ 的分割, 使

$$\sum_{T_1} \omega_i' \Delta x_i' < \frac{\varepsilon}{2}, \quad \sum_{T_2} \omega_i'' \Delta x_i'' < \frac{\varepsilon}{2}.$$

令 $T = T_1 \cup T_2$, 则 T 是 $[a, b]$ 的分割, 且有

$$\sum_T \omega_i \Delta x_i = \sum_{T_1} \omega_i' \Delta x_i' + \sum_{T_2} \omega_i'' \Delta x_i'' < \frac{\varepsilon}{2} + \frac{\varepsilon}{2} = \varepsilon.$$

根据可积准则, f 在 $[a, b]$ 上可积.

必要性　对 $\forall \varepsilon > 0$, 由于 f 在 $[a, b]$ 上可积, 故 $\exists T$ 为 $[a, b]$ 的分割, 使 $\sum_T \omega_i \Delta x_i < \varepsilon$. 不妨设 $c \notin T$, 由 T 再增加一个分点 c 得到一个新分割 T^*, 根据引理 8.2.12, 有

$$\sum_{T^*} \omega_i^* \Delta x_i^* \leqslant \sum_T \omega_i \Delta x_i < \varepsilon.$$

于是由分割 T^* 得到 $[a, c]$ 的分割 T_1 与 $[c, b]$ 的分割 T_2 使得 $T^* = T_1 \cup T_2$, 且有 $\sum_{T^*} \omega_i^* \Delta x_i^* = \sum_{T_1} \omega_i^* \Delta x_i^* + \sum_{T_2} \omega_i^* \Delta x_i^*$, 因此得到

$$\sum_{T_1} \omega_i^* \Delta x_i^* < \varepsilon, \quad \sum_{T_2} \omega_i^* \Delta x_i^* < \varepsilon.$$

根据可积准则, f 在 $[a,c]$ 与 $[c,b]$ 上都可积.

下面证明 (8.2.11) 式. 由于 f 可积, 所以可对 $[a,b]$ 作分割 T, 恒使点 c 为其中的一个分点, 则得到 $[a,c]$ 的分割 T_1 与 $[c,b]$ 的分割 T_2, 并作出它们的积分和. 由于

$$\sum_T f(x_i)\Delta x_i = \sum_{T_1} f(x_i)\Delta x_i + \sum_{T_2} f(x_i)\Delta x_i,$$

对此式令 $\|T\| \to 0$(这蕴涵 $\|T_1\| \to 0$ 且 $\|T_2\| \to 0$), 就得到 (8.2.11) 式.

注意当 $c \notin (a,b)$ 时等式 (8.2.11)(在可积的前提下) 也是成立的, 即它对于 a,b,c 的任何大小顺序都能成立. 事实上, 不妨设 $a < b < c$ 且 f 在 $[a,c]$ 上可积, 则按 (8.1.4) 式有

$$\int_a^c f(x)\mathrm{d}x + \int_c^b f(x)\mathrm{d}x = \left(\int_a^b f(x)\mathrm{d}x + \int_b^c f(x)\mathrm{d}x\right) - \int_b^c f(x)\mathrm{d}x = \int_a^b f(x)\mathrm{d}x.$$

例 8.2.5 求 $\displaystyle\int_0^{\frac{5\pi}{4}} \operatorname{sgn}(\cos x)\mathrm{d}x$(图 8.2.3).

解 $\displaystyle\int_0^{\frac{5\pi}{4}} \operatorname{sgn}(\cos x)\mathrm{d}x = \int_0^{\frac{\pi}{2}} \mathrm{d}x + \int_{\frac{\pi}{2}}^{\frac{5\pi}{4}} (-1)\mathrm{d}x$

$$= -\frac{\pi}{4}.$$

定理 8.2.14 (等积性质) 设 f,g 均为定义在 $[a,b]$ 上的有界函数. 若仅在 $[a,b]$ 中有限个点处 $f(x) \neq g(x)$, 则当 f 在 $[a,b]$ 上可积时, g 在 $[a,b]$ 上也可积, 且

$$\int_a^b f(x)\mathrm{d}x = \int_a^b g(x)\mathrm{d}x.$$

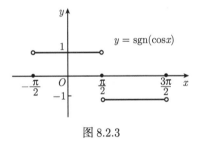

图 8.2.3

由定理 8.2.14 可知, 改变可积函数的有限个点的函数值得出的函数仍可积, 且积分值不变. 由此也可知, 积分 $\displaystyle\int_0^1 \sin\frac{1}{x}\mathrm{d}x$ 存在 (因为可以补充被积函数在个别点处的定义).

证明 设 $F(x) = g(x) - f(x)$, 则 F 是 $[a,b]$ 中仅在有限个点处不为零的函数, 故根据定理 8.2.10, $F(x)$ 在 $[a,b]$ 上可积, 从而 $g(x) = F(x) + f(x)$ 在 $[a,b]$ 上也可积; 对 $[a,b]$ 的任何分割 $T = \{\Omega_1, \Omega_2, \cdots, \Omega_n\}$, 因为 F 的非零点只有有限个, 可取每个 Ω_i 上的介点 ξ_i, 使 $F(\xi_i) = 0$, 于是有

$$\int_a^b F(x)\mathrm{d}x = \lim_{\|T\|\to 0} \sum_{i=1}^n F(\xi_i)\Delta x_i = 0.$$

从而得到

$$\int_a^b g(x)\mathrm{d}x = \int_a^b F(x)\mathrm{d}x + \int_a^b f(x)\mathrm{d}x = \int_a^b f(x)\mathrm{d}x.$$

定理 8.2.15 (乘积可积性质)　若函数 $f(x)$, $g(x)$ 都在 $[a,b]$ 上可积, 则 $f(x)g(x)$ 也在 $[a,b]$ 上可积.

证明　因为 f, g 都在 $[a,b]$ 上可积, 故它们在 $[a,b]$ 上有界, 即 $\exists M > 0$, $\forall x \in [a,b]$ 有 $|f(x)| \leqslant M$, $|g(x)| \leqslant M$. 记 $\omega_i(f)$ 与 $\omega_i(g)$ 分别为 f 与 g 在小闭区间上的振幅. 对 $\forall \varepsilon > 0$, 由 f, g 都在 $[a,b]$ 上可积知 $\exists T_1, T_2$ 为 $[a,b]$ 的分割使得

$$\sum_{T_1} \omega_i(f)\Delta x_i < \frac{\varepsilon}{2M}, \quad \sum_{T_2} \omega_i(g)\Delta x_i < \frac{\varepsilon}{2M}.$$

令 $T = T_1 \cup T_2 = \{\Omega_1, \Omega_2, \cdots, \Omega_n\}$, 对于 $\Omega_i \in T$, 由 (8.2.8) 式得

$$\begin{aligned}
\omega_i(fg) &= \sup_{s,t \in \Omega_i} |f(s)g(s) - f(t)g(t)| \\
&\leqslant \sup_{s,t \in \Omega_i} [|f(s) - f(t)|\,|g(s)| + |f(t)|\,|g(s) - g(t)|] \\
&\leqslant M\omega_i(f) + M\omega_i(g).
\end{aligned}$$

注意到 T 既可看作由 T_1 添加分点得到, 又可看作由 T_2 添加分点得到. 于是由引理 8.2.12 得

$$\begin{aligned}
\sum_T \omega_i(fg)\Delta x_i &\leqslant M\sum_T \omega_i(f)\Delta x_i + M\sum_T \omega_i(g)\Delta x_i \\
&\leqslant M\sum_{T_1} \omega_i(f)\Delta x_i + M\sum_{T_2} \omega_i(g)\Delta x_i \\
&< M \cdot \frac{\varepsilon}{2M} + M \cdot \frac{\varepsilon}{2M} = \varepsilon.
\end{aligned}$$

根据可积准则, $f(x)g(x)$ 在 $[a,b]$ 上可积.

请注意, 在一般情况下, $\int_a^b f(x)g(x)\mathrm{d}x \neq \int_a^b f(x)\mathrm{d}x \cdot \int_a^b g(x)\mathrm{d}x$. 例如,

$$f(x) = g(x) = 1, \quad [a,b] = [0,2]$$

就属于这种情况. 通常对于函数乘积的积分可得到一些不等式, 参见 8.5 节.

定理 8.2.16 (绝对可积性质)　若函数 f 在 $[a,b]$ 上可积, 则 $|f|$ 也在 $[a,b]$ 上可积, 且

$$\left| \int_a^b f(x)\mathrm{d}x \right| \leqslant \int_a^b |f(x)|\,\mathrm{d}x. \tag{8.2.12}$$

证明 记 $\omega_i(f)$ 与 $\omega_i(|f|)$ 分别为 f 与 $|f|$ 在小闭区间上的振幅. 对 $\forall \varepsilon > 0$, 由 f 在 $[a,b]$ 上可积知 $\exists T = \{\Omega_1, \Omega_2, \cdots, \Omega_n\}$ 为 $[a,b]$ 的分割使得

$$\sum_T \omega_i(f)\Delta x_i < \varepsilon.$$

对于 $\Omega_i \in T$, 由 (8.2.8) 式得

$$\omega_i(|f|) = \sup_{s,t \in \Omega_i} ||f(s)| - |f(t)|| \leqslant \sup_{s,t \in \Omega_i} |f(s) - f(t)| = \omega_i(f).$$

于是有

$$\sum_T \omega_i(|f|)\Delta x_i \leqslant \sum_T \omega_i(f)\Delta x_i < \varepsilon.$$

根据可积准则, $|f|$ 在 $[a,b]$ 上可积. 再由不等式 $-|f(x)| \leqslant f(x) \leqslant |f(x)|$ 应用定理 8.1.1 中的保序性质, 便证得 (8.2.12) 式成立.

请注意, 定理 8.2.16 的逆命题一般不成立. 例如, 对于函数

$$D_1(x) = \begin{cases} 1, & x \in \mathbb{Q}, \\ -1, & x \notin \mathbb{Q}, \end{cases}$$

由 $\sum_{i=1}^{n} \omega_i \Delta x_i = 2$ 或 $D_1(x) = 2D(x) - 1$ 可知 $D_1(x)$ 在 $[0,1]$ 上不可积, 但 $|D_1(x)| \equiv 1$ 在 $[0,1]$ 上可积.

习 题 8.2

1. 据理证明函数 $f(x) = \begin{cases} \dfrac{1}{\sqrt{x}}, & x \neq 0, \\ 0, & x = 0 \end{cases}$ 在 $[0,1]$ 上不可积.

2. 设函数 $f(x)$ 在 $[a,b]$ 上可积. 证明 $\displaystyle\int_a^b f(x)\mathrm{d}x = \lim_{n \to \infty} \sum_{i=1}^{n} f\left[a + \frac{i(b-a)}{n}\right]\frac{b-a}{n}$.

3. 设 $\alpha > \beta$, $f(x) = \begin{cases} \alpha, & x \in \mathbb{Q}, \\ \beta, & x \notin \mathbb{Q}. \end{cases}$ 求 f 在 $[0,1]$ 上的 Darboux 上和与下和, 并判断 f 在 $[0,1]$ 上是否可积.

4. 判断下列函数是否可积:

(1) $f_1(x) = \dfrac{\arctan(x^3 - 1) - \cos x^2}{\ln x + 2}$ 在 $[1,2]$ 上;

(2) $f_2(x) = \begin{cases} \dfrac{\sin x}{x}, & x \neq 0, \\ 0, & x = 0 \end{cases}$ 在 $[-1,1]$ 上;

(3) $f_3(x) = \begin{cases} \dfrac{\cos x}{x}, & x \neq 0, \\ 0, & x = 0 \end{cases}$ 在 $[-1, 1]$ 上;

(4) $f_4(x) = \begin{cases} 0, & x = 0, \\ \dfrac{1}{n}, & \dfrac{1}{n+1} < x \leqslant \dfrac{1}{n}, \ n = 1, 2, \cdots \end{cases}$ 在 $[0, 1]$ 上.

5. 证明引理 8.2.3 中的 (8.2.3) 式.

6. 设函数 $f(x), g(x)$ 都在 $[a, b]$ 上可积, 记

$$m(x) = \min\{f(x), g(x)\}, \quad M(x) = \max\{f(x), g(x)\}.$$

证明 $m(x), M(x)$ 都在 $[a, b]$ 上可积.

7. 设函数 f 在 $[a, b]$ 上有定义, 且对 $\forall \varepsilon > 0$, 存在 $[a, b]$ 上的可积函数 g_ε 使得

$$\forall x \in [a, b], \ |f(x) - g_\varepsilon(x)| < \varepsilon.$$

证明 f 在 $[a, b]$ 上可积.

8. 设函数 $f(x)$ 在 $[a, b]$ 上可积, 且 $\exists m > 0, \forall x \in [a, b]$ 有 $|f(x)| \geqslant m$. 证明 $\dfrac{1}{f(x)}$ 在 $[a, b]$ 上可积.

8.3 微积分基本定理

本节将主要解决两个基本问题: 其一, 函数具备何种条件存在原函数? 这是不定积分这一章的遗留问题; 其二, 原函数或不定积分与定积分有何关系? 这也是一个在理论与计算上都至关重要的问题. 解决这两个问题依赖于变上限的定积分所确定的新函数.

定义 8.3.1 设函数 f 在区间 $[a, b]$ 上可积, 则根据区间可加性质, $\forall x \in [a, b]$, f 在 $[a, x]$ 上也可积, 定义函数

$$\Phi(x) = \int_a^x f(t)\mathrm{d}t, \quad x \in [a, b], \tag{8.3.1}$$

称 $\Phi(x)$ 为**变上限的定积分**或**积分上限函数**.

注意在变上限的定积分 (8.3.1) 中, 不要再用 x 作为积分变量, 以免与积分上限中的 x 相混淆. 类似地可定义函数 $\int_x^b f(t)\mathrm{d}t$ 及 $\int_a^{\beta(x)} f(t)\mathrm{d}t$ 等. 由于 $\int_x^b f(t)\mathrm{d}t = -\int_b^x f(t)\mathrm{d}t$, 而 $\int_a^{\beta(x)} f(t)\mathrm{d}t$ 是积分上限函数 $\Phi(u) = \int_a^u f(t)\mathrm{d}t$ 与 $u = \beta(x)$ 的复合, 因此下面主要讨论积分上限函数 (8.3.1).

从几何上看, 当函数 f 是非负可积函数时, $\Phi(x)$ 表示一个变动的曲边梯形面积 (图 8.3.1).

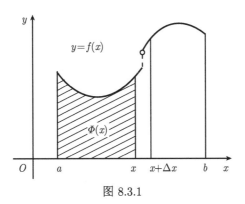

图 8.3.1

对于定义在区间 $[a,b]$ 上的函数, 已知有下述关系:

$$\text{可导} \underset{\Leftarrow}{\overset{\Rightarrow}{}} \text{连续} \underset{\Leftarrow}{\overset{\Rightarrow}{}} \text{可积}.$$

下面的讨论表明, 积分上限函数 Φ 改善了被积函数 f 的性态.

定理 8.3.1 设函数 f 在区间 $[a,b]$ 上可积, 则积分上限函数 $\Phi(x) = \int_a^x f(t)\mathrm{d}t$ 在 $[a,b]$ 上连续.

如图 8.3.1 所示, 当函数 f 是非负可积函数时, 宽度为 $|\Delta x|$ 的曲边梯形面积必不超过一块矩形的面积 $M|\Delta x|$, 这里 M 是 f 的一个上界, 所以 Φ 是连续的.

证明 $\forall x \in [a,b]$, 取 Δx 使 $x + \Delta x \in [a,b]$, 则有

$$\Delta\Phi = \Phi(x+\Delta x) - \Phi(x) = \int_a^{x+\Delta x} f(t)\mathrm{d}t - \int_a^x f(t)\mathrm{d}t = \int_x^{x+\Delta x} f(t)\mathrm{d}t. \quad (8.3.2)$$

因为 f 在 $[a,b]$ 上可积, 故 f 在 $[a,b]$ 上有界, 于是

$$\exists M > 0, \quad \forall x \in [a,b], \quad \text{有 } |f(x)| \leqslant M. \quad (8.3.3)$$

利用绝对可积性质, 结合 (8.3.2) 与 (8.3.3) 两式得

$$|\Delta\Phi| = \left|\int_x^{x+\Delta x} f(t)\mathrm{d}t\right| \leqslant \left|\int_x^{x+\Delta x} |f(t)|\,\mathrm{d}t\right| \leqslant M|\Delta x|,$$

由此知 $\lim\limits_{\Delta x \to 0} \Delta\Phi = 0$, Φ 在点 x 连续. 又因为 x 是任意的, 所以 Φ 在 $[a,b]$ 上连续.

例 8.3.1 求 $\Phi(x) = \int_{-1}^x \operatorname{sgn}t\,\mathrm{d}t$, $x \in [-1,1]$.

解 当 $x \in [-1,0]$ 有 $\Phi(x) = \int_{-1}^x -1\,\mathrm{d}t = -(x+1)$; 当 $x \in (0,1]$ 有

$$\Phi(x) = \int_{-1}^0 \operatorname{sgn}t\,\mathrm{d}t + \int_0^x \operatorname{sgn}t\,\mathrm{d}t = \int_{-1}^0 -1\,\mathrm{d}t + \int_0^x 1\,\mathrm{d}t = -1 + x.$$

因此

$$\Phi(x) = \begin{cases} -1 - x, & x \in [-1, 0], \\ -1 + x, & x \in (0, 1] \end{cases}$$
$$= |x| - 1,$$

如图 8.3.2 所示.

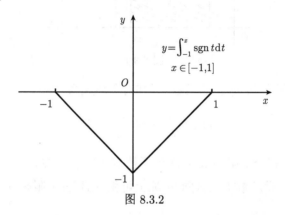

$$y = \int_{-1}^{x} \operatorname{sgn} t \, dt$$
$$x \in [-1, 1]$$

图 8.3.2

定理 8.3.2 (原函数存在定理)   设函数 f 在区间 I 上连续, $a \in I$, 则积分上限函数 $\Phi(x) = \int_{a}^{x} f(t)\mathrm{d}t$ 在 I 上可导, 且它是 $f(x)$ 在 I 上的一个原函数, 即

$$\Phi'(x) = \frac{\mathrm{d}}{\mathrm{d}x} \int_{a}^{x} f(t)\mathrm{d}t = f(x), \quad x \in I. \tag{8.3.4}$$

证明 $\forall x \in I$, 取 $\Delta x \neq 0$ 使 $x + \Delta x \in I$, 则有

$$\begin{aligned}
\frac{\Delta \Phi}{\Delta x} - f(x) &= \frac{\Phi(x + \Delta x) - \Phi(x)}{\Delta x} - f(x) \\
&= \frac{1}{\Delta x} \int_{x}^{x + \Delta x} f(t)\mathrm{d}t - \frac{1}{\Delta x} \int_{x}^{x + \Delta x} f(x)\mathrm{d}t \\
&= \int_{x}^{x + \Delta x} \frac{f(t) - f(x)}{\Delta x} \mathrm{d}t.
\end{aligned} \tag{8.3.5}$$

$\forall \varepsilon > 0$, 由于 f 在点 x 连续, 故 $\exists \delta > 0$, $\forall t \in I$, 且 $|t - x| < \delta$ 时有

$$|f(t) - f(x)| < \varepsilon,$$

因此, 当 $0 < |\Delta x| < \delta$ 时, 由 (8.3.5) 式得

$$\left| \frac{\Delta \Phi}{\Delta x} - f(x) \right| \leqslant \left| \int_{x}^{x + \Delta x} \left| \frac{f(t) - f(x)}{\Delta x} \right| \mathrm{d}t \right| \leqslant \frac{\varepsilon}{|\Delta x|} \left| \int_{x}^{x + \Delta x} \mathrm{d}t \right| = \varepsilon,$$

这表明 $\Phi'(x) = \lim\limits_{\Delta x \to 0} \dfrac{\Delta \Phi}{\Delta x} = f(x)$, (8.3.4) 式成立. 因为 x 是任意的, 所以 $\Phi(x)$ 为 $f(x)$ 在 I 上的一个原函数.

推论 8.3.3 设函数 f 在区间 I 上连续, $\alpha(x)$ 与 $\beta(x)$ 为可导函数且 $\alpha(x)$, $\beta(x) \in I$, 则

$$\frac{\mathrm{d}}{\mathrm{d}x} \int_{\alpha(x)}^{\beta(x)} f(t)\mathrm{d}t = f(\beta(x))\,\beta'(x) - f(\alpha(x))\,\alpha'(x). \tag{8.3.6}$$

证明 取 $a \in I$, 则 $\displaystyle\int_{\alpha(x)}^{\beta(x)} f(t)\mathrm{d}t = \int_a^{\beta(x)} f(t)\mathrm{d}t - \int_a^{\alpha(x)} f(t)\mathrm{d}t$, 令 $u = \beta(x)$, $v = \alpha(x)$, 根据复合函数求导法则与 (8.3.4) 式, 有

$$\begin{aligned}
\frac{\mathrm{d}}{\mathrm{d}x} \int_{\alpha(x)}^{\beta(x)} f(t)\mathrm{d}t &= \frac{\mathrm{d}}{\mathrm{d}x} \int_a^{\beta(x)} f(t)\mathrm{d}t - \frac{\mathrm{d}}{\mathrm{d}x} \int_a^{\alpha(x)} f(t)\mathrm{d}t \\
&= \frac{\mathrm{d}}{\mathrm{d}u} \int_a^u f(t)\mathrm{d}t \cdot \frac{\mathrm{d}u}{\mathrm{d}x} - \frac{\mathrm{d}}{\mathrm{d}v} \int_a^v f(t)\mathrm{d}t \cdot \frac{\mathrm{d}v}{\mathrm{d}x} \\
&= f(u) \cdot \beta'(x) - f(v) \cdot \alpha'(x) \\
&= f(\beta(x))\,\beta'(x) - f(\alpha(x))\,\alpha'(x),
\end{aligned}$$

因此 (8.3.6) 式成立.

例 8.3.2 求 $F(x) = \displaystyle\int_{x^2}^{x^4} \sin\sqrt{t}\,\mathrm{d}t$ 的导数.

解 $F'(x) = \sin\sqrt{t}\,\big|_{t=x^4} \cdot (x^4)' - \sin\sqrt{t}\,\big|_{t=x^2} \cdot (x^2)' = 4x^3 \sin x^2 - 2x \sin|x|.$

例 8.3.3 $\displaystyle\lim_{x\to 0+} \left(\int_0^x \mathrm{e}^{t^2}\mathrm{d}t \right)^x$.

解 记 $y = \left(\displaystyle\int_0^x \mathrm{e}^{t^2}\mathrm{d}t \right)^x$, 则由连续性知 $\displaystyle\int_0^x \mathrm{e}^{t^2}\mathrm{d}t \to 0 \ (x \to 0)$. 应用 L'Hospital 法则得

$$\lim_{x\to 0+} \ln y = \lim_{x\to 0+} x \ln \int_0^x \mathrm{e}^{t^2}\mathrm{d}t = \lim_{x\to 0+} \frac{\ln \displaystyle\int_0^x \mathrm{e}^{t^2}\mathrm{d}t}{x^{-1}} = \lim_{x\to 0+} \frac{\mathrm{e}^{x^2}}{-x^{-2} \displaystyle\int_0^x \mathrm{e}^{t^2}\mathrm{d}t}$$

$$= -\lim_{x\to 0+} \frac{x^2 \mathrm{e}^{x^2}}{\displaystyle\int_0^x \mathrm{e}^{t^2}\mathrm{d}t} = -\lim_{x\to 0+} \frac{2x\mathrm{e}^{x^2} + 2x^3\mathrm{e}^{x^2}}{\mathrm{e}^{x^2}} = 0.$$

因此 $\displaystyle\lim_{x\to 0+} \left(\int_0^x \mathrm{e}^{t^2}\mathrm{d}t \right)^x = \lim_{x\to 0+} \mathrm{e}^{\ln y} = 1.$

定理 8.3.4 (微积分基本定理)　设函数 f 在闭区间 $[a, b]$ 上连续, F 是 f 在 $[a, b]$ 上的任一原函数, 则

$$\int_a^b f(x)\mathrm{d}x = F(b) - F(a). \tag{8.3.7}$$

(8.3.7) 式称为 **Newton-Leibniz 公式**或 **N-L 公式**, 也常写成

$$\int_a^b f(x)\mathrm{d}x = F(x)\Big|_a^b.$$

数学家
小传8.3.1

证明　由题设, F 是 f 在 $[a, b]$ 上的原函数, 根据 f 的连续性与原函数存在定理, $\varPhi(t) = \int_a^t f(x)\mathrm{d}x$ 也是 f 在 $[a, b]$ 上的原函数, 于是存在常数 C 使得

$$\int_a^t f(x)\mathrm{d}x = F(t) + C, \quad \forall t \in [a, b]. \tag{8.3.8}$$

在 (8.3.8) 式中令 $t = a$ 得 $C = -F(a)$, 再令 $t = b$ 即得 (8.3.7) 式.

N-L 公式 (8.3.7) 是数学分析中最优美的公式之一, 可写成

$$\int_a^b F'(x)\mathrm{d}x = F(b) - F(a),$$

它以非常简单的形式, 揭示了导数、不定积分 (或原函数) 与定积分之间的联系. 正因为如此, 定理 8.3.4 被誉为微积分基本定理. 在计算方面, N-L 公式给出了利用原函数 (或不定积分) 便捷地计算定积分的途径.

例 8.3.4　求 $\displaystyle\int_0^\pi \sin x\mathrm{d}x$.

解　$\displaystyle\int_0^\pi \sin x\mathrm{d}x = -\cos x\Big|_0^\pi = -\cos \pi + \cos 0 = 2.$

如图 8.3.3 所示, 正弦曲线一拱下的面积恰好为 2.

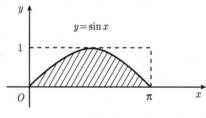

图 8.3.3

例 8.3.5 求 $\displaystyle\int_{e^{-1}}^{e}\frac{|\ln x|}{x}\mathrm{d}x.$

解 $\displaystyle\int_{e^{-1}}^{e}\frac{|\ln x|}{x}\mathrm{d}x=-\int_{e^{-1}}^{1}\frac{\ln x}{x}\mathrm{d}x+\int_{1}^{e}\frac{\ln x}{x}\mathrm{d}x=-\int_{e^{-1}}^{1}\ln x\mathrm{d}(\ln x)+\int_{1}^{e}\ln x\mathrm{d}(\ln x)$

$$=-\frac{1}{2}\ln^2 x\Big|_{e^{-1}}^{1}+\frac{1}{2}\ln^2 x\Big|_{1}^{e}=1.$$

例 8.3.6 求 $\displaystyle J=\lim_{n\to\infty}\left(\frac{1}{n+1}+\frac{1}{n+2}+\cdots+\frac{1}{n+n}\right).$

解 记 $\displaystyle a_n=\frac{1}{n+1}+\frac{1}{n+2}+\cdots+\frac{1}{n+n},$ 则

$$a_n=\sum_{i=1}^{n}\frac{1}{n+i}=\sum_{i=1}^{n}\frac{1}{1+\dfrac{i}{n}}\cdot\frac{1}{n},$$

即 a_n 是函数 $\displaystyle f(x)=\frac{1}{1+x}$ 在闭区间 $[0,1]$ 上作等分分割的积分和, 其中 $\Delta x_i=\dfrac{1}{n}$, 介点 $\xi_i=\dfrac{i}{n}\in\left[\dfrac{i-1}{n},\dfrac{i}{n}\right]$, $i=1,2,\cdots,n$. 又由 f 在 $[0,1]$ 上连续知其可积, 因此有

$$J=\lim_{n\to\infty}a_n=\int_{0}^{1}\frac{\mathrm{d}x}{1+x}=\ln(1+x)\Big|_{0}^{1}=\ln 2.$$

例 8.3.7 设 $f(x)$ 与 $g(x)$ 都在闭区间 $[a,b]$ 上连续且 $\displaystyle\int_{a}^{b}f(x)\mathrm{d}x=\int_{a}^{b}g(x)\mathrm{d}x.$ 证明: $\exists\xi\in(a,b)$ 使 $f(\xi)=g(\xi)$.

证明 因为 $f(x)$ 与 $g(x)$ 都在 $[a,b]$ 上连续, 故根据原函数存在定理, 可设 $\Phi(x)$ 为 $f(x)-g(x)$ 在 $[a,b]$ 上的一个原函数 (也可先设 $\displaystyle\Phi(x)=\int_{a}^{x}f(t)\mathrm{d}t-\int_{a}^{x}g(t)\mathrm{d}t$ 再用原函数存在定理). 于是 $\Phi(x)$ 在 $[a,b]$ 上可导, $\Phi'(x)=f(x)-g(x)$, 且由题设及 N-L 公式得

$$0=\int_{a}^{b}f(x)\mathrm{d}x-\int_{a}^{b}g(x)\mathrm{d}x=\int_{a}^{b}[f(x)-g(x)]\,\mathrm{d}x=\Phi(b)-\Phi(a).$$

应用 Rolle 定理, $\exists\xi\in(a,b)$ 使 $\Phi'(\xi)=0$, 即 $f(\xi)=g(\xi)$.

例 8.3.8 设 $f(x)$ 在 $[0,1]$ 上存在连续的导数, 且 $f(0)=f(1)=1$, 证明

$$\int_{0}^{1}|f(x)-f'(x)|\,\mathrm{d}x\geqslant 1-\mathrm{e}^{-1}.$$

证明 注意到 $\forall x \in [0,1]$ 有 $e^{-x} \leqslant 1$, 因而由积分的绝对值性质及 N-L 公式得到

$$
\begin{aligned}
\int_0^1 |f(x) - f'(x)| \, \mathrm{d}x &\geqslant \int_0^1 e^{-x} |f(x) - f'(x)| \, \mathrm{d}x \\
&\geqslant \left| \int_0^1 e^{-x} [f(x) - f'(x)] \, \mathrm{d}x \right| = \left| -\int_0^1 \left[e^{-x} f(x) \right]' \mathrm{d}x \right| \\
&= \left| e^{-x} f(x) \big|_0^1 \right| = 1 - e^{-1}.
\end{aligned}
$$

下面的定理表明, N-L 公式成立的条件可适当减弱.

定理 8.3.5 (微积分基本定理) 设函数 f 在闭区间 $[a,b]$ 上可积, 且存在原函数 F, 则

$$
\int_a^b f(x) \mathrm{d}x = F(x) \big|_a^b.
$$

证明 由题设, F 在 $[a,b]$ 上可导且 $F'(x) = f(x)$. 根据例 8.1.5, 对 $[a,b]$ 的任意分割 T, 可在小闭区间上按照 Lagrange 中值定理取介点, 得介点集 $\xi = \{\xi_1, \xi_2, \cdots, \xi_n\}$, 并使

$$
\sum_{i=1}^n f(\xi_i) \Delta x_i = F(b) - F(a).
$$

因为 f 在 $[a,b]$ 上可积, 所以

$$
\int_a^b f(x) \mathrm{d}x = \lim_{\|T\| \to 0} \sum_{i=1}^n f(\xi_i) \Delta x_i = F(b) - F(a) = F(x) \Big|_a^b.
$$

注意定理 8.3.5 中两个条件是互不蕴涵的. 一方面, 有原函数的函数未必一定可积. 例如, 容易验证, 函数

$$
f(x) = \begin{cases} 2x \sin \dfrac{1}{x^2} - \dfrac{2}{x} \cos \dfrac{1}{x^2}, & x \neq 0, \\ 0, & x = 0 \end{cases}
$$

在 $(-\infty, +\infty)$ 上虽然有原函数

$$
F(x) = \begin{cases} x^2 \sin \dfrac{1}{x^2}, & x \neq 0, \\ 0, & x = 0, \end{cases}
$$

但由于 $f(x)$ 在 $[0,1]$ 上无界, 故它在 $[0,1]$ 上不可积. 另一方面, 可积的函数也未必一定有原函数. 例如, Riemann 函数 $R(x)$ 在 $[0,1]$ 上可积, 且对 $\forall x \in [0,1]$, 有

$\int_0^x R(x)\mathrm{d}x = 0$, 倘若 $R(x)$ 在 $[0,1]$ 上有原函数 $F(x)$, 则按定理 8.3.5 有

$$0 = \int_0^x R(t)\mathrm{d}t = F(x) - F(0),$$

即 $F(x)$ 为常数函数, $F'(x) \equiv 0$, 这与 $F'(x) = R(x)$ 相矛盾. 因此 $R(x)$ 在 $[0,1]$ 上不存在原函数.

例 8.3.9 求 $\int_{-1}^1 f(x)\mathrm{d}x$, 这里

$$f(x) = \begin{cases} 2x\sin\dfrac{1}{x} - \cos\dfrac{1}{x}, & x \neq 0, \\ 0, & x = 0. \end{cases}$$

解 容易验证, $f(x)$ 在 $(-\infty, +\infty)$ 上有原函数

$$F(x) = \begin{cases} x^2\sin\dfrac{1}{x}, & x \neq 0, \\ 0, & x = 0. \end{cases}$$

由于 $f(x)$ 在 $[-1,1]$ 上有界且仅有 1 个间断点, 故它在 $[-1,1]$ 上可积, 应用 N-L 公式得

$$\int_{-1}^1 f(x)\mathrm{d}x = F(1) - F(-1) = 2\sin 1.$$

习 题 8.3

1. 设函数 f 在闭区间 $[a,b]$ 上可积. 证明: $\exists \xi \in [a,b]$ 使得

$$\int_a^\xi f(x)\mathrm{d}x = \int_\xi^b f(x)\mathrm{d}x.$$

2. 设函数 f 在 $[a,b]$ 上连续且 $F(x) = \int_a^x (x-t)f(t)\mathrm{d}t$, 证明 $F''(x) = f(x)$, $x \in [a,b]$.

3. 求下列极限:

(1) $\lim\limits_{x \to 0} \dfrac{1}{x^3} \int_0^x \sin t^2 \mathrm{d}t$;

(2) $\lim\limits_{x \to 0} \dfrac{x^2}{\int_{\cos x}^1 \mathrm{e}^{-t^2}\mathrm{d}t}$;

(3) $\lim\limits_{x \to +\infty} \dfrac{\int_e^x \dfrac{t}{\ln t}\mathrm{d}t}{x\ln x}$;

(4) $\lim\limits_{x \to +\infty} \dfrac{\left(\int_0^x \mathrm{e}^{t^2}\mathrm{d}t\right)^2}{\int_0^x \mathrm{e}^{2t^2}\mathrm{d}t}$.

4. 利用 N-L 公式计算下列定积分:

(1) $\int_0^{\frac{1}{2}} x(1-4x^2)^{11}\mathrm{d}x$;

(2) $\int_0^1 \dfrac{\mathrm{d}x}{\sqrt{4-x^2}}$;

(3) $\displaystyle\int_0^{\frac{\pi}{3}} \tan^2 x\mathrm{d}x$;

(4) $\displaystyle\int_0^{\pi} \sqrt{1-\sin^2 x}\mathrm{d}x$;

(5) $\displaystyle\int_0^1 \frac{\mathrm{e}^x + \mathrm{e}^{-x}}{2}\mathrm{d}x$;

(6) $\displaystyle\int_0^1 \frac{\mathrm{d}x}{\mathrm{e}^x + \mathrm{e}^{-x}}$;

(7) $\displaystyle\int_0^{\frac{\pi}{2}} \frac{\cos x}{1+\sin^2 x}\mathrm{d}x$;

(8) $\displaystyle\int_0^{\frac{\pi}{2}} \sin\theta\cos^2\theta\mathrm{d}\theta$;

(9) $\displaystyle\int_{-\pi}^{\pi} \cos^2 n\theta\mathrm{d}\theta$ $(n \in \mathbb{Z}^+)$;

(10) $\displaystyle\int_{-\pi}^{\pi} \sin^2 n\theta\mathrm{d}\theta$ $(n \in \mathbb{Z}^+)$.

5. 利用定积分求极限:

(1) $\displaystyle\lim_{n\to\infty} \frac{1+2^p+3^p+\cdots+n^p}{n^{p+1}}$ $(p > 0)$;

(2) $\displaystyle\lim_{n\to\infty} \left(\frac{1}{kn+1} + \frac{1}{kn+2} + \cdots + \frac{1}{kn+n}\right)$ $(k \in \mathbb{Z}^+)$;

(3) $\displaystyle\lim_{n\to\infty} n\left(\frac{1}{n^2+1} + \frac{1}{n^2+2^2} + \cdots + \frac{1}{2n^2}\right)$;

(4) $\displaystyle\lim_{n\to\infty} \left(\sec^2\frac{\pi}{4n} + \sec^2\frac{2\pi}{4n} + \cdots + \sec^2\frac{n\pi}{4n}\right)\frac{1}{n}$.

6. 设函数 f, g 在闭区间 $[a,b]$ 上可积, 若 $\displaystyle\int_a^b f(x)g(x)\mathrm{d}x = 0$, 则称 f, g 在 $[a,b]$ 上**正交**. 证明: $\{1, \sin x, \cos x, \sin 2x, \cos 2x, \cdots, \sin nx, \cos nx, \cdots\}$ 是 $[-\pi, \pi]$ 上的正交函数集 (即其中任意两个不同的函数都在 $[-\pi, \pi]$ 上正交).

7. 设函数 f 具有 3 阶连续的导数, 图 8.3.4 是它的图像. 问下列积分是正值, 负值, 还是等于 0?

$$\int_0^5 f(x)\mathrm{d}x; \quad \int_0^5 f'(x)\mathrm{d}x; \quad \int_0^5 f''(x)\mathrm{d}x; \quad \int_0^5 f'''(x)\mathrm{d}x.$$

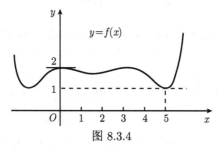

图 8.3.4

8. 求函数 $f(x) = \displaystyle\int_0^x (t-1)\mathrm{e}^{t^2}\mathrm{d}t$ 的极值.

9. 设函数 f 在 $[0, +\infty)$ 上连续且满足 $\displaystyle\int_0^x f(t)\mathrm{d}t = \frac{1}{2}xf(x)$, 证明 $f(x) = cx$, c 为常数.

8.4 定积分的计算

N-L 公式把定积分的计算转化成了不定积分的计算. 计算不定积分的两个基本方法是分部积分与换元积分, 其计算结果是一族原函数. 由于定积分的计算结果是数值, 因而利用分部积分与换元积分先求原函数, 再通过 N-L 公式求出定积分数值的过程可以简化. 本节讨论不先求原函数, 直接通过分部与换元来求定积分的方法.

定理 8.4.1 (**定积分分部法**)   设函数 f, g 在 $[a, b]$ 上存在可积的导函数, 则有公式

$$\int_a^b f(x)g'(x)\mathrm{d}x = f(x)g(x)\Big|_a^b - \int_a^b f'(x)g(x)\mathrm{d}x. \tag{8.4.1}$$

证明   因为 $\forall x \in [a, b]$ 有 $f(x)g'(x) = [f(x)g(x)]' - f'(x)g(x)$, 所以由 N-L 公式 (定理 8.3.5) 得

$$\int_a^b f(x)g'(x)\mathrm{d}x = \int_a^b [f(x)g(x)]' \, \mathrm{d}x - \int_a^b f'(x)g(x)\mathrm{d}x$$
$$= f(x)g(x)\Big|_a^b - \int_a^b f'(x)g(x)\mathrm{d}x.$$

例 8.4.1   计算 $\displaystyle\int_1^{\mathrm{e}} \ln^2 x \mathrm{d}x$.

解   *方法* 1   先求原函数,

$$\int \ln^2 x \mathrm{d}x = x\ln^2 x - 2\int \ln x \mathrm{d}x = x\ln^2 x - 2\left(x\ln x - \int \mathrm{d}x\right)$$
$$= x\ln^2 x - 2x\ln x + 2x + C,$$

再由 N-L 公式得

$$\int_1^{\mathrm{e}} \ln^2 x \mathrm{d}x = (x\ln^2 x - 2x\ln x + 2x)\Big|_1^{\mathrm{e}} = \mathrm{e} - 2.$$

方法 2   由 (8.4.1) 式得

$$\int_1^{\mathrm{e}} \ln^2 x \mathrm{d}x = x\ln^2 x\Big|_1^{\mathrm{e}} - 2\int_1^{\mathrm{e}} \ln x \mathrm{d}x = \mathrm{e} - 2\left[x\ln x\big|_1^{\mathrm{e}} - \int_1^{\mathrm{e}} \mathrm{d}x\right] = \mathrm{e} - 2.$$

例 8.4.1 中的两种方法相比较, 方法 2 有其便利之处: $x\ln^2 x$ 在点 e 与 1 的值差等于 e, 可以及早得出, 而不必按方法 1 那样, 每一步都带着这个函数.

例 8.4.2 计算 $J_n = \int_0^{\frac{\pi}{2}} \sin^n x \mathrm{d}x$, $n \in \mathbb{N}$.

解 显然 $J_0 = \dfrac{\pi}{2}$, $J_1 = -\cos x \Big|_0^{\frac{\pi}{2}} = 1$. 当 $n \geqslant 2$ 时, 分部积分得

$$J_n = \int_0^{\frac{\pi}{2}} \sin^{n-1} x \cdot \sin x \mathrm{d}x = -\sin^{n-1} x \cdot \cos x \Big|_0^{\frac{\pi}{2}} + (n-1) \int_0^{\frac{\pi}{2}} \sin^{n-2} x \cdot \cos^2 x \mathrm{d}x$$

$$= (n-1) \int_0^{\frac{\pi}{2}} \sin^{n-2} x \mathrm{d}x - (n-1) \int_0^{\frac{\pi}{2}} \sin^n x \mathrm{d}x = (n-1)J_{n-2} - (n-1)J_n.$$

由此得到递推公式

$$J_n = \frac{n-1}{n} J_{n-2} \quad (n \geqslant 2).$$

分别考虑奇数与偶数的情况, 得出

$$J_{2n-1} = \frac{2n-2}{2n-1} \cdot \frac{2n-4}{2n-3} \cdot \dots \cdot \frac{2}{3} \cdot J_1; \quad J_{2n} = \frac{2n-1}{2n} \cdot \frac{2n-3}{2n-2} \cdot \dots \cdot \frac{1}{2} \cdot J_0.$$

使用记号 $1 \cdot 3 \cdot 5 \cdot \dots \cdot (2n-1) = (2n-1)!!$, $2 \cdot 4 \cdot 6 \cdot \dots \cdot (2n) = (2n)!!$, 则

$$J_{2n-1} = \frac{(2n-2)!!}{(2n-1)!!}, \quad n \in \mathbb{Z}^+; \quad J_{2n} = \frac{(2n-1)!!}{(2n)!!} \frac{\pi}{2}, \quad n \in \mathbb{Z}^+. \tag{8.4.2}$$

定理 8.4.2 (定积分换元法) 设函数 $f(x)$ 在 $[a,b]$ 上连续, $x = \varphi(t)$ 在 $[\alpha,\beta]$(或 $[\beta,\alpha]$) 上存在连续的导函数, 且其值域含于 $[a,b]$, $\varphi(\alpha) = a$, $\varphi(\beta) = b$, 则有公式

$$\int_a^b f(x)\mathrm{d}x = \int_\alpha^\beta f(\varphi(t))\varphi'(t)\mathrm{d}t. \tag{8.4.3}$$

证明 因函数 $f(x)$ 在 $[a,b]$ 上连续, 故它在 $[a,b]$ 上存在原函数 $F(x)$. 于是对 $\forall t \in [\alpha,\beta]$ 有

$$[F(\varphi(t))]' = F'(\varphi(t))\varphi'(t) = f(\varphi(t))\varphi'(t),$$

即 $F(\varphi(t))$ 是 $f(\varphi(t))\varphi'(t)$ 在 $[\alpha,\beta]$ 上的一个原函数. 所以根据 N-L 公式得

$$\int_\alpha^\beta f(\varphi(t))\varphi'(t)\mathrm{d}t = F(\varphi(\beta)) - F(\varphi(\alpha)) = F(b) - F(a) = \int_a^b f(x)\mathrm{d}x.$$

对 (8.4.3) 式从右到左使用就是所谓的第一换元积分法, 而从左到右使用为第二换元积分法. 请注意, 换元前后的上下限 b, a 与 β, α 要相对应, 不必考虑上下限谁大谁小. 另外, 公式本身并不要求变换式 $x = \varphi(t)$ 单调.

例 8.4.3 计算 $\int_0^1 \sqrt{1-x^2}\mathrm{d}x$.

解　曲线 $y = \sqrt{1-x^2}$, $x \in [0,1]$ 为中心在原点、半径为 1 的圆周在第一象限的部分. 根据定积分的几何意义, 积分值为 $\dfrac{\pi}{4}$. 下面用换元法来计算这个积分.

方法 1　先求原函数, 令 $x = \sin t$, 则

$$\int \sqrt{1-x^2}\mathrm{d}x = \int \cos^2 t\mathrm{d}t = \int \frac{1+\cos 2t}{2}\mathrm{d}t = \frac{1}{2}\left(t + \frac{1}{2}\sin 2t\right) + C$$
$$= \frac{1}{2}\left(\arcsin x + x\sqrt{1-x^2}\right) + C,$$

再由 N-L 公式得

$$\int_0^1 \sqrt{1-x^2}\mathrm{d}x = \frac{1}{2}\left(\arcsin x + x\sqrt{1-x^2}\right)\Big|_0^1 = \frac{1}{2}\arcsin 1 = \frac{\pi}{4}.$$

方法 2　令 $x = \sin t$, $x = 0$ 对应 $t = 0$, $x = 1$ 对应 $t = \dfrac{\pi}{2}$, 则由 (8.4.3) 式得

$$\int_0^1 \sqrt{1-x^2}\mathrm{d}x = \int_0^{\frac{\pi}{2}} \cos^2 t\mathrm{d}t = \int_0^{\frac{\pi}{2}} \frac{1+\cos 2t}{2}\mathrm{d}t = \frac{1}{2}\left(t + \frac{1}{2}\sin 2t\right)\Big|_0^{\frac{\pi}{2}} = \frac{\pi}{4}.$$

例 8.4.1 中的两种方法相比较, 方法 2 的简便之处在于: 经过变换式 $x = \sin t$ 换元积分, 得出新变量 t 的原函数后, 不必将变量 t 利用 $x = \sin t$ 的反函数还原成变量 x, 直接由关于新变量 t 的积分上下限求出积分值.

例 8.4.4　计算 $J_1 = \displaystyle\int_0^1 \frac{\ln(1+x)}{1+x^2}\mathrm{d}x$ 与 $J_2 = \displaystyle\int_0^1 \frac{\arctan x}{1+x}\mathrm{d}x$.

解　利用分部积分法得

$$J_2 = \int_0^1 \frac{\arctan x}{1+x}\mathrm{d}x = \arctan x \cdot \ln(1+x)\big|_0^1 - \int_0^1 \frac{\ln(1+x)}{1+x^2}\mathrm{d}x = \frac{\pi}{4}\ln 2 - J_1.$$

现计算 J_1. 令 $x = \tan t$, 则

$$J_1 = \int_0^1 \frac{\ln(1+x)}{1+x^2}\mathrm{d}x = \int_0^{\frac{\pi}{4}} \ln(1+\tan t)\,\mathrm{d}t = \int_0^{\frac{\pi}{4}} \ln\frac{\cos t + \sin t}{\cos t}\,\mathrm{d}t$$
$$= \int_0^{\frac{\pi}{4}} \ln\sqrt{2}\cos\left(\frac{\pi}{4}-t\right)\mathrm{d}t - \int_0^{\frac{\pi}{4}} \ln\cos t\,\mathrm{d}t$$
$$= \int_0^{\frac{\pi}{4}} \ln\sqrt{2}\mathrm{d}t + \int_0^{\frac{\pi}{4}} \ln\cos\left(\frac{\pi}{4}-t\right)\mathrm{d}t - \int_0^{\frac{\pi}{4}} \ln\cos t\,\mathrm{d}t.$$

对上面第二个积分令 $u = \dfrac{\pi}{4} - t$, 则

$$\int_0^{\frac{\pi}{4}} \ln\cos\left(\frac{\pi}{4}-t\right)\mathrm{d}t = \int_{\frac{\pi}{4}}^0 \ln\cos u\,(-\mathrm{d}u) = \int_0^{\frac{\pi}{4}} \ln\cos u\,\mathrm{d}u = \int_0^{\frac{\pi}{4}} \ln\cos t\,\mathrm{d}t.$$

因此 $J_1 = \displaystyle\int_0^{\frac{\pi}{4}} \ln \sqrt{2}\mathrm{d}t = \dfrac{\pi}{8}\ln 2$, 从而 $J_2 = \dfrac{\pi}{8}\ln 2$.

值得注意的是, 例 8.4.4 中的两个被积函数的原函数虽然存在, 但难以用初等函数来表示, 因此先求不定积分再用 N-L 公式的方法行不通. 例 8.4.4 的解法妙在没有去求原函数, 而是利用定积分的换元法, 消去了其中无法求出原函数的部分, 从而得出积分的值. 这正是定积分换元法的长处.

有时需要用到被积函数不具备连续性时的换元法. 在附加变换式 $x = \varphi(t)$ 单调的条件下可得到所需的换元公式.

定理 8.4.3 (定积分换元法)　设函数 $f(x)$ 在 $[a, b]$ 上可积, $x = \varphi(t)$ 在 $[\alpha, \beta]$ 上单调且存在连续的导数, $\varphi(\alpha) = a$, $\varphi(\beta) = b$, 则 (8.4.3) 式仍成立.

证明　(阅读) 不妨设 φ 在 $[\alpha, \beta]$ 上递增. 因 $f(x)$ 在 $[a, b]$ 上可积, $\varphi'(t)$ 在 $[\alpha, \beta]$ 上连续, 故可记

$$M = \sup_{x \in [a,b]} |f(x)| + 1, \quad J = \int_a^b f(x)\mathrm{d}x, \quad K = \max_{t \in [\alpha, \beta]} |\varphi'(t)| + 1.$$

设 $T^* = \{t_0, t_1, \cdots, t_n\}$ 为 $[\alpha, \beta]$ 的任意分割, $\xi^* = \{\eta_1, \eta_2, \cdots, \eta_n\}$ 为任意的介点集 ($\eta_i \in [t_{i-1}, t_i]$), 则函数 $f(\varphi(t))\varphi'(t)$ 关于 T^* 与 ξ^* 的积分和为

$$\sum_{i=1}^n f(\varphi(\eta_i))\varphi'(\eta_i)\Delta t_i.$$

由于 φ 在 $[\alpha, \beta]$ 上递增, 相应地得到 $[a, b]$ 的一个分割 $T = \{x_0, x_1, \cdots, x_n\}$ 及介点集 $\xi = \{\xi_1, \xi_2, \cdots, \xi_n\}$, 其中 $x_i = \varphi(t_i)$, $\xi_i = \varphi(\eta_i)$, 函数 $f(x)$ 关于 T 与 ξ 的积分和为 $\displaystyle\sum_{i=1}^n f(\xi_i)\Delta x_i$. 根据 Lagrange 中值定理, $\exists \eta_i^* \in (t_{i-1}, t_i)$ 使得

$$\Delta x_i = \varphi(t_i) - \varphi(t_{i-1}) = \varphi'(\eta_i^*)\Delta t_i, \quad i = 1, 2, \cdots, n.$$

于是有

$$\sum_{i=1}^n f(\xi_i)\Delta x_i = \sum_{i=1}^n f(\varphi(\eta_i))\varphi'(\eta_i^*)\Delta t_i, \ \text{且} \ \|T\| \leqslant K \|T^*\|. \tag{8.4.4}$$

以下用定积分定义证明 (8.4.3) 式. 对 $\forall \varepsilon > 0$, 由 $\varphi'(t)$ 在 $[\alpha, \beta]$ 上连续知其必在 $[\alpha, \beta]$ 上一致连续, 故 $\exists \delta_1 > 0$, $\forall t, t^* \in [\alpha, \beta]$, $|t - t^*| < \delta_1$, 有

$$|\varphi'(t) - \varphi'(t^*)| < \frac{\varepsilon}{2M(\beta - \alpha)};$$

又因 $f(x)$ 在 $[a, b]$ 上可积, 故 $\exists \delta_2 > 0$, 对 $\forall T$, $\forall \xi$, 当 $\|T\| < \delta_2$, 有

$$\left| \sum_{i=1}^{n} f(\xi_i) \Delta x_i - J \right| < \frac{\varepsilon}{2}.$$

于是 $\exists \delta = \min\{\delta_1, \delta_2/K\} > 0$, 对 $\forall T^* = \{t_0, t_1, \cdots, t_n\}$ 为 $[\alpha, \beta]$ 的分割及 $\forall \xi^* = \{\eta_1, \eta_2, \cdots, \eta_n\}$ 为介点集, 当 $\|T^*\| < \delta$, 相应地得到 $[a, b]$ 的分割 T 与介点集 ξ, 且依据 (8.4.4) 式有 $\|T\| \leqslant K\|T^*\| < \delta_2$, $|\eta_i - \eta_i^*| \leqslant \|T^*\| < \delta_1$, 从而

$$\left| \sum_{i=1}^{n} f(\varphi(\eta_i)) \varphi'(\eta_i) \Delta t_i - J \right|$$

$$= \left| \sum_{i=1}^{n} f(\varphi(\eta_i)) \left[\varphi'(\eta_i) - \varphi'(\eta_i^*) \right] \Delta t_i + \sum_{i=1}^{n} f(\xi_i) \Delta x_i - J \right|$$

$$\leqslant \sum_{i=1}^{n} |f(\varphi(\eta_i))| \left| \varphi'(\eta_i) - \varphi'(\eta_i^*) \right| \Delta t_i + \left| \sum_{i=1}^{n} f(\xi_i) \Delta x_i - J \right|$$

$$< \frac{\varepsilon}{2M(\beta - \alpha)} \cdot M(\beta - \alpha) + \frac{\varepsilon}{2} = \varepsilon.$$

这表明 $\displaystyle\int_{\alpha}^{\beta} f(\varphi(t))\varphi'(t)\mathrm{d}t = J = \int_{a}^{b} f(x)\mathrm{d}x$.

例 8.4.5　设 f 在 $[-a, a]$ 上可积 $(a > 0)$. 证明:

(1) 若 f 为奇函数, 则 $\displaystyle\int_{-a}^{a} f(x)\mathrm{d}x = 0$ (图 8.4.1);

(2) 若 f 为偶函数, 则 $\displaystyle\int_{-a}^{a} f(x)\mathrm{d}x = 2\int_{0}^{a} f(x)\mathrm{d}x$ (图 8.4.2).

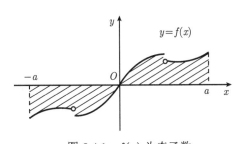

图 8.4.1　$f(x)$ 为奇函数

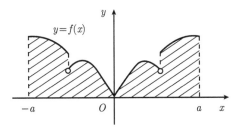

图 8.4.2　$f(x)$ 为偶函数

证明　易知 $\displaystyle\int_{-a}^{a} f(x)\mathrm{d}x = \int_{-a}^{0} f(x)\mathrm{d}x + \int_{0}^{a} f(x)\mathrm{d}x$. 对 $\displaystyle\int_{-a}^{0} f(x)\mathrm{d}x$, 令 $x = -t$, 则

$$\int_{-a}^{0} f(x)\mathrm{d}x = \int_{a}^{0} f(-t)(-\mathrm{d}t) = \int_{0}^{a} f(-t)\mathrm{d}t = \int_{0}^{a} f(-x)\mathrm{d}x.$$

于是

$$\int_{-a}^{a} f(x)\mathrm{d}x = \int_{0}^{a} f(-x)\mathrm{d}x + \int_{0}^{a} f(x)\mathrm{d}x = \int_{0}^{a} [f(-x) + f(x)]\,\mathrm{d}x.$$

(1) 若 f 为奇函数, 则 $\forall x \in [-a, a]$ 有 $f(-x) + f(x) = 0$, 因此

$$\int_{-a}^{a} f(x)\mathrm{d}x = 0.$$

(2) 若 f 为偶函数, 则 $\forall x \in [-a, a]$ 有 $f(-x) = f(x)$, 因此

$$\int_{-a}^{a} f(x)\mathrm{d}x = 2\int_{0}^{a} f(x)\mathrm{d}x.$$

例 8.4.6 设 f 是 $\mathbb{R}$ 上以 σ 为周期的函数, 在任何有限区间上可积. 证明: 对任何常数 a, 有 $\displaystyle\int_{a}^{a+\sigma} f(x)\mathrm{d}x = \int_{0}^{\sigma} f(x)\mathrm{d}x$ (图 8.4.3).

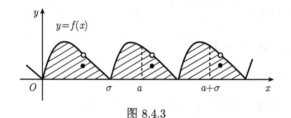

图 8.4.3

证明 易知

$$\int_{a}^{a+\sigma} f(x)\mathrm{d}x - \int_{0}^{\sigma} f(x)\mathrm{d}x = \int_{a}^{0} f(x)\mathrm{d}x + \int_{0}^{\sigma} f(x)\mathrm{d}x + \int_{\sigma}^{a+\sigma} f(x)\mathrm{d}x - \int_{0}^{\sigma} f(x)\mathrm{d}x$$

$$= -\int_{0}^{a} f(x)\mathrm{d}x + \int_{\sigma}^{a+\sigma} f(x)\mathrm{d}x.$$

对 $\displaystyle\int_{\sigma}^{a+\sigma} f(x)\mathrm{d}x$, 令 $x = t + \sigma$, 由于 σ 为 f 的周期, 故

$$\int_{\sigma}^{a+\sigma} f(x)\mathrm{d}x = \int_{0}^{a} f(t+\sigma)\mathrm{d}t = \int_{0}^{a} f(t)\mathrm{d}t = \int_{0}^{a} f(x)\mathrm{d}x,$$

由此便知结论成立.

例 8.4.7 设 f 是 $\mathbb{R}$ 上以 2 为周期的奇函数, 在任何有限区间上可积, 问

$$\int_{3}^{5} f(x)\cos \pi x\mathrm{d}x = ?$$

解 $f(x)\cos\pi x$ 是 $\mathbb{R}$ 上以 2 为周期的函数且在 $[-1,1]$ 上, $f(x)$ 是奇函数, $\cos\pi x$ 为偶函数, 故 $f(x)\cos\pi x$ 为奇函数, 于是

$$\int_3^5 f(x)\cos\pi x\mathrm{d}x = \int_{-1}^1 f(x)\cos\pi x\mathrm{d}x = 0.$$

定理 8.4.4   (1) **Wallis (沃利斯) 公式**: $\dfrac{\pi}{2} = \lim\limits_{n\to\infty}\left[\dfrac{(2n)!!}{(2n-1)!!}\right]^2\dfrac{1}{2n+1}.$

(2) **Stirling (斯特林) 公式**: $n! \sim \sqrt{2n\pi}\left(\dfrac{n}{\mathrm{e}}\right)^n\ (n\to\infty).$

证明   记 $\left[\dfrac{(2n)!!}{(2n-1)!!}\right]^2\dfrac{1}{2n+1} = \alpha_n.$

(1) 因为 $0\leqslant x\leqslant\pi/2$ 有 $0\leqslant\sin x\leqslant 1$, 故 $\forall n\in\mathbb{Z}^+$ 有 $\sin^{2n+1}x\leqslant\sin^{2n}x\leqslant\sin^{2n-1}x$, 从而有

$$\int_0^{\frac{\pi}{2}}\sin^{2n+1}x\mathrm{d}x \leqslant \int_0^{\frac{\pi}{2}}\sin^{2n}x\mathrm{d}x \leqslant \int_0^{\frac{\pi}{2}}\sin^{2n-1}x\mathrm{d}x.$$

利用 (8.4.2) 式得

$$\frac{(2n)!!}{(2n+1)!!} \leqslant \frac{(2n-1)!!}{(2n)!!}\cdot\frac{\pi}{2} \leqslant \frac{(2n-2)!!}{(2n-1)!!},$$

于是

$$\alpha_n = \left[\frac{(2n)!!}{(2n-1)!!}\right]^2\frac{1}{2n+1} \leqslant \frac{\pi}{2} \leqslant \left[\frac{(2n)!!}{(2n-1)!!}\right]^2\frac{1}{2n} = \frac{2n+1}{2n}\alpha_n.$$

由此可知

$$0 \leqslant \frac{\pi}{2}-\alpha_n \leqslant \frac{2n+1}{2n}\alpha_n-\alpha_n = \frac{1}{2n}\alpha_n \leqslant \frac{1}{2n}\cdot\frac{\pi}{2} \to 0 \quad (n\to\infty),$$

所以 $\dfrac{\pi}{2} = \lim\limits_{n\to\infty}\alpha_n.$

(2) 记 $\beta_n = \dfrac{n!\mathrm{e}^n}{n^{n+\frac{1}{2}}}$, 则

$$\frac{(\beta_n)^2}{\beta_{2n}} = \frac{(n!)^2\mathrm{e}^{2n}}{n^{2n+1}}\cdot\frac{(2n)^{2n+\frac{1}{2}}}{(2n)!\mathrm{e}^{2n}} = \frac{(n!)^2\,2^{2n}}{(2n)!}\sqrt{\frac{2}{n}} = \sqrt{\left[\frac{(2n)!!}{(2n-1)!!}\right]^2\frac{2}{n}}$$

$$= \sqrt{\alpha_n}\sqrt{\frac{2(2n+1)}{n}} \to \sqrt{2\pi} \quad (n\to\infty).$$

由于 $\dfrac{\beta_n}{\beta_{n+1}} = \dfrac{n!e^n}{n^{n+\frac{1}{2}}} \cdot \dfrac{(n+1)^{n+1+\frac{1}{2}}}{(n+1)!e^{n+1}} = \dfrac{1}{e}\left(1+\dfrac{1}{n}\right)^{n+\frac{1}{2}}$, 取对数得

$$\ln\dfrac{\beta_n}{\beta_{n+1}} = \left(n+\dfrac{1}{2}\right)\ln\left(1+\dfrac{1}{n}\right) - 1.$$

如图 8.4.4 所示, $y = \dfrac{1}{x}$ 在 $[n, n+1]$ 上的曲边梯形的面积为 $\displaystyle\int_n^{n+1} \dfrac{\mathrm{d}x}{x} = \ln x\big|_n^{n+1} =$ $\ln\left(1+\dfrac{1}{n}\right)$, 由于 $y = \dfrac{1}{x}$ 是凸函数, 在区间 $[n, n+1]$ 的中点 $n+\dfrac{1}{2}$ 处曲线的切线位于其下方, 它与 $x = n$, $x = n+1$ 及 $y = 0$ 围成的梯形面积为 $\left(n+\dfrac{1}{2}\right)^{-1}$, 于是得不等式

$$\dfrac{1}{2}\left(\dfrac{1}{n} + \dfrac{1}{n+1}\right) \geqslant \ln\left(1+\dfrac{1}{n}\right) \geqslant \left(n+\dfrac{1}{2}\right)^{-1}.$$

从而有 $\ln\dfrac{\beta_n}{\beta_{n+1}} \geqslant 0$, 即 $\dfrac{\beta_n}{\beta_{n+1}} \geqslant 1$, $\{\beta_n\}$ 是递减数列, 以 $e^{-\frac{1}{4}}\beta_1$ 为下界, 根据单调有界定理, $\{\beta_n\}$ 收敛于正数. 因此

$$\lim_{n\to\infty}\beta_n = \lim_{n\to\infty}\dfrac{(\beta_n)^2}{\beta_{2n}} = \sqrt{2\pi}, \quad \text{即} \lim_{n\to\infty}\dfrac{n!}{\sqrt{2n\pi}\,(n/e)^n} = 1.$$

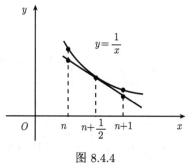

数学家
小传8.4.1

数学家
小传8.4.2

图 8.4.4

例 8.4.8 证明 π 是无理数.

证明 (阅读) 假设 π 是有理数, 则 π^2 是有理数, 设 $\pi^2 = \dfrac{p}{q}$, $p, q \in \mathbb{Z}^+$. 考虑函数

$$F(x) = q^n \sum_{k=0}^{n} (-1)^k \left(\pi^2\right)^{n-k} f^{(2k)}(x),$$

这里

$$f(x) = \dfrac{x^n(1-x)^n}{n!} = \dfrac{1}{n!}\left[x^n - \mathrm{C}_n^1 x^{n+1} + \mathrm{C}_n^2 x^{n+2} - \cdots + (-1)^i \mathrm{C}_n^i x^{n+i} + \cdots + (-1)^n x^{2n}\right].$$

由于 $f^{(i)}(0) = 0(i = 0, 1, \cdots, n-1)$ 及 $f^{(n+i)}(0) = (-1)^i C_n^i \dfrac{(n+i)!}{n!}$ $(i = 0, 1, \cdots, n)$, 故 $f^{(m)}(0) \in \mathbb{Z}, m = 0, 1, \cdots, 2n$; 又由于 $f(x) = f(1-x)$, 故 $f^{(m)}(1) \in \mathbb{Z}$, $m = 0, 1, \cdots, 2n$. 注意到当 $k = 0, 1, \cdots, n$ 时, $q^n (\pi^2)^{n-k} = q^n p^{n-k} q^{k-n} = p^{n-k} q^k$ 是整数, 因此

$$F(0) \in \mathbb{Z}, \quad F(1) \in \mathbb{Z}.$$

再令 $G(x) = F'(x) \sin \pi x - \pi F(x) \cos \pi x$, 并注意到

$$
\begin{aligned}
&F''(x) + \pi^2 F(x) \\
&= q^n \left[(\pi^2)^n f^{(2)}(x) - \cdots + (-1)^{n-1} (\pi^2) f^{(2n)}(x) + (-1)^n f^{(2n+2)}(x) \right] \\
&\quad + q^n \left[(\pi^2)^{n+1} f(x) - (\pi^2)^n f^{(2)}(x) + \cdots + (-1)^n (\pi^2) f^{(2n)}(x) \right] \\
&= q^n \left[(\pi^2)^{n+1} f(x) + (-1)^n f^{(2n+2)}(x) \right] \\
&= q^n (\pi^2)^{n+1} f(x) = \pi^2 p^n f(x),
\end{aligned}
$$

于是有

$$
\begin{aligned}
G'(x) &= F''(x) \sin \pi x + \pi F'(x) \cos \pi x - \pi F'(x) \cos \pi x + \pi^2 F(x) \sin \pi x \\
&= \left[F''(x) + \pi^2 F(x) \right] \sin \pi x = \pi^2 p^n f(x) \sin \pi x,
\end{aligned}
$$

由此知

$$\pi p^n \int_0^1 f(x) \sin \pi x \mathrm{d}x = \frac{1}{\pi} [G(1) - G(0)] = F(1) + F(0) \in \mathbb{Z}.$$

但另一方面, 对 $x \in [0,1]$ 有 $0 \leqslant f(x) \leqslant \dfrac{1}{n!}$, 且 $\lim\limits_{n \to \infty} \dfrac{p^n}{n!} = 0$, 从而当 n 充分大时有

$$0 \leqslant \pi p^n \int_0^1 f(x) \sin \pi x \mathrm{d}x \leqslant \frac{\pi p^n}{n!} < 1,$$

导致矛盾. 因此 π 是无理数.

上述证明被公认是精巧而不可思议的. 其实, 这个证明中的 $F(x)$ 正是通过对 $\displaystyle\int_0^1 f(x) \sin \pi x \mathrm{d}x$ 进行分部积分 $2n$ 次而构造出来的.

习 题 8.4

1. 计算下列定积分:

(1) $\displaystyle\int_0^\pi x^2 \cos x \mathrm{d}x$;

(2) $\displaystyle\int_1^e \sin \ln x \mathrm{d}x$;

(3) $\int_0^a \ln\left(x + \sqrt{a^2 + x^2}\right)\mathrm{d}x$;

(4) $\int_0^1 \mathrm{e}^{\sqrt{x}}\mathrm{d}x$;

(5) $\int_0^a x^2\sqrt{a^2 - x^2}\mathrm{d}x$;

(6) $\int_{\ln 2}^1 \dfrac{\mathrm{d}x}{\sqrt{\mathrm{e}^x - 1}}$;

(7) $\int_{-1}^1 \dfrac{x^2 \sin x}{x^4 + 2\cos x + 1}\mathrm{d}x$;

(8) $\int_{-\frac{1}{2}}^{\frac{1}{2}} \dfrac{x\arcsin x}{\sqrt{1 - x^2}}\mathrm{d}x$;

(9) $\int_{\mathrm{e}^{-1}}^{\mathrm{e}} |\ln x|\mathrm{d}x$;

(10) $\int_0^1 \left(\dfrac{x-1}{x+1}\right)^4 \mathrm{d}x$;

(11) $\int_1^{\sqrt{2}} \dfrac{\mathrm{d}x}{x\sqrt{1 + x^2}}$;

(12) $\int_0^a x^2\sqrt{\dfrac{a - x}{a + x}}\mathrm{d}x$.

2. 设 $n \in \mathbb{N}$, 导出积分 $J_n = \int_0^\pi \mathrm{e}^x \sin^n x\mathrm{d}x$ 的递推公式.

3. 设函数 f 在 $[a, b]$ 上可积, 证明 $\int_a^b f(x)\mathrm{d}x = \int_0^1 (b - a)f(a + (b - a)x)\mathrm{d}x$.

4. 设 f 为连续函数.

(1) 证明 $\int_0^{\frac{\pi}{2}} f(\sin x)\mathrm{d}x = \int_0^{\frac{\pi}{2}} f(\cos x)\mathrm{d}x$, 并用此公式计算 $\int_0^{\frac{\pi}{2}} \ln\dfrac{1 + \sin x}{1 + \cos x}\mathrm{d}x$;

(2) 证明 $\int_0^\pi xf(\sin x)\mathrm{d}x = \dfrac{\pi}{2}\int_0^\pi f(\sin x)\mathrm{d}x$, 并用此公式计算 $\int_0^\pi \dfrac{x\sin x}{1 + \cos^2 x}\mathrm{d}x$.

5. 设 f, g 都是连续函数, 证明 $\int_0^a f(a - x)g(x)\mathrm{d}x = \int_0^a f(x)g(a - x)\mathrm{d}x$, 并用此公式计算下列积分:

(1) $\int_0^a \dfrac{f(x)}{f(x) + f(a - x)}\mathrm{d}x$; (2) $\int_0^3 \dfrac{\sqrt{x}}{\sqrt{x} + \sqrt{3 - x}}\mathrm{d}x$; (3) $\int_0^{\frac{\pi}{2}} \dfrac{\sin x}{\sin x + \cos x}\mathrm{d}x$.

6. 设 f 在 $[0, +\infty)$ 上连续. 证明: 对 $\forall t \geqslant 0$, 有 $\int_0^t \left[\int_0^x f(u)\mathrm{d}u\right]\mathrm{d}x = \int_0^t f(x)(t - x)\mathrm{d}x$.

7. 证明 $\int_0^{2\pi} \left[\int_x^{2\pi} \dfrac{\sin\theta}{\theta}\mathrm{d}\theta\right]\mathrm{d}x = 0$.

8. 利用函数 $f(x) = \dfrac{1}{x}$ 及其定积分证明下面的不等式:

$$\ln(1 + n) \leqslant 1 + \frac{1}{2} + \cdots + \frac{1}{n} \leqslant 1 + \ln n.$$

8.5 积分中值定理

积分中值定理 (包括积分第一中值定理与积分第二中值定理) 反映了定积分的基本属性, 它们通过定积分刻画了函数在区间上的平均值性质. 一般来说, 利用微分中值定理或连续函数的介值定理以及积分上限函数的有关性质等, 可以推导出积分中值点的存在性.

定理 8.5.1 (积分第一中值定理) 设函数 f 在闭区间 $[a,b]$ 上连续, 则 $\exists \xi \in (a,b)$ 使得

$$\int_a^b f(x)\mathrm{d}x = f(\xi)(b-a). \tag{8.5.1}$$

证明 令 $F(t) = \int_a^t f(x)\mathrm{d}x$, $t \in [a,b]$. 由于 f 在闭区间 $[a,b]$ 上连续, 故根据原函数存在定理, F 在 $[a,b]$ 上可导且 $F'(t) = f(t)$. 因此根据 Lagrange 中值定理, $\exists \xi \in (a,b)$ 使得

$$\int_a^b f(x)\mathrm{d}x = F(b) - F(a) = F'(\xi)(b-a) = f(\xi)(b-a).$$

(8.5.1) 式的几何意义如图 8.5.1 所示, 不妨设 f 非负, 则 $y = f(x)$ 在 $[a,b]$ 上的曲边梯形面积等于 $f(\xi)$ 为高、$[a,b]$ 为底的矩形面积. $\dfrac{1}{b-a}\displaystyle\int_a^b f(x)\mathrm{d}x$ 可理解为 f 在 $[a,b]$ 上所有函数值的平均值.

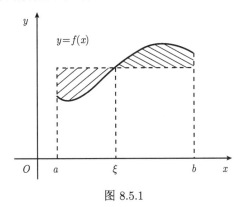

图 8.5.1

引理 8.5.2 设 f 是 $[a,b]$ 上的非负可积函数. 若 $\exists x_0 \in [a,b]$ 为 f 的连续点使得 $f(x_0) > 0$, 则 $\displaystyle\int_a^b f(x)\mathrm{d}x > 0$.

证明 不妨设 $x_0 \in (a,b)$. 由局部保号性, 存在 x_0 的某邻域 $(x_0 - \delta_0, x_0 + \delta_0)$ 使得 $\forall x \in (x_0 - \delta_0, x_0 + \delta_0)$ 有 $f(x) > \dfrac{f(x_0)}{2}$ (这里不妨设 $0 < \delta_0 < \min\{x_0 - a, b - x_0\}$). 于是由 f 的非负可积性得

$$\int_a^b f(x)\mathrm{d}x = \int_a^{x_0-\delta_0} f(x)\mathrm{d}x + \int_{x_0-\delta_0}^{x_0+\delta_0} f(x)\mathrm{d}x + \int_{x_0+\delta_0}^b f(x)\mathrm{d}x$$

$$\geqslant 0 + \int_{x_0-\delta_0}^{x_0+\delta_0} \frac{f(x_0)}{2}\mathrm{d}x + 0 = f(x_0)\delta_0 > 0.$$

推论 8.5.3 设 f 是 $[a,b]$ 上的非负连续函数. 若 $\int_a^b f(x)\mathrm{d}x = 0$, 则必有 $f(x) \equiv 0$, $x \in [a,b]$.

证明 (反证法) 假设 $f(x) \not\equiv 0$, 即 $\exists x_0 \in [a,b]$ 使得 $f(x_0) > 0$, 则应用引理 8.5.2 可得 $\int_a^b f(x)\mathrm{d}x > 0$, 与题设矛盾.

推论 8.5.4 (严格保序性质) 设函数 f,g 在 $[a,b]$ 上连续, 且 $\forall x \in [a,b]$ 有 $f(x) \leqslant g(x)$. 若 $f(x) \not\equiv g(x)$, 则必有 $\int_a^b f(x)\mathrm{d}x < \int_a^b g(x)\mathrm{d}x$.

证明 令 $F(x) = g(x) - f(x)$, 则 F 是 $[a,b]$ 上的非负连续函数且由 $f(x) \not\equiv g(x)$ 知 $\exists x_0 \in [a,b]$ 使 $F(x_0) > 0$, 于是应用引理 8.5.2 可知 $\int_a^b F(x)\mathrm{d}x > 0$, 由此得证.

引理 8.5.5 设 f 是 $[a,b]$ 上的非负可积函数.

(1) 若 $\int_a^b f(x)\mathrm{d}x > 0$, 则存在子区间 $[a_0,b_0] \subset (a,b)$ 使得 $\forall x \in [a_0,b_0]$ 有 $f(x) > 0$.

(2) 若 $\forall x \in [a,b]$ 有 $f(x) > 0$, 则 $\int_a^b f(x)\mathrm{d}x > 0$.

证明 (阅读)(1) (反证法) 假设在 (a,b) 内的任何子区间上都有 f 的零点, 则对 $[a,b]$ 的任意分割 $T = \{x_0, x_1, \cdots, x_n\}$, 取介点 $\xi_i \in [x_{i-1}, x_i]$ 使得 $f(\xi_i) = 0, i = 1, 2, \cdots, n$. 于是由 f 的可积性得

$$\int_a^b f(x)\mathrm{d}x = \lim_{\|T\| \to 0} \sum_{i=1}^n f(\xi_i)\Delta x_i = 0.$$

与题设矛盾. 因此结论成立.

(2) **方法 1** 因 f 在 $[a,b]$ 上可积, 根据 Lebesgue 定理, f 在 $[a,b]$ 上至少有一个连续点 x_0, 且由题设知 $f(x_0) > 0$, 于是由引理 8.5.2 得 $\int_a^b f(x)\mathrm{d}x > 0$.

方法 2 (不用 Lebesgue 定理, 用反证法) 假设 $\int_a^b f(x)\mathrm{d}x = 0$, 则必有 (参见定理 8.2.6 的证明) $\lim_{\|T\| \to 0} \overline{S}(T) = \int_a^b f(x)\mathrm{d}x = 0$, 这里 $\overline{S}(T)$ 为 f 在 $[a,b]$ 上关于分割 T 的 Darboux 上和. 于是对 $\varepsilon_1 = \dfrac{b-a}{2}$, $\exists \delta_1 : 0 < \delta_1 < \dfrac{1}{2}$, $\exists T_1$ 为 $[a,b]$ 的

分割使得

$$\|T_1\| < \delta_1, \quad \overline{S}(T_1) = \sum_{T_1} M_i \Delta x_i < \varepsilon_1,$$

这里 M_i 为 f 在小闭区间上的上确界. 从而必 $\exists i_0$ 得 $M_{i_0} < \dfrac{\varepsilon_1}{b-a} = \dfrac{1}{2}$ (否则每个 $M_i \geqslant \dfrac{\varepsilon_1}{b-a}$ 将导致 $\overline{S}(T_1) \geqslant \varepsilon_1$), 记对应的第 i_0 个小闭区间为 $[\alpha_1, \beta_1]$, 则 $\beta_1 - \alpha_1 < \delta_1$, 且

$$\forall x \in [\alpha_1, \beta_1], 有 f(x) \leqslant M_{i_0} < \frac{1}{2}.$$

由 f 的非负性与 $\displaystyle\int_a^b f(x)\mathrm{d}x = 0$ 可知 $\displaystyle\int_{\alpha_1}^{\beta_1} f(x)\mathrm{d}x = 0$. 重复如上做法, 对 $\varepsilon_2 = \dfrac{\beta_1 - \alpha_1}{2^2}$, $\exists \delta_2 : 0 < \delta_2 < \dfrac{1}{2^2}$, $\exists T_2$ 为 $[\alpha_1, \beta_1]$ 的分割使得

$$\|T_2\| < \delta_2, \quad \overline{S}(T_2) = \sum_{T_2} M_i \Delta x_i < \varepsilon_2,$$

并由此得到小闭区间 $[\alpha_2, \beta_2] \subset [\alpha_1, \beta_1]$, $\beta_2 - \alpha_2 < \delta_2$, 且

$$\forall x \in [\alpha_2, \beta_2], 有 f(x) < \frac{1}{2^2}.$$

如此继续, 得到闭区间 $\{[\alpha_n, \beta_n]\}$ 使得 $[\alpha_{n+1}, \beta_{n+1}] \subset [\alpha_n, \beta_n]$, $\beta_n - \alpha_n < \delta_n < \dfrac{1}{2^n}$, 且

$$\forall x \in [\alpha_n, \beta_n], 有 f(x) < \frac{1}{2^n}, n = 1, 2, \cdots.$$

应用闭区间套定理, $\exists x_0 \in [a, b]$ 使 $x_0 \in [\alpha_n, \beta_n]$, $n = 1, 2, \cdots$. 而由 $f(x_0) < \dfrac{1}{2^n}$ 及 n 的任意性可知 $f(x_0) \leqslant 0$, 与题设 $f(x_0) > 0$ 相矛盾. 因此结论成立.

定理 8.5.6 (推广的积分第一中值定理) 设函数 $f(x)$ 在 $[a,b]$ 上连续, $g(x)$ 在 $[a,b]$ 上可积且不变号, 则 $\exists \xi \in (a, b)$ 使得

$$\int_a^b f(x)g(x)\mathrm{d}x = f(\xi) \int_a^b g(x)\mathrm{d}x. \tag{8.5.2}$$

证明 不妨设 $g(x) \geqslant 0$(否则先考虑 $-g(x)$). 因为 $f(x)$ 在 $[a, b]$ 上连续, 故有最大值 M 与最小值 m. 于是 $\forall x \in [a, b]$ 有 $mg(x) \leqslant f(x)g(x) \leqslant Mg(x)$. 由于 $f(x), g(x)$ 在 $[a, b]$ 上都是可积的, 故 $f(x)g(x)$ 在 $[a, b]$ 上可积. 从而有

$$m \int_a^b g(x)\mathrm{d}x \leqslant \int_a^b f(x)g(x)\mathrm{d}x \leqslant M \int_a^b g(x)\mathrm{d}x. \tag{8.5.3}$$

若 $m = M$(即 $f(x)$ 在 $[a,b]$ 上为常数) 或 $\int_a^b g(x)\mathrm{d}x = 0$, 则任取 $\xi \in (a,b)$ 都可

使 (8.5.2) 式成立. 以下设 $m < M$ 且 $\int_a^b g(x)\mathrm{d}x > 0$, 并记 $\mu = \dfrac{\displaystyle\int_a^b f(x)g(x)\mathrm{d}x}{\displaystyle\int_a^b g(x)\mathrm{d}x}$, 则

由 (8.5.3) 式得

$$m \leqslant \mu \leqslant M. \tag{8.5.4}$$

若 $m < \mu < M$, 则由介值定理, $\exists \xi \in (a,b)$ 使 $f(\xi) = \mu$, 即此时 (8.5.2) 式成立. 根据 (8.5.4) 式, 以下不妨设 $\mu = m$(对 $\mu = M$ 的情况类似可证). 此时有

$$\int_a^b [f(x) - m]\, g(x)\mathrm{d}x = 0. \tag{8.5.5}$$

由于 $\int_a^b g(x)\mathrm{d}x > 0$, 故按照引理 8.5.5 (1), 必存在子区间 $[a_0, b_0] \subset (a,b)$ 使得 g 在 $[a_0, b_0]$ 上恒正. 注意到 $[f(x) - m]\, g(x)$ 是非负的, 由 (8.5.5) 式得

$$\int_{a_0}^{b_0} [f(x) - m]\, g(x)\mathrm{d}x = 0. \tag{8.5.6}$$

由此可知必 $\exists \xi \in [a_0, b_0] \subset (a,b)$ 使 $f(\xi) = m = \mu$. 因为否则的话, 在 $[a_0, b_0]$ 上恒有 $f(x) - m > 0$, 又有 $g(x) > 0$, 这推出 $[f(x) - m]\, g(x) > 0$, 按照引理 8.5.5 (2), 应有

$$\int_{a_0}^{b_0} [f(x) - m]\, g(x)\mathrm{d}x > 0,$$

这与 (8.5.6) 式相矛盾. 因此在 $\mu = m$ 时 (8.5.2) 式也成立.

请注意, 如果不要求 $\xi \in (a,b)$, 只要求 $\xi \in [a,b]$, 则证明要容易得多: 只要由 (8.5.4) 式出发用介值定理, (8.5.2) 式即得证. 另外, 如果题设条件 "$g(x)$ 在 $[a,b]$ 上可积且不变号" 加强为 "$g(x)$ 在 $[a,b]$ 上连续且不变号", 则证明 $\xi \in (a,b)$ 也容易, 只要仿定理 8.5.1 的证明方法, 应用 Cauchy 中值定理即可得出.

例 8.5.1 证明 $\lim\limits_{n\to\infty} \int_0^{\frac{\pi}{2}} \sin^n x\,\mathrm{d}x = 0$.

证明 记 $J_n = \int_0^{\frac{\pi}{2}} \sin^n x\,\mathrm{d}x$. 因 $0 \leqslant J_{n+1} \leqslant J_n$, 故 $\lim\limits_{n\to\infty} J_n$ 存在. 设 $\forall \varepsilon \in (0,1)$. 根据积分第一中值定理, $\exists \xi_n \in \left(0, \dfrac{\pi}{2} - \varepsilon\right)$ 使得 $\int_0^{\frac{\pi}{2}-\varepsilon} \sin^n x\,\mathrm{d}x = (\sin \xi_n)^n \left(\dfrac{\pi}{2} - \varepsilon\right)$.

令 $q = \sin\left(\dfrac{\pi}{2} - \varepsilon\right)$, 则 $0 < q < 1$. 于是有

$$J_n = \int_0^{\frac{\pi}{2}-\varepsilon} \sin^n x\,\mathrm{d}x + \int_{\frac{\pi}{2}-\varepsilon}^{\frac{\pi}{2}} \sin^n x\,\mathrm{d}x \leqslant (\sin\xi_n)^n \left(\frac{\pi}{2} - \varepsilon\right) + \varepsilon \leqslant q^n \left(\frac{\pi}{2} - \varepsilon\right) + \varepsilon.$$

由此知 $\lim\limits_{n\to\infty} J_n \leqslant \varepsilon$. 由 ε 的任意性可知 $\lim\limits_{n\to\infty} J_n = 0$.

例 8.5.2　设 $f(x)$ 在 $[0, 2\pi]$ 上连续, 证明

$$\lim_{n\to\infty} \int_0^{2\pi} f(x)\,|\sin nx|\,\mathrm{d}x = \frac{2}{\pi} \int_0^{2\pi} f(x)\mathrm{d}x.$$

证明　n 等分 $[0, 2\pi]$, 记 $x_i = \dfrac{i}{n} \cdot 2\pi$, $i = 0, 1, \cdots, n$. 由于 f 是连续的, 在 $[x_{i-1}, x_i]$ 上应用推广的积分第一中值定理可知, $\exists \xi_i \in (x_{i-1}, x_i)$ 使

$$\int_{x_{i-1}}^{x_i} f(x)\,|\sin nx|\,\mathrm{d}x = f(\xi_i) \int_{x_{i-1}}^{x_i} |\sin nx|\,\mathrm{d}x.$$

令 $nx = t$, 则 $\displaystyle\int_{x_{i-1}}^{x_i} |\sin nx|\,\mathrm{d}x = \frac{1}{n}\int_{2(i-1)\pi}^{2i\pi} |\sin t|\,\mathrm{d}t = \frac{4}{n}$. 于是由 f 的可积性得

$$\lim_{n\to\infty} \int_0^{2\pi} f(x)\,|\sin nx|\,\mathrm{d}x = \lim_{n\to\infty} \sum_{i=1}^n \int_{x_{i-1}}^{x_i} f(x)\,|\sin nx|\,\mathrm{d}x = \lim_{n\to\infty} \sum_{i=1}^n f(\xi_i) \cdot \frac{4}{n}$$

$$= \frac{2}{\pi} \lim_{n\to\infty} \sum_{i=1}^n f(\xi_i) \cdot \frac{2\pi}{n} = \frac{2}{\pi} \int_0^{2\pi} f(x)\mathrm{d}x.$$

在有关单调函数的积分问题的讨论中要用到下面这种形式的积分中值定理.

定理 8.5.7 (积分第二中值定理)　设 $f(x)$ 为 $[a, b]$ 上的单调函数, $g(x)$ 为 $[a, b]$ 上的可积函数, 则 $\exists \xi \in [a, b]$ 使得

$$\int_a^b f(x)g(x)\mathrm{d}x = f(a) \int_a^\xi g(x)\mathrm{d}x + f(b) \int_\xi^b g(x)\mathrm{d}x. \tag{8.5.7}$$

(8.5.7) 式在 $g(x) \equiv 1$ 时为 $\displaystyle\int_a^b f(x)\mathrm{d}x = f(a)(\xi - a) + f(b)(b - \xi)$, 其几何意义如图 8.5.2 所示, 不妨设 f 递增非负, 则 $y = f(x)$ 在 $[a, b]$ 上的曲边梯形面积等于 $f(a)$ 为高、$[a, \xi]$ 为底的矩形面积与 $f(b)$ 为高、$[\xi, b]$ 为底的矩形面积之和.

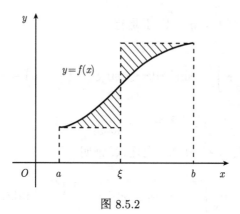

图 8.5.2

证明 (阅读) 先设 $f(x)$ 在 $[a,b]$ 上递增, 且 $f(a)=0$, 此时 $f(x)$ 在 $[a,b]$ 上非负, 以下证明 $\exists \xi \in [a,b]$ 使得

$$\int_a^b f(x)g(x)\mathrm{d}x = f(b)\int_\xi^b g(x)\mathrm{d}x. \tag{8.5.8}$$

因为 $g(x)$ 在 $[a,b]$ 上可积, $g(x)$ 在 $[a,b]$ 上必有界, 可记 $L = \sup\limits_{x\in[a,b]} |g(x)|$. 又因为 $f(x)$ 在 $[a,b]$ 上递增, 也可积, 故 $f(x)g(x)$ 在 $[a,b]$ 上可积. 任取 $[a,b]$ 的分割

$$T = \{a = x_0, x_1, \cdots, x_n = b\},$$

利用区间可加性质得

$$\int_a^b f(x)g(x)\mathrm{d}x = \sum_{i=1}^n \int_{x_{i-1}}^{x_i} f(x)g(x)\mathrm{d}x$$

$$= \sum_{i=1}^n f(x_i)\int_{x_{i-1}}^{x_i} g(x)\mathrm{d}x + \sum_{i=1}^n \int_{x_{i-1}}^{x_i} [f(x)-f(x_i)]\,g(x)\mathrm{d}x. \tag{8.5.9}$$

记 $\omega_i(f)$ 为 f 在 $[x_{i-1},x_i]$ 上的振幅, 则由可积准则, 当 $\|T\| \to 0$ 有

$$\left| \sum_{i=1}^n \int_{x_{i-1}}^{x_i} [f(x)-f(x_i)]\,g(x)\mathrm{d}x \right| \leqslant \sum_{i=1}^n \int_{x_{i-1}}^{x_i} |f(x)-f(x_i)|\,|g(x)|\,\mathrm{d}x$$

$$\leqslant L\sum_{i=1}^n \omega_i(f)\Delta x_i \to 0.$$

因此由 (8.5.9) 式得

$$\int_a^b f(x)g(x)\mathrm{d}x = \lim_{\|T\|\to 0} \sum_{i=1}^n f(x_i)\int_{x_{i-1}}^{x_i} g(x)\mathrm{d}x. \tag{8.5.10}$$

令 $G(t) = \displaystyle\int_t^b g(x)\mathrm{d}x$, 则 $G(t)$ 在 $[a,b]$ 上连续, 用 M 与 m 分别表示 $G(t)$ 在 $[a,b]$ 上的最大值与最小值. 由于 $G(x_n) = G(b) = 0$ 及 $\displaystyle\int_{x_{i-1}}^{x_i} g(x)\mathrm{d}x = G(x_{i-1}) - G(x_i)$, 故

$$
\begin{aligned}
\sum_{i=1}^{n} f(x_i) \int_{x_{i-1}}^{x_i} g(x)\mathrm{d}x &= \sum_{i=1}^{n} f(x_i) \left[G(x_{i-1}) - G(x_i) \right] \\
&= \sum_{i=0}^{n-1} f(x_{i+1}) G(x_i) - \sum_{i=1}^{n} f(x_i) G(x_i) \\
&= \sum_{i=1}^{n-1} \left[f(x_{i+1}) - f(x_i) \right] G(x_i) + f(x_1) G(a).
\end{aligned}
$$

于是利用 $f(x)$ 的非负递增性与 $m \leqslant G(t) \leqslant M$ 得

$$
\sum_{i=1}^{n} f(x_i) \int_{x_{i-1}}^{x_i} g(x)\mathrm{d}x \leqslant \sum_{i=1}^{n-1} \left[f(x_{i+1}) - f(x_i) \right] M + f(x_1) M = f(b) M;
$$

$$
\sum_{i=1}^{n} f(x_i) \int_{x_{i-1}}^{x_i} g(x)\mathrm{d}x \geqslant \sum_{i=1}^{n-1} \left[f(x_{i+1}) - f(x_i) \right] m + f(x_1) m = f(b) m.
$$

因此由 (8.5.10) 式与以上二式得

$$
f(b) m \leqslant \int_a^b f(x) g(x)\mathrm{d}x \leqslant f(b) M.
$$

若 $f(b) = 0$, 则 $f(x) \equiv 0$, 此时任取 $\xi \in [a,b]$ 都可使 (8.5.8) 式成立. 若 $f(b) > 0$, 则

$$
m \leqslant \frac{\displaystyle\int_a^b f(x) g(x)\mathrm{d}x}{f(b)} \leqslant M,
$$

根据介值定理, $\exists \xi \in [a,b]$ 使

$$
G(\xi) = \frac{\displaystyle\int_a^b f(x) g(x)\mathrm{d}x}{f(b)},
$$

由此即知 (8.5.8) 式成立.

对一般情况, 若 $f(x)$ 在 $[a,b]$ 上递增, 则令 $f_0(x) = f(x) - f(a)$, $f_0(x)$ 递增

且 $f_0(a) = 0$, 由 (8.5.8) 式得 $\int_a^b f_0(x)g(x)\mathrm{d}x = f_0(b)\int_\xi^b g(x)\mathrm{d}x$, 即

$$\int_a^b f(x)g(x)\mathrm{d}x - f(a)\int_a^b g(x)\mathrm{d}x = f(b)\int_\xi^b g(x)\mathrm{d}x - f(a)\int_\xi^b g(x)\mathrm{d}x,$$

由此可知 (8.5.7) 式成立; 若 $f(x)$ 在 $[a,b]$ 上递减, 则令 $f_*(x) = f(a) - f(x)$, $f_*(x)$

递增且 $f_*(a) = 0$, 由 (8.5.8) 式得 $\int_a^b f_*(x)g(x)\mathrm{d}x = f_*(b)\int_\xi^b g(x)\mathrm{d}x$, 即

$$f(a)\int_a^b g(x)\mathrm{d}x - \int_a^b f(x)g(x)\mathrm{d}x = f(a)\int_\xi^b g(x)\mathrm{d}x - f(b)\int_\xi^b g(x)\mathrm{d}x,$$

由此也知 (8.5.7) 式成立.

推论 8.5.8 (积分第二中值定理) 设 $g(x)$ 在 $[a,b]$ 上可积.

(1) 若 $f(x)$ 在 $[a,b]$ 上递增且非负, 则 $\exists \xi \in [a,b]$ 使得

$$\int_a^b f(x)g(x)\mathrm{d}x = f(b)\int_\xi^b g(x)\mathrm{d}x.$$

(2) 若 $f(x)$ 在 $[a,b]$ 上递减且非负, 则 $\exists \xi \in [a,b]$ 使得

$$\int_a^b f(x)g(x)\mathrm{d}x = f(a)\int_a^\xi g(x)\mathrm{d}x.$$

证明 (1) 令 $f^*(x) = \begin{cases} f(x), & x \neq a, \\ 0, & x = a, \end{cases}$ 则 $f^*(x)$ 仍在 $[a,b]$ 上递增且

$f^*(a) = 0$. 利用定理 8.5.7 与定理 8.2.14 得

$$\int_a^b f(x)g(x)\mathrm{d}x = \int_a^b f^*(x)g(x)\mathrm{d}x = f^*(a)\int_a^\xi g(x)\mathrm{d}x + f^*(b)\int_\xi^b g(x)\mathrm{d}x$$

$$= f(b)\int_\xi^b g(x)\mathrm{d}x.$$

(2) 令 $f^*(x) = \begin{cases} f(x), & x \neq b, \\ 0, & x = b, \end{cases}$ 与 (1) 同理可证.

在有关积分估值的理论与计算中常用到下面的 Schwarz(施瓦茨) 不等式.

定理 8.5.9 (Schwarz 不等式) 设 $f(x), g(x)$ 在 $[a,b]$ 上可积, 则

$$\left[\int_a^b f(x)g(x)\mathrm{d}x\right]^2 \leqslant \int_a^b f^2(x)\mathrm{d}x \int_a^b g^2(x)\mathrm{d}x.$$

当 $f(x)$, $g(x)$ 在 $[a,b]$ 上连续时, 当且仅当 $f(x) = cg(x)$ 或 $g(x) = cf(x)$ 时等号成立 $(c \in \mathbb{R})$.

证明   因为 $f(x)$, $g(x)$ 在 $[a,b]$ 上可积, 故 $\forall t \in \mathbb{R}$, $[tf(x) - g(x)]^2$ 在 $[a,b]$ 上可积, 从而 $\forall t \in \mathbb{R}$ 有

$$0 \leqslant \int_a^b [tf(x) - g(x)]^2 \mathrm{d}x = t^2 \int_a^b f^2(x)\mathrm{d}x - 2t \int_a^b f(x)g(x)\mathrm{d}x + \int_a^b g^2(x)\mathrm{d}x.$$
$$(8.5.11)$$

若 $\int_a^b f^2(x)\mathrm{d}x = 0$, 则必有 $\int_a^b f(x)g(x)\mathrm{d}x = 0$, 即此时 Schwarz 不等式已成立. 这是因为若 $\int_a^b f(x)g(x)\mathrm{d}x \neq 0$, 则在 (8.5.11) 式中当 $\int_a^b f(x)g(x)\mathrm{d}x > 0$ 时令 $t \to +\infty$, 当 $\int_a^b f(x)g(x)\mathrm{d}x < 0$ 时令 $t \to -\infty$, 导致矛盾. 以下设 $\int_a^b f^2(x)\mathrm{d}x > 0$.

由于 (8.5.11) 式中关于 t 的二次三项式非负, 故其判别式

$$\Delta = 4 \left[\int_a^b f(x)g(x)\mathrm{d}x \right]^2 - 4 \int_a^b f^2(x)\mathrm{d}x \int_a^b g^2(x)\mathrm{d}x \leqslant 0, \qquad (8.5.12)$$

由 (8.5.12) 式可知 Schwarz 不等式成立.

显然当 $f(x) = cg(x)$ 或 $g(x) = cf(x)$ 时等号成立. 反之, 设

数学家
小传8.5.1

$$\left[\int_a^b f(x)g(x)\mathrm{d}x \right]^2 = \int_a^b f^2(x)\mathrm{d}x \int_a^b g^2(x)\mathrm{d}x.$$

若 $\int_a^b f^2(x)\mathrm{d}x = 0$, 则由推论 8.5.3 及 f 的连续性可知 $f(x) \equiv 0$, 即 $f(x) = 0 \cdot g(x)$;

若 $\int_a^b f^2(x)\mathrm{d}x > 0$, 则 (8.5.11) 是关于 t 的二次三项式, 由 (8.5.12) 式可知判别式 $\Delta = 0$, 即 $\exists c \in \mathbb{R}$ 使

$$\int_a^b [cf(x) - g(x)]^2 \mathrm{d}x = 0.$$

由推论 8.5.3 及 f, g 的连续性可知 $cf(x) - g(x) \equiv 0$, 即 $g(x) = cf(x)$.

例 8.5.3   设 f 在 $[0, 2\pi]$ 上递减, 证明: 对 $\forall n \in \mathbb{Z}^+$ 有 $\int_0^{2\pi} f(x) \sin nx \mathrm{d}x \geqslant 0$.

证明   因 f 在 $[0, 2\pi]$ 上递减, 故由积分第二中值定理得

$$\int_0^{2\pi} f(x) \sin nx \mathrm{d}x = f(0) \int_0^{\xi} \sin nx \mathrm{d}x + f(2\pi) \int_{\xi}^{2\pi} \sin nx \mathrm{d}x$$

$$= f(0)\frac{1 - \cos n\xi}{n} + f(2\pi)\frac{\cos n\xi - 1}{n}$$

$$= \frac{1 - \cos n\xi}{n}[f(0) - f(2\pi)] \geqslant 0.$$

例 8.5.4 设 f 在 $[0, a]$ 上具有连续的导数, 且 $f(0) = 0$. 证明:

$$\int_0^a |f(x)f'(x)|\, dx \leqslant \frac{a}{2}\int_0^a [f'(x)]^2\, dx.$$

证明 令 $F(x) = \int_0^x |f'(t)|\, dt$, 因为 f' 在 $[0, a]$ 上连续, 故 $F'(x) = |f'(x)|$. 由 $f(0) = 0$ 可知

$$|f(x)| = |f(x) - f(0)| = \left|\int_0^x f'(t)dt\right| \leqslant \int_0^x |f'(t)|\, dt = F(x),$$

于是应用 Schwarz 不等式得

$$\int_0^a |f(x)f'(x)|\, dx \leqslant \int_0^a F(x)F'(x)dx = \frac{1}{2}F^2(a)$$

$$= \frac{1}{2}\left(\int_0^a 1 \cdot |f'(x)|\, dx\right)^2 \leqslant \frac{1}{2}\int_0^a 1^2 dx \int_0^a |f'(x)|^2\, dx$$

$$= \frac{a}{2}\int_0^a |f'(x)|^2\, dx.$$

习 题 8.5

1. 利用连续函数的介值定理证明定理 8.5.1 (积分第一中值定理).

2. 若在 $[a, b]$ 上 g 是连续函数, f 是有连续导数的单调函数, 在此强条件下给出积分第二中值定理比较简单的证明.

3. 证明下列不等式:

(1) $1 < \int_0^1 e^{x^4} dx < e$;

(2) $\sqrt{\frac{2}{\pi}} < \int_0^{\sqrt{\frac{\pi}{2}}} \frac{\sin x^2}{x^2} dx < \sqrt{\frac{\pi}{2}}$.

4. 求下列极限:

(1) $\lim\limits_{n \to \infty} \int_0^1 \frac{x^n}{1 + \tan^4 x} dx$;

(2) $\lim\limits_{n \to \infty} \int_0^{\frac{\pi}{4}} \cos^n x dx$.

5. 设函数 f 在 $[a, b]$ 上连续, 若对 $[a, b]$ 上任意连续函数 g 都有 $\int_a^b f(x)g(x)dx = 0$, 证明

$$f(x) \equiv 0, \quad x \in [a, b].$$

6. 设 $0 < a < b$, 证明 $\left|\int_a^b \frac{\sin x}{x} dx\right| \leqslant \frac{2}{a}$.

7. 设函数 f 在 $[0,1]$ 上连续, 证明 $\lim\limits_{n \to \infty} \int_0^{\frac{1}{n}} \dfrac{n^2 f(x)}{1 + n^4 x^2} \mathrm{d}x = \dfrac{\pi}{2} f(0)$.

8. 设函数 f 在 $[0,1]$ 上连续, 在 $(0,1)$ 内可导, 且 $f(0) = 4\int_{\frac{3}{4}}^1 f(x)\mathrm{d}x$. 证明 $\exists \xi \in (0,1)$ 使得 $f'(\xi) = 0$.

9. 设正函数 $f(x)$ 与 $\dfrac{1}{f(x)}$ 都在 $[a,b]$ 上可积. 证明:

(1) $\left(\int_a^b f(x)\mathrm{d}x\right)^2 \leqslant (b-a)\int_a^b f^2(x)\mathrm{d}x$;   (2) $\int_a^b f(x)\mathrm{d}x \cdot \int_a^b \dfrac{\mathrm{d}x}{f(x)} \geqslant (b-a)^2$.

复习课件08

归纳解析
视频08

总习题 8

A 组

1. 计算下列积分:

(1) $\displaystyle\int_0^1 \dfrac{\mathrm{d}x}{(x^2 - x + 1)^{3/2}}$;   (2) $\displaystyle\int_0^1 x\ln^n x\mathrm{d}x,\ n \in \mathbb{Z}^+$.

2. 计算下列积分:

(1) $\displaystyle\int_0^{\frac{\pi}{2}} \dfrac{\cos^2 x}{\cos x + \sin x}\mathrm{d}x$;   (2) $\displaystyle\int_0^{\frac{\pi}{2}} \dfrac{\sin^2 x}{\cos x + \sin x}\mathrm{d}x$.

3. 计算下列积分:

(1) $\displaystyle\int_0^2 [\mathrm{e}^x]\mathrm{d}x$;   (2) $\displaystyle\int_0^{n\pi} x|\sin x|\,\mathrm{d}x,\ n \in \mathbb{Z}^+$.

4. 设函数 f 在 $(0, +\infty)$ 连续且满足 $f(x) = \ln x - \int_1^{\mathrm{e}} f(x)\mathrm{d}x$, 求 $\int_1^{\mathrm{e}} f(x)\mathrm{d}x$.

5. 求极限 $\lim\limits_{n \to \infty} a_n$, 其中 $a_n = \sqrt[n]{\left(1 + \dfrac{1}{n}\right)\left(1 + \dfrac{2}{n}\right)\cdots\left(1 + \dfrac{n}{n}\right)}$.

6. 设函数 f 在 $[a,b]$ 上有界, $\{a_n\} \subset [a,b]$, $\lim\limits_{n \to \infty} a_n = c$. 证明: 若 f 在 $[a,b]$ 上有且只有 $a_n\ (n = 1, 2, \cdots)$ 为其间断点, 则 f 在 $[a,b]$ 上可积.

7. 讨论下列函数在 $[0,1]$ 上的可积性:

$$(1)\ f(x) = \begin{cases} \dfrac{1}{x} - \left[\dfrac{1}{x}\right], & x \in (0,1], \\ 0, & x = 0; \end{cases} \qquad (2)\ f(x) = \begin{cases} \operatorname{sgn}\left(\sin\dfrac{\pi}{x}\right), & x \in (0,1], \\ 0, & x = 0. \end{cases}$$

8. 设函数 f 在 $(0,+\infty)$ 上递减且 $f(x) > 0$; 又设 $a_n = \sum\limits_{k=1}^{n} f(k) - \int_1^n f(x)\mathrm{d}x$. 证明 $\{a_n\}$ 为收敛数列.

9. 设函数 f 在开区间 I 上连续, $a, b \in I$ 且 $a < b$. 证明

$$\lim_{h \to 0} \frac{1}{h} \int_a^b [f(x+h) - f(x)]\,\mathrm{d}x = f(b) - f(a).$$

10. 设 $f(x)$ 在 x_0 的某邻域 $U(x_0)$ 内有直到 $n+1$ 阶连续的导数, 证明

$$f(x) = \sum_{k=0}^{n} \frac{f^{(k)}(x_0)}{k!}(x - x_0)^k + R_n(x),$$

其中 $R_n(x) = \dfrac{1}{n!}\displaystyle\int_{x_0}^{x} f^{(n+1)}(t)(x-t)^n\mathrm{d}t$ 称为 Taylor 公式的**积分型余项**. 由它导出 Lagrange 余项与 Cauchy 余项.

11. 设函数 f 在 $[0,1]$ 上可导, $f(0) = 0$, 并且 $0 \leqslant f'(x) \leqslant 1$. 证明

$$\int_0^1 f^3(x)\mathrm{d}x \leqslant \left(\int_0^1 f(x)\mathrm{d}x\right)^2.$$

12. 证明下列命题:

(1) 若 f 在 $[a, +\infty)$ 上递增连续, 则 $F(x) = \dfrac{1}{x-a}\displaystyle\int_a^x f(t)\mathrm{d}t$ 为 $(a, +\infty)$ 上的增函数;

(2) 若 f 在 $[0, +\infty)$ 上连续且 $f(x) > 0$, 则 $\varPhi(x) = \dfrac{\displaystyle\int_0^x tf(t)\mathrm{d}t}{\displaystyle\int_0^x f(t)\mathrm{d}t}$ 为 $(0, +\infty)$ 上的严格增函数.

13. 设函数 f 在 $[a, b]$ 上存在可积的导函数. 证明

$$\lim_{\lambda \to \infty} \int_a^b f(x)\sin\lambda x\mathrm{d}x = 0, \quad \lim_{\lambda \to \infty} \int_a^b f(x)\cos\lambda x\mathrm{d}x = 0.$$

14. 设函数 f 在 $\mathbb{R}$ 上连续. 证明:

(1) 若 f 为偶函数, 则它只有一个原函数是奇函数.

(2) 若 f 为奇函数, 则它的一切原函数皆为偶函数.

15. 设函数 f 在 $[0, +\infty)$ 的任何有限子区间上可积且 $\lim\limits_{x \to +\infty} f(x) = A$, 证明

$$\lim_{x \to +\infty} \frac{1}{x} \int_0^x f(t)\mathrm{d}t = A.$$

16. 设函数 f, φ 在 $[a,b]$ 上非负连续, 且 $\max\limits_{x \in [a,b]} f(x) = M > 0$, $\varphi(x) > 0$. 证明

$$\lim_{n \to \infty} \left(\int_a^b [f(x)]^n \, \varphi(x)\mathrm{d}x \right)^{\frac{1}{n}} = M.$$

17. 证明: 当 $x > 0$ 时, 对 $\forall p > 0$ 有不等式 $\left| \int_x^{x+p} \sin t^2 \mathrm{d}t \right| \leqslant \dfrac{1}{x}$.

18. 设函数 $f(x)$ 在 $[-1,1]$ 上连续, 证明 $\lim\limits_{h \to 0+} \int_{-1}^1 \dfrac{hf(x)}{h^2 + x^2}\mathrm{d}x = \pi f(0)$.

19. 设函数 φ 在 $[a,b]$ 上连续, f 可导且 f' 递增, 证明

$$\frac{1}{b-a} \int_a^b f(\varphi(x))\mathrm{d}x \geqslant f\left(\frac{1}{b-a} \int_a^b \varphi(x)\mathrm{d}x \right).$$

20. 设函数 f 在 $[a,b]$ 上存在连续的导数, 且 $f(a) = 0$. 证明:

(1) $\displaystyle\int_a^b \left[f'(x) \right]^2 \mathrm{d}x \geqslant \frac{2}{(b-a)^2} \int_a^b [f(x)]^2 \, \mathrm{d}x$;

(2) $\displaystyle\int_a^b \left[f'(x) \right]^2 \mathrm{d}x \geqslant \frac{1}{(b-a)} \max_{a \leqslant x \leqslant b} [f(x)]^2$.

B 组

21. 讨论函数 $f(x) = \begin{cases} 0, & x \in \mathbb{Q}, \\ x, & x \notin \mathbb{Q} \end{cases}$ 在 $[0,1]$ 上的可积性.

22. 设函数 $J(x)$ 在 $[a,b]$ 上有定义, 若存在 $[a,b]$ 的分割 $T^* = \{\Omega_1^*, \Omega_2^*, \cdots, \Omega_n^*\}$ 使得 f 在每个 Ω_i^* 上 (除端点外) 为常数, 则称 $J(x)$ 为阶梯函数.

(1) 证明阶梯函数 $J(x)$ 在 $[a,b]$ 上可积.

(2) 设函数 $f(x)$ 在 $[a,b]$ 上可积, 证明对 $\forall n \in \mathbb{Z}^+$, 存在 $[a,b]$ 上的阶梯函数 $J_n(x)$ 使得

$$\int_a^b |f(x) - J_n(x)| \, \mathrm{d}x < \frac{1}{n}.$$

23. 证明: 若 f 与 g 都在 $[a,b]$ 上可积, 则 $\lim\limits_{\|T\| \to 0} \sum\limits_{i=1}^n f(\xi_i)g(\eta_i)\Delta x_i = \int_a^b f(x)g(x)\mathrm{d}x$, 其中 ξ_i, η_i 是 T 所属小闭区间 Ω_i 上任意两点, $i = 1, 2, \cdots, n$.

24. 求数列极限 $\lim\limits_{n \to \infty} \dfrac{J_n}{\ln n}$, 这里 $J_n = \displaystyle\int_0^{\frac{\pi}{2}} \frac{\sin^2 nx}{\sin x}\mathrm{d}x$.

25. 设函数 f 在 $[a,b]$ 上可积, 函数 F 在 $[a,b]$ 上连续, 且除有限个点外有 $F'(x) = f(x)$, 证明

$$\int_a^b f(x)\mathrm{d}x = F(b) - F(a).$$

26. 设函数 f 在 $[0,1]$ 上可导且 f' 在 $[0,1]$ 上可积, 求数列极限 $\lim\limits_{n\to\infty} n\alpha_n$, 这里

$$\alpha_n = \int_0^1 f(x)\mathrm{d}x - \frac{1}{n}\sum_{i=1}^n f\left(\frac{i}{n}\right).$$

27. 设函数 $y = f(x)$ 在 $[a,b]$ 上严格单调, $x = f^{-1}(y)$ 为其反函数, 证明

$$\int_a^b f(x)\mathrm{d}x = bf(b) - af(a) - \int_{f(a)}^{f(b)} f^{-1}(y)\mathrm{d}y,$$

当函数非负时, 说明此式的几何意义.

28. 设 f 是定义在 $\mathbb{R}$ 上周期为 σ 的函数, 且在 $[0,\sigma]$ 上可积, 证明

$$\lim_{x\to+\infty} \frac{1}{x}\int_0^x f(t)\mathrm{d}t = \frac{1}{\sigma}\int_0^\sigma f(t)\mathrm{d}t.$$

29. 设函数 f 在区间 I 上具有连续的导数, 证明在 I 上存在递增函数 g 与递减函数 h 使得 g', h' 都在 I 上连续且 $f(x) = g(x) + h(x)$, $x \in I$.

30. 设函数 $f(x)$ 在 $[0,+\infty)$ 上递增, 证明 $\varPhi(x) = \int_0^x f(t)\mathrm{d}t$ 为 $[0,+\infty)$ 上的凸函数.

31. 设函数 f 是 $[a,b]$ 上的凸函数, 证明 Hadamard(阿达马) 不等式

$$f\left(\frac{a+b}{2}\right) \leqslant \frac{1}{b-a}\int_a^b f(x)\mathrm{d}x \leqslant \frac{f(a)+f(b)}{2}.$$

数学家
小传8.5.2

32. 设函数 f 在 $[a,b]$ 上存在连续的导数. 证明:

$$\max_{a\leqslant x\leqslant b} |f(x)| \leqslant \int_a^b \left|f'(x)\right|\mathrm{d}x + \left|\frac{1}{b-a}\int_a^b f(x)\mathrm{d}x\right|.$$

33. 设函数 f 在 $[a,b]$ 上存在连续的导数, 且 $f(a) = f(b) = 0$. 证明 $\exists x_0 \in [a,b]$ 使得

$$\left|f'(x_0)\right| \geqslant \frac{4}{(b-a)^2}\int_a^b |f(x)|\mathrm{d}x.$$

34. 设函数 f 在 $[a,b]$ 上连续, 且 $\int_a^b f(x)\mathrm{d}x = \int_a^b xf(x)\mathrm{d}x = 0$, 证明 $\exists x_1, x_2 \in (a,b)$, $x_1 \neq x_2$ 使 $f(x_1) = f(x_2) = 0$.

35. 设函数 f 在 $[0,\pi]$ 上连续, 且 $\int_0^\pi f(x)\sin x\mathrm{d}x = \int_0^\pi f(x)\cos x\mathrm{d}x = 0$, 证明 $\exists r, s \in (0,\pi)$, $r \neq s$ 使得 $f(r) = f(s) = 0$.

36. 求 $\lim\limits_{n\to\infty} \sum\limits_{i=1}^n \dfrac{(-1)^n}{n}\sin\left(\sqrt{n^2+i}\,\pi\right)$.

37. 设函数 f 在 $[0,1]$ 上有连续导数, $f(0) = f(1) = 0$. 证明 $\int_0^1 f^2(x)\mathrm{d}x \leqslant \dfrac{1}{8}\int_0^1 \left[f'(x)\right]^2\mathrm{d}x$

38. 设函数 f 在 $[a,b]$ 上二次可微, f'' 在 $[a,b]$ 上可积. 求极限 $\lim\limits_{n\to\infty} n^2\beta_n$ 其中

$$\beta_n = \int_a^b f(x)\mathrm{d}x - \frac{b-a}{n}\sum_{i=1}^n f\left[a + \frac{(2i-1)(b-a)}{2n}\right].$$

第9章　定积分的应用

CHAPTER

定积分的理论与方法在几何学、物理学、生态学、经济学等众多领域有着广泛的应用. 本章主要应用定积分工具来解决几何及物理中的一些问题, 包括求平面图形的面积、平面曲线的弧长、某些立体的体积与曲面的面积、液体压力、变力做的功及质线段的质量等.

9.1　平面图形的面积

定积分的应用问题一般总可按分割、局部近似、求和、取极限的步骤即定义定积分的步骤导出所求量 Φ 的积分形式 $\Phi = \int_a^b f(x)\mathrm{d}x$. 理论上为了严格起见, 常常借助可积准则或 Darboux 和的性质给予进一步证实. 被积表达式 $\mathrm{d}\Phi = f(x)\mathrm{d}x$ 也称为所求量 Φ 的**微元**或**微元素**, 其中 $\mathrm{d}x = \Delta x$. 实际应用中常常简化定义定积分的这一步骤, 采用**微元法.** 简要地说, 微元法就是根据问题的实际意义直接写出所求量 Φ 的微元 $\mathrm{d}\Phi = f(x)\mathrm{d}x$ 的一种方法.

如图 9.1.1 所示, 欲求非负连续函数 $y = f(x)$ 在闭区间 $[a, b]$ 上的曲边梯形面积 Φ, 对其进行分割, 取 $[x, x + \mathrm{d}x]$ 上的小曲边梯形, 其面积 $\Delta\Phi$ 是所求总量 Φ 的微小增量. 它近似于以 $f(x)$ 为高、$\mathrm{d}x$ 为底的矩形面积, 即 $\Delta\Phi \approx f(x)\mathrm{d}x$. 由此得出微元 $\mathrm{d}\Phi = f(x)\mathrm{d}x$, 从而把曲边梯形面积 Φ 表示成定积分形式 $\Phi = \int_a^b f(x)\mathrm{d}x$. 这种处理方法就是微元法.

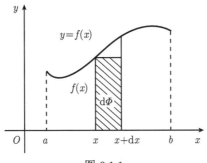

图 9.1.1

微元法是把所求量表示成定积分的便捷方法, 在科学与工程技术应用领域被广泛使用. 但这种方法使用不当会导致错误的结果. 如果将所求量 $\varPhi = \int_a^b f(x)\mathrm{d}x = \int_a^b f(t)\mathrm{d}t$ 作为积分上限函数 $\varPhi(x) = \int_a^x f(t)\mathrm{d}t$ 的函数值 $\varPhi = \varPhi(b)$, 并假定 f 在 $[a, b]$ 上连续, 那么就有

$$\Delta\varPhi = \varPhi'(x)\Delta x + o(\Delta x) = f(x)\mathrm{d}x + o(\Delta x) \quad (\Delta x \to 0).$$

可见, 只有当所取的微元 $\mathrm{d}\varPhi = f(x)\mathrm{d}x$ 满足 $\Delta\varPhi - \mathrm{d}\varPhi = o(\Delta x)$ 时才是正确的, 不满足时就会出错. 为了直观简明起见, 本章下面的一些计算公式的推导采用了微元法, 而省去了严格证明的过程.

首先考虑**直角坐标方程**表示的曲线所围成的平面图形的面积. 设函数 f, g 在 $[a, b]$ 上连续, 由曲线 $y = f(x)$, $y = g(x)$ 及直线 $x = a$, $x = b$ 围成一个平面图形 (图 9.1.2), 其面积微元 $\mathrm{d}A = |f(x) - g(x)|\mathrm{d}x$, 因此它的面积计算公式为

$$A = \int_a^b |f(x) - g(x)|\mathrm{d}x. \tag{9.1.1}$$

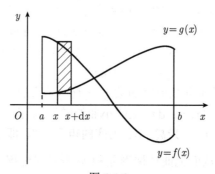

图 9.1.2

作为 (9.1.1) 式的特例, 由曲线 $y = f(x)$ 及直线 $y = 0$, $x = a$, $x = b$ 围成一个平面图形 (图 9.1.3) 的面积为

$$A = \int_a^b |f(x)|\mathrm{d}x. \tag{9.1.2}$$

同样地, 由曲线 $x = f(y)$, $x = g(y)$ 及直线 $y = a$, $y = b$ 围成的平面图形 (图 9.1.4) 的面积为

$$A = \int_a^b |f(y) - g(y)|\mathrm{d}y.$$

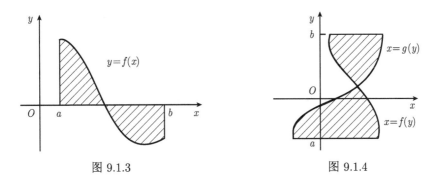

图 9.1.3　　　　　　　　　　　　　图 9.1.4

例 9.1.1　求由抛物线 $y^2 = x$ 和直线 $y = x - 2$ 围成的平面图形的面积 A.

解　**方法 1**　围成的平面图形如图 9.1.5 所示. 先由 $\begin{cases} y^2 = x, \\ y = x - 2 \end{cases}$ 求出交点 $P(1, -1)$ 与 $Q(4, 2)$. 用 $x = 1$ 把图形分成左、右两部分, 则

$$A = \int_0^1 \left[\sqrt{x} - (-\sqrt{x})\right]\mathrm{d}x + \int_1^4 \left[\sqrt{x} - (x - 2)\right]\mathrm{d}x$$

$$= 2 \cdot \frac{2}{3}x^{\frac{3}{2}}\Big|_0^1 + \left(\frac{2}{3}x^{\frac{3}{2}} - \frac{1}{2}x^2\right)\Big|_1^4 + 2(4 - 1) = \frac{9}{2}.$$

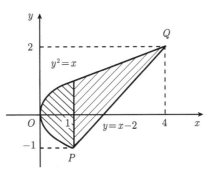

图 9.1.5

方法 2　图形由 $x = y^2$ 与 $x = y + 2$ 围成, 改取 y 为积分变量, 则

$$A = \int_{-1}^2 (y + 2 - y^2)\mathrm{d}y = \left(\frac{1}{2}y^2 - \frac{1}{3}y^3\right)\Big|_{-1}^2 + 2(2 + 1) = \frac{9}{2}.$$

再考虑**参量方程**表示的曲线所围成的平面图形的面积. 设曲线 C 由参量方程

$$x = x(t), \quad y = y(t), \quad t \in [\alpha, \beta]$$

给出. 若 $y(t)$ 在 $[\alpha, \beta]$ 上连续, $x(t)$ 在 $[\alpha, \beta]$ 上具有连续的导数且 $\forall t \in (\alpha, \beta)$, $x'(t) \neq 0$, 则由曲线 C 及直线 $x = x(\alpha)$, $x = x(\beta)$ 和 x 轴所围的图形其面积计算

公式是

$$A = \int_\alpha^\beta |y(t)x'(t)|\mathrm{d}t. \tag{9.1.3}$$

事实上, 由于 $x'(t) \neq 0$, 所以 $x(t)$ 在 $[\alpha, \beta]$ 上是严格单调的, 必存在反函数 $t = t(x)$, 从而曲线 C 的直角坐标方程为 $y = y(t(x))$. 由 (9.1.2) 式按 $t = t(x)$(或 $x = x(t)$) 换元, 当 $x'(t) > 0$ 时有

$$A = \int_{x(\alpha)}^{x(\beta)} |y(t(x))|\mathrm{d}x = \int_\alpha^\beta |y(t)|x'(t)\mathrm{d}t = \int_\alpha^\beta |y(t)x'(t)|\mathrm{d}t;$$

当 $x'(t) < 0$ 时有

$$A = \int_{x(\beta)}^{x(\alpha)} |y(t(x))|\mathrm{d}x = \int_\beta^\alpha |y(t)|x'(t)\mathrm{d}t = \int_\alpha^\beta |y(t)x'(t)|\mathrm{d}t.$$

同样地, 若 $x(t)$ 在 $[\alpha, \beta]$ 上连续, $y(t)$ 在 $[\alpha, \beta]$ 上具有连续的导数且 $\forall t \in (\alpha, \beta)$, $y'(t) \neq 0$. 则由曲线 C 及直线 $y = y(\alpha)$, $y = y(\beta)$ 和 y 轴所围的图形其面积计算公式是

$$A = \int_\alpha^\beta |x(t)y'(t)|\mathrm{d}t.$$

例 9.1.2 求由摆线 (旋轮线)$x = a(t - \sin t)$, $y = a(1 - \cos t)$(常数 $a > 0$) 的一拱与 x 轴所围图形的面积.

解 摆线的一拱可取 $t \in [0, 2\pi]$ (图 9.1.6). $t \in (0, 2\pi)$ 时有 $x' = a(1-\cos t) \neq 0$, 故所求面积为

$$A = \int_0^{2\pi} |yx'|\mathrm{d}t = \int_0^{2\pi} |a(1 - \cos t) \cdot a(1 - \cos t)|\mathrm{d}t$$

$$= a^2 \int_0^{2\pi} \left(1 - 2\cos t + \frac{1 + \cos 2t}{2}\right)\mathrm{d}t = 3\pi a^2.$$

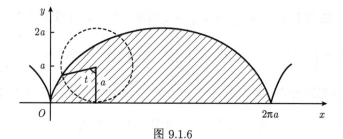

图 9.1.6

例 9.1.3 求椭圆 $\dfrac{x^2}{a^2} + \dfrac{y^2}{b^2} = 1$(常数 $a > 0, b > 0$) 所围的面积.

解 取参量方程 $x = a\cos\theta$, $y = b\sin\theta$, $\theta \in [0,\pi]$. $\theta \in (0,\pi)$ 时有 $x' = -a\sin\theta \neq 0$. 根据 (9.1.3) 式并利用对称性得所围面积为

$$A = 2\int_0^\pi |yx'|\mathrm{d}\theta = 2\int_0^\pi |b\sin\theta(-a\sin\theta)|\mathrm{d}\theta = 2ab\int_0^\pi \frac{1-\cos 2\theta}{2}\mathrm{d}\theta = \pi ab.$$

现考虑**极坐标方程**表示的曲线所围成的平面图形的面积.

极坐标系由**极点 (原点)** O 与**极轴**Ox 构成 (图 9.1.7). 对于平面上任意一点 P, 当 P 不是极点时, 用 ρ 表示线段 OP 的长度 (称为**极径**), θ 表示从 Ox 到 OP 的角度 (称为**极角**), 则有序数对 (ρ,θ) 就是点 P 的**极坐标**. 极点 O 的极坐标规定为 $(0,\theta)$, θ 可以取任意值.

平面上点的极坐标与直角坐标可以互化. 如图 9.1.8 所示, 把直角坐标系的原点作为极点, 横轴的正半轴作为极轴. 设 P 为平面内的任意一点 (非极点), 它的直角坐标是 (x,y), 极坐标是 (ρ,θ). 从点 P 作 $PQ \perp Ox$, 借助三角函数容易得出两种坐标间的关系:

$$x = \rho\cos\theta, \quad y = \rho\sin\theta;$$

或等价地,

$$\rho^2 = x^2 + y^2, \quad \tan\theta = \frac{y}{x} \ (x \neq 0) \text{或} \cot\theta = \frac{x}{y} \ (y \neq 0).$$

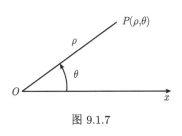

图 9.1.7

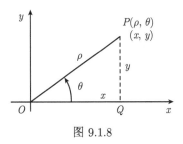

图 9.1.8

在极坐标系中, 平面曲线一般用二元方程 $F(\rho,\theta) = 0$ 表示, 也常用 $\rho = \rho(\theta)$ 或 $\theta = \theta(\rho)$ 来表示. 有些平面曲线的极坐标方程其形式更为简单, 例如, 圆周 $x^2 + y^2 = a^2$, $(x-a)^2 + y^2 = a^2$, $x^2 + (y-a)^2 = a^2$(常数 $a > 0$) 的极坐标方程分别为 $\rho = a$, $\rho = 2a\cos\theta$ 与 $\rho = 2a\sin\theta$ (图 9.1.9).

设曲线 C 由极坐标方程

$$\rho = \rho(\theta), \quad \theta \in [\alpha,\beta] \quad (\beta - \alpha \leqslant 2\pi)$$

给出, 函数 $\rho(\theta)$ 在 $[\alpha,\beta]$ 上连续, 由 C 与射线 $\theta = \alpha$, $\theta = \beta$ 围成的图形称为**曲边扇形**, 如图 9.1.10 所示. 现来计算它的面积 A. 已知半径为 a、圆心角为 φ 的圆扇形面积为

$$\frac{1}{2} \cdot a\varphi \cdot a = \frac{1}{2}a^2\varphi.$$

$\forall \theta \in [\alpha, \beta]$, 相应于 $[\theta, \theta + \mathrm{d}\theta]$ 上的小曲边扇形面积用圆扇形面积来近似, 得到曲边扇形的面积微元

$$\mathrm{d}A = \frac{1}{2}\rho^2(\theta)\mathrm{d}\theta.$$

因此曲边扇形面积的计算公式为

$$A = \frac{1}{2}\int_\alpha^\beta \rho^2(\theta)\mathrm{d}\theta. \tag{9.1.4}$$

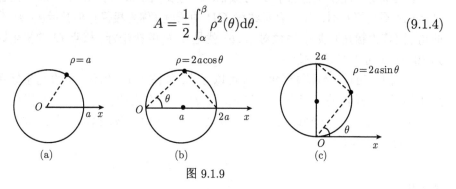

图 9.1.9

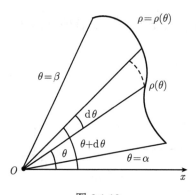

图 9.1.10

例 9.1.4 求双纽线 $\rho^2 = a^2 \sin 2\theta$(常数 $a > 0$) 所围图形的面积.

解 由于 $\sin 2\theta = \dfrac{\rho^2}{a^2} \geqslant 0$, 故 θ 的取值范围是 $\left[0, \dfrac{\pi}{2}\right]$ 与 $\left[\pi, \dfrac{3\pi}{2}\right]$. 如图 9.1.11 所示, 根据图形对称性与 (9.1.4) 式可得所求面积为

$$A = 4 \cdot \frac{1}{2}\int_0^{\frac{\pi}{4}} \rho^2(\theta)\mathrm{d}\theta = 2a^2 \int_0^{\frac{\pi}{4}} \sin 2\theta \mathrm{d}\theta = -a^2 \cos 2\theta \Big|_0^{\frac{\pi}{4}} = a^2.$$

此题若不借助图形的对称性, 则由

$$A = \frac{1}{2}\int_0^{\frac{\pi}{2}} \rho^2(\theta)\mathrm{d}\theta + \frac{1}{2}\int_\pi^{\frac{3\pi}{2}} \rho^2(\theta)\mathrm{d}\theta = \frac{a^2}{2}\int_0^{\frac{\pi}{2}} \sin 2\theta \mathrm{d}\theta + \frac{a^2}{2}\int_\pi^{\frac{3\pi}{2}} \sin 2\theta \mathrm{d}\theta = a^2$$

同样能得到解决.

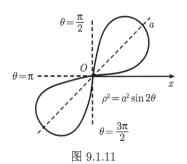

图 9.1.11

习 题 9.1

1. 求抛物线 $y = x^2$ 与 $y = 2 - x^2$ 所围图形的面积.

2. 求由曲线 $y = \mathrm{e}^x$, $y = \mathrm{e}^{-x}$ 及直线 $x = 1$ 所围图形的面积.

3. 求由曲线 $\sqrt{\dfrac{x}{a}} + \sqrt{\dfrac{y}{b}} = 1 \ (a, b > 0$ 为常数$)$ 与坐标轴所围图形的面积.

4. 求星形线 (内摆线)$x = a \cos^3 t$, $y = a \sin^3 t \ (a > 0$ 为常数$)$ 所围图形面积 (图 9.1.12).

5. 求三叶形线 $\rho = a \sin 3\theta (a > 0)$ 所围图形面积 (图 9.1.13).

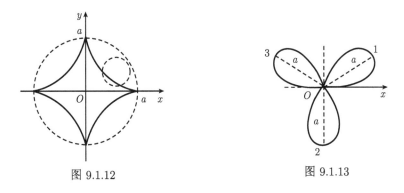

图 9.1.12   图 9.1.13

6. 求二曲线 $\rho = \sin \theta$ 与 $\rho = \sqrt{3} \cos \theta$ 所围公共部分的面积.

9.2 平面曲线的弧长与曲率

本节将讨论平面曲线的弧长, 包括下述问题: 如何定义? 具备什么条件可求? 怎样计算? 为严密起见, 本节下面的讨论避开了微元法的使用. 同时也假定所考虑的曲线用参数方程表示且没有重点 (不自交).

根据刘徽 "割圆术" 的思想, 圆的周长可以用圆的内接正多边形的边长当边数趋向无穷时的极限来定义. 类似地, 曲线的弧长也可以定义为该曲线的内接折线长的极限.

设 C 是平面上以 A 为始点、B 为终点的一段曲线, 如图 9.2.1 所示. 在 C 上从 A 到 B 依次取分点

$$A = P_0, P_1, P_2, \cdots, P_{n-1}, P_n = B,$$

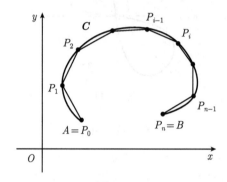

图 9.2.1

它们成为对曲线 C 的一个分割, 记为 T. 用线段连接每相邻两点, 线段集

$$\{P_{i-1}P_i: \quad i = 1, 2, \cdots, n\}$$

构成 C 的一条内接折线. 用 $|P_{i-1}P_i|$ 表示线段 $P_{i-1}P_i$ 的长, 记

$$\|T\| = \max_{1 \leqslant i \leqslant n} |P_{i-1}P_i|, \quad L_T = \sum_{i=1}^{n} |P_{i-1}P_i|, \tag{9.2.1}$$

$\|T\|$ 和 L_T 分别表示分割 T 的细度与内接折线的总长度.

定义 9.2.1 设 T 是曲线 C 的任意分割, L_T 是关于 T 的内接折线的总长. 若存在常数 L, 使得 $\lim_{\|T\| \to 0} L_T = L$, 即

$$\forall \varepsilon > 0, \quad \exists \delta > 0, \quad \forall T: \|T\| < \delta, \quad 有 |L_T - L| < \varepsilon,$$

则称曲线 C 是可求长的, 并称极限 L 为曲线 C 的弧长.

5.5 节已给出了光滑曲线的概念 (定义 5.5.1).

定理 9.2.1 设曲线 C 的参数方程为

$$x = x(t), y = y(t), t \in [\alpha, \beta].$$

若 C 是一条光滑曲线, 则它是可求长的, 且弧长为

$$L = \int_{\alpha}^{\beta} \sqrt{[x'(t)]^2 + [y'(t)]^2} \mathrm{d}t. \tag{9.2.2}$$

证明 对曲线 C 作任意分割 $T = \{P_0, P_1, P_2, \cdots, P_n\}$，并设 P_i 对应的参量为 t_i，$i = 0, 1, 2, \cdots, n$，这里 P_0 与 P_n 分别对应参量 $t_0 = \alpha$ 与 $t_n = \beta$. 于是点 P_i 的坐标是

$$(x_i, y_i) = (x(t_i), y(t_i)), \quad i = 0, 1, 2, \cdots, n,$$

且分割 T 对应区间 $[\alpha, \beta]$ 的一个分割

$$T^* : \alpha = t_0 < t_1 < t_2 < \cdots < t_{n-1} < t_n = \beta.$$

由于 C 是光滑的, 故

$$x'(t), y'(t) \text{在} [\alpha, \beta] \text{上连续且} \forall t \in [\alpha, \beta], \text{有} [x'(t)]^2 + [y'(t)]^2 \neq 0. \tag{9.2.3}$$

根据 (9.2.3) 式, 可在每个 $[t_{i-1}, t_i]$ 上应用 Lagrange 中值定理, 得到

$$\Delta x_i = x(t_i) - x(t_{i-1}) = x'(\xi_i) \Delta t_i, \ \Delta y_i = y(t_i) - y(t_{i-1}) = y'(\eta_i) \Delta t_i, \ \xi_i, \eta_i \in (t_{i-1}, t_i).$$

于是有

$$|P_{i-1} P_i| = \sqrt{(\Delta x_i)^2 + (\Delta y_i)^2} = \sqrt{[x'(\xi_i)]^2 + [y'(\eta_i)]^2} \, \Delta t_i, \tag{9.2.4}$$

且由 (9.2.1) 式知 T 的细度与内接折线的总长分别为

$$\|T\| = \max_{1 \leqslant i \leqslant n} \sqrt{[x'(\xi_i)]^2 + [y'(\eta_i)]^2} \, \Delta t_i, \quad L_T = \sum_{i=1}^{n} \sqrt{[x'(\xi_i)]^2 + [y'(\eta_i)]^2} \, \Delta t_i.$$

根据 (9.2.3) 式, 可设 $[x'(t)]^2 + [y'(t)]^2$ 在 $[\alpha, \beta]$ 上的最大值为 $2M^2$, 最小值为 $2m^2$, 且 $2m^2 > 0$. 由一致连续性定理, $[y'(t)]^2$ 在 $[\alpha, \beta]$ 上一致连续, 因此 $\exists \delta_0 > 0$, $\forall r, s \in [\alpha, \beta]$, $|r - s| \leqslant \delta_0$ 时有 $\left| [y'(r)]^2 - [y'(s)]^2 \right| < m^2$. 于是当 $\|T^*\| = \max_{1 \leqslant i \leqslant n} \Delta t_i \leqslant \delta_0$, 按 (9.2.4) 式有

$$\begin{aligned}
|P_{i-1} P_i| &= \sqrt{[x'(\xi_i)]^2 + [y'(\xi_i)]^2 - [y'(\xi_i)]^2 + [y'(\eta_i)]^2} \, \Delta t_i \\
&\geqslant \sqrt{[x'(\xi_i)]^2 + [y'(\xi_i)]^2 - \left| [y'(\xi_i)]^2 - [y'(\eta_i)]^2 \right|} \, \Delta t_i \\
&\geqslant \sqrt{2m^2 - m^2} \, \Delta t_i = m \Delta t_i; \\
|P_{i-1} P_i| &\leqslant \sqrt{[x'(\xi_i)]^2 + [y'(\xi_i)]^2 + [x'(\eta_i)]^2 + [y'(\eta_i)]^2} \Delta t_i \\
&\leqslant \sqrt{2M^2 + 2M^2} \Delta t_i = 2M \Delta t_i.
\end{aligned}$$

由此得到 $\|T\| \leqslant 2M\|T^*\|$ 且 $\|T^*\| \leqslant \min\left\{\delta_0, \dfrac{1}{m}\|T\|\right\}$. 因此

$$\|T\| \to 0 \;\Leftrightarrow\; \|T^*\| \to 0. \tag{9.2.5}$$

由于 $\sqrt{[x'(t)]^2 + [y'(t)]^2}$ 在 $[\alpha, \beta]$ 上连续, 故它在 $[\alpha, \beta]$ 上可积, 记它关于 T^* 与 $\xi = \{\xi_1, \xi_2, \cdots, \xi_n\}$ 的积分和为 $J_{T^*} = \displaystyle\sum_{i=1}^{n} \sqrt{[x'(\xi_i)]^2 + [y'(\xi_i)]^2}\, \Delta t_i$, 且记 $J = \displaystyle\int_{\alpha}^{\beta} \sqrt{[x'(t)]^2 + [y'(t)]^2}\, \mathrm{d}t$, 则有 $\displaystyle\lim_{\|T^*\|\to 0} J_{T^*} = J$ 存在. 为了证明 (9.2.2) 式, 即 $L = J$, 只要证明 $\displaystyle\lim_{\|T\|\to 0} L_T = \lim_{\|T^*\|\to 0} J_{T^*}$. 根据 (9.2.5) 式, 只要证明

$$\lim_{\|T^*\|\to 0} (L_T - J_{T^*}) = 0. \tag{9.2.6}$$

事实上, $\forall \varepsilon > 0$, 由于 $y'(t)$ 在 $[\alpha, \beta]$ 上一致连续, 故 $\exists \delta > 0$, $\forall r, s \in [\alpha, \beta]$, $|r - s| < \delta$ 时有 $|y'(r) - y'(s)| < \varepsilon/(\beta - \alpha)$. 于是当 $\|T^*\| < \delta$ 有

$$|L_T - J_{T^*}| \leqslant \sum_{i=1}^{n} \left| \sqrt{[x'(\xi_i)]^2 + [y'(\eta_i)]^2} - \sqrt{[x'(\xi_i)]^2 + [y'(\xi_i)]^2} \right| \Delta t_i$$

$$\leqslant \sum_{i=1}^{n} \frac{|y'(\eta_i)| + |y'(\xi_i)|}{\sqrt{[x'(\xi_i)]^2 + [y'(\eta_i)]^2} + \sqrt{[x'(\xi_i)]^2 + [y'(\xi_i)]^2}} \, |y'(\eta_i) - y'(\xi_i)| \, \Delta t_i$$

$$< \sum_{i=1}^{n} 1 \cdot \frac{\varepsilon}{\beta - \alpha} \Delta t_i = \frac{\varepsilon}{\beta - \alpha} \sum_{i=1}^{n} \Delta t_i = \varepsilon.$$

这表明 (9.2.6) 式成立, 从而 C 是可求长的, 且弧长由 (9.2.2) 式确定.

定理 9.2.1 指出光滑的曲线可求长. 若曲线 C 是由有限条光滑曲线衔接而成的连续曲线 (即该连续曲线上仅有有限个不光滑点), 则称 C 为**分段光滑的曲线**. 根据定理 9.2.1 与积分区间可加性质, 分段光滑的曲线也是可求长的.

例 9.2.1　求由摆线 (旋轮线)$x = a(t - \sin t)$, $y = a(1 - \cos t)$(常数 $a > 0$) 的一拱的弧长 (图 9.1.6).

解　$(x')^2 + (y')^2 = [a(1 - \cos t)]^2 + (a \sin t)^2 = 2a^2(1 - \cos t) = 4a^2 \sin^2 \dfrac{t}{2}$, 由 (9.2.2) 式得

$$L = \int_0^{2\pi} \sqrt{[x'(t)]^2 + [y'(t)]^2}\, \mathrm{d}t = 2a \int_0^{2\pi} \left|\sin \frac{t}{2}\right| \mathrm{d}t = 2a \int_0^{2\pi} \sin \frac{t}{2}\, \mathrm{d}t = -4a \cos \frac{t}{2}\Big|_0^{2\pi} = 8a.$$

例 9.2.2　计算椭圆 $x = b\cos\theta$, $y = a\sin\theta$ ($\theta \in [0, 2\pi]$, 常数 $a > b > 0$) 的弧长.

解　$(x')^2 + (y')^2 = (-b\sin\theta)^2 + (a\cos\theta)^2 = a^2 - (a^2 - b^2)\sin^2\theta$, 令 $\mu = \dfrac{\sqrt{a^2 - b^2}}{a}$, 即 μ 为离心率, $0 < \mu < 1$, 则由对称性得椭圆弧长为

$$L = 4\int_0^{\frac{\pi}{2}} \sqrt{[x'(\theta)]^2 + [y'(\theta)]^2}\mathrm{d}\theta = 4a\int_0^{\frac{\pi}{2}} \sqrt{1 - \mu^2\sin^2\theta}\mathrm{d}\theta.$$

前面已经指出 $\sqrt{1 - \mu^2\sin^2\theta}$ 的原函数不能用初等函数表示出来, 因此椭圆的弧长求不出准确的值, 只能求近似值. 上述这样的积分称为**椭圆积分**.

若曲线 C 由直角坐标方程 $y = f(x)$, $x \in [a, b]$ 来表示, 则将它看作参数方程

$$x = x, \quad y = f(x), \quad x \in [a, b],$$

此时 $(x')^2 + (y')^2 = 1 + [f'(x)]^2$; 若曲线 C 由极坐标方程 $\rho = \rho(\theta)$, $\theta \in [\alpha, \beta]$ 表示, 则将它看作参数方程

$$x = \rho(\theta)\cos\theta, \quad y = \rho(\theta)\sin\theta, \quad \theta \in [\alpha, \beta],$$

此时

$$(x')^2 + (y')^2 = [\rho'(\theta)\cos\theta - \rho(\theta)\sin\theta]^2 + [\rho'(\theta)\sin\theta + \rho(\theta)\cos\theta]^2$$
$$= [\rho'(\theta)]^2 + [\rho(\theta)]^2.$$

由此根据定理 9.2.1 得到下面的推论.

推论 9.2.2　(1) 设曲线 C 的直角坐标方程为 $y = f(x)$, $x \in [a, b]$. 若函数 f 在 $[a, b]$ 上有连续的导数, 则它是一条光滑曲线, 从而它是可求长的, 且弧长为

$$L = \int_a^b \sqrt{1 + [f'(x)]^2}\mathrm{d}x. \tag{9.2.7}$$

(2) 设曲线 C 的极坐标方程为 $\rho = \rho(\theta)$, $\theta \in [\alpha, \beta]$. 若函数 ρ 在 $[\alpha, \beta]$ 上有连续的导数且 $\forall\theta \in [\alpha, \beta]$ 有 $[\rho'(\theta)]^2 + [\rho(\theta)]^2 \neq 0$, 则它是一条光滑曲线, 从而它是可求长的, 且弧长为

$$L = \int_\alpha^\beta \sqrt{[\rho'(\theta)]^2 + [\rho(\theta)]^2}\mathrm{d}\theta. \tag{9.2.8}$$

例 9.2.3　求曲线 $y = \ln\cos x$ $(0 \leqslant x \leqslant \dfrac{\pi}{3})$ 的弧长.

解　$1 + (y')^2 = 1 + \tan^2 x = \sec^2 x$, 由 (9.2.7) 式得

$$L = \int_0^{\frac{\pi}{3}} \sqrt{1 + (y')^2}\mathrm{d}x = \int_0^{\frac{\pi}{3}} \sec x\mathrm{d}x = \ln(\sec x + \tan x)\big|_0^{\frac{\pi}{3}} = \ln(2 + \sqrt{3}).$$

例 9.2.4　求心形线 $\rho = a(1 + \cos\theta)$(图 9.2.2) 的周长 (常数 $a > 0$).

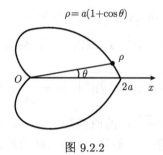

图 9.2.2

解 $(\rho')^2 + \rho^2 = (-a\sin\theta)^2 + a^2(1+\cos\theta)^2 = 2a^2(1+\cos\theta) = 4a^2\cos^2\dfrac{\theta}{2}$,
由 (9.2.8) 式得

$$L = \int_0^{2\pi}\sqrt{(\rho')^2+\rho^2}\mathrm{d}\theta = 2a\int_0^{2\pi}\left|\cos\frac{\theta}{2}\right|\mathrm{d}\theta = 4a\int_0^{\pi}\cos\frac{\theta}{2}\mathrm{d}\theta = 8a\sin\frac{\theta}{2}\Big|_0^{\pi} = 8a.$$

在定理 9.2.1 中, 若对 $\forall t \in [\alpha,\beta]$, 令

$$s(t) = \int_{\alpha}^{t}\sqrt{[x'(r)]^2 + [y'(r)]^2}\mathrm{d}r,$$

则 $s(t)$ 为曲线 C 在 $[\alpha,t]$ 上的一段弧长. 由于被积函数是连续的, 因此

$$\frac{\mathrm{d}s}{\mathrm{d}t} = \sqrt{[x'(t)]^2 + [y'(t)]^2} = \sqrt{\left(\frac{\mathrm{d}x}{\mathrm{d}t}\right)^2 + \left(\frac{\mathrm{d}y}{\mathrm{d}t}\right)^2},$$

即

$$\mathrm{d}s = \sqrt{\mathrm{d}x^2 + \mathrm{d}y^2},$$

称 $\mathrm{d}s$ 为**弧微分**或**弧长微元**.

推论 9.2.3 若 xy 平面上的曲线 C 是光滑的, 则在 C 上任一点 (x,y) 有弧长微分公式

$$\mathrm{d}s = \sqrt{\mathrm{d}x^2 + \mathrm{d}y^2}.$$

在弧长公式 (9.2.2) 中, 被积函数 $\sqrt{[x'(t)]^2 + [y'(t)]^2}$ 实际上就是曲线 C 在 t 对应的点处的切向量 $(x'(t), y'(t))$ 的模. 据此容易明白弧长微分公式的直观意义. 如图 9.2.3 所示, PQ 为曲线 C 在点 P 处的切线, $\overrightarrow{PT}$ 是长度为 $\mathrm{d}s$ 的切向量, 则 $\overrightarrow{PT}$ 在 x 轴与 y 轴的投影分别是 $\mathrm{d}x$ 与 $\mathrm{d}y$. 以 $\mathrm{d}x$ 和 $\mathrm{d}y$ 为直角边、以 $\mathrm{d}s$ 为斜边的直角三角形称为**微分三角形**.

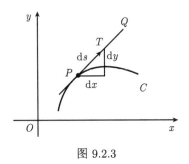

图 9.2.3

如果改用弧长作为光滑曲线 C 的参变量, 即 C 的参数方程为

$$x = x(s), \quad y = y(s), \quad s \in [0, L],$$

那么由弧长微分公式可知 $\left(\dfrac{\mathrm{d}x}{\mathrm{d}s}\right)^2 + \left(\dfrac{\mathrm{d}y}{\mathrm{d}s}\right)^2 = 1$, 即曲线 C 在每点处的切向量都是单位向量.

曲率是曲线弯曲程度的数量刻画. 如图 9.2.4 所示, 对于长度相等的弧段 P_1P_2 和 P_2P_3, 弯曲程度与动点沿弧段移动时切线转过的角度有关. 弧段 P_1P_2 比较平直, 切线的转角 φ_1 不大, 弧段 P_2P_3 弯曲得比较厉害, 切线的转角 φ_2 也比较大. 而对于弧段 P_4P_5 和 P_6P_7, 切线的转角同为 φ, 短弧比长弧弯曲得厉害些. 就是说, 切线的转角越大、弧长越短, 曲线弯曲得越厉害.

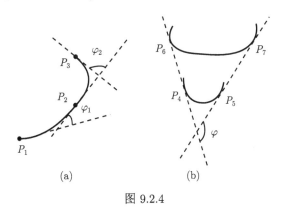

图 9.2.4

定义 9.2.2 设 C 是平面上以 A 为始点的一段光滑曲线, 弧长函数为 s, 切线倾角为 α. P 与 Q 为 C 上两点, 由 P 沿曲线移至 Q, 弧长增量为 Δs, 切线倾角的增量为 $\Delta \alpha$, 则称

$$\overline{K} = \left| \frac{\Delta \alpha}{\Delta s} \right|$$

为弧段 PQ 的**平均曲率** (图 9.2.5). 若存在极限

$$K = \lim_{\Delta s \to 0} \left| \frac{\Delta \alpha}{\Delta s} \right| = \left| \lim_{\Delta s \to 0} \frac{\Delta \alpha}{\Delta s} \right| = \left| \frac{\mathrm{d}\alpha}{\mathrm{d}s} \right|,$$

则称它为曲线 C 在点 P 处的**曲率**.

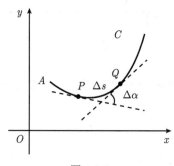

图 9.2.5

容易知道直线上的曲率处处为 0, 这与直觉上 "直线不弯曲" 是一致的.

设曲线 C 由参数方程 $x = x(t)$, $y = y(t)$, $t \in [\alpha, \beta]$ 给出, 若 C 是一条光滑曲线, 则对 C 上任一点 $P(x(t), y(t))$, 切线倾角为

$$\alpha(t) = \arctan \frac{y'(t)}{x'(t)} \text{或} \alpha(t) = \operatorname{arc\,cot} \frac{x'(t)}{y'(t)}.$$

又若 $x(t)$ 与 $y(t)$ 存在 2 阶导数, 则有

$$\frac{\mathrm{d}\alpha}{\mathrm{d}s} = \frac{\alpha'(t)}{s'(t)} = \frac{x'(t)y''(t) - x''(t)y'(t)}{\left[(x'(t))^2 + (y'(t))^2 \right]^{3/2}}.$$

由此可得出曲率的计算公式.

定理 9.2.4 (1) 设曲线 C 的参数方程是 $x = x(t)$, $y = y(t)(t \in [\alpha, \beta])$, $x(t)$ 与 $y(t)$ 在 $[\alpha, \beta]$ 上存在 2 阶导数且处处 $(x'(t))^2 + (y'(t))^2 \neq 0$, 则有曲率计算公式

$$K = \frac{|x'y'' - x''y'|}{[(x')^2 + (y')^2]^{3/2}}. \tag{9.2.9}$$

(2) 设曲线 C 的直角坐标方程是 $y = f(x)(x \in [a, b])$, $f(x)$ 在 $[a, b]$ 上存在 2 阶导数, 则有曲率计算公式

$$K = \frac{|y''|}{[1 + (y')^2]^{3/2}}.$$

例 9.2.5 求椭圆 $x = a\cos\theta, y = b\sin\theta$ ($\theta \in [0, 2\pi]$, 常数 $a \geqslant b > 0$) 上曲率最大和最小的点.

解 由于 $x' = -a\sin\theta$, $x'' = -a\cos\theta$, $y' = b\cos\theta$, $y'' = -b\sin\theta$, 故按 (9.2.9) 式得

$$K(\theta) = \frac{|ab|}{(a^2\sin^2\theta + b^2\cos^2\theta)^{3/2}} = \frac{ab}{\left[(a^2 - b^2)\sin^2\theta + b^2\right]^{3/2}}.$$

当 $a = b = R$ 时得到半径为 R 的圆周上各点的曲率处处为 $K = \dfrac{1}{R}$. 下设 $a > b$, 记

$$f(\theta) = (a^2 - b^2)\sin^2\theta + b^2, \quad \theta \in [0, 2\pi].$$

则当 $\theta \in (0, 2\pi)$ 时, 由 $f'(\theta) = 2(a^2 - b^2)\sin\theta\cos\theta = 0$ 得 $\theta = \dfrac{\pi}{2}$, π, $\dfrac{3\pi}{2}$. 可能的最值点在 $\theta = 0$, $\dfrac{\pi}{2}$, π, $\dfrac{3\pi}{2}$ 处. 由于

$$K(0) = K(\pi) = \frac{a}{b^2}, \quad K\left(\frac{\pi}{2}\right) = K\left(\frac{3\pi}{2}\right) = \frac{b}{a^2},$$

故在长轴端点处曲率最大, $K_{\max} = \dfrac{a}{b^2}$; 在短轴端点处曲率最小, $K_{\min} = \dfrac{b}{a^2}$.

习 题 9.2

1. 求悬链线 $y = \dfrac{e^x + e^{-x}}{2}$ 从 $x = 0$ 到 $x = a > 0$ 那一段的弧长.

2. 求星形线 (图 9.1.12) $x = a\cos^3 t$, $y = a\sin^3 t$ ($a > 0$ 为常数) 的弧长.

3. 求下列曲线的弧长 ($a > 0$ 为常数):

(1) $x = a(\cos t + t\sin t)$, $y = a(\sin t - t\cos t)$, $0 \leqslant t \leqslant 2\pi$;

(2) $\rho = a\sin^3 \dfrac{\theta}{3}$, $0 \leqslant \theta \leqslant 3\pi$.

4. 求下列曲线在指定点处的曲率 ($a > 0$ 为常数):

(1) $x = a(t - \sin t)$, $y = a(1 - \cos t)$, 在 $t = \dfrac{\pi}{2}$;

(2) $x = a\cos^3 t$, $x = a\sin^3 t$, 在 $t = \dfrac{\pi}{4}$.

5. 求下列曲线上曲率最大的点:

(1) $y = x^2 - 4x + 3$;　　(2) $y = \ln x$.

9.3　某些立体的体积与曲面的面积

本节考虑利用定积分来计算某些特殊立体的体积与某些特殊曲面的面积. 至于更一般的立体体积与曲面面积的计算问题将在多元积分中进一步讨论. 本节主

要使用微元法导出相关的计算公式, 它们都可用类似于 9.2 节中平面曲线的弧长公式的证明方法而得到确证.

　　首先考虑**平行截面面积为已知的立体体积**的计算问题. 如图 9.3.1 所示, Ω 为三维空间的立体, 夹在垂直于 x 轴的两平行平面 $x = a$ 与 $x = b$ 之间 $(a < b)$. 已知对 $\forall x \in [a, b]$, 过点 x 而垂直于 x 轴的平面截得 Ω 的截面面积为 $A(x)$. 在 Ω 上截出厚度为 $\mathrm{d}x$ 的薄片, 易知 Ω 的体积微元为 $\mathrm{d}V = A(x)\mathrm{d}x$, 因此 Ω 的体积公式为

$$V = \int_a^b A(x)\mathrm{d}x. \tag{9.3.1}$$

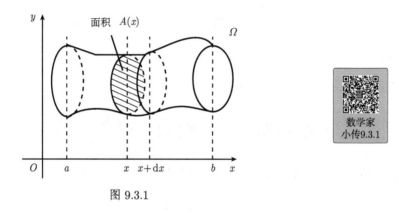

图 9.3.1

　　据《九章算术》记载, 我国齐梁时代的数学家祖暅 (祖冲之之子) 在计算球的体积时得到了一个重要结论, 后人称之为祖暅原理: "夫叠棊成立积, 缘幂势既同, 则积不容异". 这就是说, 一个立体 ("立积") 是由一系列小薄片 ("棊") 叠成的; 若两个立体同等高度上的截面面积 ("幂势") 都相同 (不管它们的形状如何), 则它们的体积 ("积") 必相等. 祖暅原理与 (9.3.1) 式的推导思想是完全相同的.

　　例 9.3.1　　求两个圆柱面 $x^2 + y^2 = a^2$ 与 $x^2 + z^2 = a^2$ 所围立体的体积 (常数 $a > 0$).

　　解　　图 9.3.2 是该立体位于第一卦限的部分. 对 $\forall x_0 \in [0, a]$, 平面 $x = x_0$ 与这部分立体的截面是一个边长为 $\sqrt{a^2 - x_0^2}$ 的正方形, 所以截面面积为

$$A(x) = a^2 - x^2, \quad x \in [0, a].$$

于是由 (9.3.1) 式得

$$V = 8 \int_0^a A(x)\mathrm{d}x = 8 \int_0^a (a^2 - x^2)\mathrm{d}x = \frac{16}{3} a^3.$$

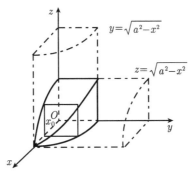

图 9.3.2

例 9.3.2 求椭球面 $\dfrac{x^2}{a^2} + \dfrac{y^2}{b^2} + \dfrac{z^2}{c^2} = 1$ 所围立体 (椭球) 的体积 (常数 $a, b, c > 0$).

解 以平面 $z = z_0$ ($|z_0| < c$) 截椭球面, 得到椭圆

$$\frac{x^2}{a^2\left(1 - \dfrac{z_0^2}{c^2}\right)} + \frac{y^2}{b^2\left(1 - \dfrac{z_0^2}{c^2}\right)} = 1,$$

故截面面积为

$$A(z) = \pi \cdot a\sqrt{1 - \frac{z^2}{c^2}} \cdot b\sqrt{1 - \frac{z^2}{c^2}} = \pi ab\left(1 - \frac{z^2}{c^2}\right).$$

由 (9.3.1) 式求得椭球体积

$$V = \int_{-c}^{c} A(z)\mathrm{d}z = 2\pi ab\int_0^c \left(1 - \frac{z^2}{c^2}\right)\mathrm{d}z = \frac{4\pi abc}{3}.$$

当 $a = b = c = R$ 时, 由此也得到半径为 R 的球的体积为 $\dfrac{4\pi R^3}{3}$.

作为 (9.3.1) 式的一个重要应用, 下面推导**旋转体体积**的公式. 设函数 f 在 $[a, b]$ 上连续, Ω 是由曲线 $y = f(x)(x \in [a, b])$ 确定的平面图形 (图 9.3.3)

$$G = \{(x, y): \ |y| \leqslant |f(x)|, a \leqslant x \leqslant b\}$$

绕 x 轴旋转一周而得到的旋转体 (图 9.3.4). (如果 f 非负, 那么 Ω 也可视为由 G_0 绕 x 轴旋转一周而得, 这里 $G_0 = \{(x, y): \ 0 \leqslant y \leqslant f(x), a \leqslant x \leqslant b\}$). 用过点 x 且与 x 轴垂直的平面去截旋转体, 得到的截面是一个半径为 $|f(x)|$ 的圆, 它的面积为 $A(x) = \pi\left[f(x)\right]^2$. 所以由 (9.3.1) 式得到旋转体的体积计算公式为

$$V = \pi\int_a^b \left[f(x)\right]^2 \mathrm{d}x. \tag{9.3.2}$$

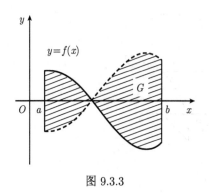

图 9.3.3

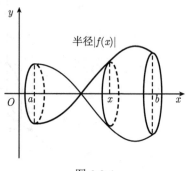

图 9.3.4

设曲线 C 由参数方程

$$x = x(t), \quad y = y(t), \quad t \in [\alpha, \beta]$$

给出. 若 $y(t)$ 在 $[\alpha, \beta]$ 上连续, $x(t)$ 在 $[\alpha, \beta]$ 上具有连续的导数且对 $\forall t \in (\alpha, \beta)$, $x'(t) \neq 0$. 则利用定积分换元法可得由曲线 C 确定的平面图形

$$G_x = \{(x, y): \ |y| \leqslant |y(t)|, x = x(t), \alpha \leqslant t \leqslant \beta\}$$

绕 x 轴旋转一周而得到的旋转体的体积计算公式为

$$V = \pi \int_\alpha^\beta [y(t)]^2 |x'(t)| \mathrm{d}t. \tag{9.3.3}$$

同样地, 若 $x(t)$ 在 $[\alpha, \beta]$ 上连续, $y(t)$ 在 $[\alpha, \beta]$ 上具有连续的导数且对 $\forall t \in (\alpha, \beta)$, $y'(t) \neq 0$. 则由曲线 C 确定的平面图形

$$G_y = \{(x, y): |x| \leqslant |x(t)|, y = y(t), \alpha \leqslant t \leqslant \beta\}$$

绕 y 轴旋转一周而得到的旋转体的体积计算公式为

$$V = \pi \int_\alpha^\beta [x(t)]^2 |y'(t)| \mathrm{d}t. \tag{9.3.4}$$

例 9.3.3　求由圆 $x^2 + (y - R)^2 \leqslant r^2 (0 < r < R)$ 绕 x 轴旋转一周所得环状立体的体积 (图 9.3.5).

解　圆周 $x^2 + (y - R)^2 = r^2$ 的上半圆周、下半圆周分别为

$$y = f_1(x) = R + \sqrt{r^2 - x^2}, \quad y = f_2(x) = R - \sqrt{r^2 - x^2}, \quad x \in [-r, r].$$

根据 (9.3.2) 式可得

$$V = \pi \int_{-r}^r [f_1(x)]^2 \, \mathrm{d}x - \pi \int_{-r}^r [f_2(x)]^2 \, \mathrm{d}x = \pi \int_{-r}^r \left[f_1^2(x) - f_2^2(x)\right] \, \mathrm{d}x$$

$$=\pi \int_{-r}^{r} 4R\sqrt{r^2 - x^2}\mathrm{d}x = 2\pi R \cdot \pi r^2.$$

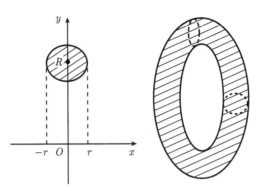

图 9.3.5

例 9.3.4 求由椭圆 $x = a\cos\theta, y = b\sin\theta$ (常数 $a > 0, b > 0$) 所围图形分别绕 x 轴与 y 轴旋转一周而成的旋转体的体积.

解 取 $\theta \in [0, \pi]$, 当 $\theta \in (0, \pi)$ 有 $x' = -a\sin\theta < 0$, 由 (9.3.3) 式得绕 x 轴旋转而成的立体体积为

$$V = \pi \int_0^\pi y^2 |x'| \mathrm{d}\theta = \pi \int_0^\pi b^2 \sin^2\theta \, |-a\sin\theta| \mathrm{d}\theta = \pi ab^2 \int_0^\pi (\cos^2\theta - 1)\mathrm{d}(\cos\theta) = \frac{4\pi ab^2}{3}.$$

取 $\theta \in \left[-\dfrac{\pi}{2}, \dfrac{\pi}{2}\right]$, 当 $\theta \in \left(-\dfrac{\pi}{2}, \dfrac{\pi}{2}\right)$ 有 $y' = b\cos\theta > 0$, 由 (9.3.4) 式得绕 y 轴旋转而成的立体体积为

$$V = \pi \int_{-\frac{\pi}{2}}^{\frac{\pi}{2}} x^2 |y'| \mathrm{d}\theta = \pi \int_{-\frac{\pi}{2}}^{\frac{\pi}{2}} a^2 \cos^2\theta \cdot b\cos\theta \mathrm{d}\theta$$

$$= \pi a^2 b \int_{-\frac{\pi}{2}}^{\frac{\pi}{2}} (1 - \sin^2\theta)\mathrm{d}(\sin\theta) = \frac{4\pi a^2 b}{3}.$$

当 $a = b = R$ 时由上述两结果都可得到半径为 R 的球的体积 $\dfrac{4\pi R^3}{3}$.

设曲线 C 由极坐标方程 $\rho = \rho(\theta)$, $\theta \in [\alpha, \beta]$ 给出, 其中 $0 \leqslant \alpha < \beta \leqslant \pi$, $\rho(\theta)$ 在 $[\alpha, \beta]$ 上连续. 由 C 与射线 $\theta = \alpha$, $\theta = \beta$ 围成的曲边扇形 (图 9.3.6)

$$G = \{(\rho, \theta): \quad 0 \leqslant \rho \leqslant \rho(\theta), \alpha \leqslant \theta \leqslant \beta\}$$

绕极轴旋转一周得到一个旋转体 Ω, 则 Ω 的体积公式为

$$V = \frac{2\pi}{3} \int_\alpha^\beta \rho^3(\theta) \sin\theta \mathrm{d}\theta. \tag{9.3.5}$$

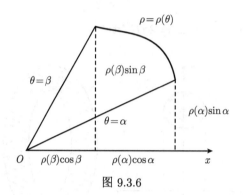

图 9.3.6

(阅读) 为方便起见, 下面在适当条件下用 (9.3.3) 式导出 (9.3.5) 式. 曲线 C 的参数方程为

$$x = \rho(\theta) \cos \theta, \quad y = \rho(\theta) \sin \theta, \quad \theta \in [\alpha, \beta].$$

设 $\rho(\theta) \cos \theta$ 在 $[\alpha, \beta]$ 上具有连续导数且在 (α, β) 内 $[\rho(\theta) \cos \theta]' \neq 0$. 不妨设 $[\rho(\theta) \cos \theta]' < 0$. 设由曲线 C、极轴及直线 $x = \rho(\alpha) \cos \alpha$ 与 $x = \rho(\beta) \cos \beta$ 围成的图形为 G_1, 由射线 $\theta = \alpha$、直线 $x = \rho(\alpha) \cos \alpha$ 与极轴围成的三角形为 G_2, 由射线 $\theta = \beta$、直线 $x = \rho(\beta) \cos \beta$ 与极轴围成的三角形为 G_3, 如图 9.3.6 所示. 于是 Ω 的体积可视为由 G_1 绕极轴旋转而成的旋转体体积 V_1 加上由 G_3 绕极轴旋转而成的圆锥体积减去由 G_2 绕极轴旋转而成的圆锥体积. 由 (9.3.3) 式与分部积分法得

$$
\begin{aligned}
V_1 =& \pi \int_\alpha^\beta [\rho(\theta) \sin \theta]^2 \left| [\rho(\theta) \cos \theta]' \right| \mathrm{d}\theta \\
=& \pi \int_\alpha^\beta [\rho(\theta) \sin \theta]^2 \rho(\theta) \sin \theta \mathrm{d}\theta - \pi \int_\alpha^\beta \sin^2 \theta \cos \theta \cdot \rho^2(\theta) \rho'(\theta) \mathrm{d}\theta \\
=& \pi \int_\alpha^\beta \rho^3(\theta) \sin^3 \theta \mathrm{d}\theta - \pi \left[\frac{1}{3} \rho^3(\theta) \sin^2 \theta \cos \theta \Big|_\alpha^\beta - \frac{1}{3} \int_\alpha^\beta \rho^3(\theta) (2\sin \theta - 3\sin^3 \theta) \mathrm{d}\theta \right] \\
=& -\frac{\pi}{3} \rho^3(\theta) \sin^2 \theta \cos \theta \Big|_\alpha^\beta + \frac{2\pi}{3} \int_\alpha^\beta \rho^3(\theta) \sin \theta \mathrm{d}\theta.
\end{aligned}
$$

因此 Ω 的体积公式为

$$
\begin{aligned}
V =& V_1 + \frac{\pi}{3} [\rho(\beta) \sin \beta]^2 \rho(\beta) \cos \beta - \frac{\pi}{3} [\rho(\alpha) \sin \alpha]^2 \rho(\alpha) \cos \alpha \\
=& \frac{2\pi}{3} \int_\alpha^\beta \rho^3(\theta) \sin \theta \mathrm{d}\theta.
\end{aligned}
$$

例 9.3.5 求心形线 $\rho = a(1 + \cos \theta)$(图 9.2.2) 所围图形绕极轴旋转得到的旋转体体积.

解   视为曲边扇形旋转, θ 的范围应取为 $\theta \in [0, \pi]$. 由 (9.3.5) 式得

$$V = \frac{2\pi}{3} \int_0^\pi a^3 (1 + \cos\theta)^3 \sin\theta \mathrm{d}\theta = -\frac{2\pi a^3}{3} \cdot \frac{1}{4}(1 + \cos\theta)^4 \Big|_0^\pi = \frac{8\pi a^3}{3}.$$

此题也可用 (9.3.3) 式来解, 运算较为复杂.

再考虑**旋转曲面面积**的计算问题. 设函数 f 在 $[a, b]$ 上有连续的导数, 由曲线 $y = f(x)$(光滑曲线) 绕 x 轴旋转, 得到一个旋转曲面, 如图 9.3.7 所示. 过点 x 与 $x + \mathrm{d}x$ 作垂直于 x 轴的平面, 得到旋转曲面上对应于区间 $[x, x + \mathrm{d}x]$ 的窄带. 旋转曲面的面积微元可视为该窄带的面积, 即以 $|f(x)|$ 为半径、弧长微元 $\mathrm{d}s$ 为宽的 "圆台面" 的面积:

$$\mathrm{d}A = 2\pi |f(x)| \mathrm{d}s.$$

由于 $\mathrm{d}s = \sqrt{\mathrm{d}x^2 + \mathrm{d}y^2} = \sqrt{1 + [f'(x)]^2} \mathrm{d}x$, 因此得到旋转曲面的面积公式

$$A = 2\pi \int_a^b |f(x)| \sqrt{1 + [f'(x)]^2} \mathrm{d}x. \tag{9.3.6}$$

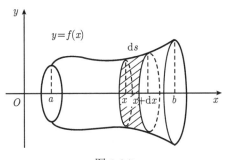

图 9.3.7

类似地, 设光滑曲线 C 由参数方程 $x = x(t)$, $y = y(t)$, $t \in [\alpha, \beta]$ 给出, 且 $x'(t), y'(t)$ 在 $[\alpha, \beta]$ 上连续. 则曲线 C 绕 x 轴旋转而得到的旋转曲面的面积为

$$A = 2\pi \int_\alpha^\beta |y(t)| \sqrt{[x'(t)]^2 + [y'(t)]^2} \mathrm{d}t; \tag{9.3.7}$$

曲线 C 绕 y 轴旋转而得到的旋转曲面的面积为

$$A = 2\pi \int_\alpha^\beta |x(t)| \sqrt{[x'(t)]^2 + [y'(t)]^2} \mathrm{d}t; \tag{9.3.8}$$

设光滑曲线 C 由极坐标方程 $\rho = \rho(\theta)$, $\theta \in [\alpha, \beta]$ 给出, 这里 $0 \leqslant \alpha < \beta \leqslant \pi$, $\rho(\theta)$ 在 $[\alpha, \beta]$ 上有连续的导数. 则曲线 C 绕极轴旋转而得到的旋转曲面的面积为

$$A = 2\pi \int_\alpha^\beta \rho(\theta) \sin\theta \sqrt{[\rho'(\theta)]^2 + [\rho(\theta)]^2} \mathrm{d}\theta. \tag{9.3.9}$$

例 9.3.6 计算圆 $x^2 + y^2 = R^2$ 在 $[\alpha, \beta] \subset [-R, R]$ 上的弧段绕 x 轴旋转所得球带的面积.

解 对曲线 $y = \sqrt{R^2 - x^2}$ 应用 (9.3.6) 式, 由于

$$1 + (y')^2 = 1 + \left(-\frac{x}{\sqrt{R^2 - x^2}}\right)^2 = \frac{R^2}{R^2 - x^2},$$

故球带的面积为

$$A = 2\pi \int_\alpha^\beta |y| \sqrt{1 + (y')^2} \mathrm{d}x = 2\pi \int_\alpha^\beta \sqrt{R^2 - x^2} \frac{R}{\sqrt{R^2 - x^2}} \mathrm{d}x = 2\pi R(\beta - \alpha).$$

特别当 $\alpha = -R, \beta = R$ 时得到球的表面积为 $4\pi R^2$.

例 9.3.7 求由椭圆 $x = \sqrt{2}\cos\theta,\ y = \sin\theta$ 绕 x 轴旋转一周而成的旋转曲面的面积.

解 取 $\theta \in [0, \pi]$, 由 (9.3.7) 式得所求曲面面积为

$$A = 2\pi \int_0^\pi |y| \sqrt{(x')^2 + (y')^2} \mathrm{d}\theta = 2\pi \int_0^\pi \sin\theta \sqrt{2\sin^2\theta + \cos^2\theta} \mathrm{d}\theta.$$

令 $-\cos\theta = u$, 则 $A = 2\pi \int_{-1}^1 \sqrt{2 - u^2} \mathrm{d}u = 4\pi \int_0^1 \sqrt{2 - u^2} \mathrm{d}u$, 再通过分部积分或令 $u = \sqrt{2}\sin t$ 换元, 可得 $A = \pi(\pi + 2)$.

例 9.3.8 求心形线 $\rho = a(1 + \cos\theta)$(图 9.2.2) 绕极轴旋转得到的旋转面面积.

解 θ 的范围应取为 $\theta \in [0, \pi]$, 由于

$$(\rho')^2 + \rho^2 = a^2\sin^2\theta + a^2(1 + \cos\theta)^2 = 2a^2(1 + \cos\theta),$$

故由 (9.3.9) 式得所求曲面面积为

$$A = 2\pi \int_0^\pi \rho\sin\theta \sqrt{(\rho')^2 + \rho^2} \mathrm{d}\theta = 2\pi \int_0^\pi a\sin\theta(1 + \cos\theta)\sqrt{2}a\sqrt{1 + \cos\theta} \mathrm{d}\theta$$

$$= -2\sqrt{2}\pi a^2 \int_0^\pi (1 + \cos\theta)^{\frac{3}{2}} \mathrm{d}(1 + \cos\theta) = -2\sqrt{2}\pi a^2 \cdot \frac{2}{5}(1 + \cos\theta)^{\frac{5}{2}}\Big|_0^\pi = \frac{32}{5}\pi a^2.$$

习 题 9.3

1. 直椭圆柱体被通过底面短轴的斜平面所截, 试求截得楔形体的体积, 如图 9.3.8 所示.

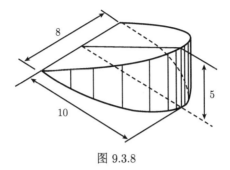

图 9.3.8

2. 设 $R, h > 0$ 为常数, 求由直线 $y = \dfrac{R}{h}x,\ y = 0$ 及 $x = h$ 所围平面图形绕 x 轴旋转所得旋转体的体积.

3. 求由曲线 $y = \sin x\,(0 \leqslant x \leqslant \pi)$ 及直线 $y = 0$ 所围平面图形绕 x 轴旋转所得旋转体的体积.

4. 求由曲线 $y = x^2$ 与 $x = y^2$ 所围图形绕 y 轴旋转所得旋转体的体积.

5. 求星形线 $y = a \sin^3 t,\ x = a \cos^3 t$ (图 9.1.12) 所围平面图形绕 x 轴旋转所得立体的体积.

6. 求 Archimedes(阿基米德) 螺线 $\rho = a\theta$(常数 $a > 0$) 与 $\theta = \pi$ 所围平面图形 (图 9.3.9) 绕极轴旋转所得立体的体积.

7. 求由曲线 $y = \sin x\,(0 \leqslant x \leqslant \pi)$ 绕 x 轴旋转所得旋转曲面的面积.

8. 求星形线 $y = a \sin^3 t,\ x = a \cos^3 t$(图 9.1.12) 绕 x 轴旋转所得旋转曲面的面积.

9. 求双纽线 $\rho^2 = a^2 \cos 2\theta$ (常数 $a > 0$) 绕极轴旋转所得旋转曲面的面积 (图 9.3.10).

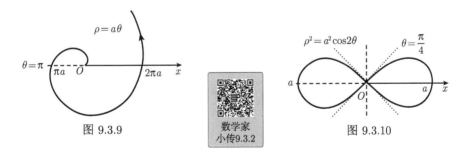

图 9.3.9　　　　数学家小传9.3.2　　　　图 9.3.10

9.4　定积分在物理中的某些应用

定积分在物理中的应用十分广泛. 本节仅介绍在计算液体压力、变力做的功、质线段的质量及万有引力等方面的例子.

例 9.4.1　液体管道有一直径为 $2R$ 的圆形闸门, 如图 9.4.1 所示. 求液面高度为 $h\,(h \leqslant R)$ 时闸门受到的压力.

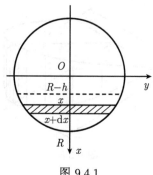

图 9.4.1

解 建立直角坐标系如图 9.4.1 所示, 圆周方程为 $y = \pm\sqrt{R^2 - x^2}$. 已知液体的压强等于液体的密度 μ、重力加速度 g 与深度 H 的积. 闸门上点 x 到 $x+\mathrm{d}x$ 的部分其面积近似于 $2\sqrt{R^2 - x^2}\mathrm{d}x$, 深度 $H = x - (R - h) = x - R + h$, 压力微元为

$$\mathrm{d}P = \mu g(x - R + h) \cdot 2\sqrt{R^2 - x^2}\mathrm{d}x.$$

因此, 液面高度为 h $(h \leqslant R)$ 时, 闸门受到的压力为

$$P = 2\mu g \int_{R-h}^{R} (x - R + h)\sqrt{R^2 - x^2}\mathrm{d}x.$$

令 $x = R\sin\theta$, 并记 $\sin\alpha = \dfrac{R-h}{R}$, 则

$$
\begin{aligned}
P &= 2\mu g \int_{\alpha}^{\frac{\pi}{2}} (R\sin\theta - R + h)R^2 \cos^2\theta\mathrm{d}\theta \\
&= 2\mu g \left[-\frac{R^3}{3}\cos^3\theta + \frac{(h-R)R^2}{2}(\theta + \sin\theta\cos\theta) \right]\Bigg|_{\alpha}^{\frac{\pi}{2}} \\
&= 2\mu g \left[\frac{R^3}{3}\cos^3\alpha + \frac{(h-R)R^2}{2}\left(\frac{\pi}{2} - \alpha - \sin\alpha\cos\alpha \right) \right].
\end{aligned}
$$

注意到 $\cos\alpha = \dfrac{\sqrt{2Rh - h^2}}{R}$, 故

$$P = 2\mu g \left[\frac{1}{3}(2Rh - h^2)^{\frac{3}{2}} - \frac{1}{2}R^2(R - h)\left(\frac{\pi}{2} - \arcsin\frac{R-h}{R} - \frac{R-h}{R^2}(2Rh - h^2)^{\frac{1}{2}} \right) \right],$$

其中当 $h = R$ 时压力为 $P = \dfrac{2\mu g R^3}{3}$.

例 9.4.2 一圆台形水池, 池口直径为 40m, 底直径为 20m, 深为 10m, 试求将全部池水抽出池外所做的功.

解 设水的密度为 μ, 重力加速度为 g. 建立坐标系如图 9.4.2 所示, 水池深度 x 到 $x+\mathrm{d}x$ 的部分其体积近似于 $\pi(20-x)^2\mathrm{d}x$, 这部分的重力为 $\mu g\pi(20-x)^2\mathrm{d}x$, 从而所做的功为

$$\mathrm{d}W = x \cdot \mu g\pi(20-x)^2\mathrm{d}x.$$

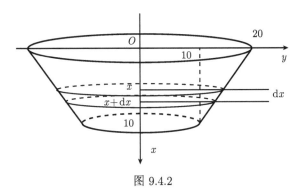

图 9.4.2

因此将全部池水抽出池外所做的功

$$W = \pi\mu g\int_0^{10} x(20-x)^2\mathrm{d}x = \frac{27500}{3}\pi\mu g(\mathrm{kJ}).$$

例 9.4.3 一根直杆长为 L, 距杆左端 x 处的线密度 $\mu(x) = \dfrac{1}{x+1}$, 求它的质量与质心位置.

解 建立坐标系如图 9.4.3 所示, 直杆左端置于原点. 对 $[0, L]$ 作任意分割

$$T : 0 = x_0 < x_1 < x_2 < \cdots < x_{n-1} < x_n = L.$$

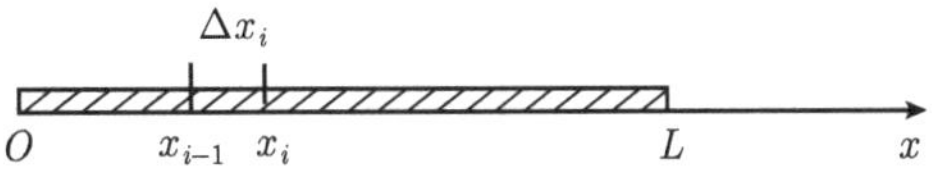

图 9.4.3

任取 $\xi_i \in [x_{i-1}, x_i]$, 则位于 $[x_{i-1}, x_i]$ 一段的质量近似于 $m_i = \mu(\xi_i)\Delta x_i$, 总质量近似于 $\sum\limits_{i=1}^n \mu(\xi_i)\Delta x_i$; 将直杆视为质量集中于 $\xi_1, \xi_2, \cdots, \xi_n$ 的 n 个质点组, 质心坐标近似于

$$\frac{\sum\limits_{i=1}^n \xi_i m_i}{\sum\limits_{i=1}^n m_i} = \frac{\sum\limits_{i=1}^n \xi_i\mu(\xi_i)\Delta x_i}{\sum\limits_{i=1}^n \mu(x_i)\Delta x_i}.$$

令 $\|T\| \to 0$, 由函数可积性知所求质量为

$$m = \int_0^L \mu(x)\mathrm{d}x = \int_0^L \frac{\mathrm{d}x}{x+1} = \ln(1+L),$$

所求质心坐标为

$$\overline{x} = \frac{\displaystyle\int_0^L x\mu(x)\mathrm{d}x}{\displaystyle\int_0^L \mu(x)\mathrm{d}x} = \frac{\displaystyle\int_0^L \frac{x\mathrm{d}x}{x+1}}{\ln(1+L)} = \frac{L - \ln(1+L)}{\ln(1+L)}.$$

例 9.4.4   设电器的电阻为 R(常量), 求交流电 $I(t) = I_0 \sin \omega t$ 的平均功率, 其中 I_0 为电流的最大值.

解   功率 $P(t) = I^2 R = I_0^2 R \sin^2 \omega t$, 只需计算一个周期上的平均功率, 周期为 $\sigma = \dfrac{2\pi}{\omega}$. 于是所求平均功率为

$$\overline{P} = \frac{1}{\sigma} \int_0^\sigma P(t)\mathrm{d}t = \frac{I_0^2 R}{\sigma} \int_0^\sigma \sin^2 \omega t\, \mathrm{d}t = \frac{I_0^2 R}{2\pi} \int_0^{2\pi} \sin^2 u\, \mathrm{d}u$$

$$= \frac{I_0^2 R}{2\pi} \int_0^{2\pi} \frac{1 - \cos 2u}{2} \mathrm{d}u = \frac{I_0^2 R}{2}.$$

例 9.4.5   一根长为 $2L$ 的均匀细杆, 质量为 m, 在中垂线上相距细杆 a 处有一质量为 m_0 的质点, 试求细杆对质点的万有引力.

解   以细杆中点为原点、中垂线为 y 轴建立坐标系, 如图 9.4.4 所示, 于是细杆位于 x 轴上的区间 $[-L, L]$ 上, 质点位于 y 轴上的点 a.

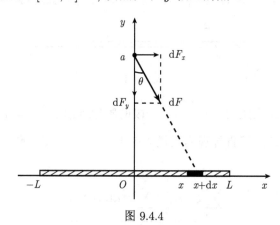

图 9.4.4

任取 $[x, x + \mathrm{d}x] \subset [-L, L]$, 当 $\mathrm{d}x$ 很小时, 这一小段细杆看作一个质点, 其质

量为 $\mathrm{d}m = \dfrac{\mathrm{d}x}{2L} \cdot m = \dfrac{m}{2L}\mathrm{d}x$, 它与 y 轴上的点 a 处质点相距 $r = \sqrt{x^2 + a^2}$, 设 k 为引力常数, 于是这一小段细杆对质点的引力为

$$\mathrm{d}F = \frac{km_0\mathrm{d}m}{r^2} = \frac{km_0}{x^2 + a^2} \cdot \frac{m}{2L}\mathrm{d}x.$$

由于细杆上各小段对质点的引力方向各不相同, 因此不能直接对 $\mathrm{d}F$ 积分 (不符合代数可加条件). 为此, 将 $\mathrm{d}F$ 分解到 x 轴和 y 轴两个方向上, 得到

$$\mathrm{d}F_x = \mathrm{d}F \sin\theta, \quad \mathrm{d}F_y = \mathrm{d}F \cos\theta.$$

由于质点位于细杆的中垂线上, 故水平合力为 0, 即 $F_x = \displaystyle\int_{-L}^{L} \mathrm{d}F_x = 0$. 又 $\cos\theta = \dfrac{a}{\sqrt{a^2 + x^2}}$, 故垂直方向的合力为

$$F_y = \int_{-L}^{L} \mathrm{d}F_y = -\int_{-L}^{L} \frac{km_0}{x^2 + a^2} \cdot \frac{m}{2L} \cdot \frac{a}{\sqrt{a^2 + x^2}}\mathrm{d}x = \frac{akm_0m}{L}\int_0^L \left(a^2 + x^2\right)^{-\frac{3}{2}} \mathrm{d}x$$
$$= -\frac{akm_0m}{L} \cdot \frac{x}{a^2}\left(a^2 + x^2\right)^{-\frac{1}{2}}\bigg|_0^L = -\frac{km_0m}{a\sqrt{a^2 + L^2}},$$

负号表示合力方向与 y 轴方向相反.

<h2 style="text-align:center">习 题 9.4</h2>

1. 有一矩形闸门, 宽 a, 长 b, 水面与门顶的距离为 c(即门底边位于水深 $b + c$ 处). 求闸门受到的压力.

2. 有一等腰梯形闸门, 它的两条底边尺寸为 10 和 6, 高为 20, 较长的底边与水面相齐, 求闸门受到的压力.

3. 有一直径为 40m 的半球形容器盛满了水, 试求将水全部抽出所做的功.

4. 一根直杆长为 a, 距杆左端 x 处的线密度 $\mu(x) = x^2$, 求它的质量、平均密度与质心位置.

5. 设在坐标轴的原点有一质量为 m_0 的质点, 在区间 $[a, a + L]$ 上有一质量为 m 的均匀细杆, 试求质点与细杆之间的万有引力.

6. 有一半径为 R 的半圆形细丝, 其线密度为常数 μ, 在圆心处有一质量为 m_0 的质点, 试求细丝对质点的万有引力.

复习课件09

归纳解析
视频09

总习题 9

A 组

1. 求抛物线 $y^2 = 2px$ 及其在点 $\left(\dfrac{p}{2}, p\right)$ 处的法线所围成的图形的面积.

2. 抛物线 $y^2 = 2x$ 把圆 $x^2 + y^2 \leqslant 8$ 分成两部分, 求这两部分面积之比.

3. 求由曲线 $\rho = a\sin\theta$ 与 $\rho = a(\cos\theta + \sin\theta)$ $(a > 0$ 为常数$)$ 所围公共部分的面积.

4. 求两椭圆 $\dfrac{x^2}{a^2} + \dfrac{y^2}{b^2} = 1$ 与 $\dfrac{x^2}{b^2} + \dfrac{y^2}{a^2} = 1$(其中 $a > b > 0$ 为常数) 所围公共部分的面积.

5. 求由曲线 $x = t - t^3, y = 1 - t^4$ 所围图形的面积.

6. 求抛物线 $y = \dfrac{x^2}{2}$ 被圆 $x^2 + y^2 = 3$ 所截下的有限部分的弧长.

7. 求曲线 $y = \displaystyle\int_0^x \sqrt{\sin t}\,\mathrm{d}t (0 \leqslant x \leqslant \pi)$ 的弧长.

8. 求 Archimedes 螺线 $\rho = a\theta$(常数 $a > 0$) 在 $\theta \in [0, 2\pi]$ 的弧长.

9. 求曲线 $y = \mathrm{e}^x$ 上曲率最大的点.

10. 求圆盘 $(x-2)^2 + y^2 \leqslant 1$ 绕 y 轴旋转而成的旋转体的体积.

11. 求圆周 $x^2 + (y - R)^2 = r^2 (0 < r < R)$ 绕 x 轴旋转一周所得旋转曲面的面积.

12. 试求由摆线 $x = a(t - \sin t), y = a(1 - \cos t)$(常数 $a > 0$) 的一拱 (图 9.1.6) 与 x 轴所围图形分别绕 x 轴、y 轴旋转而成的旋转体的体积.

13. 求双纽线 $\rho^2 = a^2\cos 2\theta$ (常数 $a > 0$) 绕射线 $\theta = \dfrac{\pi}{2}$ 旋转所得旋转曲面的面积.

14. 设有曲线 $y = \sqrt{x - 1}$, 过原点作其切线, 求由此曲线、切线及 x 轴所围图形绕 x 轴旋转一周所得的旋转体的表面积.

B 组

15. 过点 $(2a, 0)$ 向椭圆 $\dfrac{x^2}{a^2} + \dfrac{y^2}{b^2} = 1$ 作两条切线, 求椭圆与两条切线围成的图形绕 y 轴旋转所得的旋转体的体积.

16. 求由上半圆周 $y = \sqrt{2x - x^2}$ 与直线 $y = x$ 所围图形绕直线 $x = 2$ 旋转一周所得旋转体的体积.

17. 设函数 f 在 $[a, b]$ 上连续且非负, 证明曲边梯形 $G = \{(x, y) : 0 \leqslant y \leqslant f(x), a \leqslant x \leqslant b\}$ 绕 y 轴旋转所得的旋转体体积公式为 $V = 2\pi \displaystyle\int_a^b xf(x)\mathrm{d}x$; 并用此公式求由 $y = \sin x$ 在 $x \in [0, \pi]$ 上的曲边梯形绕 y 轴旋转所得的旋转体体积.

18. 设曲线 C 是 $y = x + \sin x$ 上介于点 $O(0, 0)$ 与 $P(2\pi, 2\pi)$ 之间的一段弧, G 是由曲线 C、直线 $y = x - 2$ 及点 O 与 P 到该直线的垂线围成的图形. 求 G 绕直线 $y = x - 2$ 旋转一周所得旋转体的体积.

19. 求下列曲线所围图形的面积 $(a > 0, b > 0$ 为常数$)$

(1) $(x^2 + y^2)^2 = a^2 x^2 + b^2 y^2$;   (2) $x^4 + y^4 = a^2(x^2 + y^2)$.

20. 求曲线 $\theta = \dfrac{1}{2}\left(\rho + \dfrac{1}{\rho}\right)$ $(1 \leqslant \rho \leqslant 3)$ 的弧长.

21. 求 a, b 的值, 使椭圆 $x = a\cos t$, $y = b\sin t$ 的周长等于正弦曲线 $y = \sin x$ 在 $[0, 2\pi]$ 上一段的长.

22. 设曲线 C 的极坐标方程为 $\rho = \rho(\theta)(\theta \in [\alpha, \beta])$. 若函数 ρ 在 $[\alpha, \beta]$ 上具有 2 阶导数且处处有 $[\rho'(\theta)]^2 + [\rho(\theta)]^2 \neq 0$, 试推导曲率计算公式.

23. 设 $\rho(\theta)$ 在 $[\alpha, \beta]$ 上连续. 由曲线 C: $\rho = \rho(\theta)$, $\theta \in [\alpha, \beta](0 \leqslant \alpha < \beta \leqslant \pi)$ 与射线 $\theta = \alpha$, $\theta = \beta$ 围成的曲边扇形绕极轴旋转得到旋转体 G. 试用微元法导出它的体积公式 (9.3.5).

第 10 章 广义积分
CHAPTER

前面对定积分 (Riemann 积分) 的讨论有两个基本的前提条件: 积分区间必须是有限闭区间, 被积函数必须是有界函数. 但实际中需要考虑不满足这两个条件的积分问题, 即考虑无穷区间上的积分与无界函数的积分. 这两种积分统称为**广义积分** (或**反常积分**), 其中无穷区间上的积分称为**无穷积分**, 无界函数的积分称为**瑕积分**. 而前面所讨论的定积分 (Riemann 积分) 则相应地称为**常义积分** (或**正常积分**). 本章引入广义积分值的概念, 着重讨论这两种广义积分的收敛性判别问题.

10.1 广义积分的概念及基本性质

如何确切地定义广义积分的值, 可以从下面两个实际例子中得到启发.

例 10.1.1 (逃逸速度问题) 在地面垂直发射火箭, 问火箭的初速度 v_0 多大时才能使它克服地球引力飞向太空?

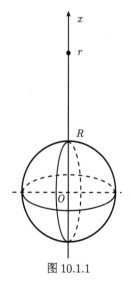

图 10.1.1

解 以地心为原点建立坐标系, 如图 10.1.1 所示. 设地球半径为 R, 质量为 M, 火箭的质量为 m, 重力加速度为 g. 根据万有引力定律, 地面上单位质量的物体所受的地心引力为 $g = \dfrac{k \cdot 1 \cdot M}{R^2}$, 其中 k 为引力常数. 于是火箭在距地心 x 处 $(x \geqslant R)$ 所受的地心引力为

$$F(x) = \frac{kMm}{x^2} = \frac{gR^2m}{x^2}.$$

由此可知火箭从地面升到距地心 r 处 $(r > R)$ 需做的功为

$$W(r) = \int_R^r F(x)\mathrm{d}x = \int_R^r \frac{mgR^2}{x^2}\mathrm{d}x = mgR^2\left(\frac{1}{R} - \frac{1}{r}\right).$$

从而火箭无限远离地球飞向太空需做的功为

$$\lim_{r \to +\infty} W(r) = \lim_{r \to +\infty} \int_R^r F(x)\mathrm{d}x = mgR$$

$$= \int_R^{+\infty} F(x)\mathrm{d}x. \tag{10.1.1}$$

根据机械能守恒定律, 初速度 v_0 至少应使

$$\frac{1}{2}mv_0^2 = mgR,$$

将 $g = 9.81$(米/秒 ^{2}), $R = 6.371 \times 10^6$(米) 代入, 可求得

$$v_0 = \sqrt{2gR} \approx 11.2(千米/秒).$$

此例中涉及 $[R, +\infty)$ 上的积分 $\displaystyle\int_R^{+\infty} F(x)\mathrm{d}x$, 它的值可按 (10.1.1) 式自然地定义为 $[R, r]$ 上的积分当上限 r 趋于 $+\infty$ 的极限.

例 10.1.2 (圆的弧长问题) 设单位圆周 $x^2 + y^2 = 1$ 在第一象限的部分为曲线 $y = \sqrt{1 - x^2}$, $x \in [0, 1]$. 求它的弧长.

解 由于 $y' = -\dfrac{x}{\sqrt{1 - x^2}}$, 该曲线在 $[0, 1)$ 是光滑的, 它是 $[0, 1]$ 上仅有一个不光滑点 $x = 1$ 的连续曲线. 根据弧长公式, 被积函数为

$$\sqrt{1 + (y')^2} = \frac{1}{\sqrt{1 - x^2}}.$$

但 $\dfrac{1}{\sqrt{1 - x^2}}$ 在 $[0, 1]$ 上是无界的, 从而是不可积的 (即常义积分不存在). $\forall u \in [0, 1)$, 曲线在 $[0, u]$ 上的弧长

$$s(u) = \int_0^u \sqrt{1 + (y')^2}\mathrm{d}x = \int_0^u \frac{\mathrm{d}x}{\sqrt{1 - x^2}} = \arcsin u.$$

由此得所求弧长应为

$$\frac{\pi}{2} = \lim_{u \to 1-} \arcsin u = \lim_{u \to 1-} s(u)$$

$$= \lim_{u \to 1-} \int_0^u \frac{\mathrm{d}x}{\sqrt{1 - x^2}} = \int_0^1 \frac{\mathrm{d}x}{\sqrt{1 - x^2}}. \tag{10.1.2}$$

此例中涉及 $[0, 1]$ 上无界函数的积分 $\displaystyle\int_0^1 \frac{\mathrm{d}x}{\sqrt{1 - x^2}}$, 它的值可按 (10.1.2) 自然地定义为 $[0, u]$ 上的积分当 $u \to 1-$ 时的极限.

从上面两个实际例子可见, 广义积分可通过常义积分的极限来定义.

定义 10.1.1 设函数 f 在 $[a, +\infty)$ 上有定义且在任何闭子区间 $[a, u]$ 上可积 $(u \in [a, +\infty))$. 若存在极限

$$\lim_{u \to +\infty} \int_a^u f(x)\mathrm{d}x = J, \tag{10.1.3}$$

则称**无穷积分** $\displaystyle\int_a^{+\infty} f(x)\mathrm{d}x$ **收敛** (也称 f 在 $[a, +\infty)$ 上可积), 并称 J 为它的值, 记作 $J = \displaystyle\int_a^{+\infty} f(x)\mathrm{d}x$. 若极限 (10.1.3) 不存在, 则称**无穷积分** $\displaystyle\int_a^{+\infty} f(x)\mathrm{d}x$ **发散**. 类似地定义函数 f 在 $(-\infty, b]$ 上的无穷积分

$$\int_{-\infty}^b f(x)\mathrm{d}x = \lim_{u \to -\infty} \int_u^b f(x)\mathrm{d}x. \tag{10.1.4}$$

设函数 f 在 $(-\infty, +\infty)$ 的任何闭子区间上可积, 取 $a \in (-\infty, +\infty)$, 则 f 在 $(-\infty, +\infty)$ 上的无穷积分 $\displaystyle\int_{-\infty}^{+\infty} f(x)\mathrm{d}x$ 定义为

$$\int_{-\infty}^{+\infty} f(x)\mathrm{d}x = \int_{-\infty}^a f(x)\mathrm{d}x + \int_a^{+\infty} f(x)\mathrm{d}x, \tag{10.1.5}$$

当且仅当 (10.1.5) 式右边两个无穷积分都收敛时它才是收敛的, 此时它的值是右边这两个无穷积分的值的和.

在几何上, 当 f 为非负函数时, $\displaystyle\int_a^{+\infty} f(x)\mathrm{d}x$ 表示由曲线 $y = f(x)$, 直线 $x = a$ 及 x 轴围成的开口图形的面积, 如图 10.1.2 所示.

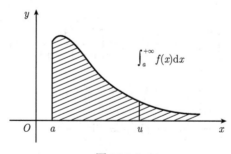

图 10.1.2

应当指出, (10.1.5) 式与 a 的选取无关. 根据常义积分的区间可加性质, 对 $\forall b \in [a, +\infty)$ 有

$$\int_a^u f(x)\mathrm{d}x = \int_a^b f(x)\mathrm{d}x + \int_b^u f(x)\mathrm{d}x. \tag{10.1.6}$$

由于此式中 $\lim\limits_{u\to+\infty}\int_a^u f(x)\mathrm{d}x$ 收敛当且仅当 $\lim\limits_{u\to+\infty}\int_b^u f(x)\mathrm{d}x$ 收敛, 故无论收敛与发散在形式上都有

$$\int_a^{+\infty} f(x)\mathrm{d}x = \int_a^b f(x)\mathrm{d}x + \int_b^{+\infty} f(x)\mathrm{d}x.$$

同理对于 $\int_{-\infty}^a f(x)\mathrm{d}x$ 在形式上也有

$$\int_{-\infty}^a f(x)\mathrm{d}x = \int_{-\infty}^b f(x)\mathrm{d}x + \int_b^a f(x)\mathrm{d}x.$$

于是对任意实数 b 有

$$\int_{-\infty}^{+\infty} f(x)\mathrm{d}x = \int_{-\infty}^b f(x)\mathrm{d}x + \int_b^a f(x)\mathrm{d}x + \int_a^b f(x)\mathrm{d}x + \int_b^{+\infty} f(x)\mathrm{d}x$$

$$= \int_{-\infty}^b f(x)\mathrm{d}x + \int_b^{+\infty} f(x)\mathrm{d}x.$$

按 (10.1.3) 式, 无穷积分 $\int_a^{+\infty} f(x)\mathrm{d}x$ 就是定积分上限函数的极限. 利用 (10.1.6) 式有

$$J - \int_a^u f(x)\mathrm{d}x = \int_a^{+\infty} f(x)\mathrm{d}x - \int_a^u f(x)\mathrm{d}x = \int_u^{+\infty} f(x)\mathrm{d}x,$$

由此使用函数极限的 ε-A 逻辑语言便得出下面的无穷积分收敛的等价条件.

引理 10.1.1　无穷积分 $\int_a^{+\infty} f(x)\mathrm{d}x$ 收敛的充分必要条件是

$$\forall \varepsilon > 0, \quad \exists A > 0, \quad \forall u > A, 有 \left| \int_u^{+\infty} f(x)\mathrm{d}x \right| < \varepsilon.$$

例 10.1.3　讨论下列无穷积分的收敛性:

(1) $\int_1^{+\infty} \dfrac{\mathrm{d}x}{x^p}$ $(p \in \mathbb{R})$;　(2) $\int_0^{+\infty} \cos x \mathrm{d}x$;　(3) $\int_{-\infty}^{+\infty} \dfrac{\mathrm{d}x}{x^2+1}$;　(4) $\int_{-\infty}^{+\infty} \dfrac{x\mathrm{d}x}{x^2+1}$.

解　(1) 当 $p \neq 1$ 时,

$$\int_1^{+\infty} \frac{\mathrm{d}x}{x^p} = \lim_{u\to+\infty}\int_1^u \frac{\mathrm{d}x}{x^p} = \lim_{u\to+\infty}\left.\frac{x^{-p+1}}{1-p}\right|_1^u = \lim_{u\to+\infty}\frac{u^{-p+1}-1}{1-p} = \begin{cases} \dfrac{1}{p-1}, & p > 1; \\ +\infty, & p < 1. \end{cases}$$

当 $p = 1$ 时,

$$\int_1^{+\infty} \frac{\mathrm{d}x}{x} = \lim_{u \to +\infty} \int_1^u \frac{\mathrm{d}x}{x} = \lim_{u \to +\infty} \ln x \big|_1^u = \lim_{u \to +\infty} \ln u = +\infty.$$

因此, $\int_1^{+\infty} \dfrac{\mathrm{d}x}{x^p}$ 当 $p > 1$ 时收敛 (其值为 $\dfrac{1}{p-1}$), 当 $p \leqslant 1$ 时发散.

(2) 对 $u \geqslant 0$ 有 $\int_0^u \cos x \mathrm{d}x = \sin u$, 而 $\lim\limits_{u \to +\infty} \sin u$ 不存在, 故 $\int_0^{+\infty} \cos x \mathrm{d}x$ 发散.

(3) 由于 $\int_{-\infty}^{+\infty} \dfrac{\mathrm{d}x}{x^2+1} = \int_{-\infty}^0 \dfrac{\mathrm{d}x}{x^2+1} + \int_0^{+\infty} \dfrac{\mathrm{d}x}{x^2+1}$, 而

$$\int_{-\infty}^0 \frac{\mathrm{d}x}{x^2+1} = \lim_{u \to -\infty} \int_u^0 \frac{\mathrm{d}x}{x^2+1} = \lim_{u \to -\infty} -\arctan u = \frac{\pi}{2},$$

$$\int_0^{+\infty} \frac{\mathrm{d}x}{x^2+1} = \lim_{u \to +\infty} \int_0^u \frac{\mathrm{d}x}{x^2+1} = \lim_{u \to +\infty} \arctan u = \frac{\pi}{2},$$

故 $\int_{-\infty}^{+\infty} \dfrac{\mathrm{d}x}{x^2+1}$ 收敛于 π.

(4) 由于 $\int_{-\infty}^{+\infty} \dfrac{x\mathrm{d}x}{x^2+1} = \int_{-\infty}^0 \dfrac{x\mathrm{d}x}{x^2+1} + \int_0^{+\infty} \dfrac{x\mathrm{d}x}{x^2+1}$, 而

$$\int_0^{+\infty} \frac{x\mathrm{d}x}{x^2+1} = \lim_{u \to +\infty} \int_0^u \frac{x\mathrm{d}x}{x^2+1} = \lim_{u \to +\infty} \frac{1}{2} \ln(u^2+1) = +\infty,$$

所以 $\int_{-\infty}^{+\infty} \dfrac{x\mathrm{d}x}{x^2+1}$ 发散. (注意 $\int_{-\infty}^{+\infty} \dfrac{x\mathrm{d}x}{x^2+1} \neq \lim\limits_{A \to +\infty} \int_{-A}^A \dfrac{x\mathrm{d}x}{x^2+1} = 0$, 在应用上 $\lim\limits_{A \to +\infty} \int_{-A}^A f(x)\mathrm{d}x$ 称为 $\int_{-\infty}^{+\infty} f(x)\mathrm{d}x$ 的 **Cauchy 主值**.)

定义 10.1.2 设函数 f 在 $[a, b)$ 上有定义. 若 f 在 $U^o(b-)$ 内无界, 则称 b 为 f 的瑕点. 设 f 在 $[a, b)$ 的任何闭子区间 $[a, u]$ 上可积 $(u \in [a, b))$. 若存在极限

$$\lim_{u \to b-} \int_a^u f(x)\mathrm{d}x = J, \tag{10.1.7}$$

则称**瑕积分** $\int_a^b f(x)\mathrm{d}x$ **收敛** (也称 f 在 $[a, b)$ 上可积), 并称 J 为它的值, 记作 $J = \int_a^b f(x)\mathrm{d}x$. 若极限 (10.1.7) 不存在, 则称瑕积分 $\int_a^b f(x)\mathrm{d}x$ 发散. 类似地定义 a 为 f 的瑕点时的瑕积分

$$\int_a^b f(x)\mathrm{d}x = \lim_{u \to a+} \int_u^b f(x)\mathrm{d}x. \tag{10.1.8}$$

设 $c \in (a,b)$ 是函数 f 的瑕点 (即 f 在 $U^o(c)$ 内无界), f 在 $[a,b]$ 中不含 c 的任何闭子区间上可积, 则瑕积分 $\displaystyle\int_a^b f(x)\mathrm{d}x$ 定义为

$$\int_a^b f(x)\mathrm{d}x = \int_a^c f(x)\mathrm{d}x + \int_c^b f(x)\mathrm{d}x, \tag{10.1.9}$$

当且仅当 (10.1.9) 式右边两个瑕积分都收敛时它才是收敛的, 此时它的值是右边这两个值的和. 再设函数 f 在 (a,b) 的任何闭子区间上可积, a,b 都为 f 的瑕点, 则取 $h \in (a,b)$, 瑕积分 $\displaystyle\int_a^b f(x)\mathrm{d}x$ 定义为

$$\int_a^b f(x)\mathrm{d}x = \int_a^h f(x)\mathrm{d}x + \int_h^b f(x)\mathrm{d}x, \tag{10.1.10}$$

当且仅当 (10.1.10) 式右边两个瑕积分都收敛时它才是收敛的, 此时它的值是右边这两个值的和.

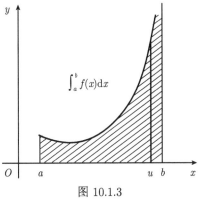

图 10.1.3

　　与无穷积分情形同样的原因, (10.1.10) 式与 h 的选取无关. 在几何上, 当 f 为非负函数、b 为 f 的瑕点时, $\displaystyle\int_a^b f(x)\mathrm{d}x$ 表示由曲线 $y = f(x)$, 直线 $x = a$, $x = b$ 及 x 轴围成的开口图形的面积, 如图 10.1.3 所示.

　　由 (10.1.7) 式与函数极限的 $\varepsilon\text{-}\delta$ 逻辑语言容易得出下面的瑕积分收敛等价条件.

引理 10.1.2　瑕积分 $\displaystyle\int_a^b f(x)\mathrm{d}x(b$ 为瑕点$)$ 收敛的充分必要条件是

$$\forall \varepsilon > 0, \quad \exists \delta > 0, \quad \forall u \in (b-\delta, b), \quad \text{有} \left| \int_u^b f(x)\mathrm{d}x \right| < \varepsilon.$$

例 10.1.4　讨论瑕积分 $\displaystyle\int_0^1 \frac{\mathrm{d}x}{x^p} \ (p \in \mathbb{R})$ 的收敛性.

解　当 $p \leqslant 0$ 时积分 $\displaystyle\int_0^1 \frac{\mathrm{d}x}{x^p}$ 为常义积分 (此时当然是收敛的), 当 $p > 0$ 时, 0 是函数 $\dfrac{1}{x^p}$ 的瑕点. 当 $p \neq 1$ 时

$$\int_0^1 \frac{\mathrm{d}x}{x^p} = \lim_{u \to 0+} \int_u^1 \frac{\mathrm{d}x}{x^p} = \lim_{u \to 0+} \frac{x^{-p+1}}{1-p}\bigg|_u^1 = \lim_{u \to 0+} \frac{1 - u^{-p+1}}{1-p} = \begin{cases} \dfrac{1}{1-p}, & p < 1; \\ +\infty, & p > 1. \end{cases}$$

当 $p = 1$ 时,

$$\int_0^1 \frac{\mathrm{d}x}{x} = \lim_{u \to 0+} \int_u^1 \frac{\mathrm{d}x}{x} = \lim_{u \to 0+} \ln x \mid_u^1 = \lim_{u \to 0+} -\ln u = +\infty.$$

因此, $\int_0^1 \frac{\mathrm{d}x}{x^p}$ 当 $p < 1$ 时收敛 $\left(\text{其值为 } \frac{1}{1-p}\right)$, 当 $p \geqslant 1$ 时发散.

同理可知, 瑕积分 $\int_a^b \frac{\mathrm{d}x}{(x-a)^p}$ 与 $\int_a^b \frac{\mathrm{d}x}{(b-x)^p}$ 当 $p < 1$ 时收敛, 当 $p \geqslant 1$ 时发散 (其实它们可以通过变量替换 $x - a = t$ 或 $b - x = t$ 转化为例 10.1.4 中的积分). 例 10.1.4 与例 10.1.3(1) 中的这类积分一般称为 p-积分 (务必记住其敛散性结论), 它们在判别其他广义积分的收敛性中具有特别重要的作用.

容易看出, 无穷积分与瑕积分是可以互相转换的. 如对例 10.1.4 中讨论的瑕积分, 令 $x = \dfrac{1}{t}$, 则

$$\int_0^1 \frac{\mathrm{d}x}{x^p} = \lim_{u \to 0+} \int_u^1 \frac{\mathrm{d}x}{x^p} = \lim_{u \to 0+} \int_1^{\frac{1}{u}} \frac{\mathrm{d}t}{t^{2-p}} = \int_1^{+\infty} \frac{\mathrm{d}t}{t^{2-p}},$$

由此利用例 10.1.3(1) 的结论可得到与例 10.1.4 同样的结果. 通常当 $a > 0$ 时, 令 $x = \dfrac{1}{t}$, 则有

$$\int_a^{+\infty} f(x)\mathrm{d}x = \int_0^{\frac{1}{a}} \frac{1}{t^2} f\left(\frac{1}{t}\right) \mathrm{d}t,$$

无穷积分便转化为瑕点为 0 的瑕积分. 另外, 不同的无穷积分之间也是可以互相转换的. 例如, 令 $x = -t$, 则有

$$\int_{-\infty}^a f(x)\mathrm{d}x = \int_{-a}^{+\infty} f(-t)\mathrm{d}t.$$

所以下面的讨论重点以 $\int_a^{+\infty} f(x)\mathrm{d}x$ 与 $\int_a^b f(x)\mathrm{d}x(b \text{ 为瑕点})$ 这两种形式展开. 有时为了广义积分的统一处理, 将瑕点与 $+\infty$, $-\infty$ 等统称为函数的**奇点**, 用 ω 表示. 记号 $f(x)\mid_a^\omega$ 当 ω 是瑕点 b 时表示 $\lim_{x \to b-} f(x) - f(a)$, 当 $\omega = +\infty$ 时表示 $\lim_{x \to +\infty} f(x) - f(a)$. 同时为了叙述上的简洁, **约定提及广义积分时总默认函数在不含奇点的任何有限闭子区间上都是可积的**.

当被积函数在积分区间上有几个奇点时, 根据上面的定义, 应将积分区间分成若干个子区间, 使函数在每个子区间上恰有 1 个奇点在端点, 当且仅当在每个子区间上的积分都收敛时在整个积分区间上的广义积分才是收敛的.

例 10.1.5　讨论广义积分 $\int_0^{+\infty} \dfrac{\mathrm{d}x}{x^p}(p \in \mathbb{R})$ 的收敛性.

解　由于 0 有可能是瑕点, 故

$$\int_0^{+\infty} \frac{\mathrm{d}x}{x^p} = \int_0^1 \frac{\mathrm{d}x}{x^p} + \int_1^{+\infty} \frac{\mathrm{d}x}{x^p},$$

因为 $\int_0^1 \dfrac{\mathrm{d}x}{x^p}$ 当 $p < 1$ 收敛, 当 $p \geqslant 1$ 发散, 而 $\int_1^{+\infty} \dfrac{\mathrm{d}x}{x^p}$ 当 $p > 1$ 收敛, 当 $p \leqslant 1$ 发散, 所以 $\int_0^{+\infty} \dfrac{\mathrm{d}x}{x^p}$ 对任何 p 都是发散的.

根据函数极限与定积分的性质容易推出广义积分的下列基本性质 (ω 表示瑕点或 $+\infty$):

定理 10.1.3 (线性性质)　设广义积分 $\displaystyle\int_a^\omega f(x)\mathrm{d}x$ 与 $\displaystyle\int_a^\omega g(x)\mathrm{d}x$ 收敛, α, β 为常数, 则广义积分 $\displaystyle\int_a^\omega [\alpha f(x) + \beta g(x)]\mathrm{d}x$ 也收敛, 且

$$\int_a^\omega [\alpha f(x) + \beta g(x)]\mathrm{d}x = \alpha \int_a^\omega f(x)\mathrm{d}x + \beta \int_a^\omega g(x)\mathrm{d}x.$$

定理 10.1.4 (区间可加性质)　设 $b \in [a, \omega)$, 则广义积分 $\displaystyle\int_a^\omega f(x)\mathrm{d}x$ 与 $\displaystyle\int_b^\omega f(x)\mathrm{d}x$ 有相同的敛散性, 且

$$\int_a^\omega f(x)\mathrm{d}x = \int_a^b f(x)\mathrm{d}x + \int_b^\omega f(x)\mathrm{d}x.$$

定理 10.1.5 (广义积分的 N-L 公式)　设函数 f 在 $[a, \omega)$ 上连续, F 为 f 在 $[a, \omega)$ 上的一个原函数, 则

$$\int_a^\omega f(x)\mathrm{d}x = F(x)\big|_a^\omega.$$

定理 10.1.6 (广义积分分部法)　设函数 f, g 在 $[a, \omega)$ 上可导且 f', g' 在 $[a, \omega)$ 的任何闭子区间上可积. 若 $\displaystyle\lim_{x \to \omega} f(x)g(x)$ 存在, 则 $\displaystyle\int_a^\omega f(x)g'(x)\mathrm{d}x$ 与 $\displaystyle\int_a^\omega f'(x)g(x)\mathrm{d}x$ 有相同的敛散性, 且有

$$\int_a^\omega f(x)g'(x)\mathrm{d}x = f(x)g(x)\bigg|_a^\omega - \int_a^\omega f'(x)g(x)\mathrm{d}x.$$

定理 10.1.7 (广义积分换元法)　设 $x = \varphi(t)$ 在 $[\alpha, \beta)$ 上单调且存在连续的导函数, $\varphi(\alpha) = a$, 且 $t \to \beta$ 等价于 $\varphi(t) \to \omega$, 则广义积分经换元 $x = \varphi(t)$ 不改变敛散性, 且有

$$\int_a^\omega f(x)\mathrm{d}x = \int_\alpha^\beta f(\varphi(t))\varphi'(t)\mathrm{d}t.$$

例 10.1.6　讨论无穷积分 $\displaystyle\int_2^{+\infty} \frac{\mathrm{d}x}{x\ln^p x} (p \in \mathbb{R})$ 的收敛性.

解　令 $\ln x = t$, 则

$$\int_2^{+\infty} \frac{\mathrm{d}x}{x\ln^p x} = \int_{\ln 2}^{+\infty} \frac{\mathrm{d}t}{t^p},$$

由此根据例 10.1.3(1) 的结论可知 $\displaystyle\int_2^{+\infty} \frac{\mathrm{d}x}{x\ln^p x}$ 当 $p > 1$ 时收敛, 当 $p \leqslant 1$ 时发散.

例 10.1.7　讨论下列瑕积分的收敛性:

(1) $\displaystyle\int_0^1 \ln x\mathrm{d}x$;　　(2) $\displaystyle\int_0^1 \sqrt{\frac{x}{1-x}}\mathrm{d}x$;　　(3) $\displaystyle\int_{-1}^1 \frac{1}{x^2}\mathrm{e}^{\frac{1}{x}}\mathrm{d}x$.

解　(1) 0 是瑕点. 利用分部积分及 $\displaystyle\lim_{x\to 0+} x\ln x = 0$ 得

$$\int_0^1 \ln x\mathrm{d}x = x\ln x\big|_{0+}^1 - \int_0^1 \mathrm{d}x = -1,$$

即 $\displaystyle\int_0^1 \ln x\mathrm{d}x$ 收敛于 -1.

(2) 1 是瑕点. 令 $x = \sin^2 t \left(0 \leqslant t \leqslant \dfrac{\pi}{2}\right)$, 则

$$\int_0^1 \sqrt{\frac{x}{1-x}}\mathrm{d}x = \int_0^{\frac{\pi}{2}} \frac{\sin t}{\cos t} 2\sin t\cos t\mathrm{d}t = \int_0^{\frac{\pi}{2}} 2\sin^2 t\mathrm{d}t = \int_0^{\frac{\pi}{2}} (1-\cos 2t)\mathrm{d}t = \frac{\pi}{2},$$

即 $\displaystyle\int_0^1 \sqrt{\frac{x}{1-x}}\mathrm{d}x$ 收敛于 $\dfrac{\pi}{2}$.

(3) 0 是瑕点. 由于

$$\int_{-1}^1 \frac{1}{x^2}\mathrm{e}^{\frac{1}{x}}\mathrm{d}x = \int_{-1}^0 \frac{1}{x^2}\mathrm{e}^{\frac{1}{x}}\mathrm{d}x + \int_0^1 \frac{1}{x^2}\mathrm{e}^{\frac{1}{x}}\mathrm{d}x,$$

$$\text{而} \int_0^1 \frac{1}{x^2}\mathrm{e}^{\frac{1}{x}}\mathrm{d}x = -\int_0^1 \mathrm{e}^{\frac{1}{x}}\mathrm{d}\left(\frac{1}{x}\right) = -\mathrm{e}^{\frac{1}{x}}\Big|_{0+}^1 = +\infty,$$

故 $\displaystyle\int_{-1}^1 \frac{1}{x^2}\mathrm{e}^{\frac{1}{x}}\mathrm{d}x$ 发散.

由例 10.1.7(2) 可见, 广义积分经过换元有可能化为定积分. 但要注意, 换元的前提是符合广义积分换元法的条件, 否则会导致错误. 如对例 10.1.7(3) 中的积

分令 $x = \dfrac{1}{t}$ 就会得出

$$\int_{-1}^{1} \frac{-1}{x^2} \mathrm{e}^{\frac{1}{x}} \mathrm{d}x = \int_{-1}^{1} \mathrm{e}^t \mathrm{d}t = \mathrm{e} - \mathrm{e}^{-1}$$

这样的错误结果. 分部法与 N-L 公式的使用同样要注意是否符合条件.

有些定积分转换成广义积分更容易求出它们的值.

例 10.1.8 计算 Poisson 积分 $(0 < r < 1)$: $J = \displaystyle\int_{-\pi}^{\pi} \frac{1 - r^2}{1 - 2r\cos x + r^2} \mathrm{d}x$.

解 令 $\tan\dfrac{x}{2} = t$, 则 $\cos x = \dfrac{1 - t^2}{1 + t^2}$, $\mathrm{d}x = \dfrac{2}{1 + t^2}\mathrm{d}t$, 于是

$$\begin{aligned}
J &= 2\int_0^{\pi} \frac{1 - r^2}{1 - 2r\cos x + r^2}\mathrm{d}x = 4\int_0^{+\infty} \frac{1 - r^2}{(1-r)^2 + (1+r)^2 t^2}\mathrm{d}t \\
&= 4\arctan\frac{1+r}{1-r}t \Big|_0^{+\infty} = 2\pi.
\end{aligned}$$

习 题 10.1

1. 通过计算, 判断下列无穷积分的收敛性:

(1) $\displaystyle\int_0^{+\infty} \frac{\mathrm{d}x}{(x+2)(x+3)}$;

(2) $\displaystyle\int_0^{+\infty} \frac{\mathrm{d}x}{(\mathrm{e}^x + \mathrm{e}^{-x})^2}$;

(3) $\displaystyle\int_0^{+\infty} \frac{\mathrm{d}x}{\sqrt{1 + x^2}}$;

(4) $\displaystyle\int_{\mathrm{e}^2}^{+\infty} \frac{\mathrm{d}x}{x \ln x \ln^2(\ln x)}$;

(5) $\displaystyle\int_0^{+\infty} \mathrm{e}^{-\sqrt{x}}\mathrm{d}x$;

(6) $\displaystyle\int_0^{+\infty} \frac{\mathrm{d}x}{(2x^2 + 1)\sqrt{1 + x^2}}$.

2. 通过计算, 判断下列瑕积分的收敛性:

(1) $\displaystyle\int_1^2 \frac{x}{\sqrt{x - 1}}\mathrm{d}x$;

(2) $\displaystyle\int_0^1 \cot x\mathrm{d}x$;

(3) $\displaystyle\int_0^1 \frac{\mathrm{d}x}{1 - x^2}$;

(4) $\displaystyle\int_1^{\mathrm{e}} \frac{\mathrm{d}x}{x\sqrt{1 - \ln^2 x}}$;

(5) $\displaystyle\int_0^1 \frac{\arcsin\sqrt{x}}{\sqrt{x(1 - x)}}\mathrm{d}x$;

(6) $\displaystyle\int_0^1 \frac{\mathrm{d}x}{(2 - x)\sqrt{1 - x}}$.

3. 通过计算, 判断下列广义积分的收敛性 $(a > 0, b > 0, p \in \mathbb{R})$:

(1) $\displaystyle\int_{-\infty}^{+\infty} \mathrm{e}^x \sin x\mathrm{d}x$;

(2) $\displaystyle\int_{-\infty}^{+\infty} \frac{\mathrm{d}x}{4x^2 + 4x + 5}$;

(3) $\displaystyle\int_{-\infty}^{+\infty} \frac{\mathrm{d}x}{(x^2 + a^2)(x^2 + b^2)}$;

(4) $\displaystyle\int_{-1}^1 \frac{1}{x^3}\cos\frac{1}{x^2}\mathrm{d}x$;

(5) $\displaystyle\int_0^1 \frac{\mathrm{d}x}{x(-\ln x)^p}$;

(6) $\displaystyle\int_0^1 \frac{\mathrm{d}x}{\sqrt{x - x^2}}$.

4. 求下列广义积分的值 $(n \in \mathbb{N})$:

(1) $J_n = \displaystyle\int_0^1 \ln^n x \, \mathrm{d}x$; (2) $\Gamma_{n+1} = \displaystyle\int_0^{+\infty} x^n \mathrm{e}^{-x} \mathrm{d}x$.

5. 利用积分和证明极限 $\displaystyle\lim_{n \to \infty} \dfrac{\sqrt[n]{n!}}{n} = \dfrac{1}{\mathrm{e}}$.

10.2　非负函数广义积分的收敛性

通过计算定积分的极限可以判定广义积分的收敛性, 这种方法取决于计算的难度, 并不总是行得通. 本节将讨论非负函数的广义积分的收敛性判别问题, 其基本思想是将待判别的广义积分与敛散性态已知的广义积分比较. 下面主要以 $\displaystyle\int_a^{+\infty} f(x)\mathrm{d}x$ 与 $\displaystyle\int_a^b f(x)\mathrm{d}x(b$ 为瑕点$)$ 这两种形式为例展开讨论, 仍用 ω 表示瑕点 b 或 $+\infty$, 并且总假定函数 f 在 $[a,\omega)$ 的任何有限闭子区间上可积.

根据定义可知, 广义积分 $\displaystyle\int_a^\omega f(x)\mathrm{d}x$ 收敛与否, 取决于函数 $F(u) = \displaystyle\int_a^u f(x)\mathrm{d}x$ 当 $u \to \omega$ 时是否存在极限. 设在 $[a,\omega)$ 上 $f(x) \geqslant 0$, 则对 $\forall u_1, u_2 \in [a,\omega), u_1 < u_2$ 时有

$$F(u_2) - F(u_1) = \int_{u_1}^{u_2} f(x)\mathrm{d}x \geqslant 0,$$

即 $F(u)$ 在 $[a,\omega)$ 上递增. 于是根据单调有界定理, $\displaystyle\lim_{u \to \omega} F(u)$ 是否存在取决于 $F(u)$ 在 $[a,\omega)$ 上是否有上界. 由此得到下面的引理.

引理 10.2.1　设在 $[a,\omega)$ 上函数 $f(x) \geqslant 0$, 则广义积分 $\displaystyle\int_a^\omega f(x)\mathrm{d}x$ 收敛的充分必要条件是函数 $F(u) = \displaystyle\int_a^u f(x)\mathrm{d}x$ 在 $u \in [a,\omega)$ 有上界.

定理 10.2.2 (比较判别法)　设 $\forall x \in [a,\omega)$ 有 $0 \leqslant f(x) \leqslant g(x)$.

(1) 若 $\displaystyle\int_a^\omega g(x)\mathrm{d}x$ 收敛, 则 $\displaystyle\int_a^\omega f(x)\mathrm{d}x$ 也收敛;

(2) 若 $\displaystyle\int_a^\omega f(x)\mathrm{d}x$ 发散, 则 $\displaystyle\int_a^\omega g(x)\mathrm{d}x$ 也发散.

证明　设 $F(u) = \displaystyle\int_a^u f(x)\mathrm{d}x, G(u) = \displaystyle\int_a^u g(x)\mathrm{d}x.$ 由于 $0 \leqslant f(x) \leqslant g(x)$, 故

$$\forall u \in [a,\omega), \quad F(u) \leqslant G(u). \tag{10.2.1}$$

若 $\displaystyle\int_a^\omega g(x)\mathrm{d}x$ 收敛, 则由引理 10.2.1 知 $G(u)$ 在 $[a,\omega)$ 有上界, 由 (10.2.1) 式知 $F(u)$ 在 $[a,\omega)$ 有上界, 再由引理 10.2.1 知 $\displaystyle\int_a^\omega f(x)\mathrm{d}x$ 收敛, (1) 得证. (2) 是 (1)

的逆否命题.

在某些情形下, 如下的比较判别法的极限形式用起来更为方便.

定理 10.2.3 (比较极限法)　设 $\forall x \in [a, \omega)$ 有 $f(x) \geqslant 0$, $g(x) > 0$, 且有

$$\lim_{x \to \omega} \frac{f(x)}{g(x)} = c. \tag{10.2.2}$$

(1) 若 $0 < c < +\infty$, 则 $\displaystyle\int_a^\omega f(x)\mathrm{d}x$ 与 $\displaystyle\int_a^\omega g(x)\mathrm{d}x$ 有相同的敛散性;

(2) 若 $c = 0$, 则当 $\displaystyle\int_a^\omega g(x)\mathrm{d}x$ 收敛时, $\displaystyle\int_a^\omega f(x)\mathrm{d}x$ 也收敛;

(3) 若 $c = +\infty$, 则当 $\displaystyle\int_a^\omega g(x)\mathrm{d}x$ 发散时, $\displaystyle\int_a^\omega f(x)\mathrm{d}x$ 也发散.

证明　(1) 由于 $0 < c < +\infty$, 按极限 (10.2.2) 的定义,$\exists A \in [a, \omega)$, $\forall x \in [A, \omega)$ 有

$$\frac{c}{2} = c - \frac{c}{2} < \frac{f(x)}{g(x)} < c + \frac{c}{2} = \frac{3c}{2},$$

从而

$$\frac{c}{2} g(x) < f(x) < \frac{3c}{2} g(x).$$

根据定理 10.2.2, $\displaystyle\int_A^\omega f(x)\mathrm{d}x$ 与 $\displaystyle\int_A^\omega g(x)\mathrm{d}x$ 有相同的敛散性; 再根据区间可加性质可知结论成立.

(2) 由于 $c = 0$, 按极限 (10.2.2) 的定义,$\exists A \in [a, \omega)$, $\forall x \in [A, \omega)$ 有

$$0 \leqslant \frac{f(x)}{g(x)} < 1,$$

即 $0 \leqslant f(x) < g(x)$, 根据定理 10.2.2 可知结论成立.

(3) 由于 $c = +\infty$, 按 (10.2.2) 式,$\exists A \in [a, \omega)$, $\forall x \in [A, \omega)$ 有

$$\frac{f(x)}{g(x)} > 1,$$

即 $0 < g(x) < f(x)$, 由此根据定理 10.2.2 可得结论.

例 10.2.1　判别下列广义积分的收敛性:

(1) $\displaystyle\int_0^{+\infty} \mathrm{e}^{-x^2}\mathrm{d}x$ (概率积分);　(2) $\displaystyle\int_0^{+\infty} \frac{\mathrm{e}^{2x} + 1}{\mathrm{e}^x + 1}\mathrm{d}x$;　(3) $\displaystyle\int_0^1 \sqrt{|\ln x|}\,\mathrm{d}x$.

解　(1) 因为 $\forall x \in [1, +\infty)$ 有 $\mathrm{e}^{-x^2} \leqslant \mathrm{e}^{-x}$, 而 $\displaystyle\int_1^{+\infty} \mathrm{e}^{-x}\mathrm{d}x = -\mathrm{e}^{-x}\big|_1^{+\infty} = \mathrm{e}^{-1}$

收敛, 故由比较判别法, $\int_1^{+\infty} \mathrm{e}^{-x^2}\mathrm{d}x$ 收敛, 从而 $\int_0^{+\infty} \mathrm{e}^{-x^2}\mathrm{d}x$ 收敛.

(2) 因为

$$\lim_{x\to+\infty} \frac{\dfrac{\mathrm{e}^{2x}+1}{\mathrm{e}^x+1}}{\mathrm{e}^x} = \lim_{x\to+\infty} \frac{\mathrm{e}^{2x}+1}{\mathrm{e}^x(\mathrm{e}^x+1)} = \lim_{x\to+\infty} \frac{1+\mathrm{e}^{-2x}}{1+\mathrm{e}^{-x}} = 1,$$

而 $\int_0^{+\infty} \mathrm{e}^x\mathrm{d}x = \mathrm{e}^x\big|_0^{+\infty} = +\infty$, 故由比较极限法知 $\int_0^{+\infty} \dfrac{\mathrm{e}^{2x}+1}{\mathrm{e}^x+1}\mathrm{d}x$ 发散.

(3) 0 是函数 $\sqrt{|\ln x|}$ 的瑕点. 因为

$$\lim_{x\to 0+} \frac{\sqrt{|\ln x|}}{|\ln x|} = \lim_{x\to 0+} \frac{1}{\sqrt{-\ln x}} = 0,$$

而 $\int_0^1 |\ln x|\,\mathrm{d}x = -\int_0^1 \ln x\,\mathrm{d}x$ 收敛 (例 10.1.7), 故由比较极限法知 $\int_0^1 \sqrt{|\ln x|}\,\mathrm{d}x$ 收敛.

例 10.2.2 (Gabriel 喇叭) 设 Gabriel 喇叭由曲线 $y = \dfrac{1}{x}$, $x \in [1,+\infty)$ 围绕 x 轴旋转而成 (图 10.2.1), 证明喇叭的容积是有限值, 而喇叭的表面积为无穷大.

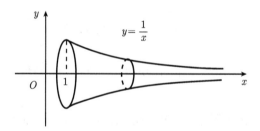

图 10.2.1

证明 Gabriel 喇叭的容积为

$$V = \pi \int_1^{+\infty} y^2\mathrm{d}x = \pi \int_1^{+\infty} \frac{\mathrm{d}x}{x^2} = \pi \left(-\frac{1}{x}\right)\bigg|_1^{+\infty} = \pi;$$

Gabriel 喇叭的表面积为

$$S = 2\pi \int_1^{+\infty} y\sqrt{1+(y')^2}\mathrm{d}x = 2\pi \int_1^{+\infty} \frac{1}{x}\sqrt{1+\left(-\frac{1}{x^2}\right)^2}\mathrm{d}x = 2\pi \int_1^{+\infty} \frac{\sqrt{1+x^4}}{x^3}\mathrm{d}x,$$

因为 $\dfrac{\sqrt{1+x^4}}{x^3} > \dfrac{\sqrt{x^4}}{x^3} = \dfrac{1}{x}$, 故 $\int_1^{+\infty} \dfrac{\sqrt{1+x^4}}{x^3}\mathrm{d}x = +\infty$, 所以 Gabriel 喇叭的表面积 $S = +\infty$.

特别地, 对于无穷积分 $\int_a^{+\infty} f(x)\mathrm{d}x$, 如果选用 $\int_a^{+\infty} \dfrac{\mathrm{d}x}{x^p}$ 作为比较对象, 即在

定理 10.2.3 中令 $g(x) = \dfrac{1}{x^p}$, 就得到下面的推论.

推论 10.2.4 (**p-积分判别法**或 **Cauchy 判别法**)　设在 $[a, +\infty)$ 上有 $f(x) \geqslant 0$, 且 $\lim\limits_{x \to +\infty} x^p f(x) = c$.

(1) 若 $0 < c < +\infty$, 则当 $p > 1$ 时, $\displaystyle\int_a^{+\infty} f(x)\mathrm{d}x$ 收敛; 当 $p \leqslant 1$ 时, $\displaystyle\int_a^{+\infty} f(x)\mathrm{d}x$ 发散;

(2) 若 $c = 0$, 则当 $p > 1$ 时, $\displaystyle\int_a^{+\infty} f(x)\mathrm{d}x$ 收敛;

(3) 若 $c = +\infty$, 则当 $p \leqslant 1$ 时, $\displaystyle\int_a^{+\infty} f(x)\mathrm{d}x$ 发散.

同样地, 对于瑕积分 $\displaystyle\int_a^b f(x)\mathrm{d}x(b$ 为瑕点), 如果选用 $\displaystyle\int_a^b \dfrac{\mathrm{d}x}{(b-x)^p}$ 作为比较对象, 即在定理 10.2.3 中令 $g(x) = \dfrac{1}{(b-x)^p}$, 就得到下面的推论.

推论 10.2.5 (**p-积分判别法**或 **Cauchy 判别法**)　设在 $[a, b)$ 有 $f(x) \geqslant 0, b$ 为 f 的瑕点, 且

$$\lim_{x \to b-} (b-x)^p f(x) = c. \tag{10.2.3}$$

(1) 若 $0 < c < +\infty$, 则当 $p < 1$ 时, $\displaystyle\int_a^b f(x)\mathrm{d}x$ 收敛; 当 $p \geqslant 1$ 时, $\displaystyle\int_a^b f(x)\mathrm{d}x$ 发散;

(2) 若 $c = 0$, 则当 $p < 1$ 时, $\displaystyle\int_a^b f(x)\mathrm{d}x$ 收敛;

(3) 若 $c = +\infty$, 则当 $p \geqslant 1$ 时, $\displaystyle\int_a^b f(x)\mathrm{d}x$ 发散.

对于 $\displaystyle\int_a^b f(x)\mathrm{d}x(a$ 为瑕点), 只要将 (10.2.3) 式改为 $\lim\limits_{x \to a+} (x-a)^p f(x) = c$, 也有与推论 10.2.5 相同的结论.

例 10.2.3　讨论下列广义积分的收敛性 $(k^2 < 1, p, q \in \mathbb{R})$:

(1) $\displaystyle\int_0^{+\infty} \dfrac{\mathrm{d}x}{\sqrt{2x^3 + x^2 + 1}}$;

(2) $J = \displaystyle\int_0^1 \dfrac{\mathrm{d}x}{\sqrt{(1-x^2)(1-k^2x^2)}}$ (椭圆积分);

(3) $\mathrm{B}(p, q) = \displaystyle\int_0^1 x^{p-1}(1-x)^{q-1}\mathrm{d}x$ (Beta 函数).

解　(1) 由于

$$\lim_{x \to +\infty} x^{\frac{3}{2}} \cdot \frac{1}{\sqrt{2x^3 + x^2 + 1}} = \frac{1}{\sqrt{2}},$$

故根据 Cauchy 判别法 (极限值 $c \in (0, +\infty)$, $p = \dfrac{3}{2} > 1$), 这个无穷积分收敛.

(2) 1 是被积函数的瑕点. 由于

$$\lim_{x \to 1-} (1-x)^{\frac{1}{2}} \cdot \frac{1}{\sqrt{(1-x^2)(1-k^2x^2)}} = \lim_{x \to 1-} \frac{1}{\sqrt{(1+x)(1-k^2x^2)}} = \frac{1}{\sqrt{2(1-k^2)}},$$

故根据 Cauchy 判别法 (极限值 $c \in (0, +\infty)$, $p = \dfrac{1}{2} < 1$), 椭圆积分 J 收敛.

(3) 0 与 1 都有可能是被积函数的瑕点. 记 $\mathrm{B}(p,q) = J_1 + J_2$, 其中

$$J_1 = \int_0^{\frac{1}{2}} x^{p-1}(1-x)^{q-1}\mathrm{d}x, \quad J_2 = \int_{\frac{1}{2}}^1 x^{p-1}(1-x)^{q-1}\mathrm{d}x.$$

由于

$$\lim_{x \to 0+} x^{1-p} \cdot x^{p-1}(1-x)^{q-1} = \lim_{x \to 0+} (1-x)^{q-1} = 1,$$
$$\lim_{x \to 1-} (1-x)^{1-q} \cdot x^{p-1}(1-x)^{q-1} = \lim_{x \to 1-} x^{p-1} = 1,$$

故按 Cauchy 判别法, J_1 当 $1-p < 1$ 时收敛, 当 $1-p \geqslant 1$ 时发散; J_2 当 $1-q < 1$ 时收敛, 当 $1-q \geqslant 1$ 时发散. 因此 $\mathrm{B}(p,q)$ 当且仅当 $p > 0$, $q > 0$ 时收敛.

例 10.2.4 讨论下列广义积分的收敛性 ($p \in \mathbb{R}$):

(1) $\Gamma(p) = \displaystyle\int_0^{+\infty} x^{p-1}\mathrm{e}^{-x}\mathrm{d}x$ (Gamma 函数); (2) $J = \displaystyle\int_0^{+\infty} \dfrac{\ln(1+x)}{x^p}\mathrm{d}x$.

解 (1) 0 有可能是被积函数的瑕点. 记 $\Gamma(p) = \Gamma_1 + \Gamma_2$, 其中

$$\Gamma_1 = \int_0^1 x^{p-1}\mathrm{e}^{-x}\mathrm{d}x, \quad \Gamma_2 = \int_1^{+\infty} x^{p-1}\mathrm{e}^{-x}\mathrm{d}x.$$

由于

$$\lim_{x \to 0+} x^{1-p} \cdot x^{p-1}\mathrm{e}^{-x} = \lim_{x \to 0+} \mathrm{e}^{-x} = 1, \quad \lim_{x \to +\infty} x^2 \cdot x^{p-1}\mathrm{e}^{-x} = 0,$$

故按 Cauchy 判别法, 瑕积分 Γ_1 当 $1-p < 1$ 时收敛, 当 $1-p \geqslant 1$ 时发散; 无穷积分 Γ_2 对任何 p 都收敛. 因此 $\Gamma(p)$ 当 $p > 0$ 时收敛, 当 $p \leqslant 0$ 时发散, 即 Gamma 函数 $\Gamma(p)$ 的定义域是 $p > 0$.

(2) 0 有可能是被积函数的瑕点. 记 $J = J_1 + J_2$, 其中

$$J_1 = \int_0^1 \frac{\ln(1+x)}{x^p}\mathrm{d}x, \quad J_2 = \int_1^{+\infty} \frac{\ln(1+x)}{x^p}\mathrm{d}x.$$

对瑕积分 J_1, 因为

$$x^{p-1} \cdot \frac{\ln(1+x)}{x^p} = \frac{\ln(1+x)}{x} \to 1 \quad (x \to 0+),$$

所以 J_1 当 $p-1 < 1$ 时收敛, 当 $p-1 \geqslant 1$ 时发散. 对无穷积分 J_2, 因为当 $p \leqslant 1$ 时有

$$x^p \cdot \frac{\ln(1+x)}{x^p} = \ln(1+x) \to +\infty \quad (x \to +\infty)$$

所以按 Cauchy 判别法, 此时 J_2 发散. 当 $p > 1$ 时, 记 $p = 1 + 2\lambda$, $\lambda > 0$, 由于

$$\lim_{x \to +\infty} x^{1+\lambda} \cdot \frac{\ln(1+x)}{x^p} = \lim_{x \to +\infty} \frac{\ln(1+x)}{x^\lambda} = \lim_{x \to +\infty} \frac{x^{1-\lambda}}{\lambda(1+x)} = 0,$$

所以按 Cauchy 判别法, 此时 J_2 收敛. 综合上述讨论, 当且仅当 $1 < p < 2$ 时广义积分 J 收敛.

例 10.2.5 求曲线 $y = |\ln \sin x|$, $x \in \left(0, \frac{\pi}{2}\right]$ 与坐标轴围成的开口图形 (图 10.2.2) 的面积及该曲线的弧长.

解 所求面积 $S = \int_0^{\frac{\pi}{2}} |\ln \sin x| \, \mathrm{d}x = \int_0^{\frac{\pi}{2}} -\ln \sin x \, \mathrm{d}x$. 0 是 $-\ln \sin x$ 的瑕点, 由于

$$\lim_{x \to 0+} x^{\frac{1}{2}}(-\ln \sin x) = \lim_{x \to 0+} \frac{-\ln \sin x}{x^{-\frac{1}{2}}}$$
$$= 2\lim_{x \to 0+} \frac{x^{\frac{3}{2}} \cos x}{\sin x} = 0,$$

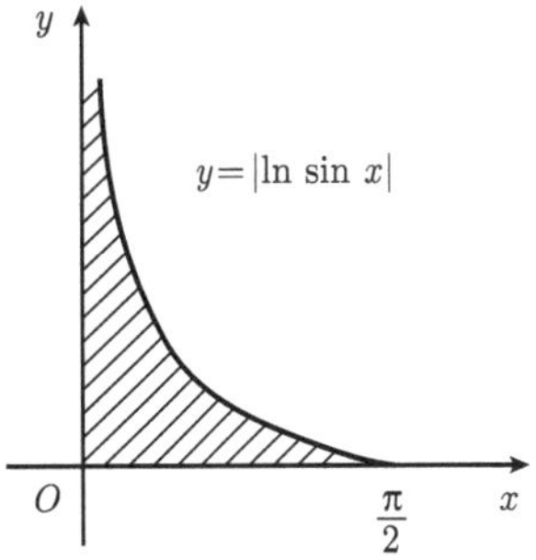

图 10.2.2

而 $p = \frac{1}{2} < 1$, 故由 p-积分判别法知 $\int_0^{\frac{\pi}{2}} -\ln \sin x \, \mathrm{d}x$ 收敛. 令 $x = \frac{\pi}{2} - t$ 有

$$-S = \int_0^{\frac{\pi}{2}} \ln \sin t \, \mathrm{d}t = \int_0^{\frac{\pi}{2}} \ln \cos x \, \mathrm{d}x,$$

于是相加后令 $2x = t$ 得

$$-2S = \int_0^{\frac{\pi}{2}} [\ln \sin x + \ln \cos x] \mathrm{d}x = \int_0^{\frac{\pi}{2}} \ln \left(\frac{1}{2} \sin 2x\right) \mathrm{d}x = -\frac{\pi \ln 2}{2} + \int_0^{\frac{\pi}{2}} \ln \sin 2x \, \mathrm{d}x$$
$$= -\frac{\pi \ln 2}{2} + \frac{1}{2} \int_0^{\pi} \ln \sin t \, \mathrm{d}t = -\frac{\pi \ln 2}{2} - \frac{1}{2}S + \frac{1}{2} \int_{\frac{\pi}{2}}^{\pi} \ln \sin t \, \mathrm{d}t.$$

再令 $t = \pi - u$ 得

$$-2S = -\frac{\pi\ln 2}{2} - \frac{1}{2}S + \frac{1}{2}\int_0^{\frac{\pi}{2}} \ln\sin u\,du = -\frac{\pi\ln 2}{2} - S,$$

因此 $S = \dfrac{\pi\ln 2}{2}$.

由于 $y = -\ln\sin x$, $1 + (y')^2 = 1 + \left(-\dfrac{\cos x}{\sin x}\right)^2 = 1 + \dfrac{1}{\tan^2 x}$, 故所求曲线的弧长为

$$L = \int_0^{\frac{\pi}{2}} \sqrt{1+(y')^2}\,dx = \int_0^{\frac{\pi}{2}} \sqrt{1 + \frac{1}{\tan^2 x}}\,dx.$$

但 $\sqrt{1 + \dfrac{1}{\tan^2 x}} = \dfrac{1}{\sin x} > \dfrac{1}{x}$, 所以 $L = +\infty$(弧长的瑕积分是发散的).

习　题　10.2

1. 判断下列广义积分的收敛性:

(1) $\displaystyle\int_0^{+\infty} \frac{dx}{\sqrt[4]{x^5+1}}$;

(2) $\displaystyle\int_0^{+\infty} \frac{dx}{1 + x\,|\sin x|}$;

(3) $\displaystyle\int_1^{+\infty} \frac{x\arctan x}{1+x^3}\,dx$;

(4) $\displaystyle\int_1^{+\infty} \frac{x}{1-e^x}\,dx$;

(5) $\displaystyle\int_0^1 \frac{\arctan x}{1-x^3}\,dx$;

(6) $\displaystyle\int_0^1 \frac{dx}{\sqrt[3]{1-x^3}}$;

(7) $\displaystyle\int_0^{\pi} \frac{dx}{\sqrt{\sin x}}$;

(8) $\displaystyle\int_0^1 \frac{dx}{\sqrt{x}\ln x}$;

(9) $\displaystyle\int_1^2 \frac{\ln x}{(1-x)^2}\,dx$;

(10) $\displaystyle\int_0^1 \frac{\ln x}{1-x^2}\,dx$;

(11) $\displaystyle\int_1^{+\infty} \frac{dx}{x\sqrt{x - \sqrt{x^2-1}}}$;

(12) $\displaystyle\int_1^{+\infty} \ln\left(\cos\frac{1}{x} + \sin\frac{1}{x}\right)dx$;

(13) $\displaystyle\int_1^{+\infty} \left[\ln\left(1+\frac{1}{x}\right) - \frac{1}{x+1}\right]dx$;

(14) $\displaystyle\int_1^{+\infty} \frac{\frac{\pi}{2} - \arctan x}{x}\,dx$;

(15) $\displaystyle\int_0^{\frac{\pi}{2}} \frac{1-\cos x}{x^{\frac{5}{2}}}\,dx$;

(16) $\displaystyle\int_0^1 \frac{e^x - 1}{x^{\frac{5}{2}}}\,dx$.

2. 讨论下列广义积分的收敛性 $(p, q \in \mathbb{R})$:

(1) $\displaystyle\int_0^{\frac{\pi}{2}} \frac{\sqrt{\tan x}}{x^p}\,dx$;

(2) $\displaystyle\int_0^{+\infty} \frac{x^p}{1+x}\,dx$;

(3) $\displaystyle\int_0^1 |\ln x|^p\,dx$;

(4) $\displaystyle\int_1^{+\infty} \frac{dx}{x^p\sqrt{x^4-1}}$;

(5) $\displaystyle\int_0^{\frac{\pi}{2}} \frac{dx}{\sin^p x\cos^q x}$;

(6) $\displaystyle\int_0^1 \frac{\ln x}{x^p}\,dx$.

3. 设函数 f, g 在 $[a, +\infty)$ 都是非负的, 且 $\displaystyle\int_a^{+\infty} f(x)dx$ 与 $\displaystyle\int_a^{+\infty} g(x)dx$ 都收敛. 证明

$\displaystyle\int_a^{+\infty}\sqrt{f(x)g(x)}\mathrm{d}x$ 收敛.

4. 设函数 f 在 $[0,1]$ 上具有连续导数, 且 $\forall x \in [0,1]$ 有 $f'(x) > 0$. 证明 $\displaystyle\int_0^1 \frac{f(x) - f(0)}{x^p}\mathrm{d}x$ 当 $1 < p < 2$ 时收敛, 当 $p \geqslant 2$ 时发散.

10.3 一般函数广义积分的收敛性

本节将讨论一般函数 (允许变号) 的广义积分的收敛性判别问题. 首先引入广义积分收敛的 Cauchy 准则, 它是一个充要条件, 既可用来讨论收敛, 又可用来讨论发散, 在理论与应用中具有不可忽视的作用. 另外, 通过考虑变号函数的绝对值, 利用非负函数广义积分的判别法也是判别函数广义积分收敛的方法之一. 本节最后将介绍判别一般函数广义积分收敛的两个判别法. 在叙述上, 以下仍以 $\displaystyle\int_a^{+\infty} f(x)\mathrm{d}x$ 与 $\displaystyle\int_a^b f(x)\mathrm{d}x(b$ 为瑕点$)$ 这两种形式为例, 并用 ω 表示瑕点 b 或 $+\infty$, 且总假定函数在 $[a, \omega)$ 的任何有限闭子区间上可积.

按照定义, 广义积分 $\displaystyle\int_a^{\omega} f(x)\mathrm{d}x$ 收敛等价于函数 $F(u) = \displaystyle\int_a^u f(x)\mathrm{d}x$ 当 $u \to \omega$ 时存在极限. 注意到

$$|F(u_2) - F(u_1)| = \left|\int_{u_1}^{u_2} f(x)\mathrm{d}x\right|,$$

由函数极限的 Cauchy 准则便可导出广义积分收敛的 Cauchy 准则.

定理 10.3.1 (Cauchy 准则) 广义积分 $\displaystyle\int_a^{\omega} f(x)\mathrm{d}x$ 收敛的充分必要条件是

$$\forall \varepsilon > 0, \quad \exists A \geqslant a, \quad \forall u_1, u_2 \in (A, \omega), \quad \text{有}\left|\int_{u_1}^{u_2} f(x)\mathrm{d}x\right| < \varepsilon. \tag{10.3.1}$$

Cauchy 准则适用于一切广义积分. (10.3.1) 式的意义在几何直观上容易被认识. 图 10.3.1 与图 10.3.2 分别表示 $\omega = +\infty$ 与 $\omega = b$ 时广义积分收敛的特征: "靠近" 奇点的曲边梯形 "面积" 可以任意小.

无穷积分 $\displaystyle\int_a^{+\infty} f(x)\mathrm{d}x$ 收敛的充分必要条件是

$$\forall \varepsilon > 0, \quad \exists A > 0, \quad \forall u_1, u_2 > A, \quad \text{有}\left|\int_{u_1}^{u_2} f(x)\mathrm{d}x\right| < \varepsilon$$

(参见图 10.3.1).

瑕积分 $\int_a^b f(x)\mathrm{d}x(b$ 为瑕点) 收敛的充分必要条件是

$$\forall \varepsilon > 0, \quad \exists \delta > 0, \quad \forall u_1, u_2 \in (b-\delta, b), \quad \text{有} \left| \int_{u_1}^{u_2} f(x)\mathrm{d}x \right| < \varepsilon$$

(参见图 10.3.2).

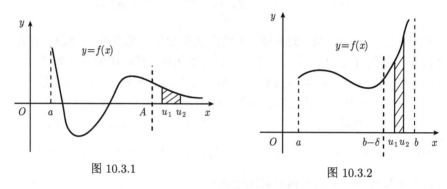

图 10.3.1

图 10.3.2

下面的定理指出了考虑被积函数绝对值的重要作用.

定理 10.3.2 若广义积分 $\int_a^\omega |f(x)|\,\mathrm{d}x$ 收敛, 则广义积分 $\int_a^\omega f(x)\mathrm{d}x$ 也收敛, 且有

$$\left| \int_a^\omega f(x)\mathrm{d}x \right| \leqslant \int_a^\omega |f(x)|\,\mathrm{d}x. \tag{10.3.2}$$

证明 因为 $\int_a^\omega |f(x)|\,\mathrm{d}x$ 收敛, 根据 Cauchy 准则 (必要性), $\forall \varepsilon > 0, \exists A \geqslant a,$ $\forall u_1, u_2 \in (A, \omega)$, 有 $\left| \int_{u_1}^{u_2} |f(x)|\,\mathrm{d}x \right| < \varepsilon$. 于是根据定积分的绝对可积性质得

$$\left| \int_{u_1}^{u_2} f(x)\mathrm{d}x \right| \leqslant \left| \int_{u_1}^{u_2} |f(x)|\,\mathrm{d}x \right| < \varepsilon.$$

由此根据 Cauchy 准则 (充分性) 可知 $\int_a^\omega f(x)\mathrm{d}x$ 收敛. 再根据定积分的绝对可积性质有

$$\forall u \in [a, \omega), \quad \left| \int_a^u f(x)\mathrm{d}x \right| \leqslant \int_a^u |f(x)|\,\mathrm{d}x,$$

对此式令 $u \to \omega$ 取极限便得到 (10.3.2) 式.

例 10.3.1 证明 Dirichlet 积分 $\int_0^{+\infty} \frac{\sin x}{x}\mathrm{d}x$ 收敛, 但 $\int_0^{+\infty} \frac{|\sin x|}{x}\mathrm{d}x$ 发散 (图 10.3.3).

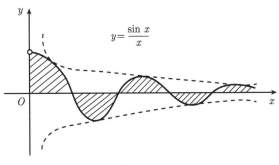

图 10.3.3

证明 注意到 0 不是瑕点, $\int_1^{+\infty} \dfrac{\sin x}{x}\mathrm{d}x$ 与 $\int_0^{+\infty} \dfrac{\sin x}{x}\mathrm{d}x$ 有相同的敛散性; 同理, $\int_1^{+\infty} \dfrac{|\sin x|}{x}\mathrm{d}x$ 与 $\int_0^{+\infty} \dfrac{|\sin x|}{x}\mathrm{d}x$ 有相同的敛散性. 按无穷积分的分部积分法,

$$\int_1^{+\infty} \frac{\sin x}{x}\mathrm{d}x = -\frac{\cos x}{x}\Big|_1^{+\infty} - \int_1^{+\infty} \frac{\cos x}{x^2}\mathrm{d}x = \cos 1 - \int_1^{+\infty} \frac{\cos x}{x^2}\mathrm{d}x. \quad (10.3.3)$$

对于 $\int_1^{+\infty} \dfrac{\cos x}{x^2}\mathrm{d}x$, 由于 $\dfrac{|\cos x|}{x^2} \leqslant \dfrac{1}{x^2}$, 而 $\int_1^{+\infty} \dfrac{\mathrm{d}x}{x^2}$ 收敛, 所以由比较判别法知 $\int_1^{+\infty} \dfrac{|\cos x|}{x^2}\mathrm{d}x$ 收敛, 从而由定理 10.3.2 知 $\int_1^{+\infty} \dfrac{\cos x}{x^2}\mathrm{d}x$ 收敛. 因此根据 (10.3.3) 式可知 $\int_1^{+\infty} \dfrac{\sin x}{x}\mathrm{d}x$ 收敛. 另一方面, 由于

$$\frac{|\sin x|}{x} \geqslant \frac{\sin^2 x}{x} = \frac{1}{2x} - \frac{\cos 2x}{2x}, \quad x \in [1, +\infty), \quad (10.3.4)$$

其中 $\int_1^{+\infty} \dfrac{\cos 2x}{2x}\mathrm{d}x = \dfrac{1}{2}\int_2^{+\infty} \dfrac{\cos t}{t}\mathrm{d}t$, 利用无穷积分的分部法及上述方法, 同样可推出它是收敛的, 但 $\int_1^{+\infty} \dfrac{1}{2x}\mathrm{d}x$ 是发散的, 故 $\int_1^{+\infty} \dfrac{\sin^2 x}{x}\mathrm{d}x$ 发散, 所以由 (10.3.4) 式根据比较判别法可知 $\int_1^{+\infty} \dfrac{|\sin x|}{x}\mathrm{d}x$ 发散. 结论得证.

定义 10.3.1 若广义积分 $\int_a^\omega |f(x)|\,\mathrm{d}x$ 收敛, 则称广义积分 $\int_a^\omega f(x)\mathrm{d}x$ **绝对收敛**; 若 $\int_a^\omega f(x)\mathrm{d}x$ 收敛, 而 $\int_a^\omega |f(x)|\,\mathrm{d}x$ 发散, 则称广义积分 $\int_a^\omega f(x)\mathrm{d}x$ **条件收敛**.

定理 10.3.2 指出, 绝对收敛的广义积分必是收敛的. 例 10.3.1 说明定理 10.3.2 的逆命题不成立, 即存在收敛但非绝对收敛 (即条件收敛) 的广义积分. 判定广义积分绝对收敛是判定广义积分收敛的一个重要方法, 非负函数广义积分的判别法都可选择使用. 要注意的是, 当绝对值函数的广义积分发散时, 不能断言待判的广义积分发散, 有可能它是条件收敛的, 需要作进一步探讨.

例 10.3.2　判断无穷积分 $\int_2^{+\infty}\dfrac{\mathrm{e}^{\cos x}\sin x}{x(\sqrt{x}-1)}\mathrm{d}x$ 的收敛性.

解　因为 $\forall x\in[2,+\infty)$ 有

$$\left|\frac{\mathrm{e}^{\cos x}\sin x}{x(\sqrt{x}-1)}\right|\leqslant\frac{\mathrm{e}}{x(\sqrt{x}-1)},$$

又因

$$\lim_{x\to+\infty}x^{\frac32}\frac{\mathrm{e}}{x(\sqrt{x}-1)}=\mathrm{e},\quad p=\frac32>1,$$

故由 Cauchy 判别法知 $\int_2^{+\infty}\dfrac{\mathrm{e}}{x(\sqrt{x}-1)}\mathrm{d}x$ 收敛, 由比较判别法知 $\int_2^{+\infty}\dfrac{\mathrm{e}^{\cos x}\sin x}{x(\sqrt{x}-1)}\mathrm{d}x$ 绝对收敛 (当然它也是收敛的).

利用积分第二中值定理 (定理 8.5.7) 与 Cauchy 准则可以导出下述判定一般函数广义积分收敛的判别法.

定理 10.3.3 (A-D 判别法)　若下列**两个条件之一**满足, 则广义积分 $\int_a^\omega f(x)g(x)\mathrm{d}x$ 收敛:

(1) (**Abel (阿贝尔) 判别法**) $\int_a^\omega f(x)\mathrm{d}x$ 收敛, $g(x)$ 在 $[a,\omega)$ 上单调有界;

(2) (**Dirichlet 判别法**) $F(u)=\int_a^u f(x)\mathrm{d}x$ 在 $u\in[a,\omega)$ 上有界, $g(x)$ 在 $[a,\omega)$ 上单调且 $\lim\limits_{x\to\omega}g(x)=0$.

证明　(1) 因 $g(x)$ 在 $[a,\omega)$ 上有界, 故 $\exists M>0,\forall x\in[a,\omega)$ 有 $|g(x)|\leqslant M$. $\forall\varepsilon>0$, 由 $\int_a^\omega f(x)\mathrm{d}x$ 收敛可知, $\exists A\geqslant a,\forall u_1,u_2\in(A,\omega)$, 有 $\left|\int_{u_1}^{u_2}f(x)\mathrm{d}x\right|<\dfrac{\varepsilon}{2M}$. 又因为 $g(x)$ 在 $[a,\omega)$ 上单调, 应用积分第二中值定理 (ξ 介于 u_1 与 u_2 之间) 得

$$\left|\int_{u_1}^{u_2}f(x)g(x)\mathrm{d}x\right|=\left|g(u_1)\int_{u_1}^{\xi}f(x)\mathrm{d}x+g(u_2)\int_{\xi}^{u_2}f(x)\mathrm{d}x\right|$$
$$\leqslant|g(u_1)|\left|\int_{u_1}^{\xi}f(x)\mathrm{d}x\right|+|g(u_2)|\left|\int_{\xi}^{u_2}f(x)\mathrm{d}x\right|$$
$$<M\cdot\frac{\varepsilon}{2M}+M\cdot\frac{\varepsilon}{2M}=\varepsilon.$$

数学家
小传10.3.1

根据 Cauchy 准则, $\int_a^\omega f(x)g(x)\mathrm{d}x$ 收敛.

(2) 因为 $F(u) = \int_a^u f(x)\mathrm{d}x$ 在 $[a,\omega)$ 上有界, 故 $\exists M > 0, \forall u \in [a,\omega)$ 有 $|F(u)| \leqslant M.$ $\forall \varepsilon > 0,$ 由 $\lim\limits_{x \to \omega} g(x) = 0$ 可知, $\exists A \geqslant a, \forall x \in (A,\omega)$ 有 $|g(x)| \leqslant \dfrac{\varepsilon}{4M}.$ 又因为 $g(x)$ 在 $[a,\omega)$ 上单调, $\forall u_1, u_2 \in (A,\omega)$ 应用积分第二中值定理 (ξ 介于 u_1 与 u_2 之间) 得

$$
\begin{aligned}
\left| \int_{u_1}^{u_2} f(x)g(x)\mathrm{d}x \right| &= \left| g(u_1) \int_{u_1}^{\xi} f(x)\mathrm{d}x + g(u_2) \int_{\xi}^{u_2} f(x)\mathrm{d}x \right| \\
&\leqslant |g(u_1)| \left| \int_{u_1}^{\xi} f(x)\mathrm{d}x \right| + |g(u_2)| \left| \int_{\xi}^{u_2} f(x)\mathrm{d}x \right| \\
&= |g(u_1)| \, |F(\xi) - F(u_1)| + |g(u_2)| \, |F(u_2) - F(\xi)| \\
&< \frac{\varepsilon}{4M} \cdot 2M + \frac{\varepsilon}{4M} \cdot 2M = \varepsilon.
\end{aligned}
$$

根据 Cauchy 准则, $\int_a^\omega f(x)g(x)\mathrm{d}x$ 收敛.

例 10.3.3 判断下列广义积分的收敛性:

(1) $\displaystyle\int_1^{+\infty} \frac{\sin x \arctan x}{x}\mathrm{d}x$; (2) $\displaystyle\int_0^1 \frac{1}{\sqrt[4]{x^7}} \cos \frac{1}{x}\mathrm{d}x.$

解 (1) **方法 1** 由例 10.3.1 可知 $\displaystyle\int_1^{+\infty} \frac{\sin x}{x}\mathrm{d}x$ 收敛, 而 $\arctan x$ 在 $[1,+\infty)$ 是递增有界的, 因此由 Abel 判别法可知 $\displaystyle\int_1^{+\infty} \frac{\sin x \arctan x}{x}\mathrm{d}x$ 收敛.

方法 2 显然 $F(u) = \displaystyle\int_1^u \sin x\mathrm{d}x = \cos 1 - \cos u$ 在 $[1,+\infty)$ 是有界的. 令 $g(x) = \dfrac{\arctan x}{x}$, 则 $\lim\limits_{x \to +\infty} g(x) = 0,$ 且由

$$
x \in [1,+\infty), \quad g'(x) = \frac{1}{x^2(1+x^2)} \left[x - (1+x^2) \arctan x \right] \leqslant 0,
$$

可知 $g(x)$ 在 $[1,+\infty)$ 上递减. 根据 Dirichlet 判别法, $\displaystyle\int_1^{+\infty} \frac{\sin x \arctan x}{x}\mathrm{d}x$ 收敛. 这里 $g'(x) \leqslant 0$ 可通过令 $h(x) = x - (1+x^2) \arctan x$, 由 $h'(x) = -2x \arctan x \leqslant 0$ 及 $h(1) < 0$ 得到确证.

(2) 0 是被积函数的瑕点.

方法 1 令 $f(x) = \dfrac{1}{x^2} \cos \dfrac{1}{x}, g(x) = \sqrt[4]{x}.$ 则 $\forall u \in (0,1]$ 有

$$|F(u)| = \left| \int_u^1 f(x)\mathrm{d}x \right| = \left| -\int_u^1 \cos\frac{1}{x}\mathrm{d}\left(\frac{1}{x}\right) \right| = \left| -\sin 1 + \sin\frac{1}{u} \right| \leqslant 2,$$

显然 $g(x)$ 在 $(0,1]$ 上递增且 $\lim\limits_{x\to 0+} g(x) = 0$. 根据 Dirichlet 判别法, $\int_0^1 \frac{1}{\sqrt[4]{x^7}}\cos\frac{1}{x}\mathrm{d}x$ 收敛.

方法 2　作变量替换, 令 $x = \frac{1}{t}$, 则 $\int_0^1 \frac{1}{\sqrt[4]{x^7}}\cos\frac{1}{x}\mathrm{d}x = \int_1^{+\infty} \frac{\cos t}{\sqrt[4]{t}}\mathrm{d}t$. 根据 Dirichlet 判别法可判断无穷积分 $\int_1^{+\infty} \frac{\cos t}{\sqrt[4]{t}}\mathrm{d}t$ 收敛.

例 10.3.4　讨论下列广义积分的收敛性及绝对收敛性 $(p \in \mathbb{R})$:

(1) $J = \int_0^{+\infty} \frac{\sin x}{x^p}\mathrm{d}x$;　(2) $K = \int_0^{+\infty} \frac{\cos x}{x^p}\mathrm{d}x$;　(3) $J_0 = \int_0^{+\infty} \sin x^2 \mathrm{d}x$.

解　(1) 0 有可能是被积函数的瑕点. 记 $J = J_1 + J_2$, 其中

$$J_1 = \int_0^1 \frac{\sin x}{x^p}\mathrm{d}x, \quad J_2 = \int_1^{+\infty} \frac{\sin x}{x^p}\mathrm{d}x.$$

对瑕积分 J_1, 由于

$$\lim_{x\to 0+} x^{p-1}\frac{\sin x}{x^p} = \lim_{x\to 0+} \frac{\sin x}{x} = 1,$$

故按 Cauchy 判别法, J_1 当 $p < 2$ 时收敛 (绝对收敛), 当 $p \geqslant 2$ 时发散. 对无穷积分 J_2, 当 $p > 1$ 时, 由于

$$\left| \frac{\sin x}{x^p} \right| \leqslant \frac{1}{x^p}, \quad x \in [1, +\infty),$$

故按比较判别法知此时 J_2 绝对收敛. 当 $0 < p \leqslant 1$ 时, 由于

$$F(u) = \int_1^u \sin x \mathrm{d}x = \cos 1 - \cos u$$

在 $u \in [1, +\infty)$ 上有界, $g(x) = \frac{1}{x^p}$ 在 $[1, +\infty)$ 上递减且 $\frac{1}{x^p} \to 0 \ (x \to +\infty)$, 故按 Dirichlet 判别法知此时 J_2 收敛. 又由于

$$\left| \frac{\sin x}{x^p} \right| \geqslant \frac{\sin^2 x}{x} = \frac{1 - \cos 2x}{2x}, \quad x \in [1, +\infty),$$

其中 $\int_1^{+\infty} \frac{\cos 2x}{2x}\mathrm{d}x$ 满足 Dirichlet 判别法条件, 可知它是收敛的, 但 $\int_1^{+\infty} \frac{\mathrm{d}x}{2x}$ 发散, 故按比较判别法知此时 $\int_1^{+\infty} \left| \frac{\sin x}{x^p} \right|\mathrm{d}x$ 发散, 所以此时 J_2 条件收敛. 当 $p \leqslant 0$

时 J_2 必是发散的. 倘若此时 J_2 收敛, 由于 x^p 是单调有界的, 故按 Abel 判别法推出

$$\int_1^{+\infty} \sin x \mathrm{d}x = \int_1^{+\infty} \frac{\sin x}{x^p} x^p \mathrm{d}x$$

收敛, 与 $\int_1^{+\infty} \sin x \mathrm{d}x$ 发散相矛盾. 综合上述讨论, 广义积分 J 当 $1 < p < 2$ 时绝对收敛, 当 $0 < p \leqslant 1$ 时条件收敛, 当 $p \geqslant 2$ 或 $p \leqslant 0$ 时发散.

(2) 0 有可能是被积函数的瑕点. 记 $K = K_1 + K_2$, 其中

$$K_1 = \int_0^1 \frac{\cos x}{x^p} \mathrm{d}x, \quad K_2 = \int_1^{+\infty} \frac{\cos x}{x^p} \mathrm{d}x.$$

对瑕积分 K_1, 由于

$$\lim_{x \to 0+} x^p \frac{\cos x}{x^p} = \lim_{x \to 0+} \cos x = 1,$$

故按 Cauchy 判别法, K_1 当 $p < 1$ 时收敛 (绝对收敛), 当 $p \geqslant 1$ 时发散. 完全类似于 (1) 中 J_2 的讨论可知无穷积分 K_2 当 $p > 1$ 时绝对收敛, 当 $0 < p \leqslant 1$ 时条件收敛, 当 $p \leqslant 0$ 时发散. 因此广义积分 K 当 $0 < p < 1$ 时条件收敛, 当 $p \geqslant 1$ 或 $p \leqslant 0$ 时发散.

(3) 令 $x^2 = t$, 则

$$J_0 = \int_0^{+\infty} \frac{\sin t}{2\sqrt{t}} \mathrm{d}t.$$

根据 (1) 的讨论, 广义积分 J_0 条件收敛.

习 题 10.3

1. 判断下列广义积分的收敛性, 若收敛, 判断是绝对收敛还是条件收敛 ($\alpha > 0$, $p \in \mathbb{R}$):

(1) $\displaystyle\int_0^{+\infty} \mathrm{e}^{-\alpha x} \sin 7x \mathrm{d}x$;

(2) $\displaystyle\int_1^{+\infty} \frac{\sin \sqrt{x}}{x} \mathrm{d}x$;

(3) $\displaystyle\int_0^{+\infty} \mathrm{e}^{-x} \ln x \mathrm{d}x$;

(4) $\displaystyle\int_1^{+\infty} \frac{\sin x}{\ln x} \mathrm{d}x$;

(5) $\displaystyle\int_0^{+\infty} \cos x^{\alpha+1} \mathrm{d}x$;

(6) $\displaystyle\int_0^{+\infty} \frac{\operatorname{sgn}(\sin x)}{1 + x^2} \mathrm{d}x$;

(7) $\displaystyle\int_0^{+\infty} \frac{\sin^2 x}{\sqrt{x}} \mathrm{d}x$;

(8) $\displaystyle\int_e^{+\infty} \frac{\ln(\ln x)}{\ln x} \sin x \mathrm{d}x$;

(9) $\displaystyle\int_0^{+\infty} \frac{\sqrt{x} \cos x}{1 + x} \mathrm{d}x$;

(10) $\displaystyle\int_0^1 \frac{1}{x^p} \sin \frac{1}{x} \mathrm{d}x$.

2. 给出定理 10.3.2 的另一个证明, 用比较判别法, 而不用 Cauchy 准则.

3. 设 f, g, h 是定义在 $[a, +\infty)$ 上的 3 个连续函数, 且成立不等式 $g(x) \leqslant f(x) \leqslant h(x)$, 证明:

(1) 若 $\displaystyle\int_a^{+\infty} h(x)\mathrm{d}x$ 与 $\displaystyle\int_a^{+\infty} g(x)\mathrm{d}x$ 都收敛, 则 $\displaystyle\int_a^{+\infty} f(x)\mathrm{d}x$ 也收敛;

(2) 若 $\displaystyle\int_a^{+\infty} h(x)\mathrm{d}x = \int_a^{+\infty} g(x)\mathrm{d}x = J \in \mathbb{R}$, 则 $\displaystyle\int_a^{+\infty} f(x)\mathrm{d}x = J$.

4. 利用 Dirichlet 判别法证明 Abel 判别法.

复习课件10

归纳解析
视频10

总习题 10

A 组

1. 讨论下列广义积分的收敛性, 若收敛, 讨论是绝对收敛还是条件收敛 $(p \in \mathbb{R})$:

(1) $\displaystyle\int_0^{+\infty} x\cos^4 x\,\mathrm{d}x$;

(2) $\displaystyle\int_1^{+\infty} \frac{\ln x}{x^p}\mathrm{d}x$;

(3) $\displaystyle\int_0^{+\infty} \frac{\mathrm{d}x}{x^p(1+x^2)}$;

(4) $\displaystyle\int_0^{+\infty} \frac{\sin x(1-\cos x)}{x^p}\mathrm{d}x$;

(5) $\displaystyle\int_0^1 \frac{1}{x}\ln\frac{1-x}{1+x}\mathrm{d}x$;

(6) $\displaystyle\int_1^{+\infty} \frac{\sin\frac{1}{x}}{x}\,\mathrm{d}x$.

2. 计算下列广义积分的值 $(p > 0,\ n \in \mathbb{N})$:

(1) $\displaystyle\int_0^{+\infty} \frac{\mathrm{d}x}{x^4+1}$;

(2) $\displaystyle\int_0^{\frac{\pi}{2}} \frac{\mathrm{d}x}{\sqrt{\tan x}}$;

(3) $\displaystyle J_n = \int_0^1 \frac{x^n}{\sqrt{1-x}}\mathrm{d}x$;

(4) $\displaystyle\int_0^{+\infty} \frac{\ln x}{1+x^2}\mathrm{d}x$;

(5) $\displaystyle\int_0^{+\infty} \frac{\mathrm{d}x}{(1+x^2)(1+x^p)}$;

(6) $\displaystyle\int_0^1 \frac{\ln x}{\sqrt{1-x^2}}\mathrm{d}x$.

3. 证明: 若 f 是 $[a, +\infty)$ 上的单调函数, 且 $\displaystyle\int_a^{+\infty} f(x)\mathrm{d}x$ 收敛, 则 $\displaystyle\lim_{x\to+\infty} xf(x) = 0$.

4. 举例说明: 若 $\displaystyle\int_a^{+\infty} f(x)\mathrm{d}x$ 收敛且 f 在 $[a, +\infty)$ 上连续时, 不一定有 $\displaystyle\lim_{x\to+\infty} f(x) = 0$.

5. 证明: 若 $\displaystyle\int_a^{+\infty} f(x)\mathrm{d}x$ 收敛, 且存在极限 $\displaystyle\lim_{x\to+\infty} f(x) = c$, 则 $c = 0$.

6. 举例说明: (1) 若瑕积分 $\displaystyle\int_a^b f(x)\mathrm{d}x$($b$ 为瑕点) 绝对收敛时, $\displaystyle\int_a^b f^2(x)\mathrm{d}x$ 不一定收敛.

(2) 若无穷积分 $\displaystyle\int_a^{+\infty} f(x)\mathrm{d}x$ 绝对收敛时, $\displaystyle\int_a^{+\infty} f^2(x)\mathrm{d}x$ 不一定收敛.

7. 证明: 若 $\int_a^{+\infty} f(x)\mathrm{d}x$ 绝对收敛, 且 $\lim\limits_{x\to+\infty} f(x) = 0$, 则 $\int_a^{+\infty} f^2(x)\mathrm{d}x$ 必定收敛.

8. 设极限 $\lim\limits_{x\to+\infty} \dfrac{f(x)}{g(x)} = c \neq 0$ 存在. 若 $\int_a^{+\infty} g(x)\mathrm{d}x$ 绝对收敛, 证明 $\int_a^{+\infty} f(x)\mathrm{d}x$ 收敛.

9. 设 f 为 $[a, +\infty)$ 上的非负连续函数, 且 $\int_a^{+\infty} xf(x)\mathrm{d}x$ 收敛, 证明 $\int_a^{+\infty} f(x)\mathrm{d}x$ 收敛.

10. 设 $\int_a^{+\infty} f(x)\mathrm{d}x$ 绝对收敛, $g(x)$ 在 $[a, +\infty)$ 上有界, 证明 $\int_a^{+\infty} f(x)g(x)\mathrm{d}x$ 绝对收敛. 若 $\int_a^{+\infty} f(x)\mathrm{d}x$ 收敛, $g(x)$ 在 $[a, +\infty)$ 上有界, 则 $\int_a^{+\infty} f(x)g(x)\mathrm{d}x$ 一定收敛吗?

B 组

11. 设 $p > 0$, 讨论无穷积分 $\int_1^{+\infty} \dfrac{\sin\left(x + \dfrac{1}{x}\right)}{x^p}\mathrm{d}x$ 的绝对收敛性.

12. 证明无穷积分 $\int_1^{+\infty} \dfrac{\sin x}{x^p + \sin x}\mathrm{d}x$ 当 $p > 1$ 时绝对收敛, 当 $\dfrac{1}{2} < p \leqslant 1$ 时条件收敛, 当 $p \leqslant \dfrac{1}{2}$ 时发散.

13. 按下列步骤证明概率积分 $\int_0^{+\infty} \mathrm{e}^{-x^2}\mathrm{d}x = \dfrac{\sqrt{\pi}}{2}$:

(1) 设 $n \in \mathbb{Z}^+$, 证明当 $x \in [0, 1]$ 时, 有 $(1-x^2)^n \leqslant \mathrm{e}^{-nx^2}$; 当 $x \in [0, +\infty)$ 时, 有 $\mathrm{e}^{-nx^2} \leqslant \dfrac{1}{(1+x^2)^n}$.

(2) 证明 $\sqrt{n}\int_0^1 (1-x^2)^n\mathrm{d}x \leqslant \int_0^{+\infty} \mathrm{e}^{-x^2}\mathrm{d}x \leqslant \sqrt{n}\int_0^{+\infty} \dfrac{\mathrm{d}x}{(1+x^2)^n}$.

(3) 证明 $n\left[\int_0^{\frac{\pi}{2}} \sin^{2n+1} x\mathrm{d}x\right]^2 \leqslant \left[\int_0^{+\infty} \mathrm{e}^{-x^2}\mathrm{d}x\right]^2 \leqslant n\left[\int_0^{\frac{\pi}{2}} \sin^{2n-2} x\mathrm{d}x\right]^2$.

(4) 证明 $\int_0^{+\infty} \mathrm{e}^{-x^2}\mathrm{d}x = \dfrac{\sqrt{\pi}}{2}$.

14. 设函数 f 在 $[0, +\infty)$ 上连续, $0 < a < b$. 证明 Frullani (傅茹兰尼) 公式:

(1) 若 $\lim\limits_{x\to+\infty} f(x) = c$, 则 $\int_0^{+\infty} \dfrac{f(ax) - f(bx)}{x}\mathrm{d}x = (f(0) - c)\ln\dfrac{b}{a}$;

(2) 若 $\int_a^{+\infty} \dfrac{f(x)}{x}\mathrm{d}x$ 收敛, 则 $\int_0^{+\infty} \dfrac{f(ax) - f(bx)}{x}\mathrm{d}x = f(0)\ln\dfrac{b}{a}$.

数学家
小传10.3.2

15. 设函数 f 在 $[a, +\infty)$ 上有 2 阶连续的导数, $\forall x \in [a, +\infty)$ 有 $f(x) > 0$, 且 $\lim\limits_{x\to+\infty} f''(x) = +\infty$. 证明 $\int_a^{+\infty} \dfrac{\mathrm{d}x}{f(x)}$ 收敛.

16. 设函数 f 在 $[a, +\infty)$ 上一致连续, 且 $\int_a^{+\infty} f(x)\mathrm{d}x$ 收敛. 证明 $\lim\limits_{x\to+\infty} f(x) = 0$.

17. 设函数 f 在 $[a, +\infty)$ 上可导, 且 $\displaystyle\int_a^{+\infty} f(x)\mathrm{d}x$ 与 $\displaystyle\int_a^{+\infty} f'(x)\mathrm{d}x$ 都收敛. 证明

$$\lim_{x \to +\infty} f(x) = 0.$$

18. 设函数 f 在 $[a, +\infty)$ 上有连续的导数, $f'(x) \leqslant 0$ 且 $\displaystyle\lim_{x \to +\infty} f(x) = 0$. 证明 $\displaystyle\int_a^{+\infty} f(x)\mathrm{d}x$ 收敛的充分必要条件是 $\displaystyle\int_a^{+\infty} x f'(x)\mathrm{d}x$ 收敛.

习题答案与提示

习题 1.1 (实数集)

1. 提示: 反证法, 利用有理数是数域, 对四则运算封闭的性质.

2. 提示: 反证法, 类似于例 1.1.1.

3. 提示: 类似于定理 1.1.2 的证明, 注意到当 r 是有理数时, $\dfrac{r}{\sqrt{2}}$ 是无理数.

4. 提示: (1) 利用三角形不等式; (2) 利用 (1).

5. 提示: 用数学归纳法.

6. 提示: 先用数学归纳法与 $\dfrac{a+b}{2} \geqslant \sqrt{ab}$ 证明当 $n = 2^k (k \in \mathbb{Z}^+)$ 时有

$$\frac{a_1 + a_2 + \cdots + a_{2^k}}{2^k} \geqslant \sqrt[2^k]{a_1 a_2 \cdots a_{2^k}}.$$

当 $n \neq 2^k$ 时, 取 $q \in \mathbb{Z}^+$ 使 $2^{q-1} < n < 2^q$. 记 $\sqrt[n]{a_1 a_2 \cdots a_n} = a_0$, 在 $a_1, a_2, \cdots, a_n$ 后面加上 $2^q - n$ 个 a_0 使其成为 2^q 个正数. 对这 2^q 个正数应用不等式得

$$\frac{1}{2^q} \left[a_1 + a_2 + \cdots + a_n + (2^q - n)a_0\right] \geqslant \left[a_1 a_2 \cdots a_n a_0^{2^q - n}\right]^{\frac{1}{2^q}} = a_0,$$

从而得 $\dfrac{a_1 + a_2 + \cdots + a_n}{n} \geqslant \sqrt[n]{a_1 a_2 \cdots a_n}$. 再对 $\dfrac{1}{a_1}, \dfrac{1}{a_2}, \cdots, \dfrac{1}{a_n}$ 应用证得的这个不等式便得到 $\sqrt[n]{a_1 a_2 \cdots a_n} \geqslant \dfrac{n}{\dfrac{1}{a_1} + \dfrac{1}{a_2} + \cdots + \dfrac{1}{a_n}}$.

习题 1.2 (初等函数)

1. $(1)(-\infty, +\infty)$.　$(2)(1, +\infty)$.　$(3)[1, 4]$.　$(4)(0, 2]$.

2. $(1)y = u^2$, $u = \operatorname{arc cot} v$, $v = x^2$.　$(2)y = 3^u$, $u = 2^v$, $v = \sin x$.

3. 提示: 第 (1) 题令 $t = \dfrac{1}{x}$, 第 (2) 题令 $t = \dfrac{x}{x-1}$, 先求 $f(t)$.

(1) $\dfrac{1}{x} - \dfrac{\sqrt{1 + x^2}}{|x|}$.　　(2) $f(x) = \dfrac{x+1}{4x-1}$.

4. 提示: 可以先用虚线在同一坐标平面画出 f 与 g; 曲线上不包含的点用空圈表示, 并注意到 $\dfrac{1}{2}\left[|f(x)| - f(x)\right] = \begin{cases} 0, & f(x) \geqslant 0, \\ -f(x), & f(x) < 0. \end{cases}$

5. 提示: 利用例 1.2.1 及和差化积公式:

$$\sin \alpha + \sin \beta = 2 \sin \frac{\alpha + \beta}{2} \cos \frac{\alpha - \beta}{2}; \quad \sin \alpha - \sin \beta = 2 \cos \frac{\alpha + \beta}{2} \sin \frac{\alpha - \beta}{2};$$

$$\cos\alpha + \cos\beta = 2\cos\frac{\alpha+\beta}{2}\cos\frac{\alpha-\beta}{2}; \quad \cos\alpha - \cos\beta = -2\sin\frac{\alpha+\beta}{2}\sin\frac{\alpha-\beta}{2}.$$

6. 提示: 分别考虑 $\sin kx \sin\frac{x}{2}$ 与 $\cos kx \sin\frac{x}{2}$, 利用积化和差公式:

$$\sin\alpha\cos\beta = \frac{1}{2}\left[\sin(\alpha+\beta) + \sin(\alpha-\beta)\right]; \quad \cos\alpha\sin\beta = \frac{1}{2}\left[\sin(\alpha+\beta) - \sin(\alpha-\beta)\right];$$

$$\cos\alpha\cos\beta = \frac{1}{2}\left[\cos(\alpha+\beta) + \cos(\alpha-\beta)\right]; \quad \sin\alpha\sin\beta = -\frac{1}{2}\left[\cos(\alpha+\beta) - \cos(\alpha-\beta)\right].$$

习题 1.3 (确界原理)

1. 提示: $\forall n \in \mathbb{Z}^+$, $\exists y_n = \sqrt{(n+1)^2} \in S$, $y_n > n$.

2. (1) $\sup S = \sqrt{2}$, $\inf S = -\sqrt{2}$; 提示: $\forall \varepsilon > 0$, 不妨设 $\varepsilon < 1$, 则 $x_\varepsilon = \sqrt{2} - \varepsilon/2 \in S$, $x_\varepsilon > \sqrt{2} - \varepsilon$; $z_\varepsilon = -\sqrt{2} + \varepsilon/2 \in S$, $z_\varepsilon < -\sqrt{2} + \varepsilon$.

(2) $\sup S = 1$, $\inf S = 0$; 提示: $\forall \varepsilon > 0$, 不妨设 $\varepsilon < 1$, 取无理数 $q \in (0, \varepsilon)$, 则 $x_\varepsilon = 1 - q \in S$, $x_\varepsilon > 1 - \varepsilon$; $q \in S$, $q < 0 + \varepsilon$.

(3) $\inf S = 0$, $\sup S = 1$; 提示: $\forall \varepsilon > 0$, $\exists n_0 = 1$, $1 - \frac{1}{n_0} \in S$, $1 - \frac{1}{n_0} < 0 + \varepsilon$; $\exists n_\varepsilon > \frac{1}{\varepsilon}$ (如取 $n_\varepsilon = \left[\frac{1}{\varepsilon}\right] + 1$), $1 - \frac{1}{n_\varepsilon} \in S$, $1 - \frac{1}{n_\varepsilon} > 1 - \varepsilon$.

(4) $\inf S = 1$, $\sup S = +\infty$. 提示: $\forall n \in \mathbb{Z}^+$, $\exists x_n = \frac{1}{n+1} \in (0, 1)$, $y_n = \frac{1}{x_n} \in S$, $y_n > n$.

3. 提示: (3)$\forall \varepsilon > 0$, $\exists \eta = \max S \in S$, $\eta > \eta - \varepsilon$; (4)$\forall \varepsilon > 0$, $\exists \xi = \min S \in S$, $\xi < \xi + \varepsilon$.

4. 提示: 固定 $y \in B$, $\forall x \in A$, $x \leqslant y$, 表明 A 有上界, 故由确界原理知, $\sup A$ 存在; 同理证 $\inf B$ 存在; $\forall y \in B$, y 都是数集 A 的上界, 而 $\sup A$ 是 A 的最小上界, 有 $\sup A \leqslant y$. 但此式又表明数 $\sup A$ 是 B 的一个下界, 故再由下确界是最大下界证得.

5. 提示: 利用定理 1.3.6(2) 的证明中的任一个方法.

习题 1.4 (函数的简单特性)

1. (1) 提示: 利用和差化积公式 (见习题 1.2 第 5 题提示).

(2) 提示: 考虑函数值的比.

2. (1) 偶函数. (2) 奇函数. (3) 偶函数. (4) 奇函数.

3. (1) π. (2) $\frac{\pi}{3}$. (3) π. (4) $\frac{\pi}{2}$. 提示: 考虑 $(|\sin x| + |\cos x|)^2$.

4. 提示: $\left|\frac{2x}{1+x^2}\right| \leqslant 1$, $\frac{1}{1+x^2} \leqslant 1$.

5. 提示: $\forall n \in \mathbb{Z}^+$, $\exists x_n = \arctan(n+1) \in \left(-\frac{\pi}{2}, \frac{\pi}{2}\right)$, $|\tan x_n| = n+1 > n$; $|\tan x| \leqslant \tan a$.

总习题 1 (函数)

A 组

1. (1) 提示: 先将函数在一个周期上分段表示; (2) 注意 $\sqrt{|x|}$ 是偶函数.

2. (1) $y = -\dfrac{x}{(1+x)^2}$. (2) $y = \begin{cases} \sqrt{x-1}, & x > 1, \\ 0, & x = 0, \\ -\sqrt{-(1+x)}, & x < -1. \end{cases}$

3. $f(x) = x^2 - 2$.

4. $u = u(t) = \begin{cases} 1.5t, & 0 \leqslant t \leqslant 10, \\ 30 - 1.5t, & 10 < t \leqslant 20 \end{cases}$

$\quad = 15 - |15 - 1.5t|;$

奇函数 $u = \begin{cases} -15 + |15 + 1.5t|, & -20 \leqslant t \leqslant 0, \\ 15 - |15 - 1.5t|, & 0 < t \leqslant 20; \end{cases}$

偶函数 $u = \begin{cases} 15 - |15 + 1.5t|, & -20 \leqslant t \leqslant 0, \\ 15 - |15 - 1.5t|, & 0 < t \leqslant 20. \end{cases}$

5. 提示: $|f(x) \pm g(x)| \leqslant |f(x)| + |g(x)| \leqslant M_1 + M_2$.

6. 提示: 注意 $g(x) \leqslant \sup\limits_{x \in D} g(x)$ 与 $\inf\limits_{x \in D} f(x) \leqslant f(x)$ 使用与定理 1.4.6 的证明相类似的方法, 或反证法并使用确界定义 (ii).

7. 提示: 使用与定理 1.4.6 的证明相类似的方法.

8. 提示: 使用与定理 1.4.6 的证明相类似的方法.

9. 提示: 使用与定理 1.4.6 的证明相类似的方法.

10. 提示: (1)、(2)、(3) 按递增的定义证明; (2) 中 $h(x)$ 严格增, 可分别考察 $\dfrac{x}{1+x}$ 与 $\arctan x$ 的单调性.

11. 提示: 按单调性与奇偶性的定义证明, 前提是 $\forall x_1, x_2 \in [-a, 0]$.

12. 提示: 使用函数有界性与周期性的定义, $\forall x \in (-\infty, +\infty)$, 令 $\left[\dfrac{x-a}{\sigma}\right] = n$, 有 $x - n\sigma \in [a, a + \sigma]$.

B 组

13. 提示: 均值不等式见习题 1.1 第 6 题; 令 $a_1 = a_2 = \cdots = a_n = 1 + \dfrac{1}{n}$, $a_{n+1} = 1$ 用均值不等式得 $\left\{\left(1 + \dfrac{1}{n}\right)^n\right\}$ 递增; 令 $a_1 = a_2 = \cdots = a_n = 1 - \dfrac{1}{n}$, $a_{n+1} = 1$ 用均值不等式再取倒数得 $\left\{\left(1 + \dfrac{1}{n}\right)^{n+1}\right\}$ 递减.

14. 提示: 用反证法, 假设 $m, n \in \mathbb{Z}^+$ 使 $\sqrt{p} = \dfrac{m}{n}$, 且 m 与 n 互素. 则 $n^2 p = m^2$ 且 $\exists u, v \in \mathbb{Z}$, 使 $mu + nv = 1$. (可将 $mu + nv = 1$ 两边平方) 由此推出 $n = 1$. 因此 $p = m^2$. 这与 p 不是完全平方数相矛盾.

15. 提示: 按函数定义式考虑从左向右或从右向左验证等式.

16. 都是初等函数. 提示: $|f(x) - g(x)| = \sqrt{[f(x) - g(x)]^2}$ 是初等函数, 而 $M(x) = \dfrac{1}{2}[f(x) + g(x) + |f(x) - g(x)|]$ (参见 1.1 节).

17. 提示: $f(x) = g(x) + h(x)$, 其中 $g(x) = \dfrac{1}{2}[f(x) + f(-x)]$ 是偶函数, $h(x) = \dfrac{1}{2}[f(x) - f(-x)]$ 是奇函数.

18. 设 f 为外函数, g 是内函数. (1)f 偶, g 偶 $\Rightarrow f \circ g$ 偶; (2)f 奇, g 偶 $\Rightarrow f \circ g$ 偶; (3)f 偶, g 奇 $\Rightarrow f \circ g$ 偶; (4)f 奇, g 奇 $\Rightarrow f \circ g$ 奇; (5)f 增, g 增 $\Rightarrow f \circ g$ 增; (6)f 增, g 减 $\Rightarrow f \circ g$ 减; (7)f 减, g 增 $\Rightarrow f \circ g$ 减; (8)f 减, g 减 $\Rightarrow f \circ g$ 增.

19. 提示: 考虑 $D(x) + \sin x$, 其中 $D(x)$ 为 Dirichlet 函数.

20. 提示: 不存在, 用反证法, 类似于总习题 1 的第 11 题.

21. $\sup(A \cap B) \leqslant \min\{\sup A, \sup B\}$, $\inf(A \cap B) \geqslant \max\{\inf A, \inf B\}$. 严格的不等式可能成立, 如取 $A = \{x : x \in (0,2) \cap \mathbb{Q}\} \cup \{\sqrt{2}\}$, $B = \{x : x \in (0,2) \cap (\mathbb{R} \backslash \mathbb{Q})\}$.

$$\sup(a - A) = a - \inf A; \quad \inf(a - A) = a - \sup A;$$

$$\sup(A - B) = \sup A - \inf B; \quad \inf(A - B) = \inf A - \sup B.$$

22. 如取 $f(x) = x$, $g(x) = -x$, $x \in D = [-1, 1]$, 则

$$\sup_{x \in D} f(x) = \sup_{x \in D} g(x) = 1, \quad \inf_{x \in D} f(x) = \inf_{x \in D} g(x) = -1,$$

$$\sup_{x \in D}[f(x) + g(x)] = \inf_{x \in D}[f(x) + g(x)] = 0.$$

23. (1) Dirichlet 函数 $D(x)$.

(2) 常数函数 $y = 0$.

(3) $f(x) = \begin{cases} 0, & x = 0, \\ \dfrac{1}{x}, & x \in (0,1] \end{cases}$ 或 $f(x) = \begin{cases} 0, & x = 1, \\ \tan\dfrac{\pi x}{2}, & x \in [0,1). \end{cases}$

(4) $f(x) = \begin{cases} 0, & x = [x], \\ \dfrac{1}{x - [x]}, & x \neq [x] \end{cases}$ 或 $f(x) = \begin{cases} 0, & x = n\pi, n \in \mathbb{Z}, \\ \cot x, & x \neq n\pi. \end{cases}$

24. 逆命题为假. 函数 $y = f(x)$ 在区间 I 上存在反函数, f 未必是严格单调函数.

$$f(x) = \begin{cases} x, & x \in [0,1], \\ 3 - x, & x \in (1,2) \end{cases}$$ 不是严格单调的, 但存在反函数 $f^{-1}(x) = \begin{cases} x, & x \in [0,1], \\ 3 - x, & x \in (1,2). \end{cases}$

仿照 Dirichlet 函数 $D(x)$ 来构造, 如 $g(x) = \begin{cases} x, & x \in [0,1] \cap \mathbb{Q}, \\ -x, & x \in [0,1] \backslash \mathbb{Q}. \end{cases}$

25. 略

第1章
习题选解

习题 2.1 (数列极限的概念)

1. 提示: 注意检查逻辑表达式的语序.

(1) $N \geqslant \left(\dfrac{1}{\varepsilon} - 1\right)^2$ 或利用 $\dfrac{1}{1+\sqrt{n}} < \dfrac{1}{\sqrt{n}}$ 得 $N \geqslant \dfrac{1}{\varepsilon^2}$.

(2) $N \geqslant \dfrac{1}{\tan \varepsilon}$.

(3) $N \geqslant \dfrac{\pi}{2 \arcsin \varepsilon}$ 或利用 $\sin \dfrac{\pi}{2n} \leqslant \dfrac{\pi}{2n} < \dfrac{2}{n}$ 得 $N \geqslant \dfrac{2}{\varepsilon}$.

(4) 利用 $\dfrac{n!}{n^n} \leqslant \dfrac{1}{n}$ 得 $N \geqslant \dfrac{1}{\varepsilon}$.

(5) 利用 $|\cos n| \leqslant 1$, $N \geqslant \dfrac{1}{\varepsilon}$.

(6) 由 $\dfrac{10n+3}{2(2n^2-1)} = \dfrac{10n+3}{2(n^2+n^2-1)} \leqslant \dfrac{13n}{2n^2} < \dfrac{7}{n}$ 得 $N \geqslant \dfrac{7}{\varepsilon}$.

2. (1) 与 (2) 都与 ε-N 定义等价. 因为 N 不是唯一的, 所以 $\forall n \geqslant N$ 与 $\forall n > N$ 含义相同. 因为 $\varepsilon > 0$ 具有任意性, 故 $|a_n - a| \leqslant \varepsilon$ 与 $|a_n - a| < \varepsilon$ 含义相同. 其等价性可严格证明.

设 (1) 成立, 即 $\forall \varepsilon > 0$, $\exists N \in \mathbb{Z}^+$, $\forall n \geqslant N$, 有 $|a_n - a| < \varepsilon$, 则 $\forall n > N$, 也有 $|a_n - a| < \varepsilon$, 即 ε-N 定义式成立; 反之, 设 ε-N 定义式成立, 即 $\forall \varepsilon > 0$, $\exists N \in \mathbb{Z}^+$, $\forall n > N$, 有 $|a_n - a| < \varepsilon$. 于是 $\exists N_1 = N + 1 \in \mathbb{Z}^+$, $\forall n \geqslant N_1$, 有 $|a_n - a| < \varepsilon$. 这表明 (1) 成立.

设 ε-N 定义式成立, 即 $\forall \varepsilon > 0$, $\exists N \in \mathbb{Z}^+$, $\forall n > N$, 有 $|a_n - a| < \varepsilon$. 于是有 $|a_n - a| \leqslant \varepsilon$, 即 (2) 成立; 反之, 设 (2) 成立, 则 $\forall \varepsilon > 0$, 对 $\varepsilon_1 = \dfrac{\varepsilon}{2}$ 使用 (2), $\exists N \in \mathbb{Z}^+$, $\forall n > N$, 有 $|a_n - a| \leqslant \varepsilon_1 = \dfrac{\varepsilon}{2}$. 于是 $\forall n > N$, 有 $|a_n - a| < \varepsilon$, 这表明 ε-N 定义式成立.

3. 若 $\forall \varepsilon > 0$, 邻域 $U(a, \varepsilon)$ 内含数列 $\{a_n\}$ 的无限多项, $\{a_n\}$ 未必一定收敛于 a. 反例: $a_n = (-1)^n$, $\forall \varepsilon > 0$, 邻域 $U(1, \varepsilon)$ 内含数列 $\{(-1)^n\}$ 的所有偶数项, 但 $\{(-1)^n\}$ 发散.

4. 提示: 注意 $|a_n - 0| = ||a_n| - 0|$; 引理 2.1.2 的逆命题不真, 即当 $\lim\limits_{n\to\infty} |a_n| = |a| > 0$ 时, 未必有 $\lim\limits_{n\to\infty} a_n = a$. 反例: $a_n = (-1)^n$, 显然 $\lim\limits_{n\to\infty} |a_n| = 1$, 但 $\{(-1)^n\}$ 发散.

5. $\lim\limits_{n\to\infty} a_n = +\infty \Leftrightarrow \forall \Lambda > 0$, $\exists N \in \mathbb{Z}^+$, $\forall n > N$, 有 $a_n > \Lambda$.
$\lim\limits_{n\to\infty} a_n = -\infty \Leftrightarrow \forall \Lambda > 0, \exists N \in \mathbb{Z}^+$, $\quad \forall n > N$, 有 $a_n < -\Lambda$.

6. (1) 提示: 按定义, $N \geqslant 2^\Lambda$. (2) 提示: 方法 1, 按定义; 方法 2, 利用例 2.1.3 及引理 2.1.6.

习题 2.2 (收敛数列的性质)

1. (1) $1/2$.　(2) 0.　(3) $-1/3$.　(4) $-\infty$.　(5) 1.　(6) 1, 提示: $\dfrac{1}{n(n+1)} = \dfrac{1}{n} - \dfrac{1}{n+1}$.

(7) $\dfrac{1}{1-q}$. (8) $\dfrac{1}{1-q}$, 提示: $1 + q = \dfrac{1-q^2}{1-q}$.

2. (1) 提示: 方法 1, 仿定理 2.2.5(1) 的证明; 方法 2, 对 $c_n = -a_n$ 使用定理 2.2.5(1).

(2) 提示: 方法 1, 取 $\varepsilon_0 = \dfrac{b-a}{2} > 0$ 对两个极限使用 ε-N 定义; 方法 2, 对 $c_n = b_n - a_n$ 使用极限差的运算法则与保号性.

3 (1) 提示: 按定义.

(2) 提示: 方法 1, 按定义, 并注意保号性的使用; 方法 2, 利用引理 2.1.6.

4. (1) 提示: 令 $|q| = \dfrac{1}{1+\alpha}$, $\alpha > 0$, 由二项式定理得 $(1+\alpha)^n \geqslant \dfrac{n(n-1)}{2}\alpha^2$, 用夹逼性.

(2) 令 $b_n = 1 + 2q + 3q^2 + \cdots + nq^{n-1}$, 则 $qb_n = q + 2q^2 + 3q^3 + \cdots + nq^n$, 相减得 $(1-q)b_n = 1 + q + q^2 + \cdots + q^{n-1} - nq^n$.

5. 提示: $na_n - 1 < [na_n] \leqslant na_n$, 使用夹逼性.

6. 提示: 用夹逼性, 记通项为 a_n. (1) 0; $0 \leqslant a_n \leqslant 4/n$.

(2) 0; 方法 1, 由 $k(n-k+1) \geqslant n$ 相乘得 $(n!)^2 \geqslant n^n$, $0 \leqslant a_n \leqslant 1/\sqrt{n}$; 方法 2, 用例 2.2.8.

(3) 1; $\dfrac{n}{\sqrt{n^2+n}} < a_n < \dfrac{n}{\sqrt{n^2+1}}$.   (4) $+\infty$; $a_n > \dfrac{n}{\sqrt{2n}}$.

习题 2.3 (数列极限的存在性)

1. 提示: 利用单调有界定理. (1) 当 $n \geqslant c-1$ 时递减且有下界 0. 由 $a_{n+1} = \dfrac{c}{n+1}a_n$ 得 $\lim\limits_{n\to\infty} a_n = 0$.

(2) 递增且有上界 2, 由 $a_{n+1} = \sqrt{2a_n}$ 得 $\lim\limits_{n\to\infty} a_n = 2$.

(3) $a_{n+1} = \dfrac{1}{2}\left(a_n + \dfrac{b}{a_n}\right) \geqslant \sqrt{a_n \cdot \dfrac{b}{a_n}} = \sqrt{b}$ 且 $a_{n+1} = \dfrac{1}{2}\left(a_n + \dfrac{b}{a_n}\right) \leqslant \dfrac{1}{2}\left(a_n + \dfrac{a_n^2}{a_n}\right) = a_n$, 由 $a_{n+1} = \dfrac{1}{2}\left(a_n + \dfrac{b}{a_n}\right)$ 得 $\lim\limits_{n\to\infty} a_n = \sqrt{b}$.

(4) 考察 $a_{n+1} - a_n$, $\{a_n\}$ 递增且有上界 2, 由 $a_{n+1} = 1 + \dfrac{a_n}{1+a_n}$ 得 $\lim\limits_{n\to\infty} a_n = \dfrac{1+\sqrt{5}}{2}$.

2. 提示: 方法 1, 与闭区间套定理证明的方法相同; 方法 2, 构作闭区间套 $\{[x_n, y_n]\}$ 用闭区间套定理, 令 $x_n = \dfrac{a_n + a_{n+1}}{2}$, $y_n = \dfrac{b_n + b_{n+1}}{2}$.

3. 提示: 利用定理 2.3.5, 推论 2.3.6 和定理 2.3.7. (1) $\lim\limits_{k\to\infty} a_{2k} = 1$, $\lim\limits_{k\to\infty} a_{2k-1} = -1$, $\{a_n\}$ 发散.

(2) $\lim\limits_{k\to\infty} a_{4k} = 0$, $\lim\limits_{k\to\infty} a_{8k+2} = 1$, $\{a_n\}$ 发散.

(3) $\lim\limits_{k\to\infty} a_{2k-1} = 1$, $\lim\limits_{k\to\infty} a_{2k} = 1$, $\{a_n\}$ 收敛于 1.

(4) $a_{2k} = -\dfrac{1}{2k}\left[(1-2) + (3-4) + \cdots + ((2k-1) - (2k))\right]$,

$a_{2k-1} = \dfrac{1}{2k-1}\left[1 - (2-3) - \cdots - ((2k-2) - (2k-1))\right]$, $\{a_n\}$ 收敛于 $\dfrac{1}{2}$.

4. 提示: 利用 Cauchy 准则, 类似于例 2.3.7.

5. 提示: 利用 Cauchy 准则, 类似于例 2.3.8.

6. 提示: 利用单调有界定理证明 $\{A_n\}$ 收敛; 再从 $\{A_n\}$ 收敛出发, 利用 Cauchy 准则证明 $\{a_n\}$ 收敛.

7. 提示: (1) 类似于定理 2.3.5; (2) 类似于定理 2.3.7.

总习题 2 (数列极限)

A 组

1. 提示: 利用例 2.2.6, 例 2.2.8 及引理 2.3.3 等.

(1) 4. (2) 1. (3) e. (4) $e^{\frac{1}{2}}$. (5) 1. (6) $\dfrac{1}{e}$. (7) 0. (8) e.

其中 (5) 题利用夹逼性, (8) 题令 $a_n = \dfrac{n^n}{n!}$, $\lim\limits_{n\to\infty} \dfrac{a_n}{a_{n-1}} = \lim\limits_{n\to\infty} \left(1 + \dfrac{1}{n-1}\right)^{n-1} = e$, 则

$$\lim_{n\to\infty} \frac{n}{\sqrt[n]{n!}} = \lim_{n\to\infty} \sqrt[n]{a_n} = \lim_{n\to\infty} \sqrt[n]{\frac{a_2}{a_1}\frac{a_3}{a_2}\cdots\frac{a_n}{a_{n-1}}} = e.$$

2. (1) 0. (2) 0. (3) 1; 提示: 利用夹逼性.

(4) 1; 提示: 利用夹逼性, 注意到 $\sum\limits_{k=1}^{n} k! < (n-2)(n-2)! + (n-1)! + n! < 2(n-1)! + n!$.

(5) 0; 提示: 方法 1, 利用夹逼性, 令 $|a| = 1 + h$, $h > 0$, 则

$$|a|^n = (1+h)^n > C_n^{k+1} h^{k+1} = \frac{n(n-1)\cdots(n-k)}{(k+1)!} h^{k+1}.$$

方法 2, 利用当 $|q| < 1$ 有 $\lim\limits_{n\to\infty} nq^n = 0$(习题 2.2 第 4(1) 题), 这里 $q = a^{-\frac{1}{k}}$.

方法 3, 利用单调有界定理 (总习题 2 第 6 题).

(6) 3; 提示: 利用夹逼性或第 (5) 题.

(7) $\dfrac{1}{2}$; 提示: $\left(1 - \dfrac{1}{2^2}\right)\left(1 - \dfrac{1}{3^2}\right)\cdots\left(1 - \dfrac{1}{n^2}\right) = \dfrac{n+1}{2n}$.

(8) 0; 提示: 利用夹逼性, $\left(\dfrac{1}{2} \cdot \dfrac{3}{4} \cdot \cdots \cdot \dfrac{2n-1}{2n}\right)^2 < \dfrac{1}{2n+1}$.

3. 提示: 利用夹逼性, 设 $\max\{a_1, a_2, \cdots, a_k\} = a$, 则

$$a \leqslant \sqrt[n]{a_1^n + a_2^n + \cdots + a_k^n} \leqslant a\sqrt[n]{k}.$$

4. 提示: 先由 $a/2 < a < 3a/2$ 用保号性再用夹逼性.

5. 提示: 取 r_0 使 $r < r_0 < 1$, 先用保号性再用夹逼性.

6. 提示: 先用保号性再用单调有界定理 (或夹逼性).

7. 提示: $\dfrac{a_n + b_n}{2} \geqslant \sqrt{a_n b_n} \Rightarrow a_{n+1} \geqslant b_{n+1}$, $a_{n+1} = \dfrac{a_n + b_n}{2} \leqslant a_n$, $b_{n+1} = \sqrt{a_n b_n} \geqslant b_n$, 利用单调有界定理.

8. 提示: $\dfrac{a_{n+1}}{b_{n+1}} = \dfrac{a_n + b_n}{2} \cdot \dfrac{a_n + b_n}{2a_n b_n} = \dfrac{(a_n + b_n)^2}{4a_n b_n} \geqslant 1$, $a_{n+1} - a_n = \dfrac{b_n - a_n}{2} \leqslant 0$, $b_{n+1} - b_n \geqslant 0$, 利用单调有界定理.

9. (1) 未必收敛, 如 $\{(-1)^n\}$.

(2) 收敛, 此因 $\{a_{2k-1}\}$, $\{a_{2k}\}$ 和 $\{a_{3k}\}$ 分别收敛于 a, b, c 时, 由 $\{a_{6k}\}$ 与 $\{a_{6k-3}\}$ 的收敛性得出 $a = c = b$.

10. 提示: 方法 1, 利用 Cauchy 准则, $|a_{n+p} - a_n| \leqslant \dfrac{1}{n+1}$.

方法 2, 考虑 $\{a_{2k-1}\}$ 与 $\{a_{2k}\}$, 利用单调有界定理或闭区间套定理.

11. 提示: 方法 1, 利用 Cauchy 准则, $\exists \varepsilon_0 = 1$, $\forall N \in \mathbb{Z}^+$, $\exists n_0 \in \left[2N\pi + \dfrac{\pi}{6}, \ 2N\pi + \dfrac{\pi}{2}\right]$,

$\exists m_0 \in \left[2N\pi - \dfrac{\pi}{2}, \ 2N\pi - \dfrac{\pi}{6}\right]$, 使 $|\sin n_0 - \sin m_0| \geqslant \varepsilon_0$;

方法 2, 反证法, 假设 $\lim\limits_{n\to\infty} \sin n = a$, 则 $\lim\limits_{n\to\infty} \sin(n+2) = a$, 由

$$\sin(n+2) - \sin n = 2\sin 1 \cos(n+1)$$

得 $\lim\limits_{n\to\infty} \cos n = 0$, 从而 $\lim\limits_{n\to\infty} \sin 2n = 0$, $a = 0$, 得出 $1 = \lim\limits_{n\to\infty} (\sin^2 n + \cos^2 n) = 0$, 矛盾.

12. 提示: 利用极限四则运算法则与反证法. 如对 $\{a_n b_n\}$, 设 $\{a_n\}$ 收敛于 a, 可分 3 种情况讨论: $a \neq 0$; $a = 0$ 且 $\{b_n\}$ 有界; $a = 0$ 且 $\{b_n\}$ 无界.

B 组

13. 提示: 利用夹逼性; 因 $0 < \alpha < 1$, 故 $(n+1)^{\alpha-1} < n^{\alpha-1}$, 从而

$$(n+1)^\alpha < n^{\alpha-1}(n+1) = n^\alpha + n^{\alpha-1},$$

即 $0 < (n+1)^\alpha - n^\alpha < n^{\alpha-1}$.

14. (1) 提示: 方法 1, 利用例 2.2.8(2); 方法 2, 先用保号性 (或 ε-N 定义) 再用夹逼性.

(2) 提示: 方法 1, 利用例 2.2.8(1); 方法 2, 先用保号性 (或 ε-N 定义) 再用夹逼性.

15. 提示: 注意到 $\{b_n\}$ 有界, 由

$$\frac{a_1 b_n + a_2 b_{n-1} + \cdots + a_n b_1}{n}$$
$$= \frac{(a_1 - a)b_n + (a_2 - a)b_{n-1} + \cdots + (a_n - a)b_1}{n} + a\frac{b_n + b_{n-1} + \cdots + b_1}{n}$$

及例 2.2.8(1) 可证.

16. 提示: $(1 - a_n)a_{n+1} \geqslant \dfrac{1}{4} \geqslant (1 - a_n)a_n$, 数列 $\{a_n\}$ 递增.

17. 提示: (1) 令 $a_n = \left(1 + \dfrac{1}{n}\right)^n$, 注意到 $\left(1 + \dfrac{1}{n}\right)^{n+1} = a_n \dfrac{n+1}{n}$, 将 (2.3.1) 式求连乘积得

$$\frac{(n+1)^n}{n!} = a_1 a_2 \cdots a_n < \mathrm{e}^n < a_1 a_2 \cdots a_n \cdot \frac{2}{1} \cdot \frac{3}{2} \cdots \frac{n+1}{n} = \frac{(n+1)^{n+1}}{n!}.$$

(2) 由 (1) 得 $\dfrac{1}{n+1}\left(\dfrac{n}{n+1}\right)^n \mathrm{e}^n < \dfrac{n^n}{n!} < \left(\dfrac{n}{n+1}\right)^n \mathrm{e}^n$, 于是利用 (2.3.1) 式得

$$\frac{1}{\sqrt[n]{n+1}}\left(1 + \frac{1}{n}\right)^{n-1} < \frac{1}{\sqrt[n]{n+1}}\frac{n}{n+1}\mathrm{e} < \frac{n}{\sqrt[n]{n!}} < \frac{n}{n+1}\mathrm{e} < \left(1 + \frac{1}{n}\right)^n.$$

18. 提示: 利用 (2.3.2) 式得 $a_{n+1} - a_n = \dfrac{1}{n+1} - \ln\left(1 + \dfrac{1}{n}\right) < 0$, 且

$$a_n > \ln \frac{2}{1} + \ln \frac{3}{2} + \cdots + \ln \frac{n+1}{n} - \ln n = \ln \frac{n+1}{n} > 0.$$

19. 提示: 利用 18 题, (1) $\displaystyle\lim_{n\to\infty} \left(\frac{1}{n+1} + \frac{1}{n+2} + \cdots + \frac{1}{2n} \right) = \lim_{n\to\infty} \left(a_{2n} - a_n + \ln \frac{2n}{n} \right)$;

(2) $\displaystyle\lim_{n\to\infty} \frac{1 + \dfrac{1}{2} + \cdots + \dfrac{1}{n}}{\ln n} = \lim_{n\to\infty} \frac{a_n + \ln n}{\ln n}.$

20. 提示: $\alpha > 1$ 时, 记 $\dfrac{1}{2^{\alpha-1}} = r$, 则 $0 < r < 1$. 由于 $\dfrac{1}{2^\alpha} + \dfrac{1}{3^\alpha} < \dfrac{2}{2^\alpha} = r$; $\dfrac{1}{4^\alpha} +$

$\dfrac{1}{5^\alpha} + \dfrac{1}{6^\alpha} + \dfrac{1}{7^\alpha} < \dfrac{4}{4^\alpha} = r^2$; $\dfrac{1}{2^{n\alpha}} + \dfrac{1}{(2^n+1)^\alpha} + \cdots + \dfrac{1}{(2^{n+1}-1)^\alpha} < \dfrac{2^n}{2^{n\alpha}} = r^n$; 于是

$a_n < a_{2^{n+1}-1} < 1 + r + r^2 + \cdots + r^n < \dfrac{1}{1-r}$, $\{a_n\}$ 有上界.

当 $\alpha \leqslant 1$ 时,

$$\frac{1}{2^\alpha} \geqslant \frac{1}{2}; \quad \frac{1}{3^\alpha} + \frac{1}{4^\alpha} \geqslant \frac{2}{4} = \frac{1}{2}; \quad \frac{1}{5^\alpha} + \frac{1}{6^\alpha} + \frac{1}{7^\alpha} + \frac{1}{8^\alpha} \geqslant \frac{4}{8} = \frac{1}{2};$$

$$\frac{1}{(2^{n-1}+1)^\alpha} + \frac{1}{(2^{n-1}+2)^\alpha} + \cdots + \frac{1}{(2^n)^\alpha} \geqslant \frac{2^{n-1}}{2^n} = \frac{1}{2}.$$

于是 $a_{2^n} \geqslant 1 + \dfrac{n}{2}$, $\{a_n\}$ 无上界.

21. 提示: 先证明对 $\forall k \in \mathbb{Z}^+$ 有 $a = \inf\{a_n \,|\, n > k\}$. (反证法) $\inf\{a_n \,|\, n > k\} = b > a$, 则

$$a = \inf\{a_n\} = \min\{a_1, a_2, \cdots, a_k, b\} = \min\{a_1, a_2, \cdots, a_k\},$$

与 $\forall n \in \mathbb{Z}^+, a_n > a$ 矛盾. 按下确界定义, 对 $\varepsilon_1 = 1$, 可取 $a_{n_1} \in \{a_n\}$ 使 $a_{n_1} < a + \varepsilon_1$. 对 $\varepsilon_2 = \min\left\{\dfrac{1}{2}, a_{n_1} - a\right\}$, 取 $a_{n_2} \in \{a_n \,|\, n > n_1\}$ 使 $a_{n_2} < a + \varepsilon_2$. 设 $a_{n_{k-1}}$ 已取, 则对 $\varepsilon_k = \min\left\{\dfrac{1}{k}, a_{n_{k-1}} - a\right\}$, 取 $a_{n_k} \in \{a_n \,|\, n > n_{k-1}\}$ 使 $a_{n_k} < a + \varepsilon_k$, 由此得证.

22. 提示: $\{a_n\}$ 为有界数列, 必有收敛子列 $\{a_{n_i}\}$, 设其收敛于 a, 在 $\{a_n\}$ 中去掉所有以 a 为极限的子列, 则剩下的项必为无限项. 因为若剩下有限项, 则按定理 2.3.5, $\{a_n\}$ 去掉这有限项的数列必收敛于 a, 于是 $\{a_n\}$ 本身收敛于 a, 与 $\{a_n\}$ 发散矛盾. 现将剩下的无限项记为 $\{a_{n_k}\}$, 则 $\{a_{n_k}\}$ 为 $\{a_n\}$ 的子列. 由于 $\{a_{n_k}\}$ 是有界的, 则它必有收敛子列收敛于 $b \neq a$, 该子列也是 $\{a_n\}$ 的子列.

23. 提示: 利用数列无界与非无穷大量的定义, 类似于推论 2.3.9 的证明.

24. 略.

25. 略.

26. 略.

习题 3.1 (函数极限的概念)

1. (1) 提示: 当 $x \geqslant 1$ 时, $\left|\dfrac{1-x}{2x-1} - \left(-\dfrac{1}{2}\right)\right| = \left|\dfrac{1}{2(2x-1)}\right| = \dfrac{1}{2(x+x-1)} \leqslant \dfrac{1}{2x}$.

(2) 提示: $\left|\dfrac{1}{x}\sin\dfrac{1}{x}\right| \leqslant \dfrac{1}{|x|}$.

(3) 提示: $A = -\log_a \varepsilon > 0$, 这里 $\varepsilon \in (0,1)$.

(4) 提示: $|\cos x - \cos x_0| = \left|-2\sin\dfrac{x-x_0}{2}\sin\dfrac{x+x_0}{2}\right| \leqslant |x-x_0|$.

(5) 提示: $x \neq 2$ 时, $\left|\dfrac{x-2}{x^2-4} - \dfrac{1}{4}\right| = \left|\dfrac{1}{x+2} - \dfrac{1}{4}\right| = \dfrac{1}{4}\dfrac{|x-2|}{|x+2|}$, $|x+2| = |4+x-2| \geqslant 4 - |x-2|$.

(6) 提示: $\left|\dfrac{1}{x} - \dfrac{1}{x_0}\right| = \dfrac{|x-x_0|}{|x_0||x|}$, 由于 $x \to x_0$, 故可设 $|x-x_0| \leqslant \dfrac{|x_0|}{2}$, 于是

$$|x| = |(x-x_0)+x_0| \geqslant |x_0| - |x-x_0| \geqslant \dfrac{|x_0|}{2}.$$

(7) 提示: $0 < \delta \leqslant \tan\varepsilon$, 这里 $\varepsilon \in (0,\pi/2)$.

(8) 提示: $0 < \delta \leqslant \dfrac{1}{\tan(\pi/2 - \varepsilon)}$, 这里 $\varepsilon \in (0,\pi/2)$.

2. $\exists \varepsilon_0 > 0, \forall \delta > 0, \exists x_\delta: \ 0 < |x_\delta - x_0| < \delta$, 有 $|f(x_\delta) - b| \geqslant \varepsilon_0$.

3. (1) $f(n+) = n$, $f(n-) = n-1$, $\lim\limits_{x \to n} f(x)$ 不存在.
(2) $f(1-) = 0$, $f(1+) = 0$, $\lim\limits_{x \to 1} f(x) = 0$.

4. 提示: 类似于引理 3.1.2 的证明.

5. 提示: 类似于引理 3.1.3(1) 的证明.

6. 提示: $b = 0$ 时逆命题为真; $b \neq 0$ 时反例 $f(x) = \mathrm{sgn}x$, $x_0 = 0$.

习题 3.2 (函数极限的性质)

1. (1) 1. (2) 3/2. (3) 1/2. (4) 3/4. (5) $\dfrac{3^{60} \cdot 2^{30}}{5^{90}}$.

(6) m/n, 提示: $x^n - 1 = (x-1)(x^{n-1} + \cdots + x + 1)$.

(7) 5, 提示: 令 $\sqrt[5]{1+x} - 1 = t$.

(8) -1, 提示: 利用夹逼性.

2. 提示: 按定义, 先用局部保号性, 方法类似于引理 2.2.6 的证明.

3. 提示: 方法 1, 令 $h(x) = f(x) - g(x)$, 用差运算法则与局部保号性; 方法 2, 取 $\varepsilon_0 = (b-a)/2 > 0$ 对两个已知极限使用 ε-A 定义.

4. (1) 2. (2) 1/2. (3) 1. (4) a/b. (5) 2, 提示: 令 $x - \pi = t$.

(6) 1, 提示: 令 $\arcsin x = t$. (7) 2. (8) 1, 提示: $\tan x - \sin x = \tan x(1 - \cos x)$.

(9) $\sin 2a$, 提示: 差化积. (10) $\dfrac{\sin x}{x}$, 提示: $\dfrac{\cos\frac{x}{2}\cos\frac{x}{2^2}\cdots\cos\frac{x}{2^n}\sin\frac{x}{2^n}}{\sin\frac{x}{2^n}} = \dfrac{\sin x}{2^n\sin\frac{x}{2^n}}$.

习题 3.3 (函数极限的存在性)

1. 提示: $\forall n \in \mathbb{Z}^+$, 取 $s_n = 2n\pi + \dfrac{\pi}{2}$, $t_n = 2n\pi - \dfrac{\pi}{2}$.

2. 提示: $\forall A > 0$, 取 $n > A$, $n \in \mathbb{Z}^+$, $s_n = -2n\pi$, $t_n = -(2n+1)\pi$.

3. 提示: 用反证法, 假设 $f(x) \not\equiv 0$, 则 $\exists x_0 \in \mathbb{R}$, 使 $f(x_0) \neq 0$. 令 $x_n = x_0 + n\sigma$, 依据周期性与 Heine 定理导出矛盾.

4. 提示: 必要性易证. 充分性用反证法. 假设对 $U(+\infty)$ 内任何以 $+\infty$ 为极限的严格递增数列 $\{x_n\}$, $\lim\limits_{n\to\infty} f(x_n) = b$, 但 $\lim\limits_{x\to+\infty} f(x) \neq b$. 则 $\exists \varepsilon_0 > 0$, $\forall A > 0$, $\exists x_A > A$ 使 $|f(x_A) - b| \geqslant \varepsilon_0$. $A_1 = 1, \exists x_1 > 1$ 使 $|f(x_1) - b| \geqslant \varepsilon_0$; $A_2 = \max\{2, x_1\}, \exists x_2 > A_2$ 使 $|f(x_2) - b| \geqslant \varepsilon_0$; $\cdots$; $A_n = \max\{n, x_{n-1}\}, \exists x_n > A_n$ 使 $|f(x_n) - b| \geqslant \varepsilon_0$. 由此得严格递增数列 $\{x_n\}$, 并导出与题设矛盾.

5. 提示: (必要性) 设 $\lim\limits_{x\to+\infty} f(x) = b$. 由局部有界性定理存在 $U(+\infty, A) = (A, +\infty)$, 使 $f(x)$ 在 $U(+\infty)$ 上有界, $\exists M > 0$, $\forall x > A$, 有 $|f(x)| \leqslant M$. 又由 $f(x)$ 在 $[a, +\infty)$ 上递增可知对 $\forall x \in [a, A]$, 有 $f(x) \leqslant f(A+1) \leqslant M$. 从而 $\forall x \in [a, +\infty)$, 有 $f(x) \leqslant M$. 故 $f(x)$ 在 $[a, +\infty)$ 有上界.

(充分性) 设 $f(x)$ 在 $[a, +\infty)$ 有上界, 则由确界原理知 $f(x)$ 在 $[a, +\infty)$ 上有上确界设为 b. 对 $\forall \varepsilon > 0$, $\exists A \in [a, +\infty)$, 有 $b - \varepsilon < f(A)$. 又因 $f(x)$ 在 $[a, +\infty)$ 上递增, 故 $\forall x > A$ 有 $b - \varepsilon < f(A) \leqslant f(x) \leqslant b < b + \varepsilon$. 因此 $\lim\limits_{x\to+\infty} f(x) = b$.

6. (1) e^6; (2) e^{-2}; (3) $e^{-8/3}$; (4)1; (5) $\sqrt{e}$(用 Heine 定理); (6) e(用 Heine 定理).

习题 3.4 (无穷小与无穷大)

1. (1) f 与 g 是同阶无穷大量.   (2) f 关于 g 是高阶无穷小量.

(3) 由不等式知 f 与 g 是同阶无穷大量.   (4) f 关于 g 是低阶无穷小量.

(5) 当 $x > e$ 有 $\ln x > 1$, 由此按例 3.4.6 知 f 关于 g 是低阶无穷大量.

2. (1) $\alpha = 2/5$. (2) $\alpha = 3/5$. (3) $\alpha = 1$. (4) $\alpha = 16$. (5) $\alpha = -7/2$.

3. (1) 3. (2) $16\sqrt{2}$. (3) 32. (4) 5/4, 提示:

$$\lim_{x\to 0} \frac{7x^2 - 2(1 - \cos^2 x)}{3x^3 + 4\tan^2 x} = \lim_{x\to 0} \frac{7 - 2(1 + \cos x)\frac{1 - \cos x}{x^2}}{3x + 4\frac{\tan^2 x}{x^2}}.$$

4. (1) 提示: 由 $\ln x^{\frac{1}{x}} = \dfrac{\ln x}{x} \to 0$ $(x \to +\infty)$ 知 $x^{\frac{1}{x}} \to 1$ $(x \to +\infty)$.

(2) 提示: 由 $\dfrac{\tan x^3}{x^3} \to 1$ $(x \to 0)$ 知 $\left|\dfrac{\tan x^3}{x^3}\right| \leqslant M$, 而 $\left|\dfrac{x^3 \cos\frac{1}{x}}{x^3}\right| \leqslant 1$.

(3) 提示: 先求 $\lim\limits_{x\to 0} \dfrac{\sqrt[3]{1+x} - 1}{x}$.

(4) 提示: $\displaystyle\lim_{x\to 0}\frac{f(x)-g(x)}{g(x)}=\lim_{x\to 0}\frac{f(x)}{g(x)}-1.$

总习题 3 (函数极限)

A 组

1. (1) 1. (2) b/a, 提示: 类似于例 3.2.6.

(3) 4, 提示: 差化积或利用 $1-\cos x\sim\dfrac{x^2}{2}$. (4) $a+b$, 提示: 分子有理化.

(5) 0, 提示: 令 $x=1/t$ 利用例 3.4.6. (6) $\ln a$, 提示: 利用 $e^x-1\sim x$ 与 $a^x=e^{x\ln a}$.

(7) c, 提示: 利用 $e^x-1\sim x$ 与 $\ln(1+x)\sim x$. (8) 1.

(9) 1, 提示: 令 $\dfrac{\pi}{2}-\arctan x=t$. (10) $e^{-\frac{x^2}{2}}$, 提示: 利用 $\displaystyle\lim_{x\to 0}(1+x)^{\frac{1}{x}}$ 与 $1-\cos x\sim\dfrac{x^2}{2}$.

(11) $1/a$, 提示: 令 $x-a=t$. (12) $a^c\ln a$, 提示: 令 $x-c=t$.

2. (1) $a=1,\ b=-1/2$. (2) $a=-1,\ b=1/2$. 提示: 方法 1, 由 $\dfrac{\sqrt{x^2-x+3}-ax-b}{x}=$
$\dfrac{\sqrt{x^2-x+3}-ax}{x}-\dfrac{b}{x}$ 先求 a; 方法 2, 直接将分子有理化.

3. (1) $f(2+)=1,\ f(2-)=5/3,\ \displaystyle\lim_{x\to 2}f(x)$ 不存在.

(2) $x\in(0,1)$ 时 $f(x)=\dfrac{-1}{x-1}$; $x\in(1,2)$ 时 $f(x)=0$. 故 $f(1-)=+\infty$ (不存在),
$f(1+)=0,\ \displaystyle\lim_{x\to 1}f(x)$ 不存在.

(3) $f(+\infty)=1,\ f(-\infty)=-1,\ \displaystyle\lim_{x\to\infty}f(x)$ 不存在.

(4) $\exists A>0,\ |x|>A$ 有 $\left(1+\dfrac{1}{x}\right)^x>2$, 于是 $x>A$ 有 $\left(1+\dfrac{1}{x}\right)^{x^2}>2^x$, $x<-A$ 有
$0<\left(1+\dfrac{1}{x}\right)^{x^2}<2^x$. $f(+\infty)=+\infty$(不存在), $f(-\infty)=0,\ \displaystyle\lim_{x\to\infty}f(x)$ 不存在.

4. 提示: 利用 Cauchy 准则或 Heine 定理. (1) 可取 $s_n=-\dfrac{1}{2n\pi},\ t_n=-\dfrac{1}{(2n+1)\pi}$.

(2) 可取 $s_n=\dfrac{1}{n},\ t_n=\dfrac{1}{n+a},\ 0<a<1$.

5. 提示: 取 $s_n=2n\pi,\ t_n=(2n+1)\pi,\ r_n=2n\pi+\dfrac{\pi}{2}$, 考察 $f(s_n),\ f(t_n),\ f(r_n)$, 类似于
例 3.4.1.

6. 提示: 利用夹逼性. 例如 (1), 可记 $\max\{a_1,a_2,\cdots,a_n\}=a$, 则
$$\left(\frac{a^x}{n}\right)^{\frac{1}{x}}\leqslant f(x)\leqslant\left(\frac{na^x}{n}\right)^{\frac{1}{x}}.$$

7. (1) 提示: 先将差化积, 再将分子有理化;

(2) 提示: 先将 $a_n=-a_1-a_2-\cdots-a_{n-1}$ 代入再利用 (1).

8. 提示: 注意到 $\left|\dfrac{f(x)}{x}\right|\leqslant\left|\dfrac{\sin x}{x}\right|$, 利用 $\displaystyle\lim_{x\to 0}\frac{\sin x}{x}=1$.

9. 提示: 由 $\lim\limits_{x\to+\infty}\dfrac{f(x)}{x}=\lim\limits_{x\to+\infty}f(x)\tan\dfrac{1}{x}=b$ 对 $\varepsilon=\dfrac{b}{2}>0$ 使用函数极限的 $\varepsilon\text{-}A$ 定义.

10. 提示: 由两个数列构作新的数列, 类似于定理 3.3.4 的证明.

11. 提示: 用反证法, 假设 $\exists x_0\in(0,+\infty)$, 使得 $f(x_0)\neq b$, 令 $x_n=2^n x_0$, 利用方程 $f(2x)=f(x)$ 与 Heine 定理导出矛盾.

B 组

12. (1) $\dfrac{1}{\ln 3-\ln 2}$; 提示: 利用 $a^x-1=e^{x\ln a}-1\sim x\ln a\ (x\to 0)$.

(2) $\dfrac{1}{n!}$; 提示: 先求 $\lim\limits_{x\to 1}\dfrac{1-\sqrt[k]{x}}{1-x}$, 令 $\sqrt[k]{x}=t$.

(3) 2; 提示: $\tan\tan x-\sin\sin x=\tan\tan x-\sin\tan x+\sin\tan x-\sin\sin x$, 并利用 $\sin x\sim x,\tan x\sim x$ 及 $1-\cos x\sim\dfrac{x^2}{2}\ (x\to 0)$ 等.

(4) $\sqrt[n]{a_1 a_2\cdots a_n}$; 利用 $\lim\limits_{x\to 0}(1+x)^{\frac{1}{x}}$ 与 $\lim\limits_{x\to 0}\dfrac{a^x-1}{x}=\ln a$.

13. 提示: 类似于 Heine 定理的证明, 注意使用 $\lim\limits_{x\to x_0}f(x)=-\infty$ 的定义.

14. 提示: 用反证法, 假设 $\exists x_0\in(0,1)\cup(1,+\infty)$, 使得 $f(x_0)\neq f(1)$, 令 $x_n=x_0^{2^n}$, 分 $x_0\in(0,1)$ 与 $x_0\in(1,+\infty)$ 两种情况, 利用方程 $f(x^2)=f(x)$ 与 Heine 定理导出矛盾.

15. 提示: $\forall\varepsilon>0,\exists x_0>a,\forall x\geqslant x_0$ 时, 有 $|f(x+1)-f(x)-b|<\varepsilon$. $\forall x\geqslant x_0+1$, 记 $[x-x_0]=n,\alpha=x-x_0-n$, 则 $0\leqslant\alpha<1$ 且 $x=\alpha+x_0+n$, 由

$$n(b-\varepsilon)<f(x)-f(x_0+\alpha)<n(b+\varepsilon)$$

可得证.

16. 提示: $\forall\Lambda>0,\exists x_0>a,\forall x\geqslant x_0$ 时, 有 $|f(x+1)-f(x)|\geqslant\Lambda$. $\forall x\geqslant x_0+1$, 记 $[x-x_0]=n,\alpha=x-x_0-n$, 则 $0\leqslant\alpha<1$ 且 $x=\alpha+x_0+n$, 由

$$f(x)-f(x_0+\alpha)\geqslant n\Lambda \text{ 或 } f(x)-f(x_0+\alpha)\leqslant-n\Lambda$$

可得证.

第3章
习题选解

习题 4.1 (连续与间断)

1. 提示: $|f(x)-f(0)|=|f(x)-0|=|x|$.

2. 提示: (反证法) 假设 $f(x)$ 与 $g(x)$ 均在 $x_0=0$ 连续, 由题设条件得出 $f(0)=g(0)$.

3. (1) 0 是 D 的聚点. (2) 闭区间 $[-\sqrt{2},\sqrt{2}]$ 中的一切点都是 D 的聚点.

4. (1) $x_0=1$ 是第二类间断点. (2) $x_0=1$ 是可去间断点.

(3) $x_0=0$ 是跳跃间断点. (4) $x_0=0$ 是第二类间断点. (5) 没有间断点.

(6) 定义域 $[-1, 2)x_1 = 0$ 与 $x_2 = 1$ 都是跳跃间断点, $x = 2$ 为可去间断点.

(7) 区间 $(0, 1)$ 中的每个有理数 x_0 都是可去间断点.

(8) 每个 $x_0 \neq 0$ 都是第二类间断点. 由第 1 题知 $f(x)$ 在原点 0 连续. 设 $x_0 \neq 0. \forall n \in \mathbb{Z}^+$, 令 $s_n = (x_0)_n^-$ 为 x_0 的 n 位不足近似, $t_n = s_n - \sqrt{2}/n$. 则 $\{s_n\}$ 为有理数列, $\{t_n\}$ 为无理数列, 且 $\lim\limits_{n \to \infty} s_n = \lim\limits_{n \to \infty} t_n = x_0$. 由于

$$\lim_{n \to \infty} f(s_n) = \lim_{n \to \infty} s_n = x_0, \quad \lim_{n \to \infty} f(t_n) = \lim_{n \to \infty} (-t_n) = -x_0,$$

故根据 Heine 定理, $\lim\limits_{x \to x_0-} f(x)$ 不存在.

5. (1) 延拓函数 $f^*(x) = \begin{cases} e^{-1/x^2}, & x \neq 0, \\ 0, & x = 0. \end{cases}$

(2) 延拓函数 $f^*(x) = \begin{cases} (1 - \cos x)/x^2, & x \neq 0, \\ 1/2, & x = 0. \end{cases}$

6. (1) 未必, 常数列没有聚点. (2) 未必, 参见例 4.1.5.

(3) 未必, 如函数 $f(x) = |\text{sgn} x|$ 在点 $x_0 = 0$. (4) 不能, 因为在点 $x_0 = 0$ 极限不存在.

习题 4.2 (初等函数的连续性)

1. $f(x)$ 在 $(-\infty, 1) \cup (1, +\infty)$ 上连续, 延拓函数 $f^*(x) = \begin{cases} f(x), & x \neq 1, \\ 0, & x = 1 \end{cases}$ 在 $\mathbb{R}$ 上连续.

2. (1) 在 $(-\infty, -1) \cup (-1, 0) \cup (0, 1) \cup (1, +\infty)$ 上连续, 点 0 是可去间断点, 点 $-1, 1$ 都是第二类间断点.

(2) 在 $\{x \in \mathbb{R}: x \neq 0, x \neq x_k, k \in \mathbb{Z}\}$ 上连续, 这里 $x_k = k\pi + \pi/2$. 点 0 是可去间断点, 每个点 x_k 都是第二类间断点.

(3) 在 $(-\infty, 1) \cup (1, 2) \cup (2, +\infty)$ 连续; 点 1 是跳跃间断点, $f(1-) = -1/e$, $f(1+) = 0$; 点 2 是第二类间断点.

(4) 在 $(0, 1]$ 上连续, 点 0 是第二类间断点.

(5) 在 $\{x \in \mathbb{R}: x \neq k\pi, k \in \mathbb{Z}\}$ 上连续, 每个点 $k\pi$ $(k \in \mathbb{Z})$ 都是跳跃间断点, $f(2k\pi-) = -1$, $f(2k\pi+) = 1$, $f((2k+1)\pi-) = 1$, $f((2k+1)\pi+) = -1$.

(6) 在 $\{x \in \mathbb{R}: x \notin [0, 1), x \neq k, k \in \mathbb{Z}(k \neq 1)\}$ 上连续; 点 0 是可去间断点; 每个点 $k \neq 0, 1 (k \in \mathbb{Z})$ 都是跳跃间断点, $f(k+) = (\text{arccot } k)/k$, $f(k-) = (\text{arccot } k)/(k-1)$.

3. 提示: 对极限 $\lim\limits_{x \to -x_0} f(x)$ 作变量变换 $x = -t$.

4. 提示: 对 $F(x) = f(x) - g(x)$ 使用局部保号性.

5. 提示: 利用有界的定义、有理数的稠密性与函数的连续性, 参考例 4.2.2.

6. 提示: 类似于例 4.2.3.

习题 4.3 (函数的一致连续性)

1. 提示: 利用一致连续的 ε-δ 定义或定理 4.3.2.

2. 提示: 利用一致连续的 ε-δ 定义或定理 4.3.2. 无界情况下可能一致连续也可能不一致连续, 如 $f(x) = g(x) = \sqrt{x}$, 其积在 $[0, +\infty)$ 上一致连续, 又如 $f(x) = g(x) = x$, 其积在 $[0, +\infty)$ 上不一致连续.

3. 提示: 利用一致连续的 $\varepsilon\text{-}\delta$ 定义或定理 4.3.2.

4. 提示: 利用一致连续的 $\varepsilon\text{-}\delta$ 定义, 对两种情况讨论: 其一, x_1, x_2 同时属于 I_1 或同时属于 I_2; 其二, x_1, x_2 分属于 I_1 与 I_2; 并注意到 f 在点 c 连续 (既左连续又右连续).

5. 提示: (1) 利用引理 4.3.3(或一致连续的 $\varepsilon\text{-}\delta$ 定义或定理 4.3.2), 差化积再利用不等式 $\left|\sqrt{s}-\sqrt{t}\right| \leqslant \sqrt{|s-t|}$(例 4.3.3).

(2) 利用定理 4.3.2 (或引理 4.3.1), 取 $s_n = \sqrt{2n\pi + \pi/2}, t_n = \sqrt{2n\pi - \pi/2}$.

6. 提示: (1) 利用定理 4.3.2(或一致连续的 $\varepsilon\text{-}\delta$ 定义), 注意到不等式

$$|\ln s - \ln t| = |\ln\left(1+(s-t)/t\right)| \leqslant \ln\left(1+|s-t|/a\right).$$

(2) 利用定理 4.3.2(或引理 4.3.1), 取 $s_n = \ln(n+1), t_n = \ln n$.

习题 4.4 (闭区间上连续函数的基本性质)

1. 提示: 利用列紧性定理与 Heine 定理.

2. 提示: 方法 1, 由例 4.4.1 知 $f(a+)$ 与 $f(b-)$ 都存在, 再作连续延拓用有界性定理; 方法 2, 利用一致连续定义知 f 在 $(a, a+\delta_1)$ 与 $(b-\delta_2, b)$ 有界, 再在 $[a+\delta_1, b-\delta_2]$ 上用有界性定理.

3. 提示: 由 $\lim\limits_{x\to+\infty} f(x) = b$ 知 $\exists A > a$, f 在 $(A, +\infty)$ 有界, 再在 $[a, A]$ 上用有界性定理.

4. 提示: 利用最值定理, f 存在最小值.

5. 提示: 作连续延拓用最值定理.

6. 提示: (1) f 在 $[0, \sigma]$ 上的最大小值也分别是 f 在 $\mathbb{R}$ 上的最大小值. (2) 先用 Cantor 定理证明 $\forall a$, f 在 $[a, a+\sigma]$ 上一致连续; 再用一致连续的 $\varepsilon\text{-}\delta$ 定义证明 f 在 $\mathbb{R}$ 上一致连续.

7. 提示: 对 $F(x) = f(x) - g(x)$ 使用零点定理.

8. 提示: 使用零点定理, 注意到 $\exists n \in \mathbb{Z}^+$ 使 $e^{n\pi} > b$.

9. 提示: 因为奇次方程必有实根, 按定义证明 $f(x) = x^3 + px + 1$ 在 $\mathbb{R}$ 上严格增加, 故实根唯一. 在 $[-1, 0]$ 上用零点定理.

总习题 4 (函数的连续性)

A 组

1. $p > 0$ 时在 $[0, +\infty)$ 上连续; $p \leqslant 0$ 在 $[0, +\infty)$ 上不连续, 点 0 是间断点 (取 $x_n = 1/(2n\pi), n \in \mathbb{Z}^+$).

2. 在 $(-\infty, -2) \cup (-2, +\infty)$ 上连续 (在点 0 也连续), 点 -2 是第二类间断点.

3. 提示: 由 $|f(x)| = \sqrt{f^2(x)}$ 知绝对值函数连续, 注意到

$$M(x) = \frac{f(x)+g(x)+|f(x)-g(x)|}{2}, \quad m(x) = \frac{f(x)+g(x)-|f(x)-g(x)|}{2}.$$

4. 提示: 利用第 3 题结论.

5. 提示: 注意到 $F(x) = \max\{-c, \min\{c, f(x)\}\}$, 利用第 3 题结论.

6. 提示: 利用一致连续的 $\varepsilon\text{-}\delta$ 定义, 类似于定理 3.2.7 的证明.

7. 提示: 作连续延拓用介值定理.

8. 提示: (1) $f(x) \equiv b$ 时显然结论成立; 当 $\exists s \in [a, +\infty)$, $b < f(s)$ 时, 由极限保号性知 $\exists A > s$, $\forall x \in (A, +\infty)$, 有 $f(x) < f(s)$, f 在 $[a, A]$ 上的最大值也是 f 在 $[a, +\infty)$ 上的最大值. 同理当 $\exists t \in [a, +\infty)$, $b > f(t)$ 时, f 在 $[a, +\infty)$ 上有最小值.

(2) 方法 1, 反证法, 得 $\{s_n\}$ 与 $\{t_n\}$, 当 $\{s_n\}$ 有界时用列紧性定理, 当 $\{s_n\}$ 无界时利用 $\lim\limits_{x \to +\infty} f(x) = b$;

方法 2, 利用一致连续的 ε-δ 定义, 由 $\lim\limits_{x \to +\infty} f(x) = b$ 及 Cauchy 准则得 $(A, +\infty)$ 上的表达, 在 $[a, A+1]$ 上用 Cantor 定理得 $\delta(0 < \delta < 1)$ 的存在性 (注意 $[a, A+1]$ 与 $(A, +\infty)$ 重叠处的作用);

方法 3, 令 $x = a - 1 + 1/t$, $F(t) = f(a - 1 + 1/t)$, 则 $t = 1/(x - a + 1)$, $f(x) = F(1/(x - a + 1))$. 由 $F(0+) = b$ 及例 4.4.1 知 F 在 $(0, 1]$ 上一致连续, 由于 $t = 1/(x - a + 1)$ 在 $[a, +\infty)$ 上一致连续, 利用第 6 题结论知 f 在 $[a, +\infty)$ 上一致连续.

9. 一致连续, 对 $f^*(x) = \begin{cases} \sin x / x, & x > 0, \\ 1, & x = 0 \end{cases}$ 在 $[0, +\infty)$ 上利用第 8(2) 题结论.

10. 提示: 不妨设 f 在 (a, b) 内有一个间断点 c. 方法 1, 在 $[a, c)$ 与 $(c, b]$ 上分别作连续延拓用有界性定理; 方法 2, 由 $f(c+)$ 与 $f(c-)$ 用极限局部有界性, 在剩下的闭区间 $[a, c - \delta_1]$ 与 $[c + \delta_2, b]$ 上用有界性定理.

11. 提示: 注意到 $\lim\limits_{x \to \infty} |p_n(x)| = +\infty$, 类似于例 4.4.2 可证函数 $|p_n(x)|$ 在 $\mathbb{R}$ 上取到最小值.

12. 奇次多项式函数的值域为 $(-\infty, +\infty)$; 偶次多项式函数的值域为 $[a, +\infty)$, 其中 $a \in \mathbb{R}$.

13. 提示: 反证法, 使用零点定理.

14. 提示: 反证法, 利用引理 4.1.3.

15. 提示: 方法 1, 令 $f(x) = \dfrac{a_1}{x - \lambda_1} + \dfrac{a_2}{x - \lambda_2} + \dfrac{a_3}{x - \lambda_3}$, 并考虑 $f(\lambda_1+)$ 与 $f(\lambda_2-)$, 类似于例 4.4.4, 对 $f(x)$ 使用零点定理; 方法 2, 令

$$p(x) = a_1(x - \lambda_2)(x - \lambda_3) + a_2(x - \lambda_1)(x - \lambda_3) + a_3(x - \lambda_1)(x - \lambda_2),$$

对 $p(x)$ 使用零点定理.

16. 在 $[0, a]$ 上对 $F(x) = f(x + a) - f(x)$ 使用零点定理.

17. 提示: 记 $\mu = \lambda_1 f(x_1) + \lambda_2 f(x_2) + \cdots + \lambda_n f(x_n)$. 方法 1, 令

$$f(s) = \min\{f(x_1), f(x_2), \cdots, f(x_n)\}, \quad f(t) = \max\{f(x_1), f(x_2), \cdots, f(x_n)\},$$

则 $f(s) \leqslant \mu \leqslant f(t)$, 使用介值定理; 方法 2, 用最值定理, f 在 $[a, b]$ 存在最大值 M 与最小值 m, 则 $m \leqslant \mu \leqslant M$, 使用介值定理.

18. 提示: 当 $n = 1$ 时, 取 $\xi_1 = 0$. 设 $n > 1$, 令 $F(x) = f(x + 1/n) - f(x)$, 则

$$F(0) + F(1/n) + \cdots + F[(n-1)/n] = 0.$$

方法 1, 由此式利用第 17 题结论; 方法 2, 由此式知 $\exists i, j$, $0 \leqslant i < j \leqslant n - 1$, 使得 $F(i/n)F(j/n) \leqslant 0$, 用零点定理.

B 组

19. (1) $\dfrac{1}{2x - 1} + \dfrac{1}{3x - 1} + \dfrac{1}{4x - 1}$ 或 $\dfrac{1}{(2x - 1)(3x - 1)(4x - 1)}$.

(2) $(2x-1)(3x-1)(4x-1)D(x)$, 这里 $D(x)$ 为 Dirichlet 函数.

(3) $1\Big/\sin\dfrac{\pi}{x}$ 或 $[1/x]$, 这里 $x>0$, $[1/x]$ 为 $1/x$ 的取整函数.

(4) $\sqrt{x}D(x)$, 这里 $D(x)$ 为 Dirichlet 函数.

20. 提示: 利用一致连续的 ε-δ 定义或定理 4.3.2(先证 $\dfrac{f(x)}{x}$ 有界), 类似于习题 4.3 的第 2 题.

21. 提示: 先由题设证明当 $\lim\limits_{n\to\infty}x_n=\lim\limits_{n\to\infty}y_n$ 时必有 $\lim\limits_{n\to\infty}f(x_n)=\lim\limits_{n\to\infty}f(y_n)$. 由 $\{x_n\}$, $\{y_n\}$ 出发构造新数列 $\{z_k\}$ 使二者恰为 $\{z_k\}$ 的奇子列与偶子列, 再用反证法与列紧性定理, 类似于 Cantor 定理的证明.

22. 提示: 方法 1, 反证法, 得 $\{s_n\}$ 与 $\{t_n\}$, 当 $\{s_n\}$ 有界时用列紧性定理, 当 $\{s_n\}$ 无界时利用 $\lim\limits_{x\to+\infty}[f(x)-bx-c]=0$; 方法 2, 令 $g(x)=f(x)-bx-c$, $h(x)=bx+c$. 易证 h 在 $[a,+\infty)$ 上一致连续, 由第 8(2) 题结论知 g 在 $[a,+\infty)$ 上一致连续, 再由习题 4.3 的第 1 题知 $f(x)=g(x)+h(x)$ 在 $[a,+\infty)$ 上一致连续.

23. 提示: 对 $F(x)=\ln f(x)$ 用第 17 题结论.

24. 提示: 易证 f 在 $\mathbb{R}$ 上为偶函数. 由条件知

$$x\in(0,1)\text{ 时, 有 } f(x)=f(x^2)=f(x^4)=\cdots=f(x^{2^n}),$$

$$x\in(1,+\infty)\text{ 时, 有 } f(x)=f(\sqrt{x})=f(\sqrt[4]{x})=\cdots=f(\sqrt[2^n]{x}),$$

利用 $0,1$ 两点处连续性可证 $x\in(0,1)$ 有 $f(x)=f(0)$; $f(1)=f(0)$; $x\in(1,+\infty)$ 有 $f(x)=f(1)$. (也可用反证法)

25. 提示: (1) 因 $f(x)=f(x+0)=f(x)+f(0)$ 知 $f(0)=0$, 连续性由 $\lim\limits_{\Delta x\to 0}f(x+\Delta x)=f(x)+\lim\limits_{\Delta x\to 0}f(\Delta x)=f(x)$ 得出.

(2) 对 $\forall n\in\mathbb{Z}^+$, 有 $f(nx)=nf(x)$; 用 x/n 代替 x, 有 $f(x/n)=(1/n)f[n\cdot(x/n)]=(1/n)f(x)$, 从而对任何正有理数 r, 有 $f(r)=rf(1)$, 又因 $f(r)+f(-r)=f(0)=0$, 故进一步得出对 $\forall r\in\mathbb{Q}$ 都有 $f(r)=rf(1)$. 从而对 $\forall x\in(-\infty,+\infty)$ 用连续性得出 $f(x)=xf(1)$.

26. 提示: 易证 $f(x)>0$, 对 $F(x)=\ln f(x)$ 用第 25 题结论.

27. 提示: 设弦与 x 轴夹角为 α, 点 P 将弦分为长度 $f(\alpha)$ 与 $g(\alpha)$ 的两线段, 对 $F(\alpha)=f(\alpha)-g(\alpha)$ 在 $[0,\pi]$ 上用零点定理.

28. 略.

29. 略.

第4章
习题选解

习题 5.1 (导数的概念)

1. 圆周长函数是圆面积函数的导函数, 球表面积函数是球体积函数的导函数.

2. (1) $-f'(a)$. (2) $f'(a)$. (3) $2f'(a)$. (4) $f(a)-af'(a)$.

3. 按定义有 $f'(0) = -1$, $f'(1) = 0$.

4. (1) -1. (2) $\ln 2$. (3) $-\dfrac{1}{x \ln 2}$. (4) $-\dfrac{5}{3} x^{-\frac{8}{3}}$.

5. (1) 切线方程 $y = x - 1$, 法线方程 $y = -x + 1$.

(2) 切线方程 $\dfrac{\sqrt{2}}{2} x + y - \dfrac{\sqrt{2}}{8}(\pi + 4) = 0$, 法线方程 $\sqrt{2} x - y - \dfrac{\sqrt{2}}{4}(\pi - 2) = 0$.

6. 提示: 在点 x_0 处切线方程 $y - \dfrac{a^2}{x_0} = -\dfrac{a^2}{x_0^2}(x - x_0)$ 与坐标轴交点为 $(2x_0, 0)$, $\left(0, \dfrac{2a^2}{x_0}\right)$.

7. (1) 不可导, 因 $\lim\limits_{x \to 0} \cos \dfrac{1}{x}$ 不存在. (2) 可导, $f'_+(0) = f'_-(0) = 1$.

(3) 不可导, $f'_+(0) = 0$, $f'_-(0) = 1$. (4) 不可导, $f'_+(0) = 1$, $f'_-(0) = -1$.

8. (1) $f(x) = \begin{cases} 1, & x \neq a, \\ 0, & x = a; \end{cases}$ (2) Dirichlet 函数 $D(x)$.

习题 5.2 (导数的运算法则)

1. (1) $f'(x) = \sec x \tan^2 x + \sec^3 x$, $f'(\pi/4) = 3\sqrt{2}$, $f'(\pi/3) = 14$.

(2) $f'(x) = \dfrac{\cos x + x \sin x}{\cos^2 x}$, $f'(0) = 1$, $f'(\pi) = -1$.

2. (1) $(3 - \mathrm{e}^x)(\sqrt{x} - a) + \dfrac{3x - \mathrm{e}^x}{2\sqrt{x}}$.   (2) $\dfrac{ap - bc}{(cx + p)^2}$.

(3) $\dfrac{2}{x(1 - \ln x)^2}$.

(4) $nx^{n-1} \cot x \log_3 x - x^n \csc^2 x \log_3 x + \dfrac{x^{n-1} \cot x}{\ln 3}$.

(5) $\dfrac{3^x \ln 3(x - \csc x) - 3^x(1 + \csc x \cot x)}{(x - \csc x)^2}$.   (6) $\dfrac{(2x \ln x + x)(1 - \sin x) + x^2 \ln x \cos x}{(1 - \sin x)^2}$.

(7) $\dfrac{\arctan x}{2\sqrt{x}} + \dfrac{\sqrt{x} + 1}{1 + x^2}$.   (8) $-\dfrac{1}{(x + 1)^2}\left(\dfrac{x + 1}{1 + x^2} + \operatorname{arccot} x\right)$.

(9) $3\mathrm{e}^x \arcsin x + \dfrac{3\mathrm{e}^x + b}{\sqrt{1 - x^2}}$.   (10) $-\dfrac{\csc x}{\sqrt{1 - x^2}} - \csc x \cot x \arccos x$.

3. (1) $400x^3(x^4 - 1)^{99}$.   (2) $\cot x$.

(3) $-\tan x$.   (4) $\dfrac{1}{x \ln x \ln \ln x}$.

(5) $-\dfrac{1}{|x| \sqrt{x^2 - 1}}$.   (6) $\dfrac{x \cos \sqrt{1 + x^2}}{\sqrt{1 + x^2}}$.

(7) $(-3 \ln 2) 2^{\cos 3x} \sin 3x$.   (8) $-\dfrac{1}{2\sqrt{x - x^2}}$.

(9) $-\dfrac{6x^2 \operatorname{arc cot} x^3}{1 + x^6}$.   (10) $\dfrac{1}{a^2 - x^2}$.

(11) $\dfrac{1}{1 + x^2}$.   (12) $2x\mathrm{e}^{x^2} + 10x (\tan x^2)^4 (\sec x^2)^2$.

(13) $\cos[\sin(\sin x)] \cos(\sin x) \cos x$.   (14) $-\csc^2(\log_a x + \mathrm{e}^{5x})\left(\dfrac{1}{x \ln a} + 5\mathrm{e}^{5x}\right)$.

(15) $\sec(\mathrm{e}^{-x}\sin x)\tan(\mathrm{e}^{-x}\sin x)\mathrm{e}^{-x}(\cos x-\sin x)$.

(16) $\dfrac{\sin 2x}{\sqrt{1-\sin^4 x}}$.

(17) $-2x^{-1}\mathrm{e}^{\csc^2(\ln x)}\csc^2(\ln x)\cot(\ln x)$.   (18) $\dfrac{2\sqrt{x}+1}{4\sqrt{x^2+x\sqrt{x}}}$.

(19) $\sec x$.   (20) $\csc x$.

(21) $\dfrac{x^2-1}{2x^2}\tan^{-\frac{1}{2}}\left(x+\dfrac{1}{x}\right)\sec^2\left(x+\dfrac{1}{x}\right)$.   (22) $-\dfrac{\sqrt{3}}{2\sqrt{\mathrm{e}^x-3}}$.

(23) $-\dfrac{4}{5+3\cos x}$.   (24) $\dfrac{1}{x\sqrt{1-x^2}}$(先化简).

(25) $\dfrac{x}{x^2+1}-\dfrac{1}{3(x-2)}$(先化简).   (26) $\dfrac{2a^3}{x^4-a^4}$(先化简).

(27) $\sqrt{a^2-x^2}$.   (28) $\dfrac{\sqrt{3}\cos x}{(2+\sin x)|\cos x|}$.

(29) $\dfrac{1}{x^3+1}$(先化简).   (30) $\sqrt{x^2+a^2}$.

4. (1) $f'(x)=\begin{cases} 3x^2, & x>0, \\ 0, & x=0, \\ -3x^2, & x<0 \end{cases}$ （按定义 $f'_+(0)=f'_-(0)=0$）.

(2) $f'(x)=\begin{cases} \arctan\dfrac{1}{x}-\dfrac{x}{x^2+1}, & x\neq 0, \\ \text{不存在}, & x=0 \end{cases}$ （按定义 $f'_+(0)=\pi/2,\ f'_-(0)=-\pi/2$）.

习题 5.3 (微分的概念)

1. 当 $\Delta x=0.1$ 时，$\Delta y=0.21,\ \mathrm{d}y=0.2,\ \Delta y-\mathrm{d}y=0.01$; 当 $\Delta x=0.01$ 时，$\Delta y=0.0201$, $\mathrm{d}y=0.02,\ \Delta y-\mathrm{d}y=0.0001$.

2. (1) $\Delta y>0,\mathrm{d}y>0$; (2) $\Delta y>0,\mathrm{d}y>0$; (3) $\Delta y<0,\mathrm{d}y<0$; (4) $\Delta y<0,\mathrm{d}y<0$.

3. (1) $\mathrm{d}y=\dfrac{\mathrm{d}x}{\sqrt{(x^2+1)^3}}$.   (2) $\mathrm{d}y=\dfrac{2\ln(1-x)}{x-1}\mathrm{d}x$.

(3) $\mathrm{d}y=-\mathrm{e}^{-x^2}[2x\sin(3-x)+\cos(3-x)]\mathrm{d}x$.

(4) $\mathrm{d}y=8x\tan(1+2x^2)\sec^2(1+2x^2)\mathrm{d}x$.

4. (1) $(x+1)^3/3$.   (2) $2\sqrt{x}$.

(3) $(\sin 2x)/2$.   (4) $(-\cos 3x)/3$.

(5) $-\mathrm{e}^{-2x}/2$.   (6) $\arctan x$.

(7) $\arcsin x$.   (8) $(\tan 3x)/3$.

5. (1) $\dfrac{y\mathrm{d}y+z\mathrm{d}z}{\sqrt{y^2+z^2}}$.   (2) $-\sin(y^2z^3)\left[2yz^3\mathrm{d}y+3y^2z^2\mathrm{d}z\right]$.

6. (1) 9.99.   (2) $\pi/4+0.025$.

习题 5.4 (高阶导数与高阶微分)

1. (1) $y''' = \mathrm{e}^{-\frac{1}{x^2}}(8x^{-9} - 36x^{-7} + 24x^{-5})$.

(2) $y'' = \dfrac{2\sqrt{1-x^2} + 2x\arcsin x}{\sqrt{(1-x^2)^3}}$, $y''(0) = 2$.

(3) $y^{(20)} = (x^2 + x - 379)\cos x + 20(2x+1)\sin x$ (用 Leibniz 公式).

(4) $\mathrm{d}^3 y = y'''\mathrm{d}x^3 = \dfrac{4\mathrm{d}x^3}{(1+x^2)^2}$.

(5) $\mathrm{d}^{100}y = y^{(100)}\mathrm{d}x^{100} = \dfrac{199!!}{2^{100}(1+x)^{1/2+100}}\mathrm{d}x^{100}$, 这里 $199!! = 199 \cdot 197 \cdots 5 \cdot 3 \cdot 1$.

(6) $\mathrm{d}^n y = y^{(n)}\mathrm{d}x^n = \mathrm{e}^x \displaystyle\sum_{k=0}^{n} k!\left(\mathrm{C}_n^k\right)^2 x^{n-k}\mathrm{d}x^n$ (用 Leibniz 公式).

2. (1) $\omega^n \sin(\omega x + n\pi/2)$;   (2) $2^{n-1}\cos(2x + n\pi/2)$.

(3) $(-1)^n n!\left[(x-2)^{-n-1} - (x-1)^{-n-1}\right]$.

(4) $\dfrac{(-1)^n n!}{x^{n+1}}\left(\ln x - \displaystyle\sum_{k=1}^{n}\dfrac{1}{k}\right)$ (用 Leibniz 公式).

(5) $\dfrac{n!}{(1-x)^{n+1}}$, 提示: 方法 1, $f(x) = \dfrac{x^n - 1 + 1}{1-x} = -(1 + x + \cdots + x^{n-1}) + \dfrac{1}{1-x}$,

$f^{(n)}(x) = \left(\dfrac{1}{1-x}\right)^{(n)}$; 方法 2, 用 Leibniz 公式, 注意到 $\displaystyle\sum_{k=0}^{n}\mathrm{C}_n^k\dfrac{x^{n-k}}{(1-x)^{n-k}} = \left(1 + \dfrac{x}{1-x}\right)^n$.

(6) 方法 1, 用 Leibniz 公式得

$$f^{(n)}(x) = \sum_{k=0}^{n}\mathrm{C}_n^k(\mathrm{e}^{\alpha x})^{(n-k)}(\cos\omega x)^{(k)} = \sum_{k=0}^{n}\mathrm{C}_n^k\alpha^{n-k}\omega^k\mathrm{e}^{\alpha x}\cos(\omega x + k\pi/2);$$

方法 2, $f'(x) = \alpha\mathrm{e}^{\alpha x}\cos\omega x - \omega\mathrm{e}^{\alpha x}\sin\omega x = \sqrt{\alpha^2 + \omega^2}\,\mathrm{e}^{\alpha x}\cos(\omega x + \varphi)$,

$$f^{(n)}(x) = \left(\alpha^2 + \omega^2\right)^{n/2}\mathrm{e}^{\alpha x}\cos(\omega x + n\varphi),   \text{其中}\varphi = \arctan(\omega/\alpha).$$

3. (1) $y'' = f''\left(xf(a) + af(x)\right)\left[f(a) + af'(x)\right]^2 + af'\left(xf(a) + af(x)\right)f''(x)$;

(2) $y'' = a^2 f''\left(\sin(af(x))\right)\left[\cos(af(x))f'(x)\right]^2 - a^2 f'\left(\sin(af(x))\right)\sin(af(x))\left[f'(x)\right]^2$
$\qquad + af'\left(\sin(af(x))\right)\cos(af(x))f''(x)$.

4. 提示: 记 $y_n = x^{n-1}\mathrm{e}^{\frac{1}{x}}$, 则 $y_n = xy_{n-1}$. 用数学归纳法与 Leibniz 公式可证.

习题 5.5 (微分法的一些应用)

1. (1) $\left(1 + \dfrac{1}{x}\right)^x\left[\ln\left(1 + \dfrac{1}{x}\right) - \dfrac{1}{1+x}\right]$.   (2) $x^{\sin x}\left[\cos x\ln x + (\sin x)/x\right]$.

(3) $x^{x^x}\left[x^x(\ln x + 1)\ln x + x^{x-1}\right]$.   (4) $(x-a_1)^{a_1}(x-a_2)^{a_2}\cdots(x-a_n)^{a_n}\displaystyle\sum_{i=1}^{n}\dfrac{a_i}{x-a_i}$.

(5) $\dfrac{x^4 + 6x^2 + 1}{3x(1-x^4)}\sqrt[3]{\dfrac{x(x^2+1)}{(x^2-1)^2}}$.   (6) $\dfrac{1}{2}\mathrm{e}^{\sqrt{\frac{x-1}{x(x+3)}}}\sqrt{\dfrac{x-1}{x(x+3)}}\left(\dfrac{1}{x-1} - \dfrac{1}{x} - \dfrac{1}{x+3}\right)$.

2. (1) $\dfrac{\mathrm{d}y}{\mathrm{d}x} = \tan t$, $\dfrac{\mathrm{d}^2 y}{\mathrm{d}x^2} = \dfrac{\sec^3 t}{t}$. (2) $\dfrac{\mathrm{d}y}{\mathrm{d}x} = \dfrac{1}{t}$, $\dfrac{\mathrm{d}^2 y}{\mathrm{d}x^2} = -\dfrac{1+t^2}{t^3}$.

(3) $\dfrac{\mathrm{d}y}{\mathrm{d}x} = \cot \dfrac{t}{2}$, $\dfrac{\mathrm{d}^2 y}{\mathrm{d}x^2} = -\dfrac{1}{4}\csc^4 \dfrac{t}{2}$.

3. (1) $\dfrac{\mathrm{d}y}{\mathrm{d}x} = \dfrac{\mathrm{e}^y}{1 - x\mathrm{e}^y} = \dfrac{\mathrm{e}^y}{2 - y}$, $\dfrac{\mathrm{d}^2 y}{\mathrm{d}x^2} = \dfrac{\mathrm{e}^{2y}(3 - y)}{(2 - y)^3}$.

(2) $\dfrac{\mathrm{d}y}{\mathrm{d}x} = \dfrac{\sec^2(x + y)}{1 - \sec^2(x + y)} = -1 - y^{-2}$,

$$\dfrac{\mathrm{d}^2 y}{\mathrm{d}x^2} = -2\csc^2(x + y)\cot^3(x + y) = -2y^{-3}(1 + y^{-2}).$$

4. 切线方程为 $\dfrac{x_0 x}{a^2} + \dfrac{y_0 y}{b^2} = 1$. 提示: 如图 5.5.5 所示, 证明 $\varphi = \theta$, 注意焦点 $A(-c, 0)$ 与 $B(c, 0)$, 其中 $c = \sqrt{a^2 - b^2}$.

5. 提示: 设 g 为重力加速度, 则炮弹头运动方程为

$$\begin{cases} x = v_0 t \cos \alpha \\ y = v_0 t \sin \alpha - gt^2/2, \end{cases}$$

由此得 $\varphi = \arctan \dfrac{v_0 \sin \alpha - gt}{v_0 \cos \alpha}$.

6. 0.875m/s. 提示: 梯子下端离开墙脚 x m, 上端距墙脚 y m, 则 $x^2 + y^2 = 5^2$.

总习题 5 (导数与微分)

A 组

1. $f'(0) = 0$.
2. $f'(0) = 0$.
3. 提示: 按定义证明 $f'_-(0) = -f'_+(0)$.
4. $a = 2$, $b = -1$. 提示: 按定义由 $f'_-(1) = f'_+(1)$ 及 $f(1-) = f(1+)$ 得.
5. 提示: $f'_+(0) = 1$, $f'_-(0) = -1$.
6. 提示: 用 $f'_+(a)$ 的定义与极限保号性.
7. 提示: 利用导数定义, 注意到 $f(x) - f(a) = \dfrac{f^2(x) - f^2(a)}{f(x) + f(a)}$.
8. $\mathrm{e}^{\frac{f'(a)}{f(a)}}$.
9. 切线方程为 $\dfrac{x - \varphi(t_0)}{\varphi'(t_0)} = \dfrac{y - \psi(t_0)}{\psi'(t_0)}$, 法线方程为

$$\varphi'(t_0)\left[x - \varphi(t_0)\right] + \psi'(t_0)\left[y - \psi(t_0)\right] = 0.$$

10. $\arctan(4/3)$ 及 $\pi - \arctan(4/3)$.
11. (1) $m \geqslant 2$.   (2) $m \geqslant 3$.
12. (1) $\mathrm{d}y = \dfrac{4x}{1 - x^4}\mathrm{d}x$.   (2) $\mathrm{d}y = \mathrm{e}^{x^x}(1 + \ln x)x^x \mathrm{d}x$.

(3) $y' = (\sin x)^{\cos x} (\cos x \cot x - \sin x \ln \sin x)$. 　(4) $y' = \dfrac{\mathrm{e}^x}{\sqrt{1 + \mathrm{e}^{2x}}}$.

(5) $y' = \dfrac{1}{1 + 2\cos x}$. 　(6) $y' = \dfrac{1}{2 + \sin x}$.

(7) $y' = \dfrac{1}{(1 + x)\sqrt{2x(1 - x)}}$. 　(8) $y' = \dfrac{x^2}{\sqrt{x^2 - a^2}}$.

13. $y^{(n)} = (-1)^{n+1} \dfrac{n! c^{n-1}(ap - bc)}{(cx + p)^{n+1}}$.

14. 提示: 设 x 为可导偶函数 f 的定义域内任一点, 对 $f(-x) = f(x)$ 求导可得 (1), 其他类似可证.

15. (1) 正确, 反证法. (2) 不正确, 反例考虑 $\varphi(x) \equiv 0$; 也可用例 5.1.7.

16. 提示: 由 $y' = 1/\sqrt{1 - x^2}$ 得 $(1 - x^2)(y')^2 = 1$, 两边关于 x 求导, 得 $(1 - x^2)y'' - xy' = 0$. 由 Leibniz 公式有

$$(1 - x^2)y^{(n+2)} - (2n + 1)xy^{(n+1)} - n^2 y^{(n)} = 0.$$

令 $x = 0$, 得 $y^{(n+2)}(0) = n^2 y^{(n)}(0)$, 由 $y^{(0)}(0) = y(0) = 0$, $y'(0) = 1$ 得

$$y^{(2k)}(0) = 0, \quad y^{(2k+1)}(0) = [1 \cdot 3 \cdot 5 \cdots (2k - 1)]^2 = [(2k - 1)!!]^2.$$

17. 0.64 cm/min. 提示: 溶液在漏斗中深为 x cm, 圆柱形筒中溶液平面高为 y cm, 则

$$\frac{1}{3}\pi 6^2 \cdot 18 - \frac{1}{3}\pi \left(\frac{x}{3}\right)^2 x = \pi 5^2 y.$$

B 组

18. (1) $f(x) = \displaystyle\sum_{i=1}^{n} |x - a_i|$ 或 $f(x) = |x - a_1||x - a_2| \cdots |x - a_n|$.

(2) $f(x) = (x - a_1)^2 (x - a_2)^2 \cdots (x - a_n)^2 D(x)$, $D(x)$ 为 Dirichlet 函数 (例 5.1.7).

19. 提示: 由反函数求导法则 $(f^{-1})'(y) = 1/f'(x)$, 有

$$(f^{-1})''(y) = \left(\frac{1}{f'(x)}\right)'_y = -\frac{f''(x)}{(f'(x))^2}(f^{-1})'(y) = -\frac{f''(x)}{(f'(x))^3}.$$

同理有 $(f^{-1})'''(y) = \dfrac{3(f''(x))^2 - f'(x)f'''(x)}{(f'(x))^5}$.

20. (1) $y' = \mathrm{ch}(\arctan x + \mathrm{cth}x) \left[1/(1 + x^2) - 1/\mathrm{sh}^2 x\right]$.

(2) $y' = 5\mathrm{ch}^4(\sin x \ln \mathrm{th}x)\mathrm{sh}(\sin x \ln \mathrm{th}x) [\cos x \ln \mathrm{th}x + \sin x/(\mathrm{sh}x\mathrm{ch}x)]$.

21. 提示: 由行列式定义知

$$|(f_{ij}(x))_{n \times n}| = \sum_{(j_1, \cdots, j_n)} (-1)^{\tau(j_1, \cdots, j_n)} f_{1j_1}(x) f_{2j_2}(x) \cdots f_{nj_n}(x)$$

从而由积的导数法则知

$$\frac{\mathrm{d}}{\mathrm{d}x} |(f_{ij}(x))_{n \times n}|$$

$$= \sum_{k=1}^{n} \sum_{(j_1, \cdots, j_n)} (-1)^{\tau(j_1, \cdots, j_n)} f_{1j_1}(x) \cdots f_{k-1 j_{k-1}}(x) f'_{k j_k}(x) f_{k+1 j_{k+1}}(x) \cdots f_{nj_n}(x).$$

(1) $F'(x) = 3x^2 + 13$;　(2) $F'(x) = 6x^2$.

22. 提示: 不妨只考虑 $x_0 \in (0,1)$. 当 x_0 为有理点时, 由于 $R(x)$ 在 x_0 不连续, 故 $R(x)$ 在 x_0 不可导. 下设 $x_0 = 0.a_1 a_2 \cdots a_n \cdots$ 是无理点, 这里 $a_i \in \mathbb{Z}$, $0 \leqslant a_i \leqslant 9$. 只需证明极限

$$\lim_{\Delta x \to 0} \frac{R(x_0 + \Delta x) - R(x_0)}{\Delta x} = \lim_{\Delta x \to 0} \frac{R(x_0 + \Delta x)}{\Delta x}$$

不存在. 对任何收敛于 0 的有理数列 $\{r_n\}$, 有

$$\lim_{n \to \infty} \frac{R(x_0 + r_n)}{r_n} = \lim_{n \to \infty} \frac{0}{r_n} = 0.$$

另一方面, 取无理数列 $\{t_n\}$ 使 $t_n = -0.00 \cdots 0 a_{n+1} a_{n+2} \cdots$, 则当 $a_n \neq 0$ 时有

$$\left| \frac{R(x_0 + t_n)}{t_n} \right| \geqslant \frac{1/10^n}{|t_n|} \geqslant \frac{1/10^n}{1/10^n} = 1.$$

由 Heine 定理可知考虑的极限不存在.

23. 提示: 对 $\displaystyle\sum_{k=1}^{n} \mathrm{C}_n^k x^k = (1+x)^n$ 两边求导.

24. $\displaystyle\sum_{k=1}^{n} k \sin kx = \frac{(n+1)\sin nx - n\sin(n+1)x}{2(1 - \cos x)}$,

$\displaystyle\sum_{k=1}^{n} k \cos kx = \frac{-n\cos(n+1)x + (n+1)\cos nx - 1}{2(1 - \cos x)}$.

提示: 对习题 1.2 第 6 题中的和式 $\displaystyle\sum_{k=1}^{n} \sin kx$ 与 $\displaystyle\sum_{k=1}^{n} \cos kx$ 两边求导.

25. 提示: $f_n'(x) = nx^{n-1}\ln x + x^{n-1} = nf_{n-1}(x) + x^{n-1}$, $f_n^{(n)}(x) = nf_{n-1}^{(n-1)}(x) + (n-1)!$,
递推得 $\dfrac{f_n^{(n)}(x)}{n!} = \ln x + 1 + \dfrac{1}{2} + \cdots + \dfrac{1}{n}$. 令 $x = \dfrac{1}{n}$, $\displaystyle\lim_{n \to \infty} \frac{1}{n!} f_n^{(n)}\left(\frac{1}{n}\right) = \gamma$, 这里 γ 为 Euler 常数 (总习题 2 第 18 题).

26. 提示: 设 $y = (x^2 - 1)^n$, 则 $(x^2 - 1)y' - 2nxy = 0$, 对此式两边求 $n+1$ 阶导数, 用 Leibniz 公式.

27. 提示: 对 Hermite 多项式两边求导, 用 Leibniz 公式; 注意到

$$\frac{\mathrm{d}}{\mathrm{d}x} \frac{\mathrm{d}^n}{\mathrm{d}x^n} \mathrm{e}^{-x^2} = \frac{\mathrm{d}^n}{\mathrm{d}x^n} \frac{\mathrm{d}}{\mathrm{d}x} \mathrm{e}^{-x^2}.$$

28. 提示: 方法 1, 由微分 (或导数) 定义, 当 $x \to x_0$ 有 $f(x) = f(0) + f'(0)x + o(x)$, 从而 $f(b_n) - f(a_n) = f'(0)(b_n - a_n) + o(b_n) - o(a_n)$;

方法 2, 考虑

$$\left| \frac{f(b_n) - f(a_n)}{b_n - a_n} - f'(0) \right| = \left| \frac{f(b_n) - f(0)}{b_n} \frac{b_n}{b_n - a_n} - \frac{f(a_n) - f(0)}{-a_n} \frac{-a_n}{b_n - a_n} - f'(0) \right|.$$

29. $f'(0)/2$. 提示: 由微分 (或导数) 定义, 当 $x \to 0$ 有 $f(x) = f'(0)x + o(x)$. 由此得

$$a_n = f\left(\frac{1}{n^2}\right) + f\left(\frac{2}{n^2}\right) + \cdots + f\left(\frac{n}{n^2}\right) = f'(0)\frac{1+2+\cdots+n}{n^2} + o(1).$$

30. 提示: 令 $g(x) = f(x) - f(0) - bx$, 则由 f 在点 0 连续知 g 在点 0 连续且 $g(0) = 0$, 条件 $\lim\limits_{x\to 0}\dfrac{f(2x)-f(x)}{x} = b$ 变成 $\lim\limits_{x\to 0}\dfrac{g(2x)-g(x)}{x} = 0$. $\forall \varepsilon > 0, \exists \delta > 0, 0 < |x| < \delta$ 有 $\left|\dfrac{g(2x)-g(x)}{x}\right| < \varepsilon$. 记 $\dfrac{g(2x)-g(x)}{x} = h(x)$, 则

$$g(x) - g(x/2) = h(x/2)(x/2),$$

于是对 $\forall k \in \mathbb{Z}^+$, $g(x/2^{k-1}) - g(x/2^k) = h(x/2^k)(x/2^k)$, 由此得

$$\left|g(x) - g(x/2^k)\right| < 2\varepsilon|x|.$$

令 $k \to \infty$ 有 $|g(x)| \leqslant 2\varepsilon|x|$, 从而有 $f'(0) = b$.

第5章
习题选解

习题 6.1 (Lagrange 中值定理及导函数的两个特性)

1. 提示: 将 f 连续延拓到 $[a, b]$ 上.
2. 提示: 对 $F(x) = \mathrm{e}^{-x}f(x)$ 用 Rolle 定理.
3. 提示: $f(x) = x^n + px + q$, 对 $f'(x) = nx^{n-1} + p$ 讨论.
4. 提示: $\forall x_1, x_2 \in \mathbb{R}$, 在 $[x_1, x_2]$ 上用 Lagrange 定理.
5. 提示: 求导, 并考虑在 $x = 1$ 处的函数值.
6. 提示: 用导数定义与推论 6.1.4.
7. 提示: 构造辅助函数 $f(t) = \sqrt{t}$, 应用 Lagrange 定理; 解出 $\theta(x)$.
8. 提示: 取 $c = \dfrac{a+b}{2}$, 在 $[a, c]$ 与 $[c, b]$ 上用 Lagrange 定理.
9. 提示: 令 $F(x) = f(x) - \mu x$, 不妨设 $F(a) < F(b)$, 由 (6.1.5) 式, 可取 $a_0 \in U^\circ(a+)$ 使 $F(a_0) < F(a)$, 即 $F(a_0) < F(a) < F(b)$, 在 $[a_0, b]$ 用介值定理知 $\exists b_0 \in (a_0, b)$ 使 $F(a) = F(b_0)$, 在 $[a, b_0]$ 上用 Rolle 中值定理.
10. 提示: 先用 Lagrange 定理再用 Darboux 介值定理.
11. 提示: 先在 $[a, c]$ 及 $[c, b]$ 上分别对 $f(x)$ 用 Lagrange 定理.
12. 提示: $\dfrac{f(x)}{x} = \dfrac{f(x_0)}{x} + \dfrac{f(x)-f(x_0)}{x-x_0} \cdot \dfrac{x-x_0}{x}$, 用 Lagrange 定理与函数极限的 ε-A 定义.

习题 6.2 (Cauchy 中值定理与 L'Hospital 法则)

1. 提示: 令 $f(x) = -\sin x, g(x) = \cos x$, 应用 Cauchy 中值定理.
2. 提示: 令 $g(x) = x^2$, 应用 Cauchy 中值定理. (也可用 Rolle 中值定理).

3. (1) $\dfrac{m}{n}a^{m-n}$.   (2) 1.   (3) $\dfrac{3}{2}$.   (4) 1.   (5) 2.   (6) 0.

(7) $\dfrac{m-n}{2}$.   (8) 0.   (9) $-\dfrac{4}{\pi^2}$.   (10) 0.   (11) e^{-1}.   (12) 1.

(13) $\mathrm{e}^{-\frac{1}{2}}$.   (14) e^{-1}.   (15) e^{-1}.   (16) $\mathrm{e}^{\frac{1}{3}}$.   (17) $-\dfrac{1}{3}$.   (18) $-\dfrac{c}{2}$.

4. 提示: 应用 L'Hospital 法则.

5. 提示: 先用 L'Hospital 法则再用导数定义.

6. (1) 1. 提示: 用 Stolz 定理.

(2) $1/(p+1)$. 提示: 由 Stolz 定理, 得

$$\lim_{n\to\infty}\frac{1^p+2^p+\cdots+n^p}{n^{p+1}}=\lim_{n\to\infty}\frac{n^p}{n^{p+1}-(n-1)^{p+1}}=\lim_{n\to\infty}\frac{n^{-1}}{1-(1-n^{-1})^{p+1}},$$

由 L'Hospital 法则, $\displaystyle\lim_{x\to0+}\frac{x}{1-(1-x)^{p+1}}=\frac{1}{p+1}$.

习题 6.3 (Taylor 公式)

1. (1) $f(x)=10+11(x-1)+7(x-1)^2+(x-1)^3$.

(2) $f(x)=1-9x+30x^2-45x^3+30x^4-9x^5+x^6$.

2. (1) $\mathrm{e}^{\sin x}=1+x+\dfrac{x^2}{2}+o(x^3),\ (x\to0)$; (直接法或代入法).

(2) $\mathrm{e}^x\ln(1+x)=x+\dfrac{x^2}{2}+\dfrac{x^3}{3}+o(x^4),\ x\to0$. (直接法, 注意用 Leibniz 公式; 或作乘法).

3. (1) $\sqrt{2+\sin x}=\sqrt{2}+\dfrac{\sqrt{2}}{4}x-\dfrac{(\sin\theta x)^2+4\sin\theta x+1}{8(2+\sin\theta x)^{3/2}}x^2,\ \theta\in(0,1)$.

(2) $\tan x=x+\dfrac{1}{3}x^3+\dfrac{(\sin\theta x)^3+2\sin\theta x}{3(\cos\theta x)^5}x^4,\ \theta\in(0,1)$. (由 $f'(x)=\cos^{-2}x$ 求导)

4. (1) $a^x=\displaystyle\sum_{k=0}^{n}\frac{a\ln^k a}{k!}(x-1)^k+o\big((x-1)^n\big),\ x\to1$.

(2) $\dfrac{1}{\sqrt{1+x^2}}=1-\dfrac{1}{2}x^2+\dfrac{1\cdot3}{2^2\cdot2!}x^4+\cdots+\dfrac{(-1)^n1\cdot3\cdots(2n-1)}{2^n\cdot n!}x^{2n}+o(x^{2n}),\ x\to0$.

5. (1) $1/3$;   (2) $1/2$;   (3) $1/3$;   (4) $-1/12$.

提示: (1) 先将 $\mathrm{e}^x\sin x$ 用求导法直接展开; (2) 先对 $\ln(1+1/x)$ 用 Taylor 公式; (3) 先通分; (4) 可结合使用等价量代换.

6. $\mathrm{e}\approx2.718281826$ (取 $n=11$).

7. $\sqrt[3]{30}\approx3.10724;\ R_3(0)<1.88\times10^{-5}$.

$$3\sqrt[3]{1+x}=3\left[1+\frac{x}{3}-\frac{x^2}{9}+\frac{5x^3}{81}-\frac{10}{243}\frac{x^4}{(1+\theta x)^{11/3}}\right].$$

习题 6.4 (函数的单调性与极值)

1. (1) 在 $(-\infty,+\infty)$ 上严格增, 无极值.

(2) 在 $(0,1/2)$ 上严格减, 在 $[1/2,+\infty)$ 上严格增, 极小值 $f(1/2)=1/2+\ln2$.

(3) 在 $(-\infty, 1)$ 严格增, 在 $[1, +\infty)$ 严格减, 极大值 $f(1) = (\pi - 2\ln 2)/4$.

(4) 在 $(-\infty, -1)$, $(5, +\infty)$ 严格增, 在 $[-1, 2)$, $(2, 5]$ 严格减, 极大值 $f(-1) = 0$, 极小值 $f(5) = \sqrt[3]{12}$.

(5) 在 $(-\infty, -1)$, $[-\sqrt{3}/3, 0)$, $[\sqrt{3}/3, 1)$ 严格减, 在 $[-1, -\sqrt{3}/3)$, $[0, \sqrt{3}/3)$, $[1, +\infty)$ 严格增, 极大值 $f(\pm\sqrt{3}/3) = 2\sqrt{3}/9$, 极小值 $f(0) = f(\pm 1) = 0$. (可考虑 f^2).

2. (1) n 为奇数时无极值, n 为偶数时极小值为 $f(0) = 0$. (宜用第二充分条件).

(2) n 为偶数时无极值, n 为奇数时极大值为 $f(0) = 1$. (宜用第一充分条件).

3. $a = -2/3$, $b = -1/6$; $x = 1$ 时取得极小值, $x = 2$ 时取得极大值.

4. (利用单调性与零点定理, 注意 $f(x) = \ln x - ax$ 的最大值点是 a^{-1}). 当 $0 < a < \mathrm{e}^{-1}$ 时有 2 个实根; 当 $a = \mathrm{e}^{-1}$ 时有 1 个实根; 当 $a > \mathrm{e}^{-1}$ 时无实根.

5. 提示: 当 $n \geqslant 2$ 时, 考虑 $\lim\limits_{x \to +\infty} p'(x)$ 与 $\lim\limits_{x \to -\infty} p'(x)$.

6. (1) 最大值 $f(1) = 2$, 最小值 $f(-1) = -10$.

(2) 最大值 $f(\sqrt{2}) = 2\sqrt{2}$, 最小值 $f(-2) = -2$.

(3) 最大值 $f(\pi/4) = 1$, 无最小值.

(4) 最小值 $f(\mathrm{e}^{-2}) = -2\mathrm{e}^{-1}$, 无最大值.

7. 底半径与高相等.

8. 矩形的边长分别为 $\sqrt{2}a$, $\sqrt{2}b$. 提示: 利用参数方程 $x = a\cos\theta$, $y = b\sin\theta$.

9. 腰长 $2l/3$, 最大面积是 $l^2/(3\sqrt{3})$.

10. 剪去正方形的边长为 1cm 时盒子的容积最大.

11. PT 为 1.2 km 时电缆最短.

习题 6.5 (函数的凸性及不等式证明)

1. 提示: 按照凸函数的定义.

2. (1) 严格凸区间 $(-\infty, -1)$、$(0, +\infty)$; 严格凹区间 $(-1, 0]$; 拐点为 $(-1, 0)$.

(2) 严格凸区间 $(0, \mathrm{e})$, 严格凹区间 $[\mathrm{e}, +\infty)$; 拐点为 $(\mathrm{e}, 1)$.

(3) 严格凸区间 $(-1, 0)$ 与 $[0, +\infty)$, 严格凹区间 $(-\infty, -1)$; 拐点为 $(-1, -6)$.

3. $a = -3/2$, $b = 9/2$.

4. 拐点 $\left(a^{-1}\mathrm{e}^{-3/2}, -\dfrac{3}{2}a^{-2}\mathrm{e}^{-3}\right)$ 的轨迹为 $y = -\dfrac{3}{2}x^2$ $(x > 0)$.

5. 提示: 利用 $f(x) \geqslant f(x_0) + f'(x_0)(x - x_0)$, 也可以用导数的单调性.

6. 提示: 利用 $f(x) \geqslant f(x_0) + f'(x_0)(x - x_0)$(或利用导数的单调性) 与 Fermat 引理.

7. 提示: $\forall x \in [a, b]$, 取 $\lambda = \dfrac{x - a}{b - a}$, 则由凸函数的定义得

$$f(x) \leqslant \max\{f(a), f(b)\} = M;$$

另一方面仍由凸函数的定义得 $f\left(\dfrac{a+b}{2}\right) \leqslant \dfrac{f(x)}{2} + \dfrac{f(a+b-x)}{2} \leqslant \dfrac{f(x)}{2} + \dfrac{M}{2}$. 考虑开区间 $(0, 1)$ 内的凸函数 $f(x) = \dfrac{1}{x}$ 为反例.

8. 提示: (1) 提示: 利用 Lagrange 中值定理.

(2) 提示: 利用 Lagrange 中值定理或函数单调性.

(3) 利用函数凸性.

(4) 提示: 考虑 $f(x) = (1+x)\ln(1+x) - \arctan x$, 利用函数单调性.

(5) 提示: 求 $f(x) = x^p + (1-x)^p$ 在 $[0,1]$ 上的最大小值.

(6) 提示: 利用函数单调性.　(7) 利用函数凸性与 Jensen 不等式.

(8) 提示: 利用函数单调性.　(9) 利用带 Lagrange 余项的 Taylor 公式.

习题 6.6 (函数图像的描绘)

1. (1) $x = -1, x = 5, y = 0$.　　(2) $y = x - 1/3$.

　(3) $x = 0, y = x + 3$.　　(4) $y = x + 1/e, x = -1/e$.

2. (1) 奇函数, f 的零点 $0, \pm\sqrt{3}$; $f'(x) = 3(x^2 - 1)$, $f''(x) = 6x$.

x	$(-\infty, -1)$	-1	$(-1, 0)$	0	$(0, 1)$	1	$(1, +\infty)$
$f'(x)$	$+$	0	$-$		$-$	0	$+$
$f''(x)$	$-$		$-$	0	$+$		$+$
$f(x)$	↗	极大值 2	↘	拐点纵坐标 0	↘	极小值 -2	↗

(2) 偶函数, 渐近线 $y = 0$, $f'(x) = -2xe^{-x^2}$, $f''(x) = (4x^2 - 2)e^{-x^2}$.

x	$\left(-\infty, -\dfrac{1}{\sqrt{2}}\right)$	$-\dfrac{1}{\sqrt{2}}$	$\left(-\dfrac{1}{\sqrt{2}}, 0\right)$	0	$\left(0, \dfrac{1}{\sqrt{2}}\right)$	$\dfrac{1}{\sqrt{2}}$	$\left(\dfrac{1}{\sqrt{2}}, +\infty\right)$
$f'(x)$	$+$		$+$	0	$-$		$-$
$f''(x)$	$+$	0	$-$		$-$	0	$+$
$f(x)$	↗	拐点纵坐标 $1/\sqrt{e}$	↗	极大值 1	↘	拐点纵坐标 $1/\sqrt{e}$	↘

(3) $f(0+) = 0$, $f(0-) = +\infty$, 渐近线 $x = 0, y = 1$; $f'(x) = x^{-2}e^{-\frac{1}{x}}$, $f''(x) = x^{-4}(1 - 2x)e^{-\frac{1}{x}}$.

x	$(-\infty, 0)$	0	$(0, 1/2)$	$1/2$	$(1/2, +\infty)$
$f'(x)$	$+$		$+$		$+$
$f''(x)$	$+$		$+$	0	$-$
$f(x)$	↗		↗	拐点纵坐标 e^{-2}	↗

(4) 偶函数，$f'(x) = \dfrac{2x}{1+x^2}$, $f''(x) = \dfrac{2(1-x^2)}{(1+x^2)^2}$.

x	$(-\infty, -1)$	-1	$(-1, 0)$	0	$(0, 1)$	1	$(1, +\infty)$
$f'(x)$	$-$		$-$	0	$+$		$+$
$f''(x)$	$-$	0	$+$		$+$	0	$-$
$f(x)$	↘	拐点纵坐标 ln 2	↘	极小值 0	↗	拐点纵坐标 ln 2	↗

(5) 过点 $(0, 1/4)$, 渐近线 $x = 1$, $y = -\dfrac{x+3}{4}$; $f'(x) = \dfrac{(3-x)(1+x)}{4(1-x)^2}$, $f''(x) = \dfrac{2}{(1-x)^3}$.

x	$(-\infty, -1)$	-1	$(-1, 1)$	1	$(1, 3)$	3	$(3, +\infty)$
$f'(x)$	$-$	0	$+$	▓	$+$	0	$-$
$f''(x)$	$+$		$+$	▓	$-$		$-$
$f(x)$	↘	极小值 0	↗	▓	↗	极大值 -2	↘

(6) 渐近线 $y = x$ 与 $y = x + 2\pi$, $f'(x) = \dfrac{x^2-1}{1+x^2}$, $f''(x) = \dfrac{4x}{(1+x^2)^2}$.

x	$(-\infty, -1)$	-1	$(-1, 0)$	0	$(0, 1)$	1	$(1, +\infty)$
$f'(x)$	$+$	0	$-$		$-$	0	$+$
$f''(x)$	$-$		$-$	0	$+$		$+$
$f(x)$	↗	极大值 $\dfrac{3\pi}{2} - 1$	↘	拐点纵坐标 π	↘	极小值 $\dfrac{\pi}{2} + 1$	↗

总习题 6 (微分中值定理及其应用)

A 组

1. (1) 3/2(用 L'Hospital 法则).   (2) e (用 L'Hospital 法则).
(3) 0(用 L'Hospital 法则).   (4) 0 (不能用 L'Hospital 法则)

(5) 1/3 (先求分子中 $\sin x$ 与 $\arctan x$ 的 Taylor 展式, 或利用 L'Hospital 法则).

2. 提示: 用 L'Hospital 法则 (注意与总习题 3 第 6 题比较).

3. 提示: 注意到 $\mathrm{e} = 1 + 1 + \dfrac{1}{2!} + \cdots + \dfrac{1}{n!} + \dfrac{1}{(n+1)!} + \dfrac{\mathrm{e}^{\theta}}{(n+2)!}, 0 < \theta < 1.$

4. 提示: 方法 1, 反证法, 用 Lagrange 定理. 方法 2, 用单调性.

5. 提示: 设 $f(x) = \arctan x - kx$, 则 $f(0) = 0$, $f'(x) = \dfrac{1}{1+x^2} - k.$ 由此知 $k \geqslant 1$, $x > 0$ 时 $f(x) < 0$. 设 $0 < k < 1$, 则此时 f 有稳定点 $x_0 = \sqrt{(1-k)/k}$, 且 f 在 $[0, x_0]$ 严格增, $f(x_0) > 0$, f 在 $(x_0, +\infty)$ 严格减, $\lim\limits_{x \to +\infty} f(x) = -\infty.$ 由此推知 $0 < k < 1$ 时方程 $\arctan x - kx = 0$ 存在唯一正实根.

6. 提示: 用 Darboux 定理.

7. (1) $\dfrac{1}{2} \ln \dfrac{1+x}{1-x} = \sum\limits_{k=1}^{n} \dfrac{x^{2k-1}}{2k-1} + o(x^{2n-1}) \quad (x \to 0).$

(2) $\sin^2 x = \sum\limits_{k=1}^{n} \dfrac{(-1)^{k-1} 2^{2k-1}}{(2k)!} x^{2k} + o(x^{2n}) \quad (x \to 0).$

8. 提示: 由 $g(x) = f'(x) = \dfrac{1}{1+x^2} = \sum\limits_{j=0}^{n} (-1)^j x^{2j} + o(x^{2n})$ 知

$$g^{(2k-1)}(0) = 0, \quad g^{(2k)}(0) = (-1)^k (2k)!,$$

故 $f^{(n)}(0) = \begin{cases} 0, & n = 2k, \\ (-1)^k (2k)!, & n = 2k+1. \end{cases}$ (注意与例 5.5.5 的解法比较)

9. 此点的坐标为 $(p, \pm\sqrt{2}p)$. 提示: 记切点 (x_0, y_0) 处的法线被抛物线所截线段长为 d, 由 $y^2 = 2px$ 两边关于 x 求导得法线斜率 $k = -y_0/p$, 进一步得到

$$d^2 = f(y_0) = \dfrac{4(y_0^2 + p^2)^3}{y_0^4},$$

求此函数的最小值点.

10. 提示: 第三点满足另两点的直线方程, 或用 3 个点共线的条件.

11. 提示: 构造辅助函数 $F(x) = \mathrm{e}^{-x} f(x).$

12. 提示: 先证明 $f(x) = \dfrac{\ln x}{x}$ 在 $[\mathrm{e}, +\infty)$ 严格减.

13. 提示: 用 Lagrange 中值定理.

14. 提示: 对 $F(x) = f(a+x) + f(a-x) - 2f(a)$ 应用 Lagrange 余项的 Taylor 定理或对 $F(x)$ 与 $G(x) = x^2$ 两次用 Cauchy 中值定理.

15. 提示: 记 $\lim\limits_{x \to -\infty} f(x) = \lim\limits_{x \to +\infty} f(x) = \alpha.$ 若 $f(x) \equiv \alpha$, 则结论已成立. 不妨设某点 x_0 使 $f(x_0) < \alpha$. 于是由极限性质, $\exists a < x_0$ 使当 $x \leqslant a$ 时有 $f(x) > f(x_0)$, 且 $\exists b > x_0$ 使当 $x \geqslant b$ 时有 $f(x) > f(x_0)$. 由于 f 在 $[a, b]$ 连续, 故必在 (a, b) 内某点取得最小值 (也是极小值), 由 Fermat 引理得证. (也可用介值定理与 Rolle 中值定理).

16. 提示: (1) 反证法, 用 Rolle 中值定理两次;

(2) 对 $F(x) = f'(x) g(x) - f(x) g'(x)$ 用 Rolle 中值定理.

17. 提示: 先用介值定理, $\exists c \in (0,1)$ 使 $f(c) = \dfrac{1}{2}$. 在 $[0,c]$ 与 $[c,1]$ 上用 Lagrange 定理.

18. 提示: 令 $f(x) = \dfrac{\mathrm{e}^x}{x}$, $g(x) = \dfrac{1}{x}$, 应用 Cauchy 中值定理. (也可用 Rolle 中值定理).

19. 提示: 构造辅助函数 $F(x) = f(x) - f(a) - \dfrac{1}{2}(x-a)[f'(a) + f'(x)]$, $G(x) = (x-a)^3$, 用 Cauchy 定理两次.

20. 提示: 方法 1, 分别将 $f(a)$ 与 $f(b)$ 在点 $(a+b)/2$ 处 Taylor 展开, 再用 Darboux 介值定理.

方法 2, 在 $[a, (a+b)/2]$ 上对 $F(x) = f[x+(b-a)/2] - f(x)$ 用 Lagrange 定理. 方法 3, 在 $[(a+b)/2,\ b]$ 上对 $F(x) = f(x) - f[x-(b-a)/2]$ 用 Lagrange 定理.

21. 提示: 用单调有界定理与导函数极限定理.

22. 提示: 考虑单调性与凸性. 由 $f(x) \leqslant f(a) + f'(a)(x-a)$ 可知 $\lim\limits_{x \to +\infty} f(x) = -\infty$.

23. 提示: 若处处 $f''(x) \neq 0$, 则由 Darboux 介值定理, 可不妨设 $f''(x) > 0$. 于是由凸性或 Taylor 公式得 $f(x) \geqslant f(x_0) + f'(x_0)(x-x_0)$, 由此导出与 f 的有界性相矛盾.

24. 提示: 设 $f(x_0) = \dfrac{1}{4}$, 则 $f'(x_0) = 0$, 由 f 在点 x_0 的 Taylor 公式

$$f(x) = \frac{1}{4} + \frac{1}{2}f''(\xi)(x-x_0)^2$$

得到 $|f(0)| + |f(1)| \leqslant \dfrac{1}{2} + \dfrac{1}{2}\left[x_0^2 + (1-x_0)^2\right] \leqslant 1$.

25. 提示: (反证法) 假定 $f(x)$ 还有另一个极小值点 x_1, 不妨设 $x_0 < x_1$. $\forall x \in (x_0, x_1)$, 令 $\lambda = \dfrac{x-x_0}{x_1-x_0}$. 则 $0 < \lambda < 1$, $x = (1-\lambda)x_0 + \lambda x_1$. 由于 f 严格凸, 故

$$f(x) < (1-\lambda)f(x_0) + \lambda f(x_1).$$

若 $f(x_0) \leqslant f(x_1)$, 则 $f(x) < \lambda f(x_1) + (1-\lambda)f(x_1) = f(x_1)$, 这与 x_1 为极小值点相矛盾; 若 $f(x_0) > f(x_1)$, 则 $f(x) < \lambda f(x_0) + (1-\lambda)f(x_0) = f(x_0)$, 又与 x_0 为极小值点相矛盾.

26. 提示: 不妨设 x_0 为 f 在 I 上的极大值点. 则 $\exists \delta_0 > 0$, 使 $(x_0 - \delta_0, x_0 + \delta_0) \subset I$ 且当 $x \in (x_0 - \delta_0, x_0 + \delta_0)$ 时, 有 $f(x) \leqslant f(x_0)$. (反证法) 假设 x_0 不是 f 在 I 上的最大值点, 则 $\exists b \in I \backslash (x_0 - \delta_0, x_0 + \delta_0)$ 使 $f(b) > f(x_0)$. 不妨设 $x_0 + \delta_0 \leqslant b$ (对 $b \leqslant x_0 - \delta_0$ 情形同理可证). 因 f 在 $[x_0, b]$ 上连续, 故 $\exists a \in [x_0, b]$ 为 f 在 $[x_0, b]$ 上的最小值点. 因 $f(a) \leqslant f(x_0) < f(b)$, 故 $a \neq b$; 又必定有 $a \neq x_0$(否则在 $[x_0, x_0 + \delta_0)$ 上为常数, 与极大值点唯一性相矛盾). 于是 $a \in (x_0, b)$, 即 a 为 f 的极小值点, 与极值点的唯一性相矛盾.

B 组

27. (1) $f(x) = \begin{cases} x, & x \in [0,1), \\ 0, & x = 1. \end{cases}$ 　(2) $f(x) = |x - 1/2|$, $x \in [0,1]$.

(3) $f(x) = x$, $x \in [0,1]$.

28. 提示: 因 $\forall t \in (a,b)$ 有 $g'(t) \neq 0$, 故不妨设 $\forall t \in (a,b)$ 有 $g'(t) > 0$, $x = g(t)$ 在 $[a,b]$ 上严格增, 存在反函数 $t = g^{-1}(x)$. 对函数 $y = f\left(g^{-1}(x)\right)$ 在区间 $[g(a), g(b)]$ 上应用 Lagrange 中值定理.

29. 提示: 不妨设 $u \geqslant v$, 令 $u/v = t$ 并取对数 $(\ln t \geqslant 0)$, 证明 $f(y) = \dfrac{\ln(1+t^y)}{y}$ 在 $(0, +\infty)$ 严格减, 记 $t^y = x$, 设 $t > 1$, 即证明 $F(x) = (\ln t)\dfrac{\ln(1+x)}{\ln x}$ 在 $(1, +\infty)$ 严格减.

30. 提示: 先用零点定理证明 $\exists c \in (0,1)$ 使 $f(c) = 1 - c$. 在 $[0, c]$ 与 $[c, 1]$ 上用 Lagrange 定理.

31. (1) 极限值为 $\mathrm{e}^{-\frac{1}{6}}$. 提示: 设 $a_n = \cos \dfrac{1}{n^{3/2}} \cos \dfrac{2}{n^{3/2}} \cdots \cos \dfrac{n}{n^{3/2}}$, 则

$$\ln a_n = \sum_{k=1}^{n} \ln \cos \frac{k}{n^{3/2}},$$

利用 $\cos x = 1 - \dfrac{x^2}{2} + o(x^3)$ 与 $\ln(1+x) = x + o(x)$ 得

$$\ln \cos \frac{k}{n^{3/2}} = \ln \left(1 - \frac{k^2}{2n^3} + o\left(\frac{k^3}{n^{9/2}}\right)\right) = -\frac{k^2}{2n^3} + o\left(\frac{1}{n^{3/2}}\right),$$

于是 $\ln a_n = -\dfrac{1}{2n^3} \dfrac{1}{6} n(n+1)(2n+1) + o(1)$.

(2) 极限值为 $\sqrt{3}$. 提示: 易知 $\{a_n\}$ 严格减, 极限为 0, 因此 $\{a_n^{-2}\}$ 严格增趋于 $+\infty$, 用 Stolz 定理求 $\lim\limits_{n \to \infty} n a_n^2$.

32. 提示: 对 $f^{(n+1)}(a + \theta h)$ 用 Lagrange 定理, 并将结果代入 n 阶 Taylor 公式, 另一方面对 $f(a + h)$ 求 f 的 $n + 1$ 阶 Taylor 公式, 二式相减并令 $h \to 0$ 即得.

33. 提示: 由 $f(x_0 + h) - f(x_0) = h f'(x_0 + \theta h)$ 对 f' 用 Taylor 公式代入得

$$f(x_0 + h) - f(x_0) = f'(x_0)h + \frac{f^{(n)}(\xi)}{(n-1)!} \theta^{n-1} h^n, \quad \xi \text{介于} x_0 \text{与} x_0 + \theta h \text{之间}.$$

对 f 用 Taylor 公式得 $f(x_0 + h) - f(x_0) = f'(x_0)h + \dfrac{f^{(n)}(\eta)}{n!} h^n$, η 介于 x_0 与 $x_0 + h$ 之间. 二式相减并令 $h \to 0$ 即得.

34. $\lim\limits_{n \to \infty} x_n = \dfrac{1}{2}$. 提示: 先用零点定理再考察单调性, 可证有唯一实根. 由

$$x_n^n + x_n^{n-1} + \cdots + x_n = 1 \text{与} x_{n+1}^n + x_{n+1}^{n-1} + \cdots + x_{n+1} = 1 - x_{n+1}^{n+1}$$

相减, 注意到 $\dfrac{x_n^k - x_{n+1}^k}{x_n - x_{n+1}} > 0$, 可证明 $\{x_n\}$ 是递减的.

35. 提示: 记 $Q(x) = (x^2 - 1)^n$, 则 $Q^{(m)}(x) = \dfrac{\mathrm{d}^m}{\mathrm{d}x^m}(x^2 - 1)^n$ $(m = 0, 1, \cdots, n - 1)$ 含有 $x^2 - 1$ 因子, 因此 $Q^{(m)}(-1) = Q^{(m)}(1) = 0 (m = 0, 1, \cdots, n - 1)$. 由此逐次用 Rolle 中值定理, 在 $[-1, 1]$ 上, 由 $Q(-1) = Q(1) = 0$, $\exists \xi \in (-1, 1)$ 使 $Q'(\xi) = 0$; 在 $[-1, \xi]$ 与 $[\xi, 1]$ 上, $\cdots$.

36. 提示: 由于 $-\ln x$ 是凸函数, 取 $x_1 = a^p$, $x_2 = b^q$, $\lambda = \dfrac{1}{q}$, $1 - \lambda = \dfrac{1}{p}$, 利用凸函数的定义得 $ab \leqslant \dfrac{a^p}{p} + \dfrac{b^q}{q}$. 当 $n > 1$ 时, 令

$$a = \frac{a_k}{\left(\sum\limits_{i=1}^{n} a_i^p\right)^{\frac{1}{p}}}, \quad b = \frac{b_k}{\left(\sum\limits_{i=1}^{n} b_i^q\right)^{\frac{1}{q}}}, \quad k = 1, 2, 3, \cdots, n,$$

再求和可得 Hölder 不等式.

37. 提示: 令 $K = k_1 + k_2 + \cdots + k_n$, $a_0 = 0$, $a_j = \dfrac{1}{K}(k_1 + k_2 + \cdots + k_j)$, $j = 1, 2, \cdots, n$. 取 $b_0 = 0$, $b_n = 1$, 在 $[0,1]$ 上应用连续函数介值定理, $\exists b_j \in (0,1)$ 使 $f(b_j) = a_j$. 由 Lagrange 定理, $\exists x_j \in (0,1)$ 介于 b_j 与 b_{j-1} 之间使

$$f(b_j) - f(b_{j-1}) = f'(x_j)(b_j - b_{j-1}), \quad j = 1, 2, \cdots, n,$$

即 $\dfrac{k_j}{f'(x_j)} = K(b_j - b_{j-1})$, 于是 $\displaystyle\sum_{j=1}^{n} \frac{k_j}{f'(x_j)} = K = \sum_{j=1}^{n} k_j$.

38. 提示: 对 $\forall x \in \mathbb{R}$, 由 Taylor 公式,

$$f(x + h) = f(x) + f'(x)h + \frac{f''(\xi)}{2}h^2, \quad f(x - h) = f(x) - f'(x)h + \frac{f''(\eta)}{2}h^2,$$

二式相减可得 $2M_1 h \leqslant 2M_0 + M_2 h^2$, 即对 $\forall h \in \mathbb{R}$ 有 $M_2 h^2 - 2M_1 h + 2M_0 \geqslant 0$. 从而 $M_1^2 \leqslant 2M_0 M_2$.

39. 提示: 设 $|f(x_0)| = \max\limits_{x \in [a,b]} |f(x)|$. 若 $x_0 = a$ 或 $x_0 = b$, 则结论显然成立. 设 $a < x_0 < b$. 若 $f(x_0) \geqslant 0$, 则 $\forall x \in [a,b]$ 有 $f(x) \leqslant |f(x)| \leqslant f(x_0)$; 若 $f(x_0) < 0$, 则 $\forall x \in [a,b]$ 有 $-f(x) \leqslant |f(x)| \leqslant -f(x_0)$, 即 $f(x) \geqslant f(x_0)$, 总之 x_0 为极值点. 以 $x = a$ 或 $x = b$ 代入 f 在点 x_0 的 Taylor 公式 $f(x) = f(x_0) + \dfrac{1}{2}f''(\xi)(x - x_0)^2$ 得到

$$\max_{x \in [a,b]} |f(x)| \leqslant \frac{1}{4} \sup_{x \in [a,b]} |f''(x)| \left[(x_0 - a)^2 + (b - x_0)^2 \right] \leqslant \frac{1}{4}(b - a)^2 \sup_{x \in [a,b]} |f''(x)|.$$

40. 提示: 记 $\lim\limits_{x \to +\infty} f^{(k)}(x) = \beta_k$, $k = 0, 1, 2, \cdots, n$. 先证明下述引理.

设 F 在 $[b, +\infty)$ 可导且有常数 $\alpha > 0$ 使 $\forall x \in [b, +\infty)$ 有 $|F'(x)| \geqslant \alpha$, 则必有

$$\lim_{x \to +\infty} F(x) = \infty.$$

事实上, 在 $[b, x]$ 上利用 Lagrange 中值定理得 $\dfrac{F(x) - F(b)}{x - b} = F'(\xi)$, $\xi \in (b, x)$. 于是 $|F(x)| \geqslant |F(x) - F(b)| - |F(b)| \geqslant \alpha(x - b) - |F(b)|$, 由此即得 $\lim\limits_{x \to +\infty} F(x) = \infty$.

(1) (反证法) 若 $\beta_1 \neq 0$, 则由极限保号性, $\exists b_1 > a$, $\forall x \in [b_1, +\infty)$ 有 $|f'(x)| \geqslant \dfrac{|\beta_1|}{2}$, 由引理知 $\beta_0 = \infty$, 与 $\beta_0 \in \mathbb{R}$ 相矛盾. 因此 $\lim\limits_{x \to +\infty} f'(x) = \beta_1 = 0$.

(2) (反证法) 若 $\beta_k \neq 0$, $1 \leqslant k \leqslant n$, 则由极限保号性, $\exists b_k > a$, $\forall x \in [b_k, +\infty)$ 有 $\left| f^{(k)}(x) \right| \geqslant \dfrac{|\beta_k|}{2}$, 由引理知 $\beta_{k-1} = \infty$. 于是对 $\alpha_{k-1} > 0$, $\exists b_{k-1} > a$, $\forall x \in [b_{k-1}, +\infty)$ 有 $\left| f^{(k-1)}(x) \right| \geqslant \alpha_{k-1}$, 由引理知 $\beta_{k-2} = \infty$. 由此依次推出

$$\beta_j = \infty, \quad j = k - 1, k - 2, \cdots, 1, 0,$$

与 $\beta_0 \in \mathbb{R}$ 相矛盾. 因此 $\beta_k = 0$, 即 $\lim\limits_{x \to +\infty} f^{(k)}(x) = 0$, $k = 1, 2, \cdots, n$.

41. 略.

42. 略.

第6章
习题选解

习题 7.1 (不定积分的概念与线性性质)

1. (1) $\ln|x| - 2x^{\frac{1}{2}} + 3x^{\frac{1}{3}} - \frac{6}{5}x^{\frac{5}{6}} + C.$

(2) $\frac{1}{3}(x - \arctan x) + C.$

(3) $\frac{1}{\sqrt{3}} \arcsin x + C.$

(4) $\ln|x| + \arctan x + C.$

(5) $\frac{1}{2}(x - \sin x) + C.$

(6) $\frac{1}{2}(x + \sin x) + C.$

(7) $\frac{1}{2} \tan x + C.$

(8) $-\frac{1}{2} \cot x + C.$

(9) $-\cot x - x + C.$

(10) $\tan x - \sec x + C.$

(11) $\frac{\mathrm{e}^{2x}}{2} - \frac{\mathrm{e}^{-2x}}{2} - 2x + C.$

(12) $\frac{4^x}{\ln 4} + \frac{9^x}{\ln 9} + \frac{2 \cdot 6^x}{\ln 6} + C.$

(13) $-\tan x - \cot x + C.$

(14) $\sin x + \cos x + C.$

(15) $\frac{1}{2}\mathrm{e}^{2x} - \mathrm{e}^x + x + C.$

(16) $\begin{cases} \sin x + \cos x + C, \\ -\sin x - \cos x + 2\sqrt{2} + C. \end{cases}$

2. $y = \ln x + 2.$

习题 7.2 (换元积分法与分部积分法)

1. (1) $\frac{1}{202}(1 + 2x)^{101} + C.$

(2) $-\frac{3}{10}(7 - 5x)^{\frac{2}{3}} + C.$

(3) $\frac{1}{3} \ln|3x + 4| + C.$

(4) $-\frac{1}{4} \cot(4x + 5) + C.$

(5) $\frac{1}{4}\mathrm{e}^{2x^2} + C.$

(6) $-\frac{1}{5} \cos x^5 + C.$

(7) $\arcsin \frac{\mathrm{e}^x}{a} + C.$

(8) $\frac{1}{a} \arctan \frac{\mathrm{e}^x}{a} + C.$

(9) $\frac{1}{2a} \ln\left|\frac{a + \tan x}{a - \tan x}\right| + C.$

(10) $\ln|\sec(\ln x) + \tan(\ln x)| + C.$

(11) $\tan \frac{x}{2} + C$ 或 $-\cot x + \csc x + C.$

(12) $\tan x - \sec x + C.$

(13) $-(1 - x^2)^{\frac{1}{2}} + C.$

(14) $\frac{2}{3}(1 + x^3)^{\frac{1}{2}} + C.$

(15) $\frac{1}{2} \sin x + \frac{1}{10} \sin 5x + C.$

(16) $\frac{1}{4} \sin 2x - \frac{1}{8} \sin 4x + C.$

(17) $\frac{x}{2} - \frac{1}{4} \sin 2x + C.$

(18) $\frac{1}{3} \sin^3 x - \frac{2}{5} \sin^5 x + \frac{1}{7} \sin^7 x + C.$

(19) $\tan x + \frac{2}{3} \tan^3 x + \frac{1}{5} \tan^5 x + C.$

(20) $\frac{1}{7} \sec^7 x - \frac{2}{5} \sec^5 x + \frac{1}{3} \sec^3 x + C.$

(21) $\dfrac{1}{8\sqrt{2}} \ln \left| \dfrac{x^4 - \sqrt{2}}{x^4 + \sqrt{2}} \right| + C.$ 　　　　　　　(22) $\arctan e^x + C.$

(23) $\dfrac{1}{3} \ln \left| x^3 + \sqrt{x^6 + a^2} \right| + C.$

(24) $\dfrac{1}{4}(2x - 1)^{101} \left[(2x - 1)/102 + 1/101 \right] + C.$

(25) $-\sqrt{1 - x^2} + \dfrac{2}{3}(1 - x^2)^{\frac{3}{2}} - \dfrac{1}{5}(1 - x^2)^{\frac{5}{2}} + C.$

(26) $-\dfrac{6}{7}x^{\frac{7}{6}} - \dfrac{6}{5}x^{\frac{5}{6}} - 2x^{\frac{1}{2}} - 6x^{\frac{1}{6}} - 3\ln \left| \dfrac{\sqrt[6]{x} - 1}{\sqrt[6]{x} + 1} \right| + C.$

(27) $x - 4\sqrt{x + 1} + 4\ln \left| \sqrt{x + 1} + 1 \right| + C.$ 　　　(28) $\dfrac{x}{a^2\sqrt{a^2 - x^2}} + C.$

(29) $-\dfrac{x}{a^2\sqrt{x^2 - a^2}} + C.$ 　　　　　　　(30) $\dfrac{x}{a^2\sqrt{x^2 + a^2}} + C.$

2. (1) $x \ln x - x + C.$ 　　　　　　　　　　(2) $x \arctan x - \dfrac{1}{2} \ln(1 + x^2) + C.$

(3) $-\dfrac{\ln x}{2x^2} - \dfrac{1}{4x^2} + C.$ 　　　　　　　(4) $x(\ln x)^2 - 2x \ln x + 2x + C.$

(5) $\dfrac{x^2}{2} \arcsin \dfrac{1}{x} + \dfrac{\mathrm{sgn}x}{2} \sqrt{x^2 - 1} + C.$ 　　(6) $x^2 \sin x + 2x \cos x - 2\sin x + C.$

(7) $x(\arcsin x)^2 + 2\sqrt{1 - x^2} \arcsin x - 2x + C.$ 　(8) $3e^{\sqrt[3]{x}} (\sqrt[3]{x^2} - 2\sqrt[3]{x} + 2) + C.$

(9) $\dfrac{1}{2}(-\csc x \cot x + \ln |\csc x - \cot x|) + C.$

(10) $\dfrac{1}{2}x\sqrt{x^2 - a^2} - \dfrac{a^2}{2} \ln \left| x + \sqrt{x^2 - a^2} \right| + C.$

(11) $-\dfrac{1}{2}x\sqrt{a^2 - x^2} + \dfrac{a^2}{2} \arcsin \dfrac{x}{a} + C.$ 　(12) $\dfrac{x}{2}\left[\sin(\ln x) - \cos(\ln x) \right] + C.$

习题 7.3 (有理函数的积分与积分的有理化)

1. $\dfrac{1}{2a^3} \left(\arctan \dfrac{x}{a} + \dfrac{ax}{x^2 + a^2} \right) + C.$

2. (1) $\dfrac{1}{2}x^2 + \dfrac{1}{2} \ln \left| \dfrac{1 + x}{1 - x} \right| + C.$ 　　　　　(2) $\ln \dfrac{(x - 4)^2}{|x - 3|} + C.$

(3) $\dfrac{1}{6} \ln \dfrac{(x + 1)^2}{x^2 - x + 1} + \dfrac{1}{\sqrt{3}} \arctan \dfrac{2x - 1}{\sqrt{3}} + C.$ 　(4) $\dfrac{1}{4} \ln \left| \dfrac{x - 1}{x + 1} \right| + \dfrac{1}{2(x + 1)} + C.$

(5) $\dfrac{2x - 7}{2(x^2 - 2x + 5)} + \dfrac{1}{2} \arctan \dfrac{x - 1}{2} + C.$ 　(6) $\ln |x - 1| + \dfrac{2}{x^2 + 2} + C.$

3. (1) $\dfrac{1}{\sqrt{2}} \arctan \left(\dfrac{1}{\sqrt{2}} \tan \dfrac{x}{2} \right) + C.$ 　　(2) $\dfrac{1}{4} \tan^2 \dfrac{x}{2} + \tan \dfrac{x}{2} + \dfrac{1}{2} \ln \left| \tan \dfrac{x}{2} \right| + C.$

(3) $\dfrac{1}{\sqrt{6}} \arctan \left(\sqrt{\dfrac{3}{2}} \tan x \right) + C$ 或 $-\dfrac{1}{\sqrt{6}} \arctan \left(\sqrt{\dfrac{2}{3}} \cot x \right) + C.$

(4) $\dfrac{1}{2}(x + \ln |\cos x + \sin x|) + C$ 或 $\dfrac{1}{2}x + \dfrac{1}{4} \ln \dfrac{(1 + \tan x)^2}{1 + \tan^2 x} + C.$

(5) $\ln\left|\sqrt{x^2+x}+x+1/2\right|+C.$　　　(6) $-2\sqrt{(1+x)/x}+\ln\left|\dfrac{1+\sqrt{(1+x)/x}}{1-\sqrt{(1+x)/x}}\right|+C.$

(7) $\arcsin x-\dfrac{x}{1+\sqrt{1-x^2}}+C.$　　　(8) $-\dfrac{1}{\sqrt{3}}\arcsin\dfrac{3+x}{2x}+C$(倒代换).

总习题 7 (不定积分)

A 组

1. (1) $\dfrac{x^2}{2}+2x+3\ln|x-1|-\dfrac{1}{x-1}+C.$　　　(2) $\dfrac{1}{3}\tan^3 x+\tan x+C.$

(3) $\dfrac{1}{4}x^4-\dfrac{1}{2}\ln(x^4+2)+C.$　　　(4) $x\tan x+\ln|\cos x|+C.$

(5) $\dfrac{1}{2}\tan^2 x+\ln|\cos x|+C$ 或 $\dfrac{1}{2}\sec^2 x+\ln|\cos x|+C.$

(6) $\dfrac{1}{2}\ln\dfrac{|(x+1)(x+3)|}{(x+2)^2}+C.$

(7) $\dfrac{3}{2}\sqrt[3]{(1+x)^2}-3\sqrt[3]{1+x}+3\ln\left|1+\sqrt[3]{1+x}\right|+C.$

(8) $\dfrac{1}{4}\ln\left|\dfrac{x+1}{x-1}\right|-\dfrac{1}{2}\arctan x+C.$

(9) $x\ln(\sqrt{1+x^2}+x)-\sqrt{1+x^2}+C.$　　　(10) $\tan x\ln\cos x+\tan x-x+C.$

(11) $\dfrac{1}{2}\arctan\left[2\tan\dfrac{x}{2}\right]+C.$　　　(12) $\dfrac{2}{\sqrt{3}}\arctan\dfrac{2\tan\dfrac{x}{2}+1}{\sqrt{3}}+C.$

(13) $\dfrac{1}{2\sqrt{2}}\ln\left|\dfrac{x-\sqrt{2}}{x+\sqrt{2}}\right|+\dfrac{1}{2\sqrt{3}}\ln\left|\dfrac{x-\sqrt{3}}{x+\sqrt{3}}\right|+C.$

(14) $-\dfrac{x^n}{2n(x^{2n}+1)}+\dfrac{1}{2n}\arctan x^n+C.$

(15) $\dfrac{2}{5}\tan^{\frac{5}{2}}x+2\tan^{\frac{1}{2}}x+C.$　　　(16) $\ln\left|1+\tan\dfrac{x}{2}\right|+C.$

(17) $\dfrac{2x^2-1}{4}\arcsin x+\dfrac{x}{4}\sqrt{1-x^2}+C.$　　　(18) $2e^{\sin x}(\sin x-1)+C.$

(19) $x\tan\dfrac{x}{2}+2\ln\left|\cos\dfrac{x}{2}\right|+C.$　　　(20) $\dfrac{1}{2}(x^2-1)\ln\left|\dfrac{1+x}{1-x}\right|+x+C.$

(21) $\sqrt{x^2-9}-3\arccos\dfrac{3}{x}+C.$　　　(22) $\dfrac{1}{2}\left(\arcsin x+\ln\left|x+\sqrt{1-x^2}\right|\right)+C.$

(23) $\dfrac{1}{4}\sqrt{4x^2+4x+3}+\dfrac{5}{4}\ln\left|2x+1+\sqrt{4x^2+4x+3}\right|+C.$

(24) $x\arctan(1+\sqrt{x})-\sqrt{x}+\ln(2+2\sqrt{x}+x)+C.$

(25) $x-\dfrac{2}{\sqrt{3}}\arctan\dfrac{2\tan x+1}{\sqrt{3}}+C.$　　　(26) $-\dfrac{\arcsin x}{x}-\ln\left|\dfrac{1+\sqrt{1-x^2}}{x}\right|+C.$

2. (1) $I_n=x\ln^n x-nI_{n-1}.$　　　(2) $I_n=\dfrac{\tan^{n-1}x}{n-1}-I_{n-2}.$

3. 提示: 配对凑微分.

(1) $I=\dfrac{1}{2\sqrt{2}}\arctan\dfrac{x-x^{-1}}{\sqrt{2}}+\dfrac{1}{4\sqrt{2}}\ln\left|\dfrac{x+x^{-1}+\sqrt{2}}{x+x^{-1}-\sqrt{2}}\right|+C;$

$$J = \frac{1}{2\sqrt{2}} \arctan \frac{x - x^{-1}}{\sqrt{2}} - \frac{1}{4\sqrt{2}} \ln \left| \frac{x + x^{-1} + \sqrt{2}}{x + x^{-1} - \sqrt{2}} \right| + C.$$

(2) $I = \dfrac{bx - a \ln |a \cos x + b \sin x|}{a^2 + b^2} + C;\ J = \dfrac{ax + b \ln |a \cos x + b \sin x|}{a^2 + b^2} + C.$

4. $\dfrac{P_n^{(n)}(a)}{n!} \ln |x - a| - \displaystyle\sum_{k=0}^{n-1} \dfrac{P_n^{(k)}(a)}{k!} \dfrac{1}{(n-k)(x-a)^{n-k}} + C$, 提示: 先求 $P_n(x)$ 在点 a 的 Taylor 公式.

B 组

5. (1) $\dfrac{1}{2} \ln \dfrac{x^2}{1 + x^2} - \dfrac{1}{x} \arctan x - \dfrac{1}{2} \arctan^2 x + C.$

(2) $\ln \dfrac{\sqrt{1 + e^x} - 1}{\sqrt{1 + e^x} + 1} + C$ (令 $\sqrt{1 + e^x} = t$).

(3) $\dfrac{x \ln x}{\sqrt{1 + x^2}} - \ln(\sqrt{1 + x^2} + x) + C.$

(4) $x \ln^2(\sqrt{1 + x^2} + x) - 2\sqrt{1 + x^2} \ln(\sqrt{1 + x^2} + x) + 2x + C.$

(5) $\dfrac{1}{2}(\sin x - \cos x) - \dfrac{1}{2\sqrt{2}} \ln \left| \dfrac{\tan(x/2) - 1 + \sqrt{2}}{\tan(x/2) - 1 - \sqrt{2}} \right| + C$ (注意到 $1 + 2 \sin x \cos x = (\sin x + \cos x)^2$).

(6) 令 $x + \sqrt{x^2 + x + 1} = t,$

$$2 \ln \left| x + \sqrt{x^2 + x + 1} \right| - \frac{3}{2} \ln \left| 2x + 1 + 2\sqrt{x^2 + x + 1} \right| + \frac{3}{2(2x + 1 + 2\sqrt{x^2 + x + 1})} + C.$$

(7) $x \tan \dfrac{x}{2} + C$ $\left(\text{对} \displaystyle\int \dfrac{x}{1 + \cos x} \mathrm{d}x \text{ 分部积分} \right).$

(8) $x \ln(\ln x) + C$ $\left(\text{对} \displaystyle\int \ln(\ln x) \mathrm{d}x \text{ 分部积分} \right).$

(9) $\dfrac{e^x}{1 + x^2} + C$ $\left(\text{对} \displaystyle\int \dfrac{e^x}{1 + x^2} \mathrm{d}x \text{ 分部积分} \right).$

(10) $\dfrac{1}{3} \ln |\tan x - 1| - \dfrac{1}{6} \ln (\tan^2 x + \tan x + 1) - \dfrac{1}{\sqrt{3}} \arctan \dfrac{2 \tan x + 1}{\sqrt{3}} + C$ (令 $\tan x = t$).

(11) $\dfrac{1}{3} \sec^3 x + \sec x + \dfrac{1}{2} \ln \dfrac{1 - \cos x}{1 + \cos x} + C$ (令 $\sec x = t$).

(12) $\dfrac{1}{\sqrt{2}} \arctan \dfrac{\tan x - 1}{\sqrt{2 \tan x}} - \dfrac{1}{2\sqrt{2}} \ln \left| \dfrac{\tan x + 1 + \sqrt{2 \tan x}}{\tan x + 1 - \sqrt{2 \tan x}} \right| + C$ (令 $\sqrt{\tan x} = t$).

6. 提示: 用导数极限定理或微分中值定理.

7. 提示: 注意到 $(\mathrm{ch}t)' = \mathrm{sh}t$, $(\mathrm{sh}t)' = \mathrm{ch}t$, $\mathrm{ch}^2 t = 1 + \mathrm{sh}^2 t$, $\mathrm{ch}^2 t = (\mathrm{ch}2t + 1)/2$, $\mathrm{sh}^2 t = (\mathrm{ch}2t - 1)/2$, $\mathrm{sh}2t = 2\mathrm{sh}t\mathrm{ch}t$ 等, 并注意求它们的反函数.

(1) $\dfrac{1}{2} x \sqrt{x^2 + a^2} + \dfrac{a^2}{2} \ln \left| x + \sqrt{x^2 + a^2} \right| + C.$

(2) $\dfrac{x}{a^2 \sqrt{x^2 + a^2}} + C.$

(3) $\dfrac{1}{2}x\sqrt{x^2-a^2} - \dfrac{a^2}{2}\ln\left|x+\sqrt{x^2-a^2}\right| + C.$

(4) $\dfrac{1}{2}x\sqrt{x^2-a^2} + \dfrac{a^2}{2}\ln\left|x+\sqrt{x^2-a^2}\right| + C.$

8. (1)$f(x) = 2\sqrt{x} + C.$　　　　(2) $f(x) = -\dfrac{1}{2}(1-x)^2 + C.$

第7章
习题选解

习题 8.1 (定积分的概念)

1. (1) $\displaystyle\sum_{i=1}^{n}\dfrac{i^3}{n^4}.$　　(2) $\displaystyle\sum_{i=1}^{n}\dfrac{n}{n^2+i^2}.$　　(3) $\dfrac{1}{n}\displaystyle\sum_{i=1}^{n}\ln\left(1+\dfrac{i}{n}\right).$　　(4) $\dfrac{1}{n}\displaystyle\sum_{i=1}^{n-1}\sin\dfrac{i\pi}{n}.$

2. (1) $\dfrac{\pi}{4}.$　　(2) 0.　　(3) $\dfrac{1}{2}\alpha+\beta.$

3. (1) 提示: $0 \leqslant e^{x^2} \leqslant e.$　　(2) 提示: $\dfrac{2}{\pi} \leqslant \dfrac{\sin x}{x} \leqslant 1.$

4. 通常 $\|T\| \to 0 \Rightarrow n \to \infty$ 但 $n \to \infty \nRightarrow \|T\| \to 0$; 在等分分割情况下二者等价; 在要求任意分割的情况下二者等价.

习题 8.2 (函数的可积性)

1. 提示: f 在 $[0,1]$ 上无界.

2. 提示: 因为 f 可积, 对 $[a,b]$ 等分分割取右端点为介点集所得积分和的极限就是定积分值.

3. 上和 $\overline{S}(T) = \alpha$, 下和 $\underline{S}(T) = \beta$, 不可积.

4. (1) f_1 在 $[1,2]$ 上连续, 所以可积.

(2) f_2 在 $[-1,1]$ 上有界且只有 1 个间断点, 所以可积.

(3) f_3 在 $[-1,1]$ 上无界, 所以不可积.

(4) f_4 在 $[0,1]$ 上递增, 所以可积.

5. 提示: 类似于引理 8.2.3 中的 (8.2.2) 式的证明.

6. 提示: $m(x) = \dfrac{1}{2}\{f(x) + g(x) - |f(x) - g(x)|\},$

$\qquad M(x) = \dfrac{1}{2}\{f(x) + g(x) + |f(x) - g(x)|\}.$

7. 提示: 对 g_ε 用可积准则, 注意到

$$|f(s) - f(t)| \leqslant |f(s) - g_\varepsilon(s)| + |g_\varepsilon(s) - g_\varepsilon(t)| + |g_\varepsilon(t) - f(t)|,$$

利用 (8.2.8) 式得出 $\omega_i(f) \leqslant 2\varepsilon + \omega_i(g_\varepsilon).$

8. 提示: 利用 (8.2.8) 式得出振幅 $\omega_i\left(\dfrac{1}{f}\right) \leqslant \dfrac{1}{m^2}\omega_i\left(f\right)$.

习题 8.3 (微积分基本定理)

1. 提示: 令 $F(t) = \displaystyle\int_a^t f(x)\mathrm{d}x - \int_t^b f(x)\mathrm{d}x$ 为辅助函数, 用连续函数的介值定理.

2. 提示: $F(x) = x\displaystyle\int_a^x f(t)\mathrm{d}t - \int_a^x tf(t)\mathrm{d}t.$

3. (1) 1/3.　　　(2) 2e.　　　(3) $+\infty$.　　　(4) 0.

4. (1) 1/96.　　　　(2) $\pi/6$.　　(3) $\sqrt{3} - \pi/3$.　　(4) 2.　　(5) $(e - e^{-1})/2$.

(6) $\arctan e - \pi/4$.　　(7) $\pi/4$.　　(8) 1/3.　　　(9) π.　　(10) π.

5. (1) $(p+1)^{-1}$.　　(2) $\ln(1 + k^{-1})$.　　(3) $\pi/4$.　　(4) $4/\pi$.

6. 提示: 显然 $\displaystyle\int_{-\pi}^{\pi} 1 \cdot \sin x\mathrm{d}x = \int_{-\pi}^{\pi} 1 \cdot \cos x\mathrm{d}x = 0$; 利用积化和差, 可验证

$$\int_{-\pi}^{\pi} \sin mx \cos nx\mathrm{d}x = 0\ (\forall m, n)$$

及

$$\int_{-\pi}^{\pi} \sin mx \sin nx\mathrm{d}x = 0 = \int_{-\pi}^{\pi} \cos mx \cos nx\mathrm{d}x\ (m \neq n).$$

7. $\displaystyle\int_0^5 f(x)\mathrm{d}x > 0;\ \int_0^5 f'(x)\mathrm{d}x < 0;\ \int_0^5 f''(x)\mathrm{d}x = 0;\ \int_0^5 f'''(x)\mathrm{d}x > 0.$

8. 极小值 $f(1) = \displaystyle\int_0^1 (t-1)e^{t^2}\mathrm{d}t.$

9. 提示: 记 $\displaystyle\int_0^x f(t)\mathrm{d}t = F(x)$, 则 $f(x) = F'(x)$, 由 $F'(x)/F(x) = 2/x$ 积分可得.

习题 8.4 (定积分的计算)

1. (1) -2π(分部).　　(2) $(1 + e\sin 1 - e\cos 1)/2$(分部).
(3) $a\left[\ln(1 + \sqrt{2})a + (1 - \sqrt{2})\right]$(分部).　　(4) 2(令 $x = \sqrt{t}$).
(5) $\pi a^4/16$(令 $x = a\sin t$). (6) $2\arctan\sqrt{e-1} - \pi/2$(令 $t = \sqrt{e^x - 1}$).
(7) 0(奇函数). (8) $1 - \sqrt{3}\pi/6$(偶函数, 分部). (9) $2\left(1 - e^{-1}\right)$.
(10) $17/3 - 8\ln 2$ (令 $t = x+1$, 或令 $t = 2(x+1)^{-1}$).
(11) $\ln(2 + \sqrt{2}) - \ln(1 + \sqrt{3})$(令 $x = 1/t$ 或 $x = \tan t$).
(12) $\left(\dfrac{\pi}{4} - \dfrac{2}{3}\right)a^3$ (注意到 $\sqrt{\dfrac{a-x}{a+x}} = \dfrac{a-x}{\sqrt{a^2 - x^2}}$, 令 $x = a\sin t$).

2. $J_0 = e^\pi - 1,\ J_1 = (e^\pi + 1)/2,\ J_n = \dfrac{n^2 - n}{n^2 + 1}J_{n-2}.$

3. 提示: 令 $x = a + (b - a)t$.

4. (1) 提示: $x = \pi/2 - t$; $\displaystyle\int_0^{\frac{\pi}{2}} \ln(1 + \sin x)\mathrm{d}x = \int_0^{\frac{\pi}{2}} \ln(1 + \cos x)\mathrm{d}x$, 故值为 0.

(2) 提示: 令 $x = \pi - t$ 再移项. 注意到 $1 + \cos^2 x = 2 - \sin^2 x$, 故

$$\int_0^\pi \frac{x \sin x}{1 + \cos^2 x}\mathrm{d}x = \frac{\pi}{2} \int_0^\pi \frac{\sin x}{1 + \cos^2 x}\mathrm{d}x = \frac{\pi^2}{4}.$$

5. 提示: 令 $x = a - t$; (1) $a/2$; (2) $3/2$; (3) $\pi/4$.

6. 提示: 方法 1, 左边分部积分; 方法 2, 两边求导, 用原函数存在定理.

7. 提示: 分部积分.

8. 提示: $\dfrac{1}{n+1} \leqslant \displaystyle\int_n^{n+1} \dfrac{\mathrm{d}x}{x} \leqslant \dfrac{1}{n}$.

习题 8.5 (积分中值定理)

1. 提示: 用类似于定理 8.5.6 的证明方法, 注意利用推论 8.5.3.

2. 提示: 设 $G(x) = \displaystyle\int_a^x g(t)\mathrm{d}t, x \in [a, b]$, 则 $G'(x) = g(x)$, 对

$$\int_a^b f(x)g(x)\mathrm{d}x = \int_a^b f(x)G'(x)\mathrm{d}x$$

先分部积分后用推广的积分第一中值定理.

3. 提示: 用严格保序性质或积分第一中值定理, 注意到 $\sin x^2 > \dfrac{2}{\pi}x^2$.

4. (1) 0, 提示: 用推广的积分第一中值定理或保序性质.

(2) 0, 提示: 用类似于例 8.5.1 的方法.

5. 提示: 取 $g(x) = f(x)$, 用推论 8.5.3.

6. 提示: 用积分第二中值定理 (推论 8.5.8).

7. 提示: 用推广的积分第一中值定理.

8. 提示: 用积分第一中值定理与 Rolle 中值定理.

9. 利用 Schwarz 不等式, 注意到 $f(x) = 1 \cdot f(x), 1 = [f(x)]^{\frac{1}{2}}[f(x)]^{-\frac{1}{2}}$.

总习题 8 (定积分)

A 组

1. (1) $4/3$(令 $x - 1/2 = \sqrt{3}/2 \tan t$). 　(2) $(-1)^n n!/2^{n+1}$(分部积分, $J_n = -n/2 J_{n-1}$).

2. 提示: 考虑两个积分的和与差. (1) $(\sqrt{2}/2)\ln(\sqrt{2} + 1)$. 　(2) $(\sqrt{2}/2)\ln(\sqrt{2} + 1)$.

3. (1) $14 - \ln 7!$ 提示: $\displaystyle\int_0^2 [\mathrm{e}^x]\mathrm{d}x = \int_{\ln 1}^{\ln 2} [\mathrm{e}^x]\mathrm{d}x + \int_{\ln 2}^{\ln 3} [\mathrm{e}^x]\mathrm{d}x + \cdots$.

(2) $n^2\pi$ 提示: 令 $x = n\pi - t$ 再移项, 用周期函数积分性质.

4. $1/\mathrm{e}$. 提示: 两边求定积分.

5. $4/e$. 提示: $\lim\limits_{n\to\infty}\ln a_n = \displaystyle\int_0^1 \ln(1+x)\mathrm{d}x$.

6. 提示: 方法 1, 不妨设 $a < c < b$, f 在 $[a,b]$ 上的振幅为 ω. $\forall \varepsilon > 0$, 由 $\lim\limits_{n\to\infty} a_n = c$ 知 $\exists N$, $\forall n > N$, $a_n \in [c - \varepsilon/(4\omega), c + \varepsilon/(4\omega)]$. 从而 f 在 $[a, c - \varepsilon/(4\omega)]$ 与 $[c + \varepsilon/(4\omega), b]$ 上至多只有有限个间断点, 必存在 $[a, c - \varepsilon/(4\omega)]$ 与 $[c + \varepsilon/(4\omega), b]$ 上的分割 $T_1 = \{\Omega_1, \Omega_2, \cdots, \Omega_{k-1}\}$ 与 $T_2 = \{\Omega_{k+1}, \Omega_{k+2}, \cdots, \Omega_n\}$ 使得

$$\sum_{i=1}^{k-1} \omega_i \Delta x_i < \frac{\varepsilon}{4}, \quad \sum_{i=k+1}^{n} \omega_i \Delta x_i < \frac{\varepsilon}{4}.$$

记 $[c - \varepsilon/(4\omega), c + \varepsilon/(4\omega)] = \Omega_k$, 则 $T = \{\Omega_1, \cdots, \Omega_{k-1}, \Omega_k, \Omega_{k+1}, \cdots, \Omega_n\}$ 为 $[a,b]$ 的分割, 且

$$\sum_{i=1}^{n} \omega_i \Delta x_i \leqslant \sum_{i=1}^{k-1} \omega_i \Delta x_i + \omega \cdot \frac{\varepsilon}{2\omega} + \sum_{i=k+1}^{n} \omega_i \Delta x_i < \varepsilon.$$

方法 2, 直接用 Lebesgue 定理.

7. 都可积. 提示: 方法 1, 讨论函数间断点, 利用第 6 题; 方法 2, 直接用 Lebesgue 定理.

8. 提示: 利用单调有界定理, 注意到 $a_{n+1} - a_n = f(n+1) - \displaystyle\int_n^{n+1} f(x)\mathrm{d}x \leqslant f(n+1) - \displaystyle\int_n^{n+1} f(n+1)\,\mathrm{d}x = 0$ 与 $a_n = f(n) + \displaystyle\sum_{k=1}^{n-1} \int_k^{k+1} f(k)\,\mathrm{d}x - \sum_{k=1}^{n-1} \int_k^{k+1} f(x)\mathrm{d}x = f(n) + \displaystyle\sum_{k=1}^{n-1} \int_k^{k+1} [f(k) - f(x)]\,\mathrm{d}x > 0$.

9. 提示: 方法 1, 设 F 为 f 在 I 上的原函数, 用 N-L 公式; 方法 2, 令 $x + h = t$ 换元, 再用积分第一中值定理.

10. 提示: 记 $F_n(x) = \dfrac{1}{n!} \displaystyle\int_{x_0}^{x} f^{(n+1)}(t)(x-t)^n \mathrm{d}t$, 分部积分, 证明

$$F_n(x) = f(x) - f(x_0) - \sum_{k=1}^{n} \frac{f^{(k)}(x_0)}{k!}(x - x_0)^k.$$

分别用积分第一中值定理与推广的积分第一中值定理可导出 Cauchy 余项与 Lagrange 余项.

11. 提示: 令 $F(t) = \left(\displaystyle\int_0^t f(x)\mathrm{d}x\right)^2 - \displaystyle\int_0^t f^3(x)\mathrm{d}x$, 利用导数考察 F 的单调性, 并注意考察 $G(t) = 2\displaystyle\int_0^t f(x)\mathrm{d}x - f^2(t)$ 的单调性.

12. (1) 用原函数存在定理与积分第一中值定理证 $F'(x) \geqslant 0$.

(2) 用原函数存在定理与严格保序性质证 $\Phi'(x) > 0$.

13. 提示: 利用分部积分, 注意到 f' 可积, 从而 $|f'(x)|$ 在 $[a,b]$ 上有界.

14. 提示: 由原函数存在定理, $f(x)$ 的一切原函数可写为 $F(x) = \displaystyle\int_0^x f(t)\mathrm{d}t + C$, 令 $t = -u$ 换元.

15. 提示: $\forall \varepsilon > 0$, 由 $\lim\limits_{x\to+\infty} f(x) = A$ 知 $\exists a > 0$, $\forall x > a$ 有 $|f(x) - A| < \varepsilon/2$. 记 $\beta = \displaystyle\int_0^a |f(x) - A|\mathrm{d}x$. 于是 $\exists b = \max\{2\beta/\varepsilon, a\} > 0$, $\forall x > b$ 有

$$\left|\frac{1}{x}\int_0^x f(t)\mathrm{d}t - A\right| = \left|\frac{1}{x}\int_0^x [f(t) - A]\,\mathrm{d}t\right| \leqslant \frac{1}{x}\int_0^x |f(t) - A|\,\mathrm{d}t$$

$$= \frac{1}{x}\int_0^a |f(t) - A|\,\mathrm{d}t + \frac{1}{x}\int_a^x |f(t) - A|\,\mathrm{d}t \leqslant \frac{\beta}{x} + \frac{x-a}{x}\frac{\varepsilon}{2} < \varepsilon.$$

16. 提示: 因 $\left(\int_a^b [f(x)]^n \varphi(x)\mathrm{d}x\right)^{\frac{1}{n}} \leqslant M\left(\int_a^b \varphi(x)\mathrm{d}x\right)^{\frac{1}{n}}$, 又因 $\exists \xi \in [a, b]$ 使 $f(\xi) = M$, 且 $\exists \delta > 0$ 使 $\forall x \in [\xi - \delta, \xi + \delta] \cap [a, b] = [\alpha, \beta]$ 有 $f(x) > M - \varepsilon$, 故由

$$\left(\int_a^b [f(x)]^n \varphi(x)\mathrm{d}x\right)^{\frac{1}{n}} \geqslant \left(\int_\alpha^\beta [f(x)]^n \varphi(x)\mathrm{d}x\right)^{\frac{1}{n}} \geqslant (M - \varepsilon)\left(\int_\alpha^\beta \varphi(x)\mathrm{d}x\right)^{\frac{1}{n}}$$

可得证.

17. 提示: 先令 $t^2 = u$ 换元, 再用积分第二中值定理 (推论 8.5.8).

18. 提示: $\int_{-1}^1 \frac{hf(x)}{h^2 + x^2}\mathrm{d}x = \int_{-1}^{-\sqrt{h}} \frac{hf(x)}{h^2 + x^2}\mathrm{d}x + \int_{-\sqrt{h}}^{\sqrt{h}} \frac{hf(x)}{h^2 + x^2}\mathrm{d}x + \int_{\sqrt{h}}^1 \frac{hf(x)}{h^2 + x^2}\mathrm{d}x$, 用推广的积分第一中值定理证明

$$\lim_{h \to 0+}\int_{-\sqrt{h}}^{\sqrt{h}} \frac{hf(x)}{h^2 + x^2}\mathrm{d}x = \pi f(0); \quad \lim_{h \to 0+}\int_{-1}^{-\sqrt{h}} \frac{hf(x)}{h^2 + x^2}\mathrm{d}x = \lim_{h \to 0+}\int_{\sqrt{h}}^1 \frac{hf(x)}{h^2 + x^2}\mathrm{d}x = 0.$$

19. 提示: 设 $c = \frac{1}{b-a}\int_a^b \varphi(x)\mathrm{d}x$, 由 f 可导且 f' 递增知 f 为凸函数, 所以有 $f(t) \geqslant f(c) + f'(c)(t - c)$, 于是 $\forall x \in [a, b]$ 有

$$f(\varphi(x)) \geqslant f(c) + f'(c)(\varphi(x) - c).$$

对此式两边积分可得证.

20. 提示: 因 $f(a) = 0$, 由 N-L 公式与 Schwarz 不等式得

$$[f(x)]^2 = \left[\int_a^x f'(t)\mathrm{d}t\right]^2 \leqslant (x - a)\int_a^x [f'(t)]^2\,\mathrm{d}t \leqslant (x - a)\int_a^b [f'(x)]^2\,\mathrm{d}x.$$

(1) 由此式两边积分即得. (2) 由此式两边取 $\max\limits_{a \leqslant x \leqslant b}$ 即得.

B 组

21. 提示: 不可积; 方法 1, 在 $[1/2, 1]$ 上用可积准则; 方法 2, 直接用 Lebesgue 定理.

22. 提示: (1) 可以用区间可加性质, 也可用定理 8.2.10. (2) 对 $\forall n \in \mathbb{Z}^+$, 由可积准则, $\exists T_n = \{x_0, x_1, \cdots, x_{k_n}\}$ 为 $[a, b]$ 的分割, 使得 $\sum\limits_{i=1}^{k_n} (M_i - m_i)\Delta x_i < \frac{1}{n}$. 当 $x \in [x_0, x_1]$, 令 $J_n(x) = m_1$; 当 $x \in (x_{i-1}, x_i]$, 令 $J_n(x) = m_i, i = 2, 3, \cdots, k_n$. 于是

$$\int_a^b |f(x) - J_n(x)|\,\mathrm{d}x = \sum_{i=1}^{k_n}\int_{x_{i-1}}^{x_i} (f(x) - m_i)\mathrm{d}x \leqslant \sum_{i=1}^{k_n} (M_i - m_i)\Delta x_i < \frac{1}{n}.$$

23. 提示: 由 f 与 g 都在 $[a,b]$ 上可积易知 $f \cdot g$ 可积且 $\exists M > 0, \forall x \in [a,b], |f(x)| \leqslant M$. 设 $\omega_i(g)$ 为 g 在 Ω_i 上的振幅, 由以下两式可证:

$$\left| \sum_{i=1}^{n} f(\xi_i)g(\xi_i)\Delta x_i - \sum_{i=1}^{n} f(\xi_i)g(\eta_i)\Delta x_i \right| \leqslant M \sum_{i=1}^{n} \omega_i(g)\Delta x_i;$$

$$\lim_{\|T\| \to 0} \sum_{i=1}^{n} f(\xi_i)g(\xi_i)\Delta x_i = \int_a^b f(x)g(x)\mathrm{d}x.$$

24. 极限为 $1/2$. 提示: 利用 $\sin^2 nx = (1 - \cos 2nx)/2$, 并利用差化积求得 $J_{n+1} - J_n = 1/(2n+1)$, 再用 Stolz 定理.

25. 提示: 设使 $F'(x) = f(x)$ 不成立的有限个点的集为 T_0, 取 $[a,b]$ 的任意分割 T 使得 $T_0 \subset T$, 用类似于定理 8.3.5 的证明方法.

26. 极限为 $[f(0) - f(1)]/2$. 提示: 等分区间 $[0,1]$, 由于 f' 在 $[0,1]$ 上可积, 故 f' 在 $[0,1]$ 上有界, 设 f' 在 $[(i-1)/n, i/n]$ 的上、下确界为 M_i, m_i. 根据 Lagrange 中值定理, $\exists \xi_i \in ((i-1)/n, i/n)$ 使得

$$n\alpha_n = n \sum_{i=1}^{n} \int_{(i-1)/n}^{i/n} [f(x) - f(i/n)]\,\mathrm{d}x = n \sum_{i=1}^{n} \int_{(i-1)/n}^{i/n} f'(\xi_i)(x - i/n)\mathrm{d}x.$$

注意到 $\int_{(i-1)/n}^{i/n} (x - i/n)\mathrm{d}x = -\dfrac{1}{2n^2}$, 于是 $-\dfrac{1}{2} \sum_{i=1}^{n} M_i \cdot \dfrac{1}{n} \leqslant n\alpha_n \leqslant -\dfrac{1}{2} \sum_{i=1}^{n} m_i \cdot \dfrac{1}{n}$, 从而

$$\lim_{n \to \infty} n\alpha_n = -\frac{1}{2} \int_0^1 f'(x)\mathrm{d}x = \frac{f(0) - f(1)}{2}.$$

27. 提示: 记 $f(a) = \alpha$, $f(b) = \beta$, 对应 $[a,b]$ 的分割 T, 有 $[\alpha, \beta]$ 的分割 T^*, 使得积分和之间有下述关系:

$$\sum_{i=1}^{n} f^{-1}(y_{i-1})(y_i - y_{i-1}) = \sum_{i=1}^{n} x_{i-1}(y_i - y_{i-1}) = \sum_{i=1}^{n} x_{i-1}y_i - \sum_{i=0}^{n-1} x_i y_i$$

$$= y_n x_n - y_0 x_0 - \sum_{i=1}^{n} f(x_i)(x_i - x_{i-1}).$$

令 $\|T\| \to 0$ 可得证. 几何意义: 互反函数的面积之和为两矩形面积之差.

28. 提示: 易知它在任何闭区间上可积, 从而有界, $\exists M > 0, \forall x \in [0, \sigma], |f(x)| \leqslant M$. 令 $[x/\sigma] = n$, 并记 $x = n\sigma + s, 0 \leqslant s < \sigma$. 则 $\left| \int_0^s f(t)\mathrm{d}t \right| \leqslant M\sigma$ 且

$$\int_0^x f(t)\mathrm{d}t = \sum_{k=1}^{n} \int_{(k-1)\sigma}^{k\sigma} f(t)\mathrm{d}t + \int_{n\sigma}^x f(t)\mathrm{d}t = n \int_0^\sigma f(t)\mathrm{d}t + \int_0^s f(t)\mathrm{d}t,$$

由 $\dfrac{1}{x} \int_0^x f(t)\mathrm{d}t = \dfrac{n}{x} \int_0^\sigma f(t)\mathrm{d}t + \dfrac{1}{x} \int_0^s f(t)\mathrm{d}t = \dfrac{x-s}{x} \cdot \dfrac{1}{\sigma} \int_0^\sigma f(t)\mathrm{d}t + \dfrac{1}{x} \int_0^s f(t)\mathrm{d}t$ 得证.

29. 提示: 令 $g_0(x) = \dfrac{f'(x) + |f'(x)|}{2}$, $h_0(x) = \dfrac{f'(x) - |f'(x)|}{2}$, 取定点 $a \in I$, 则 $g(x) =$

$f(a) + \int_a^x g_0(t)\mathrm{d}t$ 与 $h(x) = \int_a^x h_0(t)\mathrm{d}t$ 即为所求.

30. 提示: $\forall x_1, x_2, x_3 \in \mathbb{R}$, 证明当 $x_1 < x_2 < x_3$ 时有 $\dfrac{\Phi(x_2) - \Phi(x_1)}{x_2 - x_1} \leqslant \dfrac{\Phi(x_3) - \Phi(x_2)}{x_3 - x_2}$. (注意 $\Phi'(x)$ 未必存在.)

31. 提示: 由凸函数定义知 $f(x) \leqslant \dfrac{b - x}{b - a} f(a) + \dfrac{x - a}{b - a} f(b)$, 两边积分得

$$\frac{1}{b - a} \int_a^b f(x)\mathrm{d}x \leqslant \frac{f(a) + f(b)}{2};$$

分别令 $x = \dfrac{a + b}{2} + t$ 与 $x = \dfrac{a + b}{2} - t$ 换元, 再由凸函数定义得

$$\int_a^b f(x)\mathrm{d}x = \frac{1}{2} \int_{-\frac{b-a}{2}}^{\frac{b-a}{2}} \left[f\left(\frac{a + b}{2} + t\right) + f\left(\frac{a + b}{2} - t\right) \right] \mathrm{d}t$$

$$\geqslant \int_{-\frac{b-a}{2}}^{\frac{b-a}{2}} f\left[\frac{1}{2}\left(\frac{a + b}{2} + t\right) + \frac{1}{2}\left(\frac{a + b}{2} - t\right)\right] \mathrm{d}t = (b - a)f\left(\frac{a + b}{2}\right).$$

32. 提示: 由 f 的连续性, $\exists \xi, \eta \in [a, b]$ 使 $|f(\xi)| = \max\limits_{x \in [a,b]} |f(x)|$, $|f(\eta)| = \min\limits_{x \in [a,b]} |f(x)|$, 则由 N-L 公式得

$$|f(\xi)| - |f(\eta)| \leqslant |f(\xi) - f(\eta)| = \left| \int_\xi^\eta f'(x)\mathrm{d}x \right| \leqslant \int_a^b |f'(x)|\,\mathrm{d}x.$$

又由积分第一中值定理, $\exists \lambda \in (a, b)$ 使

$$\left| \frac{1}{b - a} \int_a^b f(x)\mathrm{d}x \right| = |f(\lambda)| \geqslant |f(\eta)|.$$

33. 提示: $\exists x_0 \in [a, b]$ 使 $|f'(x_0)| = \max\limits_{x \in [a,b]} |f'(x)|$, 先对 $\int_a^b |f(x)|\,\mathrm{d}x$ 在 $[a, (a + b)/2]$ 与 $[(a + b)/2, b]$ 分别用微分中值定理.

34. 提示: 令 $F(t) = \int_a^t f(x)\mathrm{d}x$, 由 Rolle 中值定理, $x_1 \in (a, b)$ 使 $f(x_1) = 0$ (也可由 $\int_a^b f(x)\mathrm{d}x = 0$ 用积分第一中值定理). (反证法) 假设 f 在 $D = (a, x_1) \cup (x_1, b)$ 上没有零点. 若 f 在 D 上不变号, 不妨设 $f(x) > 0$, 于是 $\int_a^b f(x)\mathrm{d}x > 0$, 导致矛盾; 若 f 在 D 上变号, 不妨设 $x \in (a, x_1)$ 时 $f(x) > 0$, $x \in (x_1, b)$ 时 $f(x) < 0$. 于是在 D 上 $(x_1 - x)f(x) > 0$, 由

$$0 = x_1 \int_a^b f(x)\mathrm{d}x - \int_a^b x f(x)\mathrm{d}x = \int_a^b (x_1 - x)f(x)\mathrm{d}x > 0$$

推出矛盾.

35. 提示: 令 $F(t) = \int_0^t f(x)\sin x\mathrm{d}x$, 由 Rolle 中值定理, 存在 $r \in (0, \pi)$ 使 $f(r)\sin r = 0$, $f(r) = 0$ (也可由 $\int_0^\pi f(x)\sin x\mathrm{d}x = 0$ 用推广的积分第一中值定理). (反证法) 假设 f 在

$D = (0, r) \cup (r, \pi)$ 上没有零点. 若 f 在 D 上不变号, 不妨设 $f(x) > 0$, 于是 $\displaystyle\int_0^\pi f(x) \sin x \mathrm{d}x > 0$, 导致矛盾; 若 f 在 D 上变号, 不妨设当 $x \in (0, r)$ 时 $f(x) < 0$, 当 $x \in (r, \pi)$ 时 $f(x) > 0$. 于是在 D 上 $\sin(x - r)f(x) > 0$, 由

$$0 = \cos r \int_0^\pi f(x) \sin x \mathrm{d}x - \sin r \int_0^\pi f(x) \cos x \mathrm{d}x = \int_0^\pi \sin(x - r)f(x) \mathrm{d}x > 0$$

推出矛盾.

　36. 略.

　37. 略.

　38. 略.

第8章
习题选解

习题 9.1 (平面图形的面积)

1. $8/3$.

2. $\mathrm{e} + \mathrm{e}^{-1} - 2$.

3. $ab/6$ (解出 y 或取 $x = a\cos^4\theta$, $y = b\sin^4\theta$).

4. $3\pi a^2/8$.

5. $\pi a^2/4$.

6. $5\pi/24 - \sqrt{3}/4$.

习题 9.2 (平面曲线的弧长与曲率)

1. $(\mathrm{e}^a - \mathrm{e}^{-a})/2$.

2. $6a$.

3. (1) $2\pi^2 a$.　　(2) $3\pi a/2$.

4. (1) $\sqrt{2}/(4a)$.　　(2) $2/(3a)$.

5. (1) 点 $(2, -1)$ 处, 曲率为 2.　　(2) 点 $(\sqrt{2}/2, -\ln 2/2)$ 处, 曲率为 $2/\sqrt{27}$.

习题 9.3 (某些立体的体积与曲面的面积)

1. $400/3$, 提示: 椭圆柱面方程为 $\dfrac{x^2}{10^2} + \dfrac{y^2}{4^2} = 1$; 方法 1, 取截面为直角三角形; 方法 2, 取截面为矩形.

2. $\pi R^2 h/3$.

3. $\pi^2/2$.

4. $3\pi/10$.

5. $32\pi a^3/105$.

6. $2a^3\pi^2(\pi^2 - 6)/3$.

7. $2\pi\left[\sqrt{2} + \ln(\sqrt{2} + 1)\right]$.

8. $12\pi a^2/5$.

9. $2\pi a^2(2 - \sqrt{2})$.

习题 9.4 (定积分在物理中的某些应用)

1. $\dfrac{a(b^2 + 2bc)}{2}\mu g$, 其中 μ 为水的密度, g 为重力加速度.

2. $\dfrac{4400}{3}\mu g$, 其中 μ 为水的密度, g 为重力加速度.

3. $40000\pi\mu g(\mathrm{kJ})$, 其中 μ 为水的密度, g 为重力加速度.

4. 质量 $a^3/3$, 平均密度 $a^2/3$, 质心距杆左端 $3a/4$.

5. $\dfrac{km_0 m}{a(a + L)}$, 其中 k 为引力常数.

6. $2k\mu m_0/R$, 其中 k 为引力常数.

总习题 9 (定积分的应用)

A 组

1. $16p^2/3$.

2. $(3\pi + 2)/(9\pi - 2)$.

3. $(\pi - 1)a^2/4$. 提示: 交点在 $\theta = \pi/2$ 与 $\theta = 3\pi/4$ 处.

4. $4ab\arcsin(b/\sqrt{a^2 + b^2})$.

5. $16/35$, 提示: 注意到 $t = -1$ 与 $t = 1$ 对应曲线上相同的点.

6. $\sqrt{6} + \ln(\sqrt{2} + \sqrt{3})$.

7. 4.

8. $a\pi\sqrt{4\pi^2 + 1} + a\ln(2\pi + \sqrt{4\pi^2 + 1})/2$.

9. $(-\ln\sqrt{2}, \sqrt{2}/2)$.

10. $4\pi^2$.

11. $4\pi^2 rR$.

12. $5\pi^2 a^3$(绕 x 轴), $6\pi^3 a^3$(绕 y 轴), 提示: 绕 y 轴旋转时视为两个旋转体的体积之差.

13. $2\sqrt{2}\pi a^2$.

14. $\pi(11\sqrt{5} - 1)/6$.

B 组

15. 切线方程是 $x = 2a\left(1 \mp \dfrac{\sqrt{3}}{2b}y\right)$, 切点坐标为 $\left(\dfrac{a}{2}, \pm\dfrac{\sqrt{3}}{2}b\right)$, 旋转体体积为 $\sqrt{3}a^2 b\pi$.

16. $\pi^2/2 - 2\pi/3$. 提示: 利用微元法或由公式 (9.3.1) 可知 $x = g(y)$　$(\alpha \leqslant y \leqslant \beta)$, $y = \alpha$, $y = \beta$ 及 $x = b$ 围成图形绕 $x = b$ 旋转的体积为 $V = \pi\displaystyle\int_\alpha^\beta [g(y) - b]^2 \mathrm{d}y$. 本题所求体积为

$$V = \pi \int_0^1 \left[1 - \sqrt{1 - y^2} - 2 \right]^2 \mathrm{d}y - \pi \int_0^1 [y - 2]^2 \mathrm{d}y.$$

17. 提示: 小曲边梯形绕 y 轴旋转的体积 $\Delta V \approx \pi(x + \Delta x)^2 y - \pi x^2 y = 2\pi xy\Delta x + \pi y(\Delta x)^2$, 故旋转体体积微元 $\mathrm{d}V = 2\pi xy\mathrm{d}x$. 用公式得所求体积为 $2\pi^2$.

18. $9\sqrt{2}\pi^2/2$. 提示: 曲线 C 以直线 $l:\ y = px + q$ 为轴旋转, 曲线 C 的两端点在 l 上的投影分别为 a^*, b^*, 在 x 轴上的投影分别为 a, b. 令 $h(u)$ 为点 $M(x, f(x))$ 到 l 的距离, 则

$$h(u) = \frac{|f(x) - (px + q)|}{\sqrt{1 + p^2}}.$$

以 l 轴上的点为积分变量, 则旋转体体积为

$$V = \pi \int_{a^*}^{b^*} h^2(u)\mathrm{d}u.$$

如下图所示, 设曲线 C 在点 $M(x, f(x))$ 处的切线 MT 的倾角为 α, 直线 l 的倾角为 β, TQ 与 l 平行, 则 $\angle MTQ = \beta - \alpha$. 于是

$$\frac{\mathrm{d}u}{\cos(\beta - \alpha)} = \frac{\mathrm{d}x}{\cos\alpha},$$

$$\mathrm{d}u = \frac{\cos(\beta - \alpha)}{\cos\alpha}\mathrm{d}x = (\cos\beta + \sin\beta\tan\alpha)\mathrm{d}x$$
$$= \left[\frac{1}{\sqrt{1 + p^2}} + \frac{p}{\sqrt{1 + p^2}}f'(x) \right] \mathrm{d}x.$$

对关于 u 的体积公式换元得

$$V = \pi \int_a^b \frac{|f(x) - (px + q)|^2}{1 + p^2} \cdot \frac{1 + pf'(x)}{\sqrt{1 + p^2}}\mathrm{d}x$$
$$= \frac{\pi}{(1 + p^2)^{3/2}} \int_a^b [f(x) - (px + q)]^2 \left[1 + pf'(x) \right] \mathrm{d}x.$$

本题 $V = \dfrac{\pi}{2^{3/2}} \displaystyle\int_a^b [(x + \sin x) - (x - 2)]^2 [1 + (1 + \cos x)]\mathrm{d}x.$

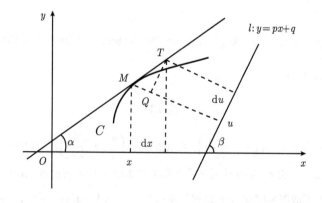

19. (1) $\pi(a^2 + b^2)/2$;　(2) $\sqrt{2}\pi a^2$. 提示: 化为极坐标方程: $(1)\rho^2 = a^2 \cos^2 \theta + b^2 \sin^2 \theta$; (2) $\rho^2 = 2a^2/(2 - \sin^2 2\theta)$.

20. $2+(\ln 3)/2$. 提示: 曲线的参量方程为 $x = \rho \cos\left[(\rho + \rho^{-1})/2\right], y = \rho \sin\left[(\rho + \rho^{-1})/2\right]$.

21. $a = \sqrt{2}, b = 1$ 或 $a = 1, b = \sqrt{2}$.

22. 曲率公式为 $K = \dfrac{\left|\rho^2 + 2(\rho')^2 - \rho\rho''\right|}{\left[(\rho')^2 + \rho^2\right]^{3/2}}$. 提示: 先写出 $\rho = \rho(\theta)$ 的参量方程.

23. 提示: 如下图所示, 在曲线 C 上任取点 A, 其极坐标为 $(\rho(\theta),\ \theta)$; 并取点 B 使其极坐标为 $(\rho(\theta + \mathrm{d}\theta),\ \theta + \mathrm{d}\theta)$, 得到相应于区间 $[\theta, \theta + \mathrm{d}\theta]$ 的小曲边扇形 OAB.

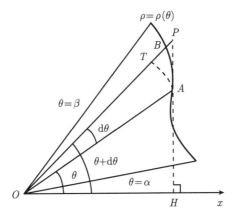

旋转体 Ω 的体积微元可视为由 OAB 绕极轴旋转一周而得到的小旋转体的体积. 过点 A 作圆弧交 OB 于点 T, 则圆弧 AT 的长 $|AT| = \rho(\theta)\mathrm{d}\theta$. 过点 A 作极轴 Ox 的垂线交 Ox 于点 H, 交 OB 于点 P, 则 AH, OH 的长分别为 $|AH| = \rho(\theta)\sin\theta$, $|OH| = \rho(\theta)\cos\theta$. 注意到 $\angle TAP \approx \theta$ 与 $\angle PTA \approx \dfrac{\pi}{2}$, 便有

$$|AP| = \frac{|AT|}{\cos\theta} = \frac{\rho(\theta)\mathrm{d}\theta}{\cos\theta}.$$

于是体积微元可用三角形 OAP 绕极轴旋转一周而得到的旋转体体积来近似, 即可视为两个圆锥体积之差:

$$
\begin{aligned}
&\frac{\pi}{3}\left(|AP| + |AH|\right)^2 |OH| - \frac{\pi}{3}|AH|^2 |OH| \\
=&\frac{\pi}{3}|OH|\left(|AP|^2 + 2|AP||AH|\right) \\
=&\frac{\pi}{3}\rho(\theta)\cos\theta\left[\frac{(\rho(\theta)\mathrm{d}\theta)^2}{\cos^2\theta} + \frac{2\rho^2(\theta)\sin\theta\mathrm{d}\theta}{\cos\theta}\right],
\end{aligned}
$$

再略去 $\mathrm{d}\theta(=\Delta\theta)$ 的高阶无穷小, 得到旋转体 Ω 的体积微元

$$\mathrm{d}V = \frac{2\pi}{3}\rho^3(\theta)\sin\theta\mathrm{d}\theta.$$

第9章
习题选解

习题 10.1 (广义积分的概念及基本性质)

1. (1) $\ln(3/2)$.   (2) $1/4$, 提示: 令 $\mathrm{e}^x = t$.

(3) 发散 $(+\infty)$.   (4) $1/\ln 2$, 提示: 令 $\ln\ln x = t$.

(5) 2, 提示: 令 $\sqrt{x} = t$.   (6) $\pi/4$, 提示: 令 $x = \tan t$.

2. (1) $8/3$(瑕点 1).   (2) 发散 $(+\infty)$ (瑕点 0).

(3) 发散 $(+\infty)$ (瑕点 1).   (4) $\pi/2$(瑕点 e).

(5) $\pi^2/4$(瑕点 1).   (6) π(瑕点 1,0), 提示: 令 $\sqrt{1-x} = t$ 或 $x = \sin^2 t$.

3. (1) 发散 ($\displaystyle\int_0^{+\infty} \mathrm{e}^x \sin x \mathrm{d}x$ 发散).   (2) $\pi/4$, 提示: 将被积函数分母配平方.

(3) $\pi/[ab(a+b)]$, 提示: 分 $a \neq b$ 与 $a = b$ 两种情况讨论.   (4) 发散 (瑕点 0).

(5) 对任何 p 发散 (可能的瑕点 $0, 1$), 提示: $-\ln x = t$.

(6) π (瑕点 $0, 1$) 提示: 令 $\sqrt{x} = t$ 或将 $x - x^2$ 配平方.

4. (1) $J_n = -n J_{n-1} = (-1)^n n!$.   (2) $\Gamma_{n+1} = n\Gamma_n = n!$.

5. 提示: 令 $a_n = \dfrac{\sqrt[n]{n!}}{n}$, 则 $\ln a_n = \dfrac{1}{n}\displaystyle\sum_{i=1}^{n} \ln\dfrac{i}{n}$, 先求 $\lim\limits_{n\to\infty} \ln a_n$.

习题 10.2 (非负函数广义积分的收敛性)

1. (1) 收敛 (比较或 Cauchy 判别法 $p = 5/4$).   (2) 发散 (比较判别法).

(3) 收敛 (Cauchy 判别法 $p = 2$).   (4) 收敛 (取 e^{-x} 比较或 Cauchy 判别法 $p > 1$).

(5) 发散 (瑕点 1, Cauchy 判别法 $p = 1$).   (6) 收敛 (瑕点 1, Cauchy 判别法 $p = 1/3$).

(7) 收敛 (瑕点 $0, \pi$, Cauchy 判别法 $p = 1/2$).   (8) 发散 (瑕点 $0, 1$, Cauchy 判别法 $p = 1/2, 1$).

(9) 发散 (瑕点 1, Cauchy 判别法 $p = 1$).   (10) 收敛 (瑕点 0, Cauchy 判别法 $p = 1/2$, 1 非瑕点).

(11) 发散 (Cauchy 判别法 $p \leqslant 1$).   (12) 发散 (Cauchy 判别法 $p = 1$).

(13) 收敛 (Cauchy 判别法 $p = 2$).   (14) 收敛 (Cauchy 判别法 $p = 2$).

(15) 收敛 (Cauchy 判别法 $p = 1/2$).   (16) 发散 (Cauchy 判别法 $p = 3/2$).

2. (1) $p < 3/2$ 时收敛, $p \geqslant 3/2$ 时发散 (可能的瑕点 $0, \pi/2$).

(2) $-1 < p < 0$ 时收敛, $p \leqslant -1$ 与 $p \geqslant 0$ 时发散 (可能的瑕点 0).

(3) $p > -1$ 时收敛, $p \leqslant -1$ 时发散 (可能的瑕点 $0, 1$).

(4) $p > -1$ 时收敛, $p \leqslant -1$ 时发散 (瑕点 1).

(5) 当且仅当 $p < 1$, $q < 1$ 时收敛 (可能的瑕点 $0, \pi/2$).

(6) 当 $p < 1$ 时收敛, $p \geqslant 1$ 时发散 (可能的瑕点 0). 提示: $p < 1$ 时用 Cauchy 判别法, 取 x^{α} 相乘, 这里 α 满足 $p < \alpha < 1$.

3. 提示: 由 $2\sqrt{fg} \leqslant f + g$ 用比较判别法.

4. 提示: 用 Cauchy 判别法.

习题 10.3 (一般函数广义积分的收敛性)

1. (1) 绝对收敛 (比较判别法).
(2) 条件收敛 (令 $\sqrt{x} = t$ 换元).
(3) 绝对收敛 (Cauchy 判别法, 0 是瑕点).
(4) 发散 (1 是瑕点).
(5) 条件收敛 (0 非瑕点, 令 $x^{\alpha+1} = t$ 换元).
(6) 绝对收敛 (比较判别法).
(7) 发散 $(\sin^2 x = (1 - \cos 2x)/2)$.
(8) 条件收敛 (Dirichlet 判别法).
(9) 条件收敛 (Dirichlet 判别法或 Abel 判别法).

(10) $p < 1$ 时绝对收敛, $1 \leqslant p < 2$ 时条件收敛, $p \geqslant 2$ 时发散 (直接用判别法或令 $1/x = t$ 换元).

2. 提示: 由 $0 \leqslant |f(x)| - f(x) \leqslant 2|f(x)|$ 用比较判别法.

3. 提示: (1) 方法 1, 用 Cauchy 准则; 方法 2, 由 $0 \leqslant f(x) - g(x) \leqslant h(x) - g(x)$ 用比较判别法. (2) 利用无穷积分的定义与夹逼定理.

4. 提示: 设 $\int_a^\omega f(x)\mathrm{d}x$ 收敛, $g(x)$ 在 $[a, \omega)$ 上单调有界. $\lim\limits_{x \to \omega} g(x) = \alpha$, 令 $G(x) = g(x) - \alpha$, 先用 Dirichlet 判别法证明 $\int_a^\omega f(x)G(x)\mathrm{d}x$ 收敛.

总习题 10 (广义积分)

A 组

1. (1) 发散.　　(2) $p > 1$ 时绝对收敛, $p \leqslant 1$ 时发散.
(3) $|p| < 1$ 时绝对收敛, $|p| \geqslant 1$ 时发散.
(4) $1 < p < 4$ 时绝对收敛, $0 < p \leqslant 1$ 时条件收敛, $p \leqslant 0$ 或 $p \geqslant 4$ 时发散.
(5) 绝对收敛.　　(6) 绝对收敛.
2. (1) $\pi/2\sqrt{2}$. 提示: 令 $x = 1/t$ 换元, 与原积分相加, 再令 $x - 1/x = u$.
(2) $\pi/\sqrt{2}$. 提示: 令 $t = \sqrt{\tan x}$, 利用 (1).
(3) $J_n = \dfrac{2^{2n+1}(n!)^2}{(2n+1)!}$, 提示: 令 $x = \sin^2 \theta$, 则 $J_n = 2n(J_{n-1} - J_n)$.

(4) 0. 提示: $\int_0^{+\infty} = \int_0^1 + \int_1^{+\infty}$, $\int_1^{+\infty}$ 收敛 (Cauchy 判别法), 对 $\int_0^1$ 令 $x = 1/t$.

(5) $\pi/4$. 提示: 原积分收敛 (Cauchy 判别法), 方法 1, $\int_0^{+\infty} = \int_0^1 + \int_1^{+\infty}$, 对 $\int_1^{+\infty}$ 令 $x = 1/t$; 方法 2, 令 $x = \tan t$.

(6) $-\pi \ln 2/2$. 提示: 令 $x = \sin t$.

3. 提示: 不妨设 f 单调递减 (否则考虑 $-f$), 则必有 $f(x) \geqslant 0$(否则 $\exists x_0$ 使 $f(x_0) < 0$,

则 $x \geqslant x_0$ 有 $f(x) \leqslant f(x_0) < 0$, $\int_{x_0}^{+\infty} f(x)\mathrm{d}x$ 必发散, 与题设矛盾), 利用 Cauchy 准则,

$$\varepsilon > \int_{\frac{x}{2}}^{x} f(t)\mathrm{d}t \geqslant f(x) \int_{\frac{x}{2}}^{x} \mathrm{d}t = \frac{x}{2} f(x) \geqslant 0.$$

4. $\int_{0}^{+\infty} \sin x^2 \mathrm{d}x$ 收敛, $\lim\limits_{x \to +\infty} \sin x^2$ 不存在.

5. 提示: (反证法) 若 $c \neq 0$, 则利用极限保号性与无穷积分收敛的定义导出矛盾.

6. (1) $f(x) = \dfrac{1}{\sqrt{b-x}}$.

(2) 利用数列 $\{a_n\}$ 收敛与数列 $\{b_n\}$ 发散, 其中

$$a_n = 1 + \frac{1}{2^2} + \cdots + \frac{1}{n^2}, \quad b_n = 1 + \frac{1}{2} + \cdots + \frac{1}{n}.$$

令 $f(x) = n$, $x \in [n, n+1/n^3]$, $f(x) = 0$, $x \notin [n, n+1/n^3]$, $n \in \mathbb{Z}^+$. 则

$$\int_{1}^{n+1} f(x)\mathrm{d}x = a_n, \quad \int_{1}^{n+1} f^2(x)\mathrm{d}x = b_n.$$

7. 提示: 利用比较判别法.

8. 提示: 利用比较极限法.

9. 提示: 利用比较判别法.

10. 利用比较判别法. 反例: $a = 1$, $f(x) = \sin x / x$, $g(x) = \sin x$.

B 组

11. $p > 1$ 绝对收敛, $0 < p \leqslant 1$ 条件收敛. 提示: 注意到

$$\sin(x + 1/x) = \sin x \cos(1/x) + \cos x \sin(1/x),$$

当 x 充分大时, $\cos(1/x)/x^p$ 与 $\sin(1/x)/x^p$ 都是递减的.

12. 提示: $\dfrac{\sin x}{x^p + \sin x} = \dfrac{\sin x}{x^p} - \dfrac{\sin^2 x}{x^p(x^p + \sin x)}$, 当 $x > 1$(1 不是瑕点) 时有

$$\frac{1 - \cos 2x}{2x^p(x^p + 1)} = \frac{\sin^2 x}{x^p(x^p + 1)} \leqslant \frac{\sin^2 x}{x^p(x^p + \sin x)} \leqslant \frac{1}{x^p(x^p - 1)}.$$

由此知 $\int_{1}^{+\infty} \dfrac{\sin^2 x}{x^p(x^p + \sin x)}\mathrm{d}x$ 当 $p > 1/2$ 收敛, 当 $p \leqslant 1/2$ 发散.

13. (1) 提示: $\forall x \in (-\infty, +\infty)$ 有 $\mathrm{e}^x \geqslant 1 + x$. 由 $\mathrm{e}^{-x^2} \geqslant 1 - x^2$; $\mathrm{e}^{x^2} \geqslant 1 + x^2$ 可得.

(2) 提示: 对不等式两边取积分, 并对 $\int_{0}^{+\infty} \mathrm{e}^{-nx^2}\mathrm{d}x$ 令 $x = t/\sqrt{n}$ 换元.

(3) 提示: 分别令 $x = \cos t$ 换元与 $x = \cot t$ 换元.

(4) 提示: 利用 Wallis 公式.

14. 提示: 取 ε, u 使 $0 < \varepsilon < u < +\infty$, 令 $ax = t$, $bx = t$, 则

$$\int_{\varepsilon}^{u} \frac{f(ax) - f(bx)}{x}\mathrm{d}x = \int_{a\varepsilon}^{au} \frac{f(t)}{t}\mathrm{d}t - \int_{b\varepsilon}^{bu} \frac{f(t)}{t}\mathrm{d}t = \int_{a\varepsilon}^{b\varepsilon} \frac{f(t)}{t}\mathrm{d}t - \int_{au}^{bu} \frac{f(t)}{t}\mathrm{d}t.$$

(1) 对这两个积分分别先用推广的积分第一中值定理, 再令 $\varepsilon \to 0+, u \to +\infty$.

(2) 对前一个积分先用推广的积分第一中值定理再令 $\varepsilon \to 0+$, 对后一个积分用 Cauchy 准则.

15. 提示: 由 $\lim\limits_{x \to +\infty} f''(x) = +\infty$ 知 $\exists A > 0, \forall x \geqslant A$, 有 $f''(x) \geqslant 1$. 由 Lagrange 中值定理, $\exists \xi_x \in (A, x)$ 使 $f'(x) - f'(A) = f''(\xi_x)(x - A) \geqslant x - A$, 这推出 $\lim\limits_{x \to +\infty} f'(x) = +\infty$, 同理有 $\lim\limits_{x \to +\infty} f(x) = +\infty$. 用 Cauchy 判别法 $(p = 2)$ 结合用 L'Hospital 法则两次可得证.

16. 提示: $\forall \varepsilon > 0$, 由 f 在 $[a, +\infty)$ 上的一致连续性, $\exists \delta > 0, \forall s, t \in [a, +\infty), |s - t| < \delta$, 有 $|f(s) - f(t)| < \varepsilon/2$. 又由于 $\int_a^{+\infty} f(x)\mathrm{d}x$ 收敛, 按 Cauchy 准则, $\exists A > 0, \forall x > A$ 有

$$\left| \int_x^{x+\delta} f(t)\mathrm{d}t \right| < \frac{\delta\varepsilon}{2}.$$

应用积分第一中值定理, 有 $\xi_x \in (x, x+\delta)$ 使 $|f(\xi_x)|\delta = \left| \int_x^{x+\delta} f(t)\mathrm{d}t \right|$. 于是 $\forall x > A$ 有

$$|f(x)| \leqslant |f(x) - f(\xi_x)| + |f(\xi_x)| < \varepsilon/2 + \varepsilon/2 = \varepsilon.$$

17. 提示: $\int_a^{+\infty} f'(x)\mathrm{d}x$ 收敛, 即 $\lim\limits_{x \to +\infty} \int_a^x f'(t)\mathrm{d}t$ 存在, 由此知 $\lim\limits_{x \to +\infty} f(x)$ 存在, 利用第 5 题结论可得证.

18. 提示: 由 $f'(x) \leqslant 0$ 与 $\lim\limits_{x \to +\infty} f(x) = 0$ 推知 f 递减且 $f(x) \geqslant 0$. $\forall u \in (a, +\infty)$ 有

$$\int_a^u x f'(x)\mathrm{d}x = x f(x)\big|_a^u - \int_a^u f(x)\mathrm{d}x.$$

必要性. 由 $\int_a^{+\infty} f(x)\mathrm{d}x$ 收敛及 $f'(x) \leqslant 0$ 的条件, 应用第 3 题结论可知 $\lim\limits_{x \to +\infty} x f(x) = 0$, 从而得 $\int_a^{+\infty} x f'(x)\mathrm{d}x$ 收敛.

充分性. 设 $\int_a^{+\infty} x f'(x)\mathrm{d}x$ 收敛. $\forall \varepsilon > 0$, 按 Cauchy 准则, $\exists A > 0, \forall u, x > A$, 有 $\left| \int_x^u t f'(t)\mathrm{d}t \right| < \varepsilon/2$. 由于 $\lim\limits_{t \to +\infty} f(t) = 0$, 故 $\exists \beta > x, f(\beta) < \varepsilon/(2x)$. 于是用推广的积分第一中值定理, 有 $\xi \in (x, \beta)$ 使

$$\xi[f(x) - f(\beta)] = \left| \xi \int_x^\beta f'(t)\mathrm{d}t \right| = \left| \int_x^\beta t f'(t)\mathrm{d}t \right| < \varepsilon/2,$$

$$0 \leqslant x f(x) = x[f(x) - f(\beta)] + x f(\beta) \leqslant \xi[f(x) - f(\beta)] + x f(\beta) < \varepsilon.$$

由此可知 $\lim\limits_{x \to +\infty} x f(x) = 0$, 从而得 $\int_a^{+\infty} f(x)\mathrm{d}x$ 收敛.

第10章
习题选解

"十二五"江苏省高等学校重点教材

重点教材编号：2015-2-028

科学出版社"十三五"普通高等教育本科规划教材

数学分析 (第二版)

(下册)

肖建中 成 荣 董宝华 编著

科学出版社

北 京

内 容 简 介

　　本书是"十二五"江苏省高等学校重点教材, 主要讲述数学分析的基本概念、原理与方法, 分为上、下两册. 上册内容包括函数、数列极限、函数极限、函数的连续性、导数与微分、微分中值定理及其应用、不定积分、定积分、定积分的应用、广义积分等. 下册内容包括数项级数、函数项级数、幂级数与 Fourier 级数、多元函数的极限与连续性、多元函数微分学、隐函数定理及其应用、含参量积分、重积分、曲线积分、曲面积分等. 本书除每节配有适量习题外, 每章还配有总习题, 分为 A 与 B 两组, 书末附有习题参考答案与提示. 本书为新形态教材, 全书配有丰富的数字资源, 包括相关数学家的传记、指导每章复习的电子课件、讲解视频和部分典型习题的解答等, 便于学生多方位立体化学习, 提升数学分析基本素质与数学文化修养.

　　本书可作为理工科院校或师范院校数学类专业的教材使用, 也可供其他相关专业选用.

图书在版编目(CIP)数据

数学分析. 下册/肖建中, 成荣, 董宝华编著. —2 版. —北京:科学出版社, 2024.4

"十二五"江苏省高等学校重点教材　科学出版社"十三五"普通高等教育本科规划教材

ISBN 978-7-03-077555-9

Ⅰ. 数⋯　Ⅱ. ①肖⋯　②成⋯　③董⋯　Ⅲ. ①数学分析-高等学校-教材　Ⅳ. ①O17

中国国家版本馆 CIP 数据核字 (2024) 第 013739 号

责任编辑:张中兴　梁　清　贾晓瑞 / 责任校对:杨聪敏
责任印制:吴兆东 / 封面设计:无极书装

科 学 出 版 社 出版
北京东黄城根北街 16 号
邮政编码: 100717
http://www.sciencep.com
北京厚诚则铭印刷科技有限公司印刷
科学出版社发行　各地新华书店经销
*
2015 年 6 月第　一　版　开本:720×1000 1/16
2024 年 4 月第　二　版　印张:50 3/4
2024 年 9 月第十九次印刷　字数:1023 000
定价: 169.00 元 (上下册)
(如有印装质量问题, 我社负责调换)

目　　录

第 11 章　数项级数

无穷级数 (简称级数) 是数学分析的一个重要组成部分. 如果说微积分是以连续变化的极限工具来研究函数, 那么级数则是以离散变化的极限工具来研究函数. 数项级数是最基本的级数, 通俗地说, 就是无穷多个数的代数和. 实际上在前面数列极限章节已经遇到过数项级数的例子, 只是没有系统地讨论. 本章基于数项级数基本性质的讨论, 着重解决其收敛性判别问题. 数列极限理论是本章所用的主要工具. 应当指出, 研究级数的重要目的是通过级数来进一步研究函数. 当然, 数项级数理论与方法本身在其他学科中也有着广泛的应用. 本章讨论数项级数的必要性主要在于它是后继两章节讨论函数项级数的基础.

11.1　数项级数概念及基本性质

有限多个实数相加是初等数学中较为简单的运算: 其一, 运算结果是一个实数; 其二, 运算过程允许使用结合律与交换律. 由此产生的问题是, 对于无限多个实数相加, 或者明确地说, 将一个数列的各项相加, 这两点是否仍成立? 以数列 $\{(-1)^n\}$ 为例进行讨论就会发现这两个问题的答案都是否定的. 因此, 对这种运算有必要建立它自身的严密的理论.

定义 11.1.1　设 $\{u_n\}$ 为数列, 对它的各项依次相加的表达式 $u_1 + u_2 + \cdots + u_n + \cdots$ 称为**数项级数** (简称为**级数**), 记为 $\sum\limits_{n=1}^{\infty} u_n$, 即

$$\sum_{n=1}^{\infty} u_n = u_1 + u_2 + \cdots + u_n + \cdots, \tag{11.1.1}$$

而 u_n 称为该级数的**通项**. 级数 (11.1.1) 的前 n 项之和, 记为

$$S_n = \sum_{k=1}^{n} u_k = u_1 + u_2 + \cdots + u_n,$$

称它为该级数的**前 n 项部分和** (也称为数列 $\{u_n\}$ 的前 n 项部分和), 简称为**部分**

和. 而级数 $R_n = \sum\limits_{k=n+1}^{\infty} u_k$ 称为级数 (11.1.1) 的**第 n 个余级数**或**余项**.

根据上述定义, 以级数的部分和 S_n 为通项构成一个新的数列, 且 $\sum\limits_{n=1}^{\infty} u_n = S_n + R_n$.

定义 11.1.2 若级数 $\sum\limits_{n=1}^{\infty} u_n$ 的部分和数列 $\{S_n\}$ 收敛于 S, 即 $\lim\limits_{n\to\infty} S_n = S$, 则称级数 $\sum\limits_{n=1}^{\infty} u_n$ **收敛**, 其和为 S, 记作 $\sum\limits_{n=1}^{\infty} u_n = S$; 若 $\{S_n\}$ 发散, 则称级数 $\sum\limits_{n=1}^{\infty} u_n$ **发散**.

由定义可见, 当级数收敛时, 记号 $\sum\limits_{n=1}^{\infty} u_n$ 也表示该级数的和; 若 $\sum\limits_{n=1}^{\infty} u_n$ 收敛于和 S, 则余级数 $R_n = S - S_n$, 此时 R_n 表示以部分和代替和所产生的误差. 发散级数 $\sum\limits_{n=1}^{\infty} u_n$ 及其余级数仅仅是形式上的记号, 并不代表任何实数. 但是, 当部分和数列 $\{S_n\}$ 有广义极限, 如 $\lim\limits_{n\to\infty} S_n = \infty \ (+\infty, -\infty)$, 也记为 $\sum\limits_{n=1}^{\infty} u_n = \infty \ (+\infty, -\infty)$, 并称该级数发散到无穷 (或正无穷, 负无穷).

例 11.1.1 设 $x \in \mathbb{R}$, 讨论等比级数 (也称**几何级数**) $\sum\limits_{n=1}^{\infty} x^{n-1}$ 的敛散性.

解 考察几何级数的部分和 S_n. 当 $x \neq 1$ 时,

$$S_n = 1 + x + \cdots + x^{n-1} = \frac{1-x^n}{1-x},$$

当 $x = 1$ 时, $S_n = n$. 因此, 当 $|x| < 1$ 时, $\lim\limits_{n\to\infty} S_n = \lim\limits_{n\to\infty} \frac{1-x^n}{1-x} = \frac{1}{1-x}$, 此时几何级数收敛, $\sum\limits_{n=1}^{\infty} x^{n-1} = \frac{1}{1-x}$. 当 $|x| > 1$ 及 $x = 1$ 时, $\lim\limits_{n\to\infty} S_n = \infty$, 此时几何级数发散到无穷. 当 $x = -1$ 时, $S_{2k-1} = 1$, $S_{2k} = 0$, 可知此时几何级数发散.

总之 (此结果务必记住), $\sum\limits_{n=1}^{\infty} x^{n-1}$ 当 $|x| < 1$ 时收敛, 当 $|x| \geqslant 1$ 时发散; 特别地, $\sum\limits_{n=1}^{\infty} 1$ 与 $\sum\limits_{n=1}^{\infty} (-1)^{n-1}$ 都是发散的.

例 11.1.2 对固定的 $n_0 \in \mathbb{Z}^+$, 证明级数 $\sum\limits_{n=1}^{\infty} \frac{1}{n(n+n_0)}$ 收敛, 并求它的和.

解 考察级数的部分和 S_n:

$n_0 = 1$ 时, $S_n = \dfrac{1}{1 \cdot 2} + \dfrac{1}{2 \cdot 3} + \cdots + \dfrac{1}{n(n+1)} = \left(1 - \dfrac{1}{2}\right) + \left(\dfrac{1}{2} - \dfrac{1}{3}\right) + \cdots +$ $\left(\dfrac{1}{n} - \dfrac{1}{n+1}\right) = 1 - \dfrac{1}{n+1}$, 对固定的 n_0,

$$S_n = \sum_{k=1}^{n} \frac{1}{k(k+n_0)} = \sum_{k=1}^{n} \frac{1}{n_0}\left[\frac{1}{k} - \frac{1}{k+n_0}\right] = \frac{1}{n_0}\left[\sum_{k=1}^{n} \frac{1}{k} - \sum_{k=1}^{n} \frac{1}{k+n_0}\right]$$

$$= \frac{1}{n_0}\left[\sum_{k=1}^{n_0} \frac{1}{k} + \sum_{k=n_0+1}^{n} \frac{1}{k} - \sum_{k=n_0+1}^{n_0+n} \frac{1}{k}\right] = \frac{1}{n_0}\sum_{k=1}^{n_0} \frac{1}{k} - \frac{1}{n_0}\sum_{k=n+1}^{n_0+n} \frac{1}{k}.$$

由于

$$0 \leqslant \frac{1}{n_0}\sum_{k=n+1}^{n_0+n} \frac{1}{k} \leqslant \frac{1}{n_0}\frac{n_0}{n+1} \to 0 \quad (n \to \infty),$$

故 $\displaystyle\lim_{n\to\infty} S_n = \dfrac{1}{n_0}\sum_{k=1}^{n_0} \dfrac{1}{k}$. 因此级数 $\displaystyle\sum_{n=1}^{\infty} \dfrac{1}{n(n+n_0)}$ 收敛, 其和为 $\dfrac{1}{n_0}\displaystyle\sum_{k=1}^{n_0} \dfrac{1}{k}$, 即

$$\sum_{n=1}^{\infty} \frac{1}{n(n+n_0)} = \frac{1}{n_0}\sum_{k=1}^{n_0} \frac{1}{k}.$$

根据以上的讨论, 级数 $\displaystyle\sum_{n=1}^{\infty} u_n$ 的敛散性本质上可归结为其部分和数列 $\{S_n\}$ 的敛散性, 级数的相关问题可转化为数列问题. 有时需要相反的转化. 任给一个数列 $\{a_n\}$, 可将其视为某个数项级数的部分和数列, 这个级数是 (约定 $a_0 = 0$)

$$\sum_{n=1}^{\infty} (a_n - a_{n-1}) = a_1 + (a_2 - a_1) + \cdots + (a_n - a_{n-1}) + \cdots. \tag{11.1.2}$$

数列 $\{a_n\}$ 收敛当且仅当级数 (11.1.2) 收敛.

基于数列与级数的关系, 不难根据数列极限的性质推出下面有关级数的一些定理.

定理 11.1.1 (级数收敛的必要条件) 若级数 $\displaystyle\sum_{n=1}^{\infty} u_n$ 收敛, 则 $\displaystyle\lim_{n\to\infty} u_n = 0$.

证明 设级数的部分和为 S_n. 因为级数收敛, 故有实数 S 使 $\displaystyle\lim_{n\to\infty} S_n = S$. 于是

$$\lim_{n\to\infty} u_n = \lim_{n\to\infty} (S_n - S_{n-1}) = S - S = 0.$$

收敛的必要条件可以用来判定一些级数的发散性.

例 11.1.3 判断级数 $\displaystyle\sum_{n=1}^{\infty}(-1)^n n\sin\frac{1}{n}$ 的敛散性.

解 记 $u_n=(-1)^n n\sin\frac{1}{n}$. 因 $|u_n|=n\sin\frac{1}{n}\to 1\neq 0\ (n\to\infty)$, 故级数 $\displaystyle\sum_{n=1}^{\infty}u_n$ 发散.

值得注意的是, 通项趋于 0 仅仅是级数收敛的必要条件, 并不充分. 也就是说, 从通项趋于 0 不能得出级数收敛的结论.

例 11.1.4 证明级数 $\displaystyle\sum_{n=1}^{\infty}\ln\left(1+\frac{1}{n}\right)$ 发散, 但其通项趋于 0.

证明 显然通项 $\ln\left(1+\frac{1}{n}\right)\to 0\ (n\to\infty)$. 由于当 $n\to\infty$ 时部分和

$$S_n=\sum_{k=1}^{n}\ln\left(1+\frac{1}{k}\right)$$
$$=\sum_{k=1}^{n}[\ln(k+1)-\ln k]=\sum_{k=2}^{n+1}\ln k-\sum_{k=1}^{n}\ln k=\ln(n+1)\to +\infty,$$

故级数 $\displaystyle\sum_{n=1}^{\infty}\ln\left(1+\frac{1}{n}\right)$ 发散.

注意到 $S_{n+p}-S_n=\displaystyle\sum_{k=n+1}^{n+p}u_k$, 容易由部分和数列 $\{S_n\}$ 收敛的 Cauchy 准则得出下面的级数收敛的 Cauchy 准则.

定理 11.1.2 (Cauchy 准则) 级数 $\displaystyle\sum_{n=1}^{\infty}u_n$ 收敛的充分必要条件是

$$\forall\varepsilon>0,\quad \exists N\in\mathbb{Z}^+,\forall n>N,\forall p\in\mathbb{Z}^+, 有\left|\sum_{k=n+1}^{n+p}u_k\right|<\varepsilon.$$

Cauchy 准则是级数收敛的等价条件, 既可用来讨论级数的收敛性, 也可用来讨论级数的发散性. 由于 Cauchy 准则只涉及级数通项本身的信息, 在理论与应用上都是十分重要的.

例 11.1.5 证明 $\displaystyle\sum_{n=1}^{\infty}\frac{1}{n^2}$ 收敛, $\displaystyle\sum_{n=1}^{\infty}\frac{1}{n}$ 发散.

证明 (1) 记 $u_n=\frac{1}{n^2}$, 则

$$\left| \sum_{k=n+1}^{n+p} u_k \right| = \sum_{k=n+1}^{n+p} \frac{1}{k^2} \leqslant \sum_{k=n+1}^{n+p} \frac{1}{k(k-1)} = \sum_{k=n+1}^{n+p} \left(\frac{1}{k-1} - \frac{1}{k} \right)$$

$$= \frac{1}{n} - \frac{1}{n+p} < \frac{1}{n}.$$

$\forall \varepsilon > 0, \exists N \in \mathbb{Z}^+, N \geqslant \dfrac{1}{\varepsilon}, \forall n > N, \forall p \in \mathbb{Z}^+,$ 有 $\left| \displaystyle\sum_{k=n+1}^{n+p} u_k \right| < \dfrac{1}{n} < \varepsilon.$ 根据 Cauchy 准则, $\displaystyle\sum_{n=1}^{\infty} \dfrac{1}{n^2}$ 收敛.

(2) 记 $u_n = \dfrac{1}{n}$, 则

$$\left| \sum_{k=n+1}^{n+p} u_k \right| = \sum_{k=n+1}^{n+p} \frac{1}{k} \geqslant \frac{p}{n+p}.$$

$\exists \varepsilon_0 = \dfrac{1}{3}, \forall N \in \mathbb{Z}^+, \exists n_0 = 2N > N, \exists p_0 = N \in \mathbb{Z}^+,$ 有 $\left| \displaystyle\sum_{k=n+1}^{n+p} u_k \right| \geqslant \dfrac{p_0}{n_0 + p_0} = \dfrac{1}{3} = \varepsilon_0.$ 根据 Cauchy 准则, $\displaystyle\sum_{n=1}^{\infty} \dfrac{1}{n}$ 发散 (参见例 2.3.8).

推论 11.1.3　级数 $\displaystyle\sum_{n=1}^{\infty} u_n$ 收敛的充分必要条件是余级数 $R_n = \displaystyle\sum_{k=n+1}^{\infty} u_k$ 收敛于 0.

证明　设 $\displaystyle\sum_{n=1}^{\infty} u_n$ 收敛于和 S, 部分和为 S_n. 则显然余级数 $R_n = S - S_n \to 0 \ (n \to \infty)$. 反之, 设余级数 R_n 收敛于 0. 则 $\forall \varepsilon > 0, \exists N \in \mathbb{Z}^+, \forall n > N,$ 有 $|R_n| < \varepsilon/2.$ 于是 $\forall p \in \mathbb{Z}^+,$ 有 $\left| \displaystyle\sum_{k=n+1}^{n+p} u_k \right| = |R_n - R_{n+p}| \leqslant |R_n| + |R_{n+p}| < \varepsilon.$ 由 Cauchy 准则知级数 $\displaystyle\sum_{n=1}^{\infty} u_n$ 收敛.

例 11.1.6　证明 $\displaystyle\sum_{n=1}^{\infty} \dfrac{(-1)^{n-1}}{n}$ 收敛, 并估计余级数.

证明　考察余级数 R_n, 由于 $\forall n, p \in \mathbb{Z}^+$ 有

$$\left| \sum_{k=n+1}^{n+p} \frac{(-1)^{k-1}}{k} \right| = \left| \sum_{k=n+1}^{n+p} \frac{(-1)^{n+k-1}}{k} \right|$$

$$= \left| \left(\frac{1}{n+1} - \frac{1}{n+2} \right) + \left(\frac{1}{n+3} - \frac{1}{n+4} \right) + \cdots \right|$$

$$
\begin{aligned}
&= \frac{1}{n+1} - \frac{1}{n+2} + \frac{1}{n+3} - \frac{1}{n+4} + \cdots \\
&= \frac{1}{n+1} - \left(\frac{1}{n+2} - \frac{1}{n+3} \right) - \left(\frac{1}{n+4} - \frac{1}{n+5} \right) - \cdots \\
&\leqslant \frac{1}{n+1}.
\end{aligned}
$$

根据 Cauchy 准则 $\displaystyle\sum_{n=1}^{\infty} \frac{(-1)^{n-1}}{n}$ 收敛, 同法可知 $|R_n| \leqslant \dfrac{1}{n+1}$.

收敛的级数有与通常的有限个数的代数和相类似的一些性质.

定理 11.1.4 (线性性质)　设级数 $\displaystyle\sum_{n=1}^{\infty} u_n$ 与 $\displaystyle\sum_{n=1}^{\infty} v_n$ 都收敛, α, β 为常数, 则 $\displaystyle\sum_{n=1}^{\infty} (\alpha u_n + \beta v_n)$ 收敛, 且 $\displaystyle\sum_{n=1}^{\infty} (\alpha u_n + \beta v_n) = \alpha \sum_{n=1}^{\infty} u_n + \beta \sum_{n=1}^{\infty} v_n$.

证明　设 $\displaystyle\sum_{n=1}^{\infty} u_n$ 与 $\displaystyle\sum_{n=1}^{\infty} v_n$ 的部分和分别为 A_n 与 B_n, $\displaystyle\sum_{n=1}^{\infty} (\alpha u_n + \beta v_n)$ 的部分和为 S_n, 则

$$
S_n = \sum_{k=1}^{n} (\alpha u_k + \beta v_k) = \alpha \sum_{k=1}^{n} u_k + \beta \sum_{k=1}^{n} v_k = \alpha A_n + \beta B_n.
$$

由此可知 $\displaystyle\sum_{n=1}^{\infty} (\alpha u_n + \beta v_n)$ 收敛, 且

$$
\sum_{n=1}^{\infty} (\alpha u_n + \beta v_n) = \lim_{n \to \infty} S_n = \alpha \lim_{n \to \infty} A_n + \beta \lim_{n \to \infty} B_n = \alpha \sum_{n=1}^{\infty} u_n + \beta \sum_{n=1}^{\infty} v_n.
$$

定理 11.1.4 表明, 对收敛的级数可以进行加法与数乘运算.

例 11.1.7　判断级数 $\displaystyle\sum_{n=1}^{\infty} \frac{3^n + n(-2)^n}{n 3^n}$ 的敛散性.

解　由于 $\displaystyle\sum_{n=1}^{\infty} \left(-\frac{2}{3} \right)^n$ 收敛, 而 $\displaystyle\sum_{n=1}^{\infty} \frac{1}{n}$ 发散, 故级数

$$
\sum_{n=1}^{\infty} \frac{3^n + n(-2)^n}{n 3^n} = \sum_{n=1}^{\infty} \left[\frac{1}{n} + \left(-\frac{2}{3} \right)^n \right]
$$

必是发散的.

定理 11.1.5 (加括号性质)　设级数 $\displaystyle\sum_{n=1}^{\infty} u_n$ 收敛, 对它的项任意加括号归组而不改变项的先后次序, 得到新级数

$$
(u_1 + \cdots + u_{n_1}) + (u_{n_1+1} + \cdots + u_{n_2}) + \cdots + (u_{n_{k-1}+1} + \cdots + u_{n_k}) + \cdots, \quad (11.1.3)
$$

则新级数 (11.1.3) 也收敛, 且与原级数 $\sum\limits_{n=1}^{\infty} u_n$ 有相同的和.

证明 设原级数的部分和数列为 $S_1, S_2, \cdots, S_n, \cdots$, 其和为 S. 则新级数 (11.1.3) 的部分和数列为 $S_{n_1}, S_{n_2}, \cdots, S_{n_k}, \cdots$, 显然它是 $\{S_n\}$ 的一个子数列. 由此可知, 它与 $\{S_n\}$ 有相同的极限 S. 所以加括号得到的新级数 (11.1.3) 也收敛, 且与原级数有相同的和.

定理 11.1.5 可以理解为: 收敛的级数满足加法结合律. 必须注意, 定理 11.1.5 的逆命题不成立, 就是说, 从加括号后的级数收敛, 不能断言原级数收敛. 例如, $\sum\limits_{n=1}^{\infty}(-1)^{n-1}$ 是发散的, 但它的加括号级数 $(1-1)+(1-1)+\cdots+(1-1)+\cdots$ 收敛于 0. 根本原因在于, 从部分和数列的一个子列的收敛性不能推断原数列收敛.

从以后的讨论还会看到, 仅仅收敛的级数不足以保证加法交换律成立, 就是说, 改变收敛的级数中相加的次序, 所得的新级数未必还是收敛的.

例 11.1.8 判断下列级数的敛散性:

$$\frac{1}{\sqrt{2}-1} - \frac{1}{\sqrt{2}+1} + \frac{1}{\sqrt{3}-1} - \frac{1}{\sqrt{3}+1} + \cdots$$
$$+ \frac{1}{\sqrt{n+1}-1} - \frac{1}{\sqrt{n+1}+1} + \cdots. \tag{11.1.4}$$

解 考虑对级数 (11.1.4) 加括号后的级数

$$\left(\frac{1}{\sqrt{2}-1} - \frac{1}{\sqrt{2}+1}\right) + \left(\frac{1}{\sqrt{3}-1} - \frac{1}{\sqrt{3}+1}\right) + \cdots$$
$$+ \left(\frac{1}{\sqrt{n+1}-1} - \frac{1}{\sqrt{n+1}+1}\right) + \cdots. \tag{11.1.5}$$

其通项 $v_n = \dfrac{1}{\sqrt{n+1}-1} - \dfrac{1}{\sqrt{n+1}+1} = \dfrac{2}{n}$, 级数 (11.1.5) 即 $\sum\limits_{n=1}^{\infty} \dfrac{2}{n} = 2\sum\limits_{n=1}^{\infty} \dfrac{1}{n}$, 它是发散的, 故根据定理 11.1.5, 级数 (11.1.4) 发散.

下面的定理揭示了级数敛散性的本质.

定理 11.1.6 去掉、增加或改变级数的有限项不改变级数的敛散性 (但可能会改变收敛级数的和).

证明 设级数 $\sum\limits_{n=1}^{\infty} v_n$ 是由级数 $\sum\limits_{n=1}^{\infty} u_n$ 改变有限项后得到的级数, 则 $\exists n_0 \in \mathbb{Z}^+$, $\forall n > n_0$, 有 $v_n = u_n$. 因此根据 Cauchy 准则, $\sum\limits_{n=1}^{\infty} v_n$ 与 $\sum\limits_{n=1}^{\infty} u_n$ 有相同的敛散性.

将 $\sum\limits_{n=1}^{\infty} u_n$ 去掉 k 项, 得到级数 $\sum\limits_{n=1}^{\infty} u_{n+k}$. 令 $v_n = 0$ $(n = 1, 2, \cdots, k)$ 且

$v_n = u_n$ $(n \geqslant k+1)$. 则 $\sum\limits_{n=1}^{\infty} v_n = \sum\limits_{n=1}^{\infty} u_{n+k}$, 且 $\sum\limits_{n=1}^{\infty} v_n$ 是由 $\sum\limits_{n=1}^{\infty} u_n$ 改变 k 项

得到的级数, 从而有相同的敛散性, 即 $\sum\limits_{n=1}^{\infty} u_{n+k}$ 与 $\sum\limits_{n=1}^{\infty} u_n$ 有相同的敛散性. 再设

$\sum\limits_{n=1}^{\infty} v_n$ 是由 $\sum\limits_{n=1}^{\infty} u_n$ 增加有限项后得到的级数, 则 $\sum\limits_{n=1}^{\infty} u_n$ 是由 $\sum\limits_{n=1}^{\infty} v_n$ 去掉有限项

后得到的级数, 根据上面的证明, 二者有相同的敛散性.

定理 11.1.6 表明, 一个级数是否收敛与前面有限项的取值无关. 因此, 对于仅仅涉及级数敛散性的问题, 可以忽略级数最初有限项的条件, 可以对级数最初有限项作适当改变使其满足题设条件, 这都不影响问题的讨论.

习　题　11.1

1. 讨论下列级数的敛散性, 并求出收敛级数的和:

(1) $\sum\limits_{n=1}^{\infty} \dfrac{1}{(5n-4)(5n+1)}$;　　　　(2) $\sum\limits_{n=1}^{\infty} \left(\dfrac{1}{\sqrt{n}} - \dfrac{1}{\sqrt{n+1}} \right)$;

(3) $\sum\limits_{n=1}^{\infty} \dfrac{1}{\sqrt[n]{n}}$;　　　　(4) $\sum\limits_{n=1}^{\infty} \left(1 - \dfrac{1}{n} \right)^n$;

(5) $\sum\limits_{n=1}^{\infty} \dfrac{\mathrm{e}^n - 2}{3^{n-1}}$;　　　　(6) $\sum\limits_{n=1}^{\infty} \left(\dfrac{1}{n^2} - \dfrac{1}{n} \right)$.

2. 设数列 $\{b_n\}$ 满足 $\lim\limits_{n \to \infty} b_n = +\infty$. 证明:

(1) 级数 $\sum\limits_{n=1}^{\infty} (b_{n+1} - b_n)$ 发散;　　　　(2) 当 $b_n \neq 0$ 时, 级数 $\sum\limits_{n=1}^{\infty} \left(\dfrac{1}{b_n} - \dfrac{1}{b_{n+1}} \right) = \dfrac{1}{b_1}$.

3. 应用 Cauchy 准则证明:

(1) $\sum\limits_{n=1}^{\infty} \dfrac{\cos n}{n(n+1)}$ 收敛;　　　　(2) $\sum\limits_{n=1}^{\infty} \dfrac{1}{\sqrt{n}}$ 发散.

4. 确定 x 的范围使下列级数收敛:

(1) $\sum\limits_{n=1}^{\infty} \dfrac{1}{(1-x)^{n-1}}$;　　　　(2) $\sum\limits_{n=1}^{\infty} \dfrac{\mathrm{e}^{nx}}{3^n}$.

5. 设级数 $\sum\limits_{n=1}^{\infty} u_n$, $\sum\limits_{n=1}^{\infty} v_n$ 都发散, 试问 $\sum\limits_{n=1}^{\infty} (u_n + v_n)$ 一定发散吗? 又若 u_n 与 $v_n (n = 1, 2, \cdots)$ 都是非负数, 则能得出什么结论?

6. 设数列 $\{a_n\}$ 满足: 极限 $\lim\limits_{n\to\infty} na_n$ 存在且级数 $\sum\limits_{n=1}^{\infty} n(a_n - a_{n+1})$ 收敛. 证明 $\sum\limits_{n=1}^{\infty} a_n$ 收敛.

11.2 上极限与下极限

在级数与实函数的进一步研究中不可避免要用到上下极限工具. 上极限与下极限的概念是极限概念的延伸与补充. 有了这一概念, 可以从一个新的视角来讨论极限.

定义 11.2.1 设 $\{a_n\}$ 是有界数列, 即 $\exists M > 0, \forall n \in \mathbb{Z}^+$ 有 $|a_n| \leqslant M$. 则对 $\forall n \in \mathbb{Z}^+$, 集合 $A_n = \{a_n, a_{n+1}, a_{n+2}, \cdots\}$ 都有界. 根据确界原理, 可记

$$\underline{a}_n = \inf A_n = \inf_{k \geqslant n} a_k, \quad \overline{a}_n = \sup A_n = \sup_{k \geqslant n} a_k. \tag{11.2.1}$$

于是 $\forall n \in \mathbb{Z}^+$, 有 $|\underline{a}_n| \leqslant M$, $|\overline{a}_n| \leqslant M$, 且 $\underline{a}_n \leqslant \underline{a}_{n+1}$, $\overline{a}_n \geqslant \overline{a}_{n+1}$, 即 $\{\underline{a}_n\}$ 递增有界, $\{\overline{a}_n\}$ 递减有界. 根据单调有界定理, 这两个数列都收敛, $\{\underline{a}_n\}$ 的极限称为 $\{a_n\}$ 的**下极限**, $\{\overline{a}_n\}$ 的极限称为 $\{a_n\}$ 的**上极限**, 并分别记为 $\varliminf\limits_{n\to\infty} a_n$ (或 $\liminf\limits_{n\to\infty} a_n$) 与 $\varlimsup\limits_{n\to\infty} a_n$ (或 $\limsup\limits_{n\to\infty} a_n$), 即

$$\varliminf_{n\to\infty} a_n = \lim_{n\to\infty} \underline{a}_n = \lim_{n\to\infty} \inf_{k\geqslant n} a_k, \quad \varlimsup_{n\to\infty} a_n = \lim_{n\to\infty} \overline{a}_n = \lim_{n\to\infty} \sup_{k\geqslant n} a_k. \tag{11.2.2}$$

若 $\{a_n\}$ 无下界, 也称 $-\infty$ 是其下极限, 记为 $\varliminf\limits_{n\to\infty} a_n = -\infty$; 同样地, 若 $\{a_n\}$ 无上界, 则称 $+\infty$ 是其上极限, 记为 $\varlimsup\limits_{n\to\infty} a_n = +\infty$.

根据 (11.2.1) 式可知 $\underline{a}_n \leqslant \overline{a}_n$, 故由定义 11.2.1 立即得出

$$\varliminf_{n\to\infty} a_n \leqslant \varlimsup_{n\to\infty} a_n. \tag{11.2.3}$$

请注意, 有界数列的极限不一定存在, 但它的上极限与下极限却总是存在的. 例如, 数列 $\{(-1)^n\}$ 的极限不存在, 但它的上极限为 1, 下极限为 -1.

利用上极限与下极限的概念可得到一个极限存在性的判定定理.

定理 11.2.1 设 $\{a_n\}$ 是有界数列, 则 $\{a_n\}$ 收敛的充分必要条件是

$$\varliminf_{n\to\infty} a_n = \varlimsup_{n\to\infty} a_n.$$

证明 记 $\underline{a}_n = \inf\limits_{k\geqslant n} a_k, \overline{a}_n = \sup\limits_{k\geqslant n} a_k, n \in \mathbb{Z}^+$.

必要性 设 $\{a_n\}$ 收敛, $\lim\limits_{n\to\infty} a_n = a$, 则 $\forall \varepsilon > 0, \exists N \in \mathbb{Z}^+, \forall n > N$, 有 $a-\varepsilon <$

$a_n < a + \varepsilon$. 于是取下确界与上确界可知 $\forall n > N$, 有

$$a - \varepsilon \leqslant \underline{a}_n \leqslant a_n \leqslant \overline{a}_n \leqslant a + \varepsilon.$$

这表明 $\varliminf\limits_{n \to \infty} a_n = \lim\limits_{n \to \infty} \underline{a}_n = a = \lim\limits_{n \to \infty} \overline{a}_n = \varlimsup\limits_{n \to \infty} a_n$.

充分性　设 $\varliminf\limits_{n \to \infty} a_n = \varlimsup\limits_{n \to \infty} a_n = a$, 则 $\forall \varepsilon > 0$, $\exists N \in \mathbb{Z}^+$, $\forall n > N$, 有 $|\underline{a}_n - a| < \varepsilon$ 且 $|\overline{a}_n - a| < \varepsilon$. 但 $\underline{a}_n \leqslant a_n \leqslant \overline{a}_n$, 因而 $\forall n > N$ 有

$$a - \varepsilon < \underline{a}_n \leqslant a_n \leqslant \overline{a}_n < a + \varepsilon,$$

即有 $|a_n - a| < \varepsilon$. 因此 $\{a_n\}$ 收敛于 a.

上下极限有与极限相类似的一些性质.

定理 11.2.2 (保序性)　设 $\{a_n\}, \{b_n\}$ 是有界数列. 若 $\exists N_0 \in \mathbb{Z}^+$, $\forall n > N_0$ 有 $a_n \leqslant b_n$, 则 $\varliminf\limits_{n \to \infty} a_n \leqslant \varliminf\limits_{n \to \infty} b_n$ 且 $\varlimsup\limits_{n \to \infty} a_n \leqslant \varlimsup\limits_{n \to \infty} b_n$.

证明　因为 $\forall n > N_0$ 有 $\underline{a}_n = \inf\limits_{k \geqslant n} a_k \leqslant \inf\limits_{k \geqslant n} b_k = \underline{b}_n$ 且 $\overline{a}_n = \sup\limits_{k \geqslant n} a_k \leqslant \sup\limits_{k \geqslant n} b_k = \overline{b}_n$, 故由极限保序性得

$$\varliminf\limits_{n \to \infty} a_n = \lim\limits_{n \to \infty} \underline{a}_n \leqslant \lim\limits_{n \to \infty} \underline{b}_n = \varliminf\limits_{n \to \infty} b_n \text{ 且 } \varlimsup\limits_{n \to \infty} a_n = \lim\limits_{n \to \infty} \overline{a}_n \leqslant \lim\limits_{n \to \infty} \overline{b}_n = \varlimsup\limits_{n \to \infty} b_n.$$

定理 11.2.3 (保号性)　设 $\{a_n\}$ 是有界数列.

(1) 若 $\varlimsup\limits_{n \to \infty} a_n = a < a_0$, 则 $\exists N_0 \in \mathbb{Z}^+$, $\forall n > N_0$ 有 $a_n < a_0$ (即 $\{a_n\}$ 中至多有限项大于或等于 a_0);

(2) 若 $\varliminf\limits_{n \to \infty} a_n = b > b_0$, 则 $\exists N_0 \in \mathbb{Z}^+$, $\forall n > N_0$ 有 $a_n > b_0$ (即 $\{a_n\}$ 中至多有限项小于或等于 b_0).

证明　只证明 (1), 用类似方法可证明 (2). 记 $\overline{a}_n = \sup\limits_{k \geqslant n} a_k$. 对 $\varepsilon_0 = a_0 - a > 0$, 因为 $\lim\limits_{n \to \infty} \overline{a}_n = \varlimsup\limits_{n \to \infty} a_n = a$, 故 $\exists N_0 \in \mathbb{Z}^+$, $\forall n > N_0$ 有 $\overline{a}_n < a + \varepsilon_0 = a_0$, 从而 $a_n \leqslant \overline{a}_n < a_0$.

定理 11.2.4 (和运算性质)　设 $\{a_n\}, \{b_n\}$ 都是有界数列, 则

(1) $\varlimsup\limits_{n \to \infty} (a_n + b_n) \leqslant \varlimsup\limits_{n \to \infty} a_n + \varlimsup\limits_{n \to \infty} b_n$ 且 $\varliminf\limits_{n \to \infty} (a_n + b_n) \geqslant \varliminf\limits_{n \to \infty} a_n + \varliminf\limits_{n \to \infty} b_n$;

(2) 若 $\lim\limits_{n \to \infty} a_n$ 存在, 则

$$\varlimsup\limits_{n \to \infty} (a_n + b_n) = \lim\limits_{n \to \infty} a_n + \varlimsup\limits_{n \to \infty} b_n \text{ 且 } \varliminf\limits_{n \to \infty} (a_n + b_n) = \lim\limits_{n \to \infty} a_n + \varliminf\limits_{n \to \infty} b_n.$$

证明 只证明 (1) 中第一式与 (2) 中第一式, 其余式子的证明方法类似. 因为

$$\sup_{k \geqslant n}(a_k + b_k) \leqslant \sup_{k \geqslant n} a_k + \sup_{k \geqslant n} b_k,$$

故由极限保序性与和运算性质得

$$\varlimsup_{n \to \infty} (a_n + b_n) = \lim_{n \to \infty} \sup_{k \geqslant n}(a_k + b_k) \leqslant \lim_{n \to \infty} \sup_{k \geqslant n} a_k + \lim_{n \to \infty} \sup_{k \geqslant n} b_k = \varlimsup_{n \to \infty} a_n + \varlimsup_{n \to \infty} b_n,$$

这表明 (1) 中第一式成立. 若 $\lim\limits_{n \to \infty} a_n$ 存在, 则 $\varlimsup\limits_{n \to \infty} a_n = \lim\limits_{n \to \infty} a_n$, $\varlimsup\limits_{n \to \infty} (-a_n) = -\lim\limits_{n \to \infty} a_n$. 由 (1) 中第一式得

$$\varlimsup_{n \to \infty} (a_n + b_n) \leqslant \lim_{n \to \infty} a_n + \varlimsup_{n \to \infty} b_n; \tag{11.2.4}$$

且又有

$$\varlimsup_{n \to \infty} b_n = \varlimsup_{n \to \infty} (a_n + b_n - a_n) \leqslant \varlimsup_{n \to \infty} (a_n + b_n) + \varlimsup_{n \to \infty} (-a_n) = \varlimsup_{n \to \infty} (a_n + b_n) - \lim_{n \to \infty} a_n,$$

此式即

$$\lim_{n \to \infty} a_n + \varlimsup_{n \to \infty} b_n \leqslant \varlimsup_{n \to \infty} (a_n + b_n). \tag{11.2.5}$$

结合 (11.2.4) 式与 (11.2.5) 式便得到 (2) 中第一式.

注意在定理 11.2.4(1) 中严格不等式可能成立. 例如, 令 $a_n = (-1)^{n-1}$, $b_n = (-1)^n$, 则

$$\varlimsup_{n \to \infty} (a_n + b_n) = 0 < 2 = \varlimsup_{n \to \infty} a_n + \varlimsup_{n \to \infty} b_n.$$

定理 11.2.5 (积运算性质) 设 $\{a_n\}, \{b_n\}$ 都是**非负有界数列**. 则

(1) $\varlimsup\limits_{n \to \infty} (a_n b_n) \leqslant \varlimsup\limits_{n \to \infty} a_n \cdot \varlimsup\limits_{n \to \infty} b_n$ 且 $\varliminf\limits_{n \to \infty} (a_n b_n) \geqslant \varliminf\limits_{n \to \infty} a_n \cdot \varliminf\limits_{n \to \infty} b_n$;

(2) 若 $\lim\limits_{n \to \infty} a_n > 0$ 存在, 则

$$\varlimsup_{n \to \infty} (a_n b_n) = \lim_{n \to \infty} a_n \cdot \varlimsup_{n \to \infty} b_n \text{ 且 } \varliminf_{n \to \infty} (a_n b_n) = \lim_{n \to \infty} a_n \cdot \varliminf_{n \to \infty} b_n.$$

证明 只证明 (1) 中第一式与 (2) 中第一式, 其余式子的证明方法类似. 因为 $\sup\limits_{k \geqslant n}(a_k b_k) \leqslant \sup\limits_{k \geqslant n} a_k \sup\limits_{k \geqslant n} b_k$, 故由极限保序性与积运算性质得

$$\varlimsup_{n \to \infty} (a_n b_n) = \lim_{n \to \infty} \sup_{k \geqslant n}(a_k b_k) \leqslant \lim_{n \to \infty} \sup_{k \geqslant n} a_k \cdot \lim_{n \to \infty} \sup_{k \geqslant n} b_k = \varlimsup_{n \to \infty} a_n \cdot \varlimsup_{n \to \infty} b_n,$$

这表明 (1) 中第一式成立. 若 $\lim\limits_{n \to \infty} a_n > 0$ 存在, 则 $\varlimsup\limits_{n \to \infty} a_n = \lim\limits_{n \to \infty} a_n$; 且 $\exists N_0 \in \mathbb{Z}^+, \forall n > N_0$ 有 $a_n > 0$; 且 $\varlimsup\limits_{n \to \infty} \dfrac{1}{a_n} = \dfrac{1}{\lim\limits_{n \to \infty} a_n}$. 一方面, 由 (1) 中第一式得

$$\varlimsup_{n \to \infty} (a_n b_n) \leqslant \lim_{n \to \infty} a_n \cdot \varlimsup_{n \to \infty} b_n; \tag{11.2.6}$$

另一方面, 又有

$$\varlimsup_{n\to\infty} b_n = \varlimsup_{n\to\infty} \left[(a_n b_n) \cdot \frac{1}{a_n} \right] \leqslant \varlimsup_{n\to\infty} (a_n b_n) \cdot \varlimsup_{n\to\infty} \frac{1}{a_n} = \varlimsup_{n\to\infty} (a_n b_n) \cdot \frac{1}{\varlimsup\limits_{n\to\infty} a_n},$$

此式即

$$\varlimsup_{n\to\infty} a_n \cdot \varlimsup_{n\to\infty} b_n \leqslant \varlimsup_{n\to\infty} (a_n b_n). \tag{11.2.7}$$

结合 (11.2.6) 式与 (11.2.7) 式便得到 (2) 中第一式.

注意在定理 11.2.5(1) 中严格不等式可能成立. 例如, 令 $a_n = 1 + (-1)^{n-1}$, $b_n = 1 + (-1)^n$, 则

$$\varlimsup_{n\to\infty} (a_n b_n) = 0 < 4 = \varlimsup_{n\to\infty} a_n \cdot \varlimsup_{n\to\infty} b_n.$$

对于具体的有界数列, 按定义 11.2.1 来求它的上极限与下极限有时并不方便, 有必要换一个角度来讨论. 根据列紧性定理, 有界数列存在收敛的子数列; 根据推论 2.3.9, 无界数列存在子数列以无穷大为广义极限. 由此可引入下面的概念.

定义 11.2.2 设 $\{a_n\}$ 是有界数列. 若 $\{a_{n_k}\}$ 是 $\{a_n\}$ 的收敛子数列, $\lim\limits_{k\to\infty} a_{n_k} = \xi$, 则称 ξ 是 $\{a_n\}$ 的**极限点**. 又设 $\{a_n\}$ 是无界数列. 若 $\{a_{n_k}\}$ 是 $\{a_n\}$ 的子数列使 $\lim\limits_{k\to\infty} a_{n_k} = \infty$ $(+\infty, -\infty)$, 也称 ∞ $(+\infty, -\infty)$ 为 $\{a_n\}$ 的**广义极限点**.

显然, ξ 是 $\{a_n\}$ 的极限点等价于 ξ 的任何 ε 邻域含有 $\{a_n\}$ 的无穷多个项. 数列的极限点与集合的聚点是既有联系又有区别的两个概念. 有界数列 $\{a_n\}$ 未必有聚点. 若 ξ 是 $\{a_n\}$ 的聚点, 则 ξ 必是 $\{a_n\}$ 的极限点; 反之, 若 ξ 是 $\{a_n\}$ 的极限点, 则 ξ 未必是 $\{a_n\}$ 的聚点.

定理 11.2.6 设 $\{a_n\}$ 是有界数列, 则

(1) $\varlimsup\limits_{n\to\infty} a_n = a$ 的充分必要条件是 a 为 $\{a_n\}$ 的最大极限点;

(2) $\varliminf\limits_{n\to\infty} a_n = b$ 的充分必要条件是 b 为 $\{a_n\}$ 的最小极限点.

证明 (1) 设 $\varlimsup\limits_{n\to\infty} a_n = a$, 并记 $\bar{a}_n = \sup\limits_{k\geqslant n} a_k$, 则 $\lim\limits_{n\to\infty} \bar{a}_n = a$, 且 $\forall n \in \mathbb{Z}^+$, 有 $a_n \leqslant \bar{a}_n$. 按极限定义,

$$对 \varepsilon = \frac{1}{j}, j \in \mathbb{Z}^+, \exists N_j \in \mathbb{Z}^+, \forall n > N_j, 有 |\bar{a}_n - a| < \frac{1}{j}, 即 a - \frac{1}{j} < \bar{a}_n < a + \frac{1}{j}. \tag{11.2.8}$$

$j = 1$ 时, 由于按 (11.2.8), $\forall n > N_1, \bar{a}_n = \sup\limits_{k\geqslant n} a_k > a - 1$, 故 $\exists n_1 > N_1$ 使 $a_{n_1} > a - 1$; 此时按 (11.2.8) 也有 $a_{n_1} \leqslant \bar{a}_{n_1} < a + 1$. 设 $a_{n_1}, \cdots, a_{n_{j-1}}$ 已选出, 由于按式 (11.2.8), $\forall n > \max\{N_j, n_{j-1}\}$, 有 $\bar{a}_n = \sup\limits_{k\geqslant n} a_k > a - \frac{1}{j}$, 故

$\exists n_j > \max\{N_j, n_{j-1}\}$, 使 $a_{n_j} > a - \dfrac{1}{j}$; 此时按 (11.2.8) 式也有 $a_{n_j} \leqslant \bar{a}_{n_j} < a + \dfrac{1}{j}$.

按数学归纳法, 得到 $\{a_n\}$ 的子列 $\{a_{n_j}\}$ 使 $\left|a_{n_j} - a\right| < \dfrac{1}{j}$. 这表明 $\{a_{n_j}\}$ 收敛于 a, 因此 a 是 $\{a_n\}$ 的极限点. 又设 c 是 $\{a_n\}$ 的任一极限点. 则有 $\{a_n\}$ 的子列 $\{a_{n_i}\}$ 收敛于 c. 于是对不等式 $a_{n_i} \leqslant \bar{a}_{n_i}$, 令 $i \to \infty$ 得 $c \leqslant a$, 因此 a 为 $\{a_n\}$ 的最大极限点.

反之, 设 a 为 $\{a_n\}$ 的最大极限点, 且设 $\varlimsup\limits_{n\to\infty} a_n = a_0$. 则根据上面的证明, a_0 也是 $\{a_n\}$ 的极限点且是最大的极限点. 因此 $a_0 = a$.

(2) 设 $\varliminf\limits_{n\to\infty} a_n = b$, 并记 $\underline{a}_n = \inf\limits_{k\geqslant n} a_k$, 则 $\forall n \in \mathbb{Z}^+$, 有 $\underline{a}_n \leqslant a_n$ 且 $\lim\limits_{n\to\infty}\underline{a}_n = b$. 于是

$$\text{对 } \varepsilon = \frac{1}{j}, j \in \mathbb{Z}^+, \exists N_j \in \mathbb{Z}^+, \forall n > N_j, \text{ 有 } |\underline{a}_n - b| < \frac{1}{j}, \text{ 即 } b - \frac{1}{j} < \underline{a}_n < b + \frac{1}{j}.$$
$$(11.2.9)$$

$j = 1$ 时, 由于按 (11.2.9) 式, $\forall n > N_1$, $\underline{a}_n = \inf\limits_{k\geqslant n} a_k < b + 1$, 故 $\exists n_1 > N_1$ 使 $a_{n_1} < b + 1$; 此时按 (11.2.9) 式也有 $a_{n_1} \geqslant \underline{a}_{n_1} > b - 1$. 设 $a_{n_1}, \cdots, a_{n_{j-1}}$ 已选出, 由于按 (11.2.9) 式, $\forall n > \max\{N_j, n_{j-1}\}$, 有 $\underline{a}_n = \inf\limits_{k\geqslant n} a_k < b + \dfrac{1}{j}$, 故 $\exists n_j > \max\{N_j, n_{j-1}\}$, 使 $a_{n_j} < b + \dfrac{1}{j}$; 此时按 (11.2.9) 式也有 $a_{n_j} \geqslant \underline{a}_{n_j} > b - \dfrac{1}{j}$. 于是按归纳法程序得到 $\{a_n\}$ 的子列 $\{a_{n_j}\}$, $\lim\limits_{j\to\infty} a_{n_j} = b$. 因此 b 是 $\{a_n\}$ 的极限点. 又设 c 是 $\{a_n\}$ 的任一极限点. 则有 $\{a_n\}$ 的子列 $\{a_{n_i}\}$ 收敛于 c. 于是对不等式 $\underline{a}_{n_i} \leqslant a_{n_i}$, 令 $i \to \infty$ 得 $b \leqslant c$, 因此 b 为 $\{a_n\}$ 的最小极限点.

反之, 设 b 为 $\{a_n\}$ 的最小极限点, 且设 $\varliminf\limits_{n\to\infty} a_n = b_0$, 则根据上面的证明, b_0 也是 $\{a_n\}$ 的极限点且是最小的极限点. 因此 $b_0 = b$.

例 11.2.1 求下列数列的上极限与下极限:

(1) $\left\{n^{(-1)^n}\right\}$; (2) $\left\{\sin\dfrac{n\pi}{3}\right\}$.

解 (1) 记 $a_n = n^{(-1)^n}$, 由于 $a_{2n} = 2n$, 故 $\{a_n\}$ 无上界, $\varlimsup\limits_{n\to\infty} a_n = +\infty$; 又由于 $a_{2n-1} = \dfrac{1}{2n-1}$, 故 $\lim\limits_{n\to\infty} a_{2n-1} = 0$ (0 是最小极限点), 因此 $\varliminf\limits_{n\to\infty} a_n = 0$.

(2) 记 $b_n = \sin\dfrac{n\pi}{3}$, 因为 $k \in \mathbb{Z}^+$, $b_{3k-2} = \sin\left(k\pi - \dfrac{2\pi}{3}\right) = (-1)^{k-1}\dfrac{\sqrt{3}}{2}$, $b_{3k-1} = \sin\left(k\pi - \dfrac{\pi}{3}\right) = (-1)^{k-1}\dfrac{\sqrt{3}}{2}$, $b_{3k} = \sin k\pi = 0$, 最大极限点为 $\dfrac{\sqrt{3}}{2}$, 最小

极限点为 $-\dfrac{\sqrt{3}}{2}$, 故 $\varlimsup\limits_{n\to\infty} b_n = \dfrac{\sqrt{3}}{2}$, $\varliminf\limits_{n\to\infty} b_n = -\dfrac{\sqrt{3}}{2}$.

例 11.2.2　设 $\{a_n\}$ 满足条件 $\inf\limits_{n\geqslant 1} a_n > 0$. 证明 $\varlimsup\limits_{n\to\infty} \dfrac{a_{n+1}}{a_n} \geqslant 1$.

证明　由 $\inf\limits_{n\geqslant 1} a_n > 0$ 可知, $\forall n \in \mathbb{Z}^+$ 有 $a_n > 0$. (反证法) 假设 $q = \varlimsup\limits_{n\to\infty} \dfrac{a_{n+1}}{a_n} < 1$, 则由保号性, $\exists N_0, \forall n > N_0$ 有 $\dfrac{a_{n+1}}{a_n} < 1$, 即 $\{a_n\}$ 当 $n > N_0$ 严格递减有下界 0. 根据单调有界定理, 极限 $\lim\limits_{n\to\infty} a_n = a$ 存在. 由于

$$a = \lim_{n\to\infty} a_{n+1} = \varlimsup_{n\to\infty} \left(\dfrac{a_{n+1}}{a_n} \cdot a_n \right) = \varlimsup_{n\to\infty} \dfrac{a_{n+1}}{a_n} \lim_{n\to\infty} a_n = qa,$$

又 $q < 1$, 故必有 $a = 0$. 这与 $a = \varliminf\limits_{n\to\infty} a_n \geqslant \underline{a}_1 = \inf\limits_{n\geqslant 1} a_n > 0$ 矛盾. 因此 $\varlimsup\limits_{n\to\infty} \dfrac{a_{n+1}}{a_n} \geqslant 1$.

习　题　11.2

1. 求下列数列 $\{a_n\}$ 的上极限与下极限:

(1) $a_n = (-1)^n + \dfrac{1}{n}$;

(2) $a_n = \dfrac{2n}{n+2} \sin \dfrac{n\pi}{4}$;

(3) $a_n = \sqrt[n]{\left| \cos \dfrac{n\pi}{3} \right|}$;

(4) $a_n = \cos \dfrac{2n\pi}{5}$;

(5) $a_n = (-1)^n \dfrac{n^2+1}{n} - n$;

(6) $a_n = n \left[(-1)^{\frac{n(n+1)}{2}} + 2 \right]$.

2. 证明: (1) $\varlimsup\limits_{n\to\infty} (-a_n) = -\varliminf\limits_{n\to\infty} a_n$; (2) $\varlimsup\limits_{n\to\infty} (ca_n) = \begin{cases} c\,\varlimsup\limits_{n\to\infty} a_n, & c\geqslant 0, \\ c\,\varliminf\limits_{n\to\infty} a_n, & c < 0. \end{cases}$

3. 设 $\{a_n\}, \{b_n\}$ 都是有界数列. 证明:

(1) $\varlimsup\limits_{n\to\infty} (a_n + b_n) \geqslant \varlimsup\limits_{n\to\infty} a_n + \varliminf\limits_{n\to\infty} b_n$;

(2) $\varliminf\limits_{n\to\infty} (a_n + b_n) \leqslant \varlimsup\limits_{n\to\infty} a_n + \varliminf\limits_{n\to\infty} b_n$.

4. 设 $\{a_n\}, \{b_n\}$ 都是非负有界数列. 证明:

(1) $\varlimsup\limits_{n\to\infty} (a_n b_n) \geqslant \varlimsup\limits_{n\to\infty} a_n \cdot \varliminf\limits_{n\to\infty} b_n$;

(2) $\varliminf\limits_{n\to\infty} (a_n b_n) \leqslant \varlimsup\limits_{n\to\infty} a_n \cdot \varliminf\limits_{n\to\infty} b_n$.

5. 设 $\{a_n\}$ 满足 $a_n > 0$ 且 $\varliminf\limits_{n\to\infty} a_n > 0$. 证明: $\varlimsup\limits_{n\to\infty} \dfrac{1}{a_n} = \dfrac{1}{\varliminf\limits_{n\to\infty} a_n}$.

6. 设 $\{a_n\}, \{b_n\}$ 都是有界非正的数列, 且 $\varliminf\limits_{n\to\infty} a_n < 0$ 存在. 证明:

(1) $\varlimsup\limits_{n\to\infty} (a_n b_n) = \varliminf\limits_{n\to\infty} a_n \cdot \varliminf\limits_{n\to\infty} b_n$;

(2) $\varliminf\limits_{n\to\infty} (a_n b_n) = \varliminf\limits_{n\to\infty} a_n \cdot \varlimsup\limits_{n\to\infty} b_n$.

11.3　正项级数的收敛性

应当明白, 只有极少量的级数可以求出它的部分和. 数项级数研究的主要问题是不通过求和方法而来判别级数的敛散性. Cauchy 准则及级数的一些基本性质提供了一部分方法. 对于具体的级数, Cauchy 准则用起来并不总是方便的. 因此有必要寻求其他的判别方法.

若数项级数各项的符号都相同, 则称它为**同号级数**. 其中通项非负的级数称为**正项级数**, 而通项非正的级数则称为**负项级数**. 对于同号级数, 只需讨论正项级数, 因为负项级数用 -1 数乘后就转化为正项级数.

正项级数是数项级数中较为简单的一类. 本节着重讨论如何根据其通项的信息来判别敛散性的方法. 对于变号的数项级数 $\sum\limits_{n=1}^{\infty} u_n$, 其绝对值级数 $\sum\limits_{n=1}^{\infty} |u_n|$ 就是正项级数. 因而正项级数敛散性的判别方法为变号级数敛散性的讨论提供了一种途径.

由于级数可以看作是特殊的无穷积分, 是一种离散化的无穷积分, 因此处理级数敛散性问题有两个基本思路. 其一是将它化归为无穷积分的问题; 其二是类比无穷积分的思想方法脉络. 下面先来将正项级数的敛散性判别问题化归为非负函数的无穷积分来处理.

定理 11.3.1 (**积分判别法**)　设 f 为 $[1, +\infty)$ 上的非负递减函数. 则正项级数 $\sum\limits_{n=1}^{\infty} f(n)$ 收敛的充分必要条件是无穷积分 $\int_1^{+\infty} f(x)\mathrm{d}x$ 收敛.

证明　作阶梯函数 $y = g(x)$ 与 $y = h(x)$ 如下 (参见图 11.3.1): $\forall n \in \mathbb{Z}^+$, 当 $x \in (n, n+1]$, 令 $g(x) = f(n+1)$; 当 $x \in [n, n+1)$, 令 $h(x) = f(n)$. 由于 f 为 $[1, +\infty)$ 上非负递减函数, 故 $\forall x \in (n, n+1)$ 有 $0 \leqslant g(x) = f(n+1) \leqslant f(x) \leqslant f(n) = h(x)$, 且 $h(n) = f(n) = g(n)$. 于是

$$\forall x \in (1, +\infty) 有 0 \leqslant g(x) \leqslant f(x) \leqslant h(x), \tag{11.3.1}$$

$$\int_1^{+\infty} g(x)\mathrm{d}x = \sum_{n=1}^{\infty} f(n+1) = \sum_{n=2}^{\infty} f(n), \quad \int_1^{+\infty} h(x)\mathrm{d}x = \sum_{n=1}^{\infty} f(n). \tag{11.3.2}$$

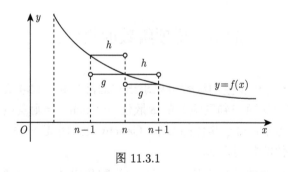

图 11.3.1

充分性　设无穷积分 $\displaystyle\int_1^{+\infty} f(x)\mathrm{d}x$ 收敛. 则由无穷积分的比较判别法 (定理 10.2.2) 与 (11.3.1) 式左边的不等式知 $\displaystyle\int_1^{+\infty} g(x)\mathrm{d}x$ 收敛, 由 (11.3.2) 式中第一式知级数 $\displaystyle\sum_{n=1}^{\infty} f(n)$ 收敛.

必要性　设级数 $\displaystyle\sum_{n=1}^{\infty} f(n)$ 收敛. 则由 (11.3.2) 式中第二式知 $\displaystyle\int_1^{+\infty} h(x)\mathrm{d}x$ 收敛, 再由无穷积分的比较判别法与 (11.3.1) 式右边的不等式知无穷积分 $\displaystyle\int_1^{+\infty} f(x)\mathrm{d}x$ 收敛.

例 11.3.1　证明 p **级数** (或称为**广义调和级数**) $\displaystyle\sum_{n=1}^{\infty} \frac{1}{n^p}$ 当 $p > 1$ 时收敛, 当 $p \leqslant 1$ 时发散. (务必记住此结果!)

证明　当 $p \leqslant 0$ 时, 由于 $\displaystyle\lim_{n\to\infty} \frac{1}{n^p} \neq 0$, 此时 $\displaystyle\sum_{n=1}^{\infty} \frac{1}{n^p}$ 发散. 下设 $p > 0$. 由于 $f(x) = \dfrac{1}{x^p}$ 在 $[1, +\infty)$ 上非负递减, 且 $\displaystyle\int_1^{+\infty} \frac{1}{x^p}\mathrm{d}x$ 当 $p > 1$ 时收敛, 当 $0 < p \leqslant 1$ 时发散, 故由积分判别法可知, $\displaystyle\sum_{n=1}^{\infty} \frac{1}{n^p}$ 当 $p > 1$ 时收敛, 当 $0 < p \leqslant 1$ 时发散. 所以结论成立. (参见上册总习题 2 之 20 题, 用较初等的方法亦可得到此结果.)

例 11.3.2　讨论下列正项级数的敛散性:

(1) $\displaystyle\sum_{n=2}^{\infty} \frac{1}{n(\ln n)^p}$;　　　　　　(2) $\displaystyle\sum_{n=3}^{\infty} \frac{1}{n\ln n(\ln\ln n)^p}$.

解　(1) 令 $f_1(x) = \dfrac{1}{x(\ln x)^p}$, 由于 $x \in [2, +\infty)$ 有 $f_1'(x) \leqslant 0$, 故 f_1 在

$[2, +\infty)$ 上非负递减且利用积分换元法得

$$\int_2^{+\infty} f_1(x)\mathrm{d}x = \int_2^{+\infty} \frac{\mathrm{d}x}{x(\ln x)^p} = \int_2^{+\infty} \frac{\mathrm{d}(\ln x)}{(\ln x)^p} = \int_{\ln 2}^{+\infty} \frac{\mathrm{d}t}{t^p}.$$

由于此积分当 $p > 1$ 时收敛, 当 $p \leqslant 1$ 时发散, 故按积分判别法, $\displaystyle\sum_{n=2}^{\infty} \frac{1}{n(\ln n)^p}$ 当 $p > 1$ 时收敛, 当 $p \leqslant 1$ 时发散.

(2) 令 $f_2(x) = \dfrac{1}{x \ln x (\ln\ln x)^p}$, 由于 $x \in [3, +\infty)$ 有 $f_2'(x) \leqslant 0$, 故 f_2 在 $[3, +\infty)$ 上非负递减且利用积分换元法得

$$\int_3^{+\infty} f_2(x)\mathrm{d}x = \int_3^{+\infty} \frac{\mathrm{d}x}{x \ln x (\ln\ln x)^p} = \int_3^{+\infty} \frac{\mathrm{d}(\ln\ln x)}{(\ln\ln x)^p} = \int_{\ln\ln 3}^{+\infty} \frac{\mathrm{d}t}{t^p}.$$

由于此积分当 $p > 1$ 时收敛, 当 $p \leqslant 1$ 时发散, 故按积分判别法, $\displaystyle\sum_{n=3}^{\infty} \frac{1}{n \ln n (\ln\ln n)^p}$ 当 $p > 1$ 时收敛, 当 $p \leqslant 1$ 时发散.

与非负函数无穷积分的敛散性判别类似, 通过通项间的比较而获得级数敛散性判别的思想方法, 有着基本的重要性. 下面从正项级数收敛的一个等价条件出发展开讨论. 设正项级数 $\displaystyle\sum_{n=1}^{\infty} u_n$ 的部分和为 S_n, 则 $S_n - S_{n-1} = u_n \geqslant 0$, 即部分和数列 $\{S_n\}$ 递增. 从而根据单调有界定理, 正项级数 $\displaystyle\sum_{n=1}^{\infty} u_n$ 是否收敛取决于部分和数列 $\{S_n\}$ 是否有上界.

定理 11.3.2　正项级数收敛的充分必要条件是它的部分和数列有上界.

由此出发可导出通过通项间的比较来判别级数敛散性的一系列判别法.

定理 11.3.3 (比较判别法)　设 $\displaystyle\sum_{n=1}^{\infty} u_n$ 与 $\displaystyle\sum_{n=1}^{\infty} v_n$ 是两个正项级数, 且 $\exists N_0 \in \mathbb{Z}^+$, $\forall n \geqslant N_0$, 有 $u_n \leqslant v_n$.

(1) 若 $\displaystyle\sum_{n=1}^{\infty} v_n$ 收敛, 则 $\displaystyle\sum_{n=1}^{\infty} u_n$ 也收敛;

(2) 若 $\displaystyle\sum_{n=1}^{\infty} u_n$ 发散, 则 $\displaystyle\sum_{n=1}^{\infty} v_n$ 也发散.

证明　由于改变级数的有限项不改变级数的敛散性, 不妨设 $\forall n \in \mathbb{Z}^+$ 有 $u_n \leqslant v_n$. 设 $\displaystyle\sum_{n=1}^{\infty} u_n$ 与 $\displaystyle\sum_{n=1}^{\infty} v_n$ 部分和数列分别为 $\{S_n\}$ 与 $\{T_n\}$. 则 $\forall n \in \mathbb{Z}^+$ 有

$S_n \leqslant T_n$. 若 $\sum\limits_{n=1}^{\infty} v_n$ 收敛, 则按定理 11.3.2, $\{T_n\}$ 有上界, 从而 $\{S_n\}$ 也有上界, 所

以 $\sum\limits_{n=1}^{\infty} u_n$ 也收敛. (1) 得证. 而 (2) 为 (1) 的逆否命题, 自然成立.

例 11.3.3 判别正项级数 $\sum\limits_{n=1}^{\infty} \sin \dfrac{\pi}{n}$ 的敛散性.

解 由于当 $x \in \left[0, \dfrac{\pi}{2}\right]$ 时有不等式 $\sin x \geqslant \dfrac{2}{\pi} x$, 故当 $n \geqslant 2$ 时,

$$\sin \frac{\pi}{n} \geqslant \frac{2}{\pi} \cdot \frac{\pi}{n} = \frac{2}{n}.$$

又由于 $\sum\limits_{n=1}^{\infty} \dfrac{1}{n}$ 发散, 故由比较判别法知 $\sum\limits_{n=1}^{\infty} \sin \dfrac{\pi}{n}$ 发散.

在实际使用中, 比较判别法需借助不等式技术. 下述的比较判别法的极限形式有时用起来更为方便.

推论 11.3.4 (比较极限法) 设 $\sum\limits_{n=1}^{\infty} u_n$ 与 $\sum\limits_{n=1}^{\infty} v_n$ 是两个正项级数, 且

$$\lim_{n \to \infty} \frac{u_n}{v_n} = L \quad (0 \leqslant L \leqslant +\infty).$$

(1) 若 $0 < L < +\infty$, 则两个级数的敛散性态相同;

(2) 若 $L = 0$, 级数 $\sum\limits_{n=1}^{\infty} v_n$ 收敛, 则级数 $\sum\limits_{n=1}^{\infty} u_n$ 也收敛;

(3) 若 $L = +\infty$, 级数 $\sum\limits_{n=1}^{\infty} v_n$ 发散, 则级数 $\sum\limits_{n=1}^{\infty} u_n$ 也发散.

证明 (1) 当 $0 < L < +\infty$ 时, 对 $\varepsilon_0 = \dfrac{L}{2}$, 由于 $\lim\limits_{n \to \infty} \dfrac{u_n}{v_n} = L$, 故 $\exists N_0 \in \mathbb{Z}^+$,

$\forall n \geqslant N_0$, 有 $\left| \dfrac{u_n}{v_n} - L \right| < \dfrac{L}{2}$, 即

$$\frac{L}{2} v_n < u_n < \frac{3L}{2} v_n. \tag{11.3.3}$$

由 (11.3.3) 式与比较判别法知两个级数的敛散性态相同.

(2) 当 $L = 0$ 时, 对 $\varepsilon_0 = 1$, 由于 $\lim\limits_{n \to \infty} \dfrac{u_n}{v_n} = 0$, 故 $\exists N_0 \in \mathbb{Z}^+$, $\forall n \geqslant N_0$, 有

$0 \leqslant \dfrac{u_n}{v_n} < 1$, 即 $0 \leqslant u_n < v_n$. 已知级数 $\displaystyle\sum_{n=1}^{\infty} v_n$ 收敛, 故按比较判别法, 级数 $\displaystyle\sum_{n=1}^{\infty} u_n$ 也收敛.

(3) 当 $L = +\infty$ 时, 有 $\displaystyle\lim_{n\to\infty} \dfrac{v_n}{u_n} = 0$, 利用 (2) 可知 $\displaystyle\sum_{n=1}^{\infty} v_n$ 发散时 $\displaystyle\sum_{n=1}^{\infty} u_n$ 必发散.

比较极限法可看作是将 $\displaystyle\sum_{n=1}^{\infty} v_n$ 作为已知的比较尺度对 $\displaystyle\sum_{n=1}^{\infty} u_n$ 进行比较, 其中 $0 < L < +\infty$ 情形也称为**同阶量比较法**. 几何级数 $\displaystyle\sum_{n=0}^{\infty} x^n$ (当 $|x| < 1$ 时收敛, 当 $|x| \geqslant 1$ 时发散) 与 p 级数 $\displaystyle\sum_{n=1}^{\infty} \dfrac{1}{n^p}$ (当 $p > 1$ 时收敛, 当 $p \leqslant 1$ 时发散) 是常用的两个比较尺度.

例 11.3.4 判别下列正项级数的敛散性:

(1) $\displaystyle\sum_{n=1}^{\infty} \dfrac{2^n}{3^n - n}$; (2) $\displaystyle\sum_{n=1}^{\infty} \left(1 - \cos\dfrac{\pi}{n} \right)$.

解 (1) 由于 $\displaystyle\lim_{n\to\infty} \dfrac{n}{3^n} = 0$, 有

$$\frac{2^n}{3^n - n} \Big/ \left(\frac{2}{3}\right)^n = \frac{2^n}{3^n - n} \cdot \frac{3^n}{2^n} = \frac{1}{1 - n/3^n} \to 1 \quad (n \to \infty).$$

因为 $\displaystyle\sum_{n=1}^{\infty} \left(\frac{2}{3}\right)^n$ 收敛, 所以由比较极限法可知 $\displaystyle\sum_{n=1}^{\infty} \dfrac{2^n}{3^n - n}$ 收敛.

(2) 由于 $\displaystyle\lim_{x\to 0} \dfrac{1 - \cos x}{x^2} = \dfrac{1}{2}$, 有

$$\frac{1 - \cos\dfrac{\pi}{n}}{\dfrac{1}{n^2}} \to \frac{\pi^2}{2} \quad (n \to \infty).$$

因为 $\displaystyle\sum_{n=1}^{\infty} \dfrac{1}{n^2}$ 收敛, 所以由比较极限法可知 $\displaystyle\sum_{n=1}^{\infty} \left(1 - \cos\dfrac{\pi}{n} \right)$ 收敛.

例 11.3.5 讨论正项级数 $\displaystyle\sum_{n=2}^{\infty} \dfrac{\ln n}{n^p}$ 的敛散性.

解 当 $p \leqslant 1$ 时, $\displaystyle\lim_{n\to\infty} \dfrac{\ln n / n^p}{1/n} = \lim_{n\to\infty} n^{1-p} \ln n = +\infty$, 由于 $\displaystyle\sum_{n=1}^{\infty} \dfrac{1}{n}$ 发散, 故按比较极限法可知此时 $\displaystyle\sum_{n=2}^{\infty} \dfrac{\ln n}{n^p}$ 发散. 当 $p > 1$ 时, 取 p_0 使 $p > p_0 > 1$. 由于

$p - p_0 > 0$, 有

$$\lim_{n \to \infty} \frac{\ln n / n^p}{1/n^{p_0}} = \lim_{n \to \infty} \frac{\ln n}{n^{p - p_0}} = 0.$$

又由于 $p_0 > 1$, $\sum_{n=1}^{\infty} \dfrac{1}{n^{p_0}}$ 收敛, 故按比较极限法可知当 $p > 1$ 时 $\sum_{n=2}^{\infty} \dfrac{\ln n}{n^p}$ 收敛.

正项几何级数 $\sum_{n=1}^{\infty} x^{n-1}$ 的敛散性仅仅依赖于公比, 即后项与前项之比. 这启发我们通过级数 $\sum_{n=1}^{\infty} u_n$ 的后项与前项之比 $\dfrac{u_{n+1}}{u_n}$ 来考察它的敛散性. 记 $u_0 = 1$, 则

$$\sqrt[n]{u_n} = \sqrt[n]{\frac{u_1}{u_0} \cdot \frac{u_2}{u_1} \cdot \cdots \cdot \frac{u_n}{u_{n-1}}}.$$

$\sqrt[n]{u_n}$ 可看作前 n 个后项与前项之比的几何平均. 下面介绍的比式判别法与根式判别法本质上是以正项几何级数为尺度进行比较.

定理 11.3.5 (比式判别法或 **D'Alembert** (达朗贝尔) 判别法)   设 $\sum_{n=1}^{\infty} u_n$ 为正项级数 $(u_n \neq 0)$.

(1) 若 $\forall n \in \mathbb{Z}^+$ 有 $\dfrac{u_{n+1}}{u_n} \leqslant q$, 且 $q < 1$, 则 $\sum_{n=1}^{\infty} u_n$ 收敛.

(2) 若 $\forall n \in \mathbb{Z}^+$ 有 $\dfrac{u_{n+1}}{u_n} \geqslant 1$, 则 $\sum_{n=1}^{\infty} u_n$ 发散.

证明   (1) 由题设, $\forall n \in \mathbb{Z}^+$ 有

数学家
小传11.1.1

$$\frac{u_n}{u_1} = \frac{u_2}{u_1} \cdot \frac{u_3}{u_2} \cdot \cdots \cdot \frac{u_n}{u_{n-1}} \leqslant q^{n-1},$$

即 $u_n \leqslant u_1 q^{n-1}$. 因为 $q < 1$ 时 $\sum_{n=1}^{\infty} q^{n-1}$ 收敛, 所以由比较判别法可知 $\sum_{n=1}^{\infty} u_n$ 收敛.

(2) 由题设知 $\{u_n\}$ 递增, 通项必不趋于 0, 根据收敛必要条件可知 $\sum_{n=1}^{\infty} u_n$ 发散.

请注意, 由于改变级数的有限项不改变级数的敛散性, 定理 11.3.5 中 "$\forall n \in \mathbb{Z}^+$" 成立的条件可放宽为 "$\exists N_0 \in \mathbb{Z}^+, \forall n \geqslant N_0$" 时成立.

推论 11.3.6 (比式极限法)   设 $\sum_{n=1}^{\infty} u_n$ 为正项级数 $(u_n \neq 0)$.

(1) 若 $\lim\limits_{n\to\infty}\dfrac{u_{n+1}}{u_n}=\overline{q}<1$, 则 $\sum\limits_{n=1}^{\infty}u_n$ 收敛;

(2) 若 $\lim\limits_{n\to\infty}\dfrac{u_{n+1}}{u_n}=\underline{q}>1$, 则 $\sum\limits_{n=1}^{\infty}u_n$ 发散;

(3) 若 $\lim\limits_{n\to\infty}\dfrac{u_{n+1}}{u_n}=1$, 则判别法失效, 即级数可能收敛, 也可能发散.

证明 (1) 取 q_0 使 $\overline{q}<q_0<1$. 因为 $\lim\limits_{n\to\infty}\dfrac{u_{n+1}}{u_n}<q_0$, 由保号性, $\exists N_0\in\mathbb{Z}^+$,

$\forall n>N_0$ 有 $\dfrac{u_{n+1}}{u_n}<q_0$. 又因为 $q_0<1$, 所以由比式判别法知 $\sum\limits_{n=1}^{\infty}u_n$ 收敛.

(2) 取 q_* 使 $\underline{q}>q_*>1$. 因为 $\lim\limits_{n\to\infty}\dfrac{u_{n+1}}{u_n}>q_*$, 由保号性, $\exists N_0\in\mathbb{Z}^+$, $\forall n>N_0$

有 $\dfrac{u_{n+1}}{u_n}>q_*$, 又由 $q_*>1$, 所以根据比式判别法知 $\sum\limits_{n=1}^{\infty}u_n$ 发散.

(3) 由对级数 $\sum\limits_{n=1}^{\infty}\dfrac{1}{n^2}$ 与级数 $\sum\limits_{n=1}^{\infty}\dfrac{1}{n}$ 的讨论可知在 $\lim\limits_{n\to\infty}\dfrac{u_{n+1}}{u_n}=1$ 时判别法

失效.

定理 11.3.7 (根式判别法或 Cauchy 判别法) 设 $\sum\limits_{n=1}^{\infty}u_n$ 为正项级数.

(1) 若 $\forall n\in\mathbb{Z}^+$ 有 $\sqrt[n]{u_n}\leqslant r$, 且 $r<1$, 则 $\sum\limits_{n=1}^{\infty}u_n$ 收敛.

(2) 若 $\forall n\in\mathbb{Z}^+$ 有 $\sqrt[n]{u_n}\geqslant 1$, 则 $\sum\limits_{n=1}^{\infty}u_n$ 发散.

证明 (1) 由题设 $\forall n\in\mathbb{Z}^+$ 有 $u_n\leqslant r^n$, 因为 $r<1$ 时 $\sum\limits_{n=1}^{\infty}r^n$ 收敛, 所以由

比较判别法可知 $\sum\limits_{n=1}^{\infty}u_n$ 收敛.

(2) 由题设知 $\forall n\in\mathbb{Z}^+$ 有 $u_n\geqslant 1$, 而 $\sum\limits_{n=1}^{\infty}1$ 发散, 根据比较判别法可知 $\sum\limits_{n=1}^{\infty}u_n$

发散.

推论 11.3.8 (根式极限法) 设 $\sum\limits_{n=1}^{\infty}u_n$ 为正项级数且 $\overline{\lim\limits_{n\to\infty}}\sqrt[n]{u_n}=\overline{r}$.

(1) 若 $\overline{r}<1$, 则 $\sum\limits_{n=1}^{\infty}u_n$ 收敛;

(2) 若 $\overline{r}>1$, 则 $\sum\limits_{n=1}^{\infty}u_n$ 发散;

(3) 若 $\bar{r} = 1$, 则判别法失效, 即级数可能收敛, 也可能发散.

证明 (1) 取 r_0 使 $\bar{r} < r_0 < 1$. 因为 $\varlimsup_{n \to \infty} \sqrt[n]{u_n} < r_0$, 由保号性, $\exists N_0 \in \mathbb{Z}^+$,

$\forall n > N_0$ 有 $\sqrt[n]{u_n} < r_0$. 又因为 $r_0 < 1$, 所以由根式判别法知 $\displaystyle\sum_{n=1}^{\infty} u_n$ 收敛.

(2) 因为 $\varlimsup_{n \to \infty} \sqrt[n]{u_n} = \bar{r}$, 根据定理 11.2.6, $\{u_n\}$ 中有子列 $\{u_{n_k}\}$ 使 $\lim_{k \to \infty} \sqrt[n_k]{u_{n_k}}$

$= \bar{r}$. 由 $\bar{r} > 1$ 及保号性, $\exists K_0 \in \mathbb{Z}^+$, $\forall k > K_0$ 有 $\sqrt[n_k]{u_{n_k}} > 1$, 即 $u_{n_k} > 1$, 于是通

项必不趋于 0, 根据收敛必要条件可知 $\displaystyle\sum_{n=1}^{\infty} u_n$ 发散.

(3) 由对级数 $\displaystyle\sum_{n=1}^{\infty} \frac{1}{n^2}$ 与级数 $\displaystyle\sum_{n=1}^{\infty} \frac{1}{n}$ 的讨论可知在 $\bar{r} = 1$ 时判别法失效.

例 11.3.6 讨论下列正项级数的敛散性 $(x \in \mathbb{R})$:

(1) $\displaystyle\sum_{n=1}^{\infty} \frac{|x|^n}{(1+|x|)(1+|x|^2) \cdots (1+|x|^n)}$; (2) $\displaystyle\sum_{n=1}^{\infty} \frac{|x|^n \, n!}{n^n}$.

解 (1) 记通项为 u_n, 则当 $n \to \infty$ 有

$$\frac{u_{n+1}}{u_n} = \frac{|x|^{n+1}}{(1+|x|)(1+|x|^2) \cdots (1+|x|^{n+1})} \cdot \frac{(1+|x|)(1+|x|^2) \cdots (1+|x|^n)}{|x|^n}$$

$$= \frac{|x|}{1+|x|^{n+1}} \to \begin{cases} |x|, & |x| < 1, \\ 1/2, & |x| = 1, \\ 0, & |x| > 1. \end{cases}$$

这表明, $\forall x \in \mathbb{R}$ 有 $\lim_{n \to \infty} \dfrac{u_{n+1}}{u_n} < 1$, 因此根据比式极限法, 级数对 $\forall x \in \mathbb{R}$ 收敛.

(2) 记 $u_n = \dfrac{|x|^n \, n!}{n^n}$, 则

$$\frac{u_{n+1}}{u_n} = \frac{|x|^{n+1}(n+1)!}{(n+1)^{n+1}} \cdot \frac{n^n}{|x|^n \, n!} = \frac{|x| \, n^n}{(n+1)^n} = \frac{|x|}{(1+1/n)^n} \to \frac{|x|}{\mathrm{e}} \quad (n \to \infty).$$

根据比式极限法, 级数当 $|x| < \mathrm{e}$ 时收敛, 当 $|x| > \mathrm{e}$ 时发散. 当 $|x| = \mathrm{e}$, 由于

$$\frac{u_{n+1}}{u_n} = \frac{\mathrm{e}}{(1+1/n)^n} > 1,$$

按比式判别法 (或收敛必要条件), 级数此时仍发散. 总之, 级数当 $|x| < \mathrm{e}$ 时收敛, 当 $|x| \geqslant \mathrm{e}$ 时发散.

例 11.3.7 判别正项级数 $\displaystyle\sum_{n=1}^{\infty} \frac{n^\alpha \left[\sqrt{2} + (-1)^n\right]^n}{3^n}$ 的敛散性.

解 记通项为 u_n, 则

$$\varlimsup_{n\to\infty} \sqrt[n]{u_n} = \varlimsup_{n\to\infty} \frac{(\sqrt[n]{n})^\alpha \left[\sqrt{2}+(-1)^n\right]}{3} = \lim_{n\to\infty} \frac{(\sqrt[n]{n})^\alpha \left[\sqrt{2}+1\right]}{3} = \frac{\sqrt{2}+1}{3} < 1.$$

由根式极限法, 级数收敛.

若对例 11.3.7 中的级数考虑使用比式极限法, 则

$$\varlimsup_{n\to\infty} \frac{u_{n+1}}{u_n} = \varlimsup_{n\to\infty} \left(\frac{n+1}{n}\right)^\alpha \frac{\left[\sqrt{2}+(-1)^{n+1}\right]^{n+1}}{3\left[\sqrt{2}+(-1)^n\right]^n} = \lim_{n\to\infty} \frac{\left[\sqrt{2}+1\right]^{2n}}{3\left[\sqrt{2}-1\right]^{2n-1}} = +\infty,$$

可见, 用比式极限法失效. 一般来说, 根式极限法要比比式极限法适用范围更广. 这是因为对任何正数列 $\{u_n\}$, 有下列不等式成立:

$$\varliminf_{n\to\infty} \frac{u_{n+1}}{u_n} \leqslant \varliminf_{n\to\infty} \sqrt[n]{u_n} \leqslant \varlimsup_{n\to\infty} \sqrt[n]{u_n} \leqslant \varlimsup_{n\to\infty} \frac{u_{n+1}}{u_n}. \tag{11.3.4}$$

事实上, 记 $\varlimsup\limits_{n\to\infty} \dfrac{u_{n+1}}{u_n} = \bar{q}$, 则对 $\forall \varepsilon > 0, \exists N \in \mathbb{Z}^+, \forall n \geqslant N$ 有 $\dfrac{u_{n+1}}{u_n} < \bar{q} + \varepsilon$. 于是 $\forall n > N$ 有

$$u_n = \frac{u_n}{u_{n-1}} \cdot \frac{u_{n-1}}{u_{n-2}} \cdot \; \cdots \; \cdot \frac{u_{N+1}}{u_N} \cdot u_N < u_N (\bar{q}+\varepsilon)^{n-N},$$

即 $\sqrt[n]{u_n} < \sqrt[n]{u_N}(\bar{q}+\varepsilon)^{1-\frac{N}{n}}$, 这推出 $\varlimsup\limits_{n\to\infty} \sqrt[n]{u_n} \leqslant \bar{q}+\varepsilon$ (参见总习题 2 的 14(1) 题). 由于 ε 是任意的, 因此有 $\varlimsup\limits_{n\to\infty} \sqrt[n]{u_n} \leqslant \bar{q}$, 这就证明了 (11.3.4) 式最右边的不等式. 类似地可证明 (11.3.4) 式最左边的不等式, 而 (11.3.4) 式中间的不等式是显然的.

(11.3.4) 式表明, 如果使用比式极限法有效, 则使用根式极限法也有效, 反之未必; 若 $\lim\limits_{n\to\infty} \dfrac{u_{n+1}}{u_n}$ 存在, 则 $\lim\limits_{n\to\infty} \sqrt[n]{u_n}$ 也存在, 反之未必.

根式极限法涵盖了比式极限法的适用范围, 并不意味着比式极限法不如根式极限法重要. 实际上, 在级数敛散性问题的处理中常常要考虑通项的具体表达式. 当通项 u_n 含有连乘积结构时, 处理 $\sqrt[n]{u_n}$ 要比 u_{n+1}/u_n 困难得多, 此时适宜选用比式极限法.

若以 p 级数作为比较尺度, 则得到下面的 Raabe (拉贝) 判别法.

定理 11.3.9 (Raabe 判别法) 设 $\sum\limits_{n=1}^{\infty} u_n$ 为正项级数且

$$\lim_{n\to\infty} n\left(1 - \frac{u_{n+1}}{u_n}\right) = \lambda.$$

(1) 若 $\lambda > 1$, 则 $\sum\limits_{n=1}^{\infty} u_n$ 收敛;

(2) 若 $\lambda < 1$, 则 $\sum\limits_{n=1}^{\infty} u_n$ 发散;

(3) 若 $\lambda = 1$, 则判别法失效, 即级数可能收敛, 也可能发散.

证明 (1) 取 λ_0, λ_1 使 $\lambda > \lambda_0 > \lambda_1 > 1$. 因为 $\lim\limits_{n \to \infty} n \left(1 - \dfrac{u_{n+1}}{u_n} \right) > \lambda_0$,

由保号性, $\exists N_0 \in \mathbb{Z}^+$, $\forall n \geqslant N_0$ 有 $n \left(1 - \dfrac{u_{n+1}}{u_n} \right) > \lambda_0$, 即 $\dfrac{u_{n+1}}{u_n} < 1 - \dfrac{\lambda_0}{n}$. 由于

$$\lim_{n \to \infty} \frac{1 - \left(1 - \dfrac{1}{n} \right)^{\lambda_1}}{\dfrac{\lambda_0}{n}} = \lim_{x \to 0} \frac{1 - (1-x)^{\lambda_1}}{\lambda_0 x} = \lim_{x \to 0} \frac{\lambda_1 (1-x)^{\lambda_1 - 1}}{\lambda_0} = \frac{\lambda_1}{\lambda_0} < 1,$$

故按保号性, $\exists N > N_0$, $\forall n \geqslant N$ 有 $1 - \left(1 - \dfrac{1}{n} \right)^{\lambda_1} < \dfrac{\lambda_0}{n}$. 于是

$$\frac{u_{n+1}}{u_n} < 1 - \frac{\lambda_0}{n} < \left(1 - \frac{1}{n} \right)^{\lambda_1} = \left(\frac{n-1}{n} \right)^{\lambda_1}.$$

因此, $\forall n > N$ 有

$$u_{n+1} = \frac{u_{n+1}}{u_n} \cdot \frac{u_n}{u_{n-1}} \cdot \ \cdots \ \cdot \frac{u_{N+1}}{u_N} \cdot u_N$$

$$< \left(\frac{n-1}{n} \right)^{\lambda_1} \left(\frac{n-2}{n-1} \right)^{\lambda_1} \cdots \left(\frac{N-1}{N} \right)^{\lambda_1} u_N = \frac{(N-1)^{\lambda_1} u_N}{n^{\lambda_1}}.$$

因为 $\lambda_1 > 1$, $\sum\limits_{n=1}^{\infty} \dfrac{1}{n^{\lambda_1}}$ 收敛, 所以由比较判别法可知 $\sum\limits_{n=1}^{\infty} u_{n+1}$ 收敛, 即 $\sum\limits_{n=1}^{\infty} u_n$ 收敛.

(2) 因为 $\lim\limits_{n \to \infty} n \left(1 - \dfrac{u_{n+1}}{u_n} \right) = \lambda < 1$, 由保号性, $\exists N_0 \in \mathbb{Z}^+$, $\forall n \geqslant N_0$ 有

$n \left(1 - \dfrac{u_{n+1}}{u_n} \right) < 1$, 即 $\dfrac{u_{n+1}}{u_n} > 1 - \dfrac{1}{n} = \dfrac{n-1}{n}$. 由于 $\forall n \geqslant N_0$, 有

$$u_{n+1} = \frac{u_{n+1}}{u_n} \cdot \frac{u_n}{u_{n-1}} \cdot \ \cdots \ \cdot \frac{u_{N_0+1}}{u_{N_0}} \cdot u_{N_0}$$

$$> \left(\frac{n-1}{n} \right) \left(\frac{n-2}{n-1} \right) \cdots \left(\frac{N_0-1}{N_0} \right) u_{N_0} = \frac{(N_0-1) u_{N_0}}{n},$$

而 $\sum\limits_{n=1}^{\infty} \dfrac{1}{n}$ 发散, 故按比较判别法可知 $\sum\limits_{n=1}^{\infty} u_{n+1}$ 发散, 即 $\sum\limits_{n=1}^{\infty} u_n$ 发散.

(3) 已知级数 $\sum\limits_{n=2}^{\infty} \dfrac{1}{n(\ln n)^p}$ 当 $p > 1$ 时收敛, 当 $p \leqslant 1$ 时发散 (参见例 11.3.2).

但是, 对 $\forall p \in \mathbb{R}$, 利用 Lagrange 中值定理, $\exists \xi \in (n, n+1)$ 有

$$\left| \ln^p(n+1) - \ln^p n \right| = \left| p \frac{\ln^{p-1} \xi}{\xi} \right| \leqslant |p| \frac{\max\left\{ \ln^{p-1}(n+1), \ln^{p-1} n \right\}}{n},$$

于是对 $\forall p \in \mathbb{R}$, 当 $n \to \infty$ 有

$$n\left(1 - \frac{u_{n+1}}{u_n}\right) = \frac{n\left[(n+1)\ln^p(n+1) - n\ln^p n\right]}{(n+1)\ln^p(n+1)} = \frac{n^2\left[\ln^p(n+1) - \ln^p n\right]}{(n+1)\ln^p(n+1)} + \frac{n}{n+1} \to 1.$$

此例表明, 若 $\lambda = 1$, 则判别法失效.

例 11.3.8 判别正项级数 $\sum\limits_{n=1}^{\infty} \dfrac{(2n-1)!!}{(2n)!!} \cdot \dfrac{1}{2n+1}$ 的敛散性.

解 *方法 1* 记通项为 u_n, 则

$$\begin{aligned}
n\left(1 - \frac{u_{n+1}}{u_n}\right) &= n\left(1 - \frac{(2n+1)!!}{(2n+2)!!} \cdot \frac{2n+1}{2n+3} \cdot \frac{(2n)!!}{(2n-1)!!}\right) \\
&= n\left(1 - \frac{(2n+1)^2}{(2n+2)(2n+3)}\right) \\
&= \frac{6n^2 + 5n}{4n^2 + 10n + 6} \to \frac{3}{2} > 1 \quad (n \to \infty).
\end{aligned}$$

根据 Raabe 判别法, 级数收敛.

方法 2 因为 $\dfrac{2k-1}{2k} < \dfrac{2k}{2k+1}$, 所以

$$\left[\frac{(2n-1)!!}{(2n)!!}\right]^2 < \frac{(2n-1)!!}{(2n)!!} \cdot \frac{(2n)!!}{(2n+1)!!} = \frac{1}{2n+1}.$$

记通项为 u_n, 则 $u_n < \dfrac{1}{\sqrt{(2n+1)^3}} = (2n+1)^{-\frac{3}{2}}$. 由于

$$\frac{(2n+1)^{-\frac{3}{2}}}{n^{-\frac{3}{2}}} = \left(\frac{n}{2n+1}\right)^{\frac{3}{2}} \to \frac{1}{2^{\frac{3}{2}}} \quad (n \to \infty),$$

且 $p = \dfrac{3}{2} > 1$, 故按比较极限法可知 $\sum\limits_{n=1}^{\infty} \dfrac{1}{\sqrt{(2n+1)^3}}$ 收敛, 再由比较判别法知 $\sum\limits_{n=1}^{\infty} u_n$ 收敛.

回顾前面的讨论可以看到, 关于正项级数敛散性的判别, 除了用积分判别法建立与无穷积分的联系之外, 比较判别法及其极限形式是基础, 由此可导出一系列判别法. 对于两个收敛的正项级数 $\sum\limits_{n=1}^{\infty} a_n$ 与 $\sum\limits_{n=1}^{\infty} b_n$, 如果 $\lim\limits_{n\to\infty} \dfrac{a_n}{b_n} = 0$, 则称 $\sum\limits_{n=1}^{\infty} a_n$ 比 $\sum\limits_{n=1}^{\infty} b_n$ 收敛得快 (或称 $\sum\limits_{n=1}^{\infty} b_n$ 比 $\sum\limits_{n=1}^{\infty} a_n$ 收敛得慢). 比式判别法与根式判别法是以几何级数为尺度的判别法, 能够判别比几何级数收敛得快的一些级数的性态. 但几何级数是一个较粗的尺度, 对于比几何级数收敛得慢的一些级数, 比式判别法与根式判别法就无能为力了. 由于当 $0 < q < 1$, $p > 1$ 时有 $\lim\limits_{n\to\infty} \dfrac{q^n}{n^{-p}} = 0$, 即 p 级数比几何级数收敛得慢, 因而比式判别法与根式判别法不能判别 p 级数的敛散性. Raabe 判别法是一个以 p 级数为尺度的判别法, 能够判别比 p 级数收敛得快的一些级数的性态, 较之比式判别法与根式判别法更为精细, 但它不能判别级数 $\sum\limits_{n=2}^{\infty} \dfrac{1}{n(\ln n)^p}$ 的敛散性. 明显地, 当 $p > 1$ 时, $\sum\limits_{n=2}^{\infty} \dfrac{1}{n(\ln n)^p}$ 比 $\sum\limits_{n=2}^{\infty} \dfrac{1}{n^p}$ 收敛得慢. 容易看出, 当 $p > 1$ 时, 下列级数后者比前者收敛得慢:

$$\sum_{n=2}^{\infty} \frac{1}{n(\ln n)^p}, \quad \sum_{n=3}^{\infty} \frac{1}{n\ln n(\ln\ln n)^p}, \quad \sum_{n=[e^e]+1}^{\infty} \frac{1}{n\ln n\ln\ln n(\ln\ln\ln n)^p}, \quad \cdots.$$

由此可知, 企图建立一种对一切正项级数都有效的判别法是不可能的. 判别法的适用范围都是相对的, 有局限, 应当针对实际问题的特点灵活选用.

习 题 11.3

1. 讨论下列正项级数的敛散性 $(p \geqslant 0, q \geqslant 0)$:

(1) $\sum\limits_{n=3}^{\infty} \dfrac{1}{n\,(\ln\ln n)^p}$;

(2) $\sum\limits_{n=2}^{\infty} \dfrac{1}{n^p\,(\ln n)^q}$.

2. 判断下列正项级数的敛散性:

(1) $\sum\limits_{n=1}^{\infty} \dfrac{\sqrt[5]{n^4}+1}{n^2+4n-3}$;

(2) $\sum\limits_{n=1}^{\infty} 2^n \sin \dfrac{\pi}{3^n}$;

(3) $\sum\limits_{n=1}^{\infty} \dfrac{1}{n\sqrt[n]{n^2}}$;

(4) $\sum\limits_{n=1}^{\infty} \left(e^{\frac{1}{n^2}} - \cos\dfrac{1}{n} \right)$;

(5) $\sum\limits_{n=1}^{\infty} \left(\sqrt[n]{a} - 1 \right) \quad (a > 1)$;

(6) $\sum\limits_{n=2}^{\infty} \dfrac{n}{(\ln n)^{\ln n}}$.

3. 判断下列正项级数的敛散性:

(1) $\displaystyle\sum_{n=1}^{\infty} \frac{2 \cdot 5 \cdot 8 \cdot \cdots \cdot (3n-1)}{1 \cdot 3 \cdot 5 \cdot \cdots \cdot (2n-1)}$;　　(2) $\displaystyle\sum_{n=1}^{\infty} \left(\frac{2n-1}{3n+1}\right)^{n-1}$;

(3) $\displaystyle\sum_{n=2}^{\infty} \frac{n^{1000}}{(\ln n)^n}$;　　(4) $\displaystyle\sum_{n=1}^{\infty} \frac{(n!)^2}{(2n)!}$;

(5) $\displaystyle\sum_{n=1}^{\infty} \frac{[3+(-1)^n]}{2^n} \left(\frac{n+1}{n}\right)^{n^2}$;　　(6) $\displaystyle\sum_{n=1}^{\infty} \frac{(2n-1)!!}{n^{1000}n!}$.

4. 讨论下列正项级数的敛散性 $(x \geqslant 0)$:

(1) $\displaystyle\sum_{n=1}^{\infty} \frac{n!}{(x+1)(x+2)\cdots(x+n)}$;

(2) $\displaystyle\sum_{n=1}^{\infty} (2-x)\left(2-x^{\frac{1}{2}}\right)\left(2-x^{\frac{1}{3}}\right)\cdots\left(2-x^{\frac{1}{n}}\right)$.

5. 判断下列级数的敛散性 $(0 < a < b < 1)$:

$$a + b + a^2 + b^2 + \cdots + a^n + b^n + \cdots.$$

6. 设正项级数 $\displaystyle\sum_{n=1}^{\infty} a_n$ 收敛, 证明 $\displaystyle\sum_{n=1}^{\infty} a_n^2$ 亦收敛; 试问反之是否成立?

7. 设 $\displaystyle\sum_{n=1}^{\infty} a_n$ 为正项级数.

(1) 若 $\{na_n\}$ 有界, 证明 $\displaystyle\sum_{n=1}^{\infty} a_n^2$ 收敛;

(2) 若 $\displaystyle\lim_{n\to\infty} na_n = a \neq 0$, 证明 $\displaystyle\sum_{n=1}^{\infty} a_n$ 发散.

8. 设 $\displaystyle\sum_{n=1}^{\infty} a_n$ 为收敛的正项级数. 证明:

(1) 级数 $\displaystyle\sum_{n=1}^{\infty} \sqrt{a_n a_{n+1}}$ 收敛;　　(2) 级数 $\displaystyle\sum_{n=1}^{\infty} \frac{\sqrt{a_n}}{n}$ 收敛.

9. 设 $\displaystyle\sum_{n=1}^{\infty} a_n$ 为正项级数, $\displaystyle\sum_{n=1}^{\infty} b_n$ 为它的加括号级数. 若 $\displaystyle\sum_{n=1}^{\infty} b_n$ 收敛, 证明 $\displaystyle\sum_{n=1}^{\infty} a_n$ 也收敛.

11.4　一般项级数的收敛性

　　本节将讨论一般项级数的收敛性判别问题以及相关性质. 所谓一般项级数, 是指它未必是正项级数, 允许它的项变号. 应当指出, 在 11.1 节讨论得出的关于级数的一些性质适用于一般项级数. 尤其要注意, Cauchy 准则 (包括推论 11.1.3) 是级数收敛的普遍原理, 适用于一切级数. 对于一般项级数的研究, 考虑其绝对值级数是一个重要的思想方法.

定理 11.4.1 若绝对值级数 $\displaystyle\sum_{n=1}^{\infty}|u_n|$ 收敛, 则级数 $\displaystyle\sum_{n=1}^{\infty}u_n$ 也收敛.

证明 注意到 $\forall n \in \mathbb{Z}^+$ 有 $0 \leqslant |u_n| + u_n \leqslant 2|u_n|$, 因为 $\displaystyle\sum_{n=1}^{\infty}|u_n|$ 收敛, 所以由比较判别法知 $\displaystyle\sum_{n=1}^{\infty}(|u_n|+u_n)$ 收敛, 再由线性性质便知 $\displaystyle\sum_{n=1}^{\infty}u_n$ 也收敛.

定理 11.4.1 的逆命题不真. 在例 11.1.6 中已证明 $\displaystyle\sum_{n=1}^{\infty}\frac{(-1)^{n-1}}{n}$ 是收敛的, 但其绝对值级数 $\displaystyle\sum_{n=1}^{\infty}\left|\frac{(-1)^{n-1}}{n}\right| = \sum_{n=1}^{\infty}\frac{1}{n}$ 却是发散的.

定义 11.4.1 若级数 $\displaystyle\sum_{n=1}^{\infty}|u_n|$ 收敛, 则称级数 $\displaystyle\sum_{n=1}^{\infty}u_n$ **绝对收敛**; 若 $\displaystyle\sum_{n=1}^{\infty}u_n$ 收敛但 $\displaystyle\sum_{n=1}^{\infty}|u_n|$ 发散, 则称级数 $\displaystyle\sum_{n=1}^{\infty}u_n$ **条件收敛**.

可见, 全体收敛的级数分为绝对收敛与条件收敛两大类. 收敛的正项级数当然是绝对收敛的. $\displaystyle\sum_{n=1}^{\infty}\frac{(-1)^{n-1}}{n}$ 是条件收敛级数的一个例子.

定理 11.4.1 表明, 绝对收敛的级数必定收敛. 考察级数的绝对收敛性是判别级数收敛性的方法之一, 正项级数的各种判别法都可充分利用. 但要注意, 定理 11.4.1 只是充分条件. 如果一个级数不是绝对收敛的, 则它还有条件收敛与发散两种可能.

例 11.4.1 判别级数 $\displaystyle\sum_{n=2}^{\infty}\frac{\cos n}{3^{\ln n}-1}$ 的敛散性.

解 记通项为 u_n, 则 $|u_n| \leqslant \dfrac{1}{3^{\ln n}-1}$, 由于 $3^{\ln n} = \mathrm{e}^{(\ln 3)\ln n} = n^{\ln 3}$, 故当 $n \to \infty$ 时有 $\dfrac{1}{3^{\ln n}-1} \sim \dfrac{1}{n^{\ln 3}}$, $p = \ln 3 > 1$, 由比较极限法知 $\displaystyle\sum_{n=2}^{\infty}\frac{1}{3^{\ln n}-1}$ 收敛; 再由比较判别法知 $\displaystyle\sum_{n=2}^{\infty}u_n$ 绝对收敛, 从而它是收敛的.

对于变号级数, 若它不是绝对收敛的, 则它的敛散性判别问题远比正项级数复杂. 本节只对其中的某些特殊类型的变号级数展开讨论. 先来考虑最简单的一类, 其各项的符号是交替变化的.

定义 11.4.2 若级数 $\sum\limits_{n=1}^{\infty} u_n$ 的通项为 $u_n = (-1)^{n-1} a_n$ 或 $u_n = (-1)^n a_n$, 其中 $a_n \geqslant 0$, 则称它为**交错级数**.

对于交错级数, 由于 $\sum\limits_{n=1}^{\infty} (-1)^n a_n = -\sum\limits_{n=1}^{\infty} (-1)^{n-1} a_n$, 故只需对 $\sum\limits_{n=1}^{\infty} (-1)^{n-1} a_n$ 进行讨论.

定理 11.4.2 (Leibniz 判别法, 或交错级数判别法) 若正数列 $\{a_n\}$ 递减收敛于 0, 则交错级数 $\sum\limits_{n=1}^{\infty} (-1)^{n-1} a_n$ 收敛, 且余级数有估计式 $|R_n| \leqslant a_{n+1}$.

证明 设交错级数的部分和数列为 $\{S_n\}$, 则对 $\forall k \in \mathbb{Z}^+$ 有

$$S_{2k-1} = a_1 - (a_2 - a_3) - \cdots - (a_{2k-2} - a_{2k-1}), \tag{11.4.1}$$

$$S_{2k} = (a_1 - a_2) + (a_3 - a_4) + \cdots + (a_{2k-1} - a_{2k}). \tag{11.4.2}$$

因为正数列 $\{a_n\}$ 递减, 故由 (11.4.1) 与 (11.4.2) 式可知 $\{S_{2k-1}\}$ 递减且 $\{S_{2k}\}$ 递增, 又因为 $\{a_n\}$ 收敛于 0, 故 $0 < S_{2k-1} - S_{2k} = a_{2k} \to 0 \ (k \to \infty)$. 从而 $\{[S_{2k}, S_{2k-1}]\}$ 是一个闭区间套, 由闭区间套定理, 存在唯一的实数 S 使得 $\lim\limits_{k\to\infty} S_{2k-1} = \lim\limits_{k\to\infty} S_{2k} = S$. 因此数列 $\{S_n\}$ 收敛, 即交错级数收敛. 由于 S 总是介于 S_n 与 S_{n+1} 之间, 故

$$|R_n| = |S - S_n| \leqslant |S_{n+1} - S_n| = a_{n+1}.$$

例 11.4.2 讨论下列级数的收敛性与绝对收敛性 $(x \in \mathbb{R})$:

(1) $\sum\limits_{n=1}^{\infty} \dfrac{(-1)^{n-1}}{n^x}$;   (2) $\sum\limits_{n=1}^{\infty} \dfrac{x^{n-1}}{\ln(n+1)}$.

解 (1) 记通项为 $(-1)^{n-1} a_n$, $a_n = \dfrac{1}{n^x}$. 因为当 $x > 1$ 时, $\sum\limits_{n=1}^{\infty} a_n$ 收敛, 所以此时原级数绝对收敛; 当 $0 < x \leqslant 1$ 时, $\sum\limits_{n=1}^{\infty} a_n$ 发散, 但由 $\dfrac{a_{n+1}}{a_n} = \left(\dfrac{n}{n+1}\right)^x < 1$ 知 $\{a_n\}$ 递减, 且易知 $\lim\limits_{n\to\infty} a_n = 0$, 根据 Leibniz 判别法, 此时原级数收敛, 即它条件收敛; 当 $x \leqslant 0$ 时, 通项 $(-1)^{n-1} a_n$ 不收敛于 0, 此时原级数发散.

(2) 记通项为 u_n, 则

$$\sqrt[n]{|u_n|} = \dfrac{1}{\sqrt[n]{\ln(n+1)}} |x|^{\frac{n-1}{n}} \to |x| \quad (n \to \infty).$$

当 $|x| < 1$ 时, 由根式极限法, $\sum\limits_{n=1}^{\infty} |u_n|$ 收敛, 所以此时原级数绝对收敛; 当 $|x| > 1$ 时, 根据极限保号性, n 充分大时有 $\sqrt[n]{|u_n|} > 1$, 即 $|u_n| > 1$, 这表明通项不收敛于 0, 此时原级数发散; 当 $x = 1$ 时, $u_n \geqslant \dfrac{1}{n}$, 原级数 $\sum\limits_{n=1}^{\infty} \dfrac{1}{\ln(n+1)}$ 发散; 当 $x = -1$ 时原级数为 $\sum\limits_{n=1}^{\infty} \dfrac{(-1)^{n-1}}{\ln(n+1)}$, 根据 Leibniz 判别法, 它是收敛的, 即它条件收敛. 因此原级数当 $x \in [-1, 1)$ 收敛 (当 $x \in (-1, 1)$ 绝对收敛, 当 $x = -1$ 条件收敛), 而当 $x \in (-\infty, -1)$ 与 $x \in [1, +\infty)$ 都发散.

下面讨论形如 $\sum\limits_{n=1}^{\infty} a_n b_n$ 的一般项级数的收敛性. 为此, 先来介绍分部求和公式, 此公式也称为 **Abel 变换**.

引理 11.4.3 (**分部求和公式**)　设 $\{a_n\}, \{b_n\}$ 是两个数列, $\{A_n\}$ 是 $\{a_n\}$ 的部分和数列, 则对 $\forall n \in \mathbf{Z}^+$ 有

$$\sum_{k=1}^{n} a_k b_k = \sum_{k=1}^{n-1} A_k (b_k - b_{k+1}) + A_n b_n. \tag{11.4.3}$$

证明　记 $A_0 = 0$, 则 $a_k = A_k - A_{k-1}$, 于是

$$\sum_{k=1}^{n} a_k b_k = \sum_{k=1}^{n} (A_k - A_{k-1}) b_k = \sum_{k=1}^{n} A_k b_k - \sum_{k=1}^{n} A_{k-1} b_k$$

$$= \sum_{k=1}^{n} A_k b_k - \sum_{k=0}^{n-1} A_k b_{k+1} = \sum_{k=1}^{n-1} A_k (b_k - b_{k+1}) + A_n b_n.$$

如果记 $\Delta A_k = A_k - A_{k-1} = a_k$, $\Delta b_{k+1} = b_{k+1} - b_k$, 那么 (11.4.3) 式可写成

$$\sum_{k=1}^{n} b_k \Delta A_k = A_k b_k \big|_0^n - \sum_{k=1}^{n-1} A_k \Delta b_{k+1},$$

其形式与分部积分公式相似, 所以公式 (11.4.3) 称为分部求和公式.

定理 11.4.4 (**A-D 判别法**)　若下列两个条件之一满足, 则级数 $\sum\limits_{n=1}^{\infty} a_n b_n$ 收敛:

(1) (**Abel 判别法**) 级数 $\sum\limits_{n=1}^{\infty} a_n$ 收敛, 数列 $\{b_n\}$ 单调有界;

(2) (**Dirichlet 判别法**) 级数 $\sum\limits_{n=1}^{\infty} a_n$ 的部分和数列有界, 数列 $\{b_n\}$ 单调收敛于 0.

证明 (2) 以下用 Cauchy 准则来证明级数 $\sum\limits_{n=1}^{\infty} a_n b_n$ 收敛. 设 $\sum\limits_{n=1}^{\infty} a_n$ 的部分和数列为 $\{A_n\}$, 则 $\exists M > 0, \forall n \in \mathbb{Z}^+$ 有 $|A_n| \leqslant M$. 因为数列 $\{b_n\}$ 单调, 故对 $\forall p \in \mathbb{Z}^+$, 由分部求和公式得

$$
\begin{aligned}
\left| \sum_{k=n+1}^{n+p} a_k b_k \right| &= \left| \sum_{k=1}^{n+p} a_k b_k - \sum_{k=1}^{n} a_k b_k \right| \\
&= \left| \sum_{k=1}^{n+p-1} A_k(b_k - b_{k+1}) + A_{n+p}b_{n+p} - \sum_{k=1}^{n-1} A_k(b_k - b_{k+1}) - A_n b_n \right| \\
&= \left| \sum_{k=n}^{n+p-1} A_k(b_k - b_{k+1}) + A_{n+p}b_{n+p} - A_n b_n \right| \\
&\leqslant M \sum_{k=n}^{n+p-1} |b_k - b_{k+1}| + M|b_{n+p}| + M|b_n| \\
&= M \left| \sum_{k=n}^{n+p-1} (b_k - b_{k+1}) \right| + M|b_{n+p}| + M|b_n| \\
&\leqslant 2M \left(|b_{n+p}| + |b_n| \right).
\end{aligned}
$$

$\forall \varepsilon > 0$, 由 $\{b_n\}$ 收敛于 0 可知 $\exists N \in \mathbb{Z}^+, \forall n > N$ 有 $|b_n| < \dfrac{\varepsilon}{4M}$, 从而对 $\forall p \in \mathbb{Z}^+$ 有

$$
\left| \sum_{k=n+1}^{n+p} a_k b_k \right| \leqslant 2M \left(|b_{n+p}| + |b_n| \right) < 2M \left(\frac{\varepsilon}{4M} + \frac{\varepsilon}{4M} \right) = \varepsilon,
$$

所以 $\sum\limits_{n=1}^{\infty} a_n b_n$ 收敛.

(1) 因数列 $\{b_n\}$ 单调有界, 故它有极限 b. 于是数列 $\{b_n - b\}$ 单调收敛于 0. 又因级数 $\sum\limits_{n=1}^{\infty} a_n$ 收敛, 它的部分和数列必有界, 故由已证的 Dirichlet 判别法知 $\sum\limits_{n=1}^{\infty} a_n(b_n - b)$ 收敛, 因而

$$
\sum_{n=1}^{\infty} a_n b_n = \sum_{n=1}^{\infty} a_n(b_n - b) + b \sum_{n=1}^{\infty} a_n
$$

也是收敛的.

由于级数的敛散性与它的前有限项无关, 故在 Leibniz 判别法与 A-D 判别法的应用中, 数列单调的要求可弱化为从某一项后开始单调. 明显地, 由于 $\sum\limits_{n=1}^{\infty}(-1)^{n-1}$ 的部分和数列是有界的, 因而 Leibniz 判别法是 Dirichlet 判别法的一个特例. 虽然 Abel 判别法是由 Dirichlet 判别法导出的, 但它们各自的条件互有强弱: 每个判别法有两个条件, 其中一个是关于级数的, 另一个是关于数列的; Abel 判别法中级数 $\sum\limits_{n=1}^{\infty}a_n$ 收敛的条件强于 Dirichlet 判别法中部分和数列有界的条件, 但 Abel 判别法中数列 $\{b_n\}$ 单调有界的条件比 Dirichlet 判别法中数列 $\{b_n\}$ 单调收敛于 0 的条件要弱. 因此, 在使用时要针对具体问题作选择.

例 11.4.3 判别级数 $\sum\limits_{n=1}^{\infty}\dfrac{(-1)^n}{\sqrt[3]{n}}\left(1+\dfrac{1}{n}\right)^n$ 的敛散性.

解 由 Leibniz 判别法易知级数 $\sum\limits_{n=1}^{\infty}\dfrac{(-1)^n}{\sqrt[3]{n}}$ 收敛. 因数列 $\left\{\left(1+\dfrac{1}{n}\right)^n\right\}$ 递增有界, 故由 Abel 判别法, 级数 $\sum\limits_{n=1}^{\infty}\dfrac{(-1)^n}{\sqrt[3]{n}}\left(1+\dfrac{1}{n}\right)^n$ 收敛.

例 11.4.4 设 $\{a_n\}$ 是实数列, 且级数 $\sum\limits_{n=1}^{\infty}\dfrac{a_n}{n^x}$ 在 $x=x_0$ 时收敛. 证明 $\sum\limits_{n=1}^{\infty}\dfrac{a_n}{n^x}$ 在 $x>x_0$ 时都收敛.

证明 当 $x>x_0$ 时有 $\dfrac{a_n}{n^x}=\dfrac{1}{n^{x-x_0}}\cdot\dfrac{a_n}{n^{x_0}}$, 已知 $\sum\limits_{n=1}^{\infty}\dfrac{a_n}{n^{x_0}}$ 收敛, 又当 $x>x_0$ 时, 数列 $\left\{\dfrac{1}{n^{x-x_0}}\right\}$ 递减收敛于 0, 从而也是有界的. 因此根据 Abel 判别法, 级数 $\sum\limits_{n=1}^{\infty}\dfrac{a_n}{n^x}$ 在 $x>x_0$ 时都收敛.

例 11.4.5 设数列 $\{b_n\}$ 单调收敛于 0, $x\in(0,\pi)$. 讨论级数 $\sum\limits_{n=1}^{\infty}b_n\sin nx$ 的收敛性与绝对收敛性, 并对 $\sum\limits_{n=1}^{\infty}\dfrac{\sin nx}{n^p}$ 进行讨论.

解 由于数列 $\{b_n\}$ 是单调收敛于 0, 故 $\{b_n\}$ 必不变号, 以下不妨设 $\forall n\in\mathbb{Z}^+$, $b_n>0$.

情形 1 $\displaystyle\sum_{n=1}^{\infty} b_n$ 收敛. 因 $|b_n \sin nx| \leqslant b_n$, 故由比较判别法, 此时 $\displaystyle\sum_{n=1}^{\infty} b_n \sin nx$ 绝对收敛.

情形 2 $\displaystyle\sum_{n=1}^{\infty} b_n$ 发散. 由于数列 $\{b_n\}$ 单调收敛于 0, 对级数 $\displaystyle\sum_{n=1}^{\infty} \sin nx$ 的部分和 $\displaystyle\sum_{k=1}^{n} \sin kx$, $\forall n \in \mathbb{Z}^+$ 有

$$
\begin{aligned}
\left| \sum_{k=1}^{n} \sin kx \right| &= \frac{1}{2 \sin \dfrac{x}{2}} \left| \sum_{k=1}^{n} 2 \sin kx \sin \frac{x}{2} \right| \\
&= \frac{1}{2 \sin \dfrac{x}{2}} \left| \sum_{k=1}^{n} \left[\cos\left(k - \frac{1}{2}\right)x - \cos\left(k + \frac{1}{2}\right)x \right] \right| \\
&= \frac{1}{2 \sin \dfrac{x}{2}} \left| \cos \frac{1}{2}x - \cos\left(n + \frac{1}{2}\right)x \right| \leqslant \frac{1}{\sin \dfrac{x}{2}},
\end{aligned}
$$

即该级数的部分和数列有界. 由 Dirichlet 判别法, 级数 $\displaystyle\sum_{n=1}^{\infty} b_n \sin nx$ 收敛. 同理, 由于

$$
\begin{aligned}
\left| \sum_{k=1}^{n} \cos 2kx \right| &= \frac{1}{2 \sin x} \left| \sum_{k=1}^{n} 2 \cos 2kx \sin x \right| \\
&= \frac{1}{2 \sin x} \left| \sum_{k=1}^{n} [\sin(2k+1)x - \sin(2k-1)x] \right| \\
&= \frac{1}{2 \sin x} |\sin(2n+1)x - \sin x| \leqslant \frac{1}{\sin x},
\end{aligned}
$$

故级数 $\displaystyle\sum_{n=1}^{\infty} b_n \cos 2nx$ 收敛. 因为 $\forall n \in \mathbb{Z}^+$ 有

$$
|b_n \sin nx| \geqslant b_n \sin^2 nx = \frac{b_n}{2} - \frac{b_n \cos 2nx}{2},
$$

而 $\displaystyle\sum_{n=1}^{\infty} b_n \cos 2nx$ 收敛, $\displaystyle\sum_{n=1}^{\infty} b_n$ 发散, 所以由线性性质推得 $\displaystyle\sum_{n=1}^{\infty} b_n \sin^2 nx$ 发散, 由比较判别法知 $\displaystyle\sum_{n=1}^{\infty} |b_n \sin nx|$ 发散. 因此 $\displaystyle\sum_{n=1}^{\infty} b_n \sin nx$ 条件收敛.

作为例 11.4.5 的特例, 级数 $\displaystyle\sum_{n=1}^{\infty} \frac{\sin nx}{n^p} (x \in (0, \pi))$ 当 $p > 1$ 时绝对收敛, 当

$0 < p \leqslant 1$ 条件收敛. 又当 $p \leqslant 0$ 时该级数必是发散的, 因为此时级数的通项不收敛.

下面进一步来讨论级数的一些运算性质. 根据 11.1 节的讨论, 收敛的级数满足加法结合律 (即加括号性质). 那么, 收敛的级数是否满足加法交换律? 两个收敛的级数相乘是否满足加乘分配律? 这两个问题都归结为将一个收敛级数的项变更相加顺序 (或收敛级数重排) 的问题.

定义 11.4.3　设函数 $\alpha(n)$ 是从正整数集 $\mathbb{Z}^+$ 到 $\mathbb{Z}^+$ 的一个一一对应, 则称 $\{\alpha(n)\}$ 是 $\mathbb{Z}^+$ 的一个**重排**. 设 $\sum\limits_{n=1}^{\infty} u_n$ 为数项级数, 称级数 $\sum\limits_{n=1}^{\infty} u_{\alpha(n)}$ 为 $\sum\limits_{n=1}^{\infty} u_n$ 的一个**重排级数** (或**更序级数**).

一般地, 仅条件收敛的级数重排后可能改变原级数的和, 甚至可能变为发散级数, 就是说, 仅条件收敛的级数不满足加法交换律. 例如, 已知级数 $\sum\limits_{n=1}^{\infty} \dfrac{(-1)^{n-1}}{n}$ 条件收敛, 设其和为 $S(S = \ln 2)$, 即

$$S = 1 - \frac{1}{2} + \frac{1}{3} - \frac{1}{4} + \frac{1}{5} - \frac{1}{6} + \frac{1}{7} - \frac{1}{8} + \cdots, \tag{11.4.4}$$

将其数乘 $\dfrac{1}{2}$, 并在奇数项添加 0, 得到

$$\frac{S}{2} = 0 + \frac{1}{2} + 0 - \frac{1}{4} + 0 + \frac{1}{6} + 0 - \frac{1}{8} + \cdots, \tag{11.4.5}$$

将 (11.4.4) 与 (11.4.5) 式相加得

$$\frac{3S}{2} = 1 + \frac{1}{3} - \frac{1}{2} + \frac{1}{5} + \frac{1}{7} - \frac{1}{4} + \cdots, \tag{11.4.6}$$

但 (11.4.6) 式中的级数是 (11.4.4) 式中级数的一个重排.

例 11.4.6　已知级数 $\sum\limits_{n=1}^{\infty} \dfrac{(-1)^{n-1}}{\sqrt{n}}$ 条件收敛, 证明它的重排级数

$$1 + \frac{1}{\sqrt{3}} - \frac{1}{\sqrt{2}} + \frac{1}{\sqrt{5}} + \frac{1}{\sqrt{7}} - \frac{1}{\sqrt{4}} + \cdots \tag{11.4.7}$$

是发散的.

证明　设级数 (11.4.7) 的部分和为 A_n, 则

$$A_{3n} = \sum_{k=1}^{n} \left(\frac{1}{\sqrt{4k-3}} + \frac{1}{\sqrt{4k-1}} - \frac{1}{\sqrt{2k}} \right)$$

$$> \sum_{k=1}^{n} \left(\frac{1}{\sqrt{4k}} + \frac{1}{\sqrt{4k}} - \frac{1}{\sqrt{2k}} \right) = \left(1 - \frac{1}{\sqrt{2}} \right) \sum_{k=1}^{n} \frac{1}{\sqrt{k}} \to +\infty \quad (n \to \infty).$$

这表明级数 (11.4.7) 是发散的.

实际上, 是否满足加法交换律, 即级数重排后和的不变性, 正是条件收敛级数与绝对收敛级数的根本区别. 为方便讨论, 先引入正、负部级数的概念.

定义 11.4.4 设 $\sum\limits_{n=1}^{\infty} u_n$ 为数项级数, 令

$$u_n^+ = \begin{cases} u_n, & u_n \geqslant 0, \\ 0, & u_n < 0, \end{cases} \qquad u_n^- = \begin{cases} 0, & u_n \geqslant 0, \\ -u_n, & u_n < 0, \end{cases}$$

则两个正项级数 $\sum\limits_{n=1}^{\infty} u_n^+$ 与 $\sum\limits_{n=1}^{\infty} u_n^-$ 分别称为 $\sum\limits_{n=1}^{\infty} u_n$ 的**正部**级数与**负部**级数.

根据定义, 显然有

$$u_n = u_n^+ - u_n^-, \quad |u_n| = u_n^+ + u_n^-. \tag{11.4.8}$$

引理 11.4.5 设 $\sum\limits_{n=1}^{\infty} u_n$ 为数项级数.

(1) $\sum\limits_{n=1}^{\infty} u_n$ 绝对收敛的充分必要条件是它的正部 $\sum\limits_{n=1}^{\infty} u_n^+$ 与负部 $\sum\limits_{n=1}^{\infty} u_n^-$ 都收敛.

(2) 若 $\sum\limits_{n=1}^{\infty} u_n$ 条件收敛, 则它的正部 $\sum\limits_{n=1}^{\infty} u_n^+$ 与负部 $\sum\limits_{n=1}^{\infty} u_n^-$ 都发散.

证明 (1) 设 $\sum\limits_{n=1}^{\infty} u_n$ 绝对收敛, 即 $\sum\limits_{n=1}^{\infty} |u_n|$ 收敛. 因为 $\forall n \in \mathbb{Z}^+$ 有

$$0 \leqslant u_n^+ \leqslant |u_n|, \quad 0 \leqslant u_n^- \leqslant |u_n|.$$

故由比较判别法知 $\sum\limits_{n=1}^{\infty} u_n^+$ 与 $\sum\limits_{n=1}^{\infty} u_n^-$ 都收敛. 反之, 设 $\sum\limits_{n=1}^{\infty} u_n^+$ 与 $\sum\limits_{n=1}^{\infty} u_n^-$ 都收敛, 则由 (11.4.8) 式中第二式可知 $\sum\limits_{n=1}^{\infty} u_n$ 绝对收敛.

(2) 设 $\sum\limits_{n=1}^{\infty} u_n$ 条件收敛, 则由 (1) 可知 $\sum\limits_{n=1}^{\infty} u_n^+$ 与 $\sum\limits_{n=1}^{\infty} u_n^-$ 至少有一个发散, 由 (11.4.8) 式中第一式与线性性质知 $\sum\limits_{n=1}^{\infty} u_n^+$ 与 $\sum\limits_{n=1}^{\infty} u_n^-$ 都发散.

定理 11.4.6 若级数 $\sum\limits_{n=1}^{\infty} u_n$ 绝对收敛, 则它的任何重排级数 $\sum\limits_{n=1}^{\infty} u_{\alpha(n)}$ 也绝对收敛, 且和不变. (就是说, 绝对收敛的级数满足加法交换律.)

证明 先设原级数 $\sum\limits_{n=1}^{\infty} u_n$ 为正项级数, 则 $\forall n \in \mathbb{Z}^+$ 有 $\sum\limits_{k=1}^{n} u_{\alpha(k)} \leqslant \sum\limits_{n=1}^{\infty} u_n$.

由此可知 $\sum\limits_{n=1}^{\infty} u_{\alpha(n)}$ 收敛且 $\sum\limits_{n=1}^{\infty} u_{\alpha(n)} \leqslant \sum\limits_{n=1}^{\infty} u_n$. 由于 $\sum\limits_{n=1}^{\infty} u_n$ 也是 $\sum\limits_{n=1}^{\infty} u_{\alpha(n)}$ 的一个

重排, 故又有 $\sum\limits_{n=1}^{\infty} u_n \leqslant \sum\limits_{n=1}^{\infty} u_{\alpha(n)}$. 因此有 $\sum\limits_{n=1}^{\infty} u_{\alpha(n)} = \sum\limits_{n=1}^{\infty} u_n$.

再设 $\sum\limits_{n=1}^{\infty} u_n$ 为任意项级数, 由题设及引理 11.4.5, 它的正部 $\sum\limits_{n=1}^{\infty} u_n^+$ 与负部

$\sum\limits_{n=1}^{\infty} u_n^-$ 都收敛. 对重排级数 $\sum\limits_{n=1}^{\infty} u_{\alpha(n)}$, 同样构作其正部 $\sum\limits_{n=1}^{\infty} u_{\alpha(n)}^+$ 与负部 $\sum\limits_{n=1}^{\infty} u_{\alpha(n)}^-$.

由于 $\sum\limits_{n=1}^{\infty} u_{\alpha(n)}^+$ 与 $\sum\limits_{n=1}^{\infty} u_{\alpha(n)}^-$ 分别是 $\sum\limits_{n=1}^{\infty} u_n^+$ 与 $\sum\limits_{n=1}^{\infty} u_n^-$ 的重排, 按已证结果, 它们都

是收敛的, 且

$$\sum\limits_{n=1}^{\infty} u_{\alpha(n)}^+ = \sum\limits_{n=1}^{\infty} u_n^+, \quad \sum\limits_{n=1}^{\infty} u_{\alpha(n)}^- = \sum\limits_{n=1}^{\infty} u_n^-.$$

于是由引理 11.4.5, 重排级数 $\sum\limits_{n=1}^{\infty} u_{\alpha(n)}$ 仍绝对收敛, 且由 (11.4.8) 式中第一式,

$$\sum\limits_{n=1}^{\infty} u_{\alpha(n)} = \sum\limits_{n=1}^{\infty} u_{\alpha(n)}^+ - \sum\limits_{n=1}^{\infty} u_{\alpha(n)}^- = \sum\limits_{n=1}^{\infty} u_n^+ - \sum\limits_{n=1}^{\infty} u_n^- = \sum\limits_{n=1}^{\infty} u_n.$$

下面的引理可看作是加括号性质的弱化的逆定理, 即在加上某种条件后, 加括号性质的逆命题为真.

引理 11.4.7 设 $\sum\limits_{n=1}^{\infty} u_n$ 为数项级数, $\sum\limits_{k=1}^{\infty} v_k$ 是它的加括号级数, 满足 $\forall k \in$

$\mathbb{Z}^+$, $v_k = u_{n_{k-1}+1} + u_{n_{k-1}+2} + \cdots + u_{n_k}$, 且 $u_{n_{k-1}+1}, u_{n_{k-1}+2}, \cdots, u_{n_k}$ 同号. 若

$\sum\limits_{k=1}^{\infty} v_k$ 收敛, 则 $\sum\limits_{n=1}^{\infty} u_n$ 收敛且二者有相同的和.

证明 记 $\sum\limits_{n=1}^{\infty} u_n$ 与 $\sum\limits_{k=1}^{\infty} v_k$ 的部分和分别为 S_n 与 T_k, 则对 $\forall n \in \mathbb{Z}^+$, 总

$\exists k \in \mathbb{Z}^+$, 使 $n = n_{k-1} + j \ (1 \leqslant j \leqslant n_k - n_{k-1})$, 于是有

$$
\begin{aligned}
S_n = \sum_{i=1}^{n} u_i &= \sum_{i=1}^{k-1} \left(u_{n_{i-1}+1} + u_{n_{i-1}+2} + \cdots + u_{n_i} \right) \\
&\quad + \left(u_{n_{k-1}+1} + u_{n_{k-1}+2} + \cdots + u_{n_{k-1}+j} \right) \\
&= T_{k-1} + \left(u_{n_{k-1}+1} + u_{n_{k-1}+2} + \cdots + u_{n_{k-1}+j} \right).
\end{aligned}
$$

因为 $u_{n_{k-1}+1}, u_{n_{k-1}+2}, \cdots, u_{n_k}$ 同号, 所以始终有 $T_k \leqslant S_n \leqslant T_{k-1}$ 或 $T_{k-1} \leqslant S_n \leqslant T_k$ 成立. 令 $n \to \infty$, 则 $k \to \infty$, 由级数 $\sum_{k=1}^{\infty} v_k$ 收敛得到

$$
\lim_{n \to \infty} S_n = \lim_{k \to \infty} T_{k-1} = \lim_{k \to \infty} T_k.
$$

这表明 $\sum_{n=1}^{\infty} u_n$ 收敛且与 $\sum_{k=1}^{\infty} v_k$ 有相同的和.

定理 11.4.8 (Riemann 定理) 设级数 $\sum_{n=1}^{\infty} u_n$ 条件收敛, 则对任意给定的 $S, -\infty \leqslant S \leqslant +\infty$, 都存在 $\sum_{n=1}^{\infty} u_n$ 的重排级数 $\sum_{n=1}^{\infty} u_{\alpha(n)}$ 使得 $\sum_{n=1}^{\infty} u_{\alpha(n)} = S$.

证明 因 $\sum_{n=1}^{\infty} u_n$ 条件收敛, 故 $\lim_{n \to \infty} u_n = 0$, 且按引理 11.4.5 有

$$
\sum_{n=1}^{\infty} u_n^+ = +\infty, \quad \sum_{n=1}^{\infty} u_n^- = +\infty.
$$

先设 $0 \leqslant S < +\infty$, 则由 $\sum_{n=1}^{\infty} u_n^+ = +\infty$ 可知 $\exists p_1 \in \mathbb{Z}^+$ 使得

$$
S < \sum_{n=1}^{p_1} u_n^+ \leqslant S + u_{p_1}^+;
$$

记 $S_1 = \sum_{n=1}^{p_1} u_n^+ - S$, 则由 $\sum_{n=1}^{\infty} u_n^- = +\infty$ 可知 $\exists q_1 \in \mathbb{Z}^+$ 使得 $S_1 < \sum_{n=1}^{q_1} u_n^- \leqslant S_1 + u_{q_1}^-$, 即

$$
S - u_{q_1}^- \leqslant \sum_{n=1}^{p_1} u_n^+ - \sum_{n=1}^{q_1} u_n^- < S.
$$

重复上述方法, 按数学归纳法, 可得到 $\sum\limits_{n=1}^{\infty} u_n$ 的一个重排的加括号级数

$$
\begin{aligned}
&\left(u_1^+ + \cdots + u_{p_1}^+\right) - \left(u_1^- + \cdots + u_{q_1}^-\right) + \left(u_{p_1+1}^+ + \cdots + u_{p_2}^+\right) - \left(u_{q_1+1}^- + \cdots + u_{q_2}^-\right) \\
&+ \cdots + \left(u_{p_{k-1}+1}^+ + \cdots + u_{p_k}^+\right) - \left(u_{q_{k-1}+1}^- + \cdots + u_{q_k}^-\right) + \cdots,
\end{aligned} \tag{11.4.9}
$$

使得它满足

$$
\begin{aligned}
S < &\left(u_1^+ + \cdots + u_{p_1}^+\right) - \left(u_1^- + \cdots + u_{q_1}^-\right) + \cdots \\
&+ \left(u_{p_{k-1}+1}^+ + \cdots + u_{p_k}^+\right) \leqslant S + u_{p_k}^+;
\end{aligned} \tag{11.4.10}
$$

$$
\begin{aligned}
S - u_{q_k}^- \leqslant &\left(u_1^+ + \cdots + u_{p_1}^+\right) - \left(u_1^- + \cdots + u_{q_1}^-\right) + \cdots \\
&+ \left(u_{p_{k-1}+1}^+ + \cdots + u_{p_k}^+\right) \\
&- \left(u_{q_{k-1}+1}^- + \cdots + u_{q_k}^-\right) < S.
\end{aligned} \tag{11.4.11}
$$

由于 $\lim\limits_{n\to\infty} u_n = 0$, 故 $\lim\limits_{n\to\infty} u_n^+ = 0 = \lim\limits_{n\to\infty} u_n^-$, 于是由 $p_k \geqslant k$ 与 $q_k \geqslant k$ 可知

$$
\lim_{k\to\infty} u_{p_k}^+ = \lim_{k\to\infty} u_{q_k}^- = 0,
$$

结合 (11.4.10) 与 (11.4.11) 式得到级数 (11.4.9) 收敛于 S. 利用引理 11.4.7, 可知

级数 (11.4.9) 去掉括号后仍收敛于 S, 即得到 $\sum\limits_{n=1}^{\infty} u_n$ 的一个重排级数收敛于 S.

再设 $-\infty < S < 0$. 由于 $\sum\limits_{n=1}^{\infty} -u_n$ 也条件收敛, 因此存在重排级数 $\sum\limits_{n=1}^{\infty} -u_{\alpha(n)}$

收敛于 $-S$, 从而 $\sum\limits_{n=1}^{\infty} u_{\alpha(n)} = S$.

当 $S = +\infty$ 时, 由于 $\sum\limits_{n=1}^{\infty} u_n^+ = +\infty$, $\exists p_1 \in \mathbb{Z}^+$ 使得 $\sum\limits_{n=1}^{p_1} u_n^+ > 1 + u_1^-$; 同

理, $\exists p_2 \in \mathbb{Z}^+$ 使得 $\sum\limits_{n=1}^{p_1} u_n^+ + \sum\limits_{n=p_1+1}^{p_2} u_n^+ > 2 + u_1^- + u_2^-$; 如此继续, 可依次取

$p_3, \cdots, p_k \in \mathbb{Z}^+$ 使得

$$
\sum_{n=1}^{p_1} u_n^+ + \sum_{n=p_1+1}^{p_2} u_n^+ + \cdots + \sum_{n=p_{k-1}+1}^{p_k} u_n^+ > k + u_1^- + u_2^- + \cdots + u_k^-.
$$

因此得到原级数的一个重排

$$u_1^+ + \cdots + u_{p_1}^+ - u_1^- + u_{p_1+1}^+ + \cdots + u_{p_2}^+ - u_2^- + \cdots + u_{p_{k-1}+1}^+ + \cdots + u_{p_k}^+ - u_k^- + \cdots.$$

不难看出它发散到 $+\infty$.

当 $S = -\infty$ 时, 利用上述结果可知 $\sum_{n=1}^{\infty} -u_n$ 存在重排级数 $\sum_{n=1}^{\infty} -u_{\alpha(n)}$ 发散到 $+\infty$, 从而 $\sum_{n=1}^{\infty} u_{\alpha(n)} = -\infty$.

最后来讨论级数的乘法与加乘分配律的问题. 设 $\sum_{n=1}^{\infty} u_n$ 与 $\sum_{n=1}^{\infty} v_n$ 是两个数项级数, 类似于有限项和的乘法规则, 作这两个级数各项所有可能的乘积 $u_k v_j$ ($k, j = 1, 2, \cdots$), 将其排成以下的无穷矩阵:

$$\begin{pmatrix} u_1v_1 & u_1v_2 & \cdots & u_1v_n & \cdots \\ u_2v_1 & u_2v_2 & \cdots & u_2v_n & \cdots \\ \cdots & \cdots & \cdots & \cdots & \cdots \\ u_nv_1 & u_nv_2 & \cdots & u_nv_n & \cdots \\ \cdots & \cdots & \cdots & \cdots & \cdots \end{pmatrix}.$$

任何将该矩阵的所有元素按某顺序排成一个数列相加的方法都将得到 $\sum_{n=1}^{\infty} u_n$ 与 $\sum_{n=1}^{\infty} v_n$ 乘积的一个表示. 显然, 该矩阵的所有元素排成一个数列的方法有无限多种, 其中常用的有正方形方法 (图 11.4.1) 与对角线方法 (图 11.4.2). 按正方形方法得到的乘积级数为 $\sum_{n=1}^{\infty} a_n$, 其通项为

$$a_n = u_1v_n + u_2v_n + \cdots + u_nv_n + u_nv_{n-1} + \cdots + u_nv_1.$$

按对角线方法得到的乘积级数为 $\sum_{n=1}^{\infty} b_n$, 其通项为

$$b_n = u_1v_n + u_2v_{n-1} + \cdots + u_nv_1 = \sum_{k=1}^{n} u_k v_{n+1-k}.$$

乘积级数 $\sum_{n=1}^{\infty} b_n = \sum_{n=1}^{\infty} (u_1v_n + u_2v_{n-1} + \cdots + u_nv_1)$ 也称为 $\sum_{n=1}^{\infty} u_n$ 与 $\sum_{n=1}^{\infty} v_n$ 的

Cauchy 乘积.

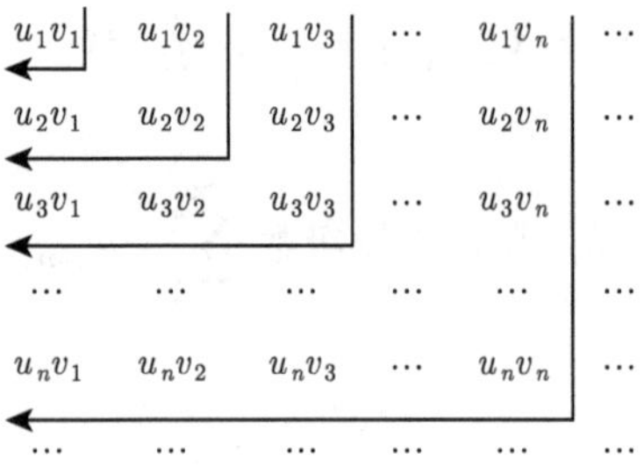

$$
\begin{array}{llllll}
u_1v_1 & u_1v_2 & u_1v_3 & \cdots & u_1v_n & \cdots \\
u_2v_1 & u_2v_2 & u_2v_3 & \cdots & u_2v_n & \cdots \\
u_3v_1 & u_3v_2 & u_3v_3 & \cdots & u_3v_n & \cdots \\
\cdots & \cdots & \cdots & \cdots & \cdots & \\
u_nv_1 & u_nv_2 & u_nv_3 & \cdots & u_nv_n & \cdots \\
\cdots & & & & &
\end{array}
\qquad
\begin{array}{llllll}
u_1v_1 & u_1v_2 & u_1v_3 & \cdots & u_1v_n & \cdots \\
u_2v_1 & u_2v_2 & u_2v_3 & \cdots & u_2v_n & \cdots \\
u_3v_1 & u_3v_2 & u_3v_3 & \cdots & u_3v_n & \cdots \\
\cdots & \cdots & \cdots & & \cdots & \\
u_nv_1 & u_nv_2 & u_nv_3 & \cdots & u_nv_n & \cdots
\end{array}
$$

图 11.4.1 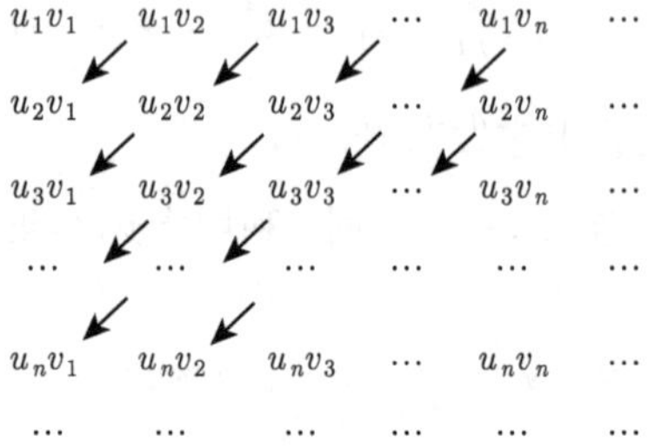　　　　　　　　　　　图 11.4.2

定理 11.4.9 (Cauchy 定理)　设级数 $\displaystyle\sum_{n=1}^{\infty} u_n$ 与 $\displaystyle\sum_{n=1}^{\infty} v_n$ 都绝对收敛. 则这两个级数各项所有可能的乘积 $u_k v_j$ $(k, j = 1, 2, \cdots)$ 按任意方法排序相加而成的级数也绝对收敛, 且其和等于 $\left(\displaystyle\sum_{n=1}^{\infty} u_n\right)\left(\displaystyle\sum_{n=1}^{\infty} v_n\right)$. 特别地, $\displaystyle\sum_{n=1}^{\infty} u_n$ 与 $\displaystyle\sum_{n=1}^{\infty} v_n$ 的 Cauchy 乘积的和为 $\left(\displaystyle\sum_{n=1}^{\infty} u_n\right)\left(\displaystyle\sum_{n=1}^{\infty} v_n\right)$.

证明　设 $\displaystyle\sum_{n=1}^{\infty} u_{k_n} v_{j_n}$ 是所有乘积 $u_k v_j$ $(k, j = 1, 2, \cdots)$ 按任意方法的一种排序相加而成的级数, 记 $M_n = \max\limits_{1 \leqslant i \leqslant n}\{k_i, j_i\}$, 则

$$
\sum_{i=1}^{n}|u_{k_i} v_{j_i}| \leqslant \sum_{k=1}^{M_n}|u_k| \sum_{j=1}^{M_n}|v_j| \leqslant \left(\sum_{k=1}^{\infty}|u_k|\right)\left(\sum_{j=1}^{\infty}|v_j|\right),
$$

由于级数 $\displaystyle\sum_{n=1}^{\infty} u_n$ 与 $\displaystyle\sum_{n=1}^{\infty} v_n$ 都绝对收敛, 故根据定理 11.3.2 可知 $\displaystyle\sum_{n=1}^{\infty} u_{k_n} v_{j_n}$ 绝对收敛. 再根据定理 11.4.6, 它的任何重排级数也绝对收敛, 并且和不变. 设 $\displaystyle\sum_{n=1}^{\infty} a_n$ 是按正方形方法得到的乘积级数, 则 $\displaystyle\sum_{n=1}^{\infty} a_n$ 可看作是由 $\displaystyle\sum_{n=1}^{\infty} u_{k_n} v_{j_n}$ 重排后再添加括号得到的级数. 由于

$$
\sum_{i=1}^{n} a_i = \left(\sum_{k=1}^{n} u_k\right)\left(\sum_{j=1}^{n} v_j\right),
$$

因此有

$$\sum_{n=1}^{\infty} u_{k_n} v_{j_n} = \sum_{n=1}^{\infty} a_n = \left(\sum_{n=1}^{\infty} u_n \right) \left(\sum_{n=1}^{\infty} v_n \right).$$

例 11.4.7 设 $\displaystyle\sum_{n=1}^{\infty} u_n = \sum_{n=1}^{\infty} v_n = \sum_{n=1}^{\infty} \frac{(-1)^{n-1}}{\sqrt{n}}$, 证明这两个条件收敛级数的 Cauchy 乘积发散.

证明 两个级数的 Cauchy 乘积的通项为

$$b_n = u_1 v_n + u_2 v_{n-1} + \cdots + u_n v_1$$

$$= \sum_{k=1}^{n} u_k v_{n+1-k} = \sum_{k=1}^{n} \frac{(-1)^{k-1}}{\sqrt{k}} \cdot \frac{(-1)^{n-k}}{\sqrt{n+1-k}} = (-1)^{n-1} \sum_{k=1}^{n} \frac{1}{\sqrt{k(n+1-k)}},$$

由于 $2\sqrt{k(n+1-k)} \leqslant k + (n+1-k) = n+1$, 故 $|b_n| \geqslant n \cdot \dfrac{2}{n+1} \geqslant 1$, 通项不是无穷小量, 因而 Cauchy 乘积 $\displaystyle\sum_{n=1}^{\infty} b_n$ 发散.

此例表明, 仅仅条件收敛的两级数还不足以保证 Cauchy 乘积的收敛性.

习 题 11.4

1. 判断下列级数的敛散性, 若收敛, 判断是绝对收敛还是条件收敛:

(1) $\displaystyle\sum_{n=1}^{\infty} \cos n\pi \tan \frac{1}{n}$;

(2) $\displaystyle\sum_{n=1}^{\infty} (-1)^n \left(\frac{2n + 10^{10}}{3n+1} \right)^n$;

(3) $\displaystyle\sum_{n=1}^{\infty} \frac{(-1)^n \ln n}{n}$;

(4) $\displaystyle\sum_{n=1}^{\infty} \frac{(-1)^n}{\sqrt[n]{n}}$;

(5) $\displaystyle\sum_{n=2}^{\infty} \frac{\sin n}{n \ln^2 n}$;

(6) $\displaystyle\sum_{n=1}^{\infty} \left(\frac{(-1)^n}{\sqrt{n}} + \frac{1}{n} \right)$.

2. 证明下列级数条件收敛:

(1) $\displaystyle\sum_{n=1}^{\infty} (-1)^n \frac{e^{\arctan n}}{\sqrt[5]{n}}$;

(2) $\displaystyle\sum_{n=2}^{\infty} \frac{\cos n}{\ln n}$;

(3) $\displaystyle\sum_{n=1}^{\infty} (-1)^{n-1} \frac{\cos^2 n}{n}$.

3. 讨论下列级数的敛散性, 若收敛, 判断是绝对收敛还是条件收敛性 $(p \in \mathbb{R})$:

(1) $\displaystyle\sum_{n=1}^{\infty} \frac{(-1)^{n-1}}{n^{p + \frac{1}{n}}}$;

(2) $\displaystyle\sum_{n=1}^{\infty} \frac{(-1)^n}{n} \frac{|p|^n}{1 + |p|^n}$;

(3) $\displaystyle\sum_{n=1}^{\infty} (-1)^n \left[\frac{(2n-1)!!}{(2n)!!} \right]^p$.

4. 设级数 $\displaystyle\sum_{n=1}^{\infty} |a_{n+1} - a_n|$ 收敛, 证明数列 $\{a_n\}$ 收敛.

5. 设级数 $\displaystyle\sum_{n=1}^{\infty} a_n$ 绝对收敛, 数列 $\{b_n\}$ 有界, 证明级数 $\displaystyle\sum_{n=1}^{\infty} a_n b_n$ 也绝对收敛.

6. 设级数 $\sum\limits_{n=1}^{\infty} u_n$ 条件收敛, $\sum\limits_{n=1}^{\infty} u_n^+$ 与 $\sum\limits_{n=1}^{\infty} u_n^-$ 分别是其正部与负部, 证明

$$\lim_{n\to\infty} \frac{\sum\limits_{k=1}^{n} u_k^+}{\sum\limits_{k=1}^{n} u_k^-} = 1.$$

7. 设级数 $\sum\limits_{n=1}^{\infty} u_n$ 的通项是无穷小, 即 $\lim\limits_{n\to\infty} u_n = 0$, 且它的一个加括号级数 $\sum\limits_{n=1}^{\infty} (u_{2n-1} + u_{2n})$ 收敛, 证明 $\sum\limits_{n=1}^{\infty} u_n$ 收敛.

8. 利用级数的 Cauchy 乘积证明:

(1) $\left(\sum\limits_{n=0}^{\infty} \dfrac{1}{n!} \right) \left(\sum\limits_{n=0}^{\infty} \dfrac{(-1)^n}{n!} \right) = 1;$

(2) $\left(\sum\limits_{n=1}^{\infty} q^{n-1} \right) \left(\sum\limits_{n=1}^{\infty} q^{n-1} \right) = \sum\limits_{n=1}^{\infty} n q^{n-1} = \dfrac{1}{(1-q)^2} \quad (|q| < 1).$

复习课件11

归纳解
析视频 11

总习题 11

A 组

1. 判断下列级数的敛散性, 若收敛, 求出它的和:

(1) $\sum\limits_{n=1}^{\infty} \dfrac{1}{n(n+1)(n+2)};$

(2) $\sum\limits_{n=1}^{\infty} \dfrac{5^{n-1} - 4^{n+1}}{3^{2n}};$

(3) $\sum\limits_{n=1}^{\infty} \cos n^2 \pi;$

(4) $\sum\limits_{n=1}^{\infty} \dfrac{1}{\sqrt{n(n+1)}(\sqrt{n} + \sqrt{n+1})};$

(5) $\sum\limits_{n=1}^{\infty} n \ln \left(1 + \dfrac{1}{n} \right);$

(6) $\sum\limits_{n=1}^{\infty} \dfrac{a_n}{(1+a_1)(1+a_2)\cdots(1+a_n)} \quad \left(a_n > 0, \ \lim\limits_{n\to\infty} a_n = +\infty \right).$

2. 判断下列级数的敛散性:

(1) $\displaystyle\sum_{n=1}^{\infty} \frac{1}{\sqrt{n}} \arctan \frac{1}{n}$;

(2) $\displaystyle\sum_{n=1}^{\infty} \left(\sqrt{n^2+1} - \sqrt{n^2-1}\right)$;

(3) $\displaystyle\sum_{n=1}^{\infty} \left(a^{\frac{1}{n}} + a^{-\frac{1}{n}} - 2\right) \quad (a > 0)$;

(4) $\displaystyle\sum_{n=1}^{\infty} n \tan \frac{1}{3^n}$;

(5) $\displaystyle\sum_{n=2}^{\infty} \frac{1}{\ln(n!)}$;

(6) $\displaystyle\sum_{n=1}^{\infty} \frac{1}{\ln(n+1)} \sin \frac{1}{n}$;

(7) $\displaystyle\sum_{n=1}^{\infty} \left[\frac{1}{n} - \ln\left(1 + \frac{1}{n}\right)\right]$;

(8) $\displaystyle\sum_{n=1}^{\infty} \left(\frac{1}{3}\right)^{1+\frac{1}{2}+\cdots+\frac{1}{n}}$;

(9) $\displaystyle\sum_{n=2}^{\infty} \frac{n^{\ln n}}{(\ln n)^n}$;

(10) $\displaystyle\sum_{n=3}^{\infty} \frac{1}{(\ln\ln n)^{\ln n}}$;

(11) $\displaystyle\sum_{n=2}^{\infty} \left(\sqrt{n+1} - \sqrt{n}\right)^p \ln \frac{n-1}{n+1} \quad (p \in \mathbb{R})$;

(12) $\displaystyle\sum_{n=1}^{\infty} \frac{n! e^n}{n^{n+p}} \quad (p \in \mathbb{R}, \, p \neq 3/2)$.

3. 讨论下列级数的敛散性, 若收敛, 判断是绝对收敛还是条件收敛:

(1) $\displaystyle\sum_{n=1}^{\infty} \sin \frac{n\pi}{2} \tan \frac{1}{n}$;

(2) $\displaystyle\sum_{n=1}^{\infty} (-1)^n \left(\sqrt[n]{n} - 1\right)$;

(3) $\displaystyle\sum_{n=1}^{\infty} (-1)^n \left(1 - n\ln \frac{n+1}{n}\right)$;

(4) $\displaystyle\sum_{n=1}^{\infty} \sin\left(\pi\sqrt{n^2+1}\right)$.

4. 证明: 若 $\{a_n\}$ 为有界正数列, 且 $\varlimsup\limits_{n\to\infty} a_n \cdot \varlimsup\limits_{n\to\infty} \dfrac{1}{a_n} = 1$, 则数列 $\{a_n\}$ 收敛.

5. 设 $\{a_n\}$ 为数列, 若 $\displaystyle\sum_{n=1}^{\infty} a_n^2$ 收敛, 证明 $\displaystyle\sum_{n=2}^{\infty} \frac{a_n}{\sqrt{n}\ln n}$ 绝对收敛.

6. 设 $a_n > 0$, $a_n > a_{n+1}$ $(n = 1, 2, \cdots)$ 且 $\lim\limits_{n\to\infty} a_n = 0$, 证明级数

$$\sum_{n=1}^{\infty} (-1)^{n-1} \frac{a_1 + a_2 + \cdots + a_n}{n}$$

是收敛的, 并估计它的余级数与和.

7. 利用级数收敛的必要条件, 证明下列等式:

(1) $\displaystyle\lim_{n\to\infty} \frac{n^n}{(n!)^2} = 0$;

(2) $\displaystyle\lim_{n\to\infty} \frac{(2n)!}{3^{n(n+1)}} = 0$.

8. 若级数 $\displaystyle\sum_{n=1}^{\infty} a_n$ 与 $\displaystyle\sum_{n=1}^{\infty} c_n$ 都收敛, 且成立不等式 $a_n \leqslant b_n \leqslant c_n$ $(\forall n \in \mathbb{Z}^+)$, 证明级数 $\displaystyle\sum_{n=1}^{\infty} b_n$ 也收敛. 若 $\displaystyle\sum_{n=1}^{\infty} a_n$ 与 $\displaystyle\sum_{n=1}^{\infty} c_n$ 都发散, 试问 $\displaystyle\sum_{n=1}^{\infty} b_n$ 一定发散吗?

9. 设 $\displaystyle\sum_{n=1}^{\infty} n a_n$ 收敛, 证明 $\displaystyle\sum_{n=1}^{\infty} a_n$ 也收敛.

10. 证明: 若正项级数 $\sum\limits_{n=1}^{\infty} a_n$ 收敛, 且数列 $\{a_n\}$ 单调, 则 $\lim\limits_{n\to\infty} na_n = 0$.

11. 设 $\sum\limits_{n=1}^{\infty} u_n$ 为正项级数且是发散的, 证明:

(1) $\sum\limits_{n=1}^{\infty} \dfrac{u_n}{1 + u_n}$ 发散;   (2) $\sum\limits_{n=1}^{\infty} \dfrac{u_n}{S_n}$ 发散, 这里 $S_n = u_1 + u_2 + \cdots + u_n$.

12. 设 $\sum\limits_{n=1}^{\infty} u_n$ 和 $\sum\limits_{n=1}^{\infty} v_n$ 为正项级数, 且 $\exists N_0, \forall n > N_0$, 有 $\dfrac{u_{n+1}}{u_n} \leqslant \dfrac{v_{n+1}}{v_n}$. 证明: 若级数 $\sum\limits_{n=1}^{\infty} v_n$ 收敛, 则级数 $\sum\limits_{n=1}^{\infty} u_n$ 也收敛; 若 $\sum\limits_{n=1}^{\infty} u_n$ 发散, 则 $\sum\limits_{n=1}^{\infty} v_n$ 也发散.

13. (1) 设 $\sum\limits_{n=1}^{\infty} u_n$ 为正项级数, 且 $\dfrac{u_{n+1}}{u_n} < 1$, 能否断定 $\sum\limits_{n=1}^{\infty} u_n$ 收敛?

(2) 设 $\sum\limits_{n=1}^{\infty} u_n$ 为一般项级数, 由 $\left| \dfrac{u_{n+1}}{u_n} \right| \geqslant 1$ 可知 $\sum\limits_{n=1}^{\infty} u_n$ 不绝对收敛, 它可能条件收敛吗?

14. 若 $\lim\limits_{n\to\infty} \dfrac{a_n}{b_n} = \lambda \neq 0$, 且级数 $\sum\limits_{n=1}^{\infty} b_n$ 绝对收敛, 证明级数 $\sum\limits_{n=1}^{\infty} a_n$ 收敛. 若上述条件中只知道 $\sum\limits_{n=1}^{\infty} b_n$ 收敛, 能推出 $\sum\limits_{n=1}^{\infty} a_n$ 收敛吗? 请研究级数 $\sum\limits_{n=1}^{\infty} \dfrac{(-1)^{n-1}}{\sqrt{n}}$ 与 $\sum\limits_{n=1}^{\infty} \left[\dfrac{(-1)^{n-1}}{\sqrt{n}} + \dfrac{1}{n} \right]$.

15. 设级数 $\sum\limits_{n=1}^{\infty} b_n$ 收敛, 且 $\lim\limits_{n\to\infty} \dfrac{a_n}{b_n} = 0$, 级数 $\sum\limits_{n=1}^{\infty} a_n$ 是否一定收敛?

16. 设级数 $\sum\limits_{n=1}^{\infty} a_n$ 的部分和数列 $\{A_n\}$ 有界, 级数 $\sum\limits_{n=1}^{\infty} (b_n - b_{n+1})$ 绝对收敛, 并且 $\lim\limits_{n\to\infty} b_n = 0$, 证明 $\sum\limits_{n=1}^{\infty} a_n b_n$ 收敛.

17. 设级数 $\sum\limits_{n=1}^{\infty} a_n$ 收敛, 且级数 $\sum\limits_{n=1}^{\infty} (b_n - b_{n+1})$ 绝对收敛, 证明 $\sum\limits_{n=1}^{\infty} a_n b_n$ 收敛.

B 组

18. 求下列级数 $\sum\limits_{n=1}^{\infty} u_n$ 的和:

(1) $u_n = \arctan \dfrac{1}{2n^2}$;   (2) $u_n = \displaystyle\int_0^1 x^2 (1-x)^n \mathrm{d}x$.

19. 讨论下列级数的敛散性, 若收敛, 判断是绝对收敛还是条件收敛 ($p \in \mathbb{R}$):

(1) $\sum\limits_{n=1}^{\infty} \left(n^{\frac{1}{n^2+1}} - 1 \right)$;   (2) $\sum\limits_{n=1}^{\infty} \left[\mathrm{e} - \left(1 + \dfrac{1}{n} \right)^n \right]^2$;

(3) $\sum\limits_{n=3}^{\infty} \dfrac{1}{(\ln n)^{\ln \ln n}}$;   (4) $\sum\limits_{n=1}^{\infty} (-1)^n \left(1 - \cos \dfrac{1}{n} \right)^p$;

(5) $\displaystyle\sum_{n=1}^{\infty} \ln\left|1 + \frac{(-1)^{n-1}}{n^p}\right|$;

(6) $\displaystyle\sum_{n=2}^{\infty} \frac{(-1)^n}{[n+(-1)^n]^p}$.

20. 判别级数 $\displaystyle\sum_{n=1}^{\infty} \frac{n!\mathrm{e}^n}{n^{n+3/2}}$ 的敛散性 (即 2(12) 题 $p = 3/2$ 时的情况).

21. 证明: 当 $\alpha \neq k\pi \ (k \in \mathbb{Z})$ 时, 数项级数 $\displaystyle\sum_{n=1}^{\infty} \sin n\alpha$ 发散.

22. 设 $f(x)$ 在点 $x = 0$ 的某一邻域内具有连续的二阶导数, 且 $\displaystyle\lim_{x\to 0} \frac{f(x)}{x} = 0$. 证明级数 $\displaystyle\sum_{n=1}^{\infty} f\left(\frac{1}{n}\right)$ 绝对收敛.

23. 设 $f(x)$ 在点 $x = 0$ 的某一邻域内有定义且是非负的, $f''(0)$ 存在, $f(0) = 0$. 证明级数 $\displaystyle\sum_{n=1}^{\infty} f\left(\frac{1}{n}\right)$ 收敛的充分必要条件是 $f'(0) = 0$.

24. 举例说明: 若级数 $\displaystyle\sum_{n=1}^{\infty} u_n$ 对每个固定的 p 满足条件 $\displaystyle\lim_{n\to\infty} (u_{n+1} + u_{n+2} + \cdots + u_{n+p}) = 0$, 则此级数仍可能不收敛.

25. 设 $\{a_n\}$ 为递减正数列, 证明: 级数 $\displaystyle\sum_{n=1}^{\infty} a_n$ 与 $\displaystyle\sum_{n=1}^{\infty} 2^n a_{2^n}$ 同时收敛或同时发散.

26. 证明: 级数 $\displaystyle\sum_{n=1}^{\infty} \frac{(-1)^{[\sqrt{n}]}}{n}$ 收敛.

27. 证明: 若级数 $\displaystyle\sum_{n=1}^{\infty} a_n^2$ 与 $\displaystyle\sum_{n=1}^{\infty} b_n^2$ 收敛, 则级数 $\displaystyle\sum_{n=1}^{\infty} a_n b_n$ 绝对收敛, 且

$$\left(\sum_{n=1}^{\infty} a_n b_n\right)^2 \leqslant \left(\sum_{n=1}^{\infty} a_n^2\right)\left(\sum_{n=1}^{\infty} b_n^2\right).$$

28. 若级数 $\displaystyle\sum_{n=1}^{\infty} u_n$ 发散, 证明 $\displaystyle\sum_{n=1}^{\infty} \left(1 + \frac{1}{n}\right) u_n$ 也发散.

29. 设 $\{u_n\}$ 为数列, 则 $\displaystyle\prod_{n=1}^{\infty} u_n = u_1 u_2 \cdots u_n \cdots$ 称为**无穷乘积**, $P_n = \displaystyle\prod_{k=1}^{n} u_k = u_1 u_2 \cdots u_n$ 称为它的**部分积**, 若部分积数列 $\{P_n\}$ 收敛于 P, 即 $\displaystyle\lim_{n\to\infty} P_n = P$, 则称 $\displaystyle\prod_{n=1}^{\infty} u_n$ **收敛**, 记作 $\displaystyle\prod_{n=1}^{\infty} u_n = P$; 否则称 $\displaystyle\prod_{n=1}^{\infty} u_n$ **发散**. 设 $\{a_n\}$ 为正数列, 证明无穷乘积 $\displaystyle\prod_{n=1}^{\infty} (1 + a_n)$ 收敛的充分必要条件是 $\displaystyle\sum_{n=1}^{\infty} a_n$ 收敛, 并讨论 $\displaystyle\prod_{n=1}^{\infty} \left(1 + \frac{1}{n^p}\right)$ 的敛散性.

第 12 章　函数项级数

CHAPTER

函数项级数就是以函数为通项的级数, 它涉及两个变量: 正整数变量与每项函数的自变量. 当自变量固定时, 它是一个数项级数, 因此前一章建立的数项级数理论是本章的基础. 本章所考虑的主要问题是: 对于用函数项级数所表达的这种函数 (和函数), 在什么条件下保持有限个函数的和所具备的一些性质? 其中关键的条件是函数项级数关于两个变量的一致收敛性. 由于函数项级数的部分和序列是一个函数序列, 因此 12.1 节首先来讨论函数列的一致收敛性. 以此为基础在 12.2 节将建立函数项级数一致收敛性的判别方法, 在 12.3 节将解决上述的主要问题.

12.1　函数列及其一致收敛性

正如数列极限理论是数项级数研究的必要工具一样, 函数项级数的许多研究是以函数列为对象进行的. 由于涉及两个变量, 函数列的相关问题要比数列丰富复杂, 要解决它们仅依靠数列极限理论是不够的, 必须建立与此相应的理论.

定义 12.1.1　设 E 为非空数集,

$$f_1(x), f_2(x), \cdots, f_n(x), \cdots \tag{12.1.1}$$

是在 E 上有定义的一列函数, 称为定义在 E 上的**函数列**. 函数列 (12.1.1) 也可简单地记为 $\{f_n(x)\}$, 其中 $f_n(x)$ 称为函数列的**通项**. 设 $x_0 \in E$, 若 $\{f_n(x_0)\}$ 为收敛数列, 则称 x_0 为函数列 $\{f_n(x)\}$ 的**收敛点**; 若 $\{f_n(x_0)\}$ 为发散数列, 则称 x_0 为函数列 $\{f_n(x)\}$ 的**发散点**. 函数列 $\{f_n(x)\}$ 的全体收敛点的集合称为此函数列的**收敛域**. 设 D 为 $\{f_n(x)\}$ 的收敛域, 则 $D \subset E$, 且对每个 $x \in D$, 都存在唯一的极限 $\lim\limits_{n\to\infty} f_n(x)$ 与之对应, 由这个对应法则所确定的 D 上的函数 $f(x)$ 称为函数列 $\{f_n(x)\}$ 的**极限函数**, 记作

$$\lim_{n\to\infty} f_n(x) = f(x) \ (x \in D) \quad \text{或} \quad f_n(x) \to f(x) \ (n \to \infty, \ x \in D). \tag{12.1.2}$$

极限式 (12.1.2) 是对 D 中每个固定的点 x 所取的数列极限, 因此也称为函数列的**点态极限**. 利用数列极限的 ε-N 定义, (12.1.2) 式可确切地定义为

$$\forall x \in D, \forall \varepsilon > 0, \quad \exists N = N(\varepsilon, x) \in \mathbb{Z}^+, \forall n > N, \text{有 } |f_n(x) - f(x)| < \varepsilon. \tag{12.1.3}$$

(12.1.3) 式就是函数列的点态极限的 ε-N 定义. 一般说来, 自变量 x 在收敛域中所处的位置不同, 相对应的数列极限也是不同的, 所以 (12.1.3) 式中 N 不仅与 ε 有关, 也与 x 有关, 因而用 $N(\varepsilon, x)$ 来强调它们之间的依赖关系.

例 12.1.1　设 $f_n(x) = x^n$, $\{x^n\}$ 为定义在 $E = (-\infty, +\infty)$ 上的函数列, 试求它的收敛域与极限函数, 并用 ε-N 定义加以验证.

解　当 $|x| < 1$ 有 $\lim\limits_{n \to \infty} x^n = 0$; 当 $x = 1$ 有 $\lim\limits_{n \to \infty} 1^n = 1$; 当 $x = -1$, $\{(-1)^n\}$ 发散; 当 $|x| > 1$, $\lim\limits_{n \to \infty} x^n = \infty$. 因此, $\{x^n\}$ 的收敛域为 $D = (-1, 1]$, 极限函数为

$$f(x) = \begin{cases} 0, & x \in (-1, 1), \\ 1, & x = 1. \end{cases}$$

当 $x = 0, 1$ 时, $\forall \varepsilon > 0$, $\exists N = 1$, $\forall n > N$ 有

$$|f_n(0) - f(0)| = 0 < \varepsilon, \quad |f_n(1) - f(1)| = 0 < \varepsilon;$$

$\forall x : 0 < |x| < 1$, $\forall \varepsilon > 0$, $\exists N = N(\varepsilon, x) \geqslant \dfrac{\ln \varepsilon}{\ln |x|}$, $\forall n > N$ 有

$$|f_n(x) - f(x)| = |x|^n < \varepsilon.$$

这就验证了 $\{x^n\}$ 在 $(-1, 1]$ 上点态收敛于 $f(x)$.

在此例的验证中可见, N 明显地与 ε, x 都有关, 且当 $|x|$ 越靠近 1 时 N 越大.

对于函数列的研究, 仅仅考虑它是否存在极限是不够的, 在理论上和实际中常常要求对极限函数作进一步讨论. 比如, 能否由函数列中每项函数的连续性推断极限函数的连续性? 再如, 极限函数的导数或积分能否用每项函数的导数或积分的极限来计算? 考察上面的例子不难发现, 函数列中每个函数 x^n 在收敛域 D 上都是连续的, 但极限函数在 D 上却不是连续的. 由此看来, 对上述这些问题的讨论, 仅仅要求函数列在收敛域 D 上的点态收敛是不行的, 必须对它的收敛性提出更高的要求, 即考察它是否一致收敛.

定义 12.1.2　设函数列 $\{f_n(x)\}$ 与函数 $f(x)$ 都在同一数集 D 上有定义. 若

$$\forall \varepsilon > 0, \quad \exists N = N(\varepsilon) \in \mathbb{Z}^+, \forall n > N, \forall x \in D, \text{有} \quad |f_n(x) - f(x)| < \varepsilon, \quad (12.1.4)$$

则称 $\{f_n(x)\}$ 在 D 上一致收敛于 $f(x)$, 记作

$$f_n(x) \rightrightarrows f(x) \quad (n \to \infty, x \in D).$$

比较逻辑表达式 (12.1.3) 与 (12.1.4) 可知, 正是 $\exists N$ 与 $\forall x \in D$ 的前后语序表达了函数列收敛的一致性. 在 (12.1.3) 式中, 先任意给定 x, 再就 ε 来找 N, 对

于不同的 x, 由于数列 $\{f_n(x)\}$ 不同, 所找的 N 一般也不同, 就是说, 相应的不等式对有些点可能早就满足, 而对另一些点可能迟一些才满足, $\{f_n(x)\}$ 趋于 $f(x)$ 的快慢未必一致. 而在 (12.1.4) 式中, N 仅与所给的 ε 有关, 与 D 中的点 x 无关, 也就是说, N 适合于 D 中的每个点 x, 这表示 $\{f_n(x)\}$ 趋于 $f(x)$ 的快慢一致. 由此也看到, 若函数列 $\{f_n(x)\}$ 在 D 上一致收敛, 则它必在 D 上每一点都收敛 (注意到 (12.1.4) 式蕴涵 (12.1.3) 式); 反之, 在 D 上每一点都收敛的函数列未必在 D 上一致收敛.

由 (12.1.4) 式可得下面的不一致收敛的陈述:

设函数列 $\{f_n(x)\}$ 在 D 上的极限函数为 $f(x)$, 则 $\{f_n(x)\}$ 在 D 上不一致收敛

$$\Leftrightarrow \exists \varepsilon_0 > 0,\ \forall N \in \mathbb{Z}^+, \exists n_N > N, \exists x_N \in D,\ \text{有}\ |f_{n_N}(x_N) - f(x_N)| \geqslant \varepsilon_0.$$
$$(12.1.5)$$

(12.1.4) 式所陈述的一致收敛性是一个与数集 D 有关的整体性概念. 若函数列 $\{f_n(x)\}$ 在 D 上收敛, $D_0 \subset D$, 则 $\{f_n(x)\}$ 在 D 上一致收敛蕴涵 $\{f_n(x)\}$ 在 D_0 上一致收敛; $\{f_n(x)\}$ 在 D_0 上不一致收敛蕴涵 $\{f_n(x)\}$ 在 D 上不一致收敛.

例 12.1.2 证明函数列 $\left\{\dfrac{\cos nx}{n}\right\}$ 在 $\mathbb{R}$ 上一致收敛.

证明 极限函数 $f(x) = \lim\limits_{n \to \infty} \dfrac{\cos nx}{n} = 0\ (x \in \mathbb{R})$. 则 $\forall \varepsilon > 0, \exists N \in \mathbb{Z}^+, N \geqslant \dfrac{1}{\varepsilon}$,

$\forall n > N, \forall x \in \mathbb{R}$, 有 $\left|\dfrac{\cos nx}{n} - 0\right| \leqslant \dfrac{1}{n} < \varepsilon$. 所以有

$$\frac{\cos nx}{n} \rightrightarrows 0 \quad (n \to \infty,\ x \in \mathbb{R}).$$

例 12.1.3 已知函数列 $\{x^n\}$ 在 $(0,1)$ 上收敛于 0, 证明它在 $(0,1)$ 上不一致收敛.

证明 由于 $\exists \varepsilon_0 = \dfrac{1}{5}, \forall N \in \mathbb{Z}^+, \exists n_N = 2N > N, \exists x_N = \dfrac{1}{\sqrt[N]{2}} \in (0,1)$, 有

$$|f_{n_N}(x_N) - f(x_N)| = (x_N)^{n_N} = \frac{1}{4} \geqslant \varepsilon_0.$$

因此按 (12.1.5), $\{x^n\}$ 在 $(0,1)$ 上不一致收敛.

从几何意义上来说, 函数列 $\{f_n(x)\}$ 在 D 上一致收敛于极限函数 $f(x)$, 是指对任何充分小的正数 ε, 总存在正整数 N, 使得一切序号大于 N 的曲线 $y = f_n(x)$, 都落在以曲线 $y = f(x) + \varepsilon$ 与 $y = f(x) - \varepsilon$ 为边界线、以曲线 $y = f(x)$ 为中心线、宽度为 2ε 的带形区域内 (参见图 12.1.1).

函数列 $\{x^n\}$ 在 $(0,1)$ 上的情况就完全不同了, 如图 12.1.2 所示, 虽然它点态收敛到 0, 但存在正数 ε, 无论 N 多大, 总有序号大于 N 的曲线 $y = x^n$ 不能全部

落在以 $y = \varepsilon$ 与 $y = -\varepsilon$ 为边界线的带形区域内, 所以函数列 $\{x^n\}$ 在 $(0,1)$ 上不是一致收敛的.

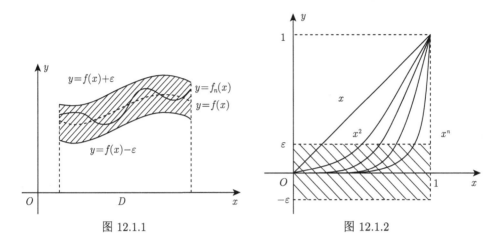

图 12.1.1　　　　　　　　　　　　　　图 12.1.2

定义 12.1.3　设函数列 $\{f_n(x)\}$ 在区间 I 上点态收敛于函数 $f(x)$, 若对任意闭区间 $[a,b] \subset I$, $\{f_n(x)\}$ 在 $[a,b]$ 上一致收敛, 则称 $\{f_n(x)\}$ 在区间 I 上**内闭一致收敛**.

由定义可见, 若 $\{f_n(x)\}$ 在区间 I 上一致收敛, 则它必在区间 I 上内闭一致收敛. 反之, 若 $\{f_n(x)\}$ 在区间 I 上内闭一致收敛, 则未必它在区间 I 上一致收敛. 一致收敛性往往在区间上某单个点附近遭到破坏. 当然, 如果区间 I 本身是一个有界闭区间, 那么 I 上一致收敛与内闭一致收敛含义相同.

例 12.1.4　已知函数列 $\{x^n\}$ 在 $(0,1)$ 上收敛于 0, 证明它在 $(0,1)$ 上内闭一致收敛.

证明　设 $0 < a < b < 1$, 则 $[a,b] \subset (0,1)$. $\forall \varepsilon > 0$, $\exists N = N(\varepsilon) \geqslant \dfrac{\ln \varepsilon}{\ln b}$, $\forall n > N$, $\forall x \in [a,b]$ 有 $|x^n - 0| = x^n \leqslant b^n < \varepsilon$, 即 $\{x^n\}$ 在 $[a,b]$ 上一致收敛. 这证明了 $\{x^n\}$ 在 $(0,1)$ 上内闭一致收敛.

下面的定理是定义 12.1.2 的一个翻版, 它可作为对事先知道极限函数的函数列判别是否一致收敛的方法.

定理 12.1.1 (确界判别法)　函数列 $\{f_n(x)\}$ 在数集 D 上一致收敛于极限函数 $f(x)$ 的充分必要条件是

$$\lim_{n \to \infty} \sup_{x \in D} |f_n(x) - f(x)| = 0. \tag{12.1.6}$$

证明　必要性　设 $f_n(x) \rightrightarrows f(x)$ $(n \to \infty, x \in D)$, 则 $\forall \varepsilon > 0$, $\exists N = N(\varepsilon) \in \mathbb{Z}^+$, $\forall n > N$, $\forall x \in D$, 有 $|f_n(x) - f(x)| < \varepsilon$. 于是由上确界的定义,

$\forall n > N$ 有

$$\sup_{x \in D} |f_n(x) - f(x)| \leqslant \varepsilon.$$

由此即知 (12.1.6) 式成立.

充分性　设 (12.1.6) 式成立, 则对 $\forall \varepsilon > 0$, $\exists N = N(\varepsilon) \in \mathbb{Z}^+$, $\forall n > N$, 有

$$\sup_{x \in D} |f_n(x) - f(x)| < \varepsilon. \tag{12.1.7}$$

因对 $\forall x \in D$, 总有 $|f_n(x) - f(x)| \leqslant \sup\limits_{x \in D} |f_n(x) - f(x)|$, 故按 (12.1.7) 式, $\forall n > N$, $\forall x \in D$, 有 $|f_n(x) - f(x)| < \varepsilon$. 因此 $f_n(x) \rightrightarrows f(x)$ $(n \to \infty,\ x \in D)$.

推论 12.1.2 (确界判别法)　设函数列 $\{f_n(x)\}$ 在数集 D 上点态收敛于函数 $f(x)$, 则 $\{f_n(x)\}$ 在 D 上不一致收敛的充分必要条件是: $\exists \{x_n\} \subset D$, $\{f_n(x_n) - f(x_n)\}$ 不收敛于 0.

证明　**必要性**　因 $\{f_n(x)\}$ 在 D 上不一致收敛, 故由定理 12.1.1 知 $\exists \varepsilon_0 > 0$, $\forall k \in \mathbb{Z}^+$, $\exists n_k > k$ $(n_k > n_{k-1})$, $\sup\limits_{x \in D} |f_{n_k}(x) - f(x)| > \varepsilon_0$. 于是 $\exists x_{n_k} \in D$ 使

$$|f_{n_k}(x_{n_k}) - f(x_{n_k})| > \varepsilon_0.$$

现选取 $\{x_n\} \subset D$, 使 $\{x_{n_k}\}$ 为 $\{x_n\}$ 的子列, 则 $\{f_n(x_n) - f(x_n)\}$ 必不收敛于 0.

充分性　设 $\exists \{x_n\} \subset D$, $\{f_n(x_n) - f(x_n)\}$ 不收敛于 0. 于是 $\exists \varepsilon_0 > 0$, $\forall k \in \mathbb{Z}^+$, $\exists n_k > k$, 使 $|f_{n_k}(x_{n_k}) - f(x_{n_k})| \geqslant \varepsilon_0$, 从而

$$\sup_{x \in D} |f_{n_k}(x) - f(x)| \geqslant |f_{n_k}(x_{n_k}) - f(x_{n_k})| \geqslant \varepsilon_0,$$

由定理 12.1.1 知 $\{f_n(x)\}$ 在 D 上不一致收敛.

例 12.1.5　设 $f_n(x) = \dfrac{2x + n}{x + n}$, 讨论 $\{f_n(x)\}$ 在下列区间上的一致收敛性:

(1) $[0, b]$, 这里 $b > 0$; 　　　　　(2) $[0, +\infty)$.

解　$\forall x \in [0, +\infty)$ 有

$$f(x) = \lim_{n \to \infty} f_n(x) = \lim_{n \to \infty} \frac{2x + n}{x + n} = 1, \quad f_n(x) - f(x) = \frac{x}{x + n}.$$

(1) $\sup\limits_{x \in [0,b]} |f_n(x) - f(x)| = \sup\limits_{x \in [0,b]} \dfrac{x}{x + n} \leqslant \dfrac{b}{n} \to 0$ $(n \to \infty)$, 由确界判别法知 $\{f_n(x)\}$ 在 $[0, b]$ 上一致收敛.

(2) 取 $x_n = n \in [0, +\infty)$, 有 $f_n(x_n) - f(x_n) = \dfrac{1}{p}$, $\{f_n(x_n) - f(x_n)\}$ 不收敛
于 0, 由确界判别法知 $\{f_n(x)\}$ 在 $[0, +\infty)$ 上不一致收敛.

例 12.1.6　设 $f_n(x) = nxe^{-nx^2}, n = 1, 2, \cdots$. 证明它在 $(0, +\infty)$ 不一致收
敛但内闭一致收敛.

证明　$\forall x \in (0, +\infty)$ 有 $f(x) = \lim\limits_{n\to\infty} f_n(x) = \lim\limits_{n\to\infty} nxe^{-nx^2} = 0$. 取 $x_n = \dfrac{1}{n} \in (0, +\infty)$, 有 $f_n(x_n) - f(x_n) = e^{-\frac{1}{n}} \to 1 \ (n \to \infty)$, $\{f_n(x_n) - f(x_n)\}$ 不收敛
于 0, 由确界判别法知 $\{f_n(x)\}$ 在 $(0, +\infty)$ 上不一致收敛. 但对 $(0, +\infty)$ 中任意
闭区间 $[a, b]$, 有

$$\sup_{x\in[a,b]} |f_n(x) - f(x)| = \sup_{x\in[a,b]} nxe^{-nx^2} \leqslant \frac{nb}{e^{na^2}} \to 0 \quad (n \to \infty),$$

因此根据确界判别法, $\{f_n(x)\}$ 在 $(0, +\infty)$ 上内闭一致收敛 (参见图 12.1.3).

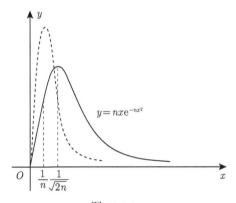

图 12.1.3

由数列极限的 Cauchy 准则与函数列一致收敛的定义可以导出函数列一致收
敛的 Cauchy 准则.

定理 12.1.3 (Cauchy 准则)　函数列 $\{f_n(x)\}$ 在数集 D 上一致收敛的充
分必要条件是: $\forall \varepsilon > 0, \exists N = N(\varepsilon) \in \mathbb{Z}^+, \forall n > N, \forall p \in \mathbb{Z}^+, \forall x \in D$, 有

$$|f_{n+p}(x) - f_n(x)| < \varepsilon. \tag{12.1.8}$$

证明　**必要性**　设 $f_n(x) \rightrightarrows f(x) \ (n \to \infty, \ x \in D)$, 则 $\forall \varepsilon > 0, \exists N = N(\varepsilon) \in \mathbb{Z}^+, \forall n > N, \forall x \in D$, 有 $|f_n(x) - f(x)| < \dfrac{\varepsilon}{2}$. 于是 $\forall n > N, \forall p \in \mathbb{Z}^+, \forall x \in D$, 有

$$|f_{n+p}(x) - f_n(x)| \leqslant |f_{n+p}(x) - f(x)| + |f(x) - f_n(x)| < \frac{\varepsilon}{2} + \frac{\varepsilon}{2} = \varepsilon.$$

因此 (12.1.8) 式成立.

充分性 设 (12.1.8) 式成立, 则由 (12.1.8) 式与数列极限的 Cauchy 准则可知对 $\forall x \in D, \{f_n(x)\}$ 收敛, 记其极限函数为 $f(x)$. 在 (12.1.8) 式中固定 n, 令 $p \to \infty$, 得到

$$\forall \varepsilon > 0, \quad \exists N = N(\varepsilon) \in \mathbb{Z}^+, \forall n > N, \forall x \in D, 有 |f(x) - f_n(x)| \leqslant \varepsilon,$$

这表明 $f_n(x) \rightrightarrows f(x) \ (n \to \infty, \ x \in D)$.

例 12.1.7 函数列 $\{f_n(x)\}$ 在开区间 (a, b) 内一致收敛, 且每个 $f_n(x)$ 都在点 a 右连续, 在点 b 左连续. 证明 $\{f_n(x)\}$ 在闭区间 $[a, b]$ 上一致收敛.

证明 由于 $\{f_n(x)\}$ 在 (a, b) 内一致收敛, 故按 Cauchy 准则, $\forall \varepsilon > 0, \exists N = N(\varepsilon) \in \mathbb{Z}^+, \forall n > N, \forall p \in \mathbb{Z}^+, \forall x \in (a, b)$, 有

$$|f_{n+p}(x) - f_n(x)| < \frac{\varepsilon}{2}. \tag{12.1.9}$$

由于每个 $f_n(x)$ 都在点 a 右连续, 在点 b 左连续, 故在 (12.1.9) 式中令 $x \to a+$ 与 $x \to b-$ 得

$$|f_{n+p}(a) - f_n(a)| \leqslant \frac{\varepsilon}{2} < \varepsilon 与 |f_{n+p}(b) - f_n(b)| \leqslant \frac{\varepsilon}{2} < \varepsilon.$$

于是 $\forall n > N, \forall p \in \mathbb{Z}^+, \forall x \in [a, b]$, 有 $|f_{n+p}(x) - f_n(x)| < \varepsilon$. 根据 Cauchy 准则, $\{f_n(x)\}$ 在闭区间 $[a, b]$ 上一致收敛.

定义 12.1.4 设函数列 $\{f_n(x)\}$ 在数集 D 上有定义. 若 $\exists M > 0, \forall n \in \mathbb{Z}^+$, $\forall x \in D$, 有 $|f_n(x)| \leqslant M$, 则称 $\{f_n(x)\}$ 在 D 上一致有界.

例 12.1.8 设函数列 $\{f_n(x)\}$ 在数集 D 上一致收敛于函数 $f(x)$, 且 $\forall n \in \mathbb{Z}^+, f_n(x)$ 都在 D 上有界. 证明 $\{f_n(x)\}$ 在 D 上一致有界.

证明 因为 $\forall n \in \mathbb{Z}^+, f_n(x)$ 在 D 上有界, 故 $\exists M_n > 0, \forall x \in D$, 有 $|f_n(x)| \leqslant M_n$. 又因为 $f_n(x) \rightrightarrows f(x) \ (n \to \infty, \ x \in D)$, 故对 $\varepsilon_0 = 1, \exists n_0 \in \mathbb{Z}^+, \forall n \geqslant n_0$, $\forall x \in D$, 有

$$|f_n(x) - f(x)| < 1.$$

于是 $\forall x \in D$, 有 $|f(x)| \leqslant |f(x) - f_{n_0}(x)| + |f_{n_0}(x)| < 1 + M_{n_0}$, 从而 $\forall n \geqslant n_0$, $\forall x \in D$, 有

$$|f_n(x)| \leqslant |f_n(x) - f(x)| + |f(x)| < 2 + M_{n_0}.$$

令 $M = \max\{M_1, M_2, \cdots, M_{n_0-1}, 2 + M_{n_0}\}$, 则 $\forall n \in \mathbb{Z}^+, \forall x \in D$, 有 $|f_n(x)| \leqslant M$, 表明 $\{f_n(x)\}$ 在 D 上一致有界.

习 题 12.1

1. 讨论下列函数列 $\{f_n(x)\}$ 在区间 D 上是否一致收敛或内闭一致收敛:

(1) $f_n(x) = \sqrt{x^2 + \dfrac{1}{n^2}}$, $D = [-1, 1]$;

(2) $f_n(x) = \sin \dfrac{x}{n}$, $D = (-\infty, +\infty)$;

(3) $f_n(x) = \dfrac{x}{1 + n^2 x^2}$, $D = (-\infty, +\infty)$;

(4) $f_n(x) = n x e^{-nx}$, $D = [0, +\infty)$;

(5) $f_n(x) = \ln\left(1 + \dfrac{x^2}{n^2}\right)$, $D = (-\infty, +\infty)$;

(6) $f_n(x) = \arctan nx$, $D = (0, 1)$.

2. 设函数列 $\{f_n(x)\}$ 在数集 D 上点态收敛于函数 $f(x)$, 且存在收敛于 0 的正数列 $\{a_n\}$ 使 $\forall n \in \mathbb{Z}^+$, $\forall x \in D$, 有 $|f_n(x) - f(x)| \leqslant a_n$. 证明 $\{f_n(x)\}$ 在 D 上一致收敛于 $f(x)$.

3. 设函数列 $\{f_n(x)\}$ 与 $\{g_n(x)\}$ 在数集 D 上分别一致收敛于函数 $f(x)$ 与 $g(x)$. 证明 $\{f_n(x) + g_n(x)\}$ 在 D 上一致收敛于函数 $f(x) + g(x)$.

4. 设函数 $f(x)$ 在数集 D 上有定义, 令 $f_n(x) = \dfrac{[nf(x)]}{n}$. 证明 $\{f_n(x)\}$ 在 D 上一致收敛于 $f(x)$.

5. 设函数列 $\{f_n(x)\}$ 在数集 D_1 与 D_2 上都一致收敛于函数 $f(x)$, 证明 $\{f_n(x)\}$ 在数集 $D_1 \cup D_2$ 上一致收敛于 $f(x)$.

6. 设函数列 $\{f_n(x)\}$ 与 $\{g_n(x)\}$ 在数集 D 上分别一致收敛于函数 $f(x)$ 与 $g(x)$, 且 $\forall n \in \mathbb{Z}^+, f_n(x)$ 与 $g_n(x)$ 都在 D 上有界. 证明 $\{f_n(x) g_n(x)\}$ 在 D 上一致收敛于函数 $f(x) g(x)$.

12.2 函数项级数的一致收敛性

本节讨论函数项级数的一致收敛性, 旨在建立根据通项的信息判别函数项级数一致收敛性的一些方法. 由于函数项级数的通项与部分和都构成函数列, 因此本节的讨论是基于 12.1 节中函数列的性质而展开的.

定义 12.2.1 设 $\{u_n(x)\}$ 为定义在数集 E 上的函数列, 则

$$u_1(x) + u_2(x) + \cdots + u_n(x) + \cdots$$

称为定义在 E 上的**函数项级数** (有时也简称为级数), 简记为 $\displaystyle\sum_{n=1}^{\infty} u_n(x)$, 其中 $u_n(x)$ 称为函数项级数的**通项**. 称 $S_n(x) = \displaystyle\sum_{k=1}^{n} u_k(x)$ 为函数项级数的**部分和函数**,

称 $R_n(x) = \displaystyle\sum_{k=n+1}^{\infty} u_k(x)$ 为函数项级数的**余级数**或**余项**. 若部分和函数列 $\{S_n(x)\}$ 的收敛域为数集 $D(D \subset E)$, 则称 D 为函数项级数 $\displaystyle\sum_{n=1}^{\infty} u_n(x)$ 的**收敛域**, $\{S_n(x)\}$ 的极限函数 $S(x)$ 称为 $\displaystyle\sum_{n=1}^{\infty} u_n(x)$ 的**和函数**, 并记作

$$\sum_{n=1}^{\infty} u_n(x) = S(x) \ (x \in D), \ \text{且有} R_n(x) = S(x) - S_n(x) \ (x \in D).$$

上述定义表明, 函数项级数 $\displaystyle\sum_{n=1}^{\infty} u_n(x)$ 实际上是部分和函数列 $\{S_n(x)\}$ 的一种表现形式. 反之, 对任意给定的函数列 $\{f_n(x)\}$, 也可将其作为某个函数项级数的部分和函数列, 这个级数是 $\displaystyle\sum_{n=1}^{\infty} [f_n(x) - f_{n-1}(x)]$ (约定 $f_0(x) = 0$).

由于对收敛域 D 中每个固定的点 x, 函数项级数 $\displaystyle\sum_{n=1}^{\infty} u_n(x)$ 是收敛的数项级数, 故确定收敛域除了利用部分和函数 $S_n(x)$ 的方法外, 还可利用数项级数的收敛判别法.

例 12.2.1　确定下列定义在 $\mathbb{R}$ 上的函数项级数的收敛域:

(1) $\displaystyle\sum_{n=1}^{\infty} \mathrm{e}^{-nx}$;　　(2) $\displaystyle\sum_{n=1}^{\infty} \dfrac{x^n}{n!}$;　　(3) $\displaystyle\sum_{n=1}^{\infty} n!x^n$.

解　(1) 当 $x \leqslant 0$ 时, $\{\mathrm{e}^{-nx}\}$ 不是无穷小, 此时 $\displaystyle\sum_{n=1}^{\infty} \mathrm{e}^{-nx}$ 发散. 当 $x > 0$ 时有

$$S_n(x) = \sum_{k=1}^{n} \mathrm{e}^{-kx} = \frac{\mathrm{e}^{-x} - \mathrm{e}^{-(n+1)x}}{1 - \mathrm{e}^{-x}} \to \frac{\mathrm{e}^{-x}}{1 - \mathrm{e}^{-x}} = \frac{1}{\mathrm{e}^x - 1} \quad (n \to \infty).$$

因此 $\displaystyle\sum_{n=1}^{\infty} \mathrm{e}^{-nx}$ 的收敛域为 $(0, +\infty)$, 和函数为 $\dfrac{1}{\mathrm{e}^x - 1}$.

(2) 记 $u_n(x) = \dfrac{x^n}{n!}$, 由 $\dfrac{|u_{n+1}(x)|}{|u_n(x)|} = \dfrac{|x|}{n+1} \to 0 \ (n \to \infty)$ 及比式极限法可知 $\displaystyle\sum_{n=1}^{\infty} \dfrac{x^n}{n!}$ 的收敛域为 $(-\infty, +\infty)$.

(3) 记 $u_n(x) = n!x^n$, 显然 0 是收敛点; 当 $x \neq 0$, n 充分大时有

$$\frac{|u_{n+1}(x)|}{|u_n(x)|} = (n+1)\,|x| > 1,$$

此时级数发散. 因此 $\sum_{n=1}^{\infty} n!x^n$ 的收敛域为 $\{0\}$.

定义 12.2.2 设 $\{S_n(x)\}$ 为函数项级数 $\sum_{n=1}^{\infty} u_n(x)$ 的部分和函数列. 若 $\{S_n(x)\}$ 在数集 D 上一致收敛于函数 $S(x)$, 则称 $\sum_{n=1}^{\infty} u_n(x)$ 在 D 上**一致收敛**于 $S(x)$. 设 I 是一个区间, 若 $\sum_{n=1}^{\infty} u_n(x)$ 在任意闭区间 $[a,b] \subset I$ 上一致收敛, 则称 $\sum_{n=1}^{\infty} u_n(x)$ 在 I 上**内闭一致收敛**.

由定义 12.2.2 立即得到下面的一致收敛函数项级数的线性性质 (用 ε-N 语言是容易验证的).

定理 12.2.1 (线性性质) 设函数项级数 $\sum_{n=1}^{\infty} u_n(x)$ 与 $\sum_{n=1}^{\infty} v_n(x)$ 都在数集 D 上一致收敛, α, β 为常数, 则 $\sum_{n=1}^{\infty} [\alpha u_n(x) + \beta v_n(x)]$ 也在 D 上一致收敛.

由于函数项级数的一致收敛性由它的部分和函数列来确定, 故由函数列一致收敛的定理可推出相应的有关函数项级数的定理. 根据定理 12.1.1 得到以下定理.

定理 12.2.2 (确界判别法) 函数项级数 $\sum_{n=1}^{\infty} u_n(x)$ 在数集 D 上一致收敛于和函数 $S(x)$ 的充分必要条件是 $\lim_{n \to \infty} \sup_{x \in D} |R_n(x)| = \lim_{n \to \infty} \sup_{x \in D} |S_n(x) - S(x)| = 0$, 这里 $R_n(x)$ 与 $S_n(x)$ 分别是余项与部分和函数.

使用定义或确界判别法来讨论函数项级数的一致收敛性需要事先知道和函数. 实际应用中求具体函数项级数的和函数往往是困难的, Cauchy 准则可以避开这一点. 注意到

$$S_{n+p}(x) - S_n(x) = \sum_{k=n+1}^{n+p} u_k(x),$$

根据定理 12.1.3 得到下面的关于函数项级数一致收敛的 Cauchy 准则.

定理 12.2.3 (Cauchy 准则) 函数项级数 $\sum_{n=1}^{\infty} u_n(x)$ 在数集 D 上一致收敛

的充分必要条件是

$$\forall \varepsilon > 0, \quad \exists N = N(\varepsilon) \in \mathbb{Z}^+, \forall n > N, \forall p \in \mathbb{Z}^+, \forall x \in D, 有 \left| \sum_{k=n+1}^{n+p} u_k(x) \right| < \varepsilon.$$

在定理 12.2.3 中取 $p = 1$ 可得到函数项级数一致收敛的必要条件.

推论 12.2.4 (一致收敛的必要条件)　若函数项级数 $\sum\limits_{n=1}^{\infty} u_n(x)$ 在数集 D 上一致收敛, 则其通项函数列 $\{u_n(x)\}$ 在 D 上一致收敛于 0.

Cauchy 准则将函数项级数的一致收敛性问题转化为考察 $\sum\limits_{k=n+1}^{n+p} u_k(x)$ 是否一致收敛于 0, 在理论上具有特别重要的作用. 利用它可导出仅根据通项的信息就能判别函数项级数一致收敛性的一些方法.

定理 12.2.5 (Weierstrass 判别法, 或优级数判别法)　若函数项级数 $\sum\limits_{n=1}^{\infty} u_n(x)$ 在数集 D 上满足

$$\forall n \in \mathbb{Z}^+, \forall x \in D, 有 |u_n(x)| \leqslant a_n, \tag{12.2.1}$$

且正项级数 $\sum\limits_{n=1}^{\infty} a_n$ 收敛, 则 $\sum\limits_{n=1}^{\infty} u_n(x)$ 在 D 上一致收敛.

证明　因为 $\sum\limits_{n=1}^{\infty} a_n$ 收敛, 根据数项级数的 Cauchy 准则, $\forall \varepsilon > 0, \exists N \in \mathbb{Z}^+$, $\forall n > N, \forall p \in \mathbb{Z}^+$, 有 $0 \leqslant \sum\limits_{k=n+1}^{n+p} a_k < \varepsilon$. 于是由 (12.2.1) 式, $\forall x \in D$ 有

$$\left| \sum_{k=n+1}^{n+p} u_k(x) \right| \leqslant \sum_{k=n+1}^{n+p} |u_k(x)| \leqslant \sum_{k=n+1}^{n+p} a_k < \varepsilon.$$

按函数项级数的 Cauchy 准则, 这表明 $\sum\limits_{n=1}^{\infty} u_n(x)$ 在 D 上一致收敛.

在定理 12.2.5 中, 由于函数项级数 $\sum\limits_{n=1}^{\infty} u_n(x)$ 与正项级数 $\sum\limits_{n=1}^{\infty} a_n$ 之间成立不等式 (12.2.1), 且 $\sum\limits_{n=1}^{\infty} a_n$ 收敛, 因此 $\sum\limits_{n=1}^{\infty} a_n$ 称为 $\sum\limits_{n=1}^{\infty} u_n(x)$ 的**优级数**或**控制级数**.

由 (12.2.1) 式还可知, 满足优级数判别法的函数项级数 $\sum\limits_{n=1}^{\infty} u_n(x)$ **不仅在 D 上一**

致收敛, 而且在 D 的每个点处也是绝对收敛的. 此外, 根据函数项级数的 Cauchy 准则, 改变函数项级数 $\sum\limits_{n=1}^{\infty} u_n(x)$ 的有限项并不改变函数项级数的一致收敛性, 因此, 在实际应用中, (12.2.1) 式中的条件 "$\forall n \in \mathbb{Z}^+$" 可放宽为 "$\forall n \geqslant n_0$", 这里 n_0 是某正整数.

例 12.2.2 判别下列函数项级数在指定区间上的一致收敛性:

(1) $\sum\limits_{n=1}^{\infty} \dfrac{nx}{1+n^5 x^2}$, $x \in (-\infty, +\infty)$; (2) $\sum\limits_{n=2}^{\infty} \ln\left(1 + \dfrac{x}{n\ln^2 n}\right)$, $x \in [0, 1]$.

解 (1) 记 $u_n(x) = \dfrac{nx}{1+n^5 x^2}$, 则 $\forall n \geqslant 1, \forall x \in (-\infty, +\infty)$ 有

$$|u_n(x)| \leqslant \frac{n|x|}{2n^{5/2}|x|} = \frac{1}{2n^{3/2}},$$

而级数 $\sum\limits_{n=1}^{\infty} \dfrac{1}{2n^{3/2}}$ 收敛, 因此按优级数判别法, $\sum\limits_{n=1}^{\infty} \dfrac{nx}{1+n^5 x^2}$ 在 $(-\infty, +\infty)$ 上一致收敛.

(2) 记 $u_n(x) = \ln\left(1 + \dfrac{x}{n\ln^2 n}\right)$. 则 $\forall n \geqslant 1, \forall x \in [0, 1]$ 有

$$|u_n(x)| \leqslant \frac{x}{n\ln^2 n} \leqslant \frac{1}{n\ln^2 n},$$

而级数 $\sum\limits_{n=2}^{\infty} \dfrac{1}{n\ln^2 n}$ 收敛, 故按优级数判别法, $\sum\limits_{n=2}^{\infty} \ln\left(1 + \dfrac{x}{n\ln^2 n}\right)$ 在 $[0, 1]$ 上一致收敛.

例 12.2.3 证明 $\sum\limits_{n=1}^{\infty} (-1)^n n\mathrm{e}^{-nx}$ 在 $[\alpha, +\infty)$ $(\alpha > 0)$ 上一致收敛, 但在 $(0, +\infty)$ 上不一致收敛 (该函数级数在 $(0, +\infty)$ 内闭一致收敛).

证明 记 $u_n(x) = (-1)^n n\mathrm{e}^{-nx}$. 因为

$$\forall n \in \mathbb{Z}^+, \forall x \in [\alpha, +\infty) 有 |u_n(x)| \leqslant n\mathrm{e}^{-nx} \leqslant n\mathrm{e}^{-n\alpha} = a_n,$$

而 $\sqrt[n]{a_n} = \sqrt[n]{n}\mathrm{e}^{-\alpha} \to \mathrm{e}^{-\alpha}$ $(n \to \infty)$, $\mathrm{e}^{-\alpha} < 1$, 由根式极限法, $\sum\limits_{n=1}^{\infty} n\mathrm{e}^{-n\alpha}$ 收敛. 因此根据优级数判别法, $\sum\limits_{n=1}^{\infty} (-1)^n n\mathrm{e}^{-nx}$ 在 $[\alpha, +\infty)$ 上一致收敛.

取 $x_n = \dfrac{1}{n} \in (0, +\infty)$ 可知 $|u_n(x_n)| = n\mathrm{e}^{-1} \to +\infty$ $(n \to \infty)$, 级数的通项

不一致收敛于 0, 根据一致收敛必要条件, $\displaystyle\sum_{n=1}^{\infty}(-1)^n n\mathrm{e}^{-nx}$ 在 $(0,+\infty)$ 上不一致收敛.

结合应用分部求和公式与函数项级数的 Cauchy 准则, 可导出下面的 A-D 判别法.

定理 12.2.6 (A-D 判别法) 如果下列**两个条件之一**满足, 则函数项级数 $\displaystyle\sum_{n=1}^{\infty}a_n(x)b_n(x)$ 在数集 D 上一致收敛:

(1) (**Abel 判别法**) 函数项级数 $\displaystyle\sum_{n=1}^{\infty}a_n(x)$ 在 D 上一致收敛, 函数列 $\{b_n(x)\}$ 在 D 上一致有界, 且对 $\forall x \in D$, $\{b_n(x)\}$ 为单调数列;

(2) (**Dirichlet 判别法**) 函数项级数 $\displaystyle\sum_{n=1}^{\infty}a_n(x)$ 的部分和函数列在 D 上一致有界, 函数列 $\{b_n(x)\}$ 在 D 上一致收敛于 0, 且对 $\forall x \in D$, $\{b_n(x)\}$ 为单调数列.

证明 设 $\displaystyle\sum_{n=1}^{\infty}a_n(x)$ 的部分和函数列为 $\{A_n(x)\}$, 则 $\displaystyle\sum_{j=n+1}^{k}a_j(x) = A_k(x) - A_n(x)$. 于是, 对 $\forall n, p \in \mathbb{Z}^+$, $\forall x \in D$, 由分部求和公式 (引理 11.4.3) 得

$$\sum_{k=n+1}^{n+p}a_k(x)b_k(x) = \sum_{k=n+1}^{n+p-1}\left[A_k(x) - A_n(x)\right]\left[b_k(x) - b_{k+1}(x)\right]$$
$$+ \left[A_{n+p}(x) - A_n(x)\right]b_{n+p}(x). \tag{12.2.2}$$

(1) 因为 $\{b_n(x)\}$ 在 D 上一致有界, 故 $\exists M > 0$, $\forall n \in \mathbb{Z}^+$, $\forall x \in D$, 有 $|b_n(x)| \leqslant M$. 因为 $\displaystyle\sum_{n=1}^{\infty}a_n(x)$ 在 D 上一致收敛, 由 Cauchy 准则, $\forall \varepsilon > 0$, $\exists N \in \mathbb{Z}^+$, $\forall n > N$, $\forall p \in \mathbb{Z}^+$, $\forall x \in D$, 有 $|A_k(x) - A_n(x)| < \dfrac{\varepsilon}{3M}(k = n+1, n+2, \cdots, n+p)$. 又因为对每个固定的 $x \in D$, 数列 $\{b_n(x)\}$ 单调, 故按 (12.2.2) 式得

$$\left|\sum_{k=n+1}^{n+p}a_k(x)b_k(x)\right| < \frac{\varepsilon}{3M}\sum_{k=n+1}^{n+p-1}|b_k(x) - b_{k+1}(x)| + \frac{\varepsilon}{3M}\cdot M$$
$$= \frac{\varepsilon}{3M}\left|\sum_{k=n+1}^{n+p-1}[b_k(x) - b_{k+1}(x)]\right| + \frac{\varepsilon}{3} = \frac{\varepsilon}{3M}|b_{n+1}(x) - b_{n+p}(x)| + \frac{\varepsilon}{3}$$
$$\leqslant \frac{\varepsilon}{3M}\cdot 2M + \frac{\varepsilon}{3} = \varepsilon,$$

所以, 根据函数项级数的 Cauchy 准则, $\displaystyle\sum_{n=1}^{\infty} a_n(x)b_n(x)$ 在 D 上一致收敛.

(2) 由题设, $\displaystyle\sum_{n=1}^{\infty} a_n(x)$ 的部分和函数列 $\{A_n(x)\}$ 在 D 上一致有界, 故 $\exists M > 0$, $\forall n \in \mathbb{Z}^+$, $\forall x \in D$, 有 $|A_n(x)| \leqslant M$. 因为对每个固定的 $x \in D$, 数列 $\{b_n(x)\}$ 单调, 故对 $\forall p \in \mathbb{Z}^+$, $\forall x \in D$, 由 (12.2.2) 式得

$$
\left| \sum_{k=n+1}^{n+p} a_k(x)b_k(x) \right| \leqslant 2M \left[\sum_{k=n+1}^{n+p-1} |b_k(x) - b_{k+1}(x)| + |b_{n+p}(x)| \right]
$$
$$
= 2M \left[\left| \sum_{k=n+1}^{n+p-1} [b_k(x) - b_{k+1}(x)] \right| + |b_{n+p}(x)| \right]
$$
$$
= 2M \left[|b_{n+1}(x) - b_{n+p}(x)| + |b_{n+p}(x)| \right].
$$

$\forall \varepsilon > 0$, 由 $\{b_n(x)\}$ 在 D 上一致收敛于 0 可知 $\exists N \in \mathbb{Z}^+$, $\forall n > N$, $\forall x \in D$, 有 $|b_n(x)| < \dfrac{\varepsilon}{6M}$, 从而对 $\forall p \in \mathbb{Z}^+$ 有

$$
\left| \sum_{k=n+1}^{n+p} a_k(x)b_k(x) \right| \leqslant 2M \left(|b_{n+1}(x)| + 2|b_{n+p}(x)| \right) < \varepsilon.
$$

所以, 根据函数项级数的 Cauchy 准则, $\displaystyle\sum_{n=1}^{\infty} a_n(x)b_n(x)$ 在 D 上一致收敛.

注意在上述 Abel 判别法与 Dirichlet 判别法中各有两个条件, 其中一个是关于函数项级数的, 而另一个是关于函数列的. 这两个判别法各自的条件互有强弱, 在使用时要针对具体问题作选择.

例 12.2.4 判别函数项级数 $\displaystyle\sum_{n=1}^{\infty} \dfrac{(-1)^n (x+n)^n}{n^{n+1}}$ 在 $[0,1]$ 上的一致收敛性.

解 记 $a_n(x) = \dfrac{(-1)^n}{n}$, $b_n(x) = \dfrac{(x+n)^n}{n^n} = \left(1 + \dfrac{x}{n}\right)^n$. 因 $\displaystyle\sum_{n=1}^{\infty} \dfrac{(-1)^n}{n}$ 为收敛的数项级数, 故它作为 $[0,1]$ 上的函数项级数当然是一致收敛的; $\forall x \in [0,1]$, 利用平均值不等式得

$$
b_{n+1}(x) = \left[\frac{(1+x/n) + (1+x/n) + \cdots + (1+x/n) + 1}{n+1} \right]^{n+1}
$$
$$
\geqslant \left(1 + \frac{x}{n}\right)^n = b_n(x),
$$

即 $\forall x \in [0,1]$, $\{b_n(x)\}$ 为单调数列 (这也可记 $f(t) = (1 + x/t)^t = \mathrm{e}^{t \ln(1+x/t)}$, 由 $f'(t) \geqslant 0$ 加以验证); 又 $\forall n \in \mathbb{Z}^+$, $\forall x \in [0,1]$, 有

$$|b_n(x)| = \left(1 + \frac{x}{n}\right)^n \leqslant \left(1 + \frac{1}{n}\right)^n \leqslant \mathrm{e},$$

即 $\{b_n(x)\}$ 在 $[0,1]$ 上一致有界. 因此按 Abel 判别法, $\displaystyle\sum_{n=1}^{\infty} \frac{(-1)^n (x+n)^n}{n^{n+1}}$ 在 $[0,1]$ 上一致收敛.

例 12.2.5 设 $q > 0$, 讨论函数项级数 $\displaystyle\sum_{n=1}^{\infty} \frac{\sin nx}{n^q}$ 在 $[0, 2\pi]$ 上的一致收敛性.

解 当 $q > 1$ 时, 由于 $\forall n \geqslant 1$, $\forall x \in [0, 2\pi]$, 有 $\left|\dfrac{\sin nx}{n^q}\right| \leqslant \dfrac{1}{n^q}$, 而 $\displaystyle\sum_{n=1}^{\infty} \frac{1}{n^q}$ 收敛, 按优级数判别法, 此时 $\displaystyle\sum_{n=1}^{\infty} \frac{\sin nx}{n^q}$ 在 $[0, 2\pi]$ 上一致收敛.

当 $0 < q \leqslant 1$ 时, 记 $a_n(x) = \sin nx$, $b_n(x) = \dfrac{1}{n^q}$. 对 $\forall n \geqslant 1, \forall x \in [\alpha, 2\pi - \alpha]$(这里 $\alpha \in (0, \pi/2)$) 有

$$\left|\sum_{k=1}^{n} \sin kx\right| = \frac{\left|\cos \dfrac{x}{2} - \cos \dfrac{2n+1}{2}x\right|}{2 \sin \dfrac{x}{2}} \leqslant \frac{1}{\sin \dfrac{\alpha}{2}},$$

所以级数 $\displaystyle\sum_{n=1}^{\infty} a_n(x)$ 的部分和函数列在 $[\alpha, 2\pi - \alpha]$ 上一致有界. 又数列 $\left\{\dfrac{1}{n^q}\right\}$ 递减收敛于 0, 故它作为函数列在 $[\alpha, 2\pi - \alpha]$ 上一致收敛于 0, 根据 Dirichlet 判别法, 此时 $\displaystyle\sum_{n=1}^{\infty} \frac{\sin nx}{n^q}$ 在 $[\alpha, 2\pi - \alpha]$ 上一致收敛, 即在 $(0, 2\pi)$ 上内闭一致收敛.

$\exists \varepsilon_0 = \dfrac{\sqrt{2}}{6}, \forall N \in \mathbb{Z}^+, \exists n_N = 2N > N, \exists p_N = N \in \mathbb{Z}^+, \exists x_N = \dfrac{\pi}{4N} \in (0, 2\pi)$, 有

$$\left|\sum_{k=n_N+1}^{n_N+p_N} \frac{\sin kx_N}{k^q}\right| = \sum_{k=2N+1}^{3N} \frac{\sin kx_N}{k^q} \geqslant \sum_{k=2N+1}^{3N} \frac{\sin kx_N}{k} \geqslant \sum_{k=2N+1}^{3N} \frac{\sin\left(3N \cdot \dfrac{\pi}{4N}\right)}{3N} = \frac{\sqrt{2}}{6},$$

根据函数项级数的 Cauchy 准则, 此时 $\displaystyle\sum_{n=1}^{\infty} \frac{\sin nx}{n^q}$ 在 $(0, 2\pi)$ 上不一致收敛.

习 题 12.2

1. 求下列函数项级数的收敛域:

(1) $\displaystyle\sum_{n=1}^{\infty}\left(\frac{1}{n}+x\right)^{n}$;

(2) $\displaystyle\sum_{n=1}^{\infty}\frac{n}{n+1}\left(\frac{x}{2x+1}\right)^{n}$;

(3) $\displaystyle\sum_{n=1}^{\infty}\left(\sqrt[n]{n}-1\right)^{x}$;

(4) $\displaystyle\sum_{n=1}^{\infty}\frac{x^{n}}{1+x^{2n}}$.

2. 判别下列函数项级数在指定区间 D 上是否一致收敛或内闭一致收敛:

(1) $\displaystyle\sum_{n=1}^{\infty}\frac{\cos nx}{n^{2}+x^{2}}, D=(-\infty,+\infty)$;

(2) $\displaystyle\sum_{n=1}^{\infty}\frac{1}{x^{n}(n-1)!}, D=(-\infty,-r], r>0$;

(3) $\displaystyle\sum_{n=1}^{\infty}2^{n}\sin\frac{x}{3^{n}}, D=[0,+\infty)$;

(4) $\displaystyle\sum_{n=1}^{\infty}\sqrt{n}\arctan\frac{1}{n^{2}x}, D=(0,1)$;

(5) $\displaystyle\sum_{n=1}^{\infty}x^{2}\mathrm{e}^{-nx}, D=[0,+\infty)$;

(6) $\displaystyle\sum_{n=1}^{\infty}\frac{(-1)^{n-1}}{n}\mathrm{e}^{-nx}, D=[0,+\infty)$;

(7) $\displaystyle\sum_{n=1}^{\infty}(-1)^{n-1}\frac{1}{n+x^{2}}, D=(-\infty,+\infty)$;

(8) $\displaystyle\sum_{n=1}^{\infty}\frac{(-1)^{n-1}x^{2}}{(1+x^{2})^{n}}, D=(-\infty,+\infty)$.

3. 设函数项级数 $\displaystyle\sum_{n=1}^{\infty}u_{n}(x)$ 在数集 D 上一致收敛于 $S(x)$, 函数 $g(x)$ 在 D 上有界. 证明级数 $\displaystyle\sum_{n=1}^{\infty}g(x)u_{n}(x)$ 在 D 上一致收敛于 $g(x)S(x)$.

4. 设正函数项级数 $\displaystyle\sum_{n=1}^{\infty}u_{n}(x)$ 在数集 D 上一致收敛, 且 $\forall n\in\mathbb{Z}^{+}, \forall x\in D$, 有 $|v_{n}(x)|\leqslant u_{n}(x)$. 证明 $\displaystyle\sum_{n=1}^{\infty}v_{n}(x)$ 也在数集 D 上一致收敛.

5. 设 $u_{n}(x)(n=1,2,\cdots)$ 是 $[a,b]$ 上的单调函数, 证明: 若 $\displaystyle\sum_{n=1}^{\infty}u_{n}(a)$ 与 $\displaystyle\sum_{n=1}^{\infty}u_{n}(b)$ 都绝对收敛, 则 $\displaystyle\sum_{n=1}^{\infty}u_{n}(x)$ 在 $[a,b]$ 上绝对收敛且一致收敛.

12.3 函数项级数的和函数的性质

本节将讨论函数项级数的和函数在区间上的一些性质, 包括连续性、可积性、可微性等. 一般说来, 函数项级数的和函数未必保持它的通项所具有的性质. 问题是什么条件下和函数一定能获得它的通项所共有的性质. 本节下面的讨论将回答这个问题: 一致收敛是一个充分的条件.

引理 12.3.1 (极限函数连续性) 若函数列 $\{f_{n}(x)\}$ 在区间 I 上内闭一致收敛于函数 $f(x)$, 且每一项 $f_{n}(x)$ 都在 I 上连续, 则 $f(x)$ 在 I 上连续.

证明　任取 $x_0 \in I$, 则存在闭区间 $[a, b]$ 使 $x_0 \in [a, b] \subset I$. 对于 $\forall \varepsilon > 0$, 由于 $f_n(x) \rightrightarrows f(x)$ $(n \to \infty, x \in [a, b])$, 因而 $\exists N \in \mathbb{Z}^+, \forall n > N, \forall x \in [a, b]$, 有

$$|f_n(x) - f(x)| < \frac{\varepsilon}{3}. \tag{12.3.1}$$

取定 $n_0 > N$ (例如, 取 $n_0 = N + 1$), 由于 $f_{n_0}(x)$ 在点 x_0 连续, 故 $\exists \delta > 0$, $\forall x \in U(x_0, \delta) \cap [a, b]$ 有

$$|f_{n_0}(x) - f_{n_0}(x_0)| < \frac{\varepsilon}{3}. \tag{12.3.2}$$

于是 $\forall x \in U(x_0, \delta) \cap [a, b]$, 由 (12.3.1) 式与 (12.3.2) 式得

$$|f(x) - f(x_0)| \leqslant |f(x) - f_{n_0}(x)| + |f_{n_0}(x) - f_{n_0}(x_0)| + |f_{n_0}(x_0) - f(x_0)|$$
$$< \frac{\varepsilon}{3} + \frac{\varepsilon}{3} + \frac{\varepsilon}{3} = \varepsilon.$$

这表明 $f(x)$ 在 x_0 连续, 由 x_0 的任意性可知 $f(x)$ 在 I 上连续.

定理 12.3.2 (和函数连续性)　若函数项级数 $\displaystyle\sum_{n=1}^{\infty} u_n(x)$ 在区间 I 上内闭一致收敛于和函数 $S(x)$, 且每一项 $u_n(x)$ 都在 I 上连续, 则 $S(x)$ 在 I 上连续.

证明　设 $S_n(x)$ 为 $\displaystyle\sum_{n=1}^{\infty} u_n(x)$ 的部分和函数. 由于每个 $u_n(x)$ 都在 I 上连续, 则每个 $S_n(x)$ 都在 I 上连续, 又由 $\displaystyle\sum_{n=1}^{\infty} u_n(x)$ 的内闭一致收敛性知 $\{S_n(x)\}$ 在 I 上内闭一致收敛于 $S(x)$, 根据引理 12.3.1, $S(x)$ 在 I 上连续.

例 12.3.1　证明 $S(x) = \displaystyle\sum_{n=1}^{\infty} \frac{\sin nx}{\sqrt{n}}$ 在 $(0, 2\pi)$ 上连续.

证明　根据 Dirichlet 判别法可知级数 $\displaystyle\sum_{n=1}^{\infty} \frac{\sin nx}{\sqrt{n}}$ 在 $(0, 2\pi)$ 上内闭一致收敛 (参见例 12.2.5). 显然通项 $\dfrac{\sin nx}{\sqrt{n}}$ 在 $(0, 2\pi)$ 连续, 故根据和函数连续性定理, $S(x)$ 在 $(0, 2\pi)$ 上连续.

例 12.3.2　设 $S(x) = \displaystyle\sum_{n=1}^{\infty} \frac{x^n \cos n\pi x^2}{2^n}$, 计算 $\lim\limits_{x \to 1} S(x)$.

解　在区间 $[0, a]$ 上考察此函数, 其中 $a \in (1, 2)$ 是一个常数. 由于 $\forall n \geqslant 1, \forall x \in [0, a]$ 有

$$\left| \frac{x^n \cos n\pi x^2}{2^n} \right| \leqslant \frac{a^n}{2^n},$$

而 $\sum\limits_{n=1}^{\infty} \dfrac{a^n}{2^n}$ 收敛, 故由优级数判别法, $\sum\limits_{n=1}^{\infty} \dfrac{x^n \cos n\pi x^2}{2^n}$ 在区间 $[0,a]$ 上一致收敛. 又显然通项 $\dfrac{x^n \cos n\pi x^2}{2^n}$ 在 $[0,a]$ 上连续. 因此和函数在 $[0,a]$ 上连续, 有

$$\lim_{x \to 1} S(x) = S(1) = \sum_{n=1}^{\infty} \frac{(-1)^n}{2^n} = -\frac{1}{3}.$$

引理 12.3.1 的**逆否**形式是: 若函数列 $\{f_n(x)\}$ 的通项 $f_n(x)$ 在区间 I 上连续而极限函数 $f(x)$ 在 I 上不连续, 则 $\{f_n(x)\}$ 在 I 上必不内闭一致收敛 (从而不一致收敛).

定理 12.3.2 的**逆否**形式是: 若函数项级数 $\sum\limits_{n=1}^{\infty} u_n(x)$ 的通项 $u_n(x)$ 在 I 上连续而和函数 $S(x)$ 在 I 上不连续, 则 $\sum\limits_{n=1}^{\infty} u_n(x)$ 在 I 上必不内闭一致收敛 (从而不一致收敛).

如果极限函数或和函数容易求, 则上述逆否形式可作为推断不一致收敛的一种方法.

例 12.3.3 判断下列函数列或函数项级数在收敛域上的一致收敛性:

(1) $\{x^n\}$; (2) $\sum\limits_{n=1}^{\infty} \dfrac{x^2}{(1+x^2)^{n-1}}$.

解 (1) 函数列 $\{x^n\}$ 的各项在收敛域 $(-1,1]$ 上都是连续的, 但极限函数

$$f(x) = \begin{cases} 0, & x \in (-1,1), \\ 1, & x = 1 \end{cases}$$ 在 $x = 1$ 不连续, 故函数列 $\{x^n\}$ 在 $(-1,1]$ 上必不一致收敛.

(2) 函数项级数 $\sum\limits_{n=1}^{\infty} \dfrac{x^2}{(1+x^2)^{n-1}}$ 的通项显然在收敛域 $(-\infty, +\infty)$ 上连续, 但当 $x \neq 0$ 时, 和函数

$$S(x) = x^2 \cdot \frac{1}{1 - \dfrac{1}{1+x^2}} = 1 + x^2,$$

当 $x = 0$ 时, $S(0) = 0$, 和函数 $S(x)$ 在 $x = 0$ 不连续, 因此函数项级数在 $(-\infty, +\infty)$ 上必不内闭一致收敛.

从引理 12.3.1 与定理 12.3.2 可见, 一致收敛或内闭一致收敛是极限函数与和函数保持它的通项的连续性的一个充分条件, 但一般来说不是必要条件. 下面的

Dini (迪尼) 定理表明, 对于闭区间上的函数项同号级数或函数单调列, 一致收敛性与和函数或极限函数的连续性等价.

引理 12.3.3 (Dini 定理)   设函数列 $\{f_n(x)\}$ 在闭区间 $[a,b]$ 上收敛于极限函数 $f(x)$. 又设对 $\forall n \in \mathbb{Z}^+$, $f_n(x)$ 在 $[a,b]$ 上连续, 且对 $\forall x \in [a,b]$, $\{f_n(x)\}$ 为单调数列. 则 $f(x)$ 在 $[a,b]$ 上连续的充分必要条件是 $\{f_n(x)\}$ 在 $[a,b]$ 上一致收敛.

证明   (阅读) 根据引理 12.3.1, 充分性是显然的. 以下用反证法证明必要性. 若 $\{f_n(x)\}$ 在 $[a,b]$ 上不一致收敛, 则按 (12.1.5) 式, $\exists \varepsilon_0 > 0$, $\forall k \in \mathbb{Z}^+, \exists n_k > k$ $(n_k > n_{k-1})$, $\exists x_k \in [a,b]$, 有

$$|f_{n_k}(x_k) - f(x_k)| \geqslant \varepsilon_0. \tag{12.3.3}$$

数学家
小传12.3.1

由此得到 $[a,b]$ 中的一个数列 $\{x_k\}$. 由列紧性定理, $\{x_k\}$ 有收敛子列, 不妨设 $\{x_k\}$ 本身收敛于 $x_0 \in [a,b]$. 由于 $\{f_n(x_0)\}$ 收敛于 $f(x_0)$, 故对上述 $\varepsilon_0 > 0$, $\exists N \in \mathbb{Z}^+$, 使得

$$|f_N(x_0) - f(x_0)| < \varepsilon_0.$$

由于函数 $f_N(x) - f(x)$ 在点 x_0 连续而 $\{x_k\}$ 收敛于 x_0, 故有

$$\lim_{k \to \infty} |f_N(x_k) - f(x_k)| = |f_N(x_0) - f(x_0)| < \varepsilon_0.$$

从而 $\exists K \in \mathbb{Z}^+$, $\forall k > K$ 有

$$|f_N(x_k) - f(x_k)| < \varepsilon_0. \tag{12.3.4}$$

因为对每个 $x \in [a,b]$, 数列 $\{f_n(x)\}$ 单调, 故当 $k > K$, $n_k > N$ 时, 由 (12.3.4) 式得

$$|f_{n_k}(x_k) - f(x_k)| \leqslant |f_N(x_k) - f(x_k)| < \varepsilon_0,$$

这与 (12.3.3) 式矛盾. 所以 $\{f_n(x)\}$ 在 $[a,b]$ 上必定一致收敛.

由函数列的 Dini 定理容易推出下列关于函数项级数的 Dini 定理.

定理 12.3.4 (Dini 定理)   设函数项级数 $\sum\limits_{n=1}^{\infty} u_n(x)$ 在闭区间 $[a,b]$ 上收敛于和函数 $S(x)$. 又设对 $\forall n \in \mathbb{Z}^+$, $u_n(x)$ 在 $[a,b]$ 上连续, 且对 $\forall x \in [a,b]$, $\{u_n(x)\}$ 为同号数列. 则 $S(x)$ 在 $[a,b]$ 上连续的充分必要条件是 $\sum\limits_{n=1}^{\infty} u_n(x)$ 在 $[a,b]$ 上一致收敛.

证明   (阅读) 设 $S_n(x)$ 为 $\sum\limits_{n=1}^{\infty} u_n(x)$ 的部分和函数. 由于每个 $u_n(x)$ 都在

$[a, b]$ 上连续, 因而每个 $S_n(x)$ 都在 $[a, b]$ 上连续. 又由于 $\forall x \in [a, b]$, $\{u_n(x)\}$ 为同号数列, 故 $\forall x \in [a, b]$, $\{S_n(x)\}$ 为单调数列. 对 $\{S_n(x)\}$ 使用引理 12.3.3 可知定理 12.3.4 得证.

引理 12.3.5 (极限函数可积性) 若函数列 $\{f_n(x)\}$ 在闭区间 $[a, b]$ 上一致收敛于函数 $f(x)$, 且每一项 $f_n(x)$ 都在 $[a, b]$ 上可积, 则 $f(x)$ 在 $[a, b]$ 上可积, 且

$$\int_a^b f(x)\mathrm{d}x = \lim_{n \to \infty} \int_a^b f_n(x)\mathrm{d}x. \tag{12.3.5}$$

证明 对 $\forall \varepsilon > 0$, 因为 $f_n(x) \rightrightarrows f(x)(n \to \infty, \ x \in [a, b])$, 故易知 f 在 $[a, b]$ 上有界且 $\exists N \in \mathbb{Z}^+, \forall n > N, \forall x \in [a, b]$, 有

$$|f_n(x) - f(x)| < \frac{\varepsilon}{3(b - a)}. \tag{12.3.6}$$

取定 $n_0 > N$(例如取 $n_0 = N + 1$), 由于 $f_{n_0}(x)$ 在 $[a, b]$ 上可积, 故存在 $[a, b]$ 的分割

$$T = \{a = x_0, x_1, \cdots, x_{n-1}, x_n = b\},$$

使 $\sum_T \omega_i(f_{n_0})\Delta x_i < \dfrac{\varepsilon}{3}$. 由于 $\forall \lambda, \eta \in [x_{i-1}, x_i]$ 有

$$|f(\lambda) - f(\eta)| \leqslant |f(\lambda) - f_{n_0}(\lambda)| + |f_{n_0}(\lambda) - f_{n_0}(\eta)| + |f_{n_0}(\eta) - f(\eta)|,$$

故按定理 1.4.6 与 (12.3.6) 式可得到振幅 $\omega_i(f)$ 与 $\omega_i(f_{n_0})$ 间的关系:

$$\omega_i(f) \leqslant \omega_i(f_{n_0}) + \frac{2\varepsilon}{3(b - a)}$$

因此有

$$\sum_T \omega_i(f)\Delta x_i \leqslant \sum_T \left[\omega_i(f_{n_0}) + \frac{2\varepsilon}{3(b - a)}\right]\Delta x_i < \frac{\varepsilon}{3} + \frac{2\varepsilon}{3} = \varepsilon,$$

根据可积准则, 这表明 $f(x)$ 在 $[a, b]$ 上可积. 于是, 由 (12.3.6) 式, $\forall n > N$ 有

$$\left|\int_a^b f_n(x)\mathrm{d}x - \int_a^b f(x)\mathrm{d}x\right| = \left|\int_a^b [f_n(x) - f(x)]\mathrm{d}x\right| \leqslant \int_a^b |f_n(x) - f(x)|\,\mathrm{d}x$$
$$< \frac{\varepsilon}{b - a} \cdot (b - a) = \varepsilon,$$

这就证明了 (12.3.5) 式成立.

定理 12.3.6 (逐项求积定理) 若函数项级数 $\displaystyle\sum_{n=1}^{\infty} u_n(x)$ 在闭区间 $[a, b]$ 上一

致收敛于和函数 $S(x)$, 且每一项 $u_n(x)$ 都在 $[a, b]$ 上可积, 则 $S(x)$ 在 $[a, b]$ 上可积, 且

$$\int_a^b S(x)\mathrm{d}x = \sum_{n=1}^{\infty} \int_a^b u_n(x)\mathrm{d}x. \tag{12.3.7}$$

证明　设 $S_n(x)$ 为 $\sum\limits_{n=1}^{\infty} u_n(x)$ 的部分和函数. 由于每个 $u_n(x)$ 都在 $[a, b]$ 上可积, 因而每个 $S_n(x)$ 都在 $[a, b]$ 上可积, 又由 $\sum\limits_{n=1}^{\infty} u_n(x)$ 的一致收敛性知 $\{S_n(x)\}$ 在 $[a, b]$ 上一致收敛于 $S(x)$, 根据引理 12.3.5, $S(x)$ 在 $[a, b]$ 上可积且

$$\int_a^b S(x)\mathrm{d}x = \lim_{n\to\infty} \int_a^b S_n(x)\mathrm{d}x = \lim_{n\to\infty} \int_a^b \left[\sum_{k=1}^{n} u_k(x) \right] \mathrm{d}x$$

$$= \lim_{n\to\infty} \sum_{k=1}^{n} \int_a^b u_k(x)\mathrm{d}x = \sum_{k=1}^{\infty} \int_a^b u_k(x)\mathrm{d}x = \sum_{n=1}^{\infty} \int_a^b u_n(x)\mathrm{d}x,$$

这表明 (12.3.7) 式成立.

例 12.3.4　设 $|q| < 1$, $S(x) = \sum\limits_{n=0}^{\infty} \dfrac{q^n \cos nx}{n+1}$, $x \in [0, 2\pi]$. 证明

$$\int_0^{2\pi} S(x)\mathrm{d}x = 2\pi.$$

证明　记通项为 $u_n(x)$, 显然每个 $u_n(x)$ 在 $x \in [0, 2\pi]$ 上连续, 从而是可积的. 由于

$$\forall n \geqslant 0, \ \forall x \in [0, 2\pi], \text{有} \ |u_n(x)| \leqslant |q|^n,$$

而 $\sum\limits_{n=0}^{\infty} |q|^n$ 收敛, 故根据优级数判别法, $\sum\limits_{n=0}^{\infty} \dfrac{q^n \cos nx}{n+1}$ 在 $[0, 2\pi]$ 上一致收敛. 于是由逐项求积定理得

$$\int_0^{2\pi} S(x)\mathrm{d}x = \sum_{n=0}^{\infty} \int_0^{2\pi} \frac{q^n \cos nx}{n+1}\mathrm{d}x = q^0 \int_0^{2\pi} \mathrm{d}x + \sum_{n=1}^{\infty} \frac{q^n}{n+1} \int_0^{2\pi} \cos nx\,\mathrm{d}x = 2\pi.$$

引理 12.3.7 (极限函数可微性)　若函数列 $\{f_n(x)\}$ 在区间 I 上点态收敛于函数 $f(x)$, 每一项 $f_n(x)$ 都在 I 上有连续的导函数, 且导函数列 $\{f_n'(x)\}$ 在区间 I 上内闭一致收敛, 则 $f(x)$ 在 I 上有连续的导数, 且

$$f'(x) = \lim_{n\to\infty} f_n'(x) \quad (\forall x \in I). \tag{12.3.8}$$

证明 记 $\{f'_n(x)\}$ 在区间 I 上的极限函数为 $g(x)$. $\forall x \in I$, 存在闭区间 $[a,b]$ 使 $x \in [a,b] \subset I$. 由于 $f'_n(x) \rightrightarrows g(x)$ $(n \to \infty,\ x \in [a,b])$ 且每个 $f'_n(x)$ 连续, 由引理 12.3.1, $g(x)$ 在区间 I 上连续, 从而它在 $[a,b]$ 上可积. 因为 $\{f'_n(x)\}$ 在 $[a,b]$ 上也满足引理 12.3.5 的条件, 且 $\{f_n(x)\}$ 在 $[a,b]$ 上点态收敛于 $f(x)$, 故由引理 12.3.5 与 N-L 公式得

$$\int_a^x g(t)\mathrm{d}t = \lim_{n \to \infty} \int_a^x f'_n(t)\mathrm{d}t = \lim_{n \to \infty} [f_n(x) - f_n(a)] = f(x) - f(a).$$

根据 $g(x)$ 的连续性可知 $\displaystyle\int_a^x g(t)\mathrm{d}t$ 可导, 从而 $f(x)$ 可导, 且

$$f'(x) = \frac{\mathrm{d}}{\mathrm{d}x}\int_a^x g(t)\mathrm{d}t = g(x) = \lim_{n \to \infty} f'_n(x),$$

这就证明了 (12.3.8) 式成立, 此式也表明 $f'(x)$ 在 I 上连续.

定理 12.3.8 (逐项求导定理) 若函数项级数 $\displaystyle\sum_{n=1}^{\infty} u_n(x)$ 在区间 I 上点态收敛于和函数 $S(x)$, 每一项 $u_n(x)$ 都在 I 上有连续的导函数, 且导函数项级数 $\displaystyle\sum_{n=1}^{\infty} u'_n(x)$ 在区间 I 上内闭一致收敛, 则 $S(x)$ 在 I 上有连续的导函数, 且

$$S'(x) = \sum_{n=1}^{\infty} u'_n(x) \quad (\forall x \in I). \tag{12.3.9}$$

证明 设 $S_n(x)$ 为 $\displaystyle\sum_{n=1}^{\infty} u_n(x)$ 的部分和函数. 由于每个 $u_n(x)$ 都在 I 上有连续的导函数, 因而每个 $S_n(x)$ 都在 I 上有连续的导函数, 又由 $\displaystyle\sum_{n=1}^{\infty} u'_n(x)$ 的内闭一致收敛性知 $\{S'_n(x)\}$ 在 I 上内闭一致收敛, 根据引理 12.3.7, $S(x)$ 在 I 上有连续的导函数, 且 $\forall x \in I$ 有

$$S'(x) = \lim_{n \to \infty} S'_n(x) = \lim_{n \to \infty} \left[\sum_{k=1}^{n} u_k(x)\right]' = \lim_{n \to \infty} \sum_{k=1}^{n} u'_k(x) = \sum_{k=1}^{\infty} u'_k(x) = \sum_{n=1}^{\infty} u'_n(x),$$

这表明 (12.3.9) 式成立.

例 12.3.5 证明 Riemann ζ 函数 $\zeta(x) = \displaystyle\sum_{n=1}^{\infty} \frac{1}{n^x}$ 在 $(1, +\infty)$ 上有连续的导函数.

证明　记 $u_n(x) = \dfrac{1}{n^x}$, 则 $u'_n(x) = \dfrac{-\ln n}{n^x}$. 级数 $\displaystyle\sum_{n=1}^{\infty} \dfrac{1}{n^x}$ 其实就是 p 级数

$(p = x)$, 故它在 $(1, +\infty)$ 上点态收敛. 显然每个 $u'_n(x)$ 在 $(1, +\infty)$ 上连续. 任取

闭区间 $[a, b] \subset (1, +\infty)$, 则 $\forall n \geqslant 1, \forall x \in [a, b]$, 有

$$|u'_n(x)| = \frac{\ln n}{n^x} \leqslant \frac{\ln n}{n^a}.$$

由于 $a > 1$, 故可取 β 使 $a > \beta > 1$, 由

$$\lim_{n \to \infty} \frac{(\ln n)/n^a}{1/n^\beta} = \lim_{n \to \infty} \frac{\ln n}{n^{a-\beta}} = 0$$

与比较极限法可知 $\displaystyle\sum_{n=1}^{\infty} \dfrac{\ln n}{n^a}$ 收敛, 按优级数判别法, $\displaystyle\sum_{n=1}^{\infty} u'_n(x)$ 在 $[a, b]$ 上一致收

敛, 即在 $(1, +\infty)$ 上内闭一致收敛. 根据逐项求导定理, $\zeta(x) = \displaystyle\sum_{n=1}^{\infty} \dfrac{1}{n^x}$ 在 $(1, +\infty)$

上有连续的导函数, 且 $\zeta'(x) = \displaystyle\sum_{n=1}^{\infty} \dfrac{-\ln n}{n^x}$.

例 12.3.6　设 $u_n(x) = \dfrac{1}{n^3} \ln(1 + n^2 x^2)$, 讨论 $\displaystyle\sum_{n=1}^{\infty} u_n(x)$ 的和函数 $S(x)$ 在

区间 $[0, 1]$ 上的连续性、可积性与可微性.

解　显然通项 $u_n(x)$ 在 $[0, 1]$ 上连续, 且是 $[0, 1]$ 上的增函数. 于是 $\forall n \geqslant 1$,
$\forall x \in [0, 1]$ 有

$$|u_n(x)| \leqslant \frac{1}{n^3} \ln(1 + n^2),$$

且 $\displaystyle\lim_{n \to \infty} \dfrac{n^{-3} \ln(1 + n^2)}{n^{-2}} = \lim_{n \to \infty} \dfrac{\ln(1 + n^2)}{n} = 0$, 由比较极限法知 $\displaystyle\sum_{n=1}^{\infty} \dfrac{1}{n^3} \ln(1 + n^2)$

收敛, 根据优级数判别法, $\displaystyle\sum_{n=1}^{\infty} u_n(x)$ 在 $[0, 1]$ 上一致收敛, 因此 $S(x)$ 在 $[0, 1]$ 上连

续, 从而也可积. 因为 $u'_n(x) = \dfrac{2x}{n(1 + n^2 x^2)}$ 在 $[0, 1]$ 上连续, 又 $\forall n \geqslant 1$, $\forall x \in [0, 1]$
有

$$|u'_n(x)| = \frac{2x}{n(1 + n^2 x^2)} \leqslant \frac{2x}{n(2nx)} = \frac{1}{n^2},$$

由于 $\displaystyle\sum_{n=1}^{\infty} \dfrac{1}{n^2}$ 收敛, 故按优级数判别法, $\displaystyle\sum_{n=1}^{\infty} u'_n(x)$ 在 $[0, 1]$ 上一致收敛, 所以根据

逐项求导定理, $S(x)$ 在 $[0, 1]$ 上可微, 且 $S'(x)$ 在 $[0, 1]$ 上连续.

　　连续性、可积性、可微性及级数收敛性等本质上都是某种极限运算的性质, 所

以上面除 Dini 定理 (引理) 外的几个定理 (引理) 本质上都是揭示两种极限运算

可交换的合理性. 例如, 引理 12.3.1 与定理 12.3.2 的结论可分别写成

$$\lim_{x \to x_0} \lim_{n \to \infty} f_n(x) = \lim_{n \to \infty} \lim_{x \to x_0} f_n(x); \quad \lim_{x \to x_0} \sum_{n=1}^{\infty} u_n(x) = \sum_{n=1}^{\infty} \lim_{x \to x_0} u_n(x);$$

(12.3.5) 式与 (12.3.7) 式可分别写成

$$\int_a^b \lim_{n \to \infty} f_n(x) \mathrm{d}x = \lim_{n \to \infty} \int_a^b f_n(x) \mathrm{d}x; \quad \int_a^b \left[\sum_{n=1}^{\infty} u_n(x) \right] \mathrm{d}x = \sum_{n=1}^{\infty} \int_a^b u_n(x) \mathrm{d}x;$$

(12.3.8) 式与 (12.3.9) 式可分别写成

$$\frac{\mathrm{d}}{\mathrm{d}x} \lim_{n \to \infty} f_n(x) = \lim_{n \to \infty} \frac{\mathrm{d}}{\mathrm{d}x} f_n(x); \quad \frac{\mathrm{d}}{\mathrm{d}x} \sum_{n=1}^{\infty} u_n(x) = \sum_{n=1}^{\infty} \frac{\mathrm{d}}{\mathrm{d}x} u_n(x) .$$

这种交换起关键作用的条件是一致收敛性 (或内闭一致收敛性). 它是充分而不必要的条件.

例 12.3.7 设函数 $f_n(x)$ (参见图 12.3.1) 定义为

$$f_n(x) = \begin{cases} 2nx, & 0 \leqslant x < \dfrac{1}{2n}, \\[2mm] 2 - 2nx, & \dfrac{1}{2n} \leqslant x < \dfrac{1}{n}, \\[2mm] 0, & \dfrac{1}{n} \leqslant x \leqslant 1. \end{cases}$$

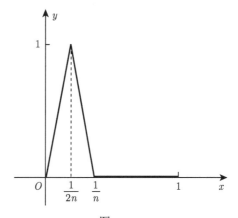

图 12.3.1

考察 $\{f_n(x)\}$ 的一致收敛性以及极限运算与积分运算的可交换性.

解 显然每个 $f_n(x)$ 在 $[0,1]$ 上连续. 由于 $f_n(0) = 0$, 且对 $x \in (0,1]$, $\exists n_0 \in \mathbb{Z}^+$, 使 $n_0 > \dfrac{1}{x}$, 于是 $\forall n > n_0$ 有 $\dfrac{1}{n} < x \leqslant 1$, 从而有 $f_n(x) = 0$, 得到 $f(x) = \lim\limits_{n \to \infty} f_n(x) = 0$. 因此在 $[0,1]$ 上, $\displaystyle\int_0^1 f(x) \mathrm{d}x = 0$; 又有 $\displaystyle\int_0^1 f_n(x) \mathrm{d}x = \dfrac{1}{2n}$; 故

$$\int_0^1 \lim_{n \to \infty} f_n(x) \mathrm{d}x = \int_0^1 f(x) \mathrm{d}x = 0 = \lim_{n \to \infty} \frac{1}{2n} = \lim_{n \to \infty} \int_0^1 f_n(x) \mathrm{d}x,$$

极限运算与积分运算可交换. 但由于

$$\sup_{x \in [0,1]} |f_n(x) - f(x)| = \sup_{x \in [0,1]} f_n(x) = f_n\left(\frac{1}{2n}\right) = 1,$$

$\{f_n(x)\}$ 在 $[0,1]$ 上不一致收敛.

例 12.3.7 说明一致收敛不是极限运算与积分运算可交换的必要条件. 对于其他形式的两种运算可交换性与一致收敛条件的不必要性, 都可构造出相应的例子. 但例 12.3.3 中提供的函数列及函数项级数的例子表明, 仅仅通项连续并不蕴涵极限函数或和函数连续. 可见, 虽然一致收敛或内闭一致收敛的条件是严苛的, 但在 Riemann 积分框架下却是很难去除甚至放宽的. 去除或放宽一致收敛条件的探索, 正是新的积分理论发展的一个动力.

习　题　12.3

1. 证明下列函数 $S(x)$ 在指定区间 D 上连续:

(1) $S(x) = \displaystyle\sum_{n=1}^{\infty} \frac{\cos nx}{\sqrt{n^3+n}}, D = (-\infty, +\infty)$;

(2) $S(x) = \displaystyle\sum_{n=1}^{\infty} n^2 e^{-nx}, D = (0, +\infty)$.

2. 求极限 $\displaystyle\lim_{x\to 3+} f(x)$, 其中 $f(x) = \displaystyle\sum_{n=1}^{\infty} \frac{1}{2^n} \left(\frac{x-4}{x-2}\right)^n$.

3. 设 $S(x) = \displaystyle\sum_{n=1}^{\infty} n e^{-nx}, x \in (0, +\infty)$, 计算 $\displaystyle\int_{\ln 2}^{\ln 3} S(t)\mathrm{d}t$.

4. 设 $f(x) = \displaystyle\sum_{n=1}^{\infty} \frac{2x}{1+n^3 x^2}, \quad x \in (-\infty, +\infty)$, 求 $\displaystyle\int_0^x f(t)\mathrm{d}t$.

5. 证明: 函数 $f(x) = \displaystyle\sum_{n=1}^{\infty} \frac{\sin nx}{n^3}$ 在 $(-\infty, +\infty)$ 上有连续的导函数.

6. 证明: 函数 $S(x) = \displaystyle\sum_{n=1}^{\infty} e^{-nx^2}$ 在 $(0, +\infty)$ 上有连续的导函数.

复习课件12

归纳解
析视频12

总习题 12

A 组

1. 设 $f_n(x) = xn^k e^{-nx}, 0 \leqslant x < \infty$. 试问 k 为何值时, 函数列 $\{f_n(x)\}$ 在 $[0, +\infty)$ 一致收敛?

2. 设 $f_n(x) = \dfrac{nx}{1 + n^2 x^2}$，试问 $\{f_n(x)\}$ 在 $[0,1]$ 上是否一致收敛? 是否有 $\displaystyle\int_0^1 \lim_{n\to\infty} f_n(x)\mathrm{d}x$ $= \displaystyle\lim_{n\to\infty} \int_0^1 f_n(x)\mathrm{d}x$?

3. 设 $f_n(x) = \dfrac{\ln(1 + n^2 x^2)}{2n}$，试问 $\{f_n'(x)\}$ 在 $[0,1]$ 上是否一致收敛? 是否有

$$\frac{\mathrm{d}}{\mathrm{d}x} \lim_{n\to\infty} f_n(x) = \lim_{n\to\infty} \frac{\mathrm{d}}{\mathrm{d}x} f_n(x)?$$

4. 设 $f_1(x)$ 在 $[a,b]$ 上可积，$f_{n+1}(x) = \displaystyle\int_a^x f_n(t)\mathrm{d}t$ $(n \in \mathbb{Z}^+)$. 证明 $\{f_n(x)\}$ 在 $[a,b]$ 上一致收敛于 0.

5. 证明下列函数列或函数项级数在指定区间上不一致收敛:

(1) $f_n(x) = (\sin x)^{\frac{1}{n}}$ $(n \in \mathbb{Z}^+)$, $x \in [0,\pi]$;　(2) $f_n(x) = \dfrac{1}{1 + x^{2n}}$ $(n \in \mathbb{Z}^+)$, $x \in [-1,1]$;

(3) $\displaystyle\sum_{n=1}^{\infty} (1-x)x^{n-1}$, $x \in [0,1]$;　　　　　(4) $\displaystyle\sum_{n=1}^{\infty} \frac{x}{[(n-1)x+1](nx+1)}$, $x \in [0,1]$.

6. 设 $\{f_n(x)\}$ 是 $[a,b]$ 上的连续函数列，且在 $[a,b]$ 上一致收敛于 $f(x)$. 又设 $\{x_n\} \subset [a,b]$ 且 $\displaystyle\lim_{n\to\infty} x_n = x_0$. 证明 $\displaystyle\lim_{n\to\infty} f_n(x_n) = f(x_0)$.

7. 求下列函数 $S(x)$, $x \in (-\infty, +\infty)$ 的导函数 $S'(x)$.

(1) $S(x) = \displaystyle\sum_{n=1}^{\infty} \frac{1}{n^3 + n^4 x^2}$;　　　　　(2) $S(x) = \displaystyle\sum_{n=1}^{\infty} \arctan \frac{x}{n^2}$.

8. 证明 $\displaystyle\int_0^1 \sum_{n=1}^{\infty} \frac{x}{n(x+n)}\mathrm{d}x = \lim_{n\to\infty}\left[\sum_{k=1}^{n} \frac{1}{k} - \ln(n+1)\right] = c$ (c 为 Euler 常数).

9. 设在区间 I 上，对 $\forall n \in \mathbb{Z}^+$ 有 $a_n(x) \leqslant u_n(x) \leqslant b_n(x)$，而 $\displaystyle\sum_{n=1}^{\infty} a_n(x)$ 与 $\displaystyle\sum_{n=1}^{\infty} b_n(x)$ 都在 I 上一致收敛，证明 $\displaystyle\sum_{n=1}^{\infty} u_n(x)$ 在 I 上一致收敛.

10. 在 $[0,1]$ 上定义函数列 $(n \in \mathbb{Z}^+)$

$$u_n(x) = \begin{cases} 1/n, & x = 1/n, \\ 0, & x \neq 1/n. \end{cases}$$

证明级数 $\displaystyle\sum_{n=1}^{\infty} u_n(x)$ 在 $[0,1]$ 上一致收敛，但它不存在优级数.

11. 证明: 级数 $\displaystyle\sum_{n=1}^{\infty} (-1)^n x^n (1-x)$ 在 $[0,1]$ 上绝对收敛并一致收敛，但由其各项绝对值组成的级数在 $[0,1]$ 上却不一致收敛.

12. 证明: 若函数项级数 $\displaystyle\sum_{n=1}^{\infty} u_n(x)$ 在开区间 (a,b) 上一致收敛于和函数 $S(x)$，且每个 $u_n(x)$ 在闭区间 $[a,b]$ 上连续，则和函数 $S(x)$ 在 $[a,b]$ 上连续.

13. 设级数 $\displaystyle\sum_{n=1}^{\infty} a_n$ 收敛, 证明 $\displaystyle\lim_{x\to 0+}\sum_{n=1}^{\infty}\frac{a_n}{n^x}=\sum_{n=1}^{\infty}a_n$.

14. 设 $\{u_n(x)\}$ 为 $[a,b]$ 上正的函数列, 对每个 $x\in[a,b],\{u_n(x)\}$ 是递减且收敛于 0 的数列, 又每个 $u_n(x)$ 都是 $[a,b]$ 上的单调函数, 证明函数项级数 $\displaystyle\sum_{n=1}^{\infty}(-1)^{n-1}u_n(x)$ 在 $[a,b]$ 上一致收敛.

B 组

15. 设 $f(x)$ 是 $[0,1]$ 上的连续函数, 且 $f(1)=0, g_n(x)=f(x)x^n$, 证明 $\{g_n(x)\}$ 在 $[0,1]$ 上一致收敛.

16. 设 $f_n(x)=\left(1+\dfrac{x}{n}\right)^n$. 证明 $\{f_n(x)\}$ 在 $[0,+\infty)$ 不一致收敛但内闭一致收敛.

17. 证明 $\displaystyle\sum_{n=2}^{\infty}\frac{(-1)^n}{\ln n}\left(\frac{2+x^n}{1+x^n}\right)\arctan nx$ 在 $[0,+\infty)$ 上一致收敛.

18. 设 $\{x_n\}\subset[0,1]$ 是一个各项互不相同的数列, 证明 $\displaystyle\sum_{n=1}^{\infty}\frac{\mathrm{sgn}(x-x_n)}{2^n}$ 的和函数当且仅当 $x=x_k(k=1,2,\cdots)$ 时不连续.

19. 设 $f(x)$ 在区间 (a,b) 上有连续导函数, $a<\alpha<\beta<b$. 令

$$F_n(x)=\frac{n}{2}\left[f\left(x+\frac{1}{n}\right)-f\left(x-\frac{1}{n}\right)\right], \quad n\in\mathbb{Z}^+, x\in[\alpha,\beta].$$

证明 $\{F_n(x)\}$ 在 $[\alpha,\beta]$ 上一致收敛且 $\displaystyle\lim_{n\to\infty}\int_\alpha^\beta F_n(x)\mathrm{d}x=f(\beta)-f(\alpha)$.

20. 证明: 若函数列 $\{f_n(x)\}$ 在 $(-\infty,+\infty)$ 上一致收敛于函数 $f(x)$, 且每个 $f_n(x)$ 在 $(-\infty,+\infty)$ 上一致连续, 则 $f(x)$ 在 $(-\infty,+\infty)$ 上一致连续.

21. 设可微函数列 $\{f_n(x)\}$ 在 $[a,b]$ 上收敛, $\{f_n'(x)\}$ 在 $[a,b]$ 上一致有界, 证明: $\{f_n(x)\}$ 在 $[a,b]$ 上一致收敛.

22. 设函数项级数 $\displaystyle\sum_{n=1}^{\infty}u_n(x)$ 在点 $x_0\in[a,b]$ 收敛, $\displaystyle\sum_{n=1}^{\infty}u_n'(x)$ 在 $[a,b]$ 上一致收敛, 且每个 $u_n'(x)$ 在 $[a,b]$ 上连续. 证明 $\displaystyle\sum_{n=1}^{\infty}u_n(x)$ 在 $[a,b]$ 上一致收敛.

23. 设函数列 $\{\varphi_n(x)\}$ 满足:

(1) $\varphi_n(x)$ 在 $[-1,1]$ 上非负连续, 且 $\displaystyle\lim_{n\to\infty}\int_{-1}^1\varphi_n(x)\mathrm{d}x=1$;

(2) $\forall a\in(0,1)$, $\{\varphi_n(x)\}$ 在 $[-1,-a],[a,1]$ 上一致收敛于 0.

证明对 $[-1,1]$ 上连续函数 $f(x)$ 有 $\displaystyle\lim_{n\to\infty}\int_{-1}^1 f(x)\varphi_n(x)\mathrm{d}x=f(0)$.

24. 证明: 若函数项级数 $\displaystyle\sum_{n=1}^{\infty}u_n(x)$ 在 $[a,b]$ 上收敛于函数 $S(x)$, 而 $\{u_n(x)\}$ 是 $[a,b]$ 上的非负等度连续函数列, 则 $S(x)$ 在 $[a,b]$ 上取到最小值.

第 13 章 幂级数与 Fourier 级数

CHAPTER

幂级数与 Fourier(傅里叶) 级数是两类特殊的函数项级数, 前者通项是幂函数, 后者通项是三角函数 (确切而言是正弦函数与余弦函数). 因此本章的一些内容是前一章讲述的函数项级数基本理论的具体应用. 由于幂函数与三角函数是性态较为简单的初等函数, 幂级数与 Fourier 级数是基本的也是特别重要的两类函数项级数, 因而在本章中将进一步讨论的主要问题是如何把满足一定条件的函数表示成幂级数与 Fourier 级数.

13.1 幂级数的收敛性

形如 $\sum_{n=0}^{\infty} a_n(x - x_0)^n$ (其中 $x_0 \in \mathbb{R}, \{a_n\}$ 为数列) 的函数项级数称为**幂级数**, $a_n(n \in \mathbb{N})$ 称为幂级数的系数. 作变量替换 $t = x - x_0$, 则幂级数 $\sum_{n=0}^{\infty} a_n(x - x_0)^n$ 变成 $\sum_{n=0}^{\infty} a_n t^n$. 因此下面不妨仅对 $x_0 = 0$ 的情况展开讨论, 即讨论

$$\sum_{n=0}^{\infty} a_n x^n = a_0 + a_1 x + a_2 x^2 + \cdots + a_n x^n + \cdots . \tag{13.1.1}$$

对于 $x_0 \neq 0$ 的情况, 只要作变量替换就可得到相应的结果. 幂级数 (13.1.1) 的部分和函数是一个多项式. 所以幂级数是多项式的推广, 可看作是无穷次的 "多项式". 下列函数系

$$1, \ x, \ x^2, \ \cdots, \ x^n, \ \cdots \tag{13.1.2}$$

称为**基本幂函数系**. 幂级数 (13.1.1) 可认为是函数系 (13.1.2) 的一个无穷的 "线性组合". 它是函数项级数中最为简单的一类, 因而有着区别于一般函数项级数的一些独特的性质.

首先来讨论幂级数的收敛域. 一般来说, 函数项级数的收敛域可以是任何数集, 难以发现其中的规律. 但幂级数的收敛域必定是一个区间或单点集.

定理 13.1.1 (Cauchy-Hadamard (柯西-阿达马) 定理) 设 $\displaystyle\sum_{n=0}^{\infty} a_n x^n$ 为幂级数,

$$\frac{1}{R} = \varlimsup_{n\to\infty} \sqrt[n]{|a_n|}, \quad 0 \leqslant R \leqslant +\infty. \tag{13.1.3}$$

(1) 若 $R = +\infty$, 则幂级数在 $(-\infty, +\infty)$ 上绝对收敛;

(2) 若 $0 < R < +\infty$, 则幂级数当 $|x| < R$ 时绝对收敛, 当 $|x| > R$ 时发散;

(3) 若 $R = 0$, 则幂级数只在点 0 收敛, 在其他点处都发散.

证明 对 $\forall x \in (-\infty, +\infty)$ 有

$$\varlimsup_{n\to\infty} \sqrt[n]{|a_n x^n|} = |x| \varlimsup_{n\to\infty} \sqrt[n]{|a_n|}. \tag{13.1.4}$$

(1) 当 $R = +\infty$ 时, 有 $\varlimsup\limits_{n\to\infty} \sqrt[n]{|a_n|} = 0$, 由 (13.1.4) 式可知对 $\forall x \in (-\infty, +\infty)$ 有 $\varlimsup\limits_{n\to\infty} \sqrt[n]{|a_n x^n|} = 0$. 根据根式极限法, 幂级数在 $(-\infty, +\infty)$ 上绝对收敛.

(2) 当 $0 < R < +\infty$ 时, 由 (13.1.4) 式得

$$\varlimsup_{n\to\infty} \sqrt[n]{|a_n x^n|} = \frac{|x|}{R} \begin{cases} < 1, & |x| < R, \\ > 1, & |x| > R. \end{cases}$$

根据根式极限法, 幂级数当 $|x| < R$ 时绝对收敛, 当 $|x| > R$ 时发散.

(3) 当 $R = 0$, 即 $\varlimsup\limits_{n\to\infty} \sqrt[n]{|a_n|} = +\infty$ 时, 由 (13.1.4) 式可知对 $\forall x \neq 0$ 有 $\varlimsup\limits_{n\to\infty} \sqrt[n]{|a_n x^n|} = +\infty$. 根据根式极限法, 幂级数在所有 $x \neq 0$ 的点处都发散, 它仅在点 0 收敛.

由 (13.1.3) 式给出的 R 称为幂级数的**收敛半径**. 对于幂级数 $\displaystyle\sum_{n=0}^{\infty} a_n x^n$, 若 $R = +\infty$, 则收敛域为 $(-\infty, +\infty)$; 若 $R = 0$, 则收敛域为 $\{0\}$. 例如, $\displaystyle\sum_{n=1}^{\infty} \frac{x^n}{n!}$ 的收敛域为 $(-\infty, +\infty)$, $\displaystyle\sum_{n=1}^{\infty} n! x^n$ 的收敛域为 $\{0\}$ (参见例 12.2.1). 当 $0 < R < +\infty$ 时, 定理 13.1.1 表明幂级数在 $x \in (-R, R)$ 收敛, 在 $|x| > R$ 时发散, 但它未涉及端点 $x = \pm R$ 时幂级数的敛散情况. 原因是此时什么情况都会发生, 有待于对具体级数 $\displaystyle\sum_{n=0}^{\infty} a_n R^n$ 与 $\displaystyle\sum_{n=0}^{\infty} a_n(-R)^n$ 的敛散性作进一步判定. 因此, 当 $0 < R < +\infty$ 时, 幂级数 $\displaystyle\sum_{n=0}^{\infty} a_n x^n$ 的收敛域为下列四种区间之一:

$$(-R, R); \quad [-R, R); \quad (-R, R]; \quad [-R, R].$$

例如, 下列 4 个幂级数

$$\sum_{n=1}^{\infty} x^n, \quad \sum_{n=1}^{\infty} \frac{x^n}{n}, \quad \sum_{n=1}^{\infty} \frac{(-1)^n x^n}{n}, \quad \sum_{n=1}^{\infty} \frac{x^n}{n^2}$$

的收敛半径都是 1, 其收敛域分别为 $(-1,1)$; $[-1,1)$; $(-1,1]$; $[-1,1]$. 其中第二个级数在 $x = -1$ 条件收敛, 第三个级数在 $x = 1$ 条件收敛, 而第四个级数在 $x = \pm 1$ 都绝对收敛. 总之, 幂级数的收敛域是一个区间, **幂级数在收敛域内部的点处绝对收敛**, 在端点处可能发散, 可能条件收敛, 也可能绝对收敛.

推论 13.1.2 (D'Alembert (达朗贝尔) 定理)   设 $\displaystyle\sum_{n=0}^{\infty} a_n x^n$ 为幂级数, 若极限

$$\lim_{n\to\infty} \left| \frac{a_n}{a_{n+1}} \right| = R \tag{13.1.5}$$

存在或为 $+\infty$, 则 R 是该幂级数的收敛半径.

证明   不妨设 $R \neq 0$. 由 (13.1.5) 式知 $\displaystyle\lim_{n\to\infty} \left| \frac{a_{n+1}}{a_n} \right|$ 存在, 即 $\displaystyle\varliminf_{n\to\infty} \left| \frac{a_{n+1}}{a_n} \right| = \varlimsup_{n\to\infty} \left| \frac{a_{n+1}}{a_n} \right|$; 根据 (11.3.4) 式有

$$\varliminf_{n\to\infty} \left| \frac{a_{n+1}}{a_n} \right| \leqslant \varliminf_{n\to\infty} \sqrt[n]{|a_n|} \leqslant \varlimsup_{n\to\infty} \sqrt[n]{|a_n|} \leqslant \varlimsup_{n\to\infty} \left| \frac{a_{n+1}}{a_n} \right|,$$

由此推出 $\displaystyle\lim_{n\to\infty} \sqrt[n]{|a_n|}$ 存在且 $R = \dfrac{1}{\displaystyle\lim_{n\to\infty} \sqrt[n]{|a_n|}}$. 因此根据定理 13.1.1, R 是幂级数的收敛半径.

例 13.1.1   求下列幂级数的收敛半径与收敛域:

(1) $\displaystyle\sum_{n=1}^{\infty} \frac{(-1)^n}{2^n n} (x-1)^n$;   (2) $\displaystyle\sum_{n=1}^{\infty} \frac{n!}{n^n} x^{2n}$.

解   (1) $a_n = \dfrac{(-1)^n}{2^n n}$, 由于 $\sqrt[n]{|a_n|} = \dfrac{1}{2 \sqrt[n]{n}} \to \dfrac{1}{2}$ $(n \to \infty)$, 故收敛半径 $R = 2$. (或者由

$$R = \lim_{n\to\infty} \left| \frac{a_n}{a_{n+1}} \right| = \lim_{n\to\infty} \frac{2^{n+1}(n+1)}{2^n n} = \lim_{n\to\infty} \frac{2(n+1)}{n} = 2$$

得到). 因此幂级数当 $|x-1| < 2$ 即 $x \in (-1,3)$ 时收敛; 在区间端点 $x = -1$ 处原级数 $\displaystyle\sum_{n=1}^{\infty} \frac{1}{n}$ 发散; 在区间端点 $x = 3$ 处原级数 $\displaystyle\sum_{n=1}^{\infty} \frac{(-1)^n}{n}$ 收敛. 因此该幂级数

的收敛域为 $(-1, 3]$.

(2) $a_{2n} = \dfrac{n!}{n^n}$ (注意 $a_n \neq \dfrac{n!}{n^n}$), 记 $b_n = a_{2n}$, 由于

$$\frac{b_{n+1}}{b_n} = \frac{(n+1)!}{(n+1)^{n+1}} \cdot \frac{n^n}{n!} = \left(\frac{n}{n+1}\right)^n \to \frac{1}{\mathrm{e}} \quad (n \to \infty),$$

由此得

$$\varlimsup_{n\to\infty} \sqrt[n]{|a_n|} = \lim_{n\to\infty} \sqrt[2n]{|a_{2n}|} = \lim_{n\to\infty} \left(\sqrt[n]{|b_n|}\right)^{\frac{1}{2}} = \lim_{n\to\infty} \left(\frac{b_{n+1}}{b_n}\right)^{\frac{1}{2}} = \frac{1}{\sqrt{\mathrm{e}}},$$

因此收敛半径 $R = \sqrt{\mathrm{e}}$.

(请注意, 这里有多种方法可求得此结果: **方法 2**, 利用已知极限 $\lim\limits_{n\to\infty} \dfrac{\sqrt[n]{n!}}{n} = \dfrac{1}{\mathrm{e}}$, 得到

$$\varlimsup_{n\to\infty} \sqrt[n]{|a_n|} = \lim_{n\to\infty} \sqrt[2n]{|a_{2n}|} = \lim_{n\to\infty} \left(\frac{\sqrt[n]{n!}}{n}\right)^{\frac{1}{2}} = \frac{1}{\sqrt{\mathrm{e}}};$$

方法 3, b_n 为 $\sum\limits_{n=1}^{\infty} \dfrac{n!}{n^n} t^n$ 的系数, 这里 $t = x^2$, 由 D'Alembert 定理得到 $\sum\limits_{n=1}^{\infty} \dfrac{n!}{n^n} t^n$ 的收敛半径为 e, 从而 $R = \sqrt{\mathrm{e}}$; **方法 4**, 直接对幂级数 $\sum\limits_{n=1}^{\infty} \dfrac{n!}{n^n} x^{2n}$ 使用比式极限法.)

当 $x = \pm\sqrt{\mathrm{e}}$ 时, 原级数为 $\sum\limits_{n=1}^{\infty} \dfrac{n!}{n^n} \mathrm{e}^n$, 由 $u_n = \dfrac{n!}{n^n} \mathrm{e}^n = b_n \mathrm{e}^n$, $\dfrac{u_{n+1}}{u_n} = \dfrac{\mathrm{e}}{(1 + 1/n)^n} > 1$ 可知级数发散. 因此该幂级数的收敛域为 $(-\sqrt{\mathrm{e}}, \sqrt{\mathrm{e}})$.

再来考虑两个幂级数的运算问题. 由于幂级数在收敛域内部的点处绝对收敛, 这保证了在进行乘法运算时不必顾及其中项的次序, 可以按对角线方法作 Cauchy 乘积.

定理 13.1.3 设 $\sum\limits_{n=0}^{\infty} a_n x^n$ 与 $\sum\limits_{n=0}^{\infty} b_n x^n$ 为两个幂级数, 其收敛半径分别为 R_a 与 R_b, 收敛域分别为 I_a 与 I_b. 则

(1) $\lambda \in \mathbb{R}$, $\lambda \sum\limits_{n=0}^{\infty} a_n x^n = \sum\limits_{n=0}^{\infty} \lambda a_n x^n, x \in I_a$;

(2) $\sum\limits_{n=0}^{\infty} a_n x^n \pm \sum\limits_{n=0}^{\infty} b_n x^n = \sum\limits_{n=0}^{\infty} (a_n \pm b_n) x^n, x \in I_a \cap I_b$;

(3) $\left(\sum_{n=0}^{\infty} a_n x^n \right) \left(\sum_{n=0}^{\infty} b_n x^n \right) = \sum_{n=0}^{\infty} c_n x^n, c_n = \sum_{k=0}^{n} a_k b_{n-k}, |x| < \min \{R_a, R_b\}$.

证明　(1) 与 (2) 是显然的, 只证明 (3). 记 $u_n(x) = a_n x^n, v_n(x) = b_n x^n$. 根据定理 13.1.1 与 Cauchy 定理 (定理 11.4.9), 当 $|x| < \min \{R_a, R_b\}$ 时, 两个幂级数可以作 Cauchy 乘积, 乘积级数的通项为

$$\sum_{k=0}^{n} u_k(x) v_{n-k}(x) = \sum_{k=0}^{n} \left(a_k x^k \cdot b_{n-k} x^{n-k} \right) = \left(\sum_{k=0}^{n} a_k b_{n-k} \right) x^n = c_n x^n.$$

幂级数的除法一般比较麻烦, 需用递推的方法逐次求商级数的系数. 当 $b_0 \neq 0$ 时, 两个幂级数 $\sum_{n=0}^{\infty} a_n x^n$ 与 $\sum_{n=0}^{\infty} b_n x^n$ 相除的商也可表示成幂级数

$$\frac{\sum_{n=0}^{\infty} a_n x^n}{\sum_{n=0}^{\infty} b_n x^n} = \beta_0 + \beta_1 x + \beta_2 x^2 + \cdots + \beta_n x^n + \cdots,$$

其中系数 $\beta_0, \beta_1, \beta_2, \cdots, \beta_n, \cdots$ 可由关系式 $\sum_{n=0}^{\infty} b_n x^n \cdot \sum_{n=0}^{\infty} \beta_n x^n = \sum_{n=0}^{\infty} a_n x^n$ 用比较两端系数的方法确定, 即由

$$b_0 \beta_0 = a_0, \ \ b_0 \beta_1 + b_1 \beta_0 = a_1, \ \cdots, \ b_0 \beta_n + b_1 \beta_{n-1} + \cdots + b_n \beta_0 = a_n, \cdots,$$

从第一式求出 β_0, 从第二式求出 $\beta_1, \cdots$, 依次求出每个 β_n.

作为特殊的函数项级数, 幂级数和函数的连续性, 逐项可积性与逐项可微性当然是要讨论的重点问题. 为此, 下面仍然从研究幂级数的一致收敛性出发展开讨论.

定理 13.1.4 (Abel 定理)　设幂级数 $\sum_{n=0}^{\infty} a_n x^n$ 的收敛域 $I \neq \{0\}$, 则 $\sum_{n=0}^{\infty} a_n x^n$ 在 I 内闭一致收敛.

证明　任取闭区间 $[a, b] \subset I$, 不妨设 $a < 0 < b$. 下证 $\sum_{n=0}^{\infty} a_n x^n$ 在 $[0, b]$ 上一致收敛. 改写幂级数通项为 $a_n x^n = a_n b^n \cdot \left(\frac{x}{b} \right)^n$, 按已知, 数项级数 $\sum_{n=0}^{\infty} a_n b^n$ 收敛, 由于它与 x 无关, 当然它在 $[0, b]$ 上一致收敛; 对任何固定的 $x \in [0, b]$, 数

列 $\left\{\left(\dfrac{x}{b}\right)^n\right\}$ 单调递减; 且对 $\forall n \in \mathbb{Z}^+$ 与 $\forall x \in [0,b]$ 有 $0 \leqslant \left(\dfrac{x}{b}\right)^n \leqslant 1$, 即数列

$\left\{\left(\dfrac{x}{b}\right)^n\right\}$ 在 $[0,b]$ 上一致有界. 根据 Abel 判别法, 幂级数 $\displaystyle\sum_{n=0}^{\infty} a_n x^n$ 在 $[0,b]$ 上一

致收敛. 同理可证该幂级数在 $[a,0]$ 上一致收敛. 由此知它在 $[a,b]$ 上一致收敛.

由于闭区间 $[a,b]$ 是在 I 中任取的, 因此 $\displaystyle\sum_{n=0}^{\infty} a_n x^n$ 在 I 内闭一致收敛.

定理 13.1.5 设幂级数 $\displaystyle\sum_{n=0}^{\infty} a_n x^n$ 的收敛半径为 $R > 0$, 收敛域为 $I \neq \{0\}$,

和函数为 $S(x)$, 则

(1) $S(x)$ 在 I 上连续;

(2) $S(x)$ 在 I 的任意闭区间 $[a,b]$ 上可逐项求积分:

$$\int_a^b S(x)\mathrm{d}x = \int_a^b \left(\sum_{n=0}^{\infty} a_n x^n\right) \mathrm{d}x = \sum_{n=0}^{\infty} a_n \int_a^b x^n \mathrm{d}x,$$

特别地, $\forall x \in I$, 有

$$\int_0^x S(t)\mathrm{d}t = \sum_{n=0}^{\infty} a_n \int_0^x t^n \mathrm{d}t = \sum_{n=0}^{\infty} \frac{a_n}{n+1} x^{n+1},$$

且所得幂级数的收敛半径仍为 R;

(3) $S(x)$ 在 $(-R, R)$ 内可逐项求导任意次: $\forall k \in \mathbb{Z}^+$ 有

$$S^{(k)}(x) = \frac{\mathrm{d}^k}{\mathrm{d}x^k} \sum_{n=0}^{\infty} a_n x^n = \sum_{n=k}^{\infty} n(n-1)\cdots(n-k+1)a_n x^{n-k}, \qquad (13.1.6)$$

且所得幂级数的收敛半径仍为 R.

证明 (1) 因为每个 $a_n x^n$ 都在 I 上连续, 由 Abel 定理, 幂级数在 I 内闭一致收敛, 所以根据和函数连续性定理, $S(x)$ 在 I 上连续.

(2) 因为每个 $a_n x^n$ 在 $[a,b]$ 上可积, 由 Abel 定理, 幂级数在 $[a,b]$ 上一致收敛, 所以由逐项求积定理, $S(x)$ 在 $[a,b]$ 上可逐项求积分, 特别地, 取 $a = 0$ 与

$b = x$ 逐项求积分得到幂级数 $\displaystyle\int_0^x S(t)\mathrm{d}t = \sum_{n=0}^{\infty} \frac{a_n}{n+1} x^{n+1}$, 由于

$$\varlimsup_{n \to \infty} \sqrt[n]{\left|\frac{a_n}{n+1}\right|} = \frac{\varlimsup\limits_{n \to \infty} \sqrt[n]{|a_n|}}{\lim\limits_{n \to \infty} \sqrt[n]{n+1}} = \varlimsup_{n \to \infty} \sqrt[n]{|a_n|} = \frac{1}{R},$$

故逐项求积分所得幂级数的收敛半径仍为 R.

(3) 因为每个 $(a_n x^n)' = n a_n x^{n-1}$ 在 $(-R, R)$ 上连续, 对于幂级数 $\displaystyle\sum_{n=1}^{\infty} n a_n x^{n-1}$, 由于

$$\varlimsup_{n\to\infty} \sqrt[n]{|n a_n|} = \lim_{n\to\infty} \sqrt[n]{n} \cdot \varlimsup_{n\to\infty} \sqrt[n]{|a_n|} = \varlimsup_{n\to\infty} \sqrt[n]{|a_n|} = \frac{1}{R},$$

故它的收敛半径为 R, 由 Abel 定理, 幂级数 $\displaystyle\sum_{n=1}^{\infty} n a_n x^{n-1}$ 在 $(-R, R)$ 内闭一致收敛. 根据逐项求导定理, $S(x)$ 在 $(-R, R)$ 内可逐项求导, 有 $S'(x) = \displaystyle\sum_{n=1}^{\infty} n a_n x^{n-1}$, 且这个幂级数的收敛半径仍为 R. 重复上述论证可知 $S(x)$ 在 $(-R, R)$ 内可逐项求导任意次, 且所得幂级数的收敛半径不变.

请注意, 根据定理 13.1.5, 在对幂级数逐项求导或变上限逐项求积分后, 所得新的幂级数的收敛半径不变, 但收敛域可能会改变, 即区间端点处的敛散情况可能会改变.

推论 13.1.6 设幂级数 $\displaystyle\sum_{n=0}^{\infty} a_n x^n$ 的收敛半径为 $R > 0$, 和函数为 $S(x)$, 则

$$a_0 = S(0), \quad a_n = \frac{S^{(n)}(0)}{n!} \quad (n = 1, 2, \cdots).$$

即幂级数由 $S(x)$ 在 $x = 0$ 的各阶导数唯一确定.

证明 由 (13.1.6) 式, $S^{(k)}(0) = k! a_k$, 因此 $a_k = \dfrac{S^{(k)}(0)}{k!}$ $(k \in \mathbb{N})$.

例 13.1.2 求幂级数 $\displaystyle\sum_{n=1}^{\infty} n x^n$ 的和函数.

解 记 $S(x) = \displaystyle\sum_{n=1}^{\infty} n x^n$, 易知这个幂级数的收敛半径 $R = 1$, 收敛域为 $(-1, 1)$. 令

$$S(x) = x f(x), \quad f(x) = \sum_{n=1}^{\infty} n x^{n-1}.$$

对 $f(x)$ 逐项求积分得

$$\int_0^x f(t) \mathrm{d}t = \sum_{n=1}^{\infty} n \int_0^x t^{n-1} \mathrm{d}t = \sum_{n=1}^{\infty} x^n = \frac{x}{1-x},$$

由此得 $f(x) = \left(\dfrac{x}{1-x}\right)' = \dfrac{1}{(1-x)^2}$, 所以 $S(x) = x f(x) = \dfrac{x}{(1-x)^2}$ $(|x| < 1)$.

例 13.1.3 证明 $\displaystyle\sum_{n=1}^{\infty} \frac{(-1)^{n-1}}{n} = \ln 2$.

证明 考虑幂级数 $S(x) = \sum\limits_{n=1}^{\infty} \dfrac{x^n}{n}$, 易知它的收敛半径 $R = 1$, 收敛域为 $[-1, 1)$. 对 $\forall x \in (-1, 1)$ 有

$$S'(x) = \sum_{n=1}^{\infty} \left(\frac{x^n}{n} \right)' = \sum_{n=1}^{\infty} x^{n-1} = \frac{1}{1-x},$$

由此知 $S(x) = \displaystyle\int \dfrac{\mathrm{d}x}{1-x} = -\ln(1-x) + C$, 但 $S(0) = 0$, 故 $C = 0$, 有 $S(x) = -\ln(1-x)$. 由于和函数在收敛域 $[-1, 1)$ 上连续, 故 $\forall x \in [-1, 1)$, $S(x) = -\ln(1-x)$. 所以,

$$\sum_{n=1}^{\infty} \frac{(-1)^{n-1}}{n} = -\sum_{n=1}^{\infty} \frac{(-1)^n}{n} = -S(-1) = \ln 2.$$

例 13.1.4 求数项级数 $\sum\limits_{n=1}^{\infty} \dfrac{1}{n(2n+1)}$ 的和.

解 考虑幂级数 $S(x) = \sum\limits_{n=1}^{\infty} \dfrac{x^{2n+1}}{n(2n+1)}$, 所求数项级数的和即 $S(1)$. 易知该幂级数的收敛半径 $R = 1$. 对 $\forall x \in (-1, 1)$ 有

$$S'(x) = \sum_{n=1}^{\infty} \left[\frac{x^{2n+1}}{n(2n+1)} \right]' = \sum_{n=1}^{\infty} \frac{x^{2n}}{n},$$

$$S''(x) = \sum_{n=1}^{\infty} \left(\frac{x^{2n}}{n} \right)' = 2 \sum_{n=1}^{\infty} x^{2n-1} = 2x \sum_{n=1}^{\infty} \left(x^2 \right)^{n-1} = \frac{2x}{1-x^2}.$$

于是有

$$S'(x) - S'(0) = \int_0^x S''(t)\mathrm{d}t = \int_0^x \frac{2t}{1-t^2}\mathrm{d}t = -\ln(1-x^2).$$

注意到 $S'(0) = 0$ 与 $S(0) = 0$ (这两个幂级数的常数项都是 0), 对 $\forall x \in (-1, 1)$, 进一步有

$$S(x) = S(x) - S(0) = \int_0^x S'(t)\mathrm{d}t = \int_0^x -\ln(1-t^2)\mathrm{d}t$$

$$= -t\ln(1-t^2)\Big|_0^x - \int_0^x \frac{2t^2}{1-t^2}\mathrm{d}t = -x\ln(1-x^2) + \int_0^x 2\mathrm{d}t - 2\int_0^x \frac{\mathrm{d}t}{1-t^2}$$

$$= -x\ln(1-x^2) + 2x - \ln\frac{1+x}{1-x} = (1-x)\ln(1-x) - (1+x)\ln(1+x) + 2x.$$

易知幂级数 $\sum\limits_{n=1}^{\infty} \dfrac{x^{2n+1}}{n(2n+1)}$ 的收敛域为 $[-1, 1]$, 故

$$\sum_{n=1}^{\infty} \frac{1}{n(2n+1)} = S(1) = \lim_{x \to 1-} S(x) = 2 - 2\ln 2.$$

习 题 13.1

1. 求下列幂级数的收敛半径与收敛域:

(1) $\sum\limits_{n=1}^{\infty} \frac{(n!)^2}{(2n)!} x^n$;

(2) $\sum\limits_{n=1}^{\infty} \frac{n!}{n^{2n}} x^n$;

(3) $\sum\limits_{n=1}^{\infty} \frac{x^n}{2^{n^2}}$;

(4) $\sum\limits_{n=1}^{\infty} \frac{x^{n^2}}{2^n}$;

(5) $\sum\limits_{n=1}^{\infty} \left(1 + \frac{1}{2} + \cdots + \frac{1}{n}\right) x^n$;

(6) $\sum\limits_{n=1}^{\infty} \frac{3^n + (-1)^n}{n} x^{2n-1}$;

(7) $\sum\limits_{n=1}^{\infty} \left(1 + \frac{1}{n}\right)^{n^2} (x-1)^n$;

(8) $\sum\limits_{n=1}^{\infty} \frac{(2n-1)!!}{(2n)!!} x^n$.

2. 求下列幂级数的和函数:

(1) $\sum\limits_{n=0}^{\infty} (n+3) x^n$;

(2) $\sum\limits_{n=1}^{\infty} n^2 x^n$;

(3) $\sum\limits_{n=1}^{\infty} \frac{2n+1}{2^{n+1}} x^{2n}$;

(4) $\sum\limits_{n=1}^{\infty} \frac{n}{n+1} x^n$.

3. 求数项级数 $\sum\limits_{n=0}^{\infty} \frac{(-1)^n}{2n+1}$ 的和.

4. 设 $S(x)$ 为幂级数 $\sum\limits_{n=0}^{\infty} a_n x^n$ 在 $(-R, R)$ 上的和函数. 证明: 若 $S(x)$ 为奇函数, 则幂级数仅出现奇次幂的项, 若 $S(x)$ 为偶函数, 则幂级数仅出现偶次幂的项.

13.2 函数的幂级数展开

从 13.1 节的讨论可见, 幂级数有许多优良的性质. 若一个函数能够表示成幂级数, 则在理论与应用上都会带来很大方便. 此外, 幂级数涉及的运算也是计算机容易处理的对象. 因此本节来讨论这方面的问题: 在什么条件下函数能够表示成幂级数? 条件满足时如何将函数表示成幂级数?

假定函数 $f(x)$ 在点 x_0 的某邻域 $U(x_0)$ 内可表示成幂级数 $\sum\limits_{n=0}^{\infty} a_n(x-x_0)^n$, 就是说, 该幂级数的和函数为 $f(x)$:

$$f(x) = \sum_{n=0}^{\infty} a_n(x-x_0)^n, \quad x \in U(x_0),$$

那么根据幂级数的逐项可导性, $f(x)$ 在 $U(x_0)$ 内可任意次逐项求导, 即对 $\forall k \in \mathbb{Z}^+$ 有

$$f^{(k)}(x) = \sum_{n=k}^{\infty} n(n-1)\cdots(n-k+1)a_n(x-x_0)^{n-k}.$$

令 $x = x_0$, 得到

$$a_k = \frac{f^{(k)}(x_0)}{k!}, \quad k = 0, 1, 2, \cdots.$$

从而有

$$f(x) = \sum_{n=0}^{\infty} \frac{f^{(n)}(x_0)}{n!}(x-x_0)^n. \tag{13.2.1}$$

请注意, (13.2.1) 式是在假定 $f(x)$ 可以表示成幂级数的前提下得到的. 现在的问题是: 如果去掉这个前提而仅仅假设 $f(x)$ 在 $U(x_0)$ 内任意阶可导, (13.2.1) 式是否仍然成立? 答案是否定的.

考察例 5.4.7 中的函数 $f(x) = \begin{cases} \mathrm{e}^{-\frac{1}{x^2}}, & x \neq 0, \\ 0, & x = 0, \end{cases}$ 已知对 $\forall n \in \mathbb{Z}^+$ 有 $f^{(n)}(0) = 0$, 取 $x_0 = 0$, 于是幂级数 $\sum_{n=0}^{\infty} \frac{f^{(n)}(0)}{n!}x^n = \sum_{n=0}^{\infty} 0x^n$ 在 $(-\infty, +\infty)$ 收敛于和函数 $S(x) = 0$, $S(x) \neq f(x)$. 这表明要使 (13.2.1) 式成立, 还需对 $f(x)$ 提出进一步的要求.

定义 13.2.1 设函数 $f(x)$ 在点 x_0 的某邻域 $U(x_0)$ 内具有任意阶导数, 则

$$a_n = \frac{f^{(n)}(x_0)}{n!}, \quad n = 0, 1, 2, \cdots$$

称为 $f(x)$ 在点 x_0 的 **Taylor 系数**, $\sum_{n=0}^{\infty} \frac{f^{(n)}(x_0)}{n!}(x-x_0)^n$ 称为 $f(x)$ 在点 x_0 的 **Taylor 级数** (当 $x_0 = 0$ 时称为 **Maclaurin 级数**), 记为

$$f(x) :\sim \sum_{n=0}^{\infty} \frac{f^{(n)}(x_0)}{n!}(x-x_0)^n.$$

若在点 x_0 的某邻域 $U(x_0)$ 内有

$$f(x) = \sum_{n=0}^{\infty} \frac{f^{(n)}(x_0)}{n!}(x-x_0)^n, \tag{13.2.2}$$

则称 $f(x)$ 在点 x_0 **可展开成 Taylor 级数** (也称 $f(x)$ 在点 x_0 是**实解析**的), (13.2.2) 式中的幂级数称为 $f(x)$ 的**幂级数展开式**或 **Taylor 展开式**, 当 $x_0 = 0$ 时称为 **Maclaurin 展开式**.

按照级数收敛的定义, (13.2.2) 式中右端幂级数的部分和函数列 $\{S_n(x)\}$ 应收敛于 $f(x)$, 设余级数为 $R_n(x)$, 即应有

$$\lim_{n\to\infty} R_n(x) = \lim_{n\to\infty} [f(x) - S_n(x)] = 0.$$

由于这里的 $S_n(x)$ 不是别的, 正是 $f(x)$ 在点 x_0 的 n 阶 Taylor 多项式, 根据 Taylor 定理, $R_n(x)$ 正是 Taylor 公式中的余项. 由此得出下面的定理.

定理 13.2.1　设函数 $f(x)$ 在点 x_0 的某邻域 $U(x_0)$ 内具有任意阶导数, $R_n(x)$ 为 $f(x)$ 在点 x_0 的 Taylor 公式中的余项. 则 $f(x)$ 在 $U(x_0)$ 可展开成 Taylor 级数的充分必要条件是在此邻域内有 $\lim\limits_{n\to\infty} R_n(x) = 0$.

下面由定义 13.2.1 出发, 利用 Taylor 公式与定理 13.2.1 来求一些函数的 Taylor 展开式, 这种方法也称为**直接展开法**.

例 13.2.1　求 $f(x) = \mathrm{e}^x$ 的 Maclaurin 展开式.

解　根据在 $x = 0$ 的 Taylor 系数公式知 $\mathrm{e}^x :\sim \sum\limits_{n=0}^{\infty} \dfrac{x^n}{n!}$. 由于 $f^{(n)}(x) = \mathrm{e}^x$, 故按 Lagrange 余项公式 (参见 (6.3.14) 式), $\forall x \in (-\infty, +\infty)$, $\exists \theta \in (0,1)$, 有

$$|R_n(x)| = \left| \frac{f^{(n+1)}(\theta x)}{(n+1)!} x^{n+1} \right| = \left| \frac{\mathrm{e}^{\theta x}}{(n+1)!} x^{n+1} \right| \leqslant \frac{\mathrm{e}^{|x|}}{(n+1)!} |x|^{n+1}. \qquad (13.2.3)$$

记 $u_n(x) = \dfrac{\mathrm{e}^{|x|}}{(n+1)!} |x|^{n+1}$, 考虑级数 $\sum\limits_{n=1}^{\infty} u_n(x)$, 由于

$$\frac{u_{n+1}(x)}{u_n(x)} = \frac{|x|}{n+2} \to 0 \quad (n \to \infty),$$

因而由比式极限法知该级数收敛, 从而得到 $u_n(x) \to 0 \ (n \to \infty)$, 所以由 (13.2.3) 式知 $R_n(x) \to 0 \ (n \to \infty)$. 因此,

$$\mathrm{e}^x = \sum_{n=0}^{\infty} \frac{x^n}{n!} = 1 + x + \frac{x^2}{2!} + \cdots + \frac{x^n}{n!} + \cdots, \quad x \in (-\infty, +\infty).$$

例 13.2.2　求 $f(x) = \sin x$ 的 Maclaurin 展开式.

解　根据在 $x = 0$ 的 Taylor 系数公式知 $\sin x :\sim \sum\limits_{n=0}^{\infty} \dfrac{(-1)^n}{(2n+1)!} x^{2n+1}$. 由于 $f^{(n)}(x) = \sin\left(x + \dfrac{n}{2}\pi\right)$, 故按 Lagrange 余项公式, $\forall x \in (-\infty, +\infty)$, $\exists \theta \in (0,1)$, 有

$$|R_n(x)| = \left| \frac{f^{(n+1)}(\theta x)}{(n+1)!} x^{n+1} \right| = \left| \frac{\sin\left(\theta x + \dfrac{n+1}{2}\pi\right)}{(n+1)!} x^{n+1} \right| \leqslant \frac{|x|^{n+1}}{(n+1)!} .$$

与证明 (13.2.3) 式右端极限为 0 的方法相同, 可证 $\dfrac{|x|^{n+1}}{(n+1)!} \to 0 \ (n \to \infty)$, 由此得 $R_n(x) \to 0 \ (n \to \infty)$. 所以,

$$\sin x = \sum_{n=0}^{\infty} \frac{(-1)^n}{(2n+1)!} x^{2n+1} = x - \frac{x^3}{3!} + \frac{x^5}{5!} - \cdots$$
$$+ \frac{(-1)^n}{(2n+1)!} x^{2n+1} + \cdots, \quad x \in (-\infty, +\infty).$$

例 13.2.3 求 $f(x) = (1+x)^\alpha \ (\alpha \notin \mathbb{N})$ 的 Maclaurin 展开式.

解 根据在 $x = 0$ 的 Taylor 系数公式知 $(1+x)^\alpha :\sim \sum_{n=0}^{\infty} \dbinom{\alpha}{n} x^n$, 其中

$$\binom{\alpha}{0} = 1, \quad \binom{\alpha}{n} = \frac{\alpha(\alpha-1)\cdots(\alpha-n+1)}{n!} \quad (n \in \mathbb{Z}^+).$$

由于 $f^{(n)}(x) = \alpha(\alpha-1)\cdots(\alpha-n+1)(1+x)^{\alpha-n}$, 故按 Cauchy 余项公式 (参见 (6.3.15) 式), $\forall x \in (-1, 1), \exists \theta \in (0, 1)$, 有

$$\begin{aligned} R_n(x) &= \frac{f^{(n+1)}(\theta x)(1-\theta)^n}{n!} x^{n+1} \\ &= \frac{\alpha(\alpha-1)\cdots(\alpha-n)(1+\theta x)^{\alpha-n-1}(1-\theta)^n}{n!} x^{n+1} \\ &= \frac{\alpha(\alpha-1)\cdots(\alpha-n)}{n!} x^{n+1} (1+\theta x)^{\alpha-1} \left(\frac{1-\theta}{1+\theta x} \right)^n. \end{aligned} \quad (13.2.4)$$

由于 $-1 < x < 1$, 故 $1 + \theta x > 1 - \theta > 0$, 从而有

$$0 < \left(\frac{1-\theta}{1+\theta x} \right)^n \leqslant 1, \quad 0 < (1+\theta x)^{\alpha-1} \leqslant \max\{(1+|x|)^{\alpha-1}, (1-|x|)^{\alpha-1}\},$$

这表明 $\left\{ (1+\theta x)^{\alpha-1} \left(\dfrac{1-\theta}{1+\theta x} \right)^n \right\}$ 是有界函数列. 记 $a_n = \dfrac{\alpha(\alpha-1)\cdots(\alpha-n)}{n!}$, 考虑幂级数 $\sum_{n=1}^{\infty} a_n x^{n+1}$, 由于

$$\lim_{n\to\infty} \left| \frac{a_n}{a_{n+1}} \right| = \lim_{n\to\infty} \left| \frac{n+1}{\alpha-n-1} \right| = 1,$$

幂级数 $\sum_{n=1}^{\infty} a_n x^{n+1}$ 的收敛半径为 1, 因此 $\forall x \in (-1, 1)$ 有 $a_n x^{n+1} \to 0 \ (n \to \infty)$.

从而由 (13.2.4) 式知 $R_n(x) \to 0$ $(n \to \infty)$. 所以,

$$(1+x)^\alpha = \sum_{n=0}^{\infty} \binom{\alpha}{n} x^n = 1 + \alpha x + \binom{\alpha}{2} x^2 + \cdots + \binom{\alpha}{n} x^n + \cdots, \quad x \in (-1, 1).$$

现讨论 $f(x) = (1+x)^\alpha$ 的展开式在区间端点处的收敛情况. 将 $x = \pm 1$ 代入, 得到级数 $\sum_{n=0}^{\infty} (\pm 1)^n \binom{\alpha}{n}$, 以下记 $b_n = \binom{\alpha}{n}$, $c_n = (-1)^n \binom{\alpha}{n}$.

(1) 由于幂级数在其收敛域上连续, 故当 $\alpha < 0$ 时展开式在 $x = -1$ 发散, 即 $\sum_{n=0}^{\infty} c_n$ 发散.

(2) 当 $\alpha \leqslant -1$, $x = 1$ 时, 由于

$$|b_n| = \frac{|\alpha(\alpha-1)\cdots(\alpha-n+1)|}{n!} \geqslant \frac{1 \cdot 2 \cdot \cdots \cdot n}{n!} = 1,$$

故此时 $\sum_{n=0}^{\infty} b_n$ 发散.

(3) 当 $-1 < \alpha < 0$, $x = 1$ 时, $\sum_{n=0}^{\infty} b_n$ 为交错级数, 由于 $\left| \dfrac{b_{n+1}}{b_n} \right| = \dfrac{|\alpha - n|}{n+1} \leqslant 1$ 且

$$|b_n| = \frac{|\alpha(\alpha-1)\cdots(\alpha-n+1)|}{n!} = \left(1 - \frac{1+\alpha}{1}\right)\left(1 - \frac{1+\alpha}{2}\right)\cdots\left(1 - \frac{1+\alpha}{n}\right)$$

$$= e^{\sum\limits_{k=1}^{n} \ln\left(1 - \frac{1+\alpha}{k}\right)} \to 0 \quad (n \to \infty),$$

由 Leibniz 判别法知 $\sum_{n=0}^{\infty} b_n$ 收敛. (这里注意到 $\ln\left(1 - \dfrac{1+\alpha}{k}\right) \sim -\dfrac{1+\alpha}{k}$ $(k \to \infty)$, 因而有 $\sum_{k=1}^{\infty} \ln\left(1 - \dfrac{1+\alpha}{k}\right) = -\infty$.)

(4) 当 $\alpha > 0$ 时, 因为

$$\lim_{n\to\infty} n\left(1 - \frac{|b_{n+1}|}{|b_n|}\right) = \lim_{n\to\infty} n\left(1 - \frac{|n-\alpha|}{n+1}\right) = \lim_{n\to\infty} n\left(1 - \frac{n-\alpha}{n+1}\right) = 1 + \alpha > 1,$$

故由 Raabe 判别法知 $\sum_{n=0}^{\infty} b_n$ 绝对收敛, 但 $\sum_{n=0}^{\infty} |c_n| = \sum_{n=0}^{\infty} |b_n|$, $\sum_{n=0}^{\infty} c_n$ 也绝对收敛.

归纳起来, $\alpha \notin \mathbb{N}$ 时, 展开式 $(1+x)^\alpha = \sum_{n=0}^{\infty} \binom{\alpha}{n} x^n$ 的收敛域:

$\alpha \leqslant -1$ 时为 $(-1, 1)$; $\quad -1 < \alpha < 0$ 时为 $(-1, 1]$; $\quad \alpha > 0$ 时为 $[-1, 1]$.

一般来说, 只有少量比较简单的函数可通过直接展开法求其幂级数展开式, 更多的情况是通过**间接展开法**来求, 即从已知的展开式出发, 通过变量替换、四则运算或逐项求导、逐项求积等方法间接地求得函数的幂级数展开式.

例 13.2.4　分别求函数 $\cos x$, $\ln(1+x)$ 的 Maclaurin 展开式.

解　由函数 $\sin x$ 的展开式逐项求导得

$$\cos x = \sum_{n=0}^{\infty} \frac{(-1)^n}{(2n)!} x^{2n} = 1 - \frac{x^2}{2!} + \frac{x^4}{4!} - \cdots + \frac{(-1)^n}{(2n)!} x^{2n} + \cdots, \quad x \in (-\infty, +\infty).$$

由 $(1+x)^\alpha = \sum\limits_{n=0}^{\infty} \begin{pmatrix} \alpha \\ n \end{pmatrix} x^n (\alpha = -1)$ 或由 $\dfrac{1}{1-x} = \sum\limits_{n=0}^{\infty} x^n$ (以 $-x$ 替换 x) 得

$$\frac{1}{1+x} = \sum_{n=0}^{\infty} (-1)^n x^n, \quad x \in (-1, 1).$$

逐项求积分得出

$$\ln(1+x) = \int_0^x \frac{\mathrm{d}t}{1+t} = \sum_{n=0}^{\infty} (-1)^n \int_0^x t^n \mathrm{d}t = \sum_{n=0}^{\infty} \frac{(-1)^n}{n+1} x^{n+1},$$

注意到 $x = 1$ 时级数收敛, 故

$$\ln(1+x) = \sum_{n=1}^{\infty} \frac{(-1)^{n-1}}{n} x^n = x - \frac{x^2}{2} + \frac{x^3}{3} - \cdots + \frac{(-1)^{n-1}}{n} x^n + \cdots, \quad x \in (-1, 1].$$

注意, e^x, $\sin x$, $\cos x$, $(1+x)^\alpha$, $\ln(1+x)$ 这 5 个函数的 Maclaurin 展开式是基本的, 也是常用的, 应该记住.

例 13.2.5　求函数 $f(x) = \arcsin x$ 在 $x_0 = 0$ 的 Taylor 展开式, 并求数项级数 $\sum\limits_{n=1}^{\infty} \frac{(2n-1)!!}{(2n)!!} \cdot \frac{1}{2n+1}$ 的和.

解　由于 $f'(x) = \dfrac{1}{\sqrt{1-x^2}} = (1-x^2)^{-\frac{1}{2}}$, 在 $(1+t)^\alpha$ 的 Taylor 展开式中令 $\alpha = -\dfrac{1}{2}, t = -x^2$, 注意到

$$\begin{pmatrix} -\dfrac{1}{2} \\ n \end{pmatrix} = \frac{-\dfrac{1}{2}\left(-\dfrac{1}{2}-1\right)\cdots\left(-\dfrac{1}{2}-n+1\right)}{n!} = \frac{(-1)^n \cdot 1 \cdot 3 \cdot \cdots \cdot (2n-1)}{2^n n!}$$

$$= \frac{(-1)^n (2n-1)!!}{(2n)!!},$$

从而得到

$$f'(x) = \sum_{n=0}^{\infty} \binom{-\dfrac{1}{2}}{n} (-x^2)^n = 1 + \sum_{n=1}^{\infty} \frac{(-1)^n (2n-1)!!}{(2n)!!}(-1)^n x^{2n}$$

$$= 1 + \sum_{n=1}^{\infty} \frac{(2n-1)!!}{(2n)!!} x^{2n}.$$

对 $x \in (-1,1)$ 从 0 到 x 逐项求积分, 注意到 $f(0)=0$, 得到

$$\arcsin x = f(x) - f(0) = \int_0^x f'(u)\mathrm{d}u = x + \sum_{n=1}^{\infty} \frac{(2n-1)!!}{(2n)!!} \int_0^x u^{2n}\mathrm{d}u$$

$$= x + \sum_{n=1}^{\infty} \frac{(2n-1)!!}{(2n)!!} \frac{x^{2n+1}}{2n+1}, \quad x \in [-1,1],$$

这里, 当 $x = \pm 1$ 时展开式成立, 因为级数在 $x = \pm 1$ 时收敛 (参见例 11.3.8). 在上述展开式中令 $x = 1$ 便得到

$$\sum_{n=1}^{\infty} \frac{(2n-1)!!}{(2n)!!} \cdot \frac{1}{2n+1} = \frac{\pi}{2} - 1.$$

例 13.2.6　求下列函数在 $x_0 = 1$ 的 Taylor 展开式:

(1) $f(x) = 3^x$;　　　　　　　　(2) $f(x) = \dfrac{1}{(x+1)(2-x)}$.

解　(1)$f(x) = 3^x = 3^{x-1}3 = 3\mathrm{e}^{(x-1)\ln 3}$, 在 e^t 的 Taylor 展开式中令 $t = (x-1)\ln 3$ 得

$$3^x = 3\sum_{n=0}^{\infty} \frac{1}{n!}[(x-1)\ln 3]^n = \sum_{n=0}^{\infty} \frac{3\ln^n 3}{n!}(x-1)^n, \quad x \in (-\infty, +\infty).$$

(2) 因为

$$f(x) = \frac{1}{(x+1)(2-x)} = \frac{1}{3}\left[\frac{1}{2-x} + \frac{1}{x+1}\right] = \frac{1}{3}\left[\frac{1}{1-(x-1)} + \frac{1}{2+(x-1)}\right]$$

$$= \frac{1}{3} \cdot \frac{1}{1-(x-1)} + \frac{1}{6} \cdot \frac{1}{1+\dfrac{x-1}{2}},$$

故利用 $\dfrac{1}{1-t} = \displaystyle\sum_{n=0}^{\infty} t^n$ (或 $(1+t)^{-1} = \displaystyle\sum_{n=0}^{\infty} (-1)^n t^n$) 得

$$\frac{1}{(x+1)(2-x)} = \frac{1}{3}\sum_{n=0}^{\infty} (x-1)^n + \frac{1}{6}\sum_{n=0}^{\infty} (-1)^n \left(\frac{x-1}{2}\right)^n = \sum_{n=0}^{\infty}\left[\frac{1}{3} + \frac{(-1)^n}{6 \cdot 2^n}\right](x-1)^n.$$

展开式的收敛域为 $\{x\,|\,|x-1|<1\}\cap\left\{x\left|\left|\dfrac{x-1}{2}\right|<1\right.\right\}=\{x\,|\,|x-1|<1\}.$

例 13.2.7　求下列函数在 $x_0=0$ 的 Taylor 展开式:

(1) $f(x)=\cos^2 x;$ 　　　　　　　　(2) $f(x)=\dfrac{\mathrm{e}^x}{1+x}.$

解　(1) 利用 $\cos t$ 的 Taylor 展开式得

$$f(x)=\cos^2 x=\frac{1}{2}(1+\cos 2x)$$

$$=\frac{1}{2}+\frac{1}{2}\sum_{n=0}^{\infty}\frac{(-1)^n}{(2n)!}(2x)^{2n}=1+\sum_{n=1}^{\infty}\frac{(-1)^n 2^{2n-1}}{(2n)!}x^{2n},\quad x\in(-\infty,+\infty).$$

(2) 将 e^x 的 Taylor 展开式 (收敛域为 $(-\infty,+\infty)$) 与 $\dfrac{1}{1+x}$ 的 Taylor 展开式 (收敛域为 $(-1,1)$) 作 Cauchy 乘积, 令 $a_n=\dfrac{1}{n!}$, $b_n=(-1)^n$, 有

$$c_n=\sum_{k=0}^{n}a_k b_{n-k}=\sum_{k=0}^{n}\frac{(-1)^{n-k}}{k!},$$

$$f(x)=\frac{\mathrm{e}^x}{1+x}=\sum_{n=0}^{\infty}c_n x^n=\sum_{n=0}^{\infty}\left(\sum_{k=0}^{n}\frac{(-1)^{n-k}}{k!}\right)x^n,\quad x\in(-1,1).$$

例 13.2.8　求 $f(x)=(1+x)\ln(1+x)$ 的 Maclaurin 展开式.

解　**方法 1**　由于

$$f'(x)=\ln(1+x)+1=1+\sum_{n=1}^{\infty}\frac{(-1)^{n-1}}{n}x^n,$$

故对 $x\in(-1,1]$, 从 0 到 x 逐项求积分, 并注意到 $f(0)=0$, 有

$$f(x)=f(x)-f(0)=\int_0^x f'(t)\mathrm{d}t=x+\sum_{n=1}^{\infty}\frac{(-1)^{n-1}}{n(n+1)}x^{n+1},\quad x\in(-1,1].$$

方法 2　利用 $\ln(1+x)$ 的 Maclaurin 展开式得

$$f(x)=\ln(1+x)+x\ln(1+x)=\sum_{n=1}^{\infty}\frac{(-1)^{n-1}}{n}x^n+\sum_{n=1}^{\infty}\frac{(-1)^{n-1}}{n}x^{n+1}$$

$$=x+\sum_{n=1}^{\infty}\frac{(-1)^n}{n+1}x^{n+1}+\sum_{n=1}^{\infty}\frac{(-1)^{n-1}}{n}x^{n+1}$$

$$=x+\sum_{n=1}^{\infty}(-1)^{n-1}\left(\frac{1}{n}-\frac{1}{n+1}\right)x^{n+1}$$

$$= x + \sum_{n=1}^{\infty} \frac{(-1)^{n-1}}{n(n+1)} x^{n+1}, \quad x \in (-1, 1].$$

请注意, 在上述展开式中, 级数在 $x = -1$ 收敛于 0, 而 $x = -1$ 是 $(1 + x)\ln(1+x)$ 的可去间断点, 其极限值为 0, 故补充定义此点的值, 可以认为展开式在 $x = -1$ 仍成立, 即级数在 $[-1, 1]$ 上收敛于连续函数 $\hat{f}(x)$, 其中 $\hat{f}(-1) = 0$, 而 $x \in (-1, 1]$ 时 $\hat{f}(x) = f(x)$.

例 13.2.9　求函数 $\int_0^x \frac{\sin t}{t} \mathrm{d}t$ 在 $x_0 = 0$ 的 Taylor 展开式, 并计算 $\int_0^1 \frac{\sin t}{t} \mathrm{d}t$, 要求精确到 10^{-6}.

解　利用 $\sin t$ 的 Taylor 展开式, 有

$$\frac{\sin t}{t} = \sum_{n=0}^{\infty} \frac{(-1)^n}{(2n+1)!} t^{2n},$$

对此展开式逐项求积分得

$$\int_0^x \frac{\sin t}{t} \mathrm{d}t = \sum_{n=0}^{\infty} \frac{(-1)^n}{(2n+1)!} \int_0^x t^{2n} \mathrm{d}t = \sum_{n=0}^{\infty} \frac{(-1)^n}{(2n+1)!} \frac{x^{2n+1}}{2n+1}, \quad x \in (-\infty, +\infty).$$

由于 $\int_0^1 \frac{\sin t}{t} \mathrm{d}t = \sum_{n=0}^{\infty} \frac{(-1)^n}{(2n+1)!} \frac{1}{2n+1}$ 是一个交错级数, 其误差 $|R_n| \leqslant \dfrac{1}{(2n+3)(2n+3)!}$ 取 $n = 3$ 有 $|R_3| \leqslant 3.1 \times 10^{-7}$, 得到

$$\int_0^1 \frac{\sin t}{t} \mathrm{d}t \approx 1 - \frac{1}{3 \cdot 3!} + \frac{1}{5 \cdot 5!} - \frac{1}{7 \cdot 7!} \approx 0.9460828.$$

习　题　13.2

1. 求下列函数的 Maclaurin 展开式 (并确定它的收敛域):

(1) $f(x) = \arctan x$;

(2) $f(x) = \sin^2 x$;

(3) $f(x) = \dfrac{x^2}{\sqrt{1-2x}}$;

(4) $f(x) = \ln \sqrt{\dfrac{1+x}{1-x}}$;

(5) $f(x) = \displaystyle\int_0^x \mathrm{e}^{-t^2} \mathrm{d}t$;

(6) $f(x) = (1 + 2x)\mathrm{e}^{-2x}$;

(7) $f(x) = \dfrac{x}{1 + x - 2x^2}$;

(8) $f(x) = \dfrac{\ln(1-x)}{1-x}$.

2. 求下列函数在指定点 x_0 的 Taylor 展开式 (并确定它的收敛域):

(1) $f(x) = \ln\left(x + \sqrt{1+x^2}\right)$, $x_0 = 0$;

(2) $f(x) = \log_2 \sqrt{x}$, $x_0 = 2$;

(3) $f(x) = \dfrac{1}{x}$, $x_0 = 3$;

(4) $f(x) = \sin(x^2 - 2x)$, $x_0 = 1$.

13.3　连续函数的多项式逼近

从前面两节的讨论可见, 如果一个函数 $f(x)$ 能在某区间上展开成 Taylor 级数, 那么可以借助幂级数的一些优良性质来进一步研究函数的性质. 由于幂级数的部分和都是多项式, $f(x)$ 能展开成 Taylor 级数, 意味着存在一个多项式函数列在收敛域上一致收敛于 $f(x)$, 或者说在收敛域上 $f(x)$ 可用多项式函数列一致逼近. 但是, 若不是无穷次可导的函数则不能展开成 Taylor 级数, 即使无穷次可导的函数也未必都能展开成 Taylor 级数. 那么自然会问, 这些不能展开成幂级数的函数能否用多项式函数列一致逼近? 由于多项式函数列的一致极限必是连续函数, 闭区间上的连续函数能否用多项式函数列一致逼近呢? 回答是肯定的.

定理 13.3.1 (Weierstrass 逼近定理)　设函数 $f(x)$ 在闭区间 $[a,b]$ 上连续, 则存在多项式函数列 $\{p_n(x)\}$, 使 $\{p_n(x)\}$ 在 $[a,b]$ 上一致收敛于 $f(x)$.

证明　(阅读) 先设 $[a,b]=[0,1]$. 令

$$B_n(x) = \sum_{k=0}^{n} f\left(\frac{k}{n}\right) \mathrm{C}_n^k x^k (1-x)^{n-k}, \quad n=1,2,\cdots.$$

易见 $B_n(x)$ 是次数为 n 的多项式, 称之为 $f(x)$ 的 n 阶 **Bernstein** (伯恩斯坦) **多项式**. 以下证明多项式函数列 $\{B_n(x)\}$ 在 $[0,1]$ 上一致收敛于 $f(x)$.

对 $\forall x \in [0,1]$, 由于 $\sum_{k=0}^{n} \mathrm{C}_n^k x^k (1-x)^{n-k} = 1$, 故有

$$B_n(x) - f(x) = \sum_{k=0}^{n} \left[f\left(\frac{k}{n}\right) - f(x) \right] \mathrm{C}_n^k x^k (1-x)^{n-k}. \quad (13.3.1)$$

数学家
小传13.3.1

因 $f(x)$ 在 $[0,1]$ 上连续, 必定一致连续, 故 $\forall \varepsilon > 0$, $\exists \delta > 0$, $\forall x, \overline{x} \in [0,1]$ 且 $|x - \overline{x}| < \delta$ 时有 $|f(x) - f(\overline{x})| < \dfrac{\varepsilon}{2}$. 令

$$A = \left\{ k \left| \left| \frac{k}{n} - x \right| < \delta, k \in \{0,1,\cdots,n\} \right. \right\}, \quad A_0 = \{0,1,\cdots,n\} \setminus A,$$

并将 (13.3.1) 式右端分成两部分, 分别对 $k \in A$ 与 $k \in A_0$ 求和. 于是有

$$|B_n(x) - f(x)| \leqslant \sum_{k \in A} \left| f\left(\frac{k}{n}\right) - f(x) \right| \mathrm{C}_n^k x^k (1-x)^{n-k}$$

$$+ \sum_{k \in A_0} \left| f\left(\frac{k}{n}\right) - f(x) \right| \mathrm{C}_n^k x^k (1-x)^{n-k}. \quad (13.3.2)$$

对 (13.3.2) 式中第一个和式有

$$\sum_{k \in A} \left| f\left(\frac{k}{n}\right) - f(x) \right| C_n^k x^k (1-x)^{n-k} < \frac{\varepsilon}{2} \sum_{k=0}^{n} C_n^k x^k (1-x)^{n-k} = \frac{\varepsilon}{2}. \qquad (13.3.3)$$

为了估算 (13.3.2) 式中第二个和式, 先来建立如下的恒等式:

$$\sum_{k=0}^{n} C_n^k (k - nx)^2 x^k (1-x)^{n-k} = nx(1-x), \quad x \in [0,1]. \qquad (13.3.4)$$

事实上, 不妨设 $0 < x < 1$, 在二项展开式

$$\sum_{k=0}^{n} C_n^k t^k = (1+t)^n \qquad (13.3.5)$$

中两边关于 t 求导, 再乘以 t, 得到

$$\sum_{k=0}^{n} C_n^k k t^k = nt(1+t)^{n-1}. \qquad (13.3.6)$$

对 (13.3.6) 式两边关于 t 求导, 再乘以 t, 又得到

$$\sum_{k=0}^{n} C_n^k k^2 t^k = nt(1+nt)(1+t)^{n-2}. \qquad (13.3.7)$$

在 (13.3.5) 式 $\sim$(13.3.7) 式中令 $t = \dfrac{x}{1-x}$, 并分别乘以

$$n^2 x^2 (1-x)^n, \quad -2nx(1-x)^n, \quad (1-x)^n,$$

然后将它们相加, 便得到 (13.3.4) 式.

现在来估算 (13.3.2) 式中第二个和式. 当 $k \in A_0$ 时, $\left| \dfrac{k}{n} - x \right| \geqslant \delta$, 即有 $\dfrac{(k-nx)^2}{n^2 \delta^2} \geqslant 1$. 因为 $f(x)$ 在 $[0,1]$ 上连续, 必定有界, 故 $\exists M > 0, \forall x \in [0,1]$ 有 $|f(x)| \leqslant M$. 于是利用 (13.3.4) 式及不等式 $x(1-x) \leqslant \dfrac{1}{4}$ $(x \in [0,1])$ 得到

$$\sum_{k \in A_0} \left| f\left(\frac{k}{n}\right) - f(x) \right| C_n^k x^k (1-x)^{n-k} \leqslant 2M \sum_{k \in A_0} C_n^k x^k (1-x)^{n-k}$$

$$\leqslant \frac{2M}{n^2 \delta^2} \sum_{k=0}^{n} C_n^k (k-nx)^2 x^k (1-x)^{n-k}$$

$$= \frac{2Mx(1-x)}{n\delta^2} \leqslant \frac{M}{2n\delta^2}.$$

因此, $\exists N \in \mathbb{Z}^+$, $N \geqslant \dfrac{M}{\varepsilon\delta^2}$, $\forall n > N$ 有

$$\sum_{k \in A_0} \left| f\left(\frac{k}{n}\right) - f(x) \right| \mathrm{C}_n^k x^k (1-x)^{n-k} \leqslant \frac{M}{2n\delta^2} < \frac{\varepsilon}{2}. \tag{13.3.8}$$

结合 (13.3.2) 式、(13.3.3) 式与 (13.3.8) 式便知 $\forall n > N$ 有 $|B_n(x) - f(x)| < \varepsilon$. 这表明 $\{B_n(x)\}$ 在 $[0,1]$ 上一致收敛于 $f(x)$.

对一般的闭区间 $[a,b]$, 作变量替换 $x = a + t(b-a)$, 则 $f(a + t(b-a))$ 便是 $[0,1]$ 上关于 t 的连续函数, 根据以上论证, 有 Bernstein 多项式函数列 $\{B_n(t)\}$ 在 $[0,1]$ 上一致收敛于 $f(a + t(b-a))$, 从而多项式函数列 $\left\{B_n\left(\dfrac{x-a}{b-a}\right)\right\}$ 在 $[a,b]$ 上一致收敛于 $f(x)$.

习　题　13.3

1. 求 $f(x) = x^2$ 的 Bernstein 多项式 $B_n(x)$.

2. 设函数 $f(x)$ 在 $[a,b]$ 上连续, 且对 $\forall n \in \mathbb{Z}^+$ 有 $\displaystyle\int_a^b f(x) x^n \mathrm{d}x = 0$. 证明在 $[a,b]$ 上 $f(x) \equiv 0$.

13.4　函数的 Fourier 系数

前面系统地讨论用幂级数表示函数、用多项式逼近函数等方面的问题. 由于幂函数的简单性, 这种表示与逼近在理论研究与实际应用上起到化繁为简、化难为易的作用. 但是这种表示与逼近在应用中也存在一定的局限性. 它至少要求函数 $f(x)$ 在闭区间上连续才能用多项式一致逼近, 至少要求函数 $f(x)$ 有 n 阶导数才能用 n 次多项式近似, 而作 Taylor 级数展开对函数 $f(x)$ 的要求更高. 这对许多实际问题来说是苛刻的, 因为相关的函数常常含有不可导点与间断点. 所以有必要考虑用其他形式的函数项级数来表示函数的方法. 三角函数是另一类简单的函数, 且具备周期性. 19 世纪初, 法国数学家与物理学家 Fourier 在研究热传导问题时, 找到了用三角级数表示函数 $f(x)$ 的方法, 即把 $f(x)$ 展开成 Fourier 级数. 与 Taylor 展开相比, Fourier 展开对函数 $f(x)$ 的要求要宽松得多. 这使得 Fourier 级数成为比 Taylor 级数适用性更广的数学工具, 在热力学、声学、光学、电学等研究领域有着广泛的应用. Fourier 级数理论也是微分方程、泛函空间理论、调和分析、小波变换及数字图像等数学分支的理论基础. 本节先来介绍有关 Fourier 级数的一些基本概念.

定义 13.4.1 设 $\{a_n\}_{n=0}^{\infty}$ 与 $\{b_n\}_{n=1}^{\infty}$ 是实数列,$x \in (-\infty, +\infty)$. 形如

$$\frac{a_0}{2} + \sum_{n=1}^{\infty} (a_n \cos nx + b_n \sin nx) \tag{13.4.1}$$

的函数项级数称为以 2π 为周期的**三角级数** (简称为三角级数), a_n $(n \in \mathbb{N})$ 与 b_n $(n \in \mathbb{Z}^+)$ 称为三角级数 (13.4.1) 的**系数**, 三角级数 (13.4.1) 的部分和

$$S_n(x) = \frac{a_0}{2} + \sum_{k=1}^{n} (a_k \cos kx + b_k \sin kx)$$

称为 n 阶**三角多项式**. 三角函数集

$$\left\{ \frac{1}{\sqrt{2}}, \cos x, \sin x, \cos 2x, \sin 2x, \cdots, \cos nx, \ \sin nx, \cdots \right\}$$

称为**基本三角函数系**.

这里, 三角多项式就是基本三角函数系中有限个函数的线性组合; 而三角级数 (13.4.1) 可认为是基本三角函数系的一个无穷的 "线性组合".

利用熟知的三角公式

$$a \cos x + b \sin x = A \sin(x + \varphi),$$

其中 $A = \sqrt{a^2 + b^2}$, $\varphi = \arctan \dfrac{a}{b}$, (13.4.1) 式可以改写成

数学家
小传13.4.1

$$\frac{a_0}{2} + \sum_{n=1}^{\infty} A_n \sin(nx + \varphi_n). \tag{13.4.2}$$

由于 (13.4.2) 式中的通项 $A_n \sin(nx + \varphi_n)$ 是以 A_n 为振幅、以 φ_n 为初相角、以 $\dfrac{2\pi}{n}$ 为周期的简谐振动, 所以 (13.4.2) 式表明, 三角级数实际上是无穷多个简谐波的叠加, 这也正是 Fourier 级数的原始来源.

定义 13.4.2 设函数 $f(x), g(x)$ 都在区间 $[a,b]$ 上可积, 则称积分 $\displaystyle\int_a^b f(x) \cdot g(x)\mathrm{d}x$ 为 f 与 g 在 $[a,b]$ 上的**内积**, 记为 $\langle f, g \rangle$, 即

$$\langle f, g \rangle = \int_a^b f(x)g(x)\mathrm{d}x.$$

令 $\sqrt{\langle f, f \rangle} = \|f\|$, 称它为 f 在 $[a,b]$ 上的**模或范数**. 若 $\langle f, g \rangle = 0$, 则称 $f(x)$ 与 $g(x)$ 在 $[a,b]$ 上**正交**. 若函数集中任何两个不同的函数都在区间 $[a,b]$ 上正交, 则称此函数集为**正交函数集**.

定理 13.4.1 基本三角函数系是 $[-\pi, \pi]$ 上的一个等模正交函数系.

证明 首先由

$$\int_{-\pi}^{\pi} \cos nx \mathrm{d}x = 0, \quad \int_{-\pi}^{\pi} \sin nx \mathrm{d}x = 0$$

可知 $\dfrac{1}{\sqrt{2}}$ 与所有 $\cos nx, \sin nx$ 在 $[-\pi, \pi]$ 上都正交. 其次, 由积化和差公式, 对 $\forall m, n \in \mathbb{Z}^+$ 有

$$\langle \cos mx, \sin nx \rangle = \frac{1}{2} \int_{-\pi}^{\pi} [\sin(m+n)x - \sin(m-n)x]\, \mathrm{d}x = 0;$$

当 $m \neq n$ 有

$$\langle \cos mx, \cos nx \rangle = \frac{1}{2} \int_{-\pi}^{\pi} [\cos(m+n)x + \cos(m-n)x]\, \mathrm{d}x = 0;$$

$$\langle \sin mx, \sin nx \rangle = -\frac{1}{2} \int_{-\pi}^{\pi} [\cos(m+n)x - \cos(m-n)x]\, \mathrm{d}x = 0.$$

所以基本三角函数系在 $[-\pi, \pi]$ 上是正交的. 又因为 $\left\langle \dfrac{1}{\sqrt{2}}, \dfrac{1}{\sqrt{2}} \right\rangle = \displaystyle\int_{-\pi}^{\pi} \frac{1}{2} \mathrm{d}x = \pi$, 且 $\forall n \in \mathbb{Z}^+$ 有

$$\langle \cos nx, \cos nx \rangle = \frac{1}{2} \int_{-\pi}^{\pi} [1 + \cos 2nx]\, \mathrm{d}x = \pi;$$

$$\langle \sin nx, \sin nx \rangle = \frac{1}{2} \int_{-\pi}^{\pi} [1 - \cos 2nx]\, \mathrm{d}x = \pi.$$

这表明基本三角函数系中的函数在 $[-\pi, \pi]$ 上模相等, 都是 $\sqrt{\pi}$.

如果 f 是 $\mathbb{R}$ 上周期为 σ 的函数且在任何有限区间上可积, 那么对任何常数 c, 有 $\displaystyle\int_{c}^{c+\sigma} f(x)\mathrm{d}x = \int_{0}^{\sigma} f(x)\mathrm{d}x$ (参见例 8.4.6, 本章下面还会引用这一结果). 由此即得以下推论.

推论 13.4.2 基本三角函数系是 $[a, a+2\pi]$ 上的一个等模正交函数系 ($\forall a \in \mathbb{R}$).

下面来讨论三角级数的和函数与它的系数之间的关系.

定理 13.4.3 设三角级数在 $[-\pi, \pi]$ 上一致收敛于和函数 $f(x)$, 即在 $[-\pi, \pi]$ 一致地有

$$f(x) = \frac{a_0}{2} + \sum_{n=1}^{\infty} (a_n \cos nx + b_n \sin nx), \tag{13.4.3}$$

则有如下关系式:

$$a_0 = \frac{1}{\pi} \int_{-\pi}^{\pi} f(x) \mathrm{d}x; \tag{13.4.4}$$

$$a_n = \frac{1}{\pi} \int_{-\pi}^{\pi} f(x) \cos nx \mathrm{d}x, \quad n = 1, 2, \cdots; \tag{13.4.5}$$

$$b_n = \frac{1}{\pi} \int_{-\pi}^{\pi} f(x) \sin nx \mathrm{d}x, \quad n = 1, 2, \cdots. \tag{13.4.6}$$

证明　由于 (13.4.3) 式中三角级数一致收敛, 故和函数 $f(x)$ 在 $[-\pi, \pi]$ 上连续且可逐项积分, 利用基本三角函数系的正交性有

$$\int_{-\pi}^{\pi} f(x) \mathrm{d}x = \int_{-\pi}^{\pi} \frac{a_0}{2} \mathrm{d}x + \sum_{n=1}^{\infty} 0 = \pi a_0,$$

由此得到 (13.4.4) 式. 设 $k \in \mathbb{Z}^+$, 以 $\cos kx$, $\sin kx$ 分别乘 (13.4.3) 式的两边, 得到

$$f(x) \cos kx = \frac{a_0}{2} \cos kx + \sum_{n=1}^{\infty} \left(a_n \cos nx \cos kx + b_n \sin nx \cos kx \right); \tag{13.4.7}$$

$$f(x) \sin kx = \frac{a_0}{2} \sin kx + \sum_{n=1}^{\infty} \left(a_n \cos nx \sin kx + b_n \sin nx \sin kx \right). \tag{13.4.8}$$

注意到

$$\left| \sum_{j=n+1}^{n+p} \left(a_j \cos jx \cos kx + b_j \sin jx \cos kx \right) \right| \leqslant \left| \sum_{j=n+1}^{n+p} \left(a_j \cos jx + b_j \sin jx \right) \right|,$$

由 Cauchy 准则可知 (13.4.7) 式右边的级数一致收敛; 同理可知 (13.4.8) 式右边的级数也一致收敛. 分别对 (13.4.7) 式与 (13.4.8) 式逐项积分, 利用基本三角函数系的等模正交性得到

$$\int_{-\pi}^{\pi} f(x) \cos kx \mathrm{d}x = \int_{-\pi}^{\pi} a_k (\cos kx)^2 \mathrm{d}x = \pi a_k,$$

$$\int_{-\pi}^{\pi} f(x) \sin kx \mathrm{d}x = \int_{-\pi}^{\pi} b_k (\sin kx)^2 \mathrm{d}x = \pi b_k.$$

这表明 (13.4.5) 式与 (13.4.6) 式成立.

请注意, 系数公式 (13.4.4)~(13.4.6) 是在假定 $f(x)$ 可以表示成三角级数且三角级数一致收敛的前提下得到的. 现在将问题反过来: 如果去掉这个前提而仅仅假设 $f(x)$ 是以 2π 为周期的函数且在 $[-\pi, \pi]$ 上可积, 则按系数公式可算出

a_0, a_n, b_n, 从而作出三角级数, 那么 (13.4.3) 式是否成立? 就是说, 这样作出的三角级数是否收敛, 如果收敛, 是否收敛到 $f(x)$ 本身? 由于改变 $f(x)$ 在有限多个点的函数值并不改变系数公式中每个积分的值, 设 $g(x)$ 是 $f(x)$ 改变有限多个点的函数值后得到的函数, 则对 $g(x)$ 按系数公式算出 a_0, a_n, b_n, 从而作出了相同的三角级数. 因此, 一般来说, 上述问题的答案是否定的. 要使之成立, 还需对 $f(x)$ 提出进一步的要求. 在 13.5 节中将详细讨论这方面的问题.

定义 13.4.3 设 $f(x)$ 是以 2π 为周期的函数且在 $[-\pi, \pi]$ 上可积, 则

$$\begin{cases} a_0 = \dfrac{1}{\pi} \displaystyle\int_{-\pi}^{\pi} f(x)\mathrm{d}x, \\ a_n = \dfrac{1}{\pi} \displaystyle\int_{-\pi}^{\pi} f(x) \cos nx \mathrm{d}x, \quad n = 1, 2, \cdots, \\ b_n = \dfrac{1}{\pi} \displaystyle\int_{-\pi}^{\pi} f(x) \sin nx \mathrm{d}x, \quad n = 1, 2, \cdots \end{cases}$$

称为 $f(x)$ 的 **Fourier 系数**, 以 $f(x)$ 的 Fourier 系数为系数的三角级数称为 $f(x)$ 的 **Fourier 级数**, 记为

$$f(x) :\sim \frac{a_0}{2} + \sum_{n=1}^{\infty} (a_n \cos nx + b_n \sin nx).$$

若在数集 D 上成立

$$f(x) = \frac{a_0}{2} + \sum_{n=1}^{\infty} (a_n \cos nx + b_n \sin nx), \tag{13.4.9}$$

则称 $f(x)$ 在数集 D 上**可展开成 Fourier 级数**, (13.4.9) 式中的 Fourier 级数也称为 $f(x)$ 的 **Fourier 展开式**.

例 13.4.1 求以 2π 为周期的函数 $f(x)$ 的 Fourier 级数, 其中

$$f(x) = \begin{cases} 0, & x \in [-\pi, 0), \\ 1, & x \in [0, \pi). \end{cases}$$

解 先计算 $f(x)$ 的 Fourier 系数.

$$a_0 = \frac{1}{\pi} \int_{-\pi}^{\pi} f(x)\mathrm{d}x = \frac{1}{\pi} \int_0^{\pi} \mathrm{d}x = 1,$$

$$a_n = \frac{1}{\pi} \int_{-\pi}^{\pi} f(x) \cos nx \mathrm{d}x = \frac{1}{\pi} \int_0^{\pi} \cos nx \mathrm{d}x = 0,$$

$$b_n = \frac{1}{\pi} \int_{-\pi}^{\pi} f(x) \sin nx \mathrm{d}x = \frac{1}{\pi} \int_0^{\pi} \sin nx \mathrm{d}x = -\left. \frac{1}{\pi n} \cos nx \right|_0^{\pi} = \frac{1 - (-1)^n}{\pi n}.$$

于是得到 $f(x)$ 的 Fourier 级数

$$f(x) :\sim \frac{1}{2} + \sum_{n=1}^{\infty} \frac{1 - (-1)^n}{\pi n} \sin nx = \frac{1}{2} + \frac{2}{\pi} \sum_{k=1}^{\infty} \frac{\sin(2k-1)x}{2k-1}.$$

$f(x)$ 的图形在电子工程学中称为方波 (参见图 13.4.1). 例 13.4.1 的结果表明, 这种方波可由一系列的正弦波叠加来得到. 显然, 当 $x = 0, \pm\pi$ 时, Fourier 级数收敛于 $\frac{1}{2}$, 并不等于 $f(x)$ 在这些点的值. 图 13.4.2 给出了 $f(x)$ 的 Fourier 级数的部分和逼近 $f(x)$ 的情况.

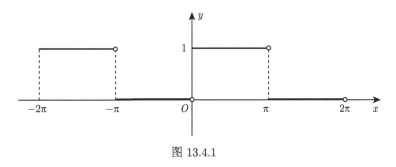

图 13.4.1

图 13.4.2

例 13.4.2 求以 2π 为周期的函数 $f(x)$ 的 Fourier 级数, 其中

$$f(x) = x^2, \quad x \in [0, 2\pi).$$

解 计算 $f(x)$ 的 Fourier 系数, 利用 $f(x)$ 的周期性, 有

$$a_0 = \frac{1}{\pi} \int_{-\pi}^{\pi} f(x)\mathrm{d}x = \frac{1}{\pi} \int_0^{2\pi} f(x)\mathrm{d}x = \frac{1}{\pi} \int_0^{2\pi} x^2 \mathrm{d}x = \frac{8\pi^2}{3};$$

$$a_n = \frac{1}{\pi} \int_{-\pi}^{\pi} f(x) \cos nx \mathrm{d}x = \frac{1}{\pi} \int_0^{2\pi} f(x) \cos nx \mathrm{d}x = \frac{1}{\pi} \int_0^{2\pi} x^2 \cos nx \mathrm{d}x$$

$$= \frac{1}{\pi} \left[\frac{x^2}{n} \sin nx + \frac{2x}{n^2} \cos nx - \frac{2}{n^3} \sin nx \right]\Big|_0^{2\pi} = \frac{4}{n^2};$$

$$b_n = \frac{1}{\pi} \int_{-\pi}^{\pi} f(x) \sin nx \mathrm{d}x = \frac{1}{\pi} \int_0^{2\pi} f(x) \sin nx \mathrm{d}x = \frac{1}{\pi} \int_0^{2\pi} x^2 \sin nx \mathrm{d}x$$

$$= \frac{1}{\pi}\left[-\frac{x^2}{n}\cos nx + \frac{2x}{n^2}\sin nx + \frac{2}{n^3}\cos nx\right]\Bigg|_0^{2\pi} = -\frac{4\pi}{n}.$$

于是得到 $f(x)$ 的 Fourier 级数

$$f(x) :\sim \frac{4\pi^2}{3} + \sum_{n=1}^{\infty}\left(\frac{4}{n^2}\cos nx - \frac{4\pi}{n}\sin nx\right).$$

例 13.4.3　设 $f(x)$ 是以 2π 为周期的函数且在 $[-\pi,\pi]$ 上可积, 其 Fourier 系数为 $a_0, a_n, b_n\ (n\in\mathbb{Z}^+)$, 求下列函数 $F(x)$ 的 Fourier 系数.

(1) $F(x) = f(x) + f(-x)$;　　　(2) $F(x) = f(x) - f(-x)$.

解　记 $F(x)$ 的 Fourier 系数为 $A_0, A_n, B_n\ (n\in\mathbb{Z}^+)$, 则由定积分换元法 $(x = -t)$ 得

$$\frac{1}{\pi}\int_{-\pi}^{\pi} f(-x)\mathrm{d}x = -\frac{1}{\pi}\int_{\pi}^{-\pi} f(t)\mathrm{d}t = a_0;$$

$$\frac{1}{\pi}\int_{-\pi}^{\pi} f(-x)\cos nx\mathrm{d}x = -\frac{1}{\pi}\int_{\pi}^{-\pi} f(t)\cos nt\mathrm{d}t = a_n;$$

$$\frac{1}{\pi}\int_{-\pi}^{\pi} f(-x)\sin nx\mathrm{d}x = \frac{1}{\pi}\int_{\pi}^{-\pi} f(t)\sin nt\mathrm{d}t = -b_n.$$

于是有

(1) $A_0 = 2a_0,\ A_n = 2a_n,\ B_n = 0\,(n\in\mathbb{Z}^+)$;

(2) $A_0 = 0,\ A_n = 0,\ B_n = 2b_n\,(n\in\mathbb{Z}^+)$.

下面来证明关于 Fourier 系数的 Bessel(贝塞尔) 不等式.

定理 13.4.4　设 $f(x)$ 是以 2π 为周期的函数且在 $[-\pi,\pi]$ 上可积,

$$f(x) :\sim \frac{a_0}{2} + \sum_{n=1}^{\infty}(a_n\cos nx + b_n\sin nx),$$

数学家
小传13.4.2

则有如下的 **Bessel 不等式**:

$$\frac{a_0^2}{2} + \sum_{n=1}^{\infty}(a_n^2 + b_n^2) \leqslant \frac{1}{\pi}\int_{-\pi}^{\pi} f^2(x)\mathrm{d}x. \tag{13.4.10}$$

证明　因为 $f(x)$ 在 $[-\pi,\pi]$ 上可积, 故 $f^2(x)$ 也在 $[-\pi,\pi]$ 上可积. 记 $f(x)$ 的 Fourier 级数的部分和函数为

$$S_n(x) = \frac{a_0}{2} + \sum_{j=1}^{n}(a_j\cos jx + b_j\sin jx),$$

则利用 Fourier 系数表达式与基本三角函数系的正交性 (其中 $1 \leqslant k \leqslant n$) 得

$$\langle f(x), \cos kx \rangle = \pi a_k; \quad \langle f(x), \sin kx \rangle = \pi b_k;$$

$$\langle S_n(x), \cos kx \rangle = \langle a_k \cos kx, \cos kx \rangle = \pi a_k;$$

$$\langle S_n(x), \sin kx \rangle = \langle b_k \sin kx, \sin kx \rangle = \pi b_k.$$

于是有

$$\langle f(x), S_n(x) \rangle = \left\langle f(x), \frac{a_0}{2} \right\rangle + \sum_{k=1}^{n} [a_k \langle f(x), \cos kx \rangle + b_k \langle f(x), \sin kx \rangle]$$

$$= \frac{\pi a_0^2}{2} + \sum_{k=1}^{n} \pi \left(a_k^2 + b_k^2 \right);$$

$$\langle S_n(x), S_n(x) \rangle = \left\langle S_n(x), \frac{a_0}{2} \right\rangle + \sum_{k=1}^{n} [a_k \langle S_n(x), \cos kx \rangle + b_k \langle S_n(x), \sin kx \rangle]$$

$$= \frac{\pi a_0^2}{2} + \sum_{k=1}^{n} \pi \left(a_k^2 + b_k^2 \right).$$

从而得

$$0 \leqslant \| f(x) - S_n(x) \|^2 = \langle f(x) - S_n(x), f(x) - S_n(x) \rangle$$

$$= \langle f(x), f(x) \rangle - 2 \langle f(x), S_n(x) \rangle + \langle S_n(x), S_n(x) \rangle$$

$$= \int_{-\pi}^{\pi} f^2(x) \mathrm{d}x - \left[\frac{\pi a_0^2}{2} + \sum_{k=1}^{n} \pi \left(a_k^2 + b_k^2 \right) \right],$$

移项即得到

$$\frac{a_0^2}{2} + \sum_{k=1}^{n} \left(a_k^2 + b_k^2 \right) \leqslant \frac{1}{\pi} \int_{-\pi}^{\pi} f^2(x) \mathrm{d}x. \qquad (13.4.11)$$

(13.4.11) 式表明, (13.4.10) 式中左端的正项级数的部分和有界, 因而收敛, 在 (13.4.11) 式中令 $n \to \infty$ 就得到 (13.4.10) 式.

从 Bessel 不等式可见, 当 $f(x)$ 在 $[-\pi, \pi]$ 上可积时, 它的 Fourier 系数构成的级数

$$\frac{a_0^2}{2} + \sum_{n=1}^{\infty} \left(a_n^2 + b_n^2 \right)$$

必定收敛, 因而由收敛必要条件得到

$$\lim_{n \to \infty} \int_{-\pi}^{\pi} f(x) \cos nx \mathrm{d}x = \pi \lim_{n \to \infty} a_n = 0,$$

$$\lim_{n\to\infty}\int_{-\pi}^{\pi}f(x)\sin nx\mathrm{d}x=\pi\lim_{n\to\infty}b_n=0.$$

这个结果称为 Riemann-Lebesgue 引理. 下面是它的一般形式.

定理 13.4.5 (Riemann-Lebesgue 引理)　设函数 $f(x)$ 在 $[a,b]$ 上可积, 则

$$\lim_{\lambda\to+\infty}\int_a^b f(x)\cos\lambda x\mathrm{d}x=0,\quad\lim_{\lambda\to+\infty}\int_a^b f(x)\sin\lambda x\mathrm{d}x=0.$$

证明　(阅读) 对 $\forall n\in\mathbb{Z}^+$, 将区间 $[a,b]$ 分成 n 等份, $[x_{k-1},x_k]$ 是其中第 k 个小区间, $f(x)$ 在 $[x_{k-1},x_k]$ 上的上确界与下确界分别记为 M_k 与 m_k, 定义阶梯函数 $f_n(x)$ 如下:

$$f_n(x)=M_k,\quad x\in[x_{k-1},x_k),\quad 1\leqslant k\leqslant n.$$

于是有

$$\int_a^b|f_n(x)-f(x)|\,\mathrm{d}x=\sum_{k=1}^n\int_{x_{k-1}}^{x_k}|M_k-f(x)|\,\mathrm{d}x\leqslant\frac{b-a}{n}\sum_{k=1}^n(M_k-m_k).$$

由于 $f(x)$ 在 $[a,b]$ 上可积, 故上式右端当 $n\to\infty$ 时趋于 0, 由夹逼性可知

$$\lim_{n\to\infty}\int_a^b|f_n(x)-f(x)|\,\mathrm{d}x=0.$$

因此, $\forall\varepsilon>0,\exists n\in\mathbb{Z}^+$, 使得 $\int_a^b|f_n(x)-f(x)|\,\mathrm{d}x<\dfrac{\varepsilon}{2}$. 对此 n, 注意到

$$\left|\int_a^b f_n(x)\sin\lambda x\mathrm{d}x\right|=\left|\sum_{k=1}^n M_k\int_{x_{k-1}}^{x_k}\sin\lambda x\mathrm{d}x\right|$$

$$=\frac{1}{\lambda}\left|\sum_{k=1}^n M_k(\cos\lambda x_{k-1}-\cos\lambda x_k)\right|\leqslant\frac{2}{\lambda}\sum_{k=1}^n|M_k|,$$

可知 $\exists A=\dfrac{4}{\varepsilon}\displaystyle\sum_{k=1}^n|M_k|>0,\forall\lambda>A$ 时有

$$\left|\int_a^b f(x)\sin\lambda x\mathrm{d}x\right|\leqslant\left|\int_a^b[f(x)-f_n(x)]\sin\lambda x\mathrm{d}x\right|+\left|\int_a^b f_n(x)\sin\lambda x\mathrm{d}x\right|$$

$$\leqslant\int_a^b|f_n(x)-f(x)|\,\mathrm{d}x+\frac{2}{\lambda}\sum_{k=1}^n|M_k|<\varepsilon.$$

这就证明了 $\displaystyle\lim_{\lambda\to+\infty}\int_a^b f(x)\sin\lambda x\mathrm{d}x=0$. 同理可证 $\displaystyle\lim_{\lambda\to+\infty}\int_a^b f(x)\cos\lambda x\mathrm{d}x=0$.

习　题　13.4

1. 求下列以 2π 为周期的函数 $f(x)$ 的 Fourier 级数:

(1) $f(x) = x,\ x \in (-\pi, \pi]$;　　　　　(2) $f(x) = \mathrm{sgn}x,\ x \in (-\pi, \pi]$.

(3) $f(x) = \begin{cases} x, & -\pi \leqslant x \leqslant 0, \\ 0, & 0 < x < \pi; \end{cases}$　　　(4) $f(x) = x^2,\ x \in [-\pi, \pi)$.

2. 设 $f(x)$ 是以 π 为周期的函数且在 $[-\pi, \pi]$ 上可积, 证明其 Fourier 系数

$$a_{2n-1} = 0, \quad b_{2n-1} = 0 \quad (n = 1, 2, \cdots).$$

3. 利用 Riemann-Lebesgue 引理求极限 $(a > 0)$: $\displaystyle\lim_{\lambda \to +\infty} \int_0^a \frac{\cos^2 \lambda x}{1+x} \mathrm{d}x$.

13.5　Fourier 级数的收敛性

设 $f(x)$ 是以 2π 为周期的函数且在 $[-\pi, \pi]$ 上可积, 则有

$$f(x) :\sim \frac{a_0}{2} + \sum_{n=1}^{\infty} (a_n \cos nx + b_n \sin nx), \tag{13.5.1}$$

本节就来研究 $f(x)$ 的 Fourier 级数在什么情况下收敛的问题, 寻求 (13.5.1) 式成为等式的条件, 并且将获得的基本结果推广到函数以 $2l$ 为周期的情形.

回顾一下, 在 5.5 节曾经引入光滑曲线的概念. 对函数 $f(x)$ 而言, 若导函数 $f'(x)$ 在 $[a, b]$ 上连续, 则称 $f(x)$ 是光滑的. 下面引入函数分段光滑的概念.

定义 13.5.1　若函数 $f(x)$ 在 $[a, b]$ 上除有限多个第一类间断点外处处连续, 则称 $f(x)$ 在 $[a, b]$ 上是**分段连续**的. 若函数 $f(x)$ 和它的导函数 $f'(x)$ 都在 $[a, b]$ 上分段连续, 则称 $f(x)$ 在 $[a, b]$ 上是**分段光滑**的.

显然, 若函数 $f(x)$ 在 $[a, b]$ 上分段连续, 则 $f(x)$ 在 $[a, b]$ 上必是有界的、可积的; 若 $f(x)$ 在 $[a, b]$ 上分段光滑, 则 $f(x)$ 与 $f'(x)$ 在 $[a, b]$ 上都是有界的、可积的. 当函数 $f(x)$ 在 $[a, b]$ 上分段连续时, $f(x)$ 在间断点处可能没有定义. 由于改变有限个点的函数值不改变可积性, 故总是把 $f(x)$ 在无定义的间断点 x_0 处的值补充定义为它的左右极限的算术平均值, 即定义为

$$f(x_0) = \frac{f(x_0+) + f(x_0-)}{2}.$$

若函数 $f(x)$ 在 $[a, b]$ 上分段光滑, 则 $f(x)$ 的间断点当然也是 $f'(x)$ 的间断点, 但 $f'(x)$ 的间断点未必是 $f(x)$ 的间断点. 在 9.2 节曾提到分段光滑的连续曲线, 它由有限条光滑的曲线衔接而成, 由于衔接点处导函数 $f'(x)$ 的左右极限都存在, 故衔接点是 $f'(x)$ 的可能的第一类间断点 (即 f 的可能的不可导点), 这与定义 13.5.1

的分段光滑概念是一致的. 根据定义 13.5.1, 若函数 $f(x)$ 在 $[a, b]$ 上分段光滑, 则在 $[a, b]$ 的每一点 (端点 a, b 处考虑一侧) 都存在 $f(x\pm)$, 且有

$$\lim_{t \to 0+} \frac{f(x+t) - f(x+)}{t} = f'(x+), \quad \lim_{t \to 0+} \frac{f(x-t) - f(x-)}{-t} = f'(x-).$$

考察 $f(x)$ 的 Fourier 级数是否收敛就是考察 Fourier 级数的部分和是否有极限. 因此下面先把 Fourier 级数的部分和用一个积分式表示出来.

引理 13.5.1　设 $f(x)$ 是以 2π 为周期的函数且在 $[-\pi, \pi]$ 上可积,

$$S_n(x) = \frac{a_0}{2} + \sum_{k=1}^{n} (a_k \cos kx + b_k \sin kx)$$

是 $f(x)$ 的 Fourier 级数的部分和函数, 则

$$S_n(x) = \frac{1}{\pi} \int_{-\pi}^{\pi} f(x+t) \frac{\sin\left(n + \frac{1}{2}\right)t}{2 \sin \frac{t}{2}} \mathrm{d}t, \tag{13.5.2}$$

当 $t = 0$ 时待定式的值由极限

$$\lim_{t \to 0} \frac{\sin\left(n + \frac{1}{2}\right)t}{2 \sin \frac{t}{2}} \mathrm{d}t = n + \frac{1}{2}$$

来确定.

证明　将 Fourier 系数表达式代入 Fourier 级数的部分和, 得到

$$S_n(x) = \frac{1}{2\pi} \int_{-\pi}^{\pi} f(u)\mathrm{d}u$$
$$+ \frac{1}{\pi} \sum_{k=1}^{n} \left[\left(\int_{-\pi}^{\pi} f(u) \cos ku \mathrm{d}u \right) \cos kx + \left(\int_{-\pi}^{\pi} f(u) \sin ku \mathrm{d}u \right) \sin kx \right]$$
$$= \frac{1}{\pi} \int_{-\pi}^{\pi} f(u) \left[\frac{1}{2} + \sum_{k=1}^{n} (\cos ku \cos kx + \sin ku \sin kx) \right] \mathrm{d}u$$
$$= \frac{1}{\pi} \int_{-\pi}^{\pi} f(u) \left[\frac{1}{2} + \sum_{k=1}^{n} \cos k(u - x) \right] \mathrm{d}u.$$

令 $u = x + t$ 得

$$S_n(x) = \frac{1}{\pi} \int_{-\pi-x}^{\pi-x} f(x+t) \left[\frac{1}{2} + \sum_{k=1}^{n} \cos kt \right] \mathrm{d}t. \tag{13.5.3}$$

利用三角函数的积化和差公式有

$$\frac{1}{2} + \sum_{k=1}^{n} \cos kt = \frac{\sin\left(n+\frac{1}{2}\right)t}{2\sin\frac{t}{2}}, \tag{13.5.4}$$

将 (13.5.4) 式代入到 (13.5.3) 式中, 并注意到被积函数是以 2π 为周期的函数, 在 $[-\pi-x,\pi-x]$ 上的积分应等于在 $[-\pi,\pi]$ 上的积分, 从而可知 (13.5.2) 式成立.

定理 13.5.2 (收敛定理)　设 f 是以 2π 为周期的函数且在 $[-\pi,\pi]$ 上分段光滑, 则在每一点 $x \in (-\infty,+\infty)$, f 的 Fourier 级数收敛于 f 在点 x 的左右极限的算术平均值, 即

$$\frac{f(x+) + f(x-)}{2} = \frac{a_0}{2} + \sum_{n=1}^{\infty} (a_n \cos nx + b_n \sin nx), \tag{13.5.5}$$

其中 a_0, a_n, b_n 为 f 的 Fourier 系数.

证明　对 $\forall x \in (-\infty,+\infty)$, 记 $S_n(x)$ 为 f 的 Fourier 级数在点 x 的部分和, 只要证明

$$\lim_{n\to\infty} \left[\frac{f(x+) + f(x-)}{2} - S_n(x) \right] = 0,$$

根据引理 13.5.1, 只要证明

$$\lim_{n\to\infty} \left[\frac{f(x+) + f(x-)}{2} - \frac{1}{\pi} \int_{-\pi}^{\pi} f(x+t) \frac{\sin\left(n+\frac{1}{2}\right)t}{2\sin\frac{t}{2}} \mathrm{d}t \right] = 0,$$

但这个极限可由下面两个极限相加而得到:

$$\lim_{n\to\infty} \left[\frac{f(x+)}{2} - \frac{1}{\pi} \int_{0}^{\pi} f(x+t) \frac{\sin\left(n+\frac{1}{2}\right)t}{2\sin\frac{t}{2}} \mathrm{d}t \right] = 0, \tag{13.5.6}$$

$$\lim_{n\to\infty} \left[\frac{f(x-)}{2} - \frac{1}{\pi} \int_{-\pi}^{0} f(x+t) \frac{\sin\left(n+\frac{1}{2}\right)t}{2\sin\frac{t}{2}} \mathrm{d}t \right] = 0. \tag{13.5.7}$$

先来证明 (13.5.6) 式. 对 (13.5.4) 式在 $[-\pi,\pi]$ 上积分得

$$\frac{1}{\pi} \int_{-\pi}^{\pi} \frac{\sin\left(n+\frac{1}{2}\right)t}{2\sin\frac{t}{2}} \mathrm{d}t = \frac{1}{\pi} \int_{-\pi}^{\pi} \left(\frac{1}{2} + \sum_{k=1}^{n} \cos kt \right) \mathrm{d}t = 1.$$

由于上式左边的被积函数是偶函数, 因此两边乘以 $\dfrac{f(x+)}{2}$ 后得到

$$\frac{f(x+)}{2} = \frac{1}{\pi} \int_0^\pi f(x+) \frac{\sin\left(n + \dfrac{1}{2}\right) t}{2 \sin \dfrac{t}{2}} \mathrm{d}t.$$

从而 (13.5.6) 式可改写为

$$\lim_{n \to \infty} \frac{1}{\pi} \int_0^\pi [f(x+) - f(x+t)] \frac{\sin\left(n + \dfrac{1}{2}\right) t}{2 \sin \dfrac{t}{2}} \mathrm{d}t = 0 . \tag{13.5.8}$$

当 $t \in (0, \pi]$ 时, 令

$$\varphi(t) = \frac{f(x+) - f(x+t)}{2 \sin \dfrac{t}{2}} = -\frac{f(x+t) - f(x+)}{t} \cdot \frac{\dfrac{t}{2}}{\sin \dfrac{t}{2}} .$$

由于 f 在 $[-\pi, \pi]$ 上分段光滑, 故

$$\lim_{t \to 0+} \varphi(t) = -f'(x+) \cdot 1 = -f'(x+) .$$

再令 $\varphi(0) = -f'(x+)$, 则函数 φ 在 $t = 0$ 右连续. 因为 φ 在 $[0, \pi]$ 上至多只有有限多个第一类间断点, 所以 φ 在 $[0, \pi]$ 上可积, 根据 Riemann-Lebesgue 引理,

$$\lim_{n \to \infty} \frac{1}{\pi} \int_0^\pi [f(x+) - f(x+t)] \frac{\sin\left(n + \dfrac{1}{2}\right) t}{2 \sin \dfrac{t}{2}} \mathrm{d}t$$

$$= \lim_{n \to \infty} \frac{1}{\pi} \int_0^\pi \varphi(t) \sin\left(n + \frac{1}{2}\right) t \mathrm{d}t = 0.$$

这就证明了 (13.5.8) 式, 从而 (13.5.6) 式成立. 用同样方法可证 (13.5.7) 式成立. 因此 (13.5.5) 式得证.

当函数 f 在点 x 连续时, 有 $\dfrac{f(x+) + f(x-)}{2} = f(x)$, 因此 Fourier 级数的收敛定理实际上也回答了函数 f 在什么条件下可展开成 Fourier 级数的问题.

推论 13.5.3 设 f 是以 2π 为周期的连续函数且在 $[-\pi, \pi]$ 上分段光滑, 则 f 的 Fourier 级数在 $(-\infty, +\infty)$ 上收敛于 f, 即

$$f(x) = \frac{a_0}{2} + \sum_{n=1}^\infty (a_n \cos nx + b_n \sin nx), \quad x \in (-\infty, +\infty).$$

对于函数 $f(x)$ 以 $2l$ 为周期的一般情况, 同样可以考虑它的 Fourier 级数. 通过变量替换

$$\frac{\pi x}{l} = t \quad \text{或} x = \frac{lt}{\pi}$$

可以把 $f(x)$ 变换成以 2π 为周期的 t 的函数 $F(t) = f\left(\frac{lt}{\pi}\right)$. 若 $f(x)$ 在 $[-l, l]$ 上可积, 则 $F(t)$ 在 $[-\pi, \pi]$ 上可积, 这时 $F(t)$ 的 Fourier 级数为

$$F(t) :\sim \frac{a_0}{2} + \sum_{n=1}^{\infty} (a_n \cos nt + b_n \sin nt), \tag{13.5.9}$$

其中

$$a_0 = \frac{1}{\pi} \int_{-\pi}^{\pi} F(t)\mathrm{d}t, \quad a_n = \frac{1}{\pi} \int_{-\pi}^{\pi} F(t) \cos nt\mathrm{d}t \quad (n \in \mathbb{Z}^+), \tag{13.5.10}$$

$$b_n = \frac{1}{\pi} \int_{-\pi}^{\pi} F(t) \sin nt\mathrm{d}t \quad (n \in \mathbb{Z}^+). \tag{13.5.11}$$

因为 $t = \frac{\pi x}{l}$, $F(t) = f\left(\frac{lt}{\pi}\right) = f(x)$, 所以由 (13.5.9) 式得到以 $2l$ 为周期的函数 $f(x)$ 的 Fourier 级数为

$$f(x) :\sim \frac{a_0}{2} + \sum_{n=1}^{\infty} \left(a_n \cos \frac{n\pi x}{l} + b_n \sin \frac{n\pi x}{l}\right);$$

由 (13.5.10) 式与 (13.5.11) 式通过定积分换元, 得到以 $2l$ 为周期的函数 $f(x)$ 的 Fourier 系数:

$$\begin{cases} a_0 = \dfrac{1}{l} \displaystyle\int_{-l}^{l} f(x)\mathrm{d}x, \\ a_n = \dfrac{1}{l} \displaystyle\int_{-l}^{l} f(x) \cos \dfrac{n\pi x}{l}\mathrm{d}x, \quad n = 1, 2, \cdots; \\ b_n = \dfrac{1}{l} \displaystyle\int_{-l}^{l} f(x) \sin \dfrac{n\pi x}{l}\mathrm{d}x, \quad n = 1, 2, \cdots. \end{cases} \tag{13.5.12}$$

同样, 利用变量替换得到以 $2l$ 为周期的函数 $f(x)$ 的 Fourier 级数的收敛定理.

定理 13.5.4 (收敛定理)　设 f 是以 $2l$ 为周期的函数且在 $[-l, l]$ 上分段光滑, 则在每一点 $x \in (-\infty, +\infty)$, f 的 Fourier 级数收敛于 f 在点 x 的左右极限的算术平均值, 即

$$\frac{f(x+) + f(x-)}{2} = \frac{a_0}{2} + \sum_{n=1}^{\infty} \left(a_n \cos \frac{n\pi x}{l} + b_n \sin \frac{n\pi x}{l}\right), \tag{13.5.13}$$

其中 f 的 Fourier 系数 a_0, a_n, b_n 由 (13.5.12) 式确定.

习 题 13.5

1. 设 $f(x)$ 是以 2π 为周期的函数且在 $(-\pi, \pi]$ 上的表达式为 $f(x) = x$. 试画出 $f(x)$ 的 Fourier 级数的和函数 $S(x)$ 的图像, 并写出 $S(x)$ 在 $[0, 2\pi]$ 上的表达式.

2. 设 $f(x)$ 是以 2π 为周期的函数且在 $[-\pi, \pi)$ 上的表达式为

$$f(x) = \begin{cases} x^3, & x \in [-\pi, 0), \\ 0, & x \in [0, 1), \\ x^3 & x \in [1, \pi). \end{cases}$$

$f(x)$ 的 Fourier 级数的和函数为 $S(x)$, 写出 $S(-\pi)$, $S(1)$, $S(2)$, $S(\pi)$, $S(\pi+2)$ 及 $S(2\pi)$ 的值.

3. 求以 $2l = 10$ 为周期的函数 $f(x)$ 的 Fourier 级数, 其中

$$f(x) = \begin{cases} 0, & -5 \leqslant x \leqslant 0, \\ 3, & 0 < x < 5. \end{cases}$$

4. 设 $f(x)$ 是以 2 为周期的函数且在 $(-1, 1)$ 上的表达式为 $f(x) = |x|$. 试画出 $f(x)$ 的 Fourier 级数的和函数 $S(x)$ 的图像, 并分别写出 $S(x)$ 在 $[-1, 1]$ 与 $[1, 3]$ 上的表达式.

13.6 函数的 Fourier 级数展开

本节将讨论函数的 Fourier 级数展开式 (包括正弦展开与余弦展开) 的求法问题, 这实际上是 13.5 节得出的收敛定理的具体应用. 此外, 作为本章的结束, 在本节余下的篇幅中将进一步讨论 Fourier 级数的一致收敛性、逐项求积与逐项求导等性质.

在求具体函数的 Fourier 级数展开式时通常只给出函数 $f(x)$ 在定义域 $(-\pi, \pi]$ 或 $(-l, l]$ 上的表达式, 但应当认为它是定义在 $(-\infty, +\infty)$ 上的周期为 2π 或 $2l$ 的函数 $\overline{f}(x)$, 即 $\overline{f}(x)$ 是由 $f(x)$ 在 $(-\infty, +\infty)$ 上作周期延拓得到的函数 (当函数 $f(x)$ 的定义域是 $(-\pi, \pi), [-\pi, \pi]$ 或 $(-l, l), [-l, l]$ 时可按周期延拓的要求补充或修改端点处的值), 由 $f(x)$ 可求出 Fourier 系数, 由此得到的 Fourier 级数实际上是 $\overline{f}(x)$ 的 Fourier 级数. 通常给出的函数分段光滑的条件总是满足的, 根据 Fourier 级数的收敛定理, 若 Fourier 级数的和函数为 $S(x)$ $(x \in (-\infty, +\infty))$, 则

$$\forall x \in (-\infty, +\infty) \text{ 有 } \frac{\overline{f}(x+) + \overline{f}(x-)}{2} = S(x).$$

因此只在 $(-\infty, +\infty)$ 上 $\overline{f}$ 连续的点处有 $\overline{f}(x) = S(x)$ (即在这些点处 Fourier 级数展开式成立). 由于最终结果只要写出原先所给的定义域上的 Fourier 级数展开

式, 因而可省去周期延拓的过程. 请注意, 只在 $(-\pi, \pi)$ 或 $(-l, l)$ 上 f 的连续点处必有 $f(x) = S(x)$(即在这些点处 Fourier 级数展开式成立), 在区间端点处展开式是否成立要视延拓函数 $\overline{f}(x)$(或和函数 $S(x)$) 是否连续而定.

例 13.6.1　将函数 $f(x) = \begin{cases} 1, & -\pi \leqslant x \leqslant 0, \\ x, & 0 < x < \pi \end{cases}$ 展开成 Fourier 级数.

解　(阅读) 显然函数是分段光滑的, 根据收敛定理, 可以展开成 Fourier 级数, Fourier 级数的和函数 $S(x)$ 的图像如图 13.6.1 所示.

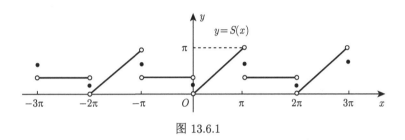

图 13.6.1

$$a_0 = \frac{1}{\pi} \int_{-\pi}^{\pi} f(x)\mathrm{d}x = \frac{1}{\pi} \left[\int_{-\pi}^{0} \mathrm{d}x + \int_{0}^{\pi} x\mathrm{d}x \right] = 1 + \frac{\pi}{2};$$

$$a_n = \frac{1}{\pi} \int_{-\pi}^{\pi} f(x) \cos nx\mathrm{d}x = \frac{1}{\pi} \left[\int_{-\pi}^{0} \cos nx\mathrm{d}x + \int_{0}^{\pi} x \cos nx\mathrm{d}x \right]$$

$$= \frac{1}{\pi} \left[\frac{x}{n} \sin nx + \frac{1}{n^2} \cos nx \right] \Big|_{0}^{\pi} = \frac{(-1)^n - 1}{n^2 \pi};$$

$$b_n = \frac{1}{\pi} \int_{-\pi}^{\pi} f(x) \sin nx\mathrm{d}x = \frac{1}{\pi} \left[\int_{-\pi}^{0} \sin nx\mathrm{d}x + \int_{0}^{\pi} x \sin nx\mathrm{d}x \right]$$

$$= \frac{1}{\pi} \left[-\frac{1}{n} \cos nx \Big|_{-\pi}^{0} + \left(-\frac{x}{n} \cos nx + \frac{1}{n^2} \sin nx \right) \Big|_{0}^{\pi} \right] = \frac{(-1)^n - 1}{n\pi} + \frac{(-1)^{n+1}}{n}.$$

因此, Fourier 级数展开式为

$$f(x) = \frac{2+\pi}{4} + \sum_{n=1}^{\infty} \left[\frac{(-1)^n - 1}{n^2 \pi} \cos nx + \left(\frac{(-1)^n - 1}{n\pi} + \frac{(-1)^{n+1}}{n} \right) \sin nx \right], \quad 0 < |x| < \pi.$$

当 $x = 0$ 时 Fourier 级数收敛于 $\frac{1}{2}$; 当 $x = \pm\pi$ 时 Fourier 级数收敛于 $\frac{1+\pi}{2}$.

例 13.6.2　求函数 $f(x) = |x|, x \in [-\pi, \pi)$ 的 Fourier 级数展开式, 并求级数

$$\sum_{n=1}^{\infty} \frac{1}{(2n-1)^2}, \quad \sum_{n=1}^{\infty} \frac{1}{n^2} \ \text{及} \ \sum_{n=1}^{\infty} \frac{(-1)^{n-1}}{n^2}$$

的和.

解　显然函数是分段光滑的, 根据收敛定理, 可以展开成 Fourier 级数, Fourier 级数的和函数 $S(x)$ 的图像如图 13.6.2 所示.

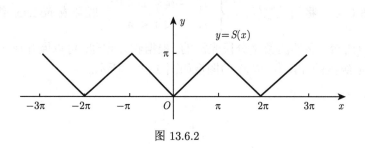

图 13.6.2

由于函数 $f(x) = |x|$ 是 $(-\pi, \pi)$ 上的偶函数, 故 $b_n = 0$, 且

$$a_0 = \frac{1}{\pi} \int_{-\pi}^{\pi} f(x)\mathrm{d}x = \frac{2}{\pi} \int_0^\pi x \mathrm{d}x = \pi,$$

$$a_n = \frac{1}{\pi} \int_{-\pi}^{\pi} f(x) \cos nx\mathrm{d}x = \frac{2}{\pi} \int_0^\pi x \cos nx\mathrm{d}x$$

$$= \frac{2}{\pi} \left[\frac{x}{n} \sin nx + \frac{1}{n^2} \cos nx \right]\Bigg|_0^\pi = \frac{2\left[(-1)^n - 1\right]}{n^2\pi} = \begin{cases} 0, & n = 2k, \\ -\dfrac{4}{(2k-1)^2\pi}, & n = 2k-1. \end{cases}$$

因此, Fourier 级数展开式为

$$|x| = \frac{\pi}{2} - \frac{4}{\pi} \sum_{k=1}^\infty \frac{\cos(2k-1)x}{(2k-1)^2}, \quad x \in [-\pi, \pi].$$

在展开式中令 $x = 0$ 得 $\displaystyle\sum_{k=1}^\infty \frac{1}{(2k-1)^2} = \frac{\pi^2}{8}$, 由于

$$\sum_{n=1}^\infty \frac{1}{n^2} = \sum_{k=1}^\infty \frac{1}{(2k-1)^2} + \sum_{k=1}^\infty \frac{1}{(2k)^2} = \frac{\pi^2}{8} + \frac{1}{4} \sum_{n=1}^\infty \frac{1}{n^2},$$

因此有 $\displaystyle\sum_{n=1}^\infty \frac{1}{n^2} = \frac{\pi^2}{6}$, 从而也有

$$\sum_{n=1}^\infty \frac{(-1)^{n-1}}{n^2} = \sum_{k=1}^\infty \frac{1}{(2k-1)^2} - \sum_{k=1}^\infty \frac{1}{(2k)^2} = \frac{\pi^2}{8} - \frac{1}{4} \cdot \frac{\pi^2}{6} = \frac{\pi^2}{12}.$$

例 13.6.3　将函数 $f(x) = x - [x]$ 展开成 Fourier 级数.

解　函数的周期为 $2l = 1$, 它在 $[-l, l]$ 上显然是分段光滑的, 根据收敛定理, 可以展开成 Fourier 级数, Fourier 级数的和函数 $S(x)$ 的图像如图 13.6.3 所示.

$$a_0 = \frac{1}{l} \int_{-l}^{l} f(x)\mathrm{d}x = \frac{1}{l} \int_{0}^{2l} f(x)\mathrm{d}x = 2\int_{0}^{1} x\mathrm{d}x = 1,$$

$$a_n = \frac{1}{l} \int_{-l}^{l} f(x)\cos\frac{n\pi x}{l}\mathrm{d}x = \frac{1}{l} \int_{0}^{2l} f(x)\cos\frac{n\pi x}{l}\mathrm{d}x = 2\int_{0}^{1} x\cos 2n\pi x\mathrm{d}x$$

$$= 2\left[\frac{x}{2n\pi}\sin 2n\pi x + \frac{1}{(2n\pi)^2}\cos 2n\pi x\right]\Bigg|_{0}^{1} = 0\,;$$

$$b_n = \frac{1}{l} \int_{-l}^{l} f(x)\sin\frac{n\pi x}{l}\mathrm{d}x = \frac{1}{l} \int_{0}^{2l} f(x)\sin\frac{n\pi x}{l}\mathrm{d}x = 2\int_{0}^{1} x\sin 2n\pi x\mathrm{d}x$$

$$= 2\left[-\frac{x}{2n\pi}\cos 2n\pi x + \frac{1}{(2n\pi)^2}\sin 2n\pi x\right]\Bigg|_{0}^{1} = -\frac{1}{\pi n}\,.$$

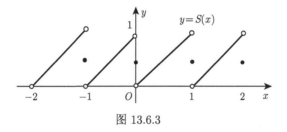

图 13.6.3

因此, Fourier 级数展开式为

$$x - [x] = \frac{1}{2} - \frac{1}{\pi}\sum_{n=1}^{\infty}\frac{\sin 2n\pi x}{n}\,, \quad x \neq k,\ k \in \mathbb{Z}.$$

设 $f(x)$ 是以 $2l$ 为周期的偶函数, 或是定义在 $[-l, l]$ 上的偶函数, 则在 $[-l, l]$ 上, $f(x)\cos\dfrac{n\pi x}{l}$ 是偶函数, $f(x)\sin\dfrac{n\pi x}{l}$ 是奇函数, 因此, $f(x)$ 的 Fourier 系数是

$$\begin{cases} a_0 = \dfrac{2}{l}\displaystyle\int_{0}^{l} f(x)\mathrm{d}x, & \\[2mm] a_n = \dfrac{2}{l}\displaystyle\int_{0}^{l} f(x)\cos\dfrac{n\pi x}{l}\mathrm{d}x, & n = 1, 2, \cdots; \\[2mm] b_n = 0, & n = 1, 2, \cdots. \end{cases} \tag{13.6.1}$$

于是 $f(x)$ 的 Fourier 级数只含有余弦函数的项, 即

$$f(x) :\sim \frac{a_0}{2} + \sum_{n=1}^{\infty} a_n\cos\frac{n\pi x}{l},$$

因而此时 $f(x)$ 的 Fourier 级数称为**余弦级数**.

同样地, 若 $f(x)$ 是以 $2l$ 为周期的奇函数, 或是定义在 $[-l, l]$ 上的奇函数, 则在 $[-l, l]$ 上, $f(x) \cos \dfrac{n\pi x}{l}$ 是奇函数, $f(x) \sin \dfrac{n\pi x}{l}$ 是偶函数, 因此, $f(x)$ 的 Fourier 系数是

$$\begin{cases} a_0 = 0, \\ a_n = 0, & n = 1, 2, \cdots; \\ b_n = \dfrac{2}{l} \displaystyle\int_0^l f(x) \sin \dfrac{n\pi x}{l} \mathrm{d}x, & n = 1, 2, \cdots. \end{cases} \tag{13.6.2}$$

于是 $f(x)$ 的 Fourier 级数只含有正弦函数的项, 即

$$f(x) :\sim \sum_{n=1}^{\infty} b_n \sin \frac{n\pi x}{l},$$

因而此时 $f(x)$ 的 Fourier 级数称为**正弦级数**.

在实际应用中, 有时需要将 $[0, l]$(或 $(0, l)$) 上的函数展开成余弦级数或正弦级数, 分别称为**余弦展开**与**正弦展开**. 为此, 先将 $[0, l]$ 上的函数作偶式延拓或奇式延拓到 $[-l, l]$ 上 (如图 13.6.4), 然后求延拓后的函数的 Fourier 级数. 但显然作偶式延拓或奇式延拓的过程可省去. 就是说, 要将 $[0, l]$ 上的函数展开成余弦级数或正弦级数, 只要按 (13.6.1) 式或 (13.6.2) 式直接计算出它的 Fourier 系数.

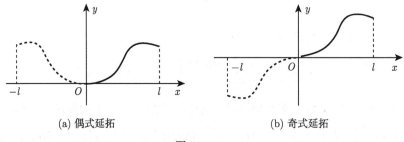

(a) 偶式延拓   (b) 奇式延拓

图 13.6.4

例 13.6.4 求函数 $f(x) = \cos x$ 在 $[0, \pi]$ 上的正弦展开式.

解 根据收敛定理, 正弦级数的和函数 $S(x)$ 的图像如图 13.6.5 所示.

$$\begin{aligned} b_n &= \frac{2}{\pi} \int_0^\pi f(x) \sin nx \mathrm{d}x = \frac{2}{\pi} \int_0^\pi \cos x \sin nx \mathrm{d}x \\ &= \frac{1}{\pi} \int_0^\pi [\sin(n+1)x + \sin(n-1)x] \, \mathrm{d}x, \end{aligned}$$

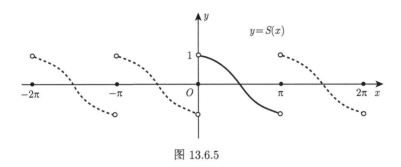

图 13.6.5

当 $n = 1$, $b_1 = -\dfrac{1}{2\pi} \cos 2x \Big|_0^\pi = 0$; 当 $n \neq 1$ 时有

$$b_n = \frac{1}{\pi} \left[-\frac{\cos(n+1)x}{n+1} - \frac{\cos(n-1)x}{n-1} \right]\Big|_0^\pi = \frac{2n\left[1 - (-1)^{n-1}\right]}{\pi(n^2 - 1)}$$

$$= \begin{cases} 0, & n = 2k - 1, \\ \dfrac{8k}{\pi(4k^2 - 1)}, & n = 2k. \end{cases}$$

所求正弦展开式为

$$\cos x = \sum_{k=1}^\infty \frac{8k}{\pi(4k^2 - 1)} \sin 2kx, \quad x \in (0, \pi).$$

当 $x = 0, \pi$ 时正弦级数收敛于 0.

例 13.6.5　将函数 $f(x) = x$ 在 $[0, 1]$ 上展开成: (1) 余弦级数; (2) 正弦级数.

解　(1) 根据收敛定理, 余弦级数的和函数 $S(x)$ 的图像如图 13.6.6 所示.

$$a_0 = \frac{2}{l} \int_0^l f(x)\mathrm{d}x = 2 \int_0^1 x\mathrm{d}x = 1,$$

$$a_n = \frac{2}{l} \int_0^l f(x) \cos \frac{n\pi x}{l} \mathrm{d}x = 2 \int_0^1 x \cos n\pi x \mathrm{d}x$$

$$= 2 \left[\frac{x}{n\pi} \sin n\pi x + \frac{1}{(n\pi)^2} \cos n\pi x \right]\Big|_0^1$$

$$= \frac{2\left[(-1)^n - 1\right]}{n^2\pi^2} = \begin{cases} 0, & n = 2k, \\ -\dfrac{4}{(2k-1)^2\pi^2}, & n = 2k - 1. \end{cases}$$

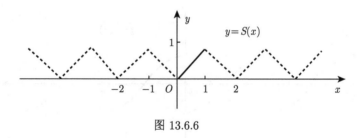

图 13.6.6

所求余弦级数为

$$x = \frac{1}{2} - \frac{4}{\pi^2} \sum_{k=1}^{\infty} \frac{\cos(2k-1)\pi x}{(2k-1)^2}, \quad x \in [0,1].$$

(2) 根据收敛定理, 正弦级数的和函数 $S(x)$ 的图像如图 13.6.7 所示.

$$b_n = \frac{2}{l} \int_0^l f(x) \sin \frac{n\pi x}{l} \mathrm{d}x = 2 \int_0^1 x \sin n\pi x \mathrm{d}x$$

$$= 2 \left[-\frac{x}{n\pi} \cos n\pi x \Big|_0^1 + \frac{1}{n\pi} \int_0^1 \cos n\pi x \mathrm{d}x \right] = \frac{2(-1)^{n-1}}{n\pi}.$$

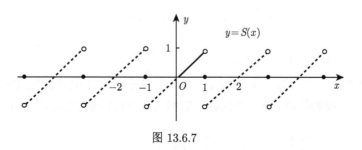

图 13.6.7

所求正弦级数为

$$x = \sum_{n=1}^{\infty} \frac{2(-1)^{n-1}}{n\pi} \sin n\pi x, \quad x \in [0,1).$$

当 $x = 1$ 时正弦级数收敛于 0.

对具体函数来说, 幂级数展开大多采用间接方法, 其中由已知展开式出发逐项求积与逐项求导是常用的方法. 与此不同的是, 函数的 Fourier 展开式总是采用直接方法求得. 这是由于 Fourier 系数通过积分容易计算的缘故. 避开应用的因素不考虑, 在理论上我们仍然会提出这样的问题: 函数的 Fourier 级数在什么条件下一

致收敛? 何时能逐项求积与逐项求导呢? 为了回答这些问题, 下面先来建立函数
与导函数的 Fourier 系数的关系式.

引理 13.6.1　　设 f 是以 2π 为周期的连续函数且在 $[-\pi,\pi]$ 上分段光滑,
a_n, b_n 是 f 的 Fourier 系数, a_n', b_n' 是 f' 的 Fourier 系数, 则

$$a_0' = 0, \ a_n' = nb_n, \ b_n' = -na_n \ (n = 1, 2, \cdots).$$

证明　　(阅读) 由于 f 是以 2π 为周期的连续函数, 故 $f(-\pi) = f(\pi)$. 因为
$f'(x)$ 是 $[-\pi,\pi]$ 上分段连续的函数, 不妨设 $-\pi = x_0 < x_1 < \cdots < x_m = \pi$ 是
$f'(x)$ 的第一类间断点, 在每个小区间 $[x_{i-1}, x_i]$ 上, 补充或修改 $f'(x)$ 在端点处的
值为

$$f'(x_{i-1}) = \lim_{x \to x_{i-1}+} f'(x), \quad f'(x_i) = \lim_{x \to x_i-} f'(x),$$

则 $f'(x)$ 在 $[x_{i-1}, x_i]$ 上连续, 由定积分的分部积分法,

$$\int_{x_{i-1}}^{x_i} f'(x) \cos nx \mathrm{d}x = f(x) \cos nx \big|_{x_{i-1}}^{x_i} + n \int_{x_{i-1}}^{x_i} f(x) \sin nx \mathrm{d}x,$$

$$\int_{x_{i-1}}^{x_i} f'(x) \sin nx \mathrm{d}x = f(x) \sin nx \big|_{x_{i-1}}^{x_i} - n \int_{x_{i-1}}^{x_i} f(x) \cos nx \mathrm{d}x.$$

于是

$$a_n' = \frac{1}{\pi} \int_{-\pi}^{\pi} f'(x) \cos nx \mathrm{d}x = \frac{1}{\pi} \sum_{i=1}^{m} \int_{x_{i-1}}^{x_i} f'(x) \cos nx \mathrm{d}x$$

$$= \frac{1}{\pi} [f(x_m) \cos nx_m - f(x_0) \cos nx_0] + \frac{n}{\pi} \int_{-\pi}^{\pi} f(x) \sin nx \mathrm{d}x$$

$$= nb_n,$$

$$b_n' = \frac{1}{\pi} \int_{-\pi}^{\pi} f'(x) \sin nx \mathrm{d}x = \frac{1}{\pi} \sum_{i=1}^{m} \int_{x_{i-1}}^{x_i} f'(x) \sin nx \mathrm{d}x.$$

$$= \frac{1}{\pi} [f(x_m) \sin nx_m - f(x_0) \sin nx_0] - \frac{n}{\pi} \int_{-\pi}^{\pi} f(x) \cos nx \mathrm{d}x$$

$$= -na_n.$$

再由 N-L 公式得

$$a_0' = \frac{1}{\pi} \int_{-\pi}^{\pi} f'(x) \mathrm{d}x = \frac{1}{\pi} \sum_{i=1}^{m} \int_{x_{i-1}}^{x_i} f'(x) \mathrm{d}x = \frac{1}{\pi} \sum_{i=1}^{m} [f(x_i) - f(x_{i-1})]$$

$$= \frac{1}{\pi} [f(x_m) - f(x_0)] = 0.$$

定理 13.6.2 (一致收敛定理) 设 f 是以 2π 为周期的连续函数且在 $[-\pi, \pi]$ 上分段光滑, 则 f 的 Fourier 级数在 $(-\infty, +\infty)$ 上一致收敛于 f.

证明 由题设与推论 13.5.3, f 的 Fourier 级数在 $(-\infty, +\infty)$ 上收敛于 f, 即

$$f(x) = \frac{a_0}{2} + \sum_{n=1}^{\infty} (a_n \cos nx + b_n \sin nx), \quad x \in (-\infty, +\infty). \tag{13.6.3}$$

因为 f 在 $[-\pi, \pi]$ 上分段光滑, f' 在 $[-\pi, \pi]$ 上可积, 记 f' 的 Fourier 系数为 a'_n, b'_n, 则由引理 13.6.1 得

$$a'_n = nb_n, \quad b'_n = -na_n.$$

于是, $\forall x \in (-\infty, +\infty)$, $\forall n \in \mathbb{Z}^+$, 有

$$\begin{aligned}
|a_n \cos nx + b_n \sin nx| &\leqslant |a_n| + |b_n| = \frac{|b'_n|}{n} + \frac{|a'_n|}{n} \\
&\leqslant \frac{1}{2}\left(\frac{1}{n^2} + |b'_n|^2\right) + \frac{1}{2}\left(\frac{1}{n^2} + |a'_n|^2\right) \\
&= \frac{1}{n^2} + \frac{1}{2}\left(|a'_n|^2 + |b'_n|^2\right).
\end{aligned}$$

$\sum\limits_{n=1}^{\infty} \dfrac{1}{n^2}$ 收敛, 由 f' 的 Bessel 不等式, $\sum\limits_{n=1}^{\infty}\left(|a'_n|^2 + |b'_n|^2\right)$ 收敛, 所以根据优级数判别法, (13.6.3) 式中级数在 $(-\infty, +\infty)$ 上一致收敛.

在一致收敛条件下可得到 Parseval(帕塞瓦尔) 等式, 它是一个比 Bessel 不等式更强的结果.

定理 13.6.3 若 f 的 Fourier 级数

$$\frac{a_0}{2} + \sum_{n=1}^{\infty} (a_n \cos nx + b_n \sin nx)$$

数学家
小传13.6.1

在 $[-\pi, \pi]$ 上一致收敛于 f, 则有如下的 **Parseval 等式**:

$$\frac{a_0^2}{2} + \sum_{n=1}^{\infty} (a_n^2 + b_n^2) = \frac{1}{\pi}\int_{-\pi}^{\pi} f^2(x)\mathrm{d}x.$$

证明 (阅读) 由于 f 的 Fourier 级数在 $[-\pi, \pi]$ 上一致收敛于 f, 故 f 必在 $[-\pi, \pi]$ 上连续, 从而必在 $[-\pi, \pi]$ 上有界. 于是根据一致收敛的 Cauchy 准则, 函数项级数

$$f^2(x) = \frac{a_0}{2}f(x) + \sum_{n=1}^{\infty} f(x)(a_n \cos nx + b_n \sin nx)$$

在 $[-\pi, \pi]$ 上一致收敛, 从而可以逐项积分得到

$$\frac{1}{\pi} \int_{-\pi}^{\pi} f^2(x) \mathrm{d}x$$

$$= \frac{a_0}{2\pi} \int_{-\pi}^{\pi} f(x) \mathrm{d}x$$

$$+ \frac{1}{\pi} \sum_{n=1}^{\infty} \left[a_n \int_{-\pi}^{\pi} f(x) \cos nx \mathrm{d}x + b_n \int_{-\pi}^{\pi} f(x) \sin nx \mathrm{d}x \right]$$

$$= \frac{a_0^2}{2} + \sum_{n=1}^{\infty} (a_n^2 + b_n^2).$$

下面的逐项求积定理表明, f 的 Fourier 级数逐项积分的条件很弱, 不必要 Fourier 级数本身一致收敛, 即使它在某些点不收敛也可逐项积分.

定理 13.6.4 (**逐项求积定理**)　设 f 是以 2π 为周期的函数且在 $[-\pi, \pi]$ 上分段连续,

$$f(x) :\sim \frac{a_0}{2} + \sum_{n=1}^{\infty} (a_n \cos nx + b_n \sin nx),$$

则对 $\forall a, x \in (-\infty, +\infty)$ 有

$$\int_a^x f(t) \mathrm{d}t = \int_a^x \frac{a_0}{2} \mathrm{d}t + \sum_{n=1}^{\infty} \int_a^x (a_n \cos nt + b_n \sin nt) \mathrm{d}t.$$

证明　(阅读) 不妨设 $a = 0$, $x \in [-\pi, \pi]$, 令

$$F(x) = \int_0^x \left[f(t) - \frac{a_0}{2} \right] \mathrm{d}t. \tag{13.6.4}$$

由于 f 在 $[-\pi, \pi]$ 上分段连续, 故 F 是 x 的连续函数, 在 $[-\pi, \pi]$ 上分段光滑, 且

$$F(\pi) - F(-\pi) = \int_{-\pi}^{\pi} f(t) \mathrm{d}t - \pi a_0 = 0.$$

于是可把 F 延拓到 $(-\infty, +\infty)$ 上, 使之成为以 2π 为周期的连续周期函数. 根据推论 13.5.3, 有

$$F(x) = \frac{A_0}{2} + \sum_{n=1}^{\infty} (A_n \cos nx + B_n \sin nx). \tag{13.6.5}$$

此处 A_0, A_n, B_n 是 F 的 Fourier 系数 (根据定理 13.6.2, F 的 Fourier 级数在 $[-\pi, \pi]$ 上一致收敛). 容易知道 $f(x) - \frac{a_0}{2}$ 的 Fourier 系数是 $0, a_n, b_n (n = 1, 2, \cdots)$. 根据引理 13.6.1 有

$$a_n = nB_n, \quad b_n = -nA_n \quad (n = 1, 2, \cdots). \tag{13.6.6}$$

在 (13.6.5) 式中令 $x = 0$, 利用 (13.6.6) 式, 并注意到 $F(0) = 0$, 就有

$$\frac{A_0}{2} = -\sum_{n=1}^{\infty} A_n = \sum_{n=1}^{\infty} \frac{b_n}{n}.$$

将此式及 (13.6.6) 式代入 (13.6.5) 式得

$$F(x) = \sum_{n=1}^{\infty} \frac{a_n \sin nx + b_n(1 - \cos nx)}{n} = \sum_{n=1}^{\infty} \int_0^x (a_n \cos nt + b_n \sin nt)\mathrm{d}t.$$

$$(13.6.7)$$

再将 (13.6.4) 式代入 (13.6.7) 式, 最终得到

$$\int_0^x f(t)\mathrm{d}t = \int_0^x \frac{a_0}{2}\mathrm{d}t + \sum_{n=1}^{\infty} \int_0^x (a_n \cos nt + b_n \sin nt)\mathrm{d}t.$$

Fourier 级数逐项求导要在较强的条件下才能进行.

定理 13.6.5 (逐项求导定理)　设 f 是以 2π 为周期的连续函数且导函数 f' 在 $[-\pi, \pi]$ 上分段光滑, 则

$$\frac{f'(x+) + f'(x-)}{2} = \sum_{n=1}^{\infty} (a_n \cos nx + b_n \sin nx)' = \sum_{n=1}^{\infty} (nb_n \cos nx - na_n \sin nx),$$

其中 a_0, a_n, b_n 为 f 的 Fourier 系数.

证明　(阅读) 由于 f' 在 $[-\pi, \pi]$ 上分段光滑, 当然是分段连续的, 故 f 在 $[-\pi, \pi]$ 上分段光滑. 因为 f 是以 2π 为周期的连续函数, 记 f' 的 Fourier 系数为 a_n', b_n', 所以由引理 13.6.1 知

$$a_0' = 0, \quad a_n' = nb_n, \quad b_n' = -na_n \quad (n = 1, 2, \cdots).$$

对 f' 使用收敛定理 (定理 13.5.2) 就得到

$$\frac{f'(x+) + f'(x-)}{2} = \sum_{n=1}^{\infty} (nb_n \cos nx - na_n \sin nx) = \sum_{n=1}^{\infty} (a_n \cos nx + b_n \sin nx)'.$$

习　题　13.6

1. 将下列函数展成 Fourier 级数, 并画出 Fourier 级数和函数的图像:

(1) $f(x) = \begin{cases} a, & -\pi < x \leqslant 0, \\ b, & 0 < x \leqslant \pi; \end{cases}$　　(2) $f(x) = x^2, \quad x \in [-\pi, \pi);$

(3) $f(x) = x, \quad x \in (0, 2\pi];$　　(4) $f(x) = \mathrm{e}^x, \quad x \in [-\pi, \pi).$

2. 将 $f(x) = 1$ 在 $[0, \pi]$ 上展开成正弦级数, 并求 $\sum_{n=1}^{\infty} \frac{(-1)^{n-1}}{2n-1}$ 的和 (与习题 13.1 第 3 题比较).

3. 将函数 $f(x) = \sin x$ 在 $[0, \pi]$ 上展开成余弦级数.

4. 将函数 $f(x) = \begin{cases} x, & x \in [0, l/2], \\ l - x, & x \in [l/2, l] \end{cases}$ 展开成正弦级数, 并画出 Fourier 级数和函数的图像.

5. 将函数 $f(x) = (1 - x)^2$ 在 $[0, 1]$ 上展开成余弦级数, 并画出 Fourier 级数和函数的图像.

复习课件13

归纳解
析视频13

总习题 13

A 组

1. 求下列幂级数的收敛半径与收敛域:

(1) $a + bx + ax^2 + bx^3 + \cdots (0 < a < b)$;　　(2) $\displaystyle\sum_{n=1}^{\infty} \frac{[3 + (-1)^n]^n}{n} x^n$.

2. 确定下列幂级数的收敛域, 并求和函数 $S(x)$:

(1) $\displaystyle\sum_{n=1}^{\infty} n^2 (x - 1)^{n-1}$;　　(2) $\displaystyle\sum_{n=1}^{\infty} (-1)^{n-1} \frac{x^{2n+1}}{(2n)^2 - 1}$.

3. 应用幂级数的性质求下列数项级数的和:

(1) $\displaystyle\sum_{n=1}^{\infty} \frac{n}{(n+1)!}$;　　(2) $\displaystyle\sum_{n=1}^{\infty} \frac{(-1)^n n}{(2n)!}$;　　(3) $\displaystyle\sum_{n=0}^{\infty} \frac{(-1)^n}{3n + 1}$.

4. 求下列函数的 Maclaurin 展开式:

(1) $f(x) = \dfrac{1}{1 + x + x^2 + x^3}$;　　(2) $f(x) = \displaystyle\int_0^x \cos t^2 dt$;

(3) $f(x) = \sin^3 x$;　　(4) $f(x) = x \arctan x - \ln\sqrt{1 + x^2}$.

5. 设 $f(x) = \dfrac{3x}{(1 - x)(1 + 2x)}$, 将 $f(x)$ 展开成 x 的幂级数, 并证明级数 $\displaystyle\sum_{n=1}^{\infty} \frac{n!}{f^{(n)}(0)}$ 绝对收敛.

6. 利用幂级数展开方法计算瑕积分 $\displaystyle\int_0^1 \frac{\ln(1 - t)}{t} dt$.

7. 设函数 $f(x)$ 在点 x_0 的某邻域 $U(x_0, \delta)$ 内具有任意阶导数, 且导函数列 $\left\{ f^{(n)}(x) \right\}_{n=0}^{\infty}$ 在 $U(x_0, \delta)$ 内一致有界, 这里 $f^{(0)}(x) = f(x)$. 证明 $f(x)$ 在 $U(x_0, \delta)$ 内可展开成 Taylor 级数, 即有

$$f(x) = \sum_{n=0}^{\infty} \frac{f^{(n)}(x_0)}{n!} (x - x_0)^n, \quad x \in U(x_0, \delta).$$

8. 设 f 是周期为 2π 在 $[-\pi, \pi]$ 上可积的函数, a_n, b_n 是 f 在 $[-\pi, \pi]$ 上的 Fourier 系数, 证明 $\displaystyle\sum_{n=1}^{\infty} \frac{a_n}{n}$ 与 $\displaystyle\sum_{n=1}^{\infty} \frac{b_n}{n}$ 都收敛.

9. 设周期为 2π 且在 $[-\pi, \pi]$ 上可积的函数 φ, ψ 满足以下关系式:

(1) $\varphi(-x) = \psi(x)$;   (2) $\varphi(-x) = -\psi(x)$.

试问 φ 的 Fourier 系数 a_0, a_n, b_n 与 ψ 的 Fourier 系数 $\alpha_0, \alpha_n, \beta_n$ 有什么关系?

10. 设周期为 2π 且在 $[-\pi, \pi]$ 上可积的函数 f 满足关系式 $f(x+\pi) = -f(x)$. 问此函数的 Fourier 级数有什么特性?

11. 证明: 函数系 $\{\cos nx\}_{n=1}^{\infty}$ 与 $\{\sin nx\}_{n=1}^{\infty}$ 都是 $[0, \pi]$ 上的正交函数系, 但 $\{\cos nx, \sin nx\}_{n=1}^{\infty}$ 不是 $[0, \pi]$ 上的正交函数系.

12. 设定义在 $[a, b]$ 上的连续函数列 $\{\varphi_n\}$ 满足关系

$$\int_a^b \varphi_n(x)\varphi_m(x)\mathrm{d}x = \begin{cases} 0, & n \neq m, \\ 1, & n = m. \end{cases}$$

对于 $[a, b]$ 上的可积函数 f, 定义 $c_n = \int_a^b f(x)\varphi_n(x)\mathrm{d}x$, $n = 1, 2, \cdots$. 证明 $\sum\limits_{n=1}^{\infty} c_n^2$ 收敛, 且 $\sum\limits_{n=1}^{\infty} c_n^2 \leqslant \int_a^b f^2(x)\mathrm{d}x$.

13. 设 $f(x)$ 是周期为 2π 且在 $[-\pi, \pi]$ 上可积的函数, a_0, a_n, b_n 是 $f(x)$ 的 Fourier 系数, $T_n(x)$ 是三角多项式

$$T_n(x) = \frac{A_0}{2} + \sum_{k=1}^{n}(A_k \cos kx + B_k \sin kx).$$

证明当 $A_0 = a_0, A_k = a_k, B_k = b_k, k = 1, 2, \cdots, n$ 时 $\int_{-\pi}^{\pi}[f(x) - T_n(x)]^2\mathrm{d}x$ 取得最小值, 最小值为

$$\int_{-\pi}^{\pi} f^2(x)\mathrm{d}x - \left[\frac{\pi a_0^2}{2} + \sum_{k=1}^{n} \pi\left(a_k^2 + b_k^2\right)\right].$$

14. 将函数 $f(x) = \dfrac{\pi - x}{2}$, $x \in (0, 2\pi)$ 展开成 Fourier 级数.

15. 证明: 对 $\forall x \in (-\infty, +\infty)$ 有

$$|\cos x| = \frac{2}{\pi} + \frac{4}{\pi}\sum_{n=1}^{\infty} \frac{(-1)^{n-1}}{4n^2-1}\cos 2nx, \quad |\sin x| = \frac{2}{\pi} - \frac{4}{\pi}\sum_{n=1}^{\infty} \frac{1}{4n^2-1}\cos 2nx.$$

16. 将函数 $f(x) = \cos ax(a \notin \mathbb{Z}^+)$ 在 $[-\pi, \pi]$ 展开成 Fourier 级数.

17. 求函数 $f(x) = x$, $x \in (-\pi, \pi)$ 的 Fourier 级数, 通过逐项积分求 $g(x) = x^2$, $x \in (-\pi, \pi)$ 与 $h(x) = x^3$, $x \in (-\pi, \pi)$ 的 Fourier 展开式.

B 组

18. 设 $\{a_n\}_{n=0}^{\infty}$ 为等差数列 $(a_0 \neq 0)$, 试求幂级数 $\sum\limits_{n=0}^{\infty} a_n x^n$ 的收敛半径及级数 $\sum\limits_{n=0}^{\infty} \dfrac{a_n}{2^n}$ 的和.

19. 求幂级数 $\sum\limits_{n=1}^{\infty} \dfrac{x^n}{n(n+1)(n+2)}$ 的和函数 $S(x)$.

20. 证明: (1) $1 + \dfrac{1}{2} - \dfrac{1}{3} - \dfrac{1}{4} + \dfrac{1}{5} + \dfrac{1}{6} - \dfrac{1}{7} - \dfrac{1}{8} + \cdots = \dfrac{\pi}{4} + \dfrac{1}{2}\ln 2$;

(2) $1 + \dfrac{1}{3} - \dfrac{1}{5} - \dfrac{1}{7} + \dfrac{1}{9} + \dfrac{1}{11} - \dfrac{1}{13} - \dfrac{1}{15} + \cdots = \dfrac{\sqrt{2}\pi}{4}$.

21. 将函数 $f(x) = \ln^2(1+x)$ 按 x 的幂展开成幂级数.

22. 将函数 $f(x) = \ln x$ 按 $\dfrac{x-1}{x+1}$ 的幂展开成幂级数.

23. 设函数 $f(x) = \displaystyle\sum_{n=1}^{\infty} \dfrac{x^n}{n^2}$ 定义在 $[0,1]$ 上, 证明它在 $(0,1)$ 上满足下述方程:

$$f(x) + f(1-x) + \ln x \ln(1-x) = \frac{\pi^2}{6} \quad (0 < x < 1).$$

24. 设以 2π 为周期的函数 $f(x)$ 在 $[0, 2\pi]$ 上单调, 设 a_n, b_n 是 f 的 Fourier 系数, 证明 $\{na_n\}$ 与 $\{nb_n\}$ 都是有界的.

25. 设函数 f 在 $[a, b]$ 上可积, 利用总习题 13 第 15 题中的等式证明:

$$\lim_{\lambda \to +\infty} \int_a^b f(x)\,|\cos \lambda x|\,\mathrm{d}x = \frac{2}{\pi}\int_a^b f(x)\mathrm{d}x,$$

$$\lim_{\lambda \to +\infty} \int_a^b f(x)\,|\sin \lambda x|\,\mathrm{d}x = \frac{2}{\pi}\int_a^b f(x)\mathrm{d}x.$$

26. 证明 $\displaystyle\sum_{n=1}^{\infty} \dfrac{\cos nx}{n^2} = \dfrac{1}{12}\left(2\pi^2 - 6\pi|x| + 3x^2\right)$, $x \in [-\pi, \pi]$.

27. 设

$$f(x) = \begin{cases} \dfrac{\pi x - x}{2}, & 0 \leqslant x \leqslant 1, \\[2mm] \dfrac{\pi - x}{2}, & 1 < x \leqslant \pi. \end{cases}$$

(1) 证明 $f(x) = \displaystyle\sum_{n=1}^{\infty} \dfrac{\sin n}{n^2}\sin nx$, $x \in [0, \pi]$;

(2) 证明 $\displaystyle\sum_{n=1}^{\infty} \dfrac{\sin n}{n} = \sum_{n=1}^{\infty} \left(\dfrac{\sin n}{n}\right)^2 = \dfrac{\pi - 1}{2}$.

28. 设函数 $f(x)$ 和 $g(x)$ 以 2π 为周期且都在 $[-\pi, \pi]$ 上可积, 设它们的 Fourier 级数在 $[-\pi, \pi]$ 上分别一致收敛于 $f(x)$ 和 $g(x)$. 证明

$$\frac{a_0\alpha_0}{2} + \sum_{n=1}^{\infty}(a_n\alpha_n + b_n\beta_n) = \frac{1}{\pi}\int_{-\pi}^{\pi} f(x)g(x)\mathrm{d}x,$$

这里 a_0, a_n, b_n 是 $f(x)$ 的 Fourier 系数, $\alpha_0, \alpha_n, \beta_n$ 是 $g(x)$ 的 Fourier 系数.

29. 设 f 是以 2π 为周期的连续函数且在 $[-\pi, \pi]$ 上分段光滑, $\displaystyle\int_{-\pi}^{\pi} f(x)\mathrm{d}x = 0$. 证明

$$\int_{-\pi}^{\pi} |f(x)|^2\,\mathrm{d}x \leqslant \int_{-\pi}^{\pi} |f'(x)|^2\,\mathrm{d}x.$$

第 14 章　多元函数的极限与连续性

CHAPTER

前面系统地讨论了一元函数微积分与级数理论. 一元函数描述了一个量依赖于另一个量的变化. 但事物在变化过程中往往受多个因素的影响, 这些因素反映到数学上就是多元函数的问题.

本章主要讨论 n 维 Euclid(欧几里得) 空间 (简称为欧氏空间) 的有关问题, 包括欧氏空间的点集, 多元函数的极限, 以及多元函数的连续性等方面的问题.

14.1　n 维 Euclid 空间

为了讨论多元函数的问题, 需要先讨论多元函数定义域的相关问题. 多元函数的定义域是高维空间的子集, 为此, 必须先研究它们所在的集合

$$\mathbb{R}^n = \{(x_1, x_2, \cdots, x_n) \,|\, x_i \in \mathbb{R}, i = 1, 2, \cdots, n\} = \mathbb{R} \times \mathbb{R} \times \cdots \times \mathbb{R}(n\text{个}).$$

值得注意的是 $n = 2$ 时的情况, 因为多元函数的微积分与一元函数微积分的许多本质区别主要是在 $n = 1$ 与 $n = 2$ 之间发生, 对于 $n > 2$ 的情形与 $n = 2$ 的情形具有很大的相似性. 在以下的讨论中总是假定 $n \geqslant 2$. 记 $\boldsymbol{x} = (x_1, x_2, \cdots, x_n) \in \mathbb{R}^n$, 并称 $\boldsymbol{x}$ 为 $\mathbb{R}^n$ 中的一个点或向量. 有时也用列向量 $(x_1, x_2, \cdots, x_n)^{\mathrm{T}}$ 来表示同一个 $\boldsymbol{x}$, 这里 $(x_1, x_2, \cdots, x_n)^{\mathrm{T}}$ 是 $(x_1, x_2, \cdots, x_n)$ 的转置. 另外, $\boldsymbol{0} = (0, 0, \cdots, 0)$ 为 $\mathbb{R}^n$ 中的原点或零向量.

下面来介绍 $\mathbb{R}^n$ 中的加法运算和数乘运算.

设 $\boldsymbol{x} = (x_1, x_2, \cdots, x_n), \boldsymbol{y} = (y_1, y_2, \cdots, y_n) \in \mathbb{R}^n, \lambda \in \mathbb{R}$ 为实数, 定义

$$\boldsymbol{x} + \boldsymbol{y} = (x_1 + y_1, x_2 + y_2, \cdots, x_n + y_n) \in \mathbb{R}^n,$$

并称它为 $\boldsymbol{x}$ 与 $\boldsymbol{y}$ 的**和**; 定义

$$\lambda\boldsymbol{x} = (\lambda x_1, \lambda x_2, \cdots, \lambda x_n) \in \mathbb{R}^n,$$

数学家
小传14.1.1

并称它为 λ 与 $\boldsymbol{x}$ 的**数乘**.

$\mathbb{R}^n$ 中的加法运算和数乘运算称为 $\mathbb{R}^n$ 中的线性运算. 对于任意的 $\boldsymbol{x}, \boldsymbol{y}, \boldsymbol{z} \in \mathbb{R}^n, \alpha, \beta \in \mathbb{R}$, 易验证线性运算具有如下运算律:

(1) **交换律** $\boldsymbol{x} + \boldsymbol{y} = \boldsymbol{y} + \boldsymbol{x}$;

(2) **结合律** $(\boldsymbol{x} + \boldsymbol{y}) + \boldsymbol{z} = \boldsymbol{x} + (\boldsymbol{y} + \boldsymbol{z})$, $(\alpha\beta)\boldsymbol{x} = \alpha(\beta\boldsymbol{x})$;

(3) **分配律** $\alpha(\boldsymbol{x} + \boldsymbol{y}) = \alpha\boldsymbol{x} + \alpha\boldsymbol{y}$, $(\alpha + \beta)\boldsymbol{x} = \alpha\boldsymbol{x} + \beta\boldsymbol{x}$.

另外, 在加法运算中, 存在零向量 $\boldsymbol{0} \in \mathbb{R}^n$, 使得对任意的 $\boldsymbol{x} \in \mathbb{R}^n$, 都有

$$\boldsymbol{x} + \boldsymbol{0} = \boldsymbol{x};$$

且存在负向量 $-\boldsymbol{x}$ 使得

$$\boldsymbol{x} + (-\boldsymbol{x}) = \boldsymbol{0};$$

在数乘运算中, 对任意的 $\boldsymbol{x} \in \mathbb{R}^n$, 都有

$$1 \cdot \boldsymbol{x} = \boldsymbol{x}.$$

在 $\mathbb{R}^n$ 中赋予了上述线性运算后, 称 $\mathbb{R}^n$ 为 n **维向量空间**或 n **维线性空间** (简称为**空间**). 在这个空间中还有一个重要的运算——内积, 其定义如下:

设 $\boldsymbol{x} = (x_1, x_2, \cdots, x_n), \boldsymbol{y} = (y_1, y_2, \cdots, y_n) \in \mathbb{R}^n$, 则 $\boldsymbol{x}$ 与 $\boldsymbol{y}$ 的内积定义为

$$\langle \boldsymbol{x}, \boldsymbol{y} \rangle = \sum_{i=1}^{n} x_i y_i.$$

内积 $\langle \boldsymbol{x}, \boldsymbol{y} \rangle$ 有时也记作 $\boldsymbol{x} \cdot \boldsymbol{y}$.

向量空间 $\mathbb{R}^n$ 有了内积运算后, 我们就称 $\mathbb{R}^n$ 为 **Euclid 空间**或欧氏空间. 利用内积运算, 可以定义向量 $\boldsymbol{x} = (x_1, x_2, \cdots, x_n) \in \mathbb{R}^n$ 的**模**或**范数**如下:

$$\|\boldsymbol{x}\| = \sqrt{\langle \boldsymbol{x}, \boldsymbol{x} \rangle} = \sqrt{\sum_{i=1}^{n} x_i^2}.$$

于是, 两个非零向量 $\boldsymbol{x}$ 与 $\boldsymbol{y}$ 的内积又可表示为

$$\langle \boldsymbol{x}, \boldsymbol{y} \rangle = \|\boldsymbol{x}\| \, \|\boldsymbol{y}\| \cos\theta,$$

其中 θ 为向量 $\boldsymbol{x}$ 与 $\boldsymbol{y}$ 的夹角. 当 $n \leqslant 3$ 时也用 $|\boldsymbol{x}|$ 表示 $\boldsymbol{x}$ 的模或范数.

利用向量的模, 我们可以定义 $\mathbb{R}^n$ 中两点之间的距离.

定义 14.1.1 对任意的两点 $\boldsymbol{x} = (x_1, x_2, \cdots, x_n), \boldsymbol{y} = (y_1, y_2, \cdots, y_n) \in \mathbb{R}^n$, $\boldsymbol{x}$ 与 $\boldsymbol{y}$ 的**距离**定义为

$$\|\boldsymbol{x} - \boldsymbol{y}\| = \sqrt{\sum_{i=1}^{n} (x_i - y_i)^2}.$$

显然, 在 $\mathbb{R}$, $\mathbb{R}^2$ 或 $\mathbb{R}^3$ 中, 两个点之间的距离就是连接这两点的直线段长度. 从距离的定义可以推出如下性质:

(1) **正定性** 对任意的 $\boldsymbol{x}, \boldsymbol{y} \in \mathbb{R}^n$, 有 $\|\boldsymbol{x} - \boldsymbol{y}\| \geqslant 0$, 且 $\|\boldsymbol{x} - \boldsymbol{y}\| = 0$ 当且仅当 $\boldsymbol{x} = \boldsymbol{y}$;

(2) **对称性** 对任意的 $\boldsymbol{x}, \boldsymbol{y} \in \mathbb{R}^n$, 有 $\|\boldsymbol{x} - \boldsymbol{y}\| = \|\boldsymbol{y} - \boldsymbol{x}\|$;

(3) **三角不等式** 对任意的 $\boldsymbol{x}, \boldsymbol{y}, \boldsymbol{z} \in \mathbb{R}^n$, 有 $\|\boldsymbol{x} - \boldsymbol{z}\| \leqslant \|\boldsymbol{x} - \boldsymbol{y}\| + \|\boldsymbol{y} - \boldsymbol{z}\|$.

在向量空间中点的距离与向量的模是可以相互转化的. 设 $x, y, z \in \mathbb{R}$. 当 $n = 2$ 时, 常用 (x, y) 表示平面 $\mathbb{R}^2$ 中的点, 当 $n = 3$ 时, 常用 (x, y, z) 表示空间 $\mathbb{R}^3$ 中的点.

下面给出欧氏空间 $\mathbb{R}^n$ 中邻域的概念.

定义 14.1.2 设 $\boldsymbol{x}_0 = (x_1^0, x_2^0, \cdots, x_n^0) \in \mathbb{R}^n$, $\delta > 0$, 集合

$$U(\boldsymbol{x}_0, \delta) = \{\boldsymbol{x} = (x_1, x_2, \cdots, x_n) \in \mathbb{R}^n \mid \|\boldsymbol{x} - \boldsymbol{x}_0\| < \delta\}$$

称为**点 $\boldsymbol{x}_0$ 的 δ 邻域**, 简称为点 $\boldsymbol{x}_0$ 的**邻域**, 简记为 $U(\boldsymbol{x}_0)$; 集合

$$U^o(\boldsymbol{x}_0, \delta) = U(\boldsymbol{x}_0, \delta) \backslash \{\boldsymbol{x}_0\} = \{\boldsymbol{x} \in \mathbb{R}^n \mid 0 < \|\boldsymbol{x} - \boldsymbol{x}_0\| < \delta\}$$

称为**点 $\boldsymbol{x}_0$ 的空心 δ 邻域**, 简称为点 $\boldsymbol{x}_0$ 的**空心邻域**, 简记为 $U^o(\boldsymbol{x}_0)$.

上述定义的邻域通常称为**球形邻域**. 另外还有一种经常用到的方形邻域, 定义如下 (图 14.1.1):

设 $\boldsymbol{x}_0 = (x_1^0, x_2^0, \cdots, x_n^0) \in \mathbb{R}^n$, $\delta > 0$, 集合

$$U(\boldsymbol{x}_0, \delta) = \{\boldsymbol{x} = (x_1, x_2, \cdots, x_n) \in \mathbb{R}^n \mid \left|x_i - x_i^0\right| < \delta, i = 1, 2, \cdots, n\}$$

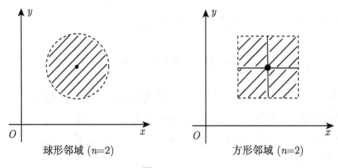

球形邻域 ($n=2$)   方形邻域 ($n=2$)

图 14.1.1

称为点 $\boldsymbol{x}_0$ 的方形 δ 邻域, 也简称为点 $\boldsymbol{x}_0$ 的邻域, 简记为 $U(\boldsymbol{x}_0)$; 而 $U^o(\boldsymbol{x}_0, \delta) = U(\boldsymbol{x}_0, \delta) \backslash \{\boldsymbol{x}_0\}$ 也表示点 $\boldsymbol{x}_0$ 的方形空心 δ 邻域, 也简记为 $U^o(\boldsymbol{x}_0)$. 请注意, $n > 1$,

$$U^o(\boldsymbol{x}_0, \delta) \neq \{\boldsymbol{x} = (x_1, x_2, \cdots, x_n) \in \mathbb{R}^n \mid 0 < |x_i - x_i^0| < \delta, i = 1, 2, \cdots, n\}.$$

由于球形邻域内包含方形邻域, 方形邻域内包含球形邻域, 所以, 在极限理论的讨论中, 作为描述极限的工具, 球形邻域与方形邻域的作用没有区别.

数列极限的概念可以推广到高维空间中点列的极限.

定义 14.1.3　设 $\{\boldsymbol{x}_k\}$ 是 $\mathbb{R}^n$ 中的一个点列, 若存在 $\boldsymbol{x}_0 \in \mathbb{R}^n$, 使得

$$\forall \varepsilon > 0, \exists K \in \mathbb{Z}^+, \forall k > K \text{ 时}, \text{有 } \|\boldsymbol{x}_k - \boldsymbol{x}_0\| < \varepsilon, \text{即 } \boldsymbol{x}_k \in U(\boldsymbol{x}_0, \varepsilon),$$

则称 $\{\boldsymbol{x}_k\}$ 是收敛点列, 并称 $\{\boldsymbol{x}_k\}$ 收敛于 $\boldsymbol{x}_0$, 记为 $\lim\limits_{k \to \infty} \boldsymbol{x}_k = \boldsymbol{x}_0$. 这时也称 $\boldsymbol{x}_0$ 是 $\{\boldsymbol{x}_k\}$ 的极限. 若不存在 $\boldsymbol{x}_0 \in \mathbb{R}^n$ 使得 $\lim\limits_{k \to \infty} \boldsymbol{x}_k = \boldsymbol{x}_0$, 则称 $\{\boldsymbol{x}_k\}$ 是发散点列, 或称 $\{\boldsymbol{x}_k\}$ 发散.

以后常记 $\boldsymbol{x}_0 = (x_1^0, x_2^0, \cdots, x_n^0)$, $\boldsymbol{x}_k = (x_1^k, x_2^k, \cdots, x_n^k)$, $k = 1, 2, \cdots$, 并有下列常用的结果.

定理 14.1.1　设 $\{\boldsymbol{x}_k\}$ 是 $\mathbb{R}^n$ 中的一个点列, $\boldsymbol{x}_0 = (x_1^0, x_2^0, \cdots, x_n^0) \in \mathbb{R}^n$, 则 $\lim\limits_{k \to \infty} \boldsymbol{x}_k = \boldsymbol{x}_0$ 的充要条件是: 对 $\forall i\ (1 \leqslant i \leqslant n)$, 都有 $\lim\limits_{k \to \infty} x_i^k = x_i^0$.

证明　注意到 $\forall i\ (1 \leqslant i \leqslant n)$ 及自然数 k, 有

$$|x_i^k - x_i^0| \leqslant \|\boldsymbol{x}_k - \boldsymbol{x}_0\| \leqslant \sum_{j=1}^{n} |x_j^k - x_j^0|,$$

由此不等式容易推出定理 14.1.1 的结论.

为了讨论点列极限的性质, 现来介绍有界集合的概念. 设 $E \subset \mathbb{R}^n$, 若 $\exists M > 0$, 使得 $\forall \boldsymbol{x} \in E$ 都有 $\|\boldsymbol{x}\| \leqslant M$, 则称 E 是有界的; 否则称 E 为无界的, 即 $\forall j \in \mathbb{Z}^+, \exists \boldsymbol{x}_j \in E$, 使得 $\|\boldsymbol{x}_j\| > j$.

特别地, 称点列 $\{\boldsymbol{x}_k\}$ 是有界的, 是指 $\exists M > 0, \forall k \in \mathbb{Z}^+$, 都有 $\|\boldsymbol{x}_k\| \leqslant M$; 称点列 $\{\boldsymbol{x}_k\}$ 为无界的, 是指 $\forall j \in \mathbb{Z}^+, \exists \boldsymbol{x}_{k_j} \in \{\boldsymbol{x}_k\}$, 使得 $\|\boldsymbol{x}_{k_j}\| > j$.

根据定理 14.1.1, 可知收敛点列极限有下列一些性质.

定理 14.1.2　设 $\{\boldsymbol{x}_k\}$ 是 $\mathbb{R}^n$ 中的一个收敛点列, 则极限是唯一的.

定理 14.1.3　设 $\{\boldsymbol{x}_k\}$ 是 $\mathbb{R}^n$ 中的一个收敛点列, 则点列 $\{\boldsymbol{x}_k\}$ 是有界的.

定理 14.1.4　设 $\mathbb{R}^n$ 中收敛点列 $\{\boldsymbol{x}_k\}$, $\{\boldsymbol{y}_k\}$ 的极限分别为 $\boldsymbol{x}_0, \boldsymbol{y}_0$. 则有

(1) 对任意实数 a, b, $\lim\limits_{k \to \infty} (a\boldsymbol{x}_k + b\boldsymbol{y}_k) = a\boldsymbol{x}_0 + b\boldsymbol{y}_0$;

(2) $\lim\limits_{k \to \infty} \langle \boldsymbol{x}_k, \boldsymbol{y}_k \rangle = \langle \boldsymbol{x}_0, \boldsymbol{y}_0 \rangle$.

例 14.1.1 设 $\mathbb{R}^4$ 中的两个点列为 $\{\boldsymbol{x}_k\}$, $\{\boldsymbol{y}_k\}$, 其中

$$\boldsymbol{x}_k = \left(\frac{2k + 5\sqrt{k}}{k + \ln k}, \cos \frac{1}{k}, \mathrm{e}^{\frac{1}{k}}, k \sin \frac{1}{k} \right),$$

$$\boldsymbol{y}_k = \left(\frac{k + 10\ln k}{k + \arctan k}, \ln \left(1 + \frac{1}{k} \right), -2, k(\mathrm{e}^{\frac{1}{k}} - 1) \right),$$

求 $\lim\limits_{k \to \infty} \langle \boldsymbol{x}_k, \boldsymbol{y}_k \rangle$.

解 因为

$$\lim_{k \to \infty} \frac{2k + 5\sqrt{k}}{k + \ln k} = 2, \quad \lim_{k \to \infty} \cos \frac{1}{k} = 1, \quad \lim_{k \to \infty} \mathrm{e}^{\frac{1}{k}} = 1, \quad \lim_{k \to \infty} k \sin \frac{1}{k} = 1;$$

$$\lim_{k \to \infty} \frac{k + 10\ln k}{k + \arctan k} = 1, \quad \lim_{k \to \infty} \ln \left(1 + \frac{1}{k} \right) = 0, \quad \lim_{k \to \infty} k(\mathrm{e}^{\frac{1}{k}} - 1) = 1;$$

则由定理 14.1.1 知

$$\lim_{k \to \infty} \boldsymbol{x}_k = (2, 1, 1, 1), \quad \lim_{k \to \infty} \boldsymbol{y}_k = (1, 0, -2, 1),$$

所以由性质 14.1.4 有

$$\lim_{k \to \infty} \langle \boldsymbol{x}_k, \boldsymbol{y}_k \rangle = \langle (2, 1, 1, 1), (1, 0, -2, 1) \rangle = 1.$$

在 4.1 节中曾引入数集的聚点的概念. 对于高维空间, 聚点的定义如下.

定义 14.1.4 设 $E \subset \mathbb{R}^n$ 是一个给定的集合, $\boldsymbol{x} \in \mathbb{R}^n$. 若

$$\forall \delta > 0 \text{ 有} U^o(\boldsymbol{x}, \delta) \cap E \neq \varnothing,$$

则称 $\boldsymbol{x}$ 为 E 的一个**聚点**, E 的所有聚点构成的集合称为 E 的**导集**, 记为 E'. 若 $\boldsymbol{x} \in E$ 但 $\boldsymbol{x}$ 不是 E 的聚点, 则称 $\boldsymbol{x}$ 是 E 的**孤立点**.

由孤立点的定义, $\boldsymbol{x}$ 是 E 的孤立点等价于 $\boldsymbol{x} \in E$ 且 $\exists \delta_0 > 0$, $U^o(\boldsymbol{x}, \delta_0) \cap E = \varnothing$, 即 $U(\boldsymbol{x}, \delta_0) \cap E = \{\boldsymbol{x}\}$.

与数集的聚点相类似, 集合的聚点可利用点列的极限来刻画.

定理 14.1.5 设 $E \subset \mathbb{R}^n$ 是非空集合, 则 $\boldsymbol{x}$ 是 E 的聚点当且仅当存在 E 中互异的点列 $\{\boldsymbol{x}_k\}$, 使得 $\lim\limits_{k \to \infty} \boldsymbol{x}_k = \boldsymbol{x}$.

定理 14.1.5 的证明与数集聚点的情形相类似, 从略.

设 $E \subset \mathbb{R}^n$ 为一集合, E 在 $\mathbb{R}^n$ 中的余集 $\mathbb{R}^n \backslash E$ 记为 E^c, 即 $E^c = \mathbb{R}^n \backslash E$. 利用邻域的概念, 可对 $\mathbb{R}^n$ 中的点与集合的关系做出分类.

定义 14.1.5 设 $E \subset \mathbb{R}^n$, $\boldsymbol{x} \in \mathbb{R}^n$.

(1) 若 $\exists\delta_0 > 0$, 使得 $U(\boldsymbol{x},\delta_0) \subset E$, 则称 $\boldsymbol{x}$ 为 E 的**内点**; E 的所有内点构成的集合称为 E 的**内部**, 记为 $\mathrm{int}E$.

(2) 若 $\exists\delta_0 > 0$, 使得 $U(\boldsymbol{x},\delta_0) \cap E = \varnothing$, 则称 $\boldsymbol{x}$ 为 E 的**外点**. E 的所有外点构成的集合称为 E 的**外部**.

(3) 若对 $\forall\delta > 0$, 有 $U(\boldsymbol{x},\delta) \cap E \neq \varnothing$ 且 $U(\boldsymbol{x},\delta) \cap E^c \neq \varnothing$, 则称 $\boldsymbol{x}$ 为 E 的**边界点**; E 的所有边界点构成的集合称为 E 的**边界**, 记为 ∂E.

$n = 2$ 时, 内点、边界点、外点的示意图见图 14.1.2.

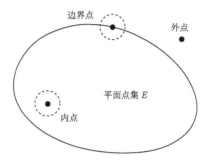

图 14.1.2

从定义可以看出, E 的内点一定属于 E; E 的外点一定不属于 E, 且 E 的外部即为 E^c 的内部; E 的边界点可能属于 E, 也可能不属于 E; $\boldsymbol{x}$ 为 E 的边界点当且仅当 $\boldsymbol{x}$ 既不是 E 的内点也不是 E 的外点.

例 14.1.2　设集合 $E = \{(x,y)\,|\,1 < x^2 + y^2 \leqslant 4\}$ (图 14.1.3), 试求 $\mathrm{int}E$, E^c, ∂E, $\mathrm{int}E^c$.

解　从定义可以得到
$$\mathrm{int}E = \{(x,y)\,|\,1 < x^2 + y^2 < 4\};$$
$$E^c = \{(x,y)\,|\,x^2 + y^2 \leqslant 1,\ \text{或}\ x^2 + y^2 > 4\};$$
$$\partial E = \{(x,y)\,|\,x^2 + y^2 = 1,\ \text{或}\ x^2 + y^2 = 4\};$$
$$\mathrm{int}E^c = \{(x,y)\,|\,x^2 + y^2 < 1,\ \text{或}\ x^2 + y^2 > 4\}.$$

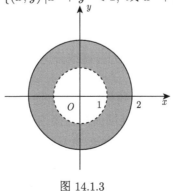

图 14.1.3

在一元函数微积分中, 开区间和闭区间起着非常重要的作用. 在 $\mathbb{R}^n$ 中与它们密切相关的概念是开域和闭域.

定义 14.1.6　设 $E \subset \mathbb{R}^n$, 若 $E = \mathrm{int}E$, 即 E 中的每一点都是 E 的内点, 则称 E 为**开集**. 规定空集 $\varnothing$ 为开集.

显然, $\mathbb{R}^n$ 中的每一点都是 $\mathbb{R}^n$ 的内点, 所以 $\mathbb{R}^n$ 是开集. 在例 14.1.2 中, 集合 E 本身不是开集, ∂E 也不是开集, 但 $\mathrm{int}E$ 与 $\mathrm{int}E^c$ 都是开集.

定理 14.1.6　$\mathbb{R}^n$ 中的开集具有以下性质:

(1) $\varnothing$ 与 $\mathbb{R}^n$ 是开集;

(2) 任意个开集的并是开集;

(3) 有限个开集的交是开集.

定理 14.1.6 的证明较容易, 只要根据开集的定义即可推出. 设 $\boldsymbol{x} \in \mathbb{R}^n$, 注意到 $\bigcap\limits_{k=1}^{\infty} U(\boldsymbol{x}, k^{-1}) = \{\boldsymbol{x}\}$, 由此说明 $\mathbb{R}^n$ 中的任意多个开集的交不一定是开集.

定义 14.1.7　设 $E \subset \mathbb{R}^n$, 若 E 的所有聚点都属于 E, 则称 E 为**闭集**.

定理 14.1.7　$\mathbb{R}^n$ 中的闭集具有以下性质:

(1) $\varnothing$ 与 $\mathbb{R}^n$ 是闭集;

(2) 任意个闭集的交是闭集;

(3) 有限个闭集的并是闭集.

定理 14.1.7 的证明较容易, 只要根据闭集的定义即可推出.

定义 14.1.8　设 $E \subset \mathbb{R}^n$, $E \cup E'$ 称为 E 的**闭包**, 记为 $\bar{E}$, 即 $\bar{E} = E \cup E'$.

由定义 14.1.7 与定义 14.1.8 易知 E **为闭集当且仅当** $E = \bar{E}$. 另外, 开集与闭集是互余的关系, 即 E **为开集当且仅当** E^c **为闭集**.

定义 14.1.9　设 $E \subset \mathbb{R}^n$ 是一个非空集合, 若对于 E 中的任意两点 $\boldsymbol{p}, \boldsymbol{q}$, 都存在 E 中的一条连续曲线 L 连接这两点, 则称 E 是**道路连通**的, 简称为**连通**的. 这里连续曲线 L 是指 L 可表示为参数方程: $x_j = \varphi_j(t)$, $j = 1, 2, \cdots, n$, 其中 φ_j 是区间 $[a, b]$ 上的连续函数, 并且 $\boldsymbol{p} = (\varphi_1(a), \varphi_2(a), \cdots, \varphi_n(a))$, $\boldsymbol{q} = (\varphi_1(b), \varphi_2(b), \cdots, \varphi_n(b))$.

若 E 是连通的开集, 则称 E 为**开域**或**开区域**; 开域连同其边界一起所构成的点集称为**闭域**或**闭区域**; 开域、闭域, 或者开域连同其部分边界一起所构成的点集统称为**区域**. 容易知道区域的内部总是连通的, 即当 E 是区域, 任意两点 $\boldsymbol{p}, \boldsymbol{q} \in \mathrm{int}E$ 时, 都用 E 中一条连续曲线连接这两点.

例 14.1.3　在例 14.1.2 中, 集合 E 本身是区域, 但既非开域也非闭域; $\mathrm{int}E$ 是开域, $\mathrm{int}E^c$ 不是区域. 易知 $\bar{E} = \{(x, y) \mid 1 \leqslant x^2 + y^2 \leqslant 4\}$, $\bar{E}$ 是闭域.

$\mathbb{R}$ 中的 Cauchy 准则、闭区间套定理、列紧性定理等可推广到欧氏空间 $\mathbb{R}^n$.

定义 14.1.10   设 $\{\boldsymbol{x}_k\}$ 是 $\mathbb{R}^n$ 中的点列. 若

$$\forall \varepsilon > 0, \exists K \in \mathbb{Z}^+, \text{使得 } \forall i, j > K \text{ 时都有 } \|\boldsymbol{x}_i - \boldsymbol{x}_j\| < \varepsilon,$$

则称 $\{\boldsymbol{x}_k\}$ 为 Cauchy 点列.

定理 14.1.8 (Cauchy 准则)   设 $\{\boldsymbol{x}_k\}$ 是 $\mathbb{R}^n$ 中的点列. 则 $\{\boldsymbol{x}_k\}$ 收敛的充分必要条件是 $\{\boldsymbol{x}_k\}$ 为 Cauchy 点列.

证明   设 $\{\boldsymbol{x}_k\}$ 是 Cauchy 点列, $\boldsymbol{x}_k = (x_1^k, x_2^k, \cdots, x_n^k) \in \mathbb{R}^n$, $k = 1, 2, \cdots$. 则由 $\boldsymbol{x}_k$ 中的每一个分量构成的数列 $\{x_i^k\} (i = 1, 2, \cdots, n)$ 是 $\mathbb{R}$ 中的 Cauchy 数列. 因此, 由定理 14.1.1 可知 $\mathbb{R}^n$ 中 Cauchy 准则成立.

设 $E \subset \mathbb{R}^n$ 是一个非空集合, 记 $d(E)$ 为 E 的**直径**, 即 $d(E) = \sup\limits_{x,y \in E} \{\|\boldsymbol{x} - \boldsymbol{y}\|\}$.

定理 14.1.9 (闭集套定理)   设 $F_k \subset \mathbb{R}^n (k = 1, 2, \cdots)$ 是一列非空闭集, 并满足:

(1) 对于任意的正整数 k, 都有 $F_{k+1} \subset F_k$;

(2) $\lim\limits_{k \to \infty} d(F_k) = 0$.

则存在唯一的 $\boldsymbol{x}_0 \in \mathbb{R}^n$, 使得 $\forall k \in \mathbb{Z}^+$, 都有 $\boldsymbol{x}_0 \in F_k$, 即 $\{\boldsymbol{x}_0\} = \bigcap\limits_{k=1}^{\infty} F_k$.

证明   在 F_k 中任意取一点 $\boldsymbol{x}_k \in F_k (k = 1, 2, \cdots)$, 由 (2), 对 $\forall \varepsilon > 0$, $\exists K \in \mathbb{Z}^+$, 使得 $\forall k \in \mathbb{Z}^+$, $k > K$ 时都有 $d(F_k) < \varepsilon$. 于是, 当 $i > j > K$, 有 $\boldsymbol{x}_i \in F_i \subset F_j$, $\boldsymbol{x}_j \in F_j$, 从而就有

$$\|\boldsymbol{x}_i - \boldsymbol{x}_j\| \leqslant d(F_j) < \varepsilon,$$

即 $\{\boldsymbol{x}_k\}$ 为 Cauchy 点列. 由定理 14.1.8 知该点列是收敛的. 令 $\boldsymbol{x}_0 = \lim\limits_{k \to \infty} \boldsymbol{x}_k$, 由于对 $\forall k_0 \in \mathbb{Z}^+$, 当 $k > k_0$ 时有 $\boldsymbol{x}_k \in F_{k_0}$, 注意到 F_{k_0} 是闭集, 从而有 $\boldsymbol{x}_0 = \lim\limits_{k \to \infty} \boldsymbol{x}_k \in F_{k_0}$. 由 k_0 的任意性可知

$$\boldsymbol{x}_0 \in \bigcap_{k=1}^{\infty} F_k.$$

另外, 若存在 $\boldsymbol{x}' \in \bigcap\limits_{k=1}^{\infty} F_k$, 则有

$$\|\boldsymbol{x}_0 - \boldsymbol{x}'\| \leqslant \lim_{k \to \infty} d(F_k) = 0,$$

因此有 $\boldsymbol{x}_0 = \boldsymbol{x}'$, 即 $\boldsymbol{x}_0 \in \mathbb{R}^n$ 是唯一的.

定理 14.1.10 (列紧性定理)   设 $\{\boldsymbol{x}_k\}$ 为 $\mathbb{R}^n$ 中的有界点列, 则它必有收敛的子点列.

证明　注意到 $\{\boldsymbol{x}_k\} = \{(x_1^k, x_2^k, \cdots, x_n^k)\}$ 为有界点列的充要条件是: 对任意的 $i(1 \leqslant i \leqslant n)$, 数列 $\{x_i^k\}$ 是有界的. 因此 $\{x_1^k\}$ 存在收敛的子列 $\{x_1^{k_j'}\}$, 而对 $\{x_2^{k_j'}\}$ 又存在收敛的子列 $\{x_2^{k_j''}\}$, $\cdots$, 经过 n 次 (有限次) 取收敛子列即可得到 $\{\boldsymbol{x}_k\}$ 的子列 $\{\boldsymbol{x}_{k_j}\}$, 使得它的每一个分量构成的数列都是收敛的, 从而 $\{\boldsymbol{x}_{k_j}\}$ 为 $\{\boldsymbol{x}_k\}$ 的收敛子列.

定理 14.1.11 (聚点定理)　设 $E \subset \mathbb{R}^n$ 是无穷集合, 且有界, 则 E 至少有一个聚点.

证明　因为 E 是无穷集合, 任取一个点列 $\{\boldsymbol{x}_k\} \subset E$, 使得 $\{\boldsymbol{x}_k\}$ 中的点两两不同. 由于 E 是有界集, 所以 $\{\boldsymbol{x}_k\}$ 是有界点列. 由定理 14.1.10 可知 $\{\boldsymbol{x}_k\}$ 必存在收敛的子列 $\{\boldsymbol{x}_{k_j}\}$, 设其极限为 $\boldsymbol{x}_0$. 由于 $\{\boldsymbol{x}_k\}$ 中的点两两不同, 所以 $\boldsymbol{x}_0$ 为 E 的聚点, 故 E 至少有一个聚点.

设 $E \subset \mathbb{R}^n$, $\{O_\lambda\}_{\lambda \in \Lambda}$ 是 $\mathbb{R}^n$ 中的开集族, 若 $E \subset \bigcup\limits_{\lambda \in \Lambda} O_\lambda$, 则称 $\{O_\lambda\}_{\lambda \in \Lambda}$ 是 E 的一个**开覆盖**. 若指标集合 Λ 中只有有限个元素, 则称 $\{O_\lambda\}_{\lambda \in \Lambda}$ 是 E 的一个**有限开覆盖**.

定义 14.1.11　设 $E \subset \mathbb{R}^n$, 若 E 的任意开覆盖 $\{O_\lambda\}_{\lambda \in \Lambda}$ 都存在有限子覆盖, 即存在 $O_1, O_2, \cdots, O_m \in \{O_\lambda\}_{\lambda \in \Lambda}$, 其中 $m < +\infty$, 使得 $E \subset \bigcup\limits_{k=1}^{m} O_k$, 则称 E 是**紧致集**或**紧集**, 或称集 E 是**紧**的.

定理 14.1.12 (紧致性定理)　设 $E \subset \mathbb{R}^n$, 则 E 是紧的当且仅当 E 是 $\mathbb{R}^n$ 中的有界闭集.

证明　**必要性**　显然 $\{U(\boldsymbol{0}, k)\}_{k \in \mathbb{Z}^+}$ 是 E 的一个开覆盖, 由 E 是紧集可知, 存在有限个开集: $U(\boldsymbol{0}, k_1), U(\boldsymbol{0}, k_2), \cdots, U(\boldsymbol{0}, k_m)$, 使得

$$E \subset U(\boldsymbol{0}, k_1) \cup U(\boldsymbol{0}, k_2) \cup \cdots \cup U(\boldsymbol{0}, k_m),$$

令 $k_0 = \max\limits_{1 \leqslant j \leqslant m} k_j$, 则 $E \subset U(\boldsymbol{0}, k_0)$, 这说明 E 是有界集.

下证 E 是闭集. 假设 E 不是闭集, 则存在 E 的一个聚点 $\boldsymbol{x}_0$, 但 $\boldsymbol{x}_0 \notin E$. 任取 $\boldsymbol{x} \in E$, 令 $l_x = \dfrac{1}{2}\|\boldsymbol{x}_0 - \boldsymbol{x}\| > 0$, 则 $U(\boldsymbol{x}, l_x) \cap U(\boldsymbol{x}_0, l_x) = \varnothing$. 由于

$$E \subset \bigcup\limits_{\boldsymbol{x} \in E} U(\boldsymbol{x}, l_x),$$

从而存在有限个开集 $U(\boldsymbol{x}_1, l_{x_1}), U(\boldsymbol{x}_2, l_{x_2}), \cdots, U(\boldsymbol{x}_m, l_{x_m})$, 使得

$$E \subset U(\boldsymbol{x}_1, l_{x_1}) \cup U(\boldsymbol{x}_2, l_{x_2}) \cup \cdots \cup U(\boldsymbol{x}_m, l_{x_m}).$$

记 $l = \min\{l_{x_1}, l_{x_2}, \cdots, l_{x_m}\}$, 则

$$U(\boldsymbol{x}_0, l) \cap [U(\boldsymbol{x}_1, l_{x_1}) \cup U(\boldsymbol{x}_2, l_{x_2}) \cup \cdots \cup U(\boldsymbol{x}_m, l_{x_m})] = \varnothing,$$

因此, $U(\boldsymbol{x}_0, l) \cap E = \varnothing$, 与 $\boldsymbol{x}_0$ 是 E 的聚点矛盾. 故 $\boldsymbol{x}_0 \in E$, 即 E 是闭集.

充分性 设 E 是 $\mathbb{R}^n$ 中的有界闭集, 假设 E 不是紧集, 则存在 E 的开覆盖 $\{O_\lambda\}_{\lambda \in \Lambda}$, 使得该开覆盖不存在有限子覆盖.

记 $I_0 = [-a, a] \times [-a, a] \times \cdots \times [-a, a] = [-a, a]^n$, 即 I_0 是 n 维闭方体, 其中 $a > 0$ 为常数. 不妨设 $E \subset I_0$. 取 I_0 的棱的中点将 I_0 分成 2^n 个小的闭方体, 则必存在一个小闭方体, 使得 E 落在其中的部分不能被 $\{O_\lambda\}_{\lambda \in \Lambda}$ 中有限个所覆盖, 记这个小闭方体为 I_1. 对 I_1 重复刚才 I_0 的讨论, 可得 I_2. 以此类推, 可以得到一列满足以下条件的闭方体序列 $\{I_k\}$:

(1) $I_{k+1} \subset I_k$;

(2) $\lim\limits_{k \to \infty} d(I_k) = 0$;

(3) 对 $\forall k \in \mathbb{Z}^+$, $I_k \cap E$ 都不能被 $\{O_\lambda\}_{\lambda \in \Lambda}$ 中有限个所覆盖.

对 $\forall k \in \mathbb{Z}^+$, 记 $I_k \cap E = E_k$, 则 $\{E_k\}$ 满足定理 14.1.9 的条

数学家
小传14.1.2

件. 由定理 14.1.9, 存在唯一的 $\boldsymbol{x}_0 \in \mathbb{R}^n$, 使得 $\{\boldsymbol{x}_0\} = \bigcap\limits_{k=1}^{\infty} E_k$.
由于 $\boldsymbol{x}_0 \in E$, 因此存在 $\{O_\lambda\}_{\lambda \in \Lambda}$ 中的某 O_{λ_0}, 使得 $\boldsymbol{x}_0 \in O_{\lambda_0}$. 因为 O_{λ_0} 是开集, 对充分大的 k, 有 $E_k \subset O_{\lambda_0}$, 这与 E_k 不能被 $\{O_\lambda\}_{\lambda \in \Lambda}$ 中的任意有限个开集所覆盖相矛盾. 所以, E 是紧的.

紧致性定理也常称为 **Heine-Borel(海涅-博雷尔) 有限覆盖定理**. 下述几个定理统称为 **Euclid 空间上的基本定理**, 不难证明, 它们是彼此等价的:

Cauchy 准则、闭集套定理、聚点定理、列紧性定理、紧致性定理.

习 题 14.1

1. 设 $\mathbb{R}^4$ 中的两个点列为 $\{\boldsymbol{x}_k\}$, $\{\boldsymbol{y}_k\}$, 其中

$$\boldsymbol{x}_k = \left(\frac{2^{k+1} + 5k^2}{2^k - k}, k \ln\left(1 + \frac{1}{k}\right), \frac{k^3 + 10k}{k^3 + \ln k}, k(\mathrm{e}^{\frac{1}{k}} - 1) \right),$$

$$\boldsymbol{y}_k = \left(\frac{k + 3\sqrt{k}}{k + 2}, \sin\frac{1}{k}, \frac{a\sqrt{k^2 + 3k}}{k - \ln k}, k(\mathrm{e}^{\frac{1}{k}} - 1) \right).$$

已知 $\lim\limits_{k \to \infty} \langle \boldsymbol{x}_k, \boldsymbol{y}_k \rangle = 1$, 求常数 a.

2. 设集合 $E = \{(x, y) \,|\, x^2 + y^2 \leqslant 3 \text{ 且}; y > x\}$, 画出 E 的图形并求 $\text{int} E$, E^c, ∂E, $\text{int} E^c$.

3. 设 $E \subset \mathbb{R}^n$, 证明: (1)∂E 是闭集; (2) 若 E 是闭域, 则 E 是闭集.

4. 设 $E = \{(x, y) \,|\, y = x^2, x \in \mathbb{R}\} \subset \mathbb{R}^2$, 证明: E 是闭集, 但不是紧集.

5. 用聚点定理证明列紧性定理.

14.2 多元函数的极限

在很多实际问题中, 经常会遇到多个变量之间相互依赖的情形.

例 14.2.1 长方体体积 v 由它的底边长 x、宽 y、高 z 所决定, 即 $v = xyz$, 其中 $x > 0, y > 0, z > 0$.

例 14.2.2 万有引力定律告诉我们, 自然界中任何两个物体都是相互吸引的, 引力的大小与两物体的质量的乘积成正比, 与两物体间距离的平方成反比. 即

$$F = G\frac{m_1 m_2}{r^2},$$

其中 G 表示万有引力常数, m_1, m_2 分别表示两个物体的质量, r 表示两个物体之间的距离, F 表示两个物体之间引力的大小, 它随着 m_1, m_2, r 的变化而变化.

上面的例子说明事物的存在与变化依赖于多个因素, 抽象出它们在数量关系上的共性可概括出多元函数的概念.

定义 14.2.1 设 $E \subset \mathbb{R}^n$ 是非空子集, 若按照某对应法则 f, 使得对 E 中每一点 $\boldsymbol{x} = (x_1, x_2, \cdots, x_n)$, 在 $\mathbb{R}$ 中存在唯一的数 u 与之对应, 则称 f 是从 E 到 $\mathbb{R}$ 的 n **元函数** (简称**函数**), 记作

$$f : E \to \mathbb{R}, \quad \boldsymbol{x} \mapsto u,$$

或

$$u = f(\boldsymbol{x}), \quad \boldsymbol{x} \in E, 即 u = f(x_1, x_2, \cdots, x_n), \quad (x_1, x_2, \cdots, x_n) \in E,$$

其中 E 称为 n 元函数 f 的**定义域**, $x_1, x_2, \cdots, x_n$ 称为**自变量**, u 称为**因变量**, $\{f(\boldsymbol{x}) \,|\, \boldsymbol{x} \in E\}$ 称为 n 元函数 f 的**值域**, 记为 $f(E)$, 即 $f(E) = \{f(\boldsymbol{x}) \,|\, \boldsymbol{x} \in E\}$. 有时直接称 $u = f(\boldsymbol{x})$ 为 n 元函数.

当 $n \geqslant 2$ 时, n 元函数统称为多元函数; $n = 1$ 时, 一元函数即为我们前面讨论过的函数; 当 $n = 2$ 时, 二元函数常表示为 $z = f(x, y)$; 当 $n = 3$ 时, 三元函数常表示为 $u = f(x, y, z)$.

一般地, n 元函数 $u = f(\boldsymbol{x})$ 的定义域是指函数有意义的点构成的点集. 有时在解决实际问题时还要考虑实际背景对变量的限制.

例 14.2.3 求二元函数

$$f(x, y) = \frac{\arcsin(3 - x^2 - y^2)}{\sqrt{x - y^2}}$$

的定义域.

解　要使表达式有意义, 必须

$$\begin{cases} |3 - x^2 - y^2| \leqslant 1, \\ x - y^2 > 0, \end{cases} \qquad 即 \qquad \begin{cases} 2 \leqslant x^2 + y^2 \leqslant 4, \\ x > y^2, \end{cases}$$

故所求定义域为 $E = \{(x,y) | 2 \leqslant x^2 + y^2 \leqslant 4 \text{ 且 } x > y^2\}$.

设函数 $z = f(x,y)$ 的定义域为 $D \subset \mathbb{R}^2$, 对 $\forall (x,y) \in D$, 对应的函数值为 $z = f(x,y)$. 如果以 x 为横坐标、y 为纵坐标、z 为竖坐标, 这样就确定了空间一点 $M(x,y,z)$. 当 (x,y) 取遍 D 的所有点时, 便得到一个 $\mathbb{R}^3$ 中的点集

$$S = \{(x,y,z) | z = f(x,y), (x,y) \in D\},$$

称点集 S 为二元函数 $z = f(x,y)$ 的**图形**或**图像** (图 14.2.1). 所以一般说来二元函数 $z = f(x,y)$ 的图形就是三维空间中的一张曲面.

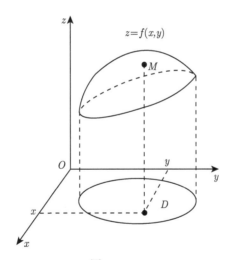

图 14.2.1

例如, 二元函数 $z = \sqrt{1 - x^2 - y^2}$ 表示以原点为中心、半径为 1 的上半球面, 它的定义域 D 是 xy 面上以原点为中心的单位圆盘; 二元函数 $z = \sqrt{x^2 + y^2}$ 表示顶点在原点的圆锥面, 它的定义域 D 是整个 xy 面.

设 $u = f(\boldsymbol{x})(\boldsymbol{x} \in E \subset \mathbb{R}^n)$ 是 n 元函数. 若 $f(E)$ 是有界集, 则称 $u = f(\boldsymbol{x})$ 为 E 上的**有界函数**. 另外, 我们还可以定义 n 元函数 $u = f(\boldsymbol{x})$ 在 $E \subset \mathbb{R}^n$ 中的上界、下界, 以及上确界、下确界等.

与一元函数极限概念类似, 当 $(x_1, x_2, \cdots, x_n) \to (x_1^0, x_2^0, \cdots, x_n^0)$ 时, 对应的函数值 $u = f(x_1, x_2, \cdots, x_n)$ 无限接近某确定的常数 A, A 就是多元函数 f 的极限.

定义 14.2.2 设函数 $u = f(x_1, x_2, \cdots, x_n)$ 的定义域为 $D \subset \mathbb{R}^n$, $\boldsymbol{x}_0 = (x_1^0, x_2^0, \cdots, x_n^0)$ 是 D 的聚点, A 是常数. 若 $\forall \varepsilon > 0, \exists \delta > 0$, 使得

$$\forall \boldsymbol{x} = (x_1, x_2, \cdots, x_n) \in U^o(\boldsymbol{x}_0, \delta) \cap D, \text{即} \boldsymbol{x} \in D \text{且} 0 < \|\boldsymbol{x} - \boldsymbol{x}_0\| < \delta,$$

恒有

$$|f(x_1, x_2, \cdots, x_n) - A| < \varepsilon, \text{即} |f(\boldsymbol{x}) - A| < \varepsilon,$$

则称 A 为函数 $u = f(x_1, x_2, \cdots, x_n)$(或 $u = f(\boldsymbol{x})$) 当 $(x_1, x_2, \cdots, x_n) \to (x_1^0, x_2^0, \cdots, x_n^0)$(或 $\boldsymbol{x} \to \boldsymbol{x}_0$) 时的**极限**, 记作

$$\lim_{\substack{\boldsymbol{x} \to \boldsymbol{x}_0 \\ \boldsymbol{x} \in D}} f(\boldsymbol{x}) = A \quad \text{或} \quad \lim_{(x_1, x_2, \cdots, x_n) \to (x_1^0, x_2^0, \cdots, x_n^0)} f(x_1, x_2, \cdots, x_n) = A,$$

或

$$f(\boldsymbol{x}) \to A(\boldsymbol{x} \to \boldsymbol{x}_0) \quad \text{或} \quad f(x_1, x_2, \cdots, x_n) \to A(\rho \to 0),$$

这里 $\rho = \|\boldsymbol{x} - \boldsymbol{x}_0\|$.

为了区别于一元函数的极限, 我们称 n 元函数的极限为 n **重极限**. 必须指出, 在定义 14.2.2 中, $\boldsymbol{x} \to \boldsymbol{x}_0$ 表示 D 中的动点 $\boldsymbol{x}$ 以任意方式趋于点 $\boldsymbol{x}_0$, 也就是表示动点 $\boldsymbol{x}$ 与点 $\boldsymbol{x}_0$ 之间的距离趋于零, 即

$$\|\boldsymbol{x} - \boldsymbol{x}_0\| = \sqrt{\sum_{i=1}^n (x_i - x_i^0)^2} \to 0.$$

因此, 当 D 中的动点 $\boldsymbol{x}$ 以某种特定方式趋于点 $\boldsymbol{x}_0$ 时, 即使函数 $f(\boldsymbol{x})$ 趋于 A, 也不能断言 $\lim\limits_{\boldsymbol{x} \to \boldsymbol{x}_0} f(\boldsymbol{x}) = A$. 如果 $\boldsymbol{x}$ 以不同方式趋于 $\boldsymbol{x}_0$ 时, 函数 $f(\boldsymbol{x})$ 趋于不同的常数; 或者当 $\boldsymbol{x}$ 以某种特定方式趋于 $\boldsymbol{x}_0$ 时, 函数 $f(\boldsymbol{x})$ 不趋于任何常数, 则极限 $\lim\limits_{x \to x_0} f(\boldsymbol{x})$ 不存在.

另外, 我们还可以引入多元函数是无穷小量和无穷大量的概念, 以及自变量趋于 ∞ 和函数趋于 ∞ 等各种情况的讨论. 由于这些情况与一元函数的情况非常相似, 在此就不一一叙述了.

多元函数的极限同样具有类似于一元函数极限的许多性质, 其证明类似于一元函数极限性质的证明, 在此从略.

定理 14.2.1(极限的唯一性) 若 n 元函数 $f(\boldsymbol{x})$ 在 $\boldsymbol{x} \to \boldsymbol{x}_0$ 时的极限存在, 则极限是唯一的.

定理 14.2.2(局部有界性) 设函数 $f(\boldsymbol{x})$ 的定义域为 $D \subset \mathbb{R}^n$, $\boldsymbol{x}_0$ 是 D 的聚点. 若 $f(\boldsymbol{x})$ 在 $\boldsymbol{x} \to \boldsymbol{x}_0$ 时的极限存在, 则存在 $\boldsymbol{x}_0$ 点的某空心邻域 $U^o(\boldsymbol{x}_0, \delta)$, 使得 $f(\boldsymbol{x})$ 在 $U^o(\boldsymbol{x}_0, \delta) \cap D$ 内有界.

定理 14.2.3(局部保号性) 设函数 $f(\boldsymbol{x})$ 的定义域为 $D \subset \mathbb{R}^n$, $\boldsymbol{x}_0$ 是 D 的聚点. 若极限 $\lim\limits_{\substack{\boldsymbol{x} \to \boldsymbol{x}_0 \\ \boldsymbol{x} \in D}} f(\boldsymbol{x}) = A > 0$(或 $\lim\limits_{\boldsymbol{x} \to \boldsymbol{x}_0} f(\boldsymbol{x}) = A < 0$), 则存在 $\boldsymbol{x}_0$ 点的某空心邻域 $U^o(\boldsymbol{x}_0, \delta)$, 使得 $\boldsymbol{x} \in U^o(\boldsymbol{x}_0, \delta) \cap D$ 时, $f(\boldsymbol{x}) > \dfrac{A}{2} > 0$(或 $f(\boldsymbol{x}) < \dfrac{A}{2} < 0$).

定理 14.2.4(函数极限的四则运算) 若 $\lim\limits_{\substack{\boldsymbol{x} \to \boldsymbol{x}_0 \\ \boldsymbol{x} \in D}} f(\boldsymbol{x}) = A$, $\lim\limits_{\substack{\boldsymbol{x} \to \boldsymbol{x}_0 \\ \boldsymbol{x} \in D}} g(\boldsymbol{x}) = B$, 则

(1) $\lim\limits_{\substack{\boldsymbol{x} \to \boldsymbol{x}_0 \\ \boldsymbol{x} \in D}} [f(\boldsymbol{x}) \pm g(\boldsymbol{x})] = \lim\limits_{\substack{\boldsymbol{x} \to \boldsymbol{x}_0 \\ \boldsymbol{x} \in D}} f(\boldsymbol{x}) \pm \lim\limits_{\substack{\boldsymbol{x} \to \boldsymbol{x}_0 \\ \boldsymbol{x} \in D}} g(\boldsymbol{x}) = A \pm B$;

(2) $\lim\limits_{\substack{\boldsymbol{x} \to \boldsymbol{x}_0 \\ \boldsymbol{x} \in D}} [f(\boldsymbol{x}) \cdot g(\boldsymbol{x})] = \lim\limits_{\substack{\boldsymbol{x} \to \boldsymbol{x}_0 \\ \boldsymbol{x} \in D}} f(\boldsymbol{x}) \cdot \lim\limits_{\substack{\boldsymbol{x} \to \boldsymbol{x}_0 \\ \boldsymbol{x} \in D}} g(\boldsymbol{x}) = A \cdot B$;

(3) 当 $B \neq 0$ 时, $\lim\limits_{\substack{\boldsymbol{x} \to \boldsymbol{x}_0 \\ \boldsymbol{x} \in D}} \dfrac{f(\boldsymbol{x})}{g(\boldsymbol{x})} = \dfrac{\lim\limits_{\substack{\boldsymbol{x} \to \boldsymbol{x}_0 \\ \boldsymbol{x} \in D}} f(\boldsymbol{x})}{\lim\limits_{\substack{\boldsymbol{x} \to \boldsymbol{x}_0 \\ \boldsymbol{x} \in D}} g(\boldsymbol{x})} = \dfrac{A}{B}$.

定理 14.2.5(复合函数的极限, 以 $\boldsymbol{x} \to \boldsymbol{x_0}$ 为例) 设函数 $f(\boldsymbol{x})$ 的定义域为 $D \subset \mathbb{R}^n$, $\boldsymbol{x_0}$ 是 D 的聚点. 若 $\lim\limits_{\boldsymbol{x} \to \boldsymbol{x_0}} f(\boldsymbol{x}) = b \in \mathbb{R}$, 且一元函数 $g(u)$ 在 $U^o(b)$ 有定义, $\lim\limits_{u \to b} g(u) = c$, $f(U^o(\boldsymbol{x_0}) \cap D) \subset U^o(b)$, 则 $\lim\limits_{\boldsymbol{x} \to \boldsymbol{x_0}} g(f(\boldsymbol{x})) = c$.

定理 14.2.6(夹逼性, 以 $\boldsymbol{x} \to \boldsymbol{x_0}$ 为例) 设函数 $f(\boldsymbol{x}), g(\boldsymbol{x}), h(\boldsymbol{x})$ 在 $D \subset \mathbb{R}^n$ 有定义, $\boldsymbol{x_0}$ 是 D 的聚点. 若 $\forall \boldsymbol{x} \in U^o(\boldsymbol{x_0}) \cap D$, 有 $g(\boldsymbol{x}) \leqslant f(\boldsymbol{x}) \leqslant h(\boldsymbol{x})$, 且 $\lim\limits_{\boldsymbol{x} \to \boldsymbol{x_0}} g(\boldsymbol{x}) = \lim\limits_{\boldsymbol{x} \to \boldsymbol{x_0}} h(\boldsymbol{x}) = b \in \mathbb{R}$, 则 $\lim\limits_{\boldsymbol{x} \to \boldsymbol{x_0}} f(\boldsymbol{x}) = b$.

例 14.2.4 按定义证明 $\lim\limits_{(x,y) \to (1,2)} (x^2 + xy + y^2 + 3) = 10$.

证明 因为

$$\left| (x^2 + xy + y^2 + 3) - 10 \right|$$

$$= \left| (x+1)(x-1) + (y+2)(y-2) + x(y-2) + 2(x-1) \right|$$

$$\leqslant |x-1| \, |x+3| + |y-2| \, |x+y+2|,$$

先考虑在点 $(1,2)$ 的 $\delta = 1$ 邻域 $\{(x,y) \, | \, \sqrt{(x-1)^2 + (y-2)^2} < 1\}$ 内, 我们有

$$|x+3| = |(x-1) + 4| \leqslant |x-1| + 4 < 5,$$

$$|x+y+2| = |(x-1) + (y-2) + 5| \leqslant |x-1| + |y-2| + 5 < 7.$$

所以

$$\left|(x^2 + xy + y^2 + 3) - 10\right| \leqslant |x-1||x+3| + |y-2||x+y+2|$$

$$\leqslant 5|x-1| + 7|y-2| \leqslant 14\sqrt{(x-1)^2 + (y-2)^2}.$$

于是, $\forall \varepsilon > 0$, 取 $\delta = \min\left\{1, \dfrac{\varepsilon}{14}\right\}$, 则当 $0 < \sqrt{(x-1)^2 + (y-2)^2} < \delta$ 时, 有

$$\left|(x^2 + xy + y^2 + 3) - 10\right| < \varepsilon.$$

故 $\lim\limits_{(x,y)\to(1,2)} (x^2 + xy + y^2 + 3) = 10$.

例 14.2.5 设函数

$$f(x,y) = \begin{cases} \dfrac{x^2 y}{x^4 + y^2}, & x^2 + y^2 \neq 0, \\ 0, & x^2 + y^2 = 0, \end{cases}$$

证明 $\lim\limits_{(x,y)\to(0,0)} f(x,y)$ 不存在, 但沿任意方向 $x = \rho\cos\theta, y = \rho\sin\theta$ 趋于原点时函数的方向极限都存在且相等.

证明 当动点 $P(x,y)$ 沿着 x 轴 $(\sin\theta = 0)$ 趋于点 $O(0,0)$ 时,

$$\lim_{\substack{(x,y)\to(0,0)\\y=0}} f(x,y) = \lim_{x\to 0} f(x,0) = \lim_{x\to 0} 0 = 0,$$

当动点 $P(x,y)$ 沿任意方向 $x = \rho\cos\theta, y = \rho\sin\theta(\sin\theta \neq 0)$ 趋于点 $O(0,0)$ 时,

$$\lim_{\substack{(x,y)\to(0,0)\\x=\rho\cos\theta, y=\rho\sin\theta}} f(x,y) = \lim_{\rho\to 0+} f(\rho\cos\theta, \rho\sin\theta) = \lim_{\rho\to 0+} \frac{\rho\cos^2\theta\sin\theta}{\rho^2\cos^4\theta + \sin^2\theta} = \frac{0}{\sin^2\theta} = 0,$$

因此动点沿任意方向趋于原点时函数的方向极限都存在且相等.

当动点 $P(x,y)$ 沿着抛物线 $y = x^2$ 趋于点 $O(0,0)$ 时, 有

$$\lim_{\substack{x\to 0\\y=x^2}} f(x,y) = \lim_{x\to 0} \frac{x^2 x^2}{x^4 + x^4} = \frac{1}{2},$$

这一结果表明动点沿不同的曲线趋于点 $O(0,0)$ 时, 对应的函数值趋于不同的常数, 因此, $\lim\limits_{(x,y)\to(0,0)} f(x,y)$ 不存在.

例 14.2.6 求极限 $\lim\limits_{(x,y)\to(0,1)} \dfrac{\sin xy + xy^2\cos x - 2x^2 y}{x}$.

解 因为

$$\lim_{(x,y)\to(0,1)} \frac{\sin(xy)}{x} = \lim_{(x,y)\to(0,1)} \left[\frac{\sin(xy)}{xy} \cdot y\right] = \lim_{xy\to 0} \frac{\sin(xy)}{xy} \cdot \lim_{y\to 1} y = 1,$$

所以

$$\lim_{(x,y)\to(0,1)} \frac{\sin xy + xy^2 \cos x - 2x^2 y}{x}$$

$$= \lim_{(x,y)\to(0,1)} \frac{\sin xy}{x} + \lim_{(x,y)\to(0,1)} (y^2 \cos x) - \lim_{(x,y)\to(0,1)} (2xy) = 1 + 1 - 0 = 2.$$

例 14.2.7 求极限 $\displaystyle\lim_{(x,y)\to(0,0)} \frac{\sqrt{1+x^2+y^2}-1}{x^2+y^2}$.

解 由于 $(x,y)\to(0,0)$ 时, 有 $x^2+y^2\to 0$, 因此

$$\lim_{(x,y)\to(0,0)} \frac{\sqrt{1+x^2+y^2}-1}{x^2+y^2} = \lim_{(x,y)\to(0,0)} \frac{1}{\sqrt{1+x^2+y^2}+1} = \frac{1}{2}.$$

例 14.2.8 求极限 $\displaystyle\lim_{(x,y)\to(0,0)} \frac{xy^2 \sin(2xy)}{x^2+y^4}$.

解 由于当 $(x,y)\to(0,0)$ 时,

$$0 \leqslant \left| \frac{xy^2 \sin(2xy)}{x^2+y^4} \right| \leqslant \frac{1}{2} |\sin(2xy)| \to 0,$$

由夹逼性定理知

$$\lim_{(x,y)\to(0,0)} \frac{xy^2 \sin(2xy)}{x^2+y^4} = 0.$$

类似于一元函数极限与数列极限的归结原则 (Heine 定理), 我们有下列结论 (证明从略).

定理 14.2.7(Heine 定理) 设 $f(\boldsymbol{x})$ 是定义在 $D \subset \mathbb{R}^n$ 上的多元函数, $\boldsymbol{x}_0$ 是 D 的聚点. 则 $\displaystyle\lim_{\substack{\boldsymbol{x}\to\boldsymbol{x}_0 \\ \boldsymbol{x}\in D}} f(\boldsymbol{x}) = A$(包括 $+\infty, -\infty, \infty$) 的充要条件是: 对 $D\backslash\{\boldsymbol{x}_0\}$ 中任意满足 $\displaystyle\lim_{k\to\infty} \boldsymbol{x}_k = \boldsymbol{x}_0$ 的点列 $\{\boldsymbol{x}_k\}$, 都有 $\displaystyle\lim_{k\to\infty} f(\boldsymbol{x}_k) = A$.

例 14.2.9 证明函数 $f(x,y) = \begin{cases} \dfrac{1}{x}\sin\dfrac{1}{y}, & xy \neq 0, \\ 0, & xy = 0 \end{cases}$ 在原点 $(0,0)$ 的任意邻域内是无界的但不是无穷大量.

证明 取点列 $\left\{ \left(\dfrac{1}{n}, \dfrac{1}{2n\pi + \frac{\pi}{2}} \right) \right\}$, 则有 $\displaystyle\lim_{n\to\infty} \left(\dfrac{1}{n}, \dfrac{1}{2n\pi + \frac{\pi}{2}} \right) = (0,0)$, 且

$$\lim_{n\to\infty} f\left(\dfrac{1}{n}, \dfrac{1}{2n\pi + \frac{\pi}{2}} \right) = \lim_{n\to\infty} n = \infty,$$

即 $f(x,y)$ 在原点 $(0,0)$ 的任意邻域内是无界的. 再取点列 $\left\{ \left(\dfrac{1}{n}, \dfrac{1}{2n\pi} \right) \right\}$, 则有 $\displaystyle\lim_{n\to\infty} \left(\dfrac{1}{n}, \dfrac{1}{2n\pi} \right) = (0,0)$, 且 $\displaystyle\lim_{n\to\infty} f\left(\dfrac{1}{n}, \dfrac{1}{2n\pi} \right) = 0$. 因此 $f(x,y)$ 在原点 $(0,0)$ 的

任意邻域内不是无穷大量.

设 n 元函数 $f(\boldsymbol{x}) = f(x_1, x_2, \cdots, x_n)$ 在 $\boldsymbol{x}_0 \in \mathbb{R}^n$ 的某邻域内有定义. 根据重极限的定义, f 在点 $\boldsymbol{x}_0$ 存在重极限是指不限定 $\boldsymbol{x}$ 趋于点 $\boldsymbol{x}_0$ 方式的情况下存在. 有时会用到 $\boldsymbol{x}$ 沿着某些特殊方式趋于点 $\boldsymbol{x}_0$ 时的极限的概念, 例如下面要介绍的累次极限. 为了叙述方便起见, 我们以二元函数的情形来讲述累次极限, 对 $n(n \geqslant 3)$ 元函数的情形类似, 只是形式复杂而已.

定义 14.2.3 设函数 $z = f(x, y)$ 在点 (x_0, y_0) 的某邻域 $U^{\circ}((x_0, y_0), \delta)$ 内有定义. 若对每个固定的 $y \neq y_0$, 极限 $\lim\limits_{x \to x_0} f(x, y) = \varphi(y)$ 存在, 并且 $\lim\limits_{y \to y_0} \varphi(y) = A(A$ 为常数$)$, 则称 A 为 (x, y) 趋于 (x_0, y_0) 时先 x 后 y 的**累次极限**, 记为

$$\lim_{y \to y_0} \lim_{x \to x_0} f(x, y) = A.$$

类似地, 可以定义先 y 后 x 的累次极限 $\lim\limits_{x \to x_0} \lim\limits_{y \to y_0} f(x, y) = A.$

由定义 14.2.3 可以看出, 二元函数 $z = f(x, y)$ 在点 (x_0, y_0) 处的累次极限存在与否和函数在直线 $x = x_0$ 与 $y = y_0$ 上的值无关. 因此二元函数 $z = f(x, y)$ 在点 (x_0, y_0) 处的累次极限都存在不能说明二元函数 $z = f(x, y)$ 在点 (x_0, y_0) 处的极限存在; 反过来, 若二元函数 $z = f(x, y)$ 在点 (x_0, y_0) 处的极限存在也不能推出二元函数 $z = f(x, y)$ 在点 (x_0, y_0) 处的累次极限存在.

例 14.2.10 设函数

$$f(x, y) = \begin{cases} 1, & xy \neq 0, \\ 0, & xy = 0, \end{cases}$$

则有

$$\lim_{y \to 0} \lim_{x \to 0} f(x, y) = \lim_{x \to 0} \lim_{y \to 0} f(x, y) = 1,$$

但 $\lim\limits_{(x,y) \to (0,0)} f(x, y)$ 不存在.

例 14.2.11 设函数

$$f(x, y) = \begin{cases} (x + y) \sin\dfrac{1}{x} \sin\dfrac{1}{y}, & xy \neq 0, \\ 0, & xy = 0, \end{cases}$$

由于对于 $\forall (x, y) \in \mathbb{R}^2$, 有 $|f(x, y)| \leqslant |x| + |y|$, 所以 $\lim\limits_{(x,y) \to (0,0)} f(x, y) = 0$. 注意到对 $x \neq 0, \dfrac{1}{k\pi}(k$ 为非零整数$)$, 极限 $\lim\limits_{y \to 0} f(x, y)$ 不存在; 对 $y \neq 0, \dfrac{1}{k\pi}(k$ 为非零整数$)$, 极限 $\lim\limits_{x \to 0} f(x, y)$ 也不存在, 所以二元函数 $f(x, y)$ 在 $(0, 0)$ 点的两个累次极限都不存在.

定理 14.2.8 设二元函数 $f(x,y)$ 在点 (x_0,y_0) 的重极限 $\lim\limits_{(x,y)\to(x_0,y_0)}f(x,y)$ 存在, 且累次极限 $\lim\limits_{y\to y_0}\lim\limits_{x\to x_0}f(x,y)$ 也存在, 则

$$\lim_{(x,y)\to(x_0,y_0)}f(x,y)=\lim_{y\to y_0}\lim_{x\to x_0}f(x,y).$$

证明 设 $\lim\limits_{(x,y)\to(x_0,y_0)}f(x,y)=A$, 则由定义,

$$\forall \varepsilon>0,\quad \exists\delta>0,\quad \forall(x,y)\in U^o((x_0,y_0),\delta),\text{有}\quad |f(x,y)-A|<\varepsilon. \qquad (14.2.1)$$

又由于 $\lim\limits_{y\to y_0}\lim\limits_{x\to x_0}f(x,y)$ 存在, 则对任意满足

$$0<|y-y_0|<\delta \qquad (14.2.2)$$

的 y, 极限

$$\lim_{x\to x_0}f(x,y)=\varphi(y) \qquad (14.2.3)$$

存在. 对于不等式 (14.2.1), 令 $x\to x_0$ 得

$$|\varphi(y)-A|\leqslant\varepsilon. \qquad (14.2.4)$$

故由 (14.2.2) 式和 (14.2.4) 式可得 $\lim\limits_{y\to y_0}\varphi(y)=A$, 即

$$\lim_{y\to y_0}\lim_{x\to x_0}f(x,y)=A=\lim_{(x,y)\to(x_0,y_0)}f(x,y).$$

推论 14.2.9 若累次极限 $\lim\limits_{y\to y_0}\lim\limits_{x\to x_0}f(x,y)$ 与 $\lim\limits_{x\to x_0}\lim\limits_{y\to y_0}f(x,y)$ 都存在, 且极限 $\lim\limits_{(x,y)\to(x_0,y_0)}f(x,y)$ 也存在, 则它们相等, 即

$$\lim_{(x,y)\to(x_0,y_0)}f(x,y)=\lim_{y\to y_0}\lim_{x\to x_0}f(x,y)=\lim_{x\to x_0}\lim_{y\to y_0}f(x,y).$$

推论 14.2.10 若累次极限

$$\lim_{y\to y_0}\lim_{x\to x_0}f(x,y)\text{与}\lim_{x\to x_0}\lim_{y\to y_0}f(x,y)$$

都存在但不相等, 则极限 $\lim\limits_{(x,y)\to(x_0,y_0)}f(x,y)$ 不存在.

习 题 14.2

1. 求下列多元函数的重极限:

(1) $\lim\limits_{(x,y)\to(0,0)}\dfrac{\sin^2(xy)}{x^2+y^2}$;

(2) $\lim\limits_{(x,y)\to(0,0)}\dfrac{\ln(1+x^2y)}{x^2+y^2}$;

(3) $\lim\limits_{(x,y,z)\to(0,0,0)} \dfrac{e^{xyz}-1}{\arctan(xyz)}$;　　　(4) $\lim\limits_{(x,y)\to(0,0)} \dfrac{\sqrt{1+xy}-1}{|x|+|y|}$;

(5) $\lim\limits_{\|(x,y,z)\|\to+\infty} \dfrac{e^{|xyz|}+5}{x^2+y^2+z^2}$;　　　(6) $\lim\limits_{\|(x,y)\|\to+\infty} \dfrac{x^2+y^2+\ln(x^2+y^2)}{e^{x^2+y^2}-x^2y^3}$.

2. 讨论下列函数在点 $(0,0)$ 的二重极限与累次极限:

(1) $f(x,y)=\dfrac{x^2}{x^2+y^2}$;　　　(2) $f(x,y)=\sqrt{x^2+y^2}\cos\dfrac{1}{x}\cos\dfrac{1}{y}$;

(3) $f(x,y)=\dfrac{x^2y^2}{x^2y^2+(x-y)^2}$;　　　(4) $f(x,y)=\dfrac{e^x-e^y}{\sqrt{1+xy}-1}$;

(5) $f(x,y)=\ln(1+x)\sin\dfrac{1}{y}$;　　　(6) $f(x,y)=\dfrac{\ln(1+x^2y^2)}{x^3+y^3}$.

3. 证明定理 14.2.1∼ 定理 14.2.3.

4. 证明定理 14.2.4.

5. 写出下列类型重极限的精确定义.

(1) $\lim\limits_{(x,y)\to(\infty,\infty)} f(x,y)=A$;　　　(2) $\lim\limits_{(x,y)\to(0,\infty)} f(x,y)=A$.

6. 求下列重极限:

(1) $\lim\limits_{(x,y)\to(\infty,\infty)} \dfrac{x^2+y^2}{x^4+y^4}$;　　　(2) $\lim\limits_{(x,y)\to(\infty,\infty)} \dfrac{\ln(1+x^4y^4)}{x^2+y^2}$;

(3) $\lim\limits_{(x,y)\to(\infty,0)} \left(1+\dfrac{1}{x}\right)^{\frac{x^2}{x+y}}$;　　　(4) $\lim\limits_{(x,y,z)\to(\infty,\infty,\infty)} \dfrac{\sqrt{1+|xyz|}-1}{|xyz|}$.

14.3　多元函数的连续性

与一元函数类似, 我们引入多元函数连续性的相关概念.

定义 14.3.1　设 $f(\boldsymbol{x})$ 是定义在 $D\subset\mathbb{R}^n$ 上的 n 元函数, $\boldsymbol{x}_0\in D$ ($\boldsymbol{x}_0$ 是 D 的孤立点或聚点), 若对 $\forall\varepsilon>0$, $\exists\delta>0$, 使得当 $\boldsymbol{x}\in U(\boldsymbol{x}_0,\delta)\cap D$ 时, 有

$$|f(\boldsymbol{x})-f(\boldsymbol{x}_0)|<\varepsilon,$$

则称 $f(\boldsymbol{x})$ 在 $\boldsymbol{x}_0$ 处**连续**. 若 $f(\boldsymbol{x})$ 在 D 上的每一点都连续, 则称 $f(\boldsymbol{x})$ 为 D 上的**连续函数**.

由定义可知, 若 $\boldsymbol{x}_0$ 是 D 的孤立点, 则 $f(\boldsymbol{x})$ 在点 $\boldsymbol{x}_0$ 恒为连续的. 若 $\boldsymbol{x}_0\in D$ 且 $\boldsymbol{x}_0$ 是 D 的聚点, 则 $f(\boldsymbol{x})$ 在 $\boldsymbol{x}_0$ 处连续等价于 $\lim\limits_{\substack{\boldsymbol{x}\to\boldsymbol{x}_0\\ \boldsymbol{x}\in D}} f(\boldsymbol{x})=f(\boldsymbol{x}_0)$. 因此, 若 $\boldsymbol{x}_0$ 是 D 的聚点 (未必 $\boldsymbol{x}_0\in D$) 且 $\lim\limits_{\substack{\boldsymbol{x}\to\boldsymbol{x}_0\\ \boldsymbol{x}\in D}} f(\boldsymbol{x})$ 不存在, 或 $\lim\limits_{\substack{\boldsymbol{x}\to\boldsymbol{x}_0\\ \boldsymbol{x}\in D}} f(\boldsymbol{x})$ 存在但 $\lim\limits_{\substack{\boldsymbol{x}\to\boldsymbol{x}_0\\ \boldsymbol{x}\in D}} f(\boldsymbol{x})=f(\boldsymbol{x}_0)$ 不成立, 则 $\boldsymbol{x}_0$ 称为是 $f(\boldsymbol{x})$ 的**不连续点**或**间断点**. 特别地, $\lim\limits_{\substack{\boldsymbol{x}\to\boldsymbol{x}_0\\ \boldsymbol{x}\in D}} f(\boldsymbol{x})$ 存在但 $\lim\limits_{\substack{\boldsymbol{x}\to\boldsymbol{x}_0\\ \boldsymbol{x}\in D}} f(\boldsymbol{x})=f(\boldsymbol{x}_0)$ 不成立时, 称 $\boldsymbol{x}_0$ 是 $f(\boldsymbol{x})$ 的**可去间断点**.

设 $\boldsymbol{x} = (x_1, x_2, \cdots, x_n), \boldsymbol{x}_0 = (x_1^0, x_2^0, \cdots, x_n^0) \in D, \Delta x_i = x_i - x_i^0, i = 1, 2, \cdots, n$, 则称

$$\Delta u = \Delta f(x_1^0, x_2^0, \cdots, x_n^0) = f(x_1, x_2, \cdots, x_n) - f(x_1^0, x_2^0, \cdots, x_n^0)$$
$$= f(x_1^0 + \Delta x_1, x_2^0 + \Delta x_2, \cdots, x_n^0 + \Delta x_n) - f(x_1^0, x_2^0, \cdots, x_n^0)$$

为函数 $u = f(\boldsymbol{x})$ 在 $\boldsymbol{x}_0$ 处的**全增量**. 于是 $f(\boldsymbol{x})$ 在点 $x_0(x_0$ 是 D 的聚点) 连续等价于

$$\lim_{(\Delta x_1, \Delta x_2, \cdots, \Delta x_n) \to (0, 0, \cdots, 0)} \Delta u = \lim_{(\Delta x_1, \Delta x_2, \cdots, \Delta x_n) \to (0, 0, \cdots, 0)} \Delta f(x_1^0, x_2^0, \cdots, x_n^0) = 0.$$

如果在全增量中取 $\Delta x_j = 0, j \neq i$, 则相应的函数增量称为**偏增量**, 记为

$$\Delta_{x_i} u = \Delta_{x_i} f(x_1^0, x_2^0, \cdots, x_n^0)$$
$$= f(x_1^0, x_2^0, \cdots, x_i^0 + \Delta x_i, \cdots, x_n^0) - f(x_1^0, x_2^0, \cdots, x_n^0), \quad i = 1, 2, \cdots, n.$$

例 14.3.1 设 $f(x, y) = \sin(xy)$, 证明 $f(x, y)$ 是 $\mathbb{R}^2$ 上的连续函数.

证明 对于任意的 $(x_0, y_0) \in \mathbb{R}^2$, 因为

$$\lim_{(x, y) \to (x_0, y_0)} f(x, y) = \lim_{(x, y) \to (x_0, y_0)} \sin(xy) = \sin(x_0 y_0) = f(x_0, y_0),$$

所以函数 $f(x, y) = \sin(xy)$ 在点 (x_0, y_0) 连续.

由 (x_0, y_0) 的任意性知, $f(x, y) = \sin(xy)$ 作为 x, y 的二元函数在 $\mathbb{R}^2$ 上连续.

例 14.3.2 讨论函数 $f(x, y) = \begin{cases} y \cos \dfrac{1}{x}, & xy \neq 0, \\ 0, & xy = 0 \end{cases}$ 在 $\mathbb{R}^2$ 上的连续性.

证明 函数的定义域为 $\mathbb{R}^2$. 显然对任意的 $(x_0, y_0) \in \mathbb{R}^2$ 且 $x_0 y_0 \neq 0$ 时, 函数 $f(x, y)$ 在点 (x_0, y_0) 连续. 对 $\forall x \in \mathbb{R} \backslash \{0\}$, 由于 $\left| y \cos \dfrac{1}{x} \right| \leqslant |y|$ 且当 $x = 0$ 时, 有 $f(0, y) = 0$. 于是对 $\forall x_0 \in \mathbb{R}$, 有

$$\lim_{(x, y) \to (x_0, 0)} f(x, y) = 0 = f(x_0, 0),$$

这说明函数 $f(x, y)$ 在 x 轴上连续. 当 $y_0 \neq 0$ 时, 由于

$$\lim_{(x, y) \to (0, y_0)} f(x, y) = \lim_{(x, y) \to (0, y_0)} y \cos \frac{1}{x}$$

不存在, 这说明函数 $f(x, y)$ 的间断点集为 $E = \{(x, y) \mid x = 0, y \neq 0\}$, $f(x, y)$ 在 $\mathbb{R}^2 \backslash E$ 上连续.

关于多元复合函数的连续性, 只给出下列二元函数的情形, 其他情形是类似的.

定理 14.3.1(复合函数的连续性) 设函数 $u = u(x,y), v = v(x,y)$ 在点 (x_0, y_0) 的某邻域内有定义, 且在点 (x_0, y_0) 连续; 函数 $f(u,v)$ 在点 (u_0, v_0) 的某邻域内有定义, 且在点 (u_0, v_0) 连续, 其中 $u_0 = u(x_0, y_0), v_0 = v(x_0, y_0)$. 则复合函数 $f[u(x,y), v(x,y)]$ 在点 (x_0, y_0) 连续.

证明 由 $f(u,v)$ 在点 (u_0, v_0) 连续可知: 对 $\forall \varepsilon > 0, \exists \eta > 0$, 当 $|u - u_0| < \eta, |v - v_0| < \eta$ 时, 有

$$|f(u,v) - f(u_0, v_0)| < \varepsilon.$$

又根据函数 $u = u(x,y), v = v(x,y)$ 在点 (x_0, y_0) 处的连续性可知: 对上述的 $\eta > 0, \exists \delta > 0$, 当 $|x - x_0| < \delta, |y - y_0| < \delta$ 时, 有

$$|u - u_0| = |u(x,y) - u(x_0, y_0)| < \eta, \quad |v - v_0| = |v(x,y) - v(x_0, y_0)| < \eta,$$

于是, 当 $|x - x_0| < \delta, |y - y_0| < \delta$ 时, 就有

$$|f[u(x,y), v(x,y)] - f[u(x_0, y_0), v(x_0, y_0)]| < \varepsilon.$$

所以复合函数 $f[u(x,y), v(x,y)]$ 在点 (x_0, y_0) 连续.

另外, 还可以将一元连续函数的一些局部性质 (如局部有界性、局部保号性等) 以及和、差、积、商的连续性等推广到多元连续函数的情形, 在此就不一一叙述了.

以下讨论有界闭区域上多元函数的性质, 它们可以看作是闭区间上一元连续函数性质的推广.

定理 14.3.2(有界性与最值定理) 设 $f(\boldsymbol{x})$ 是有界闭区域 $D \subset \mathbb{R}^n$ 上的连续函数, 则 $f(\boldsymbol{x})$ 在 D 上有界, 且在 D 上取到最大值与最小值.

证明 先证 $f(\boldsymbol{x})$ 在 D 上有界. (反证法) 假设 $f(\boldsymbol{x})$ 在 D 上无界, 则对 $\forall k \in \mathbb{Z}^+, \exists \boldsymbol{x}_k \in D$, 使得

$$|f(\boldsymbol{x}_k)| > k, \quad k = 1, 2, \cdots. \tag{14.3.1}$$

这样, 我们就得到了有界点列 $\{\boldsymbol{x}_k\} \subset D$, 不妨设点列 $\{\boldsymbol{x}_k\}$ 是互异的. 由列紧性定理, 存在 $\{\boldsymbol{x}_k\}$ 的收敛子列, 为了简单起见不妨设点列 $\{\boldsymbol{x}_k\}$ 收敛, 设 $\lim\limits_{k \to \infty} \boldsymbol{x}_k = \boldsymbol{x}_0$, 且由 D 是闭域得 $\boldsymbol{x}_0 \in D$(闭域也是闭集). 又 $f(\boldsymbol{x})$ 在 D 上连续, 因此有

$$\lim_{k \to \infty} f(\boldsymbol{x}_k) = f(\boldsymbol{x}_0),$$

这与 (14.3.1) 式矛盾. 所以 $f(\boldsymbol{x})$ 在 D 上有界.

再证 $f(\boldsymbol{x})$ 在 D 上取到最大值与最小值. 令

$$m = \inf f(D), \quad M = \sup f(D).$$

考虑最大值的情况 (最小值可类似证明), 若不然, 即对 $\forall \boldsymbol{x} \in D$, 都有 $M - f(\boldsymbol{x}) > 0$. 考虑 D 上的正值连续函数

$$F(\boldsymbol{x}) = \frac{1}{M - f(\boldsymbol{x})},$$

则由前面的证明知 $F(\boldsymbol{x})$ 在 D 上有界. 又因 $f(\boldsymbol{x})$ 在 D 上不能取到上确界 M, 所以存在点列 $\{\boldsymbol{x}_k\} \subset D$, 使得 $\lim\limits_{k \to \infty} f(\boldsymbol{x}_k) = M$. 于是有

$$\lim_{k \to \infty} F(\boldsymbol{x}_k) = +\infty.$$

这与 $F(\boldsymbol{x})$ 在 D 上有界相矛盾. 故 $f(\boldsymbol{x})$ 在 D 上取到最大值.

定义 14.3.2　设 $f(\boldsymbol{x})$ 是定义在 $D \subset \mathbb{R}^n$ 上的 n 元函数, 若对 $\forall \varepsilon > 0$, $\exists \delta > 0$, 当 $\boldsymbol{x}', \boldsymbol{x}'' \in D$, 且 $\|\boldsymbol{x}' - \boldsymbol{x}''\| < \delta$ 时, 有

$$|f(\boldsymbol{x}') - f(\boldsymbol{x}'')| < \varepsilon,$$

则称 $f(\boldsymbol{x})$ 在 $D \subset \mathbb{R}^n$ 上一致连续.

定理 14.3.3(一致连续性定理)　设 $f(\boldsymbol{x})$ 是有界闭域 $D \subset \mathbb{R}^n$ 上的连续函数, 则 $f(\boldsymbol{x})$ 在 D 上一致连续.

证明　由于 $f(\boldsymbol{x})$ 在 D 上连续, 则对 $\forall \varepsilon > 0$, $\forall \boldsymbol{x} \in D$, $\exists \delta_{\boldsymbol{x}} > 0$, 得

$$\forall \boldsymbol{y} \in U(\boldsymbol{x}, \delta_{\boldsymbol{x}}) \cap D, \text{有 } |f(\boldsymbol{y}) - f(\boldsymbol{x})| < \varepsilon/2.$$

令 $H = \{U(\boldsymbol{x}, \delta_{\boldsymbol{x}}/2) \,|\, \boldsymbol{x} \in \}$, 则 H 是 D 的开覆盖. 由于 D 是有界的闭的, 因而由有限覆盖定理, H 中存在有限个元素构成的子族 H_0 覆盖 D, $H_0 = \{U(\boldsymbol{x}_i, \delta_{\boldsymbol{x}_i}/2) \,|\, i = 1, 2, \cdots, k\}$. 记 $\delta = \min\{\delta_{\boldsymbol{x}_i}/2 \,|\, i = 1, 2, \cdots, k\}$, 则 $\delta > 0$. 于是对 $\forall \boldsymbol{y}, \boldsymbol{z} \in D$, $\|\boldsymbol{y} - \boldsymbol{z}\| < \delta$ 时, 由于 H_0 覆盖 D, $\boldsymbol{y}$ 必在某 $U(\boldsymbol{x}_i, \delta_{\boldsymbol{x}_i}/2)$ 中, 又由于 $\|\boldsymbol{z} - \boldsymbol{x}_i\| \leqslant \|\boldsymbol{z} - \boldsymbol{y}\| + \|\boldsymbol{y} - \boldsymbol{x}_i\| < \delta + \delta_{\boldsymbol{x}_i}/2 \leqslant \delta_{\boldsymbol{x}_i}$, 故 $\boldsymbol{y}$ 与 $\boldsymbol{z}$ 都在 $U(\boldsymbol{x}_i, \delta_{\boldsymbol{x}_i})$ 中, 从而有

$$|f(\boldsymbol{y}) - f(\boldsymbol{z})| \leqslant |f(\boldsymbol{y}) - f(\boldsymbol{x}_i)| + |f(\boldsymbol{x}_i) - f(\boldsymbol{z})| < \varepsilon/2 + \varepsilon/2 = \varepsilon.$$

因此 $f(\boldsymbol{x})$ 在 D 上一致连续.

定理 14.3.4(介值定理)　设 n 元函数 $f(\boldsymbol{x})$ 在区域 $D \subset \mathbb{R}^n$ 上连续, 若 $\boldsymbol{x}_1, \boldsymbol{x}_2 \in D$, 且 $f(\boldsymbol{x}_1) < f(\boldsymbol{x}_2)$, 则对任意满足不等式 $f(\boldsymbol{x}_1) < c < f(\boldsymbol{x}_2)$ 的实数 c, 都存在 $\boldsymbol{x}_0 \in D$, 使得 $f(\boldsymbol{x}_0) = c$.

证明　为了直观起见以 $n = 2$ 为例进行证明, $n \geqslant 3$ 的情形可类似证明. 设

$$\boldsymbol{x}_1 = (x_1, y_1), \quad \boldsymbol{x}_2 = (x_2, y_2), \quad f(\boldsymbol{x}) = f(x, y).$$

不妨设这两点都是 D 的内点 (对界点情况可根据题设不等式利用连续函数保号性选取内点代替). 作辅助函数

$$g(x, y) = f(x, y) - c, \quad (x, y) \in D.$$

则 $g(x, y)$ 在区域 $D \subset \mathbb{R}^2$ 上连续, 且

$$g(x_1, y_1) = f(x_1, y_1) - c < 0, \quad g(x_2, y_2) = f(x_2, y_2) - c > 0.$$

由于 D 是区域, 我们可以用 D 中的连续曲线 L 连接 $\boldsymbol{x}_1, \boldsymbol{x}_2$. 设 L 的参数方程为

$$\boldsymbol{x} = \varphi(t), \quad \boldsymbol{y} = \psi(t), \quad t \in [a, b],$$

其中 $\varphi(t), \psi(t)$ 在 $[a, b]$ 上连续, 且

$$\boldsymbol{x}_1 = (x_1, y_1) = (\varphi(a), \psi(a)), \quad \boldsymbol{x}_2 = (x_2, y_2) = (\varphi(b), \psi(b)).$$

在此曲线段 L 上, 令

$$G(t) = g[\varphi(t), \psi(t)], \quad t \in [a, b],$$

则 $G(t)$ 在 $[a, b]$ 上连续, 且 $G(a) = g(x_1, y_1) < 0 < G(b) = g(x_2, y_2)$, 由一元函数的零点定理, $\exists t_0 \in (a, b)$, 使得 $G(t_0) = 0$. 取 $x_0 = \varphi(t_0)$, $y_0 = \psi(t_0)$, 则由 $L \subset D$ 知 $(x_0, y_0) \in D$, 且有 $g(x_0, y_0) = 0$, 即 $f(x_0, y_0) = c$.

请注意, 定理 14.3.2 与定理 14.3.3 的证明只用到集合 D 的有界性与闭性, 并没有用到连通性, 因此定理 14.3.2 与定理 14.3.3 中的有界闭区域改为有界闭集, 其结论仍成立. 但是定理 14.3.4(介值定理) 的证明用到区域 D 的连通性, 没有用到 D 的有界性与闭性, 因此介值定理只在区域 D 上成立, 区域 D 不必有界, 也不必是闭的. 介值定理在不具连通性的集合上不成立.

例 14.3.3 证明函数 $f(x, y) = \sin xy$ 在 $\mathbb{R}^2$ 上的任意有界闭区域上是一致连续的, 但在 $\mathbb{R}^2$ 上不是一致连续的.

证明 显然 $f(x, y) = \sin xy$ 在 $\mathbb{R}^2$ 上是连续的, 所以对 $\mathbb{R}^2$ 内的任意有界闭区域 D, 由定理 14.3.3 知 $f(x, y)$ 在 D 上是一致连续的.

下证 $f(x, y)$ 在 $\mathbb{R}^2$ 上不是一致连续的. 事实上, 取

$$\boldsymbol{x}_k' = \left(k, \frac{1}{k} \right), \quad \boldsymbol{x}_k'' = \left(k, \frac{2}{k} \right),$$

则 $\lim\limits_{k \to \infty} \|\boldsymbol{x}_k' - \boldsymbol{x}_k''\| = \lim\limits_{k \to \infty} \dfrac{1}{k} = 0$, 但对任意的自然数 k,

$$\left| f\left(k, \frac{1}{k} \right) - f\left(k, \frac{2}{k} \right) \right| = |\sin 1 - \sin 2| \neq 0,$$

这就说明 $f(x, y)$ 在 $\mathbb{R}^2$ 上不是一致连续的.

习　题　14.3

1. 讨论下列多元函数的连续性:

(1) $f(x,y) = \sec(x^2 + y^2)$;　　　(2) $f(x,y) = [x + y]$;

(3) $f(x,y) = \begin{cases} \dfrac{\sin xy}{x}, & x \neq 0, \\ 0, & x = 0; \end{cases}$

(4) $f(x,y) = \begin{cases} \dfrac{\sqrt{1+xy} - 1}{|x| + |y|}, & (x,y) \neq (0,0), \\ 0, & (x,y) = (0,0). \end{cases}$

2. 讨论下列函数在 $\mathbb{R}^2$ 上的一致连续性:

(1) $f(x,y) = x^2 + y^2$;　　　(2) $f(x,y) = \arctan(x^2 + y^2)$.

3. 叙述并证明多元连续函数的局部有界性.

4. 设 $f(x,y)$ 在区域 $D \subset \mathbb{R}^2$ 上对 x 连续, 对 y 满足条件

$$\left| f(x,y') - f(x,y'') \right| \leqslant L \left| y' - y'' \right|,$$

其中 $(x,y'), (x,y'') \in D$, L 为常数. 证明: $f(x,y)$ 在区域 $D \subset \mathbb{R}^2$ 上连续.

复习课件14

归纳解
析视频14

总习题 14

A 组

1. 设 $D \subset \mathbb{R}^n$ 是有界闭集, $d(D)$ 表示 D 的直径. 证明: 存在 $\boldsymbol{x}', \boldsymbol{x}'' \in D$, 使得

$$\|\boldsymbol{x}' - \boldsymbol{x}''\| = d(D).$$

2. 求下列集合的聚点集:

(1) $E = \left\{ \left(k \ln\left(1 + \dfrac{1}{k}\right), \sin \dfrac{k\pi}{2} \right) \middle| k = 1, 2, \cdots \right\}$;

(2) $E = \left\{ \left(r \cos\left(\tan \dfrac{\pi r}{2}\right), r \sin\left(\tan \dfrac{\pi r}{2}\right) \right) \middle| 0 \leqslant r < 1 \right\}$;

(3) $E = \left\{ \left(\dfrac{p}{q}, \dfrac{p}{q}, 1 \right) \middle| p, q \in \mathbb{Z}^+, p < q \right\}$.

3. 求下列集合的内部、边界及闭包:

(1) $E = \{ (x,y,z) \mid x > 0, y > 0, z = 1 \}$;　　　(2) $E = \{ (x,y) \mid x > 0, x^2 + y^2 - 2x > 1 \}$.

4. 求下列函数的定义域:

(1) $f(x,y,z) = \ln(y - x^2 - z^2)$;　　(2)$f(x,y,z) = \dfrac{\ln(y^2 + x^2 - z)}{\sqrt{z}}$.

5. 用 ε-δ 定义证明

$$\lim_{(x,y)\to(0,0)} \frac{x^3 + y^3}{x^2 + y^2} = 0.$$

6. 确定下列重极限是否存在, 若存在则求出重极限:

(1) $\displaystyle\lim_{(x,y)\to(0,0)} \frac{\arcsin(x^3 + y^3)}{x^2 + y}$;　　　　(2) $\displaystyle\lim_{(x,y)\to(0,0)} x\ln(x^2 + y^2)$;

(3) $\displaystyle\lim_{x^2+y^2\to+\infty} 2^{-|x|-|y|}(x^2 + y^2 + 5x)$;　　(4) $\displaystyle\lim_{x^2+y^2\to+\infty} \left(1 + \frac{1}{x^2 + y^2}\right)^{\frac{y^3}{x^2+y^2}}$;

(5) $\displaystyle\lim_{(x,y,z)\to(0,0,0)} \left(\frac{xyz}{x^2 + y^2 + z^2}\right)^{x+y+z}$;　　(6) $\displaystyle\lim_{(x,y,z)\to(0+,0+,0+)} y^{xz}$;

(7) $\displaystyle\lim_{(x,y,z)\to(0,1,0)} \frac{\ln(1 + xyz)}{x^2 + z^2}$;　　　　(8) $\displaystyle\lim_{(x,y,z)\to(0,0,0)} \frac{\tan xyz}{\sqrt{x^2 + y^2 + z^2}}$.

7. 讨论下列函数在点 $(0,0)$ 的二重极限与累次极限:

(1) $f(x,y) = \dfrac{\ln(1 + xy)}{x^2 + y^2}$;　　　　(2)$f(x,y) = (x + y)\arctan\dfrac{1}{x}\arctan\dfrac{1}{y}$;

(3) $f(x,y) = \dfrac{xy}{x - y}$;　　　　(4) $f(x,y) = \dfrac{\mathrm{e}^x - \mathrm{e}^y}{\ln\sqrt{1 + xy}}$;

(5) $f(x,y) = \sin[\ln(1 + y)]\cos\dfrac{1}{x}$;　　(6) $f(x,y) = \dfrac{\mathrm{e}^{x^2 y^2} - 1}{\tan(x^3 + y^3)}$.

8. 讨论下列函数的连续性:

(1) $f(x,y) = \begin{cases} \sqrt{1 - x^2 - y^2}\ln(1 - x^2 - y^2), & x^2 + y^2 < 1, \\ 0, & x^2 + y^2 = 1; \end{cases}$

(2) $f(x,y) = \begin{cases} \dfrac{x}{(x^2 + y^2)^p}, & x^2 + y^2 \neq 0, \\ 0, & x^2 + y^2 = 0, \end{cases} \quad p > 0.$

9. 设 $f(x,y)$ 是定义在 $D = \{(x,y)\,|\,a \leqslant x \leqslant b, c \leqslant y \leqslant d\} = [a,b] \times [c,d]$ 上的二元函数, 且 f 关于 y 在 $[c,d]$ 上连续, 关于 x 在 $[a,b]$ 上对 y 一致连续, 证明 $f(x,y)$ 在 D 上连续.

10. 若 $f(x,y)$ 在有界闭区域 D 上连续, 证明 $f(D)$ 是闭区间.

B 组

11. 试举例说明函数 $f(x,y)$ 使得 $x \to +\infty, y \to +\infty$ 时,

(1) 两个累次极限存在而重极限不存在;

(2) 两个累次极限不存在而重极限存在;

(3) 两个累次极限与重极限都存在;

(4) 重极限与一个累次极限存在, 另一个累次极限不存在.

12. 试写出下列类型重极限的精确定义:

(1) $\displaystyle\lim_{(x,y)\to(+\infty,+\infty)} f(x,y) = A$;　　(2) $\displaystyle\lim_{(x,y)\to(\infty,0)} f(x,y) = A$.

13. 求出下列重极限:

(1) $\displaystyle\lim_{(x,y)\to(+\infty,+\infty)} \frac{x+y}{\sqrt{x^3+y^3}}$;　　　　　(2) $\displaystyle\lim_{(x,y)\to(+\infty,0)} \frac{(x+y)^3}{\mathrm{e}^{x+y}}$;

(3) $\displaystyle\lim_{(x,y)\to(+\infty,+\infty)} \left(1+\frac{x+y}{x^2+y^2}\right)^{\frac{x^2+y^2}{\sqrt{x}+y}}$;　　(4) $\displaystyle\lim_{(x,y)\to(0,+\infty)} (1+\sin x)^{\frac{3y}{(y+2)\ln(1+x)}}$.

14. 设 $f(x,y)$ 为定义在有界闭区域 D 上的函数, 对任意 $(x,y) \in D$ 存在 (x,y) 的邻域, 使得 $f(x,y)$ 在该邻域上有界, 证明 $f(x,y)$ 在 D 上有界.

15. 设

$$f(x,y) = \frac{1}{1-xy}, \qquad (x,y) \in D = [0,1) \times [0,1),$$

证明: $f(x,y)$ 在 D 上连续但不是一致连续.

16. 设 $f(x,y)$ 在 $\mathbb{R}^2$ 上分别对自变量 x 和 y 是连续的, 且当 x 固定时 f 对 y 是单调的, 证明: $f(x,y)$ 在 $\mathbb{R}^2$ 上连续.

17. 设 f 在有界开集 E 上一致连续, 证明:

(1) 可将 f 连续延拓到 E 的边界; (2) f 在 E 上有界.

18. 设 $u=u(x,y), v=v(x,y)$ 在 $E \subset \mathbb{R}^2$ 上一致连续, $f(u,v)$ 在 $D \subset \mathbb{R}^2$ 上一致连续, 且

$$\{(u,v)\,|\,u=u(x,y), v=v(x,y), (x,y)\in E\} \subset D.$$

证明复合函数 $f[u(x,y),v(x,y)]$ 在 E 上一致连续.

19. 设函数 $f(x)$ 在 $[0,1]$ 上连续, $g(y)$ 在 $[0,1]$ 上有唯一的第一类间断点 $y_0 = \dfrac{1}{2}$, 求函数

$$F(x,y) = f(x)g(y)$$

在 $[0,1] \times [0,1]$ 上的间断点.

20. 证明函数 $f(x,y) = \sqrt{xy}$ 在闭区域 $D = \{(x,y)\,|\,x \geqslant 0, y \geqslant 0\}$ 上不是一致连续的.

第 15 章　多元函数微分学

CHAPTER

　　本章将讨论多元函数的微分学, 把一元函数微分学的理论推广到多元函数. 由于多元函数与一元函数具有一些本质的差别, 我们还将研究一些多元函数才具有的问题.

　　本章主要讨论多元函数微分学的基本概念、基本理论和基本方法. 与一元函数相比, 二元函数的微分法有它独特的规律, 从二元函数到二元以上的多元函数其微分法则可以类推. 所以在讨论多元函数微分法过程中, 以二元函数为主.

15.1　可　微　性

　　5.1 节讨论了一元函数的变化率即导数问题. 对于多元函数, 同样需要讨论函数对每一个变量的变化率问题.

　　定义 15.1.1　设 $z = f(x, y)$ 是定义在区域 $D \subset \mathbb{R}^2$ 上的二元函数, $(x_0, y_0) \in D$ 且 $f(x, y_0)$ 在 x_0 的某一邻域内有定义,

$$\Delta_x z = \Delta_x f(x_0, y_0) = f(x_0 + \Delta x, y_0) - f(x_0, y_0)$$

为函数 $z = f(x, y)$ 在点 $P_0(x_0, y_0)$ 处对 x 的偏增量. 如果极限

$$\lim_{\Delta x \to 0} \frac{\Delta_x z}{\Delta x} = \lim_{\Delta x \to 0} \frac{f(x_0 + \Delta x, y_0) - f(x_0, y_0)}{\Delta x}$$

存在, 则称此极限为函数 $z = f(x, y)$ 在点 (x_0, y_0) 处对 x 的偏导数, 记作

$$\frac{\partial z}{\partial x}\bigg|_{\substack{x=x_0 \\ y=y_0}}, \quad \frac{\partial f}{\partial x}\bigg|_{\substack{x=x_0 \\ y=y_0}}, \quad z_x\bigg|_{\substack{x=x_0 \\ y=y_0}} \quad \text{或} \quad f_x(x_0, y_0),$$

即

$$f_x(x_0, y_0) = \lim_{\Delta x \to 0} \frac{f(x_0 + \Delta x, y_0) - f(x_0, y_0)}{\Delta x}.$$

　　类似地, 函数 $z = f(x, y)$ 在点 (x_0, y_0) 处对 y 的偏导数定义为

$$\lim_{\Delta y \to 0} \frac{\Delta_y f(x_0, y_0)}{\Delta y} = \lim_{\Delta y \to 0} \frac{f(x_0, y_0 + \Delta y) - f(x_0, y_0)}{\Delta y}$$

的极限, 记作

$$\frac{\partial z}{\partial y}\bigg|_{\substack{x=x_0 \\ y=y_0}}, \quad \frac{\partial f}{\partial y}\bigg|_{\substack{x=x_0 \\ y=y_0}}, \quad z_y\bigg|_{\substack{x=x_0 \\ y=y_0}} \quad \text{或} \quad f_y(x_0, y_0),$$

即

$$f_y(x_0, y_0) = \lim_{\Delta y \to 0} \frac{f(x_0, y_0 + \Delta y) - f(x_0, y_0)}{\Delta y}.$$

二元函数 $z = f(x, y)$ 在点 (x_0, y_0) 处的偏导数有下述几何意义. 设 $P_0(x_0, y_0, f(x_0, y_0))$ 为曲面 $z = f(x, y)$ 上的一点, 过 P_0 作平面 $y = y_0$, 截此曲面得一曲线

$$\begin{cases} z = f(x, y), \\ y = y_0, \end{cases}$$

此曲线在平面 $y = y_0$ 上的方程为 $z = f(x, y_0)$, 那么偏导数 $f_x(x_0, y_0)$ 就是函数 $f(x, y_0)$ 在 $x = x_0$ 的导数 $\dfrac{\mathrm{d}}{\mathrm{d}x} f(x, y_0)\bigg|_{x=x_0}$, 也就是这曲线在点 P_0 处的切线 $P_0 T_x$ 对 x 轴的斜率 (图 15.1.1). 同样, 偏导数 $f_y(x_0, y_0)$ 的几何意义是曲面被平面 $x = x_0$ 所截得的曲线 $\begin{cases} z = f(x, y), \\ x = x_0 \end{cases}$ 在点 P_0 处的切线 $P_0 T_y$ 对 y 轴的斜率.

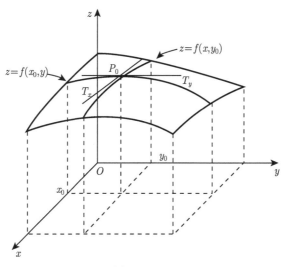

图 15.1.1

如果函数 $z = f(x, y)$ 在区域 D 内每一点 (x, y) 处对 x 的偏导数都存在, 那么这个偏导数仍是 x, y 的函数, 并称它为函数 $z = f(x, y)$ 对自变量 x 的**偏导函**

数, 记作

$$\frac{\partial z}{\partial x}, \quad \frac{\partial f}{\partial x}, \quad z_x \quad \text{或} \quad f_x(x, y).$$

类似地, 可以定义函数 $z = f(x, y)$ 对自变量 y 的偏导函数, 记作

$$\frac{\partial z}{\partial y}, \quad \frac{\partial f}{\partial y}, \quad z_y \quad \text{或} \quad f_y(x, y).$$

由偏导数的定义可知, $f(x, y)$ 在点 (x_0, y_0) 处对 x 的偏导数 $f_x(x_0, y_0)$ 就是偏导函数 $f_x(x, y)$ 在点 (x_0, y_0) 处的函数值, 即 $f_x(x_0, y_0) = f_x(x, y)\big|_{(x_0, y_0)}$; $f_y(x_0, y_0)$ 就是偏导函数 $f_y(x, y)$ 在点 (x_0, y_0) 处的函数值, $f_y(x_0, y_0) = f_y(x, y)\big|_{(x_0, y_0)}$. 在不至于引起混淆的情况下也把偏导函数简称为**偏导数**.

函数 f 对哪个自变量求偏导数, 是先把其他自变量视为常数, 从而变成一元函数的求导问题, 因此有关函数的导数的一些基本法则, 对多元函数的偏导数仍然成立.

例 15.1.1　设 $f(x, y) = \mathrm{e}^{xy} \sin \pi y + (x - 1) \arctan \sqrt{\dfrac{x}{y}}$, 求 $f_x(1, 1), f_y(1, 1)$.

解　*方法 1*　由偏导数的定义得

$$f_x(1, 1) = \lim_{x \to 1} \frac{f(x, 1) - f(1, 1)}{x - 1} = \lim_{x \to 1} \frac{(x - 1) \arctan \sqrt{x}}{x - 1} = \frac{\pi}{4},$$

$$f_y(1, 1) = \lim_{y \to 1} \frac{f(1, y) - f(1, 1)}{y - 1} = \lim_{y \to 1} \frac{\mathrm{e}^y \sin \pi y}{y - 1} = \mathrm{e} \lim_{y \to 1} \frac{\sin \pi y}{y - 1} = -\pi \mathrm{e}.$$

方法 2　因为偏导数

$$f_x(x, y) = y\mathrm{e}^{xy} \sin \pi y + \arctan \sqrt{\frac{x}{y}} + \frac{x - 1}{2(x + y)} \sqrt{\frac{y}{x}},$$

$$f_y(x, y) = \mathrm{e}^{xy}(x \sin \pi y + \pi \cos \pi y) + \frac{1 - x}{2(x + y)} \sqrt{\frac{x}{y}}.$$

所以 $f_x(1, 1) = \dfrac{\pi}{4}$, $f_y(1, 1) = -\pi \mathrm{e}$.

方法 3　因为

$$f(x, 1) = (x - 1) \arctan \sqrt{x}, \quad f(1, y) = \mathrm{e}^y \sin \pi y;$$

$$f_x(x, 1) = \arctan \sqrt{x} + \frac{x - 1}{2(1 + x)\sqrt{x}}, \quad f_y(1, y) = \mathrm{e}^y(\sin \pi y + \pi \cos \pi y).$$

所以 $f_x(1, 1) = \dfrac{\pi}{4}$, $f_y(1, 1) = -\pi \mathrm{e}$.

例 15.1.2　设 $z = \sqrt{x^4 + y^4}$, 求 $\dfrac{\partial z}{\partial x}$.

解 当 $(x, y) \neq (0, 0)$ 时,

$$\frac{\partial z}{\partial x} = \frac{2x^3}{\sqrt{x^4 + y^4}}.$$

显然, 偏导函数 $\dfrac{\partial z}{\partial x}$ 在点 $(0, 0)$ 处没有定义, 不能直接将 $x = 0, y = 0$ 代入 $\dfrac{\partial z}{\partial x}$ 求函数在 $(0, 0)$ 点处的偏导数, 要按偏导数定义求函数在 $(0, 0)$ 点处的偏导数. 由于

$$\lim_{\Delta x \to 0} \frac{f(0 + \Delta x, 0) - f(0, 0)}{\Delta x} = \lim_{\Delta x \to 0} \frac{\sqrt{(\Delta x)^4 + 0} - 0}{\Delta x} = \lim_{\Delta x \to 0} \frac{(\Delta x)^2}{\Delta x} = 0,$$

可知 $\dfrac{\partial z}{\partial x}\Big|_{\substack{x=0 \\ y=0}} = 0.$ 综上可得

$$\frac{\partial z}{\partial x} = \begin{cases} \dfrac{2x^3}{\sqrt{x^4 + y^4}}, & (x, y) \neq (0, 0), \\ 0, & (x, y) = (0, 0). \end{cases}$$

由例 15.1.1、例 15.1.2 可知, 求函数在 (x_0, y_0) 处的偏导数时, 若偏导函数在 (x_0, y_0) 处有定义, 只需将 (x_0, y_0) 代入偏导函数即得所求偏导数. 若偏导函数在点 (x_0, y_0) 处没有定义, 此时也不能认为偏导数不存在, 如例 15.1.2 中的函数的偏导数处处存在, 其偏导函数是分段函数.

例 15.1.3 设函数

$$f(x, y) = \begin{cases} \dfrac{x^2 y}{x^4 + y^2}, & x^2 + y^2 \neq 0, \\ 0, & x^2 + y^2 = 0, \end{cases}$$

求 $f_x(x, y)$.

解 当 $x^2 + y^2 \neq 0$ 时,

$$f_x(x, y) = \frac{2xy(x^4 + y^2) - x^2 y \cdot 4x^3}{(x^4 + y^2)^2} = \frac{2xy(y^2 - x^4)}{(x^4 + y^2)^2},$$

当 $x^2 + y^2 = 0$ 时, 按偏导数定义, 有

$$f_x(0, 0) = \lim_{\Delta x \to 0} \frac{f(0 + \Delta x, 0) - f(0, 0)}{\Delta x} = \lim_{\Delta x \to 0} \frac{0 - 0}{\Delta x} = 0.$$

所以

$$f_x(x, y) = \begin{cases} \dfrac{2xy(y^2 - x^4)}{(x^4 + y^2)^2}, & x^2 + y^2 \neq 0, \\ 0, & x^2 + y^2 = 0. \end{cases}$$

例 15.1.4　求函数 $f(x, y, z) = \sin(x + y^2 - \mathrm{e}^z)$ 的偏导数.

解　把 y, z 视为常数, 得

$$f_x(x, y, z) = \cos(x + y^2 - \mathrm{e}^z);$$

把 x, z 视为常数, 得

$$f_y(x, y, z) = 2y \cos(x + y^2 - \mathrm{e}^z);$$

把 x, y 视为常数, 得

$$f_z(x, y, z) = -\mathrm{e}^z \cos(x + y^2 - \mathrm{e}^z).$$

与一元函数一样, 在多元函数微分学中, 我们将主要讨论多元函数的可微性及其应用. 为此, 先建立二元函数可微性概念, 至于 n 元函数的可微性不难据此相应地给出.

定义 15.1.2　设函数 $z = f(x, y)$ 在点 (x_0, y_0) 的某一邻域内有定义, 如果 $z = f(x, y)$ 在点 (x_0, y_0) 的全增量 $\Delta z = f(x_0 + \Delta x, y_0 + \Delta y) - f(x_0, y_0)$ 可表示为

$$\Delta z = A\Delta x + B\Delta y + o(\rho), \tag{15.1.1}$$

则称函数 $z = f(x, y)$ 在点 (x_0, y_0) 处**可微**, 其中 A, B 不依赖于 Δx, Δy 而仅与点 (x_0, y_0) 有关, $\rho = \sqrt{(\Delta x)^2 + (\Delta y)^2}$; 并称 (15.1.1) 式中关于 Δx, Δy 的线性函数 $A\Delta x + B\Delta y$ 为函数 $z = f(x, y)$ 在点 (x_0, y_0) 处的**全微分**, 记作 $\mathrm{d}z\big|_{(x_0, y_0)}$ 或 $\mathrm{d}f(x_0, y_0)$, 即

$$\mathrm{d}z\big|_{(x_0, y_0)} = \mathrm{d}f(x_0, y_0) = A\Delta x + B\Delta y. \tag{15.1.2}$$

由 (15.1.1) 式和 (15.1.2) 式可知, $\mathrm{d}z\big|_{(x_0, y_0)}$ 是 Δz 的线性主部, 当 ρ 充分小时, $\mathrm{d}z\big|_{(x_0, y_0)}$ 可视为 Δz 的近似值, 即

$$f(x, y) \approx f(x_0, y_0) + A(x - x_0) + B(y - y_0).$$

例 15.1.5　考察函数 $f(x, y) = xy$ 在点 (x_0, y_0) 的可微性.

解　在点 (x_0, y_0) 处函数的全增量为

$$\Delta f(x_0, y_0) = (x_0 + \Delta x)(y_0 + \Delta y) - x_0 y_0 = y_0 \Delta x + x_0 \Delta y + \Delta x \Delta y.$$

由于

$$\lim_{\rho \to 0} \frac{\Delta x \Delta y}{\rho} = 0,$$

所以 $\Delta x \Delta y = o(\rho)$, 即函数 $f(x,y) = xy$ 在点 (x_0, y_0) 可微, 且

$$\mathrm{d}f(x_0, y_0) = y_0\Delta x + x_0\Delta y.$$

如果函数 $z = f(x,y)$ 在点 (x_0, y_0) 处可微, 则

$$\lim_{(\Delta x, \Delta y)\to(0,0)} \Delta z = \lim_{(\Delta x, \Delta y)\to(0,0)}[A\Delta x + B\Delta y + o(\rho)] = 0,$$

即

$$\lim_{(\Delta x, \Delta y)\to(0,0)} f(x_0 + \Delta x, y_0 + \Delta y) = f(x_0, y_0).$$

这表明, 如果函数 $z = f(x,y)$ 在点 (x_0, y_0) 处可微, 那么函数在 (x_0, y_0) 点连续. 反过来, 如果函数 $z = f(x,y)$ 在某点处连续, 那么函数在该点未必可微.

下面讨论函数 $z = f(x,y)$ 在点 $P_0(x_0, y_0)$ 可微的另一个必要条件.

定理 15.1.1(可微的必要条件) 若函数 $z = f(x,y)$ 在其定义域内的点 (x_0, y_0) 处可微, 则该函数在点 (x_0, y_0) 处的偏导数 $f_x(x_0, y_0)$, $f_y(x_0, y_0)$ 都存在, 且函数 $z = f(x,y)$ 在点 (x_0, y_0) 处的全微分为

$$\mathrm{d}f(x_0, y_0) = f_x(x_0, y_0)\Delta x + f_y(x_0, y_0)\Delta y. \tag{15.1.3}$$

证明 因函数 $z = f(x,y)$ 在点 $P_0(x_0, y_0)$ 可微, 则对 $\forall P(x_0+\Delta x, y_0+\Delta y) \in U(P_0)$, 恒有

$$\Delta z = A\Delta x + B\Delta y + o(\rho) \quad (\rho \to 0).$$

当 $\Delta y = 0$ 时 (此时 $\rho = |\Delta x|$), 有

$$f(x_0 + \Delta x, y_0) - f(x_0, y_0) = A \cdot \Delta x + o(|\Delta x|),$$

上式两边同除以 Δx, 再令 $\Delta x \to 0$ 取极限, 即得

$$\lim_{\Delta x \to 0} \frac{f(x_0 + \Delta x, y_0) - f(x_0, y_0)}{\Delta x} = A, 即 \quad A = f_x(x_0, y_0).$$

同理可证 $B = f_y(x_0, y_0)$. 所以 (15.1.3) 式成立.

与一元函数的情况一样, 由于自变量的增量等于自变量的微分, 即 $\Delta x = \mathrm{d}x$, $\Delta y = \mathrm{d}y$, 所以全微分可表示为

$$\mathrm{d}f(x_0, y_0) = f_x(x_0, y_0)\mathrm{d}x + f_y(x_0, y_0)\mathrm{d}y.$$

如果函数 $z = f(x,y)$ 在区域 D 上的每一点处都可微, 则称该函数**在区域 D 上可微**, 或称该函数是 D 上的**可微函数**, 且 $z = f(x,y)$ 在区域 D 上的全微分为

$$\mathrm{d}z = \mathrm{d}f(x,y) = f_x(x,y)\mathrm{d}x + f_y(x,y)\mathrm{d}y. \tag{15.1.4}$$

例 15.1.6 证明函数 $f(x,y) = \sqrt{|xy|}$ 在点 $(0,0)$ 处连续、偏导数存在但不可微.

证明 因为 $\lim\limits_{(x,y)\to(0,0)} f(x,y) = \lim\limits_{(x,y)\to(0,0)} \sqrt{|xy|} = 0 = f(0,0)$, 所以 $f(x,y)$ 在点 $(0,0)$ 处连续. 又因为

$$\lim_{\Delta x\to 0} \frac{f(0+\Delta x, 0) - f(0,0)}{\Delta x} = \lim_{\Delta x\to 0} \frac{0-0}{\Delta x} = 0,$$

所以 $f_x(0,0) = 0$, 同理, $f_y(0,0) = 0$. 说明函数 $f(x,y)$ 在点 $(0,0)$ 处的偏导数均存在. 又

$$\lim_{\rho\to 0} \frac{\Delta f(0,0) - [f_x(0,0)\Delta x + f_y(0,0)\Delta y]}{\rho} = \lim_{\substack{\Delta x\to 0 \\ \Delta y\to 0}} \frac{\sqrt{|\Delta x \Delta y|}}{\sqrt{(\Delta x)^2 + (\Delta y)^2}},$$

而

$$\lim_{\substack{\Delta x\to 0 \\ \Delta y = k\Delta x}} \frac{\sqrt{|\Delta x \Delta y|}}{\sqrt{(\Delta x)^2 + (\Delta y)^2}} = \frac{\sqrt{|k|}}{\sqrt{1+k^2}},$$

这说明极限

$$\lim_{\rho\to 0} \frac{\Delta f(0,0) - [f_x(0,0)\Delta x + f_y(0,0)\Delta y]}{\rho} = \lim_{(\Delta x, \Delta y)\to(0,0)} \frac{\sqrt{|\Delta x \Delta y|}}{\sqrt{(\Delta x)^2 + (\Delta y)^2}}$$

不存在. 所以, 函数 $f(x,y) = \sqrt{|xy|}$ 在点 $(0,0)$ 处不可微.

定理 15.1.2 (可微的充分条件) 如果函数 $z = f(x,y)$ 在点 (x_0, y_0) 的某邻域内偏导数存在, 且 f_x, f_y 在点 (x_0, y_0) 处连续, 则函数在点 (x_0, y_0) 处可微.

证明 函数的全增量

$$\Delta z\big|_{(x_0, y_0)} = f(x_0 + \Delta x, y_0 + \Delta y) - f(x_0, y_0)$$
$$= [f(x_0+\Delta x, y_0+\Delta y) - f(x_0, y_0+\Delta y)] + [f(x_0, y_0+\Delta y) - f(x_0, y_0)].$$

上式两个方括号内的表达式都是函数的偏增量, 对其分别应用 Lagrange 中值定理, 有

$$\Delta z\big|_{(x_0, y_0)} = f_x(x_0 + \theta_1\Delta x, y_0 + \Delta y)\Delta x + f_y(x_0, y_0 + \theta_2\Delta y)\Delta y,$$

其中 $0 < \theta_1, \theta_2 < 1$. 因为 $f_x(x,y)$ 在点 (x_0, y_0) 处连续, 故有

$$\lim_{\substack{\Delta x\to 0 \\ \Delta y\to 0}} f_x(x_0 + \theta_1\Delta x, y_0 + \Delta y) = f_x(x_0, y_0),$$

于是, 有

$$f_x(x_0 + \theta_1\Delta x, y_0 + \Delta y) = f_x(x_0, y_0) + \alpha,$$

从而

$$f_x(x_0 + \theta_1\Delta x, y_0 + \Delta y)\Delta x = f_x(x_0, y_0)\Delta x + \alpha\Delta x.$$

同理, 也有

$$f_y(x_0, y_0 + \theta_2\Delta y)\Delta y = f_y(x_0, y_0)\Delta y + \beta\Delta y,$$

其中 α, β 为 $\Delta x, \Delta y$ 的函数, 且当 $\Delta x \to 0, \Delta y \to 0$ 时, 有 $\alpha \to 0, \beta \to 0$. 于是, 全增量 $\Delta z\big|_{(x_0,y_0)}$ 可以表示为

$$\Delta z\big|_{(x_0,y_0)} = f_x(x_0, y_0)\Delta x + f_y(x_0, y_0)\Delta y + \alpha\Delta x + \beta\Delta y. \tag{15.1.5}$$

而

$$\lim_{(\Delta x, \Delta y)\to(0,0)} \frac{\Delta z\big|_{(x_0,y_0)} - [f_x(x_0, y_0)\Delta x + f_y(x_0, y_0)\Delta y]}{\rho}$$

$$= \lim_{(\Delta x, \Delta y)\to(0,0)} \frac{\alpha\Delta x + \beta\Delta y}{\rho} = \lim_{(\Delta x, \Delta y)\to(0,0)} \left[\alpha\frac{\Delta x}{\rho} + \beta\frac{\Delta y}{\rho}\right] = 0,$$

其中 $\rho = \sqrt{(\Delta x)^2 + (\Delta y)^2}$. 由全微分的定义可知, 函数 $z = f(x,y)$ 在点 (x_0, y_0) 是可微的.

概括地说, 对于二元函数, 有下述关系: 两偏导数连续蕴涵可微; 可微蕴涵连续; 可微蕴涵两偏导数存在; 这三者的逆蕴涵皆不成立; 偏导数存在与函数连续之间不存在蕴涵关系.

如果函数 $z = f(x,y)$ 在区域 D 上的每一点处都有连续偏导数 f_x 与 f_y, 则称该函数在区域 D 上**连续可微**, 或称函数是 D 内的连续可微函数.

根据定理 15.1.2 的证明, 我们有下列**二元函数的偏导数中值定理**.

定理 15.1.3　设函数 $z = f(x,y)$ 在点 (x_0, y_0) 的某邻域内偏导数存在, 若 (x,y) 属于该邻域, 则存在 $\xi = x_0 + \theta_1(x-x_0)$, $\eta = y_0 + \theta_2(y-y_0)$, $0 < \theta_1, \theta_2 < 1$, 使得

$$f(x,y) - f(x_0, y_0) = f_x(\xi, y)(x - x_0) + f_y(x_0, \eta)(y - y_0).$$

以上关于二元函数全微分的概念与结论, 可以完全类似地推广到一般的 n 元函数.

例 15.1.7　求函数 $z = xe^{xy}$ 在 $(1,1)$ 处的全微分.

解　因为 $\dfrac{\partial z}{\partial x} = e^{xy} + xye^{xy}$, $\dfrac{\partial z}{\partial y} = x^2e^{xy}$, 有 $\dfrac{\partial z}{\partial x}\Big|_{(1,1)} = e + e = 2e$, $\dfrac{\partial z}{\partial y}\Big|_{(1,1)} = e$, 所以 $dz\big|_{(1,1)} = 2edx + edy$.

例 15.1.8　求函数 $u = x^{y^z}$ 的全微分.

解　因为

$$\frac{\partial u}{\partial x} = y^z x^{y^z - 1} = \frac{y^z}{x}x^{y^z}, \qquad \frac{\partial u}{\partial y} = x^{y^z}\ln x \cdot zy^{z-1} = \frac{zy^z\ln x}{y}x^{y^z},$$

$$\frac{\partial u}{\partial z} = x^{y^z} \ln x \cdot y^z \ln y = x^{y^z} \cdot y^z \cdot \ln x \cdot \ln y,$$

所以

$$\mathrm{d}u = \frac{\partial u}{\partial x}\mathrm{d}x + \frac{\partial u}{\partial y}\mathrm{d}y + \frac{\partial u}{\partial z}\mathrm{d}z = x^{y^z}\left(\frac{y^z}{x}\mathrm{d}x + \frac{zy^z \ln x}{y}\mathrm{d}y + y^z \ln x \ln y \mathrm{d}z\right).$$

例 15.1.9 求 $2.99^2 \times 1.02^3$ 的近似值.

解 取函数 $f(x,y) = x^2 y^3$, 显然 $f(x,y)$ 的偏导数在 $\mathbb{R}^2$ 上连续, 从而可微. 利用公式 $f(x_0 + \Delta x, y_0 + \Delta y) \approx f(x_0, y_0) + f_x(x_0, y_0)\Delta x + f_y(x_0, y_0)\Delta y$, 令

$$(x_0, y_0) = (3, 1), \quad \Delta x = -0.01, \quad \Delta y = 0.02,$$

则有

$$\begin{aligned}
2.99^2 \times 1.02^3 = f(2.99,\, 1.02) &= f(3 - 0.01,\, 1 + 0.02) \\
&\approx f(3,1) + f_x(3,1)\Delta x + f_y(3,1)\Delta y \\
&= 3^2 \times 1^3 + f_x(3,1) \cdot (-0.01) + f_y(3,1) \cdot 0.02 \\
&= 9 + 6 \cdot (-0.01) + 27 \cdot 0.02 = 9.48.
\end{aligned}$$

习 题 15.1

1. 求下列函数的偏导数:

(1) $z = xy + \dfrac{x}{y}$; (2) $z = \sin\dfrac{x}{y}\cos\dfrac{y}{x}$;

(3) $z = \dfrac{x-y}{\mathrm{e}^y}$; (4) $z = \ln(x + \ln y)$.

2. 设 $z = x^y (x > 0, x \neq 1)$, 求证: $\dfrac{x}{y}\dfrac{\partial z}{\partial x} + \dfrac{1}{\ln x}\dfrac{\partial z}{\partial y} = 2z$.

3. 设 $f(x,y) = \mathrm{e}^{-x}\sin(x + 2y)$, 求 $f_x\left(0, \dfrac{\pi}{4}\right)$, $f_y\left(0, \dfrac{\pi}{4}\right)$.

4. 求下列函数的全微分:

(1) $z = \arctan\dfrac{x}{y}$; (2) $z = \mathrm{e}^{2x-3y}$;

(3) $z = \dfrac{y}{\sqrt{x^2 + y^2}}$; (4) $u = x^{yz}$.

5. 求下列函数在给定点处的全微分:

(1) $z = x^4 + y^4 - 4x^2 y^2$, 在点 $(1,1)$; (2) $z = \ln(1 + x^2 + y^2)$, 在点 $(1,2)$.

6. 当 $x = 1$, $y = 2$, $\Delta x = -0.1$, $\Delta y = 0.2$ 时, 求函数 $z = \dfrac{y}{x}$ 的全微分及全增量的值.

7. 试证: 函数 $f(x,y) = \begin{cases} \dfrac{xy}{\sqrt{x^2 + y^2}}, & (x,y) \neq (0,0), \\ 0, & (x,y) = (0,0) \end{cases}$ 在点 $(0,0)$ 处偏导数存在, 但是不可微.

8. 讨论 $f(x,y) = \begin{cases} xy \sin \dfrac{1}{x^2+y^2}, & (x,y) \neq (0,0), \\ 0, & (x,y) = (0,0) \end{cases}$ 在点 $(0,0)$ 处的可微性.

9. 计算 $\sqrt{(1.02)^3 + (1.97)^3}$ 的近似值.

10. 证明函数

$$f(x,y) = \begin{cases} (x^2+y^2) \sin \dfrac{1}{\sqrt{x^2+y^2}}, & (x,y) \neq (0,0), \\ 0, & (x,y) = (0,0) \end{cases}$$

在原点 $(0,0)$ 处可微, 但偏导数 $f_x(x,y), f_y(x,y)$ 在点 $(0,0)$ 处不连续.

11. 证明定理 15.1.3.

15.2 复合函数微分法

对于函数 $z = f(u,v), (u,v) \in E \subset \mathbb{R}^2$ 与函数组

$$u = \varphi(x,y), \quad v = \psi(x,y), \quad (x,y) \in D \subset \mathbb{R}^2,$$

若 $\{(u,v) \,|\, u = \varphi(x,y), v = \psi(x,y), (x,y) \in D\} \subset E,$ 则

$$z = F(x,y) = f[\varphi(x,y), \psi(x,y)], \quad (x,y) \in D \subset \mathbb{R}^2$$

是以 $z = f(u,v)$ 为外函数, $u = \varphi(x,y)$ 与 $v = \psi(x,y)$ 为内函数的复合函数. 其中 u, v 称为 F 的中间变量, x, y 称为 F 的自变量. 本节将讨论复合函数 F 的可微性、偏导数和全微分.

定理 15.2.1 如果函数 $u = u(x,y)$ 及 $v = v(x,y)$ 在点 (x,y) 的偏导数存在, 函数 $z = f(u,v)$ 在对应点 (u,v) 处可微, 则复合函数 $z = f[u(x,y), v(x,y)]$ 在点 (x,y) 的两个偏导数均存在, 且

$$\frac{\partial z}{\partial x} = \frac{\partial z}{\partial u}\frac{\partial u}{\partial x} + \frac{\partial z}{\partial v}\frac{\partial v}{\partial x}, \tag{15.2.1}$$

$$\frac{\partial z}{\partial y} = \frac{\partial z}{\partial u}\frac{\partial u}{\partial y} + \frac{\partial z}{\partial v}\frac{\partial v}{\partial y}. \tag{15.2.2}$$

证明 记 $\Delta x, \Delta y$ 为自变量 x, y 的增量, 则中间变量 $u = u(x,y), v = v(x,y)$ 相应的增量为 $\Delta u, \Delta v,$ 于是, 函数 $z = f(u,v)$ 也有相应的增量 $\Delta z.$ 由于 $z = f(u,v)$ 在点 (u,v) 是可微的, 因而

$$\Delta z = \frac{\partial z}{\partial u}\Delta u + \frac{\partial z}{\partial v}\Delta v + \alpha \Delta u + \beta \Delta v, \tag{15.2.3}$$

其中 α, β 为 Δu, Δv 的函数, 且当 $\Delta u \to 0$, $\Delta v \to 0$ 时, $\alpha \to 0$, $\beta \to 0$. 令 $\Delta y = 0$, (15.2.3) 式仍成立, 将其两端同除以 Δx, 得

$$\frac{\Delta_x z}{\Delta x} = \frac{\partial z}{\partial u}\frac{\Delta_x u}{\Delta x} + \frac{\partial z}{\partial v}\frac{\Delta_x v}{\Delta x} + \alpha\frac{\Delta_x u}{\Delta x} + \beta\frac{\Delta_x v}{\Delta x}, \tag{15.2.4}$$

因为当 $\Delta y = 0$, $\Delta x \to 0$ 时, 有 $\Delta u \to 0$, $\Delta v \to 0$, 所以 $\alpha \to 0$, $\beta \to 0$. 由于函数 $u = u(x,y)$, $v = v(x,y)$ 对 x 的偏导数都存在, 所以当 $\Delta x \to 0$ 时, 有

$$\frac{\Delta u_x}{\Delta x} \to \frac{\partial u}{\partial x}, \quad \frac{\Delta v_x}{\Delta x} \to \frac{\partial v}{\partial x},$$

当 $\Delta x \to 0$ 时, 对 (15.2.4) 式两端取极限, 得

$$\frac{\partial z}{\partial x} = \frac{\partial z}{\partial u} \cdot \frac{\partial u}{\partial x} + \frac{\partial z}{\partial v} \cdot \frac{\partial v}{\partial x},$$

同理可得

$$\frac{\partial z}{\partial y} = \frac{\partial z}{\partial u} \cdot \frac{\partial u}{\partial y} + \frac{\partial z}{\partial v} \cdot \frac{\partial v}{\partial y}.$$

这里的 (15.2.1) 式和 (15.2.2) 式称为**多元复合函数的链式法则**. 请注意, 定理 15.2.1 中外函数 $z = f(u,v)$ 的可微性不能减弱为 $z = f(u,v)$ 的偏导数存在, 否则结论不成立.

例 15.2.1 设函数

$$f(x,y) = \begin{cases} \dfrac{x^2 y}{x^2 + y^2}, & x^2 + y^2 \neq 0, \\ 0, & x^2 + y^2 = 0. \end{cases}$$

根据偏导数的定义可得 $f_x(0,0) = f_y(0,0) = 0$. 取内函数 $x = t$, $y = t$, 则复合函数

$$z = F(t) = f(t,t) = \frac{t}{2},$$

于是 $\dfrac{\mathrm{d}z}{\mathrm{d}t}\Big|_{t=0} = \dfrac{1}{2}$. 这时若利用复合函数的链式法则, 则将得出错误结果:

$$\frac{\mathrm{d}z}{\mathrm{d}t}\Big|_{t=0} = \frac{\partial z}{\partial x}\Big|_{(0,0)} \cdot \frac{\mathrm{d}x}{\mathrm{d}t}\Big|_{t=0} + \frac{\partial z}{\partial y}\Big|_{(0,0)} \cdot \frac{\mathrm{d}y}{\mathrm{d}t}\Big|_{t=0} = 0 \cdot 1 + 0 \cdot 1 = 0.$$

一般地, 若 $f(u_1, u_2, \cdots, u_m)$ 在点 $(u_1, u_2, \cdots, u_m)$ 可微, $u_k = g_k(x_1, x_2, \cdots, x_n)(k = 1, 2, \cdots, m)$ 在点 $(x_1, x_2, \cdots, x_n)$ 关于 $x_i(i = 1, 2, \cdots, n)$ 的偏导数存在, 则复合函数

$$f(g_1(x_1, x_2, \cdots, x_n), g_2(x_1, x_2, \cdots, x_n), \cdots, g_m(x_1, x_2, \cdots, x_n))$$

关于自变量 x_i 的偏导数为

$$\frac{\partial f}{\partial x_i} = \sum_{k=1}^{m} \frac{\partial f}{\partial u_k} \cdot \frac{\partial u_k}{\partial x_i} \quad (i = 1, 2, \cdots, n).$$

多元函数的复合函数求导或求偏导一般比较复杂, 必须注意复合函数中哪些是中间变量, 哪些是自变量, 只有这样才能正确使用多元复合函数的链式法则.

例 15.2.2 设 $z = u^2 \sin v$, 而 $u = xy$, $v = 2y$, 求偏导数 $\dfrac{\partial z}{\partial x}, \dfrac{\partial z}{\partial y}$.

解 $\dfrac{\partial z}{\partial x} = \dfrac{\partial z}{\partial u} \cdot \dfrac{\partial u}{\partial x} + \dfrac{\partial z}{\partial v} \cdot \dfrac{\partial v}{\partial x} = (2u \sin v)y + 0 = 2xy^2 \sin 2y,$

$\dfrac{\partial z}{\partial y} = \dfrac{\partial z}{\partial u} \cdot \dfrac{\partial u}{\partial y} + \dfrac{\partial z}{\partial v} \cdot \dfrac{\partial v}{\partial y} = (2u \sin v)x + 2u^2 \cos v$

$\qquad = 2x^2 y \sin 2y + 2x^2 y^2 \cos 2y.$

例 15.2.3 设 $y = (\cos x)^{\sin^2 x}$, $0 < x < \dfrac{\pi}{2}$, 试用多元复合函数微分法求导数 $\dfrac{\mathrm{d}y}{\mathrm{d}x}$.

解 设 $y = u^v$, $u = \cos x$, $v = \sin^2 x$. 因为

$$\frac{\partial y}{\partial u} = v \cdot u^{v-1}, \quad \frac{\partial y}{\partial v} = u^v \cdot \ln u,$$

$$\frac{\mathrm{d}u}{\mathrm{d}x} = -\sin x, \quad \frac{\mathrm{d}v}{\mathrm{d}x} = 2\sin x \cos x = \sin 2x,$$

所以

$$\frac{\mathrm{d}y}{\mathrm{d}x} = \frac{\partial y}{\partial u} \cdot \frac{\mathrm{d}u}{\mathrm{d}x} + \frac{\partial y}{\partial v} \cdot \frac{\mathrm{d}v}{\mathrm{d}x} = v \cdot u^{v-1} \cdot (-\sin x) + u^v \cdot \ln u \cdot \sin 2x$$

$$= -\sin^3 x (\cos x)^{-\cos^2 x} + \sin 2x (\cos x)^{\sin^2 x} \ln \cos x.$$

为了表达简便, 对于函数 $f(u, v)$, 我们引入记号: f_1' 表示函数 f 对第一个变量 u 求偏导数, f_2' 表示函数 f 对第二个变量 v 求偏导数.

例 15.2.4 设 $u = f(x, y, z), z = xe^y$, f 是可微函数, 求 $\dfrac{\partial u}{\partial x}, \dfrac{\partial u}{\partial y}$.

解 根据复合函数求导法则, 有

$$\frac{\partial u}{\partial x} = \frac{\partial f}{\partial x} + \frac{\partial f}{\partial z} \frac{\partial z}{\partial x} = f_1' + e^y f_3',$$

$$\frac{\partial u}{\partial y} = \frac{\partial f}{\partial y} + \frac{\partial f}{\partial z} \frac{\partial z}{\partial y} = f_2' + xe^y f_3'.$$

例 15.2.5 求函数 $u = f\left(xy, \dfrac{y}{x}, yz\right)$ 的偏导数, 其中 f 具有连续偏导数.

解　根据复合函数求导法则, 有

$$\frac{\partial u}{\partial x} = yf_1' - \frac{y}{x^2}f_2'; \quad \frac{\partial u}{\partial y} = xf_1' + \frac{1}{x}f_2' + zf_3'; \quad \frac{\partial u}{\partial z} = yf_3'.$$

设函数 $z = f(u,v)$ 可微, 若 u, v 为自变量, 则有全微分

$$\mathrm{d}z = \frac{\partial z}{\partial u}\mathrm{d}u + \frac{\partial z}{\partial v}\mathrm{d}v.$$

若函数 $z = f(u,v)$, $u = u(x,y)$, $v = v(x,y)$ 均可微, 则由函数 $z = f(u,v)$ 和 $u = u(x,y)$, $v = v(x,y)$ 复合而成的复合函数 $z = f[u(x,y),v(x,y)]$ 也可微, 其全微分为

$$\begin{aligned}
\mathrm{d}z &= \frac{\partial z}{\partial x}\mathrm{d}x + \frac{\partial z}{\partial y}\mathrm{d}y = \left(\frac{\partial z}{\partial u}\frac{\partial u}{\partial x} + \frac{\partial z}{\partial v}\frac{\partial v}{\partial x}\right)\mathrm{d}x + \left(\frac{\partial z}{\partial u}\frac{\partial u}{\partial y} + \frac{\partial z}{\partial v}\frac{\partial v}{\partial y}\right)\mathrm{d}y \\
&= \frac{\partial z}{\partial u}\left(\frac{\partial u}{\partial x}\mathrm{d}x + \frac{\partial u}{\partial y}\mathrm{d}y\right) + \frac{\partial z}{\partial v}\left(\frac{\partial v}{\partial x}\mathrm{d}x + \frac{\partial v}{\partial y}\mathrm{d}y\right) = \frac{\partial z}{\partial u}\mathrm{d}u + \frac{\partial z}{\partial v}\mathrm{d}v.
\end{aligned}$$

由此可见, 无论 z 是自变量 u, v 的函数或者是中间变量 u, v 的函数, 它的全微分形式是一样的. 这个性质称为**多元函数的一阶全微分形式不变性**.

例 15.2.6　求 $z = f(x+y, x-y)$ 的全微分, 其中 f 是可微函数.

解　*方法* 1　用偏导数求全微分. 因为

$$\frac{\partial z}{\partial x} = f_1' + f_2', \quad \frac{\partial z}{\partial y} = f_1' - f_2',$$

所以有

$$\mathrm{d}z = \frac{\partial z}{\partial x}\mathrm{d}x + \frac{\partial z}{\partial y}\mathrm{d}y = (f_1' + f_2')\mathrm{d}x + (f_1' - f_2')\mathrm{d}y.$$

方法 2　用全微分形式不变性求全微分.

$$\begin{aligned}
\mathrm{d}z &= f_1'\mathrm{d}(x+y) + f_2'\mathrm{d}(x-y) = f_1'(\mathrm{d}x + \mathrm{d}y) + f_2'(\mathrm{d}x - \mathrm{d}y) \\
&= (f_1' + f_2')\mathrm{d}x + (f_1' - f_2')\mathrm{d}y.
\end{aligned}$$

习　题　15.2

1. 设 $z = \mathrm{e}^u \sin v$, 而 $u = xy$, $v = x+y$, 求 $\dfrac{\partial z}{\partial x}$, $\dfrac{\partial z}{\partial y}$.

2. 设函数 $z = x\mathrm{e}^y$, 而 $y = y(x)$ 是 x 的可微函数, 求 $\dfrac{\mathrm{d}z}{\mathrm{d}x}$.

3. 设 $z = \mathrm{e}^{3x+2y}$, 而 $x = \cos t$, $y = t^2$, 求 $\dfrac{\mathrm{d}z}{\mathrm{d}t}$.

4. 设 $z = uv + \sin t$, 而 $u = \mathrm{e}^t$, $v = \cos t$, 求 $\dfrac{\mathrm{d}z}{\mathrm{d}t}$.

5. 设 $z = \arctan\dfrac{x}{y}$, 而 $x = u + v$, $y = u - v$, 证明 $\dfrac{\partial z}{\partial u} + \dfrac{\partial z}{\partial v} = \dfrac{u - v}{u^2 + v^2}$.

6. 求下列函数的一阶偏导数 (其中函数 f 具有一阶连续偏导数):

(1) $z = f(x^2 - y^2, \mathrm{e}^{xy})$;　　(2) $u = f(x, xy, xyz)$.

7. 设 $f(u, v)$ 是二元可微函数, $z = f\left(\dfrac{y}{x}, \dfrac{x}{y}\right)$, 求 $x\dfrac{\partial z}{\partial x} - y\dfrac{\partial z}{\partial y}$.

8. 设 $z = f(u)$ 是可微函数, 其中 $u = xy + \dfrac{y}{x}$, 求 $\dfrac{\partial z}{\partial x}, \dfrac{\partial z}{\partial y}$.

15.3　方向导数与梯度

在许多问题讨论中, 我们不仅要知道多元函数在坐标轴方向上的变化率 (即偏导数), 还要知道它在其他特定方向上的变化率, 这就是方向导数. 本节先介绍二元函数的方向导数及其计算, 由此可类似得到三元及三元以上的多元函数的方向导数; 接着介绍与方向导数密切相关的梯度概念.

定义 15.3.1　　设函数 $z = f(x, y)$ 在点 (x_0, y_0) 的某一邻域 $U((x_0, y_0), \delta)$ 内有定义, l 是以点 (x_0, y_0) 为始点的一条射线, $(x_0 + \Delta x, y_0 + \Delta y) \in U((x_0, y_0), \delta)$ 且为射线 l 上的任一点. 射线 l 的方向简称为方向 l 或 l 方向. 如果极限

$$\lim_{\substack{P \to P_0 \\ P \in l}} \frac{\Delta_l z}{\rho} = \lim_{\rho \to 0} \frac{\Delta_l z}{\rho} = \lim_{\rho \to 0} \frac{f(x_0 + \Delta x, y_0 + \Delta y) - f(x_0, y_0)}{\rho}$$

存在, 则称此极限为函数 $z = f(x, y)$ 在点 P_0 处沿方向 l 的方向导数, 记作 $\dfrac{\partial f}{\partial l}\Big|_{(x_0, y_0)}$ 或 $\dfrac{\partial z}{\partial l}\Big|_{(x_0, y_0)}$ 或 $f_l(x_0, y_0)$, 即

$$\frac{\partial f}{\partial l}\Big|_{(x_0, y_0)} = \lim_{\rho \to 0} \frac{f(x_0 + \Delta x, y_0 + \Delta y) - f(x_0, y_0)}{\rho}, \tag{15.3.1}$$

这里 $\rho = \sqrt{(\Delta x)^2 + (\Delta y)^2}$ 表示 P 与 P_0 两点间的距离.

方向导数表示函数 $z = f(x, y)$ 在点 $P_0(x_0, y_0)$ 沿方向 l 的变化率. 方向导数与偏导数既有联系也有区别. 现用 l_x^+ 与 l_x^- 分别表示 x 轴正向与负向. 容易看到, 若函数 f 在点 P_0 存在关于 x 的偏导数, 则 f 沿 x 轴正向 l_x^+ 的方向导数恰为

$$\frac{\partial f}{\partial l_x^+}\Big|_{P_0} = \frac{\partial f}{\partial x}\Big|_{P_0};$$

而 f 沿 x 轴负向 l_x^- 的方向导数为

$$\frac{\partial f}{\partial l_x^-}\Big|_{P_0} = -\frac{\partial f}{\partial x}\Big|_{P_0}.$$

反之, 若函数 f 在点 P_0 沿 x 轴正向 l_x^+ 与负向 l_x^- 的方向导数都存在, 则关于 x

的偏导数未必存在, 仅当 $\dfrac{\partial f}{\partial l_x^+}\Big|_{P_0} = -\dfrac{\partial f}{\partial l_x^-}\Big|_{P_0}$ 时 $\dfrac{\partial f}{\partial x}\Big|_{P_0}$ 才存在.

按定义 15.3.1 求方向导数显然不方便, 下面给出方向导数存在的条件及计算公式.

定理 15.3.1　如果函数 $z = f(x, y)$ 在点 (x_0, y_0) 可微, 则函数在点 $P_0(x_0, y_0)$ 沿任一方向 l 的方向导数都存在, 且有

$$\frac{\partial f}{\partial l}\Big|_{(x_0, y_0)} = f_x(x_0, y_0)\cos\alpha + f_y(x_0, y_0)\cos\beta, \tag{15.3.2}$$

其中 α, β 为方向 l 的方向角 (即分别为 l 与 x 轴正向、y 轴正向的夹角).

证明　设点 $(x_0 + \Delta x, y_0 + \Delta y)$ 在以 P_0 为始点的射线 l 上, 则 $\Delta x = \rho\cos\alpha$, $\Delta y = \rho\cos\beta$, 因为函数 $z = f(x, y)$ 在点 $P_0(x_0, y_0)$ 可微, 所以函数沿方向 l 的增量可以表示为

$$f(x_0 + \Delta x, y_0 + \Delta y) - f(x_0, y_0) = f_x(x_0, y_0)\Delta x + f_y(x_0, y_0)\Delta y + o(\rho),$$

这里 $\rho = \sqrt{(\Delta x)^2 + (\Delta y)^2}$. 两边分别除以 ρ, 得

$$\begin{aligned}
\frac{f(x_0 + \Delta x, y_0 + \Delta y) - f(x_0, y_0)}{\rho} &= f_x(x_0, y_0)\frac{\Delta x}{\rho} + f_y(x_0, y_0)\frac{\Delta y}{\rho} + \frac{o(\rho)}{\rho} \\
&= f_x(x_0, y_0)\cos\alpha + f_y(x_0, y_0)\cos\beta + \frac{o(\rho)}{\rho},
\end{aligned}$$

所以

$$\lim_{\rho \to 0} \frac{f(x_0 + \Delta x, y_0 + \Delta y) - f(x_0, y_0)}{\rho} = f_x(x_0, y_0)\cos\alpha + f_y(x_0, y_0)\cos\beta,$$

这就证明了方向导数存在且 (15.3.2) 式成立.

上述方向导数的概念及计算公式可以类推到三元及三元以上的函数的情形.

如果函数 $u = f(x, y, z)$ 在点 (x_0, y_0, z_0) 处可微, 则函数在点 (x_0, y_0, z_0) 沿着方向 l 的方向导数为

$$\frac{\partial f}{\partial l}\Big|_{(x_0, y_0, z_0)} = f_x(x_0, y_0, z_0)\cos\alpha + f_y(x_0, y_0, z_0)\cos\beta + f_z(x_0, y_0, z_0)\cos\gamma, \tag{15.3.3}$$

其中 α, β, γ 为方向 l 的方向角.

例 15.3.1　设由原点到点 (x, y) 的向径为 $\boldsymbol{r}$, x 轴到 $\boldsymbol{r}$ 的转角为 θ, x 轴到射线 $\boldsymbol{l}$(以原点为始点) 的转角为 φ, 求 $\dfrac{\partial r}{\partial l}$, 其中 $r = |\boldsymbol{r}| = \sqrt{x^2 + y^2}(r \neq 0)$.

解　因为

$$\frac{\partial r}{\partial x} = \frac{x}{\sqrt{x^2 + y^2}} = \frac{x}{r} = \cos\theta,$$

$$\frac{\partial r}{\partial y} = \frac{y}{\sqrt{x^2 + y^2}} = \frac{y}{r} = \sin\theta,$$

所以 $\dfrac{\partial r}{\partial l} = \cos\theta\cos\varphi + \sin\theta\sin\varphi = \cos(\theta - \varphi)$.

由该例可知, 当 $\varphi = \theta$ 时, $\dfrac{\partial r}{\partial l} = 1$, 即 r 沿着向径 $\boldsymbol{r}$ 本身方向的方向导数为 1, 而当 $\varphi = \theta \pm \dfrac{\pi}{2}$ 时, $\dfrac{\partial r}{\partial l} = 0$, 即 r 沿着与向径 $\boldsymbol{r}$ 垂直方向的方向导数为零.

例 15.3.2 求函数 $f(x, y, z) = x + y^2 + z^3 + 5$ 在点 $(1, 1, 1)$ 处沿方向 $\boldsymbol{l} = (2, -2, 1)$ 的方向导数.

解 因为

$$\frac{\partial f}{\partial x}\bigg|_{(1,1,1)} = 1, \quad \frac{\partial f}{\partial y}\bigg|_{(1,1,1)} = 2, \quad \frac{\partial f}{\partial z}\bigg|_{(1,1,1)} = 3;$$

方向 $\boldsymbol{l}$ 的方向余弦

$$\cos\alpha = \frac{2}{\sqrt{2^2 + (-2)^2 + 1^2}} = \frac{2}{3},$$

$$\cos\beta = \frac{-2}{\sqrt{2^2 + (-2)^2 + 1^2}} = -\frac{2}{3},$$

$$\cos\gamma = \frac{1}{\sqrt{2^2 + (-2)^2 + 1^2}} = \frac{1}{3},$$

则

$$\frac{\partial f}{\partial l}\bigg|_{(1,1,1)} = f_x(1,1,1)\cos\alpha + f_y(1,1,1)\cos\beta + f_z(1,1,1)\cos\gamma$$

$$= 1\cdot\frac{2}{3} + 2\cdot\left(-\frac{2}{3}\right) + 3\cdot\frac{1}{3} = \frac{1}{3}.$$

例 15.3.3 设 $D = \{(x, y) \mid 0 < y < x^2, x \in \mathbb{R}\}$, 求函数

$$f(x, y) = \begin{cases} 1, & (x, y) \in D, \\ 0, & (x, y) \in \mathbb{R}^2 \backslash D \end{cases}$$

在原点 $(0, 0)$ 处沿任意方向 $\boldsymbol{l}$ 的方向导数.

解 在始于原点的任意射线上, 总存在包含原点的一小直线段, 在这直线段上 $f(x, y)$ 的函数值为零 (参见图 15.3.1), 于是由方向导数定义, 在原点 $(0, 0)$ 处沿任意方向 $\boldsymbol{l}$ 的方向导数为

$$\frac{\partial f}{\partial l}\bigg|_{(0,0)} = 0.$$

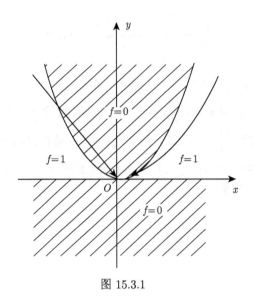

图 15.3.1

例 15.3.3 中的函数在原点不连续, 因而在原点不可微; 但沿任意方向的方向导数都存在. 这说明函数可微是方向导数存在的充分条件, 不是必要条件. 另外, 函数连续不是方向导数存在的必要条件, 也不是方向导数存在的充分条件.

与方向导数密切相关的概念是梯度, 下面以三元函数为例来介绍梯度的概念和基本性质.

定义 15.3.2 若函数 $u = f(x, y, z)$ 在点 (x_0, y_0, z_0) 处存在对所有自变量的偏导数, 则称向量

$$(f_x(x_0, y_0, z_0), f_y(x_0, y_0, z_0), f_z(x_0, y_0, z_0))$$

为函数 $u = f(x, y, z)$ 在点 (x_0, y_0, z_0) 处的梯度, 记为 $\mathbf{grad} f(x_0, y_0, z_0)$, 即

$$\mathbf{grad} f(x_0, y_0, z_0) = (f_x(x_0, y_0, z_0), f_y(x_0, y_0, z_0), f_z(x_0, y_0, z_0)).$$

向量 $\mathbf{grad} f(x_0, y_0, z_0)$ 的长度或模为

$$|\mathbf{grad} f(x_0, y_0, z_0)| = \sqrt{[f_x(x_0, y_0, z_0)]^2 + [f_y(x_0, y_0, z_0)]^2 + [f_z(x_0, y_0, z_0)]^2}$$

若函数 $f(x, y, z)$ 在点 (x_0, y_0, z_0) 可微, 则在该点沿任一方向 $\boldsymbol{l} = (\cos\alpha, \cos\beta, \cos\gamma)$ 的方向导数又可以表示为

$$\frac{\partial f}{\partial \boldsymbol{l}}\bigg|_{(x_0, y_0, z_0)} = \langle \mathbf{grad} f(x_0, y_0, z_0), \boldsymbol{l} \rangle = |\mathbf{grad} f(x_0, y_0, z_0)| \cos\theta,$$

其中 θ 是梯度 $\mathbf{grad} f(x_0, y_0, z_0)$ 与向量 $\boldsymbol{l}$ 的夹角, 当 $\theta = 0$ 时, 即向量 $\boldsymbol{l}$ 与梯度方向一致时, 方向导数 $\dfrac{\partial f}{\partial l}\bigg|_{(x_0, y_0, z_0)}$ 达到最大值, 其最大值为 $|\mathbf{grad} f(x_0, y_0, z_0)|$, 即 $f(x, y, z)$ 在点 (x_0, y_0, z_0) 沿梯度方向的值增长最快; 而当向量 $\boldsymbol{l}$ 与梯度方向相反时, $\dfrac{\partial f}{\partial l}\bigg|_{(x_0, y_0, z_0)}$ 达到最小值, 其最小值为 $-|\mathbf{grad} f(x_0, y_0, z_0)|$.

例 15.3.4　求函数 $u = xyz$ 在点 $P(1, 2, -2)$ 处增加最快的方向及变化率.

解　先求偏导数:

$$\frac{\partial u}{\partial x}\bigg|_{(1,2,-2)} = yz\,\big|_{(1,2,-2)} = 2 \times (-2) = -4,$$

$$\frac{\partial u}{\partial y}\bigg|_{(1,2,-2)} = xz\,\big|_{(1,2,-2)} = 1 \times (-2) = -2,$$

$$\frac{\partial u}{\partial z}\bigg|_{(1,2,-2)} = xy\,\big|_{(1,2,-2)} = 1 \times 2 = 2.$$

于是有

$$\mathbf{grad}\,u\,\big|_{(1,2,-2)} = (-4, -2, 2),$$

$$|\mathbf{grad}\,u|\,\big|_{(1,2,-2)} = \sqrt{16 + 4 + 4} = 2\sqrt{6}.$$

因为函数增加最快的方向是梯度方向, 其变化率是梯度的模, 故在 $(1, 2, -2)$ 处函数增加最快的方向是 $(-4, -2, 2)$, 其变化率为 $2\sqrt{6}$.

习　题　15.3

1. 设 $u = x^2 + y^2$, 求 $\dfrac{\partial u}{\partial x}\bigg|_{(1,1)}$ 及 u 在 $(1,1)$ 点沿 $(-1, 0)$ 方向的方向导数.

2. 求函数 $u = x^{y^z}$ 在点 $(1, 2, -1)$ 处沿 $\boldsymbol{l} = (1, 2, -2)$ 方向的方向导数.

3. 求函数 $r = \sqrt{x^2 + y^2 + z^2}$ 在点 $M_0(x_0, y_0, z_0)$ 处沿 M_0 到坐标原点 O 方向的方向导数.

4. 用方向导数的定义证明: 函数 $u = f(x, y)$ 在点 (x_0, y_0) 的偏导数 $\dfrac{\partial u}{\partial x}\big|_{(x_0, y_0)}$ 存在时, $f(x, y)$ 沿 x 轴正向和负向的方向导数分别为 $\dfrac{\partial u}{\partial x}\big|_{(x_0, y_0)}$ 和 $-\dfrac{\partial u}{\partial x}\big|_{(x_0, y_0)}$.

5. 求函数 $z = x\ln(1 + y)$ 在点 $(1, 1)$ 处沿曲线 $2x^2 - y^2 = 1$ 切向量 (指向 x 增大方向) 的方向导数.

6. 求函数 $z = \sqrt{y + \sin x}$ 在点 $\left(\dfrac{\pi}{2}, 1\right)$ 处沿 $\boldsymbol{l}$ 方向的方向导数, 其中 $\boldsymbol{l}$ 为曲线 $x = 2\sin t$, $y = \pi\cos 2t$ 在 $t = \dfrac{\pi}{6}$ 处的切向量方向 (指向 t 增大的方向).

7. 设 $f(x, y, z) = xy^2 + z^3 - xyz$, 求 $\mathbf{grad} f(1, 1, 1)$.

8. 设 $u, v, f(u)$ 均是可微函数, α, β 为常量, 证明:

(1) $\mathbf{grad}(\alpha u + \beta v) = \alpha\,\mathbf{grad} u + \beta\,\mathbf{grad} v$;

(2) $\mathbf{grad}(u \cdot v) = u\mathbf{grad}v + v\mathbf{grad}u$;

(3)$\mathbf{grad}f(u) = f'(u)\mathbf{grad}u$.

9. 设 $r = \sqrt{x^2 + y^2 + z^2}$, 求 (1)$\mathbf{grad}r$; (2)$\mathbf{grad}\dfrac{1}{r}$.

15.4　Taylor 公式与极值问题

多元 Taylor 公式的基本思想是在某点附近利用多元函数各阶偏导数在该点的值构造多项式来逼近这个函数, 所以它在函数性态研究 (如极值问题研究) 以及近似计算等方面发挥着重要的作用. 本节以二元函数为例, 从讨论高阶偏导数出发, 给出凸区域上的中值定理与二元函数的 Taylor 公式, 进一步讨论二元函数的极值问题.

设函数 $z = f(x, y)$ 在区域 D 内具有偏导数

$$\frac{\partial z}{\partial x} = f_x(x, y), \qquad \frac{\partial z}{\partial y} = f_y(x, y),$$

则在 D 内偏导数 $f_x(x, y)$, $f_y(x, y)$ 仍是 x, y 的函数. 如果偏导函数 $f_x(x, y)$ 或 $f_y(x, y)$ 在 D 内的偏导数也存在, 则称它们是函数 $z = f(x, y)$ 的二阶偏导数. 按照对变量求导次序的不同, 共有下列四个二阶偏导数:

$$\frac{\partial}{\partial x}\left(\frac{\partial z}{\partial x}\right) = \frac{\partial^2 z}{\partial x^2} = f_{xx}(x, y), \quad \frac{\partial}{\partial y}\left(\frac{\partial z}{\partial y}\right) = \frac{\partial^2 z}{\partial y^2} = f_{yy}(x, y),$$

$$\frac{\partial}{\partial x}\left(\frac{\partial z}{\partial y}\right) = \frac{\partial^2 z}{\partial y \partial x} = f_{yx}(x, y), \quad s\frac{\partial}{\partial y}\left(\frac{\partial z}{\partial x}\right) = \frac{\partial^2 z}{\partial x \partial y} = f_{xy}(x, y),$$

其中 $f_{xy}(x, y)$, $f_{yx}(x, y)$ 称为**混合偏导数**.

类似地, 可以定义三阶、四阶直至 n 阶偏导数. 二阶及二阶以上的偏导数统称为**高阶偏导数**.

例 15.4.1　设 $z = x^{3^y}$, 求 $\dfrac{\partial^2 z}{\partial x^2}, \dfrac{\partial^2 z}{\partial x \partial y}, \dfrac{\partial^2 z}{\partial y \partial x}, \dfrac{\partial^2 z}{\partial y^2}$.

解　由于 $\dfrac{\partial z}{\partial x} = 3^y x^{3^y - 1}$, $\dfrac{\partial z}{\partial y} = x^{3^y} \ln x \cdot 3^y \ln 3 = (\ln 3)(\ln x)3^y x^{3^y}$, 故

$$\frac{\partial^2 z}{\partial x^2} = \frac{\partial}{\partial x}\left(\frac{\partial z}{\partial x}\right) = 3^y(3^y - 1)x^{3^y - 2},$$

$$\frac{\partial^2 z}{\partial x \partial y} = \frac{\partial}{\partial y}\left(\frac{\partial z}{\partial x}\right) = (3^y \ln 3)x^{3^y - 1} + 3^y(x^{3^y - 1} \ln x \cdot 3^y \ln 3)$$

$$= (\ln 3)3^y x^{3^y - 1}(1 + 3^y \ln x),$$

$$\frac{\partial^2 z}{\partial y \partial x} = \frac{\partial}{\partial x}\left(\frac{\partial z}{\partial y}\right) = (\ln 3)3^y\left[\frac{1}{x}x^{3^y} + (\ln x)3^y x^{3^y - 1}\right] = (\ln 3)3^y x^{3^y - 1}(1 + 3^y \ln x),$$

$$\frac{\partial^2 z}{\partial y^2} = (\ln 3)(\ln x)\left(3^y x^{3^y}\ln 3 + 3^y x^{3^y}\ln x \cdot 3^y \ln 3\right) = (\ln 3)^2(\ln x)3^y x^{3^y}\left(1 + 3^y \ln x\right).$$

例 15.4.1 中两个二阶混合偏导数 $f_{xy}(x,y), f_{yx}(x,y)$ 相等. 一般情况下, 两个二阶混合偏导数 $f_{xy}(x,y), f_{yx}(x,y)$ 不一定相等 (参见习题 15.4 第 4 题). 那么二者在什么情况下相等呢? 我们有下述定理.

定理 15.4.1 若函数 $z = f(x,y)$ 的两个二阶混合偏导数 $f_{xy}(x,y), f_{yx}(x,y)$ 在 (x_0, y_0) 点连续, 则 $f_{xy}(x_0, y_0) = f_{yx}(x_0, y_0)$.

证明 令

$$F(\Delta x, \Delta y) = f(x_0 + \Delta x, y_0 + \Delta y) - f(x_0 + \Delta x, y_0) - f(x_0, y_0 + \Delta y) + f(x_0, y_0),$$

$$\varphi(x) = f(x, y_0 + \Delta y) - f(x, y_0),$$

则 $F(\Delta x, \Delta y) = \varphi(x_0 + \Delta x) - \varphi(x_0)$. 由于 $z = f(x,y)$ 存在关于 x 的二阶偏导数, 所以函数 $\varphi(x)$ 可导, 根据 Lagrange 中值定理, 存在 $\theta_1 \in (0,1)$, 使得

$$\begin{aligned}
\varphi(x_0 + \Delta x) - \varphi(x_0) &= \varphi'(x_0 + \theta_1 \Delta x)\Delta x \\
&= [f_x(x_0 + \theta_1 \Delta x, y_0 + \Delta y) - f_x(x_0 + \theta_1 \Delta x, y_0)]\Delta x,
\end{aligned}$$

又由于 $f_x(x,y)$ 关于 y 的偏导数存在, 故对以 y 为自变量的函数 $f_x(x_0 + \theta_1 \Delta x, y)$ 应用 Lagrange 中值定理, 存在 $\theta_2 \in (0,1)$, 使得

$$f_x(x_0 + \theta_1 \Delta x, y_0 + \Delta y) - f_x(x_0 + \theta_1 \Delta x, y_0) = f_{xy}(x_0 + \theta_1 \Delta x, y_0 + \theta_2 \Delta y)\Delta y.$$

于是, 有

$$\varphi(x_0 + \Delta x) - \varphi(x_0) = f_{xy}(x_0 + \theta_1 \Delta x, y_0 + \theta_2 \Delta y)\Delta x \Delta y,$$

即 $F(\Delta x, \Delta y) = f_{xy}(x_0 + \theta_1 \Delta x, y_0 + \theta_2 \Delta y)\Delta x \Delta y.$ 令

$$\psi(x) = f(x_0 + \Delta x, y) - f(x_0, y),$$

则有 $F(\Delta x, \Delta y) = \psi(y_0 + \Delta y) - \psi(y_0)$, 同理可证: 存在 $\theta_3, \theta_4 \in (0,1)$, 使得

$$F(\Delta x, \Delta y) = f_{yx}(x_0 + \theta_3 \Delta x, y_0 + \theta_4 \Delta y)\Delta x \Delta y.$$

于是, 当 $\Delta x, \Delta y \neq 0$ 时, 有

$$f_{xy}(x_0 + \theta_1 \Delta x, y_0 + \theta_2 \Delta y) = f_{yx}(x_0 + \theta_3 \Delta x, y_0 + \theta_4 \Delta y).$$

令 $(\Delta x, \Delta y) \to (0,0)$, 并根据 $f_{xy}(x,y), f_{yx}(x,y)$ 在点 (x_0, y_0) 连续得到

$$f_{xy}(x_0, y_0) = f_{yx}(x_0, y_0).$$

定理 15.4.1 表明: 在混合偏导数连续的条件下, 混合偏导数与求偏导数的先后次序无关. 该结论同样适合所有多元函数的高阶偏导数.

今后除特别说明外, 我们都假定相应阶的混合偏导数连续, 从而混合偏导数与求偏导数的先后次序无关.

例 15.4.2 设函数 $u = \dfrac{1}{r}$, 证明 $\dfrac{\partial^2 u}{\partial x^2} + \dfrac{\partial^2 u}{\partial y^2} + \dfrac{\partial^2 u}{\partial z^2} = 0$, 其中 $r = \sqrt{x^2 + y^2 + z^2}$.

证明 利用链式法则得

$$\frac{\partial u}{\partial x} = -\frac{1}{r^2}\frac{\partial r}{\partial x} = -\frac{1}{r^2}\frac{x}{r} = -\frac{x}{r^3}, \quad \frac{\partial^2 u}{\partial x^2} = -\frac{1}{r^3} + \frac{3x}{r^4}\cdot\frac{\partial r}{\partial x} = -\frac{1}{r^3} + \frac{3x^2}{r^5}.$$

由函数关于自变量的对称性得

$$\frac{\partial^2 u}{\partial y^2} = -\frac{1}{r^3} + \frac{3y^2}{r^5}, \quad \frac{\partial^2 u}{\partial z^2} = -\frac{1}{r^3} + \frac{3z^2}{r^5},$$

因此有

$$\frac{\partial^2 u}{\partial x^2} + \frac{\partial^2 u}{\partial y^2} + \frac{\partial^2 u}{\partial z^2} = -\frac{3}{r^3} + \frac{3(x^2 + y^2 + z^2)}{r^5} = -\frac{3}{r^3} + \frac{3r^2}{r^5} = 0.$$

例 15.4.2 中的方程称为 Laplace (拉普拉斯) 方程, 它是数学物理方程中一种很重要的方程.

例 15.4.3 设函数 $z = f(x,y)$ 具有二阶连续偏导数, $\Phi(t) = f(x_0 + th, y_0 + tk)$, 求 $\Phi'(t)$ 与 $\Phi''(t)$.

解 记 $x = x_0 + th, y = y_0 + tk$, 则

$$\Phi'(t) = hf_x(x_0 + th, y_0 + tk) + kf_y(x_0 + th, y_0 + tk)$$
$$= \left(h\frac{\partial}{\partial x} + k\frac{\partial}{\partial y}\right)f(x_0 + th, y_0 + tk);$$

数学家
小传15.4.1

由于二阶偏导数连续, 故 $f_{xy} = f_{yx}$, 从而有

$$\Phi''(t) = h^2 f_{xx}(x_0 + th, y_0 + tk) + hkf_{xy}(x_0 + th, y_0 + tk)$$
$$\quad + hkf_{yx}(x_0 + th, y_0 + tk) + k^2 f_{yy}(x_0 + th, y_0 + tk)$$
$$= \left(h^2\frac{\partial^2 f}{\partial x^2} + 2hk\frac{\partial^2 f}{\partial x \partial y} + k^2\frac{\partial^2 f}{\partial y^2}\right)\bigg|_{(x_0+th, y_0+tk)}$$
$$= \left(h\frac{\partial}{\partial x} + k\frac{\partial}{\partial y}\right)^2 f(x_0 + th, y_0 + tk).$$

例 15.4.4 设 $f(u)$ 具有二阶连续导数, 且 $g(x,y) = f\left(\dfrac{y}{x}\right) + yf\left(\dfrac{x}{y}\right)$, 求 $\left(x^2\dfrac{\partial^2}{\partial x^2} - y^2\dfrac{\partial^2}{\partial y^2}\right)g$.

解 记 $u = \dfrac{y}{x}$, $v = \dfrac{x}{y}$, 则 $g(x,y) = f(u) + yf(v)$, 由已知条件可得

$$\frac{\partial g}{\partial x} = -\frac{y}{x^2}f'(u) + f'(v),$$

$$\frac{\partial^2 g}{\partial x^2} = \frac{2y}{x^3}f'(u) + \frac{y^2}{x^4}f''(u) + \frac{1}{y}f''(v),$$

$$\frac{\partial g}{\partial y} = \frac{1}{x}f'(u) + f(v) - \frac{x}{y}f'(v),$$

$$\frac{\partial^2 g}{\partial y^2} = \frac{1}{x^2}f''(u) - \frac{x}{y^2}f'(v) + \frac{x}{y^2}f'(v) + \frac{x^2}{y^3}f''(v) = \frac{1}{x^2}f''(u) + \frac{x^2}{y^3}f''(v).$$

所以

$$\begin{aligned}
\left(x^2\frac{\partial^2}{\partial x^2} - y^2\frac{\partial^2}{\partial y^2}\right)g &= x^2\frac{\partial^2 g}{\partial x^2} - y^2\frac{\partial^2 g}{\partial y^2} \\
&= \left[\frac{2y}{x}f'(u) + \frac{y^2}{x^2}f''(u) + \frac{x^2}{y}f''(v)\right] - \left[\frac{y^2}{x^2}f''(u) + \frac{x^2}{y}f''(v)\right] \\
&= \frac{2y}{x}f'(u) = \frac{2y}{x}f'\left(\frac{y}{x}\right).
\end{aligned}$$

在叙述二元函数的中值定理之前, 先来介绍凸区域概念. 凸集概念本身也是数学中的一个重要概念.

定义 15.4.1 若区域 D 上任意两点的连线都含于 D, 即对 $\forall (x_1,y_1), (x_2,y_2) \in D$, 以及 $\lambda \in [0,1]$, 都有

$$(x_1 + \lambda(x_2 - x_1), y_1 + \lambda(y_2 - y_1)) \in D,$$

则称 D 为**凸区域** (参见图 15.4.1).

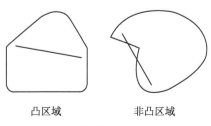

凸区域　　　　　非凸区域

图 15.4.1

显然每个点的邻域是一个凸开区域.

定理 15.4.2(凸开域上的中值定理)　设函数 $f(x,y)$ 定义在凸开域 $D \subset \mathbb{R}^2$ 上且在 D 内每一点可微, 则对 $\forall (a,b), (a+h, b+k) \in D$, 存在 $\theta \in (0,1)$, 使得

$$f(a+h, b+k) - f(a,b) = f_x(a+\theta h, b+\theta k)h + f_y(a+\theta h, b+\theta k)k.$$

证明　令 $F(t) = f(a+th, b+tk)$, 则由于 D 为凸开区域, 所以当 $t \in [0,1]$ 有 $(a+th, b+tk) \in D$. 因此 $F(t)$ 在 $[0,1]$ 上可导, 且

$$F'(t) = f_x(a+th, b+tk)h + f_y(a+th, b+tk)k.$$

根据一元函数的 Lagrange 中值定理, $\exists \theta \in (0,1)$, 使得 $F(1) - F(0) = F'(\theta)$, 由此即得

$$f(a+h, b+k) - f(a,b) = f_x(a+\theta h, b+\theta k)h + f_y(a+\theta h, b+\theta k)k.$$

请注意, 若把定理 15.4.2 中的凸开区域改成凸区域, 则加上适当条件可得到下述**凸区域上的中值定理**:

设 $f(x,y)$ 是定义在凸区域 $D \subset \mathbb{R}^2$ 上的二元连续函数, 且在 $\text{int}D$ 内每一点可微. 则对 $\forall (a,b), (a+h, b+k) \in D$, 只要满足 $\forall \lambda \in (0,1)$, 有 $(a+\lambda h, b+\lambda k) \in \text{int}D$, 就必存在 $\theta \in (0,1)$, 使得

$$f(a+h, b+k) - f(a,b) = f_x(a+\theta h, b+\theta k)h + f_y(a+\theta h, b+\theta k)k.$$

推论 15.4.3　若函数 $f(x,y)$ 在区域 $D \subset \mathbb{R}^2$ 上存在偏导数, 且 $f_x(x,y) = f_y(x,y) \equiv 0$, 则 $f(x,y)$ 在区域 D 上是常值函数.

定理 15.4.4(Taylor 定理)　若函数 $f(x,y)$ 在点 $P_0(x_0, y_0)$ 的某邻域 $U(P_0)$ 内具有直到 $n+1$ 阶的连续偏导数, 则对 $U(P_0)$ 内任一点 $P(x_0+h, y_0+k)$, $\exists \theta \in (0,1)$, 使得

$$\begin{aligned}
f(x_0+h, y_0+k) =& f(x_0, y_0) + \left(h\frac{\partial}{\partial x} + k\frac{\partial}{\partial y}\right)f(x_0, y_0) \\
&+ \frac{1}{2!}\left(h\frac{\partial}{\partial x} + k\frac{\partial}{\partial y}\right)^2 f(x_0, y_0) + \cdots \\
&+ \frac{1}{n!}\left(h\frac{\partial}{\partial x} + k\frac{\partial}{\partial y}\right)^n f(x_0, y_0) \\
&+ \frac{1}{(n+1)!}\left(h\frac{\partial}{\partial x} + k\frac{\partial}{\partial y}\right)^{n+1} f(x_0+\theta h, y_0+\theta k). \quad (15.4.1)
\end{aligned}$$

(15.4.1) 式称为**二元函数** $z = f(x, y)$ **在点** $P_0(x_0, y_0)$ **的** n **阶 Taylor 公式**, 其中

$$\left(h\frac{\partial}{\partial x} + k\frac{\partial}{\partial y}\right)^m f(x_0, y_0) = \sum_{i=0}^m \mathrm{C}_m^i h^i k^{m-i} \frac{\partial^m f}{\partial x^i \partial y^{m-i}}\bigg|_{(x_0, y_0)}.$$

证明　构造辅助函数 $\Phi(t) = f(x_0 + th, y_0 + tk)$, 由题设, 函数 $\Phi(t)$ 在 $[0, 1]$ 上满足一元函数 Taylor 定理条件, 于是有

$$\Phi(1) = \Phi(0) + \frac{\Phi'(0)}{1!} + \frac{\Phi''(0)}{2!} + \cdots + \frac{\Phi^{(n)}(0)}{n!} + \frac{\Phi^{(n+1)}(\theta)}{(n+1)!} \quad (0 < \theta < 1). \quad (15.4.2)$$

应用复合函数求导法则, 可求得 $\Phi(t)$ 的各阶导数:

$$\Phi^{(m)}(t) = \left(h\frac{\partial}{\partial x} + k\frac{\partial}{\partial y}\right)^m f(x_0 + th, y_0 + tk) \quad (m = 1, 2, \cdots, n+1),$$

当 $t = 0$ 时有

$$\Phi^{(m)}(0) = \left(h\frac{\partial}{\partial x} + k\frac{\partial}{\partial y}\right)^m f(x_0, y_0) \quad (m = 1, 2, \cdots, n), \quad\quad (15.4.3)$$

当 $t = \theta$ 时有

$$\Phi^{(n+1)}(\theta) = \left(h\frac{\partial}{\partial x} + k\frac{\partial}{\partial y}\right)^{n+1} f(x_0 + \theta h, y_0 + \theta k). \quad\quad (15.4.4)$$

将 (15.4.3) 式、(15.4.4) 式代入 (15.4.2) 式就得到 Taylor 公式 (15.4.1).

若在 Taylor 公式 (15.4.1) 中, 只要求余项 $R_n = o(\rho^n)$ $(\rho = \sqrt{h^2 + k^2})$, 则**仅需** f **在** $U(P_0)$ **内存在直到** n **阶连续偏导数**, 便有

$$f(x_0 + h, y_0 + k) = f(x_0, y_0) + \sum_{p=1}^n \frac{1}{p!}\left(h\frac{\partial}{\partial x} + k\frac{\partial}{\partial y}\right)^p f(x_0, y_0) + o(\rho^n). \quad (15.4.5)$$

若在 Taylor 公式 (15.4.1) 中, 取 $x_0 = 0$, $y_0 = 0$, 则得到

$$\begin{aligned} f(x, y) =\ & f(0, 0) + \left(x\frac{\partial}{\partial x} + y\frac{\partial}{\partial y}\right) f(0, 0) \\ & + \frac{1}{2!}\left(x\frac{\partial}{\partial x} + y\frac{\partial}{\partial y}\right)^2 f(0, 0) + \cdots + \frac{1}{n!}\left(x\frac{\partial}{\partial x} + y\frac{\partial}{\partial y}\right)^n f(0, 0) \\ & + \frac{1}{(n+1)!}\left(x\frac{\partial}{\partial x} + y\frac{\partial}{\partial y}\right)^{n+1} f(\theta x, \theta y) \quad (0 < \theta < 1). \quad (15.4.6) \end{aligned}$$

公式 (15.4.6) 称为**二元函数** $z = f(x, y)$ **在点** $(0, 0)$ **的** n **阶 Maclaurin 公式**.

若在 Taylor 公式 (15.4.1) 中, 取 $n = 0$, 则得到

$$f(a+h, b+k) = f(a, b) + f_x(a + \theta h, b + \theta k)h + f_y(a + \theta h, b + \theta k)k, \quad 0 < \theta < 1.$$

这便是定理 15.4.2 中给出的**中值公式**.

例 15.4.5 求二元函数 $f(x, y) = \mathrm{e}^{x+y}$ 的 Maclaurin 展开式.

解 二元函数 $f(x, y) = \mathrm{e}^{x+y}$ 在全平面上存在任何阶连续偏导数, 并且它对 x, y 的任何阶偏导数仍是它本身 e^{x+y}, 在原点 $(0, 0)$ 的值为 1. 由公式 (15.4.6) 得

$$\mathrm{e}^{x+y} = 1 + (x+y) + \frac{1}{2!}(x+y)^2 + \cdots + \frac{1}{n!}(x+y)^n$$

$$+ \frac{1}{(n+1)!}(x+y)^{n+1}\mathrm{e}^{\theta x + \theta y} \quad (0 < \theta < 1).$$

例 15.4.6 求 $f(x, y) = x^y$ 在点 $(1, 4)$ 的二阶 Taylor 展开式, 并用它计算 $1.08^{3.96}$.

解 由于 $x_0 = 1, y_0 = 4, n = 2$, 因此有

$$f(x, y) = x^y, \quad f(1, 4) = 1,$$

$$f_x(x, y) = yx^{y-1}, \quad f_x(1, 4) = 4,$$

$$f_y(x, y) = x^y \ln x, \quad f_y(1, 4) = 0,$$

$$f_{xx}(x, y) = y(y-1)x^{y-2}, \quad f_{xx}(1, 4) = 12,$$

$$f_{xy}(x, y) = x^{y-1} + yx^{y-1}\ln x, \quad f_{xy}(1, 4) = 1,$$

$$f_{yy}(x, y) = x^y(\ln x)^2, \quad f_{yy}(1, 4) = 0,$$

将它们代入 Taylor 公式 (15.4.5), 即得

$$x^y = 1 + 4(x-1) + 6(x-1)^2 + (x-1)(y-4) + o(\rho^2).$$

若略去余项, 并取 $x = 1.08, y = 3.96$, 则有

$$1.08^{3.96} \approx 1 + 4 \times 0.08 + 6 \times 0.08^2 - 0.08 \times 0.04 = 1.3552.$$

作为多元函数微分学特别是 Taylor 公式的重要应用, 以下讨论多元函数的极值问题, 主要以二元函数为例进行讨论.

定义 15.4.2　设函数 $u = f(x, y)$ 在点 $P_0(x_0, y_0)$ 的某一邻域 $U(P_0)$ 内有定义, 且对 $\forall P(x, y) \in U(P_0)$, 都有不等式

$$f(x, y) \leqslant f(x_0, y_0) \quad (\text{或 } f(x, y) \geqslant f(x_0, y_0))$$

成立, 则称函数 $u = f(x, y)$ 在点 (x_0, y_0) 取得**极大值** (或**极小值**), $f(x_0, y_0)$ 称为函数 $u = f(x, y)$ 的极大值 (或极小值).

函数的极大值、极小值统称为**极值**, 使函数取得极值的点称为**极值点**.

例 15.4.7　函数 $z = x^2 + y^2$ 在点 $(0, 0)$ 处取得极小值, 函数 $z = -\sqrt{x^2 + y^2}$ 在点 $(0, 0)$ 处取得极大值, 而函数 $z = xy$ 在点 $(0, 0)$ 处不取极值.

由定义 15.4.1 知, 若函数 $f(x, y)$ 在点 (x_0, y_0) 处取得极值, 则当固定 $y = y_0$ 时, 一元函数 $f(x, y_0)$ 必定在点 $x = x_0$ 处取得相同的极值. 同理, 一元函数 $f(x_0, y)$ 在点 $y = y_0$ 处也取得相同的极值. 于是, 有下面的定理.

定理 15.4.5(极值必要条件)　设函数 $z = f(x, y)$ 在点 (x_0, y_0) 存在偏导数, 且在点 (x_0, y_0) 处取得极值, 则它在该点的偏导数必为零, 即

$$f_x(x_0, y_0) = 0, \quad f_y(x_0, y_0) = 0.$$

使得 $f_x(x_0, y_0) = 0, f_y(x_0, y_0) = 0$ 的点 (x_0, y_0) 称为函数 $z = f(x, y)$ 的**稳定点**或**驻点**.

从定理 15.4.5 可知, 若函数在极值点偏导数存在, 那么该极值点必定是函数的稳定点. 反过来, 函数的稳定点不一定是函数的极值点.

例 15.4.8　考虑函数 $f(x, y) = x^2 - y^2$, 因为 $f_x(x, y) = 2x, f_y(x, y) = -2y$, 显然点 $(0, 0)$ 是函数 $f(x, y)$ 的稳定点, 但 $(0, 0)$ 并不是 $f(x, y)$ 的极值点. 事实上, 在点 $(0, 0)$ 的任意邻域, 总有 $(0, y)(y \neq 0)$, 使 $f(0, y) = -y^2 < f(0, 0) = 0$; 也总有点 $(x, 0)(x \neq 0)$, 使 $f(x, 0) = x^2 > f(0, 0) = 0$. 函数 f 的图像是马鞍面, 点 $(0, 0)$ 称为**鞍点** (图 15.4.2).

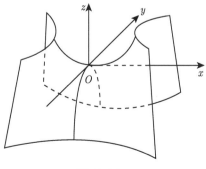

图 15.4.2

与一元函数相类似, 多元函数的极值点可能是稳定点也可能是偏导数不存在的点. 例如, 函数 $z = -\sqrt{x^2 + y^2}$ 在点 $(0,0)$ 处的偏导数不存在, 但该函数在点 $(0,0)$ 处却具有极大值. 因此, 函数的极值点可能是稳定点, 也可能是无偏导点.

为了讨论二元函数 $z = f(x, y)$ 在点 (x_0, y_0) 取得极值的充分条件, 假定 $z = f(x, y)$ 具有二阶连续偏导数. 并记

数学家
小传15.4.2

$$\mathbf{H}_f(x_0, y_0) = \begin{bmatrix} f_{xx}(x_0, y_0) & f_{xy}(x_0, y_0) \\ f_{yx}(x_0, y_0) & f_{yy}(x_0, y_0) \end{bmatrix},$$

称它为 $z = f(x, y)$ 在点 (x_0, y_0) 的 **Hesse** (黑塞) **矩阵**.

定理 15.4.6(极值充分条件) 设函数 $f(x, y)$ 在点 $P_0(x_0, y_0)$ 的某邻域 $U(P_0, \delta)$ 内有直到二阶的连续偏导数, 且 $f_x(x_0, y_0) = 0, f_y(x_0, y_0) = 0$, 即 P_0 为函数 $f(x, y)$ 的稳定点. 则当 $\mathbf{H}_f(x_0, y_0)$ 是正定矩阵时, $f(x_0, y_0)$ 为极小值; 当 $\mathbf{H}_f(x_0, y_0)$ 是负定矩阵时, $f(x_0, y_0)$ 为极大值; 当 $\mathbf{H}_f(x_0, y_0)$ 是不定矩阵时, $f(x_0, y_0)$ 不是极值.

证明 利用函数 $f(x, y)$ 在点 $P_0(x_0, y_0)$ 的二阶 Taylor 公式, 并注意到 $f_x(x_0, y_0) = 0, f_y(x_0, y_0) = 0$, 则有

$$f(x_0 + \Delta x, y_0 + \Delta y) - f(x_0, y_0) = \frac{1}{2}(\Delta x, \Delta y)\mathbf{H}_f(x_0, y_0)(\Delta x, \Delta y)^{\mathrm{T}} + o(\Delta x^2 + \Delta y^2).$$

当 $\mathbf{H}_f(x_0, y_0)$ 是正定矩阵时, 对 $\forall (\Delta x, \Delta y) \neq (0, 0)$, 都有

$$(\Delta x, \Delta y)\mathbf{H}_f(x_0, y_0)(\Delta x, \Delta y)^{\mathrm{T}} > 0.$$

因此, 存在与 $\Delta x, \Delta y$ 无关的 $q > 0$, 使得

$$\frac{1}{2}(\Delta x, \Delta y)\mathbf{H}_f(x_0, y_0)(\Delta x, \Delta y)^{\mathrm{T}} \geqslant q(\Delta x^2 + \Delta y^2),$$

所以当 $\delta > 0$ 充分小时, 只要 $P(x_0 + \Delta x, y_0 + \Delta y) \in U(P_0, \delta)$, 就有

$$f(x_0 + \Delta x, y_0 + \Delta y) - f(x_0, y_0) \geqslant q(\Delta x^2 + \Delta y^2) + o(\Delta x^2 + \Delta y^2)$$
$$= (\Delta x^2 + \Delta y^2)(q + o(1)) \geqslant 0,$$

即 $f(x_0, y_0)$ 是极小值.

同理可证: 当 $\mathbf{H}_f(x_0, y_0)$ 是负定矩阵时, $f(x_0, y_0)$ 为极大值.

当 $\mathbf{H}_f(x_0, y_0)$ 是不定矩阵时 $f(x_0, y_0)$ 不是极值. 事实上, 若 $f(x_0, y_0)$ 是极值, 则当 $f(x_0, y_0)$ 是极大值时, 沿任何过点 $P_0(x_0, y_0)$ 的直线 $x = x_0 + t\Delta x$, $y = y_0 + t\Delta y$, 函数

$$\varphi(t) = f(x_0 + t\Delta x, y_0 + t\Delta y)$$

在 $t = 0$ 时取得极大值, 由一元函数取极大值的充分条件可知不可能 $\varphi''(0) > 0$ (否则 φ 在 $t = 0$ 取得极小值), 这推出 $\varphi''(0) \leqslant 0$. 而由

$$\varphi'(t) = f_x(x_0 + t\Delta x, y_0 + t\Delta y)\Delta x + f_y(x_0 + t\Delta x, y_0 + t\Delta y)\Delta y,$$
$$\varphi''(t) = f_{xx}(x_0 + t\Delta x, y_0 + t\Delta y)\Delta x^2 + 2f_{xy}(x_0 + t\Delta x, y_0 + t\Delta y)\Delta x\Delta y$$
$$+ f_{yy}(x_0 + t\Delta x, y_0 + t\Delta y)\Delta y^2,$$

知必须 $\varphi''(0) = (\Delta x, \Delta y)\mathbf{H}_f(x_0, y_0)(\Delta x, \Delta y)^{\mathrm{T}} \leqslant 0$, 由此推知 $\mathbf{H}_f(x_0, y_0)$ 是负半定矩阵. 当 $f(x_0, y_0)$ 是极小值时, 可推出 $\mathbf{H}_f(x_0, y_0)$ 是正半定矩阵. 这都与 $\mathbf{H}_f(x_0, y_0)$ 是不定矩阵矛盾, 所以 $f(x_0, y_0)$ 不是极值.

类似地, 对 n 元函数 $u = f(\boldsymbol{x})$, $\boldsymbol{x} = (x_1, x_2, \cdots, x_n)$, 若函数 f 在点 $\boldsymbol{x}_0 = (x_1^0, x_2^0, \cdots, x_n^0)$ 有二阶的偏导数, 则记 $a_{ij} = f_{x_i x_j}(\boldsymbol{x}_0)$, 称

$$\mathbf{H}_f(\boldsymbol{x}_0) = \begin{bmatrix} a_{11} & a_{12} & \cdots & a_{1n} \\ a_{21} & a_{22} & \cdots & a_{2n} \\ \vdots & \vdots & & \vdots \\ a_{n1} & a_{n2} & \cdots & a_{nn} \end{bmatrix}$$

为 $u = f(\boldsymbol{x})$ 在点 $\boldsymbol{x}_0$ 的 n 阶 **Hesse 矩阵**. 若 f 的所有二阶偏导数在点 $\boldsymbol{x}_0$ 连续, 则它是一个对称矩阵. 利用与定理 15.4.6 的证明同样方法可得出以下定理.

定理 15.4.7(极值充分条件)   设 n 元函数 $u = f(\boldsymbol{x})$(其中 $\boldsymbol{x} = (x_1, x_2, \cdots, x_n)$) 在点 $\boldsymbol{x}_0 = (x_1^0, x_2^0, \cdots, x_n^0)$ 某邻域 $U(\boldsymbol{x}_0, \delta)$ 内有直到二阶的连续偏导数, 且 $f_{x_k}(\boldsymbol{x}_0) = 0$, $k = 1, 2, \cdots, n$. 则当 $\mathbf{H}_f(\boldsymbol{x}_0)$ 是正定矩阵时, $f(\boldsymbol{x}_0)$ 为极小值; 当 $\mathbf{H}_f(\boldsymbol{x}_0)$ 是负定矩阵时, $f(\boldsymbol{x}_0)$ 为极大值; 当 $\mathbf{H}_f(\boldsymbol{x}_0)$ 是不定矩阵时, $f(\boldsymbol{x}_0)$ 不是极值.

根据正定负定矩阵所属主子行列式的符号规则, 定理 15.4.6 可表述为下列比较实用的形式:

若函数 $f(x, y)$ 在点 $P_0(x_0, y_0)$ 的某邻域 $U(P_0, \delta)$ 内有直到二阶的连续偏导数, 且 P_0 为函数 $f(x, y)$ 的稳定点. 令 $A = f_{xx}(x_0, y_0)$, $C = f_{yy}(x_0, y_0)$, $B = f_{xy}(x_0, y_0)$, 则有

(i) 当 $A > 0$, $AC - B^2 > 0$ 时, $f(x_0, y_0)$ 是极小值;

(ii) 当 $A < 0$, $AC - B^2 > 0$ 时, $f(x_0, y_0)$ 是极大值;

(iii) 当 $AC - B^2 < 0$ 时, $f(x_0, y_0)$ 不是极值;

(iv) 当 $AC - B^2 = 0$ 时, $f(x_0, y_0)$ 是否为极值不确定.

例 15.4.9   设 $f(x, y) = (6x - x^2)(4y - y^2)$, 求其极值.

解 解方程组

$$\begin{cases} f_x = (6 - 2x)(4y - y^2) = 0, \\ f_y = (6x - x^2)(4 - 2y) = 0, \end{cases}$$

求得稳定点为: $(3,2)$, $(0,0)$, $(6,0)$, $(0,4)$, $(6,4)$. 又二阶偏导数为

$$f_{xx} = -2(4y - y^2), \quad f_{xy} = (6 - 2x)(4 - 2y), \quad f_{yy} = -2(6x - x^2).$$

在点 $(3,2)$ 处, $A = f_{xx}(3,2) = -8$, $B = f_{xy}(3,2) = 0$, $C = f_{yy}(3,2) = -18$, 且 $AC - B^2 = 144 > 0$, 那么 $f(3,2) = 36$ 是极大值;

在点 $(0,0)$ 处, $A = f_{xx}(0,0) = 0$, $B = f_{xy}(0,0) = 24$, $C = f_{yy}(0,0) = 0$, 且 $AC - B^2 = -576 < 0$, 那么 $f(0,0) = 0$ 不是极值;

同理可验证 $f(6,0)$, $f(0,4)$, $f(6,4)$ 都不是极值.

例 15.4.10 求函数 $f(x,y) = e^{2x}(x + y^2 + 2y)$ 的极值.

解 令 $f_x = 2e^{2x}(x + y^2 + 2y) + e^{2x} = 0$, $f_y = e^{2x}(2y + 2) = 0$, 得唯一稳定点为 $\left(\dfrac{1}{2}, -1\right)$. 又

$$f_{xx}(x,y) = 4e^{2x}(x + y^2 + 2y + 1),$$

$$f_{xy}(x,y) = 2e^{2x}(2y + 2),$$

$$f_{yy}(x,y) = 2e^{2x},$$

则

$$A = f_{xx}\left(\frac{1}{2}, -1\right) = 2e > 0, \quad B = f_{xy}\left(\frac{1}{2}, -1\right) = 0, \quad C = f_{yy}\left(\frac{1}{2}, -1\right) = 2e,$$

$AC - B^2 = 4e^2 > 0$, 所以函数有极小值为 $f\left(\dfrac{1}{2}, -1\right) = -\dfrac{e}{2}$.

设函数 $f(x,y)$ 在有界闭域 D 上连续. 根据二元函数的最值定理, f 必在 D 上取得最大值与最小值. 与一元函数的情况相类似, 函数 $f(x,y)$ 在 D 上的最大值与最小值可通过比较 $f(x,y)$ 在 $\mathrm{int}D$ 中稳定点的值、无偏导点的值及 $f(x,y)$ 在边界 ∂D 上的最大小值而得出. 而 $f(x,y)$ 在边界 ∂D 上的最大小值问题通常转化为一元函数的最大小值问题. 当 D 是一般区域 (或非闭或无界) 时, $f(x,y)$ 在边界 ∂D 上的取值可通过考察极限的方法来处理. 如果 D 是开区域, 由函数本身的信息或实际问题的意义可判定 $f(x,y)$ 在 D 上取得最大 (小) 值, 而可微函数 f 在 D 内有唯一稳定点, 则此稳定点必是最大 (小) 值点. 这是因为 D 内的最值点必是极值点, 根据极值必要条件, 它必是稳定点.

例 15.4.11　求函数 $f(x,y) = x^2 - y^2$ 在 $D = \{(x,y) \mid x^2 + y^2 \leqslant 4\}$ 上的最大值与最小值.

解　由 $f_x = 2x = 0$ 与 $f_y = -2y = 0$ 得稳定点为 $(0,0)$, $f(0,0) = 0$; 在 $\partial D = \{(x,y) \mid x^2 + y^2 = 4\}$ 上有

$$u = f(x,y)|_{\partial D} = x^2 - y^2 = x^2 - (4 - x^2) = 2x^2 - 4, \quad x \in [-2, 2].$$

由 $\dfrac{\mathrm{d}u}{\mathrm{d}x} = 4x = 0$ 得稳定点为 0, $u(0) = -4$, $u(-2) = u(2) = 4$. 故所求最大值为 $f(2,0) = f(-2,0) = 4$, 最小值为 $f(0,2) = f(0,-2) = -4$.

例 15.4.12　某工厂生产一批长方体无盖盒子, 要求其体积为 $1\mathrm{m}^3$, 盒子底的厚度是侧面厚度的三倍, 试问如何设计盒子的长、宽、高才能使得用料最省?

解　设盒子的长、宽、高分别为 x, y, z, 并令

$$F(x,y,z) = 3xy + 2xz + 2yz,$$

由于盒子的体积为 $1\mathrm{m}^3$, 即 $xyz = 1$. 因此, 令

$$S(x,y) = 3xy + 2\left(\frac{1}{x} + \frac{1}{y}\right), \quad x > 0, \ y > 0.$$

则本题的最小值问题转化为求 $S(x,y)$ 的最小值问题. 由

$$S_x(x,y) = 3y - \frac{2}{x^2} = 0, \quad S_y(x,y) = 3x - \frac{2}{y^2} = 0,$$

得稳定点为 $\left(\sqrt[3]{\dfrac{2}{3}}, \sqrt[3]{\dfrac{2}{3}}\right)$. 由于 $\lim\limits_{x \to +\infty} S(x,y) = +\infty$, $\lim\limits_{x \to 0+} S(x,y) = +\infty$, 并且 $\lim\limits_{y \to +\infty} S(x,y) = +\infty$, $\lim\limits_{y \to 0+} S(x,y) = +\infty$, 故稳定点是 $S(x,y)$ 的最小值点, 所以当 $x = y = \sqrt[3]{\dfrac{2}{3}}$, $z = \sqrt[3]{\dfrac{9}{4}}$ 时用料最省.

例 15.4.13(最小二乘法问题)　设通过观测或实验得到一列点 (x_i, y_i), $i = 1, 2, \cdots, n$. 它们大体上在一条直线上, 即大体上可用直线方程来反映变量 x 与 y 之间的对应关系 (参见图 15.4.3). 现在要确定一直线使得与这 n 个点的偏差平方和最小 (最小二乘方).

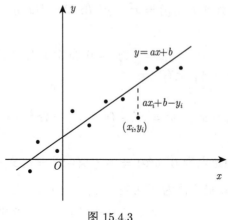

图 15.4.3

解　设所求直线方程为 $y = ax+b$, 所测得的 n 个点为 $(x_i, y_i), i = 1, 2, \cdots, n$. 现要确定 a, b, 使得

$$f(a,b) = \sum_{i=1}^{n} (ax_i + b - y_i)^2, \quad (a,b) \in \mathbb{R}^2$$

为最小. 为此, 令

$$\begin{cases} f_a = 2\sum_{i=1}^{n} x_i(ax_i + b - y_i) = 0, \\ f_b = 2\sum_{i=1}^{n} (ax_i + b - y_i) = 0, \end{cases}$$

把这个关于 a, b 的线性方程加以整理, 得

$$\begin{cases} a\sum_{i=1}^{n} x_i^2 + b\sum_{i=1}^{n} x_i = \sum_{i=1}^{n} x_i y_i, \\ a\sum_{i=1}^{n} x_i + bn = \sum_{i=1}^{n} y_i. \end{cases}$$

解此方程组得 $f(a,b)$ 的唯一稳定点 $(\bar{a}, \bar{b})$, 其中

$$\bar{a} = \frac{n\sum_{i=1}^{n} x_i y_i - \left(\sum_{i=1}^{n} x_i\right)\left(\sum_{i=1}^{n} y_i\right)}{n\sum_{i=1}^{n} x_i^2 - \left(\sum_{i=1}^{n} x_i\right)^2},$$

$$\bar{b} = \frac{\left(\sum_{i=1}^{n} x_i^2\right)\left(\sum_{i=1}^{n} y_i\right) - \left(\sum_{i=1}^{n} x_i y_i\right)\left(\sum_{i=1}^{n} x_i\right)}{n\sum_{i=1}^{n} x_i^2 - \left(\sum_{i=1}^{n} x_i\right)^2}.$$

又因为根据问题的实际意义 (易见 $\lim\limits_{a^2+b^2\to+\infty} f(a,b) = +\infty$), $f(a,b)$ 在 $\mathbb{R}^2$ 上必存在最小值, 从而必在唯一稳定点 $(\bar{a},\bar{b})$ 处达到, 即 $f(\bar{a},\bar{b})$ 就是最小值.

习 题 15.4

1. 求下列函数的二阶偏导数 $\dfrac{\partial^2 z}{\partial x^2}$, $\dfrac{\partial^2 z}{\partial y^2}$ 和 $\dfrac{\partial^2 z}{\partial x \partial y}$:

(1) $z = x^3 y^2 - 3xy^3 - xy + 1$;　　　(2) $z = \sin(ax + by)$;

(3) $z = \arcsin(xy)$;　　　　　　　　(4) $z = x^{2y}$.

2. 设 $f(x,y,z) = xy^2 + yz^2 + zx^2$, 求 $f_{xx}(0,0,1)$, $f_{xz}(1,0,2)$.

3. 设 $r = \sqrt{x^2 + y^2 + z^2}$, 证明

(1) $\left(\dfrac{\partial r}{\partial x}\right)^2 + \left(\dfrac{\partial r}{\partial y}\right)^2 + \left(\dfrac{\partial r}{\partial z}\right)^2 = 1$;　　　(2) $\dfrac{\partial^2 r}{\partial x^2} + \dfrac{\partial^2 r}{\partial y^2} + \dfrac{\partial^2 r}{\partial z^2} = \dfrac{2}{r}$.

4. 设函数

$$f(x,y) = \begin{cases} xy\dfrac{x^2 - y^2}{x^2 + y^2}, & x^2 + y^2 \neq 0, \\ 0, & x^2 + y^2 = 0. \end{cases}$$

证明: $f_{xy}(0,0) \neq f_{yx}(0,0)$.

5. 设 $z = f(x,y)$, $x = r\cos\theta$, $y = r\sin\theta$, 其中 f 具有二阶连续偏导数. 证明

$$\frac{\partial^2 z}{\partial r^2} + \frac{1}{r}\frac{\partial z}{\partial r} + \frac{1}{r^2}\frac{\partial^2 z}{\partial \theta^2} = \frac{\partial^2 z}{\partial x^2} + \frac{\partial^2 z}{\partial y^2}.$$

6. 设 $z = f(r)$, $r = \sqrt{x_1^2 + x_2^2 + \cdots + x_n^2}$, 其中 f 具有二阶连续导数. 证明

$$\frac{\partial^2 z}{\partial x_1^2} + \frac{\partial^2 z}{\partial x_2^2} + \cdots + \frac{\partial^2 z}{\partial x_n^2} = f''(r) + \frac{n-1}{r}f'(r).$$

7. 求下列函数在指定点处的 Taylor 公式:

(1) $f(x,y) = \sin(x^2 + y^2)$, 点 $(0,0)$(直到二阶为止);

(2) $f(x,y) = \dfrac{x}{y}$, 点 $(1,1)$(直到三阶为止);

(3) $f(x,y) = \ln(1 + x + y)$, 点 $(0,0)$(直到三阶为止);

(4) $f(x,y) = 2x^2 - xy - y^2 - 6x - 3y + 5$, 点 $(1,-2)$.

8. 求下列函数的极值:

(1) $f(x,y) = x^2 + 5y^2 - 6x + 10y + 6$;

(2) $f(x,y) = x^3 - y^3 + 3x^2 + 3y^2 - 9x$.

9. 求 $u = \mathrm{e}^{-x_1^2 - x_2^2 - \cdots - x_n^2}$ 的极值.

10. 某工厂生产一批容积为 1m^3 的铁皮圆桶, 供装汽油使用, 试问如何设计才能使得用料最省?

11. 已知平面上 n 个点的坐标为

$$(x_1, y_1), (x_2, y_2), \cdots, (x_n, y_n).$$

试求一点, 使它与这 n 个点的距离的平方和最小.

复习课件15

归纳解
析视频15

总习题 15

A 组

1. 求函数 $f(x,y) = x^2 - xy + y^2$ 在 $D = \{(x,y)|\ |x| + |y| \leqslant 1\}$ 上的最大值与最小值.

2. 在半径为 a 的半球内求体积最大的内接长方体的边长.

3. 求函数 $z = \displaystyle\int_{x+y}^{xy} (\text{e}^{-t}\sin t + \ln|t-1|)\text{d}t$ 的偏导数.

4. 设函数由 $z = \displaystyle\int_0^{xy} \text{e}^{-t^2}\text{d}t - x$ 所确立, 求 $\dfrac{\partial z}{\partial x}, \dfrac{\partial z}{\partial y}$.

5. 求函数 $z = \arctan\dfrac{x+y}{1-xy}$ 的一阶和二阶偏导数.

6. 证明函数 $f(x,y) = \begin{cases} \dfrac{x^2 y^2}{(x^2+y^2)^{3/2}}, & x^2 + y^2 \neq 0, \\ 0, & x^2 + y^2 = 0 \end{cases}$ 在点 $(0,0)$ 连续且偏导数存在, 但不可微.

7. 设 $f(x,y) = \begin{cases} (x^2 + y^2)\sin\dfrac{1}{x^2+y^2}, & x^2 + y^2 \neq 0, \\ 0, & x^2 + y^2 = 0. \end{cases}$ 证明:

(1) 在点 $(0,0)$ 的邻域内 $f_x(x,y), f_y(x,y)$ 存在;

(2) $f_x(x,y), f_y(x,y)$ 在点 $(0,0)$ 不连续;

(3) 函数 $f(x,y)$ 在点 $(0,0)$ 可微.

8. 设 $u = xyz\text{e}^{x+y+z}$, 求 $\dfrac{\partial^{m+n+k} u}{\partial x^m \partial y^n \partial z^k}$.

9. 设 $z = \text{e}^{-x}\sin\dfrac{x}{y}$, 求 $\text{d}z$ 与 $\dfrac{\partial^2 z}{\partial x \partial y}\Big|_{(2,\frac{1}{\pi})}$.

10. 设 $z = f(2x - y, y\sin x)$, 其中 $f(u,v)$ 有二阶连续的偏导数, 求 $\dfrac{\partial^2 z}{\partial x \partial y}$.

11. 设 $z = f(x+y, x-y, xy)$, 其中 f 具有二阶连续偏导数, 求 $\mathrm{d}z$, $\dfrac{\partial^2 z}{\partial x \partial y}$.

12. 已知函数 $f(u,v)$ 具有连续的二阶偏导数, 且 $f(1,1) = 2$ 为 $f(u,v)$ 的极值, 设函数 $z = f(x+y, f(x,y))$, 求 $\dfrac{\partial^2 z}{\partial x \partial y}\Big|_{(1,1)}$.

13. 设 $f(t)$ 可微, 且 $f'(t) > 0$, 求 $u = f(ax + by + cz)$ 沿 $l = (A, B, C)$ 方向的方向导数, 并讨论 l 取什么方向时, 该方向导数的值最大.

14. 设函数 $f(x)$ 具有二阶连续导数, 且 $f(x) > 0$, $f'(0) = 0$, 则二元函数 $z = f(x) \ln f(y)$ 在点 $(0,0)$ 处取得极小值的充分条件是 $f(0) > 1$, $f''(0) > 0$.

B 组

15. 证明: 若二元函数 $f(x,y)$ 在 (x_0, y_0) 的某邻域 $U((x_0, y_0), \delta)$ 内的偏导数 $f_x(x,y)$, $f_y(x, y)$ 有界, 则 $f(x,y)$ 在邻域 $U((x_0, y_0), \delta)$ 内连续.

16. 设二元函数 $f(x,y)$ 在区域 $D = [a,b] \times [c,d]$ 上连续.

(1) 若在 $\mathrm{int}D$ 内有 $f_x(x,y) \equiv 0$, 试问 $f(x,y)$ 在 D 上有何特性?

(2) 若在 $\mathrm{int}D$ 内有 $f_x(x,y) = f_y(x,y) \equiv 0$, 试问 $f(x,y)$ 在 D 上又有何特性?

(3) 在 (1) 的推理中, 关于 $f(x,y)$ 在 D 上连续性是否可以省略? 长方形区域是否可以改为任意区域?

17. 若函数 $u = F(x,y,z)$ 满足恒等式 $F(tx, ty, tz) = t^k F(x,y,z)(t > 0)$, 则称 $u = F(x,y,z)$ 为 k 次齐次函数. 试证下述关于齐次函数的 Euler 定理: 可微函数 $u = F(x,y,z)$ 为 k 次齐次函数的充要条件是

$$xF_x(x,y,z) + yF_y(x,y,z) + zF_z(x,y,z) = kF(x,y,z).$$

并证明 $z = \dfrac{xy^2}{\sqrt{x^2 + y^2}} - xy$ 为 2 次齐次函数.

18. 设函数 $f(x,y,z)$ 具有性质 $f(tx, t^k y, t^m z) = t^n f(x,y,z)(t > 0)$, 证明:

$$xf_x(x,y,z) + kyf_y(x,y,z) + mzf_z(x,y,z) = nf(x,y,z).$$

19. 设由行列式表示的函数

$$u = \begin{vmatrix} 1 & 1 & \cdots & 1 \\ x_1 & x_2 & \cdots & x_n \\ x_1^2 & x_2^2 & \cdots & x_n^2 \\ \vdots & \vdots & & \vdots \\ x_1^{n-1} & x_2^{n-1} & \cdots & x_n^{n-1} \end{vmatrix}.$$

证明: (1) $\displaystyle\sum_{k=1}^{n} \dfrac{\partial u}{\partial x_k} = 0$; (2) $\displaystyle\sum_{k=1}^{n} x_k \dfrac{\partial u}{\partial x_k} = \dfrac{n(n-1)}{2} u$.

20. 设 $u = x^3 + y^3 + z^3 - 3xyz$, 试问在怎样的集合上 **grad**$u$ 分别满足:

(1) 垂直于 z 轴; (2) 平行于 z 轴; (3) 恒为零向量.

21. 设函数 $f(x, y)$ 可微, $\boldsymbol{l}$ 是 $\mathbb{R}^2$ 上的确定向量, 若 $f_{\boldsymbol{l}}(x, y) \equiv 0$, 试问 $f(x, y)$ 有何特征?

22. 设函数 $f(x, y)$ 可微, $\boldsymbol{l}_1$ 与 $\boldsymbol{l}_2$ 是 $\mathbb{R}^2$ 上的线性无关向量. 证明: 若 $f_{\boldsymbol{l}_i}(x, y) \equiv 0$ ($i = 1, 2$), 则 $f(x, y)$ 为常值函数.

23. 证明: 函数 $y = \dfrac{1}{2a\sqrt{\pi t}} \mathrm{e}^{-\frac{(x-b)^2}{4a^2 t}}$ (a, b 为常数) 满足热传导方程 $\dfrac{\partial y}{\partial t} = a^2 \dfrac{\partial^2 y}{\partial x^2}$.

24. 证明: 函数 $z = \ln \sqrt{(x-a)^2 + (y-b)^2}$ (a, b 为常数) 满足 Laplace 方程

$$\frac{\partial^2 z}{\partial x^2} + \frac{\partial^2 z}{\partial y^2} = 0.$$

25. 证明: 若函数 $z = f(x, y)$ 满足 Laplace 方程 $\dfrac{\partial^2 z}{\partial x^2} + \dfrac{\partial^2 z}{\partial y^2} = 0$, 则 $u = f\left(\dfrac{x}{x^2 + y^2}, \dfrac{y}{x^2 + y^2}\right)$ 也满足此方程.

26. 设函数 $u = f(x + g(y))$, 证明: $\dfrac{\partial u}{\partial x} \dfrac{\partial^2 u}{\partial x \partial y} = \dfrac{\partial u}{\partial y} \dfrac{\partial^2 u}{\partial x^2}$, 其中 f, g 具有二阶导数.

27. 设 $f_x(x, y), f_y(x, y)$ 和 $f_{yx}(x, y)$ 在 (x_0, y_0) 的某邻域内存在, $f_{yx}(x, y)$ 在 (x_0, y_0) 点连续, 证明: $f_{xy}(x_0, y_0)$ 也存在, 且 $f_{xy}(x_0, y_0) = f_{yx}(x_0, y_0)$.

28. 设 $f_x(x, y), f_y(x, y)$ 在 (x_0, y_0) 的某邻域内存在且在 (x_0, y_0) 点可微, 证明

$$f_{xy}(x_0, y_0) = f_{yx}(x_0, y_0).$$

第16章 隐函数定理及其应用

在 5.5 节已接触隐函数, 但对它的存在性未从理论上作详细讨论. 有了多元函数的概念, 本章可以详细讨论由多元方程所确定的隐函数的有关问题. 通常的函数相对地称为显函数. 本章除了讨论隐函数定理和隐函数组定理外, 作为应用, 还将讨论曲线的切线与法平面, 曲面的切平面与法线, 以及条件极值等问题.

16.1 隐函数定理

在讨论一般的隐函数存在性问题之前, 先来讨论由二元方程确定隐函数的简单情形. 设 $E_1, E_2 \subset \mathbb{R}$, $F : E_1 \times E_2 \to \mathbb{R}$ 为二元函数. 对二元方程 $F(x, y) = 0$, 若存在 $I \subset E_1$, 使 $\forall x \in I$, 有唯一 $y \in E_2$ 满足 $F(x, y) = 0$, 则称由方程 $F(x, y) = 0$ 确定了一个定义在 I 上的**隐函数**. 若把它记为 $y = f(x)$, 则恒有 $F(x, f(x)) \equiv 0$, $x \in I$. 通常显函数 $y = g(x)$ 可看作隐函数的特例, 它由方程 $g(x) - y = 0$ 确定.

下面我们要研究的问题是: 何时方程 $F(x, y) = 0$ 在点 $P_0(x_0, y_0)$ 附近能唯一确定一个函数 $y = f(x)$ 且有连续导数? 从几何上讲, 在什么条件下曲面 $z = F(x, y)$ 与平面 $z = 0$ 相交成唯一一条光滑曲线? 显然起码条件是点 P_0 要满足方程, 即有点 (x_0, y_0) 使 $F(x_0, y_0) = 0$. 这个条件通常称为**初始条件**. 例如, 二元方程 $x^2 + y^2 + 1 = 0$ 就不具备此条件, 因而不存在任何隐函数. 要使函数 $y = f(x)$ 具有连续导数, 应当要求 F 具有连续偏导数 F_x, F_y. 还有一个更关键的条件是要保证按方程 $F(x, y) = 0$ 不会发生同一个 x 值对应两个 y 值的现象. 如果函数 $z = F(x, y)$ 在固定 x 时关于 y 是一个严格单调函数就能保证这一点. 从多元函数偏导数的几何意义不难看出, 一个充分条件是 $F_y(x_0, y_0) \neq 0$. 此外, 由 $F(x, f(x)) = 0$ 利用复合函数链式法则得 $F_x + F_y f' = 0$. 若 $F_y \neq 0$, 则才有 $f' = -\dfrac{F_x}{F_y}$. 由此也可看出条件 $F_y \neq 0$ 的重要性. 这几个条件确保具有连续导数的隐函数唯一存在, 从而有下述的隐函数定理.

定理 16.1.1(隐函数定理) 设函数 $F(x, y)$ 在点 $P_0(x_0, y_0)$ 的邻域 $U(P_0)$ 内具有连续的偏导数 F_x, F_y, 且

(i) $F(x_0, y_0) = 0$;

(ii) $F_y(x_0, y_0) \neq 0$.

则方程 $F(x,y)=0$ 可以唯一地确定一个定义在 $U(x_0)$ 的隐函数 $y=f(x)$, 使得

(1) $y_0=f(x_0)$, $F(x,f(x))\equiv 0$, $x\in U(x_0)$;

(2) $y=f(x)$ 在 $U(x_0)$ 内存在连续导数, 且

$$f'(x)=-\left.\frac{F_x(x,y)}{F_y(x,y)}\right|_{y=f(x)}.$$

证明　先证明隐函数的存在唯一性. 不妨设 $F_y(x_0,y_0)>0$, 由 $F_y(x,y)$ 的连续性以及极限的局部保号性, 存在 $\delta_1,\delta_2>0$, 使得对 $\forall(x,y)\in U(x_0,\delta_1)\times U(y_0,\delta_2)\subset U(P_0)$, 有

$$F_y(x,y)>0.$$

特别地, 若固定 $x=x_0$, 则对 $\forall y\in U(y_0,\delta_2)$, 有 $F_y(x_0,y)>0$. 因此, 一元函数 $F(x_0,y)$ 在 $U(y_0,\delta_2)$ 内是 y 的严格单调增加函数, 注意到 $F(x_0,y_0)=0$, 则有

$$F(x_0,y_0-\delta_2)<0<F(x_0,y_0+\delta_2).$$

再由 $F(x,y)$ 在点 $(x_0,y_0-\delta_2)$ 和点 $(x_0,y_0+\delta_2)$ 的连续性以及局部保号性, 存在 $\alpha\in(0,\delta_1)$, 使得当 $x\in U(x_0,\alpha)$ 时, 有

$$F(x,y_0-\delta_2)<0<F(x,y_0+\delta_2).$$

对 $\forall\bar{x}\in U(x_0,\alpha)$, 由 $F_y(\bar{x},y)>0$ 推得: $F(\bar{x},y)$ 连续地从负数 $F(\bar{x},y_0-\delta_2)$ 严格增加到正数 $F(\bar{x},y_0+\delta_2)$. 因此, 存在唯一的 $\bar{y}\in U(y_0,\delta_2)$, 使得 $F(\bar{x},\bar{y})=0$. 这说明了 $\forall\bar{x}\in U(x_0,\alpha)$, 有唯一的 $\bar{y}\in U(y_0,\delta_2)$ 与之对应, 即满足方程 $F(\bar{x},\bar{y})=0$. 根据函数的定义, 若令 $\bar{y}=f(\bar{x})$, 则得到定义在 $U(x_0,\alpha)$ 的函数 $y=f(x)$, 满足 $y_0=f(x_0)$ 以及当 $x\in U(x_0,\alpha)$ 时, $(x,f(x))\in U(P_0)$, 且有 $F(x,f(x))\equiv 0$. 该函数的唯一性由 $F(x,y)$ 在区域 $U(x_0,\delta_1)\times U(y_0,\delta_2)$ 内关于 y 严格单调增加得到.

下证 $y=f(x)$ 在区间 $U(x_0,\alpha)$ 内连续. $\forall\bar{x}\in U(x_0,\alpha)$, 记 $\bar{y}=f(\bar{x})$, 对 $\forall\varepsilon>0$, 则有 $F(\bar{x},\bar{y}-\varepsilon)<0<F(\bar{x},\bar{y}+\varepsilon)$. 由 $F(x,y)$ 在点 $(\bar{x},\bar{y}-\varepsilon)$ 和 $(\bar{x},\bar{y}+\varepsilon)$ 处的连续性, 必存在充分小的 $\delta\in(0,\alpha)$, 使得当 $x\in U(\bar{x},\delta)$ 时, 有

$$F(x,\bar{y}-\varepsilon)<0<F(x,\bar{y}+\varepsilon).$$

从上面关于隐函数存在性的证明过程可知, 当 $x\in U(\bar{x},\delta)$ 时, 有

$$f(x)\in U(f(\bar{x}),\varepsilon),\quad\text{即}\quad|f(x)-f(\bar{x})|<\varepsilon.$$

这说明隐函数 $y=f(x)$ 在区间 $U(x_0,\alpha)$ 内连续.

最后, 由 F_x, F_y 都在 $U(P_0)$ 内连续, 我们来证明隐函数 $y = f(x)$ 在区间 $U(x_0)$ 内具有连续导数. 对 $\forall \bar{x}, \bar{x} + \Delta x \in U(x_0)$, 记

$$\bar{y} = f(\bar{x}), \quad \Delta y = f(\bar{x} + \Delta x) - f(\bar{x}),$$

由多元函数的拉格朗日微分中值定理, 存在 $\theta \in (0, 1)$, 使得

$$\begin{aligned} 0 &= F(\bar{x} + \Delta x, \bar{y} + \Delta y) - F(\bar{x}, \bar{y}) \\ &= F_x(\bar{x} + \theta \Delta x, \bar{y} + \theta \Delta y)\Delta x + F_y(\bar{x} + \theta \Delta x, \bar{y} + \theta \Delta y)\Delta y, \end{aligned}$$

再由 $F_y(x_0, y_0) \neq 0$ 及局部保号性可知在 $U(P_0)$ 内 $F_y(\bar{x} + \theta \Delta x, \bar{y} + \theta \Delta y) \neq 0$, 于是有

$$\frac{\Delta y}{\Delta x} = -\frac{F_x(\bar{x} + \theta \Delta x, \bar{y} + \theta \Delta y)}{F_y(\bar{x} + \theta \Delta x, \bar{y} + \theta \Delta y)}.$$

令 $\Delta x \to 0$, 由 $F_x(x, y)$ 及 $F_y(x, y)$ 的连续性得

$$f'(\bar{x}) = -\frac{F_x(\bar{x}, \bar{y})}{F_y(\bar{x}, \bar{y})}.$$

从上式可以看出 $f'(x)$ 在区间 $U(x_0)$ 内连续.

请注意, 定理 16.1.1 只是给出了隐函数存在的充分条件. 当 $F(x, y)$ 不满足定理 16.1.1 的条件时, 也可能存在唯一的隐函数. 另外, 在定理 16.1.1 的条件下, 方程 $F(x, y) = 0$ 所确定的隐函数是局部存在的, 在很多情况下, 我们未必能找到解析式 $y = f(x)$ 来表述这个隐函数. 隐函数存在并不等同于隐函数能显式表示. 例如, Kepler (开普勒) 方程 $y - x - \varepsilon \sin y = 0 (0 < \varepsilon < 1)$, 容易验证它在 $(-\infty, +\infty)$ 上能确定函数 $y = f(x)$, 但无法写出 $y = f(x)$ 的解析式.

定理 16.1.1 可推广到 $n + 1$ 元方程 $F(x_1, x_2, \cdots, x_n, y) = 0$ 所确定的隐函数.

定理 16.1.2(隐函数定理) 记 $\boldsymbol{x} = (x_1, x_2, \cdots, x_n)$, $\boldsymbol{x}_0 = (x_1^0, x_2^0, \cdots, x_n^0) \in \mathbb{R}^n$. 设函数 $F(\boldsymbol{x}, y) = F(x_1, x_2, \cdots, x_n, y)$ 在点 $P_0(\boldsymbol{x}_0, y_0)$ 的邻域 $U(P_0)$ 内具有连续的偏导数 $F_{x_1}, F_{x_2}, \cdots, F_{x_n}, F_y$, 且满足

(i) $F(\boldsymbol{x}_0, y_0) = 0$;

(ii) $F_y(\boldsymbol{x}_0, y_0) \neq 0$.

则方程 $F(\boldsymbol{x}, y) = 0$ 可以唯一地确定一个定义在 $U(\boldsymbol{x}_0)$ 的隐函数 $y = f(\boldsymbol{x})$ 使得

(1) $y_0 = f(\boldsymbol{x}_0)$, $F(\boldsymbol{x}, f(\boldsymbol{x})) \equiv 0$, $\boldsymbol{x} \in U(\boldsymbol{x}_0)$;

(2) $y = f(\boldsymbol{x})$ 在 $U(\boldsymbol{x}_0)$ 内存在连续偏导数, 并且对 $i = 1, 2, \cdots, n$ 及 $\boldsymbol{x} \in U(\boldsymbol{x}_0)$ 有

$$\frac{\partial f(\boldsymbol{x})}{\partial x_i} = -\frac{F_{x_i}(\boldsymbol{x}, y)}{F_y(\boldsymbol{x}, y)} = -\frac{F_{x_i}(x_1, x_2, \cdots, x_n, y)}{F_y(x_1, x_2, \cdots, x_n, y)}.$$

例 16.1.1　设 $x = x(y, z)$, $y = y(x, z)$, $z = z(x, y)$ 都是由方程 $F(x, y, z) = 0$ 所确定的隐函数, F 满足隐函数定理的条件. 证明:

(1) $\dfrac{\partial x}{\partial y}\dfrac{\partial y}{\partial z}\dfrac{\partial z}{\partial x} = -1$;　　(2) $\dfrac{\partial x}{\partial y}\dfrac{\partial x}{\partial z}\dfrac{\partial y}{\partial x}\dfrac{\partial y}{\partial z}\dfrac{\partial z}{\partial x}\dfrac{\partial z}{\partial y} = 1$.

证明　(1) 因为

$$\frac{\partial x}{\partial y} = -\frac{F_y(x, y, z)}{F_x(x, y, z)}, \quad \frac{\partial y}{\partial z} = -\frac{F_z(x, y, z)}{F_y(x, y, z)}, \quad \frac{\partial z}{\partial x} = -\frac{F_x(x, y, z)}{F_z(x, y, z)},$$

所以有 $\dfrac{\partial x}{\partial y}\dfrac{\partial y}{\partial z}\dfrac{\partial z}{\partial x} = -1$.

(2) 又因为

$$\frac{\partial x}{\partial z} = -\frac{F_z(x, y, z)}{F_x(x, y, z)}, \quad \frac{\partial y}{\partial x} = -\frac{F_x(x, y, z)}{F_y(x, y, z)}, \quad \frac{\partial z}{\partial y} = -\frac{F_y(x, y, z)}{F_z(x, y, z)},$$

并根据 (1) 可得

$$\frac{\partial x}{\partial y}\frac{\partial x}{\partial z}\frac{\partial y}{\partial x}\frac{\partial y}{\partial z}\frac{\partial z}{\partial x}\frac{\partial z}{\partial y} = 1.$$

例 16.1.2　求 Descartes(笛卡儿) 叶形线 $x^3 + y^3 - 3axy = 0$ 所确定的隐函数 $y = f(x)$ 的一阶与二阶导数.

解　设 $F(x, y) = x^3 + y^3 - 3axy$, 由隐函数存在定理可知, 在使得

$$F_y(x, y) = 3y^2 - 3ax \neq 0$$

的点 (x, y) 附近, 方程可以确定隐函数 $y = f(x)$. 于是

$$\frac{\mathrm{d}y}{\mathrm{d}x} = -\frac{F_x(x, y)}{F_y(x, y)} = \frac{ay - x^2}{y^2 - ax},$$

$$\frac{\mathrm{d}^2 y}{\mathrm{d}x^2} = -\frac{F_{xx}F_y^2 - 2F_{xy}F_xF_y + F_{yy}F_x^2}{F_y^3}$$

$$= -\frac{2xy(y^3 + x^3 - 3axy) + 2a^3xy}{(y^2 - ax)^3} = -\frac{2a^3xy}{(y^2 - ax)^3}.$$

数学家
小传16.1.1

例 16.1.3　讨论方程 $xyz^3 + x^2 + y^3 - z = 0$ 在原点附近所确定的关于 x, y 的二元隐函数及其偏导数.

解　设 $F(x, y, z) = xyz^3 + x^2 + y^3 - z$, 因为

$$F(0, 0, 0) = 0, \quad F_z(0, 0, 0) = -1,$$

且 $F_x(x, y, z)$, $F_y(x, y, z)$, $F_z(x, y, z)$ 都是连续的, 所以方程 $F(x, y, z) = 0$ 在原点附近存在唯一连续可微的隐函数 $z = f(x, y)$, 其偏导数

$$\frac{\partial z}{\partial x} = -\frac{F_x}{F_z} = \frac{yz^3 + 2x}{1 - 3xyz^2}, \quad \frac{\partial z}{\partial y} = -\frac{F_y}{F_z} = \frac{xz^3 + 3y^2}{1 - 3xyz^2}.$$

例 16.1.4   设 $z = z(x, y)$ 是由方程 $F(cx - az, cy - bz) = 0$ 所确定的隐函数, 其中 $F(u, v)$ 具有连续偏导数, a, b, c 为常数, 试求表达式 $a\dfrac{\partial z}{\partial x} + b\dfrac{\partial z}{\partial y}$.

解   设 $u = cx - az$, $v = cy - bz$, 方程 $F(cx - az, cy - bz) = 0$ 两边同时对 x 求偏导, 得

$$F_u(u, v)\left(c - a\frac{\partial z}{\partial x}\right) + F_v(u, v)\left(-b\frac{\partial z}{\partial x}\right) = 0,$$

解得

$$\frac{\partial z}{\partial x} = \frac{cF_u(u, v)}{aF_u(u, v) + bF_v(u, v)}.$$

同理, 方程 $F(cx - az, cy - bz) = 0$ 两边同时对 y 求偏导, 得

$$F_u(u, v)\left(-a\frac{\partial z}{\partial y}\right) + F_v(u, v)\left(c - b\frac{\partial z}{\partial y}\right) = 0,$$

解得

$$\frac{\partial z}{\partial y} = \frac{cF_v(u, v)}{aF_u(u, v) + bF_v(u, v)}.$$

所以 $a\dfrac{\partial z}{\partial x} + b\dfrac{\partial z}{\partial y} = c$.

习 题 16.1

1. 方程 $\cos x + \sin y = 2^{xy}$ 能否在原点的某邻域内确定隐函数 $y = f(x)$ 或 $x = g(y)$?

2. 方程 $xy + z\ln y + 2^{xz} = 1$ 在点 $(0, 1, 1)$ 的某邻域内能否确定某一个变量为另外两个变量的隐函数?

3. 求由下列方程所确定的隐函数的导数或偏导数 (包括高阶偏导数与全微分):

(1) $x + y^2 + z^3 - xy = 2z$, 求 $\dfrac{\partial z}{\partial x}, \dfrac{\partial z}{\partial y}$.

(2) $e^x + e^y + e^z = 3xyz$, 求 $\dfrac{\partial y}{\partial x}, \dfrac{\partial y}{\partial z}$.

(3) $yz + zx + xy = 3$, 求 $\dfrac{\partial z}{\partial x}, \dfrac{\partial z}{\partial y}$(其中 $x + y \neq 0$).

(4) $x = e^{yz} + z^2$, 求 dz.

(5) $z = 1 + \ln(x + y) - e^z$, 求 $z_x(1, 0)$, $z_y(1, 0)$.

(6) $e^z - xyz = 0$, 求 $\dfrac{\partial^2 z}{\partial x^2}, \dfrac{\partial^2 z}{\partial x \partial y}$.

4. 设 $z = x^2 + y^2$, 其中 $y = f(x)$ 由方程 $x^2 + y^2 - xy = 1$ 所确定, 求 $\dfrac{\mathrm{d}z}{\mathrm{d}x}$, $\dfrac{\mathrm{d}^2 z}{\mathrm{d}x^2}$.

5. 设 $u = x^2 + y^2 + z^2 + 7$, 其中 $z = f(x, y)$ 由方程 $x^3 + y^3 + z^3 - 3xyz = 0$ 所确定, 求 $\dfrac{\partial u}{\partial x}$, $\dfrac{\partial^2 u}{\partial x^2}$.

16.2　隐函数组定理

16.1 节讨论的是一个方程所确定的隐函数, 本节将讨论由方程组所确定的隐函数组.

设 $F(x, y, u, v), G(x, y, u, v)$ 是定义在区域 $V \subset \mathbb{R}^4$ 上的四元函数. 若存在区域 $D \subset \mathbb{R}^2$, 对 $\forall (x, y) \in D$, 分别有区间 I, J 上唯一的对应值 $u \in I, v \in J$, 它们与 (x, y) 一起满足方程组

$$\begin{cases} F(x, y, u, v) = 0, \\ G(x, y, u, v) = 0, \end{cases} \tag{16.2.1}$$

则由方程组 (16.2.1) 确定了两个定义在 $D \subset \mathbb{R}^2$ 上, 值域分别在 I, J 内的函数, 称这两个函数为由方程组所确定的**隐函数组**. 若隐函数组记为 $u = f(x, y), v = g(x, y)$, 则在 $D \subset \mathbb{R}^2$ 上有恒等式

$$\begin{cases} F(x, y, f(x, y), g(x, y)) \equiv 0, \\ G(x, y, f(x, y), g(x, y)) \equiv 0. \end{cases}$$

关于隐函数组的一般情况可类似叙述, 在此略去.

为了找到由方程组确定隐函数组的条件, 不妨假设函数 $F(x, y, u, v), G(x, y, u, v)$ 是可微的, 而且由方程组 (16.2.1) 所确定的两个隐函数 $u = f(x, y)$, $v = g(x, y)$ 也是可微的. 方程组 (16.2.1) 分别对 x, y 求偏导数可得

$$\begin{cases} F_x + F_u u_x + F_v v_x = 0, \\ G_x + G_u u_x + G_v v_x = 0; \end{cases} \tag{16.2.2}$$

$$\begin{cases} F_y + F_u u_y + F_v v_y = 0, \\ G_y + G_u u_y + G_v v_y = 0. \end{cases} \tag{16.2.3}$$

若要从方程组 (16.2.2) 解出 u_x, v_x, 从方程组 (16.2.3) 解出 u_y, v_y, 则充分条件是它们的系数行列式满足

$$\begin{vmatrix} F_u & F_v \\ G_u & G_v \end{vmatrix} \neq 0. \tag{16.2.4}$$

(16.2.4) 式左边的行列式称为 $F(x, y, u, v), G(x, y, u, v)$ 关于 u, v 的 **Jacobi(雅可**

比) **行列式**, 记为 $\dfrac{\partial(F,G)}{\partial(u,v)}$, 即 $\dfrac{\partial(F,G)}{\partial(u,v)} = \begin{vmatrix} F_u & F_v \\ G_u & G_v \end{vmatrix}$. 相应地, 矩阵 $\begin{pmatrix} F_u & F_v \\ G_u & G_v \end{pmatrix}$ 称为 F, G 关于 u, v 的 Jacobi 矩阵.

下面给出隐函数组存在定理, 但证明从略.

定理 16.2.1(隐函数组定理) 若函数组 $F(x,y,u,v), G(x,y,u,v)$ 在点 $P_0(x_0, y_0, u_0, v_0)$ 的邻域 $U(P_0)$ 内具有连续的一阶偏导数, 且

(i) $F(x_0, y_0, u_0, v_0) = 0, G(x_0, y_0, u_0, v_0) = 0$(通常称为**初始条件**);

(ii) $\left. \dfrac{\partial(F,G)}{\partial(u,v)} \right|_{P_0} \neq 0.$

则方程组 $\begin{cases} F(x,y,u,v) = 0, \\ G(x,y,u,v) = 0 \end{cases}$ 在 $U(P_0)$ 内存在唯一确定的定义在点 $\bar{P}_0(x_0, y_0)$ 的某邻域 $U(\bar{P}_0) \subset \mathbb{R}^2$ 内的二元函数组 $\begin{cases} u = f(x,y), \\ v = g(x,y), \end{cases}$ 且满足下列条件:

(1) $u_0 = f(x_0, y_0), v_0 = g(x_0, y_0)$, 当 $(x,y) \in U(\bar{P}_0)$ 时, 有

$$\begin{cases} F(x, y, f(x,y), g(x,y)) \equiv 0, \\ G(x, y, f(x,y), g(x,y)) \equiv 0; \end{cases}$$

(2) $u = f(x,y), v = g(x,y)$ 在 $U(\bar{P}_0)$ 内有连续的一阶偏导数, 且

$$\frac{\partial u}{\partial x} = -\frac{\dfrac{\partial(F,G)}{\partial(x,v)}}{\dfrac{\partial(F,G)}{\partial(u,v)}}, \quad \frac{\partial u}{\partial y} = -\frac{\dfrac{\partial(F,G)}{\partial(y,v)}}{\dfrac{\partial(F,G)}{\partial(u,v)}},$$

$$\frac{\partial v}{\partial x} = -\frac{\dfrac{\partial(F,G)}{\partial(u,x)}}{\dfrac{\partial(F,G)}{\partial(u,v)}}, \quad \frac{\partial v}{\partial y} = -\frac{\dfrac{\partial(F,G)}{\partial(u,y)}}{\dfrac{\partial(F,G)}{\partial(u,v)}}.$$

数学家
小传16.2.1

例 16.2.1 设方程组 $\begin{cases} z = x^2 + y^2, \\ x^2 + 2y^2 + 3z^2 = 1 \end{cases}$ 确定函数 $y = y(x), z = z(x)$, 求 $\dfrac{\mathrm{d}y}{\mathrm{d}x}, \dfrac{\mathrm{d}z}{\mathrm{d}x}$.

解 将方程组各方程两边同时对 x 求导数, 得

$$\begin{cases} \dfrac{\mathrm{d}z}{\mathrm{d}x} = 2x + 2y\dfrac{\mathrm{d}y}{\mathrm{d}x}, \\ 2x + 4y\dfrac{\mathrm{d}y}{\mathrm{d}x} + 6z\dfrac{\mathrm{d}z}{\mathrm{d}x} = 0. \end{cases}$$

解之得

$$\frac{\mathrm{d}y}{\mathrm{d}x} = -\frac{x(6z+1)}{2y(3z+1)}, \quad \frac{\mathrm{d}z}{\mathrm{d}x} = \frac{x}{3z+1}.$$

例 16.2.2　设 $\begin{cases} u^2 + v^2 - x^2 - y = 0, \\ -u + v - xy + 1 = 0, \end{cases}$ 求 $\dfrac{\partial x}{\partial u}, \dfrac{\partial y}{\partial u}.$

解　由所给方程组易知它确定隐函数组 $x = x(u,v)$, $y = y(u,v)$. 在方程组各方程的两边对 u 求偏导数, 得

$$\begin{cases} 2u - 2x \cdot \dfrac{\partial x}{\partial u} - \dfrac{\partial y}{\partial u} = 0, \\[2mm] -1 - \dfrac{\partial x}{\partial u} \cdot y - x\dfrac{\partial y}{\partial u} = 0. \end{cases}$$

解得

$$\frac{\partial x}{\partial u} = \frac{2xu+1}{2x^2-y}, \quad \frac{\partial y}{\partial u} = -\frac{2x+2yu}{2x^2-y}.$$

作为隐函数组定理的一个应用, 下面来讨论反函数组. 设函数组为

$$u = u(x,y), \quad v = v(x,y), \quad (x,y) \in B \subset \mathbb{R}^2, \tag{16.2.5}$$

对任意点 $P(x,y) \in B$, 由函数组 (16.2.5) 唯一存在点 $Q(u,v) \in \mathbb{R}^2$ 与之对应, 称函数组 (16.2.5) 确定了 B 到 $\mathbb{R}^2$ 的一个映射 (或变换), 记为 T. 这时函数组 (16.2.5) 可表述为

$$T : B \to \mathbb{R}^2, \quad P(x,y) \mapsto Q(u,v);$$

或写成点函数 $Q = T(P)$, $P \in B$; 并称点 $Q(u,v)$ 为映射 T 下点 $P(x,y)$ 的像, 而 P 则是 Q 的原像. 记 B 在映射 T 下的像集为 $\hat{B} = T(B)$.

反过来, 若 T 是一一映射, 则对每一 $(u,v) \in \hat{B}$, 由函数组 (16.2.5) 存在唯一的 $(x,y) \in B$ 与之对应, 由此所得到的映射称为 T 的逆映射, 记作 T^{-1}, 即

$$T^{-1} : \hat{B} \to B, \quad Q(u,v) \mapsto P(x,y).$$

或 $P = T^{-1}(Q)$, $Q \in \hat{B}$, 即存在定义在 $\hat{B}$ 上的函数组

$$x = x(u,v), \quad y = y(u,v). \tag{16.2.6}$$

把它们代入函数组 (16.2.5) 就得

$$u \equiv u(x(u,v), y(u,v)), \quad v \equiv v(x(u,v), y(u,v)).$$

我们把函数组 (16.2.5) 改写成

$$\begin{cases} F(x,y,u,v) = u(x,y) - u = 0, \\ G(x,y,u,v) = v(x,y) - v = 0, \end{cases} \tag{16.2.7}$$

并将定理 16.2.1 应用于方程组 (16.2.7), 便可得到函数组 (16.2.5) 在某个局部范围内存在反函数组 (16.2.6) 的下述结论.

定理 16.2.2(反函数组定理) 设函数组 $\begin{cases} u = u(x,y), \\ v = v(x,y) \end{cases}$ 在点 $P_0(x_0, y_0)$ 的邻域 $U(P_0)$ 内具有连续的一阶偏导数, 且

(i) $u_0 = u(x_0, y_0), v_0 = v(x_0, y_0)$;

(ii) $\left. \dfrac{\partial(u,v)}{\partial(x,y)} \right|_{P_0} \neq 0.$

则在点 $Q_0(u_0, v_0)$ 的某邻域 $U(Q_0)$ 内存在唯一的反函数组 $\begin{cases} x = x(u,v), \\ y = y(u,v) \end{cases}$ 使得

(1) $x_0 = x(u_0, v_0), y_0 = y(u_0, v_0)$, 且当 $(u,v) \in U(Q_0)$ 时, 有

$$u \equiv u(x(u,v), y(u,v)), \qquad v \equiv v(x(u,v), y(u,v)).$$

(2) 反函数组在 $U(Q_0)$ 内存在连续的一阶偏导数, 且

$$\frac{\partial x}{\partial u} = \frac{\partial v}{\partial y} \bigg/ \frac{\partial(u,v)}{\partial(x,y)}, \quad \frac{\partial x}{\partial v} = -\frac{\partial u}{\partial y} \bigg/ \frac{\partial(u,v)}{\partial(x,y)};$$

$$\frac{\partial y}{\partial u} = -\frac{\partial v}{\partial x} \bigg/ \frac{\partial(u,v)}{\partial(x,y)}, \quad \frac{\partial y}{\partial v} = \frac{\partial u}{\partial x} \bigg/ \frac{\partial(u,v)}{\partial(x,y)}.$$

由此可见, **互为反函数组的 (16.2.5) 式与 (16.2.6) 式, 它们的 Jacobi 行列式互为倒数**, 即

$$\frac{\partial(u,v)}{\partial(x,y)} \cdot \frac{\partial(x,y)}{\partial(u,v)} = 1.$$

这与一元反函数求导公式相类似.

例 16.2.3 平面上点的直角坐标 (x,y) 与极坐标 (ρ, θ) 之间的坐标变换公式为

$$x = \rho \cos\theta, \quad y = \rho \sin\theta.$$

由于

$$\frac{\partial(x,y)}{\partial(\rho,\theta)} = \begin{vmatrix} \cos\theta & -\rho\sin\theta \\ \sin\theta & \rho\cos\theta \end{vmatrix} = \rho,$$

所以根据反函数组定理, 当 $\rho \neq 0$(即除原点外), 函数组 $x = \rho\cos\theta, y = \rho\sin\theta$ 在点的邻域上确定唯一的反函数组 (即存在唯一逆变换)$\rho = \rho(x,y), \ \theta = \theta(x,y)$.

例 16.2.4 直角坐标 (x,y,z) 与球面坐标 (r, φ, θ) 之间的坐标变换公式为

$$x = r\sin\varphi\cos\theta, \quad y = r\sin\varphi\sin\theta, \quad z = r\cos\varphi.$$

由于

$$\frac{\partial(x,y,z)}{\partial(r,\varphi,\theta)} = \begin{vmatrix} \sin\varphi\cos\theta & r\cos\varphi\cos\theta & -r\sin\varphi\sin\theta \\ \sin\varphi\sin\theta & r\cos\varphi\sin\theta & r\sin\varphi\cos\theta \\ \cos\varphi & -r\sin\varphi & 0 \end{vmatrix} = r^2\sin\varphi,$$

所以根据反函数组定理, 当 $r^2\sin\varphi \neq 0$ 时, 该坐标变换在点的邻域上存在唯一逆变换

$$r = r(x,y,z), \quad \varphi = \varphi(x,y,z), \quad \theta = \theta(x,y,z).$$

习 题 16.2

1. 试讨论方程组

$$\begin{cases} x^2 + y^2 = \dfrac{z^2}{2}, \\ x + y + z = 2 \end{cases}$$

在点 $(1, -1, 2)$ 的附近是否可以确定形如 $x = f(z), y = g(z)$ 的隐函数组.

2. 求由下列方程组所确定的隐函数的导数或偏导数:

(1) 设 $\begin{cases} z = x^2 + y^2, \\ x + y + z = 1, \end{cases}$ 求 $\dfrac{\mathrm{d}y}{\mathrm{d}x}, \dfrac{\mathrm{d}z}{\mathrm{d}x}$;

(2) 设 $\begin{cases} xu - yv = 0, \\ yu + xv = 1, \end{cases}$ 求 $\dfrac{\partial u}{\partial x}, \dfrac{\partial u}{\partial y}, \dfrac{\partial v}{\partial x}$ 和 $\dfrac{\partial v}{\partial y}$;

(3) 设 $\begin{cases} x = u + v, \\ y = uv + \mathrm{e}^v, \end{cases}$ 求 $\dfrac{\partial u}{\partial y}, \dfrac{\partial v}{\partial y}$.

3. 求下列函数组所确定的反函数组的偏导数:

(1) 设 $\begin{cases} x = \mathrm{e}^u + u\sin v, \\ y = \mathrm{e}^u - u\cos v, \end{cases}$ 求 u_x, u_y, v_x, v_y;

(2) 设 $\begin{cases} x = u + v, \\ y = u^2 + v^2, \\ z = u^3 + v^3, \end{cases}$ 求 $\dfrac{\partial z}{\partial x}$.

4. 设函数 $z = z(x, y)$ 由方程组

$$x = \mathrm{e}^{u+v}, \quad y = \mathrm{e}^{u-v}, \quad z = uv$$

所定义的函数, 求当 $u = v = 0$ 时的 $\mathrm{d}z$.

5. 以 u, v 为新的自变量变换下列方程:

(1) $(x+y)\dfrac{\partial z}{\partial x} - (x-y)\dfrac{\partial z}{\partial y} = 0$, 设 $u = \ln\sqrt{x^2 + y^2}$, $v = \arctan\dfrac{y}{x}$;

(2) $x^2\dfrac{\partial^2 z}{\partial x^2} - y^2\dfrac{\partial^2 z}{\partial y^2} = 0$, 设 $u = xy$, $v = \dfrac{x}{y}$.

6. 设函数 $u = u(x, y)$ 由方程组

$$u = f(x, y, z, t), \quad g(y, z, t) = 0, \quad h(z, t) = 0$$

所确定, f, g, h 都是可微函数, 求 $\dfrac{\partial u}{\partial x}, \dfrac{\partial u}{\partial y}$.

16.3 几 何 应 用

本节考虑曲线的切线与法平面及曲面的切平面与法线等问题. 由于曲线和曲面大多是以隐函数 (组) 的形式给出的, 利用隐函数 (组) 的微分法可以解决这些问题.

首先来讨论平面曲线的切线与法线. 设平面曲线由方程

$$F(x, y) = 0 \tag{16.3.1}$$

给出, 它在点 $P_0(x_0, y_0)$ 的某邻域内满足隐函数定理条件. 于是在点 P_0 附近确定唯一的具有连续导数的函数 $y = f(x)$(或 $x = g(y)$), 它和方程 (16.3.1) 在点 P_0 附近表示同一曲线, 从而该曲线在点 P_0 处存在切线和法线, 其切线方程为

$$y - y_0 = f'(x_0)(x - x_0) \quad (\text{或 } x - x_0 = g'(y_0)(y - y_0));$$

法线方程为

$$y - y_0 = -\frac{1}{f'(x_0)}(x - x_0) \quad \left(\text{或 } x - x_0 = -\frac{1}{g'(y_0)}(y - y_0)\right).$$

由于

$$f'(x) = -\frac{F_x(x, y)}{F_y(x, y)} \quad \left(\text{或 } g'(y) = -\frac{F_y(x, y)}{F_x(x, y)}\right),$$

所以曲线 (16.3.1) 在点 $P_0(x_0, y_0)$ 处的切线方程为

$$F_x(x_0, y_0)(x - x_0) + F_y(x_0, y_0)(y - y_0) = 0;$$

法线方程为

$$\frac{x - x_0}{F_x(x_0, y_0)} = \frac{y - y_0}{F_y(x_0, y_0)}.$$

例 16.3.1 求曲线 $2(x^3 + y^3) - 9xy = 0$ 在点 $(2, 1)$ 处的切线与法线.

解 令 $F(x, y) = 2(x^3 + y^3) - 9xy$, 则

$$F_x(x, y) = 6x^2 - 9y, \quad F_y(x, y) = 6y^2 - 9x.$$

于是

$$F_x(2,1) = 15, \quad F_y(2,1) = -12.$$

在点 $(2,1)$ 处的切线方程

$$15(x-2) - 12(y-1) = 0, \quad 即 \quad 5x - 4y - 6 = 0;$$

法线方程

$$-12(x-2) - 15(y-1) = 0, \quad 即 \quad 4x + 5y - 13 = 0.$$

再来讨论空间曲线的切线与法平面. 空间曲线方程有参数方程与隐函数方程组两种形式. 现对它们分别讨论.

设空间曲线 Γ 由参数方程

$$\begin{cases} x = x(t), \\ y = y(t), \quad (\alpha \leqslant t \leqslant \beta) \\ z = z(t) \end{cases} \tag{16.3.2}$$

给出, $P_0(x_0, y_0, z_0) \in \Gamma$, 其中 $x_0 = x(t_0), y_0 = y(t_0), z_0 = z(t_0)(\alpha \leqslant t_0 \leqslant \beta)$, 并假定 (16.3.2) 的三个函数在 t_0 点可导且 $x'(t_0), y'(t_0), z'(t_0)$ 不全为零.

设 $P(x_0 + \Delta x, y_0 + \Delta y, z_0 + \Delta z)$ 为曲线 Γ 上对应于参数 $t_0 + \Delta t$ 的另一点. 则曲线的割线 P_0P 的方程为

$$\frac{x - x_0}{\Delta x} = \frac{y - y_0}{\Delta y} = \frac{z - z_0}{\Delta z}.$$

当 P 沿着 Γ 趋于 P_0 时, 割线 P_0P 的极限位置 P_0T 就是曲线 Γ 在点 P_0 处的切线 (图 16.3.1). 用 Δt 除上式的各分母, 得

$$\frac{x - x_0}{\dfrac{\Delta x}{\Delta t}} = \frac{y - y_0}{\dfrac{\Delta y}{\Delta t}} = \frac{z - z_0}{\dfrac{\Delta z}{\Delta t}},$$

令 $P \to P_0$(此时 $\Delta t \to 0$), 通过对上式取极限, 即得曲线 Γ 在点 P_0 处的切线方程:

$$\frac{x - x_0}{x'(t_0)} = \frac{y - y_0}{y'(t_0)} = \frac{z - z_0}{z'(t_0)}. \tag{16.3.3}$$

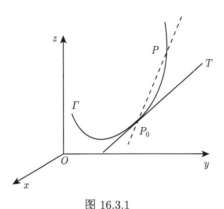

图 16.3.1

曲线 Γ 的过点 P_0 的切线的方向向量称为**曲线 Γ 在 P_0 点的切向量**, 过点 P_0 且与切向量垂直的平面称为**曲线 Γ 在点 P_0 处的法平面**. 由于向量

$$\boldsymbol{T} = (x'(t_0), y'(t_0), z'(t_0))$$

是曲线 Γ 在点 $P_0(x_0, y_0, z_0)$ 处的一个切向量, 也是曲线 Γ 在点 P_0 处法平面的法向量, 因此, 该曲线在点 P_0 处的法平面方程为

$$x'(t_0)(x - x_0) + y'(t_0)(y - y_0) + z'(t_0)(z - z_0) = 0. \tag{16.3.4}$$

与平面曲线的情况一样, 有下面的空间光滑曲线概念.

定义 16.3.1   对于空间曲线 Γ: $x = x(t),\ y = y(t),\ z = z(t),\ t \in [\alpha, \beta]$, 若

在 $[\alpha, \beta]$ 上 $x'(t), y'(t), z'(t)$ 连续且 $[x'(t)]^2 + [y'(t)]^2 + [z'(t)]^2 \neq 0$,

则称曲线 Γ 是 $[\alpha, \beta]$ 上的**光滑曲线**.

空间光滑曲线几何上的意义是: 曲线的切线随切点在曲线上位置的变动而连续地变动.

例 16.3.2   求曲线 Γ: $\begin{cases} x = \mathrm{e}^{2t}, \\ y = 2t, \\ z = -\mathrm{e}^{-3t} \end{cases}$ 在 $t = 0$ 时对应点处的切线方程及法平面方程.

解   当 $t = 0$ 时, $x = 1, y = 0, z = -1$, 对应点为 $(1, 0, -1)$. 又

$$x'_t = 2\mathrm{e}^{2t}, \quad y'_t = 2, \quad z'_t = 3\mathrm{e}^{-3t},$$

于是, 曲线 Γ 在 $t = 0$ 对应点 $(1, 0, -1)$ 处的切向量为

$$\boldsymbol{T} = (x'_t(0), y'_t(0), z'_t(0)) = (2, 2, 3),$$

从而曲线 Γ 在 $t = 0$ 对应点 $(1, 0, -1)$ 处的切线方程为

$$\frac{x-1}{2} = \frac{y}{2} = \frac{z+1}{3},$$

法平面方程为

$$2(x-1) + 2y + 3(z+1) = 0, 即 2x + 2y + 3z + 1 = 0.$$

若空间曲线 Γ 由方程组

$$\begin{cases} F(x, y, z) = 0, \\ G(x, y, z) = 0 \end{cases} \tag{16.3.5}$$

给出. 方程组 (16.3.4) 在点 $P_0(x_0, y_0, z_0)$ 的某邻域内满足隐函数组定理的条件时, 它确定了一组函数 $y = y(x), z = z(x)$, 且

$$\frac{\mathrm{d}y}{\mathrm{d}x} = -\frac{\begin{vmatrix} F_x & F_z \\ G_x & G_z \end{vmatrix}}{\begin{vmatrix} F_y & F_z \\ G_y & G_z \end{vmatrix}}, \quad \frac{\mathrm{d}z}{\mathrm{d}x} = -\frac{\begin{vmatrix} F_y & F_x \\ G_y & G_x \end{vmatrix}}{\begin{vmatrix} F_y & F_z \\ G_y & G_z \end{vmatrix}},$$

于是得切向量为

$$\left(1, -\frac{\begin{vmatrix} F_x & F_z \\ G_x & G_z \end{vmatrix}}{\begin{vmatrix} F_y & F_z \\ G_y & G_z \end{vmatrix}}, -\frac{\begin{vmatrix} F_y & F_x \\ G_y & G_x \end{vmatrix}}{\begin{vmatrix} F_y & F_z \\ G_y & G_z \end{vmatrix}}\right)\Bigg|_{P_0} = \left(1, \frac{\begin{vmatrix} F_z & F_x \\ G_z & G_x \end{vmatrix}}{\begin{vmatrix} F_y & F_z \\ G_y & G_z \end{vmatrix}}, \frac{\begin{vmatrix} F_x & F_y \\ G_x & G_y \end{vmatrix}}{\begin{vmatrix} F_y & F_z \\ G_y & G_z \end{vmatrix}}\right)\Bigg|_{P_0},$$

为方便起见, 可取曲线 Γ 在点 (x_0, y_0, z_0) 的切向量为

$$\boldsymbol{T} = \left(\begin{vmatrix} F_y & F_z \\ G_y & G_z \end{vmatrix}, \begin{vmatrix} F_z & F_x \\ G_z & G_x \end{vmatrix}, \begin{vmatrix} F_x & F_y \\ G_x & G_y \end{vmatrix}\right)\Bigg|_{P_0}, \tag{16.3.6}$$

由 (16.3.6) 式所取切向量 $\boldsymbol{T}$ 恰好是函数 F, G 在点 $P_0(x_0, y_0, z_0)$ 的两梯度向量的向量积, 即

$$\boldsymbol{T} = \mathbf{grad}F(P_0) \times \mathbf{grad}G(P_0). \tag{16.3.7}$$

于是, 曲线 Γ 在点 $P_0(x_0, y_0, z_0)$ 处的切线方程为

$$\frac{x-x_0}{\begin{vmatrix} F_y & F_z \\ G_y & G_z \end{vmatrix}\big|_{P_0}} = \frac{y-y_0}{\begin{vmatrix} F_z & F_x \\ G_z & G_x \end{vmatrix}\big|_{P_0}} = \frac{z-z_0}{\begin{vmatrix} F_x & F_y \\ G_x & G_y \end{vmatrix}\big|_{P_0}},$$

曲线 Γ 在点 $P_0(x_0, y_0, z_0)$ 处的法平面方程为

$$\begin{vmatrix} F_y & F_z \\ G_y & G_z \end{vmatrix}\bigg|_{P_0}(x - x_0) + \begin{vmatrix} F_z & F_x \\ G_z & G_x \end{vmatrix}\bigg|_{P_0}(y - y_0) + \begin{vmatrix} F_x & F_y \\ G_x & G_y \end{vmatrix}\bigg|_{P_0}(z - z_0) = 0.$$

例 16.3.3 求曲线 $\begin{cases} x^2 + z^2 = 10, \\ y^2 + z^2 = 10 \end{cases}$ 在点 $(1, 1, 3)$ 处的切线及法平面方程.

解 **方法** 1 在方程的两边对 x 求导, 得

$$\begin{cases} 2x + 2z\dfrac{\mathrm{d}z}{\mathrm{d}x} = 0, \\ 2y\dfrac{\mathrm{d}y}{\mathrm{d}x} + 2z\dfrac{\mathrm{d}z}{\mathrm{d}x} = 0, \end{cases}$$

解得 $\dfrac{\mathrm{d}y}{\mathrm{d}x} = \dfrac{x}{y}, \dfrac{\mathrm{d}z}{\mathrm{d}x} = -\dfrac{x}{z}$, 于是 $\dfrac{\mathrm{d}y}{\mathrm{d}x}\big|_{(1,1,3)} = 1, \dfrac{\mathrm{d}z}{\mathrm{d}x}\big|_{(1,1,3)} = -\dfrac{1}{3}$. 曲线在点 $(1, 1, 3)$ 处的切向量可取为 $\boldsymbol{T} = (3, 3, -1)$.

方法 2 记 $F = x^2 + z^2 - 10, G = y^2 + z^2 - 10$, 则

$$F_x = 2x, \quad F_y = 0, \quad F_z = 2z;$$
$$G_x = 0, \quad G_y = 2y, \quad G_z = 2z.$$

可取在点 $(1, 1, 3)$ 处切向量为

$$\left(\begin{vmatrix} 0 & 6 \\ 2 & 6 \end{vmatrix}, \begin{vmatrix} 6 & 2 \\ 6 & 0 \end{vmatrix}, \begin{vmatrix} 2 & 0 \\ 0 & 2 \end{vmatrix}\right) = -4\,(3, 3, -1).$$

曲线在点 $(1, 1, 3)$ 处的切线方程为

$$\frac{x - 1}{3} = \frac{y - 1}{3} = \frac{z - 3}{-1},$$

法平面方程为

$$3(x - 1) + 3(y - 1) - (z - 3) = 0, \quad \text{即} \quad 3x + 3y - z - 3 = 0.$$

下面来讨论曲面的切平面与法线问题. 设曲面 Σ 的方程为 $F(x, y, z) = 0$, $P_0(x_0, y_0, z_0)$ 是曲面 Σ 上的一点, 设函数 $F(x, y, z)$ 在点 P_0 可微且各偏导数不同时为零. 过点 P_0 在曲面 Σ 上任意作一条曲线 Γ(图 16.3.2), 设其参数方程为

$$\begin{cases} x = x(t), \\ y = y(t), \quad (\alpha \leqslant t \leqslant \beta). \\ z = z(t) \end{cases}$$

参数 $t = t_0$ 对应于点 $P_0(x_0, y_0, z_0)$, 且设 $x'(t_0), y'(t_0), z'(t_0)$ 不全为零, 则曲线 Γ 在点 P_0 处的切向量为

$$\boldsymbol{T} = (x'(t_0), y'(t_0), z'(t_0)).$$

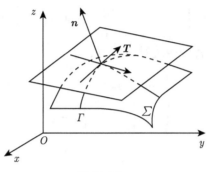

图 16.3.2

因为曲线 Γ 在曲面 Σ 上, 所以满足曲面方程: $F[x(t), y(t), z(t)] \equiv 0$; 又因 $F(x, y, z)$ 在点 $P_0(x_0, y_0, z_0)$ 处可微, 且 $x'(t_0), y'(t_0), z'(t_0)$ 存在, 所以有

$$\left. \frac{\mathrm{d}}{\mathrm{d}t} F\left[x(t), y(t), z(t)\right] \right|_{t=t_0} = 0,$$

即

$$F_x(P_0)x'(t_0) + F_y(P_0)y'(t_0) + F_z(P_0)z'(t_0) = 0. \tag{16.3.8}$$

记 $\boldsymbol{n} = (F_x(P_0), F_y(P_0), F_z(P_0))$, 则 (16.3.8) 式可表示为: $\langle \boldsymbol{n}, \boldsymbol{T} \rangle = 0$, 这说明曲面 Σ 上通过点 P_0 的任意一条曲线在点 P_0 的切线都与同一个向量 $\boldsymbol{n}$ 垂直, 也就是说曲面 Σ 上通过点 P_0 的一切曲线在点 P_0 的切线都在同一个平面上 (图 16.3.2), 这个平面称为**曲面 Σ 在点 P_0 的切平面**. 垂直于曲面的切平面的向量 (切平面的法向量) 也称为**曲面的法向量**, 向量 $\boldsymbol{n}$ 就是曲面 Σ 在点 P_0 处的一个法向量, 则切平面的方程为

$$F_x(x_0, y_0, z_0)(x - x_0) + F_y(x_0, y_0, z_0)(y - y_0) + F_z(x_0, y_0, z_0)(z - z_0) = 0. \tag{16.3.9}$$

通过点 $P_0(x_0, y_0, z_0)$ 而垂直于切平面的直线称为**曲面在点 P_0 的法线**, 则法线方程为

$$\frac{x - x_0}{F_x(x_0, y_0, z_0)} = \frac{y - y_0}{F_y(x_0, y_0, z_0)} = \frac{z - z_0}{F_z(x_0, y_0, z_0)}. \tag{16.3.10}$$

从上面关于曲面的切平面方程的推导可见, 曲面 $F(x, y, z) = 0$ 在点 P_0 的法向量 $\boldsymbol{n}$ 就是函数 F 点 P_0 的梯度向量, 即 $\boldsymbol{n} = \mathbf{grad}F(P_0)$. 联系 (16.3.7) 式可知,

曲线

$$\begin{cases} F(x, y, z) = 0, \\ G(x, y, z) = 0 \end{cases}$$

作为两曲面的交线, 它在点 P_0 的切向量就是曲面 $F(x, y, z) = 0$ 与 $G(x, y, z) = 0$ 在点 P_0 的两个法向量的向量积, **两曲面的交线在点 P_0 的切线就是两曲面在点 P_0 的两个切平面的交线**.

与曲线的情况相类似, 有下面的光滑曲面概念.

定义 16.3.2   设曲面 Σ 由方程 $F(x, y, z) = 0, (x, y, z) \in V$ 给出, 若 F_x, F_y, F_z 都在区域 V 上连续, 且有 $F_x^2 + F_y^2 + F_z^2 \neq 0$, 则称曲面 Σ 是区域 V 上的**光滑曲面**.

光滑曲面在几何上的意义是: 曲面的切平面随切点在曲面上位置的变动而连续地变动.

现在来考虑曲面 Σ 由显式方程 $z = f(x, y), (x, y) \in D$ (D 为平面区域) 给出的情况. 若令

$$F(x, y, z) = f(x, y) - z = 0,$$

则显式方程转化为隐式方程的特例. 由定义 16.3.2 可知

曲面 $z = f(x, y)$ 是 D 上光滑曲面 $\Leftrightarrow f_x(x, y), f_y(x, y)$ 在 D 上连续.

设点 $P_0(x_0, y_0, z_0)$ 是曲面 Σ: $z = f(x, y)$ 上一点, 其中 $z_0 = f(x_0, y_0)$. 当 $f_x(x_0, y_0), f_y(x_0, y_0)$ 存在时, 曲面 Σ 在点 P_0 处的法向量为

$$\boldsymbol{n} = (f_x(x_0, y_0), f_y(x_0, y_0), -1),$$

于是由 (16.3.9) 式与 (16.3.10) 式可知曲面 Σ 在点 P_0 处的切平面方程为

$$f_x(x_0, y_0)(x - x_0) + f_y(x_0, y_0)(y - y_0) - (z - z_0) = 0,$$

即

$$z - z_0 = f_x(x_0, y_0)(x - x_0) + f_y(x_0, y_0)(y - y_0); \tag{16.3.11}$$

而曲面 Σ 在点 P_0 的法线方程为

$$\frac{x - x_0}{f_x(x_0, y_0)} = \frac{y - y_0}{f_y(x_0, y_0)} = \frac{z - z_0}{-1}.$$

(16.3.11) 式右端恰好是函数 $z = f(x, y)$ 在点 (x_0, y_0) 的全微分, 而左端是切平面上点的竖坐标的增量. 因此, **函数 $z = f(x, y)$ 在点 (x_0, y_0) 的全微分在几何上表示曲面 $z = f(x, y)$ 在点 (x_0, y_0, z_0) 处的切平面上点的竖坐标的增量**, 用全微

分代替函数增量在几何上就是用切平面代替曲面, 在计算上就是用线性函数代替原来的可微函数, 简化了计算, 其误差是 $\sqrt{(\Delta x)^2 + (\Delta y)^2}$ 的高阶无穷小.

如果用 α, β, γ 表示曲面的法向量的方向角, 并假定法向量的方向是向上的 (即它与 z 轴正向的夹角是锐角), 则法向量的方向余弦为

$$\cos\alpha = \frac{-f_x}{\sqrt{1 + f_x^2 + f_y^2}}, \quad \cos\beta = \frac{-f_y}{\sqrt{1 + f_x^2 + f_y^2}}, \quad \cos\gamma = \frac{1}{\sqrt{1 + f_x^2 + f_y^2}}.$$

这里把 $f_x(x_0, y_0), f_y(x_0, y_0)$ 分别简记为 f_x, f_y.

例 16.3.4 求椭球面 $\dfrac{x^2}{a^2} + \dfrac{y^2}{b^2} + \dfrac{z^2}{c^2} = 1$ 在点 $P_0\left(\dfrac{a}{\sqrt{3}}, \dfrac{b}{\sqrt{3}}, \dfrac{c}{\sqrt{3}}\right)$ 处的切平面方程与法线方程.

解 设 $F(x, y, z) = \dfrac{x^2}{a^2} + \dfrac{y^2}{b^2} + \dfrac{z^2}{c^2} - 1$, 则

$$F_x = \frac{2x}{a^2}, \quad F_y = \frac{2y}{b^2}, \quad F_z = \frac{2z}{c^2},$$

将点 P_0 的坐标代入上面各式中, 得

$$\boldsymbol{n} = (F_x(x_0, y_0, z_0), F_y(x_0, y_0, z_0), F_z(x_0, y_0, z_0)) = \frac{2}{\sqrt{3}}\left(\frac{1}{a}, \frac{1}{b}, \frac{1}{c}\right),$$

于是所求的切平面为

$$\frac{1}{a}\left(x - \frac{a}{\sqrt{3}}\right) + \frac{1}{b}\left(y - \frac{b}{\sqrt{3}}\right) + \frac{1}{c}\left(z - \frac{c}{\sqrt{3}}\right) = 0, \text{即} \frac{x}{a} + \frac{y}{b} + \frac{z}{c} = \sqrt{3};$$

所求的法线方程为

$$\frac{x - \dfrac{a}{\sqrt{3}}}{\dfrac{1}{a}} = \frac{y - \dfrac{b}{\sqrt{3}}}{\dfrac{1}{b}} = \frac{z - \dfrac{c}{\sqrt{3}}}{\dfrac{1}{c}}, \text{即} a\left(x - \frac{a}{\sqrt{3}}\right) = b\left(y - \frac{b}{\sqrt{3}}\right) = c\left(z - \frac{c}{\sqrt{3}}\right).$$

例 16.3.5 求椭圆抛物面 $z = x^2 + 4y^2$ 在点 $(2, -1, 8)$ 处的切平面及法线方程.

解 法向量为

$$\boldsymbol{n} = (z_x, z_y, -1) = (2x, 8y, -1), \quad \boldsymbol{n}\big|_{(2,-1,8)} = (4, -8, -1).$$

因此, 椭圆抛物面在点 $(2, -1, 8)$ 处的切平面方程为

$$4(x - 2) - 8(y + 1) - (z - 8) = 0, \quad \text{即} \quad 4x - 8y - z - 8 = 0;$$

法线方程为

$$\frac{x - 2}{4} = \frac{y + 1}{-8} = \frac{z - 8}{-1}.$$

习 题 16.3

1. 求曲线 $x = t^2 + t + 1$, $y = t^2 - t + 1$, $z = t^2 + 1$ 在点 $(7, 3, 5)$ 处的切线和法平面方程.

2. 求曲线 $x = \ln(t^3 + 1)$, $y = \ln(t^2 + t + 3)$, $z = \ln(t^3 - 5)$ 在对应于 $t = 2$ 点处的切线和法平面方程.

3. 求曲线 $\begin{cases} z = xy + 5, \\ xyz + 6 = 0 \end{cases}$ 在点 $(1, -2, 3)$ 处的切线及法平面方程.

4. 求圆锥曲面 $x^2 + y^2 - 2z^2 = 0$ 在点 $(1, -1, 1)$ 处的切平面和法线方程.

5. 试证单叶双曲面 $x^2 + y^2 - z^2 - 2ax + 2by + 2cz + d = 0 (a^2 + b^2 - c^2 > d)$ 在点 (x_0, y_0, z_0) 处的切平面方程为

$$x_0 x + y_0 y - z_0 z - a(x + x_0) + b(y + y_0) + c(z + z_0) + d = 0.$$

6. 在曲线 $y = x^2$, $z = x^3$ 上求出使该点的切线平行于平面 $x + 2y + z = 4$ 的点.

7. 求曲面 $x + xy + xyz = 9$ 在点 $(1, 2, 3)$ 处的切平面与平面 $2x - 4y - z + 9 = 0$ 的夹角.

8. 求曲面 $x^2 - y^2 - z^2 + 6 = 0$ 垂直于直线 $\dfrac{x-3}{2} = y - 1 = \dfrac{z-2}{-3}$ 的切平面方程.

9. 设函数 $f(x, y)$ 在点 $(0, 0)$ 可微, 且 $f'_x(0, 0) = 3$, 求曲线

$$\begin{cases} z = f(x, y), \\ y = 0 \end{cases}$$

在点 $P_0(0, 0, f(0, 0))$ 处的切向量.

16.4 条 件 极 值

前面所讨论的函数极值问题, 对自变量除了限制在定义域上外, 没有其他限制条件, 这样的极值称为**无条件极值**. 但在实际问题中, 函数的自变量有时需要一些附加的约束条件, 称这样的函数极值为**条件极值**.

例如, 要设计一个容量为 V_0 的有盖长方体水箱. 问当水箱的长、宽、高各取多少时, 所用材料最少?

若设长方体水箱的长、宽、高分别为 x, y, z, 则就是求函数 $S = 2(xy + yz + zx)$ 在 $xyz = V_0$ 条件下的极值问题.

对条件极值问题, 少数情况下, 可以像例 15.4.12 那样直接将条件极值化为无条件极值. 但在多数情况下, 很难甚至不能直接将条件极值问题化为无条件极值问题, 因此, 需要寻找直接求条件极值的一般方法.

先来讨论二元函数 $z = f(x, y)$ 在条件 $\varphi(x, y) = 0$ 下的极值问题. 设 $P_0(x_0, y_0)$ 是满足条件 $\varphi(x_0, y_0) = 0$ 的点, 且是函数 $z = f(x, y)$ 的极值点. 并假定在 $P_0(x_0, y_0)$ 的某邻域内 $f(x, y)$ 与 $\varphi(x, y)$ 均具有连续的一阶偏导数, $\varphi_y(x_0, y_0) \neq 0$. 由隐函数定理可知, 方程 $\varphi(x, y) = 0$ 确定具有连续导数的函数 $y = y(x)$, 将其代入函数 $z = f(x, y)$, 则有 $z = f[x, y(x)]$.

由于函数 $z = f(x, y)$ 在点 $P_0(x_0, y_0)$ 取得极值, 那么函数 $z = f[x, y(x)]$ 在点 $x = x_0$ 必然取得极值. 由一元可导函数取得极值的必要条件, 可得

$$\frac{\mathrm{d}z}{\mathrm{d}x}\bigg|_{x=x_0} = f_x(x_0, y_0) + f_y(x_0, y_0)\frac{\mathrm{d}y}{\mathrm{d}x}\bigg|_{x=x_0} = 0, \tag{16.4.1}$$

再由 $\varphi(x, y) = 0$, 用隐函数求导公式, 有

$$\frac{\mathrm{d}y}{\mathrm{d}x}\bigg|_{x=x_0} = -\frac{\varphi_x(x_0, y_0)}{\varphi_y(x_0, y_0)}.$$

把上式代入 (16.4.1) 式, 得

$$f_x(x_0, y_0) - f_y(x_0, y_0)\frac{\varphi_x(x_0, y_0)}{\varphi_y(x_0, y_0)} = 0,$$

令 $\dfrac{f_y(x_0, y_0)}{\varphi_y(x_0, y_0)} = -\lambda_0$, 则有

$$\frac{f_x(x_0, y_0)}{\varphi_x(x_0, y_0)} = \frac{f_y(x_0, y_0)}{\varphi_y(x_0, y_0)} = -\lambda_0,$$

于是, 得到函数 $z = f(x, y)$ 在 $\varphi(x, y) = 0$ 条件下, $P_0(x_0, y_0)$ 是极值点的必要条件:

$$\begin{cases} f_x(x_0, y_0) + \lambda_0\varphi_x(x_0, y_0) = 0, \\ f_y(x_0, y_0) + \lambda_0\varphi_y(x_0, y_0) = 0, \\ \varphi(x_0, y_0) = 0. \end{cases} \tag{16.4.2}$$

根据以上讨论, 引入辅助函数

$$L(x, y, \lambda) = f(x, y) + \lambda\varphi(x, y), \tag{16.4.3}$$

那么方程组 (16.4.2) 的解就是方程组

$$\begin{cases} L_x(x, y, \lambda) = f_x(x, y) + \lambda\varphi_x(x, y) = 0, \\ L_y(x, y, \lambda) = f_y(x, y) + \lambda\varphi_y(x, y) = 0, \\ L_\lambda(x, y, \lambda) = \varphi(x, y) = 0 \end{cases}$$

的解. 解出的点 (x, y) 就是函数 $f(x, y)$ 在附加条件 $\varphi(x, y) = 0$ 下的可能极值点.

这样就把求函数 $z = f(x, y)$ 在条件 $\varphi(x, y) = 0$ 下的极值问题转化为求辅助函数 (16.4.3) 的无条件极值问题. 这种求条件极值的方法称为 **Lagrange 乘数法**, 其中 λ 称为 **Lagrange 乘数 (乘子)**, $L(x, y, \lambda)$ 称为 **Lagrange 函数**.

对于多元函数

$$u = f(x_1, x_2, \cdots, x_n) \tag{16.4.4}$$

在 $m(m < n)$ 个限制条件

$$\varphi_i(x_1, x_2, \cdots, x_n) = 0 \quad (i = 1, 2, \cdots, m) \tag{16.4.5}$$

下的条件极值问题, 有相应的 Lagrange 乘数法. 函数 (16.4.4) 称为**目标函数**, 条件 (16.4.5) 称为**约束条件**. 作 **Lagrange 函数**为

$$L(x_1, \cdots, x_n, \lambda_1, \cdots, \lambda_m) = f(x_1, \cdots, x_n) + \sum_{i=1}^{m} \lambda_i \varphi_i(x_1, \cdots, x_n), \tag{16.4.6}$$

其中 $\lambda_1, \cdots, \lambda_m$ 称为 **Lagrange 乘数**, 并有下面定理.

定理 16.4.1(条件极值的必要条件)   设在条件 (16.4.5) 的限制下, 求函数 (16.4.4) 的极值问题, 其中 f 与 $\varphi_i(i = 1, 2, \cdots, m)$ 在区域 $D \subset \mathbb{R}^n$ 内具有一阶连续偏导数. 若 D 的内点 $\boldsymbol{x}_0 = (x_1^0, x_2^0, \cdots, x_n^0)$ 是上述问题的极值点, 且 **Jacobi 矩阵**

$$\begin{bmatrix} \dfrac{\partial \varphi_1}{\partial x_1} & \cdots & \dfrac{\partial \varphi_1}{\partial x_n} \\ \vdots & & \vdots \\ \dfrac{\partial \varphi_m}{\partial x_1} & \cdots & \dfrac{\partial \varphi_m}{\partial x_n} \end{bmatrix}$$

的秩为 m, 则存在 m 个常数 $\lambda_1^0, \cdots, \lambda_m^0$, 使得 $(x_1^0, x_2^0, \cdots, x_n^0, \lambda_1^0, \cdots, \lambda_m^0)$ 为下列 $n + m$ 个方程

$$\begin{cases} L_{x_j} = 0, & j = 1, 2, \cdots, n, \\ \varphi_i = 0, & i = 1, 2, \cdots, m \end{cases} \tag{16.4.7}$$

的解.

当 $n = 2, m = 1$ 时, 定理 16.4.1 的正确性在前面已作了说明, 对于一般情形可类似证明.

必须指出, 用 Lagrange 乘数法只能求出条件极值问题的驻点 (也称为**条件驻点**), 并不能确定这些驻点就是极值点 (也称为**条件极值点**). 判断是否为极值点有以下的充分条件 (其证明类似于定理 15.4.6, 从略).

定理 16.4.2 (条件极值的充分条件)   设点 $\boldsymbol{x}_0 = (x_1^0, x_2^0, \cdots, x_n^0)$ 及 m 个常数 $\lambda_1^0, \lambda_2^0, \cdots, \lambda_m^0$ 满足方程组 (16.4.7), 则当 n 阶 Hesse 阵

$$\left[\frac{\partial^2 L}{\partial x_i \partial x_j}(\boldsymbol{x}_0, \lambda_1^0, \lambda_2^0, \cdots, \lambda_m^0) \right]_{n \times n}$$

是正定矩阵时, x_0 为满足约束条件的条件极小值点; 当此 Hesse 阵是负定矩阵时, x_0 为满足约束条件的条件极大值点.

请注意, 与无条件极值的情况相区别, 当定理 16.4.2 中的 Hesse 阵是不定矩阵时不能断定 x_0 不是条件极值点. 例如, 在求函数 $u = x^2 + y^2 - z^2$ 在约束条件 $z = 0$ 下的极值时, Lagrange 函数为 $L = x^2 + y^2 - z^2 + \lambda z$, 由

$$L_x = 2x = 0, \quad L_y = 2y = 0, \quad L_z = -2z + \lambda = 0, \quad L_\lambda = z = 0$$

得 $x = y = z = \lambda = 0$. Hesse 阵

$$\begin{bmatrix} L_{xx} & L_{xy} & L_{xz} \\ L_{xy} & L_{yy} & L_{yz} \\ L_{xz} & L_{yz} & L_{zz} \end{bmatrix}_{(x,y,z)=(0,0,0),\lambda=0} = \begin{bmatrix} 2 & 0 & 0 \\ 0 & 2 & 0 \\ 0 & 0 & -2 \end{bmatrix}$$

是不定的, 但约束条件 $z = 0$ 下, $u|_{z=0} = x^2 + y^2 \geqslant u(0,0,0) = 0$, 即 $(0,0,0)$ 是条件极小值点.

在实际问题中往往遇到的是求最值问题, 这时可根据函数本身的信息或实际问题本身的性质来判断最值的存在性, 只要求出条件驻点的值, 其中最大者为最大值, 最小者为最小值.

例 16.4.1 用 Lagrange 乘数法解开始提到的例子.

解 设有盖长方体水箱的长、宽、高分别为 x, y, z, 则本题是条件极值问题, 就是在 $xyz = V_0$ 的条件下求 $S = 2(xy + yz + zx)$ 的最小值. 构造 Lagrange 函数

$$L(x, y, z, \lambda) = 2(xy + yz + zx) + \lambda(xyz - V_0),$$

解方程组

$$\begin{cases} L_x = 2(y + z) + \lambda yz = 0, \\ L_y = 2(x + z) + \lambda xz = 0, \\ L_z = 2(x + y) + \lambda xy = 0, \\ L_\lambda = xyz - V_0 = 0, \end{cases}$$

得唯一驻点 $(\sqrt[3]{V_0}, \sqrt[3]{V_0}, \sqrt[3]{V_0})$.

根据题意可知, 一定存在水箱所用材料最少的情形. 又函数在定义域内只有唯一的驻点 $(\sqrt[3]{V_0}, \sqrt[3]{V_0}, \sqrt[3]{V_0})$, 因此可断定当水箱的长、宽、高均为 $\sqrt[3]{V_0}$ 时, 制作水箱所用的材料最少.

例 16.4.2 求函数 $z = x^3 + y^3$ 在 $x^2 + y^2 \leqslant 4$ 上的最大值、最小值.

解 先求函数 $z = x^3 + y^3$ 在 $x^2 + y^2 < 4$ 内的驻点. 由

$$\begin{cases} z_x = 3x^2 = 0, \\ z_y = 3y^2 = 0 \end{cases}$$

得函数 $z = x^3 + y^3$ 在 $x^2 + y^2 < 4$ 内的驻点 $(0,0)$.

其次应用 Lagrange 乘数法求函数 $z = x^3 + y^3$ 在 $x^2 + y^2 = 4$ 上的驻点. 构造 Lagrange 辅助函数

$$L(x,y,\lambda) = x^3 + y^3 + \lambda(x^2 + y^2 - 4),$$

解方程组

$$\begin{cases} L_x = 3x^2 + 2\lambda x = 0, \\ L_y = 3y^2 + 2\lambda y = 0, \\ L_\lambda = x^2 + y^2 - 4 = 0, \end{cases}$$

故条件驻点为 $(\pm 2, 0), (0, \pm 2), (\sqrt{2}, \sqrt{2}), (-\sqrt{2}, -\sqrt{2})$.

最后计算所得的驻点及条件驻点的函数值:

$$f(0,0) = 0, \qquad f(\pm 2, 0) = f(0, \pm 2) = \pm 8,$$
$$f(\sqrt{2}, \sqrt{2}) = 4\sqrt{2}, \quad f(-\sqrt{2}, -\sqrt{2}) = -4\sqrt{2},$$

比较可得: 最大值为 $f(2,0) = f(0,2) = 8$, 最小值为 $f(-2,0) = f(0,-2) = -8$.

例 16.4.3　旋转抛物面 $z = x^2 + y^2$ 被平面 $x + y + z = 1$ 所截得的交线为空间中一椭圆. 求坐标原点到该椭圆的最长与最短距离.

解　设 (x,y,z) 为椭圆上的任意一点, 则该题就是求函数 $d = \sqrt{x^2 + y^2 + z^2}$ 在约束条件 $z = x^2 + y^2$ 与 $x + y + z = 1$ 下的最大值与最小值.

为了简化计算, 也可取目标函数为

$$f(x,y,z) = d^2 = x^2 + y^2 + z^2,$$

构造 Lagrange 函数

$$L(x,y,z,\lambda,\mu) = x^2 + y^2 + z^2 + \lambda(x^2 + y^2 - z) + \mu(x + y + z - 1),$$

解方程组

$$\begin{cases} L_x = 2x + 2\lambda x + \mu = 0, \\ L_y = 2y + 2\lambda y + \mu = 0, \\ L_z = 2z - \lambda + \mu = 0, \\ L_\lambda = x^2 + y^2 - z = 0, \\ L_\mu = x + y + z - 1 = 0, \end{cases}$$

得到驻点为

$$P_1\left(\frac{-1+\sqrt{3}}{2}, \frac{-1+\sqrt{3}}{2}, 2 - \sqrt{3}\right), \quad P_2\left(\frac{-1-\sqrt{3}}{2}, \frac{-1-\sqrt{3}}{2}, 2 + \sqrt{3}\right),$$

又

$$d_1 = \left[\left(\frac{-1+\sqrt{3}}{2}\right)^2 + \left(\frac{-1+\sqrt{3}}{2}\right)^2 + (2-\sqrt{3})^2\right]^{\frac{1}{2}} = \sqrt{9-5\sqrt{3}},$$

$$d_2 = \left[\left(\frac{-1-\sqrt{3}}{2}\right)^2 + \left(\frac{-1-\sqrt{3}}{2}\right)^2 + (2+\sqrt{3})^2\right]^{\frac{1}{2}} = \sqrt{9+5\sqrt{3}},$$

因为函数在有界闭集 $\{(x,y,z)\,|\,z = x^2+y^2, x+y+z = 1\}$ 上连续, 故必存在最大值与最小值. 所以坐标原点到该椭圆的最长距离为 $\sqrt{9+5\sqrt{3}}$, 最短距离为 $\sqrt{9-5\sqrt{3}}$.

例 16.4.4　求函数 $f(x,y,z) = xyz$ 在条件 $\dfrac{1}{x} + \dfrac{1}{y} + \dfrac{1}{z} = \dfrac{1}{r}(x > 0,\ y > 0,\ z > 0,\ r > 0)$ 下的极值; 并证明

$$3\left(\frac{1}{a} + \frac{1}{b} + \frac{1}{c}\right)^{-1} \leqslant \sqrt[3]{abc},$$

其中 a, b, c 为任意正实数.

解　设 Lagrange 函数

$$L(x,y,z,\lambda) = xyz + \lambda\left(\frac{1}{x} + \frac{1}{y} + \frac{1}{z} - \frac{1}{r}\right),$$

令 $L(x,y,z,\lambda)$ 对各变量的偏导数为零, 则有

$$\begin{cases} L_x = yz - \dfrac{\lambda}{x^2} = 0, \\[2mm] L_y = zx - \dfrac{\lambda}{y^2} = 0, \\[2mm] L_z = xy - \dfrac{\lambda}{z^2} = 0, \\[2mm] L_\lambda = \dfrac{1}{x} + \dfrac{1}{y} + \dfrac{1}{z} - \dfrac{1}{r} = 0. \end{cases}$$

由此式解得: $x = y = z = 3r$, $\lambda = (3r)^4$, 于是得到唯一稳定点为 $(3r, 3r, 3r)$.

为判别 $f(3r, 3r, 3r) = 27r^3$ 是否为极值, 求 Lagrange 函数的二阶偏导数:

$$L_{xx} = \frac{2\lambda}{x^3}, \quad L_{xy} = z, \quad L_{xz} = y, \quad L_{yy} = \frac{2\lambda}{y^3}, \quad L_{yz} = x, \quad L_{zz} = \frac{2\lambda}{z^3}.$$

从而求得在稳定点处的 Hesse 阵为

$$\begin{bmatrix} 6r & 3r & 3r \\ 3r & 6r & 3r \\ 3r & 3r & 6r \end{bmatrix},$$

它是一个正定阵. 根据定理 16.4.2, $f(3r, 3r, 3r) = 27r^3$ 是极小值. 显然函数 f 是有下界而无上界的, 所以根据问题的实际意义, 最小值存在, 必在唯一稳定点处取得. 这样就得到不等式:

$$(3r)^3 \leqslant xyz \quad \left(x > 0, y > 0, z > 0 \text{且} \frac{1}{x} + \frac{1}{y} + \frac{1}{z} = \frac{1}{r}\right).$$

令 $x = a, y = b, z = c$, 则 $r = \left(\dfrac{1}{a} + \dfrac{1}{b} + \dfrac{1}{c}\right)^{-1}$, 代入上述不等式并化简得

$$3\left(\frac{1}{a} + \frac{1}{b} + \frac{1}{c}\right)^{-1} \leqslant \sqrt[3]{abc} \quad (a > 0, b > 0, c > 0).$$

习 题 16.4

1. 求函数 $u = x + 2y - 3z$ 在条件 $x^2 + 4y^2 + 9z^2 = 12$ 下的最大值与最小值.

2. 求函数 $u = xy + yz + zx$ 在条件 $x^2 + y^2 + 2z^2 = 4$, $x^2 + y^2 - z^2 = 1$ 下的最大值与最小值.

3. 求函数 $u = x^2 + y^2 + z^2$ 在条件 $x + 2y + 2z = 18$, $x > 0, y > 0, z > 0$ 下的最小值.

4. 求函数 $z = x^2 + y^2 - 2x + 4y - 10$ 在闭域 $D = \left\{(x, y) \,\middle|\, x^2 + y^2 \leqslant 25\right\}$ 上的最大值和最小值.

5. 求原点到曲面 $x^2 + 2y^2 - 3z^2 = 4$ 的最小距离.

6. 作一个容积为 V 立方米的圆柱形无盖容器, 应如何选择尺寸, 方能使用料最省?

7. 求内接于半径为 R 的球且具有最大体积的圆柱体的尺寸.

复习课件16

归纳解
析视频16

总习题 16

A 组

1. 方程 $y^2 - x^2(1 - x^2) = 0$ 在哪些点的邻域内可以唯一确定隐函数 $y = f(x)$?

2. 设函数 $f(x)$ 在区间 (a, b) 内连续, 函数 $g(y)$ 在区间 (c, d) 内连续且 $g'(y) > 0$. 试问在怎样条件下, 方程 $g(y) = f(x)$ 能确定函数 $y = g^{-1}(f(x))$, 并研究例子:

(1) $\sin y + \dfrac{e^y - e^{-y}}{2} = x$;　　　(2) $e^{-y} = -\sin^2 x$.

3. 设 $f(x, y, z) = 0$, $z = g(x, y)$, f 与 g 都可微, 求 $\dfrac{dy}{dx}, \dfrac{dz}{dx}$.

4. 设 $x = f(u, v, w)$, $y = g(u, v, w)$, $z = h(u, v, w)$, f, g, h 都可微, 求 $\dfrac{\partial u}{\partial x}, \dfrac{\partial u}{\partial y}, \dfrac{\partial u}{\partial z}$.

5. 设 f 与 g 都可微, 求下列方程所确定函数的偏导数 $\dfrac{\partial u}{\partial x}, \dfrac{\partial u}{\partial y}$:

(1) $x^2 + u^2 = f(x, u) + g(x, y, u)$;　　　(2) $u = f(x + u, yu)$.

6. 求由下列方程所确定的隐函数 $y = f(x)$ 的极值:

(1) $x^2 + 2xy + 2y^2 = 1$;　　　(2) $(x^2 + y^2)^2 = a^2(x^2 - y^2)(a > 0)$.

7. 求螺旋线 $x = a \cos t$, $y = a \sin t$, $z = bt$ 在点 $(a, 0, 0)$ 处的切线及法平面方程.

8. 证明曲面 $F(nx - lz, ny - mz) = 0$ 上任意一点的切平面都平行于直线 $\dfrac{x}{l} = \dfrac{y}{m} = \dfrac{z}{n}$(其中 F 可微).

9. 设直线 L: $\begin{cases} x + y + b = 0, \\ x + ay - z - 3 = 0 \end{cases}$ 在平面 Π 上, 而平面 Π 与曲面 $z = x^2 + y^2$ 相切于点 $(1, -2, 5)$, 求 a, b 的值.

10. 在第一卦限内作椭球面 $\dfrac{x^2}{a^2} + \dfrac{y^2}{b^2} + \dfrac{z^2}{c^2} = 1$ 的切平面, 使之与三个坐标面围成四面体, 求四面体的最小体积.

B 组

11. 求由下列方程所确定的隐函数导数

(1) $x + y + z = e^{-(x+y+z)}$, 求 $\dfrac{\partial z}{\partial x}, \dfrac{\partial z}{\partial y}, \dfrac{\partial^2 z}{\partial x^2}, \dfrac{\partial^2 z}{\partial x \partial y}, \dfrac{\partial^2 z}{\partial y^2}$;

(2) $F(x, x + y, x + y + z) = 0$, 且 F 具有二阶连续偏导数, 求 $\dfrac{\partial z}{\partial x}, \dfrac{\partial z}{\partial y}, \dfrac{\partial^2 z}{\partial x^2}$.

12. 证明: 设方程 $F(x, y) = 0$ 所确定的隐函数 $y = f(x)$ 具有二阶导数, 则当 $F_y \neq 0$ 时, 有

$$F_y^3 y'' = \begin{vmatrix} F_{xx} & F_{xy} & F_x \\ F_{xy} & F_{yy} & F_y \\ F_x & F_y & 0 \end{vmatrix}.$$

13. 试问一元函数 f 在什么条件下, 方程 $2f(xy) = f(x) + f(y)$ 在点 $(1, 1)$ 的邻域内能解出唯一的 y 为 x 的函数?

14. 设 $u = u(x, y, z)$, $v = v(x, y, z)$ 和 $x = x(s, t)$, $y = y(s, t)$, $z = z(s, t)$ 都有连续的偏导数, 证明:

$$\frac{\partial(u, v)}{\partial(s, t)} = \frac{\partial(u, v)}{\partial(x, y)} \frac{\partial(x, y)}{\partial(s, t)} + \frac{\partial(u, v)}{\partial(y, z)} \frac{\partial(y, z)}{\partial(s, t)} + \frac{\partial(u, v)}{\partial(z, x)} \frac{\partial(z, x)}{\partial(s, t)}.$$

15. 设 $u = \dfrac{y}{\tan x}, v = \dfrac{y}{\sin x}$. 证明: 当 $0 < x < \dfrac{\pi}{2}, y > 0$ 时, u, v 可以用来作为曲线坐标; 解出 x, y 作为 u, v 的函数; 画出 xy 平面上 $u = 1, v = 2$ 所对应的坐标曲线; 计算 $\dfrac{\partial(u, v)}{\partial(x, y)}$ 和 $\dfrac{\partial(x, y)}{\partial(u, v)}$, 并验证它们互为倒数.

16. 将以下式中的 (x, y, z) 变换成球面坐标 (r, φ, θ) 的形式:

$$F = \left(\frac{\partial u}{\partial x}\right)^2 + \left(\frac{\partial u}{\partial y}\right)^2 + \left(\frac{\partial u}{\partial z}\right)^2, \quad G = \frac{\partial^2 u}{\partial x^2} + \frac{\partial^2 u}{\partial y^2} + \frac{\partial^2 u}{\partial z^2}.$$

17. 设 $u = \dfrac{x}{x^2 + y^2 + z^2}, v = \dfrac{y}{x^2 + y^2 + z^2}, w = \dfrac{z}{x^2 + y^2 + z^2}.$

(1) 试求以 u, v, w 为自变量的反函数组; (2) 计算 $\dfrac{\partial(u, v, w)}{\partial(x, y, z)}$.

18. 求函数 $u = \dfrac{x}{\sqrt{x^2 + y^2 + z^2}}$ 沿曲线 $x = t, y = 2t^2, z = -2t^4$ 在点 $(1, 2, -2)$ 处切线方向的方向导数.

19. 确定正数 λ, 使曲面 $xyz = \lambda$ 与椭球面 $\dfrac{x^2}{a^2} + \dfrac{y^2}{b^2} + \dfrac{z^2}{c^2} = 1$ 在某一点相切 (即在该点有公共切平面).

20. 求曲面 $x^2 + y^2 + z^2 = x$ 的切平面, 使其垂直于平面 $x - y - \dfrac{1}{2}z = 2$ 和 $x - y - z = 2$.

21. 证明: 在 n 个正数和 $x_1 + x_2 + \cdots + x_n = a$ 为定值的条件下, 这 n 个正数之积 $x_1 x_2 \cdots x_n$ 的最大值为 $\dfrac{a^n}{n^n}$, 并由此推出 $\sqrt[n]{x_1 x_2 \cdots x_n} \leqslant \dfrac{x_1 + x_2 + \cdots + x_n}{n}$.

22. 设 $a_1, a_2, \cdots, a_n$ 为已知的 n 个正数, 求 $f(x_1, x_2, \cdots, x_n) = \displaystyle\sum_{k=1}^{n} a_k x_k$ 在限制条件 $x_1^2 + x_2^2 + \cdots + x_n^2 \leqslant 1$ 下的最大值.

23. 求函数 $f(x_1, x_2, \cdots, x_n) = \displaystyle\sum_{k=1}^{n} x_k^2$ 在限制条件 $\displaystyle\sum_{k=1}^{n} a_k x_k = 1 (a_k > 0, k = 1, 2, \cdots, n)$ 下的最小值.

24. 求椭圆 $\begin{cases} x^2 + y^2 = 5, \\ x + 2y + 3z = 6 \end{cases}$ 的长半轴与短半轴之长.

25. 求平面 $x + 2y + 3z = 6$ 和柱面 $x^2 + y^2 = 5$ 交线上与 xy 坐标平面距离最短点的坐标.

26. 设曲面 Σ 由参数方程 $\begin{cases} x = x(u, v), \\ y = y(u, v), \\ z = z(u, v) \end{cases}$ 给出, 其中 $(u, v) \in D, D \subset \mathbb{R}^2$ 为 uv 平面上的区域. 若 x, y, z 在 D 上具有连续的偏导数, 且 $\dfrac{\partial(x, y)}{\partial(u, v)}, \dfrac{\partial(y, z)}{\partial(u, v)}, \dfrac{\partial(z, x)}{\partial(u, v)}$ 在 D 上不全为 0, 则称曲面 Σ 是区域 D 上的**光滑曲面**. 试推导光滑曲面 Σ 在点 $P_0(u_0, v_0) \in D$ 处的切平面方程与法线方程.

第 17 章　含参量积分

与函数项级数相类似, 含参量积分是利用积分构造的一种新函数. 它在许多自然科学领域具有广泛的应用. 本章将讨论含参量的定积分及广义积分所确定的函数的分析性质, 包括连续性、可积性、可微性等, 还将利用得出的理论进一步讨论 Euler(欧拉) 积分这样一类特殊的含参量积分.

17.1　含参量定积分

设 $f(x,y)$ 是定义在区域 $D = \{(x,y) \,|\, c(x) \leqslant y \leqslant d(x), x \in [a,b]\}$ 上的二元函数, 其中 $c(x), d(x)$ 在 $[a,b]$ 上连续, 若 $x \in [a,b]$ 取定时, $f(x,y)$ 作为 y 的函数在 $[c(x), d(x)]$ 上可积, 其积分值是 $[a,b]$ 上的函数, 记为 $F(x)$, 即

$$F(x) = \int_{c(x)}^{d(x)} f(x,y)\mathrm{d}y, \quad x \in [a,b]. \tag{17.1.1}$$

特别地, 设 $f(x,y)$ 是定义在矩形区域 $R = [a,b] \times [c,d]$ 上的二元函数, 当 $x \in [a,b]$ 取定时, $f(x,y)$ 在 $[c,d]$ 上可积, 其积分值是 $[a,b]$ 上的函数, 即

$$F(x) = \int_{c}^{d} f(x,y)\mathrm{d}y, \quad x \in [a,b]. \tag{17.1.2}$$

这种以积分形式定义的函数 (17.1.1) 与 (17.1.2) 称为定义在 $[a,b]$ 上**含参量** x **的定积分** (或含参量常义积分), 简称为**含参量积分**.

定理 17.1.1 (连续性)　设二元函数 $f(x,y)$ 在区域

$$D = \{(x,y) \,|\, c(x) \leqslant y \leqslant d(x), x \in [a,b]\}$$

上连续, 其中 $c(x), d(x)$ 在 $[a,b]$ 上连续, 则函数

$$F(x) = \int_{c(x)}^{d(x)} f(x,y)\mathrm{d}y$$

在 $[a,b]$ 上连续.

证明　先考虑 $f(x,y)$ 在矩形区域 $R = [a,b] \times [c,d]$ 上连续的情况, 证明函数 (17.1.2) 确定的函数 F 在 $[a,b]$ 上连续. 事实上, 设 $x \in [a,b]$, 取 Δx 使 $x + \Delta x \in [a,b]$, 于是

$$F(x + \Delta x) - F(x) = \int_c^d f(x + \Delta x, y)\mathrm{d}y - \int_c^d f(x,y)\mathrm{d}y$$
$$= \int_c^d [f(x + \Delta x, y) - f(x,y)]\mathrm{d}y.$$

由于 $f(x,y)$ 在矩形区域 $R = [a,b] \times [c,d]$ 上连续, 则它在 R 上一致连续, 即对 $\forall \varepsilon > 0$, $\exists \delta > 0$, $\forall (x_1, y_1), (x_2, y_2) \in R$, 只要 $|x_1 - x_2| < \delta$, $|y_1 - y_2| < \delta$, 就有

$$|f(x_1, y_1) - f(x_2, y_2)| < \frac{\varepsilon}{d - c}.$$

所以, 当 $|\Delta x| < \delta$ 时, 有

$$|F(x + \Delta x) - F(x)| \leqslant \int_c^d |f(x + \Delta x, y) - f(x,y)|\,\mathrm{d}y < \int_c^d \frac{\varepsilon}{d - c}\mathrm{d}y = \varepsilon.$$

这就证明了 $F(x) = \int_c^d f(x,y)\mathrm{d}y$ 在 $[a,b]$ 上连续. 再利用此结果来证明

$$F(x) = \int_{c(x)}^{d(x)} f(x,y)\mathrm{d}y$$

在 $[a,b]$ 上连续. 事实上, 令 $y = c(x) + t[d(x) - c(x)]$. 当 $y \in [c(x), d(x)]$ 时, 有 $t \in [0,1]$, 且 $\mathrm{d}y = [d(x) - c(x)]\mathrm{d}t$, 于是利用换元法得

$$F(x) = \int_{c(x)}^{d(x)} f(x,y)\mathrm{d}y = \int_0^1 f(x, c(x) + t[d(x) - c(x)])[d(x) - c(x)]\mathrm{d}t.$$

由于 f 在 D 上连续,$c(x)$, $d(x)$ 在 $[a,b]$ 上连续, 故被积函数

$$f(x, c(x) + t[d(x) - c(x)])[d(x) - c(x)]$$

在 $[a,b] \times [0,1]$ 上连续, 所以由上面已证明的结果可知,$F(x)$ 在 $[a,b]$ 上连续.

定理 17.1.2 (可微性)　设 $f(x,y)$ 与 $f_x(x,y)$ 在区域 $R = [a,b] \times [p,q]$ 上连续, 其中 $c(x), d(x)$ 在 $[a,b]$ 上可导且值含于 $[p,q]$, 则函数

$$F(x) = \int_{c(x)}^{d(x)} f(x,y)\mathrm{d}y$$

在 $[a, b]$ 上可导, 且

$$F'(x) = \int_{c(x)}^{d(x)} f_x(x, y)\mathrm{d}y + f(x, d(x))d'(x) - f(x, c(x))c'(x).$$

证明　先考虑 $F(x) = \int_c^d f(x, y)\mathrm{d}y$ 这一特殊情形, 证明 F 在 $[a, b]$ 上可导, 且

$$F'(x) = \int_a^b f_x(x, y)\mathrm{d}y.$$

事实上, 设 $x \in [a, b]$, 取 Δx 使 $x + \Delta x \in [a, b]$, 于是

$$\frac{F(x + \Delta x) - F(x)}{\Delta x} = \int_c^d \frac{f(x + \Delta x, y) - f(x, y)}{\Delta x}\mathrm{d}y.$$

由于 $f_x(x, y)$ 在矩形区域 $R = [a, b] \times [c, d]$ 上连续, 则它一致连续, 又由于 $f(x, y)$ 也在 R 上连续, 利用 Lagrange 中值定理, 对 $\forall \varepsilon > 0$, $\exists \delta > 0$, 只要 $|\Delta x| < \delta$, 就有

$$\left| \frac{f(x + \Delta x, y) - f(x, y)}{\Delta x} - f_x(x, y) \right| = |f_x(x + \theta\Delta x, y) - f_x(x, y)| < \frac{\varepsilon}{d - c},$$

其中 $\theta \in (0, 1)$. 因此

$$\left| \frac{F(x + \Delta x) - F(x)}{\Delta x} - \int_c^d f_x(x, y)\mathrm{d}y \right| \leqslant \int_c^d \left| \frac{f(x + \Delta x, y) - f(x, y)}{\Delta x} - f_x(x, y) \right| \mathrm{d}y$$

$$< \int_c^d \frac{\varepsilon}{d - c}\mathrm{d}y = \varepsilon.$$

这就证明了在 $[a, b]$ 上有 $F'(x) = \int_c^d f_x(x, y)\mathrm{d}y$.

再证明 $F(x) = \int_{c(x)}^{d(x)} f(x, y)\mathrm{d}y$ 在 $[a, b]$ 上可导的情况. 事实上, 考虑复合函数

$$F(x) = G(x, c, d) = \int_c^d f(x, y)\mathrm{d}y, \quad c = c(x), \quad d = d(x).$$

由复合函数的求导法则, 有

$$F'(x) = \frac{\partial G}{\partial x} + \frac{\partial G}{\partial c}c'(x) + \frac{\partial G}{\partial d}d'(x)$$

$$= \int_{c(x)}^{d(x)} f_x(x, y)\mathrm{d}y + f(x, d(x))d'(x) - f(x, c(x))c'(x).$$

当 $c(x) \equiv c$, $d(x) \equiv d$ 时, 上述关于含参量定积分的连续性与可微性本质上揭示了两种运算可交换的合理性. 在这种情况下, 定理 17.1.1 与定理 17.1.2 的结论也可分别写成

$$\lim_{x \to x_0} \int_c^d f(x,y)\mathrm{d}y = \int_c^d \lim_{x \to x_0} f(x,y)\mathrm{d}y, \quad x_0 \in [a,b];$$

$$\frac{\mathrm{d}}{\mathrm{d}x} \int_c^d f(x,y)\mathrm{d}y = \int_c^d \frac{\partial}{\partial x} f(x,y)\mathrm{d}y.$$

由定理 17.1.1 有下列的可积性定理.

定理 17.1.3 (可积性) 设 $f(x,y)$ 在区域 $R = [a,b] \times [c,d]$ 上连续, 则

(1) $F(x) = \displaystyle\int_c^d f(x,y)\mathrm{d}y$ 在 $x \in [a,b]$ 可积;

(2) $G(y) = \displaystyle\int_a^b f(x,y)\mathrm{d}x$ 在 $y \in [c,d]$ 上可积.

这就是说, 在 $f(x,y)$ 连续的假设下, 同时存在两个求积顺序不同的积分

$$\int_a^b \left[\int_c^d f(x,y)\mathrm{d}y \right] \mathrm{d}x \quad \text{与} \quad \int_c^d \left[\int_a^b f(x,y)\mathrm{d}x \right] \mathrm{d}y,$$

它们统称为**累次积分**. 为书写简便起见, 今后将其分别记作

$$\int_a^b \left[\int_c^d f(x,y)\mathrm{d}y \right] \mathrm{d}x = \int_a^b \mathrm{d}x \int_c^d f(x,y)\mathrm{d}y;$$

$$\int_c^d \left[\int_a^b f(x,y)\mathrm{d}x \right] \mathrm{d}y = \int_c^d \mathrm{d}y \int_a^b f(x,y)\mathrm{d}x.$$

下面的定理指出, 在 $f(x,y)$ 连续的条件下, 累次积分与求积顺序无关.

定理 17.1.4 若 $f(x,y)$ 在区域 $R = [a,b] \times [c,d]$ 上连续, 则

$$\int_a^b \mathrm{d}x \int_c^d f(x,y)\mathrm{d}y = \int_c^d \mathrm{d}y \int_a^b f(x,y)\mathrm{d}x.$$

证明 令

$$F_1(u) = \int_a^u \mathrm{d}x \int_c^d f(x,y)\mathrm{d}y, \quad F_2(u) = \int_c^d \mathrm{d}y \int_a^u f(x,y)\mathrm{d}x,$$

其中 $u \in [a,b]$. 记 $F(x) = \displaystyle\int_c^d f(x,y)\mathrm{d}y$, 则

$$F_1(u) = \int_a^u F(x)\mathrm{d}x, \text{ 且 } F_1'(u) = F(u).$$

令 $H(u,y) = \int_a^u f(x,y)\mathrm{d}x$, 则有 $F_2(u) = \int_c^d H(u,y)\mathrm{d}y$. 因为 $H(u,y)$ 与 $H_u(u,y) = f(u,y)$ 在 $R = [a,b] \times [c,d]$ 上连续, 由定理 17.1.2, 有

$$F_2'(u) = \int_c^d H_u(u,y)\mathrm{d}y = \int_c^d f(u,y)\mathrm{d}y = F(u),$$

所以 $F_1'(u) = F_2'(u)$, 从而对 $\forall u \in [a,b]$, 有

$$F_1(u) = F_2(u) + C \quad (C \text{ 为常数}).$$

当 $u = a$ 时, $F_1(a) = F_2(a) = 0$, 得 $C = 0$. 于是 $F_1(u) = F_2(u)$, $u \in [a,b]$. 取 $u = b$ 即得

$$\int_a^b \mathrm{d}x \int_c^d f(x,y)\mathrm{d}y = \int_c^d \mathrm{d}y \int_a^b f(x,y)\mathrm{d}x.$$

例 17.1.1　求极限 $\lim\limits_{x \to 0+} \int_0^1 (1+y)^x \mathrm{e}^{xy} \sin(x+y)\mathrm{d}y$.

解　因为 $f(x,y) = (1+y)^x \mathrm{e}^{xy} \sin(x+y)$ 在 $[0,+\infty) \times [0,1]$ 上连续, 因此

$$I(x) = \int_0^1 (1+y)^x \mathrm{e}^{xy} \sin(x+y)\mathrm{d}y$$

在 $[0,+\infty)$ 上连续, 特别地, 有

$$\lim\limits_{x \to 0+} \int_0^1 (1+y)^x \mathrm{e}^{xy} \sin(x+y)\mathrm{d}y = \int_0^1 \sin y\,\mathrm{d}y = 1 - \cos 1.$$

例 17.1.2　求定积分 $\int_0^1 \dfrac{x^{2\mathrm{e}-1} - x^{\mathrm{e}-1}}{\ln x}\mathrm{d}x$.

解　由于

$$\frac{x^{2\mathrm{e}-1} - x^{\mathrm{e}-1}}{\ln x} = \int_{\mathrm{e}-1}^{2\mathrm{e}-1} x^y \mathrm{d}y,$$

且 $f(x,y) = x^y$ 在 $(x,y) \in [0,1] \times [\mathrm{e}-1, 2\mathrm{e}-1]$ 上连续, 因此有

$$\int_0^1 \frac{x^{2\mathrm{e}-1} - x^{\mathrm{e}-1}}{\ln x}\mathrm{d}x = \int_0^1 \mathrm{d}x \int_{\mathrm{e}-1}^{2\mathrm{e}-1} x^y \mathrm{d}y = \int_{\mathrm{e}-1}^{2\mathrm{e}-1} \mathrm{d}y \int_0^1 x^y \mathrm{d}x$$

$$= \int_{\mathrm{e}-1}^{2\mathrm{e}-1} \frac{\mathrm{d}y}{1+y} = \ln(1+y)\big|_{\mathrm{e}-1}^{2\mathrm{e}-1} = \ln 2.$$

例 17.1.3　求定积分 $\int_0^1 \dfrac{\ln(1+x)}{1+x^2}\mathrm{d}x$ (对照例 8.4.4).

解　考虑含参量积分

$$F(y) = \int_0^1 \frac{\ln(1+xy)}{1+x^2}\mathrm{d}x,$$

则 $F(1) = \int_0^1 \frac{\ln(1+x)}{1+x^2}\mathrm{d}x.$ 显然 $f(x,y) = \frac{\ln(1+xy)}{1+x^2}$ 在 $[0,1] \times [0,1]$ 上满足定理 17.1.2 的条件, 因此有

$$F'(y) = \int_0^1 \frac{x}{(1+x^2)(1+xy)}\mathrm{d}x.$$

因为

$$\frac{x}{(1+x^2)(1+xy)} = \frac{1}{1+y^2}\left(\frac{x+y}{1+x^2} - \frac{y}{1+xy}\right),$$

所以

$$F'(y) = \frac{1}{1+y^2}\left[\int_0^1 \frac{y+x}{1+x^2}\mathrm{d}x - \int_0^1 \frac{y}{1+xy}\mathrm{d}x\right]$$

$$= \frac{1}{1+y^2}\left[\frac{\pi}{4}y + \frac{1}{2}\ln 2 - \ln(1+y)\right],$$

因此

$$\int_0^1 F'(y)\mathrm{d}y = \int_0^1 \frac{1}{1+y^2}\left[\frac{\pi}{4}y + \frac{1}{2}\ln 2 - \ln(1+y)\right]\mathrm{d}y = \frac{\pi}{4}\ln 2 - F(1).$$

另一方面又有 $\int_0^1 F'(y)\mathrm{d}y = F(1) - F(0) = F(1)$, 所以

$$\int_0^1 \frac{\ln(1+x)}{1+x^2}\mathrm{d}x = \frac{\pi}{8}\ln 2.$$

例 17.1.4　设函数 $f(s,t)$ 在 $\mathbb{R}^2$ 上连续, 记 $F(x) = \int_x^{x^2} \mathrm{d}s \int_s^x f(s,t)\mathrm{d}t.$ 求 $F'(x)$.

解　令 $g(s,x) = \int_s^x f(s,t)\mathrm{d}t$, 则它在 $\mathbb{R}^2$ 上连续, 于是对 $\forall x \in (-\infty, +\infty)$, 有

$$F(x) = \int_x^{x^2} g(s,x)\mathrm{d}s.$$

另外, $\dfrac{\partial g(s,x)}{\partial x} = f(s,x)$ 在 $\mathbb{R}^2$ 上连续, 从而由定理 17.1.2 知 $F'(x)$ 存在. 则

$$F'(x) = \int_x^{x^2} \frac{\partial g(s,x)}{\partial x}\mathrm{d}s + 2xg(x^2,x) - g(x,x)$$

$$= \int_x^{x^2} f(s,x)\mathrm{d}s + 2x\int_{x^2}^x f(x^2,t)\mathrm{d}t.$$

习　题　17.1

1. 设 $f(x,y) = \operatorname{sgn}(x-y)$, 试证含参量积分 $F(y) = \int_0^1 f(x,y)\mathrm{d}x$ 在 $(-\infty, +\infty)$ 上连续.

2. 求下列极限:

(1) $\lim\limits_{y\to 0} \int_{-1}^1 \sqrt{x^2 + y^2}\mathrm{d}x$;　　　　　(2) $\lim\limits_{y\to 0} \int_{-1}^1 (x+1)^2 \mathrm{e}^{xy}\mathrm{d}x$;

(3) $\lim\limits_{x\to 0} \int_0^{\mathrm{e}^x} \dfrac{\cos xy}{\sqrt{x^2 + y^2 + 1}}\mathrm{d}y$;　　　(4) $\lim\limits_{x\to 1} \int_0^1 \dfrac{1}{xy^2 + 1}\mathrm{d}y$.

3. 求下列函数的导数:

(1) $F(x) = \int_{x+a}^{x+b} \dfrac{\sin xy}{y}\mathrm{d}y$;　　　　(2) $F(x) = \int_x^{x^2} \mathrm{d}t \int_t^{\sin x} f(t,s)\mathrm{d}s$;

(3) $F(x) = \int_0^1 \dfrac{x}{\sqrt{x^2 + y^2}}\mathrm{d}y$;　　　(4) $F(x) = \int_0^x \mathrm{e}^{-xy}\cos xy\mathrm{d}y$.

4. 应用对参量的微分法, 求下列积分:

(1) $\int_0^{\frac{\pi}{2}} \ln(a^2 \sin^2 x + b^2 \cos^2 x)\mathrm{d}x$;　　(2) $\int_0^\pi \ln(1 - 2a\cos x + a^2)\mathrm{d}x$.

5. 应用积分号下的积分法, 求下列积分 $(0 < a < b)$:

(1) $\int_0^1 \sin\left(\ln\dfrac{1}{x}\right)\dfrac{x^b - x^a}{\ln x}\mathrm{d}x$;　　(2) $\int_0^1 \cos\left(\ln\dfrac{1}{x}\right)\dfrac{x^b - x^a}{\ln x}\mathrm{d}x$.

6. 求下列累次积分:

(1) $\int_0^1 \mathrm{d}x \int_0^1 \dfrac{x^2 - y^2}{(x^2 + y^2)^2}\mathrm{d}y$;　　　　(2) $\int_0^1 \mathrm{d}y \int_0^1 \dfrac{x^2 - y^2}{(x^2 + y^2)^2}\mathrm{d}x$.

并检验 (1) 与 (2) 中这两个累次积分是否满足定理 17.1.4 的条件.

17.2　含参量广义积分

在第 10 章已系统讨论过广义积分, 它分为无穷积分与瑕积分这两类. 同样地, 含参量广义积分也分为含参量无穷积分与含参量瑕积分这两类. 为了处理上的方便, 本节重点考虑上限是 $+\infty$ 或瑕点的积分形式. 对其他积分形式的讨论是完全类似的.

设 I 是一个区间, $f(x,y)$ 是定义在无界区域 $D = I \times [c, +\infty)$ 上的二元函数, 若对每一固定的 $x \in I$, 无穷积分 $\int_c^{+\infty} f(x,y)\mathrm{d}y$ 都收敛, 其值确定了区间 I 上的函数, 记这个函数为 $J_1(x)$, 即

$$J_1(x) = \int_c^{+\infty} f(x,y)\mathrm{d}y, \quad x \in I, \tag{17.2.1}$$

称它为定义在区间 I 上的**含参量 x 的无穷积分**, 或简称**含参量广义积分**.

设函数 $f(x,y)$ 定义在区域 $D = I \times [c,d)$ 上, 当 $x \in I$ 时, $f(x,y)$ 以 d 为瑕点. 若对 $\forall x \in I$, 瑕积分 $\displaystyle\int_c^d f(x,y)\mathrm{d}y$ 都收敛, 其值确定了区间 I 上的函数, 记这个函数为 $J_2(x)$, 即

$$J_2(x) = \int_c^d f(x,y)\mathrm{d}y, \quad x \in I, \tag{17.2.2}$$

称它为定义在区间 I 上**含参量 x 的瑕积分**, 或简称**含参量广义积分**.

为了统一处理 (17.2.1) 与 (17.2.2) 这两种含参量广义积分, 本节延续在第 10 章采用的方法, 用 ω 表示 $+\infty$ 或瑕点 d. 这样积分 (17.2.1) 与积分 (17.2.2) 统一地记作

$$\Phi(x) = \int_c^\omega f(x,y)\mathrm{d}y, \quad x \in I. \tag{17.2.3}$$

含参量广义积分 (17.2.3) 涉及两个变量: 参变量 x 与积分变量 y. 与函数项级数的情况相似, 要讨论含参量广义积分的分析性质, 就需要引入一致收敛概念.

定义 17.2.1　若对 $\forall \varepsilon > 0$, $\exists A > c$, 使得 $\forall u \in (A, \omega)$, $\forall x \in I$, 都有

$$\left| \int_c^u f(x,y)\mathrm{d}y - \Phi(x) \right| < \varepsilon, \ \text{即} \ \left| \int_u^\omega f(x,y)\mathrm{d}y \right| < \varepsilon,$$

则称含参量广义积分 (17.2.3) 在区间 I 上**一致收敛**于 $\Phi(x)$, 或简称含参量广义积分 (17.2.3) 在 I 上**一致收敛**.

定理 17.2.1 (Cauchy 准则)　含参量广义积分 (17.2.3) 在区间 I 上一致收敛的充要条件是: $\forall \varepsilon > 0$, $\exists A > c$, 使得 $\forall u_1, u_2 \in (A, \omega)$, $\forall x \in I$, 都有

$$\left| \int_{u_1}^{u_2} f(x,y)\mathrm{d}y \right| < \varepsilon.$$

证明　**必要性**　设 $\displaystyle\int_c^\omega f(x,y)\mathrm{d}y$ 在区间 I 上一致收敛. 则 $\forall \varepsilon > 0$, $\exists A > c$, 使得 $\forall u \in (A, \omega)$, $\forall x \in I$, 都有

$$\left| \int_u^\omega f(x,y)\mathrm{d}y \right| < \frac{\varepsilon}{2}.$$

从而 $\forall u_1, u_2 \in (A, \omega)$, 有

$$\left| \int_{u_1}^{u_2} f(x,y)\mathrm{d}y \right| \leqslant \left| \int_{u_1}^\omega f(x,y)\mathrm{d}y \right| + \left| \int_{u_2}^\omega f(x,y)\mathrm{d}y \right| < \varepsilon.$$

充分性　若 $\forall \varepsilon > 0$, $\exists A > c$, 使得 $\forall u_1, u_2 \in (A, \omega)$, $\forall x \in I$, 都有

$$\left| \int_{u_1}^{u_2} f(x,y)\mathrm{d}y \right| < \varepsilon,$$

这说明 $\int_c^\omega f(x,y)\mathrm{d}y$ 在每一点 $x \in I$ 都满足广义积分的 Cauchy 准则, 从而它在每一点 $x \in I$ 都收敛, 于是令 $u_2 \to \omega$, 则对 $\forall x \in I$, 都有 $\left|\int_{u_1}^\omega f(x,y)\mathrm{d}y\right| \leqslant \varepsilon$. 因此 $\int_c^\omega f(x,y)\mathrm{d}y$ 在区间 I 上一致收敛.

讨论含参量广义积分的分析性质, 还会用到如下的较弱的一致收敛概念.

定义 17.2.2 设 $\int_c^\omega f(x,y)\mathrm{d}y$ 是定义区间 I 上的含参量广义积分. 若对任意闭区间 $[a,b] \subset I$, 含参量广义积分 $\int_c^\omega f(x,y)\mathrm{d}y$ 在 $[a,b]$ 上一致收敛, 则称 $\int_c^\omega f(x,y)\mathrm{d}y$ 在区间 I 上**内闭一致收敛**.

由定义可见, 若 $\int_c^\omega f(x,y)\mathrm{d}y$ 在区间 I 上一致收敛, 则它必在区间 I 上内闭一致收敛. 反之, 若 $\int_c^\omega f(x,y)\mathrm{d}y$ 在区间 I 上内闭一致收敛, 则未必它在区间 I 上一致收敛. 一致收敛性往往在区间上某单个点处遭到破坏. 当然, 如果区间 I 本身是一个有界闭区间, 那么 I 上一致收敛与内闭一致收敛含义相同.

关于含参量广义积分一致收敛性与函数项级数一致收敛性之间的联系有下列定理.

定理 17.2.2 含参量广义积分 $\int_c^\omega f(x,y)\mathrm{d}y$ 在区间 I 上一致收敛的充要条件是: 对任意趋于 ω 的单调增加数列 $\{M_n\}$(其中 $M_1 = c$), 函数项级数

$$\sum_{n=1}^\infty \int_{M_n}^{M_{n+1}} f(x,y)\mathrm{d}y$$

在区间 I 上一致收敛.

证明 (阅读) 必要性 设 $\int_c^\omega f(x,y)\mathrm{d}y$ 在区间 I 上一致收敛, 则 $\forall \varepsilon > 0$, $\exists A > c$, 使得 $\forall u_1, u_2 \in (A, \omega)$, $\forall x \in I$, 都有

$$\left|\int_{u_1}^{u_2} f(x,y)\mathrm{d}y\right| < \varepsilon.$$

又由 $\lim_{n\to\infty} M_n = \omega$, 故 $\exists N \in \mathbb{Z}^+$, $\forall k > n > N$, 有 $A < M_n \leqslant M_k < \omega$, 于是对 $\forall x \in I$, 都有

$$\left|\sum_{j=n}^{k-1} \int_{M_j}^{M_{j+1}} f(x,y)\mathrm{d}y\right| = \left|\int_{M_n}^{M_k} f(x,y)\mathrm{d}y\right| < \varepsilon.$$

这就证明了级数 $\displaystyle\sum_{n=1}^{\infty}\int_{M_n}^{M_{n+1}}f(x,y)\mathrm{d}y$ 在区间 I 上一致收敛.

充分性 (反证法) 假设 $\displaystyle\int_c^{\omega}f(x,y)\mathrm{d}y$ 在区间 I 上不一致收敛, 则 $\exists\varepsilon_0>0$, $\forall A\in(c,\omega)$, $\exists u',u''\in(A,\omega)$ 和 $x'\in I$, 有

$$\left|\int_{u'}^{u''}f(x',y)\mathrm{d}y\right|\geqslant\varepsilon_0.$$

任取严格增加数列 $\{\alpha_n\}\subset(c,\omega)$, 使 $\displaystyle\lim_{n\to\infty}\alpha_n=\omega$. 取 $A_1=\alpha_1$, 则 $\exists M_2>M_1>A_1$, $\exists x_1\in I$, 使得

$$\left|\int_{M_1}^{M_2}f(x_1,y)\mathrm{d}y\right|\geqslant\varepsilon_0.$$

一般地, 取 $A_n=\max\{\alpha_n,M_{2(n-1)}\}$, 则 $\exists M_{2n}>M_{2n-1}>A_n$, $\exists x_n\in I$, 使得

$$\left|\int_{M_{2n-1}}^{M_{2n}}f(x_n,y)\mathrm{d}y\right|\geqslant\varepsilon_0.$$

显然, $\{M_n\}$ 是单调增加数列且 $\displaystyle\lim_{n\to\infty}M_n=\omega$. 于是, 对于级数 $\displaystyle\sum_{n=1}^{\infty}\int_{M_n}^{M_{n+1}}f(x,y)\mathrm{d}y$,

$\exists\varepsilon_0>0$, $\forall N\in\mathbb{Z}^+$, $\exists n>N$, $\exists x_n\in I$, 满足 $\left|\displaystyle\int_{M_{2n-1}}^{M_{2n}}f(x_n,y)\mathrm{d}y\right|\geqslant\varepsilon_0$. 这说

明级数 $\displaystyle\sum_{n=1}^{\infty}\int_{M_n}^{M_{n+1}}f(x,y)\mathrm{d}y$ 在 I 上不一致收敛, 得出矛盾. 所以含参量广义积分 $\displaystyle\int_c^{\omega}f(x,y)\mathrm{d}y$ 在区间 I 上一致收敛.

下面给出与函数项级数相仿的含参量广义积分一致收敛的判别法, 它们可利用定理 17.2.2 由函数项级数相应的判别法 (结合应用积分第二中值定理) 导出, 证明从略.

定理 17.2.3 (Weierstrass 判别法, 或优函数判别法) 设有函数 $g(y)$ 使得

$$\forall(x,y)\in I\times[c,\omega),\quad|f(x,y)|\leqslant g(y),$$

且 $\displaystyle\int_c^{\omega}g(y)\mathrm{d}y$ 收敛, 则 $\displaystyle\int_c^{\omega}f(x,y)\mathrm{d}y$ 在区间 I 上一致收敛.

定理 17.2.4 (A-D 判别法) 若下列**两个条件之一**满足, 则含参量广义积分 $\displaystyle\int_c^{\omega}f(x,y)g(x,y)\mathrm{d}y$ 在区间 I 上一致收敛:

(1) (**Abel 判别法**) $\int_c^\omega f(x,y)\mathrm{d}y$ 在区间 I 上一致收敛; 对每个固定的参量 $x \in I$, $g(x,y)$(关于积分变量 y) 是 $[c,\omega)$ 上的单调函数, 且 $g(x,y)$ 在 $I \times [c,\omega)$ 上有界.

(2) (**Dirichlet 判别法**) $\int_c^u f(x,y)\mathrm{d}y$ 在 $(x,u) \in I \times [c,\omega)$ 上有界; 对每个固定的参量 $x \in I$, $g(x,y)$(关于积分变量 y) 是 $[c,\omega)$ 上的单调函数, 且当 $y \to \omega$ 时, $g(x,y)$ 在 I 上一致收敛于 0.

例 17.2.1　证明含参量无穷积分 $\int_0^{+\infty} y^x \mathrm{e}^{-y}\mathrm{d}y$ 在 $[0,+\infty)$ 上内闭一致收敛但在 $[0,+\infty)$ 上不一致收敛.

证明　对 $\forall x \in [0,a](\forall a > 0)$, $\forall y \in [0,+\infty)$ 有 $0 \leqslant y^x \mathrm{e}^{-y} < (y+1)^a \mathrm{e}^{-y}$. 由于 $\int_0^{+\infty}(y+1)^a \mathrm{e}^{-y}\mathrm{d}y$ 收敛, 根据优函数判别法可知, 含参量无穷积分 $\int_0^{+\infty} y^x \mathrm{e}^{-y}\mathrm{d}y$ 在 $[0,a]$ 上一致收敛, 即在 $[0,+\infty)$ 上内闭一致收敛.

对 $\forall A > 1$, 任取 $u_1 > A$, $u_2 = u_1 + 1$, 考察 $\int_{u_1}^{u_2} y^x \mathrm{e}^{-y}\mathrm{d}y$. 由于 $\lim\limits_{x \to +\infty} u_1^x \mathrm{e}^{-u_2} = +\infty$, 则存在 $x_0 > 0$, 使得 $u_1^{x_0}\mathrm{e}^{-u_2} > 1$, 因此有

$$\left| \int_{u_1}^{u_2} y^{x_0}\mathrm{e}^{-y}\mathrm{d}y \right| = \int_{u_1}^{u_2} y^{x_0}\mathrm{e}^{-y}\mathrm{d}y \geqslant \int_{u_1}^{u_2} u_1^{x_0}\mathrm{e}^{-u_2}\mathrm{d}y > 1.$$

按 Cauchy 准则, 这表明 $\int_0^{+\infty} y^x \mathrm{e}^{-y}\mathrm{d}y$ 在 $[0,+\infty)$ 不一致收敛.

例 17.2.2　证明含参量无穷积分 $\int_0^{+\infty} \dfrac{\sin xy}{y}\mathrm{d}y$ 满足: (1) 在 $[a,+\infty)(a > 0)$ 上一致收敛;(2) 在 $(0,+\infty)$ 上不一致收敛.

证明　(1) 由于 $y = 0$ 不是 $\dfrac{\sin xy}{y}$ 的瑕点, 故含参量无穷积分 $\int_0^{+\infty} \dfrac{\sin xy}{y}\mathrm{d}y$ 与 $\int_1^{+\infty} \dfrac{\sin xy}{y}\mathrm{d}y$ 有相同的一致收敛性.

设 $f(x,y) = \sin xy$, $g(x,y) = \dfrac{1}{y}$, 则 $\forall(x,u) \in [a,+\infty) \times [1,+\infty)$, 有

$$\left| \int_1^u \sin xy\mathrm{d}y \right| = \left| \frac{\cos x - \cos xu}{x} \right| \leqslant \frac{2}{a}.$$

而 $g(x,y) = \dfrac{1}{y}$ 关于 y 在 $[1,+\infty)$ 上单调减, 且当 $y \to +\infty$ 时在 $x \in [a,+\infty)$

上一致趋于 0. 由 Dirichlet 判别法知 $\displaystyle\int_1^{+\infty} \frac{\sin xy}{y}\mathrm{d}y$ 在 $[a, +\infty)$ 上一致收敛, 从而 $\displaystyle\int_0^{+\infty} \frac{\sin xy}{y}\mathrm{d}y$ 在 $[a, +\infty)$ 上一致收敛.

(2) 对 $\forall k \in \mathbb{Z}^+$, 取 $x = \dfrac{1}{2k} \in (0, +\infty)$, 有

$$\left| \int_{4k\pi}^{5k\pi} \frac{\sin \frac{y}{2k}}{y}\mathrm{d}y \right| \geqslant \frac{1}{5k\pi} \left| \int_{4k\pi}^{5k\pi} \sin \frac{y}{2k}\mathrm{d}y \right| = \frac{2}{5\pi}.$$

令 $\varepsilon_0 = \dfrac{1}{5\pi}$, 对 $\forall A > 0$, $\exists k_0 \in \mathbb{Z}^+$, $k_0 > A$, $\exists u_1 = 4k_0\pi > A$, $u_2 = 5k_0\pi > A$ 及 $x_0 = \dfrac{1}{2k_0} \in (0, +\infty)$, 有

$$\left| \int_{u_1}^{u_2} \frac{\sin x_0 y}{y}\mathrm{d}y \right| \geqslant \frac{2}{5\pi} > \varepsilon_0.$$

按 Cauchy 准则, 这表明 $\displaystyle\int_0^{+\infty} \frac{\sin xy}{y}\mathrm{d}y$ 在 $(0, +\infty)$ 内不一致收敛.

例 17.2.3 设函数 $f(y)$ 在 $[0, +\infty)$ 内连续, 证含参量无穷积分 $\displaystyle\int_0^{+\infty} \mathrm{e}^{-xy}f(y)\mathrm{d}y$ 在 $(0, +\infty)$ 内一致收敛的充要条件是无穷积分 $\displaystyle\int_0^{+\infty} f(y)\mathrm{d}y$ 收敛.

证明 **充分性** 由于 $f(y)$ 与 x 无关, 且 $\displaystyle\int_0^{+\infty} f(y)\mathrm{d}y$ 收敛, 所以 $\displaystyle\int_0^{+\infty} f(y)\mathrm{d}y$ 关于 $x \in (0, +\infty)$ 一致收敛. 对任意固定的 $x \in (0, +\infty)$, e^{-xy} 关于 y 在 $[0, +\infty)$ 上单调减少且对 $\forall(x, y) \in (0, +\infty) \times [0, +\infty)$, 有 $|\mathrm{e}^{-xy}| = \mathrm{e}^{-xy} \leqslant 1$. 由 Abel 判别法知 $\displaystyle\int_0^{+\infty} \mathrm{e}^{-xy}f(y)\mathrm{d}y$ 在 $(0, +\infty)$ 一致收敛.

必要性 (反证法) 假设 $\displaystyle\int_0^{+\infty} f(y)\mathrm{d}y$ 发散, 则由 Cauchy 准则, $\exists \varepsilon_0 > 0$, $\forall A > 0$, $\exists u_2 > u_1 > A$, 使得

$$\left| \int_{u_1}^{u_2} f(y)\mathrm{d}y \right| > 2\varepsilon_0.$$

由于 $F(x, y) = \mathrm{e}^{-xy}f(y)$ 在 $[0, +\infty) \times [u_1, u_2]$ 内连续, 有

$$\lim_{x \to 0+} \int_{u_1}^{u_2} \mathrm{e}^{-xy}f(y)\mathrm{d}y = \int_{u_1}^{u_2} f(y)\mathrm{d}y,$$

因此由极限保号性, 存在 $x_0 > 0$, 使得

$$\left| \int_{u_1}^{u_2} \mathrm{e}^{-x_0 y} f(y) \mathrm{d}y \right| > \frac{1}{2} \left| \int_{u_1}^{u_2} f(y) \mathrm{d}y \right| > \frac{1}{2} \cdot 2\varepsilon_0 = \varepsilon_0.$$

按 Cauchy 准则, 这表明 $\displaystyle\int_0^{+\infty} \mathrm{e}^{-xy} f(y) \mathrm{d}y$ 在 $(0, +\infty)$ 内不一致收敛, 矛盾. 所以无穷积分 $\displaystyle\int_0^{+\infty} f(y) \mathrm{d}y$ 收敛.

下面来讨论含参量广义积分的分析性质.

定理 17.2.5 (连续性) 设 $f(x, y)$ 在 $I \times [c, \omega)$ 上连续, 若含参量广义积分

$$\Phi(x) = \int_c^\omega f(x, y) \mathrm{d}y$$

在区间 I 上内闭一致收敛, 则 $\Phi(x)$ 在区间 I 上连续.

证明 由定理 17.2.2, 对任意趋于 ω 的单调增加数列 $\{M_n\}$(其中 $M_1 = c$), 函数项级数

$$\Phi(x) = \sum_{n=1}^\infty \int_{M_n}^{M_{n+1}} f(x, y) \mathrm{d}y$$

在区间I 上内闭一致收敛. 又由 $f(x, y)$ 在 $I \times [c, \omega)$ 上连续可知函数项级数的通项 $\displaystyle\int_{M_n}^{M_{n+1}} f(x, y) \mathrm{d}y$ 在区间 I 上连续. 根据函数项级数和函数的连续性可知 $\Phi(x)$ 在区间 I 上连续.

定理 17.2.6 (可微性) 设 $f(x, y)$ 与 $f_x(x, y)$ 在 $I \times [c, \omega)$ 上连续, 若 $\Phi(x) = \displaystyle\int_c^\omega f(x, y) \mathrm{d}y$ 在区间 I 上收敛, $\displaystyle\int_c^\omega f_x(x, y) \mathrm{d}y$ 在区间 I 上内闭一致收敛, 则 $\Phi(x)$ 在区间 I 上有连续的导数, 且

$$\Phi'(x) = \int_c^\omega f_x(x, y) \mathrm{d}y.$$

证明 对任意趋于 ω 的单调增加数列 $\{M_n\}$(其中 $M_1 = c$), 令 $u_n(x) = \displaystyle\int_{M_n}^{M_{n+1}} f(x, y) \mathrm{d}y$, 则由定理 17.1.2 可推得

$$u_n'(x) = \int_{M_n}^{M_{n+1}} f_x(x, y) \mathrm{d}y,$$

由 $f_x(x,y)$ 的连续性可知 $u_n'(x)$ 在区间 I 上连续, 由 $\displaystyle\int_c^\omega f_x(x,y)\mathrm{d}y$ 在 I 上内闭一致收敛及定理 17.2.2, 可得函数项级数

$$\sum_{n=1}^\infty u_n'(x) = \sum_{n=1}^\infty \int_{M_n}^{M_{n+1}} f_x(x,y)\mathrm{d}y$$

在区间 I 上内闭一致收敛. 根据函数项级数的逐项求导定理, $\displaystyle\Phi(x) = \sum_{n=1}^\infty u_n(x)$ 在区间 I 上有连续的导数, 且

$$\Phi'(x) = \sum_{n=1}^\infty u_n'(x) = \sum_{n=1}^\infty \int_{M_n}^{M_{n+1}} f_x(x,y)\mathrm{d}y = \int_c^\omega f_x(x,y)\mathrm{d}y.$$

　　上述关于含参量广义积分的连续性与可微性揭示了两种运算可交换的合理性. 定理 17.2.5 与定理 17.2.6 的结论也可分别写成

$$\lim_{x\to x_0} \int_c^\omega f(x,y)\mathrm{d}y = \int_c^\omega \lim_{x\to x_0} f(x,y)\mathrm{d}y, \quad \forall x_0 \in I;$$
$$\frac{\mathrm{d}}{\mathrm{d}x} \int_c^\omega f(x,y)\mathrm{d}y = \int_c^\omega \frac{\partial}{\partial x} f(x,y)\mathrm{d}y.$$

　　定理 17.2.7 (可积性)　　设 $f(x,y)$ 在 $[a,b] \times [c,\omega]$ 上连续, 若含参量广义积分

$$\Phi(x) = \int_c^\omega f(x,y)\mathrm{d}y$$

在 $[a,b]$ 上一致收敛, 则 $\Phi(x)$ 在 $[a,b]$ 上可积, 且

$$\int_a^b \mathrm{d}x \int_c^\omega f(x,y)\mathrm{d}y = \int_c^\omega \mathrm{d}y \int_a^b f(x,y)\mathrm{d}x.$$

　　证明　　由定理 17.2.5 可知 $\displaystyle\Phi(x) = \int_c^\omega f(x,y)\mathrm{d}y$ 在 $[a,b]$ 上连续, 从而 $\Phi(x)$ 在 $[a,b]$ 上可积. 由定理 17.2.2, 对任意趋于 ω 的单调增加数列 $\{M_n\}$(其中 $M_1 = c$), 函数项级数

$$\Phi(x) = \sum_{n=1}^\infty \int_{M_n}^{M_{n+1}} f(x,y)\mathrm{d}y$$

在 $[a,b]$ 上一致收敛. 又由于 $f(x,y)$ 在 $[a,b] \times [c,\omega)$ 上连续, 所以级数的通项

$\displaystyle\int_{M_n}^{M_{n+1}} f(x,y)\mathrm{d}y$ 在 $[a,b]$ 上连续. 根据函数项级数逐项求积定理, 有

$$\int_a^b \varPhi(x)\mathrm{d}x = \sum_{n=1}^{\infty} \int_a^b \mathrm{d}x \int_{M_n}^{M_{n+1}} f(x,y)\mathrm{d}y$$

$$= \sum_{n=1}^{\infty} \int_{M_n}^{M_{n+1}} \mathrm{d}y \int_a^b f(x,y)\mathrm{d}x = \int_c^\omega \mathrm{d}y \int_a^b f(x,y)\mathrm{d}x.$$

当参变量 x 的取值范围是 $[a,+\infty)$ 或 $[a,b)$ 但 $x=b$ 是 $f(x,y)$ 的瑕点时, 有如下的 Fubini(傅比尼) 定理.

定理 17.2.8 (Fubini 定理)　设 $f(x,y)$ 在 $[a,\omega) \times [c,\omega)$ 上连续. 若 $\displaystyle\int_c^\omega f(x,y)\mathrm{d}y$ 在 $[a,\omega)$ 内闭一致收敛, $\displaystyle\int_a^\omega f(x,y)\mathrm{d}x$ 在 $[c,\omega)$ 内闭一致收敛, 且

$$\int_a^\omega \mathrm{d}x \int_c^\omega |f(x,y)|\,\mathrm{d}y \ \text{与} \ \int_c^\omega \mathrm{d}y \int_a^\omega |f(x,y)|\,\mathrm{d}x$$

数学家
小传17.2.1

中至少有一个收敛, 则

$$\int_a^\omega \mathrm{d}x \int_c^\omega f(x,y)\mathrm{d}y = \int_c^\omega \mathrm{d}y \int_a^\omega f(x,y)\mathrm{d}x.$$

证明　(阅读) 不妨设 $\displaystyle\int_a^\omega \mathrm{d}x \int_c^\omega |f(x,y)|\,\mathrm{d}y$ 收敛, 由此推得 $\displaystyle\int_a^\omega \mathrm{d}x \int_c^\omega f(x,y)\mathrm{d}y$ 收敛. 当 $d \in (c,\omega)$ 时, 有

$$J(d) = \left| \int_c^d \mathrm{d}y \int_a^\omega f(x,y)\mathrm{d}x - \int_a^\omega \mathrm{d}x \int_c^\omega f(x,y)\mathrm{d}y \right|$$

$$= \left| \int_c^d \mathrm{d}y \int_a^\omega f(x,y)\mathrm{d}x - \int_a^\omega \mathrm{d}x \int_c^d f(x,y)\mathrm{d}y - \int_a^\omega \mathrm{d}x \int_d^\omega f(x,y)\mathrm{d}y \right|.$$

根据题设条件以及定理 17.2.7, 可推得

$$J(d) = \left| \int_a^\omega \mathrm{d}x \int_d^\omega f(x,y)\mathrm{d}y \right| \leqslant \left| \int_a^u \mathrm{d}x \int_d^\omega f(x,y)\mathrm{d}y \right| + \int_u^\omega \mathrm{d}x \int_d^\omega |f(x,y)|\,\mathrm{d}y.$$

由题设条件, 对 $\forall \varepsilon > 0, \exists A > a, \forall u \in (A,\omega)$, 有

$$\int_u^\omega \mathrm{d}x \int_d^\omega |f(x,y)|\,\mathrm{d}y < \frac{\varepsilon}{2}.$$

当 u 确定后, 由 $\displaystyle\int_c^\omega f(x,y)\mathrm{d}y$ 的内闭一致收敛性, $\exists B > c$, 当 $d \in (B,\omega)$ 时, 有

$$\left| \int_d^\omega f(x,y)\mathrm{d}y \right| < \frac{\varepsilon}{2(u-a)},$$

由此可得 $J(d) < \varepsilon$, 即 $\lim\limits_{d \to \omega} J(d) = 0$, 所以有

$$\int_a^\omega \mathrm{d}x \int_c^\omega f(x,y)\mathrm{d}y = \int_c^\omega \mathrm{d}y \int_a^\omega f(x,y)\mathrm{d}x.$$

例 17.2.4 计算 $I = \displaystyle\int_0^{+\infty} \mathrm{e}^{-px} \frac{\sin bx - \sin ax}{x}\mathrm{d}x(p > 0, b > a)$.

解 因为 $\dfrac{\sin bx - \sin ax}{x} = \displaystyle\int_a^b \cos xy \mathrm{d}y$, 所以

$$I = \int_0^{+\infty} \mathrm{e}^{-px}\frac{\sin bx - \sin ax}{x}\mathrm{d}x = \int_0^{+\infty} \mathrm{e}^{-px}\left(\int_a^b \cos xy\mathrm{d}y\right)\mathrm{d}x = \int_0^{+\infty} \mathrm{d}x \int_a^b \mathrm{e}^{-px} \cos xy\mathrm{d}y.$$

由于 $|\mathrm{e}^{-px} \cos xy| \leqslant \mathrm{e}^{-px}$ 以及广义积分 $\displaystyle\int_0^{+\infty} \mathrm{e}^{-px}\mathrm{d}x$ 收敛, 则 $\displaystyle\int_0^{+\infty} \mathrm{e}^{-px}\cos xy\mathrm{d}x$
在 $y \in [a,b]$ 上一致收敛. 显然 $f(y,x) = \mathrm{e}^{-px} \cos xy$ 在 $[a,b] \times [0, +\infty)$ 连续, 于是
由定理 17.2.7,

$$I = \int_0^{+\infty} \mathrm{d}x \int_a^b \mathrm{e}^{-px} \cos xy\mathrm{d}y = \int_a^b \mathrm{d}y \int_0^{+\infty} \mathrm{e}^{-px} \cos xy\mathrm{d}x$$

$$= \int_a^b \frac{p}{p^2 + y^2}\mathrm{d}y = \arctan\frac{b}{p} - \arctan\frac{a}{p}.$$

例 17.2.5 计算 $I = \displaystyle\int_0^{+\infty} \frac{\sin ax}{x}\mathrm{d}x$.

解 在例 17.2.4 中令 $b = 0$, 则有

$$F(p) = \int_0^{+\infty} \mathrm{e}^{-px}\frac{\sin ax}{x}\mathrm{d}x = \arctan\frac{a}{p}.$$

由 Abel 判别法可知 $\displaystyle\int_0^{+\infty} \mathrm{e}^{-px}\frac{\sin ax}{x}\mathrm{d}x$ 在 $p \in [0, +\infty)$ 上一致收敛, 由定理 17.2.5,
$F(p)$ 在 $p \in [0, +\infty)$ 上连续, 且 $F(0) = \displaystyle\int_0^{+\infty} \frac{\sin ax}{x}\mathrm{d}x$. 于是

$$I = F(0) = \lim_{p \to 0+} F(p) = \lim_{p \to 0+} \arctan\frac{a}{p} = \frac{\pi}{2}\mathrm{sgn}\, a.$$

例 17.2.6 计算 $I(r) = \displaystyle\int_0^{+\infty} \mathrm{e}^{-x^2} \cos rx\mathrm{d}x$.

解 由于 $\left| e^{-x^2}\cos rx \right| \leqslant e^{-x^2}$ 对任意实数 r 都成立且无穷积分 $\displaystyle\int_0^{+\infty} e^{-x^2}\,\mathrm{d}x$ 收敛, 所以 $\displaystyle\int_0^{+\infty} e^{-x^2}\cos rx\,\mathrm{d}x$ 在 $(-\infty,+\infty)$ 上一致收敛. 现考察含参量无穷积分

$$\int_0^{+\infty} \frac{\partial(e^{-x^2}\cos rx)}{\partial r}\,\mathrm{d}x = -\int_0^{+\infty} x e^{-x^2}\sin rx\,\mathrm{d}x.$$

由于 $\left| -x e^{-x^2}\sin rx \right| \leqslant x e^{-x^2}$, 且 $\displaystyle\int_0^{+\infty} x e^{-x^2}\,\mathrm{d}x$ 收敛, 则 $-\displaystyle\int_0^{+\infty} x e^{-x^2}\sin rx\,\mathrm{d}x$ 在 $(-\infty,+\infty)$ 上一致收敛. 又显然函数 $e^{-x^2}\cos rx$ 与 $-x e^{-x^2}\sin rx$ 在 $(r,x)\in(-\infty,+\infty)\times[0,+\infty)$ 上连续, 故按定理 17.2.6,

$$I'(r) = -\int_0^{+\infty} x e^{-x^2}\sin rx\,\mathrm{d}x = \frac{1}{2}e^{-x^2}\sin rx\Big|_0^{+\infty} - \frac{r}{2}\int_0^{+\infty} e^{-x^2}\cos rx\,\mathrm{d}x$$

$$= -\frac{r}{2}\int_0^{+\infty} e^{-x^2}\cos rx\,\mathrm{d}x = -\frac{r}{2}I(r),$$

于是有

$$\ln I(r) = -\frac{r^2}{4} + \ln C, \ \text{即}\ I(r) = Ce^{-\frac{r^2}{4}},$$

因为 $C = I(0)$, 而 $I(0) = \displaystyle\int_0^{+\infty} e^{-x^2}\,\mathrm{d}x = \frac{\sqrt{\pi}}{2}$ (该积分称为**概率积分**, 参见总习题 10 第 13 题, 后面将用不同的方法推证), 所以 $I(r) = \dfrac{\sqrt{\pi}}{2}e^{-\frac{r^2}{4}}$.

习 题 17.2

1. 证明下列含参量积分在指定区间上一致收敛:

(1) $\displaystyle\int_0^{+\infty} e^{-xy}\frac{\sin y}{\sqrt{y}}\,\mathrm{d}y,\ x\in[0,+\infty)$;

(2) $\displaystyle\int_1^{+\infty} \frac{x^2}{1+x^2y^2}\,\mathrm{d}y,\ x\in(-M,M)$, 其中 $M>0$;

(3) $\displaystyle\int_0^{+\infty} \frac{\sin(x^2y)\ln(1+y)}{x^2+y^2}\,\mathrm{d}y,\ x\in[a,+\infty)$, 其中 $a>0$;

(4) $\displaystyle\int_0^1 \frac{\sin\sqrt{xy}}{y^{\frac{1}{4}+x}}\,\mathrm{d}y,\ x\in[0,1]$.

2. 利用 $\dfrac{1}{2\pi}\displaystyle\int_0^{2\pi} \frac{1-r^2}{1-2r\cos\theta+r^2}\,\mathrm{d}\theta = 1(0<r<1)$ 求定积分

$$I(r) = \int_0^{2\pi} \ln(1-2r\cos\theta+r^2)\,\mathrm{d}\theta.$$

3. 证明函数 $F(y) = \displaystyle\int_0^{+\infty} \mathrm{e}^{-(x-y)^2} \mathrm{d}x$ 在 $(-\infty, +\infty)$ 上连续 $\left(\text{证明中用到} \displaystyle\int_0^{+\infty} \mathrm{e}^{-x^2} \mathrm{d}x = \dfrac{\sqrt{\pi}}{2}\right).$

4. 求下列积分:

(1) $\displaystyle\int_0^{+\infty} \dfrac{\mathrm{e}^{-a^2 x^2} - \mathrm{e}^{-b^2 x^2}}{x^2} \mathrm{d}x \left(\text{可利用公式} \displaystyle\int_0^{+\infty} \mathrm{e}^{-x^2} \mathrm{d}x = \dfrac{\sqrt{\pi}}{2}\right);$

(2) $\displaystyle\int_0^{+\infty} \mathrm{e}^{-t} \dfrac{\sin xt}{t} \mathrm{d}t;$

(3) $\displaystyle\int_0^{+\infty} \mathrm{e}^{-x} \dfrac{1 - \cos xy}{x^2} \mathrm{d}x.$

5. 证明 $\displaystyle\int_1^{+\infty} \mathrm{d}x \int_1^{+\infty} \dfrac{x-y}{(x+y)^3} \mathrm{d}y \neq \int_1^{+\infty} \mathrm{d}y \int_1^{+\infty} \dfrac{x-y}{(x+y)^3} \mathrm{d}x.$

17.3　Euler　积　分

Euler 积分包括下列两类含参量广义积分:

$$\Gamma(s) = \int_0^{+\infty} x^{s-1} \mathrm{e}^{-x} \mathrm{d}x \quad (s > 0)$$

称为 **Gamma 函数**或 **Γ 函数**;

$$\mathrm{B}(p, q) = \int_0^1 x^{p-1} (1-x)^{q-1} \mathrm{d}x \quad (p > 0, q > 0)$$

称为 **Beta 函数**或 **B 函数**. 易知 Γ 函数的收敛域是 $s \in (0, +\infty)$(参见例 10.2.4(1) 题); B 函数的收敛域是 $(p, q) \in (0, +\infty) \times (0, +\infty)$(参见例 10.2.3 (3) 题). 作为 17.2 节中含参量广义积分理论的应用, 本节将进一步讨论 Euler 积分.

先来讨论 Γ 函数的性质.

引理 17.3.1　Γ 函数在 $s \in (0, +\infty)$ 具有任意阶导数.

证明　对 $\forall k \in \mathbb{Z}^+$, 有

$$\frac{\partial^k}{\partial s^k}(x^{s-1} \mathrm{e}^{-x}) = x^{s-1} (\ln x)^k \mathrm{e}^{-x},$$

显然 $x^{s-1} \mathrm{e}^{-x}$ 与 $x^{s-1} (\ln x)^k \mathrm{e}^{-x}$ 在 $(0, +\infty) \times (0, +\infty)$ 上连续. 下面证明对 $\forall k \in \mathbb{Z}^+$, $\displaystyle\int_0^{+\infty} x^{s-1} (\ln x)^k \mathrm{e}^{-x} \mathrm{d}x$ 在 $(0, +\infty)$ 内闭一致收敛. 为此, 只要证明: 对 $0 < a < 1 < b < +\infty$, $\displaystyle\int_0^{+\infty} x^{s-1} (\ln x)^k \mathrm{e}^{-x} \mathrm{d}x$ 在 $[a, b]$ 上一致收敛.

事实上, 当 $0 < x \leqslant 1$ 时, 对 $\forall s \geqslant a$, 有 $|x^{s-1} (\ln x)^k \mathrm{e}^{-x}| \leqslant x^{a-1} |\ln x|^k$, 而

$\int_0^1 x^{a-1} |\ln x|^k \, \mathrm{d}x$ 收敛, 所以 $\int_0^1 x^{s-1} (\ln x)^k \mathrm{e}^{-x} \mathrm{d}x$ 对 $s \geqslant a$ 是一致收敛的.

当 $x \geqslant 1$ 时, 对 $\forall s \leqslant b$, 有 $|x^{s-1}(\ln x)^k \mathrm{e}^{-x}| \leqslant x^{b+k-1} \mathrm{e}^{-x}$, 而 $\int_1^{+\infty} x^{b+k-1} \mathrm{e}^{-x} \mathrm{d}x$ 收敛, 所以 $\int_1^{+\infty} x^{s-1}(\ln x)^k \mathrm{e}^{-x} \mathrm{d}x$ 对 $s \leqslant b$ 是一致收敛的.

综合上述两种情况可知 $\int_0^{+\infty} x^{s-1}(\ln x)^k \mathrm{e}^{-x} \mathrm{d}x$ 在 $[a,b]$ 上一致收敛. 由含参量广义积分的可微性定理可知 Γ 函数在 $(0, +\infty)$ 具有任意阶导数, 且对 $\forall k \in \mathbb{Z}^+$, $\forall s \in (0, +\infty)$ 有

$$\Gamma^{(k)}(s) = \int_0^{+\infty} x^{s-1}(\ln x)^k \mathrm{e}^{-x} \mathrm{d}x.$$

引理 17.3.2 Γ 函数具有递推公式: $\Gamma(s+1) = s\Gamma(s)$, $s \in (0, +\infty)$.

证明 对 $u > 0$, 由分部积分法得

$$\int_0^u x^s \mathrm{e}^{-x} \mathrm{d}x = -x^s \mathrm{e}^{-x} \Big|_0^u + s \int_0^u x^{s-1} \mathrm{e}^{-x} \mathrm{d}x = -u^s \mathrm{e}^{-u} + s \int_0^u x^{s-1} \mathrm{e}^{-x} \mathrm{d}x,$$

令 $u \to +\infty$, 即得 $\Gamma(s+1) = s\Gamma(s)$.

对于 $\forall s \in (1, +\infty)$, $\exists n \in \mathbb{Z}^+$, 使得 $n < s \leqslant n+1$, 则由引理 17.3.2 可得

$$\Gamma(s+1) = s(s-1) \cdots (s-n) \Gamma(s-n).$$

特别地, $\Gamma(1) = \int_0^{+\infty} \mathrm{e}^{-x} \mathrm{d}x = 1$, $\Gamma(n+1) = n!$.

根据引理 17.3.2 有 $\Gamma(s) = \dfrac{\Gamma(s+1)}{s}$, 利用此式可对 Γ 函数进行延拓 (参见图 17.3.1). 当 $-1 < s < 0$ 时, 由于 $\Gamma(s+1)$ 有定义, 我们可以定义 $\Gamma(s)$ 在 $(-1, 0)$ 内的函数值, 且有 $\Gamma(s) < 0$.

用同样的方法, 利用 $\Gamma(s)$ 在 $(-1, 0)$ 有定义, 并结合引理 17.3.2, 可以定义 $\Gamma(s)$ 在 $(-2, -1)$ 内的函数值, 且有 $\Gamma(s) > 0$.

依次类推, 可把 $\Gamma(s)$ 延拓到 $\bigcup_{n=1}^{\infty} (-n, 1-n)$.

引理 17.3.3 $\Gamma(s)$ 与 $\ln \Gamma(s)$ 都是 $(0, +\infty)$ 上的凸函数, 且 $\lim\limits_{s \to 0+} \Gamma(s) = +\infty$.

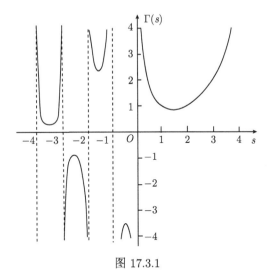

图 17.3.1

证明 由于

$$\Gamma''(s) = \int_0^{+\infty} x^{s-1}(\ln x)^2 \mathrm{e}^{-x}\mathrm{d}x > 0,$$

所以 $\Gamma(s)$ 是 $(0, +\infty)$ 上的凸函数.

又因为

$$(\ln \Gamma(s))' = \frac{\Gamma'(s)}{\Gamma(s)}, \quad (\ln \Gamma(s))'' = \frac{\Gamma(s)\Gamma''(s) - (\Gamma'(s))^2}{\Gamma^2(s)},$$

下面证明 $(\ln \Gamma(s))'' > 0$. 事实上, 由 Schwarz 不等式 (定理 8.5.9), 对 $u > 0$, 有

$$\int_0^u x^{s-1}\mathrm{e}^{-x}\mathrm{d}x \cdot \int_0^u x^{s-1}(\ln x)^2 \mathrm{e}^{-x}\mathrm{d}x \geqslant \left(\int_0^u \left|x^{s-1}\ln x\mathrm{e}^{-x}\right|\mathrm{d}x\right)^2;$$

令 $u \to +\infty$, 即得

$$\Gamma(s)\Gamma''(s) = \int_0^{+\infty} x^{s-1}\mathrm{e}^{-x}\mathrm{d}x \cdot \int_0^{+\infty} x^{s-1}(\ln x)^2 \mathrm{e}^{-x}\mathrm{d}x$$

$$\geqslant \left(\int_0^{+\infty} \left|x^{s-1}\ln x\mathrm{e}^{-x}\right|\mathrm{d}x\right)^2 \geqslant (\Gamma'(s))^2.$$

所以 $\ln \Gamma(s)$ 是 $(0, +\infty)$ 上的凸函数.

由引理 17.3.2 有

$$\Gamma(s) = \frac{\Gamma(s+1)}{s}, \quad \text{且} \quad \lim_{s \to 0+} \Gamma(s+1) = \Gamma(1) = 1,$$

所以

$$\lim_{s \to 0+} \Gamma(s) = \lim_{s \to 0+} \frac{\Gamma(s+1)}{s} = +\infty.$$

Γ 函数还有其他的一些形式. 令 $x = y^p$, 则有

$$\Gamma(s) = \int_0^{+\infty} x^{s-1} \mathrm{e}^{-x} \mathrm{d}x = p \int_0^{+\infty} y^{ps-1} \mathrm{e}^{-y^p} \mathrm{d}y = p \int_0^{+\infty} x^{ps-1} \mathrm{e}^{-x^p} \mathrm{d}x \quad (s>0, p>0),$$

特别地, $p = 2$ 时有

$$\Gamma(s) = 2 \int_0^{+\infty} x^{2s-1} \mathrm{e}^{-x^2} \mathrm{d}x, \quad \text{即} \quad \frac{\Gamma(s)}{2} = \int_0^{+\infty} x^{2s-1} \mathrm{e}^{-x^2} \mathrm{d}x. \tag{17.3.1}$$

令 $x = yt \ (y > 0)$, $\mathrm{d}x = y\mathrm{d}t$, 则有

$$\Gamma(p) = \int_0^{+\infty} x^{p-1} \mathrm{e}^{-x} \mathrm{d}x = y^p \int_0^{+\infty} t^{p-1} \mathrm{e}^{-yt} \mathrm{d}t \quad (y > 0, p > 0). \tag{17.3.2}$$

再来讨论 B 函数的性质.

引理 17.3.4 B 函数 $\mathrm{B}(p,q)$ 在定义域 $D = \{(p,q) \,|\, p > 0, q > 0\}$ 内连续.

证明 显然函数 $x^{p-1}(1-x)^{q-1}$ 在 $D \times (0,1)$ 上连续. 下面证明

$$\mathrm{B}(p,q) = \int_0^1 x^{p-1}(1-x)^{q-1} \mathrm{d}x$$

在 D 上内闭一致收敛. 对 $q_0 > 0, p_0 > 0$, 当 $q \geqslant q_0, p \geqslant p_0$ 时有

$$0 \leqslant x^{p-1}(1-x)^{q-1} \leqslant x^{p_0-1}(1-x)^{q_0-1},$$

而积分 $\int_0^1 x^{p_0-1}(1-x)^{q_0-1} \mathrm{d}x$ 收敛, 所以由 Weierstrass 判别法知 $\mathrm{B}(p,q)$ 在 $q \geqslant q_0, p \geqslant p_0$ 时一致收敛. 根据连续性定理推得 B 函数 $\mathrm{B}(p,q)$ 在定义域 $D = \{(q,p) \,|\, q > 0, p > 0\}$ 内连续.

引理 17.3.5 B 函数 $\mathrm{B}(p,q)$ 具有对称性: $\mathrm{B}(p,q) = \mathrm{B}(q,p)$.

证明 令 $x = 1 - y$, 则

$$\mathrm{B}(p,q) = \int_0^1 x^{p-1}(1-x)^{q-1} \mathrm{d}x = \int_0^1 (1-y)^{p-1} y^{q-1} \mathrm{d}y$$

$$= \int_0^1 x^{q-1}(1-x)^{p-1} \mathrm{d}x = \mathrm{B}(q,p).$$

引理 17.3.6 B 函数 $\mathrm{B}(p,q)$ 具有递推公式:

$$\mathrm{B}(p,q) = \frac{q-1}{p+q-1} \mathrm{B}(p,q-1) \quad (q > 1, p > 0);$$

$$\mathrm{B}(p,q) = \frac{p-1}{p+q-1} \mathrm{B}(p-1,q) \quad (q > 0, p > 1).$$

证明　(阅读) 当 $q > 1, p > 0$ 时, 利用分部积分法有

$$B(p,q) = \int_0^1 x^{p-1}(1-x)^{q-1}\mathrm{d}x$$

$$= \frac{x^p(1-x)^{q-1}}{p}\bigg|_0^1 + \frac{q-1}{p}\int_0^1 x^p(1-x)^{q-2}\mathrm{d}x$$

$$= \frac{q-1}{p}\int_0^1 [x^{p-1} - x^{p-1}(1-x)](1-x)^{q-2}\mathrm{d}x$$

$$= \frac{q-1}{p}\int_0^1 x^{p-1}(1-x)^{q-2}\mathrm{d}x - \frac{q-1}{p}\int_0^1 x^{p-1}(1-x)^{q-1}\mathrm{d}x$$

$$= \frac{q-1}{p}B(p,q-1) - \frac{q-1}{p}B(p,q),$$

移项并化简即得 $B(p,q) = \dfrac{q-1}{p+q-1}B(p,q-1)$.

利用引理 17.3.5, 或按上面同样的方法可推得: 当 $q > 0, p > 1$ 时, 有

$$B(p,q) = \frac{p-1}{p+q-1}B(p-1,q).$$

B 函数 $B(p,q)$ 还有其他的一些形式: 令 $x = \cos^2\theta$, 则有

$$B(p,q) = \int_0^1 x^{p-1}(1-x)^{q-1}\mathrm{d}x = 2\int_0^{\frac{\pi}{2}} \cos^{2p-1}\theta\sin^{2q-1}\theta\mathrm{d}\theta. \tag{17.3.3}$$

令 $x = \dfrac{y}{1+y}$, 则有 $1 - x = \dfrac{1}{1+y}$, $\mathrm{d}x = \dfrac{\mathrm{d}y}{(1+y)^2}$, 且

$$B(p,q) = \int_0^1 x^{p-1}(1-x)^{q-1}\mathrm{d}x = \int_0^{+\infty} \frac{y^{p-1}}{(1+y)^{p+q}}\mathrm{d}y$$

$$= \int_0^{+\infty} \frac{x^{p-1}}{(1+x)^{p+q}}\mathrm{d}x. \tag{17.3.4}$$

若再令 $x = \dfrac{1}{t}$, 得到

$$\int_1^{+\infty} \frac{x^{p-1}}{(1+x)^{p+q}}\mathrm{d}x = \int_0^1 \frac{t^{q-1}}{(1+t)^{p+q}}\mathrm{d}t = \int_0^1 \frac{x^{q-1}}{(1+x)^{p+q}}\mathrm{d}x,$$

所以有

$$B(p,q) = \int_0^1 x^{p-1}(1-x)^{q-1}\mathrm{d}x = \int_0^1 \frac{x^{p-1} + x^{q-1}}{(1+x)^{p+q}}\mathrm{d}x. \tag{17.3.5}$$

定理 17.3.7 对于任意的 $q > 0, p > 0$, Γ 函数与 B 函数具有如下关系式:

$$\mathrm{B}(p,q) = \frac{\Gamma(p)\Gamma(q)}{\Gamma(p+q)}.$$

证明 (阅读) 当 $t > 0, p > 0$ 时, 由 (17.3.2) 式可知 $\Gamma(p) = t^p \int_0^{+\infty} y^{p-1}\mathrm{e}^{-ty}\mathrm{d}y$, 于是有

$$\frac{\Gamma(p)}{t^p} = \int_0^{+\infty} y^{p-1}\mathrm{e}^{-ty}\mathrm{d}y. \tag{17.3.6}$$

将 (17.3.6) 式中 p 换成 $p+q$, t 换成 $1+t$ 得

$$\frac{\Gamma(p+q)}{(1+t)^{p+q}} = \int_0^{+\infty} y^{p+q-1}\mathrm{e}^{-(1+t)y}\mathrm{d}y. \tag{17.3.7}$$

对 (17.3.7) 式两边同乘以 t^{p-1}, 然后对 t 取 $(0, +\infty)$ 上的积分, 由 (17.3.4) 式知等式左边积分收敛, 有

$$\int_0^{+\infty} \frac{\Gamma(p+q)t^{p-1}}{(1+t)^{p+q}}\mathrm{d}t = \int_0^{+\infty}\mathrm{d}t \int_0^{+\infty} y^{p+q-1}\mathrm{e}^{-y}t^{p-1}\mathrm{e}^{-ty}\mathrm{d}y. \tag{17.3.8}$$

利用 (17.3.4) 式得

$$\Gamma(p+q)\mathrm{B}(p,q) = \int_0^{+\infty}\mathrm{d}t \int_0^{+\infty} y^{p+q-1}\mathrm{e}^{-y}t^{p-1}\mathrm{e}^{-ty}\mathrm{d}y. \tag{17.3.9}$$

(17.3.9) 式右边的积分被积函数是非负的, 容易验证 $\int_0^{+\infty} y^{p+q-1}\mathrm{e}^{-y}t^{p-1}\mathrm{e}^{-ty}\mathrm{d}y$ 对 $t \in [0, +\infty)$ 内闭一致收敛且 $\int_0^{+\infty} y^{p+q-1}\mathrm{e}^{-y}t^{p-1}\mathrm{e}^{-ty}\mathrm{d}t$ 对 $y \in [0, +\infty)$ 内闭一致收敛, 利用 Fubini 定理 (定理 17.2.8) 与 (17.3.2) 式得

$$\begin{aligned}
&\int_0^{+\infty}\mathrm{d}t \int_0^{+\infty} y^{p+q-1}\mathrm{e}^{-y}t^{p-1}\mathrm{e}^{-ty}\mathrm{d}y \\
&= \int_0^{+\infty}\mathrm{d}y \int_0^{+\infty} y^{p+q-1}\mathrm{e}^{-y}t^{p-1}\mathrm{e}^{-ty}\mathrm{d}t \\
&= \int_0^{+\infty} y^{p+q-1}\mathrm{e}^{-y}y^{-p}\Gamma(p)\mathrm{d}y = \Gamma(p)\Gamma(q). \tag{17.3.10}
\end{aligned}$$

由 (17.3.9) 式与 (17.3.10) 式便得到所要证的等式.

Γ 函数与 B 函数的关系式是非常有用的. 当 $m, n \in \mathbb{Z}^+$ 时有

$$\mathrm{B}(m,n) = \frac{\Gamma(m)\Gamma(n)}{\Gamma(m+n)} = \frac{(n-1)!(m-1)!}{(m+n-1)!}.$$

另外, 当 $p = q = \dfrac{1}{2}$ 时, 由 (17.3.3) 式得 $\mathrm{B}\left(\dfrac{1}{2}, \dfrac{1}{2}\right) = \pi$, 此时由 $\mathrm{B}\left(\dfrac{1}{2}, \dfrac{1}{2}\right) =$ $\Gamma\left(\dfrac{1}{2}\right)\Gamma\left(\dfrac{1}{2}\right)$ 得到 $\Gamma\left(\dfrac{1}{2}\right) = \sqrt{\pi}$. 再利用 (17.3.1) 式可推导出概率积分的值:

$$\int_0^{+\infty} \mathrm{e}^{-x^2}\mathrm{d}x = \left(\dfrac{1}{2}\right)\Gamma\left(\dfrac{1}{2}\right) = \dfrac{\sqrt{\pi}}{2}.$$

定理 17.3.8 (余元公式)   设 $0 < p < 1$ 时, 则有 $\mathrm{B}(p, 1-p) = \Gamma(p)\Gamma(1-p) = \dfrac{\pi}{\sin p\pi}$.

证明   (阅读) 由 (17.3.5) 式得 $\mathrm{B}(p, 1-p) = \displaystyle\int_0^1 \dfrac{x^{p-1} + x^{-p}}{1+x}\mathrm{d}x$, 由于 $x \in [0, 1)$ 时有 $\dfrac{1}{1+x} = \displaystyle\sum_{k=0}^{\infty} (-1)^k x^k$, 故

$$
\begin{aligned}
\mathrm{B}(p, 1-p) &= \lim_{r \to 1-} \int_0^r \dfrac{x^{p-1} + x^{-p}}{1+x}\mathrm{d}x \\
&= \lim_{r \to 1-} \int_0^r \left[\sum_{k=0}^{\infty} (-1)^k x^{k+p-1} + \sum_{k=0}^{\infty} (-1)^k x^{k-p}\right]\mathrm{d}x \\
&= \lim_{r \to 1-} \left[\sum_{k=0}^{\infty} \dfrac{(-1)^k}{k+p} r^{k+p} + \sum_{k=0}^{\infty} \dfrac{(-1)^k}{k-p+1} r^{k-p+1}\right] \\
&= \sum_{k=0}^{\infty} \dfrac{(-1)^k}{k+p} + \sum_{k=0}^{\infty} \dfrac{(-1)^k}{k-p+1} \\
&= \dfrac{1}{p} + \sum_{k=1}^{\infty} (-1)^k \left(\dfrac{1}{k+p} - \dfrac{1}{k-p}\right) = \dfrac{1}{p} + \sum_{k=1}^{\infty} (-1)^k \dfrac{2p}{p^2 - k^2}.
\end{aligned}
$$

根据余弦函数的 Fourier 级数

$$\cos px = \dfrac{\sin p\pi}{\pi}\left[\dfrac{1}{p} + \sum_{k=1}^{\infty} (-1)^k \dfrac{2p}{p^2 - k^2}\cos kx\right], \quad x \in [-\pi, \pi],$$

令 $x = 0$ 即得 $\mathrm{B}(p, 1-p) = \dfrac{1}{p} + \displaystyle\sum_{k=1}^{\infty} (-1)^k \dfrac{2p}{p^2 - k^2} = \dfrac{\pi}{\sin p\pi}$, 所以

$$\mathrm{B}(p, 1-p) = \Gamma(p)\Gamma(1-p) = \dfrac{\pi}{\sin p\pi}.$$

习　题　17.3

1. 分别计算 $s = \pm\dfrac{5}{2}$ 与 $s = \dfrac{5}{2} \pm n$ 时 $\Gamma(s)$ 的值.

2. 计算 $\displaystyle\int_0^{\frac{\pi}{2}} \sin^{2n} x\mathrm{d}x$ 与 $\displaystyle\int_0^{\frac{\pi}{2}} \sin^{2n+1} x\mathrm{d}x$.

3. 证明下列等式:

(1) $\Gamma(s) = \displaystyle\int_0^1 \left(\ln\frac{1}{x}\right)^{s-1} \mathrm{d}x$, $s > 0$;

(2) $\Gamma(s)\Gamma(1-s) = \displaystyle\int_0^{+\infty} \frac{x^{s-1}}{1+x}\mathrm{d}x$, $0 < s < 1$;

(3) $\dfrac{1}{r}\mathrm{B}\left(\dfrac{p}{r}, q\right) = \displaystyle\int_0^1 x^{p-1}(1-x^r)^{q-1}\mathrm{d}x$, $p > 0, q > 0, r > 0$;

(4) $\displaystyle\int_0^{+\infty} \frac{\mathrm{d}x}{1+x^4} = \frac{\pi}{2\sqrt{2}}$.

4. 证明公式 $\mathrm{B}(p,q) = \mathrm{B}(p+1,q) + \mathrm{B}(p,q+1)$.

复习课件17

归纳解
析视频 17

总习题 17

A 组

1. 求 $f(x,y) = \displaystyle\int_1^3 (x+yt-t^2)^2\mathrm{d}t$ 的最小值点.

2. 设 $u(x) = \displaystyle\int_0^1 k(x,y)v(y)\mathrm{d}y$, 其中 $k(x,y) = \begin{cases} x(1-y), & x \leqslant y, \\ y(1-x), & x > y \end{cases}$ 与 $v(y)$ 为 $[0,1]$ 上的连续函数, 证明: $u''(x) = -v(x)$.

3. 求函数 $f(x) = \displaystyle\int_0^{+\infty} \frac{\sin(1-x^2)y}{y}\mathrm{d}y$ 的不连续点.

4. 设 $\displaystyle\int_0^{+\infty} f(x,t)\mathrm{d}t$ 在 $x \geqslant a$ 时一致收敛于 $F(x)$, 且 $\displaystyle\lim_{x\to+\infty} f(x,t) = g(t)$ 对 $\forall t \in [a,b] \subset [0,+\infty)$ 一致地成立. 证明: $\displaystyle\int_0^{+\infty} g(t)\mathrm{d}t = \lim_{x\to+\infty} F(x)$.

5. 设 $f(x)$ 是二阶可微函数, $F(x)$ 是可微函数, 证明函数

$$u(x,t) = \frac{1}{2}[f(x-at) + f(x+at)] + \frac{1}{2a}\int_{x-at}^{x+at} F(s)\mathrm{d}s$$

满足 $\dfrac{\partial^2 u}{\partial t^2} = a^2\dfrac{\partial^2 u}{\partial x^2}$ 及初值条件 $u(x,0) = f(x), u_t(x,0) = F(x)$.

6. 求极限: $\lim\limits_{a \to +\infty} \int_0^{+\infty} \mathrm{e}^{-x^a} \mathrm{d}x$.

7. 求极限: $\lim\limits_{a \to +\infty} \int_0^{+\infty} \dfrac{1}{1+x^a} \mathrm{d}x$.

B 组

8. 讨论函数 $F(x) = \int_0^1 \dfrac{x f(y)}{x^2 + y^2} \mathrm{d}y$ 的连续性, 其中 $f(y)$ 在 $[0,1]$ 上为正的连续函数.

9. 设函数 $f(x)$ 在 $[a, A]$ 上连续, 证明

$$\lim_{h \to 0} \frac{1}{h} \int_a^x [f(t+h) - f(t)]\mathrm{d}t = f(x) - f(a) \quad (a < x < A).$$

10. 设 $F(x,y) = \int_{\frac{x}{y}}^{xy} (x - yz) f(z) \mathrm{d}z$, 其中 $f(z)$ 是可微函数, 求 $F_{xy}(x,y)$.

11. 设 $E(k) = \int_0^{\frac{\pi}{2}} \sqrt{1 - k^2 \sin^2 \theta}\, \mathrm{d}\theta$, $F(k) = \int_0^{\frac{\pi}{2}} \dfrac{1}{\sqrt{1 - k^2 \sin^2 \theta}} \mathrm{d}\theta (0 < k < 1)$.

(1) 求 $E'(k), F'(k)$;   (2) 证明 $E(k)$ 满足方程 $E''(k) + \dfrac{1}{k} E'(k) + \dfrac{E(k)}{1 - k^2} = 0$.

12. 应用 $\int_0^{+\infty} \mathrm{e}^{-ax^2} \mathrm{d}x = \dfrac{\sqrt{\pi}}{2} a^{-\frac{1}{2}} (a > 0)$, 证明: $\int_0^{+\infty} x^{2n} \mathrm{e}^{-ax^2} \mathrm{d}x = \dfrac{\sqrt{\pi}}{2} \dfrac{(2n-1)!!}{2^n} a^{-(n+\frac{1}{2})}$.

13. 应用 $\int_0^{+\infty} \dfrac{1}{x^2 + a^2} \mathrm{d}x = \dfrac{\pi}{2a}$, 求 $\int_0^{+\infty} \dfrac{1}{(x^2 + a^2)^{n+1}} \mathrm{d}x$.

14. 设 $f(x,y)$ 在 $[a,b] \times [c, +\infty)$ 上为连续的非负函数, $I(x) = \int_c^{+\infty} f(x,y)\mathrm{d}y$ 在 $[a,b]$ 上连续, 证明 $I(x)$ 在 $[a,b]$ 上一致收敛.

15. 证明: $\int_{-\infty}^{+\infty} x^2 \mathrm{e}^{-x^2} \mathrm{d}x = \dfrac{\sqrt{\pi}}{2}$.

16. 试将下列积分用 Euler 积分表示:

(1) $\int_0^{\frac{\pi}{2}} \sin^p x \cos^q x \mathrm{d}x$;   (2) $\int_0^1 \left(\ln \dfrac{1}{x} \right)^p \mathrm{d}x$.

17. 证明 $\int_0^1 \ln \Gamma(x) \mathrm{d}x = \ln \sqrt{2\pi}$.

第 18 章 重积分

本章将研究多元函数的重积分. 多元函数重积分的理论是类比一元函数定积分理论并将其推广得出的, 最主要的差别在于重积分的积分区域比一元函数的积分区间要复杂一些, 这样就使得重积分在理论与计算上也要复杂一些. 本章重点讨论二重积分、三重积分的定义和计算方法, 以及重积分的应用.

18.1 二重积分的概念

为了研究定义在平面区域上二元函数的重积分, 我们先讨论平面图形的面积问题.

设 A 是有界平面图形, 用某一平行于坐标轴的一组直线网 T 分割平面图形 A(如图 18.1.1), 这些直线网 T 的网眼是小闭矩形 Δ_k, 小闭矩形 Δ_k 分为三类:

(i) $\Delta_k \subset A$; (ii) $\Delta_k \cap A = \varnothing$; (iii) $\Delta_k \cap A \neq \varnothing, \Delta_k \cap A^c \neq \varnothing$.

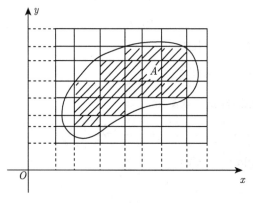

图 18.1.1

将第 (i) 类小闭矩形 Δ_k 的面积之和记为 $\underline{S}(T)$; 将第 (i) 与 (iii) 类小闭矩形 Δ_k 的面积之和记为 $\overline{S}(T)$, 则有 $\underline{S}(T) \leqslant \overline{S}(T)$.

由确界存在定理, 对于平面上所有直线网, 数集 $\{\underline{S}(T)\}$ 有上确界, $\{\overline{S}(T)\}$ 有下确界. 记

$$\underline{I}_A = \sup_T \{\underline{S}(T)\}, \text{ 称为} A \text{ 的} \textbf{内面积}; \quad \overline{I}_A = \inf_T \{\overline{S}(T)\}, \text{ 称为 } A \text{ 的} \textbf{外面积}.$$

显然有 $0 \leqslant \underline{I}_A \leqslant \overline{I}_A$.

定义 18.1.1　若平面图形 A 的内面积与外面积相等, 即 $\underline{I}_A = \overline{I}_A$, 则称 A 为可求面积, 并称 $\underline{I}_A = \overline{I}_A = I_A$ 为 A 的面积.

定理 18.1.1　有界平面图形 A 可求面积的充要条件是: 对 $\forall \varepsilon > 0$, 总存在某直线网 T, 使得 $\overline{S}(T) - \underline{S}(T) < \varepsilon$.

证明　**必要性**　设有界平面图形 A 的面积为 I_A, 由定义 18.1.1 有 $\underline{I}_A = \overline{I}_A = I_A$. 对 $\forall \varepsilon > 0$, 由 $\underline{I}_A$ 及 $\overline{I}_A$ 的定义, 分别存在直线网 T_1 与 T_2, 使得

$$\underline{S}(T_1) > I_A - \frac{\varepsilon}{2}, \quad \overline{S}(T_2) < I_A + \frac{\varepsilon}{2}.$$

记 T 是 T_1 与 T_2 合起来的直线网, 显然有 $\underline{S}(T_1) \leqslant \underline{S}(T)$, $\overline{S}(T) \leqslant \overline{S}(T_2)$. 这样就得到

$$\overline{S}(T) - \underline{S}(T) < \varepsilon.$$

充分性　对 $\forall \varepsilon > 0$, 总存在某直线网 T, 使得 $\overline{S}(T) - \underline{S}(T) < \varepsilon$. 由于

$$\underline{S}(T) \leqslant \underline{I}_A \leqslant \overline{I}_A \leqslant \overline{S}(T),$$

所以有 $\overline{I}_A - \underline{I}_A < \varepsilon$. 再根据 ε 的任意性就有 $\underline{I}_A = \overline{I}_A$, 即平面有界图形 A 是可求面积的.

推论 18.1.2　有界平面图形 A 的面积为零的充要条件是 A 的外面积为零, 即对 $\forall \varepsilon > 0$, 总存在某直线网 T, 使得 $\overline{S}(T) < \varepsilon$.

定理 18.1.3　有界平面图形 A 可求面积的充要条件是 A 的边界 ∂A 的面积为零.

证明　由定理 18.1.1, 有界平面图形 A 可求面积的充要条件是: $\forall \varepsilon > 0$, 总存在某直线网 T, 使得

$$\overline{S}(T) - \underline{S}(T) < \varepsilon.$$

记 ∂A 的外面积为 $\overline{S}_{\partial A}$, 这样就有

$$\overline{S}_{\partial A} \leqslant \overline{S}(T) - \underline{S}(T) < \varepsilon.$$

根据推论 18.1.2 可得 A 的边界 ∂A 的面积为零.

定理 18.1.4　由定义在 $[a, b]$ 上连续函数 $y = f(x)$ 所确定的连续曲线 K 的面积为零.

证明　由于 $y = f(x)$ 在 $[a, b]$ 上连续, 它必在 $[a, b]$ 上一致连续. 因而 $\forall \varepsilon > 0$, $\exists \delta > 0$, 当把 $[a, b]$ 分成 n 个小区间 $[x_0, x_1], [x_1, x_2], \cdots, [x_{n-1}, x_n]$(其中 $x_0 = a, x_n = b$), 且 $\max\{\Delta x_i = x_i - x_{i-1}, i = 1, 2, \cdots, n\} < \delta$ 时, $f(x)$ 在每个小区间 $[x_{i-1}, x_i]$ 上的振幅

$$\omega_i < \frac{\varepsilon}{b-a}, \quad i = 1, 2, \cdots, n.$$

现把曲线 K 按自变量 $x = x_0, x_1, \cdots, x_{n-1}, x_n = b$ 分成 n 小段, 这时每一小段都能被以 Δx_i 为宽, ω_i 为高的小矩形所覆盖. 由于这些小矩形面积之和

$$\sum_{i=1}^{n} \omega_i \Delta x_i < \frac{\varepsilon}{b-a} \sum_{i=1}^{n} \Delta x_i = \varepsilon,$$

所以由推论 18.1.2 即得曲线 K 的面积为零.

在引入二重积分的概念之前, 先来讨论曲顶柱体的体积问题. 设有一立体 Ω, 其底是 xy 面上可求面积的有界闭区域 D, 它的侧面是以 D 的边界曲线为准线而母线平行于 z 轴的柱面, 它的顶是 D 上连续的非负函数 $z = f(x, y)$ 所表示的曲面 (图 18.1.2), 这种立体称为**曲顶柱体**. 下面讨论如何求该曲顶柱体的体积 V.

对于曲顶柱体, 由于它的顶是曲面, 当点 (x, y) 在区域 D 上变动时, 它的高 $f(x, y)$ 是一个变量, 不能直接用平顶柱体的体积公式来计算, 但可用类似于求曲边梯形面积的方法来计算它的体积.

如图 18.1.3, 先用一组平面与坐标轴的直线网 T 把区域 D 分割成 n 个小区域: $D_1, D_2, \cdots, D_n(T$ 称为区域 D 的一个**分割**, 也可记作 $T = \{D_1, D_2, \cdots, D_n\})$, 这里用 $\Delta \sigma_i \ (i = 1, 2, \cdots, n)$ 表示第 i 个小闭区域 D_i 的面积, 分别作以这些小闭区域的边界曲线为准线且母线平行于 z 轴的柱面, 这些柱面把原来的曲顶柱体分为 n 个小曲顶柱体. 当这些小闭区域 D_i 的直径 d_i 充分小时, 由于函数 $f(x, y)$ 在闭区域 D 上连续, 因此, 它在小闭区域 D_i 内的变化很小, 任取一点 $(\xi_i, \eta_i) \in D_i$, 以 $f(\xi_i, \eta_i)$ 为高而底为 D_i 的平顶柱体的体积为 $f(\xi_i, \eta_i)\Delta \sigma_i$, 当这些小闭区域 $D_i \ (i = 1, 2, \cdots, n)$ 的直径 d_i 充分小时, 该小平顶柱体的体积可近似地看成小曲顶柱体的体积, 从而这 n 个小平顶柱体的体积和的极限就是曲顶柱体的体积, 即当 $\max\{d_1, d_2, \cdots, d_n\} \to 0$ 时, $\sum\limits_{i=1}^{n} f(\xi_i, \eta_i)\Delta \sigma_i$ 的极限就是曲顶柱体的体积 V.

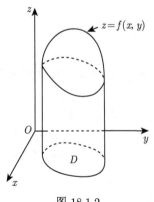

图 18.1.2

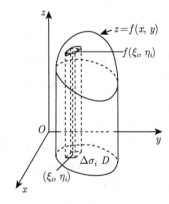

图 18.1.3

现在引入二重积分的概念. 设 D 是 xy 坐标面上可求面积的有界闭区域, $f(x,y)$ 是定义在 D 上的函数. 用任意的曲线把 D 分成 n 个可求面积的小区域 $D_1, D_2, \cdots, D_n$, 以 $\Delta\sigma_i$ 表示 $D_i\ (i=1,2,\cdots,n)$ 的面积. 这些小区域构成 D 的一个分割 T. 以 d_i 记 $D_i(i=1,2,\cdots,n)$ 的直径, $\|T\| = \max\limits_{1\leqslant i\leqslant n} d_i$ 称为分割 T 的**细度**. 在每个 D_i 上任取一点 $(\xi_i, \eta_i) \in D_i$, 并作和式

$$\sum_{i=1}^{n} f(\xi_i, \eta_i)\Delta\sigma_i,$$

称它为函数 $f(x,y)$ 在 D 上关于 T 的一个**积分和**.

定义 18.1.2 设 $f(x,y)$ 是定义在可求面积的有界闭区域 D 上的函数, J 是一个确定的数. 若对 $\forall\varepsilon > 0, \exists\delta > 0$, 使得对于 D 的任意分割 $T = \{D_1, D_2, \cdots, D_n\}$ 及任取点 $(\xi_i, \eta_i) \in D_i(i=1,2,\cdots,n)$, 当 $\|T\| < \delta$ 时, 关于 T 的所有积分和都满足

$$\left| \sum_{i=1}^{n} f(\xi_i, \eta_i)\Delta\sigma_i - J \right| < \varepsilon,$$

则称 $f(x,y)$ 在 D 上**可积**, 数 J 称为函数 $f(x,y)$ 在 D 上的**二重积分**, 记为 $J = \iint\limits_{D} f(x,y)\mathrm{d}\sigma$, 即

$$\iint\limits_{D} f(x,y)\mathrm{d}\sigma = \lim_{\|T\|\to 0} \sum_{i=1}^{n} f(\xi_i, \eta_i)\Delta\sigma_i.$$

其中 $\iint$ 是二重积分符号, $f(x,y)$ 称为**被积函数**, $f(x,y)\mathrm{d}\sigma$ 称为**被积表达式**, $\mathrm{d}\sigma$ 称为**面积微元**, $x,\ y$ 称为**积分变量**, D 称为**积分区域**.

当函数 $f(x,y) \geqslant 0$ 时, 二重积分 $\iint\limits_{D} f(x,y)\mathrm{d}\sigma$ 在几何上表示以 $z = f(x,y)$ 为曲顶, D 为底的曲顶柱体体积; 当 $f(x,y) = 1$, $\iint\limits_{D}\mathrm{d}\sigma$ 的值是积分区域 D 的面积.

另外, 函数 $f(x,y) \geqslant 0$ 时, 二重积分 $\iint\limits_{D} f(x,y)\mathrm{d}\sigma$ 在物理上表示以 $f(x,y)$ 为密度的 xy 面上的平面板 D 的质量.

与定积分的情况一样, 由定义 18.1.2 容易证明, 若 $f(x,y)$ 在可求面积的有界闭区域 D 上可积, 则 $f(x,y)$ 在 D 上**为有界函数**. 为了简洁起见, 以下**在讨论二重积分相关问题时, 总假定有界闭域是可求面积的, 且被积函数是有界的**, 不再一一声明.

需要指出, 在定义 18.1.2 中, 对闭区域 D 的划分是任意的, 通常在直角坐标系中用平行于坐标轴的直线网来划分闭区域 D, 这时除了包含边界点的一些小闭区域外 (求和的极限时, 这些包含边界点的小闭区域所对应项的和的极限为零, 可略去不计), 其余的小闭区域都是矩形闭区域, 设矩形闭区域 D_i 的边长分别为 Δx_j, Δy_k, 则每一个小闭矩形区域的面积表示为 $\Delta \sigma_i = \Delta x_j \Delta y_k$, 因此在直角坐标系中, 将面积微元 $\mathrm{d}\sigma$ 记作 $\mathrm{d}x\mathrm{d}y$, 从而直角坐标系中的二重积分记作 $\iint\limits_{D} f(x,y)\mathrm{d}x\mathrm{d}y$. 即

$$\iint\limits_{D} f(x,y)\mathrm{d}\sigma = \iint\limits_{D} f(x,y)\mathrm{d}x\mathrm{d}y.$$

设 $f(x,y)$ 是定义在有界闭域 D 上的有界函数, 用分割 T 把 D 分成 n 个可求面积的小闭区域 $D_1, D_2, \cdots, D_n$, 令 $M_i = \sup\limits_{(x,y)\in D_i} f(x,y)$, $m_i = \inf\limits_{(x,y)\in D_i} f(x,y)(i = 1, 2, \cdots, n)$, 作和

$$\overline{S}(T) = \sum_{i=1}^{n} M_i \Delta \sigma_i \ \text{与} \ \underline{S}(T) = \sum_{i=1}^{n} m_i \Delta \sigma_i,$$

分别称为 $f(x,y)$ 关于分割 T 的**上和**与**下和**. 下面列出有关二元函数的可积性定理, 只给出定理 18.1.7 的证明, 其余定理的证明都可类比定积分相应的定理进行证明, 从略.

定理 18.1.5　有界函数 $f(x,y)$ 在有界闭域 D 上可积的充要条件是

$$\lim_{\|T\|\to 0} \overline{S}(T) = \lim_{\|T\|\to 0} \underline{S}(T),$$

即对 $\forall \varepsilon > 0$, 总存在 D 的某个分割 T, 使得 $\overline{S}(T) - \underline{S}(T) < \varepsilon$.

定理 18.1.6　有界闭域 D 上的连续函数是可积的.

定理 18.1.7　设 $f(x,y)$ 是定义在有界闭域 D 上的有界函数, 若 $f(x,y)$ 的不连续点落在有限条光滑曲线上, 则 $f(x,y)$ 在 D 上可积.

证明　不失一般性, 可设 $f(x,y)$ 的不连续点落在某一条光滑曲线 L 上. 记 L 的长度为 l, 于是对 $\forall \varepsilon > 0$, 把 L 等分为 $n = \left[\dfrac{l}{\varepsilon}\right] + 1$ 段: $L_1, L_2, \cdots, L_n$. 在每段 L_i 上取一点 P_i, 使 P_i 与其一端点的弧长为 $\dfrac{l}{2n}$. 以 P_i 为中心作边长为 ε 的正方形 Δ_i, 则 $L_i \subset \Delta_i$. 记 $\bigcup\limits_{i=1}^{n} \Delta_i = \Delta$, 则 Δ 是多边形, 其面积记为 W. 由于

$$L = \bigcup_{i=1}^{n} L_i \subset \bigcup_{i=1}^{n} \Delta_i = \Delta,$$

因而

$$W \leqslant n\varepsilon^2 = \left(\left[\frac{l}{\varepsilon}\right] + 1\right)\varepsilon^2 \leqslant \left(\frac{l}{\varepsilon} + 1\right)\varepsilon^2 = (l + \varepsilon)\varepsilon.$$

记 $D_1 = D \cap \Delta$, $D_2 = D \backslash D_1$. 由于 $f(x, y)$ 在 D_2 上连续, 根据定理 18.1.5 与定理 18.1.6, 存在 D_2 上的分割 T_2, 使得 $\overline{S}(T_2) - \underline{S}(T_2) < \varepsilon$. 又记

$$M_\Delta = \sup_{(x,y)\in\Delta} f(x, y), \quad m_\Delta = \inf_{(x,y)\in\Delta} f(x, y),$$

令 $T = T_2 \cup \{D_1\}$, 则 T 是区域 D 的分割, 且有

$$\overline{S}(T) - \underline{S}(T) \leqslant [\overline{S}(T_2) - \underline{S}(T_2)] + [M_\Delta W - m_\Delta W] < \varepsilon + \omega W$$

$$\leqslant \varepsilon + (l + \varepsilon)\varepsilon\omega = [1 + (l + \varepsilon)\omega]\varepsilon,$$

其中 ω 是 $f(x, y)$ 在 D 上的振幅. 由于 $f(x, y)$ 在 D 上有界, 故 ω 是有限值. 所以由定理 18.1.5 就证明了 $f(x, y)$ 在 D 上可积.

与定积分类似, 二重积分有下列一些基本性质, 其证明也是类似的, 从略.

定理 18.1.8 (1)(**规范性质**) 如果在有界闭域 D 上, $f(x, y) = 1$, σ 表示 D 的面积, 则

$$\sigma = \iint\limits_D 1 \cdot \mathrm{d}\sigma = \iint\limits_D \mathrm{d}\sigma.$$

(2) (**线性性质**) 若 $f(x, y)$, $g(x, y)$ 在有界闭域 D 上可积, k_1, k_2 为常数, 则 $k_1 f(x, y) + k_2 g(x, y)$ 在 D 上可积且

$$\iint\limits_D [k_1 f(x, y) + k_2 g(x, y)]\mathrm{d}\sigma = k_1 \iint\limits_D f(x, y)\mathrm{d}\sigma + k_2 \iint\limits_D g(x, y)\mathrm{d}\sigma.$$

(3) (**积分域可加性质**) 如果有界闭域 D 被划分为两个没有公共内点的闭区域 D_1 与 D_2, 且 $f(x, y)$ 在 D 上可积, 则

$$\iint\limits_D f(x, y)\mathrm{d}\sigma = \iint\limits_{D_1} f(x, y)\mathrm{d}\sigma + \iint\limits_{D_2} f(x, y)\mathrm{d}\sigma.$$

(4) (**保序性质**) 若 $f(x, y)$, $g(x, y)$ 在有界闭域 D 上可积, 且 $f(x, y) \leqslant g(x, y)$, 则

$$\iint\limits_D f(x, y)\mathrm{d}\sigma \leqslant \iint\limits_D g(x, y)\mathrm{d}\sigma.$$

特别地, $|f|$ 在 D 上也可积, 由于 $-|f(x, y)| \leqslant f(x, y) \leqslant |f(x, y)|$, 则

$$\left|\iint\limits_D f(x, y)\mathrm{d}\sigma\right| \leqslant \iint\limits_D |f(x, y)|\mathrm{d}\sigma.$$

(5) (**估值不等式**) 若 $f(x, y)$ 在有界闭域 D 上可积, 且 M, m 分别是 $f(x, y)$ 在 D 上的上确界和下确界, σ 为 D 的面积, 则

$$m\sigma \leqslant \iint\limits_{D} f(x, y)\mathrm{d}\sigma \leqslant M\sigma.$$

定理 18.1.9 (二重积分的中值定理)　设函数 $f(x, y)$ 在有界闭域 D 上连续, σ 为 D 的面积, 则 $\exists (\xi, \eta) \in D$ 使得

$$\iint\limits_{D} f(x, y)\mathrm{d}\sigma = f(\xi, \eta)\, \sigma.$$

证明　因为 f 在有界闭域 D 上连续, 故 f 在 D 上取得最大值 M 与最小值 m, 于是 $m\sigma \leqslant \iint\limits_{D} f(x, y)\mathrm{d}\sigma \leqslant M\sigma$, 即有

$$m \leqslant \frac{1}{\sigma} \iint\limits_{D} f(x, y)\mathrm{d}\sigma \leqslant M.$$

按介值定理, $\exists (\xi, \eta) \in D$ 使得

$$f(\xi, \eta) = \frac{1}{\sigma} \iint\limits_{D} f(x, y)\mathrm{d}\sigma,\ \text{即}\ \iint\limits_{D} f(x, y)\mathrm{d}\sigma = f(\xi, \eta)\, \sigma.$$

二重积分中值定理的几何意义是: 以 D 为底, $z = f(x, y)(f(x, y) \geqslant 0)$ 为曲顶的曲顶柱体体积等于一个同底的平顶柱体体积, 这个平顶柱体的高就是 $f(x, y)$ 在闭区域 D 中某点 (ξ, η) 的函数值 $f(\xi, \eta)$.

习　题　18.1

1. 用二重积分表示旋转抛物面 $z = 1 - x^2 - y^2$ 在 xy 面上方所围部分的体积 V.

2. 设 $I_i = \iint\limits_{D_i} (x^2 + y^2 + 1)\mathrm{d}\sigma$, $i = 1, 2$, 其中

$$D_1 = \{(x, y) \mid |x| \leqslant 1,\ |y| \leqslant 1\}, \quad D_2 = [0, 1] \times [0, 1].$$

试用二重积分的几何意义说明 I_1 与 I_2 之间的大小关系.

3. 利用二重积分的性质, 比较下列各组中二重积分的大小:

(1) $\iint\limits_{D} yx^3\mathrm{d}\sigma$ 与 $\iint\limits_{D} y^2x^3\mathrm{d}\sigma$, 其中 $D = \{(x, y) \mid -1 < x < 0,\ 0 < y < 1\}$;

(2) $\iint\limits_{D} (x + y)^2\mathrm{d}\sigma$ 与 $\iint\limits_{D} (x + y)^3\mathrm{d}\sigma$, 其中 $D = \{(x, y) \mid (x - 2)^2 + (y - 1)^2 \leqslant 1\}$.

4. 利用二重积分的性质, 估计下列二重积分的取值范围:

(1) $I = \iint\limits_{D} (x^2 y + xy^2 + 1)\mathrm{d}\sigma$, 其中 $D = \{(x,y)|0 \leqslant x \leqslant 1,\ 0 \leqslant y \leqslant 1\}$;

(2) $I = \iint\limits_{D} (x^2 + 2y^2 + 1)\mathrm{d}\sigma$, 其中 $D = \{(x,y)|x^2 + y^2 \leqslant 4\}$.

18.2 直角坐标系下二重积分的计算

本节先讨论定义在矩形区域 $D = [a,b] \times [c,d]$ 上二重积分的计算问题, 然后由此给出一般区域上二重积分的计算.

定理 18.2.1 设 $f(x,y)$ 在矩形区域 $D = [a,b] \times [c,d]$ 上可积, 且对 $\forall x \in [a,b]$, 积分 $\int_c^d f(x,y)\mathrm{d}y$ 存在, 则累次积分 $\int_a^b \mathrm{d}x \int_c^d f(x,y)\mathrm{d}y$ 也存在, 且

$$\iint\limits_{D} f(x,y)\mathrm{d}x\mathrm{d}y = \int_a^b \mathrm{d}x \int_c^d f(x,y)\mathrm{d}y.$$

证明 (阅读) 令 $F(x) = \int_c^d f(x,y)\mathrm{d}y$, 对 $[a,b]$ 与 $[c,d]$ 分别作分割

$$a = x_0 < x_1 < x_2 < \cdots < x_{r-1} < x_r = b, \quad c = y_0 < y_1 < y_2 < \cdots < y_{s-1} < y_s = d,$$

按这些分点作两组直线

$$x = x_i, \quad i = 1, 2, \cdots, r; \quad y = y_k, \quad k = 1, 2, \cdots, s,$$

它们把 D 分为 rs 个小矩形 (参见图 18.2.1), 并记

$$\Delta_{ik} = [x_{i-1}, x_i] \times [y_{k-1}, y_k], \quad i = 1, 2, \cdots, r, \quad k = 1, 2, \cdots, s.$$

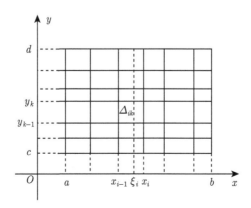

图 18.2.1

设 $f(x,y)$ 在 Δ_{ik} 上的上确界和下确界分别为 M_{ik} 和 m_{ik}, 于是对 $\forall \xi_i \in [x_{i-1}, x_i]$,
有不等式

$$m_{ik}\Delta y_k \leqslant \int_{y_{k-1}}^{y_k} f(\xi_i, y)\mathrm{d}y \leqslant M_{ik}\Delta y_k,$$

其中 $\Delta y_k = y_k - y_{k-1}$, $k = 1, 2, \cdots, s$. 因此

$$\sum_{k=1}^{s} m_{ik}\Delta y_k \leqslant F(\xi_i) = \int_c^d f(\xi_i, y)\mathrm{d}y \leqslant \sum_{k=1}^{s} M_{ik}\Delta y_k,$$

$$\sum_{i=1}^{r} \sum_{k=1}^{s} m_{ik}\Delta y_k \Delta x_i \leqslant \sum_{i=1}^{r} F(\xi_i)\Delta x_i \leqslant \sum_{i=1}^{r} \sum_{k=1}^{s} M_{ik}\Delta y_k \Delta x_i,$$

其中 $\Delta x_i = x_i - x_{i-1}$, $i = 1, 2, \cdots, r$. 记 d_{ik} 为 Δ_{ik} 的直径, $\|T\| = \max\limits_{i,k} d_{ik}$, 由于
二重积分存在, 由定理 18.1.5 有

$$\lim_{\|T\|\to 0} \sum_{i=1}^{r} \sum_{k=1}^{s} m_{ik}\Delta y_k \Delta x_i = \lim_{\|T\|\to 0} \sum_{i=1}^{r} \sum_{k=1}^{s} M_{ik}\Delta y_k \Delta x_i$$

且极限为 $\iint\limits_{D} f(x,y)\mathrm{d}x\mathrm{d}y$, 即

$$\lim_{\|T\|\to 0} \sum_{i=1}^{r} \sum_{k=1}^{s} m_{ik}\Delta y_k \Delta x_i = \lim_{\|T\|\to 0} \sum_{i=1}^{r} \sum_{k=1}^{s} M_{ik}\Delta y_k \Delta x_i = \iint\limits_{D} f(x,y)\mathrm{d}x\mathrm{d}y.$$

因此当 $\|T\| \to 0$ 时, 有 $\max\limits_{1 \leqslant i \leqslant r} \Delta x_i \to 0$, 所以

$$\lim_{\|T\|\to 0} \sum_{i=1}^{r} F(\xi_i)\Delta x_i = \int_a^b F(x)\mathrm{d}x, \quad \text{即} \quad \iint\limits_{D} f(x,y)\mathrm{d}x\mathrm{d}y = \int_a^b \mathrm{d}x \int_c^d f(x,y)\mathrm{d}y.$$

类似地, 有下列定理 18.2.2.

定理 18.2.2　设 $f(x,y)$ 在矩形区域 $D = [a,b] \times [c,d]$ 上可积, 且对 $\forall y \in [c,d]$, 积分 $\int_a^b f(x,y)\mathrm{d}x$ 存在, 则累次积分 $\int_c^d \mathrm{d}y \int_a^b f(x,y)\mathrm{d}x$ 也存在, 且

$$\iint\limits_{D} f(x,y)\mathrm{d}x\mathrm{d}y = \int_c^d \mathrm{d}y \int_a^b f(x,y)\mathrm{d}x.$$

此外, 若 $f(x,y)$ 在矩形区域 $D = [a,b] \times [c,d]$ 上连续, 则

$$\iint\limits_{D} f(x,y)\mathrm{d}x\mathrm{d}y = \int_a^b \mathrm{d}x \int_c^d f(x,y)\mathrm{d}y = \int_c^d \mathrm{d}y \int_a^b f(x,y)\mathrm{d}x.$$

例 18.2.1 计算 $\iint\limits_{D} xy\mathrm{d}x\mathrm{d}y$, 其中 $D = [0,1] \times [0,1]$.

解 由定理 18.2.1 有

$$\iint\limits_{D} xy\mathrm{d}x\mathrm{d}y = \int_0^1 \mathrm{d}x \int_0^1 xy\mathrm{d}y = \int_0^1 \left(\frac{xy^2}{2} \Big|_{y=0}^{y=1} \right) \mathrm{d}x = \frac{1}{2} \int_0^1 x\mathrm{d}x = \frac{1}{4}.$$

对于一般积分区域, 可以分割为以下两类区域进行计算.

若区域 D 由曲线 $y = y_1(x)$, $y = y_2(x)$, $x = a, x = b$ 围成, 如图 18.2.2 所示, 它具有如下特点: 曲线 $y = y_1(x)$, $y = y_2(x)$ 在闭区间 $[a,b]$ 上连续, 在开区间 (a,b) 内任取一点, 过此点的平行于 y 轴的直线与 D 的边界曲线的交点不超过两个, 这时区域 D 可表示为

$$D = \{(x,y)\,|y_1(x) \leqslant y \leqslant y_2(x), a \leqslant x \leqslant b\},$$

这种形状的区域称为 **X-型区域**.

若区域 D 由曲线 $x = x_1(y)$, $x = x_2(y), y = c, y = d$ 围成, 如图 18.2.3 所示. 它具有如下特点: 曲线 $x = x_1(y)$, $x = x_2(y)$ 在闭区间 $[c,d]$ 上连续, 在开区间 (c,d) 内任取一点, 过此点的平行于 x 轴的直线与 D 的边界线的交点不超过两个, 这时区域 D 可表示为

$$D = \{(x,y)\,|x_1(y) \leqslant x \leqslant x_2(y), c \leqslant y \leqslant d\},$$

这种形状的区域称为 **Y-型区域**.

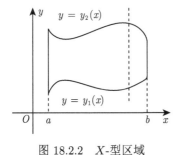

图 18.2.2 X-型区域

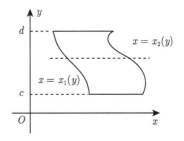

图 18.2.3 Y-型区域

许多常见的区域都可以分解为有限个 X-型区域或 Y-型区域, 这些区域除了边界外没有公共内点. 如图 18.2.4 所示的区域可分解为 X-型区域 I 与 Y-型区域 II 和 III 的组合. 因此, 当解决了 X-型区域或 Y-型区域上二重积分的计算问题时, 利用积分区域的可加性, 一般区域上二重积分的计算问题也就得到了解决.

定理 18.2.3　若 $f(x,y)$ 在 X-型区域 $D=\{(x,y)|y_1(x) \leqslant y \leqslant y_2(x), a \leqslant x \leqslant b\}$ 上连续, 其中 $y=y_1(x)$, $y=y_2(x)$ 在闭区间 $[a,b]$ 上连续, 则

$$\iint\limits_{D} f(x,y)\mathrm{d}x\mathrm{d}y = \int_a^b \mathrm{d}x \int_{y_1(x)}^{y_2(x)} f(x,y)\mathrm{d}y,$$

即二重积分可化为先对 y、后对 x 的累次积分.

证明　由于 D 是 X-型区域, $y=y_1(x)$, $y=y_2(x)$ 在闭区间 $[a,b]$ 上连续, 因而存在矩形区域 $[a,b] \times [c,d]$, 使得 $D \subset [a,b] \times [c,d]$, 如图 18.2.5 所示. 作辅助函数

$$F(x,y) = \begin{cases} f(x,y), & (x,y) \in D, \\ 0, & (x,y) \in [a,b] \times [c,d] \backslash D. \end{cases}$$

由于 $f(x,y)$ 在 D 上连续, 故 $F(x,y)$ 在 $[a,b] \times [c,d]$ 上可积, 且

$$\iint\limits_{D} f(x,y)\mathrm{d}x\mathrm{d}y = \iint\limits_{[a,b] \times [c,d]} F(x,y)\mathrm{d}x\mathrm{d}y = \int_a^b \mathrm{d}x \int_c^d F(x,y)\mathrm{d}y$$

$$= \int_a^b \mathrm{d}x \int_{y_1(x)}^{y_2(x)} F(x,y)\mathrm{d}y = \int_a^b \mathrm{d}x \int_{y_1(x)}^{y_2(x)} f(x,y)\mathrm{d}y.$$

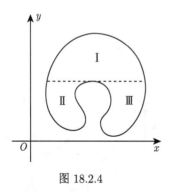

图 18.2.4　　　　　　　　　　　图 18.2.5

类似地可证明下述定理.

定理 18.2.4　若 $f(x,y)$ 在 Y-型区域 $D=\{(x,y)|x_1(y) \leqslant x \leqslant x_2(y), c \leqslant y \leqslant d\}$ 上连续, 其中 $x=x_1(y)$, $x=x_2(y)$ 在闭区间 $[c,d]$ 上连续, 则

$$\iint\limits_{D} f(x,y)\mathrm{d}x\mathrm{d}y = \int_c^d \mathrm{d}y \int_{x_1(y)}^{x_2(y)} f(x,y)\mathrm{d}x.$$

即二重积分可化为先对 x、后对 y 的累次积分.

例 18.2.2　计算二重积分 $\iint\limits_{D} (x^2 + 2y)\,\mathrm{d}\sigma$, 其中 D 是由三条直线 $x = 2$, $y = 1$, $y = x + 1$ 所围成的闭区域.

解　显然 D 既是 X-型区域又是 Y-型区域 (如图 18.2.6).

若选择 X-型区域积分, 则积分区域为 $D = \{(x,y)\,|\,1 \leqslant y \leqslant x + 1,\ 0 \leqslant x \leqslant 2\}$. 由定理 18.2.3 得

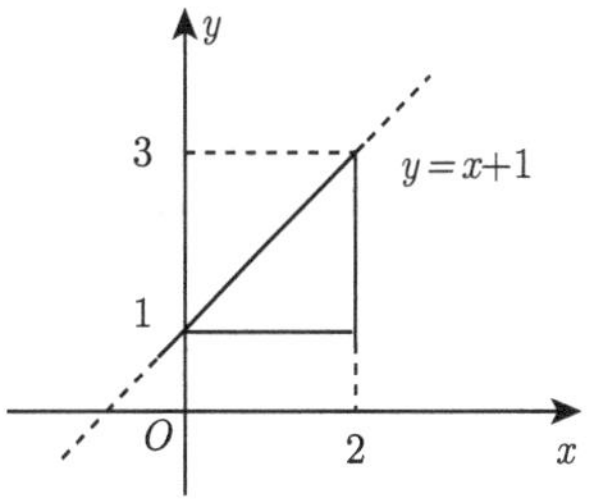

$$
\begin{aligned}
\iint\limits_{D} (x^2 + 2y)\,\mathrm{d}\sigma &= \int_0^2 \mathrm{d}x \int_1^{x+1} (x^2 + 2y)\,\mathrm{d}y \\
&= \int_0^2 \left[x^2 y + y^2 \right]_1^{x+1} \mathrm{d}x \\
&= \int_0^2 (x^3 + x^2 + 2x)\mathrm{d}x = \frac{32}{3}.
\end{aligned}
$$

图 18.2.6

若选择 Y-型区域积分, 则积分区域为 $D = \{(x,y)\,|\,y - 1 \leqslant x \leqslant 2,\ 1 \leqslant y \leqslant 3\}$, 由定理 18.2.4 得

$$
\iint\limits_{D} (x^2 + 2y)\,\mathrm{d}\sigma = \int_1^3 \mathrm{d}y \int_{y-1}^2 (x^2 + 2y)\mathrm{d}x = \frac{32}{3}.
$$

例 18.2.3　计算 $\iint\limits_{D} xy\,\mathrm{d}\sigma$, 其中 D 是由抛物线 $y = x^2$ 及直线 $x - y + 2 = 0$ 所围成的闭区域.

解　若选择 X-型区域积分 (图 18.2.7), 则区域为

$$
D = \left\{ (x,y)\,\big|\,x^2 \leqslant y \leqslant x + 2,\ -1 \leqslant x \leqslant 2 \right\},
$$

由定理 18.2.3 得

$$
\begin{aligned}
\iint\limits_{D} xy\,\mathrm{d}\sigma &= \int_{-1}^2 x\mathrm{d}x \int_{x^2}^{x+2} y\,\mathrm{d}y = \int_{-1}^2 \left[\frac{xy^2}{2} \right]_{y=x^2}^{y=x+2} \mathrm{d}x \\
&= \frac{1}{2} \int_{-1}^2 \left[x(x+2)^2 - x^5 \right] \mathrm{d}x = \frac{45}{8}.
\end{aligned}
$$

若选择 Y-型区域积分, 区域 $D = D_1 \cup D_2$(图 18.2.8), 其中

$$
D_1 = \{(x,y)\,|{-\sqrt{y}} \leqslant x \leqslant \sqrt{y},\ 0 \leqslant y \leqslant 1\}, \quad D_2 = \{(x,y)\,|\,y - 2 \leqslant x \leqslant \sqrt{y},\ 1 \leqslant y \leqslant 4\}.
$$

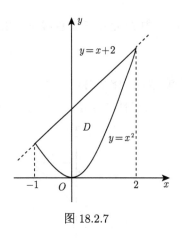
图 18.2.7

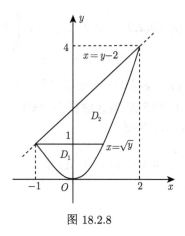
图 18.2.8

由定理 18.2.4 及积分域可加性质得

$$\iint\limits_{D} xy \, \mathrm{d}\sigma = \int_0^1 \mathrm{d}x \int_{-\sqrt{y}}^{\sqrt{y}} xy \, \mathrm{d}y + \int_1^4 \mathrm{d}x \int_{y-2}^{\sqrt{y}} xy \, \mathrm{d}y$$

$$= \int_0^1 \left[\frac{yx^2}{2} \right]_{x=-\sqrt{y}}^{x=\sqrt{y}} \mathrm{d}y + \int_1^4 \left[\frac{yx^2}{2} \right]_{x=y-2}^{x=\sqrt{y}} \mathrm{d}y$$

$$= \frac{1}{2} \int_0^1 \left(y^2 - y^2 \right) \mathrm{d}y + \frac{1}{2} \int_1^4 \left[y^2 - y(y-2)^2 \right] \mathrm{d}y$$

$$= \frac{45}{8}.$$

显然例 18.2.3 选择 X-型区域积分时计算量小一些.

例 18.2.4 计算 $\iint\limits_{D} \dfrac{\sin y}{y} \mathrm{d}x \mathrm{d}y$, 其中 D 是由抛物线 $y^2 = x$ 及直线 $y = x$ 所围成的闭区域.

解 如图 18.2.9 所示, 若选择 X-型区域积分, 则积分区域为

$$D = \left\{ (x,y) \,\middle|\, x \leqslant y \leqslant \sqrt{x}, 0 \leqslant x \leqslant 1 \right\},$$

由定理 18.2.3 得

$$\iint\limits_{D} \frac{\sin y}{y} \mathrm{d}x \mathrm{d}y = \int_0^1 \mathrm{d}x \int_x^{\sqrt{x}} \frac{\sin y}{y} \mathrm{d}y,$$

由于 $\dfrac{\sin y}{y}$ 的原函数不是初等函数, 则二重积分虽然可以用 X-型区域表示为累次积分, 但 $\displaystyle\int_0^1 \mathrm{d}x \int_x^{\sqrt{x}} \frac{\sin y}{y} \mathrm{d}y$ 难以计算. 因此只能选择 Y-型区域积分, 这时积分区

域为

$$D = \left\{ (x,y) \,\middle|\, y^2 \leqslant x \leqslant y, \ 0 \leqslant y \leqslant 1 \right\}.$$

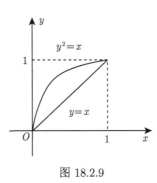

图 18.2.9

由定理 18.2.4 得

$$\iint\limits_{D} \frac{\sin y}{y} \mathrm{d}x\mathrm{d}y = \int_0^1 \frac{\sin y}{y} \mathrm{d}y \int_{y^2}^y \mathrm{d}x$$

$$= \int_0^1 \left[\frac{x\sin y}{y}\right]_{x=y^2}^{x=y} \mathrm{d}y = \int_0^1 (1-y)\sin y\mathrm{d}y$$

$$= [y\cos y - \sin y - \cos y]_0^1 = 1 - \sin 1.$$

例 18.2.5 交换累次积分 $\displaystyle\int_1^2 \mathrm{d}x \int_{2-x}^{\sqrt{2x-x^2}} f(x,y)\mathrm{d}y$ 的积分次序.

解 依题意, 原累次积分的积分区域是 X-型区域, 表示为

$$D = \left\{ (x,y) \,\middle|\, 2-x \leqslant y \leqslant \sqrt{2x-x^2}, 1 \leqslant x \leqslant 2 \right\}.$$

积分区域 D 由 $y = 2-x$ 及 $y = \sqrt{2x-x^2}$(即 $x^2 + y^2 = 2x, \ y \geqslant 0$) 围成, 如图 18.2.10 所示. 现将积分区域 D 按 Y-型区域表示为

$$D = \left\{ (x,y) \,\middle|\, 2-y \leqslant x \leqslant 1 + \sqrt{1-y^2}, 0 \leqslant y \leqslant 1 \right\},$$

故交换累次积分次序为

$$\int_1^2 \mathrm{d}x \int_{2-x}^{\sqrt{2x-x^2}} f(x,y)\mathrm{d}y = \int_0^1 \mathrm{d}y \int_{2-y}^{1+\sqrt{1-y^2}} f(x,y)\mathrm{d}x.$$

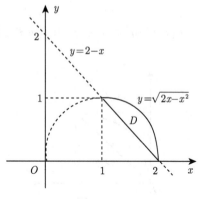

图 18.2.10

习 题　18.2

1. 设有界闭区域 D 是由直线 $y = 0$ 与 $y = 2 - x$, 以及曲线 $y = x^3$ 所围成, $f(x, y)$ 在 D 上连续, 试用两种不同的积分次序将二重积分 $\iint\limits_{D} f(x, y)\mathrm{d}x\mathrm{d}y$ 化为累次积分.

2. 改变下列累次积分的顺序:

(1) $\displaystyle\int_{0}^{2} \mathrm{d}x \int_{x}^{2x} f(x, y)\mathrm{d}y$;

(2) $\displaystyle\int_{-1}^{1} \mathrm{d}x \int_{-\sqrt{1-x^2}}^{1-x^2} f(x, y)\mathrm{d}y$;

(3) $\displaystyle\int_{0}^{2a} \mathrm{d}x \int_{\sqrt{2ax-x^2}}^{\sqrt{2ax}} f(x, y)\mathrm{d}y$;

(4) $\displaystyle\int_{0}^{1} \mathrm{d}x \int_{0}^{x^2} f(x, y)\mathrm{d}y + \int_{1}^{3} \mathrm{d}x \int_{0}^{\frac{1}{2}(3-x)} f(x, y)\mathrm{d}y$.

3. 计算下列二重积分:

(1) $\iint\limits_{D} (2y + x^2)\mathrm{d}x\mathrm{d}y$, 其中 D 是由 $y = x^2$ 与 $y = \sqrt{x}$ 所围成;

(2) $\iint\limits_{D} \sin y^3 \mathrm{d}x\mathrm{d}y$, 其中 D 是由 $y = \sqrt{x}$, $y = 2$ 及 $x = 0$ 所围成;

(3) $\iint\limits_{D} x^2 y^3 \mathrm{d}x\mathrm{d}y$, 其中 D 是由 $y^2 = 2x$ 与 $x = \dfrac{1}{2}$ 所围成.

4. 求下列立体的体积:

(1) 由坐标平面及 $x = 2$, $y = 3$, $x + y + z = 4$ 所围的立体;

(2) 由柱面 $x^2 + y^2 = a^2$ 与 $x^2 + z^2 = a^2 (a > 0)$ 为边界且含有原点的立体.

18.3　二重积分的变量变换

本节将讨论二重积分的变量变换公式. 先来回顾一下定积分换元法 (定理 8.4.3). 设函数 $f(x)$ 在 $[a, b]$ 上可积, $x = \varphi(t)$ 在 $[\alpha, \beta]$ 上单调且存在连续的导函数, $\varphi(\alpha) = a$, $\varphi(\beta) = b$, 则有公式

$$\int_a^b f(x)\mathrm{d}x = \int_\alpha^\beta f(\varphi(t))\varphi'(t)\mathrm{d}t. \tag{18.3.1}$$

在 (18.3.1) 式中, 设 $I^* = [\alpha, \beta]$, $\alpha < \beta$. 注意到当 $x = \varphi(t)$ 递增时有 $\varphi'(t) \geqslant 0$, $a < b$; 当 $x = \varphi(t)$ 递减时有 $\varphi'(t) \leqslant 0$, $b < a$; 若记 $I = \varphi(I^*)$, 则 (18.3.1) 式就是

$$\int_I f(x)\mathrm{d}x = \int_{I^*} f(\varphi(t)) |\varphi'(t)|\, \mathrm{d}t. \tag{18.3.2}$$

(18.3.2) 式与下面讨论的二重积分的变量变换公式极其相似, $|\varphi'(t)|$ 可以看作是映射 $x = \varphi(t)$ 对线段的 "伸缩比". 由于

$$\int_{I^*} |\varphi'(t)|\, \mathrm{d}t = |\varphi(\beta) - \varphi(\alpha)| = |b - a|,$$

故 $\displaystyle\int_{I^*} |\varphi'(t)|\, \mathrm{d}t$ 是函数 $x = \varphi(t)$ 值域的 "长度".

设变换 $T : x = x(u,v)$, $y = y(u,v), (u,v) \in D^*$ 将 uv 平面上可求面积的有界闭域 D^* 一一对应地映射到 xy 平面上可求面积的有界闭域 D, 且 $x = x(u,v)$, $y = y(u,v)$ 具有连续偏导数, Jacobi 行列式 $\dfrac{\partial(x,y)}{\partial(u,v)} \neq 0$. 这里 $\dfrac{\partial(x,y)}{\partial(u,v)}$ 起着与 $\varphi'(t)$ 相类似的作用. 事实上, 根据解析几何的知识, 两向量的向量积 (外积) 的模表示这两个向量张成的平行四边形的面积. 而两个向量 (x_u, x_v) 与 (y_u, y_v) 的向量积的模恰为 $\left|\dfrac{\partial(x,y)}{\partial(u,v)}\right|$, 就是说, $\left|\dfrac{\partial(x,y)}{\partial(u,v)}\right|$ 为关于变换 T 的对面积的 "伸缩比". 因此, 我们有理由猜测 $\displaystyle\iint_{D^*} \left|\dfrac{\partial(x,y)}{\partial(u,v)}\right| \mathrm{d}u\mathrm{d}v$ 应该是 D 的面积. 事实上, 有下列引理.

引理 18.3.1 设变换 $T : x = x(u,v)$, $y = y(u,v)$ 将 D^* 内的一个正方形 D_0^* 变换为 $T(D_0^*)$, 则 $T(D_0^*)$ 的面积为

$$\sigma(T(D_0^*)) = \iint_{D_0^*} \left|\frac{\partial(x,y)}{\partial(u,v)}\right| \mathrm{d}u\mathrm{d}v.$$

引理 18.3.1 的证明用到 Green (格林) 公式, 我们将其置于 19.3 节中. 由于 Green 公式的证明没有用到二重积分的变量变换公式, 这样做不会引起逻辑上的混乱.

定理 18.3.2 设 $f(x,y)$ 在 xy 面上的有界闭域 D 上可积, 变换

$$T : x = x(u,v), y = y(u,v)$$

将 uv 面上的有界闭域 D^* 一一对应地变换为 xy 面上的有界闭域 D, 函数 $x(u,v)$, $y(u,v)$ 在 D^* 内分别具有一阶连续偏导数且 Jacobi 行列式

$$J(u,v) = \frac{\partial(x,y)}{\partial(u,v)} = \begin{vmatrix} \dfrac{\partial x}{\partial u} & \dfrac{\partial x}{\partial v} \\ \dfrac{\partial y}{\partial u} & \dfrac{\partial y}{\partial v} \end{vmatrix} \neq 0, \quad u,v \in D^*,$$

则有

$$\iint\limits_{D} f(x,y)\mathrm{d}x\mathrm{d}y = \iint\limits_{D^*} f[x(u,v), y(u,v)]|J(u,v)|\mathrm{d}u\mathrm{d}v. \tag{18.3.3}$$

该公式称为二重积分的**变量变换公式**或**换元公式**.

证明　由于二重积分存在, 故用平行于坐标轴的直线网把 D^* 分成 n 个小区域 D_i^*, 在变换 T 的作用下, 区域 D 也相应地被分成 n 个小区域 D_i. 记 D_i^* 及 D_i 的面积分别为 $\sigma(D_i^*)$ 及 $\sigma(D_i)(i=1,2,\cdots,n)$, 由引理 18.3.1 及二重积分中值定理, 有

$$\sigma(D_i) = \iint\limits_{D_i^*} |J(u,v)|\,\mathrm{d}u\mathrm{d}v = |J(\overline{u}_i, \overline{v}_i)|\,\sigma(D_i^*),$$

其中 $(\overline{u}_i, \overline{v}_i) \in D_i^*(i=1,2,\cdots,n)$.

令 $\xi_i = x(\overline{u}_i, \overline{v}_i)$, $\eta_i = y(\overline{u}_i, \overline{v}_i)$, 则 $(\xi_i, \eta_i) \in D_i(i=1,2,\cdots,n)$, 且二重积分 $\iint\limits_{D} f(x,y)\mathrm{d}x\mathrm{d}y$ 的积分和

$$\sigma = \sum_{i=1}^{n} f(\xi_i, \eta_i)\sigma(D_i) = \sum_{i=1}^{n} f(x(\overline{u}_i, \overline{v}_i), y(\overline{u}_i, \overline{v}_i))\,|J(\overline{u}_i, \overline{v}_i)|\,\sigma(D_i^*),$$

上式右边的和式是 D^* 上可积函数 $f(x(u,v), y(u,v))\,|J(u,v)|$ 的二重积分和. 又由变换 T 的连续性可知, 当区域 D^* 的分割为 $T_{D^*}: D_1^*, D_2^*, \cdots, D_n^*$ 时的细度 $\|T_{D^*}\| \to 0$ 时, 区域 D 相应的分割为 $T_D: D_1, D_2, \cdots, D_n$, 其细度 $\|T_D\|$ 也趋于零. 因此得到

$$\iint\limits_{D} f(x,y)\mathrm{d}x\mathrm{d}y = \iint\limits_{D^*} f[x(u,v), y(u,v)]|J(u,v)|\mathrm{d}u\mathrm{d}v.$$

例 18.3.1　计算 $\iint\limits_{D} \mathrm{e}^{\frac{x-y}{x+y}}\mathrm{d}x\mathrm{d}y$, 其中 D 是由直线 $x=0, y=0, x+y=1$ 所围区域.

解　为了简化被积函数, 令 $u=x-y, v=x+y$, 即作变换

$$T : x = \frac{1}{2}(u + v), \ y = \frac{1}{2}(v - u),$$

则有

$$J(u,v) = \begin{vmatrix} \dfrac{1}{2} & \dfrac{1}{2} \\ -\dfrac{1}{2} & \dfrac{1}{2} \end{vmatrix} = \frac{1}{2}, \quad |J| = \frac{1}{2}.$$

(此结果也可由 $\dfrac{\partial(u,v)}{\partial(x,y)} = \begin{vmatrix} 1 & -1 \\ 1 & 1 \end{vmatrix} = 2$ 取倒数获得). 在变换 T 的作用下, xy 面内的区域 D 和 uv 面内对应的区域 D^* 如图 18.3.1 所示. 所以

$$\iint\limits_{D} \mathrm{e}^{\frac{x-y}{x+y}} \mathrm{d}x\mathrm{d}y = \iint\limits_{D^*} \mathrm{e}^{\frac{u}{v}} \frac{1}{2}\mathrm{d}u\mathrm{d}v = \frac{1}{2}\int_0^1 \mathrm{d}v \int_{-v}^{v} \mathrm{e}^{\frac{u}{v}} \mathrm{d}u$$

$$= \frac{1}{2}\int_0^1 v\mathrm{d}v \int_{-v}^{v} \mathrm{e}^{\frac{u}{v}} \mathrm{d}\left(\frac{u}{v}\right) = \frac{1}{2}\int_0^1 \left[v\mathrm{e}^{\frac{u}{v}}\right]_{u=-v}^{u=v} \mathrm{d}v$$

$$= \frac{1}{2}\int_0^1 v(\mathrm{e} - \mathrm{e}^{-1})\mathrm{d}v = \frac{\mathrm{e} - \mathrm{e}^{-1}}{4}.$$

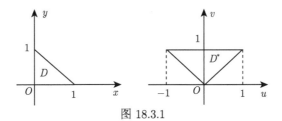

图 18.3.1

例 18.3.2 设 D 由抛物线 $y^2 = mx$, $y^2 = nx$ 和直线 $y = ax$, $y = bx$ 所围成 $(0 < m < n, 0 < a < b,$ 图 18.3.2$)$, 求二重积分 $\iint\limits_{D} \dfrac{x}{y^2}\mathrm{d}x\mathrm{d}y$.

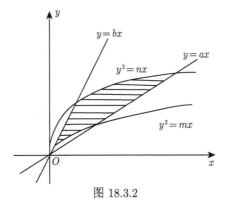

图 18.3.2

解　为了简化积分区域, 作变换 $x = \dfrac{u}{v^2}$, $y = \dfrac{u}{v}$, 它把 xy 平面上的区域 D 对应到 uv 平面上的区域 $D^* = [m, n] \times [a, b]$. 由于

$$J(u, v) = \begin{vmatrix} \dfrac{1}{v^2} & -\dfrac{2u}{v^3} \\ \dfrac{1}{v} & -\dfrac{u}{v^2} \end{vmatrix} = \dfrac{u}{v^4}, \quad (u, v) \in D^*,$$

所以

$$\iint\limits_{D} \frac{x}{y^2} \mathrm{d}x\mathrm{d}y = \iint\limits_{D^*} \frac{u}{v^2} \frac{v^2}{u^2} \frac{u}{v^4} \mathrm{d}u\mathrm{d}v = \iint\limits_{D^*} \frac{1}{v^4} \mathrm{d}u\mathrm{d}v$$

$$= \int_a^b \frac{1}{v^4} \mathrm{d}v \int_m^n \mathrm{d}u = \frac{(n - m)(b^3 - a^3)}{3a^3b^3}.$$

极坐标变换

$$\begin{cases} x = \rho\cos\theta, \\ y = \rho\sin\theta \end{cases} \quad (0 \leqslant \rho < +\infty, 0 \leqslant \theta \leqslant 2\pi)$$

是非常重要的变换之一, 它的 Jacobi 行列式

$$J(\rho, \theta) = \begin{vmatrix} \cos\theta & -\rho\sin\theta \\ \sin\theta & \rho\cos\theta \end{vmatrix} = \rho.$$

设函数 $f(x, y)$ 在 xy 面上的有界闭域 D 上可积, 利用二重积分的变量变换公式 (18.3.3) 可得二重积分的极坐标变换公式:

$$\iint\limits_{D} f(x, y)\, \mathrm{d}x\mathrm{d}y = \iint\limits_{D^*} f(\rho\cos\theta, \rho\sin\theta)\rho\, \mathrm{d}\rho\, \mathrm{d}\theta. \tag{18.3.4}$$

极坐标变换把圆形区域变为矩形区域, 从而使某些二重积分容易化为累次积分来计算.

需要指出的是, 极坐标变换在含有原点的区域上并不是一一映射, 因此 (18.3.4) 式的正确性是要进一步证明的. 不过, 证明并不困难. 可先设

$$D_0 = \left\{ (x, y) \mid x^2 + y^2 \leqslant R^2 \right\}, \quad D_0^* = [0, R] \times [0, 2\pi].$$

对 $\forall \varepsilon > 0$, 记 D_ε 为圆环 $\left\{ (x, y) \mid \varepsilon^2 \leqslant x^2 + y^2 \leqslant R^2 \right\}$ 中除去中心角 ε 的扇形后的区域, $D_\varepsilon^* = [\varepsilon, R] \times [0, 2\pi - \varepsilon]$ (如图 18.3.3), 则极坐标变换是 D_ε 与 D_ε^* 之间的一一映射, (18.3.4) 式对 D_ε 与 D_ε^* 成立, 令 $\varepsilon \to 0+$ 可知 (18.3.4) 式对 D_0 与 D_0^*

成立. 对一般的有界闭域 D, 可取充分大的 R 使 $D \subset D_0$, 利用辅助函数 (类似于定理 18.2.3 的证明)

$$F(x,y) = \begin{cases} f(x,y), & (x,y) \in D, \\ 0, & (x,y) \in D_0 \backslash D \end{cases}$$

可证 (18.3.4) 式仍成立.

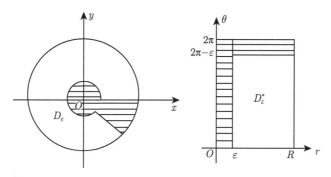

图 18.3.3

应用公式 (18.3.4) 时, 只要把被积函数 $f(x,y)$ 中的 x, y 分别换为 $\rho\cos\theta$, $\rho\sin\theta$, 面积微元 $\mathrm{d}\sigma$ (或 $\mathrm{d}x\,\mathrm{d}y$) 换为极坐标系中面积微元 $\rho\,\mathrm{d}\rho\,\mathrm{d}\theta$ 即可.

下面介绍二重积分在极坐标系下如何化为累次积分来计算. 设积分区域 D^* 可表示为 $D^* = \{(\rho,\theta)\,|\varphi_1(\theta) \leqslant \rho \leqslant \varphi_2(\theta), \alpha \leqslant \theta \leqslant \beta\}$, 如图 18.3.4, 其中 $\varphi_1(\theta)$, $\varphi_2(\theta)$ 在区间 $[\alpha,\beta]$ 上连续, 这时极坐标系下的二重积分可化为累次积分:

$$\iint\limits_{D^*} f(\rho\cos\theta, \rho\sin\theta)\rho\,\mathrm{d}\rho\,\mathrm{d}\theta = \int_\alpha^\beta \mathrm{d}\theta \int_{\varphi_1(\theta)}^{\varphi_2(\theta)} f(\rho\cos\theta, \rho\sin\theta)\rho\,\mathrm{d}\rho.$$

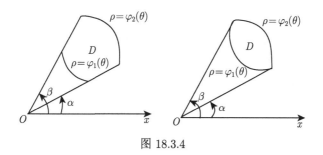

图 18.3.4

一般有下列三种情形:

(1) 积分区域 D 如图 18.3.4 所示, 二重积分可用上述公式计算.

(2) 积分区域 D 如图 18.3.5 所示, 它是 (1) 的特殊情形, 则

$$\iint\limits_{D} f(x,y)\,\mathrm{d}x\mathrm{d}y = \int_{\alpha}^{\beta} \mathrm{d}\theta \int_{0}^{\varphi(\theta)} f(\rho\cos\theta,\rho\sin\theta)\rho\,\mathrm{d}\rho.$$

(3) 积分区域 D 如图 18.3.6 所示, 它也是 (1) 的特殊情形, 则

$$\iint\limits_{D} f(x,y)\,\mathrm{d}x\mathrm{d}y = \int_{0}^{2\pi} \mathrm{d}\theta \int_{0}^{\varphi(\theta)} f(\rho\cos\theta,\rho\sin\theta)\rho\,\mathrm{d}\rho.$$

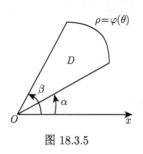
图 18.3.5

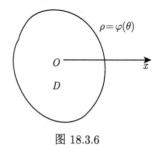
图 18.3.6

例 18.3.3　计算 $\iint\limits_{D}(x^2+y^2)\,\mathrm{d}x\mathrm{d}y$, 其中 $D=\{(x,y)|1\leqslant x^2+y^2\leqslant 4\}$.

解　在极坐标系中, 积分区域 $D^*=\{(\rho,\theta)\,|1\leqslant\rho\leqslant 2,0\leqslant\theta\leqslant 2\pi\}$, 则

$$\iint\limits_{D}(x^2+y^2)\,\mathrm{d}x\mathrm{d}y$$

$$=\iint\limits_{D^*}(\rho^2\cos^2\theta+\rho^2\sin^2\theta)\rho\,\mathrm{d}\rho\,\mathrm{d}\theta$$

$$=\iint\limits_{D^*}\rho^3\,\mathrm{d}\rho\,\mathrm{d}\theta=\int_{0}^{2\pi}\mathrm{d}\theta\int_{1}^{2}\rho^3\mathrm{d}\rho=\frac{15}{2}\pi.$$

例 18.3.4　计算 $\iint\limits_{D}\mathrm{e}^{-(x^2+y^2)}\,\mathrm{d}x\mathrm{d}y$, 其中区域 $D=\{(x,y)|x^2+y^2\leqslant a^2,\ a>0\}$.

解　积分区域 $D^*=\{(\rho,\theta)\,|0\leqslant\rho\leqslant a,0\leqslant\theta\leqslant 2\pi\}$, 则

$$\iint\limits_{D}\mathrm{e}^{-(x^2+y^2)}\,\mathrm{d}x\mathrm{d}y=\iint\limits_{D^*}\mathrm{e}^{-\rho^2}\rho\,\mathrm{d}\rho\,\mathrm{d}\theta=\int_{0}^{2\pi}\mathrm{d}\theta\int_{0}^{a}\mathrm{e}^{-\rho^2}\rho\,\mathrm{d}\rho=\pi(1-\mathrm{e}^{-a^2}).$$

请注意, 本题如果用直角坐标计算得不出结果, 原因是积分 $\displaystyle\int\mathrm{e}^{-x^2}\mathrm{d}x$ 不能用初等函数表示.

例 18.3.5 利用例 18.3.4 的结果计算广义积分 $\displaystyle\int_0^{+\infty} e^{-x^2} dx$.

解 如图 18.3.7 所示, 记

$$S = \{(x,y)|0 \leqslant x \leqslant R, 0 \leqslant y \leqslant R\},$$

$$D_1 = \{(x,y)|x^2 + y^2 \leqslant R^2,\ x \geqslant 0, y \geqslant 0\},$$

$$D_2 = \{(x,y)|x^2 + y^2 \leqslant 2R^2,\ x \geqslant 0, y \geqslant 0\}.$$

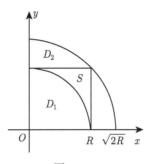

图 18.3.7

则显然有 $D_1 \subset S \subset D_2$. 由于被积函数 $e^{-(x^2+y^2)} > 0$, 则由二重积分的不等式性质有

$$\iint\limits_{D_1} e^{-(x^2+y^2)} \, dxdy < \iint\limits_{S} e^{-(x^2+y^2)} \, dxdy < \iint\limits_{D_2} e^{-(x^2+y^2)} \, dxdy, \tag{18.3.5}$$

而

$$\iint\limits_{S} e^{-(x^2+y^2)} \, dxdy = \int_0^R e^{-x^2} dx \cdot \int_0^R e^{-y^2} dy = \left(\int_0^R e^{-x^2} dx\right)^2,$$

由例 18.3.4 的结果得

$$\iint\limits_{D_1} e^{-(x^2+y^2)} \, dxdy = \frac{\pi}{4}(1 - e^{-R^2}), \quad \iint\limits_{D_2} e^{-(x^2+y^2)} \, dxdy = \frac{\pi}{4}(1 - e^{-2R^2}),$$

于是不等式 (18.3.5) 可写成

$$\frac{\pi}{4}(1 - e^{-R^2}) < \left(\int_0^R e^{-x^2} dx\right)^2 < \frac{\pi}{4}(1 - e^{-2R^2}),$$

令 $R \to +\infty$, 上式两端趋于同一极限值 $\dfrac{\pi}{4}$, 由夹逼性得 $\left(\displaystyle\int_0^{+\infty} e^{-x^2} dx\right)^2 = \dfrac{\pi}{4}$, 从而

$$\int_0^{+\infty} e^{-x^2} dx = \frac{\sqrt{\pi}}{2}.$$

例 18.3.6　求由旋转抛物面 $z = 2 - x^2 - y^2$, 柱面 $x^2 + y^2 = 1$ 及坐标面 $z = 0$ 所围成的含 z 轴部分的立体体积.

解　所求立体是一个以旋转抛物面 $z = 2 - x^2 - y^2$ 为顶的曲顶柱体 (图 18.3.8), 它的底为圆形区域 $D = \{(x, y)|\ x^2 + y^2 \leqslant 1\}$.

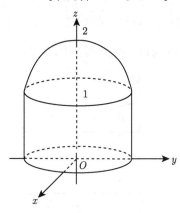

图 18.3.8

作广义极坐标变换求得该立体的体积为

$$V = \iint\limits_{D} (2 - x^2 - y^2)\mathrm{d}x\mathrm{d}y = \int_0^{2\pi} \mathrm{d}\theta \int_0^1 (2 - \rho^2)\rho\mathrm{d}\rho = \frac{3\pi}{2}.$$

例 18.3.7　求椭球体 $\dfrac{x^2}{a^2} + \dfrac{y^2}{b^2} + \dfrac{z^2}{c^2} \leqslant 1$ 的体积.

解　由对称性, 椭球体的体积是第一卦限部分体积的 8 倍, 这一部分是以 $z = c\sqrt{1 - \dfrac{x^2}{a^2} - \dfrac{y^2}{b^2}}$ 为曲顶, $D = \left\{(x, y)\middle| 0 \leqslant y \leqslant b\sqrt{1 - \dfrac{x^2}{a^2}}, 0 \leqslant x \leqslant a\right\}$ 为底的曲顶立体, 所以该立体体积

$$V = 8\iint\limits_{D} c\sqrt{1 - \frac{x^2}{a^2} - \frac{y^2}{b^2}}\mathrm{d}x\mathrm{d}y.$$

作广义极坐标变换 $x = a\rho\cos\theta, y = b\rho\sin\theta$, 则 $0 \leqslant \rho \leqslant 1, 0 \leqslant \theta \leqslant \dfrac{\pi}{2}$, 且

$$J(\rho, \theta) = \begin{vmatrix} a\cos\theta & -a\rho\sin\theta \\ b\sin\theta & b\rho\cos\theta \end{vmatrix} = ab\rho.$$

于是有

$$V = 8\int_0^{\frac{\pi}{2}} \mathrm{d}\theta \int_0^1 c\sqrt{1 - \rho^2}\,ab\rho\mathrm{d}\rho = 8abc\int_0^{\frac{\pi}{2}} \mathrm{d}\theta \int_0^1 \rho\sqrt{1 - \rho^2}\mathrm{d}\rho = \frac{4}{3}\pi abc.$$

特别地, 当 $a = b = c = R$ 时, 得到球体的体积为 $\dfrac{4\pi}{3}R^3$.

习 题 18.3

1. 对积分 $\iint\limits_{D} f(x, y)\mathrm{d}x\mathrm{d}y$ 进行极坐标变换并写出变换后不同顺序的累次积分:

(1) $D = \{(x, y)\,|\,a^2 \leqslant x^2 + y^2 \leqslant b^2, y \geqslant 0\}$;

(2) $D = \{(x, y)\,|\,x^2 + y^2 \leqslant y, x \geqslant 0\}$.

2. 利用极坐标计算下列二重积分:

(1) $\iint\limits_{D} \sin(x^2 + y^2)\mathrm{d}\sigma$, 其中 $D = \left\{(x, y)|x^2 + y^2 \leqslant \dfrac{\pi^2}{4}\right\}$;

(2) $\iint\limits_{D} \ln(1 + x^2 + y^2)\mathrm{d}\sigma$, 其中 $D = \{(x, y)|x^2 + y^2 \leqslant 1\}$;

(3) $\iint\limits_{D} x^2(1 + x^2 y)\mathrm{d}x\mathrm{d}y$, 其中 D 是闭区域 $1 \leqslant x^2 + y^2 \leqslant 4$;

(4) $\iint\limits_{D} \arctan \dfrac{y}{x}\mathrm{d}\sigma$, 其中 D 由 x 轴, 直线 $y = x$ 和圆周 $x^2 + y^2 = 1$, $x^2 + y^2 = 4$ 所围成的在第一象限内的闭区域;

(5) $\iint\limits_{D} (x^2 + y^2)\mathrm{d}\sigma$, 其中 D 由 x 轴和半圆 $y = \sqrt{2ax - x^2}$ 所围成的闭区域.

3. 在下列积分中引入新变量 u, v 后, 试将它化为累次积分:

(1) $\displaystyle\int_0^2 \mathrm{d}x \int_{1-x}^{2-x} f(x, y)\mathrm{d}y$, 变量变换为 $u = x + y$, $v = x - y$;

(2) $\iint\limits_{D} f(x, y)\mathrm{d}x\mathrm{d}y$, 其中 $D = \{(x, y)|\sqrt{x} + \sqrt{y} \leqslant \sqrt{a}, x \geqslant 0, y \geqslant 0\}$, 变量变换为 $x = u\cos^4 v$, $y = u\sin^4 v$;

(3) $\iint\limits_{D} f(x, y)\mathrm{d}x\mathrm{d}y$, 其中 $D = \{(x, y)|x+y \leqslant a, x \geqslant 0, y \geqslant 0\}$, 变量变换为 $x+y = u, y = uv$.

4. 将下列直角坐标形式与极坐标形式的累次积分互化:

(1) $\displaystyle\int_0^1 \mathrm{d}x \int_0^{\sqrt{1-x^2}} f(x, y)\mathrm{d}y$;

(2) $\displaystyle\int_{-1}^1 \mathrm{d}x \int_{-\sqrt{1-x^2}}^{\sqrt{1-x^2}} f(\sqrt{x^2 + y^2})\mathrm{d}y$;

(3) $\displaystyle\int_0^{\frac{\pi}{4}} \mathrm{d}\theta \int_0^a f(\rho)\rho\mathrm{d}\rho$;

(4) $\displaystyle\int_0^\pi \mathrm{d}\theta \int_0^{2\sin\theta} f(\rho\cos\theta, \rho\sin\theta)\rho\mathrm{d}\rho$.

5. 作适当变换, 计算下列二重积分:

(1) $\iint\limits_{D} (x+y)\sin(x-y)\mathrm{d}x\mathrm{d}y$, 其中 $D = \{(x,y)|0 \leqslant x+y \leqslant \pi, 0 \leqslant x-y \leqslant \pi\}$;

(2) $\iint\limits_{D} \mathrm{e}^{\frac{y}{x+y}}\mathrm{d}x\mathrm{d}y$, 其中 $D = \{(x,y)|x+y \leqslant 1, x \geqslant 0, y \geqslant 0\}$.

18.4　三重积分

三重积分是三元函数在三维有界闭域 (立体) 上的积分. 设 $f(x,y,z)$ 是定义在三维空间可求体积的有界闭域 Ω 上的有界函数. 用若干光滑曲面所组成的曲面网来分割 Ω(分割记为 T), 把 Ω 分成 n 个小的闭域 $\Omega_1, \Omega_2, \cdots, \Omega_n$, 记 Ω_i 的体积为 $\Delta V_i(i=1,2,\cdots,n)$, 并记 d_i 为 Ω_i 的直径, $\|T\| = \max\limits_{1\leqslant i\leqslant n}\{d_i\}$, 在每个 Ω_i 中任取一点 $(\xi_i, \eta_i, \varsigma_i) \in \Omega_i$, 作积分和

$$\sum_{i=1}^{n} f(\xi_i, \eta_i, \varsigma_i)\Delta V_i.$$

定义 18.4.1　设 $f(x,y,z)$ 是定义在三维空间可求体积的有界闭域 Ω 上的有界函数, J 是一个确定的数. 若对 $\forall \varepsilon > 0$, 总 $\exists \delta > 0$, 使得对 Ω 的任意分割 T, 只要 $\|T\| < \delta$, 关于分割 T 的所有积分和都有

$$\left|\sum_{i=1}^{n} f(\xi_i, \eta_i, \varsigma_i)\Delta V_i - J\right| < \varepsilon,$$

则称 $f(x,y,z)$ 在 Ω 上可积, J 称为 $f(x,y,z)$ 在 Ω 上的**三重积分**, 记为

$$J = \iiint\limits_{\Omega} f(x,y,z)\mathrm{d}V \quad \text{或} \quad J = \iiint\limits_{\Omega} f(x,y,z)\mathrm{d}x\mathrm{d}y\mathrm{d}z,$$

其中 $f(x,y,z)$ 称为**被积函数**, x,y,z 称为**积分变量**, Ω 称为**积分区域**.

函数 $f(x,y,z) \geqslant 0$ 时, 三重积分 $\iiint\limits_{\Omega} f(x,y,z)\mathrm{d}V$ 在物理上表示以 $f(x,y,z)$ 为密度的空间立体 Ω 的质量.

当 $f(x,y,z) \equiv 1$ 时, $\iiint\limits_{\Omega}\mathrm{d}V$ 在几何上表示 Ω 的体积. 为简洁起见, 以下在讨论三重积分时, 总假定积分域是有界闭域且是可求体积的. 另外, 三重积分具有与二重积分相同的可积条件和性质, 这里不一一叙述了. 例如, 类似于二重积分, 有

(i) 有界闭域 $\Omega \subset \mathbb{R}^3$ 上的连续函数必可积;

(ii) 若有界闭域 $\Omega \subset \mathbb{R}^3$ 上的有界函数的间断点集中在有限多个光滑曲面上, 则它必可积.

三重积分可通过化累次积分来计算, 通常先化为一次定积分与一次二重积分.

定理 18.4.1 若函数 $f(x,y,z)$ 在长方体 $\Omega = [a,b] \times [c,d] \times [e,h]$ 上可积, 且 $\forall (x,y) \in D = [a,b] \times [c,d]$, 定积分 $I(x,y) = \int_e^h f(x,y,z)\mathrm{d}z$ 存在. 则 $\iint\limits_D I(x,y)\mathrm{d}x\mathrm{d}y$ 也存在, 且

$$\iiint\limits_\Omega f(x,y,z)\mathrm{d}V = \iint\limits_D \mathrm{d}x\mathrm{d}y \int_e^h f(x,y,z)\mathrm{d}z.$$

证明 用平行于坐标面的平面网 T 作分割, 把 Ω 分成有限个小长方体

$$\Omega_{ijk} = [x_{i-1}, x_i] \times [y_{j-1}, y_j] \times [z_{k-1}, z_k],$$

并设 M_{ijk}, m_{ijk} 分别为 $f(x,y,z)$ 在 Ω_{ijk} 上的上、下确界, 对 $\forall (\xi_i, \eta_j) \in [x_{i-1}, x_i] \times [y_{j-1}, y_j]$, 在 $[z_{k-1}, z_k]$ 上有

$$m_{ijk}\Delta z_k \leqslant \int_{z_{k-1}}^{z_k} f(\xi_i, \eta_j, z)\mathrm{d}z \leqslant M_{ijk}\Delta z_k,$$

按下标 k 相加, 则有

$$\sum_k \int_{z_{k-1}}^{z_k} f(\xi_i, \eta_j, z)\mathrm{d}z = \int_e^h f(\xi_i, \eta_j, z)\mathrm{d}z = I(\xi_i, \eta_j),$$

以及

$$\sum_{i,j,k} m_{ijk}\Delta x_i \Delta y_j \Delta z_k \leqslant \sum_{i,j} I(\xi_i, \eta_j)\Delta x_i \Delta y_j \leqslant \sum_{i,j,k} M_{ijk}\Delta x_i \Delta y_j \Delta z_k. \quad (18.4.1)$$

不等式 (18.4.1) 两边是分割 T 的下和与上和. 由于 $f(x,y,z)$ 在 V 上可积, 所以当 $\|T\| \to 0$ 时, 下和与上和的极限相同, 从而得 $I(x,y)$ 在 D 上可积, 且

$$\iiint\limits_\Omega f(x,y,z)\mathrm{d}V = \iint\limits_D I(x,y)\mathrm{d}x\mathrm{d}y = \iint\limits_D \mathrm{d}x\mathrm{d}y \int_e^h f(x,y,z)\mathrm{d}z.$$

利用二重积分化为累次积分, 我们可以把三重积分化为先对 z 积分, 然后对 y 积分, 最后对 x 积分的累次积分

$$\iiint\limits_{\Omega} f(x,y,z)\mathrm{d}V = \int_a^b \mathrm{d}x \int_c^d \mathrm{d}y \int_e^h f(x,y,z)\mathrm{d}z.$$

有时为了计算上的方便, 也可以采用其他的积分顺序, 在此不再细述了.

为了讨论一般区域上的三重积分计算问题, 先研究一类简单区域上的积分. 设空间闭区域 Ω 可表示为

$$\Omega = \{(x,y,z)\,|\,z_1(x,y) \leqslant z \leqslant z_2(x,y), (x,y) \in D_{xy}\}.$$

其中 $z_1(x,y)$ 与 $z_2(x,y)$ 都是 D_{xy} 上的连续函数, 称这样的区域为 XY-**型区域** (图 18.4.1).

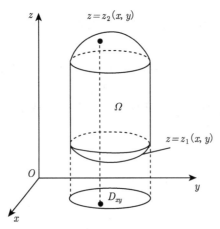

图 18.4.1

类似地, 可定义 YZ-**型区域**与 ZX-**型区域**. 下面以 XY-型区域为例, 将三重积分 $\iiint\limits_{\Omega} f(x,y,z)\mathrm{d}x\mathrm{d}y\mathrm{d}z$ 化为累次积分.

推论 18.4.2 设 $\Omega = \{(x,y,z)\,|\,z_1(x,y) \leqslant z \leqslant z_2(x,y), (x,y) \in D_{xy}\}$ 为空间有界闭域, 其中 D_{xy} 为 Ω 在 xy 面上的投影闭域, $z_1(x,y), z_2(x,y)$ 是 D_{xy} 上的连续函数, 函数 $f(x,y,z)$ 在 Ω 上可积, 且对 $\forall(x,y) \in D_{xy}$, $I(x,y) = \int_{z_1(x,y)}^{z_2(x,y)} f(x,y,z)\mathrm{d}z$ 存在, 则 $\iint\limits_{D_{xy}} I(x,y)\mathrm{d}x\mathrm{d}y$ 也存在, 且

$$\iiint\limits_{\Omega} f(x,y,z)\mathrm{d}x\mathrm{d}y\mathrm{d}z = \iint\limits_{D_{xy}} \mathrm{d}x\mathrm{d}y \int_{z_1(x,y)}^{z_2(x,y)} f(x,y,z)\mathrm{d}z. \tag{18.4.2}$$

证明 作辅助函数

$$F(x,y,z) = \begin{cases} f(x,y,z), & (x,y,z) \in \Omega, \\ 0, & (x,y,z) \in \Omega_0 \backslash \Omega, \end{cases}$$

其中 $\Omega_0 = [a,b] \times [c,d] \times [e,h]$, 对 $F(x,y,z)$ 用定理 18.4.1 即得到

$$\iiint\limits_{\Omega} f(x,y,z)\mathrm{d}x\mathrm{d}y\mathrm{d}z = \iiint\limits_{\Omega_0} F(x,y,z)\mathrm{d}x\mathrm{d}y\mathrm{d}z = \iint\limits_{[a,b]\times[c,d]} \mathrm{d}x\mathrm{d}y \int_e^h F(x,y,z)\mathrm{d}z$$

$$= \iint\limits_{D_{xy}} \mathrm{d}x\mathrm{d}y \int_{z_1(x,y)}^{z_2(x,y)} f(x,y,z)\mathrm{d}z.$$

当三重积分一旦按 (18.4.2) 式化成先定积分后二重积分这样的累次积分, 假如闭区域 D_{xy} 为 X-型的且

$$D_{xy} = \{(x,y)\,|y_1(x) \leqslant y \leqslant y_2(x), a \leqslant x \leqslant b\},$$

再将这个二重积分化为累次积分, 于是三重积分可通过三次定积分来计算:

$$\iiint\limits_{\Omega} f(x,y,z)\,\mathrm{d}v = \int_a^b \mathrm{d}x \int_{y_1(x)}^{y_2(x)} \mathrm{d}y \int_{z_1(x,y)}^{z_2(x,y)} f(x,y,z)\,\mathrm{d}z.$$

如果积分区域 Ω 分别为 YZ-型区域或 ZX-型区域, 这时可把有界闭域 Ω 投影到 yz 面或 zx 面上, 这样便可把三重积分化为按其他顺序的累次积分. 如果 Ω 是一般空间区域, 此时, 可像处理二重积分那样, 用平行于坐标面的平面将 Ω 分成上述几种简单区域的组合, 然后将 Ω 上的三重积分化为这些简单区域上的三重积分的和.

例 18.4.1 计算 $\displaystyle\iiint\limits_{\Omega} y\mathrm{d}x\mathrm{d}y\mathrm{d}z$, 其中 Ω 为三个坐标面及平面 $x+y+z=1$ 所围成的闭区域.

解 依题意 (参见图 18.4.2), 积分区域 Ω 可表示为

$$\Omega = \{(x,y,z)\,|0 \leqslant z \leqslant 1-x-y, 0 \leqslant y \leqslant 1-x, 0 \leqslant x \leqslant 1\},$$

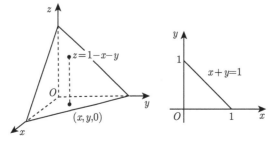

图 18.4.2

则有

$$\iiint_{\Omega} y \mathrm{d}x \mathrm{d}y \mathrm{d}z = \int_0^1 \mathrm{d}x \int_0^{1-x} y \mathrm{d}y \int_0^{1-x-y} \mathrm{d}z = \int_0^1 \mathrm{d}x \int_0^{1-x} y(1-x-y) \mathrm{d}y$$

$$= \int_0^1 \left[\frac{(1-x)^3}{2} - \frac{(1-x)^3}{3} \right] \mathrm{d}x = \frac{1}{6} \int_0^1 (1-x)^3 \mathrm{d}x = \frac{1}{24}.$$

例 18.4.2 计算 $\iiint_{\Omega} xyz \mathrm{d}x \mathrm{d}y \mathrm{d}z$, 其中 Ω 为三个坐标平面及球面 $x^2+y^2+z^2 = a^2(a>0)$ 所围成的第一卦限的闭区域.

解 Ω 的上边界曲面方程为 $z = \sqrt{a^2-x^2-y^2}$, 下边界曲面为 xy 平面, Ω 在 xy 面上的投影区域为 $D = \left\{ (x,y) \Big| 0 \leqslant y \leqslant \sqrt{a^2-x^2} , 0 \leqslant x \leqslant a \right\}$, 从而积分区域 (图 18.4.3) 为

$$\Omega = \left\{ (x,y,z) \Big| 0 \leqslant z \leqslant \sqrt{a^2-x^2-y^2}, 0 \leqslant y \leqslant \sqrt{a^2-x^2}, 0 \leqslant x \leqslant a \right\},$$

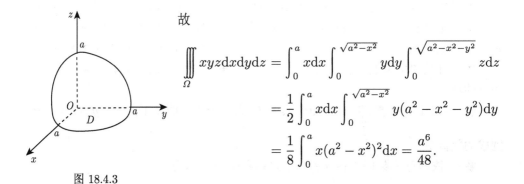

故

$$\iiint_{\Omega} xyz \mathrm{d}x \mathrm{d}y \mathrm{d}z = \int_0^a x \mathrm{d}x \int_0^{\sqrt{a^2-x^2}} y \mathrm{d}y \int_0^{\sqrt{a^2-x^2-y^2}} z \mathrm{d}z$$

$$= \frac{1}{2} \int_0^a x \mathrm{d}x \int_0^{\sqrt{a^2-x^2}} y(a^2-x^2-y^2) \mathrm{d}y$$

$$= \frac{1}{8} \int_0^a x(a^2-x^2)^2 \mathrm{d}x = \frac{a^6}{48}.$$

图 18.4.3

例 18.4.3 计算 $\iiint_{\Omega} z \mathrm{d}x \mathrm{d}y \mathrm{d}z$, 其中 Ω 是以曲面 $z = 2(x^2+y^2)$ 与平面 $z = 4$ 为界面的闭域 (如图 18.4.4).

解 由 $\begin{cases} z = 2(x^2+y^2), \\ z = 4 \end{cases}$ 得到在 xy 面投影曲线为 $x^2+y^2 = 2$. 因此 Ω 在 xy 面的投影区域为 $D = \{ (x,y) | \ x^2+y^2 \leqslant 2 \}$, 从而积分区域为

$$\Omega = \left\{ (x,y,z) \big| 2(x^2+y^2) \leqslant z \leqslant 4, (x,y) \in D \right\}.$$

结合利用极坐标变换得

$$\iiint\limits_{\Omega} z\mathrm{d}x\mathrm{d}y\mathrm{d}z = \iint\limits_{D} \mathrm{d}x\mathrm{d}y \int_{2(x^2+y^2)}^{4} z\mathrm{d}z = \frac{1}{2} \iint\limits_{D} \left[16 - 4(x^2+y^2)^2\right] \mathrm{d}x\mathrm{d}y$$

$$= 2\int_0^{2\pi} \mathrm{d}\theta \int_0^{\sqrt{2}} (4-\rho^4)\rho\mathrm{d}\rho = \frac{32\pi}{3}.$$

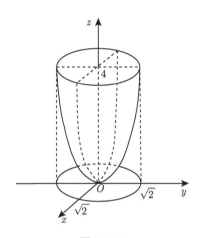

图 18.4.4

例 18.4.1～ 例 18.4.3 在计算三重积分时都是先计算一个定积分, 再计算一个二重积分, 简称为 "**先一后二**" 的计算方法 (也称为**投影法**). 而有时在某些特殊情况下为了计算方便, 也采用先计算一个二重积分, 再计算一个定积分的方法计算三重积分, 这种方法简称之为 "**先二后一**" 的计算方法 (也称为**切片法**). 类似于定理 18.4.1 与推论 18.4.2, 可得到以下定理.

定理 18.4.3 设 Ω 为空间有界闭域, 函数 $f(x,y,z)$ 在 Ω 上可积, $\{z|(x,y,z)\in\Omega\} \subset [e,h]$, 且 $\forall z \in [e,h]$, 积分 $I(z) = \iint\limits_{D_z} f(x,y,z)\mathrm{d}x\mathrm{d}y$ 存在, 其中 D_z 为 Ω 的截面 $D_z = \{(x,y)|(x,y,z)\in\Omega\}$ (如图 18.4.5), 则 $\int_e^h I(z)\mathrm{d}z$ 存在, 且

$$\iiint\limits_{\Omega} f(x,y,z)\mathrm{d}x\mathrm{d}y\mathrm{d}z = \int_e^h I(z)\mathrm{d}z = \int_e^h \mathrm{d}z \iint\limits_{D_z} f(x,y,z)\mathrm{d}x\mathrm{d}y.$$

"先二后一" 的方法常用于符合以下条件的三重积分: 被积函数是 z 的一元函数或截面区域 D_z 上的二重积分容易求得.

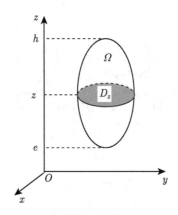

图 18.4.5

例 18.4.4　求 $I = \iiint\limits_{\Omega} \left(\dfrac{x^2}{a^2} + \dfrac{y^2}{b^2} + \dfrac{z^2}{c^2} \right) \mathrm{d}x\mathrm{d}y\mathrm{d}z$, 其中 $\Omega : \dfrac{x^2}{a^2} + \dfrac{y^2}{b^2} + \dfrac{z^2}{c^2} \leqslant 1$.

解　由于 $I = \iiint\limits_{\Omega} \dfrac{x^2}{a^2}\mathrm{d}x\mathrm{d}y\mathrm{d}z + \iiint\limits_{\Omega} \dfrac{y^2}{b^2}\mathrm{d}x\mathrm{d}y\mathrm{d}z + \iiint\limits_{\Omega} \dfrac{z^2}{c^2}\mathrm{d}x\mathrm{d}y\mathrm{d}z$, 其中

$$\iiint\limits_{\Omega} \dfrac{x^2}{a^2}\mathrm{d}x\mathrm{d}y\mathrm{d}z = \int_{-a}^{a} \dfrac{x^2}{a^2}\mathrm{d}x \iint\limits_{D_x} \mathrm{d}y\mathrm{d}z,$$

这里的 $D_x : \dfrac{y^2}{b^2} + \dfrac{z^2}{c^2} \leqslant 1 - \dfrac{x^2}{a^2}$, 其面积为 $b\sqrt{1 - \dfrac{x^2}{a^2}} \cdot c\sqrt{1 - \dfrac{x^2}{a^2}} \cdot \pi = \pi bc \left(1 - \dfrac{x^2}{a^2} \right)$,
于是

$$\iiint\limits_{\Omega} \dfrac{x^2}{a^2}\mathrm{d}x\mathrm{d}y\mathrm{d}z = \int_{-a}^{a} \dfrac{\pi bc}{a^2}x^2 \left(1 - \dfrac{x^2}{a^2} \right) \mathrm{d}x = \dfrac{4}{15}\pi abc.$$

同理可得

$$\iiint\limits_{\Omega} \dfrac{y^2}{b^2}\mathrm{d}x\mathrm{d}y\mathrm{d}z = \dfrac{4}{15}\pi abc, \qquad \iiint\limits_{\Omega} \dfrac{z^2}{c^2}\mathrm{d}x\mathrm{d}y\mathrm{d}z = \dfrac{4}{15}\pi abc.$$

所以

$$I = \iiint\limits_{\Omega} \left(\dfrac{x^2}{a^2} + \dfrac{y^2}{b^2} + \dfrac{z^2}{c^2} \right) \mathrm{d}x\mathrm{d}y\mathrm{d}z = \dfrac{4}{5}\pi abc.$$

例 18.4.3 中积分用切片法来计算, 得

$$\iiint\limits_{\Omega} z\mathrm{d}x\mathrm{d}y\mathrm{d}z = \int_{0}^{4} z \left(\pi\dfrac{z}{2} \right) \mathrm{d}z = \dfrac{32\pi}{3}.$$

与二重积分的情况一样, 某些类型的三重积分作适当变量变换后能使计算简便.

设变换 $T : x = x(u, v, w), y = y(u, v, w), z = z(u, v, w)$ 把 uvw 空间的有界闭域 Ω^* 一一对应地映射为 xyz 空间的有界闭域 Ω, 并设函数 $x = x(u, v, w), y = y(u, v, w), z = z(u, v, w)$ 具有一阶连续偏导数, 且有

$$\frac{\partial(x, y, z)}{\partial(u, v, w)} = \begin{vmatrix} \dfrac{\partial x}{\partial u} & \dfrac{\partial x}{\partial v} & \dfrac{\partial x}{\partial w} \\ \dfrac{\partial y}{\partial u} & \dfrac{\partial y}{\partial v} & \dfrac{\partial y}{\partial w} \\ \dfrac{\partial z}{\partial u} & \dfrac{\partial z}{\partial v} & \dfrac{\partial z}{\partial w} \end{vmatrix} \neq 0, \quad (u, v, w) \in \Omega^*.$$

与二重积分换元法一样, 若 $f(x, y, z)$ 在 Ω 上可积, 则可以证明如下的三重积分的**变量变换公式**:

$$\iiint\limits_{\Omega} f(x, y, z) \mathrm{d}x \mathrm{d}y \mathrm{d}z = \iiint\limits_{\Omega^*} f(x(u, v, w), y(u, v, w), z(u, v, w)) \left| \frac{\partial(x, y, z)}{\partial(u, v, w)} \right| \mathrm{d}u \mathrm{d}v \mathrm{d}w.$$

下面介绍两个常用的坐标变换公式: 柱面坐标变换与球面坐标变换.

设 $P(x, y, z)$ 为空间内一点, 并设点 P 在 xy 面上的投影 P_0 的极坐标为 (ρ, θ), 则这样的三个有序实数 (ρ, θ, z) 就称为点 P 的柱面坐标, 如图 18.4.6, 这里 ρ, θ, z 的变化范围为

$$0 \leqslant \rho < +\infty, \quad 0 \leqslant \theta \leqslant 2\pi, \quad -\infty < z < +\infty.$$

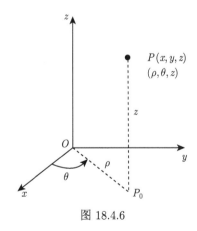

图 18.4.6

柱面坐标变换 (即直角坐标与柱面坐标的关系) 为

$$\begin{cases} x = \rho \cos \theta, \\ y = \rho \sin \theta, \\ z = z. \end{cases}$$

在柱面坐标系中, 一些特殊方程有下述几何意义:

$\rho = a (a$ 为常数$)$, 表示以 z 轴为中心轴, 半径为 a 的圆柱面;

$\theta = \alpha (\alpha$ 为常数$)$, 表示过 z 轴的半平面, 且此半平面与 xz 平面所成的二面角为 α;

$z = h (h$ 为常数$)$, 表示与 xy 面平行的平面.

由于

$$\frac{\partial(x, y, z)}{\partial(\rho, \theta, z)} = \begin{vmatrix} \cos\theta & -\rho\sin\theta & 0 \\ \sin\theta & \rho\cos\theta & 0 \\ 0 & 0 & 1 \end{vmatrix} = \rho,$$

则三重积分的柱面坐标变换公式为

$$\iiint\limits_{\Omega} f(x, y, z)\mathrm{d}x\mathrm{d}y\mathrm{d}z = \iiint\limits_{\Omega^*} f(\rho\cos\theta, \rho\sin\theta, z)\rho\mathrm{d}\rho\mathrm{d}\theta\mathrm{d}z.$$

请注意, 柱面坐标变换并非一一对应 (根据隐函数组定理, 仅在不含原点的区域上一一对应), 但仍可证明上式成立.

用柱面坐标变换计算三重积分, 通常是找出 Ω 在 xy 面上投影闭域 D_{xy}, Ω 表示成

$$\Omega = \{(x, y, z) \mid z_1(x, y) \leqslant z \leqslant z_2(x, y), (x, y) \in D_{xy}\},$$

相当于使用推论 18.4.2 得到

$$\iiint\limits_{\Omega} f(x, y, z)\mathrm{d}x\mathrm{d}y\mathrm{d}z = \iint\limits_{D_{xy}} \mathrm{d}x\mathrm{d}y \int_{z_1(x,y)}^{z_2(x,y)} f(x, y, z)\mathrm{d}z,$$

再将其中二重积分用极坐标计算.

例 18.4.5　计算 $\iiint\limits_{\Omega} xy\mathrm{d}x\mathrm{d}y\mathrm{d}z$, 其中 Ω 是由曲面 $x^2 + y^2 = 9$, 坐标平面 $x = 0$, $y = 0$ 及 $z = 1$, $z = 2$ 所围成的第一卦限的区域.

解　作柱面坐标变换, 区域 Ω^* (参见图 18.4.7) 可表示为

$$\Omega^* = \left\{(\rho, \theta, z) \,\middle|\, 0 \leqslant \rho \leqslant 3, 0 \leqslant \theta \leqslant \frac{\pi}{2}, 1 \leqslant z \leqslant 2\right\},$$

于是

$$\iiint\limits_{\Omega} xy\mathrm{d}v = \int_0^{\frac{\pi}{2}} \mathrm{d}\theta \int_0^3 \rho\mathrm{d}\rho \int_1^2 \rho^2 \sin\theta\cos\theta\mathrm{d}z$$

$$= \int_0^{\frac{\pi}{2}} \sin\theta \cos\theta \mathrm{d}\theta \int_0^3 \rho^3 \mathrm{d}\rho \int_1^2 \mathrm{d}z = \frac{81}{8}.$$

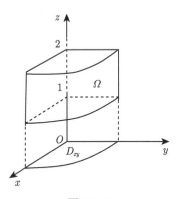

图 18.4.7

例 18.4.6 计算 $\iiint\limits_{\Omega} z\mathrm{d}x\mathrm{d}y\mathrm{d}z$, 其中 Ω 是以曲面 $z = 2x^2 + y^2$ 与平面 $z = 4$ 为界面的闭域 (图参见例 18.4.3).

解 作广义柱面坐标变换, 区域 Ω 可表示为

$$\Omega = \left\{ (x,y,z) \,\middle|\, 2x^2 + y^2 \leqslant z \leqslant 4, (x,y) \in D : \frac{x^2}{2} + \frac{y^2}{4} \leqslant 1 \right\},$$

$$\Omega^* = \left\{ (\rho, \theta, z) \,\middle|\, 4\rho^2 \leqslant z \leqslant 4, 0 \leqslant \rho \leqslant 1, 0 \leqslant \theta \leqslant 2\pi \right\},$$

于是 $\dfrac{\partial(x,y,z)}{\partial(\rho,\theta,z)} = 2\sqrt{2}\rho$,

$$\iiint\limits_{\Omega} z\mathrm{d}x\mathrm{d}y\mathrm{d}z = 2\sqrt{2} \int_0^{2\pi} \mathrm{d}\theta \int_0^1 \mathrm{d}\rho \int_{4\rho^2}^4 z\rho \mathrm{d}z = \frac{32\sqrt{2}\pi}{3}.$$

设 $P(x,y,z)$ 为空间内一点, 则点 P 也可用这样三个有序实数 r, φ, θ 来确定, 其中 r 为原点 O 与点 P 间的距离, 即有向线段 OP 之长, φ 为 OP 到 z 轴正向所夹的角, 记点 P_0 为点 P 在 xy 面上的投影, 则 θ 为从 x 轴正向到有向线段 OP_0 所夹的角, 如图 18.4.8 所示. 这样的三个有序实数 (r, φ, θ) 称为点 P 的**球面坐标**, 这里 r, φ, θ 的变化范围为

$$0 \leqslant r < +\infty, \quad 0 \leqslant \varphi \leqslant \pi, \quad 0 \leqslant \theta \leqslant 2\pi.$$

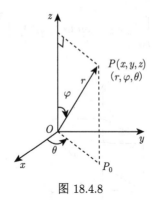

图 18.4.8

由于 $z = r\cos\varphi$, $OP_0 = r\sin\varphi$, 因此, **球面坐标变换** (即直角坐标与球面坐标的关系) 为:

$$\begin{cases} x = r\sin\varphi\cos\theta, \\ y = r\sin\varphi\sin\theta, \\ z = r\cos\varphi. \end{cases}$$

在球面坐标系中, 一些特殊方程有下述几何意义:

$r = a$(a 为常数), 表示以原点为球心半径为 a 的球面;

$\varphi = \alpha$(α 为常数), 表示以原点为顶点、z 轴为轴, 半顶角为 α 的圆锥面;

$\theta = \beta$(β 为常数), 表示过 z 轴且与 xz 面所成的二面角为 β 的半平面.

因为 (参见例 16.2.4)

$$\frac{\partial(x,y,z)}{\partial(r,\varphi,\theta)} = \begin{vmatrix} \sin\varphi\cos\theta & r\cos\varphi\cos\theta & -r\sin\varphi\sin\theta \\ \sin\varphi\sin\theta & r\cos\varphi\sin\theta & r\sin\varphi\cos\theta \\ \cos\varphi & -r\sin\varphi & 0 \end{vmatrix} = r^2\sin\varphi,$$

所以三重积分的球面坐标变换公式为

$$\iiint\limits_{\Omega} f(x,y,z)\mathrm{d}x\mathrm{d}y\mathrm{d}z = \iiint\limits_{\Omega^*} f(r\sin\varphi\cos\theta, r\sin\varphi\sin\theta, r\cos\varphi)r^2\sin\varphi\mathrm{d}r\mathrm{d}\varphi\mathrm{d}\theta.$$

如果积分区域 Ω 的边界曲面是一个包含原点在内的闭曲面, 其球面坐标方程为 $r = r(\varphi,\theta)$, 则

$$I = \int_0^{2\pi} \mathrm{d}\theta \int_0^{\pi} \mathrm{d}\varphi \int_0^{r(\varphi,\theta)} f\left(r\sin\varphi\cos\theta, r\sin\varphi\sin\theta, r\cos\varphi\right) r^2\sin\varphi\mathrm{d}r.$$

特别地, 若积分区域 Ω 是由球面 $x^2 + y^2 + z^2 = a^2(r = a\,(a > 0))$ 围成时, 则

$$I = \int_0^{2\pi} \mathrm{d}\theta \int_0^{\pi} \mathrm{d}\varphi \int_0^a f\left(r\sin\varphi\cos\theta, r\sin\varphi\sin\theta, r\cos\varphi\right) r^2\sin\varphi\mathrm{d}r.$$

一般地, 当积分区域为球体或球体的一部分区域, 同时被积函数的球面坐标表示式较为简单时, 往往选择球面坐标计算三重积分.

例 18.4.7　计算 $\iiint\limits_{\Omega} xyz\mathrm{d}x\mathrm{d}y\mathrm{d}z$, 其中 Ω 为三个坐标平面及球面 $x^2 + y^2 + z^2 = a^2(a > 0)$ 所围成的第一卦限的闭区域 (即例 18.4.2).

解　利用球面坐标变换,

$$\iiint\limits_{\Omega} xyz\mathrm{d}x\mathrm{d}y\mathrm{d}z = \int_0^{\frac{\pi}{2}} \mathrm{d}\theta \int_0^{\frac{\pi}{2}} \mathrm{d}\varphi \int_0^a r^3 \sin^2\varphi\cos\varphi \cdot \cos\theta\sin\theta \cdot r^2 \sin\varphi\mathrm{d}r$$

$$= \int_0^{\frac{\pi}{2}} \cos\theta\sin\theta\mathrm{d}\theta \int_0^{\frac{\pi}{2}} \sin^3\varphi\cos\varphi\mathrm{d}\varphi \int_0^a r^5\mathrm{d}r = \frac{a^6}{48}.$$

例 18.4.8　求由圆锥体 $z \geqslant \sqrt{x^2 + y^2}\cot\beta$ 和球体 $x^2 + y^2 + (z - a)^2 \leqslant a^2$ 所确定的立体 Ω 的体积 (图 18.4.9), 其中 $\beta \in \left(0, \dfrac{\pi}{2}\right)$, $a > 0$ 为常数.

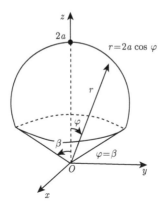

图 18.4.9

解　在球面坐标系中, 球面方程 $x^2 + y^2 + (z - a)^2 = a^2$ 可表示为 $r = 2a\cos\varphi$, 圆锥面方程 $z = \sqrt{x^2 + y^2}\cot\beta$ 可表示为 $\varphi = \beta$. 因此

$$\Omega^* = \{(r, \varphi, \theta) \,|\, 0 \leqslant r \leqslant 2a\cos\varphi, 0 \leqslant \varphi \leqslant \beta, 0 \leqslant \theta \leqslant 2\pi\},$$

则

$$\iiint\limits_{\Omega} \mathrm{d}V = \int_0^{2\pi} \mathrm{d}\theta \int_0^\beta \mathrm{d}\varphi \int_0^{2a\cos\varphi} r^2 \sin\varphi\mathrm{d}r = \frac{4}{3}\pi a^3(1 - \cos^4\beta).$$

例 18.4.9　计算 $I = \iiint\limits_{\Omega} z\mathrm{d}x\mathrm{d}y\mathrm{d}z$, 其中 $\Omega = \left\{(x, y, z) \,\middle|\, \dfrac{x^2}{a^2} + \dfrac{y^2}{b^2} + \dfrac{z^2}{c^2} \leqslant 1, z \geqslant 0\right\}$.

解 作变换 $T: \begin{cases} x = ar\sin\varphi\cos\theta, \\ y = br\sin\varphi\sin\theta, \\ z = cr\cos\varphi, \end{cases}$ 于是 $\dfrac{\partial(x,y,z)}{\partial(r,\varphi,\theta)} = abcr^2\sin\varphi$, 且

$$\Omega^* = \left\{ (r,\varphi,\theta) \,\Big|\, 0 \leqslant r \leqslant 1, 0 \leqslant \varphi \leqslant \frac{\pi}{2}, 0 \leqslant \theta \leqslant 2\pi \right\}.$$

于是有

$$I = \iiint\limits_{\Omega^*} cr\cos\varphi \cdot abcr^2\sin\varphi\,\mathrm{d}r\mathrm{d}\varphi\mathrm{d}\theta$$

$$= abc^2 \int_0^{2\pi} \mathrm{d}\theta \int_0^{\frac{\pi}{2}} \sin\varphi\cos\varphi\,\mathrm{d}\varphi \int_0^1 r^3\mathrm{d}r = \frac{\pi abc^2}{4}.$$

习 题 18.4

1. 化三重积分 $I = \iiint\limits_{\Omega} f(x,y,z)\mathrm{d}x\mathrm{d}y\mathrm{d}z$ 为累次积分, 其中积分区域 Ω 分别是:

(1) 由曲面 $z = x^2 + y^2$ 及平面 $z = h\,(h > 0)$ 所围成的闭区域;

(2) 由抛物面 $z = 2 - (x^2 + y^2)$ 及平面 $z = 0, x = 0, y = 0, x + y = 1$ 所围成的闭区域;

(3) 由曲面 $z = x^2 + 2y^2$ 及 $z = 2 - x^2$ 所围成的闭区域;

(4) 由上半球面 $x^2 + y^2 + z^2 = 1\,(z \geqslant 0)$ 及锥面 $z = \sqrt{x^2 + y^2}$ 围成的闭区域.

2. 利用直角坐标计算下列三重积分:

(1) $\iiint\limits_{\Omega} xy^2z^3\mathrm{d}x\mathrm{d}y\mathrm{d}z$, 其中 Ω 是由平面 $x = 0, x = 1, y = 0, y = 2, z = 0, z = 3$ 所围成的闭区域;

(2) $\iiint\limits_{\Omega} \dfrac{\mathrm{d}x\mathrm{d}y\mathrm{d}z}{(1 + x + y + z)^3}$, 其中 Ω 为平面 $z = 0, x = 0, y = 0, x + y + z = 1$ 所围成的四面体;

(3) $\iiint\limits_{\Omega} xyz\mathrm{d}x\mathrm{d}y\mathrm{d}z$, 其中 Ω 为球面 $x^2 + y^2 + z^2 = 1$ 及三个坐标面所围成的在第一卦限内的闭区域;

(4) $\iiint\limits_{\Omega} xz\mathrm{d}x\mathrm{d}y\mathrm{d}z$, 其中 Ω 是由平面 $z = 0, z = y, y = 1$ 及抛物柱面 $y = x^2$ 所围成的闭区域.

3. 利用柱面坐标计算三重积分:

(1) $\iiint\limits_{\Omega} (x^2 + y^2)z\mathrm{d}x\mathrm{d}y\mathrm{d}z$, 其中 Ω 是由曲面 $z = x^2 + y^2$ 与平面 $z = 4$ 所围成的闭区域;

(2) $\iiint\limits_{\Omega} (x^2 + y^2)\mathrm{d}V$, 其中 Ω 是由曲面 $z = \sqrt{x^2 + y^2}$ 与平面 $z = a(a > 0)$ 所围成的闭区域.

4. 利用球面坐标计算下列三重积分:

(1) $\displaystyle\iiint\limits_{\Omega} (x^2 + y^2 + z^2)\mathrm{d}V$, 其中 Ω 是由球面 $x^2 + y^2 + z^2 = 1$ 所围成的闭区域;

(2) $\displaystyle\iiint\limits_{\Omega} z\mathrm{d}V$, 其中闭区域 Ω 由不等式 $x^2 + y^2 + (z-a)^2 \leqslant a^2, x^2 + y^2 \leqslant z^2$ 所确定.

5. 把三重积分 $\displaystyle\iiint\limits_{\Omega} f(x, y, z)\mathrm{d}x\mathrm{d}y\mathrm{d}z$ 分别化为直角坐标, 柱面坐标, 球面坐标下的累次积分, 其中 Ω 是由不等式 $x^2 + y^2 + z^2 \leqslant 4,\ z \geqslant \sqrt{3(x^2 + y^2)}$ 所确定的闭区域.

6. 选择适当的坐标, 计算下列三重积分:

(1) $\displaystyle\iiint\limits_{\Omega} (x^2 + y^2)\mathrm{d}V$, 其中 Ω 是由曲面 $x^2 + y^2 = 2z$ 及平面 $z = 2$ 所围成的闭区域;

(2) $\displaystyle\iiint\limits_{\Omega} z^2\mathrm{d}x\mathrm{d}y\mathrm{d}z$, 其中 Ω 是由椭球面 $\dfrac{x^2}{a^2} + \dfrac{y^2}{b^2} + \dfrac{z^2}{c^2} = 1$ 所围成的闭区域;

(3) $\displaystyle\iiint\limits_{\Omega} \sqrt{x^2 + y^2 + z^2}\mathrm{d}V$, 其中 Ω 是球面 $x^2 + y^2 + z^2 = z$ 所围成的闭区域;

(4) $\displaystyle\iiint\limits_{\Omega} xy\mathrm{d}V$, 其中 Ω 为柱面 $x^2 + y^2 = 1$ 及平面 $z = 1, z = 0, x = 0, y = 0$ 所围成的在第一卦限内的闭区域.

7. 用三重积分计算由下列曲面所围成的立体 Ω 的体积:

(1) Ω 是由平面 $2x + y + z = 4$ 与三坐标面所围成的闭区域;

(2) Ω 是由曲面 $z = \sqrt{x^2 + y^2}$ 与 $z = 1 + \sqrt{1 - x^2 - y^2}$ 所围成的闭区域;

(3) Ω 是由曲面 $z = 6 - x^2 - y^2$ 及 $z = \sqrt{x^2 + y^2}$ 所围成的闭区域;

(4) Ω 是由曲面 $z = \sqrt{5 - x^2 - y^2}$ 及 $x^2 + y^2 = 4z$ 所围成的闭区域.

18.5 重积分的应用

我们在引入重积分的概念时已经知道, 曲顶柱体的体积、平面薄片的质量可用二重积分计算, 空间几何体的体积及立体的质量可用三重积分计算. 事实上许多求和的极限问题都可以用重积分计算. 本节将进一步介绍重积分在几何、物理上的一些其他应用. 其方法是将定积分应用中的微元法推广到重积分的应用中, 利用重积分的微元法计算几何图形中的曲面面积, 物理学中的质心、转动惯量和引力等.

首先考虑曲面面积的计算问题. 我们知道, 曲线的弧长可以通过其内接折线长来逼近. 对于曲面面积, 自然也希望能用内接多边形面积来逼近. 19 世纪末, Schwarz 曾举过一个例子, 即便对圆柱面而言, 也无法用内接多边形面积的极限来定义其面积. 如何一般地定义曲面面积仍是一个悬而未决的问题. 以下在光滑性条件下考虑曲面的面积. 后文所指的可求面积的曲面确切地是指可有限分片满足光滑性条件的曲面.

设曲面 Σ 的方程为 $z = f(x, y)$, Σ 在 xy 面上的投影为有界闭域 D, 函数 $f(x, y)$ 在 D 上具有连续偏导数 (即 Σ 为**光滑曲面**). 下面利用微元法来计算曲面 Σ 的面积 A.

在有界闭域 D 上任取一直径充分小的小闭区域 $\overline{D}$, 其面积为 $\mathrm{d}\sigma$, $\forall \overline{P}(x, y) \in \overline{D}$, 点 $\overline{P}$ 对应曲面 Σ 上的点为 $P(x, y, f(x, y))$, 也就是说点 P 在 xy 面上的投影为点 $\overline{P}$, 设曲面 Σ 在点 P 处的切平面为 Π, 它的法向量 $\boldsymbol{n} = \pm(-f_x, -f_y, 1)$, 以小闭区域 $\overline{D}$ 的边界为准线作母线平行于 z 轴的柱面, 这柱面在曲面 Σ 上截下一小片曲面 $\overline{\Sigma}$, 在切平面 Π 上截下一小片平面 $\overline{\Pi}$ (如图 18.5.1). 由于 $\overline{D}$ 的直径充分小, 且 $f(x, y)$ 在 D 上连续, 切平面 Π 上的一小片平面 $\overline{\Pi}$ 的面积可以近似地代替相应的那一小片曲面 $\overline{\Sigma}$ 的面积 $\mathrm{d}A$. 设切平面 Π 与 xy 面所成的二面角为 γ(即曲面 Σ 在 P 点处的切平面 Π 的法向量 $\boldsymbol{n}$ 与 z 轴正向所成的角), 则由几何知识有

$$\mathrm{d}A = \frac{\mathrm{d}\sigma}{|\cos\gamma|},$$

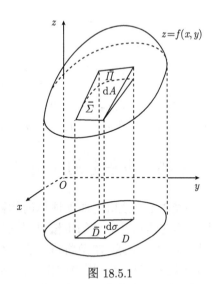

图 18.5.1

又因为

$$|\cos\gamma| = \frac{1}{\sqrt{1 + f_x^2(x, y) + f_y^2(x, y)}},$$

所以曲面 Σ 的面积微元

$$\mathrm{d}A = \sqrt{1 + f_x^2(x, y) + f_y^2(x, y)}\,\mathrm{d}\sigma,$$

从而得到计算曲面的面积公式

$$A = \iint\limits_{D} \sqrt{1 + f_x^2(x,y) + f_y^2(x,y)} \mathrm{d}\sigma. \tag{18.5.1}$$

类似地, 若曲面 Σ 的方程为 $x = g(y,z)$ 或 $y = h(z,x)$, 且分别在 yz 面或 zx 面上的投影区域 D_{yz} 或 D_{zx} 上都具有连续偏导数, 同样得到计算曲面面积的公式为

$$A = \iint\limits_{D_{yz}} \sqrt{1 + \left(\frac{\partial g}{\partial y}\right)^2 + \left(\frac{\partial g}{\partial z}\right)^2} \mathrm{d}y\mathrm{d}z, \tag{18.5.2}$$

$$A = \iint\limits_{D_{zx}} \sqrt{1 + \left(\frac{\partial h}{\partial z}\right)^2 + \left(\frac{\partial h}{\partial x}\right)^2} \mathrm{d}z\mathrm{d}x. \tag{18.5.3}$$

例 18.5.1 求上半球面 $z = \sqrt{a^2 - x^2 - y^2}$ 含在柱面 $x^2 + y^2 = ax$ 内部的那部分面积.

解 曲面在 xy 坐标面上的投影区域为 $D = \{(x,y) | x^2 + y^2 \leqslant ax\}$, 且

$$\frac{\partial z}{\partial x} = \frac{-x}{\sqrt{a^2 - x^2 - y^2}}, \quad \frac{\partial z}{\partial y} = \frac{-y}{\sqrt{a^2 - x^2 - y^2}},$$

则所求面积

$$\begin{aligned}
A &= \iint\limits_{D} \sqrt{1 + \left(\frac{\partial z}{\partial x}\right)^2 + \left(\frac{\partial z}{\partial y}\right)^2} \mathrm{d}x\mathrm{d}y = \iint\limits_{D} \frac{a}{\sqrt{a^2 - x^2 - y^2}} \mathrm{d}x\mathrm{d}y \\
&= a \int_{-\frac{\pi}{2}}^{\frac{\pi}{2}} \mathrm{d}\theta \int_0^{a\cos\theta} \frac{1}{\sqrt{a^2 - \rho^2}} \rho \mathrm{d}\rho = a \int_{-\frac{\pi}{2}}^{\frac{\pi}{2}} \left[-\sqrt{a^2 - \rho^2}\right]_0^{a\cos\theta} \mathrm{d}\theta \\
&= a^2 \int_{-\frac{\pi}{2}}^{\frac{\pi}{2}} (1 - |\sin\theta|) \mathrm{d}\theta = 2a^2 \int_0^{\frac{\pi}{2}} (1 - \sin\theta) \mathrm{d}\theta = a^2(\pi - 2).
\end{aligned}$$

一般情况下, 曲面 Σ 由参数方程 $\begin{cases} x = x(u,v), \\ y = y(u,v), \\ z = z(u,v) \end{cases}$ 给出, 其中 $(u,v) \in D$, $D \subset$

$\mathbb{R}^2$ 为 uv 平面上的区域. 若 x, y, z 在 D 上具有连续的偏导数, 且 $\dfrac{\partial(x,y)}{\partial(u,v)}, \dfrac{\partial(y,z)}{\partial(u,v)},$

$\dfrac{\partial(z,x)}{\partial(u,v)}$ 在 D 上不全为 0, 则称曲面 Σ 是区域 D 上的**光滑曲面**. 曲面 Σ 在点 (x,y,z) 的法向量 (参见总习题 16 第 26 题) 为

$$\left(\frac{\partial(y,z)}{\partial(u,v)}, \frac{\partial(z,x)}{\partial(u,v)}, \frac{\partial(x,y)}{\partial(u,v)}\right),$$

该向量的模为

$$\sqrt{\left(\frac{\partial(y,z)}{\partial(u,v)}\right)^2 + \left(\frac{\partial(z,x)}{\partial(u,v)}\right)^2 + \left(\frac{\partial(x,y)}{\partial(u,v)}\right)^2}$$

$$= \sqrt{\left(y_u z_v - y_v z_u\right)^2 + \left(z_u x_v - z_v x_u\right)^2 + \left(x_u y_v - x_v y_u\right)^2}$$

$$= \sqrt{\left(x_u^2 + y_u^2 + z_u^2\right)\left(x_v^2 + y_v^2 + z_v^2\right) - \left(x_u x_v + y_u y_v + z_u z_v\right)^2}$$

$$= \sqrt{EG - F^2},$$

其中 $E = x_u^2 + y_u^2 + z_u^2$, $G = x_v^2 + y_v^2 + z_v^2$, $F = x_u x_v + y_u y_v + z_u z_v$. 因为 Σ 是区域 D 上的光滑曲面, $EG - F^2 \neq 0$, 不妨设 $\dfrac{\partial(x,y)}{\partial(u,v)} \neq 0$(此时法向量与 z 轴的方向余弦 $|\cos\gamma| = \dfrac{1}{\sqrt{EG - F^2}}\left|\dfrac{\partial(x,y)}{\partial(u,v)}\right| \neq 0$), 原参数方程确定隐函数 $z = z(x,y), (x,y) \in D^*$. 根据反函数组定理, 可从 $\begin{cases} \mathrm{d}x = x_u \mathrm{d}u + x_v \mathrm{d}v, \\ \mathrm{d}y = y_u \mathrm{d}u + y_v \mathrm{d}v \end{cases}$ 中解出 $\mathrm{d}u, \mathrm{d}v$ 并代入到 $\mathrm{d}z = z_u \mathrm{d}u + z_v \mathrm{d}v$, 得出

$$\frac{\partial z}{\partial x} = -\frac{\dfrac{\partial(y,z)}{\partial(u,v)}}{\dfrac{\partial(x,y)}{\partial(u,v)}}, \quad \frac{\partial z}{\partial y} = -\frac{\dfrac{\partial(z,x)}{\partial(u,v)}}{\dfrac{\partial(x,y)}{\partial(u,v)}}.$$

利用公式 (18.5.1) 得曲面 Σ 的面积为

$$A = \iint\limits_{D^*} \sqrt{1 + \left(\frac{\partial z}{\partial x}\right)^2 + \left(\frac{\partial z}{\partial y}\right)^2}\, \mathrm{d}x\mathrm{d}y = \iint\limits_{D^*} \frac{\sqrt{EG - F^2}}{\left|\dfrac{\partial(x,y)}{\partial(u,v)}\right|}\, \mathrm{d}x\mathrm{d}y.$$

对此式作坐标变换 $\begin{cases} x = x(u,v), \\ y = y(u,v), \end{cases}$ 得到参数曲面 Σ 的面积公式:

$$A = \iint\limits_{D} \sqrt{EG - F^2}\, \mathrm{d}u\mathrm{d}v. \tag{18.5.4}$$

由于曲面 $z = f(x,y)$ 即 $\begin{cases} x = x, \\ y = y, \\ z = f(x,y), \end{cases}$ 曲面 $x = g(y,z)$ 即 $\begin{cases} x = g(y,z), \\ y = y, \\ z = z, \end{cases}$ 曲面 $y = h(z,x)$ 即 $\begin{cases} x = x, \\ y = h(z,x), \\ z = z, \end{cases}$ 故公式 (18.5.1)~(18.5.3) 都是公式 (18.5.4) 的

特例.

例 18.5.2　求球面上两条纬线与两条经线之间的曲面面积.

解　设球面方程为

$$
\begin{cases}
x = a\sin\varphi\cos\theta, \\
y = a\sin\varphi\sin\theta, \\
z = a\cos\varphi,
\end{cases}
$$

其中 a 为球半径. 即求球面上当 $\varphi_1 \leqslant \varphi \leqslant \varphi_2$, $\theta_1 \leqslant \theta \leqslant \theta_2$ 的那部分面积. 由于 $E = a^2, F = 0$, $G = a^2\sin^2\varphi$, 故

$$
A = \iint\limits_{D} \sqrt{EG - F^2}\,\mathrm{d}\varphi\mathrm{d}\theta = \int_{\varphi_1}^{\varphi_2}\mathrm{d}\varphi\int_{\theta_1}^{\theta_2} a^2\sin\varphi\mathrm{d}\theta = a^2(\theta_2 - \theta_1)(\cos\varphi_1 - \cos\varphi_2).
$$

设有一平面薄片, 占有 xy 面上的闭区域 D, 点 $P(x,y)$ 处的面密度为 $\mu(x,y)$, 假定 $\mu(x,y)$ 在 D 上连续. 下面讨论该薄片的质心坐标.

首先回顾 xy 面 n 个质点系的质心坐标 $(\overline{x},\ \overline{y})$ 的概念. 设 xy 面上 n 个质点位于点 (x_j,y_j), 质量为 m_j, $j = 1,2,\cdots,n$, 则 (x_j,y_j) 处质点对 x 轴和对 y 轴的静矩分别为 m_jy_j 与 m_jx_j, 从而有

$$
\overline{x} = \frac{\displaystyle\sum_{j=1}^{n} m_jx_j}{\displaystyle\sum_{j=1}^{n} m_j}, \quad
\overline{y} = \frac{\displaystyle\sum_{j=1}^{n} m_jy_j}{\displaystyle\sum_{j=1}^{n} m_j},
$$

这里 $\displaystyle\sum_{j=1}^{n} m_j$ 为质点系的总质量.

在闭区域 D 上任取一直径充分小的闭区域 $\overline{D}$, 用 $\mathrm{d}\sigma$ 表示区域 $\overline{D}$ 的面积, $\forall (x,y) \in \overline{D}$, 由于 $\overline{D}$ 的直径充分小, 且 $\mu(x,y)$ 在 D 上连续, 则平面薄片中相应于 $\overline{D}$ 部分的质量近似地等于 $\mu(x,y)\mathrm{d}\sigma$, 并可视为集中于点 (x,y) 处. 于是其对 x 轴和对 y 轴的静矩微元分别为

$$
\mathrm{d}M_x = y\mu(x,y)\mathrm{d}\sigma, \quad \mathrm{d}M_y = x\mu(x,y)\mathrm{d}\sigma,
$$

从而平面薄片对 x 轴和对 y 轴的静矩分别为

$$
M_x = \iint\limits_{D} y\mu(x,y)\mathrm{d}\sigma, \quad M_y = \iint\limits_{D} x\mu(x,y)\mathrm{d}\sigma.
$$

设平面薄片的质心坐标为 $(\overline{x}, \overline{y})$, 平面薄片的质量为 m, 则有

$$\overline{x} \cdot m = M_y, \quad \overline{y} \cdot m = M_x.$$

于是

$$\overline{x} = \frac{M_y}{m} = \frac{\iint\limits_{D} x\mu(x,y)\mathrm{d}\sigma}{\iint\limits_{D} \mu(x,y)\mathrm{d}\sigma}, \quad \overline{y} = \frac{M_x}{m} = \frac{\iint\limits_{D} y\mu(x,y)\mathrm{d}\sigma}{\iint\limits_{D} \mu(x,y)\mathrm{d}\sigma}.$$

若平面薄片是均匀的, 即面密度是常数, 这时平面薄片的质心也称为形心, 其形心坐标 $(\overline{x}, \overline{y})$ 的公式简化为

$$\overline{x} = \frac{\iint\limits_{D} x\mathrm{d}\sigma}{\iint\limits_{D} \mathrm{d}\sigma}, \quad \overline{y} = \frac{\iint\limits_{D} y\mathrm{d}\sigma}{\iint\limits_{D} \mathrm{d}\sigma}.$$

类似地, 设有一物体占有空间有界闭域 Ω, 在点 (x, y, z) 处的密度为 $\mu(x, y, z)$, 设 $\mu(x, y, z)$ 在 Ω 上连续, 则该物体的质心坐标 $(\overline{x}, \overline{y}, \overline{z})$ 的公式为

$$\overline{x} = \frac{\iiint\limits_{\Omega} x\mu(x,y,z)\mathrm{d}V}{\iiint\limits_{\Omega} \mu(x,y,z)\mathrm{d}V}, \quad \overline{y} = \frac{\iiint\limits_{\Omega} y\mu(x,y,z)\mathrm{d}V}{\iiint\limits_{\Omega} \mu(x,y,z)\mathrm{d}V}, \quad \overline{z} = \frac{\iiint\limits_{\Omega} z\mu(x,y,z)\mathrm{d}V}{\iiint\limits_{\Omega} \mu(x,y,z)\mathrm{d}V}.$$

同理可得出空间立体的形心坐标公式 (留给读者完成).

例 18.5.3   求位于两圆 $(x-1)^2 + y^2 = 1$, $(x-2)^2 + y^2 = 4$ 之间部分的均匀薄片的质心 (形心).

解   设该薄片的质心为 $(\overline{x}, \overline{y})$, 因为闭区域 D 关于 x 轴对称, 所以质心必位于 x 轴上, 于是得 $\overline{y} = 0$. 因为

$$\iint\limits_{D} \mathrm{d}\sigma = \pi \cdot 2^2 - \pi \cdot 1^2 = 3\pi,$$

$$\iint\limits_{D} x\mathrm{d}\sigma = \iint\limits_{D^*} \rho^2 \cos\theta \mathrm{d}\rho\mathrm{d}\theta = \int_{-\frac{\pi}{2}}^{\frac{\pi}{2}} \cos\theta\mathrm{d}\theta \int_{2\cos\theta}^{4\cos\theta} \rho^2\mathrm{d}\rho = 7\pi,$$

则 $\overline{x} = \dfrac{\iint\limits_{D} x\mathrm{d}\sigma}{\iint\limits_{D} \mathrm{d}\sigma} = \dfrac{7\pi}{3\pi} = \dfrac{7}{3}$. 从而所求质心 (形心) 坐标为 $\left(\dfrac{7}{3}, 0\right)$.

例 18.5.4 一球体占有空间区域 $\Omega = \{(x,y,z)|x^2 + y^2 + z^2 \leqslant 2z\}$, 它在内部各点处的密度的大小等于该点到坐标原点的距离的平方, 求该球体的质心.

解 设球体的质心坐标为 $(\overline{x}, \overline{y}, \overline{z})$, 密度函数为 $\mu(x,y,z) = x^2 + y^2 + z^2$, 由对称性可知质心在 z 轴上, 即 $\overline{x} = \overline{y} = 0$, 在球面坐标下有

$$\Omega^* = \left\{ (r, \varphi, \theta) \,\middle|\, 0 \leqslant r \leqslant 2\cos\varphi, 0 \leqslant \varphi \leqslant \frac{\pi}{2}, 0 \leqslant \theta \leqslant 2\pi \right\},$$

于是

$$m = \iiint\limits_{\Omega} (x^2 + y^2 + z^2)\mathrm{d}V = \int_0^{2\pi} \mathrm{d}\theta \int_0^{\frac{\pi}{2}} \sin\varphi\mathrm{d}\varphi \int_0^{2\cos\varphi} r^2 \cdot r^2 \mathrm{d}r$$

$$= 2\pi \int_0^{\frac{\pi}{2}} \frac{32}{5} \sin\varphi \cos^5\varphi\mathrm{d}\varphi = \frac{32}{15}\pi,$$

$$\overline{z} = \frac{1}{m} \iiint\limits_{\Omega} z(x^2 + y^2 + z^2)\mathrm{d}v = \frac{1}{m} \int_0^{2\pi} \mathrm{d}\theta \int_0^{\frac{\pi}{2}} \sin\varphi\cos\varphi\mathrm{d}\varphi \int_0^{2\cos\varphi} r^5 \mathrm{d}r$$

$$= \frac{2\pi}{m} \int_0^{\frac{\pi}{2}} \frac{64}{6} \sin\varphi\cos^7\varphi\mathrm{d}\varphi = \frac{\frac{8}{3}\pi}{\frac{32}{15}\pi} = \frac{5}{4},$$

故所求球体的质心坐标为 $\left(0, 0, \dfrac{5}{4} \right)$.

设有一平面薄片, 占有 xy 面上的闭区域 D, 在点 $P(x,y)$ 处的面密度为 $\mu(x,y)$, 假定 $\mu(x,y)$ 在 D 上连续. 下面讨论该薄片对于 x 轴的转动惯量 I_x 和对于 y 轴的转动惯量 I_y.

在闭区域 D 上任取一直径充分小的闭区域 $\overline{D}$, 用 $\mathrm{d}\sigma$ 表示区域 $\overline{D}$ 的面积, $\forall (x,y) \in \overline{D}$, 由于 $\overline{D}$ 的直径充分小, 且 $\mu(x,y)$ 在 D 上连续, 则平面薄片中相应于 $\overline{D}$ 部分的质量近似地等于 $\mu(x,y)\mathrm{d}\sigma$, 并可视为集中于点 (x,y) 处. 于是其对 x 轴和对 y 轴的转动惯量微元分别为

$$\mathrm{d}I_x = y^2\mu(x,y)\mathrm{d}\sigma, \quad \mathrm{d}I_y = x^2\mu(x,y)\mathrm{d}\sigma.$$

从而该平面薄片对 x 轴的转动惯量和对 y 轴的转动惯量分别为

$$I_x = \iint\limits_{D} y^2\mu(x,y)\mathrm{d}\sigma, \quad I_y = \iint\limits_{D} x^2\mu(x,y)\mathrm{d}\sigma.$$

类似地, 一物体占有空间有界闭域 Ω, 在 Ω 上点 (x,y,z) 处的密度为 $\mu(x,y,z)$,

设 $\mu(x,y,z)$ 在 Ω 上连续, 则物体对于 x,y,z 轴的转动惯量分别为

$$I_x = \iiint\limits_{\Omega} (y^2 + z^2)\mu(x,y,z)\mathrm{d}V,$$

$$I_y = \iiint\limits_{\Omega} (z^2 + x^2)\mu(x,y,z)\mathrm{d}V,$$

$$I_z = \iiint\limits_{\Omega} (x^2 + y^2)\mu(x,y,z)\mathrm{d}V.$$

例 18.5.5　求平面薄片 $D = \left\{(x,y)\left|\dfrac{x^2}{a^2} + \dfrac{y^2}{b^2} \leqslant 1\right.\right\}$（面密度 $\mu = 1$）对 y 轴的转动惯量 I_y.

解　积分区域 $D = \left\{(x,y)\left|-a \leqslant x \leqslant a, \ -\dfrac{b}{a}\sqrt{a^2 - x^2} \leqslant y \leqslant \dfrac{b}{a}\sqrt{a^2 - x^2}\right.\right\}$,
于是

$$I_y = \iint\limits_{D} x^2 \mathrm{d}x\mathrm{d}y = \int_{-a}^{a} x^2 \mathrm{d}x \int_{-\frac{b}{a}\sqrt{a^2-x^2}}^{\frac{b}{a}\sqrt{a^2-x^2}} \mathrm{d}y = \frac{2b}{a}\int_{-a}^{a} x^2\sqrt{a^2 - x^2}\mathrm{d}x,$$

$$\xlongequal{x=a\sin t} \frac{2b}{a}\frac{a^4}{2}\int_{0}^{\frac{\pi}{2}} \sin^2 2t\mathrm{d}t = \frac{1}{4}\pi a^3 b = \frac{1}{4}ma^2,$$

其中 $m = \pi ab$ 为薄片的质量.

例 18.5.6　设有一半径为 a 的球体 $x^2 + y^2 + z^2 \leqslant a^2$ 在点 (x,y,z) 处的密度为 $\mu(x,y,z) = \sqrt{x^2 + y^2 + z^2}$, 求此球体对于 z 轴的转动惯量.

解　设球体表示为 $\Omega^* = \{(r,\varphi,\theta)|0 \leqslant r \leqslant a, 0 \leqslant \varphi \leqslant \pi, 0 \leqslant \theta \leqslant 2\pi\}$, 球体对于 z 轴的转动惯量

$$I_z = \iiint\limits_{\Omega} (x^2 + y^2)\sqrt{x^2 + y^2 + z^2}\mathrm{d}V$$

$$= \int_{0}^{2\pi} \mathrm{d}\theta \int_{0}^{\pi} \sin^3\varphi\mathrm{d}\varphi \int_{0}^{a} r^5\mathrm{d}r = \frac{4\pi a^6}{9} = \frac{4}{9}ma^2,$$

其中 $m = \pi a^4$ 为球体的质量.

设有一物体占有空间有界闭域 Ω, 它在点 (x,y,z) 处的密度为 $\mu(x,y,z)$, 并假定 $\mu(x,y,z)$ 在 Ω 上连续, 位于点 $P_0(x_0,y_0,z_0)$ 处有一质量为 m 的质点, 讨论该物体对质点的引力.

设引力为 $\boldsymbol{F} = (F_x, F_y, F_z)$, 在物体内任取一直径充分小的闭区域 $\overline{\Omega}$, 用 $\mathrm{d}V$ 表示 $\overline{\Omega}$ 的体积. $\forall(x,y,z) \in \overline{\Omega}$, 将这一小块物体的质量近似地看作集中于点 (x,y,z) 处. 于是其质量可近似地表示为 $\mu(x,y,z)\mathrm{d}V$, 设该小块 $\overline{\Omega}$ 对质点 P_0

的引力为 $\mathrm{d}\boldsymbol{F} = (\mathrm{d}F_x, \mathrm{d}F_y, \mathrm{d}F_z)$, 其中 $\mathrm{d}F_x, \mathrm{d}F_y, \mathrm{d}F_z$ 表示引力微元 $\mathrm{d}\boldsymbol{F}$ 在三个坐标轴上的分量. 由万有引力定律知

$$\mathrm{d}F_x = G\frac{m\mu(x,y,z)(x-x_0)}{r^3}\mathrm{d}V,$$

$$\mathrm{d}F_y = G\frac{m\mu(x,y,z)(y-y_0)}{r^3}\mathrm{d}V,$$

$$\mathrm{d}F_z = G\frac{m\mu(x,y,z)(z-z_0)}{r^3}\mathrm{d}V,$$

其中 $r = \sqrt{(x-x_0)^2 + (y-y_0)^2 + (z-z_0)^2}$, G 为引力常数. 在 Ω 上分别计算三重积分, 即可得

$$F_x = \iiint\limits_{\Omega} Gm\frac{\mu(x,y,z)(x-x_0)}{r^3}\mathrm{d}V,$$

$$F_y = \iiint\limits_{\Omega} Gm\frac{\mu(x,y,z)(y-y_0)}{r^3}\mathrm{d}V,$$

$$F_z = \iiint\limits_{\Omega} Gm\frac{\mu(x,y,z)(z-z_0)}{r^3}\mathrm{d}V.$$

从而物体对点 (x,y,z) 的引力为 $\boldsymbol{F} = (F_x, F_y, F_z)$.

例 18.5.7 设半径为 R 的匀质球体占有空间闭域 $\Omega = \{(x,y,z)|x^2 + y^2 + z^2 \leqslant R^2\}$. 求它对于位于点 $M_0(0,0,a)(a > R)$ 处的带有单位质量的质点的引力.

解 设所求引力 $\boldsymbol{F} = (F_x, F_y, F_z)$, 又设球的密度为 ρ_0(常数), 由球体的对称性及质量分布的均匀性知 $F_x = F_y = 0$, 而所求引力沿 z 轴的分量为

$$\begin{aligned}
F_z &= \iiint\limits_{\Omega} G\rho_0 \frac{z-a}{[x^2+y^2+(z-a)^2]^{\frac{3}{2}}}\mathrm{d}V \\
&= G\rho_0 \int_{-R}^{R} (z-a)\mathrm{d}z \iint\limits_{x^2+y^2\leqslant R^2-z^2} \frac{\mathrm{d}x\mathrm{d}y}{[x^2+y^2+(z-a)^2]^{\frac{3}{2}}} \\
&= G\rho_0 \int_{-R}^{R} (z-a)\mathrm{d}z \int_0^{2\pi} \mathrm{d}\theta \int_0^{\sqrt{R^2-z^2}} \frac{\rho\mathrm{d}\rho}{[\rho^2+(z-a)^2]^{\frac{3}{2}}} \\
&= 2\pi G\rho_0 \int_{-R}^{R} (z-a)\left(\frac{1}{a-z} - \frac{1}{\sqrt{R^2-2az+a^2}}\right)\mathrm{d}z \\
&= -G\cdot\frac{4\pi R^3}{3}\rho_0 \cdot \frac{1}{a^2} = -G\frac{m}{a^2}.
\end{aligned}$$

从而所求引力

$$\boldsymbol{F} = \left(0, 0, -\frac{Gm}{a^2}\right), \text{ 其中 } m = \frac{4\pi R^3}{3}\rho_0 \text{ 为球的质量.}$$

上述结果表明, 匀质球体对球外一质点的引力等同于球体的质量集中于球心时两质点间的引力.

习 题 18.5

1. 求下列曲面的面积:

(1) 锥面 $z = \sqrt{x^2 + y^2}$ 被柱面 $z^2 = 2x$ 所割下的部分;

(2) 底面半径相同的两个直交圆柱面 $x^2 + y^2 = R^2$ 及 $x^2 + z^2 = R^2$ 所围立体的表面.

(3) 半径为 R 的球的表面.

2. 设有一颗地球同步轨道通信卫星, 距地面的高度为 $h = 36000$km, 运行的角速度与地球自转的角速度相同, 试计算该通信卫星的覆盖面积与地球表面积的比值 (地球半径 $R = 6400$km).

3. 设平面薄片所占闭区域为 D, 求下列平面薄片的质心:

(1) D 是位于两圆 $\rho = 2\sin\theta$ 和 $\rho = 4\sin\theta$ 之间的均匀薄片;

(2) D 是腰长为 a 的等腰直角三角形的均匀薄片;

(3) D 由抛物线 $y = x^2$ 及直线 $y = x$ 所围成, 它在点 (x, y) 处的面密度 $\mu(x, y) = x^2 y$;

(4) D 是边长为 a 的正方形, 其上任一点处的密度与该点到正方形中心的距离平方成正比, 且正方形任一顶点处的密度等于 1.

4. 利用三重积分计算下列曲面所围立体的质心:

(1) $z = x^2 + y^2, z = 1, z = 2$, 密度 $\mu = 1$;

(2) $z = x^2 + y^2, x + y = 1, x = 0, y = 0, z = 0$, 密度 $\mu = 1$;

(3) $x^2 + y^2 + z^2 = a^2 (z \geqslant 0)$, $z = 0$, 它在内部各点的密度大小等于该点到坐标原点的距离的平方.

5. 设物体所占闭区域及密度如下, 求指定轴上的转动惯量:

(1) 半径为 a 的均匀半圆薄片 (面密度为常量 μ) 对于其直径所在边的转动惯量;

(2) 平面薄片 D 由抛物线 $y^2 = \dfrac{9}{2}x$ 与直线 $x = 2$ 所围成, 密度 $\mu = 1$, 求转动惯量 I_x, I_y;

(3) 半径为 a 的均匀球体, 过球心的一条轴 l 的转动惯量;

(4) 半径为 a、高为 h 的均匀圆柱体对于过中心而平行于母线的轴的转动惯量 (设密度 $\rho = 1$).

6. 一均匀物体 (密度 ρ 为常量) 占有的闭区域 Ω 由曲面 $z = x^2 + y^2$ 和平面 $z = 0, |x| = a, |y| = a$ 所围成.

(1) 求物体的体积;　　(2) 求物体的质心;　　(3) 求物体关于 z 轴的转动惯量.

7. 设有一高为 h、底圆半径为 R、母线长为 l 的均匀圆锥体, 又设有质量为 m 的质点在它的顶点上, 试求圆锥体对该质点的引力.

复习课件18

归纳解
析视频18

总习题 18

A 组

1. 设 $I_i = \iint\limits_{D_i} e^{2x - 2y - x^2 - y^2} \mathrm{d}x\mathrm{d}y \ (i = 1, 2, 3)$, 其中

$$D_1 = \{(x, y) \mid |x| + |y| \leqslant 1\}, \quad D_2 = \{(x, y) \mid x^2 + y^2 \leqslant 1\}, \quad D_3 = \{(x, y) \mid |x| \leqslant 1, |y| \leqslant 1\}.$$

指出 I_1, I_2, I_3 的大小顺序.

2. 设 $\Omega = \{(x, y, z) \mid x^2 + y^2 + z^2 \leqslant R^2\}$, 利用球面坐标将三重积分

$$\iiint\limits_{\Omega} f(x^2 + y^2 + z^2)\mathrm{d}x\mathrm{d}y\mathrm{d}z$$

化为定积分.

3. 计算下列二重积分:

(1) $\displaystyle\iint\limits_{D} (2x + y)^2 \mathrm{d}x\mathrm{d}y$, 其中 $D = \{(x, y) \mid x^2 + y^2 \leqslant 1\}$;

(2) $\displaystyle\iint\limits_{D} (1 + x)\sin y\,\mathrm{d}\sigma$, 其中 D 是顶点分别为 $(0, 0), (1, 0), (1, 2)$ 和 $(0, 1)$ 的梯形闭区域;

(3) $\displaystyle\iint\limits_{D} (x^2 - y^2)\mathrm{d}\sigma$, 其中 $D = \{(x, y) \mid 0 \leqslant y \leqslant \sin x, 0 \leqslant x \leqslant \pi\}$;

(4) $\displaystyle\iint\limits_{D} \sqrt{R^2 - x^2 - y^2}\,\mathrm{d}\sigma$, 其中 D 是圆周 $x^2 + y^2 = Rx$ 所围成的闭区域.

4. 交换下列二次积分的次序:

(1) $\displaystyle\int_0^4 \mathrm{d}y \int_{-\sqrt{4-y}}^{\frac{1}{2}(y-4)} f(x, y)\mathrm{d}x$;

(2) $\displaystyle\int_0^1 \mathrm{d}y \int_0^{2y} f(x, y)\mathrm{d}x + \int_1^3 \mathrm{d}y \int_0^{3-y} f(x, y)\mathrm{d}x$;

(3) $\displaystyle\int_0^1 \mathrm{d}x \int_{\sqrt{x}}^{1+\sqrt{1-x^2}} f(x, y)\mathrm{d}y$;

(4) $\displaystyle\int_1^2 \mathrm{d}x \int_{3-x}^{\sqrt{2x-1}} f(x, y)\mathrm{d}y$.

5. 设分段函数 $f(x, y) = \begin{cases} x^2 y, & 1 \leqslant x \leqslant 2, 0 \leqslant y \leqslant x, \\ 0, & \text{其他} \end{cases}$, 求二重积分 $I = \displaystyle\iint\limits_{D} f(x, y)\mathrm{d}x\mathrm{d}y$,

其中积分区域 $D = \{(x, y) \mid 16 \geqslant x^2 + y^2 \geqslant 2x\}$.

6. 计算下列三重积分:

(1) $\iiint\limits_{\Omega}(x^2+y^2)\mathrm{d}V$, 其中 Ω 是由曲面 $z=16(x^2+y^2)$, $z=4(x^2+y^2)$ 和 $z=64$ 所围成的闭区域;

(2) $\iiint\limits_{\Omega}\dfrac{z\mathrm{e}^{x^2+y^2+z^2+1}}{x^2+y^2+z^2+1}\mathrm{d}V$, 其中 Ω 是由球面 $x^2+y^2+z^2=1$ 所围成的闭区域;

(3) $\iiint\limits_{\Omega}(y^2+z^2)\mathrm{d}V$, 其中 Ω 是由 xOy 面上曲线 $y^2=2x$ 绕 x 轴旋转而成的曲面与平面 $x=5$ 所围成的闭区域;

(4) $\iiint\limits_{\Omega}(1+z^4)\mathrm{d}x\mathrm{d}y\mathrm{d}z$, 其中 Ω 是由曲面 $z^2=x^2+y^2$ 和平面 $z=2,z=4$ 所围成的闭区域.

7. 已知 $\Omega=\{(x,y,z)|x^2+y^2+z^2\leqslant R^2\}$, 三重积分 $\iiint\limits_{\Omega}f(x^2+y^2+z^2)\mathrm{d}V$ 可化为定积分 $\displaystyle\int_0^R\varphi(x)\mathrm{d}x$, 求出一个满足条件的函数 $\varphi(x)$.

8. 设 Ω 为曲面 $x^2+y^2=az$ 和 $z=2a-\sqrt{x^2+y^2}(a>0)$ 所围成的封闭区域,
(1) 求 Ω 的体积;   (2) 求 Ω 的表面积.

9. 求由椭圆周 $(a_1x+b_1y+c_1)^2+(a_2x+b_2y+c_2)^2=1$ 所界的面积, 其中 $a_1b_2-a_2b_1\neq 0$.

10. 设 $\Delta=\begin{vmatrix} a_1 & b_1 & c_1 \\ a_2 & b_2 & c_2 \\ a_3 & b_3 & c_3 \end{vmatrix}\neq 0$, 求由平面

$$a_1x+b_1y+c_1z=\pm h_1,$$
$$a_2x+b_2y+c_2z=\pm h_2,$$
$$a_3x+b_3y+c_3z=\pm h_3$$

所界平行六面体的体积.

11. 在均匀的半径为 R 的半圆形薄片的直径上, 要接上一个一边与直径等长的同样材料的均匀矩形薄片, 为了使整个均匀薄片的质心恰好落在圆心上, 问接上去的均匀矩形薄片另一边的长度应是多少?

12. 求高为 R, 底半径为 R 的均匀正圆锥对其顶点处单位质点的引力.

B 组

13. 计算下列积分:

(1) $\iint\limits_{(x,y)\in[0,2]\times[0,2]}[x+y]\mathrm{d}x\mathrm{d}y$;   (2) $\iint\limits_{x^2+y^2\leqslant 4}\operatorname{sgn}(x^2-y^2+2)\mathrm{d}x\mathrm{d}y$.

14. 证明: 若 $f(x,y)$ 在有界闭区域 D 上连续, 且对任意有界闭域 $D'\subset D$, 都有 $\iint\limits_{D'}f(x,y)\mathrm{d}x\mathrm{d}y=0$, 则在 D 上 $f(x,y)=0$.

15. 证明: 若 $f(x,y)$ 在有界闭区域 D 上连续, $g(x,y)$ 在 D 上可积且不变号, 则存在 $(\xi,\eta) \in D$, 使得

$$\iint\limits_{D} f(x,y)g(x,y)\mathrm{d}x\mathrm{d}y = f(\xi,\eta)\iint\limits_{D} g(x,y)\mathrm{d}x\mathrm{d}y.$$

16. 设 $f(x)$ 在 $[a,b]$ 上连续, 证明不等式 $\left[\int_a^b f(x)\mathrm{d}x\right]^2 \leqslant (b-a)\int_a^b f^2(x)\mathrm{d}x$, 其中等号仅在 $f(x)$ 为常值函数时成立.

17. 设平面区域 D 在 x, y 轴上的投影长度分别为 l_x, l_y, D 的面积为 S_D, $(\xi,\eta) \in D$. 证明:

(1) $\left|\iint\limits_{D} (x-\xi)(y-\eta)\mathrm{d}x\mathrm{d}y\right| \leqslant l_x l_y S_D$;　　(2) $\left|\iint\limits_{D} (x-\xi)(y-\eta)\mathrm{d}x\mathrm{d}y\right| \leqslant \frac{1}{4} l_x^2 l_y^2$.

18. 若 $f(x,y)$ 为连续函数, 且 $f(x,y) = f(y,x)$. 证明:

$$\int_0^1 \mathrm{d}x \int_0^x f(x,y)\mathrm{d}y = \int_0^1 \mathrm{d}x \int_0^x f(1-x,1-y)\mathrm{d}y.$$

19. 试作适当变换, 把下列二重积分化为定积分:

(1) $\iint\limits_{D} f(\sqrt{x^2+y^2})\mathrm{d}x\mathrm{d}y$, 其中 $D = \{(x,y)\,|\,x^2+y^2 \leqslant 1\}$;

(2) $\iint\limits_{D} f(\sqrt{x^2+y^2})\mathrm{d}x\mathrm{d}y$, 其中 $D = \{(x,y)\,|\,|y| \leqslant |x|,\ |x| \leqslant 1\}$;

(3) $\iint\limits_{D} f(x+y)\mathrm{d}x\mathrm{d}y$, 其中 $D = \{(x,y)\,|\,|y|+|x| \leqslant 1\}$;

(4) $\iint\limits_{D} f(xy)\mathrm{d}x\mathrm{d}y$, 其中 $D = \{(x,y)\,|\,x \leqslant y \leqslant 4x, 1 \leqslant xy \leqslant 2\}$.

20. 求曲面 $\begin{cases} x = (b+a\cos\psi)\cos\varphi, \\ y = (b+a\cos\psi)\sin\varphi, \\ z = a\sin\psi, \end{cases}$ $0 \leqslant \varphi \leqslant 2\pi,\ 0 \leqslant \psi \leqslant 2\pi$ 的面积, 其中常数 a, b 满足 $0 \leqslant a \leqslant b$.

21. 求螺旋面 $\begin{cases} x = r\cos\varphi, \\ y = r\sin\varphi, \\ z = b\varphi, \end{cases}$ $0 \leqslant r \leqslant a, 0 \leqslant \varphi \leqslant 2\pi$ 的面积.

22. 设 $V = \left\{(x,y,z)\,\Big|\,\dfrac{x^2}{a^2} + \dfrac{y^2}{b^2} + \dfrac{z^2}{c^2} \leqslant 1\right\}$, 计算下列三重积分:

(1) $\iiint\limits_{V} \sqrt{1 - \dfrac{x^2}{a^2} - \dfrac{y^2}{b^2} - \dfrac{z^2}{c^2}}\,\mathrm{d}x\mathrm{d}y\mathrm{d}z$;　　(2) $\iiint\limits_{V} \mathrm{e}^{\sqrt{1-\frac{x^2}{a^2}-\frac{y^2}{b^2}-\frac{z^2}{c^2}}}\,\mathrm{d}x\mathrm{d}y\mathrm{d}z$.

23. 设有一半径为 R 的球体, P_0 是此球的表面上的一个定点, 球体上任一点的密度与该点到 P_0 距离的平方成正比 (比例常数 $k > 0$), 求球体的质心位置.

24. 设平面薄片的质量为 m, 其质心到直线 l 的距离为 d_0, L 为过质心且平行于 l 的直线, 若以直线 l 与 L 为轴, 薄片关于它们的转动惯量分别为 I_l 与 I_L, 证明: $I_l = I_L + d_0^2 m$.

25. 设面密度为常量 μ 的匀质半圆环形薄片占有闭区域

$$D = \{(x,y) | R_1 \leqslant \sqrt{x^2 + y^2} \leqslant R_2, x \geqslant 0\},$$

求它对位于 z 轴上点 $M_0(0,0,a)$ $(a > 0)$ 处单位质量的质点的引力 $\boldsymbol{F}$.

26. 设函数 $f(t)$ 可导 $(t \geqslant 1)$, 且 $f(t)$ 的一个原函数为 $F(t) = \iint\limits_{D} \dfrac{\mathrm{d}x\mathrm{d}y}{x^2 + f^2(x)} + t + 10$, 其中 D 是由直线 $y = x, y = t, x = 1$ 所围成的三角形区域.

(1) 求 $f'(t)$;   (2) 证明: 极限 $\lim\limits_{t \to +\infty} f(t)$ 存在, 且其值不超过 $\dfrac{\pi}{4} + 1$.

27. 计算广义重积分 $\displaystyle\int_{-\infty}^{+\infty} \mathrm{d}y \int_{-\infty}^{+\infty} \mathrm{e}^{-(x^2+y^2)} \cos(x^2 + y^2)\mathrm{d}x$.

28. 试用切片法或坐标变换法求 n 维球体 $\Omega_n = \{(x_1, x_2, \cdots, x_n) | x_1^2 + x_2^2 + \cdots + x_n^2 \leqslant R^2\}$ 的体积, n 维球面坐标变换公式为 $(0 \leqslant r < +\infty,\ 0 \leqslant \varphi_1, \varphi_2, \cdots, \varphi_{n-2} \leqslant \pi,\ 0 \leqslant \varphi_{n-1} \leqslant 2\pi)$

$$\begin{cases} x_1 = r\cos\varphi_1, \\ x_2 = r\sin\varphi_1\cos\varphi_2, \\ x_3 = r\sin\varphi_1\sin\varphi_2\cos\varphi_3, \\ \qquad\qquad \cdots\cdots \\ x_{n-1} = r\sin\varphi_1\sin\varphi_2\cdots\sin\varphi_{n-2}\cos\varphi_{n-1}, \\ x_n = r\sin\varphi_1\sin\varphi_2\cdots\sin\varphi_{n-2}\sin\varphi_{n-1}. \end{cases}$$

第 19 章 曲线积分

CHAPTER

定积分研究的是定义在闭区间上的函数的积分, 也可以认为是在直线段上的函数的积分. 本章将研究定义在平面或空间曲线段上的函数的积分, 其内容主要包括第一型曲线积分 (对弧长的曲线积分), 第二型曲线积分 (对坐标的曲线积分), Green 公式以及平面曲线积分与路径无关性等.

19.1 第一型曲线积分

为了引入第一型曲线积分的概念, 我们先看一个例子: 设 xy 平面内的一段可求长曲线段为 L, 已知它在点 (x,y) 处的线密度为 $\mu(x,y)$. 求该曲线构件的质量 m.

对 L 作分割 T, 把 L 分成 n 个可求长小曲线弧段 $L_1, L_2, \cdots, L_n$, 每一小弧段长分别用 $\Delta s_1, \Delta s_2, \cdots, \Delta s_n$ 表示, 任取一点 $(\xi_i, \eta_i) \in L_i$, 当 Δs_i 充分小时, 第 i 个小弧段的质量可近似地表示为 $\mu(\xi_i, \eta_i)\Delta s_i$, 则整个曲线构件的质量 m 近似地表示为

$$m \approx \sum_{i=1}^{n} \mu(\xi_i, \eta_i)\Delta s_i.$$

令分割 T 的细度 $\|T\| \to 0$, 则整个曲线构件的质量为

$$m = \lim_{\|T\| \to 0} \sum_{i=1}^{n} \mu(\xi_i, \eta_i)\Delta s_i.$$

这个例子说明, 求曲线段构件的质量, 与求直线段构件的质量一样, 也是通过 "分割、近似求和、取极限" 求得的. 由此我们抽象出这类曲线积分的定义.

定义 19.1.1 设 L 为 xy 面内的一条可求长的曲线段, $f(x,y)$ 是定义在 L 上的函数. 对 L 作分割 T, 把 L 分成 n 个小曲线段 $L_1, L_2, \cdots, L_n$, 每一小曲线段长度分别用 $\Delta s_1, \Delta s_2, \cdots, \Delta s_n$ 表示, 分割 T 的细度 $\|T\| = \max\{\Delta s_1, \Delta s_2, \cdots, \Delta s_n\}$, 任取一点 $(\xi_i, \eta_i) \in L_i$, 作和 $\sum_{i=1}^{n} f(\xi_i, \eta_i)\Delta s_i$, 若极限

$$\lim_{\|T\| \to 0} \sum_{i=1}^{n} f(\xi_i, \eta_i)\Delta s_i$$

存在, 且此极限与分割 T 和点 $(\xi_i, \eta_i) \in L_i$ 的选取无关, 则称此极限为函数 $f(x, y)$ 在 L 上的**第一型曲线积分** (或对弧长的曲线积分), 记作 $\displaystyle\int_L f(x, y)\mathrm{d}s$, 即

$$\int_L f(x, y)\mathrm{d}s = \lim_{\|T\| \to 0} \sum_{i=1}^n f(\xi_i, \eta_i)\Delta s_i,$$

其中 $f(x, y)$ 称为**被积函数**, $\mathrm{d}s$ 称为**弧长微元**, L 称为积分弧段.

类似地可定义空间上可求长曲线段 Γ 上函数 $f(x, y, z)$ 的第一型曲线积分

$$\int_\Gamma f(x, y, z)\mathrm{d}s = \lim_{\|T\| \to 0} \sum_{i=1}^n f(\xi_i, \eta_i, \zeta_i)\Delta s_i.$$

关于第一型曲线积分也和定积分一样具有通常的一些性质, 下面以平面上第一型曲线积分为例列出这些性质.

定理 19.1.1　(1)(**规范性质**) $\displaystyle\int_L \mathrm{d}s = s_L$, 其中 s_L 表示曲线 L 的弧长.

(2) (**线性性质**) 若 $\displaystyle\int_L f(x, y)\mathrm{d}s$ 与 $\displaystyle\int_L g(x, y)\mathrm{d}s$ 存在, a, b 为常数, 则 $\displaystyle\int_L (af + bg)\mathrm{d}s$ 存在, 且

$$\int_L [af(x, y) + bg(x, y)]\mathrm{d}s = a\int_L f(x, y)\mathrm{d}s + b\int_L g(x, y)\mathrm{d}s.$$

(3) (**积分域可加性质**) 若曲线段 L 由曲线 $L_1, L_2, \cdots, L_k$ 首尾相接而成, 且 $\displaystyle\int_{L_i} f(x, y)\mathrm{d}s(i = 1, 2, \cdots, k)$ 存在, 则 $\displaystyle\int_L f(x, y)\mathrm{d}s$ 也存在, 且

$$\int_L f(x, y)\mathrm{d}s = \sum_{i=1}^k \int_{L_i} f(x, y)\mathrm{d}s.$$

(4) (**保序性质**) 设在 L 上有 $f(x, y) \leqslant g(x, y)$, 且 $\displaystyle\int_L f(x, y)\mathrm{d}s$ 与 $\displaystyle\int_L g(x, y)\mathrm{d}s$ 都存在, 则

$$\int_L f(x, y)\mathrm{d}s \leqslant \int_L g(x, y)\mathrm{d}s.$$

特别地, 有

$$\left|\int_L f(x, y)\mathrm{d}s\right| \leqslant \int_L |f(x, y)|\mathrm{d}s.$$

(5) (**估值不等式**) 若 $\displaystyle\int_L f(x, y)\mathrm{d}s$ 存在, s_L 表示曲线 L 的弧长, 则存在常数 c, $\displaystyle\inf_L f(x, y) \leqslant c \leqslant \sup_L f(x, y)$, 使得 $\displaystyle\int_L f(x, y)\mathrm{d}s = cs_L$.

现在来讨论第一型曲线积分的计算.

定理 19.1.2　设曲线 L 为光滑曲线, 其参数方程为 $\begin{cases} x = \varphi(t), \\ y = \psi(t) \end{cases}$ $(\alpha \leqslant t \leqslant \beta)$.
若 $f(x,y)$ 为定义在曲线 L 上的连续函数, 则曲线积分 $\int_L f(x,y)\mathrm{d}s$ 存在, 且有计算公式

$$\int_L f(x,y)\mathrm{d}s = \int_\alpha^\beta f[\varphi(t), \psi(t)]\sqrt{\varphi'^2(t) + \psi'^2(t)}\mathrm{d}t. \tag{19.1.1}$$

证明　(阅读) 设参量 $t = \alpha, \beta$ 对应的 L 上的点分别为 $A(\varphi(\alpha), \psi(\alpha))$ 与 $B(\varphi(\beta), \psi(\beta))$. 在 L 上作分割 T, 依次任取分点 $A = M_0, M_1, M_2, \cdots, M_{n-1}$, $M_n = B$, 它们分别对应于下列单调增加的参数值 (对应的分割记为 T^*):

$$\alpha = t_0 < t_1 < t_2 < \cdots < t_{n-1} < t_n = \beta.$$

由弧长公式知, L 上由 $t = t_{i-1}$ 到 $t = t_i$ $(i = 1, 2, \cdots, n)$ 的弧长

$$\Delta s_i = \int_{t_{i-1}}^{t_i} \sqrt{\varphi'^2(t) + \psi'^2(t)}\mathrm{d}t,$$

应用积分中值定理, 有

$$\Delta s_i = \sqrt{\varphi'^2(\tau_i) + \psi'^2(\tau_i)}\Delta t_i \quad (t_{i-1} \leqslant \tau_i \leqslant t_i, \Delta t_i = t_i - t_{i-1}),$$

$$\sum_{i=1}^n f(\xi_i, \eta_i)\Delta s_i = \sum_{i=1}^n f[\varphi(\overline{\tau}_i), \psi(\overline{\tau}_i)]\sqrt{\varphi'^2(\tau_i) + \psi'^2(\tau_i)}\Delta t_i,$$

其中 $\overline{\tau}_i$ 是 ξ_i, η_i 对应的参数, $t_{i-1} \leqslant \tau_i, \overline{\tau}_i \leqslant t_i$. 设

$$\sigma = \sum_{i=1}^n f[\varphi(\overline{\tau}_i), \psi(\overline{\tau}_i)]\left[\sqrt{\varphi'^2(\tau_i) + \psi'^2(\tau_i)} - \sqrt{\varphi'^2(\overline{\tau}_i) + \psi'^2(\overline{\tau}_i)}\right]\Delta t_i,$$

则有

$$\sum_{i=1}^n f(\xi_i, \eta_i)\Delta s_i = \sum_{i=1}^n f[\varphi(\overline{\tau}_i), \psi(\overline{\tau}_i)]\sqrt{\varphi'^2(\overline{\tau}_i) + \psi'^2(\overline{\tau}_i)}\Delta t_i + \sigma.$$

令 $\|T^*\| = \max\{\Delta t_1, \Delta t_2, \cdots, \Delta t_n\}$, 则当 $\|T\| \to 0$ 时有 $\|T^*\| \to 0$. 因为 $f(\varphi(t), \psi(t))$ 在 $[\alpha, \beta]$ 上连续, 故有界, 即存在 $M > 0$, 当 $t \in [\alpha, \beta]$ 时有

$$|f(\varphi(t), \psi(t))| \leqslant M.$$

再由 $\sqrt{\varphi'^2(t) + \psi'^2(t)}$ 在 $[\alpha, \beta]$ 上连续, 则在 $[\alpha, \beta]$ 上一致连续, 即对 $\forall \varepsilon > 0$, $\exists \delta > 0$, 当 $\|T^*\| < \delta$ 时, 有

$$\left|\sqrt{\varphi'^2(\tau_i) + \psi'^2(\tau_i)} - \sqrt{\varphi'^2(\overline{\tau}_i) + \psi'^2(\overline{\tau}_i)}\right| < \varepsilon.$$

这样就有 $|\sigma| \leqslant \varepsilon M \sum_{i=1}^{n} \Delta t_i = \varepsilon M(\beta - \alpha)$, 所以 $\lim\limits_{\|T^*\| \to 0} \sigma = 0$. 由定积分定义可知

$$\lim_{\|T\| \to 0} \sum_{i=1}^{n} f(\xi_i, \eta_i) \Delta s_i = \lim_{\|T^*\| \to 0} \sum_{i=1}^{n} f[\varphi(\bar{\tau}_i), \psi(\bar{\tau}_i)] \sqrt{\varphi'^2(\bar{\tau}_i) + \psi'^2(\bar{\tau}_i)} \Delta t_i$$

$$= \int_{\alpha}^{\beta} f(\varphi(t), \psi(t)) \sqrt{\varphi'^2(t) + \psi'^2(t)} \mathrm{d}t.$$

因此计算公式 (19.1.1) 成立.

若曲线 L 的方程为 $y = \psi(x)$ 且 $\psi(x)$ 在区间 $[a, b]$ 上具有一阶连续导数, 则

$$\int_{L} f(x, y) \mathrm{d}s = \int_{a}^{b} f[x, \psi(x)] \sqrt{1 + \psi'^2(x)} \, \mathrm{d}x. \tag{19.1.2}$$

若曲线 L 的方程为 $x = \varphi(y)$ 且 $\varphi(y)$ 在区间 $[c, d]$ 上具有一阶连续导数, 则

$$\int_{L} f(x, y) \mathrm{d}s = \int_{c}^{d} f[\varphi(y), y] \sqrt{1 + \varphi'^2(y)} \, \mathrm{d}y. \tag{19.1.3}$$

若曲线 L 的极坐标方程为 $\rho = \rho(\theta)$, 且 $\rho(\theta)$ 在区间 $[\alpha, \beta]$ 上具有一阶连续导数, $\rho^2 + \rho'^2 \neq 0$, 则

$$\int_{L} f(x, y) \mathrm{d}s = \int_{\alpha}^{\beta} f(\rho \cos \theta, \rho \sin \theta) \sqrt{\rho^2 + \rho'^2} \mathrm{d}\theta. \tag{19.1.4}$$

类似地, 若空间曲线 Γ 的参数方程为 $\begin{cases} x = \varphi(t), \\ y = \psi(t), \quad (a \leqslant t \leqslant b), \text{ 其中 } \varphi(t), \\ z = \omega(t) \end{cases}$

$\psi(t), \omega(t)$ 在区间 $[a, b]$ 上具有一阶连续导数, 且 $\varphi'^2(t) + \psi'^2(t) + \omega'^2(t) \neq 0$, 则

$$\int_{\Gamma} f(x, y, z) \mathrm{d}s = \int_{a}^{b} f[\varphi(t), \psi(t), \omega(t)] \sqrt{\varphi'^2(t) + \psi'^2(t) + \omega'^2(t)} \mathrm{d}t. \tag{19.1.5}$$

例 19.1.1　计算 $\int_{L} (x^2 + y^2)^3 \mathrm{d}s$, 其中 L 为圆周

$$\begin{cases} x = a \cos t, \\ y = a \sin t \end{cases} \quad (a > 0, \, 0 \leqslant t \leqslant 2\pi).$$

解　L 的方程为参数形式, 由公式 (19.1.1) 得

$$\int_{L} (x^2 + y^2)^3 \mathrm{d}s = \int_{0}^{2\pi} (a^2 \cos^2 t + a^2 \sin^2 t)^3 \sqrt{(-a \sin t)^2 + (a \cos t)^2} \mathrm{d}t$$

$$= \int_{0}^{2\pi} a^7 \mathrm{d}t = 2\pi a^7.$$

例 19.1.2 计算 $\displaystyle\int_L (x+y)\mathrm{d}s$, 其中 L 为连接 $(1,0)$ 及 $(0,1)$ 两点的直线段.

解 L 可表示为 $y = 1 - x\ (0 \leqslant x \leqslant 1)$, 则由公式 (19.1.2) 得

$$\int_L (x+y)\mathrm{d}s = \int_0^1 (x + 1 - x)\sqrt{1 + [(1-x)']^2}\,\mathrm{d}x = \int_0^1 \sqrt{2}\,\mathrm{d}x = \sqrt{2}.$$

例 19.1.3 计算 $\displaystyle\int_\Gamma x^2\mathrm{d}s$, 其中 Γ 为球面 $x^2 + y^2 + z^2 = a^2\ (a > 0)$ 与平面 $x + y + z = 0$ 的交线.

解 方法 1 设 Γ 的参数方程为

$$\begin{cases} x = \dfrac{a}{\sqrt{6}}\cos\theta + \dfrac{a}{\sqrt{2}}\sin\theta, \\[2mm] y = \dfrac{a}{\sqrt{6}}\cos\theta - \dfrac{a}{\sqrt{2}}\sin\theta, \qquad (0 \leqslant \theta \leqslant 2\pi), \\[2mm] z = -\dfrac{2a}{\sqrt{6}}\cos\theta \end{cases}$$

由公式 (19.1.5) 得

$$\mathrm{d}s = \sqrt{\left(-\frac{a}{\sqrt{6}}\sin\theta + \frac{a}{\sqrt{2}}\cos\theta\right)^2 + \left(-\frac{a}{\sqrt{6}}\sin\theta - \frac{a}{\sqrt{2}}\cos\theta\right)^2 + \left(\frac{2a}{\sqrt{6}}\sin\theta\right)^2}\,\mathrm{d}\theta$$

$$= a\,\mathrm{d}\theta,$$

于是

$$\int_\Gamma x^2\mathrm{d}s = a\int_0^{2\pi}\left(\frac{a}{\sqrt{6}}\cos\theta + \frac{a}{\sqrt{2}}\sin\theta\right)^2\mathrm{d}\theta = \frac{2\pi a^3}{3}.$$

方法 2 根据对称性知 $\displaystyle\int_\Gamma x^2\mathrm{d}s = \int_\Gamma y^2\mathrm{d}s = \int_\Gamma z^2\mathrm{d}s$, 利用规范性质, Γ 的长为 $2\pi a$, 故

$$\int_\Gamma x^2\mathrm{d}s = \frac{1}{3}\int_\Gamma (x^2 + y^2 + z^2)\mathrm{d}s = \frac{1}{3}\int_\Gamma a^2\mathrm{d}s = \frac{a^2}{3}\cdot 2\pi a = \frac{2\pi a^3}{3}.$$

第一型曲线积分有许多应用, 涉及曲线构件的质量, 质心及转动惯量等. 以空间曲线为例, 设在空间有一质量连续分布的曲线弧 Γ, 在点 (x, y, z) 处的线密度为 $\mu(x, y, z)$, 则曲线弧的质量 m, 对 x 轴、y 轴和 z 轴的转动惯量 I_x, I_y, I_z 以及它

的质心坐标 $(\overline{x}, \overline{y}, \overline{z})$ 分别为

$$m = \int_{\Gamma} \mu(x, y, z)\mathrm{d}s;$$

$$I_x = \int_{\Gamma} (y^2 + z^2) \cdot \mu(x, y, z)\mathrm{d}s;$$

$$I_y = \int_{\Gamma} (x^2 + z^2) \cdot \mu(x, y, z)\mathrm{d}s;$$

$$I_z = \int_{\Gamma} (x^2 + y^2) \cdot \mu(x, y, z)\mathrm{d}s.$$

$$\overline{x} = \frac{\displaystyle\int_{\Gamma} x\mu(x, y, z)\mathrm{d}s}{m}, \quad \overline{y} = \frac{\displaystyle\int_{\Gamma} y\mu(x, y, z)\mathrm{d}s}{m}, \quad \overline{z} = \frac{\displaystyle\int_{L} z\mu(x, y, z)\mathrm{d}s}{m}.$$

例 19.1.4 设有圆弧段 $L : \begin{cases} x = R\cos t, \\ y = R\sin t \end{cases}$ $(-\alpha \leqslant t \leqslant \alpha)$, 其线密度 $\mu = 1$, 计算它对于 x 轴的转动惯量 I_x 和质心坐标.

解 圆弧段对于 x 轴的转动惯量

$$\begin{aligned}
I_x &= \int_{L} y^2 \mathrm{d}s \\
&= \int_{-\alpha}^{\alpha} R^2 \sin^2 t \sqrt{(-R\sin t)^2 + (R\cos t)^2}\, \mathrm{d}t \\
&= R^3 \int_{-\alpha}^{\alpha} \sin^2 t \mathrm{d}t = \frac{R^3}{2}\left[t - \frac{\sin 2t}{2}\right]_{-\alpha}^{\alpha} \\
&= R^3(\alpha - \sin\alpha\cos\alpha).
\end{aligned}$$

因为

$$\overline{x} = \frac{1}{m}\int_{L} x\mathrm{d}s = \frac{1}{2\alpha R}\int_{L} x\mathrm{d}s = \frac{1}{2\alpha R}\int_{-\alpha}^{\alpha} R\cos t \cdot R\mathrm{d}t = \frac{R\sin\alpha}{\alpha},$$

又由对称性知 $\overline{y} = 0$, 故所求圆弧段的质心坐标为 $\left(\dfrac{R\sin\alpha}{\alpha}, 0\right)$.

例 19.1.5 设有螺旋形弹簧一圈的方程为

$$\Gamma : \begin{cases} x = 3\cos t, \\ y = 3\sin t, \quad (0 \leqslant t \leqslant 2\pi), \\ z = 4t \end{cases}$$

其线密度 $\mu(x, y, z) = x^2 + y^2 + z^2$, 求:

(1) 它的质量;(2) 它的质心;(3) 它关于 z 轴的转动惯量.

解 (1) 弹簧的质量

$$m = \int_{\Gamma} (x^2 + y^2 + z^2)\mathrm{d}s = 5\int_0^{2\pi} (9 + 16t^2)\mathrm{d}t = \frac{10\pi}{3}(27 + 64\pi^2).$$

(2) 因为

$$\overline{x} = \frac{\displaystyle\int_{\Gamma} x(x^2 + y^2 + z^2)\mathrm{d}s}{m} = \frac{\displaystyle\int_0^{2\pi} 15\cos t(9 + 16t^2)\mathrm{d}t}{m} = \frac{288}{27 + 64\pi^2},$$

同理

$$\overline{y} = \frac{-288\pi}{27 + 64\pi^2}, \quad \overline{z} = \frac{12(9\pi + 32\pi^3)}{27 + 64\pi^2},$$

从而质心坐标为

$$\left(\frac{288}{27 + 64\pi^2}, \frac{-288\pi}{27 + 64\pi^2}, \frac{12(9\pi + 32\pi^3)}{27 + 64\pi^2}\right).$$

(3) 弹簧对 z 轴的转动惯量

$$I_z = \int_{\Gamma} (x^2 + y^2)(x^2 + y^2 + z^2)\mathrm{d}s = 30\pi(27 + 64\pi^2).$$

习 题 19.1

1. 设 L 为椭圆 $\dfrac{x^2}{4} + \dfrac{y^2}{3} = 1$, 其周长为 a, 计算对弧长的曲线积分 $\displaystyle\int_L (2xy + 3x^2 + 4y^2)\mathrm{d}s$.

2. 计算下列对弧长的曲线积分:

(1) $\displaystyle\int_L \sqrt{y}\mathrm{d}s$, 其中 L 为抛物线 $y = x^2$ 上点 $O(0,0)$ 与点 $B(1,1)$ 之间的一段弧;

(2) $\displaystyle\int_L (x + \sqrt{y})\mathrm{d}s$, 其中 L 为由直线 $y = x$ 及抛物线 $y = x^2$ 所围成的区域的整个边界;

(3) $\displaystyle\int_L y\mathrm{e}^{x^2+y^2}\mathrm{d}s$, 其中 L 为上半圆周 $x^2 + y^2 = 2x \ (y > 0)$ 与 x 轴所围成的区域的整个边界;

(4) $\displaystyle\int_{\Gamma} (x^2 + y^2 + z^2)\mathrm{d}s$, 其中 Γ 为螺旋线 $x = a\cos t, y = a\sin t, z = kt \ (0 \leqslant t \leqslant 2\pi)$ 上的一段弧;

(5) $\displaystyle\int_{\Gamma} \frac{1}{x^2 + y^2 + z^2}\mathrm{d}s$, 其中 Γ 为曲线 $x = \mathrm{e}^t\cos t, y = \mathrm{e}^t\sin t, z = \mathrm{e}^t \ (0 \leqslant t \leqslant 2)$ 上的一段弧;

(6) $\int_{\Gamma} x^2 yz ds$, 其中 Γ 为折线 $ABCD$, 它的各个点的坐标分别为 $A(0,0,0)$, $B(0,0,2)$, $C(1,0,2)$ 和 $D(1,3,2)$.

3. 设 L 是星形线 $x = a\cos^3 t, y = a\sin^3 t \left(0 \leqslant t \leqslant \dfrac{\pi}{2}\right)$ 的一部分 $(a > 0)$, 它的线密度 $\mu = 1$, 求:

(1) 它的质量 m;　　(2) 它的质心坐标 $(\overline{x}, \overline{y})$;　　(3) 它分别关于 x, y 轴的转动惯量 I_x, I_y.

4. 设一椭圆形构件的方程

$$\Gamma : \begin{cases} x = \dfrac{a}{\sqrt{2}}\cos t, \\ y = \dfrac{a}{\sqrt{2}}\cos t, \\ z = a\sin t \end{cases} \quad (a > 0,\ 0 \leqslant t \leqslant 2\pi),$$

它的线密度 $\mu = \sqrt{2y^2 + z^2}$, 求:

(1) 它的质量 m;　　(2) 它的质心坐标 $(\overline{x}, \overline{y}, \overline{z})$;　　(3) 它分别关于 x, y 和 z 轴的转动惯量 I_x, I_y 和 I_z.

19.2　第二型曲线积分

　　第二型曲线积分的物理模型是变力沿曲线所做的功. 例如, 平面内的一个质点在变力 $\boldsymbol{F}(x, y) = (P(x, y), Q(x, y))$ 的作用下, 沿平面有向曲线 L 从点 A 移动到点 B, 求变力 $\boldsymbol{F}(x, y)$ 所做的功.

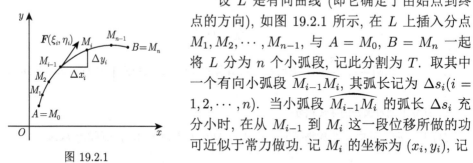

图 19.2.1

　　设 L 是有向曲线 (即它确定了由始点到终点的方向), 如图 19.2.1 所示, 在 L 上插入分点 $M_1, M_2, \cdots, M_{n-1}$, 与 $A = M_0$, $B = M_n$ 一起将 L 分为 n 个小弧段, 记此分割为 T. 取其中一个有向小弧段 $\overset{\frown}{M_{i-1}M_i}$, 其弧长记为 $\Delta s_i (i = 1, 2, \cdots, n)$. 当小弧段 $\overset{\frown}{M_{i-1}M_i}$ 的弧长 Δs_i 充分小时, 在从 M_{i-1} 到 M_i 这一段位移所做的功可近似于常力做功. 记 M_i 的坐标为 (x_i, y_i), 记

$$\Delta x_i = x_i - x_{i-1}, \quad \Delta y_i = y_i - y_{i-1}, \quad i = 1, 2, \cdots, n,$$

则位移 $\overline{M_{i-1}M_i} = (\Delta x_i, \Delta y_i). \forall (\xi_i, \eta_i) \in \overset{\frown}{M_{i-1}M_i}$, 用点 (ξ_i, η_i) 处的力

$$\boldsymbol{F}(\xi_i, \eta_i) = (P(\xi_i, \eta_i),\ Q(\xi_i, \eta_i))$$

近似地代替小弧段上各点处的力, 这样变力 $\boldsymbol{F}(x, y)$ 沿小弧段 $\overset{\frown}{M_{i-1}M_i}$ 所做的功可近似地表示为

$$\Delta W_i \approx \boldsymbol{F}(\xi_i, \eta_i) \cdot \overline{M_{i-1}M_i} = P(\xi_i, \eta_i)\Delta x_i + Q(\xi_i, \eta_i)\Delta y_i,$$

于是变力所做的功的近似值为

$$W = \sum_{i=1}^{n} \Delta W_i \approx \sum_{i=1}^{n} [P(\xi_i, \eta_i)\Delta x_i + Q(\xi_i, \eta_i)\Delta y_i],$$

记 $\|T\| = \max\limits_{1 \leqslant i \leqslant n} \Delta s_i$, 则变力 $\boldsymbol{F}(x, y)$ 沿曲线弧 L 所做的功为

$$W = \lim_{\|T\| \to 0} \sum_{i=1}^{n} [P(\xi_i, \eta_i)\Delta x_i + Q(\xi_i, \eta_i)\Delta y_i].$$

这种和的极限问题在研究其他物理量时也常常遇到. 抽去其物理意义, 我们引入第二型曲线积分的概念.

定义 19.2.1 设 L 为 xy 面上从始点 A 到终点 B 的一条可求长有向曲线弧 (也确切地记为 $L(A, B)$), 函数 $P(x, y), Q(x, y)$ 在 L 上有界. 在 L 上沿它的方向任意插入分点 $M_1, M_2, \cdots, M_{n-1}$, 将 L 分成 n 个有向小弧段,

$$\widehat{M_{i-1}M_i}, \quad i = 1, 2, \cdots, n; A = M_0, B = M_n.$$

记此分割为 T, 记 M_i 的坐标为 (x_i, y_i), 各小弧段 $\widehat{M_{i-1}M_i}$ 的弧长为 $\Delta s_i (i = 1, 2, \cdots, n)$, 记分割 T 的细度为 $\|T\| = \max\{\Delta s_1, \Delta s_2, \cdots, \Delta s_n\}$, 再记 $\Delta x_i = x_i - x_{i-1}, \Delta y_i = y_i - y_{i-1}, \forall (\xi_i, \eta_i) \in \widehat{M_{i-1}M_i}$, 若极限

$$\lim_{\|T\| \to 0} \sum_{i=1}^{n} P(\xi_i, \eta_i)\Delta x_i + \lim_{\|T\| \to 0} \sum_{i=1}^{n} Q(\xi_i, \eta_i)\Delta y_i$$

存在且与分割 T 以及点 (ξ_i, η_i) 的选取无关, 则称此极限为函数 $P(x, y), Q(x, y)$ 沿有向曲线弧 L 上的**第二型曲线积分** (或对坐标的曲线积分), 记为

$$\int_L P(x, y)\mathrm{d}x + Q(x, y)\mathrm{d}y \text{ 或 } \int_{L(A,B)} P(x, y)\mathrm{d}x + Q(x, y)\mathrm{d}y.$$

为了书写方便, 也可简写为 $\displaystyle\int_L P\mathrm{d}x + Q\mathrm{d}y$ 或 $\displaystyle\int_{L(A,B)} P\mathrm{d}x + Q\mathrm{d}y$, 其中 $P(x, y)$ 和 $Q(x, y)$ 称为被积函数, $P(x, y)\mathrm{d}x$ 和 $Q(x, y)\mathrm{d}y$ 称为**被积表达式**, L 称为**积分曲线弧段**.

若曲线 L 始点与终点重合, 则 L 称为**封闭**的有向曲线. 当 L 是封闭的有向曲线时第二型曲线积分记为 $\displaystyle\oint_L P\mathrm{d}x + Q\mathrm{d}y$.

若记 $\boldsymbol{F}(x, y) = (P(x, y), Q(x, y))$, $\mathrm{d}\boldsymbol{s} = (\mathrm{d}x, \mathrm{d}y)$, 则第二型曲线积分也可表示为

$$\int_L \boldsymbol{F} \cdot \mathrm{d}\boldsymbol{s} \text{ 或 } \int_{L(A,B)} \boldsymbol{F} \cdot \mathrm{d}\boldsymbol{s}.$$

于是, 力 $\boldsymbol{F}(x,y) = (P(x,y), Q(x,y))$ 沿着有向曲线段 L 对质点所做的功为

$$W = \int_L P(x,y)\mathrm{d}x + Q(x,y)\mathrm{d}y.$$

设 Γ 为空间一条可求长有向曲线弧, $P(x,y,z), Q(x,y,z), R(x,y,z)$ 为 Γ 上的函数, 则可类似地定义沿空间有向曲线段 Γ 的第二型曲线积分:

$$\int_\Gamma P(x,y,z)\mathrm{d}x + Q(x,y,z)\mathrm{d}y + R(x,y,z)\mathrm{d}z,$$

或简写为

$$\int_\Gamma P\mathrm{d}x + Q\mathrm{d}y + R\mathrm{d}z.$$

当 Γ 为闭曲线时, 第二型曲线积分记作 $\oint_\Gamma P\mathrm{d}x + Q\mathrm{d}y + R\mathrm{d}z.$

若记 $\boldsymbol{F}(x,y,z) = (P(x,y,z), Q(x,y,z), R(x,y,z))$, $\mathrm{d}\boldsymbol{s} = (\mathrm{d}x, \mathrm{d}y, \mathrm{d}z)$, 则第二型曲线积分也可表示为

$$\int_\Gamma \boldsymbol{F}\cdot\mathrm{d}\boldsymbol{s} \ \text{或} \ \int_{\Gamma(A,B)} \boldsymbol{F}\cdot\mathrm{d}\boldsymbol{s}.$$

第二型曲线积分 (以平面曲线为例) 具有以下性质.

定理 19.2.1　(1) 第二型曲线积分与曲线 L 的方向有关 (而第一型曲线积分与曲线方向无关), 即当 $L(A,B)$ 为从始点 A 到终点 B 的有向曲线时有

$$\int_{L(B,A)} P\mathrm{d}x + Q\mathrm{d}y = -\int_{L(A,B)} P\mathrm{d}x + Q\mathrm{d}y;$$

设 L 是封闭的有向曲线 (顺时针向或逆时针向), $-L$ 表示曲线不变, 其方向与 L 方向相反, 则

$$\oint_{-L} P\mathrm{d}x + Q\mathrm{d}y = -\oint_L P\mathrm{d}x + Q\mathrm{d}y.$$

(2) (**线性性质**) 若 $\int_L P_1\mathrm{d}x + Q_1\mathrm{d}y$ 与 $\int_L P_2\mathrm{d}x + Q_2\mathrm{d}y$ 存在, 则对任意常数 a_1, b_1, a_2, b_2, $\int_L (a_1 P_1 + a_2 P_2)\mathrm{d}x + (b_1 Q_1 + b_2 Q_2)\mathrm{d}y$ 存在, 且

$$\int_L (a_1 P_1 + a_2 P_2)\mathrm{d}x + (b_1 Q_1 + b_2 Q_2)\mathrm{d}y$$

$$= a_1\int_L P_1\mathrm{d}x + a_2\int_L P_2\mathrm{d}x + b_1\int_L Q_1\mathrm{d}y + b_2\int_L Q_2\mathrm{d}y.$$

(3) (**积分域可加性质**) 若有向曲线弧 L 是由有向曲线弧 L_1 和 L_2 首尾连接而成, 则

$$\int_L P\mathrm{d}x + Q\mathrm{d}y = \int_{L_1} P\mathrm{d}x + Q\mathrm{d}y + \int_{L_2} P\mathrm{d}x + Q\mathrm{d}y.$$

与第一型曲线积分类似, 第二型曲线积分也可化为定积分计算.

定理 19.2.2 设 $P(x,y), Q(x,y)$ 在有向光滑曲线弧 $L(A,B)$ 上有定义且连续, L 的参数方程为

$$\begin{cases} x = \varphi(t), \\ y = \psi(t), \end{cases} \quad a \leqslant t \leqslant b,$$

其中始点 $A(\varphi(a), \psi(a))$, 终点 $B(\varphi(b), \psi(b))$, 参数 t 增加的方向与 $L(A,B)$ 的方向一致. 则第二型曲线积分 $\displaystyle\int_{L(A,B)} P(x,y)\mathrm{d}x + Q(x,y)\mathrm{d}y$ 存在, 且有计算公式

$$\int_{L(A,B)} P(x,y)\mathrm{d}x + Q(x,y)\mathrm{d}y$$
$$= \int_a^b [P(\varphi(t), \psi(t))\varphi'(t) + Q(\varphi(t), \psi(t))\psi'(t)]\,\mathrm{d}t. \tag{19.2.1}$$

证明 (阅读) 对 L 作分割 T, 即在 L 上取分点 $A = M_0, M_1, M_2, \cdots, M_{n-1}$, $M_n = B$, 它们分别对应于下列参数值 (对应的分割记为 T^*):

$$a = t_0 < t_1 < t_2 < \cdots < t_{n-1} < t_n = b.$$

设点 $(\xi_i, \eta_i) \in \overgroup{M_{i-1}M_i}$ 对应于参数值 τ_i, 即 $\xi_i = \varphi(\tau_i), \eta_i = \psi(\tau_i)$, 这里 $\tau_i \in [t_{i-1}, t_i]$. 由

$$\Delta x_i = x_i - x_{i-1} = \varphi(t_i) - \varphi(t_{i-1})$$

应用 Lagrange 中值定理, 有 $\Delta x_i = \varphi'(\bar{\tau}_i)\Delta t_i$, 其中 $\Delta t_i = t_i - t_{i-1}$, $\bar{\tau}_i \in (t_{i-1}, t_i)$, 于是由第二型曲线积分的定义, 有

$$\int_L P(x,y)\mathrm{d}x = \lim_{\|T\| \to 0} \sum_{i=1}^n P(\xi_i, \eta_i)\Delta x_i = \lim_{\|T\| \to 0} \sum_{i=1}^n P[\varphi(\tau_i), \psi(\tau_i)]\varphi'(\bar{\tau}_i)\Delta t_i.$$

由函数 $\varphi'(t)$ 在 $[a,b]$ 上连续, 类似于第一型曲线积分的证明, 可以证明将上式右端中的 $\bar{\tau}_i$ 换为 τ_i 时极限存在且相等, 即

$$\int_L P(x,y)\mathrm{d}x = \lim_{\|T^*\| \to 0} \sum_{i=1}^n P[\varphi(\tau_i), \psi(\tau_i)]\varphi'(\tau_i)\Delta t_i.$$

于是由定积分的定义有

$$\lim_{\|T^*\|\to 0}\sum_{i=1}^{n}P[\varphi(\tau_i),\psi(\tau_i)]\varphi'(\tau_i)\Delta t_i=\int_a^b P[\varphi(t),\psi(t)]\varphi'(t)\mathrm{d}t.$$

因此有

$$\int_L P(x,y)\mathrm{d}x=\int_a^b P[\varphi(t),\psi(t)]\varphi'(t)\mathrm{d}t.$$

同理可证

$$\int_L Q(x,y)\mathrm{d}y=\int_a^b Q[\varphi(t),\psi(t)]\psi'(t)\mathrm{d}t.$$

将上面两式相加即得第二型曲线积分的计算公式.

请注意, 在使用第二型曲线积分的计算公式时, 若曲线方程参数增加的方向与所给曲线弧的方向不一致, 则结合使用定理 19.2.1(1).

对于沿封闭有向曲线的第二型曲线积分的计算, 可在其上选一点作为始点与终点, 沿指定方向积分.

若曲线 L 的方程为 $y=\psi(x)$, $x\in[a,b]$ (x 增加的方向与 L 的方向一致), 且 $\psi(x)$ 在区间 $[a,b]$ 上具有一阶连续导数, 则

$$\int_L P(x,y)\mathrm{d}x+Q(x,y)\mathrm{d}y=\int_a^b[P(x,\psi(x))+Q(x,\psi(x))\psi'(x)]\,\mathrm{d}x.$$

类似地可考虑空间曲线的第二型曲线积分计算. 若 $P(x,y,z)$, $Q(x,y,z)$, $R(x,y,z)$ 在空间的光滑有向曲线段 Γ 上连续, 设 Γ 的参数方程 (参数增加的方向与 L 的方向一致) 是

$$\Gamma:\begin{cases}x=\varphi(t),\\y=\psi(t),\qquad t\in[a,b],\\z=\omega(t),\end{cases}$$

则第二型曲线积分存在, 且有计算公式

$$\int_\Gamma P(x,y,z)\mathrm{d}x+Q(x,y,z)\mathrm{d}y+R(x,y,z)\mathrm{d}z$$

$$=\int_a^b\{P(\varphi(t),\psi(t),\omega(t))\varphi'(t)+Q[\varphi(t),\psi(t),\omega(t)]\psi'(t)$$

$$+R[\varphi(t),\psi(t),\omega(t)]\omega'(t)\}\mathrm{d}t.$$

例 19.2.1　计算 $\displaystyle\int_{L_i}(x^2-y^2)\mathrm{d}x$, $i=1,2$, 如图 19.2.2 所示, 其中

(1) L_1 是圆周 $y=\sqrt{2x-x^2}$ 上从点 $O(0,0)$ 到点 $B(1,1)$ 的一圆弧段;

(2) L_2 是从点 $O(0,0)$ 到点 $B(1,1)$ 的一直线段.

解 (1) $\displaystyle\int_{L_1}(x^2-y^2)\mathrm{d}x=\int_0^1[x^2-(2x-x^2)]\mathrm{d}x=\int_0^1(2x^2-2x)\mathrm{d}x=-\frac{1}{3}$;

(2) $\displaystyle\int_{L_2}(x^2-y^2)\mathrm{d}x=\int_0^1(x^2-x^2)\mathrm{d}x=0$.

例 19.2.2 计算 $\displaystyle\int_{L_i}2xy\mathrm{d}x+x^2\mathrm{d}y$, $i=1,2$, 如图 19.2.3, 其中

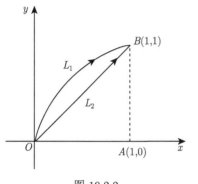 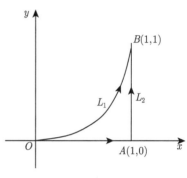

图 19.2.2   图 19.2.3

(1) L_1 是曲线 $y=x^3$ 上从点 $O(0,0)$ 到点 $B(1,1)$ 的一弧段;

(2) L_2 是从 $O(0,0)$ 到 $A(1,0)$, 再到 $B(1,1)$ 的有向折线段 OAB.

解 (1) $\displaystyle\int_{L_1}2xy\mathrm{d}x+x^2\mathrm{d}y=\int_0^1(2x\cdot x^3+x^2\cdot3x^2)\mathrm{d}x=\int_0^1 5x^4\mathrm{d}x=1$;

(2) $\displaystyle\int_{L_2}2xy\mathrm{d}x+x^2\mathrm{d}y=\int_{OA}2xy\mathrm{d}x+x^2\mathrm{d}y+\int_{AB}2xy\mathrm{d}x+x^2\mathrm{d}y$

$$=\int_0^1(2x\cdot0+x^2\cdot0)\mathrm{d}x+\int_0^1(2y\cdot0+1)\mathrm{d}y=0+1=1.$$

例 19.2.3 计算 $\displaystyle\int_{\Gamma}x\mathrm{d}x+y\mathrm{d}y+(x+y-1)\mathrm{d}z$, 其中 Γ 是从点 $A(1,1,1)$ 到点 $B(2,3,4)$ 的一直线段 AB.

解 直线的参数方程为 $\Gamma:\begin{cases}x=1+t,\\ y=1+2t,\ t\in[0,1],\ 则\\ z=1+3t,\end{cases}$

$$\int_{\Gamma}x\mathrm{d}x+y\mathrm{d}y+(x+y-1)\mathrm{d}z=\int_0^1[(1+t)+2(1+2t)+3(1+t+1+2t-1)]\mathrm{d}t$$

$$=\int_0^1(6+14t)\mathrm{d}t=13.$$

例 19.2.4　一个质点在点 $M(x, y)$ 处受到力 $\boldsymbol{F} = (-y, x)$ 的作用, 此质点由 $B(-a, 0)$ 点沿圆 $x^2 + y^2 = a^2$ 按顺时针方向移动到点 $A(a, 0)$(图 19.2.4), 求力 $\boldsymbol{F}$ 所做的功 W.

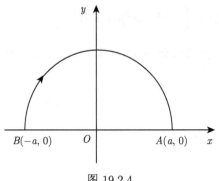

图 19.2.4

解　圆的参数方程为 $L(A, B): \begin{cases} x = a\cos t, \\ y = a\sin t \end{cases} (t \in [0, \pi])$, 则 $\boldsymbol{F}$ 所做的功

$$
\begin{aligned}
W &= \int_{L(B, A)} -y\mathrm{d}x + x\mathrm{d}y = -\int_{L(A, B)} -y\mathrm{d}x + x\mathrm{d}y \\
&= -\int_0^\pi (a^2 \sin^2 t + a^2 \cos^2 t)\mathrm{d}t = -\int_0^\pi a^2 \mathrm{d}t = -\pi a^2.
\end{aligned}
$$

上述两种类型的曲线积分, 虽然各自在定义上有所区别, 物理意义也各不相同, 但它们之间存在某种联系. 实际上, 这种联系是必然的, 弧长微元在坐标轴上的投影就是坐标微元. 下面以空间有向光滑曲线 $\Gamma(A, B)$ 为例导出它们间的关系.

设 P, Q, R 定义在空间有向光滑曲线 $\Gamma(A, B)$ 上, 取弧长 s 为参数, 则 $\Gamma(A, B)$ 的参数方程为

$$
\begin{cases}
x = x(s), \\
y = y(s), \quad s \in [0, l], \\
z = z(s),
\end{cases}
$$

其中 l 为 $\Gamma(A, B)$ 的长, A 即 $A(x(0), y(0), z(0))$, B 即 $B(x(l), y(l), z(l))$. 设 $M(x(s), y(s), z(s))$ 为 $\Gamma(A, B)$ 上任一点, 则 $\Gamma(A, B)$ 在点 M 的切向量为

$$
\boldsymbol{t} = \left(\frac{\mathrm{d}x}{\mathrm{d}s}, \frac{\mathrm{d}y}{\mathrm{d}s}, \frac{\mathrm{d}z}{\mathrm{d}s} \right),
$$

由弧长微分公式 $\mathrm{d}s^2 = \mathrm{d}x^2 + \mathrm{d}y^2 + \mathrm{d}z^2$ 可知

$$
\left(\frac{\mathrm{d}x}{\mathrm{d}s} \right)^2 + \left(\frac{\mathrm{d}y}{\mathrm{d}s} \right)^2 + \left(\frac{\mathrm{d}z}{\mathrm{d}s} \right)^2 = 1.
$$

这表明切向量 $\boldsymbol{t}$ 是单位向量. 设 α,β,γ 是切向量 $\boldsymbol{t}$ 的方向角, 即切向量 $\boldsymbol{t}$ 分别与 x 轴正向, y 轴正向, z 轴正向的夹角, 则

$$\frac{\mathrm{d}x}{\mathrm{d}s} = \cos\alpha, \quad \frac{\mathrm{d}y}{\mathrm{d}s} = \cos\beta, \quad \frac{\mathrm{d}z}{\mathrm{d}s} = \cos\gamma.$$

由此得到第一型曲线积分与第二型曲线积分的关系:

$$\int_{\Gamma(A,B)} P\mathrm{d}x + Q\mathrm{d}y + R\mathrm{d}z = \int_{\Gamma(A,B)} (P\cos\alpha + Q\cos\beta + R\cos\gamma)\mathrm{d}s, \quad (19.2.2)$$

其中 $\boldsymbol{t} = (\cos\alpha, \cos\beta, \cos\gamma)$ 为有向曲线 $\Gamma(A,B)$ 上点 (x,y,z) 处与曲线方向一致的单位切向量.

注意在 (19.2.2) 式右边的第一型曲线积分中, 被积函数所含的 $\cos\alpha, \cos\beta,$ $\cos\gamma$ 与曲线 $\Gamma(A,B)$ 的方向有关.

两型曲线积分之间的关系也可用向量的形式来表示. 例如, 空间曲线 $\Gamma(A,B)$ 上的两型曲线积分之间的关系可写成如下形式:

$$\int_{\Gamma(A,B)} \boldsymbol{F} \cdot \mathrm{d}\boldsymbol{s} = \int_{\Gamma(A,B)} \boldsymbol{F} \cdot \boldsymbol{t}\mathrm{d}s,$$

其中向量函数 $\boldsymbol{F} = (P,Q,R)$, $\mathrm{d}\boldsymbol{s} = \boldsymbol{t}\mathrm{d}s = (\mathrm{d}x, \mathrm{d}y, \mathrm{d}z)$ 称为有向曲线微元. 这种表示方法常见于物理学的应用中.

设 L 为平面上的有向光滑曲线, $\boldsymbol{t} = (\cos\alpha, \cos\beta)$ 为单位切向量, $\boldsymbol{n}$ 为 L 的单位外法向量, $(\boldsymbol{n}, x)$ 与 $(\boldsymbol{n}, y)$ 表示 $\boldsymbol{n}$ 的方向角, 则 $|\alpha - (\boldsymbol{n}, x)| = \dfrac{\pi}{2}$, 且有下述关系:

$$\int_L P\mathrm{d}x + Q\mathrm{d}y = \int_L [-P\cos(\boldsymbol{n}, y) + Q\cos(\boldsymbol{n}, x)]\mathrm{d}s.$$

例 19.2.5　把对坐标的曲线积分 $\displaystyle\int_L P(x,y)\mathrm{d}x + Q(x,y)\mathrm{d}y$ 化成对弧长的曲线积分, 其中 L 为沿抛物线 $y = x^2$ 上从点 $O(0,0)$ 到 $A(1,1)$ 的有向曲线弧.

解　曲线 L 上的点 (x,y) 处的切向量为 $\boldsymbol{t}_0 = (1, 2x)$, 单位切向量为

$$\boldsymbol{t} = (\cos\alpha, \cos\beta) = \left(\frac{1}{\sqrt{1+4x^2}}, \frac{2x}{\sqrt{1+4x^2}}\right),$$

故

$$\int_L P(x,y)\mathrm{d}x + Q(x,y)\mathrm{d}y = \int_L [P(x,y)\cos\alpha + Q(x,y)\cos\beta]\mathrm{d}s$$
$$= \int_L \frac{P(x,y) + 2xQ(x,y)}{\sqrt{1+4x^2}}\mathrm{d}s.$$

习 题 19.2

1. 证明下列命题:

(1) 设 L 为 xy 面内直线段 $y = C$ $(a \leqslant x \leqslant b)$, 则 $\int_L Q(x, y)\mathrm{d}y = 0$.

(2) 设 L 为 xy 面内 x 轴上从点 $(a, 0)$ 到 $(b, 0)$ 的一直线段, 则

$$\int_L P(x, y)\mathrm{d}x = \int_a^b P(x, 0)\mathrm{d}x.$$

2. 计算第二型曲线积分 $\int_L y^2\mathrm{d}x$, 其中:

(1) L 为按逆时针方向绕行的上半圆周 $x^2 + y^2 = a^2$;

(2) L 为从点 $A(a, 0)$ 沿 x 轴到点 $B(-a, 0)$ 的直线段.

3. 计算第二型曲线积分 $\int_L (x + y)\mathrm{d}x + (y - x)\mathrm{d}y$, 其中 L 是:

(1) 抛物线 $x = y^2$ 上从点 $(1, 1)$ 到点 $(4, 2)$ 的一段弧;

(2) L 先沿直线从点 $(1, 1)$ 到 $(1, 2)$, 然后再沿直线到点 $(4, 2)$ 的折线段.

4. 计算下列对坐标的曲线积分:

(1) $\int_L xy\mathrm{d}x$, 其中 L 为抛物线 $y^2 = x$ 上从点 $A(1, -1)$ 到点 $B(1, 1)$ 的一段弧;

(2) $\oint_L xy\mathrm{d}x$, 其中 L 为圆周 $y = \sqrt{2x - x^2}$ 及 x 轴所围成的区域的整个边界 (按逆时针方向绕行);

(3) $\oint_L \dfrac{(x + y)\mathrm{d}x - (x - y)\mathrm{d}y}{x^2 + y^2}$, 其中 L 为圆周 $x^2 + y^2 = a^2$ 取顺时针方向;

(4) $\oint_\Gamma \mathrm{d}x - \mathrm{d}y + y\mathrm{d}z$, 其中 Γ 为有向闭折线 $ABCA$, 坐标分别是 $A(1, 0, 0)$, $B(0, 1, 0)$, $C(0, 0, 1)$;

(5) $\oint_\Gamma xyz\mathrm{d}z$, 其中 Γ 是平面 $y = z$ 与球面 $x^2 + y^2 + z^2 = 1$ 的交线, 从 z 轴正向看过去为逆时针方向.

5. 一力场由沿横轴正方向的常力 $\boldsymbol{F}$ 所构成, 试求当一质量为 m 的质点沿圆周 $x^2 + y^2 = R^2$ 按逆时针方向移过位于第一象限的那一段时力场所做的功.

6. 把对坐标的曲线积分 $\int_L P(x, y)\mathrm{d}x + Q(x, y)\mathrm{d}y$ 化为对弧长的曲线积分, 其中 L 为:

(1) 在 xy 面内沿直线从点 $(0, 0)$ 到 $(1, 1)$;

(2) L 沿上半圆周 $x^2 + y^2 = 2x$ 从点 $(0, 0)$ 到 $(1, 1)$.

7. 设曲线弧 $\Gamma: \begin{cases} x = t, \\ y = t^2, \quad t \in [0, 1], \\ z = t^3, \end{cases}$ 把对坐标的曲线积分 $\int_\Gamma P\mathrm{d}x + Q\mathrm{d}y + R\mathrm{d}z$ 化为对弧长的曲线积分.

19.3 Green 公式及曲线积分与路径无关性

一元函数的 N-L 公式刻画的是函数在闭区间 $[a,b]$ 上的积分与它的原函数在闭区间 $[a,b]$ 的边界 a,b 处的值的关系. 多元函数也有类似的关系. 本节讨论平面区域 D 上的二重积分与 D 的边界曲线 L 上第二型曲线积分之间的关系.

若封闭曲线 L 自身不相交, 则称曲线 L 是一条**简单封闭曲线**. 设平面有界区域 D 是由一条或几条简单封闭曲线 L 所围成, 即 L 是 D 的边界曲线. 我们**规定** L **的正向**如下: 当沿 L 的这个方向行走时, D 总在左边, 如图 19.3.1 箭头所示方向. 与上述规定的方向相反的方向称为 L **的负向**, 记为 $-L$.

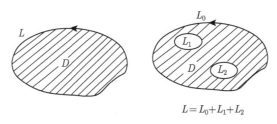

$$L = L_0 + L_1 + L_2$$

图 19.3.1

定理 19.3.1 设平面有界闭域 D 的边界曲线 L 是分段光滑的, 函数 $P(x,y)$ 与 $Q(x,y)$ 在 D 上具有一阶连续偏导数, 则有

$$\iint\limits_{D} \left(\frac{\partial Q}{\partial x} - \frac{\partial P}{\partial y} \right) \mathrm{d}x\mathrm{d}y = \oint_{L} P\mathrm{d}x + Q\mathrm{d}y, \tag{19.3.1}$$

或者, 当 $\boldsymbol{n}$ 为 L 的单位外法向量 ($(\boldsymbol{n},x)$ 与 $(\boldsymbol{n},y)$ 为方向角) 时有

$$\iint\limits_{D} \left[\frac{\partial P}{\partial x} + \frac{\partial Q}{\partial y} \right] \mathrm{d}x\mathrm{d}y = \oint_{L} P\cos(\boldsymbol{n},x)\mathrm{d}s + Q\cos(\boldsymbol{n},y)\mathrm{d}s,$$

其中 L 的方向取正向.

公式 (19.3.1) 称为 **Green (格林) 公式**.

证明 分三种情况来讨论.

(i) 先考虑 D 既是 X-型区域, 又是 Y-型区域的情形 (图 19.3.2).

设 D 是 X-型区域, $D = \{(x,y)|y_1(x) \leqslant y \leqslant y_2(x), a \leqslant x \leqslant b\}$, 这里 $y = y_1(x)$ 与 $y = y_2(x)$ 分别表示曲线 $\overset{\frown}{ACB}$ 与 $\overset{\frown}{AEB}$ 的方程. 因为 $\dfrac{\partial P}{\partial y}$ 连续, 所以由二重积分的计算方法有

$$-\iint\limits_{D} \frac{\partial P}{\partial y}\mathrm{d}x\mathrm{d}y = -\int_a^b \mathrm{d}x \int_{y_1(x)}^{y_2(x)} \frac{\partial P(x,y)}{\partial y}\mathrm{d}y = \int_a^b \left[P(x,y_1(x)) - P(x,y_2(x))\right]\mathrm{d}x.$$

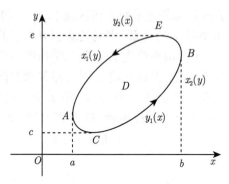

图 19.3.2

又由对坐标曲线积分计算公式有

$$\oint_L P\mathrm{d}x = \int_{\overparen{ACB}} P\mathrm{d}x + \int_{\overparen{BEA}} P\mathrm{d}x = \int_{\overparen{ACB}} P\mathrm{d}x - \int_{\overparen{AEB}} P\mathrm{d}x$$

$$= \int_a^b P(x,y_1(x))\mathrm{d}x - \int_a^b P(x,y_2(x))\mathrm{d}x.$$

所以有

$$-\iint\limits_{D} \frac{\partial P}{\partial y}\mathrm{d}x\mathrm{d}y = \oint_L P\mathrm{d}x. \tag{19.3.2}$$

再设 D 是 Y-型区域, $D = \{(x,y)|x_1(y) \leqslant x \leqslant x_2(y), c \leqslant y \leqslant e\}$, 这里 $x = x_1(y)$ 与 $x = x_2(y)$ 分别表示曲线 $\overparen{CAE}$ 与 $\overparen{CBE}$ 的方程. 由于

$$\iint\limits_{D} \frac{\partial Q}{\partial x}\mathrm{d}x\mathrm{d}y = \int_c^e \mathrm{d}y \int_{x_1(y)}^{x_2(y)} \frac{\partial Q(x,y)}{\partial x}\mathrm{d}x = \int_c^e \left[Q(x_2(y),y) - Q(x_1(y),y)\right]\mathrm{d}y,$$

$$\oint_L Q\mathrm{d}y = \int_{\overparen{EAC}} Q\mathrm{d}y + \int_{\overparen{CBE}} Q\mathrm{d}y = -\int_{\overparen{CAE}} Q\mathrm{d}y + \int_{\overparen{CBE}} Q\mathrm{d}y$$

$$= -\int_c^e Q(x_1(y),y)\mathrm{d}y + \int_c^e Q(x_2(y),y)\mathrm{d}y,$$

所以有

$$\iint\limits_{D} \frac{\partial Q}{\partial x}\mathrm{d}x\mathrm{d}y = \oint_L Q\mathrm{d}y. \tag{19.3.3}$$

由于 D 既是 X-型又是 Y-型区域, 所以 (19.3.2) 与 (19.3.3) 两式同时成立, 将两式相加即得

$$\iint\limits_{D} \left(\frac{\partial Q}{\partial x} - \frac{\partial P}{\partial y}\right)\mathrm{d}x\mathrm{d}y = \oint_L P\mathrm{d}x + Q\mathrm{d}y.$$

(ii) D 是由一条分段光滑简单封闭曲线所围成, 如图 19.3.3 所示, 则先用几段光滑曲线把 D 分成有限块子闭区域, 使得每个子区域都是既 X-型又 Y-型的, 然后逐块按 (i) 得到它们的 Green 公式, 这些等式左右分别相加, 这时左式由二重积分的性质可得, 而右式中所引入的辅助曲线由于方向相反而曲线积分被抵消 (和为零), 所以此种情况下 (19.3.1) 式成立.

(iii) 若区域 D 由几条分段光滑简单封闭曲线所围成, 如图 19.3.4 所示. 这时可适当添加直线段, 把区域转化为 (ii) 的情况来处理. 总之, (19.3.1) 式成立. 应用两型积分的关系与 (19.3.1) 式得

$$\oint_L P\cos(\boldsymbol{n}, x)\mathrm{d}s + Q\cos(\boldsymbol{n}, y)\mathrm{d}s = \oint_L P\mathrm{d}y - Q\mathrm{d}x = \iint_D \left[\frac{\partial P}{\partial x} + \frac{\partial Q}{\partial y}\right]\mathrm{d}x\mathrm{d}y.$$

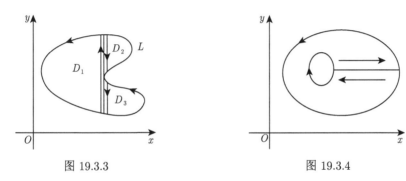

图 19.3.3　　　　　　　　　　　图 19.3.4

Green 公式 (19.3.1) 沟通了平面区域上的二重积分与边界曲线上第二型曲线积分之间的联系. 特别地, 在 (19.3.1) 式中令区域 D 的边界曲线为 L, 取 $P = -y$, 或 $Q = x$, 则由 Green 公式即得区域 D 的面积 A 的公式:

$$A = \iint_D \mathrm{d}x\mathrm{d}y = \frac{1}{2}\oint_L x\mathrm{d}y - y\mathrm{d}x = \oint_L x\mathrm{d}y = -\oint_L y\mathrm{d}x. \tag{19.3.4}$$

作为 Green 公式的应用, 下面来证明引理 18.3.1.

(引理 18.3.1) 设变换 $T: x = x(u, v), y = y(u, v)$ 将 uv 平面上的有界闭域 D^* 一一对应地变换为 xy 平面上的有界闭域 D, 函数 $x(u, v), y(u, v)$ 在 D^* 上具有一阶连续偏导数, 且 $\dfrac{\partial(x, y)}{\partial(u, v)} \neq 0$. 若 D_0^* 为 D^* 内的一个正方形, 则 $T(D_0^*)$ 的面积为

$$\sigma(T(D_0^*)) = \iint_{D_0^*} \left|\frac{\partial(x, y)}{\partial(u, v)}\right| \mathrm{d}u\mathrm{d}v.$$

证明 (阅读) 先设变换 $T: x = x(u, v), y = y(u, v)$ 在有界闭域 D^* 上具有二阶连续偏导数. 设 D_0^* 的边长为 $\delta > 0$, $D_0^* = [u_0, u_0 + \delta] \times [v_0, v_0 + \delta]$. 由于变换

T 是一一对应, 且 $\dfrac{\partial(x,y)}{\partial(u,v)} \neq 0$, 故 T 将 D_0^* 的内点变为 D 的内点, 将 D_0^* 的边界 ∂D_0^* 变换为 D 中分段光滑的封闭曲线, 且 $T(D_0^*)$ 也是以此封闭曲线为边界的闭域, 即 T 将 ∂D_0^* 变换为 $\partial T(D_0^*)$. 于是 $\partial T(D_0^*)$ 是由下述四条光滑曲线衔接而成的:

$$
\left\{ \begin{array}{l} x = x(u, v_0), \\ y = y(u, v_0), \end{array} \right. \quad
\left\{ \begin{array}{l} x = x(u, v_0 + \delta), \\ y = y(u, v_0 + \delta), \end{array} \right. \quad u \in [u_0, u_0 + \delta];
$$

$$
\left\{ \begin{array}{l} x = x(u_0, v), \\ y = y(u_0, v), \end{array} \right. \quad
\left\{ \begin{array}{l} x = x(u_0 + \delta, v), \\ y = y(u_0 + \delta, v), \end{array} \right. \quad v \in [v_0, v_0 + \delta].
$$

先假定 T 将 ∂D_0^* 的正向映成了 $\partial T(D_0^*)$ 的正向, 利用 (19.3.4) 式与 xy 平面上曲线积分的计算公式, 有

$$
\begin{aligned}
\sigma(T(D_0^*)) &= -\oint_{\partial T(D_0^*)} y \mathrm{d}x \\
&= -\int_{u_0}^{u_0+\delta} y(u, v_0) \frac{\partial x(u, v_0)}{\partial u} \mathrm{d}u - \int_{v_0}^{v_0+\delta} y(u_0 + \delta, v) \frac{\partial x(u_0 + \delta, v)}{\partial v} \mathrm{d}v \\
&\quad - \int_{u_0+\delta}^{u_0} y(u, v_0 + \delta) \frac{\partial x(u, v_0 + \delta)}{\partial u} \mathrm{d}u - \int_{v_0+\delta}^{v_0} y(u_0, v) \frac{\partial x(u_0, v)}{\partial v} \mathrm{d}v \\
&= \int_{u_0}^{u_0+\delta} \left[y(u, v_0 + \delta) \frac{\partial x(u, v_0 + \delta)}{\partial u} - y(u, v_0) \frac{\partial x(u, v_0)}{\partial u} \right] \mathrm{d}u \\
&\quad - \int_{v_0}^{v_0+\delta} \left[y(u_0 + \delta, v) \frac{\partial x(u_0 + \delta, v)}{\partial v} - y(u_0, v) \frac{\partial x(u_0, v)}{\partial v} \right] \mathrm{d}v.
\end{aligned}
$$

另一方面, 按 uv 平面上曲线积分的计算公式, 有

$$
\begin{aligned}
& -\oint_{\partial D_0^*} y(u, v) \left[\frac{\partial x}{\partial u} \mathrm{d}u + \frac{\partial x}{\partial v} \mathrm{d}v \right] \\
={}& \int_{u_0}^{u_0+\delta} \left[y(u, v_0 + \delta) \frac{\partial x(u, v_0 + \delta)}{\partial u} - y(u, v_0) \frac{\partial x(u, v_0)}{\partial u} \right] \mathrm{d}u \\
& - \int_{v_0}^{v_0+\delta} \left[y(u_0 + \delta, v) \frac{\partial x(u_0 + \delta, v)}{\partial v} - y(u_0, v) \frac{\partial x(u_0, v)}{\partial v} \right] \mathrm{d}v.
\end{aligned}
$$

因此有

$$
\sigma(T(D_0^*)) = -\oint_{\partial D_0^*} y(u, v) \left[\frac{\partial x}{\partial u} \mathrm{d}u + \frac{\partial x}{\partial v} \mathrm{d}v \right].
$$

由此式在 uv 平面上应用 Green 公式, 并注意到 $\dfrac{\partial^2 x}{\partial u \partial v} = \dfrac{\partial^2 x}{\partial v \partial u}$, 即得

$$\sigma(T(D_0^*)) = \iint\limits_{D_0^*} \left[\frac{\partial}{\partial v}\left(y\frac{\partial x}{\partial u}\right) - \frac{\partial}{\partial u}\left(y\frac{\partial x}{\partial v}\right) \right] \mathrm{d}u\mathrm{d}v = \iint\limits_{D_0^*} \frac{\partial(x,y)}{\partial(u,v)} \mathrm{d}u\mathrm{d}v.$$

当 T 将 ∂D_0^* 的正向映成了 $\partial T(D_0^*)$ 的负向时, 由上述方法同样可以证明

$$\sigma(T(D_0^*)) = -\iint\limits_{D_0^*} \frac{\partial(x,y)}{\partial(u,v)} \mathrm{d}u\mathrm{d}v = \iint\limits_{D_0^*} \left| \frac{\partial(x,y)}{\partial(u,v)} \right| \mathrm{d}u\mathrm{d}v.$$

对于变换 $T : x = x(u,v), y = y(u,v)$ 在有界闭域 D^* 上具有一阶连续偏导数的一般情况, 可利用具有二阶连续偏导数的函数对它们进行逼近, 同样可以证明此时引理 18.3.1 的结论仍成立. 由于这种逼近过程过于复杂, 我们在此略去.

　　例 19.3.1　求星形线 $x = a\cos^3\theta, y = a\sin^3\theta$ 所围成图形的面积 A.

　　解　设 L 是星形线 $x = a\cos^3\theta, y = a\sin^3\theta$, D 是 L 围成的区域. 令 $P = -y, Q = x$, 则

$$\begin{aligned}
A &= \iint\limits_D \mathrm{d}x\mathrm{d}y = \frac{1}{2}\oint_L x\mathrm{d}y - y\mathrm{d}x \\
&= \frac{1}{2}\int_0^{2\pi} [a\cos^3\theta \cdot 3a\sin^2\theta\cos\theta - a\sin^3\theta \cdot 3a\cos^2\theta(-\sin\theta)]\mathrm{d}\theta \\
&= \frac{3a^2}{2}\int_0^{2\pi} (\cos^4\theta \cdot \sin^2\theta + \sin^4\theta \cdot \cos^2\theta)\mathrm{d}\theta \\
&= \frac{3a^2}{2}\int_0^{2\pi} \cos^2\theta\sin^2\theta\mathrm{d}\theta \\
&= \frac{3a^2}{16}\int_0^{2\pi} (1 - \cos 4\theta)\mathrm{d}\theta = \frac{3\pi a^2}{8}.
\end{aligned}$$

　　例 19.3.2　设 L 是任意一条分段光滑的闭曲线, D 是 L 围成的区域, 证明

$$\oint_L (6xy + 5y^2)\mathrm{d}x + (3x^2 + 10xy)\mathrm{d}y = 0.$$

　　证明　令 $P(x,y) = 6xy + 5y^2$, $Q(x,y) = 3x^2 + 10xy$, 因为 $\dfrac{\partial Q}{\partial x} = \dfrac{\partial P}{\partial y} = 6x + 10y$. 故由 Green 公式有

$$\oint_L (6xy + 5y^2)\mathrm{d}x + (3x^2 + 10xy)\mathrm{d}y = \pm\iint\limits_D \left(\frac{\partial Q}{\partial x} - \frac{\partial P}{\partial y} \right)\mathrm{d}x\mathrm{d}y = 0.$$

例 19.3.3 计算 $\int_L \mathrm{e}^x \sin y \mathrm{d}x + \mathrm{e}^x \cos y \mathrm{d}y$, 其中 L 是沿上半圆 $x^2 + y^2 = ax$ 从点 $A(a, 0)$ 到点 $O(0, 0)$ 的曲线弧段.

解 由于 L 不是封闭曲线, 不能直接应用 Green 公式, 作辅助有向直线段 OA, 则 $L + OA$ 为闭曲线, 如图 19.3.5 所示.

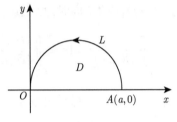

图 19.3.5

由 Green 公式得

$$\int_L \mathrm{e}^x \sin y \mathrm{d}x + \mathrm{e}^x \cos y \mathrm{d}y + \int_{OA} \mathrm{e}^x \sin y \mathrm{d}x + \mathrm{e}^x \cos y \mathrm{d}y$$
$$= \iint_D \left(\frac{\partial Q}{\partial x} - \frac{\partial P}{\partial y} \right) \mathrm{d}x\mathrm{d}y = \iint_D (\mathrm{e}^x \cos y - \mathrm{e}^x \cos y) \mathrm{d}x\mathrm{d}y = 0,$$

从而

$$\int_L \mathrm{e}^x (\sin y \mathrm{d}x + \cos y) \mathrm{d}y = -\int_{OA} \mathrm{e}^x (\sin y \mathrm{d}x + \cos y \mathrm{d}y) = 0.$$

例 19.3.4 计算 $\oint_L \dfrac{x\mathrm{d}y - y\mathrm{d}x}{x^2 + y^2}$, 其中 L 为任一条不经过原点的闭区域边界曲线, 分段光滑, 取正向.

解 令 $P = \dfrac{-y}{x^2 + y^2}$, $Q = \dfrac{x}{x^2 + y^2}$. 则当 $x^2 + y^2 \neq 0$ 时, 有 $\dfrac{\partial Q}{\partial x} = \dfrac{y^2 - x^2}{(x^2 + y^2)^2} = \dfrac{\partial P}{\partial y}$. 记 L 所围成的闭区域为 D.

当 $(0, 0) \notin D$ 时, 如图 19.3.6 所示, 注意 L 是逆时针向的, 由 Green 公式得

$$\oint_L \frac{x\mathrm{d}y - y\mathrm{d}x}{x^2 + y^2} = \iint_D \left(\frac{\partial Q}{\partial x} - \frac{\partial P}{\partial y} \right) \mathrm{d}x\mathrm{d}y = \iint_D 0 \, \mathrm{d}x\mathrm{d}y = 0,$$

当 $(0, 0) \in D$ 时, 在 D 内取一小圆周 $l : x^2 + y^2 = a^2 \, (a > 0)$, 取顺时针方向, 记为 $-l$, 如图 19.3.7 所示. 由曲线 L 和 $-l$ 围成了区域 D_0, 在 D_0 上应用 Green 公式得

$$\iint_{D_0} \left(\frac{\partial Q}{\partial x} - \frac{\partial P}{\partial y} \right) \mathrm{d}x\mathrm{d}y = \oint_L \frac{x\mathrm{d}y - y\mathrm{d}x}{x^2 + y^2} + \oint_{-l} \frac{x\mathrm{d}y - y\mathrm{d}x}{x^2 + y^2} = 0,$$

l 的参数方程为 $x = a\cos\theta, y = a\sin\theta, 0 \leqslant \theta \leqslant 2\pi$, 参数增加的方向为逆时针向的. 于是

$$\oint_L \frac{x\mathrm{d}y - y\mathrm{d}x}{x^2 + y^2} = -\oint_{-l} \frac{x\mathrm{d}y - y\mathrm{d}x}{x^2 + y^2} = \oint_l \frac{x\mathrm{d}y - y\mathrm{d}x}{x^2 + y^2}$$

$$= \int_0^{2\pi} \frac{a^2 \cos^2\theta + a^2 \sin^2\theta}{a^2} \mathrm{d}\theta = 2\pi.$$

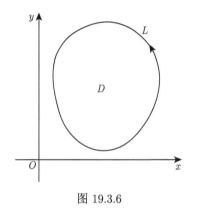

图 19.3.6

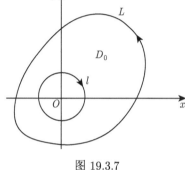

图 19.3.7

在物理学中研究势场时, 需要研究场力所做的功与路径无关的情形. 在数学上就是研究曲线积分与路径无关的条件.

先引入单连通与复连通区域的概念. 设 D 为平面区域, 如果 D 内任一封闭曲线都可以不经过 D 以外的点连续收缩于属于 D 的一点 (这等价于 D 内任一简单封闭曲线所围的区域内只含 D 中的点), 则称 D 为平面**单连通区域**, 否则称为**复连通区域**或**多连通区域** (图 19.3.8). 例如, 整个平面 $\mathbb{R}^2$ 是单连通区域, 但 $\mathbb{R}^2 \backslash \{(0,0)\}$ 是复连通区域. 通俗地说, 单连通区域是没有 "洞" 的区域, 复连通区域是有 "洞" 的区域.

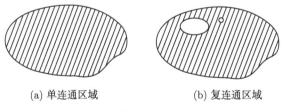

(a) 单连通区域　　　　(b) 复连通区域

图 19.3.8

设 G 是一个区域, $P(x,y), Q(x,y)$ 是定义在区域 G 内的函数. 如果对于 G 内任意指定的两个点 A, B 以及 G 内从点 A 到点 B 的任意两条曲线 L_1, L_2 (图 19.3.9), 等式 $\displaystyle\int_{L_1} P\mathrm{d}x + Q\mathrm{d}y = \int_{L_2} P\mathrm{d}x + Q\mathrm{d}y$ 恒成立, 就称**曲线积分** $\displaystyle\int_L P\mathrm{d}x$

$+Q\mathrm{d}y$ 在 G 内与**路径无关**, 否则称为**与路径有关**.

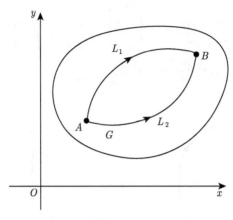

图 19.3.9

定理 19.3.2　设 G 是一个单连通区域, 函数 $P(x,y), Q(x,y)$ 在 G 内具有一阶连续偏导数, 则下列条件等价:

(i) 沿 G 内任一按段光滑封闭曲线 L, 有 $\oint_L P\mathrm{d}x + Q\mathrm{d}y = 0$;

(ii) 对 G 内任一按段光滑曲线 L, 曲线积分 $\int_L P\mathrm{d}x + Q\mathrm{d}y$ 与路径无关, 只与 L 的起点和终点有关;

(iii) $P\mathrm{d}x + Q\mathrm{d}y$ 是 G 内某函数 $u = u(x,y)$ 的全微分, 即在 G 内有函数 $u = u(x,y)$ 使 $\mathrm{d}u = P\mathrm{d}x + Q\mathrm{d}y$. 此时 $u = u(x,y)$ 称为 $P\mathrm{d}x + Q\mathrm{d}y$ 的一个**原函数**.

(iv) 在 G 内 $\dfrac{\partial P}{\partial y} = \dfrac{\partial Q}{\partial x}$ 恒成立.

证明　(i)$\Rightarrow$(ii)　如图 19.3.9 所示, 设 L_1, L_2 是 G 内任意两条从点 A 到点 B 的按段光滑曲线, 则 $L_1 + (-L_2)$ 是按段光滑封闭曲线, 且

$$\oint_{L_1+(-L_2)} P\mathrm{d}x + Q\mathrm{d}y = 0 \Rightarrow \int_{L_1} P\mathrm{d}x + Q\mathrm{d}y = \int_{L_2} P\mathrm{d}x + Q\mathrm{d}y.$$

(ii)$\Rightarrow$(iii)　设曲线积分 $\int_L P\mathrm{d}x + Q\mathrm{d}y$ 在 G 内与路径无关, $A(x_0, y_0)$ 为 G 内某一定点, $B(x,y)$ 为 G 内任意一点, 由于曲线积分 $\int_{\widehat{AB}} P\mathrm{d}x + Q\mathrm{d}y$ 与路径无关, 故当 $B(x,y)$ 在 G 内变动时, 其积分值是点 $B(x,y)$ 的函数, 即有

$$u(x,y) = \int_{\widehat{AB}} P\mathrm{d}x + Q\mathrm{d}y.$$

取 Δx 充分小, 使 $(x + \Delta x, y) \in G$, 则函数 $u(x, y)$ 对于 x 的偏增量为

$$u(x + \Delta x, y) - u(x, y) = \int_{\widehat{AC}} P\mathrm{d}x + Q\mathrm{d}y - \int_{\widehat{AB}} P\mathrm{d}x + Q\mathrm{d}y.$$

因为在 G 内曲线积分与路径无关, 所以取直线段 BC 平行于 x 轴 (图 19.3.10), 在 BC 上 $\mathrm{d}y = 0$, 由积分中值定理可得

$$\begin{aligned}
u(x + \Delta x, y) - u(x, y) &= \int_{\widehat{AB}} P\mathrm{d}x + Q\mathrm{d}y + \int_{BC} P\mathrm{d}x + Q\mathrm{d}y - \int_{\widehat{AB}} P\mathrm{d}x + Q\mathrm{d}y \\
&= \int_{BC} P\mathrm{d}x + Q\mathrm{d}y \\
&= \int_x^{x+\Delta x} P(x, y)\mathrm{d}x = P(x + \theta\Delta x, y)\Delta x,
\end{aligned}$$

其中 $0 < \theta < 1$. 由函数 $P(x, y)$ 在 G 内的连续性, 有

$$\frac{\partial u}{\partial x} = \lim_{\Delta x \to 0} \frac{\Delta u}{\Delta x} = \lim_{\Delta x \to 0} P(x + \theta\Delta x, y) = P(x, y).$$

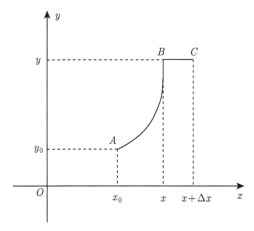

图 19.3.10

同理可证 $\dfrac{\partial u}{\partial y} = Q(x, y)$. 所以有 $\mathrm{d}u = P\mathrm{d}x + Q\mathrm{d}y$.

(iii)$\Rightarrow$(iv) 设存在函数 $u = u(x, y)$, 使得 $\mathrm{d}u = P\mathrm{d}x + Q\mathrm{d}y$, 则

$$P(x, y) = \frac{\partial u}{\partial x}, \quad Q(x, y) = \frac{\partial u}{\partial y}.$$

因此,

$$\frac{\partial P}{\partial y} = \frac{\partial^2 u}{\partial x \partial y}, \quad \frac{\partial Q}{\partial x} = \frac{\partial^2 u}{\partial y \partial x}.$$

因为函数 $P(x,y), Q(x,y)$ 在 G 内具有一阶连续偏导数, 即 $\dfrac{\partial^2 u}{\partial x \partial y}, \dfrac{\partial^2 u}{\partial y \partial x}$ 都连续,

所以 $\dfrac{\partial^2 u}{\partial x \partial y} = \dfrac{\partial^2 u}{\partial y \partial x}$, 因此 $\dfrac{\partial P}{\partial y} = \dfrac{\partial Q}{\partial x}$ 在 G 内恒成立.

(iv)$\Rightarrow$(i) 设 L 为 G 内任意一条按段光滑封闭曲线, 记 L 所围的区域为 D. 由于 G 是单连通的, 所以 $D \subset G$. 由 Green 公式以及 $\dfrac{\partial P}{\partial y} = \dfrac{\partial Q}{\partial x}$, 则有

$$\oint_L P \mathrm{d}x + Q\mathrm{d}y = \iint\limits_{D} \left(\frac{\partial Q}{\partial x} - \frac{\partial P}{\partial y} \right) \mathrm{d}x\mathrm{d}y = 0.$$

请注意, 在定理 19.3.2 中, 区域 G 是单连通区域, 且函数 $P(x,y)$ 及 $Q(x,y)$ 在 G 内具有一阶连续偏导数. 如果这两个条件之一不能满足, 那么定理的结论不能保证成立.

例 19.3.5 计算 $\displaystyle\int_L 2xy\mathrm{d}x + x^2\mathrm{d}y$, 其中 L 为正弦曲线 $y = \sin x$ 上从 $O(0,0)$ 到 $A\left(\dfrac{\pi}{2}, 1\right)$ 的一段弧.

解 因为 $\dfrac{\partial P}{\partial y} = \dfrac{\partial Q}{\partial x} = 2x$ 在整个 xy 面内都成立, 所以在整个 xy 面内, 积

分 $\displaystyle\int_L 2xy\mathrm{d}x + x^2\mathrm{d}y$ 与路径无关. 如图 19.3.11 所示, 取折线 $L_{OB} + L_{BA}$ 路径得

$$\int_L 2xy\mathrm{d}x + x^2\mathrm{d}y = \int_{L_{OB}} 2xy\mathrm{d}x + x^2\mathrm{d}y + \int_{L_{BA}} 2xy\mathrm{d}x + x^2\mathrm{d}y$$

$$= \int_0^1 \left(\frac{\pi}{2}\right)^2 \mathrm{d}y = \frac{\pi^2}{4}.$$

例 19.3.6 验证 $4\sin x \sin 3y \cos x \mathrm{d}x - 3\cos 3y \cos 2x \mathrm{d}y$ 在 xy 平面内是某个函数的全微分, 并求出一个这样的函数.

解 设 $P = 4\sin x \sin 3y \cos x$, $Q = -3\cos 3y \cos 2x$, 因为 P, Q 在 xy 平面内具有一阶连续偏导数, 且有

$$\frac{\partial Q}{\partial x} = 6\cos 3y \sin 2x = \frac{\partial P}{\partial y},$$

所以 $P(x,y)\mathrm{d}x + Q(x,y)\mathrm{d}y$ 是某个定义在整个 xy 面内的函数 $u(x,y)$ 的全微分.

取积分路线为从 $O(0,0)$ 到 $B(x,0)$ 再到 $C(x,y)$ 的折线, 如图 19.3.12 所示, 则所求的一个二元函数为

$$u(x,y) = \int_{(0,0)}^{(x,y)} 4\sin x \sin 3y \cos x \mathrm{d}x - 3\cos 3y \cos 2x \mathrm{d}y$$

$$= \int_0^x 0\mathrm{d}x + \int_0^y -3\cos 3y \cos 2x \mathrm{d}y = -\cos 2x \sin 3y.$$

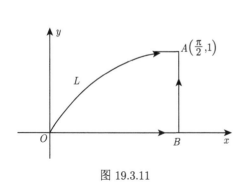

图 19.3.11

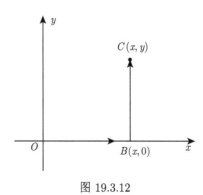

图 19.3.12

习 题 19.3

1. 利用曲线积分计算下列曲线所围成的图形的面积:

(1) 椭圆 $x = a\cos\theta, y = b\sin\theta$;　　(2) 圆 $x^2 + y^2 = 2ax$.

2. 用对坐标的曲线积分的计算方法和 Green 公式分别计算下列曲线积分:

(1) $\oint_L (2xy - x^2)\mathrm{d}x + (x + y^2)\mathrm{d}y$, 其中 L 是由抛物线 $y = x^2$ 及 $y^2 = x$ 所围成的闭区域的正向边界曲线;

(2) $\oint_L (x^2 - xy^3)\mathrm{d}x + (y^2 - 2xy)\mathrm{d}y$, 其中 L 是四个顶点分别为 $(0,0), (2,0), (2,2)$ 和 $(0,2)$ 的正方形区域的正向边界折线.

3. 计算曲线积分 $\oint_L \dfrac{y\mathrm{d}x - x\mathrm{d}y}{2(x^2 + y^2)}$, 其中 L 满足:

(1) 椭圆 $\dfrac{(x-2)^2}{2} + (y-2)^2 = 1$ 取逆时针方向;

(2) 椭圆 $\dfrac{x^2}{2} + y^2 = 1$ 取逆时针方向.

4. 证明下列曲线积分在整个 xy 面内与路径无关, 并计算其积分值:

(1) $\displaystyle\int_{(1,1)}^{(2,3)} (x + y)\mathrm{d}x + (x - y)\mathrm{d}y$;

(2) $\displaystyle\int_{(1,2)}^{(3,4)} (6xy^2 - y^3)\mathrm{d}x + (6x^2y - 3xy^2)\mathrm{d}y$.

5. 利用 Green 公式, 计算下列积分:

(1) $\displaystyle\iint_D e^{-y^2}\mathrm{d}x\mathrm{d}y$, 其中 D 是以 $O(0,0), A(1,1), B(0,1)$ 为顶点的三角形闭区域;

(2) $\oint_L \sqrt{x^2 + y^2}\mathrm{d}x + y[xy + \ln(x + \sqrt{x^2 + y^2})]\mathrm{d}y$, 其中 L 是以 $A(1,1), B(2,2)$ 和 $E(1,3)$ 为顶点的三角形的正向边界线;

(3) $\oint_L (x\mathrm{e}^{x^2-y^2} - 2y)\mathrm{d}x - (y\mathrm{e}^{x^2-y^2} - 3x)\mathrm{d}y$, 其中 L 为 $y = |x|$, $y = 2 - |x|$ 围成正方形区域的正向边界;

(4) $I = \int_{\widehat{AOB}} (12xy + \mathrm{e}^y)\mathrm{d}x - (\cos y - x\mathrm{e}^y)\mathrm{d}y$, 其中 $\widehat{AOB}$ 为点 $A(-1, 1)$ 沿曲线: $y = x^2$ 到点 $O(0,0)$ 再沿 x 轴到点 $B(2, 0)$ 的路径.

6. 求下列全微分的原函数:

(1) $(x + 2y)\mathrm{d}x + (2x + y)\mathrm{d}y$;

(2) $4\left(y - 2x \arctan \dfrac{y}{x}\right)\mathrm{d}x - 4\left(x + 2y \arctan \dfrac{y}{x}\right)\mathrm{d}y$;

(3) $\cos x(\cos x - \sin y)\mathrm{d}x + \cos y(\cos y - \sin x)\mathrm{d}y$;

(4) $(5x^4 + 3xy^2 - y^3)\mathrm{d}x + (3x^2y - 3xy^2 + y^2)\mathrm{d}y$.

7. 设有一变力在坐标轴上的投影为 $X = x + y^2$, $Y = 2xy - 8$, 这变力确定了一个力场, 证明质点在此场内移动时, 场力所做的功与路径无关.

复习课件19

归纳解
析视频19

总习题 19

A 组

1. 计算下列曲线积分:

(1) $\int_L xy\mathrm{d}y$, 其中设 L 是折线 $y = 1 - |1 - x|$ 由 $(0,0)$ 到 $(2,0)$ 的一段;

(2) $\oint_\Gamma \dfrac{1}{x^2 + y^2 + z^2}\mathrm{d}s$, 其中 Γ: $\begin{cases} x^2 + y^2 + z^2 = 5, \\ z = 1; \end{cases}$

(3) $\oint_L \sqrt{x^2 + y^2}\mathrm{d}s$, 其中 L 为圆周 $x^2 + y^2 = ax$;

(4) $\int_L (2a - y)\mathrm{d}x + x\mathrm{d}y$, 其中 L 为摆线 $x = a(t - \sin t), y = a(1 - \cos t)$ 上对应 t 从 0 到 2π 的一段弧;

(5) $\int_L (\mathrm{e}^x \sin y - 2y)\mathrm{d}x + (\mathrm{e}^x \cos y - 2)\mathrm{d}y$, 其中 L 为上半圆周 $x^2 + y^2 = 2ax, y > 0$, 沿逆时针方向;

(6) $\oint_\Gamma y\mathrm{d}x + z\mathrm{d}y + x\mathrm{d}z$, 其中 Γ 是用平面 $x + y + z = 0$ 截球面 $x^2 + y^2 + z^2 = 1$ 所得的截痕, 从 x 轴的正向看去, 沿顺时针方向.

2. 求正数 a 的值, 使 $\int_L y^3\mathrm{d}x + (2x + y^2)\mathrm{d}y$ 的值最小, 其中 L 沿曲线 $y = a\sin x$ 自 $(0,0)$ 至 $(\pi, 0)$ 的弧段.

3. 设在半平面 $x > 0$ 内有力 $\boldsymbol{F} = -\dfrac{k}{\rho^3}\,(x, y)$ 构成力场, 其中 k 为常数, $\rho = \sqrt{x^2 + y^2}$. 证明在此力场中力所做的功与所取的路径无关.

4. 设 $f(x, y)$ 为连续函数, 试就如下曲线

(1) L 为从 $A(a, a)$ 到 $C(b, a)$ 的直线段;

(2) L 为连接 $A(a, a)$, $C(b, a)$ 与 $B(b, b)$ 的三角形 (逆时针方向).

计算下列曲线积分: $\int_L f(x, y)\mathrm{d}s$, $\int_L f(x, y)\mathrm{d}x$, $\int_L f(x, y)\mathrm{d}y$.

5. 证明: 若 L 为平面上的封闭曲线, l 为任意方向向量, 则 $\oint_L \cos(\boldsymbol{l}, \boldsymbol{n})\mathrm{d}s = 0$, 其中 $\boldsymbol{n}$ 为 L 的外法向量, $(\boldsymbol{l}, \boldsymbol{n})$ 为 l 与 $\boldsymbol{n}$ 的夹角.

6. 求曲线积分 $\oint_L [x\cos(\boldsymbol{n}, x) + y\cos(\boldsymbol{n}, y)]\,\mathrm{d}s$, 其中 L 为包围有界区域的封闭曲线, $\boldsymbol{n}$ 为 L 的外法向量, $(\boldsymbol{n}, x)$ 与 $(\boldsymbol{n}, y)$ 表示 $\boldsymbol{n}$ 的方向角.

7. 验证下列曲线积分与路径无关, 并求它们的值:

(1) $\displaystyle\int_{(0,0)}^{(1,1)} (x - y)(\mathrm{d}x - \mathrm{d}y)$;

(2) $\displaystyle\int_{(0,0)}^{(x,y)} (2x\cos y - y^2\sin x)\mathrm{d}x + (2y\cos x - x^2\sin y)\mathrm{d}y$;

(3) $\displaystyle\int_{(2,1)}^{(1,2)} \frac{y\mathrm{d}x - x\mathrm{d}y}{x^2}$, 沿在右半平面的路径;

(4) $\displaystyle\int_{(1,0)}^{(6,8)} \frac{x\mathrm{d}x + y\mathrm{d}y}{\sqrt{x^2 + y^2}}$, 沿不通过原点的路径;

(5) $\displaystyle\int_{(2,1)}^{(1,2)} f(x)\mathrm{d}x + g(y)\mathrm{d}y$, 其中 $f(x), g(y)$ 为连续函数.

8. 求下列全微分的原函数:

(1) $(x^2 + 2xy - y^2)\mathrm{d}x + (x^2 - 2xy - y^2)\mathrm{d}y$;

(2) $\mathrm{e}^x[\mathrm{e}^y(x - y + 2) + y]\mathrm{d}x + \mathrm{e}^x[\mathrm{e}^y(x - y) + 1]\mathrm{d}y$;

(3) $f(\sqrt{x^2 + y^2})x\mathrm{d}x + f(\sqrt{x^2 + y^2})y\mathrm{d}y$.

B 组

9. 计算 $\oint_\Gamma (x + 1)^2\mathrm{d}s$, 其中 Γ 为圆周: $\begin{cases} x^2 + y^2 + z^2 = a^2, \\ x + y + z = 0 \end{cases}$ $(a > 0)$.

10. 计算 $\int_L (x + y)\mathrm{d}s$, 其中 L 为双纽线 $\rho^2 = a^2\cos 2\theta$(极坐标方程) 的右一瓣.

11. 计算球面上的曲边三角形 Γ: $x^2 + y^2 + z^2 = a^2$, $x \geqslant 0, y \geqslant 0, z \geqslant 0$ 的边界线的形心坐标.

12. 证明: 函数 $f(x,y)$ 在光滑曲线 $L : x = x(t), y = y(t), t \in [\alpha, \beta]$ 上连续, 则存在点 $(x_0, y_0) \in L$, 使得 $\int_L f(x,y)\mathrm{d}s = f(x_0, y_0)s_L$(其中 s_L 为 L 的长度).

13. 证明曲线积分的估计:
$$\left| \int_{AB} P\mathrm{d}x + Q\mathrm{d}y \right| \leqslant lM,$$
其中 l 为 AB 的弧长, $M = \max\limits_{(x,y) \in AB} \sqrt{P^2 + Q^2}$. 利用该结果估计 $I_R = \int_{x^2 + y^2 = R^2} \dfrac{y\mathrm{d}x - x\mathrm{d}y}{(x^2 + xy + y^2)^2}$, 并证明 $\lim\limits_{R \to +\infty} I_R = 0$.

14. 计算 $\int_L \dfrac{\mathrm{d}x + \mathrm{d}y}{|x| + |y|}$, 其中 L 为 $|x| + |y| = 1$ 取逆时针方向.

15. 计算 $\int_\Gamma y^2\mathrm{d}x + z^2\mathrm{d}y + x^2\mathrm{d}z$, Γ 为两曲面 $x^2 + y^2 + z^2 = a^2$ 与 $x^2 + y^2 = ax$ $(z \geqslant 0, a > 0)$ 的交线, 从 x 轴正向看过去为逆时针方向.

16. 在过点 $O(0,0)$ 和 $A(\pi, 0)$ 的曲线族 $y = a\sin x (a > 0)$ 中, 求一条曲线 L, 使沿该曲线从 O 到 A 的积分 $\int_L (1 + y^2)\mathrm{d}x + (2x + y)\mathrm{d}y$ 的值最小.

17. 计算曲线积分 $\int_{\overparen{AMB}} [\varphi(y)\mathrm{e}^x - my]\mathrm{d}x + [\varphi'(y)\mathrm{e}^x - m]\mathrm{d}y$, 其中 $\varphi(y)$ 具有一阶连续导数, $\overparen{AMB}$ 为连接点 $A(x_1, y_1)$ 和点 $B(x_2, y_2)$ 的任何路径, 且与直线段 AB 围成的面积已知为 S.

18. 设函数 $u = u(x,y)$ 在由封闭光滑曲线 L 所围成的区域 D 上具有二阶连续偏导数, 证明:
$$\iint\limits_D \left(\frac{\partial^2 u}{\partial x^2} + \frac{\partial^2 u}{\partial y^2} \right)\mathrm{d}x\mathrm{d}y = \oint_L \frac{\partial u}{\partial \boldsymbol{n}}\mathrm{d}s,$$
其中 $\dfrac{\partial u}{\partial \boldsymbol{n}}$ 是 $u = u(x,y)$ 沿 L 外法线方向 $\boldsymbol{n}$ 的方向导数.

19. 计算曲线积分 $I = \oint_L \dfrac{x\mathrm{d}y - y\mathrm{d}x}{4x^2 + y^2}$, 其中 L 是以点 $(1,0)$ 为中心, R 为半径的圆周 $(R \neq 1)$, 取逆时针方向.

20. 计算曲线积分 $I = \oint_L \dfrac{(yx^3 + \mathrm{e}^y)\mathrm{d}x + (xy^3 + x\mathrm{e}^y - 2y)\mathrm{d}y}{9x^2 + 4y^2}$, 其中 L 是沿椭圆 $\dfrac{x^2}{4} + \dfrac{y^2}{9} = 1$ 顺时针一周.

21. 计算曲线 $\left(\dfrac{x}{a}\right)^4 + \left(\dfrac{y}{b}\right)^4 = 1 (a > 0, b > 0)$ 在第一象限内与坐标轴围成的区域的面积, (已知 $\int_0^{\frac{\pi}{2}} \sin^{-\frac{1}{2}}\varphi \cos^{-\frac{1}{2}}\varphi\mathrm{d}\varphi = \dfrac{1}{2\sqrt{\pi}}\left[\Gamma\left(\dfrac{1}{4}\right)\right]^2$).

22. 已知平面闭区域 $D = \{(x,y) | 0 \leqslant x \leqslant \pi, 0 \leqslant y \leqslant \pi\}$, L 为 D 的正向边界, 证明:
$$\oint_L x\mathrm{e}^{\sin y}\mathrm{d}y - y\mathrm{e}^{-\sin x}\mathrm{d}x = \oint_L x\mathrm{e}^{-\sin y}\mathrm{d}y - y\mathrm{e}^{\sin x}\mathrm{d}x.$$

第 20 章　曲面积分

曲面积分就是定义在曲面上的函数以曲面为积分域的积分. 与前面曲线积分的情况相类似, 曲面积分也有第一型与第二型之分. 第一型不涉及曲面的定向, 也常称为对面积的曲面积分; 第二型曲面积分与曲面的定向有关, 也常称为对坐标的曲面积分. 本章采用与第 19 章的相类似方法对曲面积分进行讨论, 主要介绍曲面积分的相关概念和性质, 以及曲面积分的计算方法, 并着重讨论 Gauss(高斯) 公式和 Stokes(斯托克斯) 公式. 本章最后介绍场论及微分形式的初步概念.

20.1　第一型曲面积分

曲面构件的质量问题可归结为第一型曲面积分. 设 Σ 为 $\mathbb{R}^3$ 中可求面积的曲面, 其上按面密度 $\mu(x,y,z)$ 分布着某物质, 如何求此曲面构件的质量? 沿用前面的做法, 用任意分割 T 将 Σ 分成 n 小块 $\Sigma_1, \Sigma_2, \cdots, \Sigma_n$, 其中 Σ_i 的面积为 ΔS_i, 直径为 $\lambda_i(i=1,2,\cdots,n)$. 任取 $(\xi_i, \eta_i, \zeta_i) \in \Sigma_i$, 当分割的细度 $\|T\| = \max\{\lambda_1, \lambda_2, \cdots, \lambda_n\} \to 0$ 时, 极限

$$m = \lim_{\|T\| \to 0} \sum_{i=1}^{n} \mu(\xi_i, \eta_i, \zeta_i) \Delta S_i$$

即为曲面构件 Σ 的质量.

定义 20.1.1　设 Σ 是可求面积的曲面, 函数 $f(x,y,z)$ 在 Σ 上有界. 对曲面 Σ 作任意分割 T, 把 Σ 任意分成 n 小块, 即 $T = \{\Sigma_1, \Sigma_2, \cdots, \Sigma_n\}$, 其中 Σ_i 的面积为 ΔS_i, 直径为 $\lambda_i(i=1,2,\cdots,n)$. $\|T\| = \max\limits_{1 \leqslant i \leqslant n} \lambda_i$ 称为分割 T 的细度. 任取一点 $(\xi_i, \eta_i, \zeta_i) \in \Sigma_i$, 如果极限

$$\lim_{\|T\| \to 0} \sum_{i=1}^{n} f(\xi_i, \eta_i, \zeta_i) \Delta S_i$$

存在, 则称 $f(x,y,z)$ 在 Σ 上可积, 此极限称为函数 $f(x,y,z)$ 在曲面 Σ 上的**第一型曲面积分** (或**对面积的曲面积分**), 记作 $\iint\limits_{\Sigma} f(x,y,z)\mathrm{d}S$, 即

$$\iint\limits_{\Sigma} f(x,y,z)\mathrm{d}S = \lim_{\|T\|\to 0} \sum_{i=1}^{n} f(\xi_i, \eta_i, \zeta_i)\Delta S_i.$$

其中 $f(x,y,z)$ 称为**被积函数**, $\mathrm{d}S$ 称为**曲面微元**, $f(x,y,z)\mathrm{d}S$ 称为**被积表达式**, Σ 称为**积分曲面**.

可以证明第一类曲面积分具有如下通常的一些性质.

定理 20.1.1　(1) (**规范性质**) $\iint\limits_{\Sigma} \mathrm{d}S = A_{\Sigma}$, 其中 A_{Σ} 为曲面 Σ 的面积.

(2) (**线性性质**) 设 f, g 在 Σ 上可积, C_1, C_2 为常数, 则

$$\iint\limits_{\Sigma} [C_1 f(x,y,z) + C_2 g(x,y,z)]\mathrm{d}S = C_1 \iint\limits_{\Sigma} f(x,y,z)\mathrm{d}S + C_2 \iint\limits_{\Sigma} g(x,y,z)\mathrm{d}S.$$

(3) (**积分域可加性质**) 若积分曲面 Σ 可分割为两片可求面积的曲面 Σ_1 和 Σ_2, f 在 Σ 上可积, 则

$$\iint\limits_{\Sigma} f(x,y,z)\mathrm{d}S = \iint\limits_{\Sigma_1} f(x,y,z)\mathrm{d}S + \iint\limits_{\Sigma_2} f(x,y,z)\mathrm{d}S.$$

(4) (**保序性质**) 设在曲面 Σ 上 $f(x,y,z) \leqslant g(x,y,z)$, f, g 在 Σ 上可积, 则

$$\iint\limits_{\Sigma} f(x,y,z)\mathrm{d}S \leqslant \iint\limits_{\Sigma} g(x,y,z)\mathrm{d}S;$$

特别地, 有

$$\left| \iint\limits_{\Sigma} f(x,y,z)\mathrm{d}S \right| \leqslant \iint\limits_{\Sigma} |f(x,y,z)|\mathrm{d}S.$$

(5) (**估值不等式**) 设 f 在 Σ 上可积, 则存在常数 c, 使得

$$\iint\limits_{\Sigma} f(x,y,z)\mathrm{d}S = cA_{\Sigma},$$

其中 A_{Σ} 为曲面 Σ 的面积, $\inf f(x,y,z) \leqslant c \leqslant \sup\limits_{\Sigma} f(x,y,z)$.

第一型曲面积分一般可转化为二重积分来计算, 有如下结论.

定理 20.1.2　设 Σ 为 $\mathbb{R}^3$ 中光滑曲面, 其方程为 $z = z(x,y)$, $(x,y) \in D_{xy}$, 其中 D_{xy} 为 Σ 在 xy 面上的投影区域, 函数 $f(x,y,z)$ 在 Σ 上连续, 则有计算公式

$$\iint\limits_{\Sigma} f(x,y,z)\mathrm{d}S = \iint\limits_{D_{xy}} f[x,y,z(x,y)]\sqrt{1 + z_x^2(x,y) + z_y^2(x,y)}\,\mathrm{d}x\mathrm{d}y.$$

证明 (阅读) 根据第一型曲面积分的定义, 有

$$\iint\limits_{\Sigma} f(x,y,z)\mathrm{d}S = \lim_{\|T\|\to 0}\sum_{i=1}^{n} f(\xi_i,\eta_i,\zeta_i)\Delta S_i,$$

其中 $T = \{\Sigma_1,\Sigma_2,\cdots,\Sigma_n\}$ 为 Σ 的分割, ΔS_i 为第 i 小块曲面 Σ_i 的面积. 设 Σ_i 在 xy 面上的投影区域为 D_i, 这样 D_{xy} 也分成 n 小块: $D_1,D_2,\cdots,D_n$, 记此分割为 T^*, 记 D_i 的面积为 $\Delta\sigma_i$. 由曲面面积公式知

$$\Delta S_i = \iint\limits_{D_i} \sqrt{1+z_x^2(x,y)+z_y^2(x,y)}\mathrm{d}x\mathrm{d}y.$$

应用二重积分的中值定理, 有

$$\Delta S_i = \sqrt{1+z_x^2(\bar{\xi}_i,\bar{\eta}_i)+z_y^2(\bar{\xi}_i,\bar{\eta}_i)}\Delta\sigma_i,$$

其中 $(\bar{\xi}_i,\bar{\eta}_i)$ 是 D_i 上的一点. 又因为 (ξ_i,η_i,ζ_i) 是 Σ_i 上的一点, 所以 $\zeta_i = z(\xi_i,\eta_i)$, 这里 (ξ_i,η_i) 也是 D_i 上的点. 于是

$$\lim_{\|T\|\to 0}\sum_{i=1}^{n} f(\xi_i,\eta_i,\zeta_i)\Delta S_i = \lim_{\|T\|\to 0} f[\xi_i,\eta_i,z(\xi_i,\eta_i)]\sqrt{1+z_x^2(\bar{\xi}_i,\bar{\eta}_i)+z_y^2(\bar{\xi}_i,\bar{\eta}_i)}\Delta\sigma_i.$$

由于函数 $f(x,y,z(x,y))$ 与 $\sqrt{1+z_x^2(x,y)+z_y^2(x,y)}$ 都在 D_{xy} 上连续, 即一致连续, 可以证明将上式中的 $(\bar{\xi}_i,\bar{\eta}_i)$ 换为 (ξ_i,η_i) 时极限存在且等式成立 (与 19.1 节中的第一型曲线积分的计算公式的证明方法相同, 该步骤略), 即

$$\lim_{\|T\|\to 0}\sum_{i=1}^{n} f(\xi_i,\eta_i,\zeta_i)\Delta S_i = \lim_{\|T^*\|\to 0} f[\xi_i,\eta_i,z(\xi_i,\eta_i)]\sqrt{1+z_x^2(\xi_i,\eta_i)+z_y^2(\xi_i,\eta_i)}\Delta\sigma_i.$$

而上式中的右端等于二重积分 $\iint\limits_{D_{xy}} f[x,y,z(x,y)]\sqrt{1+z_x^2(x,y)+z_y^2(x,y)}\mathrm{d}x\mathrm{d}y$, 由此得

$$\iint\limits_{\Sigma} f(x,y,z)\mathrm{d}S = \iint\limits_{D_{xy}} f[x,y,z(x,y)]\sqrt{1+z_x^2(x,y)+z_y^2(x,y)}\mathrm{d}x\mathrm{d}y.$$

该计算公式表明, 计算第一型曲面积分 $\iint\limits_{\Sigma} f(x,y,z)\mathrm{d}S$ 时, 若曲面 Σ 由方程 $z = z(x,y)$ 给出, Σ 在 xy 上的投影区域为 D_{xy}, 只要将式中 z 换为 $z(x,y)$, $\mathrm{d}S$ 换为

$$\sqrt{1 + z_x^2(x, y) + z_y^2(x, y)} \mathrm{d}x \mathrm{d}y,$$

再作区域 D_{xy} 上的二重积分即可.

类似地, 如果光滑曲面 Σ 的方程为 $y = y(z, x)$, D_{zx} 为 Σ 在 zx 面上的投影区域, 则函数 $f(x, y, z)$ 在 Σ 上第一型曲面积分可化为

$$\iint\limits_{\Sigma} f(x, y, z)\mathrm{d}S = \iint\limits_{D_{zx}} f[x, y(z, x), z]\sqrt{1 + y_z^2(z, x) + y_x^2(z, x)} \mathrm{d}z \mathrm{d}x;$$

如果光滑曲面 Σ 的方程为 $x = x(y, z)$, D_{yz} 为 Σ 在 yz 面上的投影区域, 则函数 $f(x, y, z)$ 在 Σ 上第一型曲面积分可化为

$$\iint\limits_{\Sigma} f(x, y, z)\mathrm{d}S = \iint\limits_{D_{yz}} f[x(y, z), y, z]\sqrt{1 + x_y^2(y, z) + x_z^2(y, z)} \mathrm{d}y \mathrm{d}z.$$

例 20.1.1 计算 $\iint\limits_{\Sigma} (x^2 + y^2)\mathrm{d}S$, 其中 Σ 是锥面 $x^2 + y^2 = z^2$ 夹在两平面 $z = 0$, $z = 1$ 之间的部分 (图 20.1.1).

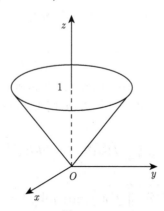

图 20.1.1

解 Σ 的方程为 $z = \sqrt{x^2 + y^2}$,

$$z_x = \frac{x}{\sqrt{x^2 + y^2}}, \quad z_y = \frac{y}{\sqrt{x^2 + y^2}}, \quad \mathrm{d}S = \sqrt{1 + z_x^2 + z_y^2}\mathrm{d}x \mathrm{d}y = \sqrt{2}\mathrm{d}x \mathrm{d}y,$$

Σ 在 xy 面上的投影区域 $D_{xy} = \{(x, y) | x^2 + y^2 \leqslant 1\}$, 则

$$\iint\limits_{\Sigma} (x^2 + y^2)\mathrm{d}S = \iint\limits_{D_{xy}} (x^2 + y^2)\sqrt{2}\mathrm{d}x \mathrm{d}y$$

$$= \sqrt{2} \int_0^{2\pi} \mathrm{d}\theta \int_0^1 \rho^3 \mathrm{d}\rho = \frac{\sqrt{2}\pi}{2}.$$

例 20.1.2　计算 $\displaystyle\iint\limits_{\Sigma} x^3 y^2 z \mathrm{d}S$, 其中 Σ 是由三个坐标平面及平面 $x+y+z=1$ 所围成的四面体的整个边界曲面.

解　设整个边界曲面 Σ 在平面 $x=0, y=0, z=0$ 及 $x+y+z=1$ 上的部分依次记为 $\Sigma_1, \Sigma_2, \Sigma_3$ 及 Σ_4, 如图 20.1.2 所示, 于是

$$\iint\limits_{\Sigma} x^3 y^2 z \mathrm{d}S = \iint\limits_{\Sigma_1} x^3 y^2 z \mathrm{d}S + \iint\limits_{\Sigma_2} x^3 y^2 z \mathrm{d}S + \iint\limits_{\Sigma_3} x^3 y^2 z \mathrm{d}S + \iint\limits_{\Sigma_4} x^3 y^2 z \mathrm{d}S$$

$$= 0 + 0 + 0 + \iint\limits_{\Sigma_4} x^3 y^2 z \mathrm{d}S = \iint\limits_{D_{xy}} \sqrt{3} x^3 y^2 (1-x-y) \mathrm{d}x\mathrm{d}y$$

$$= \sqrt{3} \int_0^1 x^3 \mathrm{d}x \int_0^{1-x} y^2 (1-x-y) \mathrm{d}y = \frac{\sqrt{3}}{12} \int_0^1 x^3 (1-x)^4 \mathrm{d}x = \frac{\sqrt{3}}{3360}.$$

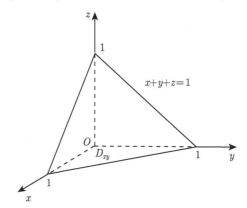

图 20.1.2

例 20.1.3　计算 $\displaystyle\iint\limits_{\Sigma} (x + y^2 + z^2) \mathrm{d}S$, 其中 Σ 为旋转抛物面 $x = y^2 + z^2$ 夹在两平面 $x=0, x=1$ 之间的部分.

解　如图 20.1.3 所示, 设 Σ 在 yz 面上的投影为 $D_{yz} = \{(y,z) | y^2 + z^2 \leqslant 1\}$, 则

$$\iint\limits_{\Sigma} (x + y^2 + z^2) \mathrm{d}S = \iint\limits_{D_{yz}} 2(y^2 + z^2) \sqrt{1 + 4y^2 + 4z^2} \mathrm{d}y\mathrm{d}z$$

$$= 2 \int_0^{2\pi} \mathrm{d}\theta \int_0^1 \rho^3 \sqrt{1 + 4\rho^2} \mathrm{d}\rho$$

$$= \frac{1}{8}\pi \int_0^1 [(1+4\rho^2)-1]\sqrt{1+4\rho^2}\,\mathrm{d}(1+4\rho^2)$$

$$= \frac{1}{4}\pi \left[\frac{1}{5}(1+4\rho^2)^{\frac{5}{2}} - \frac{1}{3}(1+4\rho^2)^{\frac{3}{2}}\right]_0^1 = \frac{\pi}{30}(25\sqrt{5}+1).$$

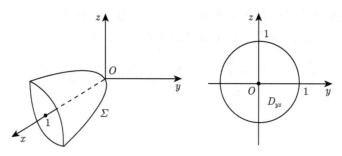

图 20.1.3

设有一分布着质量的曲面 Σ, 在点 (x,y,z) 处的面密度为 $\mu(x,y,z)$, 则可用第一型曲面积分表示曲面 Σ 对于 x,y,z 三坐标轴的转动惯量 I_x, I_y, I_z 以及质心坐标 $(\bar{x}, \bar{y}, \bar{z})$, 其计算公式分别为

$$I_x = \iint\limits_{\Sigma} (y^2+z^2)\mu(x,y,z)\mathrm{d}S;$$

$$I_y = \iint\limits_{\Sigma} (x^2+z^2)\mu(x,y,z)\mathrm{d}S;$$

$$I_z = \iint\limits_{\Sigma} (x^2+y^2)\mu(x,y,z)\mathrm{d}S.$$

$$\bar{x} = \frac{1}{m}\iint\limits_{\Sigma} x\mu(x,y,z)\mathrm{d}S; \quad \bar{y} = \frac{1}{m}\iint\limits_{\Sigma} y\mu(x,y,z)\mathrm{d}S; \quad \bar{z} = \frac{1}{m}\iint\limits_{\Sigma} z\mu(x,y,z)\mathrm{d}S,$$

其中 $m = \iint\limits_{\Sigma} \mu(x,y,z)\mathrm{d}S$ 为曲面 Σ 的质量.

例 20.1.4　求面密度为常数 μ_0 的半球壳 $x^2+y^2+z^2=a^2 (z \geqslant 0)$ 对于 z 轴的转动惯量.

解　由 $x^2+y^2+z^2=a^2 (z \geqslant 0)$ 得 $z = \sqrt{a^2-x^2-y^2}$, 在 xy 面上的投影为

$$D_{xy} = \{(x,y)|x^2+y^2 \leqslant a^2\},$$

则曲面对于 z 轴的转动惯量为

$$I_z = \iint\limits_{\Sigma} (x^2 + y^2)\mu_0 \mathrm{d}S = \iint\limits_{D_{xy}} (x^2 + y^2)\mu_0 \frac{a}{\sqrt{a^2 - x^2 - y^2}} \mathrm{d}x\mathrm{d}y$$

$$= a\mu_0 \int_0^{2\pi} \mathrm{d}\theta \int_0^a \rho^2 \frac{\rho}{\sqrt{a^2 - \rho^2}} \mathrm{d}\rho = \pi a\mu_0 \int_0^a \frac{(a^2 - \rho^2) - a^2}{\sqrt{a^2 - \rho^2}} \mathrm{d}(a^2 - \rho^2)$$

$$= \pi a\mu_0 \left[\frac{2}{3}(a^2 - \rho^2)^{\frac{3}{2}} - 2a^2\sqrt{a^2 - \rho^2} \right]_0^a = \frac{4}{3}\pi\mu_0 a^4.$$

例 20.1.5 设 Σ 为匀质锥面 $z = \sqrt{x^2 + y^2}$ 上被抛物柱面 $z^2 = 2ax(a > 0)$ 所截下部分, 求其质心坐标.

解 设质心坐标为 $(\overline{x}, \overline{y}, \overline{z})$, Σ 在 xy 面上的投影为 $D_{xy} = \{(x, y) | (x - a)^2 + y^2 \leqslant a^2\}$, 因曲面面积

$$m = \iint\limits_{\Sigma} \mathrm{d}S = \iint\limits_{D_{xy}} \sqrt{1 + z_x^2 + z_y^2} \mathrm{d}x\mathrm{d}y = \iint\limits_{D_{xy}} \sqrt{2}\mathrm{d}x\mathrm{d}y = \sqrt{2}\pi a^2,$$

则有

$$\overline{x} = \frac{\iint\limits_{\Sigma} x\mathrm{d}S}{m} = \frac{\iint\limits_{D_{xy}} x\sqrt{2}\mathrm{d}x\mathrm{d}y}{m} = \frac{\sqrt{2}\int_{-\frac{\pi}{2}}^{\frac{\pi}{2}} \cos\theta\mathrm{d}\theta \int_0^{2a\cos\theta} \rho^2\mathrm{d}\rho}{m} = \frac{\sqrt{2}\pi a^3}{\sqrt{2}\pi a^2} = a,$$

$$\overline{y} = \frac{\iint\limits_{\Sigma} y\mathrm{d}S}{m} = \frac{\iint\limits_{D_{xy}} y\sqrt{2}\mathrm{d}x\mathrm{d}y}{m} = 0,$$

$$\overline{z} = \frac{\iint\limits_{\Sigma} z\mathrm{d}S}{m} = \frac{\iint\limits_{D_{xy}} \sqrt{2}\sqrt{x^2 + y^2}\mathrm{d}x\mathrm{d}y}{m} = \frac{\sqrt{2}\int_{-\frac{\pi}{2}}^{\frac{\pi}{2}} \mathrm{d}\theta \int_0^{2a\cos\theta} \rho^2\mathrm{d}\rho}{m}$$

$$= \frac{\frac{32}{9}\sqrt{2}a^3}{\sqrt{2}\pi a^2} = \frac{32a}{9\pi},$$

故该曲面的质心坐标为 $\left(a, 0, \dfrac{32a}{9\pi} \right)$.

<h2 style="text-align:center">习　题　20.1</h2>

1. 当 Σ 是 xy 面内的一个闭区域时, 曲面积分 $\iint\limits_{\Sigma} f(x, y, z)\mathrm{d}S$ 与二重积分有什么关系?

2. 计算下列第一型曲面积分:

(1) $\iint\limits_{\Sigma}(x^2+y^2+1)\mathrm{d}S$, 其中 Σ 为抛物面 $z=2-(x^2+y^2)$ 在 xy 面上方的部分;

(2) $\iint\limits_{\Sigma}(6x+4y+3z)\mathrm{d}S$, 其中 Σ 为平面 $\dfrac{x}{2}+\dfrac{y}{3}+\dfrac{z}{4}=1$ 在第一卦限中的部分;

(3) $\iint\limits_{\Sigma}\dfrac{1}{z}\mathrm{d}S$, 其中 Σ 是球面 $x^2+y^2+z^2=a^2$ 被平面 $z=1\,(a>1)$ 截出的顶部;

(4) $\iint\limits_{\Sigma}(x^2+y^2)\mathrm{d}S$, 其中 Σ 是锥面 $z=\sqrt{x^2+y^2}$ 及平面 $z=1$ 所围成的区域的整个边界曲面.

3. 求锥面 $z=\sqrt{x^2+y^2}$ 被 $x^2+y^2=2ax$ 所截得的有限部分的质量, 其中面密度为 $\mu=xy+yz+zx$.

4. 已知曲面 $\Sigma: x^2+y^2-z^2=1\,(0\leqslant z\leqslant 1)$ 上任一点处的面密度为 $\mu=\dfrac{z}{\sqrt{1+2z^2}}$, 求:

(1) 曲面的质心坐标;　　　　　　　(2) 曲面对于 z 轴的转动惯量.

20.2　第二型曲面积分

为了给曲面确定方向, 先要介绍一下曲面侧的概念. 设 Σ 是连通曲面 (可以是封闭的, 则此时无边界, 否则有边界), 在每一点都有连续变动的切平面 (或法线). 对 Σ 内任意一点 P_0, 取定 Σ 在点 P_0 的一个法向量. 若一个动点 P 从点 P_0 出发, 不经过 Σ 的边界, 沿 Σ 内任何路径运动到点 P_0, 此时 Σ 在点 P 的法向量从点 P_0 选定的方向出发连续地沿路径变化到点 P_0 时, 保持原先在点 P_0 选定的方向, 则称 Σ 为**双侧曲面**; 否则称为**单侧曲面**.

在现实中, 我们遇到的曲面多数是双侧的. 单侧曲面的一个典型例子是 Möbius (默比乌斯) 带. 它的构造方法如下: 取一矩形长纸带, 将其一端扭转 $180°$ 后与对应的另一端粘合在一起, 即得 Möbius 带 (参见图 20.2.1).

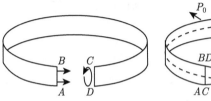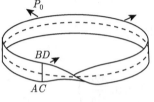

数学家
小传20.2.1

图 20.2.1

由方程 $z=z(x,y)$ 所表示的曲面 Σ 分为上侧与下侧, 是双侧曲面. 为了准确地反映曲面的朝向 (即曲面的侧), 我们作如下规定: 设 $\boldsymbol{n}=(\cos\alpha,\cos\beta,\cos\gamma)$ 为曲面上点 (x,y,z) 处的单位法向量, 取曲面的上侧时 $\cos\gamma>0$, 取曲面的下侧时

$\cos\gamma < 0$. 类似地, 曲面也分前侧与后侧、左侧与右侧, 同样规定: 取曲面的前侧时 $\cos\alpha > 0$, 取曲面的后侧时 $\cos\alpha < 0$; 取曲面的右侧时 $\cos\beta > 0$, 取曲面的左侧时 $\cos\beta < 0$. 这样就可以通过法向量来确定曲面的侧.

定义 20.2.1 取定了法向量亦即指定了侧的曲面称为**有向曲面**; 指定的那一侧有时也称为**正侧**, 与之相反的另一侧称为**负侧**.

先看一个有关第二型曲面积分的例子: 设某流体以速度

$$\boldsymbol{v}(x,y,z) = (P(x,y,z), Q(x,y,z), R(x,y,z))$$

从给定有向曲面 Σ 的一侧流向指定的一侧 (由负侧流向正侧), 求在单位时间内流向 Σ 指定侧的总流量 Φ.

对 Σ 作任意分割 T, 把曲面 Σ 分成 n 小块, 即 $T = \{\Sigma_1, \Sigma_2, \cdots, \Sigma_n\}$, 其中 Σ_i 的面积为 ΔS_i, 直径为 $\lambda_i (i = 1, 2, \cdots, n)$. 当 Σ_i 的直径 λ_i 充分小, 就可以用 Σ_i 上任一点 (ξ_i, η_i, ζ_i) 处的流速

$$\boldsymbol{v}_i = \boldsymbol{v}(\xi_i, \eta_i, \zeta_i) = (P(\xi_i, \eta_i, \zeta_i), Q(\xi_i, \eta_i, \zeta_i), R(\xi_i, \eta_i, \zeta_i))$$

近似地代替 Σ_i 上各点处的流速, 以该点处曲面 Σ 的单位法向量

$$\boldsymbol{n}_i = (\cos\alpha_i, \cos\beta_i, \cos\gamma_i)$$

近似地代替 Σ_i 上各点处的单位法向量, 如图 20.2.2 所示. 从而得到通过 Σ_i 并流向指定侧的流量的近似值为

$$\boldsymbol{v}_i \cdot \boldsymbol{n}_i \Delta S_i \quad (i = 1, 2, \cdots, n),$$

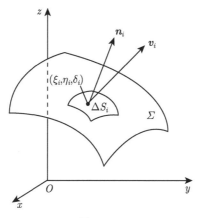

图 20.2.2

令 $\|T\| = \max\limits_{1 \leqslant i \leqslant n} \lambda_i$, 于是通过 Σ 流向指定侧的流量

$$
\begin{aligned}
\varPhi &\approx \sum_{i=1}^{n} \boldsymbol{v}_i \cdot \boldsymbol{n}_i \Delta S_i \\
&= \sum_{i=1}^{n} [P(\xi_i, \eta_i, \zeta_i) \cos \alpha_i + Q(\xi_i, \eta_i, \zeta_i) \cos \beta_i + R(\xi_i, \eta_i, \zeta_i) \cos \gamma_i] \Delta S_i.
\end{aligned}
$$

现记 Σ_i 在 yz 面, zx 面, xy 面这三个坐标面上的投影面积 (与指定侧有关的带有符号的面积) 分别为 $\Delta y_i \Delta z_i$, $\Delta z_i \Delta x_i$, $\Delta x_i \Delta y_i$, 则

$$
\cos \alpha_i \Delta S_i \approx \Delta y_i \Delta z_i, \quad \cos \beta_i \Delta S_i \approx \Delta z_i \Delta x_i, \quad \cos \gamma_i \Delta S_i \approx \Delta x_i \Delta y_i.
$$

于是有

$$
\varPhi \approx \sum_{i=1}^{n} [P(\xi_i, \eta_i, \zeta_i) \Delta y_i \Delta z_i + Q(\xi_i, \eta_i, \zeta_i) \Delta z_i \Delta x_i + R(\xi_i, \eta_i, \zeta_i) \Delta x_i \Delta y_i].
$$

因此当 $\|T\| \to 0$ 时得到总流量 $\varPhi$ 为

$$
\varPhi = \lim_{\|T\| \to 0} \sum_{i=1}^{n} [P(\xi_i, \eta_i, \zeta_i) \Delta y_i \Delta z_i + Q(\xi_i, \eta_i, \zeta_i) \Delta z_i \Delta x_i + R(\xi_i, \eta_i, \zeta_i) \Delta x_i \Delta y_i].
$$

这种与曲面侧有关的和式极限就是所要讨论的第二型曲面积分.

定义 20.2.2　设 $P(x,y,z)$, $Q(x,y,z)$, $R(x,y,z)$ 为定义在可求面积的双侧曲面 Σ 上的有界函数. 指定 Σ 的一侧, 分割 T 把 Σ 分成 n 块小曲面 $\Sigma_i (i = 1, 2, \cdots, n)$, 分割 T 的细度为 $\|T\| = \max\limits_{1 \leqslant i \leqslant n} \lambda_i$, 其中 λ_i 为 Σ_i 的直径. 设 Σ_i 在三个坐标面 yz 面, zx 面, xy 面上的投影面积 (与指定侧有关的带有符号的面积) 分别为 $\Delta y_i \Delta z_i$, $\Delta z_i \Delta x_i$, $\Delta x_i \Delta y_i$, 任取一点 $(\xi_i, \eta_i, \zeta_i) \in \Sigma_i$, 若极限

$$
\lim_{\|T\| \to 0} \sum_{i=1}^{n} P(\xi_i, \eta_i, \zeta_i) \Delta y_i \Delta z_i + \lim_{\|T\| \to 0} \sum_{i=1}^{n} Q(\xi_i, \eta_i, \zeta_i) \Delta z_i \Delta x_i
$$
$$
+ \lim_{\|T\| \to 0} \sum_{i=1}^{n} R(\xi_i, \eta_i, \zeta_i) \Delta x_i \Delta y_i
$$

存在, 则称此极限为函数 $P(x,y,z)$, $Q(x,y,z)$, $R(x,y,z)$ 沿有向曲面 Σ 指定侧的**第二型曲面积分** (或**对坐标的曲面积分**), 记为

$$
\iint\limits_{\Sigma} P(x,y,z) \mathrm{d}y \mathrm{d}z + \iint\limits_{\Sigma} Q(x,y,z) \mathrm{d}z \mathrm{d}x + \iint\limits_{\Sigma} R(x,y,z) \mathrm{d}x \mathrm{d}y
$$

或

$$\iint\limits_{\Sigma} P(x,y,z)\mathrm{d}y\mathrm{d}z + Q(x,y,z)\mathrm{d}z\mathrm{d}x + R(x,y,z)\mathrm{d}x\mathrm{d}y,$$

简记为

$$\iint\limits_{\Sigma} P\mathrm{d}y\mathrm{d}z + Q\mathrm{d}z\mathrm{d}x + R\mathrm{d}x\mathrm{d}y. \tag{20.2.1}$$

当 Σ 为封闭曲面时, 第二型曲面积分记作 $\oiint\limits_{\Sigma} P\mathrm{d}y\mathrm{d}z + Q\mathrm{d}z\mathrm{d}x + R\mathrm{d}x\mathrm{d}y.$

由上述定义可知, 以速度 $\boldsymbol{v}(x,y,z) = (P(x,y,z), Q(x,y,z), R(x,y,z))$ 流向 Σ 指定侧的总流量 Φ 可表示为

$$\Phi = \iint\limits_{\Sigma} P\mathrm{d}y\mathrm{d}z + Q\mathrm{d}z\mathrm{d}x + R\mathrm{d}x\mathrm{d}y.$$

第二型曲面积分具有以下主要性质.

定理 20.2.1 (1) 第二型曲面积分与有向曲面的侧有关. 设 Σ 是有向曲面, $-\Sigma$ 表示与 Σ 取相反侧的有向曲面, 则

$$\iint\limits_{-\Sigma} P\mathrm{d}y\mathrm{d}z + Q\mathrm{d}z\mathrm{d}x + R\mathrm{d}x\mathrm{d}y = -\iint\limits_{\Sigma} P\mathrm{d}y\mathrm{d}z + Q\mathrm{d}z\mathrm{d}x + R\mathrm{d}x\mathrm{d}y.$$

(2) (**线性性质**) 若 $\iint\limits_{\Sigma} P_1\mathrm{d}y\mathrm{d}z + Q_1\mathrm{d}z\mathrm{d}x + R_1\mathrm{d}x\mathrm{d}y$ 与 $\iint\limits_{\Sigma} P_2\mathrm{d}y\mathrm{d}z + Q_2\mathrm{d}z\mathrm{d}x + R_2\mathrm{d}x\mathrm{d}y$ 存在, 则对任意常数 $a_1, b_1, c_1, a_2, b_2, c_2,$

$$\iint\limits_{\Sigma} (a_1 P_1 + a_2 P_2)\,\mathrm{d}y\mathrm{d}z + (b_1 Q_1 + b_2 Q_2)\,\mathrm{d}z\mathrm{d}x + (c_1 R_1 + c_2 R_2)\,\mathrm{d}x\mathrm{d}y$$

存在, 且

$$\iint\limits_{\Sigma} (a_1 P_1 + a_2 P_2)\,\mathrm{d}y\mathrm{d}z + (b_1 Q_1 + b_2 Q_2)\,\mathrm{d}z\mathrm{d}x + (c_1 R_1 + c_2 R_2)\,\mathrm{d}x\mathrm{d}y$$

$$= a_1 \iint\limits_{\Sigma} P_1\mathrm{d}y\mathrm{d}z + a_2 \iint\limits_{\Sigma} P_2\mathrm{d}y\mathrm{d}z + b_1 \iint\limits_{\Sigma} Q_1\mathrm{d}z\mathrm{d}x$$

$$+ b_2 \iint\limits_{\Sigma} Q_2\mathrm{d}z\mathrm{d}x + c_1 \iint\limits_{\Sigma} R_1\mathrm{d}x\mathrm{d}y + c_2 \iint\limits_{\Sigma} R_2\mathrm{d}x\mathrm{d}y.$$

(3) (**积分域可加性质**) 若积分曲面 Σ 可分割为两片可求面积的曲面 Σ_1 和 Σ_2, 函数 P, Q, R 在 Σ 上存在第二型曲面积分, 则

$$\iint\limits_{\Sigma} P\mathrm{d}y\mathrm{d}z + Q\mathrm{d}z\mathrm{d}x + R\mathrm{d}x\mathrm{d}y$$

$$= \iint\limits_{\Sigma_1} P\mathrm{d}y\mathrm{d}z + Q\mathrm{d}z\mathrm{d}x + R\mathrm{d}x\mathrm{d}y + \iint\limits_{\Sigma_2} P\mathrm{d}y\mathrm{d}z + Q\mathrm{d}z\mathrm{d}x + R\mathrm{d}x\mathrm{d}y.$$

第二型曲面积分也是化为二重积分来计算.

定理 20.2.2　设 Σ 为光滑曲面, 其方程为 $z = z(x, y)$, $(x, y) \in D_{xy}$, 其中 D_{xy} 为 Σ 在 xy 面上的投影区域, $R(x, y, z)$ 是定义在 Σ 上的连续函数, 取 Σ 的上侧 (这时 Σ 的法向量与 z 轴正向夹锐角), 则

$$\iint\limits_{\Sigma} R(x, y, z)\mathrm{d}x\mathrm{d}y = \iint\limits_{D_{xy}} R[x, y, z(x, y)]\mathrm{d}x\mathrm{d}y. \tag{20.2.2}$$

证明　(阅读) 由于 Σ 是光滑的, 投影区域 D_{xy} 是可求面积的, 由第二型曲面积分的定义, 有

$$\iint\limits_{\Sigma} R(x, y, z)\mathrm{d}x\mathrm{d}y = \lim_{\|T\|\to 0} \sum_{i=1}^{n} R(\xi_i, \eta_i, \zeta_i)\Delta x_i \Delta y_i.$$

因 (ξ_i, η_i, ζ_i) 是 Σ 上的一点, 故 $\zeta_i = z(\xi_i, \eta_i)$, 从而有

$$\iint\limits_{\Sigma} R(x, y, z)\mathrm{d}x\mathrm{d}y = \lim_{\|T\|\to 0} \sum_{i=1}^{n} R(\xi_i, \eta_i, z(\xi_i, \eta_i))\Delta x_i \Delta y_i. \tag{20.2.3}$$

由于 Σ 是光滑的, 故 $z = z(x, y)$ 在 D_{xy} 上连续, 又 $R(x, y, z)$ 在 Σ 上连续, 根据复合函数的连续性, $R(x, y, z(x, y))$ 也是 D_{xy} 上的连续函数. Σ 的每个分割 T 对应于 (诱导了) D_{xy} 的一个分割 T^*, 由于 Σ 的法向量与 z 轴正向夹锐角, 故在分割 T^* 下小闭域的面积为 $\Delta x_i \Delta y_i (i = 1, 2, \cdots, n)$. 于是由二重积分的定义, 有

$$\iint\limits_{D_{xy}} R[x, y, z(x, y)]\mathrm{d}x\mathrm{d}y = \lim_{\|T^*\|\to 0} \sum_{i=1}^{n} R(\xi_i, \eta_i, z(\xi_i, \eta_i))\Delta x_i \Delta y_i. \tag{20.2.4}$$

显然有 $\|T\| \to 0 \Rightarrow \|T^*\| \to 0$, 由此推出

$$\lim_{\|T\|\to 0} \sum_{i=1}^{n} R(\xi_i, \eta_i, z(\xi_i, \eta_i))\Delta x_i \Delta y_i$$

$$= \lim_{\|T^*\| \to 0} \sum_{i=1}^{n} R(\xi_i, \eta_i, z(\xi_i, \eta_i)) \Delta x_i \Delta y_i. \tag{20.2.5}$$

由 (20.2.3)~(20.2.5) 这三式即知 (20.2.2) 式成立.

由证明可见, 在定理 20.2.2 其他条件不变的情况下, 若取 Σ 的下侧, 则有

$$\iint\limits_{\Sigma} R(x, y, z)\mathrm{d}x\mathrm{d}y = -\iint\limits_{D_{xy}} R[x, y, z(x, y)]\mathrm{d}x\mathrm{d}y.$$

定理 20.2.2 表明, 计算曲面积分 $\iint\limits_{\Sigma} R(x, y, z)\mathrm{d}x\mathrm{d}y$, 只要将式中 Σ 换为 D_{xy}, z 换为 $z(x, y)$, 并根据有向曲面的侧确定符号, 再计算二重积分即可.

类似地, 若有向光滑曲面 Σ 由方程 $x = x(y, z)$ 给出, Σ 在 yz 面上的投影区域为 D_{yz}, 函数 $P(x, y, z)$ 在 Σ 上连续, 则

$$\iint\limits_{\Sigma} P(x, y, z)\mathrm{d}y\mathrm{d}z = \pm \iint\limits_{D_{yz}} P[x(y, z), y, z]\mathrm{d}y\mathrm{d}z, \tag{20.2.6}$$

其中二重积分前的符号当 Σ 的单位法向量与 x 轴正向夹锐角时取 "+" 号, 夹钝角时 "–" 号.

若有向光滑曲面 Σ 由方程 $y = y(z, x)$ 给出, Σ 在 zx 面上的投影区域为 D_{zx}, 函数 $Q(x, y, z)$ 在 Σ 上连续, 则

$$\iint\limits_{\Sigma} Q(x, y, z)\mathrm{d}z\mathrm{d}x = \pm \iint\limits_{D_{zx}} Q[x, y(z, x), z]\mathrm{d}z\mathrm{d}x, \tag{20.2.7}$$

其中二重积分前的符号当 Σ 的单位法向量与 y 轴正向夹锐角时取 "+" 号, 夹钝角时 "–" 号.

若要计算 (20.2.1) 式, 则将它作为三个积分的和分别用公式 (20.2.6), (20.2.7) 及 (20.2.2) 来计算.

例 20.2.1 计算 $\iint\limits_{\Sigma} (x + 2y + 3z)\mathrm{d}x\mathrm{d}y + (x + y + z)\mathrm{d}y\mathrm{d}z$, 其中 Σ 为平面 $x + y + z = 1$ 在第一卦限内的上侧 (图 20.2.3).

解 Σ 在 xy 面与 yz 面上的投影区域分别为

$$D_{xy} = \{(x, y)|x + y \leqslant 1, x \geqslant 0, y \geqslant 0\}, \quad D_{yz} = \{(y, z)|y + z \leqslant 1, y \geqslant 0, z \geqslant 0\},$$

则

$$\iint\limits_{\Sigma} (x + 2y + 3z)\mathrm{d}x\mathrm{d}y + (x + y + z)\mathrm{d}y\mathrm{d}z$$

$$= \iint\limits_{D_{xy}} [x + 2y + 3(1-x-y)]\mathrm{d}x\mathrm{d}y + \iint\limits_{D_{yz}} \mathrm{d}y\mathrm{d}z$$

$$= \int_0^1 \mathrm{d}x \int_0^{1-x} (3 - 2x - y)\mathrm{d}y + \frac{1}{2} = \frac{3}{2}.$$

例 20.2.2　计算 $\iint\limits_{\Sigma} xyz\mathrm{d}x\mathrm{d}y$, 其中 Σ 是球面 $x^2 + y^2 + z^2 = 1$ 外侧在 $x \geqslant 0$, $y \geqslant 0$ 的部分 (图 20.2.4).

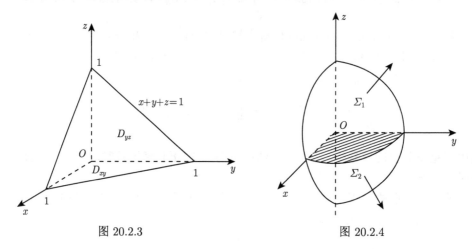

图 20.2.3　　　　　　　　　　图 20.2.4

解　把曲面 Σ 分成上、下两部分, 其中

$\Sigma_1 : z = \sqrt{1 - x^2 - y^2}, (x,y) \in D_{xy} = \{(x,y) \,|\, x^2 + y^2 \leqslant 1, x \geqslant 0, y \geqslant 0\}$, 取上侧,

$\Sigma_2 : z = -\sqrt{1 - x^2 - y^2}, (x,y) \in D_{xy} = \{(x,y) \,|\, x^2 + y^2 \leqslant 1, x \geqslant 0, y \geqslant 0\}$, 取下侧.

于是

$$\iint\limits_{\Sigma} xyz\mathrm{d}x\mathrm{d}y = \iint\limits_{\Sigma_1} xyz\mathrm{d}x\mathrm{d}y + \iint\limits_{\Sigma_2} xyz\mathrm{d}x\mathrm{d}y$$

$$= \iint\limits_{D_{xy}} xy\sqrt{1 - x^2 - y^2}\mathrm{d}x\mathrm{d}y - \iint\limits_{D_{xy}} xy(-\sqrt{1 - x^2 - y^2})\mathrm{d}x\mathrm{d}y$$

$$= 2\iint\limits_{D_{xy}} xy\sqrt{1 - x^2 - y^2}\mathrm{d}x\mathrm{d}y - 2\int_0^{\frac{\pi}{2}} \mathrm{d}\theta \int_0^1 \rho^2 \sin\theta \cos\theta \sqrt{1 - \rho^2}\rho\mathrm{d}\rho$$

$$= 2\int_0^{\frac{\pi}{2}} \sin\theta \cos\theta\mathrm{d}\theta \int_0^1 \rho^2 \sqrt{1 - \rho^2}\rho\mathrm{d}\rho$$

$$\begin{aligned}
&= \int_0^{\frac{\pi}{2}} \sin\theta \mathrm{d}\sin\theta \int_0^1 (1 - \rho^2 - 1)\sqrt{1 - \rho^2}\mathrm{d}(1 - \rho^2) \\
&= \left[\frac{\sin^2\theta}{2}\right]_0^{\frac{\pi}{2}} \left[\frac{2}{5}(1 - \rho^2)^{\frac{5}{2}} - \frac{2}{3}(1 - \rho^2)^{\frac{3}{2}}\right]_0^1 = \frac{2}{15}.
\end{aligned}$$

与两型曲线积分的情况一样, 两型曲面积分之间也有类似的联系.

设有向光滑曲面 Σ 由方程 $z = z(x, y)$ 给出, $\cos\alpha, \cos\beta, \cos\gamma$ 是 Σ 上点 (x, y, z) 处被指定侧的法向量的方向余弦, Σ 在 xy 面上的投影区域为 D_{xy}, 被积函数 $R(x, y, z)$ 在 Σ 上连续. 若曲面 Σ 取上侧, 则按定理 20.2.2 有

$$\iint\limits_{\Sigma} R(x, y, z)\mathrm{d}x\mathrm{d}y = \iint\limits_{D_{xy}} R[x, y, z(x, y)]\mathrm{d}x\mathrm{d}y. \tag{20.2.8}$$

此时, 因为有向光滑曲面 Σ 的法向量为 $\boldsymbol{n} = (-z_x, -z_y, 1)$, 法向量的方向余弦为

$$\cos\alpha = \frac{-z_x}{\sqrt{1 + z_x^2 + z_y^2}}, \quad \cos\beta = \frac{-z_y}{\sqrt{1 + z_x^2 + z_y^2}}, \quad \cos\gamma = \frac{1}{\sqrt{1 + z_x^2 + z_y^2}},$$

故由定理 20.1.2 有

$$\begin{aligned}
\iint\limits_{\Sigma} R(x, y, z)\cos\gamma \mathrm{d}S &= \iint\limits_{D_{xy}} R[x, y, z(x, y)]\frac{1}{\sqrt{1 + z_x^2 + z_y^2}}\sqrt{1 + z_x^2 + z_y^2}\mathrm{d}x\mathrm{d}y \\
&= \iint\limits_{D_{xy}} R[x, y, z(x, y)]\mathrm{d}x\mathrm{d}y. \tag{20.2.9}
\end{aligned}$$

比较 (20.2.8) 式与 (20.2.9) 式得

$$\iint\limits_{\Sigma} R(x, y, z)\mathrm{d}x\mathrm{d}y = \iint\limits_{\Sigma} R(x, y, z)\cos\gamma \mathrm{d}S.$$

若曲面 Σ 取下侧, 则有

$$\iint\limits_{\Sigma} R(x, y, z)\mathrm{d}x\mathrm{d}y = -\iint\limits_{D_{xy}} R[x, y, z(x, y)]\mathrm{d}x\mathrm{d}y.$$

但这时 $\cos\gamma = \dfrac{-1}{\sqrt{1 + z_x^2 + z_y^2}}$, 因此仍有

$$\iint\limits_{\Sigma} R(x, y, z)\mathrm{d}x\mathrm{d}y = \iint\limits_{\Sigma} R(x, y, z)\cos\gamma \mathrm{d}S.$$

类似地可得

$$\iint\limits_{\Sigma} P(x,y,z)\mathrm{d}y\mathrm{d}z = \iint\limits_{\Sigma} P(x,y,z)\cos\alpha\mathrm{d}S, \tag{20.2.10}$$

$$\iint\limits_{\Sigma} Q(x,y,z)\mathrm{d}z\mathrm{d}x = \iint\limits_{\Sigma} P(x,y,z)\cos\beta\mathrm{d}S. \tag{20.2.11}$$

将 (20.2.9)~(20.2.11) 三式相加得**两型曲面积分有如下等量关系:**

$$\iint\limits_{\Sigma} P\mathrm{d}y\mathrm{d}z + Q\mathrm{d}z\mathrm{d}x + R\mathrm{d}x\mathrm{d}y = \iint\limits_{\Sigma}(P\cos\alpha + Q\cos\beta + R\cos\gamma)\mathrm{d}S.$$

$$\tag{20.2.12}$$

关系式 (20.2.12) 也可写成如下的**向量形式:**

$$\iint\limits_{\Sigma} \boldsymbol{A}\cdot\mathrm{d}\boldsymbol{S} = \iint\limits_{\Sigma} \boldsymbol{A}\cdot\boldsymbol{n}\mathrm{d}S \quad \text{或} \quad \iint\limits_{\Sigma} \boldsymbol{A}\cdot\mathrm{d}\boldsymbol{S} = \iint\limits_{\Sigma} A_n\mathrm{d}S,$$

其中 $\boldsymbol{A} = (P, Q, R)$ 表示函数向量, $\boldsymbol{n} = (\cos\alpha, \cos\beta, \cos\gamma)$ 是有向曲面 Σ 上点 (x, y, z) 处指定侧的单位法向量, $\mathrm{d}\boldsymbol{S} = \boldsymbol{n}\mathrm{d}S$ 称为**有向曲面微元**, A_n 为函数向量 $\boldsymbol{A}$ 在法向量 $\boldsymbol{n}$ 上的投影. 曲面积分的向量形式常见于物理学中, 如通量、磁通量、流量等.

例 20.2.3　计算 $\iint\limits_{\Sigma}[f(x,y,z) + x]\mathrm{d}y\mathrm{d}z + [2f(x,y,z) + y]\mathrm{d}z\mathrm{d}x + [f(x,y,z) + z]\mathrm{d}x\mathrm{d}y$, 其中 $f(x, y, z)$ 为连续函数, Σ 是平面 $x - y + z = 1$ 在第四卦限部分的上侧.

解　曲面 Σ 可表示为

$$z = 1 - x + y, \quad D_{xy} = \{(x,y)\,|x - 1 \leqslant y \leqslant 0, 0 \leqslant x \leqslant 1\},$$

Σ 上侧的法向量为 $\boldsymbol{n} = (1, -1, 1)$, 单位法向量为

$$(\cos\alpha, \cos\beta, \cos\gamma) = \left(\frac{1}{\sqrt{3}}, -\frac{1}{\sqrt{3}}, \frac{1}{\sqrt{3}}\right),$$

由两型曲面积分之间的联系可得

$$\iint\limits_{\Sigma}[f(x,y,z) + x]\mathrm{d}y\mathrm{d}z + [2f(x,y,z) + y]\mathrm{d}z\mathrm{d}x + [f(x,y,z) + z]\mathrm{d}x\mathrm{d}y$$

$$= \iint\limits_{\Sigma}[(f + x)\cos\alpha + (2f + y)\cos\beta + (f + z)\cos\gamma]\mathrm{d}S$$

$$= \iint\limits_{\Sigma} \left[(f+x) \cdot \frac{1}{\sqrt{3}} + (2f+y) \cdot \left(-\frac{1}{\sqrt{3}} \right) + (f+z) \cdot \frac{1}{\sqrt{3}} \right] \mathrm{d}S$$

$$= \frac{1}{\sqrt{3}} \iint\limits_{\Sigma} (x-y+z)\mathrm{d}S = \frac{1}{\sqrt{3}} \iint\limits_{\Sigma} \mathrm{d}S = \iint\limits_{D_{xy}} \mathrm{d}x\mathrm{d}y = \frac{1}{2}.$$

例 20.2.4 计算 $\oiint\limits_{\Sigma} xz\mathrm{d}y\mathrm{d}z + yz\mathrm{d}z\mathrm{d}x + z\mathrm{d}x\mathrm{d}y$, 其中 Σ 是球面 $x^2 + y^2 + z^2 = 1$ 的外侧.

解 本题若化为二重积分计算, 既要考虑分别向三个坐标面投影又要考虑曲面的上下、左右及前后侧, 显然运算量较大, 下面利用两型曲面积分之间的联系将它化为同一形式对坐标 x, y 的曲面积分来计算.

易知球面 $x^2 + y^2 + z^2 = 1$ 上点 (x, y, z) 处的外法向量可取 $\boldsymbol{n} = (x, y, z)$, 则

$$\cos\alpha = x, \quad \cos\beta = y, \quad \cos\gamma = z,$$

设上半球面为 Σ_1, 下半球面为 Σ_2(图 20.2.5), 它们在 xy 面上的投影都为 D_{xy}, 从而有

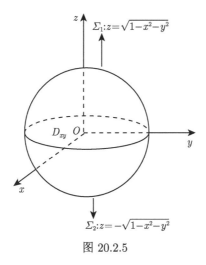

图 20.2.5

$$\oiint\limits_{\Sigma} xz\mathrm{d}y\mathrm{d}z + yz\mathrm{d}z\mathrm{d}x + z\mathrm{d}x\mathrm{d}y$$

$$= \oiint\limits_{\Sigma} xz\frac{\cos\alpha}{\cos\gamma}\mathrm{d}x\mathrm{d}y + yz\frac{\cos\beta}{\cos\gamma}\mathrm{d}x\mathrm{d}y + z\mathrm{d}x\mathrm{d}y$$

$$= \oiint\limits_{\Sigma} xz\frac{x}{z}\mathrm{d}x\mathrm{d}y + yz\frac{y}{z}\mathrm{d}x\mathrm{d}y + z\mathrm{d}x\mathrm{d}y = \oiint\limits_{\Sigma} (x^2 + y^2 + z)\mathrm{d}x\mathrm{d}y$$

$$=\iint\limits_{\Sigma_1}(x^2+y^2+z)\mathrm{d}x\mathrm{d}y+\iint\limits_{\Sigma_2}(x^2+y^2+z)\mathrm{d}x\mathrm{d}y$$

$$=\iint\limits_{D_{xy}}(x^2+y^2+\sqrt{1-x^2-y^2})\mathrm{d}x\mathrm{d}y-\iint\limits_{D_{xy}}(x^2+y^2-\sqrt{1-x^2-y^2})\mathrm{d}x\mathrm{d}y$$

$$=2\iint\limits_{D_{xy}}\sqrt{1-x^2-y^2}\mathrm{d}x\mathrm{d}y=2\int_0^{2\pi}\mathrm{d}\theta\int_0^1\sqrt{1-\rho^2}\rho\mathrm{d}\rho=\frac{4\pi}{3}.$$

习　题　20.2

1. 当 Σ 为 xy 面内的一个闭区域时, 曲面积分 $\iint\limits_{\Sigma}R(x,y,z)\mathrm{d}x\mathrm{d}y$ 与二重积分有什么关系?

2. 计算下列第二型曲面积分:

(1) $\iint\limits_{\Sigma}xz\mathrm{d}x\mathrm{d}y+xy\mathrm{d}y\mathrm{d}z+yz\mathrm{d}z\mathrm{d}x$, 其中 Σ 为平面 $x+y+z=1$ 在第一卦限的上侧;

(2) $\iint\limits_{\Sigma}x^2y^2z\mathrm{d}x\mathrm{d}y$, 其中 Σ 为上半球面 $z=\sqrt{R^2-x^2-y^2}$ 的上侧;

(3) $\iint\limits_{\Sigma}x^2\mathrm{d}y\mathrm{d}z+y^2\mathrm{d}z\mathrm{d}x+z^2\mathrm{d}x\mathrm{d}y$, 其中 Σ 为长方体 Ω 的整个表面的外侧,

$$\Omega=\{(x,y,z)|0\leqslant x\leqslant a,0\leqslant y\leqslant b,0\leqslant z\leqslant c\};$$

(4) $\iint\limits_{\Sigma}xy\mathrm{d}y\mathrm{d}z+z\mathrm{d}x\mathrm{d}y$, 其中 Σ 为曲面 $z=x^2+y^2(x\geqslant 0,y\geqslant 0,z\leqslant 1)$ 上侧.

3. 利用两类曲面积分之间的联系, 计算 $\iint\limits_{\Sigma}(z^2+x)\mathrm{d}y\mathrm{d}z-z\mathrm{d}x\mathrm{d}y$, 其中 Σ 是曲面 $z=\frac{1}{2}(x^2+y^2)$ 介于平面 $z=0$ 及 $z=2$ 之间的部分的下侧.

4. 把对坐标的曲面积分 $\iint\limits_{\Sigma}P(x,y,z)\mathrm{d}y\mathrm{d}z+Q(x,y,z)\mathrm{d}z\mathrm{d}x+R(x,y,z)\mathrm{d}x\mathrm{d}y$ 化成对面积的曲面积分:

(1) Σ 为平面 $3x+2y+2\sqrt{3}z=6$ 在第一卦限的部分的上侧;

(2) Σ 是抛物面 $z=8-(x^2+y^2)$ 在 xy 面上方的部分的上侧.

20.3　Gauss 公式与 Stokes 公式

　　Green 公式描述了沿封闭曲线的曲线积分与二重积分之间的内在联系. 沿空间封闭曲面的曲面积分与三重积分之间也有类似的关系, 这就是本节将要讨论的 Gauss 公式.

　　定理 20.3.1　设空间有界闭域 Ω 是由光滑或分片光滑的双侧封闭曲面 Σ 所围成, 函数 $P(x,y,z),Q(x,y,z),R(x,y,z)$ 在 Ω 上具有一阶连续偏导数, 则有

Gauss 公式

$$\iiint\limits_{\Omega} \left(\frac{\partial P}{\partial x} + \frac{\partial Q}{\partial y} + \frac{\partial R}{\partial z} \right) \mathrm{d}V = \oiint\limits_{\Sigma} P\mathrm{d}y\mathrm{d}z + Q\mathrm{d}z\mathrm{d}x + R\mathrm{d}x\mathrm{d}y \qquad (20.3.1)$$

或

$$\iiint\limits_{\Omega} \left(\frac{\partial P}{\partial x} + \frac{\partial Q}{\partial y} + \frac{\partial R}{\partial z} \right) \mathrm{d}V = \oiint\limits_{\Sigma} (P\cos\alpha + Q\cos\beta + R\cos\gamma)\mathrm{d}S, \qquad (20.3.2)$$

这里 Σ 是 Ω 的整个边界曲面的外侧, $\cos\alpha, \cos\beta, \cos\gamma$ 是 Σ 上点 (x, y, z) 外法向量的方向余弦.

证明 由两类曲面积分之间的联系知, 公式 (20.3.1) 和 (20.3.2) 是等价的, 这里仅证公式 (20.3.1). 假设 Ω 是 XY-型区域, 如图 20.3.1 所示.

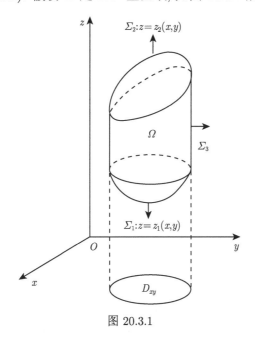

图 20.3.1

设 Ω 在 xy 面上的投影区域为 D_{xy}, 边界曲面 Σ 由三部分组成: Ω 的上边界曲面为 $\Sigma_2 : z = z_2(x, y)$, 取上侧, 下边界曲面为 $\Sigma_1 : z = z_1(x, y)$, 取下侧, 侧柱面为 Σ_3 取外侧.

一方面, 根据三重积分的计算法, 有

$$\iiint\limits_{\Omega} \frac{\partial R}{\partial z} \mathrm{d}V = \iint\limits_{D_{xy}} \mathrm{d}x\mathrm{d}y \int_{z_1(x,y)}^{z_2(x,y)} \frac{\partial R}{\partial z}\mathrm{d}z$$

$$= \iint\limits_{D_{xy}} [R(x, y, z_2(x, y)) - R(x, y, z_1(x, y))] \, \mathrm{d}x \mathrm{d}y.$$

另一方面, 根据曲面积分的计算法, 有

$$\iint\limits_{\Sigma_1} R(x, y, z) \mathrm{d}x \mathrm{d}y = - \iint\limits_{D_{xy}} R[x, y, z_1(x, y)] \mathrm{d}x \mathrm{d}y,$$

$$\iint\limits_{\Sigma_2} R(x, y, z) \mathrm{d}x \mathrm{d}y = \iint\limits_{D_{xy}} R[x, y, z_2(x, y)] \mathrm{d}x \mathrm{d}y,$$

$$\iint\limits_{\Sigma_3} R(x, y, z) \mathrm{d}x \mathrm{d}y = 0,$$

将以上三个等式相加, 得

$$\oiint\limits_{\Sigma} R(x, y, z) \mathrm{d}x \mathrm{d}y = \iint\limits_{D_{xy}} [R(x, y, z_2(x, y)) - R(x, y, z_1(x, y))] \, \mathrm{d}x \mathrm{d}y.$$

所以有

$$\iiint\limits_{\Omega} \frac{\partial R}{\partial z} \mathrm{d}V = \oiint\limits_{\Sigma} R(x, y, z) \mathrm{d}x \mathrm{d}y.$$

类似地, 若 Ω 为 YZ-型区域, 则

$$\iiint\limits_{\Omega} \frac{\partial P}{\partial x} \mathrm{d}V = \oiint\limits_{\Sigma} P(x, y, z) \mathrm{d}y \mathrm{d}z;$$

若 Ω 为 ZX-型区域, 则

$$\iiint\limits_{\Omega} \frac{\partial Q}{\partial y} \mathrm{d}V = \oiint\limits_{\Sigma} Q(x, y, z) \mathrm{d}z \mathrm{d}x.$$

现将同时为 XY-型、YZ-型及 ZX-型的区域称为最简区域. 当 Ω 是由一张封闭曲面 Σ 围成的最简区域时, 将所得结果的三个等式两端分别相加, 即得 Gauss 公式 (20.3.1). 当 Ω 是由一张封闭曲面 Σ 围成的非最简区域时, 可引入几张辅助曲面 (通常选择平行于坐标面的平面) 将 Ω 分为有限个最简区域的组合, 并注意到沿辅助曲面相反两侧的两个曲面积分和为零, 因此公式 (20.3.1) 仍然成立. 一般情况下, Ω 是由两张或多张封闭曲面 Σ 围成的闭域, 则可引入辅助平面转化成一张封闭曲面围成的情形, 方法与 Green 公式的推导相仿, 从略.

值得注意的是, Gauss 公式中的双侧闭曲面 Σ 取内侧时, 需在公式的右边添加负号.

例 20.3.1   利用 Gauss 公式计算 $I = \oiint\limits_{\Sigma} xy\mathrm{d}y\mathrm{d}z + yz\mathrm{d}z\mathrm{d}x + xz\mathrm{d}x\mathrm{d}y$, 其中

Σ 为由平面 $x = 0$, $y = 0$, $z = 0$ 与 $x + y + z = 1$ 所围成的空间闭域的整个边界曲面的外侧.

解   记 Σ 所包围的空间闭域为 Ω, 设 $P = xy$, $Q = yz$, $R = xz$, 则 P, Q, R 在整个 Ω 上具有连续的一阶偏导数, 且

$$\frac{\partial P}{\partial x} = y, \quad \frac{\partial Q}{\partial y} = z, \quad \frac{\partial R}{\partial z} = x,$$

则由 Gauss 公式得

$$
\begin{aligned}
I &= \iiint\limits_{\Omega} (x + y + z)\mathrm{d}x\mathrm{d}y\mathrm{d}z \\
&= \int_0^1 \mathrm{d}x \int_0^{1-x} \mathrm{d}y \int_0^{1-x-y} (x + y + z)\mathrm{d}z \\
&= \int_0^1 \mathrm{d}x \int_0^{1-x} \left[\frac{1}{2} - \frac{1}{2}(x + y)^2 \right] \mathrm{d}y \\
&= \int_0^1 \left[\frac{1}{2}(1 - x) - \frac{1}{6}(1 - x^3) \right] \mathrm{d}x = \frac{1}{8}.
\end{aligned}
$$

例 20.3.2   利用 Gauss 公式计算

$$I = \iint\limits_{\Sigma} x\mathrm{d}y\mathrm{d}z + y\mathrm{d}z\mathrm{d}x + z\mathrm{d}x\mathrm{d}y,$$

其中 Σ 为球面 $(x - a)^2 + (y - b)^2 + (z - c)^2 = R^2$ 上半部分的上侧.

解   由于 Σ 不是闭曲面, 不能直接用 Gauss 公式, 故补充圆面

$$\Sigma_1 : \begin{cases} (x - a)^2 + (y - b)^2 \leqslant R^2, \\ z = c, \end{cases}$$

并取下侧 (图 20.3.2), 故

$$
\begin{aligned}
I &= \oiint\limits_{\Sigma + \Sigma_1} x\mathrm{d}y\mathrm{d}z + y\mathrm{d}z\mathrm{d}x + z\mathrm{d}x\mathrm{d}y - \iint\limits_{\Sigma_1} x\mathrm{d}y\mathrm{d}z + y\mathrm{d}z\mathrm{d}x + z\mathrm{d}x\mathrm{d}y \\
&= 3\iiint\limits_{\Omega} \mathrm{d}V + \iint\limits_{D_{xy}} c\,\mathrm{d}x\mathrm{d}y = 2\pi R^3 + c\pi R^2.
\end{aligned}
$$

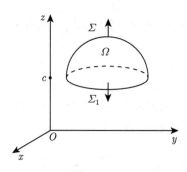

图 20.3.2

例 20.3.3 利用 Gauss 公式计算 $I = \iint\limits_{\Sigma} (x^2 \cos\alpha + y^2 \cos\beta + z^2 \cos\gamma) \mathrm{d}S$,
其中 Σ 为曲面 $z = x^2 + y^2$ 与平面 $z = 1$ 所围立体 Ω 的表面, $\cos\alpha, \cos\beta, \cos\gamma$ 是 Σ 在点 (x, y, z) 外法向量的方向余弦.

解 如图 20.3.3 所示, 应用 Gauss 公式 (20.3.2) 得

$$I = 2 \iiint\limits_{\Omega} (x + y + z) \mathrm{d}V = 2 \int_0^{2\pi} \mathrm{d}\theta \int_0^1 \rho \mathrm{d}\rho \int_{\rho^2}^1 (\rho\cos\theta + \rho\sin\theta + z) \mathrm{d}z$$

$$= 2 \int_0^{2\pi} \mathrm{d}\theta \int_0^1 \rho \mathrm{d}\rho \int_{\rho^2}^1 z \mathrm{d}z = 2\pi \int_0^1 \rho(1 - \rho^4) \mathrm{d}\rho = \frac{2\pi}{3}.$$

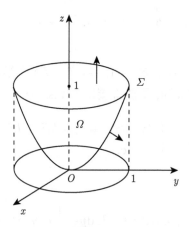

图 20.3.3

例 20.3.4 设 Σ 为圆柱: $x^2 + y^2 \leqslant a^2 (0 \leqslant z \leqslant h)$ 的全表面的外侧. 求向量 $\boldsymbol{A} = (yz, xz, xy)$ 穿过曲面 Σ 流向指定侧的通量.

解　$P = yz, Q = xz, R = xy$, 则通量

$$\Phi = \iint\limits_{\Sigma} \boldsymbol{A} \cdot \boldsymbol{n} \mathrm{d}S = \oiint\limits_{\Sigma} yz\mathrm{d}y\mathrm{d}z + xz\mathrm{d}z\mathrm{d}x + xy\mathrm{d}x\mathrm{d}y$$

$$= \iiint\limits_{\Omega} \left[\frac{\partial(yz)}{\partial x} + \frac{\partial(xz)}{\partial y} + \frac{\partial(xy)}{\partial z} \right] \mathrm{d}V = \iint\limits_{\Omega} 0\mathrm{d}v = 0.$$

Stokes(斯托克斯) 公式反映了曲面积分与沿着曲面的边界曲线的曲线积分间的联系. 在给出这种联系之前, 先对双侧曲面 Σ 的侧与边界曲线 Γ 的方向进行如下规定: 若空间闭曲线 Γ 所围成的曲面为 Σ, 则规定由右手四指指向 Γ 的绕行方向时, 大拇指所指的方向与 Σ 上法向量的方向相同, 这时称 Γ 是**有向曲面** Σ 的**正向边界曲线** (参见图 20.3.4). 通常将这一规定称为**右手规则**.

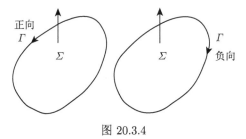

图 20.3.4

定理 20.3.2　设 Σ 是光滑的有向曲面, 其边界 Γ 是分段光滑的连续封闭曲线, Γ 的正向与 Σ 的侧符合右手规则, 函数 $P(x,y,z), Q(x,y,z), R(x,y,z)$ 在曲面 Σ (连同边界) 上具有一阶连续偏导数, 则有 **Stokes 公式**

$$\iint\limits_{\Sigma} \left(\frac{\partial R}{\partial y} - \frac{\partial Q}{\partial z} \right) \mathrm{d}y\mathrm{d}z + \left(\frac{\partial P}{\partial z} - \frac{\partial R}{\partial x} \right) \mathrm{d}z\mathrm{d}x + \left(\frac{\partial Q}{\partial x} - \frac{\partial P}{\partial y} \right) \mathrm{d}x\mathrm{d}y$$

$$= \oint\limits_{\Gamma} P\mathrm{d}x + Q\mathrm{d}y + R\mathrm{d}z, \tag{20.3.3}$$

为了便于记忆, 公式 (20.3.3) 也常写成如下形式:

$$\iint\limits_{\Sigma} \begin{vmatrix} \mathrm{d}y\mathrm{d}z & \mathrm{d}z\mathrm{d}x & \mathrm{d}x\mathrm{d}y \\ \dfrac{\partial}{\partial x} & \dfrac{\partial}{\partial y} & \dfrac{\partial}{\partial z} \\ P & Q & R \end{vmatrix} = \oint\limits_{\Gamma} P\mathrm{d}x + Q\mathrm{d}y + R\mathrm{d}z$$

或

$$\iint\limits_{\Sigma} \begin{vmatrix} \cos\alpha & \cos\beta & \cos\gamma \\ \dfrac{\partial}{\partial x} & \dfrac{\partial}{\partial y} & \dfrac{\partial}{\partial z} \\ P & Q & R \end{vmatrix} \mathrm{d}S = \oint\limits_{\Gamma} P\mathrm{d}x + Q\mathrm{d}y + R\mathrm{d}z, \tag{20.3.4}$$

其中 $\boldsymbol{n} = (\cos\alpha, \cos\beta, \cos\gamma)$ 为有向曲面 Σ 所指定侧的单位法向量.

显然, 当 Σ 是 xy 面上的一片平面闭域时, Stokes 公式就是 Green 公式. 这说明 Green 公式是 Stokes 公式的特殊情形.

证明 由两类曲面积分之间的联系知, 公式 (20.3.3) 与 (20.3.4) 是等价的, 下面证公式 (20.3.3). 先证明

$$\iint\limits_{\Sigma} \frac{\partial P}{\partial z}\mathrm{d}z\mathrm{d}x - \frac{\partial P}{\partial y}\mathrm{d}x\mathrm{d}y = \oint_{\Gamma} P(x, y, z)\mathrm{d}x. \tag{20.3.5}$$

首先假定 Σ 与平行于 z 轴的直线相交不多于一点, 可设 Σ 为曲面 $z = f(x, y)$ 的上侧, Σ 的正向边界曲线 Γ 在 xy 面上的投影为平面有向曲线 C(逆时针向), C 也是分段光滑的连续封闭曲线, C 所围成的闭域为 D_{xy}, 它是 Σ 在 xy 面上的投影 (图 20.3.5).

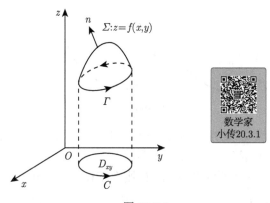

图 20.3.5

Σ 上法向量 $(-f_x, -f_y, 1)$ 的方向余弦为

$$\cos\alpha = \frac{-f_x}{\sqrt{1 + f_x^2 + f_y^2}}, \quad \cos\beta = \frac{-f_y}{\sqrt{1 + f_x^2 + f_y^2}}, \quad \cos\gamma = \frac{1}{\sqrt{1 + f_x^2 + f_y^2}},$$

则有

$$\cos\alpha = -f_x\cos\gamma, \quad \cos\beta = -f_y\cos\gamma. \tag{20.3.6}$$

设曲线 C 的方程为 $x = x(t)$, $y = y(t)$, $t \in [a, b]$, 则曲线 Γ 的方程为

$$x = x(t), \quad y = y(t), \quad z = f(x(t), y(t)), \quad t \in [a, b].$$

分别利用曲线积分的计算公式与 Green 公式得

$$\oint_{\Gamma} P(x, y, z)\mathrm{d}x = \int_a^b P[x(t), y(t), f(x(t), y(t))]x'(t)\mathrm{d}t$$

$$= \oint_C P[x,y,f(x,y)]\mathrm{d}x$$

$$= -\iint_{D_{xy}} \frac{\partial}{\partial y}P[x,y,f(x,y)]\mathrm{d}x\mathrm{d}y. \tag{20.3.7}$$

由两型曲面积分的联系, (20.3.6) 式中第二式及曲面积分计算公式将曲面积分 $\iint_\Sigma \frac{\partial P}{\partial z}\mathrm{d}z\mathrm{d}x - \frac{\partial P}{\partial y}\mathrm{d}x\mathrm{d}y$ 化为闭区域 D_{xy} 上的二重积分, 得

$$\iint_\Sigma \frac{\partial P}{\partial z}\mathrm{d}z\mathrm{d}x - \frac{\partial P}{\partial y}\mathrm{d}x\mathrm{d}y = \iint_\Sigma \left(\frac{\partial P}{\partial z}\cos\beta - \frac{\partial P}{\partial y}\cos\gamma\right)\mathrm{d}S$$

$$= -\iint_\Sigma \left(\frac{\partial P}{\partial z}f_y + \frac{\partial P}{\partial y}\right)\cos\gamma\mathrm{d}S$$

$$= -\iint_\Sigma \left(\frac{\partial P}{\partial z}f_y + \frac{\partial P}{\partial y}\right)\mathrm{d}x\mathrm{d}y$$

$$= -\iint_\Sigma \frac{\partial}{\partial y}P(x,y,z)\Big|_{z=f(x,y)}\mathrm{d}x\mathrm{d}y$$

$$= -\iint_{D_{xy}} \frac{\partial}{\partial y}P[x,y,f(x,y)]\mathrm{d}x\mathrm{d}y. \tag{20.3.8}$$

由 (20.3.7) 式与 (20.3.8) 式即知 (20.3.5) 式成立. 若曲面 Σ 取下侧, 则按右手规则, $\varGamma$ 的方向也相应地改为相反的方向, 从而 (20.3.7) 式与 (20.3.8) 式同时改变符号, 故 (20.3.5) 式仍然成立.

其次, 若曲面 Σ 与平行于 z 轴的直线的交点多于一个, 则可用辅助曲线把曲面分成几个部分, 使每个部分曲面与平行于 z 轴的直线相交不多于一点, 再分别应用已证公式并相加, 因沿辅助曲线而方向相反的两个曲线积分相加时和为零, 故对于这一类曲面的情形 Stokes 公式亦成立.

同理 (先分别考虑 Σ 的方程是 $x = g(y,z)$ 与 $y = h(z,x)$ 的情形), 可以证明

$$\iint_\Sigma \frac{\partial Q}{\partial x}\mathrm{d}x\mathrm{d}y - \frac{\partial Q}{\partial z}\mathrm{d}y\mathrm{d}z = \oint_\varGamma Q(x,y,z)\mathrm{d}y, \tag{20.3.9}$$

$$\iint_\Sigma \frac{\partial R}{\partial y}\mathrm{d}y\mathrm{d}z - \frac{\partial R}{\partial x}\mathrm{d}z\mathrm{d}x = \oint_\varGamma R(x,y,z)\mathrm{d}z. \tag{20.3.10}$$

将 (20.3.5), (20.3.9), (20.3.10) 三个等式左右分别相加即得 Stokes 公式 (20.3.3).

例 20.3.5　利用 Stokes 公式计算曲线积分 $\oint_{\Gamma} z^3\mathrm{d}x + x^3\mathrm{d}y + y^3\mathrm{d}z$, 其中 Γ 为两抛物面 $z = 2(x^2 + y^2)$ 与 $z = 3 - x^2 - y^2$ 的交线, 从 z 轴正向看去 Γ 为逆时针方向.

解　由 $z = 2(x^2 + y^2)$, $z = 3 - x^2 - y^2$, 得 $x^2 + y^2 = 1$, $z = 2$. 故取交线 Γ 所围平面

$$\Sigma : \begin{cases} z = 2, \\ x^2 + y^2 \leqslant 1, \end{cases}$$

取上侧, 它在 xy 面上的投影为 $D_{xy} = \{(x,y)\,|\,x^2 + y^2 \leqslant 1\}$, 按 Stokes 公式得

$$
\begin{aligned}
\oint_{\Gamma} z^3\mathrm{d}x + x^3\mathrm{d}y + y^3\mathrm{d}z &= \iint_{\Sigma} 3y^2\mathrm{d}y\mathrm{d}z + 3z^2\mathrm{d}z\mathrm{d}x + 3x^2\mathrm{d}x\mathrm{d}y \\
&= \iint_{\Sigma} 3x^2\mathrm{d}x\mathrm{d}y = 3\iint_{D_{xy}} x^2\mathrm{d}x\mathrm{d}y = \frac{3}{2}\iint_{D_{xy}} (x^2 + y^2)\mathrm{d}x\mathrm{d}y \\
&= \frac{3}{2}\int_0^{2\pi}\mathrm{d}\theta\int_0^1 \rho^3\mathrm{d}\rho = \frac{3}{4}\pi.
\end{aligned}
$$

例 20.3.6　利用 Stokes 公式计算曲线积分

$$I = \oint_{\Gamma} (y^2 - z^2)\mathrm{d}x + (z^2 - x^2)\mathrm{d}y + (x^2 - y^2)\mathrm{d}z,$$

其中 Γ 是平面 $x + y + z = \dfrac{3}{2}$ 与立方体 $\{(x,y,z)|0 \leqslant x \leqslant 1, 0 \leqslant y \leqslant 1, 0 \leqslant z \leqslant 1\}$ 的表面的交线, 且从 x 轴的正向看去取逆时针方向.

解　如图 20.3.6 所示, 取 Σ 为平面 $x + y + z = \dfrac{3}{2}$ 的上侧被 Γ 所围成的部分, Σ 的单位法向量

$$\boldsymbol{n} = \frac{1}{\sqrt{3}}(1,1,1), \text{ 即有 } \cos\alpha = \cos\beta = \cos\gamma = \frac{1}{\sqrt{3}}.$$

由 Stokes 公式

$$
I = \iint_{\Gamma} \begin{vmatrix} \dfrac{1}{\sqrt{3}} & \dfrac{1}{\sqrt{3}} & \dfrac{1}{\sqrt{3}} \\ \dfrac{\partial}{\partial x} & \dfrac{\partial}{\partial y} & \dfrac{\partial}{\partial z} \\ y^2 - z^2 & z^2 - x^2 & x^2 - y^2 \end{vmatrix} \mathrm{d}S
$$

$$
= -\frac{4}{\sqrt{3}}\iint_{\Sigma} (x + y + z)\mathrm{d}S = -\frac{4}{\sqrt{3}} \cdot \frac{3}{2}\iint_{\Sigma}\mathrm{d}S = -2\sqrt{3}\frac{3\sqrt{3}}{4} = -\frac{9}{2},
$$

其中 $\displaystyle\iint\limits_{\Sigma} \mathrm{d}S = \frac{3\sqrt{3}}{4}$ 为正六边形 (阴影部分) 的面积.

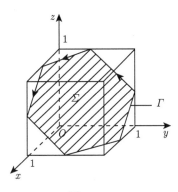

图 20.3.6

如果空间区域 Ω 内任一封闭曲线都可以不经过 Ω 以外的点连续收缩于属于 Ω 的一点, Ω 称为**单连通区域**, 否则称 Ω 为**复连通区域**或**多连通区域**. 例如

$$\{(x,y,z)|0 \leqslant x \leqslant 1, 0 \leqslant y \leqslant 1, 0 < z < 1\} \ \text{及} \ \mathbb{R}^3$$

等都是单连通区域, 而 $\{(x,y,z)|1 \leqslant x^2 + y^2 + z^2 \leqslant 4\}$ 是复连通区域.

定理 20.3.3 设 Ω 为空间的单连通区域, 若 P, Q, R 在 Ω 上具有一阶连续偏导数, 则下列条件等价:

(i) 对 Ω 内任一按段光滑的封闭曲线 Γ, 有 $\displaystyle\oint_{\Gamma} P\mathrm{d}x + Q\mathrm{d}y + R\mathrm{d}z = 0$;

(ii) 对 Ω 内任一按段光滑的曲线 Γ, 曲线积分 $\displaystyle\int_{\Gamma} P\mathrm{d}x + Q\mathrm{d}y + R\mathrm{d}z$ 与路径无关, 只与起点和终点有关;

(iii) $P\mathrm{d}x + Q\mathrm{d}y + R\mathrm{d}z$ 是 Ω 内某函数 $u = u(x,y,z)$ 的全微分, 即

$$\mathrm{d}u = P\mathrm{d}x + Q\mathrm{d}y + R\mathrm{d}z,$$

此时 $u = u(x,y,z)$ 称为 $P\mathrm{d}x + Q\mathrm{d}y + R\mathrm{d}z$ 的一个**原函数**;

(iv) Ω 内有 $\dfrac{\partial R}{\partial y} = \dfrac{\partial Q}{\partial z}$, $\dfrac{\partial P}{\partial z} = \dfrac{\partial R}{\partial x}$, $\dfrac{\partial Q}{\partial x} = \dfrac{\partial P}{\partial y}$.

定理 20.3.3 的证明与平面上曲线积分与路径无关性定理的证明相仿, 这里就不再重复了.

例 20.3.7 验证曲线积分 $\displaystyle\int_{\Gamma} (y+z)\mathrm{d}x + (z+x)\mathrm{d}y + (x+y)\mathrm{d}z$ 与路径无关, 并求被积表达式的原函数.

解　由于 $P = y + z$, $Q = z + x$, $R = x + y$, 且

$$\frac{\partial R}{\partial y} = 1 = \frac{\partial Q}{\partial z}, \quad \frac{\partial P}{\partial z} = 1 = \frac{\partial R}{\partial x}, \quad \frac{\partial Q}{\partial x} = 1 = \frac{\partial P}{\partial y},$$

所以曲线积分与路径无关. 于是被积表达式的原函数为

$$u(x, y, z) = \int_{(0,0,0)}^{(x,y,z)} (y + z)\mathrm{d}x + (z + x)\mathrm{d}y + (x + y)\mathrm{d}z + C$$

$$= \int_0^y x\mathrm{d}y + \int_0^z (x + y)\mathrm{d}z + C = xy + yz + zx + C,$$

其中 C 为常数.

设向量 $\boldsymbol{A}(x, y, z) = (P(x, y, z), Q(x, y, z), R(x, y, z))$, $\boldsymbol{\tau}$ 是曲面 Σ 的指定侧的正向边界曲线 Γ 上点 (x, y, z) 处的单位切向量, $A_\tau = \boldsymbol{A} \cdot \boldsymbol{\tau}$ 为向量 $\boldsymbol{A}$ 在切向量 $\boldsymbol{\tau}$ 上的投影, 从而曲线积分 $\oint_\Gamma A_\tau \mathrm{d}s$ 描述了向量 $\boldsymbol{A}$ 在 Γ 的切线方向投影的无限累加. 所以把沿有向封闭曲线 Γ 的曲线积分

$$\oint_\Gamma P\mathrm{d}x + Q\mathrm{d}y + R\mathrm{d}z = \oint_\Gamma A_\tau \mathrm{d}s$$

称为 $\boldsymbol{A}$ 沿有向闭曲线 Γ 的**环流量**.

例 20.3.8　求 $\boldsymbol{A} = (y - 2z, z - 2x, x - 2y)$ 沿曲线 Γ 的环流量, 其中 Γ 为曲面 $x^2 + y^2 + z^2 = 8 + 2xy$ 与平面 $x + y + z = 2$ 的交线, 方向从 z 轴的正向看去为逆时针方向.

解　取 Σ 为闭曲线 Γ 所围成的平面 $\begin{cases} x + y + z = 2, \\ (x - 1)^2 + (y - 1)^2 \leqslant 4 \end{cases}$ 的上侧 (图 20.3.7), 它在 xy 面上的投影

$$D_{xy} = \{(x, y) | (x - 1)^2 + (y - 1)^2 \leqslant 4\},$$

所求的环流量为

$$\Phi = \oint_\Gamma \boldsymbol{A}\mathrm{d}\boldsymbol{s} = \oint_\Gamma (y - 2z)\mathrm{d}x + (z - 2x)\mathrm{d}y + (x - 2y)\mathrm{d}z$$

$$= \iint\limits_\Sigma \begin{vmatrix} \dfrac{1}{\sqrt{3}} & \dfrac{1}{\sqrt{3}} & \dfrac{1}{\sqrt{3}} \\ \dfrac{\partial}{\partial x} & \dfrac{\partial}{\partial y} & \dfrac{\partial}{\partial z} \\ y - 2z & z - 2x & x - 2y \end{vmatrix} \mathrm{d}S$$

$$= \frac{1}{\sqrt{3}} \iint\limits_\Sigma (-9)\mathrm{d}S = -3\sqrt{3} \iint\limits_{D_{xy}} \sqrt{1 + \left(\frac{\partial z}{\partial x}\right)^2 + \left(\frac{\partial z}{\partial y}\right)^2} \mathrm{d}x\mathrm{d}y$$

$$= -3\sqrt{3} \iint\limits_{D_{xy}} \sqrt{3}\mathrm{d}x\mathrm{d}y = -36\pi.$$

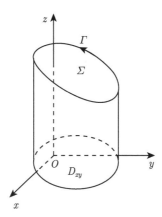

图 20.3.7

习 题 20.3

1. 利用 Gauss 公式计算下列曲面积分:

(1) $\oiint\limits_{\Sigma} (x-y)\mathrm{d}x\mathrm{d}y + (y-z)x\mathrm{d}y\mathrm{d}z$, 其中 Σ 为柱面 $x^2 + 4y^2 = 1$ 及平面 $z = 0, z = 3$ 所围成的空间闭区域 Ω 的整个边界曲面的外侧;

(2) $\iint\limits_{\Sigma} (x^2\cos\alpha + y^2\cos\beta + z^2\cos\gamma)\mathrm{d}S$, 其中 Σ 为锥面 $x^2 + y^2 = z^2$ 介于平面 $z = 0, z = h(h > 0)$ 之间的部分的下侧, $\cos\alpha, \cos\beta, \cos\gamma$ 是 Σ 上点 (x, y, z) 处的法向量的方向余弦;

(3) $\oiint\limits_{\Sigma} xz^2\mathrm{d}y\mathrm{d}z + (x^2y - z^3)\mathrm{d}z\mathrm{d}x + (2xy + y^2z)\mathrm{d}x\mathrm{d}y$, 其中 Σ 为上半球体 $0 \leqslant z \leqslant \sqrt{a^2 - x^2 - y^2}$ 的全表面的外侧;

(4) $\oiint\limits_{\Sigma} 4xz\mathrm{d}y\mathrm{d}z - y^2\mathrm{d}z\mathrm{d}x + yz\mathrm{d}x\mathrm{d}y$, 其中 Σ 为平面由 $x = 0, y = 0, z = 0, x = 1, y = 1, z = 1$ 所围成的立体的全表面的外侧;

(5) $\oiint\limits_{\Sigma} 2xz\mathrm{d}y\mathrm{d}z + yz\mathrm{d}z\mathrm{d}x - z^2\mathrm{d}x\mathrm{d}y$, 其中 Σ 为曲面 $z = \sqrt{x^2 + y^2}$ 与 $z = \sqrt{2 - x^2 - y^2}$ 所围立体表面的外侧.

2. 求下列向量 A 穿过曲面 Σ 流向指定侧的通量:

(1) $A = (2x - z, x^2y, xz^2)$, Σ 为立方体 $0 \leqslant x \leqslant a, 0 \leqslant y \leqslant a, 0 \leqslant z \leqslant a$ 的全表面, 流向外侧;

(2) $A = \left(2x + 3z, -(xz + y), y^2 + 2z\right)$, Σ 是以点 $(3, -1, 2)$ 为球心, 半径 $R = 3$ 的球面, 流向外侧.

3. 利用 Stokes 公式, 计算下列曲线积分:

(1) $\oint_{\Gamma} z\mathrm{d}x + x\mathrm{d}y + y\mathrm{d}z$, 其中 Γ 是平面 $x + y + z = 1$ 被三个坐标平面所截成的三角形的整个边界, 若从 z 轴的正向看去, 取逆时针方向;

(2) $\oint_{\Gamma} (z - y)\mathrm{d}x + (x - z)\mathrm{d}y + (x - y)\mathrm{d}z$, 其中曲线 $\Gamma : \begin{cases} x^2 + y^2 = 1, \\ x - y + z = 2, \end{cases}$ 若从 z 轴正向看去, 这曲线是逆时针方向;

(3) $\oint_{\Gamma} y\mathrm{d}x + z\mathrm{d}y + x\mathrm{d}z$, 其中 Γ 为圆周 $x^2 + y^2 + z^2 = a^2, x + y + z = 0$, 若从 z 轴的正向看去, 这圆周取逆时针方向;

(4) $\oint_{\Gamma} x^2 y\mathrm{d}x + (x^2 + y^2)\mathrm{d}y + (x + y + z)\mathrm{d}z$, 其中曲线 $\Gamma : \begin{cases} x^2 + y^2 + z^2 = 11, \\ z = x^2 + y^2 + 1, \end{cases}$ 若从 z 轴的正向看去, 取逆时针方向.

4. 计算 $\oint_{\Gamma} (z + x + 2y)\mathrm{d}x + (x + 2y + 2z)\mathrm{d}y + (y + z + 2x)\mathrm{d}z$, 其中 Γ 为曲面 $z = \sqrt{x^2 + y^2}$ 与 $z^2 = 2ax(a > 0)$ 的交线, 从 z 轴正向看为逆时针方向.

5. 计算 $\oint_{\Gamma} (y^2 - z^2)\mathrm{d}x + (2z^2 - x^2)\mathrm{d}y + (3x^2 - y^2)\mathrm{d}z$, 其中 Γ 为平面 $x + y + z = 2$ 与柱面 $|x| + |y| = 1$ 的交线, 从 z 轴正向看为逆时针方向.

6. 求下列全微分的原函数:

(1) $yz\mathrm{d}x + xz\mathrm{d}y + xy\mathrm{d}z$;

(2) $(x^2 - 2yz)\mathrm{d}x + (y^2 - 2xz)\mathrm{d}y + (z^2 - 2xy)\mathrm{d}z$.

20.4　场论初步

(阅读) 下面先来介绍向量函数的概念, 由此可以引入向量场的概念.

定义 20.4.1　如果某区间 I 上的每一个数 t 都对应一个确定的向量 $\boldsymbol{r}$, 则称 $\boldsymbol{r}$ 是区间 I 上的向量函数, 简称为**向量函数,** 记为 $\boldsymbol{r} = \boldsymbol{r}(t)$.

向量 $\boldsymbol{r}$ 可以是二维空间的向量函数, 三维空间的向量函数, $\cdots$, n 维空间的向量函数. 这里主要以三维空间的向量函数为例进行讨论, 其他维数空间的向量函数都有类似的结果.

在空间直角坐标系中, $\boldsymbol{r}(t)$ 可以写成

$$\boldsymbol{r}(t) = x(t)\boldsymbol{i} + y(t)\boldsymbol{j} + z(t)\boldsymbol{k} = (x(t), y(t), z(t)),$$

其中的分量 $x(t), y(t), z(t)$ 均是一元函数.

在物理学中, 自变量 t 表示时间, 在时间 t, 质点 M 的位置为 $(x(t), y(t), z(t))$, 则向量函数

$$\boldsymbol{r}(t) = x(t)\boldsymbol{i} + y(t)\boldsymbol{j} + z(t)\boldsymbol{k}$$

表示质点的向量 OM, 当时间 t 变化时, 向量的端点 M 描绘出质点的运动轨迹.

例 20.4.1 设向量函数 $\boldsymbol{r}(t) = 3t^2\boldsymbol{i} + 2t^3\boldsymbol{j} + (2-t)\boldsymbol{k}$, 求 $\boldsymbol{r}(0)$ 和 $\boldsymbol{r}(2)$.

解 $\boldsymbol{r}(0) = 0\boldsymbol{i} + 0\boldsymbol{j} + 2\boldsymbol{k} = 2\boldsymbol{k}$, $\boldsymbol{r}(2) = 12\boldsymbol{i} + 16\boldsymbol{j} + 0\boldsymbol{k} = 12\boldsymbol{i} + 16\boldsymbol{j}$.

定义 20.4.2 设向量函数 $\boldsymbol{r} = \boldsymbol{r}(t)$ 在点 t_0 的某去心邻域内有定义, $\boldsymbol{r}_0$ 是一个常向量. 若对 $\forall \varepsilon > 0, \exists \delta > 0$, 当 t 满足 $0 < |t - t_0| < \delta$ 时, 都有 $|\boldsymbol{r}(t) - \boldsymbol{r}_0| < \varepsilon$ 成立, 则称 $\boldsymbol{r}_0$ 是向量函数 $\boldsymbol{r} = \boldsymbol{r}(t)$ 在 $t \to t_0$ 时的**极限**, 记作 $\lim\limits_{t \to t_0} \boldsymbol{r}(t) = \boldsymbol{r}_0$.

设 $\boldsymbol{r}(t) = x(t)\boldsymbol{i} + y(t)\boldsymbol{j} + z(t)\boldsymbol{k}$, $\boldsymbol{r}_0 = x_0\boldsymbol{i} + y_0\boldsymbol{j} + z_0\boldsymbol{k}$, 则由

$$|\boldsymbol{r}(t) - \boldsymbol{r}_0| = \sqrt{(x(t)-x_0)^2 + (y(t)-y_0)^2 + (z(t)-z_0)^2}$$

可知 $\lim\limits_{t \to t_0} \boldsymbol{r}(t) = \boldsymbol{r}_0$ 当且仅当 $\lim\limits_{t \to t_0} x(t) = x_0, \lim\limits_{t \to t_0} y(t) = y_0, \lim\limits_{t \to t_0} z(t) = z_0$ 成立. 所以

$$\lim_{t \to t_0} \boldsymbol{r}(t) = \lim_{t \to t_0} x(t)\boldsymbol{i} + \lim_{t \to t_0} y(t)\boldsymbol{j} + \lim_{t \to t_0} z(t)\boldsymbol{k}.$$

向量函数有下列极限运算法则: 若 $\lim\limits_{t \to t_0} f(t), \lim\limits_{t \to t_0} \boldsymbol{u}(t), \lim\limits_{t \to t_0} \boldsymbol{v}(t)$ 都存在, 则有

(1) $\lim\limits_{t \to t_0} f(t)\boldsymbol{u}(t) = \lim\limits_{t \to t_0} f(t) \lim\limits_{t \to t_0} \boldsymbol{u}(t) (f(t)$ 是数值函数$)$;

(2) $\lim\limits_{t \to t_0} [\boldsymbol{u}(t) \pm \boldsymbol{v}(t)] = \lim\limits_{t \to t_0} \boldsymbol{u}(t) \pm \lim\limits_{t \to t_0} \boldsymbol{v}(t)$(和、差的极限);

(3) $\lim\limits_{t \to t_0} [\boldsymbol{u}(t) \cdot \boldsymbol{v}(t)] = \lim\limits_{t \to t_0} \boldsymbol{u}(t) \cdot \lim\limits_{t \to t_0} \boldsymbol{v}(t)$(数量积的极限);

(4) $\lim\limits_{t \to t_0} [\boldsymbol{u}(t) \times \boldsymbol{v}(t)] = \lim\limits_{t \to t_0} \boldsymbol{u}(t) \times \lim\limits_{t \to t_0} \boldsymbol{v}(t)$(向量积的极限).

同样可以定义 $t \to t_0\pm, t \to \infty, t \to \pm\infty$ 等情况的向量函数极限, 也有相应运算性质.

定义 20.4.3 设向量函数 $\boldsymbol{r} = \boldsymbol{r}(t)$ 在 t_0 的某邻域内有定义, 若 $\lim\limits_{t \to t_0} \boldsymbol{r}(t) = \boldsymbol{r}(t_0)$, 则称 $\boldsymbol{r} = \boldsymbol{r}(t)$ 在 $t = t_0$ 处连续. 若向量函数 $\boldsymbol{r} = \boldsymbol{r}(t)$ 在区间 I 上的每一点都连续, 则称 $\boldsymbol{r} = \boldsymbol{r}(t)$ 在区间 I 上连续, 或称 $\boldsymbol{r} = \boldsymbol{r}(t)$ 是区间 I 上的连续向量函数.

显然, $\boldsymbol{r}(t) = x(t)\boldsymbol{i} + y(t)\boldsymbol{j} + z(t)\boldsymbol{k}$ 在区间 I 上连续的充要条件是 $x(t), y(t), z(t)$ 在区间 I 上都是连续函数.

定义 20.4.4 设向量函数 $\boldsymbol{r} = \boldsymbol{r}(t)$ 在 t 的某邻域内有定义, 在 t 处取增量 $\Delta t(\Delta t \neq 0)$, 对应于向量函数 $\boldsymbol{r} = \boldsymbol{r}(t)$ 的增量为 $\Delta \boldsymbol{r}(t) = \boldsymbol{r}(t + \Delta t) - \boldsymbol{r}(t)$. 如果极限

$$\lim_{\Delta t \to 0} \frac{\Delta \boldsymbol{r}(t)}{\Delta t} = \lim_{\Delta t \to 0} \frac{\boldsymbol{r}(t + \Delta t) - \boldsymbol{r}(t)}{\Delta t}$$

存在, 则称 $r = r(t)$ 在 t 处可导, 并称该极限为 $r = r(t)$ 在 t 处的导数, 记作 $\dfrac{\mathrm{d}r}{\mathrm{d}t}$ 或 $r'(t)$, 即

$$\frac{\mathrm{d}r}{\mathrm{d}t} = r'(t) = \lim_{\Delta t \to 0} \frac{\Delta r(t)}{\Delta t} = \lim_{\Delta t \to 0} \frac{r(t + \Delta t) - r(t)}{\Delta t}.$$

由于 $\dfrac{\mathrm{d}r}{\mathrm{d}t}$ 或 $r'(t)$ 仍是一个向量, 所以 $\dfrac{\mathrm{d}r}{\mathrm{d}t}$ 或 $r'(t)$ 也称为**导向量**.

若 $r(t) = x(t)i + y(t)j + z(t)k$, 则 $r = r(t)$ 在 t 处可导的充要条件是 $x(t), y(t), z(t)$ 在 t 处都是可导的, 且

$$r'(t) = x'(t)i + y'(t)j + z'(t)k.$$

类似地, 可以定义**向量函数的高阶导数**, 例如 $r''(t) = x''(t)i + y''(t)j + z''(t)k$ 等.

例 20.4.2　设 $r(t) = (t^2 + 1)i + (t + \sin t)j + \mathrm{e}^t k$, 求 $r'(t)$ 和 $r''(t)$.

解　$r'(t) = 2ti + (1 + \cos t)j + \mathrm{e}^t k$, $r''(t) = 2i - \sin tj + \mathrm{e}^t k$.

向量函数有下列求导法则: 设向量函数 $u = u(t), v = v(t)$ 及数值函数 $f(t)$ 可导, 则

$$\frac{\mathrm{d}}{\mathrm{d}t}C = 0(C \text{为常向量}); \qquad \frac{\mathrm{d}}{\mathrm{d}t}(u \pm v) = \frac{\mathrm{d}u}{\mathrm{d}t} \pm \frac{\mathrm{d}v}{\mathrm{d}t};$$

$$\frac{\mathrm{d}}{\mathrm{d}t}(ku) = k\frac{\mathrm{d}u}{\mathrm{d}t}(k\text{为常数}); \qquad \frac{\mathrm{d}}{\mathrm{d}t}(fu) = \frac{\mathrm{d}f}{\mathrm{d}t}u + f\frac{\mathrm{d}u}{\mathrm{d}t};$$

$$\frac{\mathrm{d}}{\mathrm{d}t}(u \cdot v) = \frac{\mathrm{d}u}{\mathrm{d}t} \cdot v + u \cdot \frac{\mathrm{d}v}{\mathrm{d}t}; \quad \frac{\mathrm{d}}{\mathrm{d}t}(u \times v) = \frac{\mathrm{d}u}{\mathrm{d}t} \times v + u \times \frac{\mathrm{d}v}{\mathrm{d}t}.$$

若 $u = u(s), s = f(t)$, 则 $\dfrac{\mathrm{d}u}{\mathrm{d}t} = \dfrac{\mathrm{d}u}{\mathrm{d}s} \cdot \dfrac{\mathrm{d}s}{\mathrm{d}t}$.

例 20.4.3　证明: 若 $|r(t)|$ 为常数, 则 $r'(t)$ 与 $r(t)$ 正交.

证明　由假设知

$$r(t) \cdot r(t) = |r(t)|^2 = c \quad (\text{常数}),$$

等式两边对 t 求导, 得 $r'(t) \cdot r(t) = 0$, 所以 $r'(t)$ 与 $r(t)$ 正交.

设向量函数 $r = r(t)$ 在区间 $[a, b]$ 上连续, 则 $r = r(t)$ 在区间 $[a, b]$ 上的定积分定义为

$$\int_a^b r(t)\mathrm{d}t - \lim_{\|T\| \to 0} \sum_{i=1}^n r(\tau_i)\Delta t_i,$$

其中 $a = t_0 < t_1 < t_2 < \cdots < t_n = b$, $\tau_i \in [t_{i-1}, t_i]$, $\Delta t_i = t_i - t_{i-1}$, $\|T\| = \max\limits_{1 \leqslant i \leqslant n} \{\Delta t_i\}$.

若 $r(t) = x(t)i + y(t)j + z(t)k$, 则

$$\int_a^b r(t)\mathrm{d}t = \left(\int_a^b x(t)\mathrm{d}t\right)i + \left(\int_a^b y(t)\mathrm{d}t\right)j + \left(\int_a^b z(t)\mathrm{d}t\right)k.$$

例 20.4.4 设 $r(t) = (1 + \cos t)i + (1 - \sin t)j + (\mathrm{e}^t - 1)k$, 求 $\int_0^\pi r(t)\mathrm{d}t$.

解 $\int_0^\pi r(t)\mathrm{d}t = \int_0^\pi \left[(1 + \cos t)i + (1 - \sin t)j + (\mathrm{e}^t - 1)k\right]\mathrm{d}t$

$$= \left(\int_0^\pi (1 + \cos t)\mathrm{d}t\right)i + \left(\int_0^\pi (1 - \sin t)\mathrm{d}t\right)j + \left(\int_0^\pi (\mathrm{e}^t - 1)\mathrm{d}t\right)k$$

$$= \pi i + (\pi - 2)j + (\mathrm{e}^\pi - \pi - 1)k.$$

在许多科学领域常常涉及向量场的概念, 例如, 风力场、力场、速度场、磁场等. 上面介绍了区间上向量函数的概念, 把该概念推广到空间上的向量函数, 即是下面要介绍的向量场.

定义 20.4.5 设 G 是空间区域, 对 G 内任意一点 $M(x, y, z)$, 都对应着一个向量 $F(M)$ 或 $F(x, y, z)$, 则称 $F(M)$ 或 $F(x, y, z)$ 是定义在 G 内的一个**向量场或向量函数**, 也简称为**场**.

任何一个映射 $F : G \to \mathbb{R}^3$ 都确定了 G 内的一个向量场. 对 $\forall M(x, y, z) \in G$, 有

$$F(M) = P(M)i + Q(M)j + R(M)k$$

或

$$F(x, y, z) = P(x, y, z)i + Q(x, y, z)j + R(x, y, z)k.$$

请注意, 有的向量场 $F(M)$ 或 $F(x, y, z)$ 不但与点 $M(x, y, z)$ 的位置有关, 还与时间 t 有关 (例如在地球每一点的风速都随时间而改变), 这样的向量场称为**不稳定向量场**; 与时间 t 无关的向量场称为**稳定向量场**. 这里只讨论稳定向量场.

设 Γ 为向量场中的一条曲线. 若 Γ 上每一点 M 处的切线方向都与向量函数

$$F(M) = P(M)i + Q(M)j + R(M)k$$

的方向一致, 即

$$\frac{\mathrm{d}x}{P} = \frac{\mathrm{d}y}{Q} = \frac{\mathrm{d}z}{R},$$

则称曲线 Γ 为向量场 $F(M) = P(M)i + Q(M)j + R(M)k$ 的**向量场线**. 例如: 电力线、磁力线等都是向量场线.

另外, 场的性质是它自己的属性, 和坐标系的引入无关. 引入或选择某种坐标系是为了便于通过数学方法来研究它的性质.

设 $f(M)$ 是定义在区域 G 上的函数, 在区域 G 上定义映射 $\boldsymbol{F}$ 如下: 对 $\forall M \in G$,

$$\boldsymbol{F}(M) = \mathbf{grad}f(M)$$

称为由函数 $f(M)$ 产生的**梯度场**. 即**梯度场是由梯度给出的向量场**.

引进符号向量

$$\boldsymbol{\nabla} = \left(\frac{\partial}{\partial x}, \frac{\partial}{\partial y}, \frac{\partial}{\partial z} \right),$$

那么函数 $f(x, y, z)$ 的梯度可写作: $\mathbf{grad}f = \boldsymbol{\nabla}f$, 且具有下列性质.

(1) 若 $u = u(x, y, z)$, $v = v(x, y, z)$ 均是可微函数, 则

$$\boldsymbol{\nabla}(u + v) = \boldsymbol{\nabla}u + \boldsymbol{\nabla}v.$$

(2) 若 $u = u(x, y, z)$, $v = v(x, y, z)$ 均是可微函数, 则

$$\boldsymbol{\nabla}(u \cdot v) = (\boldsymbol{\nabla}u) \cdot v + u \cdot (\boldsymbol{\nabla}v).$$

(3) 若 $f = f(u)$, $u = u(x, y, z)$ 均是可微函数, 则

$$\boldsymbol{\nabla}f = f'(u) \cdot \boldsymbol{\nabla}u.$$

(4) 若 $f = f(u_1, u_2, \cdots, u_n)$, $u_i = u_i(x, y, z)(i = 1, 2, \cdots, n)$ 均是可微函数, 则

$$\boldsymbol{\nabla}f = \sum_{i=1}^{n} \frac{\partial f}{\partial u_i} \cdot \boldsymbol{\nabla}u_i.$$

如果一个向量场 $\boldsymbol{F}(M)$ 是由某一个函数 $f(M)$ 产生的**梯度场**, 即 $\boldsymbol{F}(M) = \boldsymbol{\nabla}f(M) = \mathbf{grad}f(M)$, 此时称 $\boldsymbol{F}(M)$ 为**势场** (也称**保守场**或**位场**), 函数 $f(M)$ 称为**势场**$\boldsymbol{F}(M)$ 的**势函数** (或**位函数**).

但是, 并非任何向量场都是势场, 下面讨论向量场是势场的条件.

若平面向量场 $\boldsymbol{F}(x, y) = P(x, y)\boldsymbol{i} + Q(x, y)\boldsymbol{j}$ 是势场, 则存在函数 $f(x, y)$, 使得 $\boldsymbol{F}(M) = \mathbf{grad}f(M)$, 即

$$\boldsymbol{F}(x, y) = P(x, y)\boldsymbol{i} + Q(x, y)\boldsymbol{j} = \frac{\partial f}{\partial x}\boldsymbol{i} + \frac{\partial f}{\partial y}\boldsymbol{j},$$

所以

$$P(x, y) = \frac{\partial f}{\partial x}, \quad Q(x, y) = \frac{\partial f}{\partial y}.$$

设函数 $f(x, y)$ 具有连续的二阶偏导数, 则

$$\frac{\partial Q}{\partial x} = \frac{\partial^2 f}{\partial x \partial y} = \frac{\partial^2 f}{\partial y \partial x} = \frac{\partial P}{\partial y} \quad \text{即} \quad \frac{\partial Q}{\partial x} = \frac{\partial P}{\partial y}. \tag{20.4.1}$$

反之若等式 (20.4.1) 成立, 则向量场

$$\boldsymbol{F}(x,y) = P(x,y)\boldsymbol{i} + Q(x,y)\boldsymbol{j}$$

是势场. 所以平面向量场 $\boldsymbol{F}(x,y) = P(x,y)\boldsymbol{i} + Q(x,y)\boldsymbol{j}$ 是势场的充要条件为等式 $\dfrac{\partial Q}{\partial x} = \dfrac{\partial P}{\partial y}$ 恒成立.

空间向量场

$$\boldsymbol{F}(M) = P(M)\boldsymbol{i} + Q(M)\boldsymbol{j} + R(M)\boldsymbol{k}$$

$$\boldsymbol{F}(x,y,z) = P(x,y,z)\boldsymbol{i} + Q(x,y,z)\boldsymbol{j} + R(x,y,z)\boldsymbol{k}$$

是势场的条件为等式

$$\frac{\partial R}{\partial y} = \frac{\partial Q}{\partial z}, \quad \frac{\partial P}{\partial z} = \frac{\partial R}{\partial x}, \quad \frac{\partial Q}{\partial x} = \frac{\partial P}{\partial y}$$

恒成立.

例 20.4.5　证明

(1) $\boldsymbol{F}(x,y) = (x^2 y + 2)\boldsymbol{i} + (y + \sin xy)\boldsymbol{j}$ 不是势场;

(2) $\boldsymbol{F}(x,y) = (2xy + \cos x)\boldsymbol{i} + (x^2 + 2y^3)\boldsymbol{j}$ 是势场.

证明　(1) 因为 $P(x,y) = x^2 y + 2$, $Q(x,y) = y + \sin xy$, 且

$$\frac{\partial P}{\partial y} = x^2, \quad \frac{\partial Q}{\partial x} = y\cos xy,$$

$\dfrac{\partial P}{\partial y} \neq \dfrac{\partial Q}{\partial x}$, 所以 $\boldsymbol{F}(x,y) = (x^2 y + 2)\boldsymbol{i} + (y + \sin xy)\boldsymbol{j}$ 不是势场.

(2) 因为 $P(x,y) = 2xy + \cos x$, $Q(x,y) = x^2 + 2y^3$, 且

$$\frac{\partial P}{\partial y} = 2x, \quad \frac{\partial Q}{\partial x} = 2x,$$

$\dfrac{\partial P}{\partial y} = \dfrac{\partial Q}{\partial x}$, 所以 $\boldsymbol{F}(x,y) = (2xy + \cos x)\boldsymbol{i} + (x^2 + 2y^3)\boldsymbol{j}$ 是势场.

例 20.4.6　求位于原点 O 的质量为 m_0 的质点对位于点 $P(x,y,z)$ 的质量为 m 的质点的引力场, 并验证它是势场.

解　根据万有引力定律, $\boldsymbol{F} = \dfrac{Gm_0 m}{r^2} \cdot \dfrac{\overrightarrow{PO}}{r}$, 其中 $r = \left|\overrightarrow{PO}\right| = \sqrt{x^2 + y^2 + z^2}$, G 是引力常数, 即

$$\boldsymbol{F} = \frac{Gm_0 m}{r^2} \cdot \frac{\overrightarrow{PO}}{r} = -\frac{Gm_0 m}{(x^2 + y^2 + z^2)^{\frac{3}{2}}}(x\boldsymbol{i} + y\boldsymbol{j} + z\boldsymbol{k}).$$

另一方面, 取函数 $f(x,y,z) = \dfrac{Gm_0m}{\sqrt{x^2+y^2+z^2}}$, 由于

$$\mathbf{grad}f = -\frac{Gm_0m}{(x^2+y^2+z^2)^{\frac{3}{2}}}(x\boldsymbol{i}+y\boldsymbol{j}+z\boldsymbol{k}),$$

所以引力场 $\boldsymbol{F} = -\dfrac{Gm_0m}{(x^2+y^2+z^2)^{\frac{3}{2}}}(x\boldsymbol{i}+y\boldsymbol{j}+z\boldsymbol{k})$ 是势场.

设 $\boldsymbol{A}(x,y,z) = (P(x,y,z), Q(x,y,z), R(x,y,z))$ 是定义在空间区域 Ω 上的向量场. 对 Ω 上的每一点 (x,y,z), 向量场 $\boldsymbol{A}(x,y,z)$ 的**散度**为

$$\mathrm{div}\boldsymbol{A}(x,y,z) = \frac{\partial P}{\partial x} + \frac{\partial Q}{\partial y} + \frac{\partial R}{\partial z}.$$

在此, 向量场 $\boldsymbol{A}(x,y,z)$ 的散度称为**散度场**.

利用前面引进的算符 $\boldsymbol{\nabla}$ (符号向量), 向量场 $\boldsymbol{A}(x,y,z)$ 的散度的形式为: $\mathrm{div}\boldsymbol{A} = \boldsymbol{\nabla}\cdot\boldsymbol{A}$. 那么, 有下列性质.

(1) 若 $\boldsymbol{u},\boldsymbol{v}$ 是向量场, 则

$$\boldsymbol{\nabla}\cdot(\boldsymbol{u}+\boldsymbol{v}) = \boldsymbol{\nabla}\cdot\boldsymbol{u} + \boldsymbol{\nabla}\cdot\boldsymbol{v}.$$

(2) 若 φ 是可微函数, $\boldsymbol{F}$ 为向量场, 则

$$\boldsymbol{\nabla}\cdot(\varphi\boldsymbol{F}) = \varphi\boldsymbol{\nabla}\cdot\boldsymbol{F} + \boldsymbol{F}\cdot\boldsymbol{\nabla}\varphi.$$

(3) 若 $\varphi = \varphi(x,y,z)$ 是具有二阶连续偏导数的函数, 则

$$\boldsymbol{\nabla}\cdot\boldsymbol{\nabla}\varphi = \frac{\partial^2\varphi}{\partial x^2} + \frac{\partial^2\varphi}{\partial y^2} + \frac{\partial^2\varphi}{\partial z^2}.$$

记 $\boldsymbol{\nabla}\cdot\boldsymbol{\nabla}$ 为算符 Δ, 那么 $\Delta = \dfrac{\partial^2}{\partial x^2} + \dfrac{\partial^2}{\partial y^2} + \dfrac{\partial^2}{\partial z^2}$ 称为 **Laplace 算子**, 于是有

$$\boldsymbol{\nabla}\cdot\boldsymbol{\nabla}\phi = \Delta\phi = \frac{\partial^2\phi}{\partial x^2} + \frac{\partial^2\phi}{\partial y^2} + \frac{\partial^2\phi}{\partial z^2}.$$

例 20.4.7　求例 20.4.6 中引力场 $\boldsymbol{F} = -\dfrac{Gm_0m}{(x^2+y^2+z^2)^{\frac{3}{2}}}(x\boldsymbol{i}+y\boldsymbol{j}+z\boldsymbol{k})$ 所产生的散度场.

解　记 $r = (x^2+y^2+z^2)^{\frac{1}{2}}$, 则

$$\boldsymbol{\nabla}\cdot\boldsymbol{F} = -Gm_0m\left[\frac{\partial}{\partial x}\left(\frac{x}{r^3}\right) + \frac{\partial}{\partial y}\left(\frac{y}{r^3}\right) + \frac{\partial}{\partial z}\left(\frac{z}{r^3}\right)\right] = 0.$$

因此, 引力场除原点外在每一点的散度都为零.

设 $\boldsymbol{A}(x,y,z) = (P(x,y,z), Q(x,y,z), R(x,y,z))$ 是定义在空间区域 Ω 上的向量场. 对 Ω 上的每一点 (x,y,z), 向量场 $\boldsymbol{A}(x,y,z)$ 的**旋度**为

$$\mathrm{rot}\boldsymbol{A}(x,y,z) = \left(\frac{\partial R}{\partial y} - \frac{\partial Q}{\partial z}, \frac{\partial P}{\partial z} - \frac{\partial R}{\partial x}, \frac{\partial Q}{\partial x} - \frac{\partial P}{\partial y} \right).$$

在此, 向量场 $\boldsymbol{A}(x,y,z)$ 的旋度称为**旋度场**.

利用前面引进的算符 $\boldsymbol{\nabla}$(符号向量), 则向量场 $\boldsymbol{A}(x,y,z)$ 的旋度为: $\mathrm{rot}\boldsymbol{A} = \boldsymbol{\nabla} \times \boldsymbol{A}$. 那么, 我们有下列性质:

(1) 若 $\boldsymbol{u}, \boldsymbol{v}$ 是向量场, 则

$$\boldsymbol{\nabla} \times (\boldsymbol{u} + \boldsymbol{v}) = \boldsymbol{\nabla} \times \boldsymbol{u} + \boldsymbol{\nabla} \times \boldsymbol{v};$$
$$\boldsymbol{\nabla}(\boldsymbol{u} \cdot \boldsymbol{v}) = \boldsymbol{u} \times (\boldsymbol{\nabla} \times \boldsymbol{v}) + \boldsymbol{v} \times (\boldsymbol{\nabla} \times \boldsymbol{u}) + (\boldsymbol{u} \cdot \boldsymbol{\nabla})\boldsymbol{v} + (\boldsymbol{v} \cdot \boldsymbol{\nabla})\boldsymbol{u};$$
$$\boldsymbol{\nabla} \cdot (\boldsymbol{u} \times \boldsymbol{v}) = \boldsymbol{v} \cdot \boldsymbol{\nabla} \times \boldsymbol{u} - \boldsymbol{u} \cdot \boldsymbol{\nabla} \times \boldsymbol{v};$$
$$\boldsymbol{\nabla} \times (\boldsymbol{u} \times \boldsymbol{v}) = (\boldsymbol{v} \cdot \boldsymbol{\nabla})\boldsymbol{u} - (\boldsymbol{u} \cdot \boldsymbol{\nabla})\boldsymbol{v} + (\boldsymbol{\nabla} \cdot \boldsymbol{v})\boldsymbol{u} - (\boldsymbol{\nabla} \cdot \boldsymbol{u})\boldsymbol{v}.$$

(2) 若 φ 是可微函数, $\boldsymbol{F}$ 为向量场, 则

$$\boldsymbol{\nabla} \times (\varphi \boldsymbol{F}) = \varphi(\boldsymbol{\nabla} \times \boldsymbol{F}) + \boldsymbol{\nabla}\varphi \times \boldsymbol{F}.$$

(3) 若 φ 是具有二阶连续偏导数的函数, $\boldsymbol{F}$ 为向量场, 则

$$\boldsymbol{\nabla} \cdot (\boldsymbol{\nabla} \times \boldsymbol{F}) = 0;$$
$$\boldsymbol{\nabla} \times \boldsymbol{\nabla}\varphi = \boldsymbol{0};$$
$$\boldsymbol{\nabla} \times (\boldsymbol{\nabla} \times \boldsymbol{F}) = \boldsymbol{\nabla}(\boldsymbol{\nabla} \cdot \boldsymbol{F}) - \boldsymbol{\nabla}^2 \boldsymbol{F} = \boldsymbol{\nabla}(\boldsymbol{\nabla} \cdot \boldsymbol{F}) - \Delta\boldsymbol{F}.$$

例 20.4.8 设向量场 $\boldsymbol{A}(x,y,z) = (y^2 + z^2, z^2 + x^2, x^2 + y^2)$, 求 $\boldsymbol{\nabla} \times \boldsymbol{A}$.
解 $\boldsymbol{\nabla} \times \boldsymbol{A} = 2(y - z, z - x, x - y)$.

习 题 20.4

1. 证明下列向量场是势场:

(1) $\boldsymbol{F}(x,y) = (y\cos x + 2)\boldsymbol{i} + x\cos xy\boldsymbol{j} + (\sin z + 1)\boldsymbol{k}$;

(2) $\boldsymbol{F}(x,y) = (2x\cos y - y^2\sin x + 9)\boldsymbol{i} + 2(y\cos x - x^2\sin y - 3y^2)\boldsymbol{j}$.

2. 若 $r = \sqrt{x^2 + y^2 + z^2}$, 计算 $\boldsymbol{\nabla}r$, $\boldsymbol{\nabla}r^2$, $\boldsymbol{\nabla}\dfrac{1}{r}$.

3. 计算下列向量场 $\boldsymbol{A}$ 的散度场 $\boldsymbol{\nabla} \cdot \boldsymbol{A}$ 与旋度场 $\boldsymbol{\nabla} \times \boldsymbol{A}$:

(1) $\boldsymbol{A} = (x^2yz, xy^2z, xyz^2)$; (2) $\boldsymbol{A} = \left(\dfrac{x}{yz}, \dfrac{y}{zx}, \dfrac{z}{xy} \right)$.

20.5　微分形式简介

(阅读) Green 公式描述了平面区域上的二重积分与其边界曲线上的曲线积分之间的联系, Gauss 公式表达了空间区域上的三重积分与其边界曲面上的曲面积分之间的关系, 而 Stokes 公式反映的是空间的一块曲面上的曲面积分与其边界曲线上的曲线积分之间的关联. 这些公式能否推广到 n 维空间的一般形式? 为实现这一目的, 需要引入微分形式这一工具. 现在从向量外积的概念谈起.

设 $\boldsymbol{a} = (a_1, a_2)$, $\boldsymbol{b} = (b_1, b_2)$ 为平面 $\mathbb{R}^2$ 上两个线性无关向量, $\varPi$ 为 $\mathbb{R}^2$ 上由向量 $\boldsymbol{a}$ 和 $\boldsymbol{b}$ 所张成的平行四边形 (图 20.5.1), 我们规定: 如果 $\boldsymbol{a}$ 的方向, $\boldsymbol{b}$ 的方向和 $\varPi$ 的垂直方向符合右手规则, 则这个平行四边形的面积为正, 否则为负.

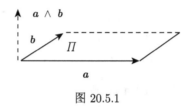

图 20.5.1

容易看出, 二阶行列式 $\begin{vmatrix} a_1 & a_2 \\ b_1 & b_2 \end{vmatrix}$ 正是由 $\boldsymbol{a}$ 和 $\boldsymbol{b}$ 所张成的平行四边形 $\varPi$ 的有向面积. 此外, 若交换 $\boldsymbol{a}$ 和 $\boldsymbol{b}$ 的位置, 则结果反号. 我们将这种运算称为向量 $\boldsymbol{a}$ 与 $\boldsymbol{b}$ 的外积, 记为 $\boldsymbol{a} \wedge \boldsymbol{b}$, 即

$$\boldsymbol{a} \wedge \boldsymbol{b} = \begin{vmatrix} a_1 & a_2 \\ b_1 & b_2 \end{vmatrix} \boldsymbol{k},$$

其中 $\boldsymbol{k}$ 是与 $\mathbb{R}^2$ 垂直的单位向量.

易验证外积运算具有以下性质:

(1) (**反对称性**) 设 $\boldsymbol{a}, \boldsymbol{b} \in \mathbb{R}^2$, 则

$$\boldsymbol{a} \wedge \boldsymbol{b} = -\boldsymbol{b} \wedge \boldsymbol{a}, \quad \boldsymbol{a} \wedge \boldsymbol{a} = 0.$$

(2) (**双线性**或**分配律**) 设 $\boldsymbol{a}, \boldsymbol{b}, \boldsymbol{c} \in \mathbb{R}^2, \lambda \in \mathbb{R}$, 则

$$\boldsymbol{a} \wedge (\boldsymbol{b} + \boldsymbol{c}) - \boldsymbol{a} \wedge \boldsymbol{b} + \boldsymbol{a} \wedge \boldsymbol{c},$$

$$(\boldsymbol{a} + \boldsymbol{b}) \wedge \boldsymbol{c} = \boldsymbol{a} \wedge \boldsymbol{c} + \boldsymbol{b} \wedge \boldsymbol{c},$$

$$(\lambda \boldsymbol{a}) \wedge \boldsymbol{b} = \boldsymbol{a} \wedge (\lambda \boldsymbol{b}) = \lambda(\boldsymbol{a} \wedge \boldsymbol{b}).$$

例 20.5.1 设 e_1, e_2 为 $\mathbb{R}^2$ 上的一组基 (不一定要求正交),

$$\boldsymbol{a}_1 = a_{11}\boldsymbol{e}_1 + a_{12}\boldsymbol{e}_2, \quad \boldsymbol{a}_2 = a_{21}\boldsymbol{e}_1 + a_{22}\boldsymbol{e}_2$$

是 $\mathbb{R}^2$ 中的任意两个向量, 求 $\boldsymbol{a}_1 \wedge \boldsymbol{a}_2$.

解 由外积的性质得到

$$\begin{aligned}
\boldsymbol{a}_1 \wedge \boldsymbol{a}_2 &= (a_{11}\boldsymbol{e}_1 + a_{12}\boldsymbol{e}_2) \wedge (a_{21}\boldsymbol{e}_1 + a_{22}\boldsymbol{e}_2) \\
&= a_{11}a_{21}\boldsymbol{e}_1 \wedge \boldsymbol{e}_1 + a_{11}a_{22}\boldsymbol{e}_1 \wedge \boldsymbol{e}_2 + a_{12}a_{21}\boldsymbol{e}_2 \wedge \boldsymbol{e}_1 + a_{12}a_{22}\boldsymbol{e}_2 \wedge \boldsymbol{e}_2 \\
&= a_{11}a_{22}\boldsymbol{e}_1 \wedge \boldsymbol{e}_2 + a_{12}a_{21}\boldsymbol{e}_2 \wedge \boldsymbol{e}_1 \\
&= (a_{11}a_{22} - a_{12}a_{21})\boldsymbol{e}_1 \wedge \boldsymbol{e}_2 = \begin{vmatrix} a_{11} & a_{12} \\ a_{21} & a_{22} \end{vmatrix} \boldsymbol{e}_1 \wedge \boldsymbol{e}_2.
\end{aligned}$$

上式两端的 $\boldsymbol{a}_1 \wedge \boldsymbol{a}_2$ 和 $\boldsymbol{e}_1 \wedge \boldsymbol{e}_2$ 分别表示由 $\boldsymbol{a}_1, \boldsymbol{a}_2$ 和 $\boldsymbol{e}_1, \boldsymbol{e}_2$ 所张成的平行四边形的有向面积, 而行列式 $\begin{vmatrix} a_{11} & a_{12} \\ a_{21} & a_{22} \end{vmatrix}$ 就是这两个有向面积之间的比例系数. 若行列式大于零, 说明这两个有向面积的符号相同, 即从 $\boldsymbol{e}_1$ 到 $\boldsymbol{e}_2$ 的旋转方向与从 $\boldsymbol{a}_1$ 到 $\boldsymbol{a}_2$ 的旋转方向相同; 若行列式小于零, 说明这两个有向面积的符号相反, 即从 $\boldsymbol{e}_1$ 到 $\boldsymbol{e}_2$ 的旋转方向与从 $\boldsymbol{a}_1$ 到 $\boldsymbol{a}_2$ 的旋转方向相反.

从例 20.5.1 得到启发, 若能将重积分变量代换公式中的微元关系

$$\mathrm{d}x\mathrm{d}y = \left| \frac{\partial(x,y)}{\partial(u,v)} \right| \mathrm{d}u\mathrm{d}v$$

写成形式

$$\mathrm{d}x \wedge \mathrm{d}y = \frac{\partial(x,y)}{\partial(u,v)} \mathrm{d}u \wedge \mathrm{d}v,$$

而 $\mathrm{d}x \wedge \mathrm{d}y$ 和 $\mathrm{d}u \wedge \mathrm{d}v$ 理解为带符号的面积微元, 使上式成立, 就无须对变量代换的 Jacobi 行列式取绝对值了. 但是, 这里的 $\mathrm{d}x, \mathrm{d}y$(或 $\mathrm{d}u, \mathrm{d}v$) 并非向量, 因此需要引入微分形式和外积的概念.

在微分 $\mathrm{d}x, \mathrm{d}y, \mathrm{d}z$ 之间引进**外积**运算, 用符号 $\wedge$ 表示, 运算规则是

$$\mathrm{d}x \wedge \mathrm{d}x = 0, \quad \mathrm{d}y \wedge \mathrm{d}y = 0, \quad \mathrm{d}z \wedge \mathrm{d}z = 0,$$

$$\mathrm{d}x \wedge \mathrm{d}y = -\mathrm{d}y \wedge \mathrm{d}x, \quad \mathrm{d}y \wedge \mathrm{d}z = -\mathrm{d}z \wedge \mathrm{d}y, \quad \mathrm{d}z \wedge \mathrm{d}x = -\mathrm{d}x \wedge \mathrm{d}z,$$

另外, 若对三个微分作外积, 则允许使用结合律, 如

$$\mathrm{d}x \wedge \mathrm{d}y \wedge \mathrm{d}z = (\mathrm{d}x \wedge \mathrm{d}y) \wedge \mathrm{d}z = \mathrm{d}x \wedge (\mathrm{d}y \wedge \mathrm{d}z),$$

$$\mathrm{d}x \wedge \mathrm{d}y \wedge \mathrm{d}x = \mathrm{d}x \wedge (\mathrm{d}y \wedge \mathrm{d}x) = -\mathrm{d}x \wedge (\mathrm{d}x \wedge \mathrm{d}y) = -(\mathrm{d}x \wedge \mathrm{d}x) \wedge \mathrm{d}y = 0,$$

等等. 由此可见, 在 $\mathbb{R}^3$ 中, 多于三个的微分作外积其结果必然是 0. 其规则与向量外积运算的规则相同.

设 P, Q, R 是定义在 $\mathbb{R}^3$ 中某集上的函数, 下列表达式

$$P\mathrm{d}x + Q\mathrm{d}y + R\mathrm{d}z,$$

$$P\mathrm{d}y \wedge \mathrm{d}z + Q\mathrm{d}z \wedge \mathrm{d}x + R\mathrm{d}x \wedge \mathrm{d}y,$$

$$P\mathrm{d}x \wedge \mathrm{d}y \wedge \mathrm{d}z,$$

分别称为 **1 次, 2 次, 3 次微分形式**. $\mathbb{R}^3$ 中某集上的函数 f 称为 **0 次微分形式**.

例 20.5.2　设有微分形式 $\omega_1 = P_1\mathrm{d}x + Q_1\mathrm{d}y + R_1\mathrm{d}z$ 与 $\omega_2 = P_2\mathrm{d}x + Q_2\mathrm{d}y + R_2\mathrm{d}z$, 计算 $\omega_1 \wedge \omega_2$.

解　由外积运算的规则得

$$\begin{aligned}
\omega_1 \wedge \omega_2 &= (P_1\mathrm{d}x + Q_1\mathrm{d}y + R_1\mathrm{d}z) \wedge (P_2\mathrm{d}x + Q_2\mathrm{d}y + R_2\mathrm{d}z) \\
&= P_1Q_2\mathrm{d}x \wedge \mathrm{d}y + P_1R_2\mathrm{d}x \wedge \mathrm{d}z + Q_1P_2\mathrm{d}y \wedge \mathrm{d}x \\
&\quad + Q_1R_2\mathrm{d}y \wedge \mathrm{d}z + R_1P_2\mathrm{d}z \wedge \mathrm{d}x + R_1Q_2\mathrm{d}z \wedge \mathrm{d}y \\
&= (Q_1R_2 - R_1Q_2)\mathrm{d}y \wedge \mathrm{d}z + (R_1P_2 - P_1R_2)\mathrm{d}z \wedge \mathrm{d}x + (P_1Q_2 - Q_1P_2)\mathrm{d}x \wedge \mathrm{d}y \\
&= \begin{vmatrix} \mathrm{d}y \wedge \mathrm{d}z & \mathrm{d}z \wedge \mathrm{d}x & \mathrm{d}x \wedge \mathrm{d}y \\ P_1 & Q_1 & R_1 \\ P_2 & Q_2 & R_2 \end{vmatrix}.
\end{aligned}$$

现引入**外微分运算** d. 设 f 是 0 次微分形式, 定义 d 对 f 的运算为

$$\mathrm{d}f = \frac{\partial f}{\partial x}\mathrm{d}x + \frac{\partial f}{\partial y}\mathrm{d}y + \frac{\partial f}{\partial z}\mathrm{d}z,$$

它是一个 1 次微分形式. 对 1 次微分形式 $\omega = P\mathrm{d}x + Q\mathrm{d}y + R\mathrm{d}z$, d 对它的运算规定为

$$\mathrm{d}\omega = \mathrm{d}P \wedge \mathrm{d}x + \mathrm{d}Q \wedge \mathrm{d}y + \mathrm{d}R \wedge \mathrm{d}z,$$

即

$$\begin{aligned}
\mathrm{d}\omega &= \left(\frac{\partial P}{\partial x}\mathrm{d}x + \frac{\partial P}{\partial y}\mathrm{d}y + \frac{\partial P}{\partial z}\mathrm{d}z\right) \wedge \mathrm{d}x \\
&\quad + \left(\frac{\partial Q}{\partial x}\mathrm{d}x + \frac{\partial Q}{\partial y}\mathrm{d}y + \frac{\partial Q}{\partial z}\mathrm{d}z\right) \wedge \mathrm{d}y \\
&\quad + \left(\frac{\partial R}{\partial x}\mathrm{d}x + \frac{\partial R}{\partial y}\mathrm{d}y + \frac{\partial R}{\partial z}\mathrm{d}z\right) \wedge \mathrm{d}z \\
&= \left(\frac{\partial R}{\partial y} - \frac{\partial Q}{\partial z}\right)\mathrm{d}y \wedge \mathrm{d}z + \left(\frac{\partial P}{\partial z} - \frac{\partial R}{\partial x}\right)\mathrm{d}z \wedge \mathrm{d}x
\end{aligned}$$

$$+ \left(\frac{\partial Q}{\partial x} - \frac{\partial P}{\partial y} \right) \mathrm{d}x \wedge \mathrm{d}y, \tag{20.5.1}$$

这是一个 2 次微分形式. 对 2 次微分形式 $\omega = P\mathrm{d}y \wedge \mathrm{d}z + Q\mathrm{d}z \wedge \mathrm{d}x + R\mathrm{d}x \wedge \mathrm{d}y$, d 对它的运算规定为

$$\mathrm{d}\omega = \mathrm{d}P \wedge \mathrm{d}y \wedge \mathrm{d}z + \mathrm{d}Q \wedge \mathrm{d}z \wedge \mathrm{d}x + \mathrm{d}R \wedge \mathrm{d}x \wedge \mathrm{d}y,$$

展开并化简后得到

$$\mathrm{d}\omega = \left(\frac{\partial P}{\partial x} + \frac{\partial Q}{\partial y} + \frac{\partial R}{\partial z} \right) \mathrm{d}x \wedge \mathrm{d}y \wedge \mathrm{d}z, \tag{20.5.2}$$

这是一个 3 次微分形式.

再看 $\mathbb{R}^2$ 上的情况. d 对 1 次微分形式 $\omega = P\mathrm{d}x + Q\mathrm{d}y$ 的运算为

$$\begin{aligned}
\mathrm{d}\omega &= \mathrm{d}P \wedge \mathrm{d}x + \mathrm{d}Q \wedge \mathrm{d}y \\
&= \left(\frac{\partial P}{\partial x}\mathrm{d}x + \frac{\partial P}{\partial y}\mathrm{d}y \right) \wedge \mathrm{d}x + \left(\frac{\partial Q}{\partial x}\mathrm{d}x + \frac{\partial Q}{\partial y}\mathrm{d}y \right) \wedge \mathrm{d}y \\
&= \left(\frac{\partial Q}{\partial x} - \frac{\partial P}{\partial y} \right) \mathrm{d}x \wedge \mathrm{d}y, \tag{20.5.3}
\end{aligned}$$

这是一个 2 次微分形式.

利用上面引入的微分形式与外微分运算, 可以把 Green 公式、Gauss 公式及 Stokes 公式写成一种和谐统一的形式. 设 D 是 $\mathbb{R}^2$ 中有界闭域, ∂D 表示它的边界曲线, 由 (20.5.3) 知微分形式 $\omega = P\mathrm{d}x + Q\mathrm{d}y$ 的外微分为 $\mathrm{d}\omega = \left(\dfrac{\partial Q}{\partial x} - \dfrac{\partial P}{\partial y} \right) \mathrm{d}x \wedge \mathrm{d}y$, 于是 Green 公式可写成

$$\int_{\partial D} \omega = \int_D \mathrm{d}\omega.$$

同样地, 设 D 是 $\mathbb{R}^3$ 中有界闭域, ∂D 表示它的边界曲面, 由 (20.5.2) 式知微分形式

$$\omega = P\mathrm{d}y \wedge \mathrm{d}z + Q\mathrm{d}z \wedge \mathrm{d}x + R\mathrm{d}x \wedge \mathrm{d}y$$

的外微分为 $\mathrm{d}\omega = \left(\dfrac{\partial P}{\partial x} + \dfrac{\partial Q}{\partial y} + \dfrac{\partial R}{\partial z} \right) \mathrm{d}x \wedge \mathrm{d}y \wedge \mathrm{d}z$, 于是 Gauss 公式也可写成

$$\int_{\partial D} \omega = \int_D \mathrm{d}\omega.$$

如果设 D 是 $\mathbb{R}^3$ 中的有界曲面, ∂D 表示它的边界曲线, 由 (20.5.1) 式知微分形式 $\omega = P\mathrm{d}x + Q\mathrm{d}y + R\mathrm{d}z$ 的外微分为

$$\mathrm{d}\omega = \left(\frac{\partial R}{\partial y} - \frac{\partial Q}{\partial z}\right)\mathrm{d}y \wedge \mathrm{d}z + \left(\frac{\partial P}{\partial z} - \frac{\partial R}{\partial x}\right)\mathrm{d}z \wedge \mathrm{d}x + \left(\frac{\partial Q}{\partial x} - \frac{\partial P}{\partial y}\right)\mathrm{d}x \wedge \mathrm{d}y,$$

那么 Stokes 公式也能写成

$$\int_{\partial D} \omega = \int_D \mathrm{d}\omega.$$

在引入微分形式与外微分运算之后, 三个不同的公式居然统一成一个形式一样的表达式, 十分简洁优美. 这不是偶然的, 它是微积分理论内在联系的反映. 为了将此公式推广到 $\mathbb{R}^n$ 中, 下面来定义 $\mathbb{R}^n$ 中的微分形式.

设 U 为 $\mathbb{R}^n$ 上的区域, 记 $\boldsymbol{x} = (x_1, x_2, \cdots, x_n)$, 设 $C^1(U)$ 为 U 上具有连续偏导的函数全体. 每个 $f \in C^1(U)$ 称为 0 **次微分形式**, 简称为 0 **形式**; 将 $\{\mathrm{d}x_1, \mathrm{d}x_2, \cdots, \mathrm{d}x_n\}$ 看成一组基, 其线性组合

$$a_1(\boldsymbol{x})\mathrm{d}x_1 + a_2(\boldsymbol{x})\mathrm{d}x_2 + \cdots + a_n(\boldsymbol{x})\mathrm{d}x_n, \quad a_i(\boldsymbol{x}) \in C^1(U) \quad (i = 1, 2, \cdots, n)$$

称为 1 **次微分形式**, 简称为 1 **形式**. 1 形式的全体记为 $\Lambda^1(U)$.

对于任意 $\omega, \eta \in \Lambda^1(U)$:

$$\omega = a_1(\boldsymbol{x})\mathrm{d}x_1 + a_2(\boldsymbol{x})\mathrm{d}x_2 + \cdots + a_n(\boldsymbol{x})\mathrm{d}x_n,$$
$$\eta = b_1(\boldsymbol{x})\mathrm{d}x_1 + b_2(\boldsymbol{x})\mathrm{d}x_2 + \cdots + b_n(\boldsymbol{x})\mathrm{d}x_n,$$

分别定义 $\omega + \eta$ 和 $\lambda\omega(\lambda \in C^1(U))$ 为

$$\omega + \eta = (a_1(\boldsymbol{x}) + b_1(\boldsymbol{x}))\,\mathrm{d}x_1 + (a_2(\boldsymbol{x}) + b_2(\boldsymbol{x}))\,\mathrm{d}x_2 + \cdots + (a_n(\boldsymbol{x}) + b_n(\boldsymbol{x}))\,\mathrm{d}x_n,$$
$$\lambda\omega = (\lambda(\boldsymbol{x})a_1(\boldsymbol{x}))\,\mathrm{d}x_1 + (\lambda(\boldsymbol{x})a_2(\boldsymbol{x}))\,\mathrm{d}x_2 + \cdots + (\lambda(\boldsymbol{x})a_n(\boldsymbol{x}))\,\mathrm{d}x_n.$$

上述运算显然满足交换律、结合律以及对 $C^1(U)$ 中元素的乘法分配律. 若定义 $\Lambda^1(U)$ 中的 "零元" 为

$$0 = 0\mathrm{d}x_1 + 0\mathrm{d}x_2 + \cdots + 0\mathrm{d}x_n,$$

而且定义 $-\omega$ 为

$$-\omega = (-a_1(\boldsymbol{x}))\,\mathrm{d}x_1 + (-a_2(\boldsymbol{x}))\,\mathrm{d}x_2 + \cdots + (-a_n(\boldsymbol{x}))\,\mathrm{d}x_n,$$

那么 $\Lambda^1(U)$ 为 $C^1(U)$ 上的向量空间.

在 $\{\mathrm{d}x_1, \mathrm{d}x_2, \cdots, \mathrm{d}x_n\}$ 中任取两个组成二元有序元, 记为 $\mathrm{d}x_i \wedge \mathrm{d}x_j\ (i, j = 1, 2, \cdots, n)$, 称为 $\mathrm{d}x_i$ 与 $\mathrm{d}x_j$ 的**外积**.

依照向量的外积, 规定

$$\mathrm{d}x_i \wedge \mathrm{d}x_j = -\mathrm{d}x_j \wedge \mathrm{d}x_i, \quad \mathrm{d}x_i \wedge \mathrm{d}x_i = 0 \quad (i, j = 1, 2, \cdots, n).$$

因此共有 C_n^2 个有序元 $\mathrm{d}x_i \wedge \mathrm{d}x_j$, $1 \leqslant i < j \leqslant n$. 同 $\Lambda^1(U)$ 的构造类似, 以这些有序元为基就可以构造一个 $C^1(U)$ 上的向量空间 $\Lambda^2(U)$. $\Lambda^2(U)$ 的元素称为 2 **次微分形式**, 简称 2 **形式**. 2 形式可表为

$$\sum_{1 \leqslant i < j \leqslant n} g_{ij}(\boldsymbol{x}) \mathrm{d}x_i \wedge \mathrm{d}x_j.$$

一般地, 在 $\{\mathrm{d}x_1, \mathrm{d}x_2, \cdots, \mathrm{d}x_n\}$ 中任意选取 k 个组成有序元, 记为

$$\mathrm{d}x_{i_1} \wedge \mathrm{d}x_{i_2} \wedge \cdots \wedge \mathrm{d}x_{i_k},$$

这里 $i_1, i_2, \cdots, i_k$ 是从集合 $\{1, 2, \cdots, n\}$ 中选取的任意 k 个正整数, 规定

$$\mathrm{d}x_{i_1} \wedge \cdots \wedge \mathrm{d}x_{i_r} \wedge \mathrm{d}x_{i_{r+1}} \wedge \cdots \wedge \mathrm{d}x_{i_k}$$
$$= -\mathrm{d}x_{i_1} \wedge \cdots \wedge \mathrm{d}x_{i_{r+1}} \wedge \mathrm{d}x_{i_r} \wedge \cdots \wedge \mathrm{d}x_{i_k}, \quad 1 \leqslant r \leqslant k-1,$$

而且如果 $i_1, i_2, \cdots, i_k$ 中有两个是相同的, 则规定 $\mathrm{d}x_{i_1} \wedge \mathrm{d}x_{i_2} \wedge \cdots \wedge \mathrm{d}x_{i_k} = 0$. 因此共有 C_n^k 个有序元

$$\mathrm{d}x_{i_1} \wedge \mathrm{d}x_{i_2} \wedge \cdots \wedge \mathrm{d}x_{i_k}, \quad 1 \leqslant i_1 < i_2 < \cdots < i_k \leqslant n.$$

以这些有序元为基就构造了一个 $C^1(U)$ 上的向量空间 $\Lambda^k(U)$. $\Lambda^k(U)$ 的元素称为 k **次微分形式**, 简称 k **形式**. 于是一般的 k 形式可表为

$$\omega = \sum_{1 \leqslant i_1 < i_2 < \cdots < i_k \leqslant n} g_{i_1, i_2, \cdots, i_k}(\boldsymbol{x}) \mathrm{d}x_{i_1} \wedge \mathrm{d}x_{i_2} \wedge \cdots \wedge \mathrm{d}x_{i_k}. \tag{20.5.4}$$

特别地, $\Lambda^n(U)$ 是 $C^1(U)$ 上 $C_n^n = 1$ 维的向量空间, 它的基为 $\mathrm{d}x_1 \wedge \mathrm{d}x_2 \wedge \cdots \wedge \mathrm{d}x_n$, 因此一般的 n 形式为

$$g\mathrm{d}x_1 \wedge \mathrm{d}x_2 \wedge \cdots \wedge \mathrm{d}x_n, \quad g \in C^1(U).$$

注意当 $k > n$ 时, $\mathrm{d}x_{i_1}, \mathrm{d}x_{i_2}, \cdots, \mathrm{d}x_{i_k}$ 中必有两个是相同的, 因此总有

$$\mathrm{d}x_{i_1} \wedge \mathrm{d}x_{i_2} \wedge \cdots \wedge \mathrm{d}x_{i_k} = 0, \quad \text{即} \Lambda^k(U) = \{0\} \quad (k > n).$$

现对于 k 形式 (20.5.4) 定义它的外微分为

$$\mathrm{d}\omega = \sum_{1 \leqslant i_1 < i_2 < \cdots < i_k \leqslant n} \mathrm{d}g_{i_1, i_2, \cdots, i_k}(x) \mathrm{d}x_{i_1} \wedge \mathrm{d}x_{i_2} \wedge \cdots \wedge \mathrm{d}x_{i_k},$$

它是一个 $k+1$ 形式. 下面来考虑 k 形式在 k 维曲面上的积分. 设 $\mathbb{R}^n$ 中的 k 维曲面 Σ 有参数表示

$$\Sigma : x = x(\boldsymbol{u}), \begin{cases} x_1 = x_1(u_1, u_2, \cdots, u_k), \\ x_2 = x_2(u_1, u_2, \cdots, u_k), \\ \qquad \cdots\cdots \\ x_n = x_n(u_1, u_2, \cdots, u_k), \end{cases}$$

其中 $\boldsymbol{u} = (u_1, u_2, \cdots, u_k) \in D \subset \mathbb{R}^k$, D 称为这张曲面的参数域. 设函数 $x_j(u_1, u_2, \cdots, u_k)(j = 1, 2, \cdots, n)$ 在 D 上有一阶连续偏导数, 设

$$\omega = \sum_{1 \leqslant i_1 < i_2 < \cdots < i_k \leqslant n} g_{i_1, i_2, \cdots, i_k}(\boldsymbol{x}) \mathrm{d}x_{i_1} \wedge \mathrm{d}x_{i_2} \wedge \cdots \wedge \mathrm{d}x_{i_k}$$

是定义在曲面 Σ 上的一个 k 形式, 定义 ω 在 Σ 上的积分为

$$\int_{\Sigma} \omega = \int_D \sum_{1 \leqslant i_1 < i_2 < \cdots < i_k \leqslant n} g_{i_1, i_2, \cdots, i_k}(\boldsymbol{x}(\boldsymbol{u})) \frac{\partial(x_{i_1}, x_{i_2}, \cdots, x_{i_k})}{\partial(u_1, u_2, \cdots, u_k)} \mathrm{d}u_1$$
$$\wedge \mathrm{d}u_2 \wedge \cdots \wedge \mathrm{d}u_k,$$

它是一个 $D \subset \mathbb{R}^k$ 上的 k 重积分. 对于这样定义的积分, 仍然有公式

$$\int_{\partial\Omega} \omega = \int_{\Omega} \mathrm{d}\omega$$

成立, 这就是一般形式的 Stokes 公式, 前述的 Green 公式、Gauss 公式等都是它的特例.

习　题　20.5

1. 计算下列外积:

(1) $(x\mathrm{d}x + 7z^2\mathrm{d}y) \wedge (y\mathrm{d}x - x\mathrm{d}y + 6\mathrm{d}z)$;

(2) $(\cos y\mathrm{d}x + \cos x\mathrm{d}y) \wedge (\sin y\mathrm{d}x - \sin x\mathrm{d}y)$.

2. 写出微分形式 $\mathrm{d}x \wedge \mathrm{d}y \wedge \mathrm{d}z$ 在下列变换下的表达式:

(1) 柱面坐标变换 $x = \rho\cos\theta$, $y = \rho\sin\theta$, $z = z$;

(2) 球面坐标变换 $x = r\sin\phi\cos\theta$, $y = r\sin\phi\sin\theta$, $z = r\cos\phi$.

3. 计算下列微分形式的外微分:

(1) $\omega = \cos y\mathrm{d}x - \sin x\mathrm{d}y$;

(2) $\omega = 6z\mathrm{d}x \wedge \mathrm{d}y - xy\mathrm{d}x \wedge \mathrm{d}z$.

4. 计算下列微分形式的外微分:

(1) $\omega = g_1(x_1)\mathrm{d}x_1 + g_2(x_2)\mathrm{d}x_2 + \cdots + g_n(x_n)\mathrm{d}x_n$ 是 $\mathbb{R}^n$ 中的 1 形式;

(2) $\omega = g_1(y, z)\mathrm{d}y \wedge \mathrm{d}z + g_2(x, z)\mathrm{d}z \wedge \mathrm{d}x + g_3(x, y)\mathrm{d}x \wedge \mathrm{d}y$ 是 $\mathbb{R}^3$ 中的 2 形式.

复习课件20

归纳解析视频20

总习题 20

A 组

1. 已知椭球面 $\Sigma: \dfrac{x^2}{a^2} + \dfrac{y^2}{b^2} + \dfrac{z^2}{c^2} = 1$ 的面积为 A, 计算

$$\oiint\limits_{\Sigma} (bcx + cay + abz + abc)^2 \mathrm{d}S.$$

2. 计算下列第一型曲面积分:

(1) $\iint\limits_{\Sigma}(x + y + z)\mathrm{d}S$, 其中 Σ 为上半球面 $z = \sqrt{a^2 - x^2 - y^2}$;

(2) $\iint\limits_{\Sigma} \dfrac{1}{x^2 + y^2}\mathrm{d}S$, 其中 Σ 是柱面 $x^2 + y^2 = R^2$ 被平面 $z = 0, z = H$ 截取的部分;

(3) $\iint\limits_{\Sigma} xyz\,\mathrm{d}S$, 其中 Σ 是平面 $x + y + z = 1$ 在第一卦限中的部分.

3. 求下列密度为 1 的均匀曲面的质心坐标:

(1) $x^2 + y^2 + z^2 = a^2, x \geqslant 0, y \geqslant 0, z \geqslant 0$;

(2) $z = \sqrt{a^2 - x^2 - y^2}$.

4. 求密度为 ρ 的均匀上半球面 $z = \sqrt{a^2 - x^2 - y^2}$ 对于 z 轴的转动惯量.

5. 计算下列曲面积分:

(1) $\oiint\limits_{\Omega} x^3\mathrm{d}y\mathrm{d}z + y^3\mathrm{d}z\mathrm{d}x + z^3\mathrm{d}x\mathrm{d}y$, 其中 Σ 为球面 $x^2 + y^2 + z^2 = a^2$ 的外侧;

(2) $\iint\limits_{\Sigma}(y^2 - z)\mathrm{d}y\mathrm{d}z + (z^2 - x)\mathrm{d}z\mathrm{d}x + (x^2 - y)\mathrm{d}x\mathrm{d}y$, 其中 Σ 为锥面 $z = \sqrt{x^2 + y^2}\,(0 \leqslant z \leqslant h)$ 的外侧;

(3) $\iint\limits_{\Sigma} x^2 y^2 z\,\mathrm{d}x\mathrm{d}y$, 其中 Σ 是上半球面 $z = \sqrt{R^2 - x^2 - y^2}$ 的上侧;

(4) $\iint\limits_{\Sigma} \dfrac{x\mathrm{d}y\mathrm{d}z + y\mathrm{d}z\mathrm{d}x + z\mathrm{d}x\mathrm{d}y}{\sqrt{(x^2 + y^2 + z^2)^3}}$, 其中 Σ 为曲面 $1 - \dfrac{z}{5} = \dfrac{(x-2)^2}{16} + \dfrac{(y-1)^2}{9}\ (z \geqslant 0)$ 的上侧.

6. 设立体 Ω 由曲面 $z = a^2 - x^2 - y^2 (a > 0)$ 与平面 $z = 0$ 所围成, Ω 的外侧表面为 Σ, Ω 的体积为 V, 证明:

$$\oiint_{\Sigma} x^2 y z^2 \mathrm{d}y\mathrm{d}z - xy^2 z^2 \mathrm{d}z\mathrm{d}x + z(1 + xyz)\mathrm{d}x\mathrm{d}y = V.$$

7. 计算 $\iint\limits_{\Sigma} xy\mathrm{d}z\mathrm{d}x$, 其中 Σ 是由 xy 面上的曲线 $x = \mathrm{e}^{y^2} (0 \leqslant y \leqslant a)$ 绕 x 轴旋转成的旋转曲面的外侧.

8. 求向量 $\boldsymbol{A} = (x, y, z)$ 通过闭区域 $\Omega = \{(x, y, z) | 0 \leqslant x \leqslant 1, 0 \leqslant y \leqslant 1, 0 \leqslant z \leqslant 1\}$ 的边界曲面流向外侧的通量.

9. 设 Σ 是介于 $z = 0, z = h$ 之间的柱面 $x^2 + y^2 = R^2$ 外侧, 求流速场 $\boldsymbol{v} = (x^2, y^3, z)$ 在单位时间通过 Σ 的通量 Q.

10. 求力 $\boldsymbol{A} = (y, z, x)$ 沿有向闭曲线 Γ 所做的功, 其中 Γ 为平面 $x + y + z = 1$ 被三个坐标面所截成的三角形的整个边界, 从 z 轴正向看去, 沿顺时针方向.

B 组

11. 计算曲面积分 $\iint\limits_{\Sigma} |xyz|\mathrm{d}S$, 其中 Σ 是 $z = x^2 + y^2$ 被平面 $z = 1$ 割下的有限部分.

12. 设 Σ 为椭球面 $\dfrac{x^2}{2} + \dfrac{y^2}{2} + z^2 = 1$ 的上半部分, 点 $P(x, y, z) \in \Sigma$, Π 为 Σ 在点 P 处的切平面, $\mathrm{d}(x, y, z)$ 为原点到平面 Π 的距离, 求 $\iint\limits_{\Sigma} \dfrac{z}{\mathrm{d}(x, y, z)} \mathrm{d}S$.

13. 计算曲面积分

$$F(t) = \iint\limits_{x^2+y^2+z^2=t^2} f(x, y, z)\mathrm{d}S,$$

其中

$$f(x, y, z) = \begin{cases} x^2 + y^2, & z \geqslant \sqrt{x^2 + y^2}, \\ 0, & z < \sqrt{x^2 + y^2}. \end{cases}$$

14. 计算 $\oiint_{\Sigma} \dfrac{x\mathrm{d}y\mathrm{d}z + z^2\mathrm{d}x\mathrm{d}y}{x^2 + y^2 + z^2}$, 其中 Σ 是由曲面 $x^2 + y^2 = R^2$ 及两平面 $z = R, z = -R(R > 0)$ 所围立体表面的外侧.

15. 计算 $\oiint_{\Sigma} \dfrac{\mathrm{d}y\mathrm{d}z}{x} + \dfrac{\mathrm{d}z\mathrm{d}x}{y} + \dfrac{\mathrm{d}x\mathrm{d}y}{z}$, 其中 Σ 为椭球面 $\dfrac{x^2}{a^2} + \dfrac{y^2}{b^2} + \dfrac{z^2}{c^2} = 1$ 的外侧.

16. 计算曲面积分 $I = \iint\limits_{\Sigma} (\mathrm{e}^z + \cos x)\mathrm{d}y\mathrm{d}z + \dfrac{1}{y}\mathrm{d}z\mathrm{d}x + (\mathrm{e}^x + \cos z)\mathrm{d}x\mathrm{d}y$, 其中 Σ 是由 xy 面上双曲线 $y^2 - x^2 = 9(3 \leqslant y \leqslant 5)$ 绕 y 轴旋转生成的旋转曲面, 其法向量与 y 轴夹锐角.

17. 求面密度为 1 的均匀锥面 $\dfrac{x^2}{a^2} + \dfrac{y^2}{a^2} - \dfrac{z^2}{b^2} = 0(0 \leqslant z \leqslant b)$ 对直线 $\dfrac{x}{1} = \dfrac{y}{0} = \dfrac{z-b}{0}$ 的转动惯量.

18. 设函数 $u(x,y,z)$ 和 $v(x,y,z)$ 在闭区域 Ω 上具有一阶及二阶连续偏导数, 证明

(1) $\displaystyle\iiint\limits_{\Omega} \Delta u \mathrm{d}x\mathrm{d}y\mathrm{d}z = \oiint\limits_{\Sigma} \dfrac{\partial u}{\partial \boldsymbol{n}} \mathrm{d}S$;

(2) $\displaystyle\iiint\limits_{\Omega} u\Delta v \mathrm{d}x\mathrm{d}y\mathrm{d}z = \oiint\limits_{\Sigma} u\dfrac{\partial v}{\partial \boldsymbol{n}} \mathrm{d}S - \iiint\limits_{\Omega} \left(\dfrac{\partial u}{\partial x}\dfrac{\partial v}{\partial x} + \dfrac{\partial u}{\partial y}\dfrac{\partial v}{\partial y} + \dfrac{\partial u}{\partial z}\dfrac{\partial v}{\partial z} \right) \mathrm{d}x\mathrm{d}y\mathrm{d}z$,

其中 Σ 是闭区域 Ω 的整个边界曲面, $\dfrac{\partial v}{\partial \boldsymbol{n}}$ 为函数 $v(x,y,z)$ 沿 Σ 的外法线方向的方向导数, 符号

$$\Delta = \dfrac{\partial^2}{\partial x^2} + \dfrac{\partial^2}{\partial y^2} + \dfrac{\partial^2}{\partial z^2}$$

称为 **Laplace 算子**. 这个公式称为 **Green 第一公式**.

19. 设 $u(x,y,z)$, $v(x,y,z)$ 是两个定义在闭区域 Ω 上的具有二阶连续偏导数的函数, $\dfrac{\partial u}{\partial \boldsymbol{n}}$, $\dfrac{\partial v}{\partial \boldsymbol{n}}$ 依次表示 $u(x,y,z)$, $v(x,y,z)$ 沿 Σ 的外法线方向的方向导数. 证明

$$\iiint\limits_{\Omega} (u\Delta v - v\Delta u)\mathrm{d}x\mathrm{d}y\mathrm{d}z = \oiint\limits_{\Sigma} \left(u\dfrac{\partial v}{\partial \boldsymbol{n}} - v\dfrac{\partial u}{\partial \boldsymbol{n}} \right) \mathrm{d}S,$$

其中 Σ 是空间闭区域 Ω 的整个边界曲面, 这个公式称为 **Green 第二公式**.

20. 证明: 若 Σ 是封闭曲面, $\boldsymbol{l}$ 为任意固定方向, 则 $\displaystyle\oiint\limits_{\Sigma} \cos(\boldsymbol{n}, \boldsymbol{l})\mathrm{d}S = 0(\boldsymbol{n}$ 为 Σ 的外法线方向).

21. 证明: $\displaystyle\iiint\limits_{\Omega} \dfrac{\mathrm{d}x\mathrm{d}y\mathrm{d}z}{r} = \dfrac{1}{2} \oiint\limits_{\Sigma} \cos(\boldsymbol{r}, \boldsymbol{n})\mathrm{d}S$, 其中 Σ 为 Ω 的边界曲面, $\boldsymbol{n}$ 为 Σ 的外法线方向, $\boldsymbol{r} = (x, y, z)$, $r = \sqrt{x^2 + y^2 + z^2}$.

22. 若 Γ 为平面 $x\cos\alpha + y\cos\beta + z\cos\gamma - p = 0$ 上的闭曲线, 它所围的平面面积为 A. 求

$$\oint_{\Gamma} \begin{vmatrix} \mathrm{d}x & \mathrm{d}y & \mathrm{d}z \\ \cos\alpha & \cos\beta & \cos\gamma \\ x & y & z \end{vmatrix},$$

其中 Γ 取正向 (即 Γ 的方向与平面法向符合右手法则).

23. 如果光滑曲面 Σ 由参数方程

$$\begin{cases} x = x(u, v), \\ y = y(u, v), \\ z = z(u, v), \end{cases} \quad (u, v) \in D$$

给出, 函数 $P(x,y,z)$, $Q(x,y,z)$, $R(x,y,z)$ 在 Σ 上连续, 试推导将

$$\iint\limits_{\Sigma} P\mathrm{d}y\mathrm{d}z + Q\mathrm{d}z\mathrm{d}x + R\mathrm{d}x\mathrm{d}y$$

化成二重积分的公式.

24. 计算 $I = \oiint\limits_{\Sigma} \dfrac{x}{r^3}\mathrm{d}y\mathrm{d}z + \dfrac{y}{r^3}\mathrm{d}z\mathrm{d}x + \dfrac{z}{r^3}\mathrm{d}x\mathrm{d}y$, 其中 $r = \sqrt{x^2 + y^2 + z^2}$, 封闭曲面 Σ 取外侧, 其内部开区域含有原点.

习题答案与提示

习题 11.1 (数项级数概念及基本性质)

1. (1) 收敛, 和为 $1/5$; (2) 收敛, 和为 1; (3) 发散, $u_n \to 1 \ (n \to \infty)$; (4) 发散, $u_n \to 1/\mathrm{e}(n \to \infty)$; (5) 收敛 (可利用几何级数), 和为 $\dfrac{3\mathrm{e}}{3-\mathrm{e}} - 3$; (6) 发散.

2. 提示: (1) $S_n = b_{n+1} - b_1$; (2) $S_n = \dfrac{1}{b_1} - \dfrac{1}{b_{n+1}}$.

3. 提示: (1) $\left| \displaystyle\sum_{k=n+1}^{n+p} u_k \right| \leqslant \dfrac{1}{n+1} < \dfrac{1}{n}, \ N \geqslant \dfrac{1}{\varepsilon}$; (2) $\left| \displaystyle\sum_{k=n+1}^{n+p} u_k \right| \geqslant \dfrac{p}{\sqrt{n+p}} \geqslant \dfrac{p}{n+p}$.

4. 提示: 利用几何级数. (1) $(-\infty, 0) \cup (2, +\infty)$; (2) $(-\infty, \ln 3)$.

5. 提示: 通常 $\displaystyle\sum_{n=1}^{\infty} (u_n + v_n)$ 不一定发散, 考虑 $\displaystyle\sum_{n=1}^{\infty} (1+1)$ 与 $\displaystyle\sum_{n=1}^{\infty} [1 + (-1)]$; 但当通项都非负时一定发散, 可利用余级数证明.

6. 提示: 考察 $\displaystyle\sum_{n=1}^{\infty} n(a_n - a_{n+1})$ 与 $\displaystyle\sum_{n=1}^{\infty} a_n$ 的部分和之间的关系, 注意到

$$\sum_{k=1}^{n} k(a_k - a_{k+1}) = \sum_{k=1}^{n} ka_k - \sum_{k=2}^{n+1} (k-1)a_k.$$

习题 11.2 (上极限与下极限)

1. (1) $\overline{\lim\limits_{n\to\infty}} \, a_n = 1$, $\varliminf\limits_{n\to\infty} a_n = -1$; (2) $\overline{\lim\limits_{n\to\infty}} \, a_n = 2$, $\varliminf\limits_{n\to\infty} a_n = -2$;

(3) $\overline{\lim\limits_{n\to\infty}} \, a_n = 1$, $\varliminf\limits_{n\to\infty} a_n = 1$; (4) $\overline{\lim\limits_{n\to\infty}} \, a_n = 1$, $\varliminf\limits_{n\to\infty} a_n = -\cos\dfrac{\pi}{5}$;

(5) $\overline{\lim\limits_{n\to\infty}} \, a_n = 0$, $\varliminf\limits_{n\to\infty} a_n = -\infty$; (6) $\overline{\lim\limits_{n\to\infty}} \, a_n = +\infty$, $\varliminf\limits_{n\to\infty} a_n = +\infty$.

2. (1) 提示: $\sup\limits_{k\geqslant n}(-a_k) = -\inf\limits_{k\geqslant n} a_k$; (2) 提示: 当 $c < 0$ 时, $\sup\limits_{k\geqslant n}(ca_k) = c\inf\limits_{k\geqslant n} a_k$.

3. (1) 提示: $k \geqslant n$, $a_k + b_k \geqslant a_k + \inf\limits_{k\geqslant n} b_k$, 于是

$$\sup_{k\geqslant n}(a_k + b_k) \geqslant \sup_{k\geqslant n}\left[a_k + \inf_{k\geqslant n} b_k \right] = \sup_{k\geqslant n} a_k + \inf_{k\geqslant n} b_k.$$

(2) 提示: $k \geqslant n$, $a_k + b_k \leqslant \sup\limits_{k\geqslant n} a_k + b_k$, 于是

$$\inf_{k\geqslant n}(a_k + b_k) \leqslant \inf_{k\geqslant n}\left(\sup_{k\geqslant n} a_k + b_k \right) = \sup_{k\geqslant n} a_k + \inf_{k\geqslant n} b_k.$$

4. (1) 提示: $k \geqslant n$, $a_k b_k \geqslant a_k \inf\limits_{k \geqslant n} b_k$, 于是 $\sup\limits_{k \geqslant n}(a_k b_k) \geqslant \sup\limits_{k \geqslant n}\left[a_k \inf\limits_{k \geqslant n} b_k\right] = \sup\limits_{k \geqslant n} a_k \cdot \inf\limits_{k \geqslant n} b_k$.

(2) 提示: $k \geqslant n$, $a_k b_k \leqslant b_k \sup\limits_{k \geqslant n} a_k$, 于是 $\inf\limits_{k \geqslant n}(a_k b_k) \leqslant \inf\limits_{k \geqslant n}\left(b_k \sup\limits_{k \geqslant n} a_k\right) = \sup\limits_{k \geqslant n} a_k \cdot \inf\limits_{k \geqslant n} b_k$.

5. 提示: 由于 $\varliminf\limits_{n \to \infty} a_n > 0$, 故 $\exists N_0$, $\forall n > N_0$ 有 $\inf\limits_{k \geqslant n} a_k > 0$, 于是 $\sup\limits_{k \geqslant n} \dfrac{1}{a_k} = \dfrac{1}{\inf\limits_{k \geqslant n} a_k}$.

6. 提示: 方法 1, 令 $a_n^* = -a_n$, $b_n^* = -b_n$, 对 $\{a_n^*\}$, $\{b_n^*\}$ 用定理 11.2.5(2).
方法 2, 用与定理 11.2.5(2) 的证明相类似的方法.

习题 11.3 (正项级数的收敛性)

1. 提示: 积分判别法或比较极限法. (1) 对任何 $p \geqslant 0$ 发散. (2) $p > 1$, 任何 $q \geqslant 0$, 收敛; $p = 1$, 当 $q > 1$ 时收敛, $q \leqslant 1$ 时发散; $p < 1$, 任何 $q \geqslant 0$, 发散.

2. 提示: 比较极限法或比较判别法. (1) 收敛 (p 级数, $p = 6/5$); (2) 收敛 (几何级数, 公比 $q = 2/3$); (3) 发散 (p 级数, $p = 1$); (4) 收敛 (p 级数, $p = 2$); (5) 发散 (p 级数, $p = 1$); (6) 收敛 (n 充分大时有 $(\ln n)^{\ln n} = n^{\ln\ln n} \geqslant n^3$).

3. (1) 发散 (比式极限法或 $u_n \geqslant 1$); (2) 收敛 (根式极限法); (3) 收敛 (根式极限法); (4) 收敛 (比式极限法); (5) 发散 (根式极限法); (6) 发散 (比式极限法);

4. 提示: Raabe 判别法. (1) $x > 1$ 收敛, $0 \leqslant x \leqslant 1$ 发散 (注意讨论 $x = 0$ 与 $x = 1$ 的情形); (2) $x > \mathrm{e}$ 收敛, $0 \leqslant x \leqslant \mathrm{e}$ 发散. 注意当 $x = \mathrm{e}$ 时,

$$\mathrm{e}^{\frac{1}{n+1}} \leqslant \left(1 + \frac{1}{n}\right)^{\frac{n+1}{n+1}} = \left(1 + \frac{1}{n}\right), \quad \frac{u_{n+1}}{u_n} = 2 - \mathrm{e}^{\frac{1}{n+1}} \geqslant \frac{n-1}{n}.$$

5. 收敛, 提示: $\lim\limits_{k \to \infty} \sqrt[2k-1]{u_{2k-1}} = \lim\limits_{k \to \infty} \sqrt[2k-1]{a^k} = \sqrt{a}$, $\lim\limits_{k \to \infty} \sqrt[2k]{u_{2k}} = \lim\limits_{k \to \infty} \sqrt[2k]{b^k} = \sqrt{b}$, 故

$$\varlimsup\limits_{k \to \infty} \sqrt[n]{u_n} = \sqrt{b} < 1.$$

6. 提示: 利用收敛必要条件与比较极限法 (或比较判别法). 反例考虑 p 级数.

7. (1) 提示: 由 $0 \leqslant n a_n < M$ 出发, 用比较判别法.
(2) 提示: 由题设条件出发, 用比较极限法.

8. 提示: 用比较判别法. (1) 利用 $\sqrt{a_n a_{n+1}} \leqslant \dfrac{1}{2}(a_n + a_{n+1})$; (2) 利用 $\dfrac{\sqrt{a_n}}{n} \leqslant \dfrac{1}{2}\left(a_n + \dfrac{1}{n^2}\right)$.

9. 提示: 这是加括号性质在正项级数条件下的逆命题. 记 $\sum\limits_{n=1}^{\infty} a_n$ 的部分和为 A_n, 则 $\sum\limits_{n=1}^{\infty} b_n$ 的部分和数列 $\{A_{n_k}\}$ 为 $\{A_n\}$ 的子列. 因 $\sum\limits_{n=1}^{\infty} b_n$ 收敛, 故 $\{A_{n_k}\}$ 有上界, 又因 $\{A_n\}$ 递增, 由 $k \leqslant n_k$, $A_k \leqslant A_{n_k}$ 可知 $\{A_n\}$ 也有上界, 从而收敛.

习题 11.4 (一般项级数的收敛性)

1. (1) 条件收敛, 提示: $\cos n\pi = (-1)^n$, 用 Leibniz 判别法判收敛; 再用比较极限法或比较判别法判绝对值级数发散.

(2) 绝对收敛, 提示: 根式极限法.

(3) 条件收敛, 提示: 注意 $x > \mathrm{e}$ 有 $(\ln x/x)' < 0$, 用 Leibniz 判别法判收敛, 再用比较极限法或比较判别法判绝对值级数发散.

(4) 发散, 提示: 通项不是无穷小.

(5) 绝对收敛, 提示: 与 $\displaystyle\sum_{n=2}^{\infty} \frac{1}{n\ln^2 n}$ 比较, 用比较判别法.

(6) 发散, 提示: $\displaystyle\sum_{n=1}^{\infty} \frac{(-1)^n}{\sqrt{n}}$ 收敛, 但 $\displaystyle\sum_{n=1}^{\infty} \frac{1}{n}$ 发散, 用线性性质.

2. (1) 提示: 由 $\displaystyle\sum_{n=1}^{\infty} (-1)^n \frac{1}{\sqrt[5]{n}}$ 收敛, 用 Abel 判别法证收敛, 再用比较极限法或比较判别法证绝对值级数发散.

(2) 提示: 注意 $2\sin\dfrac{1}{2}\cos k = \sin\left(k+\dfrac{1}{2}\right) - \sin\left(k-\dfrac{1}{2}\right)$, 用 Dirichlet 判别法证收敛, 注意 $\dfrac{|\cos n|}{\ln n} \geqslant \dfrac{\cos^2 n}{\ln n} = \dfrac{1+\cos 2n}{2\ln n}$ 及 $2\sin 1\cos 2k = \sin(2k+1) - \sin(2k-1)$, 用线性性质及 Dirichlet 判别法证绝对值级数发散.

(3) 注意到 $u_n = (-1)^{n-1}\dfrac{1}{2n} + \dfrac{(-1)^{n-1}\cos 2n}{2n}$ 及

$$2\cos 1\sum_{k=1}^{n} (-1)^{k-1}\cos 2k = \sum_{k=1}^{n} (-1)^{k-1}[\cos(2k+1)+\cos(2k-1)],$$

用 Dirichlet 判别法证 $\displaystyle\sum_{n=1}^{\infty} \left[(-1)^{n-1}\cos 2n\right]\frac{1}{2n}$ 收敛; 注意到

$$2\sin 1\cos 2k = \sin(2k+1) - \sin(2k-1),$$

用线性性质及 Dirichlet 判别法证 $\displaystyle\sum_{n=1}^{\infty} \frac{\cos^2 n}{n}$ 发散.

3. (1) $p > 1$ 绝对收敛; $0 < p \leqslant 1$ 条件收敛; $p \leqslant 0$ 发散.

提示: $p > 1$ 时用比较极限法; $0 < p \leqslant 1$ 时用 Abel 判别法判收敛, 用比较极限法判绝对值级数发散; $p \leqslant 0$ 时通项不是无穷小.

(2) $|p| < 1$ 绝对收敛; $|p| \geqslant 1$ 条件收敛.

提示: $|p| < 1$ 时用根式极限法或比式极限法; $|p| \geqslant 1$, $\dfrac{|p|^n}{1+|p|^n}$ 递增且有界, 用 Abel 判别法判收敛, 利用比较极限法或比较判别法与 $\displaystyle\sum_{n=1}^{\infty} \frac{1}{n}$ 比较, 可判绝对值级数发散.

(3) $p > 2$ 绝对收敛; $0 < p \leqslant 2$ 条件收敛; $p \leqslant 0$ 发散.

提示: $p > 2$ 时用 Raabe 判别法或由 $\dfrac{(2n-1)!!}{(2n)!!} < \dfrac{1}{\sqrt{2n+1}}$ 出发用比较判别法; $p \leqslant 0$ 时通项不是无穷小; $0 < p \leqslant 2$ 时用 Leibniz 判别法判收敛, 用 Raabe 判别法 (或结合 Wallis 公式用比较极限法) 判绝对值级数发散.

4. 提示: 由条件知 $\displaystyle\sum_{n=1}^{\infty}(a_{n+1}-a_n)$ 收敛, 考虑其部分和.

5. 提示: 利用比较判别法或 Cauchy 准则.

6. 提示: 注意到 $\dfrac{\displaystyle\sum_{k=1}^{n} u_k^{+}}{\displaystyle\sum_{k=1}^{n} u_k^{-}} - 1 = \dfrac{\displaystyle\sum_{k=1}^{n} u_k^{+} - \sum_{k=1}^{n} u_k^{-}}{\displaystyle\sum_{k=1}^{n} u_k^{-}} = \dfrac{\displaystyle\sum_{k=1}^{n} u_k}{\displaystyle\sum_{k=1}^{n} u_k^{-}}$ 及 $\displaystyle\lim_{n\to\infty}\sum_{k=1}^{n} u_k^{-} = +\infty$.

7. 提示: 记 $\displaystyle\sum_{n=1}^{\infty} u_n$ 与 $\displaystyle\sum_{n=1}^{\infty}(u_{2n-1}+u_{2n})$ 的部分和分别为 S_n 与 T_n, 则 $S_{2n} = T_n$, 且 $S_{2n+1} = T_n + u_{2n+1}$.

8. (1) 提示: $\displaystyle\sum_{n=0}^{\infty}\dfrac{1}{n!}$ 和 $\displaystyle\sum_{n=0}^{\infty}\dfrac{(-1)^n}{n!}$ 都是绝对收敛的, 故 Cauchy 乘积亦绝对收敛. 记 $a_n = \dfrac{1}{n!}, b_n = \dfrac{(-1)^n}{n!}$, 则 Cauchy 乘积的项 $c_0 = a_0 b_0 = 1$, $n \geqslant 1$ 时,

$$c_n = \sum_{k=0}^{n} a_k b_{n-k} = \sum_{k=0}^{n}\frac{1}{k!}\cdot\frac{(-1)^{n-k}}{(n-k)!} = \frac{1}{n!}\sum_{k=0}^{n}\mathrm{C}_n^k (-1)^{n-k} = \frac{(1-1)^n}{n!} = 0.$$

(2) 提示: 当 $|q| < 1$ 时, 有 $\displaystyle\sum_{n=1}^{\infty} q^{n-1} = \dfrac{1}{1-q}$ 绝对收敛, 故 Cauchy 乘积亦绝对收敛, 记 $a_n = b_n = q^{n-1}$, 则 Cauchy 乘积的通项

$$c_n = \sum_{k=1}^{n} a_k b_{n+1-k} = \sum_{k=1}^{n} q^{k-1} q^{n-k} = nq^{n-1}.$$

总习题 11(数项级数)

A 组

1. (1) 收敛, 和为 1/4, 提示: $\dfrac{1}{k(k+1)(k+2)} = \dfrac{1}{2}\left[\dfrac{1}{k(k+1)} - \dfrac{1}{(k+1)(k+2)}\right]$;

(2) 收敛, 和为 $-59/20$, 提示: 利用几何级数与线性性质;

(3) 发散, 提示: $\{\cos n^2\pi\}$ 发散;

(4) 收敛, 和为 1, 提示: $\dfrac{1}{\sqrt{n}+\sqrt{n+1}} = \sqrt{n+1} - \sqrt{n}$;

(5) 发散, 提示: $n \ln \left(1 + \dfrac{1}{n}\right) \to 1 \, (n \to \infty)$;

(6) 收敛, 和为 1, 提示:

$$
\begin{aligned}
S_n &= \sum_{k=1}^{n} \frac{a_k}{(1+a_1)(1+a_2)\cdots(1+a_k)} \\
&= \sum_{k=1}^{n} \left[\frac{1}{(1+a_1)\cdots(1+a_{k-1})} - \frac{1}{(1+a_1)\cdots(1+a_k)} \right].
\end{aligned}
$$

2. (1) 收敛, 提示: 比较极限法, $\arctan(1/n) \sim 1/n$.

(2) 发散, 提示: 比较极限法, $\sqrt{n^2+1} - \sqrt{n^2-1} \sim 1/n$.

(3) 收敛, 提示: 比较极限法, $a^{\frac{1}{n}} + a^{-\frac{1}{n}} - 2$ 与 $1/n^2$ 同阶.

(4) 收敛, 提示: 比较极限法与根式极限法, $\tan(1/3^n) \sim 1/3^n$.

(5) 发散, 提示: 比较判别法, $\ln(n!) < n \ln n$.

(6) 发散, 提示: 比较极限法, 与 $\displaystyle\sum_{n=2}^{\infty} \frac{1}{n \ln n}$ 比较.

(7) 收敛, 提示: 方法 1, 利用 $\displaystyle\lim_{x \to 0+} \frac{x - \ln(1+x)}{x^2}$. 方法 2, 利用 $\dfrac{1}{n+1} < \ln\left(1 + \dfrac{1}{n}\right) < \dfrac{1}{n}$.

(8) 收敛, 提示: Raabe 判别法.

(9) 收敛, 提示: 根式极限法.

(10) 收敛, 提示: n 充分大时有 $(\ln \ln n)^{\ln n} = n^{\ln \ln \ln n} \geqslant n^2$.

(11) $p > 0$ 收敛, $p \leqslant 0$ 发散, 提示: 比较极限法, 通项与 $n^{-1-p/2}$ 同阶.

(12) $p > 3/2$ 收敛, $p < 3/2$ 发散, 提示: 利用 Raabe 判别法与

$$
\begin{aligned}
\lim_{x \to 0+} \frac{1 - e(1+x)^{-\frac{1}{x} - p}}{x} &= \lim_{x \to 0+} \frac{1 - e^{1 - \left(\frac{1}{x} + p\right) \ln(1+x)}}{x} \\
&= \lim_{x \to 0+} \left[\left(\frac{1}{x} + p\right) \ln(1+x) \right]' = p - \frac{1}{2}.
\end{aligned}
$$

3. (1) 条件收敛, 提示: Dirichlet 判别法判收敛, 绝对值级数为 $\displaystyle\sum_{n=1}^{\infty} \tan \frac{1}{2n-1}$, 用比较判别法或比较极限法判其发散.

(2) 条件收敛, 提示: 用 Leibniz 判别法判收敛, 可考虑 $f(x) = x^{1/x}$ 的导数; 比较极限法判绝对值级数发散, 注意到 $n^{1/n} - 1 \sim \ln n / n$.

(3) 条件收敛, 提示: 用 Leibniz 判别法判收敛, 可考虑 $f(x) = 1 - x \ln(1 + 1/x)$ 的导数; 用比较极限法判绝对值级数发散, 可考虑 $\displaystyle\lim_{x \to 0} \frac{1 - x^{-1} \ln(1+x)}{x}$.

(4) 条件收敛, 提示: 用 Leibniz 判别法判收敛, 注意到

$$
\sin\left(\pi\sqrt{n^2+1}\right) = (-1)^n \sin\left(\pi\sqrt{n^2+1} - \pi n\right) = (-1)^n \sin\left(\frac{\pi}{\sqrt{n^2+1} + n}\right).
$$

4. 提示: 由保序性, $\displaystyle\varliminf_{n \to \infty} a_n \geqslant 0$. 若 $\displaystyle\varliminf_{n \to \infty} a_n > 0$, 则利用习题 11.2 之 5 题结论, $1 =$

$$\overline{\lim_{n\to\infty}} a_n \cdot \overline{\lim_{n\to\infty}} \frac{1}{a_n} = \overline{\lim_{n\to\infty}} a_n \cdot \frac{1}{\varliminf_{n\to\infty} a_n}, \text{ 即 } \overline{\lim_{n\to\infty}} a_n = \varliminf_{n\to\infty} a_n, \text{ 此时 } \{a_n\} \text{ 收敛. 若 } \varliminf_{n\to\infty} a_n = 0,$$

则取子列可知 $\overline{\lim\limits_{n\to\infty}} \dfrac{1}{a_n} = +\infty$, 再结合条件 $\overline{\lim\limits_{n\to\infty}} a_n \cdot \overline{\lim\limits_{n\to\infty}} \dfrac{1}{a_n} = 1$ 推知必 $\overline{\lim\limits_{n\to\infty}} a_n = 0$, 故此时 $\{a_n\}$ 收敛于 0.

5. 提示: $\dfrac{|a_n|}{\sqrt{n}\ln n} < \dfrac{1}{2}\left(a_n^2 + \dfrac{1}{n\ln^2 n}\right)$.

6. 提示: 设 $u_n = \dfrac{a_1 + a_2 + \cdots + a_n}{n}$. 则由所给条件知 $u_n - u_{n-1} < 0$, 且 $\lim\limits_{n\to\infty} u_n = \lim\limits_{n\to\infty} a_n = 0$, 用 Leibniz 判别法判收敛; 设余级数为 R_n, 则 $|R_n| \leqslant \dfrac{a_1 + a_2 + \cdots + a_{n+1}}{n+1}$; 设和为 S, 则

$$S = u_1 - (u_2 - u_3) - (u_4 - u_5) - \cdots \leqslant u_1 = a_1.$$

7. (1) 提示: 用比式判别法判 $\sum\limits_{n=1}^{\infty} \dfrac{n^n}{(n!)^2}$ 收敛; (2) 提示: 用比式判别法判 $\sum\limits_{n=1}^{\infty} \dfrac{(2n)!}{3^{n(n+1)}}$ 收敛.

8. 提示: 由 $a_n \leqslant b_n \leqslant c_n$ 用 Cauchy 准则, 或由 $0 \leqslant b_n - a_n \leqslant c_n - a_n$ 用比较判别法. 反例考虑 $\sum\limits_{n=1}^{\infty} (-1), \sum\limits_{n=1}^{\infty} 0$ 及 $\sum\limits_{n=1}^{\infty} 1$.

9. 提示: 用 Abel 判别法.

10. 提示: 由于 $\lim\limits_{n\to\infty} a_n = 0$, 故数列 $\{a_n\}$ 单调递减, 由 Cauchy 准则知 $\forall \varepsilon > 0, \exists N_0$, $\forall n > N_0$, 有 $(n - N_0) a_n \leqslant a_{N+1} + a_{N+2} + \cdots + a_n < \varepsilon$.

11. 提示: (1) 当 $\{u_n\}$ 有界时, $\exists M > 0$ 使 $\dfrac{u_n}{1+u_n} \geqslant \dfrac{u_n}{1+M}$; 当 $\{u_n\}$ 无界时, $\overline{\lim\limits_{n\to\infty}} \dfrac{u_n}{1+u_n} = 1$.

(2) 利用 Cauchy 准则, $\dfrac{u_{n+1}}{S_{n+1}} + \dfrac{u_{n+2}}{S_{n+2}} + \cdots + \dfrac{u_{n+k}}{S_{n+k}} \geqslant 1 - \dfrac{S_n}{S_{n+k}}$.

12. 提示: 运用比较判别法及比式判别法的证明思路, 可不妨设 $n \geqslant 1$ 有 $\dfrac{u_{n+1}}{u_n} \leqslant \dfrac{v_{n+1}}{v_n}$.

13. (1) 不能断定, 考虑 $\sum\limits_{n=1}^{\infty} \dfrac{1}{n}$ 与 $\sum\limits_{n=1}^{\infty} \dfrac{1}{n^2}$. (2) 必定发散, 因通项不是无穷小.

14. 提示: 用比较极限法, 但它对变号级数不适用.

15. 提示: 比较极限法对变号级数不适用, 考虑 $b_n = \dfrac{(-1)^{n-1}}{\sqrt{n}}, a_n = \dfrac{1}{n}$.

16. 提示: 按分部求和公式,

$$\sum_{k=1}^{n} a_k b_k = \sum_{k=1}^{n-1} A_k (b_k - b_{k+1}) + A_n b_n,$$

由 $\{A_n\}$ 有界与 $\sum\limits_{n=1}^{\infty} (b_n - b_{n+1})$ 绝对收敛知 $\sum\limits_{n=1}^{\infty} A_n(b_n - b_{n+1})$ 收敛, 由 $\{A_n\}$ 有界与 $\{b_n\}$ 收敛于 0 知 $\{A_n b_n\}$ 收敛于 0.

17. 提示: $\displaystyle\sum_{n=1}^{\infty} a_n$ 的部分和数列为 $\{A_n\}$, 按分部求和公式,

$$\sum_{k=1}^{n} a_k b_k = \sum_{k=1}^{n-1} A_k(b_k - b_{k+1}) + A_n b_n,$$

由 $\displaystyle\sum_{n=1}^{\infty} a_n$ 收敛知 $\{A_n\}$ 有界, 由 $\displaystyle\sum_{n=1}^{\infty} (b_n - b_{n+1})$ 绝对收敛知 $\displaystyle\sum_{n=1}^{\infty} A_n(b_n - b_{n+1})$ 收敛, 由 $\displaystyle\sum_{n=1}^{\infty} a_n$ 收敛与 $\displaystyle\sum_{n=1}^{\infty} (b_n - b_{n+1})$ 收敛知 $\{A_n b_n\}$ 收敛.

B 组

18. (1) 和为 $\dfrac{\pi}{4}$, 提示: 利用公式 $\arctan x - \arctan y = \arctan \dfrac{x-y}{1+xy}$ 可得

$$\arctan \frac{1}{2n-1} - \arctan \frac{1}{2n+1} = \arctan \frac{1}{2n^2}.$$

(2) 和为 $\dfrac{1}{6}$, 提示: $u_n = \dfrac{1}{n+1} - \dfrac{2}{n+2} + \dfrac{1}{n+3}$.

19. (1) 收敛的正项级数, 提示: 比较极限法, 求 $\displaystyle\lim_{n\to\infty} \dfrac{n^{\frac{1}{n^2+1}} - 1}{n^{-\frac{3}{2}}}$.

(2) 收敛的正项级数, 提示: 方法 1, 利用 $\displaystyle\lim_{x\to 0+} \dfrac{\mathrm{e} - (1+x)^{\frac{1}{x}}}{x}$; 方法 2, 利用

$$\left(1 + \frac{1}{n}\right)^n < \mathrm{e} < \left(1 + \frac{1}{n}\right)^{n+1}.$$

(3) 发散, 提示: n 充分大时有 $2\ln\ln\ln n < \ln\ln n$, 即 $(\ln n)^{\ln\ln n} < n$.

(4) $p > 1/2$ 绝对收敛, $0 < p \leqslant 1/2$ 条件收敛, $p \leqslant 0$ 发散.

(5) $p > 1$ 绝对收敛; $1/2 < p \leqslant 1$ 条件收敛; $p \leqslant 1/2$ 发散.

提示: $u_{2n-1} = \ln\left|1 + \dfrac{1}{(2n-1)^p}\right|$, $u_{2n} = \ln\left|1 - \dfrac{1}{(2n)^p}\right| = -\ln\left|1 + \dfrac{1}{(2n)^p - 1}\right|$.

$p > 1$ 时 $|u_n| \sim 1/n^p (n \to \infty)$; $p \leqslant 0$ 时通项不是无穷小; 当 $0 < p \leqslant 1$ 时, 由于通项是无穷小, 原级数 $\displaystyle\sum_{n=1}^{\infty} u_n$ 与下列两个加括号级数有相同的敛散性:

$$\sum_{n=1}^{\infty} a_n = \sum_{n=1}^{\infty} \left[\ln\left(1 + \frac{1}{(2n-1)^p}\right) + \ln\left(1 - \frac{1}{(2n)^p}\right)\right],$$

$$\ln 2 + \sum_{n=1}^{\infty} b_n = \ln 2 + \sum_{n=1}^{\infty} \left[\ln\left(1 - \frac{1}{(2n)^p}\right) + \ln\left(1 + \frac{1}{(2n+1)^p}\right)\right].$$

显然这两个级数都是负项级数. 由

$$-a_n \leqslant -\left[\ln\left(1 + \frac{1}{(2n)^p}\right) + \ln\left(1 - \frac{1}{(2n)^p}\right)\right] = -\ln\left(1 - \frac{1}{(2n)^{2p}}\right)$$

与

$$-b_n \geqslant -\left[\ln\left(1 - \frac{1}{(2n)^p}\right) + \ln\left(1 + \frac{1}{(2n)^p}\right)\right] = -\ln\left(1 - \frac{1}{(2n)^{2p}}\right)$$

可知 $\sum\limits_{n=1}^{\infty} a_n$ 当 $2p > 1$ 收敛, $\sum\limits_{n=1}^{\infty} b_n$ 当 $0 < 2p \leqslant 1$ 发散. 于是原级数 $\sum\limits_{n=1}^{\infty} u_n$ 当 $p \leqslant 1/2$ 发散,

当 $1/2 < p \leqslant 1$ 收敛; 当 $1/2 < p \leqslant 1$ 时又由 $|u_n| \sim 1/n^p (n \to \infty)$ 可知 $\sum\limits_{n=1}^{\infty} u_n$ 必条件收敛.

(6) $p > 1$ 绝对收敛; $0 < p \leqslant 1$ 条件收敛; $p \leqslant 0$ 发散.

提示: 设原级数通项为 u_n. 当 $p > 1$ 时用比较极限法与 $\sum\limits_{n=1}^{\infty} \frac{1}{n^p}$ 比较; $p \leqslant 0$ 时通项不是

无穷小; 当 $0 < p \leqslant 1$ 时, 用比较极限法将 $|u_n|$ 与 $\sum\limits_{n=1}^{\infty} \frac{1}{n^p}$ 比较可判绝对值级数发散; 设原级数

$\sum\limits_{n=2}^{\infty} u_n$ 的部分和为 $S_n (S_1 = 0)$, $\sum\limits_{n=1}^{\infty} \frac{(-1)^{n-1}}{n^p}$ 的部分和为 T_n, 已知此时 $\{T_n\}$ 收敛. 由于

$$S_{2k} = \frac{1}{3^p} - \frac{1}{2^p} + \frac{1}{5^p} - \frac{1}{4^p} + \frac{1}{7^p} - \cdots - \frac{1}{(2k-2)^p} + \frac{1}{(2k+1)^p} = T_{2k+1} - 1 + \frac{1}{(2k)^p},$$

$$S_{2k+1} = \frac{1}{3^p} - \frac{1}{2^p} + \frac{1}{5^p} - \frac{1}{4^p} + \frac{1}{7^p} - \cdots + \frac{1}{(2k+1)^p} - \frac{1}{(2k)^p} = T_{2k+1} - 1,$$

故 $\lim\limits_{n\to\infty} S_n = \lim\limits_{n\to\infty} T_n - 1$, 即原级数 $\sum\limits_{n=2}^{\infty} u_n$ 收敛.

20. 发散, 提示: 用比较极限法, 与 $\sum\limits_{n=1}^{\infty} \frac{1}{n}$ 比较, 用 Stirling 公式 (定理 8.4.4):

$$n! \sim \sqrt{2n\pi}\left(\frac{n}{e}\right)^n \quad (n \to \infty).$$

21. 提示: 反证法, 利用收敛必要条件及恒等式 $\sin(n+1)\alpha = \sin n\alpha \cos\alpha + \cos n\alpha \sin\alpha$ 和 $\sin^2 n\alpha + \cos^2 n\alpha = 1$.

22. 提示: 由于 $f''(0)$ 存在, 由 $\lim\limits_{x\to 0} \frac{f(x)}{x} = 0$ 可推出 $f(0) = 0, f'(0) = 0$. 将 $f(x)$ 在点

$x = 0$ 的某邻域内展成一阶 Taylor 公式 $f(x) = \frac{1}{2}f''(\theta x) x^2 (0 < \theta < 1)$. 由于 f'' 连续, 利用

f'' 的有界性与比较判别法得证.

23. 提示: 利用 Taylor 公式 $f(x) = f'(0)x + \frac{1}{2}f''(0)x^2 + o(x^2)(x \to 0)$.

24. 提示: 考虑调和级数 $\sum\limits_{n=1}^{\infty} \frac{1}{n}$.

25. 提示: 记 $\sum\limits_{n=1}^{\infty} a_n$ 与 $\sum\limits_{n=1}^{\infty} 2^n a_{2^n}$ 的部分和分别为 S_n 与 T_n, 则当 $n \leqslant 2^j$ 时有

$$S_n = a_1 + (a_2 + a_3) + (a_4 + a_5 + a_6 + a_7) + \cdots + a_n$$

$$\leqslant a_1 + (a_2 + a_3) + (a_4 + a_5 + a_6 + a_7) + \cdots + (a_{2^j} + \cdots + a_{2^{j+1}-1})$$

$$\leqslant a_1 + (a_2 + a_2) + (a_4 + a_4 + a_4 + a_4) + \cdots + (a_{2^j} + \cdots + a_{2^j}) \leqslant T_j;$$

当 $n \geqslant 2^j$ 时有

$$S_n \geqslant a_1 + a_2 + (a_3 + a_4) + (a_5 + a_6 + a_7 + a_8) + \cdots + (a_{2^{j-1}+1} + \cdots + a_{2^j})$$

$$\geqslant a_1 + a_2 + (a_4 + a_4) + (a_8 + a_8 + a_8 + a_8) + \cdots + (a_{2^j} + \cdots + a_{2^j})$$

$$> \frac{1}{2} \left(a_1 + 2a_2 + 4a_4 + 8a_8 + \cdots + 2^j a_{2^j} \right) = \frac{1}{2} T_j.$$

26. 提示: 考虑它的加括号级数 $\sum\limits_{n=1}^{\infty} (-1)^k u_k = \sum\limits_{n=1}^{\infty} (-1)^k \left(\dfrac{1}{k^2} + \dfrac{1}{k^2+1} + \cdots + \dfrac{1}{k^2+2k} \right)$,
用 Leibniz 判别法判其收敛; 又原级数的通项是无穷小, 所以它也是收敛的.

27. 提示: 由 $|a_n b_n| \leqslant \dfrac{1}{2}(a_n^2 + b_n^2)$ 及比较判别法知 $\sum\limits_{n=1}^{\infty} a_n b_n$ 绝对收敛. 不妨设 $\sum\limits_{n=1}^{\infty} b_n^2 > 0$.
对 $\forall t \in \mathbb{R}$, 有

$$\sum_{n=1}^{\infty} a_n^2 + 2t \sum_{n=1}^{\infty} a_n b_n + t^2 \sum_{n=1}^{\infty} b_n^2 = \sum_{n=1}^{\infty} (a_n + t b_n)^2 \geqslant 0,$$

于是有 $4 \left(\sum\limits_{n=1}^{\infty} a_n b_n \right)^2 - 4 \left(\sum\limits_{n=1}^{\infty} a_n^2 \right) \left(\sum\limits_{n=1}^{\infty} b_n^2 \right) \leqslant 0.$

28. 提示: 反证法, 用 Abel 判别法.

29. 提示: $\{(1+a_1)(1+a_2)\cdots(1+a_n)\}$ 与 $\left\{ \sum\limits_{k=1}^{n} \ln(1+a_k) \right\}$ 有相同的敛散性, 又当
$a_n \to 0$ 时 $\lim\limits_{n\to\infty} \dfrac{\ln(1+a_n)}{a_n} = 1$. $\prod\limits_{n=1}^{\infty} \left(1 + \dfrac{1}{n^p} \right)$ 当 $p > 1$ 收敛, 当 $p \leqslant 1$ 发散.

第11章
习题选解

习题 12.1 (函数列及其一致收敛性)

1. (1) 一致收敛, 提示: 极限函数 $f(x) = |x|$,

$$\sup_{x \in [-1,1]} |f_n(x) - f(x)| = \sup_{x \in D} \left| \sqrt{x^2 + \frac{1}{n^2}} - |x| \right| \leqslant \frac{1}{n}.$$

(2) 不一致收敛, 但内闭一致收敛, 提示: $f(x) = \lim\limits_{n\to\infty} f_n(x) = 0$, 取 $x_n = n$; 又当
$x \in [-a, a] (a > 0)$ 有 $\left| \sin \dfrac{x}{n} \right| \leqslant \dfrac{a}{n}.$

(3) 一致收敛, 提示: 分 $x = 0$ 与 $x \neq 0$ 求得极限函数 $f(x) = 0$, $\left| \dfrac{x}{1 + n^2 x^2} \right| \leqslant \dfrac{|x|}{2n|x|}$.

(4) 不一致收敛, 提示: 分 $x = 0$ 与 $x \neq 0$ 求得极限函数 $f(x) = 0$, 取 $x_n = 1/n$.

(5) 不一致收敛, 但内闭一致收敛, 提示: 极限函数 $f(x) = 0$, 取 $x_n = n$; 利用 $\ln t$ 的递增性或 $\ln(1 + t) < t$.

(6) 不一致收敛, 但内闭一致收敛, 提示: 极限函数 $f(x) = \pi/2$, 取 $x_n = 1/n$; 利用 $\arctan t$ 的递增性.

2. 提示: 使用一致收敛定义或确界判别法.

3. 提示: 使用一致收敛定义或确界判别法.

4. 提示: 使用一致收敛定义或确界判别法, $|f_n(x) - f(x)| = \dfrac{1}{n} |[nf(x)] - nf(x)| \leqslant \dfrac{1}{n}$.

5. 提示: 使用一致收敛定义或确界判别法.

6. 提示: 使用一致收敛定义或确界判别法, 先仿照例 12.1.8 证明函数列一致有界及极限函数有界.

习题 12.2 (函数项级数的一致收敛性)

1. (1) $(-1, 1)$, 提示: 根式极限法, $x = \pm 1$ 时 $|u_n(\pm 1)| \to \mathrm{e}^{\pm 1}$.

(2) $(-\infty, -1) \cup (-1/3, +\infty)$, 提示: 根式极限法, $\left| \dfrac{x}{2x + 1} \right| \geqslant 1$ 时通项不是无穷小, 收敛域由 $\left| 2 + \dfrac{1}{x} \right| = \left| \dfrac{2x + 1}{x} \right| > 1$ 解出.

(3) $(1, +\infty)$, 提示: $x \leqslant 0$ 时通项不是无穷小, $x > 0$, $(\sqrt[n]{n} - 1)^x \sim \left(\dfrac{\ln n}{n} \right)^x$, 可用比较极限法.

(4) $|x| \neq 1$, 提示: $|x| = 1$ 时通项不是无穷小, $|x| < 1$ 时与 $\displaystyle\sum_{n=1}^{\infty} x^n$ 比较, $|x| > 1$ 时与 $\displaystyle\sum_{n=1}^{\infty} x^{-n}$ 比较.

2. (1) 一致收敛, 提示: 优级数 $\displaystyle\sum_{n=1}^{\infty} \dfrac{1}{n^2}$. (2) 一致收敛, 提示: 优级数 $\displaystyle\sum_{n=1}^{\infty} \dfrac{1}{r^n (n-1)!}$.

(3) 不一致收敛但内闭一致收敛, 提示: 取 $x_n = 3^n$, 可知通项不一致收敛于 0, 在区间 $[0, b]$ 上优级数为 $\displaystyle\sum_{n=1}^{\infty} 2^n \sin \dfrac{b}{3^n}$.

(4) 不一致收敛但内闭一致收敛, 提示: 取 $x_n = 1/n^2$, 可知通项不一致收敛于 0, 在区间 $[a, b] \subset (0, 1)$ 上优级数为 $\displaystyle\sum_{n=1}^{\infty} \sqrt{n} \arctan \dfrac{1}{n^2 a}$, $\sqrt{n} \arctan \dfrac{1}{n^2 a} \sim \dfrac{1}{n^{3/2} a}$.

(5) 一致收敛, 提示: 优级数判别法, 利用导数求 $u_n(x) = x^2 \mathrm{e}^{-nx}$ 的最大值点, $0 \leqslant u_n(x) \leqslant u_n(2/n)$.

(6) 一致收敛, 提示: Abel 判别法, 令 $b_n(x) = \mathrm{e}^{-nx}$, $\{b_n(x)\}$ 在 $[0, +\infty)$ 一致有界且是递减数列; 或 Dirichlet 判别法, 令 $b_n(x) = \mathrm{e}^{-nx}/n$, $\{b_n(x)\}$ 在 $[0, +\infty)$ 一致收敛于 0 且是递减

数列.

(7) 一致收敛, 提示: Dirichlet 判别法, 令 $b_n(x) = \dfrac{1}{n+x^2}$, $\{b_n(x)\}$ 在 $(-\infty, +\infty)$ 一致收敛于 0 且是递减数列; 或 Abel 判别法, 令 $b_n(x) = \dfrac{n}{n+x^2}$, $\{b_n(x)\}$ 在 $(-\infty, +\infty)$ 一致有界且是递增数列.

(8) 一致收敛, 提示: Dirichlet 判别法, 令 $b_n(x) = \dfrac{x^2}{(1+x^2)^n}$, $0 \leqslant b_n(x) \leqslant \dfrac{x^2}{nx^2} = \dfrac{1}{n}$, $\{b_n(x)\}$ 在 $(-\infty, +\infty)$ 一致收敛于 0 且是递减数列;

3. 提示: 利用一致收敛的定义或 Cauchy 准则.

4. 提示: 利用一致收敛的 Cauchy 准则.

5. 提示: $|u_n(x)| \leqslant |u_n(a)| + |u_n(b)|\,(\forall n \in \mathbb{Z}^+, \forall x \in [a,b])$, 利用优级数判别法.

习题 12.3 (函数项级数的和函数的性质)

1. (1) 提示: 用连续性定理, 取优级数 $\displaystyle\sum_{n=1}^{\infty} \dfrac{1}{\sqrt{n^3}}$ 可判定一致收敛;

(2) 提示: 用连续性定理, 在 $[a,b] \subset (0,+\infty)$ 取优级数 $\displaystyle\sum_{n=1}^{\infty} n^2 e^{-na}$, 结合用根式极限法, 可判定内闭一致收敛.

2. $-1/3$, 提示: 用连续性定理, 在 $[3,4]$ 上, $\left|\dfrac{x-4}{x-2}\right| \leqslant 1$, 优级数为 $\displaystyle\sum_{n=1}^{\infty} \dfrac{1}{2^n}$.

3. $1/2$, 提示: 在 $[\ln 2, \ln 3]$ 上用逐项求积定理, 优级数为 $\displaystyle\sum_{n=1}^{\infty} n e^{-n\ln 2}$, 结合用根式极限法.

4. $\displaystyle\sum_{n=1}^{\infty} \dfrac{\ln(1+n^3 x^2)}{n^3}$, 提示: 用逐项求积定理, 在 $(-\infty, +\infty)$ 上原级数一致收敛, 注意到 $\left|\dfrac{2x}{1+n^3 x^2}\right| \leqslant \dfrac{2|x|}{2n^{3/2}|x|} = \dfrac{1}{n^{3/2}}$.

5. 提示: 利用逐项求导定理与优级数判别法.

6. 提示: 利用逐项求导定理与优级数判别法. 用根式极限法知点态收敛; $\displaystyle\sum_{n=1}^{\infty} u_n'(x) = \sum_{n=1}^{\infty} -2nx e^{-nx^2}$ 在 $(0,+\infty)$ 内闭一致收敛.

总习题 12 (函数项级数)

A 组

1. 当 $k < 1$ 时一致收敛, 提示: 极限函数 $f(x) = 0$, 由 $f_n'(x) = n^k e^{-nx}(1-nx)$ 知 $f_n(x)$ 在 $x = 1/n$ 达到在 $[0,+\infty)$ 上的最大值, 所以 $\displaystyle\sup_{x \in [0,+\infty)} |f_n(x) - f(x)| = n^{k-1} e^{-1}$.

2. 不一致收敛, 但等式成立. 提示: 极限函数 $f(x) = 0$, 取 $x_n = 1/n$;

$$\int_0^1 f_n(x)\mathrm{d}x = \dfrac{\ln(1+n^2)}{2n}.$$

3. 不一致收敛, 但等式成立. 提示: 极限函数 $f(x) = 0$, $f'_n(x) = \dfrac{nx}{1 + n^2 x^2}$, 取 $x_n = 1/n$.

4. 提示: 由 $|f_1(x)| \leqslant M$ 出发归纳地证明 $|f_n(x)| \leqslant \dfrac{M(x-a)^{n-1}}{(n-1)!}$.

5. 提示: 利用连续性定理逆否形式. (1) 极限函数在 $x = 0, \pi$ 不连续; (2) 极限函数在 $x = \pm 1$ 不连续; (3) 和函数在 $x = 1$ 不连续;

(4) $\dfrac{x}{[(n-1)x + 1](nx + 1)} = \dfrac{1}{(n-1)x + 1} - \dfrac{1}{nx + 1}$, 和函数在 $x = 0$ 不连续.

6. 提示: 利用连续性定理, $f(x)$ 在 $[a, b]$ 上连续, $x_0 \in [a, b]$, 由下式得证:

$$|f_n(x_n) - f(x_0)| \leqslant |f_n(x_n) - f(x_n)| + |f(x_n) - f(x_0)|$$

$$\leqslant \sup_{x \in [a, b]} |f_n(x) - f(x)| + |f(x_n) - f(x_0)|.$$

7. (1) $S'(x) = \displaystyle\sum_{n=1}^{\infty} \dfrac{-2x}{n^2(1 + nx^2)^2}$; (2) $S'(x) = \displaystyle\sum_{n=1}^{\infty} \dfrac{n^2}{n^4 + x^2}$. 提示: 利用逐项求导定理与优级数判别法.

8. 提示: 利用逐项求积定理与优级数判别法, 注意到

$$\sum_{n=1}^{\infty} \left[\frac{1}{n} - \ln\left(\frac{n+1}{n} \right) \right] = \lim_{n \to \infty} \left[\sum_{k=1}^{n} \frac{1}{k} - \ln(n+1) \right].$$

9. 提示: 利用一致收敛的 Cauchy 准则.

10. 提示: 利用一致收敛的 Cauchy 准则证明一致收敛, $\left| \displaystyle\sum_{k=n+1}^{n+p} u_k(x) \right| \leqslant \dfrac{1}{n+1}$; 用反证法证明不存在优级数 (注意取 $x = 1/n$).

11. 提示: $|R_n(x)| \leqslant (1 - x) x^{n+1}$, 求函数 $(1 - x) x^{n+1}$ 在 $[0, 1]$ 上的最大值, 由

$$\lim_{n \to \infty} \sup_{0 \leqslant x \leqslant 1} |R_n(x)| = \lim_{n \to \infty} \frac{1}{n+2} \left(\frac{n+1}{n+2} \right)^{n+1} \leqslant \lim_{n \to \infty} \frac{1}{n+2} = 0$$

知一致收敛. 由其各项绝对值组成的级数和函数不连续 (用连续性定理逆否形式) 证它不一致收敛.

12. 提示: 用例 12.1.7 的证明方法先证函数项级数在 $[a, b]$ 上一致收敛.

13. 提示: 在 $[0, +\infty)$ 上用 Abel 判别法与连续性定理.

14. 提示: 在 $[a, b]$ 上用 Dirichlet 判别法. 由 $0 < u_n(x) \leqslant u_n(b) + u_n(a)$ 知 $\{u_n(x)\}$ 在 $[a, b]$ 上一致收敛于 0.

B 组

15. 提示: 利用 Dini 定理, 极限函数 $g(x) = 0$ 连续.

16. 提示: 利用 Dini 定理, 极限函数 $f(x) = \mathrm{e}^x$ 连续; 考虑 $g(x) = \left(1 + \dfrac{x}{t}\right)^t = \mathrm{e}^{t \ln\left(1 + \frac{x}{t}\right)}$,

由于 $\ln\left(1 + \dfrac{x}{t}\right) \geqslant \dfrac{x/t}{1 + x/t} = \dfrac{x}{t + x}$, 故 $g'(t) \geqslant 0$, $\{f_n(x)\}$ 是递增数列, 因此由 Dini 定理, 它在任何 $[0, b]$ 上一致收敛. 取 $x_n = n$, 则 $f(x_n) - f_n(x_n) = \mathrm{e}^n - 2^n \to +\infty$, 可见 $\{f_n(x)\}$ 在 $[0, +\infty)$ 不一致收敛.

17. 提示: 用 Abel 判别法 (可用 2 次). $\displaystyle\sum_{n=2}^{\infty} \dfrac{(-1)^n}{\ln n}$ 收敛, $\left\{\left(\dfrac{2 + x^n}{1 + x^n}\right) \arctan nx\right\}$ 一致有界, 对 $\left\{\dfrac{2 + x^n}{1 + x^n}\right\}$ 分别在 $[0, 1)$ 与 $[1, +\infty)$ 讨论它是否为单调数列.

18. 提示: 考虑去掉前 k 项的级数 $\displaystyle\sum_{n=k+1}^{\infty} \dfrac{\mathrm{sgn}(x - x_n)}{2^n}$, 用连续性定理.

19. 提示: $\{F_n(x)\}$ 的极限函数 $f'(x)$ 在 $[\alpha, \beta]$ 上一致连续, 利用 Lagrange 中值定理, $F_n(x) = f'(\xi_n)$, 由一致收敛定义可证 $\{F_n(x)\}$ 在 $[\alpha, \beta]$ 上一致收敛, 用可积性定理可证极限等式.

20. 提示: 仿照连续性定理的证明, 考虑

$$|f(x_1) - f(x_2)| \leqslant |f(x_1) - f_n(x_1)| + |f_n(x_1) - f_n(x_2)| + |f_n(x_2) - f(x_2)|.$$

21. 提示: 利用 Cauchy 准则. $\forall \varepsilon > 0$, 因 $|f_n'(x)| \leqslant M$, 对闭区间 $[a, b]$ 作分割 T 使 $\|T\| \leqslant \dfrac{\varepsilon}{4M}$, 在每个闭区间 $\Delta_i = [x_{i-1}, x_i]$ 上任取 η_i, 对 $f_{n+p}(\eta_i) - f_n(\eta_i)$ 用收敛条件, $\forall x \in [a, b]$, 必 $\exists \Delta_i$ 使之 $x \in \Delta_i$. 对函数 $f_{n+p}(x) - f_n(x)$ 应用 Lagrange 中值定理, 由下式得证:

$$|f_{n+p}(x) - f_n(x)| \leqslant |f_{n+p}(x) - f_n(x) - [f_{n+p}(\eta_i) - f_n(\eta_i)]| + |f_{n+p}(\eta_i) - f_n(\eta_i)|.$$

22. 提示: 设部分和函数为 $S_n(x)$. 则 $\{S_n(x)\}$ 在点 $x_0 \in [a, b]$ 收敛, $\{S_n'(x)\}$ 在 $[a, b]$ 上一致收敛, 每个 $S_n'(x)$ 在 $[a, b]$ 上连续. 利用 N-L 公式与 Cauchy 准则, 由下式得证:

$$|S_{n+p}(x) - S_n(x)| \leqslant \left|\int_{x_0}^{x} [S_{n+p}'(t) - S_n'(t)]\mathrm{d}t\right| + |S_{n+p}(x_0) - S_n(x_0)|.$$

23. 提示: 证明 $\displaystyle\lim_{n \to \infty} \int_{-1}^{1} [f(x) - f(0)] \varphi_n(x)\mathrm{d}x = 0$, 将 $[-1, 1]$ 分成 $[-1, -a], [-a, a], [a, 1]$, 由题设易知 $\displaystyle\lim_{n \to \infty} \int_{-a}^{a} \varphi_n(x)\mathrm{d}x = 1$, 在 $[-a, a]$ 上用积分中值定理 (最后可令 $a \to 0$).

24. 提示: 设部分和函数 $S_n(x)$ 的最小值点为 $x_n \in [a, b]$, 应用列紧性定理, $\{x_n\}$ 有收敛子列 $\{x_{n_k}\}$ 收敛到 $x_0 \in [a, b]$. 因为 $\displaystyle\lim_{k \to \infty} S_{n_k}(x_0) = S(x_0)$, 由

$$|S_{n_k}(x_{n_k}) - S(x_0)| \leqslant |S_{n_k}(x_{n_k}) - S_{n_k}(x_0)| + |S_{n_k}(x_0) - S(x_0)|$$

与 $S_n(x)$ 的等度连续性可知 $\lim\limits_{k\to\infty} S_{n_k}(x_{n_k}) = S(x_0)$. 注意到 $\{S_n(x)\}$ 是递增数列, $\forall x \in [a, b]$ 有 $S_{n_k}(x_{n_k}) \leqslant S_{n_k}(x) \leqslant S(x)$, 由此知 x_0 是 $S(x)$ 的最小值点.

第12章
习题选解

习题 13.1 (幂级数的收敛性)

1. (1) $R = 4$, 收敛域为 $(-4, 4)$; (2) $R = +\infty$, 收敛域为 $(-\infty, +\infty)$;
(3) $R = +\infty$, 收敛域为 $(-\infty, +\infty)$; (4) $R = 1$, 收敛域为 $[-1, 1]$;
(5) $R = 1$, 收敛域为 $(-1, 1)$; (6) $R = 1/\sqrt{3}$, 收敛域为 $(-1/\sqrt{3}, 1/\sqrt{3})$;
(7) $R = 1/\mathrm{e}$, 收敛域为 $(1 - 1/\mathrm{e}, 1 + 1/\mathrm{e})$, 提示:

$$\frac{(1 + 1/n)^{n^2}}{\mathrm{e}^n} = \left[\frac{(1 + 1/n)^n}{\mathrm{e}}\right]^n \geqslant \left[\frac{(1 + 1/n)^n}{(1 + 1/n)^{n+1}}\right]^n;$$

(8) $R = 1$, 收敛域为 $[-1, 1)$, 提示: $\dfrac{(2n-1)!!}{(2n)!!} \leqslant \dfrac{1}{\sqrt{2n+1}}$, $\dfrac{(2n-1)!!}{(2n)!!} > \dfrac{1}{2n}$.

2. (1) $\dfrac{3 - 2x}{(1-x)^2}, x \in (-1, 1)$; (2) $\dfrac{x + x^2}{(1-x)^3}, x \in (-1, 1)$;

(3) $\dfrac{6x^2 - x^4}{2(2 - x^2)^2}, x \in (-\sqrt{2}, \sqrt{2})$; (4) $\begin{cases} \dfrac{1}{1-x} + \dfrac{\ln(1-x)}{x}, & 0 < |x| < 1, \\ 0, & x = 0. \end{cases}$

3. $\pi/4$; 提示: 考虑级数 $\sum\limits_{n=0}^{\infty} \dfrac{(-1)^n x^{2n+1}}{2n+1}$.

4. 提示: 分别利用 $S(x) + S(-x) = 0$, $S(x) - S(-x) = 0$ 及幂级数系数的唯一性.

习题 13.2 (函数的幂级数展开)

1. (1) $f(x) = \sum\limits_{n=0}^{\infty} \dfrac{(-1)^n}{2n+1} x^{2n+1}, x \in [-1, 1]$, 提示: 先求 $f'(x)$ 的展开式;

(2) $f(x) = \sum\limits_{n=1}^{\infty} (-1)^{n+1} \dfrac{2^{2n-1}}{(2n)!} x^{2n}, x \in (-\infty, +\infty)$, 提示: $\sin^2 x = \dfrac{1}{2}(1 - \cos 2x)$;

(3) $f(x) = \sum\limits_{n=1}^{\infty} \dfrac{(2n-1)!!}{n!} x^{n+2}, x \in [-1/2, 1/2]$, 提示: 先求 $\dfrac{1}{\sqrt{1 - 2x}}$ 的展开式;

(4) $f(x) = \sum\limits_{n=0}^{\infty} \dfrac{x^{2n+1}}{2n+1}, x \in (-1, 1)$, 提示: $\ln\sqrt{\dfrac{1+x}{1-x}} = \dfrac{1}{2}\ln(1+x) - \dfrac{1}{2}\ln(1-x)$;

(5) $f(x) = \sum_{n=0}^{\infty} \frac{(-1)^n}{n!} \frac{x^{2n+1}}{2n+1}, x \in (-\infty, +\infty)$, 提示: 先求 e^{-t^2} 的展开式;

(6) $f(x) = 1 + \sum_{n=2}^{\infty} (-1)^{n-1} \frac{(n-1)2^n}{n!} x^n, x \in (-\infty, +\infty)$, 提示: 由 e^{-2x} 与 $2x\mathrm{e}^{-2x}$ 的展开式相加, 或先求 $f'(x)$ 的展开式;

(7) $f(x) = \sum_{n=0}^{\infty} \frac{1-(-2)^n}{3} x^n, x \in (-1/2, 1/2)$, 提示:

$$\frac{x}{1+x-2x^2} = \frac{1}{3} \left(\frac{1}{1-x} - \frac{1}{1+2x} \right);$$

(8) $f(x) = -\sum_{n=1}^{\infty} \left(1 + \frac{1}{2} + \cdots + \frac{1}{n} \right) x^n, x \in (-1, 1)$, 提示: 由 $\ln(1-x)$ 的展开式与 $(1-x)^{-1}$ 的展开式作 Cauchy 乘积.

2. (1) $f(x) = x + \sum_{n=1}^{\infty} \frac{(-1)^n (2n-1)!!}{(2n)!!} \frac{x^{2n+1}}{2n+1}, x \in [-1, 1]$, 提示: 先求 $f'(x)$ 的展开式;

(2) $f(x) = \frac{1}{2} + \sum_{n=1}^{\infty} \frac{(-1)^{n-1}}{2^{n+1}(\ln 2)n} (x-2)^n, x \in (0, 4]$, 提示:

$$\log_2 \sqrt{x} = \frac{1}{2} + \frac{1}{2\ln 2} \ln \left(1 + \frac{x-2}{2} \right);$$

(3) $f(x) = \sum_{n=0}^{\infty} \frac{(-1)^n}{3^{n+1}} (x-3)^n, x \in (0, 6)$, 提示: $\frac{1}{x} = \frac{1}{3} \frac{1}{1+(x-3)/3};$

(4) $f(x) = \sum_{n=0}^{\infty} \frac{(-1)^n \cos 1}{(2n+1)!} (x-1)^{4n+2} - \sum_{n=0}^{\infty} \frac{(-1)^n \sin 1}{(2n)!} (x-1)^{4n}, x \in (-\infty, +\infty)$,

提示: $\sin(x^2 - 2x) = \sin(x-1)^2 \cos 1 - \cos(x-1)^2 \sin 1$.

习题 13.3 (连续函数的多项式逼近)

1. $B_n(x) = x^2 + \frac{x-x^2}{n}$. 提示:

$$B_n(x) = \sum_{k=0}^{n} \frac{k^2}{n^2} \mathrm{C}_n^k x^k (1-x)^{n-k} = \sum_{k=1}^{n} \frac{k}{n} \mathrm{C}_{n-1}^{k-1} x^k (1-x)^{n-k}$$

$$= \sum_{k=2}^{n} \frac{k-1}{n} \mathrm{C}_{n-1}^{k-1} x^k (1-x)^{n-k} + \sum_{k=1}^{n} \frac{1}{n} \mathrm{C}_{n-1}^{k-1} x^k (1-x)^{n-k}$$

$$= \frac{n-1}{n} x^2 \sum_{k=2}^{n} \mathrm{C}_{n-2}^{k-2} x^{k-2} (1-x)^{n-k} + \frac{x}{n} \sum_{k=1}^{n} \mathrm{C}_{n-1}^{k-1} x^{k-1} (1-x)^{n-k}.$$

2. 提示: 由于函数 $f(x)$ 在 $[a,b]$ 上连续, 利用 Weierstrass 逼近定理, 存在一列多项式 $\{p_n(x)\}$ 在 $[a,b]$ 上一致收敛于 $f(x)$, 从而有

$$0 = \int_a^b f(x)p_n(x)\mathrm{d}x \to \int_a^b f^2(x)\mathrm{d}x \quad (n \to \infty).$$

再由 $f(x)$ 的连续性与 $\int_a^b f^2(x)\mathrm{d}x = 0$ 推出在 $[a,b]$ 上 $f(x) \equiv 0$.

习题 13.4 (函数的 Fourier 系数)

1. (1) $f(x) :\sim \sum\limits_{n=1}^{\infty} \dfrac{2(-1)^{n-1}}{n} \sin nx$;　(2) $f(x) :\sim \dfrac{4}{\pi} \sum\limits_{n=1}^{\infty} \dfrac{\sin(2n-1)x}{2n-1}$;

(3) $f(x) :\sim -\dfrac{\pi}{4} + \sum\limits_{n=1}^{\infty} \left[\dfrac{1-(-1)^n}{\pi n^2} \cos nx + \dfrac{(-1)^{n-1}}{n} \sin nx \right]$;

(4) $f(x) :\sim \dfrac{\pi^2}{3} + \sum\limits_{n=1}^{\infty} \dfrac{4(-1)^n}{n^2} \cos nx$.

2. 提示: 在 a_{2n-1}, b_{2n-1} 的 Fourier 系数公式中作变量替换 $x = \pi + t$, 利用 $f(t+\pi) = f(t)$.

3. $\ln(1+a)/2$. 提示: 由 $\int_0^a \dfrac{\cos^2 \lambda x}{1+x} \mathrm{d}x = \int_0^a \dfrac{\mathrm{d}x}{2(1+x)} + \int_0^a \dfrac{\cos 2\lambda x}{2(1+x)} \mathrm{d}x$ 出发用 Riemann-Lebesgue 引理.

习题 13.5 (Fourier 级数的收敛性)

1. $S(x) = \begin{cases} x, & x \in [0, \pi), \\ 0, & x = \pi, \\ x - 2\pi, & x \in (\pi, 2\pi]. \end{cases}$

2. $S(-\pi) = 0$, $S(1) = 1/2$, $S(2) = 2^3$, $S(\pi) = 0$, $S(\pi+2) = (2-\pi)^3$, $S(2\pi) = 0$.

3. $f(x) :\sim \dfrac{3}{2} + \dfrac{6}{\pi} \sum\limits_{k=1}^{\infty} \dfrac{1}{2k-1} \sin \dfrac{(2k-1)\pi x}{5}$.

4. $S(x) = |x|$, $x \in [-1, 1]$; $S(x) = |x-2|$, $x \in [1, 3]$.

习题 13.6 (函数的 Fourier 级数展开)

1. (1) $f(x) = \dfrac{a+b}{2} - \dfrac{2(a-b)}{\pi} \sum\limits_{k=1}^{\infty} \dfrac{\sin(2k-1)x}{2k-1}, 0 < |x| < \pi$;

(2) $x^2 = \dfrac{\pi^2}{3} + 4 \sum\limits_{n=1}^{\infty} \dfrac{(-1)^n}{n^2} \cos nx, x \in [-\pi, \pi]$;

(3) $x = \pi + \sum\limits_{n=1}^{\infty} \dfrac{(-2)}{n} \sin nx, x \in (0, 2\pi)$;

(4) $e^x = \dfrac{e^\pi - e^{-\pi}}{2\pi} + \dfrac{e^\pi - e^{-\pi}}{\pi} \sum\limits_{n=1}^{\infty} \dfrac{(-1)^n}{1+n^2}(\cos nx - n\sin nx),\ x \in (-\pi, \pi)$.

2. $1 = \dfrac{4}{\pi} \sum\limits_{k=1}^{\infty} \dfrac{\sin(2k-1)x}{2k-1}, 0 < x < \pi$; 令 $x = \dfrac{\pi}{2}$ 有 $\sum\limits_{n=1}^{\infty} \dfrac{(-1)^{n-1}}{2n-1} = \dfrac{\pi}{4}$.

3. $\sin x = \dfrac{2}{\pi} - \dfrac{4}{\pi} \sum\limits_{k=1}^{\infty} \dfrac{\cos 2kx}{4k^2-1}, x \in [0, \pi]$.

4. $f(x) = \dfrac{4l}{\pi^2} \sum\limits_{k=1}^{\infty} \dfrac{(-1)^{k-1}}{(2k-1)^2} \sin \dfrac{2k-1}{l}\pi x, x \in [0, l]$.

5. $(1-x)^2 = \dfrac{1}{3} + \dfrac{4}{\pi^2} \sum\limits_{n=1}^{\infty} \dfrac{\cos n\pi x}{n^2}, x \in [0, 1]$.

总习题 13 (幂级数与 Fourier 级数)

A 组

1. (1) $R = 1$, 收敛域 $(-1, 1)$ ($x = \pm 1$ 时通项不是无穷小);

(2) $R = 1/4$, 收敛域 $(-1/4, 1/4)$, 提示: 记 $x = 1/4$ 时通项为 u_n, $x = -1/4$ 时通项为 v_n, 由于 $\sum\limits_{n=1}^{\infty} u_n$ 是正项级数, 且 $\sum\limits_{n=1}^{\infty} u_{2n}$ 发散, 故 $\sum\limits_{n=1}^{\infty} u_n$ 发散; 由于 $\sum\limits_{n=1}^{\infty} v_n^+$ 发散, $\sum\limits_{n=1}^{\infty} v_n^-$ 收敛, 故 $\sum\limits_{n=1}^{\infty} v_n$ 发散 (参见引理 11.4.5).

2. (1) $S(x) = \dfrac{x}{(2-x)^3}, x \in (0, 2)$. 提示: 由 $f(t) = \sum\limits_{n=1}^{\infty} n^2 t^{n-1}$ 先积分.

(2) $S(x) = \dfrac{1}{2}[(1+x^2)\arctan x - x], \quad x \in [-1, 1]$.

提示: 方法 1, 先逐项求导; 方法 2, 由于

$$S(x) = \dfrac{1}{2} \sum\limits_{n=1}^{\infty} (-1)^{n-1}\left(\dfrac{1}{2n-1} - \dfrac{1}{2n+1}\right)x^{2n+1}, \text{先求} f(x) = \sum\limits_{n=1}^{\infty} (-1)^n \dfrac{x^{2n+1}}{2n+1}.$$

3. (1) 和为 1, 提示: 考虑 $S(x) = \sum\limits_{n=1}^{\infty} \dfrac{n}{(n+1)!} x^{n+1}$ 或 $f(x) = \sum\limits_{n=1}^{\infty} \dfrac{n}{(n+1)!} x^{n-1}$;

(2) 和为 $-\dfrac{1}{2}\sin 1$, 提示: 考虑 $S(x) = \sum\limits_{n=1}^{\infty} \dfrac{(-1)^n n}{(2n)!} x^{2n-1} = -\dfrac{1}{2} \sum\limits_{n=1}^{\infty} \dfrac{(-1)^{n-1}}{(2n-1)!} x^{2n-1}$;

(3) 和为 $\dfrac{\ln 2}{3} + \dfrac{\pi}{3\sqrt{3}}$, 提示: 考虑 $f(x) = \sum\limits_{n=0}^{\infty} \dfrac{(-1)^n}{3n+1} x^{3n+1}$.

4. (1) $f(x) = \sum\limits_{n=0}^{\infty}(x^{4n} - x^{4n+1}), x \in (-1, 1)$, 提示: $f(x) = \dfrac{1-x}{1-x^4}$;

(2) $f(x) = \sum\limits_{n=0}^{\infty} \dfrac{(-1)^n}{(2n)!(4n+1)} x^{4n+1}, |x| < +\infty$;

(3) $\sin^3 x = \dfrac{3}{4} \sum\limits_{n=1}^{\infty} (-1)^n \dfrac{1-3^{2n}}{(2n+1)!} x^{2n+1}, |x| < +\infty$, 提示:

$$\sin^3 x = \dfrac{1}{2} \sin x - \dfrac{1}{2} \sin x \cos 2x = \dfrac{3}{4} \sin x - \dfrac{1}{4} \sin 3x;$$

(4) $f(x) = \sum\limits_{n=1}^{\infty} \dfrac{(-1)^{n-1}}{2n(2n-1)} x^{2n}, x \in [-1,1]$, 提示: 先求出 $\arctan x$ 的展开式.

5. 提示: $f(x) = \sum\limits_{n=1}^{\infty} [1-(-1)^n 2^n] x^n, |x| < \dfrac{1}{2}$; $\sum\limits_{n=1}^{\infty} \dfrac{n!}{f^{(n)}(0)} = \sum\limits_{n=1}^{\infty} \dfrac{(-1)^{n-1}}{2^n - (-1)^n}$.

6. $-\pi^2/6$, 提示: 将 $\ln(1-t)$ 展开成幂级数后只能在 $[0,x](0 < x < 1)$ 上逐项积分 (不能在 $[0,1]$ 上逐项积分), 由于逐项积分得到的级数在 $[0,1]$ 上一致收敛, 故与极限 $x \to 1-$ 可交换, 两边取极限 $x \to 1-$ 即得.

7. 提示: 利用 Lagrange 余项公式与定理 13.2.1, $\forall x \in U(x_0, \delta), \forall n \in \mathbb{Z}^+$, 有

$$|R_n(x)| = \left| \dfrac{f^{(n+1)}(\xi)}{(n+1)!} (x-x_0)^{n+1} \right| \leqslant \dfrac{M\delta^{n+1}}{(n+1)!} \to 0 \quad (n \to \infty).$$

8. 提示: 利用 Bessel 不等式.

9. (1) $a_0 = \alpha_0, a_n = \alpha_n, b_n = -\beta_n$; (2) $a_0 = -\alpha_0, a_n = -\alpha_n, b_n = \beta_n$.

提示: 对 Fourier 系数公式作变量替换 $x = -t$.

10. $a_0 = 0, a_{2k} = 0, b_{2k} = 0$, 即

$$f(x) :\sim \sum\limits_{k=1}^{\infty} [a_{2k-1} \cos(2k-1)x + b_{2k-1} \sin(2k-1)x].$$

提示: 对 Fourier 系数公式作变量替换 $x = \pi + t$, 并利用 $f(t+\pi) = -f(t)$.

11. 提示: 与定理 13.4.1 的证明方法类似.

12. 提示: 与定理 13.4.4 (Bessel 不等式) 的证明方法类似.

13. 提示: 与定理 13.4.4 (Bessel 不等式) 的证明方法类似, 先得出

$$\int_{-\pi}^{\pi} [f(x) - T_n(x)]^2 \, \mathrm{d}x = \int_{-\pi}^{\pi} f^2(x) \mathrm{d}x - \left[\dfrac{\pi a_0^2}{2} + \sum\limits_{k=1}^{n} \pi (a_k^2 + b_k^2) \right]$$
$$+ \pi \left[\dfrac{(a_0 - A_0)^2}{2} + \sum\limits_{k=1}^{n} \left((a_k - A_k)^2 + (b_k - B_k)^2 \right) \right].$$

14. $\dfrac{\pi - x}{2} = \sum\limits_{n=1}^{\infty} \dfrac{\sin nx}{n}, x \in (0, 2\pi)$.

15. 提示: 注意都是周期为 π 的偶函数, 在 $[-\pi/2, \pi/2]$ 求它们的 Fourier 级数展开式.

16. $\cos ax = \dfrac{\sin a\pi}{a\pi} + \dfrac{2a \sin a\pi}{\pi} \sum\limits_{n=1}^{\infty} \dfrac{(-1)^n}{a^2 - n^2} \cos nx, x \in [-\pi, \pi]$.

17. $x = 2\sum_{n=1}^{\infty} \frac{(-1)^{n-1}}{n}\sin nx; \quad x^2 = \frac{\pi^2}{3} + 4\sum_{n=1}^{\infty}\frac{(-1)^n}{n^2}\cos nx;$

$$x^3 = 2\pi^2\sum_{n=1}^{\infty}\frac{(-1)^{n-1}}{n}\sin nx + 12\sum_{n=1}^{\infty}\frac{(-1)^n}{n^3}\sin nx.$$

B 组

18. 收敛半径 $R = 1$, $\sum_{n=0}^{\infty}\frac{a_n}{2^n} = 2a_0 + 2d$, d 为公差.

19. $S(x) = -\frac{(1-x)^2}{2x^2}\ln(1-x) - \frac{1}{2x} + \frac{3}{4}, x \in [-1,0)\cup(0,1); S(0) = 0; S(1) = \frac{1}{4}.$

20. (1) 提示: 易知级数收敛, 则

$$1 + \frac{1}{2} - \frac{1}{3} - \frac{1}{4} + \frac{1}{5} + \frac{1}{6} - \frac{1}{7} - \frac{1}{8} + \cdots$$

$$= \sum_{n=1}^{\infty}(-1)^{n-1}\left(\frac{1}{2n-1} + \frac{1}{2n}\right) = \sum_{n=1}^{\infty}\frac{(-1)^{n-1}}{2n-1} + \sum_{n=1}^{\infty}\frac{(-1)^{n-1}}{2n}.$$

(2) 提示: 利用 $\sum_{n=1}^{\infty}(-1)^{n-1}\left(\frac{1}{4n-3}x^{4n-3} + \frac{1}{4n-1}x^{4n-1}\right)$, 和函数为 $\frac{\sqrt{2}}{2}\arctan\frac{\sqrt{2}x}{1-x^2}$

$= \frac{\sqrt{2}}{2}\left(\arctan\frac{x^2-1}{\sqrt{2}x} + \frac{\pi}{2}\right).$

21. $f(x) = \sum_{n=1}^{\infty}\frac{2(-1)^{n-1}}{n+1}\left(1 + \frac{1}{2} + \cdots + \frac{1}{n}\right)x^{n+1} = \sum_{n=1}^{\infty}(-1)^{n-1}\left[\sum_{k=1}^{n}\frac{1}{k(n+1-k)}\right]x^{n+1},$

$x \in (-1,1]$. 提示: 由 $\ln(1+x)$ 的展开式出发作 Cauchy 乘积.

22. $\ln x = \sum_{n=1}^{\infty}\frac{2}{2n-1}\left(\frac{x-1}{x+1}\right)^{2n-1}, \quad x \in (0,+\infty)$. 提示: 利用代换 $t = \frac{x-1}{x+1}$(将

$x = \frac{1+t}{1-t}$ 代入 $\ln x$).

23. 提示: 逐项求导, 考虑等式两边的导数.

24. 提示: 利用 Fourier 系数公式与第二积分中值定理.

25. 结合利用逐项积分定理与 Riemann-Lebesgue 引理.

26. 提示: 先分别求出 $|x|$ 与 x^2 在 $[-\pi,\pi]$ 上的 Fourier 级数展开式.

27. (1) 提示: 函数 $f(x)$ 在 $[0,\pi]$ 上展开成正弦级数;

(2) 提示: 在 (1) 的展开式中令 $x = 1$, 由 (1) 的展开式逐项求导, 再令 $x = 0$.

28. 与定理 13.6.3(Parseval 等式) 的证明方法类似.

29. 提示: 设 a_n, b_n 是 f 的 Fourier 系数, a_n', b_n' 是 f' 的 Fourier 系数, 根据引理 13.6.1, 有

$$a_0' = 0, \quad a_n' = nb_n, \quad b_n' = -na_n \quad (n = 1, 2, \cdots);$$

由定理 13.6.2 知 f 的 Fourier 级数在 $(-\infty, +\infty)$ 上一致收敛于 f, 由定理 13.6.3 知 f 的 Parseval 等式成立, 由 f 的 Parseval 等式与 f' 的 Bessel 不等式得证.

第13章
习题选解

习题 14.1 (n 维 Euclid 空间)

1. $a = -2$.

2. $\operatorname{int} E = \{(x,y) \,|\, x^2 + y^2 < 3,\, y > x\}$; $E^c = \{(x,y) \,|\, x^2 + y^2 > 3\} \cup \{(x,y) \,|\, y \leqslant x\}$;

$\partial E = \{(x,y) \,|\, x^2 + y^2 = 3,\, y \geqslant x\} \cup \left\{(x,y) \,|\, y = x,\, -\sqrt{\dfrac{3}{2}} \leqslant x \leqslant \sqrt{\dfrac{3}{2}}\right\}$;

$\operatorname{int} E^c = \{(x,y) \,|\, x^2 + y^2 > 3\} \cup \{(x,y) \,|\, y < x\}$.

3. 提示: 由定义直接证明.

4. 提示: 由开集与闭集关系, 或定义直接证明.

5. 提示: 对点列分有限集与无限集进行讨论.

习题 14.2 (多元函数的极限)

1. (1) 0; (2) 0; (3) 1; (4) 0; (5) 不存在; (6) 0.

2. (1) 二重极限不存在, $\lim\limits_{y\to 0}\lim\limits_{x\to 0} f(x,y) = 0$, $\lim\limits_{x\to 0}\lim\limits_{y\to 0} f(x,y) = 1$;

(2) $\lim\limits_{(x,y)\to(0,0)} f(x,y) = 0$, 两个累次极限不存在;

(3) 二重极限不存在, $\lim\limits_{y\to 0}\lim\limits_{x\to 0} f(x,y) = \lim\limits_{x\to 0}\lim\limits_{y\to 0} f(x,y) = 0$;

(4) 二重极限、累次极限均不存在;

(5) $\lim\limits_{(x,y)\to(0,0)} f(x,y) = 0$, $\lim\limits_{y\to 0}\lim\limits_{x\to 0} f(x,y) = 0$, $\lim\limits_{x\to 0}\lim\limits_{y\to 0} f(x,y)$ 不存在;

(6) 二重极限不存在, $\lim\limits_{y\to 0}\lim\limits_{x\to 0} f(x,y) = \lim\limits_{x\to 0}\lim\limits_{y\to 0} f(x,y) = 0$.

3. 提示: 由定义直接证明.

4. 提示: 由定义直接证明.

5. 提示: 由定义直接给出.

6. (1) 0; (2) 0; (3) e; (4) 0.

习题 14.3 (多元函数的连续性)

1. (1) 间断曲线为圆族 $x^2 + y^2 = (2n+1)\dfrac{\pi}{2},\, n = 0,1,2,\cdots$; (2) 间断曲线为直线族 $x + y = n,\, n = 0, \pm 1, \pm 2, \cdots$; (3) 间断点集为 $\{(0,y) \,|\, y \neq 0\}$; (4) 在 $\mathbb{R}^2$ 上连续.

2. (1) 不一致连续; (2) 一致连续.

3. 提示: 与一元函数极限的局部有界性证明相同.

4. 提示: 由定义直接证明.

总习题 14 (多元函数的极限与连续性)

A 组

1. 提示: 对 $x', x'' \in D$, 定义函数 $f(x', x'') = \|x', x''\|$, 利用有界闭集上连续函数存在最大值或利用其证法即可推得所要证明的结论.

2. (1) $\{(1,1),(1,0),(1,-1)\}$; (2) $E \cup \{(x,y)\,|x^2+y^2=1\}$; (3) $\{(x,x,1)\,|0 \leqslant x \leqslant 1\}$.

3. (1) $\mathrm{int}E = \varnothing$, $\partial E = \{(x,y,z)\,|x \geqslant 0, y \geqslant 0, z=1\}$, $\overline{E} = \{(x,y,z)\,|x \geqslant 0, y \geqslant 0, z=1\}$.
(2) $\mathrm{int}E = E$, $\partial E = \{(x,y)\,|x=0, y \notin (-1,1)\} \cup \{(x,y)\,|x^2+y^2-2x=1, x \geqslant 0\}$,

$$\overline{E} = \{(x,y)\,\big|x \geqslant 0, x^2+y^2-2x \geqslant 1\}.$$

4. (1) $\{(x,y,z)\,|x^2+z^2 < y\}$; (2) $\{(x,y,z)\,|x^2+y^2 > z, z > 0\}$.

5. 提示: 用 ε-δ 定义直接证明.

6. (1) 不存在; (2) 存在, 0; (3) 存在, 0; (4) 存在, 1; (5) 不存在; (6) 不存在;
(7) 不存在; (8) 存在, 0.

7. (1) 极限不存在, $\lim\limits_{y \to 0} \lim\limits_{x \to 0} f(x,y) = 0$, $\lim\limits_{x \to 0} \lim\limits_{y \to 0} f(x,y) = 0$;

(2) $\lim\limits_{(x,y) \to (0,0)} f(x,y) = 0$, 两个累次极限不存在;

(3) 极限不存在, $\lim\limits_{y \to 0} \lim\limits_{x \to 0} f(x,y) = \lim\limits_{x \to 0} \lim\limits_{y \to 0} f(x,y) = 0$;

(4) 极限、累次极限均不存在;

(5) $\lim\limits_{(x,y) \to (0,0)} f(x,y) = 0$, $\lim\limits_{y \to 0} \lim\limits_{x \to 0} f(x,y)$ 不存在, $\lim\limits_{x \to 0} \lim\limits_{y \to 0} f(x,y) = 0$;

(6) 极限不存在, $\lim\limits_{y \to 0} \lim\limits_{x \to 0} f(x,y) = \lim\limits_{x \to 0} \lim\limits_{y \to 0} f(x,y) = 0$.

8. (1) 在定义域 $\{(x,y)\,|x^2+y^2 \leqslant 1\}$ 上连续; (2) 当 $0 < p < \dfrac{1}{2}$ 时, 在 $\mathbb{R}^2$ 上连续, 当 $p \geqslant \dfrac{1}{2}$ 时, 在 $\mathbb{R}^2 \backslash \{(0,0)\}$ 内连续, 在 $(0,0)$ 点不连续.

9. 提示: 由一致连续定义直接证明.

10. 提示: 由最值定理和连通性直接证明.

B 组

11. 略.

12. 略.

13. (1) 0; (2) 0; (3) $+\infty$; (4) e^3.

14. 提示: 用有限覆盖定理直接证明.

15. 提示: 由定义直接证明.

16. 提示: 由定义直接证明.

17. 提示: (1) 由极限直接延拓; (2) 由有界闭区域的连续性直接证明.

18. 提示: 由定义直接证明.

19. $\left\{\left(x, \dfrac{1}{2}\right)\,\bigg|\,x \in [0,1], f(x) \neq 0\right\}$.

20. 提示: 由定义验证所给函数不一致连续.

第14章
习题选解

习题 15.1 (可微性)

1. (1) $\dfrac{\partial z}{\partial x} = y + \dfrac{1}{y}, \dfrac{\partial z}{\partial y} = x - \dfrac{x}{y^2}$;

(2) $\dfrac{\partial z}{\partial x} = \dfrac{y}{x^2} \sin \dfrac{x}{y} \sin \dfrac{y}{x} + \dfrac{1}{y} \cos \dfrac{x}{y} \cos \dfrac{y}{x}, \dfrac{\partial z}{\partial y} = -\dfrac{x}{y^2} \cos \dfrac{x}{y} \cos \dfrac{y}{x} - \dfrac{1}{x} \sin \dfrac{x}{y} \sin \dfrac{y}{x}$;

(3) $\dfrac{\partial z}{\partial x} = \mathrm{e}^{-y}, \dfrac{\partial z}{\partial y} = \dfrac{y - x - 1}{\mathrm{e}^y}$;　(4) $\dfrac{\partial z}{\partial x} = \dfrac{1}{x + \ln y}, \dfrac{\partial z}{\partial y} = \dfrac{1}{y(x + \ln y)}$.

2. 提示: 求出偏导数并直接验证等式成立.

3. $f_x\left(0, \dfrac{\pi}{4}\right) = -1, f_y\left(0, \dfrac{\pi}{4}\right) = 0$.

4. (1) $\mathrm{d}z = \dfrac{y}{x^2 + y^2}\mathrm{d}x - \dfrac{x}{x^2 + y^2}\mathrm{d}y$; (2) $\mathrm{d}z = \mathrm{e}^{2x-3y}(2\mathrm{d}x - 3\mathrm{d}y)$;

(3) $\mathrm{d}z = -\dfrac{x}{(x^2 + y^2)^{\frac{3}{2}}}(y\mathrm{d}x - x\mathrm{d}y)$;　(4) $\mathrm{d}u = x^{yz-1}(yz\mathrm{d}x + xz \ln x\mathrm{d}y + xy \ln x\mathrm{d}z)$.

5. (1) $\mathrm{d}z = -4(\mathrm{d}x + \mathrm{d}y)$;　(2) $\mathrm{d}z = \dfrac{1}{3}\mathrm{d}x + \dfrac{2}{3}\mathrm{d}y$.

6. $\mathrm{d}z = 0.4, \Delta z = \dfrac{4}{9} \approx 0.4444$.

7. 提示: 按定义直接验证.

8. 可微分.

9. 2.95.

10. 提示: 按定义直接验证.

11. 提示: 转化为一元函数并利用一元函数的微分中值定理证明.

习题 15.2 (复合函数微分法)

1. $\dfrac{\partial z}{\partial x} = \mathrm{e}^{xy}[y \sin(x + y) + \cos(x + y)], \dfrac{\partial z}{\partial y} = \mathrm{e}^{xy}[x \sin(x + y) + \cos(x + y)]$.

2. $\dfrac{\mathrm{d}z}{\mathrm{d}x} = [1 + xy'(x)]\mathrm{e}^y$.

3. $\dfrac{\mathrm{d}z}{\mathrm{d}t} = (-3\sin t + 4t)\mathrm{e}^{3x+2y}$.

4. $\dfrac{\mathrm{d}z}{\mathrm{d}t} = \mathrm{e}^t(\cos t - \sin t) + \cos t$.

5. 提示: 直接计算进行验证.

6. (1) $z_x = 2xf_1' + ye^{xy}f_2'$, $z_y = -2yf_1' + xe^{xy}f_2'$;

(2) $u_x = f_1' + yf_2' + yzf_3'$, $u_y = xf_2' + xzf_3'$, $u_z = xyf_3'$.

7. $2\left(\dfrac{x}{y}f_2' - \dfrac{y}{x}f_1'\right)$.

8. $\dfrac{\partial z}{\partial x} = f'(u)\left(y - \dfrac{y}{x^2}\right)$, $\dfrac{\partial z}{\partial y} = f'(u)\left(x + \dfrac{1}{x}\right)$.

习题 15.3 (方向导数与梯度)

1. $2, -2$.

2. $\dfrac{1}{6}$.

3. -1.

4. 提示: 用方向导数的定义直接证明.

5. $\dfrac{1}{\sqrt{5}}(\ln 2 + 1)$.

6. $-\dfrac{\pi}{2\sqrt{2(\pi^2 + 1)}}$.

7. $(0, 1, 2)$.

8. 提示: 直接计算进行验证.

9. (1) $\dfrac{1}{r}(x, y, z)$;　(2) $-\dfrac{1}{r^3}(x, y, z)$.

习题 15.4 (Taylor 公式与极值问题)

1. (1) $\dfrac{\partial^2 z}{\partial x^2} = 6xy^2$, $\dfrac{\partial^2 z}{\partial y^2} = 2x^3 - 18xy$, $\dfrac{\partial^2 z}{\partial x \partial y} = 6x^2 y - 9y^2 - 1$;

(2) $\dfrac{\partial^2 z}{\partial x^2} = -a^2 \sin(ax + by)$, $\dfrac{\partial^2 z}{\partial y^2} = -b^2 \sin(ax + by)$, $\dfrac{\partial^2 z}{\partial x \partial y} = -ab \sin(ax + by)$;

(3) $\dfrac{\partial^2 z}{\partial x^2} = \dfrac{xy^3}{\sqrt{(1 - x^2 y^2)^3}}$, $\dfrac{\partial^2 z}{\partial y^2} = \dfrac{x^3 y}{\sqrt{(1 - x^2 y^2)^3}}$, $\dfrac{\partial^2 z}{\partial x \partial y} = \dfrac{1}{\sqrt{(1 - x^2 y^2)^3}}$;

(4) $\dfrac{\partial^2 z}{\partial x^2} = 2y(2y - 1)x^{2y-2}$, $\dfrac{\partial^2 z}{\partial x \partial y} = 2x^{2y-1}(1 + 2y \ln x)$, $\dfrac{\partial^2 z}{\partial y^2} = 4x^{2y} \ln^2 x$.

2. $f_{xx}(0, 0, 1) = 2$, $f_{xz}(1, 0, 2) = 2$.

3. 提示: 直接计算进行验证.

4. 提示: 直接计算进行验证.

5. 提示: 直接计算进行验证.

6. 提示: 直接计算进行验证.

7. (1) $\sin(x^2 + y^2) = x^2 + y^2 - \dfrac{2}{3}[3\theta(x^2 + y^2)^2 \sin(\theta^2(x^2 + y^2))$

$$+ 2\theta^3(x^2 + y^2)^3 \cos(\theta^2(x^2 + y^2))], \quad 0 < \theta < 1.$$

(2) $\dfrac{x}{y} = 1 + (x-1) - (y-1) - (x-1)(y-1) + (y-1)^2 + (x-1)(y-1)^2$

$$-(y-1)^3 - \frac{(x-1)(y-1)^3}{[1+\theta(y-1)]^4} + \frac{1+\theta(x-1)}{[1+\theta(y-1)]^5}(y-1)^4, \quad 0 < \theta < 1.$$

(3) $\ln(1+x+y) = x + y - \dfrac{1}{2}(x+y)^2 + \dfrac{1}{3}(x+y)^3 - \dfrac{(x+y)^4}{4[1+\theta(x+y)]^4}, 0 < \theta < 1.$

(4) $f(x,y) = 5 + 2(x-1)^2 - (x-1)(y+2) - (y+2)^2.$

8. (1) 极小值 -8; (2) 极大值 31, 极小值 -5.

9. 极大值 $u(0,0,\cdots,0) = 1$.

10. 底半径 $\left(\dfrac{1}{2\pi}\right)^{\frac{1}{3}}$, 高 $\left(\dfrac{4}{\pi}\right)^{\frac{1}{3}}$.

11. $\left(\dfrac{x_1+x_2+\cdots+x_n}{n}, \dfrac{y_1+y_2+\cdots+y_n}{n}\right).$

总习题 15 (多元函数微分学)

A 组

1. 最大值 $f(1,0) = f(0,1) = f(-1,0) = f(0,-1) = 1$, 最小值 $f(0,0) = 0$.

2. $\dfrac{2}{\sqrt{3}}a, \dfrac{2}{\sqrt{3}}a, \dfrac{1}{\sqrt{3}}a.$

3. $\dfrac{\partial z}{\partial x} = y(\mathrm{e}^{-xy}\sin xy + \ln|xy-1|) - \mathrm{e}^{-x-y}\sin(x+y) - \ln|x+y-1|,$

$\dfrac{\partial z}{\partial y} = x(\mathrm{e}^{-xy}\sin xy + \ln|xy-1|) - \mathrm{e}^{-x-y}\sin(x+y) - \ln|x+y-1|.$

4. $\dfrac{\partial z}{\partial x} = y\mathrm{e}^{-(xy)^2} - 1, \dfrac{\partial z}{\partial y} = x\mathrm{e}^{-(xy)^2}.$

5. $\dfrac{\partial z}{\partial x} = \dfrac{1}{1+x^2}, \dfrac{\partial z}{\partial y} = \dfrac{1}{1+y^2}, \dfrac{\partial^2 z}{\partial x^2} = \dfrac{-2x}{(1+x^2)^2}, \dfrac{\partial^2 z}{\partial y^2} = \dfrac{-2y}{(1+y^2)^2}, \dfrac{\partial^2 z}{\partial x \partial y} = \dfrac{\partial^2 z}{\partial y \partial x} = 0.$

6. 提示: 直接计算进行验证.

7. 提示: 直接计算进行验证.

8. $\dfrac{\partial^{m+n+k}u}{\partial x^m \partial y^n \partial z^k} = (x+m)(y+n)(z+k)\mathrm{e}^{x+y+z}.$

9. $\dfrac{\pi^2}{\mathrm{e}^2}.$

10. $-2f''_{11} + 2(\sin x - y\cos x)f''_{12} + (y\sin x\cos x)f''_{22} + (\cos x)f'_2.$

11. $\mathrm{d}z = \dfrac{\partial z}{\partial x}\mathrm{d}x + \dfrac{\partial z}{\partial y}\mathrm{d}y = (f'_1 + f'_2 + yf'_3)\mathrm{d}x + (f'_1 - f'_2 + xf'_3)\mathrm{d}y,$

$\dfrac{\partial^2 z}{\partial x \partial y} = f''_{11} + (x+y)f''_{13} - f''_{22} + (x-y)f''_{23} + f'_3 + xyf''_{33}.$

12. $\dfrac{\partial^2 z}{\partial x \partial y}\big|_{(1,1)} = f_{11}''(2,2) + f_1'(2,2)f_{12}''(1,1)$.

13. $\boldsymbol{l} = (a, b, c)$.

14. 提示: 按极值的充分条件直接计算进行推证.

B 组

15. 提示: 由偏导数的有界性推出连续性.

16. 提示: 由所给条件直接推导.

17. 提示: k 次齐次函数两边对 t 求导即可推得.

18. 提示: 等式两边对 t 求导即可推得.

19. 提示: 根据行列式的表达式以及导数的运算性质验证.

20. (1) $z^2 = xy$; (2) $x^2 = yz, y^2 = zx$; (3) $x = y = z$.

21. 提示: 根据已知条件推导.

22. 提示: 根据无关性和 21 题直接推导.

23. 提示: 通过计算直接验证.

24. 提示: 通过计算直接验证.

25. 提示: 通过计算直接验证.

26. 提示: 通过计算直接验证.

27. 提示: 利用混合偏导数的连续性和偏导数的定义直接验证.

28. 提示: 利用可微性和偏导数的定义直接验证.

第15章
习题选解

习题 16.1 (隐函数定理)

1. 提示: 在原点的某邻域内验证隐函数存在性的条件, 进而判别隐函数的存在性.

2. 提示: 在点 $(0, 1, 1)$ 的某邻域内验证隐函数存在性的条件, 进而判别隐函数的存在性.

3. (1) $\dfrac{\partial z}{\partial x} = \dfrac{y-1}{3z^2-2}, \dfrac{\partial z}{\partial y} = \dfrac{x-2y}{3z^2-2}$; (2) $\dfrac{\partial y}{\partial x} = -\dfrac{\mathrm{e}^x - 3yz}{\mathrm{e}^y - 3xz}, \dfrac{\partial y}{\partial z} = -\dfrac{\mathrm{e}^z - 3xy}{\mathrm{e}^y - 3xz}$;

(3) $\dfrac{\partial z}{\partial x} = -\dfrac{z+y}{x+y}, \dfrac{\partial z}{\partial y} = -\dfrac{x+z}{y+x}$; (4) $\mathrm{d}z = \dfrac{\mathrm{d}x - z\mathrm{e}^{yz}\mathrm{d}y}{2z + y\mathrm{e}^{yz}}$;

(5) $z_x(1, 0) = \dfrac{1}{2}, z_y(1, 0) = \dfrac{1}{2}$;

(6) $\left(\dfrac{\partial z}{\partial x} = \dfrac{yz}{\mathrm{e}^z - xy} = \dfrac{z}{x(z-1)} \right), \dfrac{\partial^2 z}{\partial x^2} = \dfrac{z(2z - z^2 - 2)}{x^2(z-1)^3}, \dfrac{\partial^2 z}{\partial x \partial y} = \dfrac{-z}{xy(z-1)^3}$.

4. $\dfrac{\mathrm{d}z}{\mathrm{d}x} = \dfrac{2(x^2 - y^2)}{x - 2y}, \dfrac{\mathrm{d}^2 z}{\mathrm{d}x^2} = \dfrac{4x - 2y}{x - 2y} + \dfrac{6x}{(x-2y)^3}$.

5. $\dfrac{\partial u}{\partial x} = 2\left(x + \dfrac{zx^2 - yz^2}{xy - z^2}\right), \dfrac{\partial^2 u}{\partial x^2} = 2\left[1 + \left(\dfrac{x^2 - yz}{xy - z^2}\right)^2\right].$

习题 16.2 (隐函数组定理)

1. 提示: 在点 $(1, -1, 2)$ 验证隐函数组存在性的条件, 进而判别隐函数组的存在.

2. (1) $\dfrac{\mathrm{d}y}{\mathrm{d}x} = -\dfrac{1 + 2x}{1 + 2y}, \dfrac{\mathrm{d}z}{\mathrm{d}x} = \dfrac{2(x - y)}{1 + 2y};$

(2) $\dfrac{\partial u}{\partial x} = -\dfrac{xu + yv}{x^2 + y^2}, \dfrac{\partial u}{\partial y} = \dfrac{xv - yu}{x^2 + y^2}, \dfrac{\partial v}{\partial x} = \dfrac{yu - xv}{x^2 + y^2}, \dfrac{\partial v}{\partial y} = -\dfrac{xu + yv}{x^2 + y^2};$

(3) $\dfrac{\partial u}{\partial y} = -\dfrac{1}{u + \mathrm{e}^v - v}, \dfrac{\partial v}{\partial y} = \dfrac{1}{u + \mathrm{e}^v - v}.$

3. (1) $\dfrac{\partial u}{\partial x} = \dfrac{\sin v}{\mathrm{e}^u(\sin v - \cos v) + 1}, \dfrac{\partial u}{\partial y} = \dfrac{-\cos v}{\mathrm{e}^u(\sin v - \cos v) + 1},$
$\dfrac{\partial v}{\partial x} = \dfrac{\cos v - \mathrm{e}^u}{u\mathrm{e}^u(\sin v - \cos v) + u}, \dfrac{\partial v}{\partial y} = \dfrac{\mathrm{e}^u + \sin v}{u\mathrm{e}^u(\sin v - \cos v) + u};$

(2) $\dfrac{\partial z}{\partial x} = -3uv.$

4. $\mathrm{d}z = 0.$ 5. (1) $\dfrac{\partial z}{\partial u} = \dfrac{\partial z}{\partial v};$ (2) $u\dfrac{\partial^2 z}{\partial u \partial v} = \dfrac{1}{2}\dfrac{\partial z}{\partial v}.$

6. $\dfrac{\partial u}{\partial x} = \dfrac{\partial f}{\partial x}, \dfrac{\partial u}{\partial y} = \dfrac{\partial f}{\partial y} + \left(\dfrac{\partial(h, f)}{\partial(z, t)} \Big/ \dfrac{\partial(g, h)}{\partial(z, t)}\right)\dfrac{\partial g}{\partial y}.$

习题 16.3 (几何应用)

1. 切线方程 $\dfrac{x - 7}{5} = \dfrac{y - 3}{3} = \dfrac{z - 5}{4}$, 法平面方程 $5x + 3y + 4z - 64 = 0.$

2. 切线方程 $\dfrac{x - 2\ln 3}{12} = \dfrac{y - 2\ln 3}{5} = \dfrac{z - \ln 3}{36}$, 法平面方程 $12x + 5y + 36z - 70\ln 3 = 0.$

3. 切线方程 $\begin{cases} 2(x - 1) = y + 2, \\ z = 3, \end{cases}$ 法平面方程 $x + 2y + 3 = 0.$

4. 切平面 $x - y - 2z = 0$, 法线方程 $x - 1 = \dfrac{y + 1}{-1} = \dfrac{z - 1}{-2}.$

5. 提示: 直接求出给定点的切平面方程.

6. $(-1, 1, -1), \left(-\dfrac{1}{3}, \dfrac{1}{9}, -\dfrac{1}{27}\right).$

7. $\dfrac{\pi}{2}.$

8. $2x + y - 3z + 6 = 0, 2x + y - 3z - 6 = 0.$

9. 提示: 根据空间曲线一般表达式的切向量计算公式, 可得 $P_0(0, 0, f(0, 0))$ 处的切向量为 $(1, 0, 3).$

习题 16.4 (条件极值)

1. 最大值 6, 最小值 -6.

2. 最大值 3, 最小值 $-\dfrac{3}{2}$.

3. 最小值 36.

4. 最大值 $15 + 10\sqrt{5}$, 最小值 -15.

5. 最小距离为 $\sqrt{2}$.

6. 圆柱形的底半径与高都取 $\left(\dfrac{V}{\pi}\right)^{\frac{1}{3}}$ 时, 用料最省.

7. 底圆的半径为 $\sqrt{\dfrac{2}{3}}R$, 高为 $\dfrac{2}{\sqrt{3}}R$.

总习题 16 (隐函数定理及其应用)

A 组

1. 提示: 利用隐函数存在的条件确定隐函数存在的点及邻域.

2. 提示: 令 $F(x, y) = g(y) - f(x)$, 然后根据已知条件验证隐函数的存在条件推出方程 $F(x, y) = 0$ 可以确定函数 $y = g^{-1}(f(x))$.

3. $\dfrac{\mathrm{d}y}{\mathrm{d}x} = -\dfrac{f_x + f_z g_x}{f_y + f_z g_y}, \dfrac{\mathrm{d}z}{\mathrm{d}x} = \dfrac{g_x f_y - f_x g_y}{f_y + f_z g_y}$.

4. $\dfrac{\partial u}{\partial x} = \dfrac{1}{J}\dfrac{\partial(g, h)}{\partial(v, w)}, \dfrac{\partial u}{\partial y} = \dfrac{1}{J}\dfrac{\partial(h, f)}{\partial(v, w)}, \dfrac{\partial u}{\partial z} = \dfrac{1}{J}\dfrac{\partial(f, g)}{\partial(v, w)}$, 其中 $J = \dfrac{\partial(f, g, h)}{\partial(u, v, w)}$.

5. (1) $\dfrac{\partial u}{\partial x} = \dfrac{f_x + g_x - 2x}{2u - f_u - g_u}, \dfrac{\partial u}{\partial y} = \dfrac{g_y}{2u - f_u - g_u}$;

(2) $\dfrac{\partial u}{\partial x} = \dfrac{f'_1}{1 - f'_1 - yf'_2}, \dfrac{\partial u}{\partial y} = \dfrac{uf'_2}{1 - f'_1 - yf'_2}$.

6. (1) 极大值 1, 极小值 -1; (2) 极大值 $\dfrac{a}{\sqrt{8}}$, 极小值 $-\dfrac{a}{\sqrt{8}}$.

7. 切线方程 $\dfrac{x - a}{0} = \dfrac{y}{a} = \dfrac{z}{b}$, 或 $\begin{cases} by - az = 0, \\ x - a = 0, \end{cases}$ 法平面方程 $ay + bz = 0$.

8. 提示: 根据切平面的计算公式进行验证.

9. $a = -5, b = -2$.

10. 提示: 先求出 $\dfrac{x^2}{a^2} + \dfrac{y^2}{b^2} + \dfrac{z^2}{c^2} = 1$ 的切平面方程 $\dfrac{x_0 x}{a^2} + \dfrac{y_0 y}{b^2} + \dfrac{z_0 z}{c^2} = 1$, 确定切平面与三个坐标面的交点, 得切平面与三个坐标面所围成的四面体的体积, 然后利用条件极值可得在第一卦限内椭球面上的点, 最后的最小体积 $\dfrac{\sqrt{3}}{2}abc$.

B 组

11. (1) $\dfrac{\partial z}{\partial x} = \dfrac{\partial z}{\partial y} = -1, \dfrac{\partial^2 z}{\partial x^2} = \dfrac{\partial^2 z}{\partial x \partial y} = \dfrac{\partial^2 z}{\partial y^2} = 0;$

(2) $\dfrac{\partial z}{\partial x} = -\left(1 + \dfrac{F_1' + F_2'}{F_3'}\right), \dfrac{\partial z}{\partial y} = -\left(1 + \dfrac{F_2'}{F_3'}\right),$

$\dfrac{\partial^2 z}{\partial x^2} = -\dfrac{(F_3')^2(F_{11}'' + 2F_{12}'' + F_{22}'') - 2F_3'(F_1' + F_2')(F_{13}'' + F_{23}'') + (F_1' + F_2')^2 F_{33}''}{F_3'^3}.$

12. 提示: 直接计算即可推得.

13. 提示: 利用隐函数的存在条件可推出, f 在点 $x = 1$ 的某邻域内具有连续导数, 且 $f'(1) \neq 0$.

14. 提示: 直接计算即可推得.

15. 提示: 直接计算即可推得.

16. 提示: 根据直角坐标与球面坐标之间的关系, 以及复合函数求偏导的链式法则直接计算即可.

17. (1) $x = \dfrac{u}{u^2 + v^2 + w^2}, y = \dfrac{v}{u^2 + v^2 + w^2}, z = \dfrac{w}{u^2 + v^2 + w^2};$ (2) $-\dfrac{1}{(x^2 + y^2 + z^2)^3}.$

18. $-\dfrac{16}{243}.$

19. $\lambda = \pm\dfrac{abc}{3\sqrt{3}}.$

20. $x + y = \dfrac{1}{2}(1 \pm \sqrt{2}).$

21. 提示: 利用条件极值直接证明.

22. 当 $x_k = \dfrac{a_k}{\sqrt{\sum\limits_{i=1}^{n} a_i^2}}, k = 1, 2, \cdots, n$ 时, f 取得最大值 $\sqrt{\sum\limits_{i=1}^{n} a_i^2}.$

23. 当 $x_k = \dfrac{a_k}{\sum\limits_{i=1}^{n} a_i^2}, k = 1, 2, \cdots, n$ 时, f 取得最小值 $\dfrac{1}{\sum\limits_{i=1}^{n} a_i^2}.$

24. 长半轴为 $\dfrac{\sqrt{70}}{3}$, 短半轴为 $\sqrt{5}$. 提示: 可考虑椭圆 $\begin{cases} x^2 + y^2 = 5, \\ x + 2y + 3z = 0. \end{cases}$

25. $\left(1, 2, \dfrac{1}{3}\right).$

26. 记 $x_0 = x(u_0, v_0), y_0 = y(u_0, v_0), z_0 = z(u_0, v_0)$, 切平面方程为

$$\dfrac{\partial(y, z)}{\partial(u, v)}\bigg|_{P_0}(x - x_0) + \dfrac{\partial(z, x)}{\partial(u, v)}\bigg|_{P_0}(y - y_0) + \dfrac{\partial(x, y)}{\partial(u, v)}\bigg|_{P_0}(z - z_0) = 0;$$

法线方程为

$$\frac{x-x_0}{\left.\dfrac{\partial(y,z)}{\partial(u,v)}\right|_{P_0}}=\frac{y-y_0}{\left.\dfrac{\partial(z,x)}{\partial(u,v)}\right|_{P_0}}=\frac{z-z_0}{\left.\dfrac{\partial(x,y)}{\partial(u,v)}\right|_{P_0}}.$$

第16章
习题选解

习题 17.1 (含参量定积分)

1. 提示: 根据函数连续的定义直接验证.

2. (1) 1;   (2) $\dfrac{8}{3}$;   (3) $\ln(\sqrt{2}+1)$;   (4) $\dfrac{\pi}{4}$.

3. (1) $\dfrac{1}{x}\left[\dfrac{(b+2x)\sin x(b+x)}{x+b}-\dfrac{(a+2x)\sin x(a+x)}{x+a}\right]$;

(2) $\displaystyle\int_{x}^{x^2}f(t,\sin x)\cos x\mathrm{d}t+2\int_{x^2}^{\sin x}xf(x^2,s)\mathrm{d}s-\int_{x}^{\sin x}f(x,s)\mathrm{d}s$;

(3) $\dfrac{x^2}{1+x^2+\sqrt{1+x^2}}-\ln|x|+\ln(1+\sqrt{1+x^2})-1$;

(4) $\dfrac{1-\mathrm{e}^{-x^2}\left(\sin x^2-(1+4x^2)\cos x^2\right)}{2x^2}$.

4. (1) $\pi\ln\dfrac{|a|+|b|}{2}$;   (2) $\begin{cases} 0, & |a|\leqslant 1, \\ 2\pi\ln|a|, & |a|>1. \end{cases}$

5. (1) $\arctan(1+b)-\arctan(1+a)$;   (2) $\dfrac{1}{2}\ln\dfrac{b^2+2b+2}{a^2+2a+2}$.

6. (1) $\dfrac{\pi}{4}$;   (2) $-\dfrac{\pi}{4}$.

习题 17.2 (含参量广义积分)

1. 提示: 根据积分一致收敛的定义与判别法直接验证.

2. 0.

3. 提示: 令 $x-y=u$, 则 $F(y)=\displaystyle\int_{0}^{+\infty}\mathrm{e}^{-(x-y)^2}\mathrm{d}x=\int_{-y}^{+\infty}\mathrm{e}^{-u^2}\mathrm{d}u=\int_{-y}^{0}\mathrm{e}^{-u^2}\mathrm{d}u+\int_{0}^{+\infty}\mathrm{e}^{-u^2}\mathrm{d}u$, 由此可推得连续.

4. (1) $\sqrt{\pi}(b-a)$; (2) $\arctan x$; (3) $y\arctan y-\dfrac{1}{2}\ln(1+y^2)$.

5. 提示: 直接计算即可.

习题 17.3 (Euler 积分)

1. $\frac{3}{4}\sqrt{\pi}, -\frac{8}{15}\sqrt{\pi}, \frac{(2n+3)!!}{2^{(n+2)}}\sqrt{\pi}, \frac{(-1)^{n-2}2^{n-2}}{(2n-5)!!}\sqrt{\pi}$.

2. $\frac{(2n-1)!!}{(2n)!!}\frac{\pi}{2}, \frac{(2n)!!}{(2n+1)!!}$.

3. 提示: 作适当的变量替换可直接推得.

4. 提示: 直接计算即可推得结果.

总习题 17 (含参量积分)

A 组

1. $\left(-\frac{11}{3}, 4\right)$.

2. 提示: 根据含参数的导数公式直接计算即可推得结果.

3. $f(x) = \frac{\pi}{2}\mathrm{sgn}(1-x^2), x = \pm 1$.

4. 提示: 根据一致收敛性证明 $\lim\limits_{x \to +\infty} \int_0^{+\infty} f(x,t)\mathrm{d}t = \int_0^{+\infty} \lim\limits_{x \to +\infty} f(x,t)\mathrm{d}t$ 即可.

5. 提示: 直接计算即可推得结果.

6. 1.

7. 1.

B 组

8. 提示: 显然 $F(x)$ 在 $x \neq 0$ 的点处连续; 因 $F(0) = 0$, $F(0+) = \frac{\pi}{2}f(0)$, $F(0-) = -\frac{\pi}{2}f(0)$, 而 $f(0) \neq 0$, 故 $F(x)$ 在点 0 不连续.

9. 作变量替换 $t+h = u$, 以及定积分与积分变量的无关性有 $\int_a^x f(t+h)\mathrm{d}t = \int_{a+h}^{x+h} f(t)\mathrm{d}t$, 代入极限的关系式, 由洛必达法则即可证得.

10. $x(2-3y^2)f(xy) + \frac{x}{y^2}f\left(\frac{x}{y}\right) + x^2y(1-y^2)f'(xy)$.

11. (1) $E'(k) = \frac{E(k)-F(k)}{k}, F'(k) = \frac{E(k)}{k(1-k^2)} - \frac{F(k)}{k}$; (2) 提示: 求 $E''(k)$, 把 $E''(k)$ 和 $E'(k)$ 代入方程验证.

12. 提示: 根据分部积分法直接运算或利用可微性定理与数学归纳法.

13. $\frac{\pi}{2}\frac{(2n-1)!!}{(2n)!!}a^{-2n-1}$ 利用可微性定理与数学归纳法或利用分部积分法.

14. 提示: 利用 Cauchy 准则.

15. 提示: 利用 12 题的结果或 $\Gamma\left(\frac{1}{2}\right) = \sqrt{\pi}$.

16. (1) $\dfrac{1}{2}\mathrm{B}\left(\dfrac{p+1}{2},\dfrac{q+1}{2}\right)$, $p>-1,q>-1$; (2) $\Gamma(p+1)$, $p>-1$.

第17章
习题选解

习题 18.1 (二重积分的概念)

1. $V=\displaystyle\iint\limits_{D}(1-x^2-y^2)\mathrm{d}\sigma$, 其中 $D=\{(x,y)|x^2+y^2\leqslant 1\}$.

2. $I_1=4I_2$.

3. (1) $\displaystyle\iint\limits_{D}yx^3\mathrm{d}\sigma<\iint\limits_{D}y^2x^3\mathrm{d}\sigma$;　(2) $\displaystyle\iint\limits_{D}(x+y)^2\mathrm{d}\sigma\leqslant\iint\limits_{D}(x+y)^3\mathrm{d}\sigma$.

4. (1) $1\leqslant\displaystyle\iint\limits_{D}(x^2y+xy^2+1)\mathrm{d}\sigma\leqslant 3$;　(2) $4\pi\leqslant\displaystyle\iint\limits_{D}(x^2+2y^2+1)\mathrm{d}\sigma\leqslant 36\pi$.

习题 18.2 (直角坐标系下二重积分的计算)

1. $\displaystyle\iint\limits_{D}f(x,y)\mathrm{d}x\mathrm{d}y=\int_0^1\mathrm{d}y\int_{y^{\frac{1}{3}}}^{2-y}f(x,y)\mathrm{d}x=\int_0^1\mathrm{d}x\int_0^{x^3}f(x,y)\mathrm{d}y+\int_1^2\mathrm{d}x\int_0^{2-x}f(x,y)\mathrm{d}y$.

2. (1) $\displaystyle\int_0^2\mathrm{d}y\int_{\frac{y}{2}}^{y}f(x,y)\mathrm{d}x+\int_2^4\mathrm{d}y\int_{\frac{y}{2}}^{2}f(x,y)\mathrm{d}x$;

(2) $\displaystyle\int_{-1}^0\mathrm{d}y\int_{-\sqrt{1-y^2}}^{\sqrt{1-y^2}}f(x,y)\mathrm{d}x+\int_0^1\mathrm{d}y\int_{-\sqrt{1-y}}^{\sqrt{1-y}}f(x,y)\mathrm{d}x$;

(3) $\displaystyle\int_0^a\mathrm{d}y\int_{\frac{y^2}{2a}}^{a-\sqrt{a^2-y^2}}f(x,y)\mathrm{d}x+\int_0^a\mathrm{d}y\int_{a+\sqrt{a^2-y^2}}^{2a}f(x,y)\mathrm{d}x+\int_a^{2a}\mathrm{d}y\int_{\frac{y^2}{2a}}^{2a}f(x,y)\mathrm{d}x$;

(4) $\displaystyle\int_0^1\mathrm{d}y\int_{\sqrt{y}}^{3-2y}f(x,y)\mathrm{d}x$.

3. (1) $\dfrac{27}{70}$;　(2) $\dfrac{1-\cos 8}{3}$;　(3) 0.

4. (1) $\dfrac{55}{6}$;　(2) $\dfrac{16}{3}a^3$.

习题 18.3 (二重积分的变量变换)

1. (1) $\displaystyle\int_0^{\pi}\mathrm{d}\theta\int_a^b\rho f(\rho\cos\theta,\rho\sin\theta)\mathrm{d}\rho=\int_a^b\mathrm{d}\rho\int_0^{\pi}\rho f(\rho\cos\theta,\rho\sin\theta)\mathrm{d}\theta$;

(2) $\displaystyle\int_0^{\frac{\pi}{2}}\mathrm{d}\theta\int_0^{\sin\theta}\rho f(\rho\cos\theta,\rho\sin\theta)\mathrm{d}\rho=\int_0^1\mathrm{d}\rho\int_{\arcsin\rho}^{\frac{\pi}{2}}\rho f(\rho\cos\theta,\rho\sin\theta)\mathrm{d}\theta$.

2. (1) $\pi\left(1-\cos\dfrac{\pi^2}{4}\right)$; (2) $\pi(2\ln 2 - 1)$; (3) $\dfrac{15}{4}\pi$; (4) $\dfrac{3\pi^2}{64}$; (5) $\dfrac{3}{4}\pi a^4$.

3. (1) $\dfrac{1}{2}\displaystyle\int_1^2 \mathrm{d}u\int_{-u}^{4-u} f\left(\dfrac{u+v}{2},\dfrac{u-v}{2}\right)\mathrm{d}v$;

(2) $4\displaystyle\int_0^{\frac{\pi}{2}} \mathrm{d}v\int_0^a f(u\cos^4 v, u\sin^4 v)u\sin^3 v\cos^3 v\,\mathrm{d}u$;

(3) $\displaystyle\int_0^a \mathrm{d}u\int_0^1 f(u(1-v), uv)u\,\mathrm{d}v$.

4. (1) $\displaystyle\int_0^{\frac{\pi}{2}} \mathrm{d}\theta\int_0^1 f(\rho\cos\theta, \rho\sin\theta)\rho\,\mathrm{d}\rho$; (2) $\displaystyle\int_0^{2\pi} \mathrm{d}\theta\int_0^1 f(\rho)\rho\,\mathrm{d}\rho$;

(3) $\displaystyle\int_0^{\frac{\sqrt{2}a}{2}} \mathrm{d}x\int_0^x f(\sqrt{x^2+y^2})\mathrm{d}y + \int_{\frac{\sqrt{2}a}{2}}^a \mathrm{d}x\int_0^{\sqrt{a^2-x^2}} f(\sqrt{x^2+y^2})\mathrm{d}y$ 或

$\displaystyle\int_0^{\frac{\sqrt{2}}{2}a} \mathrm{d}y\int_y^{\sqrt{a^2-y^2}} f(\sqrt{x^2+y^2})\mathrm{d}x$;

(4) $\displaystyle\int_{-1}^1 \mathrm{d}x\int_{1-\sqrt{1-x^2}}^{1+\sqrt{1-x^2}} f(x,y)\mathrm{d}y$ 或 $\displaystyle\int_0^2 \mathrm{d}y\int_{-\sqrt{2y-y^2}}^{\sqrt{2y-y^2}} f(x,y)\mathrm{d}x$.

5. (1) $\dfrac{\pi^2}{2}$; (2) $\dfrac{\mathrm{e}-1}{2}$.

习题 18.4 (三重积分)

1. (1) $I = \displaystyle\int_{-\sqrt{h}}^{\sqrt{h}} \mathrm{d}x\int_{-\sqrt{h-x^2}}^{\sqrt{h-x^2}} \mathrm{d}y\int_{x^2+y^2}^h f(x,y,z)\mathrm{d}z$;

(2) $I = \displaystyle\int_0^1 \mathrm{d}x\int_0^{1-x} \mathrm{d}y\int_0^{2-(x^2+y^2)} f(x,y,z)\mathrm{d}z$;

(3) $I = \displaystyle\int_{-1}^1 \mathrm{d}x\int_{-\sqrt{1-x^2}}^{\sqrt{1-x^2}} \mathrm{d}y\int_{x^2+2y^2}^{2-x^2} f(x,y,z)\mathrm{d}z$;

(4) $I = \displaystyle\int_{-\frac{\sqrt{2}}{2}}^{\frac{\sqrt{2}}{2}} \mathrm{d}x\int_{-\sqrt{\frac{1}{2}-x^2}}^{\sqrt{\frac{1}{2}-x^2}} \mathrm{d}y\int_{\sqrt{x^2+y^2}}^{\sqrt{1-x^2-y^2}} f(x,y,z)\mathrm{d}z$.

2. (1) 27; (2) $\dfrac{1}{2}\left(\ln 2 - \dfrac{5}{8}\right)$; (3) $\dfrac{1}{48}$; (4) 0.

3. (1) 32π; (2) $\dfrac{\pi}{10}a^5$.

4. (1) $\dfrac{4}{5}\pi$; (2) $\dfrac{7}{6}\pi a^4$.

5. (1) $\displaystyle\int_{-1}^1 \mathrm{d}x\int_{-\sqrt{1-x^2}}^{\sqrt{1-x^2}} \mathrm{d}y\int_{\sqrt{3(x^2+y^2)}}^{\sqrt{4-x^2-y^2}} f(x,y,z)\mathrm{d}z$;

(2) $\int_0^{2\pi} d\theta \int_0^1 \rho d\rho \int_{\sqrt{3}\rho}^{\sqrt{4-\rho^2}} f(\rho\cos\theta, \rho\sin\theta, z) dz;$

(3) $\int_0^{2\pi} d\theta \int_0^{\frac{\pi}{6}} d\varphi \int_0^2 f(r\sin\varphi\cos\theta, r\sin\varphi\sin\theta, r\cos\varphi) r^2 \sin\varphi dr.$

6. (1) $\dfrac{16}{3}\pi$;　(2) $\dfrac{4}{15}\pi abc^3$;　(3) $\dfrac{\pi}{10}$;　(4) $\dfrac{1}{8}$.

7. (1) $\dfrac{16}{3}$;　(2) π;　(3) $\dfrac{32}{3}\pi$;　(4) $\dfrac{2}{3}\pi(5\sqrt{5}-4)$.

习题 18.5 (重积分的应用)

1. (1) $\sqrt{2}\pi$;　(2) $16R^2$;　(3) $4\pi R^2$.

2. 42.5%.

3. (1) $\left(0, \dfrac{7}{3}\right)$;　(2) $\left(\dfrac{1}{3}a, \dfrac{1}{3}a\right)$;　(3) $\left(\dfrac{35}{48}, \dfrac{35}{54}\right)$;　(4) $(0, 0)$.

4. (1) $\left(0, 0, \dfrac{14}{9}\right)$;　(2) $\left(\dfrac{2}{5}, \dfrac{2}{5}, \dfrac{7}{30}\right)$;　(3) $\left(0, 0, \dfrac{a5}{12}\right)$.

5. (1) $\dfrac{1}{4}\mu a^4 \cdot \dfrac{\pi}{2} = \dfrac{1}{4}ma^2$, 其中 $m = \dfrac{1}{2}\pi a^2 \mu$ 为半圆薄片的质量;

(2) $I_x = \dfrac{72}{5}$, $I_y = \dfrac{96}{7}$;

(3) $\dfrac{2}{5}a^2 m$, 其中 $m = \dfrac{4}{3}\pi a^3 \rho$ 为球体的质量, ρ 为密度;

(4) $\dfrac{1}{2}\pi h a^4$.

6. (1) $\dfrac{8}{3}a^4$;　(2) $\left(0, 0, \dfrac{7}{15}a^2\right)$;　(3) $\dfrac{112}{45}\rho a^6$.

7. $\boldsymbol{F} = \left(0, 0, 2k\mu\pi mh\left(1 - \dfrac{h}{l}\right)\right)$, k 为引力常数, μ 为密度.

总习题 18 (重积分)

A 组

1. $I_3 \geqslant I_2 \geqslant I_1$.

2. $\int_0^{2\pi} d\theta \int_0^\pi \sin\varphi d\varphi \int_0^R r^2 f(r^2) dr.$

3. (1) $\dfrac{5\pi}{4}$;　(2) $\dfrac{3}{2} + \cos 1 + \sin 1 - \cos 2 - 2\sin 2$;　(3) $\pi^2 - \dfrac{40}{9}$;　(4) $\dfrac{1}{9}(3\pi - 4)R^3$.

4. (1) $\int_0^4 dy \int_{-\sqrt{4-y}}^{\frac{1}{2}(y-4)} f(x, y) dx = \int_{-2}^0 dx \int_{2x+4}^{-x^2+4} f(x, y) dy;$

(2) $\int_0^1 dy \int_0^{2y} f(x, y) dx + \int_1^3 dy \int_0^{3-y} f(x, y) dx = \int_0^2 dx \int_{\frac{1}{2}x}^{3-x} f(x, y) dy;$

(3) $\int_0^1 \mathrm{d}x \int_{\sqrt{x}}^{1+\sqrt{1-x^2}} f(x,y)\mathrm{d}y = \int_0^1 \mathrm{d}y \int_0^{y^2} f(x,y)\mathrm{d}x + \int_1^2 \mathrm{d}y \int_0^{\sqrt{2y-y^2}} f(x,y)\mathrm{d}x;$

(4) $\int_1^2 \mathrm{d}x \int_{3-x}^{\sqrt{2x-1}} f(x,y)\mathrm{d}y = -\int_1^{\sqrt{6}-1} \mathrm{d}y \int_1^{\frac{y^2+1}{2}} f(x,y)\mathrm{d}x - \int_{\sqrt{6}-1}^2 \mathrm{d}y \int_1^{3-y} f(x,y)\mathrm{d}x$

$$+ \int_1^{\sqrt{6}-1} \mathrm{d}y \int_{3-y}^2 f(x,y)\mathrm{d}x + \int_{\sqrt{6}-1}^{\sqrt{3}} \mathrm{d}y \int_{\frac{y^2+1}{2}}^2 f(x,y)\mathrm{d}x.$$

5. $\dfrac{49}{20}$.

6. (1) 2560π;   (2) 0;   (3) $\dfrac{250}{3}\pi$;   (4) $2340\dfrac{20}{21}\pi$.

7. $4\pi x^2 f(x^2)$.

8. (1) $\dfrac{5}{6}\pi a^3$;   (2) $\pi a^2 \left[\sqrt{2} + \dfrac{1}{6}(5\sqrt{5}-1) \right]$.

9. $\dfrac{\pi}{|a_1 b_2 - a_2 b_1|}$.

10. $\dfrac{8h_1 h_2 h_3}{|\Delta|}$.

11. $\sqrt{\dfrac{2}{3}}R$.

12. $\boldsymbol{F} = (0, 0, (2-\sqrt{2})\pi\mu GR)$.

B 组

13. (1) 6; (2) $4\pi/3 + 4\ln(2+\sqrt{3})$.

14. 提示: 用反证法证明.

15. 提示: 与一元函数相应的积分中值定理的证明相同.

16. 提示: 令 $D = [a,b] \times [a,b]$, 则

$$\left[\int_a^b f(x)\mathrm{d}x \right]^2 = \int_a^b f(x)\mathrm{d}x \int_a^b f(y)\mathrm{d}y = \iint\limits_D f(x)f(y)\mathrm{d}x\mathrm{d}y,$$

由 $f(x)f(y) \leqslant \dfrac{1}{2}[f^2(x) + f^2(y)]$ 即可推得.

17. (1) 提示: 利用二重积分的积分中值定理即可推得;

(2) 提示: 把积分区域拓展到边长为 l_x, l_y 的区域, 然后直接计算.

18. 提示: 作变换 $u = 1-x, v = 1-y$, 直接运算即可.

19. (1) 极坐标变换, $2\pi \int_0^1 \rho f(\rho)\mathrm{d}\rho$;

(2) 极坐标变换, $\pi \int_0^{\sqrt{2}} \rho f(\rho)\mathrm{d}\rho - 4 \int_1^{\sqrt{2}} \rho \arccos \dfrac{1}{\rho} f(\rho)\mathrm{d}\rho$;

(3) $u = x+y, v = x-y$, $\int_{-1}^1 f(u)\mathrm{d}u$;

(4) $u = xy, v = \dfrac{y}{x}$, $\ln 2 \cdot \displaystyle\int_1^2 f(u)\mathrm{d}u$.

20. $4ab\pi^2$.

21. $\pi[a\sqrt{a^2 + b^2} + b^2\ln(a + \sqrt{a^2 + b^2}) - b^2\ln b]$.

22. (1) $\dfrac{abc}{4}\pi^2$;　(2) $4\pi abc(\mathrm{e} - 2)$.

23. $\left(0, 0, -\dfrac{R}{4}\right)$.

24. 提示: 可设 L 为 y 轴, 质心为原点, 建立平面直角坐标系, 则 l 为平行于 y 轴的直线 $x = d_0$.

25. $\left(2G\mu\left(\ln\dfrac{\sqrt{R_2^2 + a^2} + R_2}{\sqrt{R_1^2 + a^2} + R_1} - \dfrac{R_2}{\sqrt{R_2^2 + a^2}} + \dfrac{R_1}{\sqrt{R_1^2 + a^2}}\right), 0,\right.$

$\left. \pi G a\mu\left(\dfrac{1}{\sqrt{R_2^2 + a^2}} - \dfrac{1}{\sqrt{R_1^2 + a^2}}\right)\right)$.

26. (1) $f'(t) = \dfrac{1}{t^2 + f^2(t)}$;　(2) 提示: 根据 (1) 证明 $f'(t) = \dfrac{1}{t^2 + f^2(t)} \leqslant \dfrac{1}{1 + t^2}$, 然后利用积分不等式性质即可推得.

27. $\pi/2$.

28. $\dfrac{\partial(x_1, x_2, \cdots, x_n)}{\partial(r, \varphi_1, \cdots, \varphi_{n-1})} = r^{n-1}\sin^{n-2}\varphi_1\sin^{n-3}\varphi_2\cdots\sin\varphi_{n-2}$, 体积为

$$\begin{cases} \dfrac{\pi^m R^{2m}}{m!}, & n = 2m, \\[3mm] \dfrac{\pi^m 2^{m+1} R^{2m+1}}{(2m+1)!!}, & n = 2m + 1. \end{cases}$$

第18章
习题选解

习题 19.1 (第一型曲线积分)

1. $12a$.

2. (1) $\dfrac{1}{12}(5\sqrt{5} - 1)$;　(2) $\dfrac{1}{6}(5\sqrt{5} + 7\sqrt{2} - 1)$;　(3) $\dfrac{1}{2}(\mathrm{e}^4 - 1)$;

(4) $\dfrac{2}{3}\pi\sqrt{a^2 + k^2}(3a^2 + 4\pi^2 k^2)$;　(5) $\dfrac{\sqrt{3}}{2}(1 - \mathrm{e}^{-2})$;　(6) 9.

3. (1) $\dfrac{3}{2}a$;　(2) $\left(\dfrac{2}{5}a, \dfrac{2}{5}a\right)$;　(3) $I_x = I_y = \dfrac{3a^3}{8}$.

4. (1) $2\pi a^2$; (2) $(0,0,0)$; (3) $I_x = \dfrac{3}{2}\pi a^4$, $I_y = \dfrac{3}{2}\pi a^4$, $I_z = \pi a^4$.

习题 19.2 (第二型曲线积分)

1. 提示: 按第二型曲线积分的计算公式直接验证.

2. (1) $-\dfrac{4}{3}a^3$; (2) 0.

3. (1) $\dfrac{34}{3}$; (2) 14.

4. (1) $\dfrac{4}{5}$; (2) $-\dfrac{\pi}{2}$; (3) 2π; (4) $\dfrac{1}{2}$; (5) $\dfrac{\sqrt{2}}{16}\pi$.

5. $-|\boldsymbol{F}|R$.

6. (1) $\displaystyle\int_L \frac{P(x,y)+Q(x,y)}{\sqrt{2}}\mathrm{d}s$; (2) $\displaystyle\int_L [\sqrt{2x-x^2}P(x,y)+(1-x)Q(x,y)]\mathrm{d}s$.

7. $\displaystyle\int_\Gamma \frac{P+2xQ+3yR}{\sqrt{1+4x^2+9y^2}}\mathrm{d}s$.

习题 19.3 (Green 公式及曲线积分与路径无关性)

1. (1) πab; (2) πa^2.

2. (1) $\dfrac{1}{30}$; (2) 8.

3. (1) 0; (2) $-\pi$.

4. (1) $\dfrac{5}{2}$; (2) 236.

5. (1) $\dfrac{1}{2}(1-\mathrm{e}^{-1})$; (2) $\dfrac{25}{6}$; (3) 10; (4) $\sin 1 + \mathrm{e} - 1$.

6. (1) $u(x,y) = \dfrac{x^2}{2} + 2xy + \dfrac{y^2}{2} + C$; (2) $u(x,y) = -(x^2+y^2)\arctan\dfrac{y}{x} + C$;

(3) $u(x,y) = 2(x+y) + (\sin 2x + \sin 2y) - 4\sin x \sin y + C$;

(4) $u(x,y) = x^5 + \dfrac{3}{2}x^2y^2 - xy^3 + \dfrac{1}{3}y^3 + C$.

7. 提示: 验证满足路径无关条件.

总习题 19 (曲线积分)

A 组

1. (1) $-\dfrac{1}{3}$; (2) $\dfrac{4\pi}{5}$; (3) $2a^2$; (4) $-2\pi a^2$; (5) πa^2; (6) $\sqrt{3}\pi$.

2. $u-1$.

3. 提示: 场力沿路径 L 所做的功为: $W = \displaystyle\int_L -\frac{kx}{\rho^3}\mathrm{d}x - \frac{ky}{\rho^3}\mathrm{d}y$.

4. (1) $\displaystyle\int_a^b f(x,a)\mathrm{d}x$, $\displaystyle\int_a^b f(x,a)\mathrm{d}x$, 0; (2) $\displaystyle\int_a^b f(x,a)\mathrm{d}x + \int_a^b f(b,y)\mathrm{d}y + \sqrt{2}\int_a^b f(t,t)\mathrm{d}t$,

$$\int_a^b f(x,a)\mathrm{d}x + \int_b^a f(t,t)\mathrm{d}t, \quad \int_a^b f(b,y)\mathrm{d}y + \int_b^a f(t,t)\mathrm{d}t.$$

5. 提示: 不妨规定 L 的方向为逆时针方向并以 t 为切向量, 由于夹角 $(\boldsymbol{l},\boldsymbol{n}) = (\boldsymbol{l},\boldsymbol{x}) - (\boldsymbol{n},\boldsymbol{x})$, 并注意

$$\sin(\boldsymbol{n},\boldsymbol{x}) = -\cos(\boldsymbol{t},\boldsymbol{x}), \quad \cos(\boldsymbol{n},\boldsymbol{x}) = \sin(\boldsymbol{t},\boldsymbol{x}), \quad \cos(\boldsymbol{t},\boldsymbol{x})\mathrm{d}s = \mathrm{d}x, \quad \sin(t,x)\mathrm{d}s = \mathrm{d}y;$$

然后利用 Green 公式直接推得.

6. $2A$(A 为由 L 所围的图形面积).

7. (1) 0;　(2) $y^2\cos x + x^2\cos y$;　(3) $-\dfrac{3}{2}$;　(4) 9;　(5) $\displaystyle\int_2^1 f(x)\mathrm{d}x + \int_1^2 g(x)\mathrm{d}x$.

8. (1) $\dfrac{1}{3}x^3 + x^2y - xy^2 - \dfrac{1}{3}y^3 + C$;　(2) $\mathrm{e}^{x+y}(x-y+1) + y\mathrm{e}^x + C$;

(3) $\dfrac{1}{2}\displaystyle\int f(\sqrt{u})\mathrm{d}u$, 其中 $u = x^2 + y^2$.

B 组

9. $\dfrac{2}{3}\pi a^3 + 2\pi a$.

10. $\sqrt{2}a^2$.

11. $\left(\dfrac{4a}{3\pi}, \dfrac{4a}{3\pi}, \dfrac{4a}{3\pi}\right)$.

12. 提示: 利用介值定理直接证明.

13. 提示: 利用两型曲线积分的关系转化为第一型曲线积分, 并证明 $(P\cos\alpha + Q\cos\beta)^2 \leqslant P^2 + Q^2$.

14. 0.

15. $-\dfrac{\pi}{4}a^3$.

16. $y = \sin x(0 \leqslant x \leqslant \pi)$.

17. $\pm mS + \varphi(y_2)\mathrm{e}^{x_2} - \varphi(y_1)\mathrm{e}^{x_1} - \dfrac{m}{2}(x_2 - x_1)(y_2 + y_1) - m(y_2 - y_1)$.

18. 提示: 先计算方向导数 $\dfrac{\partial u}{\partial \boldsymbol{n}}$, 然后将 $\displaystyle\oint_L \dfrac{\partial u}{\partial \boldsymbol{n}}\mathrm{d}s$ 转化为第二类曲线积分, 并直接利用 Green 公式.

19. π 或 0.

20. 0.

21. $\dfrac{ab}{8\sqrt{\pi}}\left[\Gamma\left(\dfrac{1}{4}\right)\right]^2$.

22. 提示: 利用 Green 公式, 并注意到 D 关于 $y = x$ 对称, 利用坐标轮换对称性.

第19章
习题选解

习题 20.1 (第一型曲面积分)

1. $\displaystyle\iint\limits_{\Sigma} f(x,y,z)\mathrm{d}S = \iint\limits_{D} f(x,y,0)\mathrm{d}x\mathrm{d}y.$

2. (1) $\dfrac{93}{10}\pi$;   (2) $12\sqrt{61}$;   (3) $2\pi a \ln a$;   (4) $\dfrac{1+\sqrt{2}}{2}\pi.$

3. $\dfrac{64}{15}\sqrt{2}a^4.$

4. (1) $\left(0,0,\dfrac{2}{3}\right)$;   (2) $\dfrac{3\pi}{2}.$

习题 20.2 (第二型曲面积分)

1. $\displaystyle\iint\limits_{\Sigma} R(x,y,z)\mathrm{d}x\mathrm{d}y = \pm \iint\limits_{D_{xy}} R(x,y,0)\mathrm{d}x\mathrm{d}y$, 当 Σ 取上侧时为正号, Σ 取下侧时为负号.

2. (1) $\dfrac{1}{8}$;   (2) $\dfrac{2}{105}\pi R^7$;   (3) $(a+b+c)abc$;   (4) $\dfrac{\pi}{8} - \dfrac{2}{15}.$

3. $8\pi.$

4. (1) $\displaystyle\iint\limits_{\Sigma}\dfrac{1}{5}(3P + 2Q + 2\sqrt{3}R)\mathrm{d}S$;   (2) $\displaystyle\iint\limits_{\Sigma}\dfrac{1}{\sqrt{1+4x^2+4y^2}}(2xP + 2yQ + R)\mathrm{d}S.$

习题 20.3 (Gauss 公式与 Stokes 公式)

1. (1) $-\dfrac{9\pi}{4}$;   (2) $-\dfrac{1}{2}\pi h^4$;   (3) $\dfrac{2}{5}\pi a^5$;   (4) $\dfrac{3}{2}$;   (5) $\dfrac{\pi}{2}.$

2. (1) $a^3\left(2 - \dfrac{a^2}{6}\right)$; (2) $108\pi.$

3. (1) $\dfrac{3}{2}$;   (2) 2π;   (3) $-\sqrt{3}\pi a^2$ $\left(\displaystyle\iint\limits_{\Sigma}\mathrm{d}S \text{ 表示 } \Sigma \text{ 的面积}, \Sigma \text{ 是半径为 } a \text{ 的圆}\right)$; (4) $-\pi.$

4. $\left(\dfrac{8}{3} - \pi\right)a^2.$

5. $-24.$

6. (1) $xyz + C$; (2) $\dfrac{x^2+y^2+z^2}{3} - 2xyz + C.$

习题 20.4 (场论初步)

1. 提示: 按势场的定义直接验证.

2. $\dfrac{1}{r}(x,y,z)$, $2(x,y,z)$, $-\dfrac{1}{r^3}(x,y,z).$

3. (1) $\boldsymbol{\nabla}\cdot\boldsymbol{A} = 6xyz$, $\boldsymbol{\nabla}\times\boldsymbol{A} = (x(z^2-y^2), y(x^2-z^2), z(y^2-x^2))$;

(2) $\boldsymbol{\nabla}\cdot\boldsymbol{A} = \dfrac{x+y+z}{xyz}$, $\boldsymbol{\nabla}\times\boldsymbol{A} = \dfrac{1}{xyz}\left(\dfrac{y^2}{z} - \dfrac{z^2}{y}, \dfrac{z^2}{x} - \dfrac{x^2}{z}, \dfrac{x^2}{y} - \dfrac{y^2}{x}\right).$

习题 20.5 (微分形式简介)

1. (1) $-(x^2 + 7yz^2)\mathrm{d}x \wedge \mathrm{d}y + 42z^2\mathrm{d}y \wedge \mathrm{d}z - 6x\mathrm{d}z \wedge \mathrm{d}x$; (2) $-\sin(x + y)\mathrm{d}x \wedge \mathrm{d}y$.

2. (1) $\mathrm{d}x \wedge \mathrm{d}y \wedge \mathrm{d}z = \rho\mathrm{d}\rho \wedge \mathrm{d}\theta \wedge \mathrm{d}z$; (2) $\mathrm{d}x \wedge \mathrm{d}y \wedge \mathrm{d}z = r^2 \sin\varphi\mathrm{d}r \wedge \mathrm{d}\varphi \wedge \mathrm{d}\theta$.

3. (1) $\mathrm{d}\omega = (\sin y - \cos x)\mathrm{d}x \wedge \mathrm{d}y$; (2) $\mathrm{d}\omega = (x + 6)\mathrm{d}x \wedge \mathrm{d}y \wedge \mathrm{d}z$.

4. (1) $\mathrm{d}\omega = 0$; (2) $\mathrm{d}\omega = 0$.

总习题 20 (曲面积分)

A 组

1. $2a^2b^2c^2A$.

2. (1) πa^3; (2) $\dfrac{2\pi H}{R}$; (3) $\dfrac{\sqrt{3}}{120}$.

3. (1) $\left(\dfrac{a}{2}, \dfrac{a}{2}, \dfrac{a}{2}\right)$; (2) $\left(0, 0, \dfrac{a}{2}\right)$.

4. $\dfrac{4}{3}\pi\rho a^4$.

5. (1) $\dfrac{12}{5}\pi a^5$; (2) $-\dfrac{\pi}{4}h^4$; (3) $\dfrac{2}{105}\pi R^7$; (4) 2π.

6. 提示: 利用 Gauss 公式, 并用对称性.

7. $\dfrac{\pi}{4}[(2a^2 - 1)\mathrm{e}^{2a^2} + 1]$.

8. 3.

9. $\dfrac{3}{4}\pi R^4 h$.

10. $\dfrac{3}{2}$.

B 组

11. $\dfrac{125\sqrt{5} - 1}{420}$.

12. $\dfrac{3\pi}{2}$.

13. $\left(\dfrac{4}{3} - \dfrac{5}{6}\sqrt{2}\right)\pi t^4$.

14. $\dfrac{\pi^2}{2}R$.

15. $4\left(\dfrac{1}{a^2} + \dfrac{1}{b^2} + \dfrac{1}{c^2}\right)\pi abc$.

16. 4π.

17. $\dfrac{a\sqrt{a^2 + b^2}}{12}(3a^2 + 2b^2)\pi$.

18. 提示: 利用 Gauss 公式.

19. 提示: 利用 18 题结论.

20. 提示: 设 $\boldsymbol{n} = (\cos\alpha, \cos\beta, \cos\gamma)$, $\boldsymbol{l} = (a, b, c)$, 根据向量的数量积计算公式 $\cos(\boldsymbol{n}, \boldsymbol{l}) = \dfrac{\boldsymbol{n} \cdot \boldsymbol{l}}{|\boldsymbol{n}||\boldsymbol{l}|}$ 以及 Gauss 公式即可推得结果.

21. 提示: 与 20 题相同的方法化简等式右边, 然后利用 Gauss 公式直接证明.

22. $2A$.

23. $\displaystyle\iint\limits_{\Sigma} P\mathrm{d}y\mathrm{d}z + Q\mathrm{d}z\mathrm{d}x + R\mathrm{d}x\mathrm{d}y = \pm\iint\limits_{D}\left(P\dfrac{\partial(y, z)}{\partial(u, v)} + Q\dfrac{\partial(z, x)}{\partial(u, v)} + R\dfrac{\partial(x, y)}{\partial(u, v)}\right)\mathrm{d}u\mathrm{d}v.$

24. 4π.

第20章
习题选解

参 考 文 献

常庚哲, 史济怀. 2003. 数学分析教程. 北京: 高等教育出版社.

陈传璋, 朱福临, 朱学炎, 等. 1979. 数学分析. 北京: 人民教育出版社.

陈纪修, 於崇华, 金路. 2004. 数学分析. 2 版. 北京: 高等教育出版社.

陈仲. 2010. 高等数学竞赛题解析教程. 南京: 东南大学出版社.

杜其奎, 陈金如, 谢四清, 等. 2012. 数学分析精读讲义. 北京: 科学出版社.

郭镜明, 韩云瑞, 章栋恩. 2012. 美国微积分教材精粹选编. 北京: 高等教育出版社.

华东师范大学数学系. 1991. 数学分析. 2 版. 北京: 高等教育出版社.

华东师范大学数学系. 2001. 数学分析. 3 版. 北京: 高等教育出版社.

华东师范大学数学系. 2010. 数学分析. 4 版. 北京: 高等教育出版社.

华罗庚. 2009. 高等数学引论. 北京: 高等教育出版社.

吉林大学数学系. 1978. 数学分析. 北京: 人民教育出版社.

李成章, 黄玉民. 2010. 数学分析. 2 版. 北京: 科学出版社.

李泽民. 1986. 改进了的积分中值定理的证明. 高等数学, 2(4): 186-187.

李忠, 方丽萍. 2008. 数学分析教程. 北京: 高等教育出版社.

林纬华. 1983. 积分第一中值定理的改进. 数学通报, (12): 19-22.

刘三阳, 李广民. 2011. 数学分析十讲. 北京: 科学出版社.

刘玉琏, 傅沛仁. 1992. 数学分析讲义. 3 版. 北京: 高等教育出版社.

刘玉琏, 杨奎元. 1987. 数学分析讲义元学习指导书. 北京: 高等教育出版社.

欧阳光中, 姚允龙, 周渊. 2004. 数学分析. 上海: 复旦大学出版社.

欧阳光中, 朱学炎, 秦曾复. 1983. 数学分析. 上海: 上海科学技术出版社.

裴礼文. 2004. 数学分析中的典型问题与方法. 北京: 高等教育出版社.

宋国柱. 2004. 分析中的基本定理和典型方法. 北京: 科学出版社.

孙本旺, 汪浩. 1981. 数学分析中的典型例题和解题方法. 长沙: 湖南科学技术出版社.

同济大学应用数学系. 2002. 高等数学. 5 版. 北京: 高等教育出版社.

汪林. 1990. 数学分析中的问题和反例. 昆明: 云南科技出版社.

吴文俊. 1995. 世界著名数学家传记 (上、下集). 北京: 科学出版社.

伍胜健. 2009. 数学分析. 北京: 北京大学出版社.

夏大峰, 肖建中, 成荣. 2016. 数学分析 (下册). 北京: 科学出版社.

肖建中, 蒋勇, 王智勇. 2015. 数学分析 (上册). 北京: 科学出版社.

萧树铁, 扈志明. 2008. 微积分. 北京: 清华大学出版社.

徐森林, 薛春华. 2005. 数学分析. 北京: 清华大学出版社.

薛春华, 徐森林. 2009. 数学分析精选习题全解. 北京: 清华大学出版社.

严子谦, 尹景学, 张然. 2004. 数学分析. 北京: 高等教育出版社.

张国铭. 2010. 定积分的一个性质及其应用, 高等数学研究, 13(1): 55-57.

Spivak M. 1980. 微积分. 严敦正, 等, 译. 北京: 人民教育出版社.

Apostol T M. 2004. Mathematical Analysis. 2nd ed. Beijing: China Machine Press.

Robertson E, O'Connor J. 2022. MacTutor History of Mathematics Archive. https://mathshistory.st-andrews.ac.uk.

Rudin W. 2004. Principles of Mathematical Analysis. 3rd ed. Beijing: China Machine Press.

Zorich V A. 2004. Mathematical Analysis. Berlin, Heidelberg: Springer.